西门子工业自动化技术丛书

# SIMATIC S7-1500 与 TIA 博途软件使用指南 第2版

组　编　西门子（中国）有限公司
主　编　崔　坚
副主编　赵　欣

机　械　工　业　出　版　社

SIMATIC S7-1500 PLC 自动化系统通过集成大量的新功能和新特性，具有卓越的性能和出色的可用性。借助于西门子新一代框架结构的 TIA 博途软件，可在同一开发环境下组态开发 PLC、人机界面和驱动系统等。统一的数据库使各个系统之间轻松、快速地进行互连互通，真正达到了控制系统的全集成自动化。

本书以 TIA 博途软件 V15.1 为基础，介绍了更新的硬件模块和新增可选软件的功能和应用，例如 PLC SIM Advance 仿真器的使用和编程接口、团队编程和调试功能、SiVarc 自动生成 HMI 画面功能和 ProDiag 带有程序显示的报警功能，使工程项目的开发和调试更加方便和快捷。

本书还介绍了 FB、FC 的应用，新指针与原有 SIMATIC S7-300/400 PLC 指针应用的对比及优势，基于 Web 的诊断方式等。对读者关心的程序标准化问题以及将 SIMATIC S7-300/400 PLC 程序移植到 SIMATIC S7-1500 PLC 中容易遇到的问题做了详细的分析，使移植不再困难。

本书最新试用版本软件请关注“机械工业出版社 E 视界”微信公众号，输入 65348 下载或联系工作人员索取。

本书适合自动化工程技术人员和大专院校相关专业的师生阅读。

**图书在版编目（CIP）数据**

SIMATIC S7-1500 与 TIA 博途软件使用指南/崔坚主编.
—2 版. —北京：机械工业出版社，2020.4（2024.1 重印）
（西门子工业自动化技术丛书）
ISBN 978-7-111-65348-6

Ⅰ.①S… Ⅱ.①崔… Ⅲ.①可编程序控制器-指南
Ⅳ.①TM571.6-62

中国版本图书馆 CIP 数据核字（2020）第 061884 号

机械工业出版社（北京市百万庄大街 22 号 邮政编码 100037）
策划编辑：林春泉 责任编辑：林春泉
责任校对：王 延 封面设计：鞠 杨
责任印制：郜 敏
中煤（北京）印务有限公司印刷
2024 年 1 月第 2 版第 6 次印刷
184mm×260mm · 34 印张 · 842 千字
标准书号：ISBN 978-7-111-65348-6
定价：149.00 元

电话服务
客服电话：010-88361066
010-88379833
010-68326294

网络服务
机 工 官 网：www.cmpbook.com
机 工 官 博：weibo.com/cmp1952
金 书 网：www.golden-book.com
机工教育服务网：www.cmpedu.com

# 编委会成员

# 序

目前，工业市场正在面临着“第四次工业革命”，如何抓住这个机遇确保制造业的未来，是每个制造企业都必须面对的挑战。“第四次工业革命”即“工业 4.0”和“中国制造 2025”等概念的提出，在工业发展趋势的探索之路上，点燃了一盏明灯。“工业 4.0”以数字化制造为核心理念，将虚拟研发与高效现实制造相融合，优化生产，缩短产品上市时间，提高生产柔性和灵活性，进而全面提升企业的全球竞争力。

为了应对这些挑战，顺应电气化、自动化、数字化生产的潮流，西门子公司早在数年前便提出了“全集成自动化（Totally Integrated Automation）”的概念。全集成自动化是一种全新的优化系统架构，基于丰富全面的产品系列，提供一致性的数据管理。其开放的系统架构，贯穿于整个生产过程，为所有自动化组件提供了高效的互操作性，为每项自动化任务提供了完整的解决方案。

西门子全集成自动化，化繁为简，将全部自动化组态任务完美地集成在一个单一的开发环境——“TIA 博途”（Totally Integrated Automation Portal）之中。这是工程软件开发领域的一个里程碑，是工业领域率先全集成自动化组件的工程组态软件。TIA 博途以一致的数据管理、统一的工业通信、集成的工业信息安全和故障安全为基础，帮助用户缩短开发周期、减少停机时间、提高生产过程的灵活性、提升项目信息的安全性等，时刻为用户创造着非凡的价值。

新一代的 SIMATIC 系列控制器是全集成自动化架构的核心单元。作为 SIMATIC 控制器家族的旗舰产品，从简单的单机应用（SIMATIC S7-1200 控制器），到中高端的复杂应用（SIMATIC S7-1500 控制器），分布式的控制任务（ET 200SP 控制器），以及基于 PC 的 SIMATIC S7-1500软控制器，西门子公司形成了完善、领先的产品系列，能够为您的自动化任务提供量身定制的解决方案。凭借着超高的性价比，新一代的 SIMATIC 系列控制器在工程研发、生产操作和日常维护等各个阶段，在提高工程效率、提升操作体验、增强维护便捷性等多个方面树立了新的标杆。

为了帮助大家更深入地了解 SIMATIC S7-1500 控制器的功能特性，快速领略 TIA 博途的强大与高效，我们特别邀请了西门子公司客户服务部的专家、工程师和产品经理编写了这本书。他们对产品的功能、特点进行了深入的剖析，融入自己的工程经验，使内容简单易学，为大家开辟了一条学习的捷径。在此，我对他们的辛勤付出表示由衷的谢意。

希望在这本书的帮助下，大家能够更好地使用 TIA 博途，掌握西门子公司新一代控制器的全新特性。用博途，有前途！

**西门子（中国）有限公司数字化工厂集团工厂自动化产品管理部部门经理**

**莫瑞茨**

# Preface

Today, the industry market is facing the fourth industrial revolution. It is a big challenge but also great opportunity for every manufacturer to step in to the next level of manufacturing. The "Industry 4.0" concept and "Made in China 2025" strategy is the lighthouse for the future industry development trend. Based on the DigitalManufacturing, "Industry 4.0" combines the virtual planning, development and efficient manufacturing together, to optimize production cost, reduce time-to-market, increase flexibility and finally to enhance the global comprehensive competitiveness of manufacturer.

Electrification, automation and digitalization are the key requirements and SIEMENS addresses that concept with the innovative "Totally Integrated Automation (TIA)" platform. Based on the complete product portfolio, TIA offers consistent data management, global standards and uniform interfaces for hardware and software. TIA also ensures high-efficiency interoperability for all automation components, and an integrated solution for each automation task.

In order to efficiently realize the TIA concept, SIEMENS has developed the engineering software platform-Totally Integrated Automation Portal. TIA Portal is a milestone in the history of industry automation software, because it's the first industry automation software which can integrate all automation tasks into one single platform. Based on the integrated engineering, the uniform industrial data management, the consistent industrial communication, and the integrated industrial security and safety, TIA Portal brings user great added value to reduce engineering and commissioning time, increase system scalability and ensure faster time to market.

Siemens has a great variety of controllers to fulfill all needs of automation requirements and tasks. The new generation of SIMATIC controllers, comprising Basic (S7-1200 Controller), Advanced (S7-1500 Controller), Distributed (ET 200SP Controller), and S7-1500 Software controller, expands the family of SIMATIC controllers and impresses with its scalability and integration. Users benefit from uniform processes and high efficiency during engineering, operation, and maintenance.

In order to support your further and know the new features of S7-1500, as well experience how powerful and efficient it is to work with TIA Portal, we invited Siemens product and technical experts to edit this S7-1500 and TIA Portal textbook. They did in-depth analysis on product features and combined their own engineering experience to give you the easiest entrance and fast implementation success for the S7-1500. I would like to show my appreciation to their great efforts.

With the support of this book, I wish you enjoy an intuitive experience with the TIA Portal and the innovative new SIMATIC controller generation.

**Siemens Ltd, China　Digital Factory Division**
**Factory Automation Business Unit**
**Head of Product & Portfolio Management**
**Moritz Mauer**

# 前言

西门子工业自动化集团于2010年11月23日发布的全集成自动化软件“TIA博途”(TIA Portal)，是业内率先采用统一工程组态和软件项目环境的自动化软件，适用于所有自动化任务，用户能够快速、直观地开发和调试自动化系统。

勇于创新、不断探索是西门子自动化一直追求的目标，创新的TIA博途采用新型、统一的软件框架，可在同一开发环境中组态西门子PLC、人机界面和驱动装置，各种数据的共享可大大降低连接和组态成本。

新一代的SIMATIC系列控制器SIMATIC S7-1500作为全集成自动化架构的核心单元，与SIMATIC S7-300/400系列控制器相比，从现场的接线、编程设计、实现通信的灵活方式以及系统的诊断和柔性控制方面都有显著的提高和创新。

TIA博途与SIMATIC S7-1500的完美结合无论是设计、安装、调试，还是维护和升级自动化系统，都能做到节省工程设计的时间、成本和人力。

在本书即将出版时，特别要感谢西门子（中国）有限公司数字化工厂集团工厂自动化产品管理部部门经理莫瑞茨（Moritz Mauer）先生为本书作序。同时，本书还得到了西门子（中国）有限公司数字化工厂集团工业客户服务部客户服务中心相关领导及众多同事的大力支持和指导。项目策划葛蓬先生，主编崔坚先生，副主编赵欣先生、参加编写的还有张鹏飞先生、胡甲宁先生、王艳女士，对他们付出的辛勤劳动，在此一并表示深深的谢意。

无论您是西门子的工业产品用户、自动化领域的工程技术人员，还是工业自动化的设计人员以及各大院校相关专业的师生，本书都能成为您的良师益友，为您提供相关技术支持，为您的成功助一臂之力。

本书由于编写仓促，书中错误和不足之处在所难免，诚恳希望各位专家、学者、工程技术人员以及所有的读者给予批评指正，我们将衷心感谢您的赐教，谢谢！

刘力康

工厂自动化中国区业务拓展总监

# 目　录


序/Preface

前言

中英文术语对照

第1章　TIA博途 …… 1

1.1　TIA博途简介 …… 1

1.2　TIA博途软件的构成 …… 1

1.2.1　TIA博途STEP 7 …… 2

1.2.2　TIA博途STEP 7工程组态系统的选件 …… 2

1.2.3　TIA博途WinCC …… 2

1.2.4　TIA博途WinCC工程组态系统和运行系统的选件 …… 3

1.3　TIA博途的安装 …… 4

1.3.1　硬件要求 …… 4

1.3.2　支持的操作系统 …… 4

1.3.3　安装步骤 …… 4

1.4　TIA博途软件的卸载 …… 8

1.5　授权管理功能 …… 9

1.5.1　授权的种类 …… 9

1.5.2　授权管理器（ALM） …… 10

1.5.3　安装许可证密钥 …… 11

1.6　TIA博途软件的特性 …… 12

第2章　TIA博途平台支持的新一代PLC产品 …… 14

2.1　完整的PLC产品线全面满足用户需求 …… 14

2.2　全新分布式和PC-Based自动化解决方案 …… 15

2.3　集成功能安全和信息安全 …… 16

2.4　高效的开发环境 …… 16

第3章　SIMATIC S7-1500 PLC控制系统的硬件组成 …… 17

3.1　负载电源与系统电源 …… 17

3.1.1　负载电源 …… 17

3.1.2　系统电源 …… 17

3.1.3　系统电源选择示例 …… 18

3.1.4　查看功率分配详细信息 …… 20

3.1.5　如何在系统中选择PM和PS …… 20

3.2　SIMATIC S7-1500 CPU …… 21

3.2.1　SIMATIC S7-1500 CPU简介 …… 21

3.2.2　SIMATIC S7-1500 CPU操作模式 …… 22

3.2.3　SIMATIC S7-1500 CPU的存储器 …… 23

3.2.4　SIMATIC S7-1500 CPU过程映像区的功能 …… 27

3.3　SIMATIC S7-1500 PLC显示屏（Display） …… 29

3.4　信号模块 …… 31

3.4.1　模块特性的分类 …… 32

3.4.2　模块宽度的划分 …… 32

3.4.3　数字量输入模块 …… 33

3.4.4　数字量输出模块 …… 34

3.4.5　数字量输入/输出模块 …… 36

3.4.6　模拟量输入模块 …… 36

3.4.7　模拟量输出模块 …… 44

3.4.8　模拟量输入/输出模块 …… 47

3.4.9　模块的选择 …… 48

3.5　通信模块 …… 48

3.5.1　点对点通信模块 …… 49

3.5.2　PROFIBUS通信模块 …… 49

3.5.3　PROFINET/ETHERNET通信模块 …… 50

3.6　工艺模块 …… 50

3.6.1　高速计数器模块 …… 50

3.6.2　基于时间的I/O模块 …… 51

3.6.3　PTO脉冲输出模块 …… 51

第4章　SIMATIC S7-1500 PLC的硬件配置 …… 52

4.1　配置一个SIMATIC S7-1500 PLC站点 …… 52

4.1.1　添加一个SIMATIC S7-1500 PLC新设备 …… 52

4.1.2 配置 SIMATIC S7-1500 PLC 的中央机架 …… 54
4.1.3 使用自动检测功能配置 SIMATIC S7-1500 PLC 的中央机架 …… 56
4.2 CPU 参数配置 …… 57
4.2.1 常规 …… 57
4.2.2 PROFINET 接口［X1］…… 58
4.2.3 DP 接口［X3］…… 65
4.2.4 启动 …… 67
4.2.5 循环 …… 68
4.2.6 通信负载 …… 68
4.2.7 系统和时钟存储器 …… 69
4.2.8 SIMATIC Memory Card …… 70
4.2.9 系统诊断 …… 70
4.2.10 Web 服务器 …… 71
4.2.11 DNS 组态 …… 74
4.2.12 显示 …… 75
4.2.13 支持多语言 …… 76
4.2.14 时间 …… 77
4.2.15 防护与安全 …… 78
4.2.16 OPC UA …… 80
4.2.17 系统电源 …… 80
4.2.18 组态控制 …… 81
4.2.19 连接资源 …… 81
4.2.20 地址总览 …… 83
4.2.21 等式同步模式 …… 84
4.2.22 运行系统许可证 …… 86
4.3 SIMATIC S7-1500 I/O 参数 …… 87
4.3.1 数字量输入模块参数配置 …… 87
4.3.2 数字量输出模块参数配置 …… 92
4.3.3 模拟量输入模块参数配置 …… 93
4.3.4 模拟量输出模块参数配置 …… 97
**第 5 章 数据类型与地址区 …… 98**
5.1 SIMATIC S7-1500 PLC 的数据类型 …… 98
5.1.1 基本数据类型 …… 98
5.1.2 PLC 数据类型 …… 108
5.1.3 参数类型 …… 109
5.1.4 系统数据类型 …… 109
5.1.5 硬件数据类型 …… 111
5.2 SIMATIC S7-1500 PLC 的地址区 …… 112
5.2.1 CPU 地址区的划分及寻址方法 …… 112
5.2.2 建议使用的地址区 …… 117
5.2.3 全局变量与局部变量 …… 117
5.2.4 全局常量与局部常量 …… 118
**第 6 章 SIMATIC S7-1500 PLC 的编程指令 …… 119**
6.1 指令的处理 …… 120
6.1.1 LAD 指令的处理 …… 120
6.1.2 立即读与立即写 …… 121
6.2 基本指令 …… 121
6.2.1 位逻辑运算指令 …… 121
6.2.2 定时器指令 …… 123
6.2.3 计数器指令 …… 123
6.2.4 比较器指令 …… 124
6.2.5 数学函数指令 …… 125
6.2.6 移动操作指令 …… 125
6.2.7 转换指令 …… 126
6.2.8 程序控制操作指令 …… 127
6.2.9 字逻辑运算指令 …… 127
6.2.10 移位和循环移位指令 …… 128
6.2.11 原有指令 …… 129
6.3 扩展指令 …… 129
6.3.1 日期与时间指令 …… 129
6.3.2 字符串与字符指令 …… 130
6.3.3 过程映像指令 …… 130
6.3.4 分布式 I/O 指令 …… 130
6.3.5 PROFIenergy 指令 …… 131
6.3.6 模块参数化分配指令 …… 132
6.3.7 中断指令 …… 132
6.3.8 报警指令 …… 132
6.3.9 诊断指令 …… 133
6.3.10 配方和数据记录指令 …… 133
6.3.11 数据块控制指令 …… 133
6.3.12 寻址指令 …… 134
6.4 工艺指令 …… 134
6.5 通信指令 …… 135
**第 7 章 程序块 …… 138**
7.1 用户程序中的程序块 …… 138
7.1.1 组织块与程序结构 …… 139
7.1.2 用户程序的分层调用 …… 140
7.2 优化与非优化访问 …… 141
7.3 组织块 …… 143
7.3.1 组织块的启动信息 …… 143
7.3.2 组织块的类型与优先级 …… 145

7.3.3　CPU 的过载特性 …… 150
7.3.4　组织块的本地数据区堆栈（L 堆栈） …… 151
7.3.5　组织块的接口区 …… 152
7.4　函数 …… 152
7.4.1　函数的接口区 …… 153
7.4.2　无形参函数（子程序功能） …… 154
7.4.3　带有形参的函数 …… 155
7.4.4　函数嵌套调用时允许参数传递的数据类型 …… 157
7.5　函数块 …… 159
7.5.1　函数块的接口区 …… 159
7.5.2　函数块与背景数据块 …… 160
7.5.3　函数块嵌套调用时允许参数传递的数据类型 …… 163
7.6　数据块 …… 164
7.6.1　全局数据块 …… 165
7.6.2　背景数据块 …… 166
7.6.3　系统数据类型作为全局数据块的模板 …… 167
7.6.4　通过 PLC 数据类型创建 DB …… 168
7.6.5　数组 DB …… 170
7.7　FC、FB 选择的探讨 …… 172
**第 8 章　声明 PLC 变量** …… 173
8.1　PLC 变量表的结构 …… 173
8.2　声明 PLC 变量的几种方法 …… 174
8.3　声明 PLC 变量的类型 …… 176
**第 9 章　指针数据类型的使用** …… 178
9.1　Pointer 数据类型指针 …… 178
9.2　Any 数据类型指针 …… 182
9.3　Variant 数据类型指针 …… 185
9.3.1　Variant 与 PLC 数据类型 …… 185
9.3.2　Variant 与数组 DB …… 188
9.3.3　Variant 与数组 …… 190
9.4　引用 …… 191
9.4.1　引用声明 …… 192
9.4.2　引用与解引用 …… 192
9.4.3　引用与 Variant …… 194
**第 10 章　SIMATIC S7-1500 PLC 的通信功能** …… 196
10.1　网络概述 …… 196
10.2　网络及通信服务的转变 …… 197
10.2.1　从 PROFIBUS 到 PROFINET 的转变 …… 197
10.2.2　MPI 接口被 PROFINET 接口替代 …… 198
10.2.3　基于 PROFIBUS 通信服务的变化 …… 198
10.3　工业以太网与 PROFINET …… 199
10.3.1　工业以太网通信介质 …… 199
10.3.2　工业以太网拓扑结构 …… 199
10.3.3　SIMATIC S7-1500 系统以太网接口 …… 200
10.3.4　SIMATIC S7-1500 PLC 以太网支持的通信服务 …… 200
10.3.5　SIMATIC S7-1500 OUC 通信 …… 204
10.3.6　SIMATIC S7-1500 S7 通信 …… 213
10.3.7　SIMATIC S7-1500 PLC 路由通信功能 …… 225
10.3.8　配置 PROFINET IO RT 设备 …… 227
10.3.9　无需存储介质更换 IO 设备 …… 231
10.3.10　允许覆盖 PROFINET 设备名称模式 …… 233
10.3.11　按网段自动分配 IP 地址和设备名称 …… 234
10.3.12　网络拓扑功能与配置 …… 236
10.3.13　MRP 介质冗余 …… 238
10.3.14　I-Device 智能设备的配置 …… 239
10.3.15　配置 PROFINET IO IRT 设备 …… 243
10.3.16　MODBUS TCP …… 247
10.4　SIMATIC S7-1500 PLC 与 HMI 通信 …… 253
10.4.1　SIMATIC S7-1500 PLC 与 HMI 在相同项目中通信 …… 253
10.4.2　使用 PLC 代理与 HMI 通信 …… 255
10.4.3　使用 SIMATIC NET 连接 SIMATIC S7-1500 PLC …… 256
10.5　SIMATIC S7-1500 PLC 的安全通信 …… 260
10.5.1　安全通信的通用原则 …… 261
10.5.2　安全通信的加密方式 …… 261
10.5.3　通过签名确保数据的真实性和完整性 …… 263
10.5.4　使用 HTTPS 访问 CPU Web 服务器的安全通信 …… 263

10.5.5　SIMATIC S7-1500 CPU 的安全通信 …… 267
10.6　SIMATIC S7-1500 OPC UA 通信功能 …… 271
10.6.1　SIMATIC S7-1500 CPU OPC UA 服务器访问数据的方式 …… 271
10.6.2　SIMATIC S7-1500 CPU OPC UA 服务器变量的设置 …… 272
10.6.3　非安全通信方式访问 SIMATIC S7-1500 OPC UA 服务器 …… 273
10.6.4　安全通信方式访问 SIMATIC S7-1500 OPC UA 服务器 …… 277
10.6.5　SIMATIC S7-1500 OPC UA 服务器性能测试 …… 281
10.7　串行通信 …… 282
10.7.1　SIMATIC S7-1500/ET200MP 串行通信模块的类型 …… 282
10.7.2　串行通信接口类型及连接方式 …… 282
10.7.3　自由口协议参数设置 …… 285
10.7.4　串行通信模块的通信函数 …… 289
10.7.5　自由口协议通信示例 …… 289
10.7.6　MODBUS RTU 通信协议 …… 291
**第 11 章　SIMATIC S7-1500 组态控制功能 …… 297**
11.1　组态控制的原理 …… 297
11.2　软件、硬件要求以及使用范围 …… 298
11.3　SIMATIC S7-1500 硬件配置的数据记录格式 …… 298
11.4　SIMATIC S7-1500 中央机架模块组态控制示例 …… 299
11.5　PROFINET IO 系统的组态控制 …… 302
11.5.1　软硬件要求 …… 302
11.5.2　IO 系统的组态控制的数据格式 …… 302
11.5.3　IO 系统的组态控制示例 …… 303
**第 12 章　SIMATIC S7-1500 PLC 的 PID 功能 …… 307**
12.1　控制原理 …… 307
12.1.1　受控系统 …… 307
12.1.2　受控系统的特征值 …… 308
12.1.3　执行器 …… 309
12.1.4　不同类型控制器的响应 …… 309
12.2　SIMATIC S7-1500 PLC 支持的 PID 指令 …… 310
12.2.1　PID_Compact 指令 …… 310
12.2.2　PID_3Step 指令 …… 311
12.2.3　PID_Temp 指令 …… 311
12.2.4　控制器的串级控制 …… 311
12.3　PID_Compact 指令的调用与 PID 调试示例 …… 311
12.3.1　组态 PID_Compact 工艺对象 …… 311
12.3.2　调用指令 PID_Compact …… 316
12.3.3　调试 PID …… 319
**第 13 章　SIMATIC S7-1500 PLC 的工艺及特殊功能模块 …… 322**
13.1　工艺模块 …… 322
13.2　工艺对象 …… 322
13.3　计数模块和位置检测模块的分类和性能 …… 323
13.4　TM Count 模块和 TM PosInput 模块通过工艺对象实现计数和测量 …… 324
13.5　使用 TM PosInput 模块连接 SSI 绝对值编码器 …… 332
13.6　带计数功能的 DI 模块 …… 335
13.7　Time-based IO 模板 …… 338
13.7.1　功能描述 …… 338
13.7.2　Time-based IO 时间控制功能举例 …… 339
**第 14 章　SIMATIC S7-1500 PLC 的诊断功能 …… 349**
14.1　SIMATIC S7-1500 PLC 诊断功能介绍 …… 349
14.2　通过 LED 指示灯实现诊断 …… 350
14.3　通过 PG/PC 实现诊断 …… 351
14.4　在 HMI 上通过调用诊断控件实现诊断 …… 353
14.5　通过 SIMATIC S7-1500 CPU 的 Web 服务器功能实现诊断 …… 354
14.6　通过 SIMATIC S7-1500 CPU 自带的显示屏实现诊断 …… 360
14.7　通过编写程序实现诊断 …… 360
14.8　通过模块自带诊断功能进行诊断 …… 365
14.9　通过模块的值状态功能实现诊断 …… 366

14.10 通过用户程序发送报警消息 ……… 368
14.11 使用ProDiag进行诊断 ……… 371
14.11.1 ProDiag的许可证 ……… 372
14.11.2 ProDiag监控的类型 ……… 372
14.11.3 ProDiag监控的设置 ……… 373
14.11.4 ProDiag变量监控的示例 ……… 376
**第15章 访问保护** ……… 387
15.1 SIMATIC S7-1500 PLC项目的访问保护 ……… 387
15.2 CPU在线访问保护 ……… 389
15.3 CPU Web服务器的访问保护 ……… 390
15.4 CPU自带显示屏的访问保护 ……… 390
15.5 PLC的程序块的访问保护 ……… 391
15.6 绑定程序块到CPU序列号或SMC卡序列号 ……… 392
15.7 通过带安全功能的CP 1543-1以太网模块保护 ……… 393
15.7.1 通过CP 1543-1的防火墙功能实现访问保护 ……… 394
15.7.2 通过CP 1543-1的VPN功能实现访问保护 ……… 394
**第16章 程序调试** ……… 396
16.1 程序信息 ……… 396
16.1.1 调用结构 ……… 396
16.1.2 从属性结构 ……… 397
16.1.3 分配列表 ……… 397
16.1.4 程序资源 ……… 397
16.2 交叉引用 ……… 399
16.3 程序的下载、上传和复位操作 ……… 400
16.3.1 设置SIMATIC S7-1500 CPU的IP地址 ……… 400
16.3.2 下载程序到CPU ……… 401
16.3.3 下载程序到SIMATIC存储卡SMC ……… 403
16.3.4 SIMATIC S7-1500 PLC的一致性下载特性 ……… 404
16.3.5 SIMATIC S7-1500 CPU程序的上传 ……… 405
16.3.6 SIMATIC S7-1500 CPU存储器复位 ……… 407
16.3.7 删除SIMATIC S7-1500 CPU中的程序块 ……… 407
16.4 数据块的操作 ……… 407
16.4.1 下载但不重新初始化功能 ……… 407
16.4.2 SIMATIC S7-1500 PLC数据块的快照功能 ……… 409
16.4.3 SIMATIC S7-1500 PLC数据块的数据传递 ……… 409
16.5 SIMATIC S7-1500 CPU的路由编程功能 ……… 410
16.6 比较功能 ……… 412
16.6.1 离线/在线比较 ……… 412
16.6.2 离线/离线比较 ……… 413
16.7 使用程序编辑器调试程序 ……… 414
16.7.1 调试LAD/FBD程序 ……… 414
16.7.2 调试STL程序 ……… 415
16.7.3 调试SCL程序 ……… 416
16.7.4 调用环境功能 ……… 417
16.8 使用监控表进行调试 ……… 418
16.8.1 创建监控表并添加变量 ……… 418
16.8.2 变量的监控和修改 ……… 419
16.8.3 强制变量 ……… 420
16.9 硬件诊断 ……… 421
16.9.1 硬件的诊断图标 ……… 421
16.9.2 模块的在线与诊断功能 ……… 422
16.9.3 更新硬件固件版本 ……… 423
16.10 使用仿真器SIMATIC S7-PLCSIM测试用户程序 ……… 425
16.10.1 启动SIMATIC S7-1500 PLC的仿真器 ……… 425
16.10.2 创建SIM表格 ……… 427
16.10.3 创建序列 ……… 427
16.10.4 仿真通信功能 ……… 428
16.11 S7-PLCSIM Advanced仿真器 ……… 428
16.11.1 S7-PLCSIM Advanced与S7-PLCSIM的区别 ……… 429
16.11.2 S7-PLCSIM Advanced的通信路径 ……… 430
16.11.3 S7-PLCSIM Advanced分布式通信路径的设置 ……… 432
16.11.4 使用操作面板创建虚拟PLC实例 ……… 433
16.11.5 程序下载到S7-PLCSIM Advanced ……… 434
16.11.6 S7-PLCSIM Advanced的API ……… 436

16.12 使用 Trace 跟踪变量 …… 438
16.12.1 配置 Trace …… 438
16.12.2 Trace 的操作 …… 441
16.12.3 使用 Web 浏览器查看 Trace …… 442
**第17章 团队工程 …… 444**
17.1 团队工程的解决方案 …… 444
17.2 多用户项目的部署及功能 …… 445
17.3 多用户功能的许可证管理 …… 446
17.4 使用多用户功能进行工程组态 …… 447
17.4.1 创建用户账户 …… 447
17.4.2 安装多用户服务器 …… 448
17.4.3 在多用户服务器中添加用户账户 …… 450
17.4.4 添加与多用户服务器的连接 …… 451
17.4.5 上传多用户项目到服务器 …… 452
17.4.6 创建本地会话 …… 454
17.4.7 本地会话的操作 …… 455
17.4.8 多用户项目管理 …… 458
17.5 单用户项目的联合调试功能 …… 459
17.6 多用户项目的联合调试功能 …… 462
17.7 导出多用户项目作为单用户项目 …… 464
**第18章 浅谈 PLC 的规范化建设 …… 465**
18.1 规范化建设的工作流程 …… 465
18.2 规范化的优点 …… 466
18.3 PLC 硬件的规范化 …… 466
18.4 PLC 软件的规范化 …… 467
18.4.1 分配符号名称 …… 467
18.4.2 符号表层级化 …… 468
18.4.3 控制对象的拆分 …… 468
18.4.4 程序块接口的定义 …… 469
18.4.5 编程语言的选择 …… 470
18.4.6 程序的层级化和调用顺序 …… 471
18.4.7 数据的存储 …… 471
18.5 库功能 …… 472
18.5.1 库的基本信息 …… 473
18.5.2 项目库类型的使用 …… 474
18.5.3 项目库模板副本的使用 …… 477
18.5.4 全局库的使用 …… 479
18.5.5 企业库功能 …… 480
18.6 用户自定义帮助 …… 482
18.7 SiVArc …… 486
18.7.1 SiVArc 的应用 …… 486
18.7.2 SiVArc 对 PLC 程序架构的要求 …… 486
18.7.3 使用 SiVArc 生成 HMI 画面示例 …… 488
18.7.4 变量规则示例 …… 493
18.7.5 布局的示例 …… 494
18.8 TIA Portal Openness 简介 …… 496
**第19章 打印和归档程序 …… 498**
19.1 打印简介 …… 498
19.1.1 打印设置 …… 498
19.1.2 框架和封面 …… 500
19.1.3 文档信息 …… 502
19.1.4 打印预览 …… 502
19.2 程序归档简介 …… 503
19.2.1 程序归档的方式 …… 503
19.2.2 项目恢复 …… 504
**第20章 移植 SIMATIC S7-300/400 PLC 项目到 SIMATIC S7-1500 PLC …… 505**
20.1 SIMATIC S7-300/400 PLC 项目移植到 SIMATIC S7-1500 PLC 简介 …… 505
20.2 移植 SIMATIC S7-300/400 PLC 项目的限制 …… 505
20.2.1 硬件限制 …… 505
20.2.2 功能限制 …… 505
20.2.3 集成项目的注意事项 …… 506
20.3 项目移植的前期准备工作 …… 506
20.4 在 STEP7 V5.5 中对原项目进行检查 …… 507
20.5 移植 STEP7 V5.5 的 SIMATIC S7-300/400 PLC 项目到 TIA 博途软件 …… 509
20.6 移植 TIA 博途软件中的 SIMATIC S7-300/400 PLC 项目到 SIMATIC S7-1500 PLC …… 510
20.7 移植需要注意的问题 …… 512
20.7.1 组织块与系统函数/函数块的移植 …… 512
20.7.2 数据类型不匹配 …… 514
20.7.3 无效浮点数的处理 …… 515
20.7.4 诊断地址的变化 …… 516
20.7.5 函数块参数的自动初始化 …… 516

20.7.6　系统状态信息的查询 ……………… 517
20.7.7　SIMATIC S7-300 CPU、SIMATIC S7-1500 中 CPU 与 HMI 通信的差异 …… 517
20.7.8　Any 指针的移植 …………………… 519
20.7.9　逻辑运算顺序和跳转 ……………… 519
20.7.10　累加器以及相关指令的移植 … 520
20.7.11　编程语言转换时累加器值的传递 ……………………………… 520
20.7.12　块调用时状态字信息的传递 … 521
**附录　寻求帮助** ………………………………… 523
**参考文献** ……………………………………… 526

# 中英文术语对照

| | 英文全称 | 中文注释 |
|---|---|---|
| ASI | Actuator-Sensor Interface | 执行器-传感器接口。用于执行器-传感器分散于机器或工厂内的场合。符合EN 50295标准 |
| CM | Communication Module | 通信模块，功能上与CP有些区别 |
| CP | Communication Processor | 通信处理器 |
| CPU | Central Processor Unit | 中央处理单元 |
| DB | Data Block | 数据块 |
| DCP | Detect Configuration Protocol | 侦测配置协议 |
| DIN | | 德国标准化学会 |
| Display | | 显示屏 |
| EIB | European Installation Bus | 楼宇自动化标准（EN 50090，ANSI EIA 776），在楼宇自动化系统中应用总线技术，只用一根通用的电缆就能控制、监视和报告所有的运行功能和状态 |
| FB | Function Block | 函数块 |
| FBD | Function Block Diagram | 功能块图编程语言 |
| FC | Function | 函数 |
| FDL | Fieldbus Data Link | 现场总线数据链路。PROFIBUS协议第2层，也是ISO参考模型的第2层。现场总线数据链路由现场总线链路控制（FCL）和介质访问控制（MAC）组成 |
| Graph | | 图形化编程语言 |
| GSD | General Station Description | PROFIBUS/PROFINET站点的描述文件 |
| HMI | Human Machine Interface | 人机界面 |
| HSC | High Speed Counter | 高速计数器 |
| HTML | Hyper Text Markup Language | 超文本标记语言 |
| HTTP | Hyper Text Transport Protocol | 超文本传输协议 |
| HTTPS | Hypertext Transfer Protocol Secure | 安全的超文本传输协议 |
| IE FC TP | Industry Ethernet Fast Connection Twisted Pair | 工业以太网快速连接双绞线 |
| IPv4 | Internet Protocol version 4 | IP协议v4版 |
| IPv6 | Internet Protocol version 6 | IP协议v6版 |

| | | |
|---|---|---|
| IRT | Isochronous Real-Time | 等时实时通信 |
| ISO | Transport | 使用ISO标准的通信协议 |
| ISO-on-TCP | | 使用ISO-on-TCP标准的通信协议，具有网络路由功能 |
| ITP | Industry Twisted Pair | 工业双绞线 |
| Java | | Sun公司推出的一种应用程序开发语言 |
| LAD | Ladder Logic | 梯形图编程语言 |
| LLDP | Link Layer Discovery Protocol | 链路层发现协议 |
| MAC | Media Access Control | 介质访问控制，或称为物理地址、硬件地址，用来定义网络设备的位置 |
| MES | Manufacture Execute System | 制造执行系统 |
| MMC | Micro Memory Card | 微存储卡，用于S7-300 PLC的装载存储器 |
| MPI | Multi-Point Interface | S7-300/400的编程接口 |
| MRES | Memory Reset | 存储器复位 |
| MRP | Media Redundancy Protocol | 用于PROFINET IO网络的介质冗余 |
| NTP | Network Time Protocol | 网络时间协议 |
| OB | Organization Block | 组织块 |
| OLM | Optical Link Module | 光链路模块 |
| OPC | OLE for Process Control | 用于过程控制的OLE，OPC规范定义了一个工业标准接口 |
| OS | Operation System | 操作系统 |
| OUC | Open User Communication | 开放式用户通信，包含ISO、ISO-on-TCP、TCP、UDP等通信服务 |
| PCF | Polymer Cladded Fiber | 塑料包层光纤 |
| PG/OP | Programming Device/Operator Panel | 编程器/操作面板 |
| PID | Proportional-Integral-Derivative | 比例-积分-微分 |
| PII | Process Image Input | 过程映像区输入 |
| PIP | Process Image partition | 过程映像区分区 |
| PIQ | Process Image Output | 过程映像区输出 |
| PM | Power Module | 电源模块用于负载供电 |
| POF | Plastic Optical Fiber | 塑料光纤 |
| PROFIBUS | PROcess FIeld BUS | 过程现场总线。符合现场总线国际标准和欧洲过程现场总线系统标准（IEC 61158/EN50170 V.2），可提供功能强大的过程和现场通信，适合于自动化工厂中单元级和现场级符合PROFIBUS标准的自动化系统和现场设备的数据通信网络。PROFIBUS可以使用通信协议FMS、DP、PA进行通信 |
| PROFINET | International | 由PROFIBUS国际组织（PROFIBUS PI） |

| | | 推出，是新一代基于工业以太网技术的自动化总线标准 |
|---|---|---|
| PS | Power Supply | 系统电源 |
| PtP | Point to Point | 点对点通信 |
| PWM | Pulse Width Modulation | 脉冲宽度调制 |
| RSE | Report System Error | 报告系统错误 |
| SCL | Structured Control Language | 结构化控制语言，基于PASCAL高级编程语言，符合IEC 61131-3标准，用于复杂的算法和数据处理任务 |
| SM | Signal Module | 信号模块，用于CPU连接外部信号 |
| SMC | SIMATIC Memory Card | SIMATIC存储卡，用于S7-1200/1500系列PLC |
| SSC | SOFTNET Security Client | 用于PC与SCALANCE S/M及带安全功能的CP卡建立安全的通信软件 |
| SSI | Synchronous Serial Interface | 同步串行接口，这里指绝对值编码器信号方式 |
| STL | Statement List | 语句表编程语言 |
| TCP/IP | TCP/IP-Transmission Control Protocol/Internet Protocol | 用于网络的一组标准通信协议 |
| TIA | Totally Integrated Automation | 全集成自动化 |
| TM | Technology Module | 工艺模板 |
| TO | Technology Object | 工艺对象 |
| UDP | User Datagram Protocol | 用户数据报协议 |
| UTC | Universal Time Coordinated | 世界调整时间 |
| VPN | Virtual Private Network | 虚拟专用网络 |
| WDS | Wireless Distribution System | 无线分布系统 |

# 第1章　TIA博途

为了应对日益严峻的国际竞争压力，机器制造商在其产品的整个生命周期中，优化工厂设备的性能具有前所未有的重要性。优化可以降低产品总体成本，缩短产品上市时间，并进一步提高产品质量。质量、时间和成本之间的平衡是工业领域决定性的成功因素，这一点表现得比以往任何时候都要突出。

全集成自动化基于西门子丰富的产品系列和优化的自动化系统，遵循工业自动化领域的国际标准，着眼于满足先进自动化理念的所有需求，并结合系统的完整性和对第三方系统的开放性，为各行业应用领域提供整体的自动化解决方案。

TIA博途（Totally Integrated Automation Portal）软件将全部自动化组态设计工具完美地整合在一个开发环境之中。这是软件开发领域的一个里程碑，是工业领域第一个带有“组态设计环境”的自动化软件。

## 1.1　TIA博途简介

TIA博途为全集成自动化的实现提供了统一的工程平台，如图1-1所示。用户不仅可以将组态和程序编辑应用于通用控制器，也可以应用于具有Safety功能的安全控制器。除此之外，还可以将组态应用于可视化的WinCC等人机界面操作系统和SCADA（监控与数据采集）系统。通过在TIA博途中集成应用于驱动装置的Startdrive软件，可以对SINAMICS系列驱动产品配置和调试。结合面向运动控制的SCOUT软件，还可以实现对SIMOTION运动控制器的组态和程序编辑。

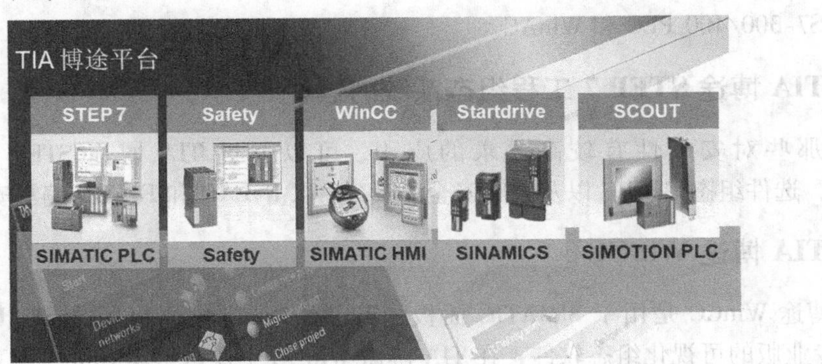


图1-1　TIA博途平台

## 1.2　TIA博途软件的构成

TIA博途软件包含TIA博途STEP 7、TIA博途WinCC、TIA博途Startdrvie和TIA博途SCOUT。用户可以购买独立的产品，例如单独购买TIA博途STEP 7 V15，也可以购买多种产品的组合，如购买 TIA 博途 WinCC Advanced V15 和 STEP 7 Basic V15。任一产品中都已包含 TIA 博途平台系统，以便于与其他产品的集成。TIA 博途 STEP 7 和 TIA 博途 WinCC 等所具有的功能和覆盖的产品范围如图 1-2 所示。

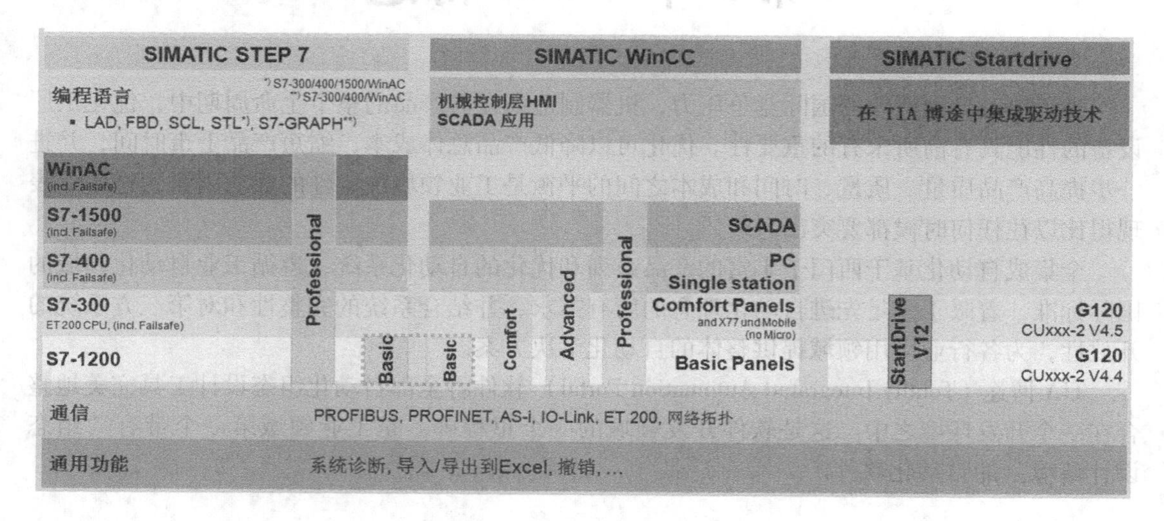


图 1-2　TIA 博途的产品版本一览

### 1.2.1　TIA 博途 STEP 7

TIA 博途 STEP 7 是用于组态 SIMATIC S7-1200 PLC、SIMATIC S7-1500 PLC、SIMATIC S7-300/400 PLC 和 WinAC 控制器系列的工程组态软件。

TIA 博途 STEP 7 包含两个版本：

1）TIA 博途 STEP 7 基本版，用于组态 SIMATIC S7-1200 PLC 控制器。

2）TIA 博途 STEP 7 专业版，用于组态 SIMATIC S7-1200 PLC、SIMATIC S7-1500 PLC、SIMATIC S7-300/400 PLC 和 WinAC。

### 1.2.2　TIA 博途 STEP 7 工程组态系统的选件

对于那些对安全性有较高要求的应用，可以通过 TIA 博途 STEP 7 Safety Basic/Advanced，选件组态 F-CPU 以及故障安全 I/O，并以 F-LAD 和 F-FBD 编写安全程序。

### 1.2.3　TIA 博途 WinCC

TIA 博途 WinCC 是用于 SIMATIC 面板、WinCC Runtime 高级版或 SCADA 系统 WinCC Runtime 专业版的可视化组态软件，在 TIA 博途 WinCC 中还可组态 SIMATIC 工业 PC 以及标准 PC 等 PC 站系统。

TIA 博途 WinCC 包含 4 个版本：

1）TIA 博途 WinCC 基本版，用于组态精简系列面板。在 TIA 博途 STEP 7 中已包含此版本。

2）TIA 博途 WinCC 精智版，用于组态所有面板（包括精简面板、精智面板和移动面板）。

3）TIA 博途 WinCC 高级版，用于组态所有面板以及运行 TIA 博途 WinCC Runtime 高级版的 PC。

4）TIA 博途 WinCC 专业版，用于组态所有面板以及运行 TIA 博途 WinCC Runtime 高级版或 SCADA 系统 TIA 博途 WinCC Runtime 专业版的 PC。TIA 博途 WinCC Runtime 专业版是一种用于构建组态范围从单站系统到多站系统（包括标准客户端 Web 客户端）的 SCADA 系统。

**注意：**TIA 博途 WinCC 高版本的软件包含低版本软件的所有功能，例如 TIA 博途 WinCC 专业版包含 TIA 博途 WinCC 高级版和 TIA 博途 WinCC 精智版的全部功能。

使用 TIA 博途 WinCC 高级版或 TIA 博途 WinCC 专业版还可以组态 SINUMERIK PC 以及使用 SINUMERIK HMI Pro SL RT 或 SINUMERIK Operate WinCC RT 基本版的 HMI 设备。

### 1.2.4 TIA 博途 WinCC 工程组态系统和运行系统的选件

SIMATIC 面板、TIA 博途 WinCC Runtime 高级版以及 TIA 博途 WinCC Runtime 专业版都包含操作员监控机器或设备的所有基本功能。此外，对应面板或不同版本的 TIA 博途 WinCC Runtime，可通过增加不同的附加选件进一步扩展新的功能。

**1. 精智面板、移动面板和多功能面板选件**

1）TIA 博途 WinCC Sm@ rtServer（远程操作）。

2）TIA 博途 WinCC Audit（受管制的、应用的审计跟踪和电子签名）。

3）SIMATIC Logon。

**2. TIA 博途 WinCC Runtime 高级版选件**

1）TIA 博途 WinCC Sm@ rtServer（远程操作）。

2）TIA 博途 WinCC Recipes（配方系统）。

3）TIA 博途 WinCC Logging（记录过程值和报警）。

4）TIA 博途 WinCC Audit（受管制的、应用的审计跟踪）。

5）SIMATIC Logon。

6）TIA 博途 WinCC ControlDevelopment（通过视客户具体情况而定的控件进行扩展）。

**3. TIA 博途 WinCC Runtime 专业版选件**

1）TIA 博途 WinCC Client（可构建多站系统的标准客户端）。

2）TIA 博途 WinCC Server（对 WinCC Runtime 的功能进行了补充，使之包括服务器功能）。

3）WinCC Client for Runtime Professional ASIA。

4）TIA 博途 WinCC Recipes（配方系统，以前称为 WinCC/用户归档）。

5）TIA 博途 WinCC Logging（记录过程值和报警）。

6）SIMATIC Logon。

7）WinCC Redundancy。

8）TIA 博途 WinCC WebNavigator（基于 Web 服务器的操作员监控）。

9）TIA 博途 WinCC DataMonitor（显示和评估过程状态和历史数据）。

10）TIA 博途 WinCC ControlDevelopment（通过视客户具体情况而定的控件进行扩展）。

## 1.3　TIA 博途的安装

### 1.3.1　硬件要求

表1-1列出了安装TIA博途SIMATIC STEP 7 Professional软件包对计算机硬件的推荐配置。

表1-1　计算机硬件推荐配置

| 硬　件 | 要　求 |
| --- | --- |
| 处理器 | Intel® Core™ i5-6440EQ（最高3.4GHz）及以上 |
| 显示器 | 15.6″全高清显示器，分辨率1920×1080 |
| RAM | 16GB或更多（对于大型项目，为32GB） |
| 硬盘 | SSD，配备至少50GB的存储空间 |

### 1.3.2　支持的操作系统

TIA博途STEP 7 V15基本版和TIA博途STEP 7 V15专业版分别支持的操作系统见表1-2。

表1-2　支持的操作系统

| 操　作　系　统 | |
| --- | --- |
| Windows 7（64位） | Windows 7 专业版 SP1<br>Windows 7 企业版 SP1<br>Windows 7 旗舰版 SP1 |
| Windows 10（64位） | Windows 10 专业版 V1709<br>Windows 10 专业版 V1803<br>Windows 10 企业版 V1709<br>Windows 10 企业版 V1803<br>Windows 10 企业版 2016 LTSB<br>Windows 10 IoT 旗舰版 2015 LTSB<br>Windows 10 IoT 旗舰版 2016 LTSB |
| Windows Server（64位） | Windows Server 2008 R2 StdE SP1（仅STEP 7 V13专业版1）<br>Windows Server 2012 R2 StdE（完全安装） |

### 1.3.3　安装步骤

软件包通过安装程序自动安装。将安装盘插入光盘驱动器后，安装程序便会立即启动。如果通过硬盘上的软件安装包安装，应注意：勿在安装路径中使用或者包含任何使用UNICODE编码的字符（例如，中文字符）。

1. 安装要求

1）PG/PC的硬件和软件满足系统要求。

2）具有计算机的管理员权限。

3）关闭所有正在运行的程序。

**2. 安装步骤**

以 TIA 博途 V15.1 为例，将安装盘插入光盘驱动器。安装程序将自动启动（除非在计算机上禁用了自动启动功能），如图 1-3 所示。

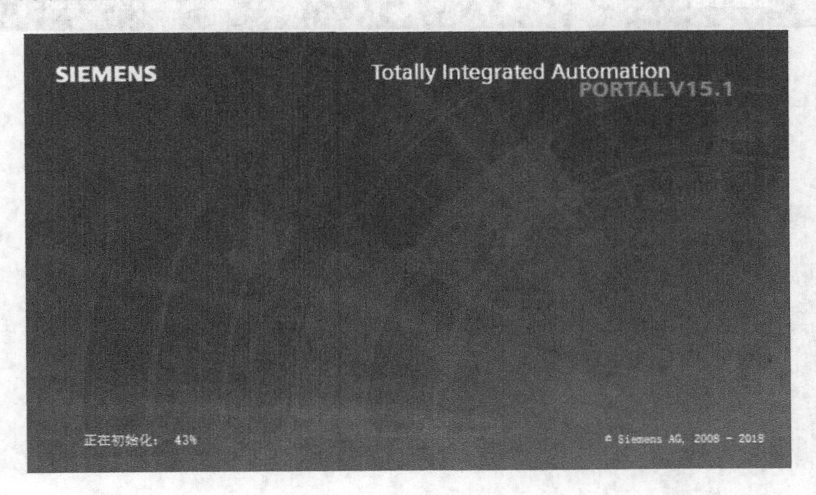


图 1-3　安装程序启动

1）如果安装程序没有自动启动，则可通过双击“Start. exe”文件，手动启动。之后，在选择安装语言的对话框中，选择安装过程中的界面语言，例如中文，如图 1-4 所示。

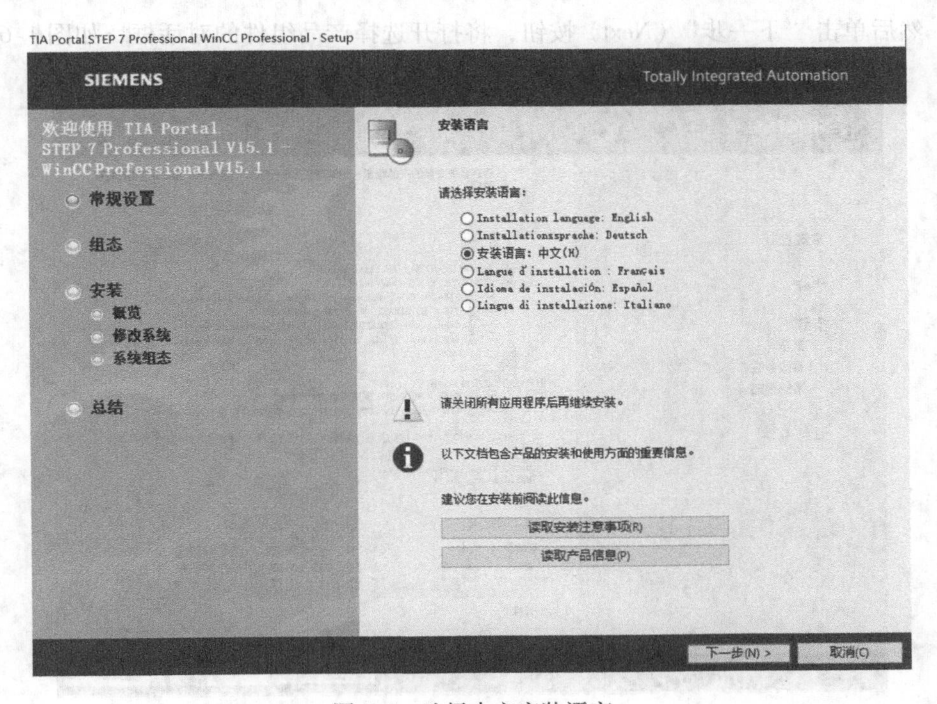


图 1-4　选择中文安装语言

2）在安装过程中，先选择阅读安装注意事项或产品信息。之后，单击“下一步”（Next）按钮。在打开的选择产品语言的对话框中，选择 TIA 博途软件的用户界面要使用的语言。将“英语”（English）作为基本产品语言进行安装，不可取消，如图 1-5 所示。

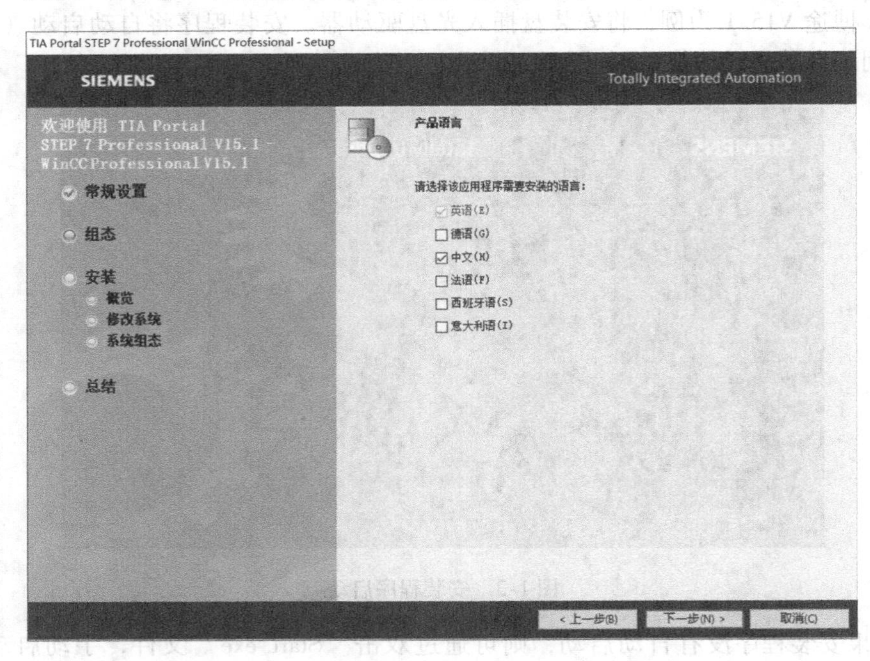


图 1-5　选择产品语言

3）然后单击“下一步”（Next）按钮，将打开选择产品组件的对话框，如图 1-6 所示。

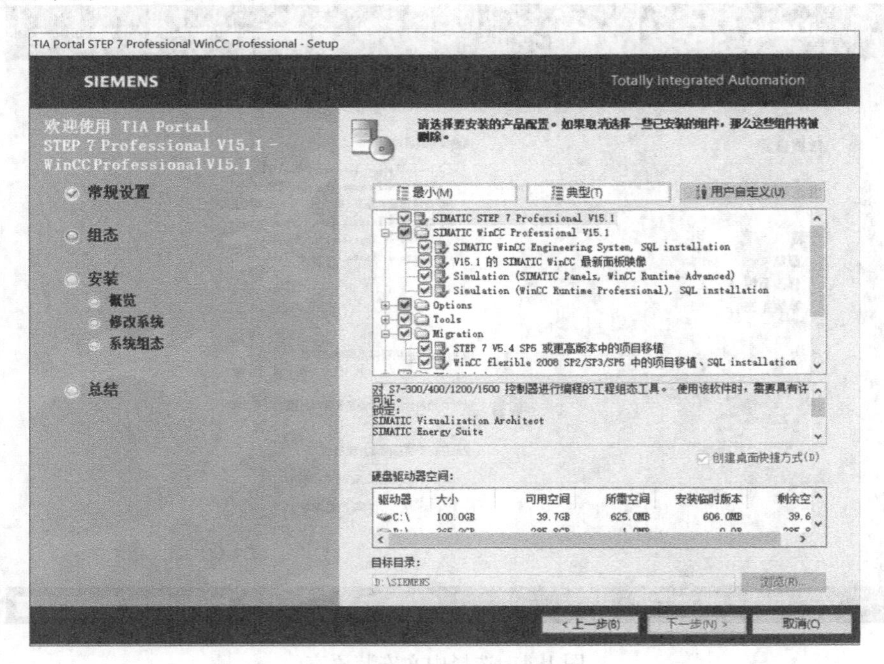


图 1-6　安装配置

若要以最小配置安装程序，则单击“最小”（Minimal）按钮；若要以典型配置安装程序，则单击“典型”（Typical）按钮；若自主选择需要安装的组件，请单击“用户自定义”（User-defined）按钮。然后勾选需要安装的产品所对应的复选框。

若在桌面上创建快捷方式，请选中“创建桌面快捷方式”（Create desktop shortcut）复选框；若要更改安装的目标目录，请单击“浏览”（Browse）按钮。安装路径的长度不能超过89个字符。

**注意：** 为了保证安装速度和减少软件的空间，在TIA博途V15.1软件中，将TIA博途STEP 7和TIA博途WinCC集成在一起，若不需要TIA博途WinCC，可以取消勾选。

4）单击“下一步”（Next）按钮，打开许可证条款对话框。若要继续安装，请阅读并接受所有许可协议，单击“下一步”（Next）按钮，如图1-7所示。

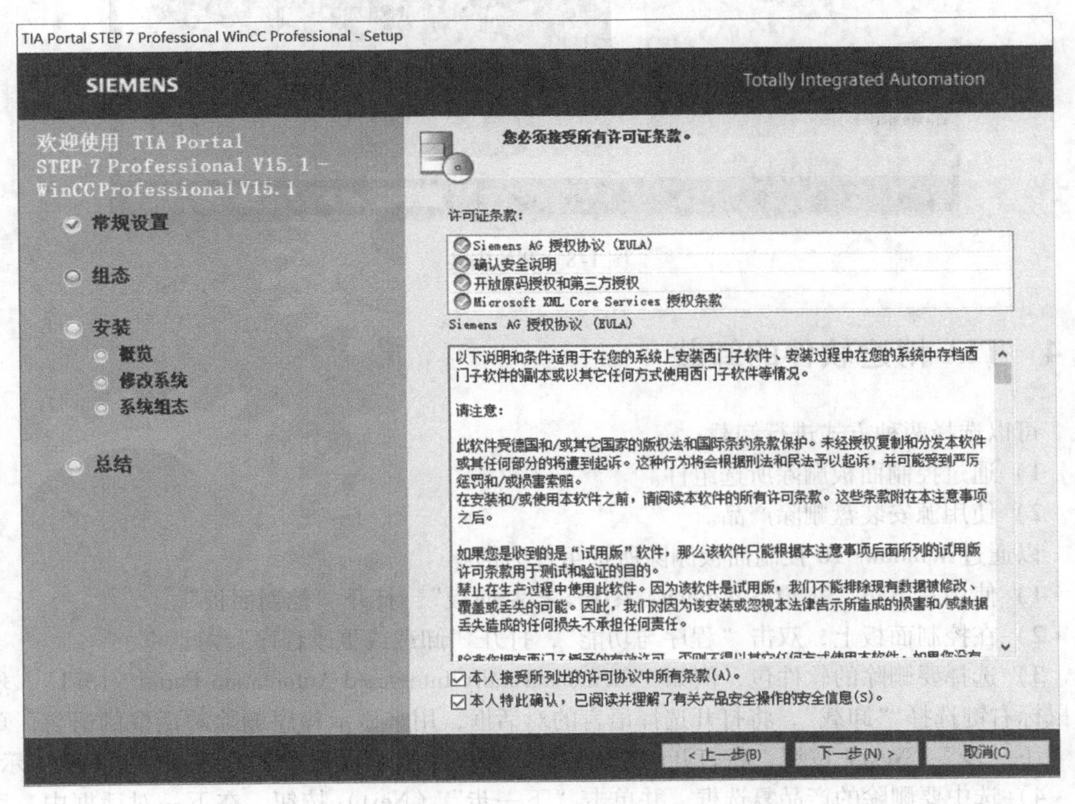


图1-7 许可证条款确认

如果在安装TIA博途时需要更改安全和权限设置，则打开安全控制对话框，接受对安全和权限设置的更改后，单击“下一步”（Next）按钮。下一对话框将显示安装设置概览，单击“安装”（Install）按钮，安装随即启动，如图1-8所示。

如果安装过程中未在PC上找到许可密钥，可以通过从外部导入的方式将其传送到PC中。如果跳过许可密钥传送，稍后可通过Automation License Manager进行注册。安装过程中可能需要重新启动计算机。在这种情况下，请选择“是，立即重启计算机”（Yes，restart my computer now）选项按钮。然后，单击“重启”（Restart）按钮，直至安装完成。

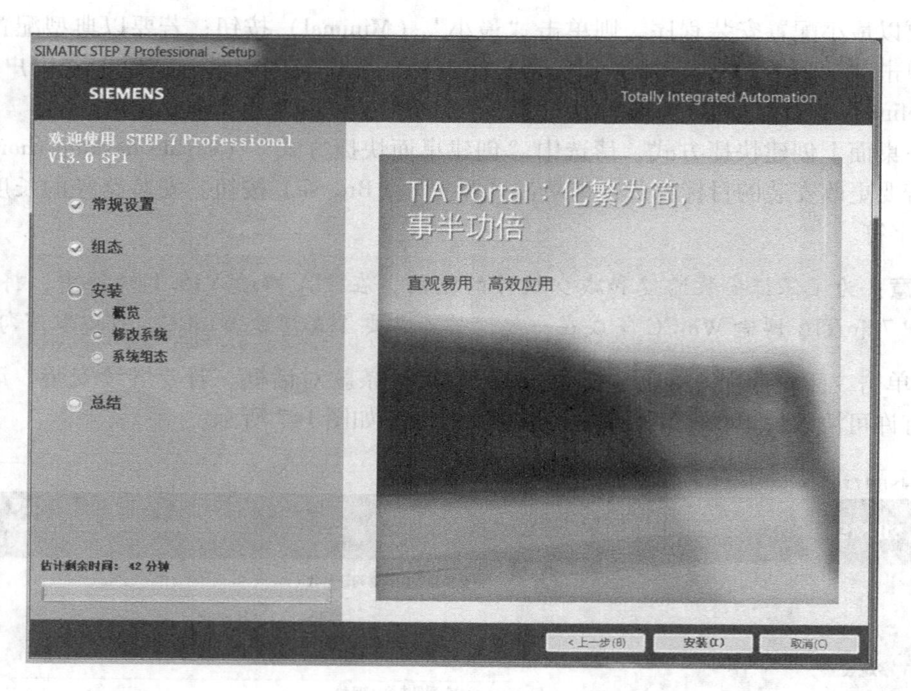


图 1-8　开始安装

## 1.4　TIA 博途软件的卸载

可以选择两种方式进行卸载：

1）通过控制面板删除所选组件。

2）使用源安装盘删除产品。

以通过 Windows 10 控制面板删除所选组件为例：

1）使用左下角“视窗 > Windows 系统 > 控制面板”，打开“控制面板”。

2）在控制面板上，双击“程序与功能”，打开“卸载或更改程序”对话框。

3）选择要删除的软件包，例如“Siemens Totally Integrated Automation Portal V15.1”，然后鼠标右键选择“卸载”，将打开选择语言的对话框，用来显示程序删除对话框的语言。单击“下一步”（Next）按钮，将打开一个对话框，供用户选择要删除的产品，如图 1-9 所示。

4）选中要删除的产品复选框，并单击“下一步”（Next）按钮。在下一对话框中，用户可以检查要删除的产品列表。若要进行任何更改，请单击“上一步”（Back）按钮；若确认没有问题，则单击“卸载”（Uninstall）按钮，删除所选软件。

5）在软件卸载过程中可能需要重新启动计算机，在这种情况下，请选择“是，立即重启计算”（Yes，restart my computer now）选项按钮。然后，单击“重启”（Restart）按钮。卸载完成后，单击“关闭”按钮完成软件的卸载。也可使用安装盘卸载软件，即将安装盘插入相应的驱动器。安装程序将自动启动（除非在 PG/PC 上禁用了自动启动功能），如果安装程序没有自动启动，则可通过双击“Start.exe”文件，手动启动。其他步骤与从控制面板卸载方式一致。

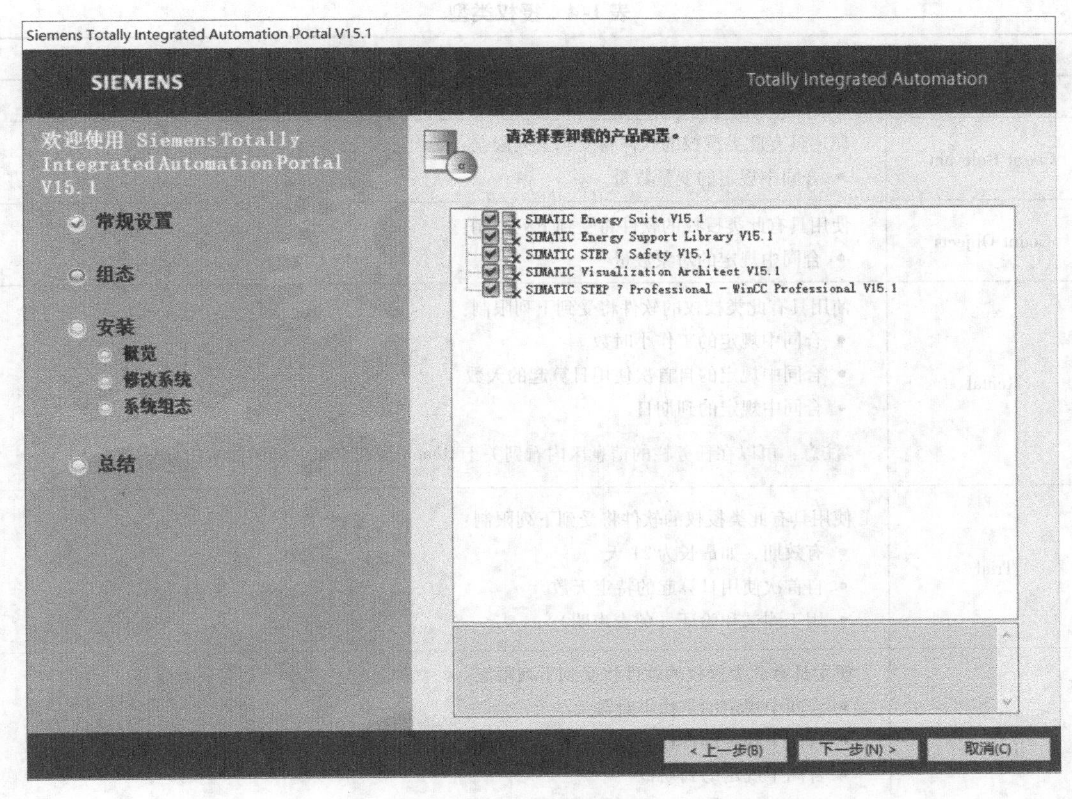


图 1-9　选择删除的产品

## 1.5　授权管理功能

### 1.5.1　授权的种类

授权管理器是用于管理授权密钥（许可证的技术实现，授权也称许可证）的软件。使用授权密钥的软件产品自动将许可证要求报告给授权管理器。当授权管理器发现该软件的有效授权密钥时，用户便可根据最终用户授权协议的规定使用该软件。

西门子软件产品有不同类型的授权，见表 1-3 和表 1-4。

表 1-3　标准授权类型

| 标准授权类型 | 描　述 |
| --- | --- |
| Single | 使用该授权，软件可以在任意一台单 PC（使用本地硬盘中的授权）上使用 |
| Floating | 使用该授权，软件可以安装在服务器的计算机上，同时只能被一个客户端用户使用 |
| Master | 使用该授权，软件可以不受任何限制 |
| 升级类型授权 | 利用 Upgrade 许可证，可将旧版本的许可证转换成新版本。升级十分必要，例如需要使用新版软件的新功能 |

表1-4 授权类型

| 授权类型 | 描 述 |
|---|---|
| 无限制 | 使用具有此类授权的软件可不受限制 |
| Count Relevant | 使用具有此类授权的软件将受到下列限制：<br>• 合同中规定的变量数量 |
| Count Objects | 使用具有此类授权的软件将受到下列限制：<br>• 合同中规定的对象数量 |
| Rental | 使用具有此类授权的软件将受到下列限制：<br>• 合同中规定的工作小时数<br>• 合同中规定的自首次使用日算起的天数<br>• 合同中规定的到期日<br>注意：可以在任务栏的信息区内看到关于Rental授权剩余时间的简短信息 |
| Trial | 使用具有此类授权的软件将受到下列限制：<br>• 有效期，如最长为21天<br>• 自首次使用日算起的特定天数<br>• 用于测试和验证（免责声明） |
| Demo | 使用具有此类授权的软件将受到下列限制：<br>• 合同中规定的工作小时数<br>• 合同中规定的自首次使用日算起的天数<br>• 合同中规定的到期日<br>注意：可以在任务栏的信息区内看到关于演示版授权剩余时间的简短信息 |

## 1.5.2 授权管理器（ALM）

在安装TIA博途软件时，必须安装授权管理器。授权管理器可以传递、检测或删除授权，操作界面如图1-10所示。

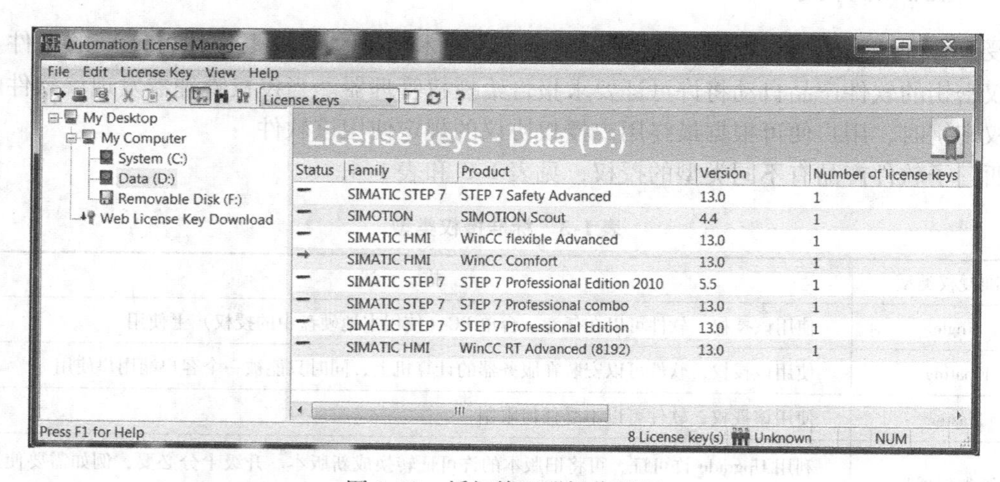


图1-10 授权管理器操作界面

### 1.5.3 安装许可证密钥

将授权盘带有USB接口（目前是这样的方式，早期使用3.5英寸软盘），可以插入PC的USB接口上，在安装软件产品期间安装授权密钥，或者在安装结束后使用授权管理器进行转移操作。在授权管理软件中，可以通过拖拽的方式将授权从授权盘中转移到目标硬盘。

如果TIA博途部署在共有/私有云端，需要在本地PC和云端PC都安装授权管理器，在云端PC的TIA Administrator（桌面）选择“License management”，需要取消激活“Do not permit license transfer to local computer”选项（默认设置为取消激活，当安装了SIMATIC Logon且选择了“激活SIMATIC Logon访问保护”复选框后，这些复选框才会激活），然后设置访问端口，例如4410，激活“Permit remote connection”选项，如图1-11所示。

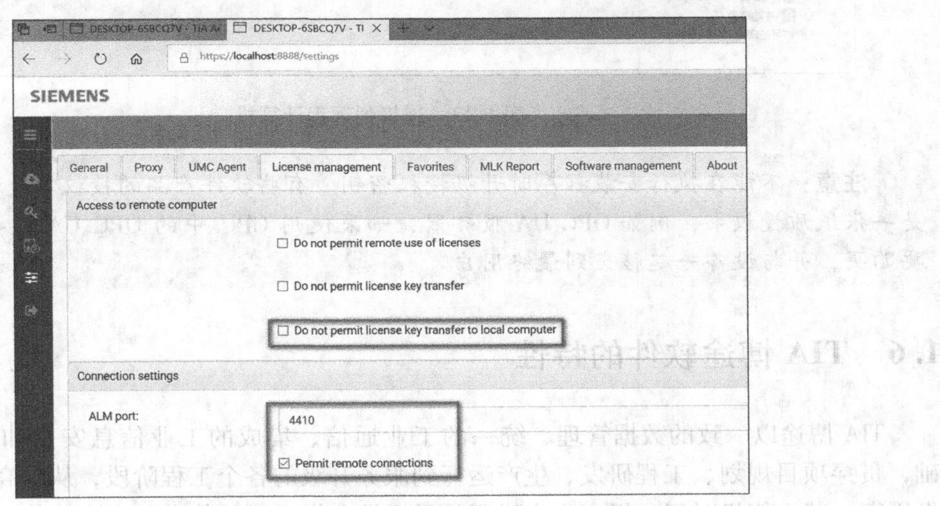


图1-11 授权管理器的设置

同样在本地PC中取消激活“Do not permit license key transfer”选项。双击打开“授权管理器ALM”，选择路径“编辑”→“连接计算机”，打开配置窗口，如图1-12所示。

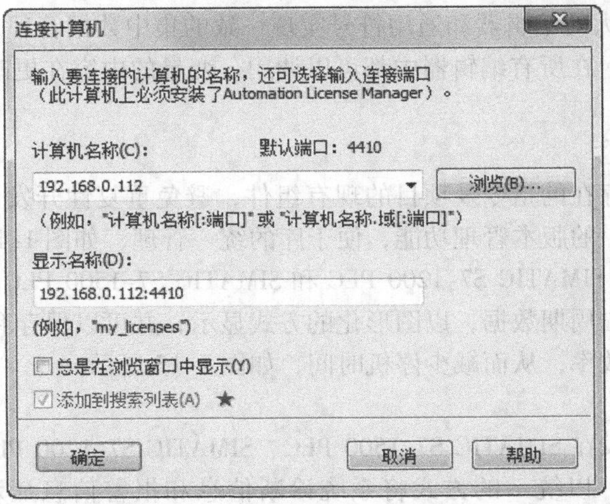

连接计算机

输入要连接的计算机的名称，还可选择输入连接端口（此计算机上必须安装了Automation License Manager）。

计算机名称(C)： 默认端口：4410

192.168.0.112 浏览(B)...

（例如，"计算机名称[:端口]"或"计算机名称.域[:端口]"）

显示名称(D)：

192.168.0.112:4410

(例如，"my_licenses")

总是在浏览窗口中显示(Y)

添加到搜索列表(A)

确定 取消 帮助

图1-12 连接远程计算机

键入需要连接 PC 的 IP 地址和端口号，单击“确定”按钮，连接到远端的计算机，然后将所需要的授权拖拽到远程计算机相应的硬盘中，如图 1-13 所示。

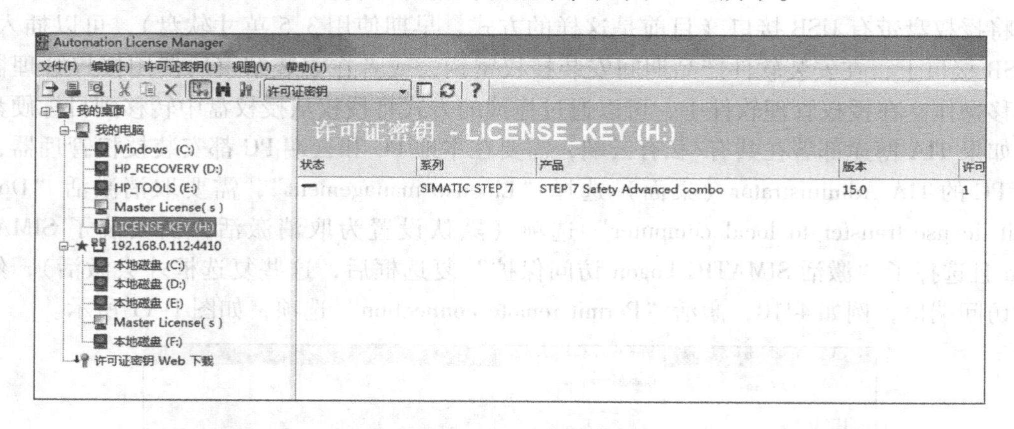


图 1-13　连接到远程计算机

**注意**：不能在执行安装程序时升级授权密钥。有些软件产品的授权不是授权盘形式而是一张纸质授权书，例如 OPC UA 服务器，如果使用 CPU 中的 OPC UA 服务器功能，需要购买，并与设备一起移交到最终用户。

## 1.6　TIA 博途软件的特性

TIA 博途以一致的数据管理、统一的工业通信、集成的工业信息安全和功能安全为基础，贯穿项目规划、工程研发、生产运行到服务升级的各个工程阶段，从提高效率、缩短开发周期、减少停机时间、提高生产过程的灵活性和提升项目信息的安全性等各个方面，为用户时时刻刻创造着价值：

（1）使用统一操作概念的集成工程组态

过程自动化和过程可视化“齐头并进”。

（2）通过功能强大的编辑器和通用符号实现一致的集中数据管理

变量创建完毕后，在所有编辑器中都可以调用。变量的内容在更改或纠正后将自动更新到整个项目中。

（3）全新的库概念

可以反复使用已存在的指令及项目的现有组件，避免重复性开发，缩短项目开发周期。TIA 博途支持“类型”的版本管理功能，便于库的统一管理，如图 1-14 所示。

（4）跟踪 Trace（SIMATIC S7-1200 PLC 和 SIMATIC S7-1500 PLC）

实时记录每个扫描周期数据，以图形化的方式显示，并可以保存和复制，帮助用户快速定位问题，提高调试效率，从而减少停机时间，如图 1-15 所示。

（5）系统诊断

系统诊断功能集成在 SIMATIC S7-1500 PLC、SIMATIC S7-1200 PLC 等 CPU 中，不需要额外资源和程序编辑，以统一的方式将系统诊断信息和报警信息显示于 TIA 博途、HMI、Web 浏览器或 CPU 显示屏中。

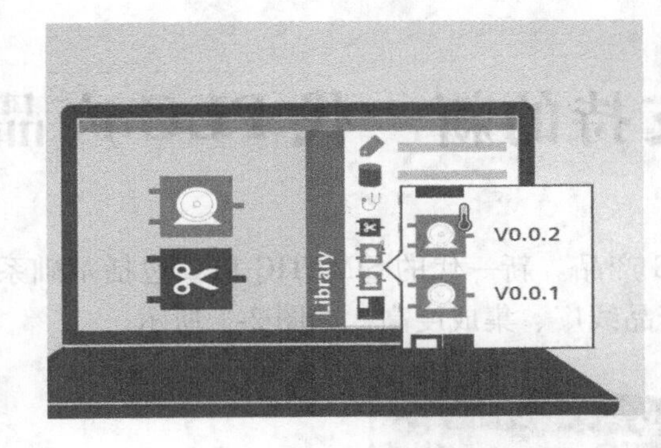


图 1-14　TIA 博途的库

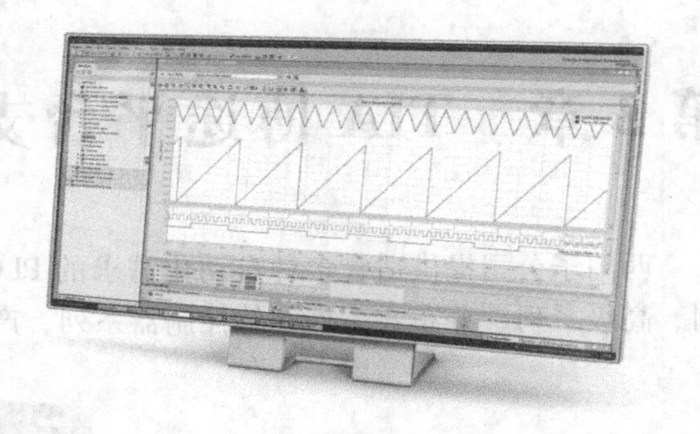

图 1-15　TIA 博途的 Trace

（6）易操作性

TIA 博途中提供了很多优化的功能机制，例如通过拖放的方式，可将变量添加到指令或添加到 HMI 显示界面或添加到库中等，如图 1-16 所示。在变量表中单击变量名称，通过下拉功能可以按地址顺序批量生成变量。用户可以创建变量组，以便于对控制对象进行快速监控和访问。用户也可以自定义常用指令收藏夹。此外，可给程序中每条指令或输入/输出对象添加注释，提高程序的易读性等。

（7）集成信息安全

通过程序专有技术保护、程序与 SMC 卡或 PLC 绑定等安全手段，可以有效地保护用户的投资和知识产权，更加“安全”地操控机器，如图 1-17 所示。

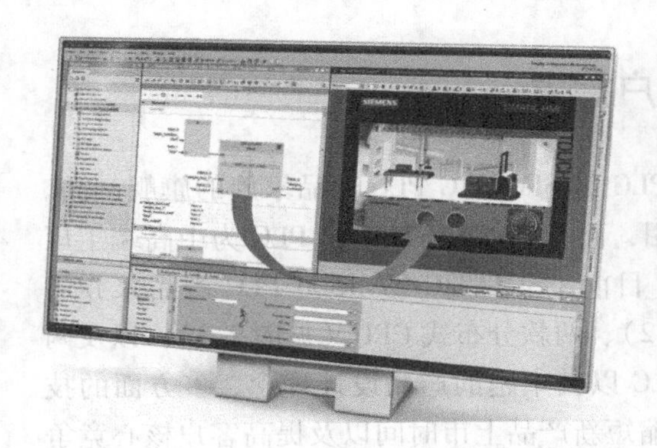


图 1-16　TIA 博途的智能拖放

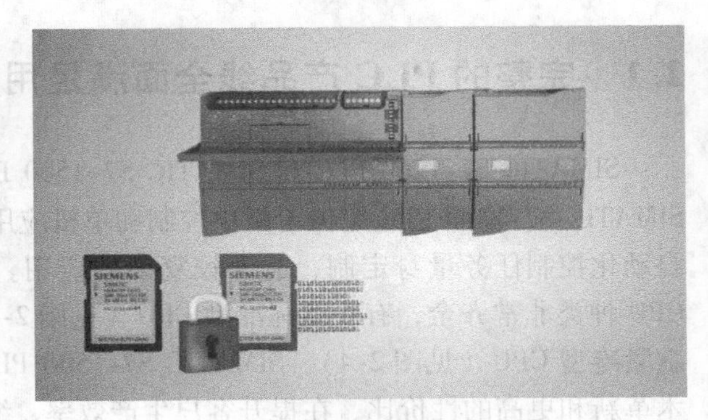


图 1-17　TIA 博途的安全性

# 第2章　TIA博途平台支持的新一代PLC产品

西门子公司提供适合多种自动化需求的PLC产品。新一代的SIMATIC PLC包括基础系列、高级系列、分布式系列和软控制器系列，产品线广、集成度高，如图2-1所示。

图2-1　SIMATIC新一代PLC产品家族

## 2.1　完整的PLC产品线全面满足用户需求

SIMATIC S7-1200 PLC和SIMATIC S7-1500 PLC是SIMATIC PLC产品家族的旗舰产品。SIMATIC S7-1200 PLC定位于简单控制和单机应用，而SIMATIC S7-1500 PLC为中高端工厂自动化控制任务量身定制，适合较复杂的应用。目前，SIMATIC S7-1500 PLC产品家族的CPU种类非常齐全，有6款标准型CPU（见图2-2）、两款分布式CPU（见图2-3），以及两款紧凑型CPU（见图2-4）。SIMATIC S7-1500 PLC以其卓越的产品设计理念、多方面的技术革新和更高的性价比，在提升客户生产效率、缩短新产品上市时间以及提高客户核心竞争力等方面树立了新的标杆，也为实现客户工厂的可持续发展提供强有力的保障。

图2-2　SIMATIC S7-1500 PLC标准型控制器

图2-3　SIMATIC S7-1500 PLC分布式控制器

图2-4　SIMATIC S7-1500 PLC紧凑型控制器

## 2.2　全新分布式和PC-Based自动化解决方案

开放式控制器CPU 1515SP PC（见图2-5）是将PC-based平台与ET 200SP控制器功能相结合的、可靠的和紧凑的控制系统。该控制器可以用于特定的OEM（原始设备制造商）设备以及工厂的分布式控制。ET 200SP开放式控制器是首款集成软控制器、可视化、

图2-5　开放式控制器CPU 1515SP PC

Windows应用和本地 I/O 于一体的小尺寸的单一设备。可以通过 ET 200SP 进行本地扩展，也可以通过 PROFINET 扩展远程 I/O，以适应设备的分布式架构。

SIMATIC S7-1500 PLC 软控制器可运行于 SIMATIC IPC，与 SIMATIC S7-1500 CPU 在软件层面 100% 兼容，操作完全独立于 Windows，具有更高的可用性。该控制器可使用 C/C + + 高级语言编程，适合特定应用的设备使用。

## 2.3 集成功能安全和信息安全

SIMATIC S7-1500 PLC、SIMATIC S7-1200 PLC 和 SIMATIC ET 200SP 产品线均有功能安全型控制器和 I/O 模块（如 SIMATIC S7-1500 F CPU），如图 2-6 所示。使用 TIA 博途 Step 7 Professional V15. 1 软件，外加 TIA 博途 Step 7 Safety Advanced V15. 1 软件包，用户可以在相同的开发环境下，给功能安全型控制器开发标准程序和功能安全相关程序。

所有控制器都有一套详尽的信息安全概念。SIMATIC S7-1500 PLC 具有革新的知识产权保护，最大程度地保护了 OEM 用户的核心利益。

图 2-6 SIMATIC S7-1500 PLC 功能安全型控制器

## 2.4 高效的开发环境

新的 SIMATIC 控制器已无缝集成到 TIA 博途开发框架中，这使得组态、编程和使用新功能更加方便。由于 TIA 博途使用一个共享的数据库，各种复杂的软件和硬件功能可以高效配合，实现各种自动化任务。TIA 博途软件完美地整合 SIMATIC 控制器、HMI、驱动、交换机等，让用户真切地感受到西门子全集成自动化解决方案的高效与创新。使用智能的 TIA 博途平台，可以让用户在自动化系统的编程组态上花费更少的时间和精力，从而更好地关注于自身工艺改进和设备的研发，提高生产效率，提升自身品牌价值，在激烈的市场竞争中抢占先机。

# 第3章　SIMATIC S7-1500 PLC控制系统的硬件组成

一个简单的控制系统包括 CPU、输入/输出模块、通信模块以及 HMI 等。CPU 采集输入模块信号进行处理，并将逻辑结果通过输出模块输出；同时可以通过通信接口将数据上传到 HMI 中进行数据管理，例如对过程数据的归档和查询，报警信息的记录等。下面介绍 SIMATIC S7-1500 PLC 控制系统的硬件组成。

## 3.1 负载电源与系统电源

### 3.1.1 负载电源

负载电源（PM，Power Module）用于负载供电，通常是 AC 120/230V 输入，DC 24V 输出，通过外部接线为模块（PS、CPU、IM、I/O、CP）、传感器和执行器提供 DC 24V 工作电源。负载电源不能通过背板总线向 SIMATIC S7-1500 PLC 以及分布式 I/O ET200MP 供电，所以也可以不安装在机架上，因此可以不在 TIA 博途软件中配置。负载电源模块给 CPU/IM 提供 24V 电源，CPU/IM 向背板总线供电。

### 3.1.2 系统电源

系统电源（PS，Power Supply）用于系统供电，通过背板总线向 SIMATIC S7-1500 PLC 及分布式 I/O ET 200MP 供电，所以必须安装在背板上。系统电源不能与机架分离安装，且必须在 TIA 博途软件中进行配置。目前，可以使用的系统电源有 4 种，见表 3-1。

表 3-1　SIMATIC S7-1500 系统电源

| 系统电源型号 | PS 25W 24V DC | PS 60W 24/48/60V DC | PS 60W 24/48/60V DC HF | PS 60W 120/230V AC/DC |
|---|---|---|---|---|
| 订货号 | 6ES7505-0KA00-0AB0 | 6ES7505-0RA00-0AB0 | 6ES7505-0RB00-0AB0 | 6ES7507-0RA00-0AB0 |
| 额定输入电流 | DC 24V、额定电流 1.3A | DC 24V、额定电流 3A，DC 48V、额定电流 1.5A，DC 60V、额定电流 1.2A | DC 4V、额定电流 3A，DC 48V、额定电流 1.5A，DC 60V、额定电流 1.2A | DC 120V、额定电流 0.6A，DC 230V、额定电流 0.3A，AC 120V、额定电流 0.6A，AC 230V、额定电流 0.34A |
| 背板总线上的馈电功率 | 25W | 60W | 60W（可以给 V2.1 及以上版本 CPU 存储器供电，参考 3.3.3 章节） | 60W |

### 3.1.3 系统电源选择示例

可以根据现场电压类型和其他模块的功率损耗灵活地选择系统电源（PS）。SIMATIC S7-1500 PLC 中央机架和分布式 I/O ET 200MP 使用相同的方式进行配置。一个机架上最多可以插入 32 个模块（包括系统电源（PS）、CPU 或接口模块 IM 155-5）。可以插入最多 3 个 PS 模块，通过系统电源（PS）模块内部的反向二极管划分不同的电源段。除系统电源（PS）向背板总线供电外，CPU 或接口模块 IM 155-5 也可以向背板总线供电，这样配置更加灵活，下面通过几个示例进行详细介绍。

**1. 机架上没有系统电源（PS）**

如图 3-1 所示，CPU/IM 155-5 的电源由负载电源（PM）或者其他 DC 24V 提供，CPU/IM 155-5 向背板总线供电，但是功率有限（功率具体数值与 CPU 或接口模块的型号有关），且最大只能连接 12 个模块（与模块种类有关）。如果需要连接更多的模块，需要增加系统电源 PS。

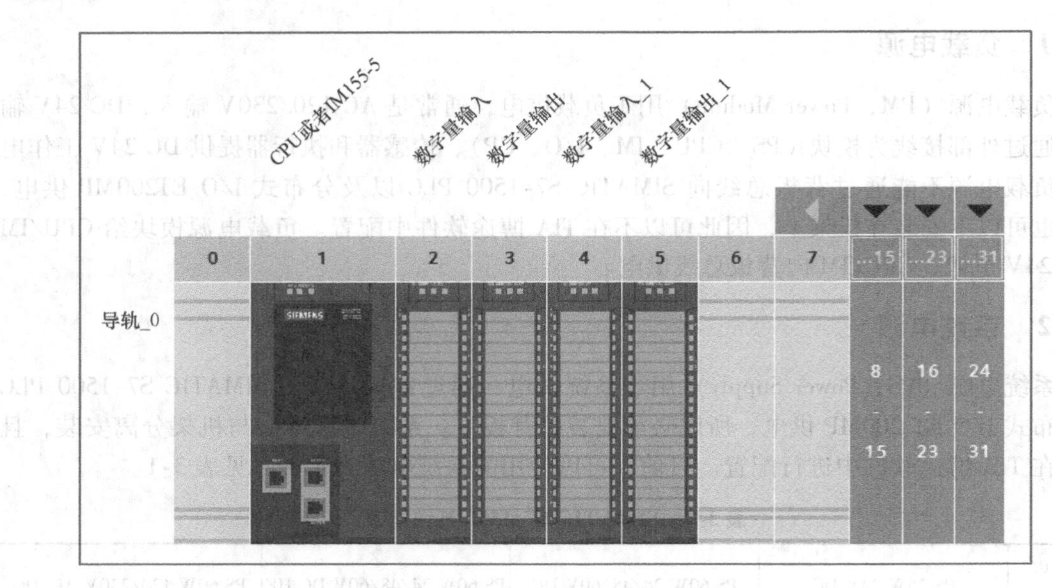


图 3-1　机架上没有系统电源（PS）

**2. 系统电源（PS）在 CPU/IM 155-5 左边**

如图 3-2 所示，有两种情况：第一种情况是 CPU/IM 155-5 电源端子没有连接 DC 24V 电源，CPU 和 I/O 模块都消耗系统电源（PS）的功率；第二种情况是 CPU/IM 155-5 电源端子连接 DC 24V 电源，与系统电源（PS）同时一起向背板总线供电，这样向背板总线提供的总功率就是系统电源（PS）与 CPU/IM 155-5 输出功率之和，因此在第二种情况下可以连接更多的模块。

**3. 系统电源（PS）在 CPU/IM 155-5 右边**

如图 3-3 所示，由于系统电源（PS）内部带有反向二极管，CPU/IM 155-5 的供电会被系统电源（PS）隔断，系统电源（PS）将向背板总线提供电源。这种情况下必须为 CPU/IM155-5 提供 DC 24V 电源，这样的配置方式虽然没有错误，但是没有意义。如果 CPU/IM

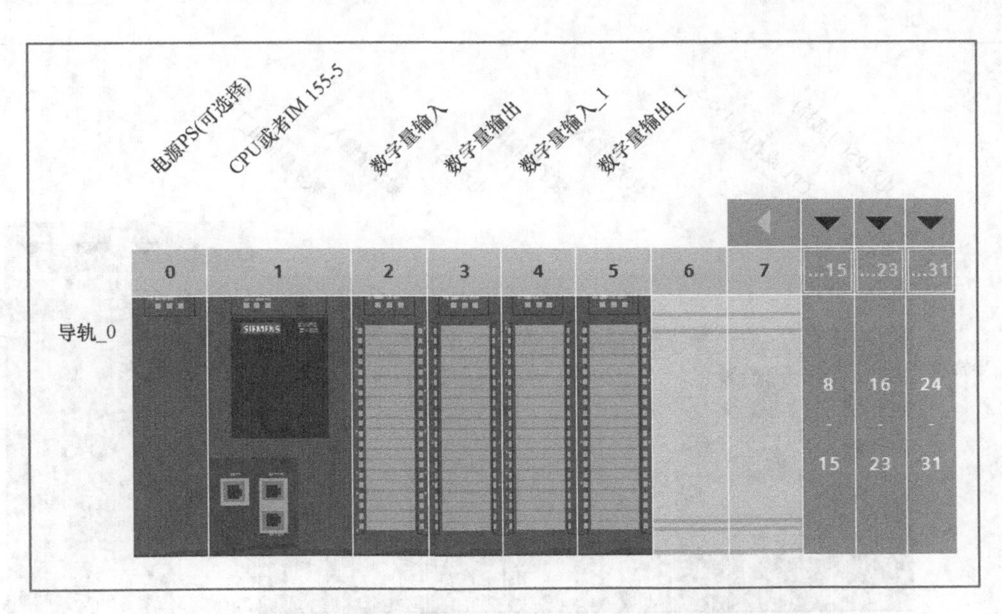


图 3-2 系统电源（PS）在 CPU/IM 155-5 左边

155-5 后面连接模块，功率不够时可以通过系统电源（PS）扩展，这样的配置与“系统电源（PS）在 CPU/IM 155-5 左边”的配置功能相同。

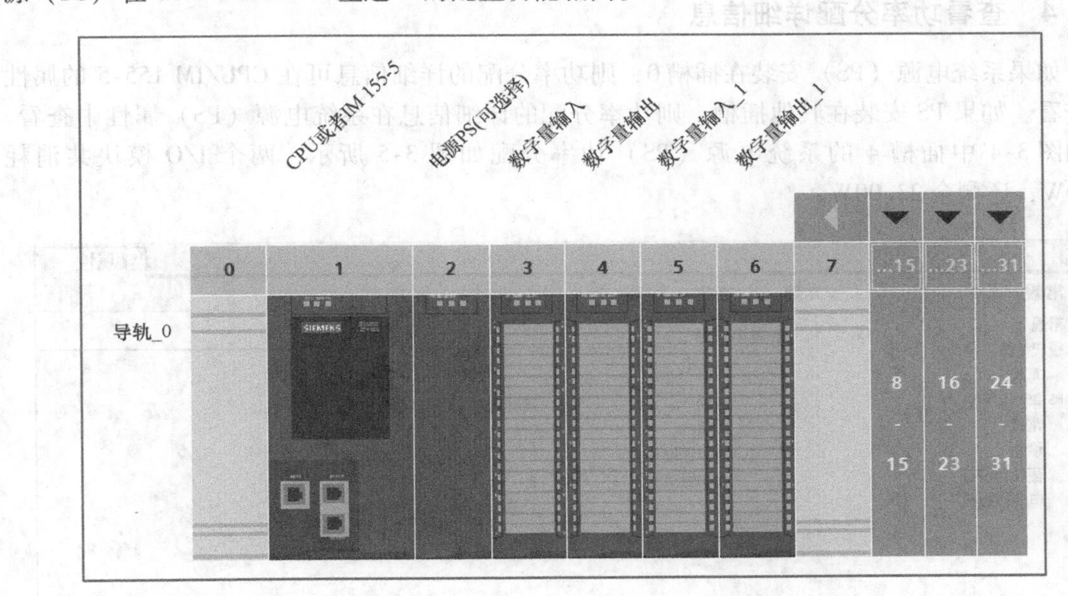


图 3-3 系统电源（PS）在 CPU/IM 155-5 右边

**4. 插入多个系统电源（PS）**

如图 3-4 所示，在机架上插入两个系统电源（PS）。插槽 0 ~ 3 的供电方式与“系统电源（PS）配置在 CPU/IM 155-5 左边的方式相同，有两种供电的可能性。插槽 4 的系统电源（PS）为插槽 5、6 的 I/O 模块供电。

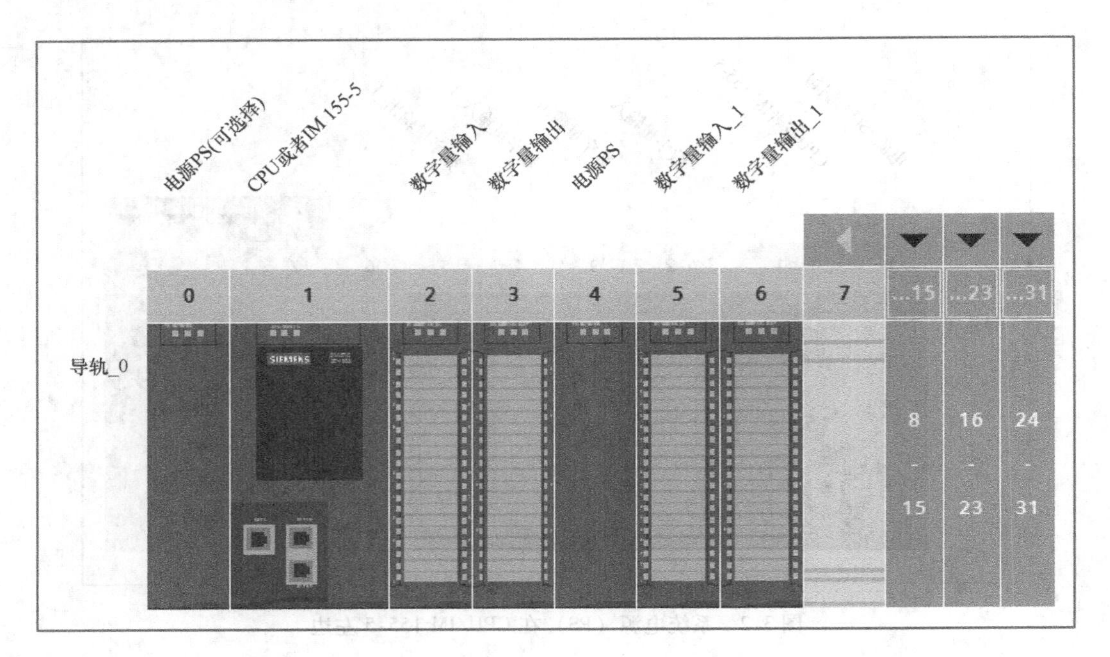


图 3-4　插入多个 PS

## 3.1.4　查看功率分配详细信息

如果系统电源（PS）安装在插槽 0，则功率分配的详细信息可在 CPU/IM 155-5 的属性中查看。如果 PS 安装在其他插槽，则功率分配的详细信息在系统电源（PS）属性中查看。例如图 3-4 中插槽 4 的系统电源（PS）功率分配如图 3-5 所示，两个 I/O 模块共消耗 3.00W，还剩余 23.00W。

电源PS [PS 25W 24VDC]　　属性

常规　IO 变量　系统常数　文本

- 常规
- 模块参数
  - 常规
- PS 25W 24VDC
  - 常规
  - 诊断
  - 硬件标识符
  - 电源段概览

电源段概览

| 模块 | 插槽 | 电源/损耗 |
|---|---|---|
| 电源PS | 4 | 25.00W |
| 数字量输入_1 | 5 | -1.10W |
| 数字量输出_1 | 6 | -0.90W |
|  | 汇总 | 23.00W |

图 3-5　功率分配详细信息

## 3.1.5　如何在系统中选择 PM 和 PS

I/O 模块和外部回路通常需要 24V 电源，通常在 PLC 系统中选择 PM，既便宜又方便，但是如果没有安装抑制感性负载冲击电压的释放回路，将对 PLC 系统造成冲击，参考

图3-6。CPU 的 M 端与背板总线的逻辑地相连接，如果电源同时给 CPU 和感性负载供电，感性负载的反向电压将冲击系统的逻辑地，造成CPU 系统的崩溃，这种情况下一定要安装释放回路（反向二极管），抑制反向电压。CPU 可以单独使用一个 PM，但是需要与系统其他部分做等电位的连接，减少电位差，通常的做法是接地，于是所有电源的 M 端都接地了，但是在高频的情况下，接地线的感抗增加，还是会冲击系统的逻辑地，推荐的方式是使用 PS 给CPU 供电，使用 PM 给 I/O 和负载供电。

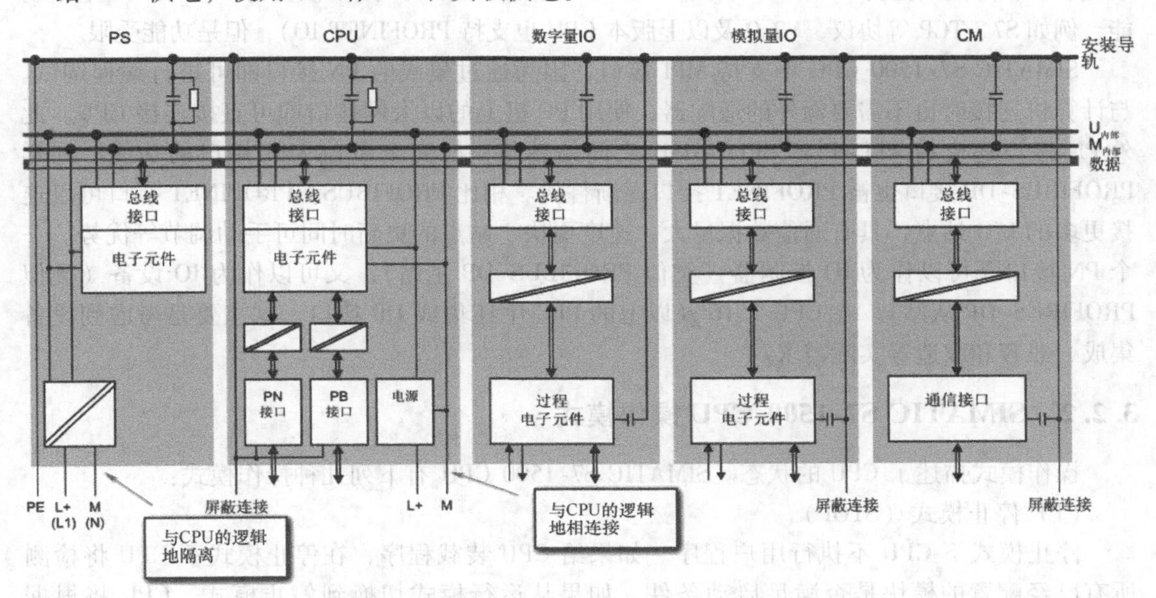


图3-6　SIMATIC S7-1500 CPU 系统电位关系

## 3.2　SIMATIC S7-1500 CPU

### 3.2.1　SIMATIC S7-1500 CPU 简介

CPU 相当于一个控制器的大脑：输入模块采集的外部信号，经过 CPU 的运算和逻辑处理后，通过输出模块传递给执行机构，从而完成自动化控制任务。SIMATIC S7-1500 PLC 控制器的 CPU 包含了从 CPU 1511 到 CPU 1518 的不同型号，CPU 性能按照序号由低到高逐渐增强。性能指标主要根据 CPU 的内存空间、计算速度、通信资源和编程资源等进行区别。

CPU 按功能划分主要有以下几种类型：

（1）普通型

实现计算、逻辑处理、定时、通信等 CPU 的基本功能，如 CPU 1513、CPU 1516 等。

（2）紧凑型

CPU 模块上集成 I/O，还可以组态高速计数、PTO 和脉宽调制等功能。

（3）故障安全型

CPU 经过 TUV 组织的安全认证，如 CPU 1515F、CPU 1516F 等。在发生故障时确保控制系统切换到安全的模式。故障安全型 CPU 会对用户程序编码进行可靠性校验。故障安全控制系统要求系统的完整性，除要求 CPU 具有故障安全功能外，还要求输入、输出模块以及 PROFIBUS/PROFINET 通信都具有故障安全功能。

从 CPU 的型号可以看出其集成通信接口的个数和类型，如 CPU 1511-1PN，表示 CPU 1511 集成一个 PN（PROFINET）通信接口，在硬件配置时显示为带有两个 RJ45 接口的交换机；又如 CPU 1516-3 PN/DP 表示 CPU 1516 集成一个 DP（PROFIBUS-DP，仅支持主站）接口、两个 PN 接口（X1 接口支持 PROFINET IO，V2.0 以下版本 CPU X2 接口仅支持 PROFINET 基本功能，例如 S7、TCP 等协议，V2.0 及以上版本 CPU 也支持 PROFINET IO），但是功能受限。

SIMATIC S7-1500 CPU 不支持 MPI 接口，因为通过集成的 PN 接口即可进行编程调试。与计算机连接时也不需要额外的适配器，使用 PC 机上的以太网接口即可直接连接 CPU。此外 PN 接口还支持 PLC-PLC、PLC-HMI 之间的通信，已完全覆盖 MPI 接口的功能。同样 PROFIBUS-DP 接口也被 PROFINET 接口逐渐替代。相比 PROFIBUS，PROFINET 接口可以连接更多的 I/O 站点，具有通信数据量大、速度更快、站点的更新时间可手动调节等优势。一个 PN 接口既可以作为 IO 控制器（类似 PROFIBUS-DP 主站），又可以作为 IO 设备（类似 PROFIBUS-DP 从站）。在 CPU 1516 及以上的 PLC 中还集成 DP 接口，这主要是考虑到设备集成、兼容和改造等实际需求。

### 3.2.2　SIMATIC S7-1500 CPU 操作模式

操作模式描述了 CPU 的状态。SIMATIC S7-1500 CPU 有下列几种操作模式：

（1）停止模式（STOP）

停止模式下 CPU 不执行用户程序。如果给 CPU 装载程序，在停止模式下 CPU 将检测所有已经配置的模块是否满足启动条件。如果从运行模式切换到停止模式，CPU 将根据输出模块的参数设置，禁用或激活相应的输出，例如在模块参数中设置提供替换值或保持上一个值输出。通过 CPU 上的模式开关、显示屏或 TIA 博途软件可以切换到停止模式。

（2）运行模式（RUN）

运行模式下，CPU 执行用户程序，更新输入、输出信号，响应中断请求，对故障信息进行处理等。通过 CPU 上的模式开关、显示屏或 TIA 博途软件可以切换到运行模式。

（3）启动模式（STARTUP）

与 SIMATIC S7-300/400 CPU 相比，SIMATIC S7-1500 CPU 的启动模式只有暖启动（Warm Restart）。暖启动是 CPU 从停止模式切换到运行模式的一个中间过程，在这个过程中将清除非保持性存储器的内容，清除过程映像输出，处理启动 OB，更新过程映像输入等。如果启动条件满足，CPU 将进入到运行模式。

（4）存储器复位（MRES）

存储器复位用于对 CPU 的数据进行初始化，使 CPU 切换到“初始状态”，即工作存储器中的内容以及保持性和非保持性数据被删除，只有诊断缓冲区、时间、IP 地址被保留。复位完成后，CPU 存储卡中保存的项目数据从装载存储器复制到工作存储器中。只有在 CPU 处于“STOP”模式下才可以进行存储器复位操作。

（5）故障模式（DEFECT）

所有 LED 灯闪烁，与所有外部的通信中断，通常 CPU 断电后重新上电可以恢复，主要的原因是 CPU 的逻辑地受到干扰（参考 3.1.5 系统中如何选择 PM 和 PS），CPU 内部不能正常工作了，如果故障经常出现，可能会造成 CPU 损坏。

### 3.2.3　SIMATIC S7-1500 CPU 的存储器

SIMATIC S7-1500 CPU 的存储器主要划分为 CPU 内部集成的存储器和外插的 SIMATIC 存储卡。CPU 内部集成的存储器又划分为工作存储器、保持性存储器和其他（系统）存储器三部分；外插 SIMATIC 存储卡为装载存储器。存储器的分配图如图 3-7 所示。

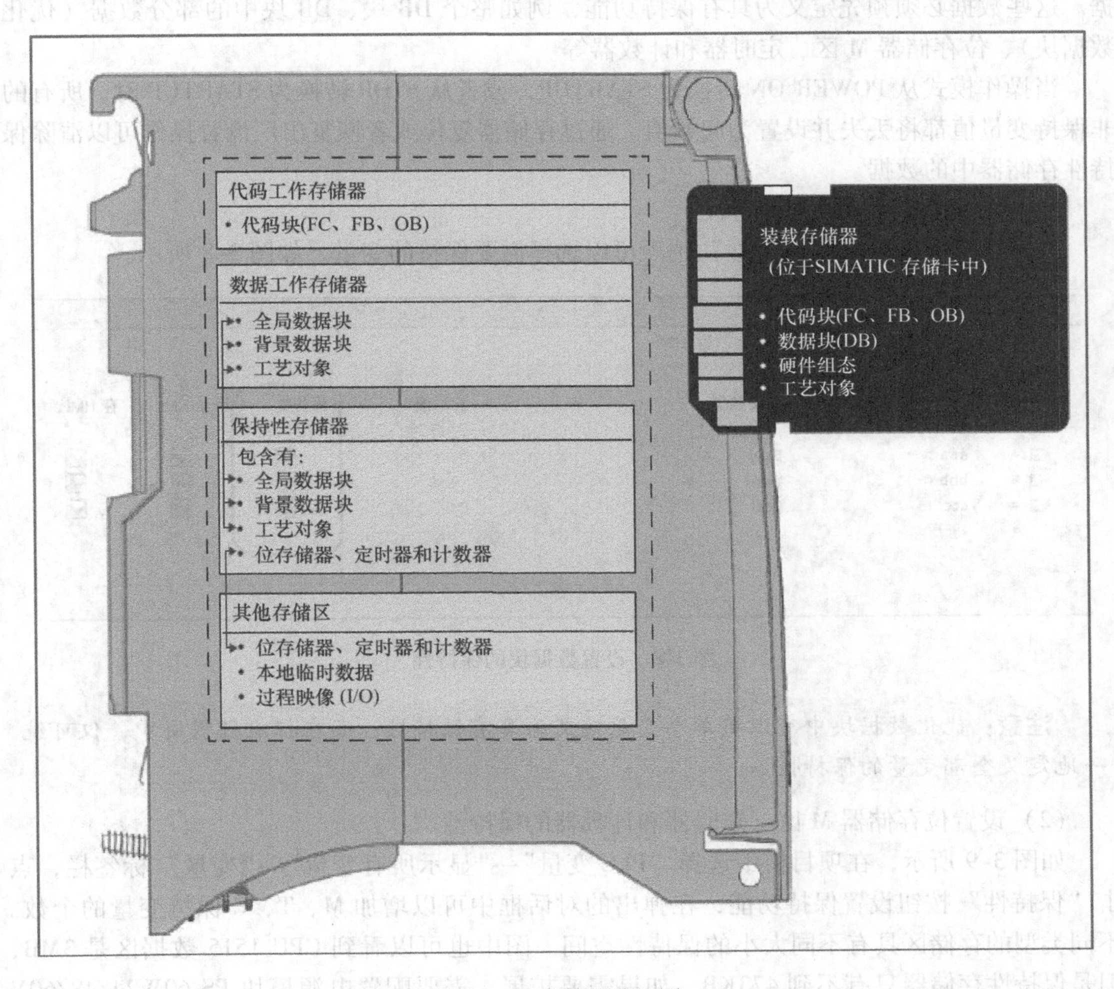


图 3-7　存储器分配图

**1. 工作存储器**

工作存储器是一个易失性存储器，用于存储与运行相关的用户程序代码和数据块。工作存储器集成在 CPU 中，不能进行扩展。在 SIMATIC S7-1500 CPU 中，工作存储器分为以下两个区域：

1）代码工作存储器：代码工作存储器存储与运行相关的程序代码部分，例如 FC、FB 以及 OB 块。

2）数据工作存储器：数据工作存储器存储 DB 块和工艺对象中与运行相关的部分。有些 DB 可以只存储于装载存储器中。

**注意：**根据输入、输出的点数及程序的占用空间选择合适的 CPU，如果程序量超过工作存储器的空间，只能更换更大存储容量的 CPU。

**2. 保持性存储器**

保持性存储器是非易失性存储器，在发生电源故障或者掉电时可以保存有限数量的数据。这些数据必须预先定义为具有保持功能，例如整个 DB 块、DB 块中的部分数据（优化数据块）、位存储器 M 区、定时器和计数器等。

当操作模式从 POWER ON 转换为 STARTUP，或者从 STOP 转换为 STARTUP 时，所有的非保持变量值都将丢失并设置为起始值。通过存储器复位或者恢复出厂设置操作可以清除保持性存储器中的数据。

（1）设置数据块 DB 的保持性

打开数据块，单击“保持性”选项可以选择需要保持的变量，如图 3-8 所示。

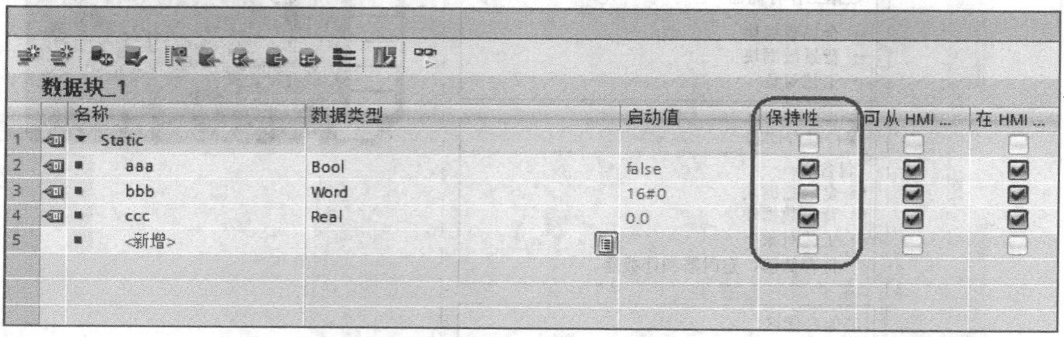

数据块_1

| | 名称 | 数据类型 | 启动值 | 保持性 | 可从 HMI ... | 在 HMI ... |
|---|---|---|---|---|---|---|
| 1 | ▼ Static | | | ☐ | ☐ | ☐ |
| 2 | aaa | Bool | false | ☑ | ☑ | ☑ |
| 3 | bbb | Word | 16#0 | ☐ | ☑ | ☑ |
| 4 | ccc | Real | 0.0 | ☑ | ☑ | ☑ |
| 5 | <新增> | | | ☐ | ☐ | ☐ |

图 3-8 设置数据块的保持性

**注意：**优化数据块中可以将单个变量定义为具有保持性，而在标准数据块中，仅可统一地定义全部变量的保持性。

（2）设置位存储器 M 区、定时器和计数器的保持性

如图 3-9 所示，在项目树中选择“PLC 变量”→“显示所有变量”→“变量”标签栏，点击“保持性”按钮设置保持功能，在弹出的对话框中可以增加 M、T、C 保持变量的个数。不同类型的存储区具有不同大小的保持性空间。图中也可以看到 CPU 1515 数据区是 3MB，但是保持性存储器只有不到 473KB，如果需要扩展，需要配置电源模块 PS 60W24/48/60V DC HF，这样所有的数据区都可以作为保持性存储器。

（3）设置函数块 FB 接口变量的保持性

由于 FB 块接口变量需要保存在背景 DB 块中，所以接口的变量也可以设置保持性。Input、Output、InOut 以及 Static 类型声明的变量可以设置保持性，但 Temp 和 Constant 类型声明的变量和常量不能设置保持性。如果选择“在 IDB 中设置”，则可以在背景数据块中进行设置，参考图 3-10 中的设置。

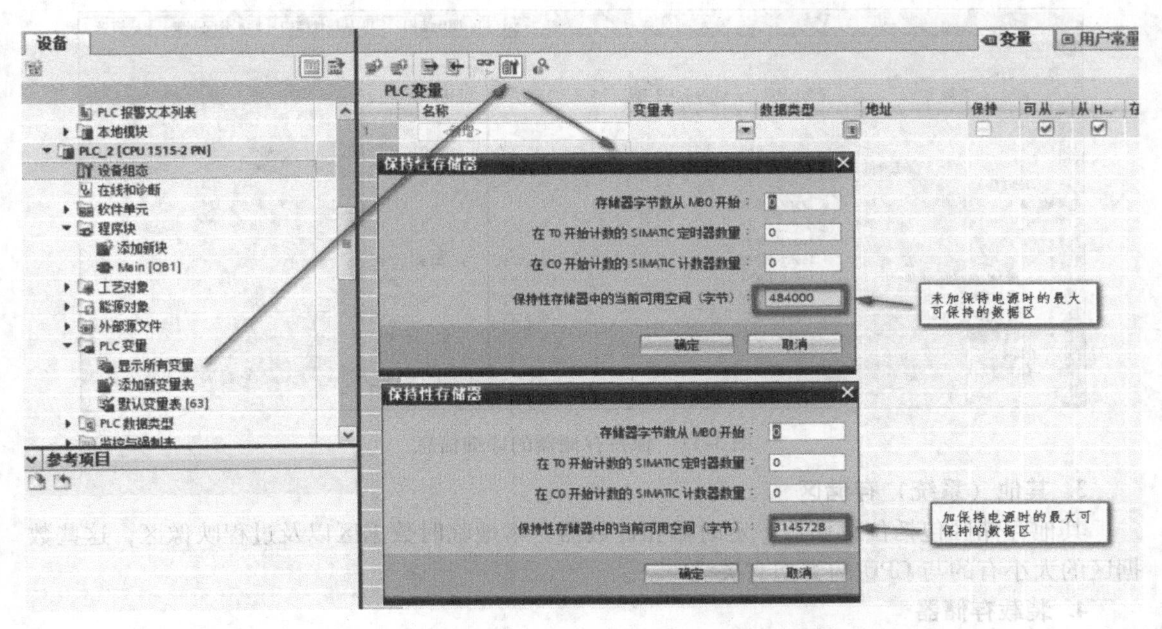


图 3-9　设置位存储器 M 区、定时器和计数器的保持性

块_1

| | 名称 | 数据类型 | 默认值 | 保持性 | 可从 HMI ... | 在 HMI ... | 设置值 |
|---|---|---|---|---|---|---|---|
| 1 | ▼ Input | | | | | | |
| 2 | IN1 | Int | 0 | 保持 | | | |
| 3 | ▼ Output | | | | | | |
| 4 | OUT1 | Int | 0 | 非保持 | | | |
| 5 | ▼ InOut | | | | | | |
| 6 | INOUT1 | Int | 0 | 保持 | | | |
| 7 | ▼ Static | | | | | | |
| 8 | sta | Int | 0 | 非保持（下拉选项：非保持 / 保持 / 在 IDB 中设置） | | | |
| 9 | <新增> | | | | | | |
| 10 | ▼ Temp | | | | | | |
| 11 | <新增> | | | | | | |
| 12 | ▼ Constant | | | | | | |
| 13 | Constant_1 | Bool | false | | | | |
| 14 | <新增> | | | | | | |

图 3-10　设置 FB 块接口变量的保持性

**注意：** 优化的函数块接口中，可以将单个变量定义为具有保持性，而标准的函数块接口中仅可统一地定义全部变量的保持性。

（4）保持存储器的大小

CPU 保持存储器的大小与 CPU 的类型有关，可以从 CPU 的技术数据中查看到，也可从 TIA 博途软件中查看到。通过在项目树中选择“程序信息”→“资源”标签栏可以查看到保持存储器使用的详细信息。如图 3-11 所示，CPU 的保持存储器空间大小为 484000 个字节，使用了 7000 个字节。下面是在程序块和 PLC 变量 M、C、T 使用的详细信息。

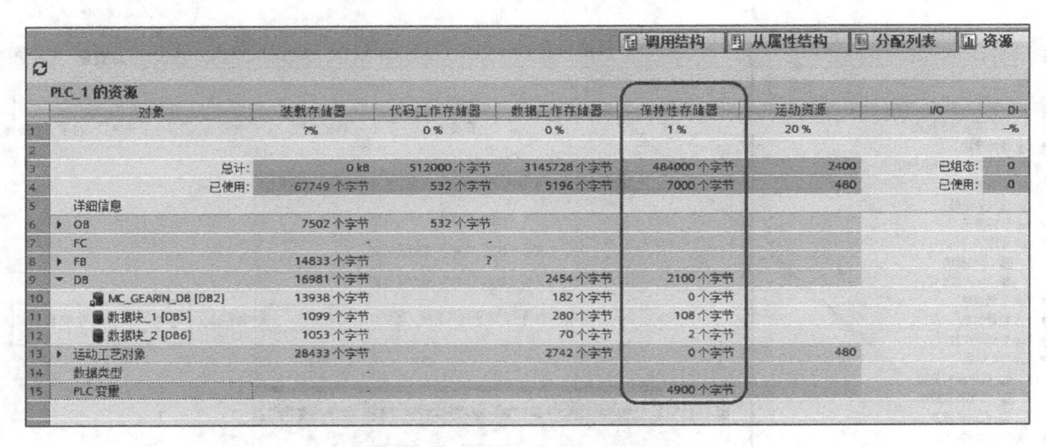

调用结构
从属性结构
分配列表
资源
PLC_1 的资源
对象
装载存储器
代码工作存储器
数据工作存储器
保持性存储器
运动资源
I/O
DI
?%
0 %
0 %
1 %
20 %
-%
总计:
0 kB
512000 个字节
3145728 个字节
484000 个字节
2400
已组态:
0
已使用:
67749 个字节
532 个字节
5196 个字节
7000 个字节
480
已使用:
0
详细信息
OB
7502 个字节
532 个字节
FC
FB
14833 个字节
DB
16981 个字节
2454 个字节
2100 个字节
MC_GEARIN_DB [DB2]
13938 个字节
182 个字节
0 个字节
数据块_1 [DB5]
1099 个字节
280 个字节
108 个字节
数据块_2 [DB6]
1053 个字节
70 个字节
2 个字节
运动工艺对象
28433 个字节
2742 个字节
0 个字节
480
数据类型
PLC 变量
4900 个字节


图 3-11　保持存储器的详细信息

**3. 其他（系统）存储区**

其他存储区包括位存储器、定时器和计数器、本地临时数据区以及过程映像区，这些数据区的大小有的与 CPU 的类型有关。

**4. 装载存储器**

SIMATIC 存储卡就是装载存储器，是一个非易失性存储器，用于存储代码块、数据块、工艺对象和硬件配置等。这些对象下载到 CPU 时，会首先存储到装载存储器中，然后复制到工作存储器中运行。由于 SIMATIC 存储卡还存储变量的符号、注释信息及 PLC 数据类型等，所以所需的存储空间远大于工作存储器。装载存储器使用的详细信息可以参考图 3-11 中的“装载存储器”栏信息。

SIMATIC 存储卡带有序列号，可用于与用户程序进行绑定，具体操作参看访问保护章节。在 SIMATIC 存储卡的属性中可以读出序列号，此外还可以读出存储卡的容量、使用信息和卡的模式。在项目树中选择“读卡器/USB 存储器”→“SIMATIC MC”，鼠标右键选择属性，弹出窗口如图 3-12 所示。

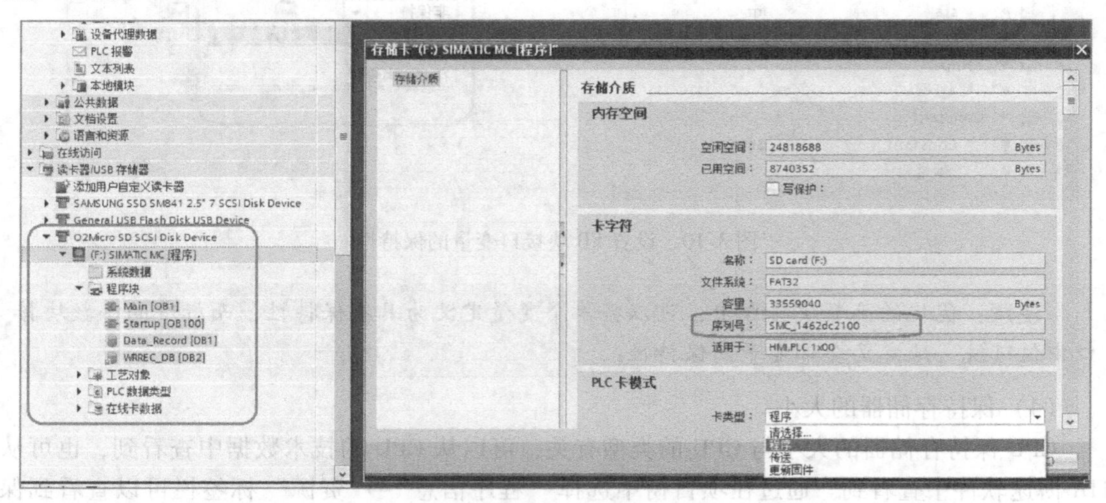


图 3-12　SIMATIC 存储卡属性信息

在项目中可以看到存储卡存储的程序信息，在存储卡属性界面中可以查看模式信息。存储卡的模式有三种，分别为程序模式，用于存储用户程序；传送模式，只用于向 SIMATIC S7-1200 CPU 复制程序；固件更新模式，用于升级 CPU 的固件版本。这些功能将在程序调试章节中进行详细介绍。

**注意：**

1）可以使用商用 PC 的 SD 插槽中读出 SIMATIC 存储卡的内容，也可以删除存储卡中的用户程序，但是不能使用 Windows 中的工具对存储卡进行格式化或删除存储卡中的隐藏文件，否则可能会对 SIMATIC 存储卡造成损坏。如果误删隐藏文件，需要将存储卡安装在 SIMATIC S7-1500 CPU 中，使用 TIA 博途软件对它进行在线格式化，恢复存储卡的格式。

2）SIMATIC 存储卡可以像普通商用 SD 卡一样存储文件，例如 Word、Excel 文件，但是普通商用 SD 卡不能作为 SIMATIC 存储卡使用。

**5. SIMATIC S7-1500 CPU 总结**

1）工作存储器的空间大小与 CPU 的类型有关，不能扩展，所以选择 CPU 的类型时，除了考虑程序处理速度外还要考虑程序的大小。

2）CPU 暖启动（停止-启动或上电启动）后，保存在工作存储器上的过程值丢失，变量恢复到初始值。如果需要保持过程值，需要设置变量的保持性。保持性存储器的容量空间与 CPU 的类型有关，如果需要扩展保持性存储器的空间，需要使用系统电源模块（PS）60W24/48/60V DC HF。

3）SIMATIC 存储卡是一个非易失性存储器，对 CPU 的任何操作不会让存储的用户程序丢失，也不会损毁程序（读写次数受限）。存储卡的容量至少要大于程序总容量（代码和数据区）的两倍，才可以进行程序的在线修改，此外符号名称、跟踪也会占用存储卡的空间，所有应尽量选择容量大一些的存储卡。

4）如果 CPU 受到干扰或者在运行时拔插 SIMATIC 存储卡，CPU 会进入故障模式，即 CPU 上所有的指示灯全闪，与外围设备的通信中断。断电后再上电，由于用户程序不会丢失，系统将恢复，但是 CPU 中变量的过程数据有可能丢失并恢复到初始值，这相当于重新下载了程序。

## 3.2.4　SIMATIC S7-1500 CPU 过程映像区的功能

用户程序访问输入（I）、输出（Q）信号时，通常不直接扫描数字量模块的端口，而是通过位于 CPU 系统存储器的一个存储区域对 I/O 模块进行访问，这个存储区域就是过程映像区。过程映像区分为两部分：过程映像输入区和过程映像输出区。系统更新过程映像区的过程如图 3-13 所示。

CPU 在启动模式执行启动 OB 块。启动完成后，CPU 进入循环程序执行模式，并将结果通过过程映像输出区（PIQ）输出到输出模块，然后将输入模块的信号读到过程映像输入区（PII）。过程映像输入区更新完成后开始执行用户程序的调用。OS 为操作系统的一个内部任务，用于通信和自检等操作，自检无误后再次将结果通过过程映像输出区（PIQ）输出到输出模块，循环往复。过程映像区既可以受操作系统控制而自动更新，也可以通过程序进行更新。

采用过程映像区处理输入、输出信号的好处就是保住数据的一致性，在 CPU 一个扫描

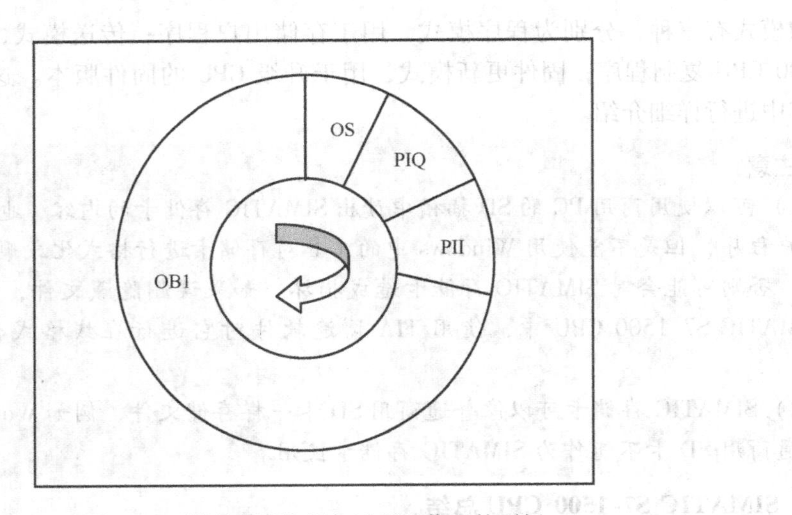


图 3-13　循环程序执行与过程映像区的更新

周期中，过程映像区可以向用户程序提供一个始终一致的过程信号。如果在一个扫描周期中输入模块上的信号状态发生变化，过程映像区中的信号状态在当前扫描周期会保持不变，而直到下一个 CPU 扫描周期过程映像区时才被更新，这样就保证了 CPU 在执行用户程序过程中数据的一致性。

在 SIMATIC S7-300/400 PLC 中，有的 CPU 的过程映像区是固定的，例如有的 SIMATIC S7-300 PLC 为 128 个字节输入和 128 个字节输出，SIMATIC S7-400 PLC 的过程映像区大小可以在软件中设置。SIMATIC S7-1500 CPU 所有地址区都在过程映像区中，地址空间为 32KB。访问数字量模块与模拟量模块方式相同：输入都是以关键字符%I开头，例如%I1.5、%IW272；输出都是以关键字符%Q 开头，例如%Q1.5、%QW272。

为了减小过程的响应时间，在用户程序中也可以不经过过程映像区而直接访问某个 I/O 端口（在地址区后加"：P"）。端口扫描将在指令运行期间执行，由此可获得较快的响应时间。例如在程序中可以一次或多次使用"L %IB2：P"或"T %QW2：P"指令替代"L %IB2"或"T %QW2"，这样对应的 I/O 端口在一个扫描周期内被多次访问。使用"：P"快速读写 I/O 端口也称为立即读、立即写。直接访问 I/O 端口，允许最小的数据类型为位信号。为了继承 SIMATIC S7-300/400 PLC 的编程方式，也可以在地址区前加"P"，例如"L PIB2"或"T PQW2"，TIA 博途软件会自动进行转换。

**注意：**PROFINET/PROFIBUS 站点的 I/O 模块由 IO 控制器/DP 主站控制，在 CPU 中编写对 PROFINET/PROFIBUS 站点 I/O 模块的立即读、立即写操作实际上是与 IO 控制器/DP 主站之间数据的立即交换。

在 SIMATIC S7-1500 PLC 自动化系统中，整个过程映像区被细分为 32 个过程映像分区（PIP）。PIP 0（自动更新）在每个程序周期中自动更新。可将过程映像分区 PIP 1 至 PIP 31 分配给某些 OB。在 TIA 博途软件中，分配过程在组态 I/O 模块期间进行。例如点击"模块"→"属性"标签→"I/O 地址"，将过程映像分区 PIP 2 分配给循环中断 OB30，如图 3-14 所示。

一旦循环中断 OB30 用于 PIP 2 的更新，就不能用于其他的过程映像分区了。

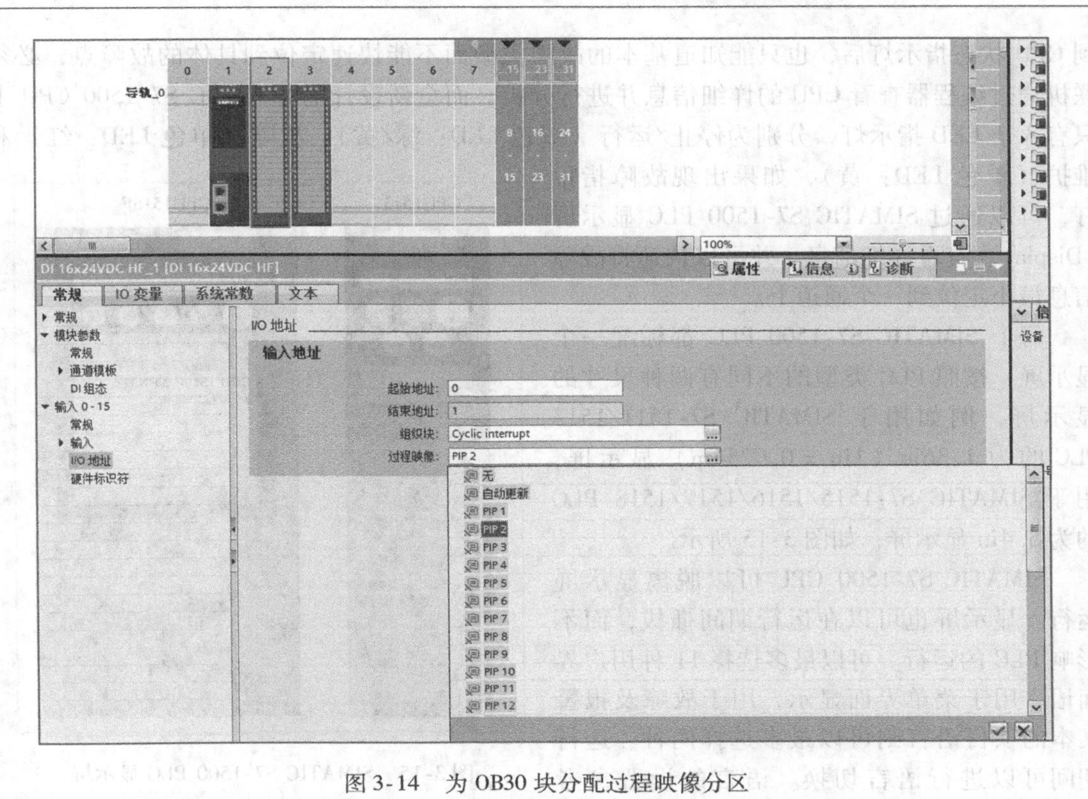

图 3-14　为 OB30 块分配过程映像分区

**注意：如果过程映像区通过 OB 块进行更新，则不能再次调用函数“UPDAT_PI”和“UPDAT_PO”来更新这个过程映像分区。**

使用过程映像分区的好处在于：

1）每个过程映像区分区可以在需要的情况下更新，完全独立于操作系统对过程映像区的更新。

2）过程映像区分区比较小，响应时间更快，以 CPU 1513 为例，集中式 I/O 模块的更新时间为 9μs/字，如果使用分布式 I/O，CPU 与 IO 控制器间的更新时间（数据交换）为 0.5μs/字，接口模块更新本站的 I/O 模块同样需要时间。

响应时间的长短也与扫描时间有关，例如 OB1 扫描时间是 20ms，OB30 设定扫描时间为 10ms，在 OB30 中对几个 I/O 模块的信号进行处理。如果将这些 I/O 模块配置为自动更新 PIP0，那么更新时间至少需要 20ms，即使 OB30 再快，过程响应时间也会增加。如果将这些 I/O 模块配置在一个过程映像分区，并分配给 OB30，就可以得到最优化的效果。

## 3.3　SIMATIC S7-1500 PLC 显示屏（Display）

SIMATIC S7-1500 PLC 系统与原有 SIMATIC S7-300/400 CPU 相比，除了运算速度、性能大幅提高外，更在诊断与维护方面取得了突破，使现场调试和维护工程师非常方便地进行操作并快速得到系统信息。例如一个 SIMATIC S7-400 PLC 控制器的几个分布式 I/O 站点上的模块出现故障，CPU 上的 LED 指示灯 $BUSXF_X$、EXTF 闪烁。即使有经验的维护工程师看到 CPU 状态指示灯后，也只能知道基本的故障类型而不能快速定位到具体的故障点，必须联机通过编程器查看 CPU 的详细信息并进行分析。而全新设计的 SIMATIC S7-1500 CPU 上只有 3 个 LED 指示灯，分别为停止/运行（双色 LED：绿/黄）、故障（单色 LED：红）和维护（单色 LED：黄），如果出现故障指示灯，可以通过 SIMATIC S7-1500 PLC 显示屏（Display）查看详细信息，并可以快速将故障信息最小定位到一个通道上。

每个 SIMATIC S7-1500 PLC 都标配一个显示屏，按照 PLC 类型的不同有两种尺寸的显示屏，例如用于 SIMATIC S7-1511/1513 PLC 的为 1.36in（1in = 0.0254m）显示屏，用于 SIMATIC S7-1515/1516/1517/1518 PLC 的为 3.4in 显示屏，如图 3-15 所示。

SIMATIC S7-1500 CPU 可以脱离显示屏运行。显示屏也可以在运行期间插拔，而不影响 PLC 的运行。可以最多选择 11 种用户界面语言用于菜单界面显示，用于故障及报警文本的项目语言则可以最多选择两种。运行期间可以进行语言切换。语言的设置参考 CPU 属性参数设置章节。

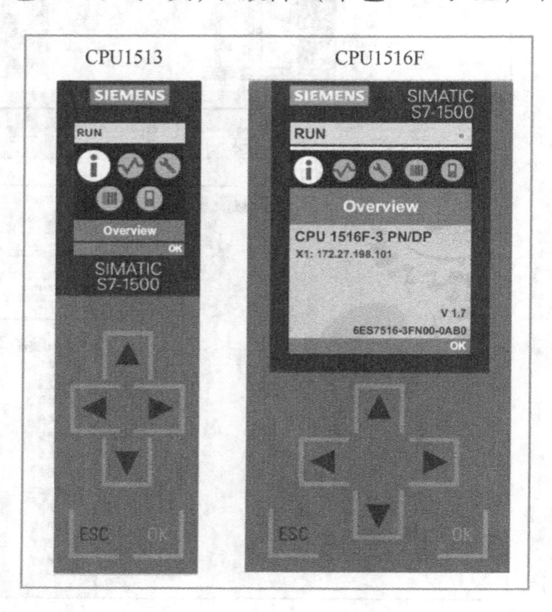


图 3-15　SIMATIC S7-1500 PLC 显示屏

如图 3-15 所示，SIMATIC S7-1500 CPU 显示屏带有 4 个箭头按钮，分别为“上”“下”“左”和“右”用于选择菜单和设置，1 个 ESC 键和 1 个 OK 键用于确认和退出。各个主菜单功能概述见表 3-2。

**表 3-2　主菜单功能**

| 主菜单项图例 | 含义 | 功　能 |
|---|---|---|
| | 概述 | • CPU 的订货号、序列号、硬件版本以及固件版本等信息<br>• 程序保护信息<br>• 所插入 SIMATIC 存储卡属性有关的信息 |
| | 诊断 | • 报警信息，可以定位到一个通道<br>• CPU 诊断缓冲区<br>• 监控表和强制表进行只读访问或者读/写访问<br>• 扫描周期<br>• CPU 存储器容量信息 |
| | 设置 | • 以太网接口的地址<br>• CPU 日期时间<br>• 运行/停止<br>• 存储器复位、恢复工厂初始值<br>• 访问保护<br>• 显示屏锁定/解锁<br>• 固件更新 |

（续）

| 主菜单项图例 | 含义 | 功　能 |
|---|---|---|
| | 模块 | • 中央安装模块状态信息<br>• 分布式 I/O 站点安装模块状态信息 |
| | 显示屏 | • 显示屏亮度设置<br>• 显示屏菜单语言设置<br>• 显示屏序列号、硬件版本以及固件版本等信息 |

进入菜单后可以对各个选项进行查看和设置，选项上带有指示图标，这些图标的含义见表 3-3 所示。

表 3-3　选项图标含义

| 选项图标 | 含　义 |
|---|---|
| | 可编辑的菜单项 |
| | 语言选择 |
| | 下一个较低级别的对象中存在报警，例如 I/O 站点中的一个模块报警，在 I/O 站点上将出现这样的图标 |
| | 下一个较低级别的对象中存在故障 |
| | 浏览到下一子级，或者使用“确定”（OK）和“ESC”进行浏览 |
| | 在编辑模式中，可使用两个箭头键进行选择：<br>• 向下/向上：跳至某个选择，或用于选择指定的数字/选项 |
| | 在编辑模式中，可使用四个箭头键进行选择：<br>• 向下/向上：跳至某个选择，或用于选择指定的数字<br>• 向左/向右：向前或向后跳过一个选择点 |

为了便于快速掌握 SIMATIC S7-1500 显示屏的功能和使用方法，在西门子公司网站上提供了显示屏的培训课程和仿真软件等详细信息，网址如下：http://www.automation.siemens.com/salesmaterial-as/interactive-manuals/getting-started_simatic-SIMATIC S7-1500/disp_tool/start_zh.html

## 3.4　信号模块

信号模块（SM，Signal Module）是 CPU 与控制设备之间的接口。通过输入模块将输入信号传送到 CPU 进行计算和逻辑处理，然后将逻辑结果和控制命令通过输出模块输出以达到控制设备的目的。外部的信号主要分为数字量信号和模拟量信号。

以阀门的控制为例，如果控制的是电磁阀，阀门只能有开（“1”信号）和关（“0”信号）两种状态，这样的信号是数字量信号。将数字量输出模块的输出点连接到阀门的控制设备（如接触器）上，将阀门的状态反馈信号（可以选择接触器的辅助触点作为反馈信号）

接入到数字量输入模块上，这样通过用户程序可以控制阀门的开和关。输出信号为“1”时打开阀门，输出信号为“0”时关闭阀门。同样如果阀门打开，得到的状态反馈信息为“1”，如果阀门关闭，得到的状态反馈信息为“0”。在 HMI 中可以监控阀门当前的状态。如果控制对象为可调节阀门，阀门除开和关两种状态外，还可以在中间任意位置上停留，这样就不能再通过数字量信号监控，而只能通过模拟量输入、输出信号监控阀门的开度。例如阀门的控制和反馈信号同为 0～10V 电压信号。如果输出 0V 信号，阀门全闭；输出 10V 信号，阀门全开；输出 5V 信号时，则阀门开度为 50%。同样通过模拟量输入可以监视阀门的开度，0～10V 与阀门的开度为线性比例关系。通过模拟量控制的设备大部分需要进行 PID 回路调节，例如通过阀门的开度控制蒸汽的流量以达到控制温度的目的，回路的调节为闭环控制。

### 3.4.1　模块特性的分类

相同类型的模块具有不同的特性，在名称的末尾标明。例如 DI16x24VDC BA 和 DI16x24VDC HF，虽然同是数字量输入模块，但是具有的特性不同。特性的选择用于满足工艺控制的要求。模块特性的分类见表 3-4。

表 3-4　模块特性的分类

| 模块分类 | 数字量模块 | 模拟量模块 |
| --- | --- | --- |
| BA（Basic）<br>基本型 | • 价格低<br>• 功能简单<br>• 不需要参数化<br>• 没有诊断 | • 价格低<br>• 允许最大的共模电压为 DC 4V<br>• 具有通道诊断<br>• 两线制电流需要外供电 |
| ST（Standard）<br>标准型 | • 中等价格<br>• 可以对模块或通道组进行参数化<br>• 模块或组具有诊断功能 | • 中等价格<br>• 通用模块，可以连接多种类型传感器<br>• 具有通道诊断<br>• 精确度 =0.3%<br>• 允许最大的共模电压为 DC 10～20V |
| HF（High Feature）<br>高特性 | • 价格稍高<br>• 功能灵活<br>• 可以对通道进行参数化<br>• 支持通道级诊断 | • 价格稍高<br>• 通用模块，可以连接多种类型传感器<br>• 具有通道诊断<br>• 最高的精确度 <0.1%<br>• 允许高的共模电压为 DC 60V、AC 30V/隔离测量为 AC 120V 有的模块通道隔离 |
| HS（High Speed）<br>高速 | • 用于高速处理的应用<br>• 最短的输入延时时间<br>• 最短的转换时间<br>• 只可以通过 PROFINET 进行等时同步操作 | |

### 3.4.2　模块宽度的划分

为了优化项目 I/O 点数的配置，SIMATIC S7-1500/ET 200 MP 模块划分为 35mm 宽模块和 25mm 宽模块。35mm 宽模块的前连接器需要单独订货，统一为 40 针，接线方式为螺钉连接或弹簧压接；25mm 宽模块自带前连接器，接线方式为弹簧压接。

### 3.4.3 数字量输入模块

SIMATIC S7-1500 PLC/ET200 MP的数字量输入模块型号以“SM 521”开头（不包含故障安全模块），“5”表示为SIMATIC S7-1500系列，“2”表示为数字量，“1”表示为输入类型。模块类型和技术参数参考表3-5。

**注意：** 为便于记忆，命名方式只适合SIMATIC S7-1500/ET 200MP子系列。

表3-5 数字量输入模块类型和技术参数

| 数字量输入模块 | DI 16x24VDC HF | DI 32x24VDC HF | DI 16x24VDCSRCBA | DI 16x230VAC BA |
|---|---|---|---|---|
| 订货号 | 6ES7521-1BH00-0AB0 | 6ES7521-1BL00-0AB0 | 6ES7521-1BH50-0AA0 | 6ES7521-1FH00-0AA0 |
| 宽度 | 35mm | | | |
| 输入点数 | 16 | 32 | 16 | |
| 电势组数 | 1 | 2 | 1 | 4 |
| 通道间电气隔离 | × | √（通道组） | × | √（通道组） |
| 额定输入电压 | DC 24V | | | AC 120/230V |
| 支持等时同步 | √ | | × | |
| 诊断中断 | √ | | × | |
| 沿触发硬件中断 | √ | | × | |
| 通道诊断LED指示 | √（红色LED指示灯） | | × | |
| 模块诊断LED指示 | √（红色LED指示灯） | | | |
| 输入延迟 | 0.05~20ms（可设置） | | 3ms | 20ms |
| 集成计数功能 | 前两个通道可以作为计数器，最高1kHz | | × | |

| 数字量输入模块 | DI 32x24VDC BA | DI 16x24VDC BA | DI 16x24…125VUC HF |
|---|---|---|---|
| 订货号 | 6ES7521-1BL10-0AA0 | 6ES7521-1BH10-0AA0 | 6ES7521-7EH00-0AB0 |
| 宽度 | 25mm | | 35mm |
| 输入点数 | 32 | 16 | 16 |
| 电势组数 | 2 | 1 | 16 |
| 通道间电气隔离 | √（通道组） | × | √ |
| 额定输入电压 | DC 24V | | UC 24/48/125V（交直流） |
| 支持等时同步 | × | | |
| 诊断中断 | × | | √ |
| 沿触发硬件中断 | × | | √ |
| 通道诊断LED指示 | × | | √（红色LED指示灯） |
| 模块诊断LED指示 | √（红色LED指示灯） | | √（红色LED指示灯） |
| 输入延迟 | 1.2~4.8ms（不可设置） | | 0.05~20ms（可设置） |
| 集成计数功能 | × | | |

**注意：** 模块类型和功能更新快速，书中列出类型只供参考，详细参数和功能请参考模块手册。

### 3.4.4 数字量输出模块

SIMATIC S7-1500 PLC/ET200 MP 的数字量输出模块型号以"SM522"开头，"5"表示为 SIMATIC S7-1500 系列，第一个"2"表示为数字量，第二个"2"表示为输出类型。35mm、25mm 宽模块类型和技术参数分别参考表 3-6。

**注意：为便于记忆，命名方式只适合 SIMATIC S7-1500/ET200MP 子系列。**

表 3-6 数字量输出模块类型和技术参数

| 数字量输出模块 | DQ 8x24VDC/2A HF | DQ 16x24VDC/0.5A HF<br>DQ 16x24VDC/0.5A ST<br>DQ 16x24VDC/0.5A BA | DQ 8x230VAC/5A ST<br>DQ 16x230VAC/2A ST |
|---|---|---|---|
| 订货号 | 6ES7522-1BF00-0AB0 | 6ES7522-1BH01-0AB（HF）<br>6ES7522-1BH00-0AB（ST）<br>6ES7522-1BH10-0AA（BA） | 6ES7522-5HF00-0AB0（8点）<br>6ES7522-5HH00-0AB0（16点） |
| 宽度 | 35mm | 35mm（HF、ST）<br>25mm（BA） | 35mm |
| 输出点数 | 8 DO，<br>2个电势组 | 16 DO<br>2个电势组 | 8 DO，<br>8个电势组（8点）<br>16 DO，<br>8个电势组（16点） |
| 输出类型 | 晶体管 | | 继电器 |
| 通道间电气隔离 | × | | √（8点）/×（16点） |
| 通道最大输出电流 | 2A | 0.5A | 5A（8点）<br>2A（16点） |
| 继电器线圈电压 | — | | DC 24V |
| 额定输出电压 | DC 24V | | |
| 支持时钟同步 | √ | √（HF、ST）/×（BA） | × |
| 诊断中断 | √ | √（HF、ST）/×（BA） | √ |
| 断路诊断 | × | √（HF）/×（ST、BA） | × |
| 通道诊断 LED 指示 | √（红色 LED 指示灯） | √（HF 红色 LED 指示灯）/<br>×（ST、BA） | × |
| 模块诊断 LED 指示 | √（红色 LED 指示灯）<br>√（红色 LED 指示灯） | | |
| 替换值输出 | √ | √（HF、ST）/×（BA） | √ |
| 开关操作计数器 | √ | √（HF）/×（ST、BA） | × |
| 脉宽调制 | √ | × | × |
| 数字量输出模块 | DQ 32x24VDC/0.5A HF<br>DQ 32x24VDC/0.5A ST<br>DQ 32x24VDC/0.5A BA | DQ 8x230VAC/2A ST<br>DQ 16x230VAC/1A ST | DQ 16x24...48VUC<br>/125VDC/0.5A ST |
| 订货号 | 6ES7522-1BL01-0AB（HF）<br>6ES7522-1BL00-0AB（ST）<br>6ES7522-1BL10-0AA（BA） | 6ES7522-5FF00-0AB0（8点）<br>6ES7522-5FH00-0AB0（16点） | 6ES7522-5EH00-0AB0 |

（续）

| | | | |
|---|---|---|---|
| 宽度 | 35mm（HF、ST）<br>25（BA） | 35mm | 35mm |
| 输出点数 | 32 DO，<br>4个电势组 | 8 DO，<br>8个电势组（8点）<br>16 DO，<br>8个电势组（16点） | 16 DO，<br>16个电势组 |
| 输出类型 | 晶体管 | 可控硅 | 晶体管 |
| 通道间电气隔离 | × | √（8点）/×（16点） | √ |
| 通道最大输出电流 | 0.5A | 2A（8点）<br>1A（16点） | 0.5A |
| 继电器线圈电压 | | — | |
| 额定输出电压 | DC 24V | AC 230V | UC 24V～UC 25V |
| 支持时钟同步 | √（HF、ST）/×（BA） | × | × |
| 诊断中断 | √（HF、ST）/×（BA） | √ | × |
| 断路诊断 | √（HF）/×（ST、BA） | × | × |
| 通道诊断LED指示 | √（HF红色LED指示灯）/<br>×（ST、BA） | × | × |
| 模块诊断LED指示 | | √（红色LED指示灯） | |
| 替换值输出 | √（HF、ST）/×（BA） | × | √ |
| 开关操作计数器 | √（HF）/×（ST、BA） | × | × |
| 脉宽调制 | | × | |

**注意：**模块类型和功能更新快速，书中列出类型只供参考，详细参数和功能请参考模块参考手册。

正常情况下，由SIMATIC控制的电感线圈，例如接触器线圈或继电器线圈无需接线到外部抑制元器件。所需的抑制元器件已经集成到模块中，但是如果控制电路带有其他断开元器件，例如，用于“紧急关闭”的继电器触点，则模块的集成抑制元器件将不再有效。简单地说就是控制的感性负载没有被输出直接断开，而由其他设备断开，这时模块可能还在输出。断开感性负载释放的高电压将对整个电路上的元器件产生冲击，在这种情况下，电感线圈必须接线到抑制元器件。例如，在直流回路使用续流二极管，在交流回路使用可变电阻或RC元器件作为抑制元器件，如图3-16所示。

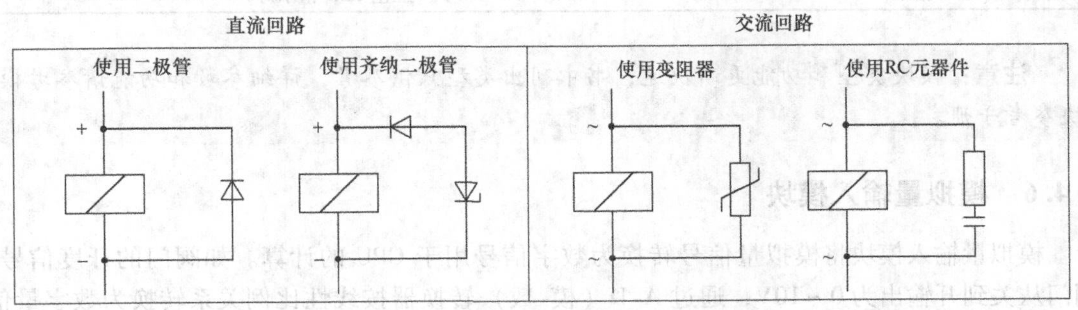


图3-16　使用抑制元器件连接电感负载

### 3.4.5 数字量输入/输出模块

SIMATIC S7-1500 PLC/ET200 MP 的数字量输入/输出模块型号以“SM523”开头，“5”表示为 SIMATIC S7-1500 系列，“2”表示为数字量，“3”表示为数字量输入/输出类型，目前只有一种 25mm 宽模块，技术参数参考表 3-7。

**注意：** 为便于记忆，命名方式只适合 SIMATIC S7-1500/ET 200MP 子系列。

表 3-7 数字量输入/输出模块技术参数

| 数字量输出模块 | DI 16x24VDC/DQ16x24V/0. 5A BA |
|---|---|
| 订货号 | 6ES7523-1BL00-0AA0 |
| 宽度 | 25mm |
| 数字量输入（DI） | |
| 输入点数 | 16 DI, |
| 电势组数 | 1 个电势组 |
| 通道间电气隔离 | × |
| 额定输入电压 | DC 24V |
| 支持等时同步 | × |
| 诊断中断 | × |
| 沿触发硬件中断 | × |
| 通道诊断 LED 指示 | × |
| 输入延迟 | 1. 2 ~4. 8ms |
| 数字量输出（DO） | |
| 输出点数 | 16 |
| 输出类型 | 晶体管 |
| 通道间电气隔离 | × |
| 额定输出电流 | 0. 5A |
| 额定输出电压 | DC 24V |
| 支持时钟同步 | × |
| 诊断中断 | × |
| 替换值输出 | × |
| 通道诊断 LED 指示 | × |
| 模块参数 | |
| 模块诊断 LED 指示 | √（红色 LED 指示灯） |

**注意：** 模块类型和功能更新快速，书中列出类型只供参考，详细参数和功能请参考模块参考手册。

### 3.4.6 模拟量输入模块

模拟量输入模块将模拟量信号转换为数字信号用于 CPU 的计算。如阀门的开度信号，阀门从关到开输出为 0 ~10V，通过 A-D（模-数）转换器按线性比例关系转换为数字量信号为 0 ~27648，这样 CPU 就可以计算出当前阀门的开度。采样的数值可以用于其他计算，也可以发送到人机界面用于阀门的开度显示。SIMATIC S7-1500 PLC 标准型模拟量输入模块为多功能测量模块，具有多种量程。每一个通道的测量类型和范围可以任意选择，不需要量程卡，只需要改变硬件配置和外部接线。随模拟量输入模块包装盒带有屏蔽套件，可以有很高的抗干扰能力。

### 1. 模拟量输入模块类型

SIMATIC S7-1500 PLC/ET200 MP 的模拟量输入模块型号以“SM 531”开头，“5”表示为 SIMATIC S7-1500 系列，“3”表示为模拟量，“1”表示为输入类型。模块类型和技术参数参考表 3-8。

**注意：为便于记忆，命名方式只适合 SIMATIC S7-1500 PLC/ET 200MP 子系列。**

**表 3-8　模拟量输入模块类型和技术参数**

| 模拟量输入模块 | AI 8xU/R/RTD/TC HF<br>AI 8xU/I/RTD/TC ST<br>AI 8xU/I/R/RTD BA | AI 8xU/I HF<br>AI 8xU/I HS | AI 4xU/I/RTD/TC ST |
|---|---|---|---|
| 订货号 | 6ES7531-7PF00-0AB0<br>6ES7531-7KF00-0AB0<br>6ES7531-7QF00-0AB0 | 6ES7531-7NF00-0AB0<br>6ES7531-7NF10-0AB0 | 6ES7531-7QD00-0AB0 |
| 宽度 | 35mm | | 25mm |
| 输入数量 | 8AI | | 4AI |
| 分辨率 | 15位+符号 | | |
| 测量类型 | 电压（HS 最高 -1V ~ +1V）<br>电流（HS 除外）<br>电阻<br>热敏电阻<br>热电偶（BA 除外） | 电压<br>电流 | 电压<br>电流<br>电阻<br>热敏电阻<br>热电偶 |
| 测量范围的选择 | 每个通道任意选择 | | |
| 输入通道与 MANA 最大共模电压（UCM） | DC 10V（ST）<br>DC 4V（BA） | DC 10V（HS） | DC 10V |
| 过采样 | × | √（HS） | × |
| 输出通道间最大共模电压（UCM） | DC 20V（ST）<br>DC 8V（BA） | DC 20V（ST） | |
| 不同回路允许的电位差（HF） | DC 60V/AC 30V，隔离测量可以达到 AC 120V（HF） | | — |
| 支持时钟同步 | × | √（HS） | × |
| 诊断中断 | √ | | |
| 由于超过极限值产生硬件中断 | 极限值可调整，可以选择两个上下限 | | |
| 通道间电气隔离 | √（HF） | √（HF） | × |
| 包含积分时间每通道转换时间 | 快速模式 4/18/22/102ms（HF）<br>标准模式 9/52/62/302ms（HF）<br>9/23/27/107ms（ST）<br>10/24/27/107ms（BA） | 62.5μs（每个模块，与激活的通道数无关） | 9/23/27/107ms |

**注意：**模块类型和功能更新快速，书中列出类型只供参考，详细参数和功能请参考模块参考手册。

### 2. 模拟量输入分辨率的表示

CPU 只能以二进制形式处理模拟值。模拟值用一个二进制补码定点数表示，宽度为 16 位，模拟值的符号总是在第 15 位。如果一个模拟量模块的精度少于 16 位，则模拟值将左移调整，然后才被保存在模块中。模拟量输入模块分辨率表示方法参考表 3-9，所有标有“X”的位都置为“0”，例如输入模块的分辨率为 13 位（12 位 +1 符号位），最后 3 位将被置“0”，那么转换后数值最小都是以 8 的倍数进行变换。上面列出的 SIMATIC S7-1500 PLC/ET200SP 模拟量输入模块分辨率都是 16 位（15 位 +1 符号位），所以每次最小变化为 1，精度非常高。

模块的分辨率与模块的误差是不同的概念，每个模块的误差范围需要参考模板规范手册。

**表 3-9　模拟量输入模块分辨率表示方法**

| 分辨率［位］（+符号） | 单位 | | 模拟值 | |
|---|---|---|---|---|
| | 十进制 | 十六进制 | 高位字节 | 低位字节 |
| 9 | 128 | $80_H$ | 符号0000000 | 1xxxxxxx |
| 10 | 64 | $40_H$ | 符号0000000 | 01xxxxxx |
| 11 | 32 | $20_H$ | 符号0000000 | 001xxxxx |
| 12 | 16 | $10_H$ | 符号0000000 | 0001xxxx |
| 13 | 8 | $8_H$ | 符号0000000 | 00001xxx |
| 14 | 4 | $4_H$ | 符号0000000 | 000001xx |
| 15 | 2 | $2_H$ | 符号0000000 | 0000001x |
| 16 | 1 | $1_H$ | 符号0000000 | 0 00<br>00<br>00<br>1 |

### 3. 模拟量输入模数对应关系

1）电压信号、电流信号及电阻信号的测量值有一个共同的特点：单极性输入信号时对应的测量范围为 0～27648，双极性输入信号时对应的测量范围为 -27648～27648，超出测量范围上溢值为 32767，下溢值为 -32768（为了能够表示测量值超限，模拟值用一个二进制补码定点数表示，宽度为 16 位。带有符号位的 16 位分辨率输入信号正常范围为 -27648～27648，而不是 -32768～32767。）。

2）电流信号分 4 线制和 2 线制测量方式。无论是 4 线制还是 2 线制测量方式，与模块的连接线都是 2 根，区别在于模块是否供电。例如一个 4 线制仪表，仪表需要 24V 供电，然后输出 4～20mA 信号，那么需要电源线 2 根，信号线 2 根，模拟量输入模块只接收电流信号；如果是一个 2 线制仪表，需要模拟量输入模块提供的 2 根信号线向仪表供电。如果选择 2 线制仪表，输出只能是 4～20mA 信号，这是因为仪表有阻抗。

3）热电阻测量可以连接 Pt 100、Pt 200、Pt 500、Pt 1000、Ni 100、Ni 1000、LG-Ni 1000 等类型传感器，测量范围可以分为标准范围和气候范围。如果在参数化测量范围中选择“标准”类型时，1 个数值 =0.1℃，例如测量值为 200 时表示实际的温度值为 20℃；如果在参数化测量范围中选择“气候型”类型时，1 个数值 =0.01℃，例如测量值为 200 时表示实际的温度值为 2℃。其他类型的热电阻传感器（如 Ni x00 等）用模拟值表示实际温度值的方法与上述热电阻传感器相同。

4）模拟量输入信号也可以直接连接 B、N、E、R、S、J、T、K 等类型热电偶采集温度信号，模拟值表示方法与热电阻（例如 PT x00）在“标准”测量范围时的模拟值表示方法相同，1 个数值 =0.1℃。例如测量值为 200 时表示实际的温度值为 20℃。热电偶与热电阻相比，采样的温度范围更宽，但是需要温度补偿。

**4. 模拟量输入连接不同的传感器**

一个 SIMATIC S7-1500 PLC 模拟量模块可连接多种类型的传感器，与 SIMATIC S7-300/400 PLC 相比，不需要量程卡进行模块内部的跳线，而是使用不同序号的端子连接不同类型的传感器，并且需要在 TIA 博途软件中进行配置。这样的好处是没有通道组的概念，相邻通道间连接传感器类型没有限制。例如第一个通道连接电压信号，第二个通道可以连接电流信号，而使用量程卡的 SIMATIC S7-300/400 PLC 模块则不行。以模块 AI 8xU/I/RTD/TC ST 为例，连接不同类型传感器的端子接线如图 3-17 所示。

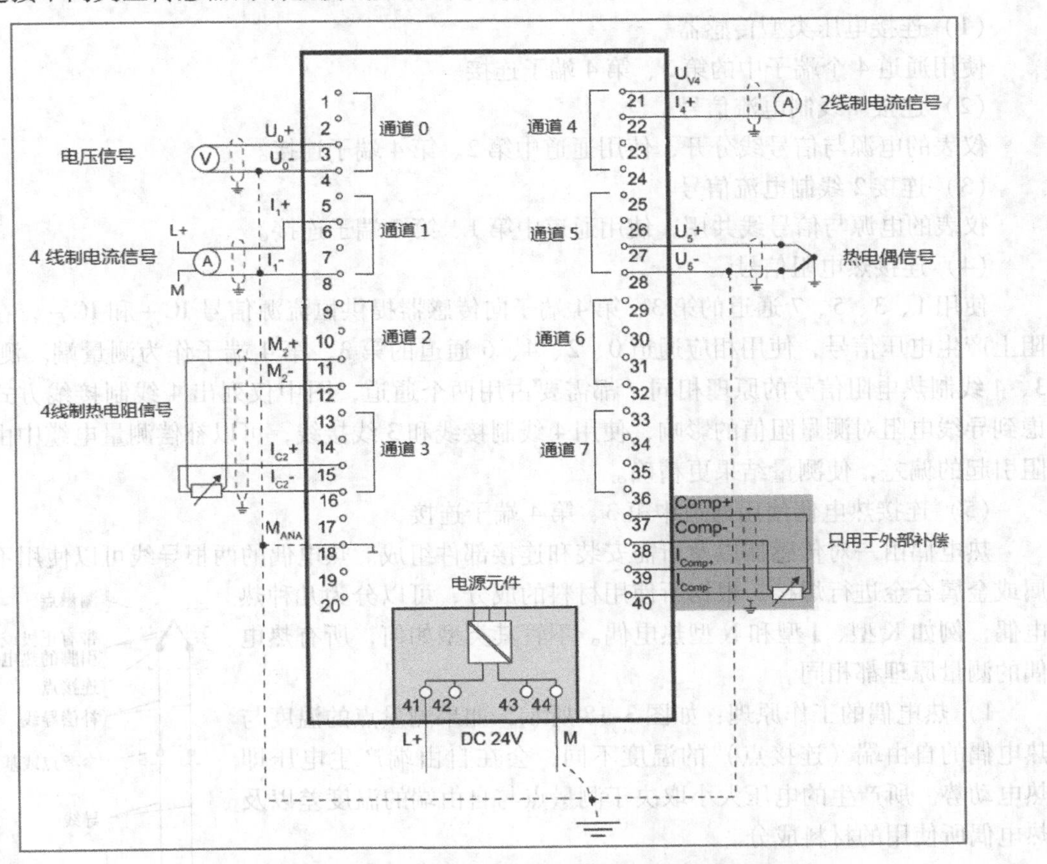


图 3-17　模拟量输入模块连接不同类型的传感器

**注意：**图 3-17 只是一个示意图，不同模块的连接可能会稍有不同，例如 AI 8xU/I/R/RTD BA 连接两线制电流信号，模块端子不提供仪表电源，需要外供电。

图 3-17 中所用缩写的含义如下：

$U_n$ +/$U_n$ -：电压输入通道 n（仅电压）；

$M_n$ +/$M_n$ -：测量输入通道 n；

$I_n$ +/$I_n$ -：电流输入通道 n（仅电流）；

$I_{cn}$ +/$I_{cn}$ -：RTD 的电流输出通道 n；

$U_{Vn}$：2 线制变送器（2WT）通道 n 的电源电压；

Comp +/Comp -：补偿输入；

$I_{Comp+}$/$I_{Comp-}$：补偿电流输出；

L +：电源电压连接；

M：接地连接

$M_{ANA}$：模拟电路的参考电位。

图 3-17 中的电源元件随模块包装盒提供。需要将电源元件插入前连接器底部，用于模拟量模块的供电。连接电源电压到端子 41（L +）和 44（M），端子 42（L +）和 43（M）用于级联到下一个模块并提供电源。连接不同传感器的端子分配如下：

（1）连接电压类型传感器

使用通道 4 个端子中的第 3、第 4 端子连接。

（2）连接 4 线制电流信号

仪表的电源与信号线分开，使用通道中第 2、第 4 端子连接。

（3）连接 2 线制电流信号

仪表的电源与信号线共用，使用通道中第 1、第 2 端子连接。

（4）连接热电阻信号

使用 1、3、5、7 通道的第 3、第 4 端子向传感器提供恒流源信号 IC + 和 IC -，在热电阻上产生电压信号，使用相应通道 0、2、4、6 通道的第 3、第 4 端子作为测量端。测量 2、3、4 线制热电阻信号的原理相同，都需要占用两个通道，图中仅列出 4 线制接线方式。考虑到导线电阻对测量阻值的影响，使用 4 线制接线和 3 线接线，可以补偿测量电缆中由于电阻引起的偏差，使测量结果更精确。

（5）连接热电偶使用通道中第 3、第 4 端子连接

热电偶由一对传感器以及所需安装和连接部件组成。热电偶的两根导线可以使用不同金属或金属合金进行焊接。根据所使用材料的成分，可以分为几种热电偶，例如 K 型、J 型和 N 型热电偶。不管其类型如何，所有热电偶的测量原理都相同。

1）热电偶的工作原理：如图 3-18 所示，如果测量点的温度与热电偶的自由端（连接点）的温度不同，会在自由端产生电压即热电动势。所产生的电压大小取决于测量点与自由端的温度差以及热电偶所使用的材料成分。

由于热电偶测量的总是温度差，所以必须将自由端的温度作为参考点，以便通过测量出的温度差确定测量点的温度。热电偶可以从连接点处通过补偿导线进行扩展，这样可以将参考点安装在需要的位置，便于安装温度传感器。补偿导线与热电偶的导线是由同种

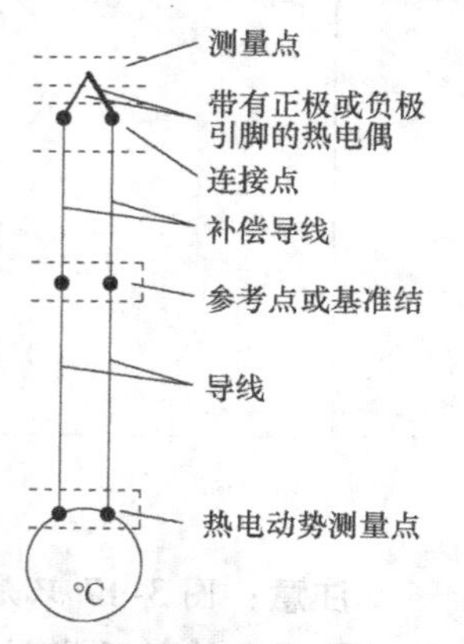

图 3-18　热电偶的结构

材料制成，使用铜缆连接参考点和模块。

有多种方式可以获得热电偶参考点的温度（用于温度补偿），以模块 AI 8xU/I/RTD/TC ST 为例，热电偶温度的补偿方式见表 3-10。

表 3-10　热电偶温度补偿的方式

| 温度补偿方式 | 说　明 |
| --- | --- |
| 固定参考点温度 | 如果参考点温度是一个已知的常数，可以在 TIA 博途软件中直接定义 |
| 动态参考温度 | 使用热电阻测量参考点温度，在用户程序中调用 WRREC（SFB 53）将参考点温度值分别写到每个模块中。只有在 CPU 运行时设定，与固定参考点温度补偿相比，补偿的温度是变化的 |
| 内部补偿 | 如果采用内部补偿，可以使用模块的内部温度进行比较（热电偶内部比较） |
| 模块的参考通道 | 可以使用热敏电阻（铂或镍）采集参考温度，并连接到模块的温度补偿通道，端子 37～40，这样一个模块只能有一个温度作为参考 |

2）固定参考点温度：如图 3-19 所示，可以将热电偶直接或通过补偿导线连接到模块，模块端子处的温度就是参考点的温度，图例中是 25℃，那么设定的固定补偿温度为 25℃。如果使用铜导线连接参考点到模块，这时需要知道参考点处的温度，图例中是 25℃，同样可以设定固定的补偿温度为 25℃。

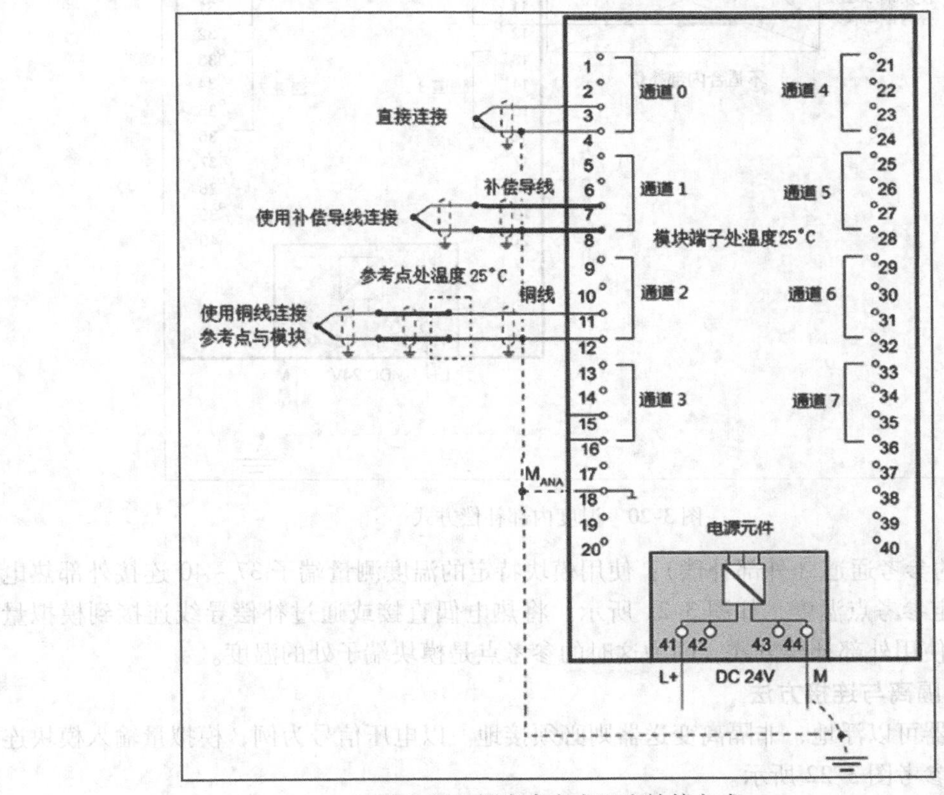


图 3-19　固定参考点温度补偿方式

3）动态参考温度：如果参考点的温度持续变化，使用固定参考点温度作为参考进行测量就不准确，这时可以使用任意一个热电阻通道测量参考点处的温度，例如模块端子处或参考点接线处的温度。在用户程序中调用 WRREC（SFB 53）将参考点温度值写入模块中，提高测量的准确度。

4）内部补偿：测量元件位于模块内部，可以测量端子处的温度，这样将模块端子作为参考点，模块端子处的温度就是参考点的温度。温度内部补偿适用于将热电偶直接或通过补偿导线连接到模拟量输入模块的端子，如图 3-20 所示。使用铜线连接参考点到模块端子则不能使用这样的方式，因为参考点处的温度与端子处的温度可能有大的偏差，影响测量的精度。

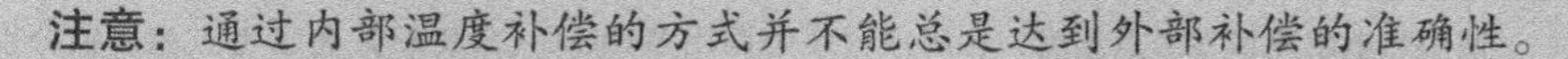

**注意：通过内部温度补偿的方式并不能总是达到外部补偿的准确性。**

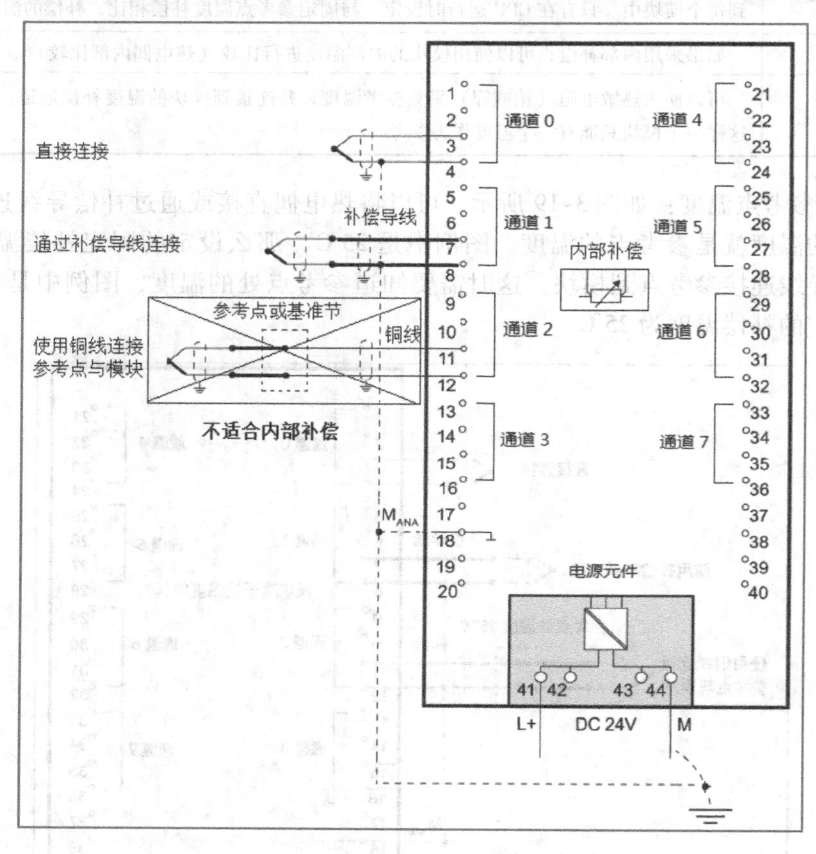


图 3-20　温度内部补偿方式

5）模块的参考通道（外部补偿）：使用模块特定的温度测量端子 37～40 连接外部热电阻（RTD）确定参考点温度，如图 3-21 所示。将热电偶直接或通过补偿导线连接到模拟量输入端子不能使用外部补偿方式，因为这时的参考点是模块端子处的温度。

**5. 传感器隔离与连接方法**

隔离变送器可以浮地，非隔离变送器则必须接地。以电压信号为例，模拟量输入模块连接隔离传感器参考图 3-22 所示。

图 3-22 中所用缩写的含义如下：

$U_n+/U_n-$：电压输入通道 n；

L：电源电压连接；

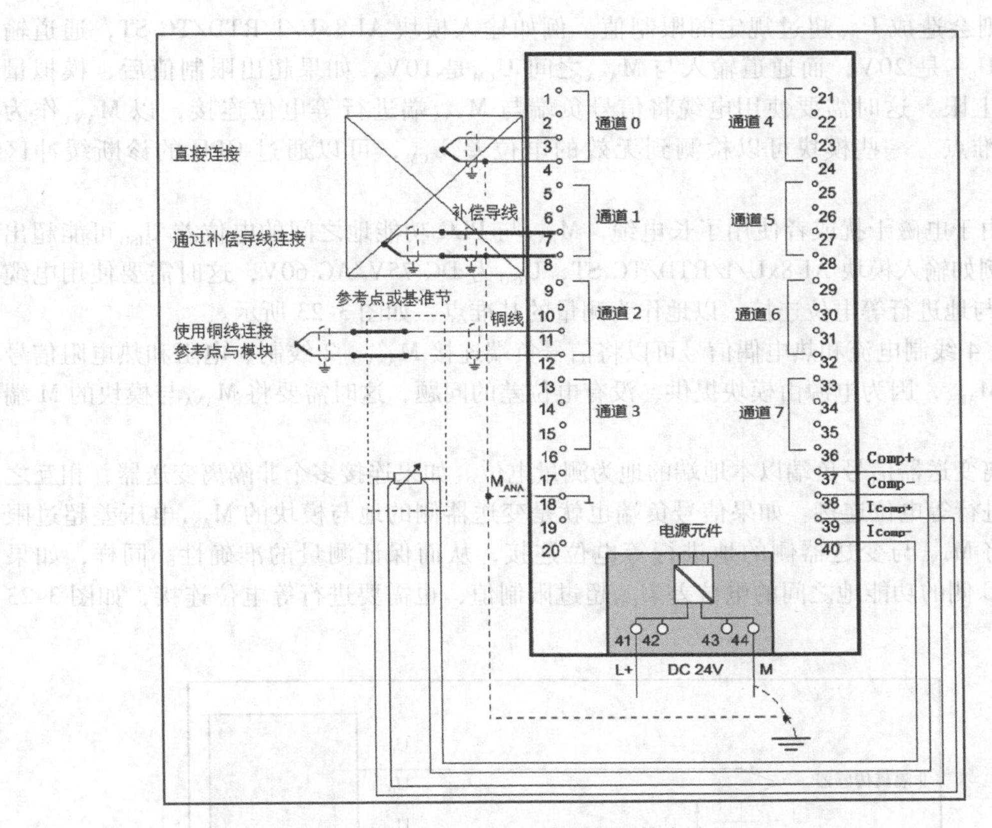


图 3-21　温度外部补偿方式

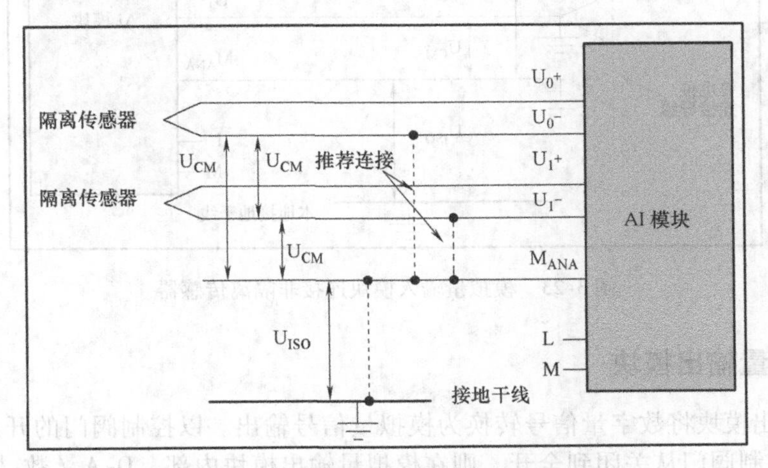


图 3-22　模拟量输入模块连接隔离传感器

M：电源负端；

$M_{ANA}$：模拟电路的参考电位；

$U_{CM}$：共模电压，测量输入/模拟地 $M_{ANA}$ 参考点之间的电位差；

$U_{ISO}$：绝缘电压，测量模拟地和 PLC 功能地参考点之间的电位差。

隔离变送器信号负端可以不连接模块的 $M_{ANA}$，但如果环境中存在电磁干扰或者使用了长电缆，则会造成 $U_{CM}$超过规定的限制值。例如输入模块 AI 8xU/I/RTD/TC ST，通道输入 $U_0+$ ~ $U_0-$ 是 20V，而通道输入与 $M_{ANA}$之间 $U_{CM}$是 10V，如果超出限制值后，模拟量值显示超上限。这时需要使用电缆将信号负端与 $M_{ANA}$端进行等电位连接，以 $M_{ANA}$作为测量的基准点。一些模块可以检测到无效的电位差 $U_{CM}$，可以通过 CPU 的诊断缓冲区读出。

如果由于电磁干扰或者使用了长电缆，$M_{ANA}$与 PLC 功能地之间的电位差 $U_{ISO}$可能超出限制值，例如输入模块 AI 8xU/I/RTD/TC ST，$U_{ISO}$为 DC 75V/AC 60V，这时需要使用电缆将 $M_{ANA}$端与地进行等电位连接，以地作为测量的基准点，如图 3-23 所示。

电压、4 线制电流和热电偶信号可以将信号负端连接 $M_{ANA}$。2 线制、电阻和热电阻信号不能连接 $M_{ANA}$，因为电源由模块提供，没有电位差的问题，这时需要将 $M_{ANA}$与模块的 M 端连接。

非隔离变送器信号负端以本地端的地为测量电位。如果连接多个非隔离变送器，相互之间也必须进行等电位连接。如果信号负端也就是变送器侧的地与模块的 $M_{ANA}$电压差超过限制，需要将 $M_{ANA}$与变送器侧的地进行等电位连接，从而保证测量的准确性。同样，如果 $M_{ANA}$与 PLC 侧的功能地之间的电位差 $U_{ISO}$超过限制值，也需要进行等电位连接，如图 3-23 所示。

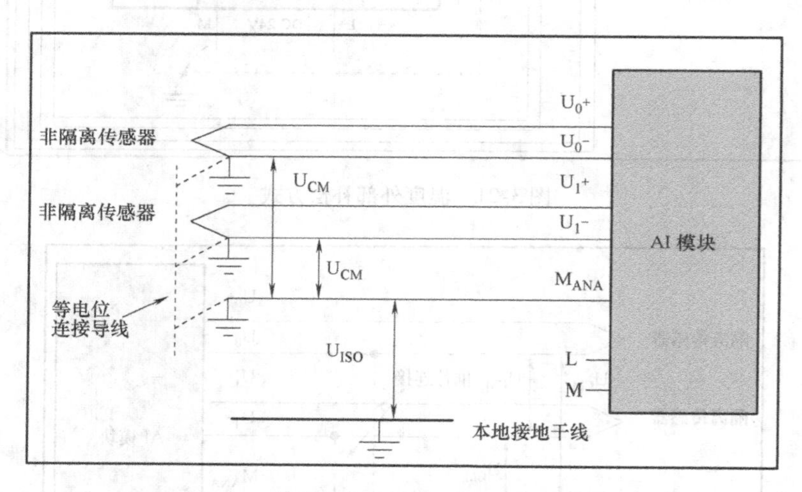


图 3-23 模拟量输入模块连接非隔离传感器

### 3.4.7 模拟量输出模块

模拟量输出模块将数字量信号转换为模拟量信号输出。以控制阀门的开度为例，假设 0~10V 对应控制阀门从关闭到全开，则在模拟量输出模块内部，D-A（数-模）转换器将数字量信号 0~27648 按线性比例关系转换为模拟量信号 0~10V。这样，当模拟量输出模块输出数值 13824 时，它将转换为 5V 信号，控制阀门的开度为 50%。模拟量输出模板只有电压和电流信号。同样，随模拟量输出模块包装盒也带有具有很高抗干扰能力的屏蔽套件。

**1. 模拟量输出模块类型**

SIMATIC S7-1500 PLC/ET200 MP 的模拟量输入模块型号以“SM532”开头，“5”表示

为SIMATIC S7-1500系列，“3”表示为模拟量，“2”表示为输出类型。模块类型和技术参数参考表3-11。

**注意：为便于记忆，命名方式只适合SIMATIC S7-1500/ET 200 MP子系列。**

表3-11 模拟量输出模块类型和技术参数

| 模拟量输出模块 | AQ 2xU/I ST | AQ 4xU/I HF<br>AQ 4xU/I ST | AQ 8xU/I HS |
|---|---|---|---|
| 订货号 | 6ES7532-5NB00-0AB0 | 6ES7532-5ND00-0AB0（HF）<br>6ES7532-5HD00-0AB0（ST） | 6ES7532-5HF00-0AB0 |
| 宽度 | 25mm | 35mm | |
| 输出数量 | 2 AO | 4 AO | 8 AO |
| 分辨率 | 15位+符号 | | |
| 输出方式 | 电压（1～5V、0～10V、±10V）<br>电流（0～20mA、4～20mA、±20mA） | | |
| 转换时间（每通道） | 0.5ms（备注） | 125μs（备注） | 50μs（备注） |
| 过采样 | × | | √ |
| 支持时钟同步 | × | √（HF） | |
| 诊断中断 | √ | | |
| 替代值输出 | √ | | |
| 通道隔离 | × | √（HF） | × |
| S－和$M_{ANA}$之间（$U_{CM}$） | DC 8V | DC 8V（ST） | DC 8V |
| 不同回路允许的电位差 | — | DC 60V/AC 30V，隔离测量<br>可以达到AC 120V（HF） | — |
| 备注 | 如果需要得到通道的响应时间，除转换时间外，还需考虑模块的循环时间和稳定时间（与负载类型有关） | | |

### 2. 模拟量输出分辨率的表示

与模拟量输入的表示方法相同，可以参考表3-9。目前，模拟量输出模块都是16位高分辨率模块，精度非常高。

### 3. 模拟量输出数模对应关系

模拟量输出的数模对应关系与模拟量输入的模数对应关系相反，0～27648对应单极性输出的电压信号和电流信号，例如0～10V和1～5V或者0～20mA和4～20mA；－27648～27648对应双极性输出信号，例如±10V和±20mA。

### 4. 模拟量输出连接不同的传感器

SIMATIC S7-1500 PLC/ET 200 MP几种模拟量输出模块都可以连接电压和电流类型负载，不需要量程卡转换和跳线。使用不同序号的端子连接不同类型的负载，只需要在TIA博途软件中进行配置即可。以模块AQ 8xU/I HS为例，连接电压和电流类型负载的端子接线如图3-24所示。

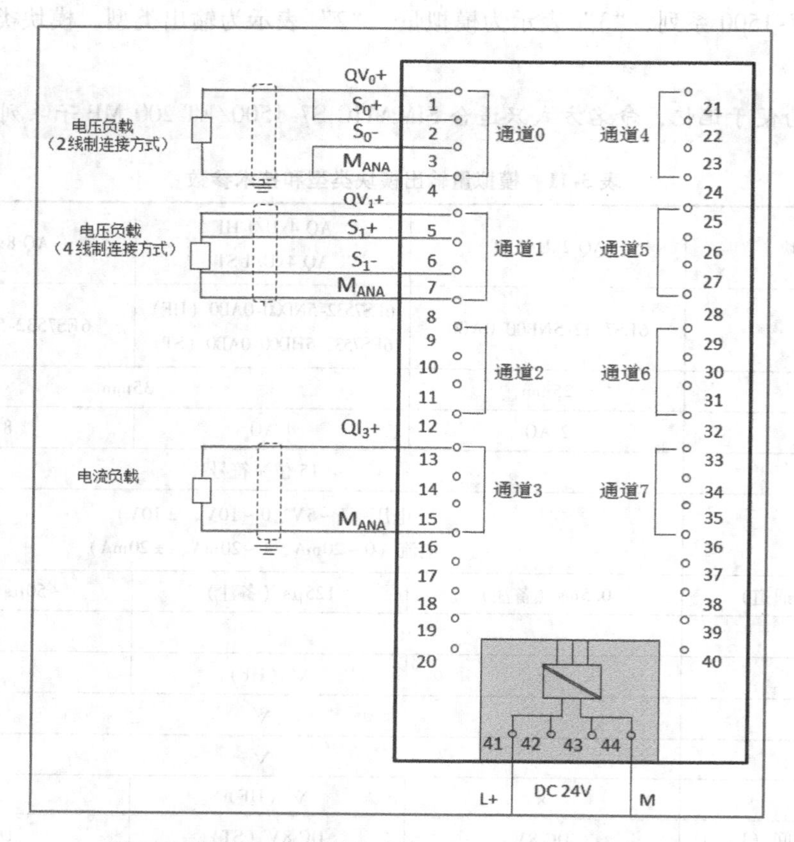


图 3-24　模拟量输出模块连接电压和电流类型执行机构

**注意：**图 3-24 只是一个示意图，不同模块的连接可能会稍有不同，例如 AQ 2xU/I ST 使用 2 线制方式连接电压负载，Sn +/QVn 和 Sn -/Qin 不需要短接。

图 3-24 中所用缩写的含义如下：

$QV_n$：电压输出通道；

$QI_n$：电流输出通道；

Sn +/Sn -：监听电路通道；

L +：电源电压连接；

M：电源负端；

$M_{ANA}$：模拟电路的参考电位。

图 3-24 中电源元件随模块包装盒提供。需要将电源元件插入前连接器底部，用于模拟量模块的供电。连接电源电压到端子 41（L +）和 44（M），端子 42（L +）和 43（M）用于级联到下一个模块并提供电源。三种模拟量输出模块的接线端子固定，连接电压和电流类型执行机构的端子分配如下。

（1）连接 2 线制电压负载

使用通道 4 个端子中的第 1、第 4 端子连接负载。第 1 和第 2 端子需要短接，第 3 和第 4 端子需要短接。

（2）连接4线制电压负载

使用通道4个端子中的第1、第4端子连接负载，第2和第3端子同样需要连接到负载。

连接负载的电缆会产生分压作用，这样加在负载端两端的电压值可能不准确。使用通道中的S+、S-端子连接相同的电缆到负载侧，测量电缆实际的阻值，并在输出端加以补偿，这样将保证输出的准确性。

（3）连接电流负载

使用通道4个端子中的第1和第4端子连接负载。

**5. 连接$M_{ANA}$到本地功能地**

如果$M_{ANA}$与PLC功能地之间的电位差$U_{ISO}$超出限制值（例如输出模块AQ 8xU/I HS，$U_{ISO}$为DC 75V/AC 60V），需要使用电缆将$M_{ANA}$端与地进行等电位连接，将地作为测量的基准点。以电压型负载为例，如图3-25所示。

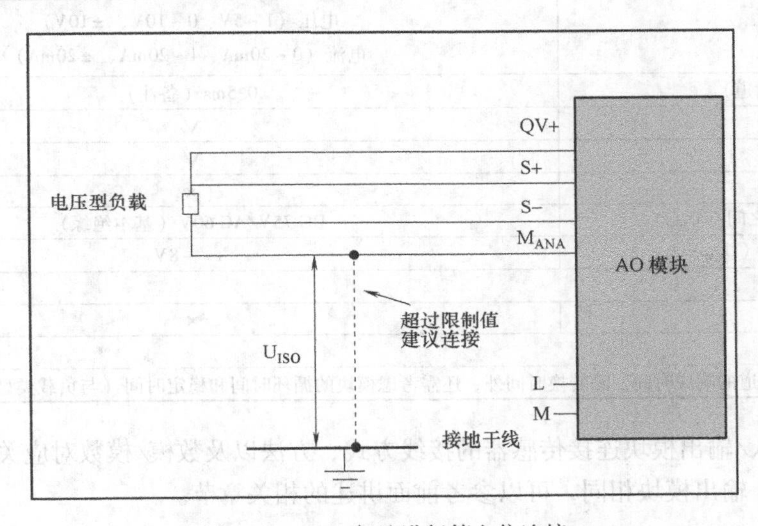


图3-25　$M_{ANA}$与地进行等电位连接

## 3.4.8　模拟量输入/输出模块

SIMATIC S7-1500 PLC/ET200 MP的模拟量输入/输出模块型号以“SM534”开头，“5”表示为SIMATIC S7-1500系列，“3”表示为模拟量，“4”表示为模拟量输入/输出类型，目前只有一种25MM宽模块，技术参数参考表3-12。

**注意：为便于记忆，命名方式只适合SIMATIC S7-1500 PLC/ET200MP子系列。**

表3-12　模拟量输入/输出模块类型和技术参数

| 模拟量输入模块 | AI 4xU/I/RTD/TC/AQ 2xU/I ST |
|---|---|
| 订货号 | 6ES7534-7QE00-0AB0 |
| 宽度 | 25mm |
| 输入参数 | |
| 输入数量 | 4AI |

（续）

| | |
|---|---|
| 分辨率 | 15位+符号 |
| 测量类型 | 电压、电流、电阻、热敏电阻、热电偶 |
| 测量范围的选择 | 每个通道任意选择 |
| 输入与 $M_{ANA}$ 间的最大共模电压（$U_{CM}$） | 10V |
| 诊断中断 | √ |
| 由于超过极限值产生硬件中断 | 极限值可调整，可以选择两个上下限 |
| 通道间电气隔离 | × |
| 转换时间（每通道） | 9/23/27/107ms |
| 输出参数 | |
| 输出数量 | 2 AO |
| 分辨率 | 15位+符号 |
| 输出方式 | 电压（1~5V、0~10V、±10V）<br>电流（0~20mA、4~20mA、±20mA） |
| 转换时间（每通道） | 0.5ms（备注） |
| 诊断中断 | √ |
| 替代值输出 | √ |
| 通道间电气隔离 | × |
| $M_{ANA}$ 和M内部之间（$U_{ISO}$） | DC 75V/AC 60V（基本绝缘） |
| S-和 $M_{ANA}$ 之间（$U_{CM}$） | +/-8V |
| 模块参数 | |
| 支持时钟同步 | × |
| 备注 | |
| 如果需要得到通道的响应时间，除转换时间外，还需考虑模块的循环时间和稳定时间（与负载类型有关） | |

模拟量输入/输出模块连接传感器的接线方式、方法以及数模/模数对应关系与单独的模拟量输入模块、输出模块相同，可以参考前面讲述的相关章节。

### 3.4.9　模块的选择

智能工厂的前提是控制设备的使能化，设备的智能化则需要更多的传感器支持，对传感器的感知则需要模块的诊断能力，诊断能力越强对前期的编程越简单，对后期的维护也容易，设备故障可以快速定位，减少停止时间，提高设备的效率。ST、HF类型的模块内部都带有处理器，可以独立进行断线、短路、超上限等诊断，并将诊断结果主动发送到CPU中（SIMATIC S7-300/400 PLC是被动读），编程人员不需要额外的工作量就可以对故障进行响应和处理，而且这些系统故障信息自动上传到HMI中，便于维护人员的快速维修。此外HF模块还具有高抗干扰能力（模拟量模块允许高电位差和高度共模抑制比），保证设备的正常运行。综上所述，尽量选择HF类型的模块。

## 3.5　通信模块

SIMATIC S7-1500 PLC系统通过通信模块可以使多个相对独立的站点连成网络并建立通信关系。每一个SIMATIC S7-1500 CPU都集成PN接口，可以进行主站间、主从以及编程调试的通信。在 PROFIBUS 的通信中，由于一些通信服务或协议太繁琐、速度慢以及通信量小等原因，它们已被取消和替代，例如 FMS 通信协议被取消，FDL 通信协议可以被基于以太网的通信替代。

SIMATIC S7-1500 PLC 系统的通信模块可以分为三大类，分别为点对点通信模块、PROFIBUS 通信模块和 ROFINET/ETHERNET 通信模块。

### 3.5.1　点对点通信模块

点对点通信模块也就是串口模块，模块的类型以及支持的功能参考表 3-13。

**表 3-13　SIMATIC S7-1500 PLC 点对点通信模块参数**

| 订货号 | 6ES7540-1AD00-0AA0 | 6ES7540-1AB00-0AA0 | 6ES7541-1AD00-0AB0 | 6ES7541-1AB00-0AB0 |
|---|---|---|---|---|
| 点对点通信模块 | CM PtP RS232 BA | CM PtP RS422/485 BA | CM PtP RS232 HF | CM PtP RS422/485 HF |
| 接口 | RS232 | RS422/485 | RS232 | RS422/485 |
| 数据传输速率 | 300～19，200bit/s | | 300～115，200bit/s | |
| 最大帧长度 | 1KB | | 4KB | |
| 诊断中断 | √ | | | |
| 硬件中断 | × | | | |
| 支持等时同步模式 | × | | | |
| 支持的协议驱动 | Freeport 协议<br>3964（R） | | Freeport 协议<br>3964（R）<br>Modbus RTU 主站<br>Modbus RTU 从站 | |

### 3.5.2　PROFIBUS 通信模块

PROFIBUS 通信模块的类型以及支持的功能参考表 3-14。

**表 3-14　SIMATIC S7-1500 PROFIBUS 通信模块参数**

| 订货号 | 6GK7542-5FX00-0XE0 | 6GK7542-5DX00-0XE0 | CPU 集成的 DP 接口（备注） |
|---|---|---|---|
| PROFIBUS 通信模块 | CP 1542-5 | CM 1542-5 | |
| 接口 | RS485 | | |
| 数据传输速率 | 9600bit/s～12Mbit/s | | |
| 诊断中断（从站） | √ | | |
| 硬件中断（从站） | √ | | |
| 功能和支持的协议 | DPV1 主站/从站<br>S7 通信<br>PG/OP 通信 | DPV1 主站/从站、<br>S7 通信、<br>PG/OP 通信 | DPV1 主站<br>S7 通信、<br>PG/OP 通信 |
| 可连接 DP 从站个数 | 32 | 125 | |

备注：目前只有 CPU 1516、CPU 1517、CPU 1518 带有 DP 接口，并且只能作为主站。

### 3.5.3　PROFINET/ETHERNET 通信模块

PROFINET/ETHERNET 通信模块的类型以及支持的功能参考表 3-15。列表中包括 CPU 集成的 PN 接口。

表 3-15　SIMATIC S7-1500 PROFINET 通信模块参数

| 订货号 | 6GK7543-1AX00-0XE0 | 6GK7542-1AX00-0XE0 | CPU 集成的 PN 接口<br>（备注） |
|---|---|---|---|
| PROFINET/ETHERNET 通信模块 | CP 1543-1 | CM 1542-1 | |
| 接口 | RJ45 | | |
| 数据传输速率 | 10/100/1000Mbit/s | 10/100Mbit/s | |
| 诊断中断 | √ | | |
| 硬件中断 | × | √ | |
| 功能和支持的协议 | TCP/IP、ISO、UDP、<br>MODBUS TCP、S7 通信、<br>IP 广播/组播、信息安全、<br>诊断 SNMPV1/V3、DHCP、<br>FTP 客户端/服务器、<br>E-Mail、IPv4/IPv6 | TCP/IP、ISO-on-TCP、UDP、MODBUS TCP<br>S7 通信、<br>IP 广播/组播（集成接口除外）、SNMPv1 | |
| 支持 PROFINET | × | √ | |
| PROFINET IO 控制器 | × | √ | |
| PROFINET IO 设备 | × | | √ |
| 可连接 PN 设备的个数 | × | 128，其中最多 64 台<br>IRT 设备 | 与 CPU 类型有关，最大 512，<br>其中最多 64 台 IRT 设备 |
| 备注：不包括 CPU 1515/1516/1517/1518 第二个以太网接口参数。 | | | |

## 3.6　工艺模块

工艺模块（TM）通常实现单一、特殊的功能，而这些特殊功能往往是单靠 CPU 无法实现的。例如使用 CPU 内部的计数器计数，计数的最高频率往往受到 CPU 扫描周期和输入信号转换时间的限制。假设 CPU 的扫描周期为 50ms，那么信号变化时间低于 50ms 的信号不能被 CPU 捕捉到。这样 CPU 内的计数器最高计数频率为 20Hz（通常为 10Hz，因为需要捕捉上升沿和下降沿）。有些应用中使用高速的脉冲编码器测量速度值和位置值，这样对编码器信号的计数就不能使用 CPU 中的计数功能，而是需要通过高速计数器模块的计数功能来实现。工艺模块具有独立的处理功能，例如计数器模块独立处理计数功能，如果计数值达到预置值可以触发中断响应，也可以根据预先设定的方式使用集成于模块的输出点控制现场设备（快速性要求）。CPU 通过调用相应函数可以对计数器进行读写操作。目前，工艺模块有高速计数器、PTO 脉冲输出模块和基于时间的 I/O 模块。

### 3.6.1　高速计数器模块

高速计数器模块有两种，支持的功能和技术参数参考表 3-16。

表 3-16　SIMATIC S7-1500 PLC 高速计数器模块参数

| 订货号 | 6ES7550-1AA0-0AB0 | 6ES7551-1AB00-0AB0 |
| --- | --- | --- |
| 高速计数器模块 | TM Count 2x24V | TM PosInput 2 |
| 支持的编码器 | 增量型编码器，24V 非对称，带/不带方向信号的脉冲编码器，上升沿/下降沿脉冲编码器 | RS422 增量型编码器（5V 差分信号），带/不带方向信号的脉冲编码器，上升沿/下降沿脉冲编码器，绝对值编码器（SSI） |
| 最大计数频率 | 200kHz，4 倍频计数方式时最大 800kHz， | 1MHz，4 倍频计数方式时最大 4MHz |
| 数字量输入（DI） | 每个计数器通道 3 点 DI，用于启动、停止、捕获、同步等功能 | 每个计数器通道 2 点 DI，用于启动、停止、捕获、同步等功能 |
| 数字量输出（DQ） | 2 点 DQ，用于比较器和限值 | |
| 计数功能 | 比较器，可调整的计数范围，增量式位置检测 | 比较器，可调整的计数范围，增量式和绝对式位置检测 |
| 测量功能 | 频率、周期、速度 | |
| 诊断中断 | √ | |
| 硬件中断 | √ | |
| 支持等时同步模式 | √ | |

## 3.6.2　基于时间的 I/O 模块

许多控制系统的响应时间都需要相对的精确性和确定性。例如，按照工艺要求，将检测到的一个输入信号作为触发条件，要求经过 20ms 后触发输出。这个过程包括 CPU 程序处理时间、总线周期时间（现场总线、背板总线）、I/O 模块的周期时间以及传感器/执行器的内部周期时间。但是由于各个循环周期的不确定性，很难保证响应时间的确定性。使用基于时间的 I/O 模块可以很好地解决这个问题。

使用 PROFINET IRT（等时同步）技术，可以将最多 8 个这样的模块进行时钟同步，各个站点接收到的时钟同步信号相差在 1μs 内。模块在检测到输入触发信号时开始计时，计时 20ms 后输出，由于 I/O 都具有定时功能，这样输出与各个循环周期无关，因此大大提高了控制精度。

基于时间的 I/O 模块可以用于确定响应时间的控制、长度测量、凸轮控制以及计数等应用。

## 3.6.3　PTO 脉冲输出模块

4 个通道高速脉冲输出模块，RS422 最高为 1MHz，24V/TTL（5V）最高 200kHz 可与轴工艺对象配合使用，同时支持同步模式，本书不做详细介绍。

# 第4章　SIMATIC S7-1500 PLC的硬件配置

一个TIA博途项目中可以包含多个PLC站点、HMI以及驱动等设备。在使用SIMATIC S7-1500 CPU之前，需要创建一个项目并添加SIMATIC S7-1500 PLC站点，其中主要包含系统的硬件配置信息和控制设备的用户程序。

硬件配置是对PLC硬件系统的参数化过程，使用TIA博途软件将CPU、电源、信号模块等硬件配置到相应的机架上，并对PLC等硬件模块的参数进行设置。硬件配置对于系统的正常运行非常重要，它的功能如下：

1）配置信息下载到CPU中，CPU功能按配置的参数执行。

2）将I/O模块的物理地址映射为逻辑地址，用于程序块调用。

3）CPU比较模块的配置信息与实际安装的模块是否匹配，如I/O模块的安装位置、模拟量模块选择的测量类型等。如果不匹配，CPU报警并将故障信息存储于CPU的诊断缓存区中，这种情况下需要根据CPU提供的故障信息做出相应的修改。

4）CPU根据配置的信息对模块进行实时监控，如果模块有故障，CPU报警并将故障信息存储于CPU的诊断缓存区中。

5）一些智能模块的配置信息存储于CPU中，例如通信处理器CP/CM、工艺模块TM等，模块故障后直接更换，不需要重新下载配置信息。

本章着重介绍项目中PLC站的硬件配置及编程相关的设置。

## 4.1　配置一个SIMATIC S7-1500 PLC站点

TIA博途软件的工程界面分为博途视图和项目视图，在两种视图下均可以组态新项目。博途视图是以向导的方式来组态新项目，项目视图则是硬件组态和编程的主视窗。下面以项目视图为例介绍如何添加和组态一个SIMATIC S7-1500 PLC站点。

### 4.1.1 添加一个SIMATIC S7-1500 PLC新设备

打开TIA博途并切换至项目视图后，在左侧的项目树中双击“添加新设备”标签栏，或者使用菜单命令“插入”→“设备”，则会弹出“添加新设备”对话框，如图4-1所示。

根据实际的需求来选择添加的站点，这些站点可以是“控制器”“HMI”“PC系统”或者“驱动”。本例中选择“控制器”，然后打开分级菜单选择需要的CPU类型，这里选择CPU1516-3PN/DP，设备名称为默认的“PLC_1”，用户也可以对其进行修改。CPU的固件版本应与实际硬件的版本匹配。勾选弹出窗口左下角的“打开设备视图”选项，单击“确定”按钮即直接打开设备视图，如图4-2所示。

在设备视图中可以对中央机架或者分布式I/O系统的模块进行详细的配置和组态。图4-2设备视图中①区为项目树，列出了项目中所有站点以及各站点项目数据的详细分类；②区为详细视图，提供了项目树中被选中对象的详细信息；③区即是设备视图，用于硬件组

图4-1 添加新设备

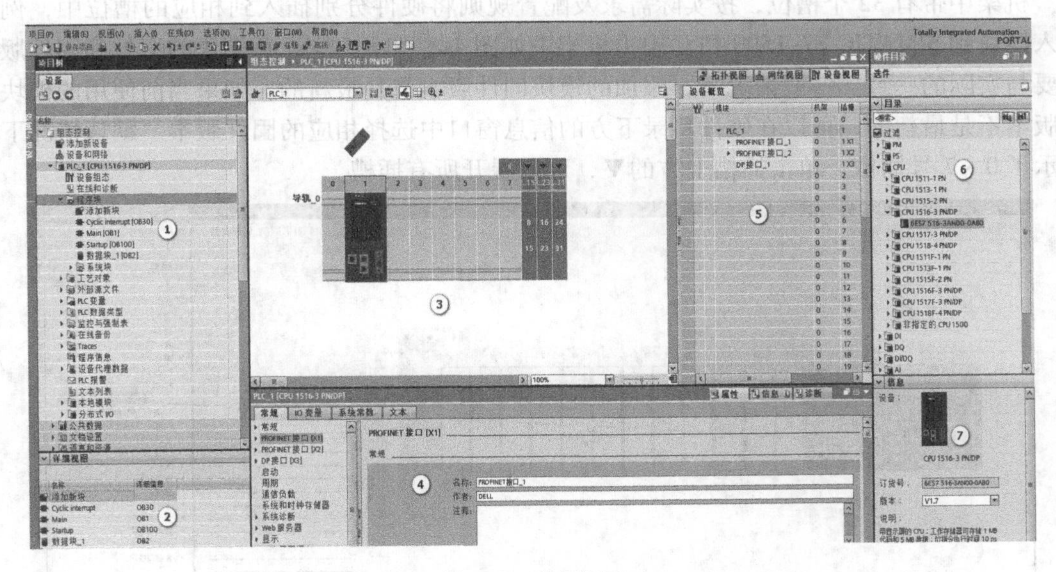


图4-2 设备视图

态；④区可以浏览模块的属性信息，并对属性进行设置和修改；⑤区表示插入模块的详细的信息，包括I/O地址以及设备类型和订货号等；⑥区为硬件目录，可以单击“过滤”，只保留与站点相关的模块；⑦区可以浏览模块的详细信息，并可以选择组态模块的固件版本。

### 4.1.2　配置 SIMATIC S7-1500 PLC 的中央机架

配置 SIMATIC S7-1500 PLC 中央机架，应注意以下几点：

1）中央机架最多有 32 个模块，使用 0～31 共 32 个插槽，CPU 占用 1 号插槽，不能更改。

2）插槽 0 可以放入负载电源模块 PM 或者系统电源 PS。由于负载电源 PM 不带有背板总线接口，所以也可以不进行硬件配置。如果将一个系统电源 PS 插入 CPU 的左侧，则该模块可以与 CPU 一起为机架中的右侧设备供电。

3）CPU 右侧的插槽中最多可以插入 2 个额外的系统电源模块。这样加上 CPU 左侧可以插入 1 个系统电源模块，在主机架上最多可以插入 3 个系统电源模块（即电源段的数量最多是 3 个）。所有模块的功耗总和决定了需要的系统电源模块数量。

4）从 2 号插槽起，可以依次放入 I/O 模块或者通信模块。由于目前机架不带有源背板总线，相邻模块间不能有空槽位。

5）SIMATIC S7-1500 PLC 系统不支持中央机架的扩展。

6）2-31 号槽可放置最多 30 个信号模块、工艺模块或点对点通信模块（包括 PS），PROFINET/EtherNet 通信处理器和 PROFIBUS 通信处理器的个数与 CPU 的类型有关，比如 CPU 1518 支持合计共 8 个通信处理器模块，而 CPU 1511 则支持 4 个。模块数量与模块的宽窄尺寸无关。如果需要配置更多的模块则需要使用分布式 I/O。

先选中插槽，然后在右侧的硬件目录中使用鼠标双击选中的模块即可将模块添加到机架上，或者使用更加方便的拖放方式，将模块从右侧的硬件目录里直接添加到机架上的插槽中。机架中带有 32 个槽位，按实际需求及配置规则将硬件分别插入到相应的槽位中，例如插入模块到 SIMATIC S7-1500 PLC 中央机架中如图 4-3 所示。应注意模块的型号和固件版本都要与实际的一致。一般情况下，添加的模块固件版本都是最新的。如果当前使用的模块固件版本不是最新的，可以在硬件目录下方的信息窗口中选择相应的固件版本。默认情况下只显示了 0～7 号插槽，单击插槽上方的▼，可以展开所有插槽。

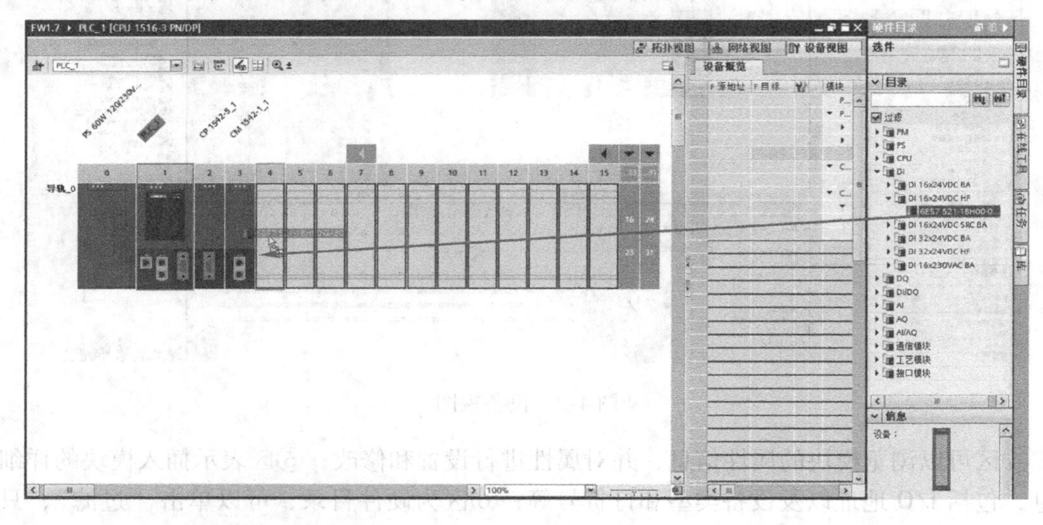


图 4-3　插入模块到 SIMATIC S7-1500 PLC 中央机架中

在配置过程中，TIA 博途自动检查配置的正确性。例如当在硬件目录中选择一个模块时，机架中允许插入该模块的槽位边缘会呈现蓝色，而不允许插入该模块的槽位边缘颜色无变化。如果使用鼠标拖放的方法将模块拖到禁止插入的槽位上，鼠标指针变⊘，如果选中的模块拖到允许插入的槽位时，鼠标指针变，如插入模块时的自动检查功能如图 4-4 所示。

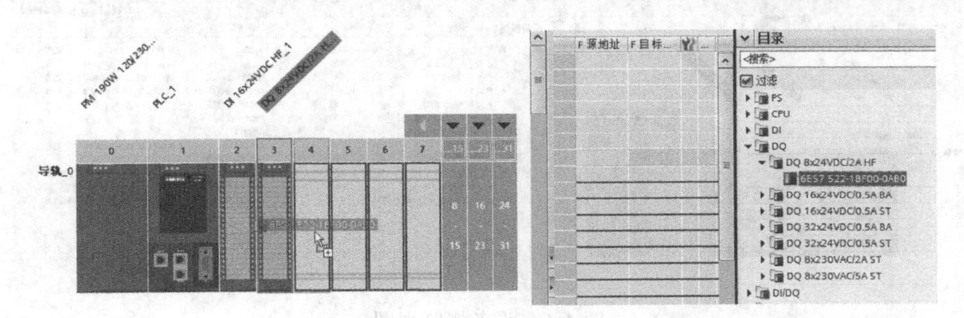


图 4-4　插入模块时的自动检查功能

如果需要对已经组态的模块进行更换，那么可以直接在模块上操作，例如要更改 CPU 的类型，只需选择 1 号槽上的 CPU 并单击右键，在弹出的菜单中选择“更改设备类型”命令，即可以在弹出的窗口中选择新的 CPU 用于替换原来的 CPU。如图 4-5 所示，选择新的 CPU 硬件版本时，在窗口的下方给出了兼容性信息，提示用户新硬件与原硬件对比时不支持的功能或新增加的功能。

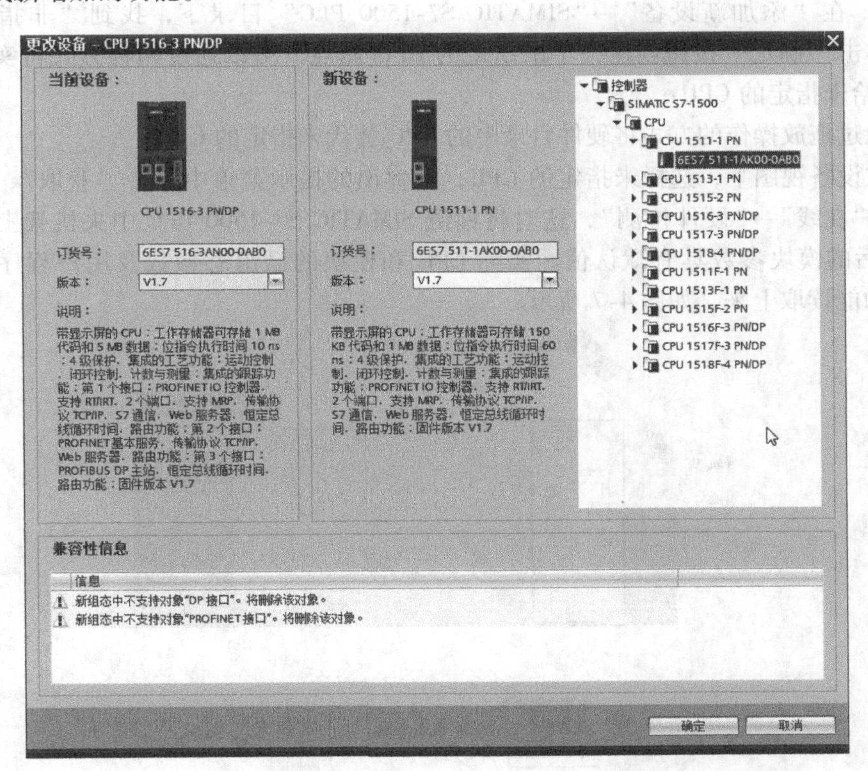


图 4-5　更改设备

配置完硬件组态后，可以在设备视图右方（按▣键可以切换为上下显示方式）的设备概览视图中读取整个硬件组态的详细信息，包括模块、插槽号、输入地址和输出地址、类型、订货号、固件版本等，如图 4-6 所示。

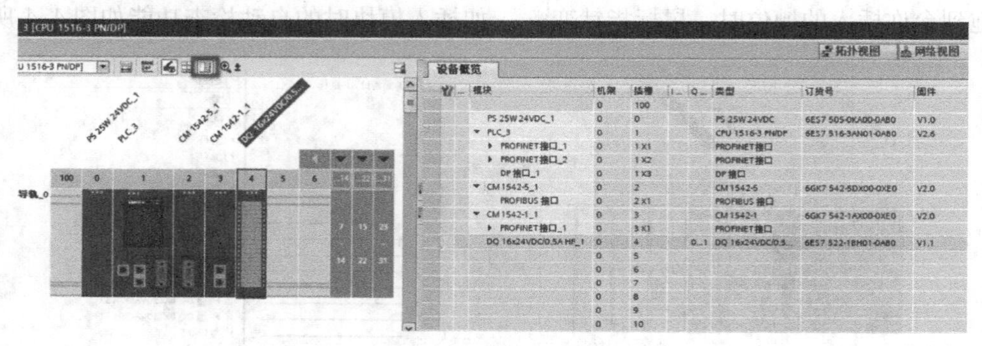


图 4-6　设备概览视图

最后，可以单击工具栏上的最右侧的▣按钮，保存窗口视图的格式，以便下次打开硬件视图时，与关闭前的视图设置一样。

## 4.1.3　使用自动检测功能配置 SIMATIC S7-1500 PLC 的中央机架

SIMATIC S7-1500 CPU 具有自动检测功能，可以检测中央机架上连接的模块并上传到离线项目中。在"添加新设备"→"SIMATIC S7-1500 PLC"目录下，找到"非指定的 CPU 1500"，单击"确定"按钮创建一个未指定的 CPU 站点。可以通过两种方式将实际型号的 CPU 分配给未指定的 CPU：

1）通过拖放操作的方式将硬件目录中的 CPU 替代未指定的 CPU。

2）在设备视图下，选择未指定的 CPU，在弹出的提示菜单中单击"获取"，或者通过菜单命令"在线"→"硬件检测"，这时将检测 SIMATIC S7-1500 PLC 中央机架上的所有模块。检测后的模块参数具有默认值。实际 CPU 和模块的已组态参数及用户程序不能通过"检测"功能读取上来，如图 4-7 所示。

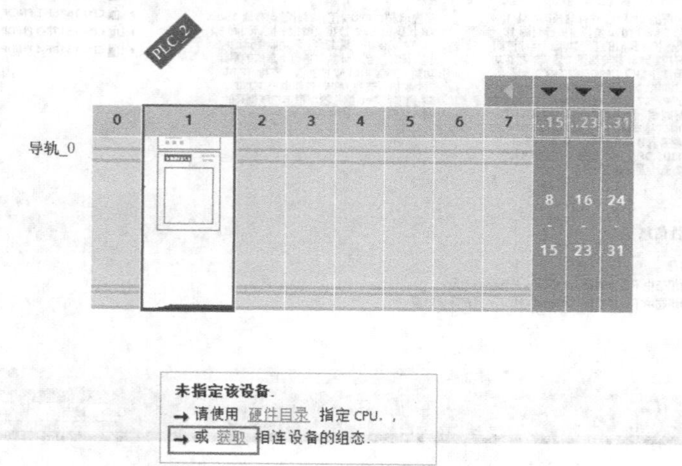


图 4-7　通过检测功能添加中央机架组态

## 4.2　CPU 参数配置

选中机架中的 CPU，在 TIA 博途底部的巡视窗口中显示 CPU 的属性视图。在这里可以配置 CPU 的各种参数，如 CPU 的启动特性、通信接口以及显示屏的设置等。下面以 SIMATIC S7-1516 PLC V2.6 为例介绍 CPU 的参数设置。

### 4.2.1　常规

单击属性视图中的“常规”选项卡，可见 CPU 的“常规”中的“项目信息”“目录信息”以及“标识和维护”信息等，如图 4-8 所示。用户可以在项目信息下编写和查看与项目相关的信息。在目录信息下查看该 CPU 的简单特性，如“描述”“订货号”及组态的“固件版本”，也可以在“名称”“注释”等空白处做一些提示性的标注。

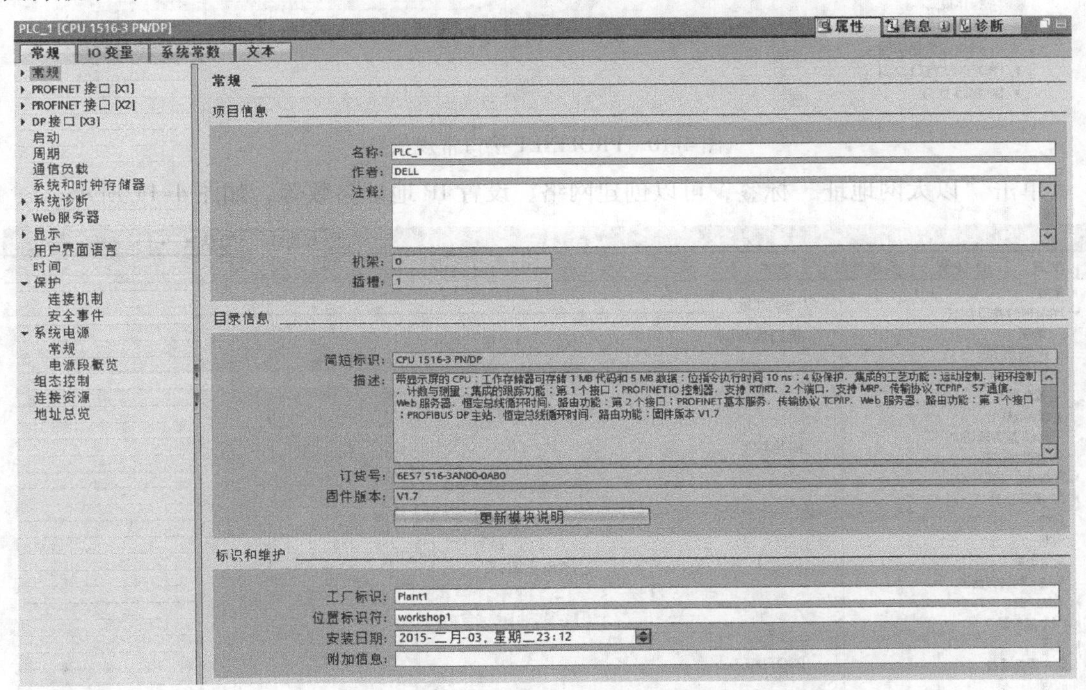


图 4-8　CPU 属性常规视图

“工厂标识”和“位置标识符”可以用于识别设备和设备所处的位置，“工厂标识”最多可输入 32 个字符，“位置标识符”最多可输入 22 个字符，“附加信息”最多可以输入 54 个字符。CPU 可以使用函数“Get_IM_Data”将信息读取出来以进行识别，读出的信息如图 4-9所示。

| | 名称 | 类型 | | 值 |
|---|---|---|---|---|
| ■ | I&M11 | String | '' | 'Plant1　　　　Workshop1　　' |
| ■ | I&M12 | String | '' | '2015-02-03 23:12' |
| ■ | I&M13 | String | '' | 'S7-1516 PN/DP CPU |

图 4-9　使用函数读取的标识和维护数据

## 4.2.2 PROFINET 接口［X1］

有些 CPU 具有多个 PROFINET 接口，参数类似，本书以 PROFINET［X1］为例介绍参数功能和设置。PROFINET［X1］表示 CPU 集成的第一个 PROFINET 接口，在 CPU 的显示屏中有标识符用于识别。单击“常规”标签如图 4-10 所示，用户可以在“名称”“作者”“注释”等空白处作一些提示性的标注。这些标注不同于“标识和维护”数据，不能通过程序块读出。

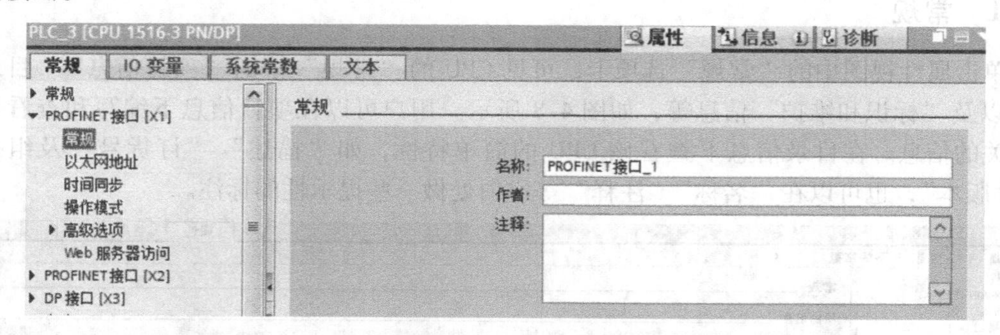


图 4-10 PROFINET 接口常规信息

单击“以太网地址”标签，可以创建网络、设置 IP 地址参数等，如图 4-11 所示。

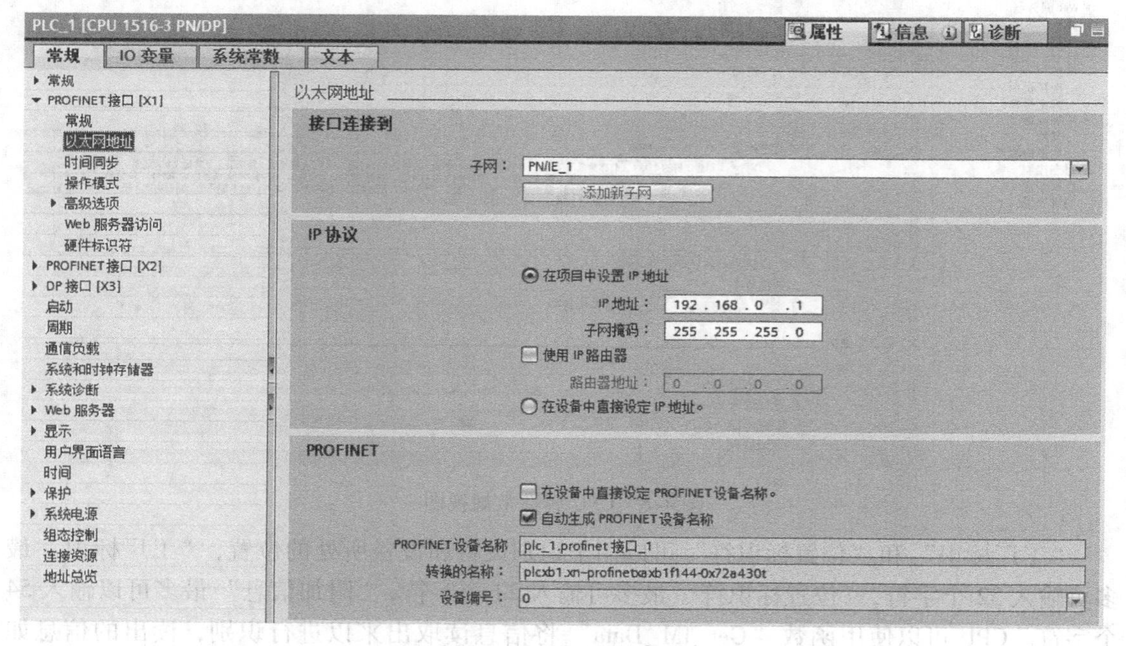


图 4-11 以太网地址

图 4-11 中的主要参数及选项的功能描述如下：

“接口连接到”：设置本接口连接的子网，可以通过下拉菜单选择需要连接到的子网。如果选择的是“未联网”，那么也可以通过“添加新子网”按钮，为该接口添加新的以太网网络。新添加的以太网的子网名称默认为 PN/IE_1。

“IP 协议”：默认状态为“在项目中设置 IP 地址”，可以根据需要设置“IP 地址”和

“子网掩码”。这里使用默认的 IP 地址 192.168.0.1 以及子网掩码 255.255.255.0。如果该 PLC 需要和其他非同一子网的设备进行通信，那么需要激活“使用 IP 路由器”选项，并输入路由器（网关）的 IP 地址。如果激活“在设备中直接设定 IP 地址”，表示不在硬件组态中设置 IP 地址，而是使用函数“T_CONFIG”或者显示屏等方式分配 IP 地址。

**注意：** 如果激活“在设备中直接设定 IP 地址”功能，S7 通信、HMI 等需要固定 IP 地址的通信将不能建立。

“PROFINET”：如果激活“在设备中直接设定 PROFINET 设备名称”选项，表示当 CPU 用于 PROFINET IO 通信时，不在硬件组态中组态设备名，而是通过函数“T_CONFIG”或者显示屏等方式分配设备名。

“自动生成 PROFINET 设备名称”表示 TIA 博途根据接口的名称自动生成 PROFINET 设备名称。如果取消该选项，则可以由用户设定 PROFINET 设备名。

“转换的名称”表示此 PROFINET 设备名称转换为符合 DNS 惯例的名称，用户不能修改。

“设备编号”表示 PROFINET IO 设备的编号。故障时可以通过函数读出设备的编号。如果使用 IE/PB Link PN IO 连接 PROFIBUS DP 从站，从站地址也占用一个设备编号。对于 IO 控制器无法进行修改，默认为 0。

PROFINET 接口的时间同步参数设置界面如图 4-12 所示。

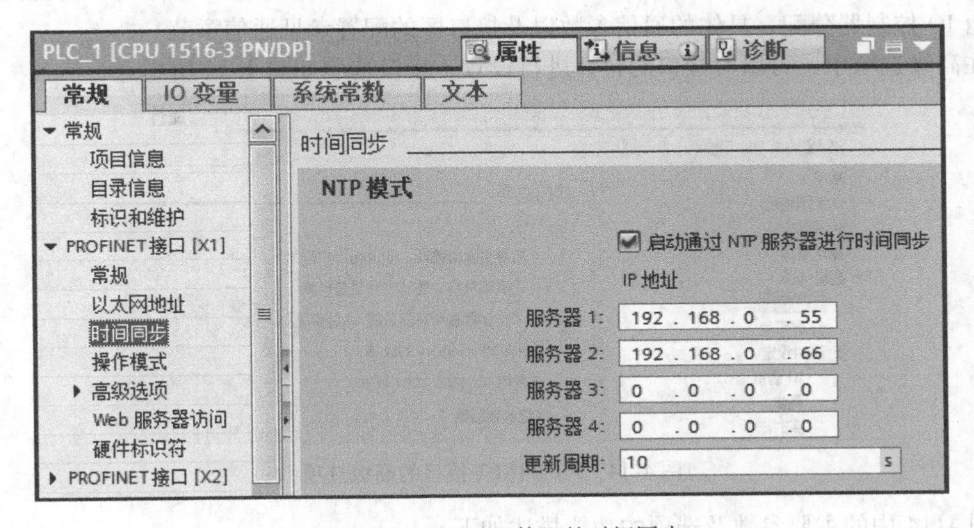


图 4-12 PROFINET 接口的时间同步

图 4-12 中的主要参数及选项的功能描述如下：

“NTP 模式”：表示该 PLC 可以通过以太网，从 NTP 服务器上获取时间以同步自己的时钟。

如果激活“启动通过 NTP 服务器进行时间同步”选项，表示 PLC 从 NTP 服务器上获取时间以同步自己的时钟。然后添加 NTP 服务器的 IP 地址，这里最多可以添加 4 个 NTP 服务器，更新周期定义 PLC 每次请求时钟同步的时间间隔，时间间隔的取值范围在 10s ~ 1 天之间。

PROFINET 接口的操作模式如图 4-13 所示。

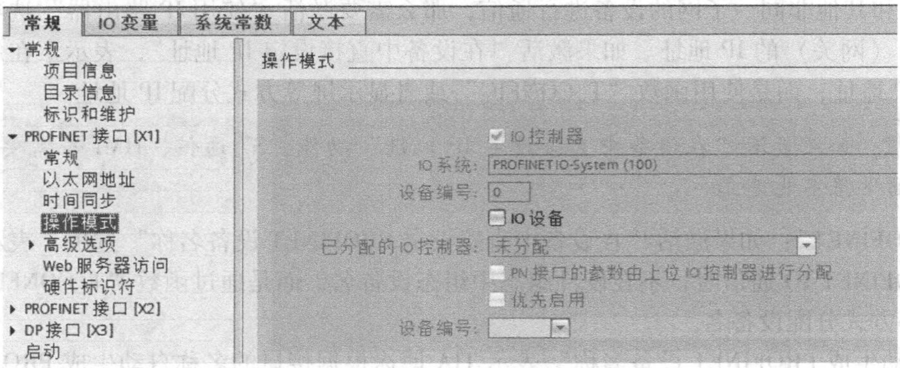

图 4-13　PROFINET 接口的操作模式

图 4-13 中的主要参数及选项的功能描述如下：

“操作模式”：在“操作模式”中，可以将该接口设置为 PROFINET IO 的控制器或者 IO 设备。“IO 控制器”选项不可修改，即一个 PROFINET 网络中的 CPU 即使被设置作为 IO 设备，也可以同时作为 IO 控制器使用。如果该 PLC 作为智能设备，则需要激活“IO 设备”，并在“已分配的 IO 控制器”选项中选择一个 IO 控制器。如果 IO 控制器不在该项目中，则选择“未分配”。如果激活“PN 接口的参数由上位 IO 控制器进行分配”，则 IO 设备的设备名称由 IO 控制器分配，具体的通信参数以及接口区的配置参见通信章节。

在高级选项中，可以对接口的特性进行设置，接口选项如图 4-14 所示。

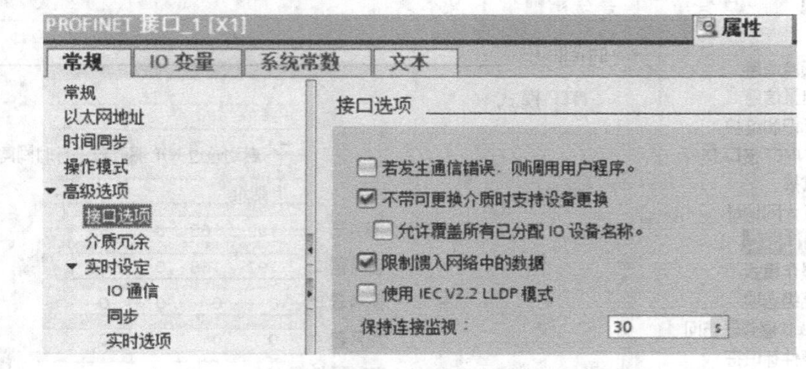


图 4-14　PROFINET 接口的高级选项

图 4-14 中的主要参数及选项的功能描述如下：

“接口选项”：在默认情况下，一些关于 PROFINET 接口的通信事件，例如维护信息、同步丢失等，会进入 CPU 的诊断缓冲区，但不会调用诊断中断 OB82。但是如果激活“若发生通信错误，则调用用户程序”选项，出现上述事件时，CPU 将调用 OB82。

如果不通过 PG 或存储介质替换旧设备，则需要激活“不带可更换介质时支持设备更换”选项。新设备不是通过存储介质或者 PG 获取设备名，而是通过预先定义的拓扑信息和正确的相邻关系，由 IO 控制器直接分配设备名。“允许覆盖所有已分配 IO 设备名称”是指当使用拓扑信息分配设备名称时，不再需要将设备进行“重置为出厂设置”操作（SIMATIC S7-1500 CPU 需要固件版本 V1.5 或更高版本），强制分配设备名称，即使原设备带有设备名称也可以分配新的设备名称。

“限制馈入网络中的数据”功能可以限制标准以太网数据的带宽和峰值，以确保PROFINET IO实时数据的通信。如果配置了PROFINET IO的通信，该选项自动使能。

“使用IEC V2.2 LLDP模式”，LLDP表示“链路层发现协议”，是IEEE-802.1AB标准中定义的一种独立于制造商的协议。以太网设备使用LLDP，按固定间隔向相邻设备发送关于自身的信息，相邻设备则保存此信息。所有联网的PROFINET设备接口必须设置为同一种模式（IECV2.3或IECV2.2）。当组态同一个项目中PROFINET子网的设备时，TIA博途自动设置正确的模式，用户无需考虑设置问题。如果是在不同项目下组态（如使用GSD组态智能设备），则可能需要手动设置。

“保持连接监视”选项默认为30s，表示该服务用于面向连接的协议，例如TCP或ISO on TCP，周期性（30s）的发送Keep-alive报文检测通信伙伴的连接状态和可达性，并用于故障检测。

PN接口支持MRP协议，即介质冗余协议。可以通过MRP协议实现环网的连接，设置界面如图4-15所示。

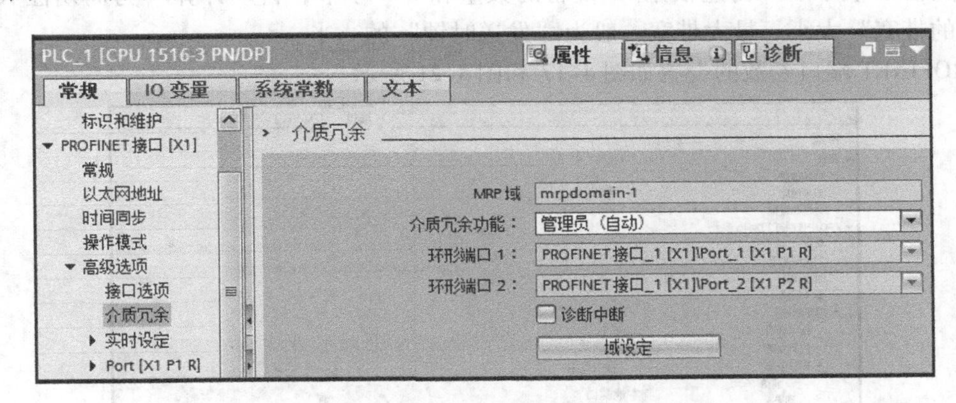


图4-15 介质冗余界面

图4-15中的主要参数及选项的功能描述如下：

介质冗余：如果使用环网，在“介质冗余功能”中选择“管理员”或“客户端”。环网管理器发送检测报文用于检测网络连接状态，而客户端只是转发检测报文。在环网端口选项中，选择使用哪两个端口连接MRP环网？由于CPU 1516仅有两个PN端口，所以无需选择“环型端口”。当网络出现故障，希望调用诊断中断OB82，则激活“诊断中断”。

“实时设定”界面如图4-16所示。

图4-16中的主要参数及选项的功能描述如下：

实时设定：

“IO通信”：设置PROFINET发送时钟的基数，默认为1ms，最大为4ms，最小为250μs。该时间表示IO控制器和IO设备交换数据的最小时间间隔。

“同步”：同步域是指域内的PROFINET设备按照同一时基进行时钟同步，准确来说，一台设备为同步主站（时钟发生器），所有其他设备为同步从站。在“同步功能”选项可以设置此接口是“未同步”“同步主站”或“同步从站”。当组态IRT通信时，所有的站点都在一个同步域内。

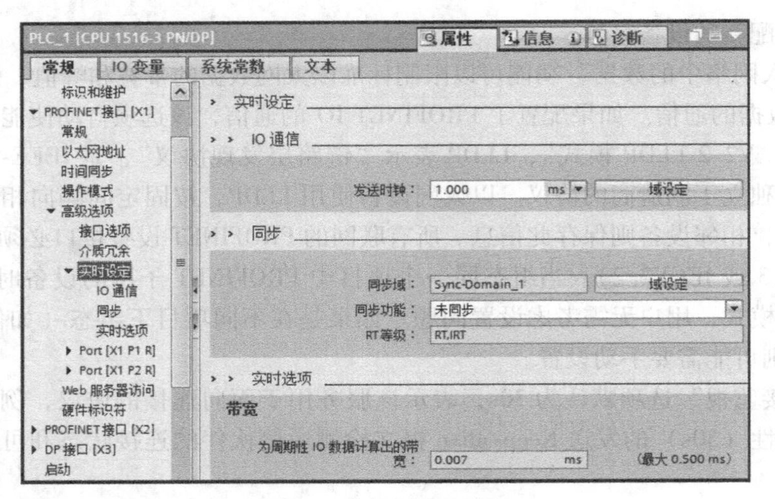


图 4-16 实时设定界面

“带宽”：表示 TIA 博途根据 IO 设备的数量和 I/O 字节，自动计算“为周期性 IO 数据计算出的带宽”大小。最大带宽一般为“发送时钟”的一半。

PROFINET 端口参数的设置如图 4-17 和图 4-21 所示。

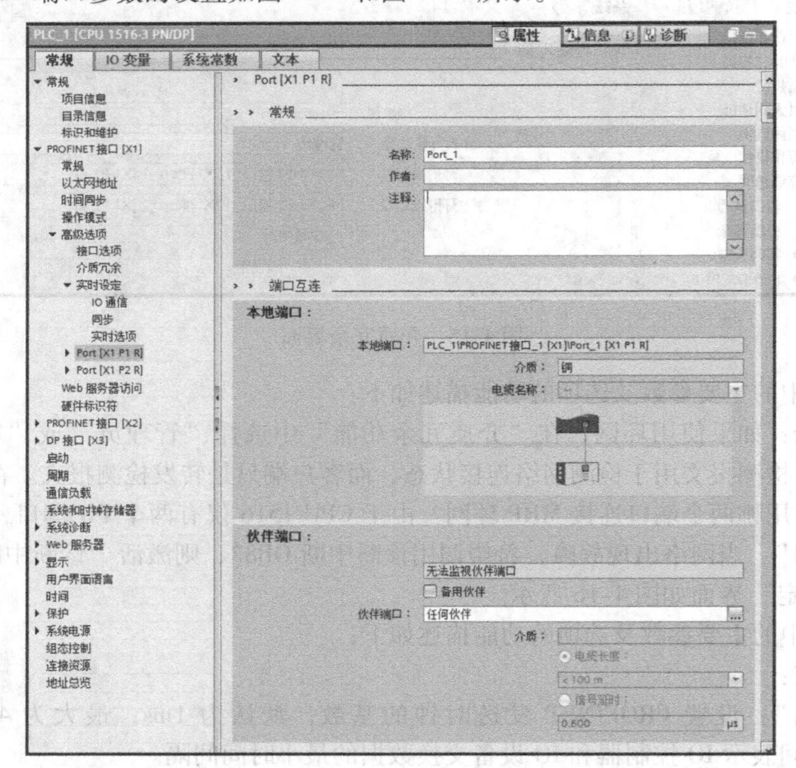


图 4-17 PROFINET 接口的端口参数界面 1

图 4-17 中的主要参数及选项的功能描述如下：

“常规”：用户可以在“名称”“注释”等空白处做提示性的标注。

“本地端口”显示“本地端口”“介质”的类型，默认为“铜”；铜缆无电缆名。

"伙伴端口"：可以在"伙伴端口"下拉列表中选择需要连接的伙伴端口，如果在拓扑视图中已经组态了网络拓扑，则在"伙伴端口"处会显示连接的伙伴端口、"介质"类型以及"电缆长度"或"信号延时"等信息。其中对于"电缆长度"或"信号延时"两个参数，仅适用于PROFINET IRT通信。选择"电缆长度"，则TIA博途根据指定的电缆长度自动计算信号延迟时间；选择"信号延时"，则人为指定信号延迟时间。

如果激活了"备用伙伴"选项，则可以在拓扑视图中将PROFINET接口中的一个端口连接至不同的设备，同一时刻只有一个设备真正地连接到端口上。并且使用功能块"D_ACT_DP"启用/禁用设备，实现"在操作期间替换IO设备（"替换伙伴"）功能"。

下面举例说明替换伙伴功能。首先激活CPU PN接口的备用伙伴功能，然后在拓扑视图中，将CPU的X1 P2端口分别拖拽至3个设备的X1 P2端口，组态好拓扑并下载至CPU中，此时3个分布式IO设备均处于禁用状态，如图4-18所示。

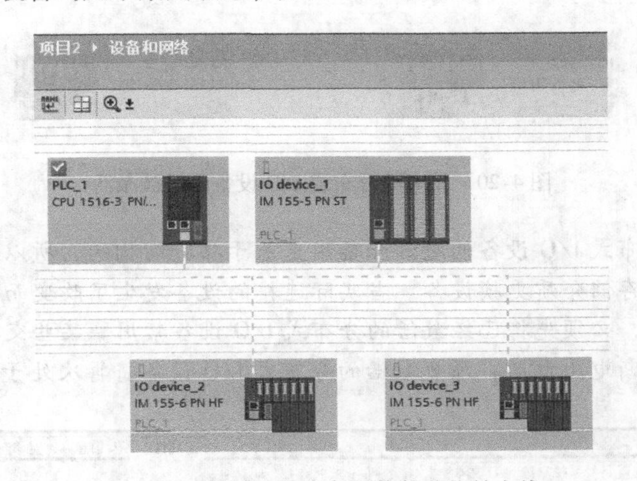


图4-18 激活和组态备用伙伴功能并在线

用户根据实际连接的设备，调用功能块"D_ACT_DP"确定需要激活的设备，本例中实际连接的设备是IO device_2（硬件标识符是266），激活程序如图4-19所示。

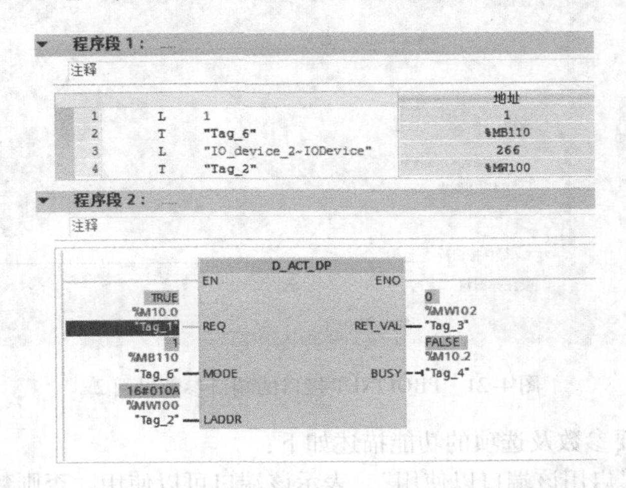


图4-19 激活实际连接的分布式I/O设备

功能块执行后，IO device_2 被激活，用户程序就可以正常访问 IO device_2 的数据了，如图 4-20 所示。

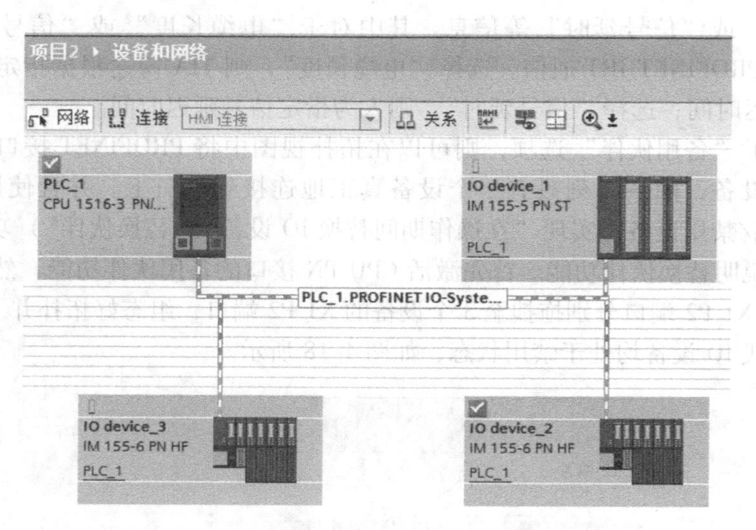


图 4-20　相应的分布式 I/O 设备已经被激活

**注意**：这种分布式 I/O 设备的激活和禁用是基于拓扑结构的，所以可以使用基于拓扑的功能，例如无需存储介质更换设备。当实际连接的设备发生了改变而需要激活另外一个分布式 I/O 设备时，必须先将已经激活的分布式 I/O 设备禁用。某些交换机也可以组态备用伙伴功能。CPU 断电上电后，原先激活的分布式 I/O 设备将再次处于禁用状态。

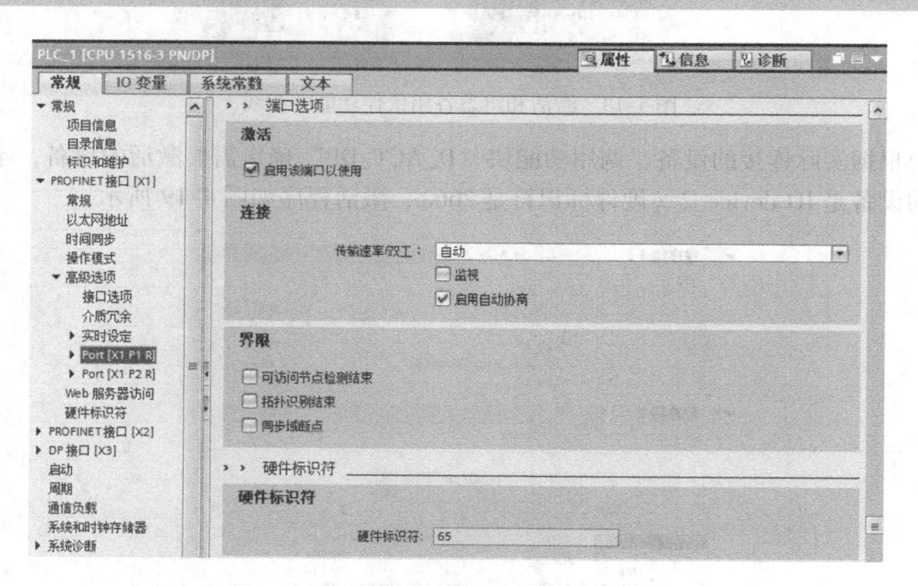


图 4-21　PROFINET 接口的端口参数界面 2

图 4-21 中的主要参数及选项的功能描述如下：

“激活”：激活“启用该端口以使用”，表示该端口可以使用，否则禁止使用该端口。

“连接”：“传输速率/双工”选项中可以选择“自动”或“TP 100Mbit/s”两种。默认情况为“自动”，表示该PLC与连接伙伴自动协商传输速率和双工模式。选择该模式时，“启用自动协商”选项自动激活且不能取消。同时，可以激活“监视”，表示监视端口的连接状态，一旦出现故障，则向CPU报警。

如果选择“TP 100Mbit/s”，会自动激活“监视”功能。此时默认激活“启用自动协商”模式，这意味着可以自动识别以太网电缆是平线还是交叉线；如果禁止该模式，应注意选择正确的以太网电缆形式。

“界限”：表示传输某种以太网报文的边界限制。

“可访问节点检测结束”表示不转发用于检测可访问节点的DCP报文。这也就意味无法在项目树的“可访问设备”中显示此端口之后的设备。

“拓扑识别结束”：表示不转发用于检测拓扑的LLDP报文。

“同步域断点”：表示不转发那些用来同步同步域内设备的同步帧。

“硬件标识符”：功能为端口的诊断地址。

Web服务器访问的设定如图4-22所示。

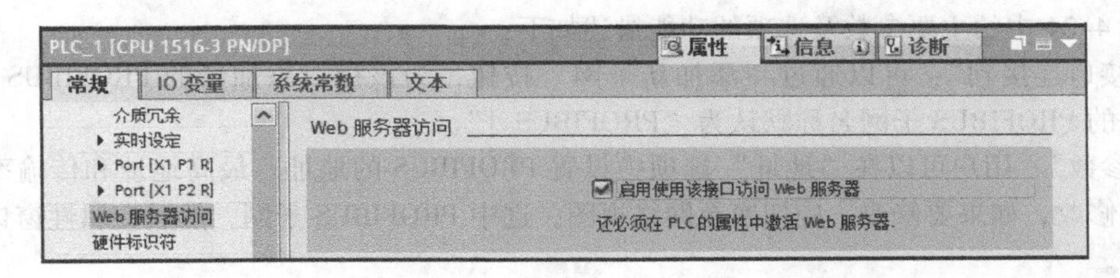


图4-22 Web服务器访问设置

激活“启用使用该接口访问Web服务器”选项，通过该接口可以访问集成在CPU中的Web服务器。

### 4.2.3 DP接口［X3］

不同于SIMATIC S7-300/400 PLC，CPU集成的DP接口只能做主站，并且该接口不能被设置为MPI接口（SIMATIC S7-1500 PLC不再支持MPI接口）。

单击“DP接口［X3］”下的“常规”选项，可见DP接口的常规信息。用户可以在“名称”“作者”“注释”等空白处做一些提示性的标注，如图4-23所示。不同于“标识与维护”数据，这些信息不能通过程序块读出。

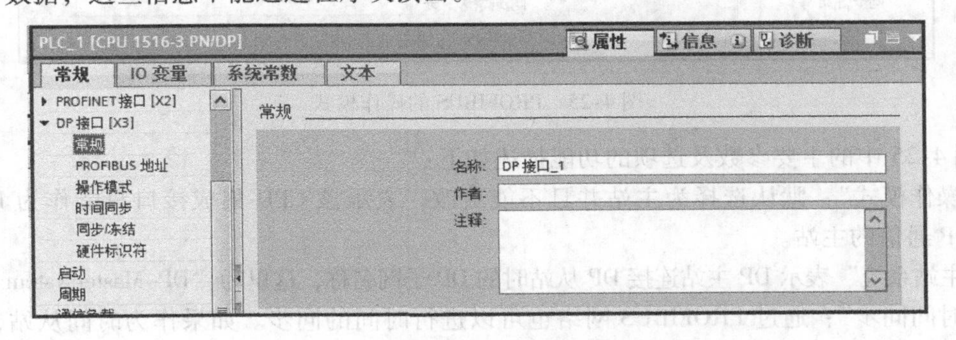


图4-23 DP接口的常规视图

单击“PROFIBUS 地址”选项，可见 DP 接口的地址，传输率等参数，如图 4-24 所示。

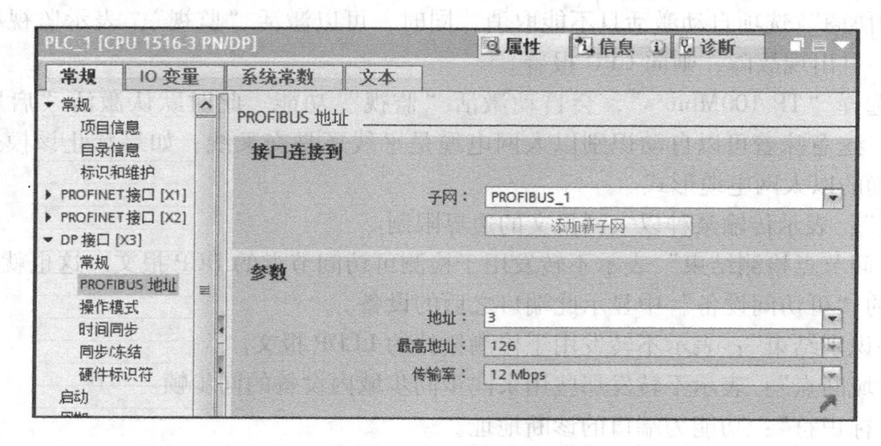


图 4-24　PROFIBUS 地址

图 4-24 中的主要参数及选项的功能描述如下：

“接口连接到”：可以通过“添加新子网”按钮，为该接口添加新的 PROFIBUS 网络，新添加的 PROFIBUS 子网名称默认为“PROFIBUS_1”。

“参数”：用户可以在“地址”选项中设置 PROFIBUS 的地址。最高地址和传输率在这里不能修改，如果要修改，应切换至网络视图，选中 PROFIBUS 子网，然后在属性窗口中进行设置。

操作模式与时间同步的设置如图 4-25 所示。

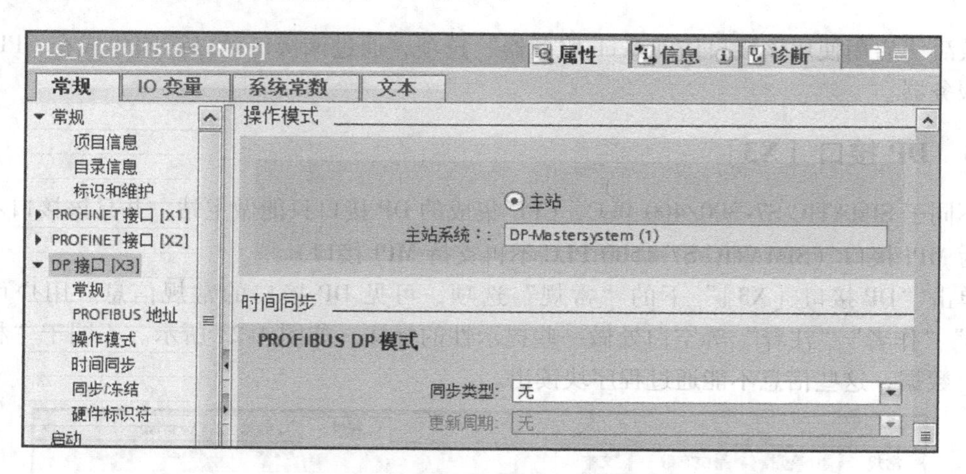


图 4-25　PROFIBUS 的操作模式

图 4-25 中的主要参数及选项的功能描述如下：

“操作模式”：默认选择为主站并且不能更改，表示该 CPU 集成接口只能作为 PROFIBUS-DP 通信的主站。

“主站系统”表示 DP 主站连接 DP 从站时的 DP 子网名称，这里为“DP-Mastersystem（1）”。

“时间同步”：通过 PROFIBUS 网络也可以进行时间的同步。如果作为时间从站，将接收其他时间主站的时间同步自己的时间；如果作为时间主站，则用自己的时间同步其他从站的时间。可以根据需要设置时间同步的间隔。

“同步/冻结”：对于一个主站系统，最多可以建立 8 个同步和冻结组。将从站分配到不同的组中，通过调用指令 DPSYC_FR 实现同步和冻结功能，使能同步功能时，组中的从站同时接收到主站信息；使能冻结功能时，主站将同时接收到组中从站某一时刻的信息，组的创建如图 4-26 所示。

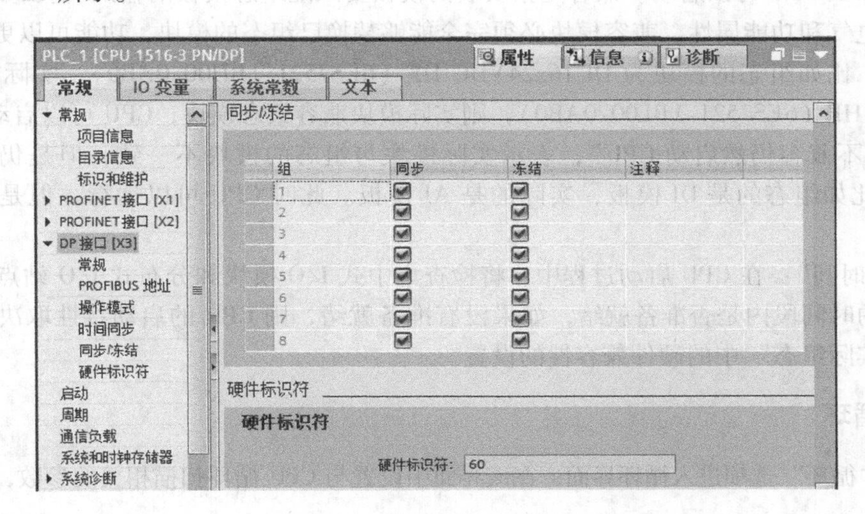


图 4-26　DP 主站的同步/冻结

“硬件标识符”：CPU 操作系统可使用该地址报告该接口的故障信息。

## 4.2.4　启动

单击“启动”标签进入 CPU 启动参数化界面，所有设置的参数与 CPU 的启动特性有关，如图 4-27 所示。

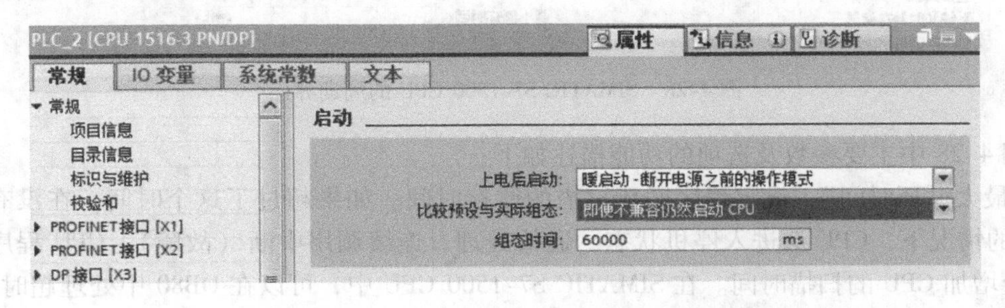


图 4-27　SIMATIC S7-1500 CPU 启动界面

图 4-27 中主要参数及选项的功能描述如下：

“上电后启动”：选择上电后 CPU 的启动特性，SIMATIC S7-1500 CPU 只支持暖启动方式。

默认选项为“暖启动-断开电源之前的操作模式”，选择此模式则 CPU 上电后，会进入到断电之前的运行模式，例如当 CPU 运行时，通过 TIA 博途的“在线工具”将其停止，那么断电再上电之后，CPU 仍然是 STOP 状态。

选择“未启动（仍处于 STOP 模式）”，CPU 上电后处于 STOP 模式。

选择“暖启动-RUN”，CPU 上电后进入暖启动和运行模式。如果 CPU 的模式开关为

"STOP"，则 CPU 不会执行启动模式，也不会进入运行模式。

"比较预设与实际组态"：该选项决定当硬件配置信息与实际硬件不匹配时，CPU 是否可以启动。

"仅兼容时启动 CPU"表示如果实际模块与组态模块一致或者实际的模块兼容硬件组态的模板，那么 CPU 可以启动。兼容是指安装的模板要匹配组态模板的输入/输出数量，且必须匹配其电气和功能属性。兼容模块必须完全能够替换已组态的模块，功能可以更多，但是不能更少。比如组态的模块为 DI 16x24VDC HF（6ES7521-1BH00-0AB0），实际模板为 DI 32x24VDC HF（6ES7521-1BL00-0AB0），则实际模块兼容组态模块，CPU 可以启动。

"即便不兼容仍然启动 CPU"，表示实际模块与组态的模块不一致，但是仍然可以启动 CPU，比如组态的是 DI 模板，实际的是 AI 模板。此时 CPU 可以运行，但是带有诊断信息提示。

"组态时间"：在 CPU 启动过程中，将检查集中式 I/O 模块和分布式 I/O 站点中的模块在所组态的时间段内是否准备就绪，如果没有准备就绪，则 CPU 的启动特性取决于"将比较预设与实际组态"中的硬件兼容性的设置。

### 4.2.5　循环

单击"循环"选项进入循环界面，在该界面中设置与 CPU 循环扫描相关的参数，如图 4-28 所示。

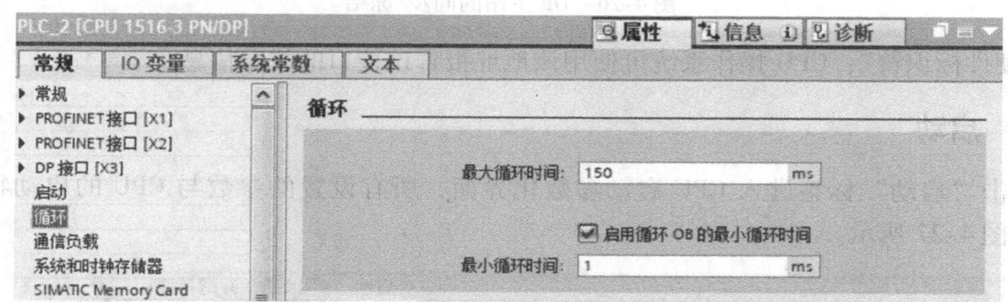


图 4-28　SIMATIC S7-1500 CPU 的周期界面

图 4-28 中主要参数及选项的功能描述如下：

"最大循环时间"：设定程序循环扫描的监控时间。如果超过了这个时间，在没有下载 OB80 的情况下，CPU 会进入停机状态。通信处理、连续调用中断（故障）、CPU 程序故障等都会增加 CPU 的扫描时间。在 SIMATIC S7-1500 CPU 中，可以在 OB80 中处理超时错误，此时扫描监视时间会变为原来的 2 倍，如果此后扫描时间再次超过了此限制，CPU 仍然会进入停机状态。

"最小循环时间"：在有些应用中需要设定 CPU 最小的扫描时间。如果实际扫描时间小于设定的最小时间，CPU 将等待，直到达到最小扫描时间后才进行下一个扫描周期。

### 4.2.6　通信负载

通信负载参数设置如图 4-29 所示。

CPU 间的通信以及调试时程序的下载等操作将影响 CPU 的扫描时间。假定 CPU 始终有

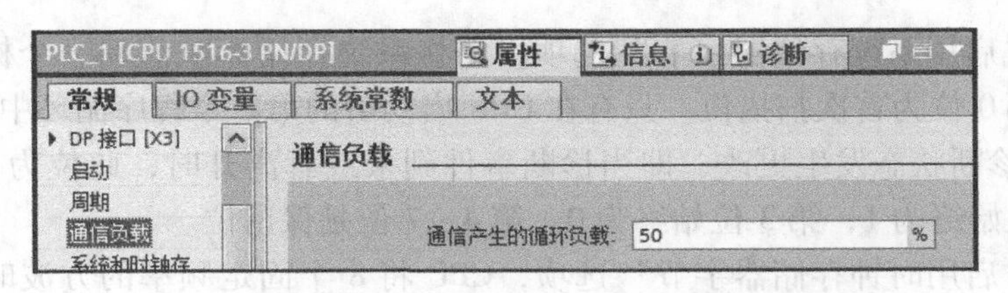


图 4-29　SIMATIC S7-1500 PLC 通信负载

足够的通信任务要处理，“通信产生的循环负载”参数可以限制通信任务在一个循环扫描周期中所占的比例，以确保 CPU 的扫描周期中通信负载小于设定的比例。该参数也意味着 CPU 处理通信时所花费的资源比例关系。例如没有通信负载时 CPU OB1 的扫描周期为 100ms，如果通信负载达到 50%，那么 CPU 的扫描周期将变为 200ms。为了保证 CPU 的扫描周期可以限制通信负载，最小可以设置为 15%，那么通信就会比较慢。通信的优先级是 15，如果需要一个确定的循环周期处理程序（PID 需要确定的循环周期），例如可以创建一个 100ms 的循环中断，必须将该循环中断的优先级设置大于 15。SIMATIC S7-300/400 PLC 的循环中断不能设置优先级，所以在使用时扫描周期经常会抖动，这个问题在 SIMATIC S7-1500 PLC 中得到了改进。“通信产生的循环负载”设置的是一个阈值，实时值可以通过指令 RT_INFO 读出。

**注意：** 使用 TO 的方式进行定位，将大大占用 CPU 的通信负载，如果设置的 IRT 更新时间非常小将会造成 CPU 循环时间的超时。

## 4.2.7　系统和时钟存储器

在“系统和时钟存储器”标签栏中，可以将系统和时钟信号赋值到标志位区（M）的变量中，如图 4-30 所示。

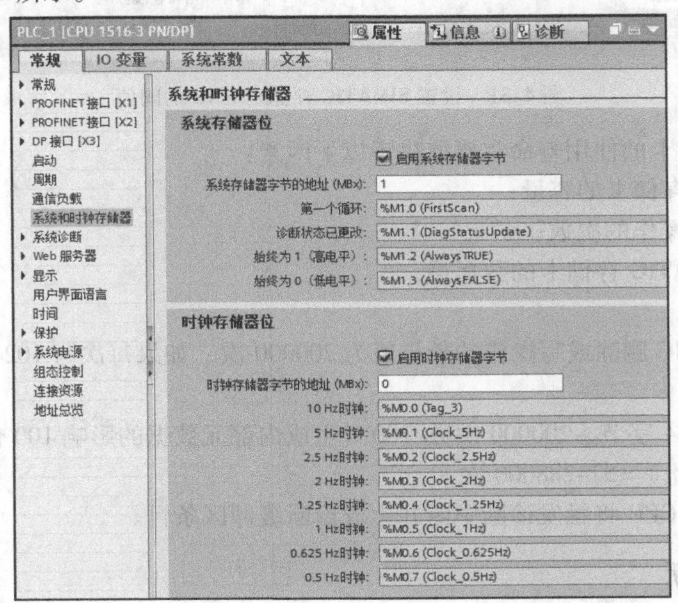


图 4-30　系统和时钟存储器设置界面

如果激活“启用系统存储器字节”选项，则将系统存储器赋值到一个标志位存储区的字节中。其中第 0 位为首次扫描位，只有在 CPU 启动后的第一个程序循环中值为 1，否则为 0；第 1 位表示诊断状态发生更改，即当诊断事件到来或者离开时，此位为 1，且只持续一个周期；第 2 位始终为 1；第 3 位始终为 0。第 4～7 位是保留位。

如果激活“启用时钟存储器字节”选项，CPU 将 8 个固定频率的方波时钟信号赋值到一个标志位存储区的字节中，字节中每一位对应的频率和周期参考表 4-1。

**表 4-1　时钟存储器**

| 时钟存储器的位 | 7 | 6 | 5 | 4 | 3 | 2 | 1 | 0 |
|---|---|---|---|---|---|---|---|---|
| 频率/Hz | 0.5 | 0.62 | 1 | 1.25 | 2 | 2.5 | 5 | 10 |
| 周期/s | 2 | 1.6 | 1 | 0.8 | 0.5 | 0.4 | 0.2 | 0.1 |

示例中“时钟存储器字节的地址”为 0，表示时钟信号存储于 MB0 中，M0.0 即为周期 100ms 的方波信号。用户也可以自己定义存储器的地址。在许多通信程序中，发送块需要脉冲触发，这时就可以非常方便地根据发送周期的要求，选择 CPU 集成的时钟存储器位作为脉冲触发信号。

### 4.2.8　SIMATIC Memory Card

在“SIMATIC Memory Card”标签栏中，可以设置存储卡寿命的阈值，如图 4-31 所示。

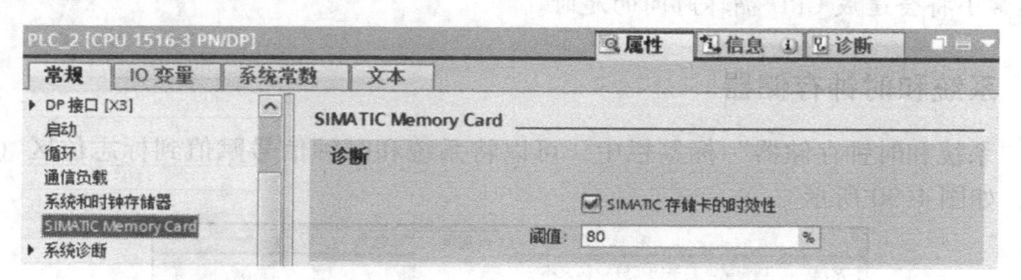


图 4-31　设置 SIMATIC 存储卡 SMC 的阈值

SIMATIC 存储卡的使用寿命主要取决于以下因素：

1）SIMATIC 存储卡的容量；

2）删除或写操作的次数；

3）写入 SIMATIC 存储卡的数据量；

4）环境温度。

例如 256M SMC 删除或写操作的最小值为 200000 次，如果每次写 1024 个字节，寿命计算公式为：

256 * 1024 * 1024 字节 * 200000 次数/100（生成内部元数据的影响 100 倍）* 1024 字节（每次写的字节数量）= 524288000 次

超过阈值后，CPU 将触发诊断中断并生成诊断缓冲区条目。

### 4.2.9　系统诊断

系统诊断就是记录、评估和报告自动化系统内的故障信息，例如模块故障、插拔模块、传感器断路等。用户不需要编写程序即可在PLC的显示屏、Web浏览器或者HMI中查看这些故障信息。对于SIMATIC S7-1500 CPU，系统诊断功能将自动激活（无法禁用）。

在博途V15版本，原来在“系统诊断”标签栏中的“报警设置”迁移到项目树→公共数据→系统诊断，在“类别”中选择需要激活的报警类别及是否需要确认。默认情况下所有的报警类别都被选中，不需要确认。

选择“将网络故障报告为维护而非故障”选项后，基于网络的故障信息将作为维护信息进行报告或者显示，例如没有按照拓扑配置连接网线时，在PLC的显示屏、Web浏览器或者HMI中以维护信息显示。

PLC中系统诊断和过程诊断的文本信息，在HMI下载时已经复制到HMI中，文本信息由HMI进行管理。出现报警触发事件时CPU只需要向HMI设备发送基本信息（如报警ID、报警类型和相关值，可以参考诊断章节），HMI弹出报警文本。如果在PLC中修改报警文本，必须重新下载HMI项目，V2.0版本以上的CPU可以在PLC报警中使能“CPU中的中央报警管理”选项，这样在PLC中修改报警文本后，无须重新下载HMI项目。修改CPU中的报警文本，不会影响已传送给HMI设备的报警文本，只有当发生新的触发事件时，才会显示更新后的报警文本。

## 4.2.10 Web服务器

单击“Web服务器”标签进入组态Web服务器界面，在该界面中可以设置相关Web服务器的功能，如图4-32所示。

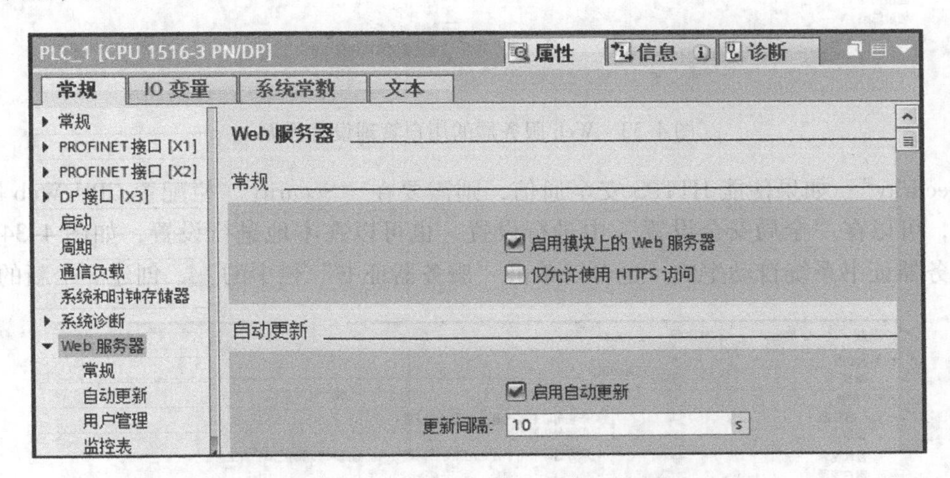


图4-32 SIMATIC S7-1500 CPU的Web服务器界面

图4-32中Web服务器参数化界面主要参数及选项的功能描述如下：

“常规”：选中“启用模块上的Web服务器”，即激活SIMATIC S7-1500 CPU的Web服务器功能。在默认状态下，打开IE浏览器并输入CPU接口的IP地址，例如http://192.168.0.1，即可以浏览CPU Web服务器中的内容。可以通过CPU集成的接口（可能一个CPU有多个接口可以访问）、CM或者CP访问CPU的Web服务器，但不管是用哪种方式，都必须激活相应接口中的“启用使用该接口访问Web服务器”选项。

如果选择“仅允许使用HTTPS访问”的方式，即通过数据加密的方式浏览网页，则在

IE 浏览器中需要输入 https://192. 168. 0. 1 才能浏览网页。

"自动更新"：激活"启用自动更新"功能，并设置相应的时间间隔（取值范围为 1 ~ 999s），Web 服务器会根据设定的时间间隔自动更新网页的内容。如果设置较短的更新时间将会增大 CPU 的扫描时间。

"用户管理"：用户管理界面用于管理访问网页的用户列表，可以根据需要增加和删除用户，定义"访问级别"，并设置密码。于是在使用浏览器登录 Web 服务器时，需要输入相应的用户名和密码才能获得相应的权限，用户管理界面如图 4-33 所示。

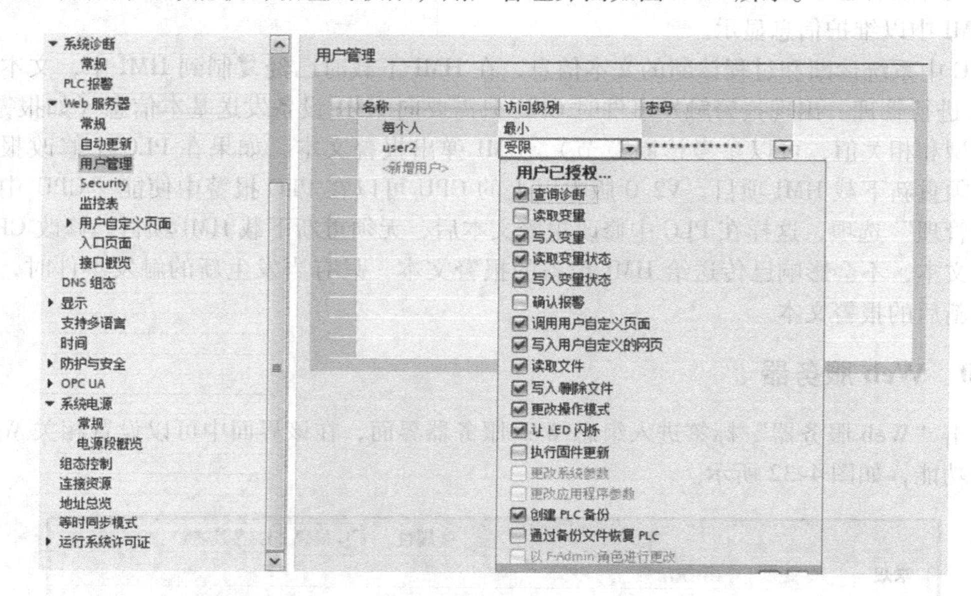


图 4-33　Web 服务器的用户管理设置界面

"Security"：如果使能 HTTPS 安全通信，则需要在"Security"栏配置 CPU Web 服务器的证书，可以在"全局安全设置"中进行设置，也可以在本地进行设置，如图 4-34 所示，Web 服务器证书系统自动生成，也可以单击"服务器证书"栏中的...，创建一个新的证书。

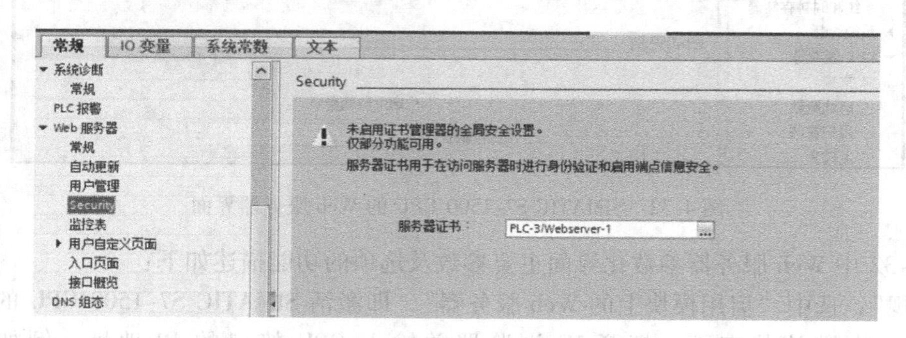


图 4-34　Web 服务器的安全设置

**注意：** 使用 HTTPS 连接时，CPU 自动发送证书到浏览器中，需要将 PLC 证书导入浏览器的受信认证书管理器中。

“监控表”：可以组态变量监控表或者强制表到Web服务器中。单击“监控表”标签进入配置界面，如图4-35所示。单击“名称”栏中的...图标，在弹出的对话框中选择需要在Web服务器中显示的监控表或者强制表，并设置访问方式为读取或读/写。于是拥有相关权限的用户在登录Web服务器之后，就可以在浏览器中查看或修改监控表或者强制表中的变量值了。如果在监控表或者强制表中的变量没有变量名称，那么其值不能通过Web服务器进行访问。

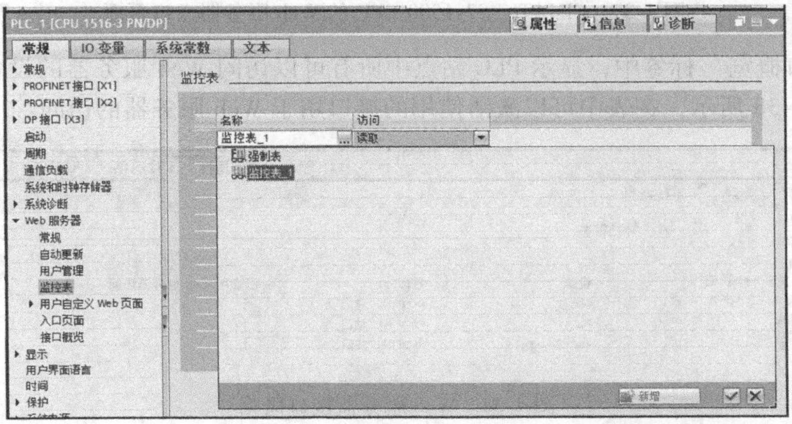

PLC_1 [CPU 1516-3 PN/DP]
属性 信息 诊断
常规 IO变量 系统常数 文本
常规
PROFINET接口 [X1]
PROFINET接口 [X2]
DP接口 [X3]
启动
周期
通信负载
系统和时钟存储器
系统诊断
Web服务器
常规
自动更新
用户管理
监控表
用户自定义Web页面
入口页面
接口概览
显示
用户界面语言
时间
保护
监控表
名称 访问
监控表_1 ... 读取
强制表
监控表_1
新增

图4-35 添加监控表或强制表

单击“Web服务器”的“用户自定义Web页面”标签，在进入的相应界面中可以为Web服务器添加自定义的网页，如图4-36所示。

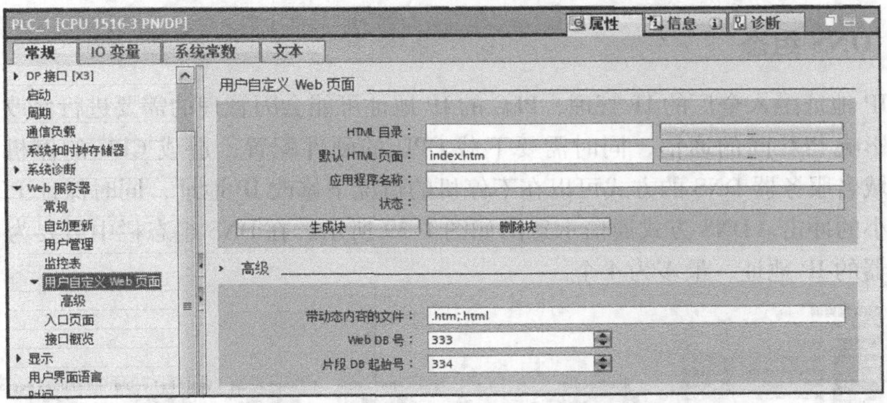

PLC_1 [CPU 1516-3 PN/DP]
属性 信息 诊断
常规 IO变量 系统常数 文本
DP接口 [X3]
启动
周期
通信负载
系统和时钟存储器
系统诊断
Web服务器
常规
自动更新
用户管理
监控表
用户自定义Web页面
高级
入口页面
接口概览
显示
用户界面语言
时间
用户自定义Web页面
HTML目录：
默认HTML页面： index.htm
应用程序名称：
状态：
生成块 删除块
高级
带动态内容的文件： .htm;.html
Web DB号： 333
片段DB起始号： 334

图4-36 SIMATIC S7-1500 CPU的自定义Web页面

创建Web服务器自定义网页的步骤如下：首先在网页编辑器（第三方软件，例如Cute page）中创建与工艺流程相关的HTML网页；然后指定自定义网页的路径到“HTML目录”中，并设置“默认的HTML页面”，即指定起始页面；定义“应用程序的名称”，也就是在网页中看到的自定义网页的名字；最后操作“生成块”，生成具有“Web DB号”（默认起始DB为DB333，可更改）的DB，用于在程序中调用。“入口页面”选项可以选择登录Web服务器时的初始页面，如图4-37所示。

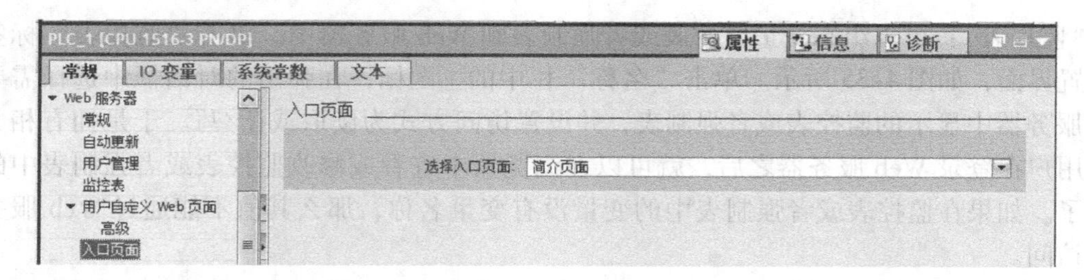


图 4-37　SIMATIC S7-1500 CPU 的 Web 服务器入口页面

在“接口概览”标签中，显示 PLC 站点中所有可以访问 Web 服务器的设备及其以太网接口。如图 4-38 所示，在表中可以激活使用的接口用于 Web 服务器的访问。

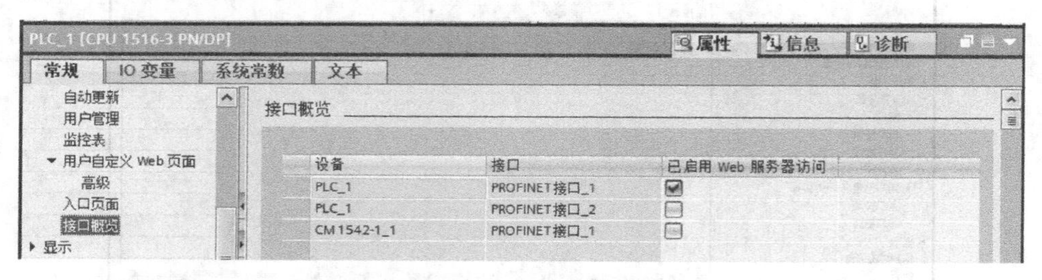


图 4-38　Web 服务器接口概览

**注意：** 如果需要了解详细的 Web 网页的生成以及变量的链接，可以参考下面的链接：https://support.industry.siemens.com/cs/document/68011496/在-SIMATIC S7-1200-SIMATIC S7-1500-上创建和使用用户自定义的-web-页面?dti=0&lc=zh-CN

## 4.2.11　DNS 组态

PLC IP 地址融入全厂的 IT 管理，PLC 的 IP 地址可能会因管理的需要进行修改，IP 地址的修改将影响 PLC 间的通信，同时需要下载 CPU 的硬件配置，造成 CPU 的停机而影响生产。使用域名服务器 DNS 的方式可以在不停机的情况下修改 IP 地址，同时保证 PLC 间的通信受到最小的冲击。DNS 方式通信示意图如图 4-39 所示，在 DNS 组态栏中需要为 CPU 指定 DNS 服务器的 IP 地址，最多为 4 个。

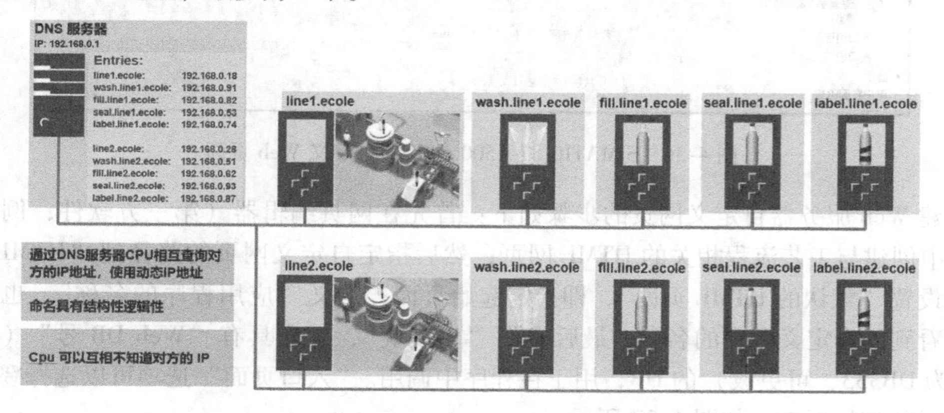


图 4-39　DNS 通信示意图

**注意**：使用DNS通信只支持TCP的通信方式，并且只有集成CPU的PN接口支持。如果使用DNS通信，PN接口的IP地址需要选择“在设备中直接设置IP地址”（参考图4-11），于是该接口不能再连接HMI和PN IO设备。

### 4.2.12 显示

单击“显示”标签进入SIMATIC S7-1500 PLC的显示屏参数化界面，在该界面中可以设置CPU显示屏的相关参数，如图4-40所示。

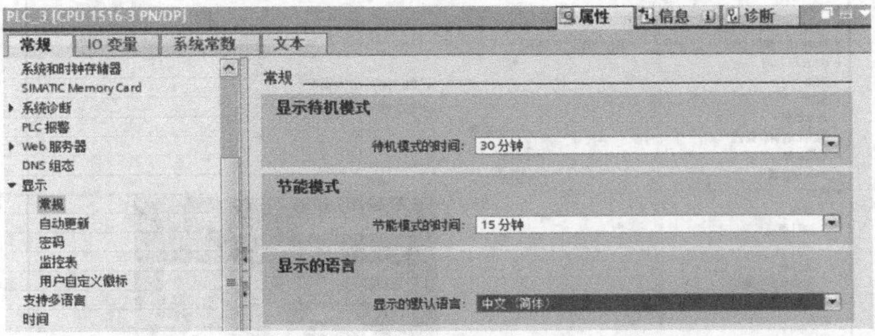

图4-40　SIMATIC S7-1500 CPU显示屏常规设置

图4-40中主要参数及选项的功能描述如下：

“常规”：当进入待机模式时，显示屏保持黑屏，在按下任意按键时立刻重新激活。“待机模式的时间”表示显示屏进入待机模式所需的无任何操作的持续时间。

当进入“节能模式”时，显示屏将以低亮度显示信息。按下任意显示屏按键时，节能模式立即结束。“节能模式的时间”表示显示屏进入节能模式所需的无任何操作的持续时间。

“显示的默认语言”表示显示屏默认的菜单语言。设置之后下载至CPU中立即生效，也可以在显示屏中更改显示屏的显示语言。

“自动更新”：更新显示屏的时间间隔，默认设置为5s。

“密码”：如果使能“启用写访问”选项，则可以修改显示屏的参数；使能“启用屏保”选项，则可以使用密码保护显示内容，同时需要配置自动注销时间。

“监控表”：单击“监控表”选项，在右侧的表格中选择需要显示的监控表或者强制表，如图4-41所示。

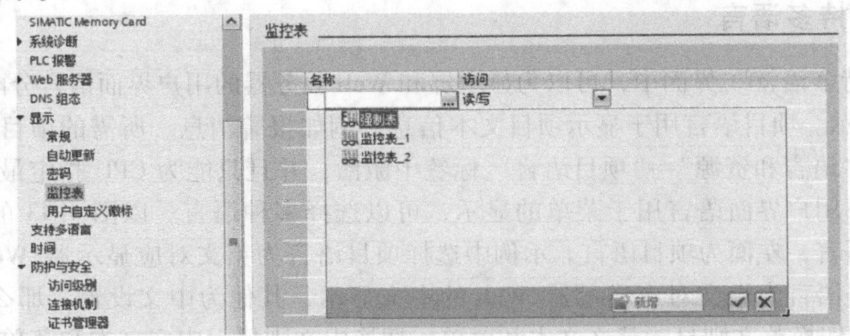


图4-41　SIMATIC S7-1500 CPU显示屏监控表设置

在“监控表”中可添加项目中的“监控表”和“强制表”，并设置访问方式是“只读”或“读/写”。下载后可以在显示屏中的“诊断”→“监视表”菜单下显示或者修改监控表、强制表中的变量。显示屏只支持符号寻址的方式，所以监控表或者强制表中绝对寻址的变量不能显示。

“用户自定义徽标”：单击“用户自定义徽标”标签，可以将用户自定义的图片传送至显示屏中显示，如图 4-42 所示。

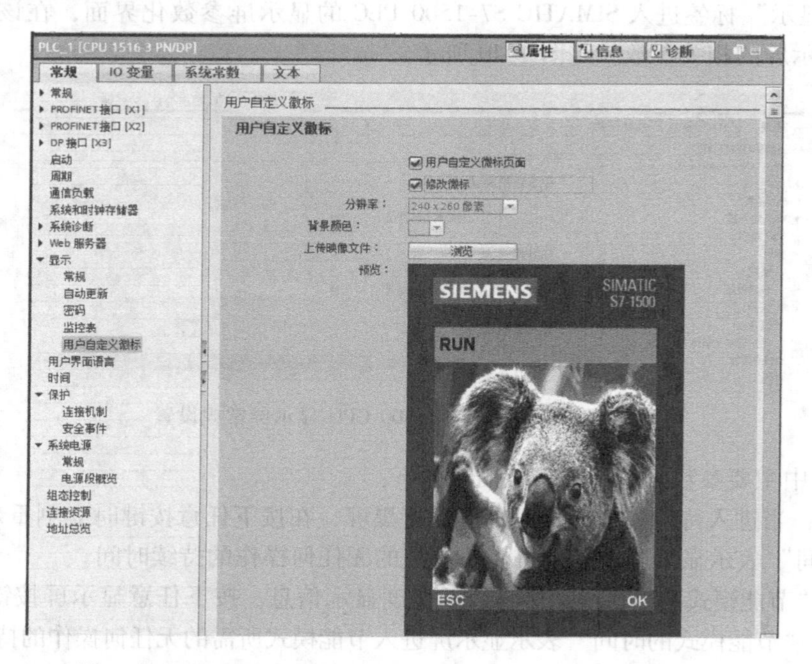


图 4-42　SIMATIC S7-1500 CPU 显示屏用户自定义徽标的设置

图片支持的格式有“Bitmap”“JPEG”“GIF”和“PNG”等。不同型号的 SIMATIC S7-1500 CPU 对应大小不同的显示屏，所以相应的分辨率也不同，且不能修改。如果图片的尺寸超出指定的尺寸，激活“修改徽标”选项则可以缩放图像尺寸以适合显示屏的分辨率，但是不保持原始图像的宽高比。在显示屏的主画面中，按下“ESC”按键就会显示用户自定义徽标。

### 4.2.13　支持多语言

在“支持多语言”界面中，可以为显示屏和 Web 服务器的用户界面语言分配项目语言，如图 4-43 所示。项目语言用于显示项目文本信息，例如报警消息。所需的项目语言必须在项目树下的“语言和资源”→“项目语言”标签中激活，并且只能为 CPU 指定最多三种不同的项目语言；用户界面语言用于菜单的显示，可以选择多种语言。以图 4-43 的配置为例，右面为显示语言，左面为项目语言。示例中选择项目语言为英文对应显示器/Web 的英文显示，选择项目语言为中文对应显示器/Web 的中文显示，其他为中文设置。那么在显示器、HMI、Web 上切换英文则显示英文文本和菜单，切换中文则显示中文文本和菜单，切换其他语言都会显示中文文本和菜单。

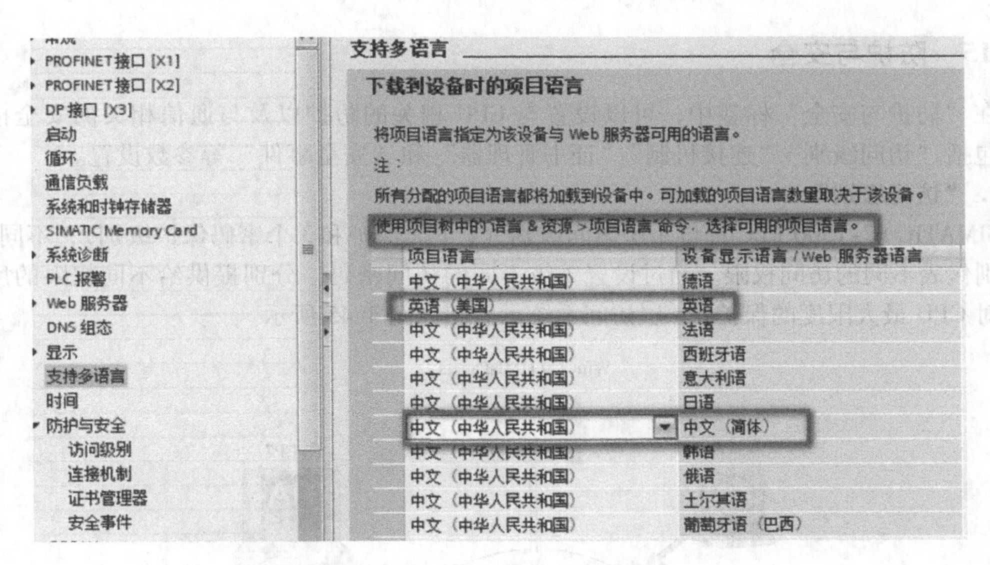


图 4-43　用户界面语言设置界面

## 4.2.14　时间

单击“时间”标签进入时间参数化界面，如图4-44 所示。在 SIMATIC S7-1500 PLC 中，系统时间为 UTC 时间，本地时间则由 UTC 时间、时区和冬令时/夏令时共同决定。在“时区”选项中选择时区和地区后，TIA 博途会根据此地区夏令时实施的实际情况自动激活或禁用夏令时，方便用户设置本地时间。用户也可手动激活或禁用夏令时，以及设置夏令时的开始和结束时间等参数。因此当 OEM 设备出口到其他国家或地区时，就可以快速地匹配当地时间。

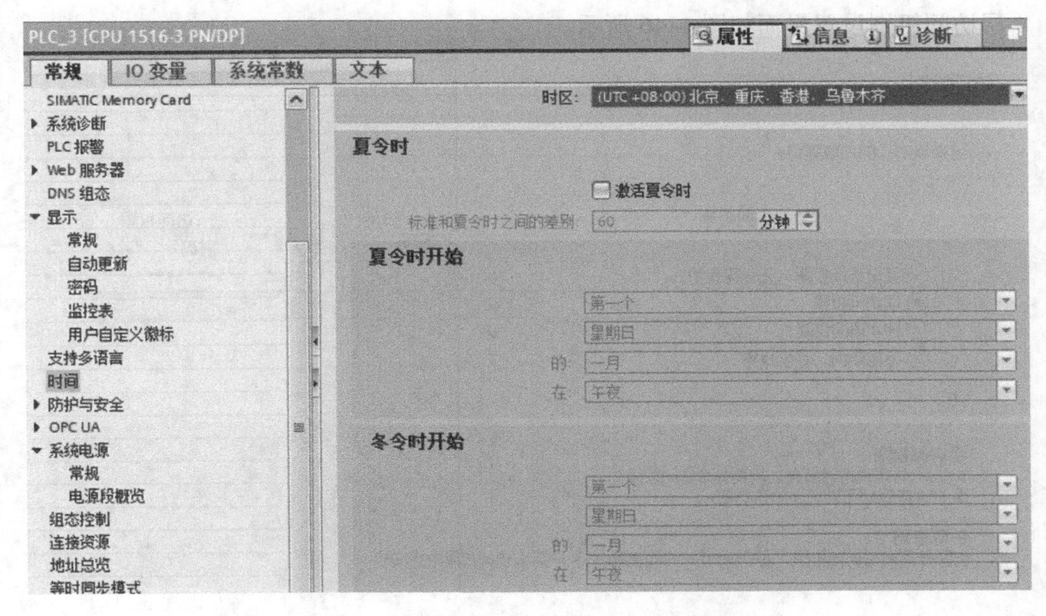


图 4-44　SIMATIC S7-1500 CPU 时间设置

## 4.2.15　防护与安全

在“防护与安全”标签中，可以设置与 CPU 相关的防护以及与通信相关的安全措施，主要包括“访问级别”“连接机制”“证书管理器”和“安全事件”等参数设置。

**1. “访问级别”**

SIMATIC S7-1500 PLC 提供 4 层访问级别（1 个无保护和 3 个密码保护级别），不同的访问级别代表不同的访问权限。通过设置 3 级不同的访问密码，分别提供给不同权限的用户，实现对 CPU 最大限度的保护。4 层访问系统示意图如图 4-45 所示。

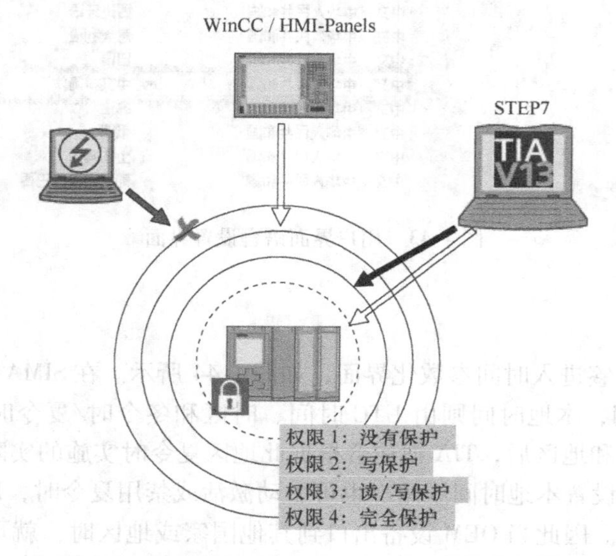


图 4-45　SIMATIC S7-1500 PLC 的 4 层访问权限

4 层访问级别设置界面如图 4-46 所示。

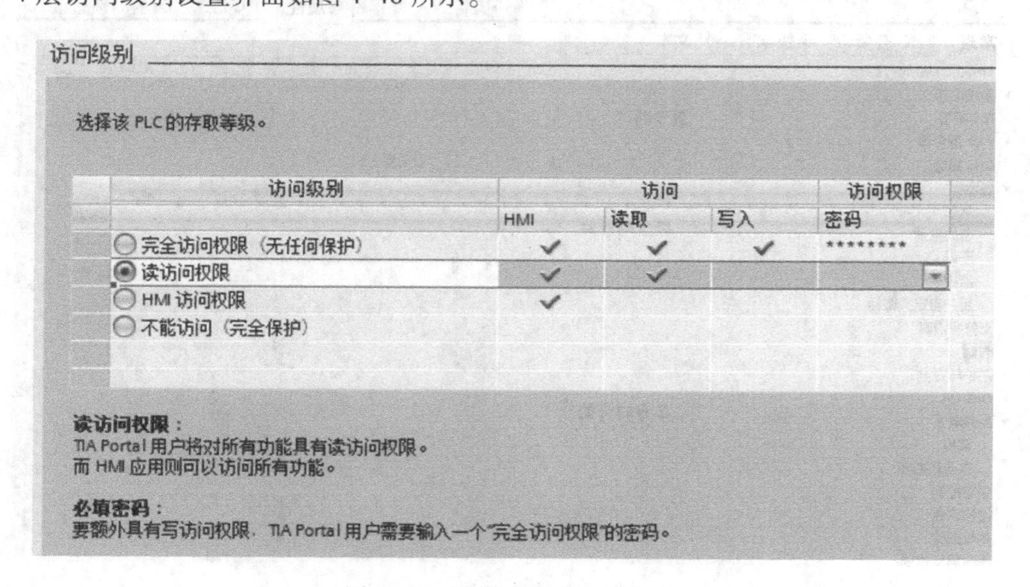


图 4-46　4 层访问级别设置界面

CPU 提供的4个访问级别和3个密码保护级别，分别对应着 HMI 访问、程序读和程序写的访问权限的不同组合，4个访问级别如下：

1）“完全访问权限（无任何保护）”：选择该访问级别可以进行 HMI 访问、程序读和程序写的操作并且不需要密码。

2）“读访问权限”：对 HMI 访问和程序“读取”操作没有限制。选择“读访问权限”后，需要在第一层级（完全访问权限）设置密码，密码对应“写入”操作。

3）“HMI 访问权限”：对通过 HMI 访问操作没有限制。该访问级别需要至少在第一层（完全访问权限）设置密码，同时可以在第二层（读访问权限）设置密码，密码分别对应“写、读”操作。

4）“不能访问（完全保护）”：限制 HMI 访问、程序“读、写”操作。该访问级别需要至少在第一层（完全访问权限）设置密码，同时也可以在第二层（读访问权限）和第三层（HMI 访问权限）设置密码，密码分别对应“写、读、HMI”操作。

不同的密码对应不同的访问级别，输入最高访问级别的密码可以对所有下级进行访问，例如在操作面板的连接中输入任意一级保护密码即可连接到 PLC。

**注意：**

1）选择不同的访问级别时，在级别栏的下方将出现不同的提示性操作信息，可以根据提示进行操作。

2）SIMATIC 支持与 SIMATIC S7-1500 PLC 进行加密通信的 HMI 有：带有 SIMATIC S7-1500 PLC 驱动的屏，WinCC Advanced RT 和 WinCC Professional RT，经典 WinCC V7.3 等。如果 PLC 对上述的 HMI 访问设置了密码，那么在组态 SIMATIC S7-1500 PLC 与 HMI 的连接时，需要在 HMI 的连接属性中输入预置的 HMI 访问权限密码，方可实现对 SIMATIC S7-1500 PLC 的访问。

**2. “连接机制”**

考虑到数据安全的问题，如果远程伙伴要通过 S7 连接的 PUT/GET 通信方式访问 SIMATIC S7-1500 CPU，则需要在“连接机制”中激活“允许来自远程对象的 PUT/GET 通信访问”选项。例如1个 CPU 需要通过 S7 单边通信，调用功能块 PUT/GET 来访问另外1个 SIMATIC S7-1500 CPU，则一定要在被访问的1500 PLC 侧激活此选项。当访问级别设置为“不能访问（完全保护）”的情况下，此选项不可用。

**注意：** SIMATIC S7-300/400 中没有此选项，如果知道对方 CPU 的地址（PROFIBUS/PROFINET），就可以使用本方的 CPU 读写对方的 CPU 数据，同样本方的 CPU 数据也可以被对方读写，所以 PLC 的数据不安全，在 SIMATIC S7-1500 CPU 中得到了改进，需要使能这个选项才可以使用 PUT/GET 通信。

**3. “证书管理器”**

“证书管理器”用于管理 CPU 或者 CP 的证书，分为本地证书管理器和全局证书管理器，本地证书管理器只能管理本地 PLC 站点的证书，使用本地证书管理器时一些功能将受限；全局证书管理器管理整个项目中所有 CPU 或者 CP 的证书，功能不受限，所以建议使用全局证书管理器，证书管理器参数化界面如图4-47所示。

单击“使用证书管理器的全局安全设置”选项使能全局证书管理器，并且需要在项目

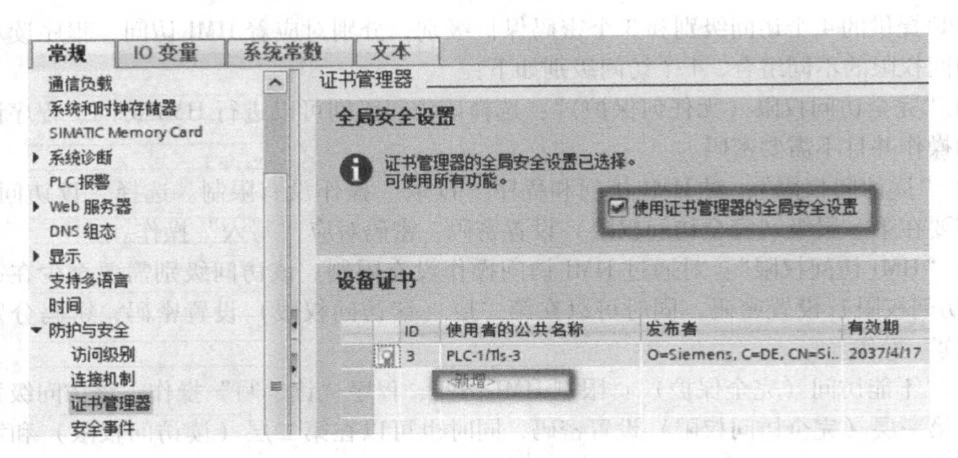


图 4-47　证书管理器界面

树的“安全设置”中使能项目管理后，才可以单击空格的“＜新增＞”字样并添加设备证书，这样添加的证书可以在全局证书管理器中查看到，证书的 ID 号也是按照项目中所有证书的创建次序进行排列，在后续的章节中将介绍证书的创建以及全局证书管理器的参数设置，这里不再赘述。

**4. “安全事件”**

当发生某些“安全事件”时，CPU 会将这些事件储存在诊断缓冲区中，这些安全事件包括：切换到在线状态时使用了正确或者错误的密码、更改保护等级（访问保护）后，并下载至 CPU、创建 CPU 的备份等。可以设置“在出现大量消息时汇总安全事件”选项，以防止相同的安全事件频繁地进入诊断缓冲区，如图 4-48 所示。CPU 的诊断缓冲区只接收一种事件类型的前 3 个事件，然后会忽略此类型的所有后续事件。在设置的“间隔长度”时间结束时，CPU 生成组报警作为此时间间隔内所有其他安全事件的摘要。

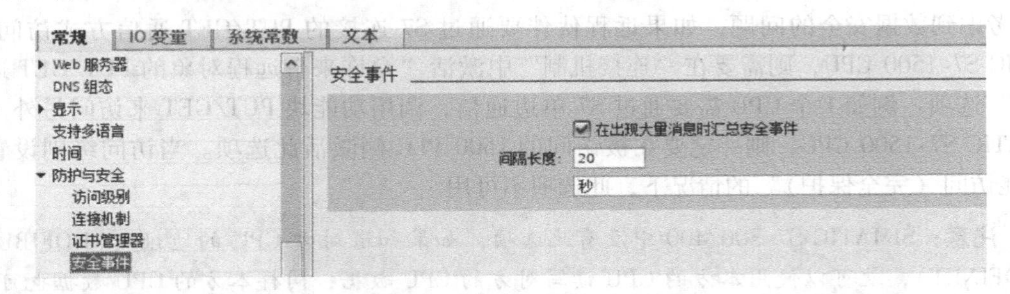


图 4-48　安全事件设置界面

## 4.2.16　OPC UA

OPC UA 通信的参数设置参考通信章节中的 OPC UA 通信方式。

## 4.2.17　系统电源

TIA 博途软件自动计算每一个模块在背板总线的功率损耗。在“系统电源”界面中，可以查看背板总线功率损耗的详细情况，如图 4-49 所示。如果 CPU 连接了 DC 24V 电源，那么 CPU 本身可以为背板总线供电，这时需要选择“连接电源电压 L +”；如果 CPU 没有连接 DC 24V 电源，则 CPU 不能为背板总线供电，同时本身也会消耗电源，此时应选择“未连接电源电压 L +”。参数设置必须与实际的安装匹配（参考 3.1.3 系统电源选择示例）。每个 CPU 可提供的功率大小是有限的，如果“汇总”的电源为正值，表示功率有剩余；如果汇总的电源为负值，表示需要增加 PS 模块来提供更多的功率。

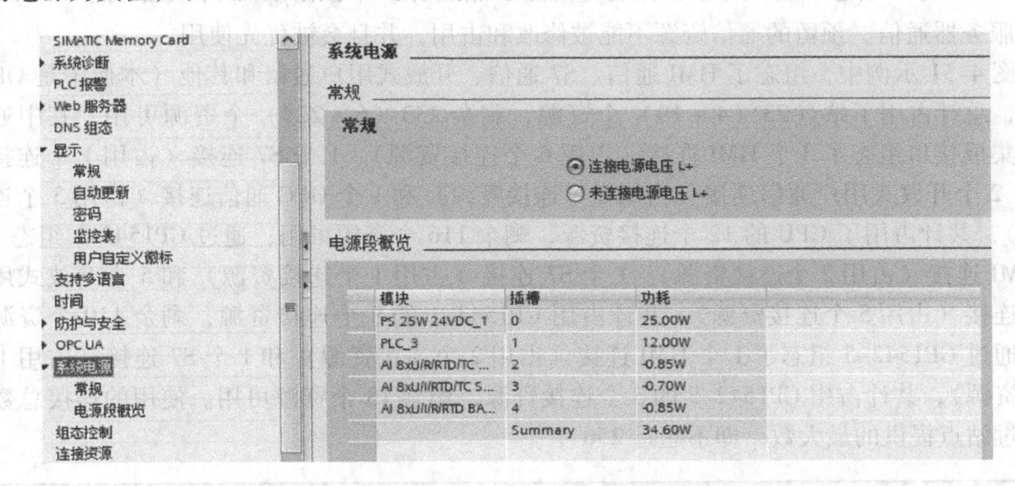


图 4-49　SIMATIC S7-1500 CPU 系统电源设置界面

## 4.2.18　组态控制

可以使用组态控制功能更改运行中的硬件配置信息，为用户产品的设计提供了更多的灵活性。使用组态控制功能时，必须在配置中激活“允许通过用户程序重新组态设备”选项，如图 4-50 所示。具体操作和说明参考组态控制章节。

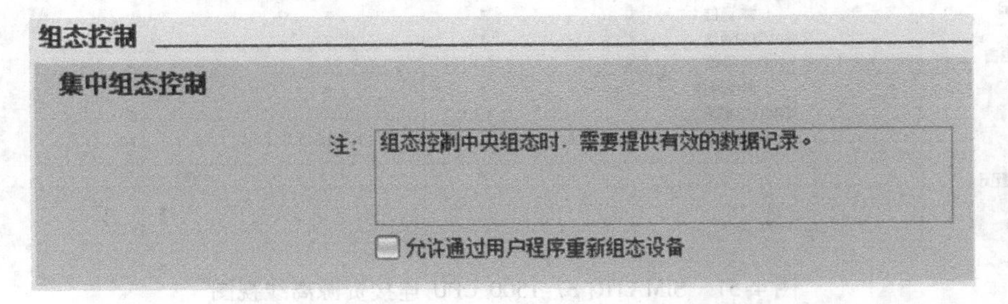


图 4-50　SIMATIC S7-1500 CPU 组态控制界面

## 4.2.19　连接资源

单击“连接资源”标签进入通信属性界面。如图 4-51 所示，在该界面中可以查看不同通信方式占用的站资源以及控制系统中 CPU、CP 或 CM 的模块资源等相关信息：

- CPU/CP/CM 可用的最大连接资源数；
- 通过组态方式的通信连接资源数，编程方式的连接不能显示；
- 仍可用的连接数。

SIMATIC S7-1500 PLC 系统中可用连接资源的最大数量取决于 CPU，例如一个带有 CPU1516 的 PLC 站点最大的连接资源数量为 256 个，但是如果只使用 CPU 的集成接口，那么最多只能提供 128 个连接资源。如果需要使用更多的连接资源，则需要添加通信模块或通信处理器进行扩展。如果所有模块能提供的连接资源总和达到了 CPU 所规定的限值，则在“站资源”的“动态”栏处显示一个 ! 警告。“站资源”中预留了 10 个资源用于 PG/HMI/Web 服务器通信。预留的通信资源不能被修改和占用，并且会被优先使用。

图 4-51 示例中，组态了 HMI 通信、S7 通信、开放式用户通信和其他（本例中是 OPC）通信，总计占用了站点 23（4 + 19）个资源，剩余 233（6 + 227）个资源可用。其中通过 CPU 集成接口组态了 3 个 HMI 连接（占用 6 个连接资源）、1 个 S7 连接（占用 1 个连接资源）、2 个开放式用户通信连接（占用 2 个连接资源）和 1 个 OPC 通信连接（占用 3 个连接资源），共计占用了 CPU 的 12 个连接资源，剩余 116 个资源可用；通过 CP1543-1 组态了 1 个 HMI 连接（占用 2 个连接资源）、1 个 S7 连接（占用 1 个连接资源）和 5 个开放式用户通信连接（占用 5 个连接资源），共计占用 CP1543-1 的 8 个连接资源，剩余 110 个资源可用；通过 CP1542-5 组态了 1 个 HMI 连接（占用 2 个连接资源）和 1 个 S7 连接（占用 1 个连接资源），共计占用 CP1542-5 的 3 个连接资源，剩余 13 个资源可用。使用的连接总数不能超过站点提供的最大数，即不超过 256 个。

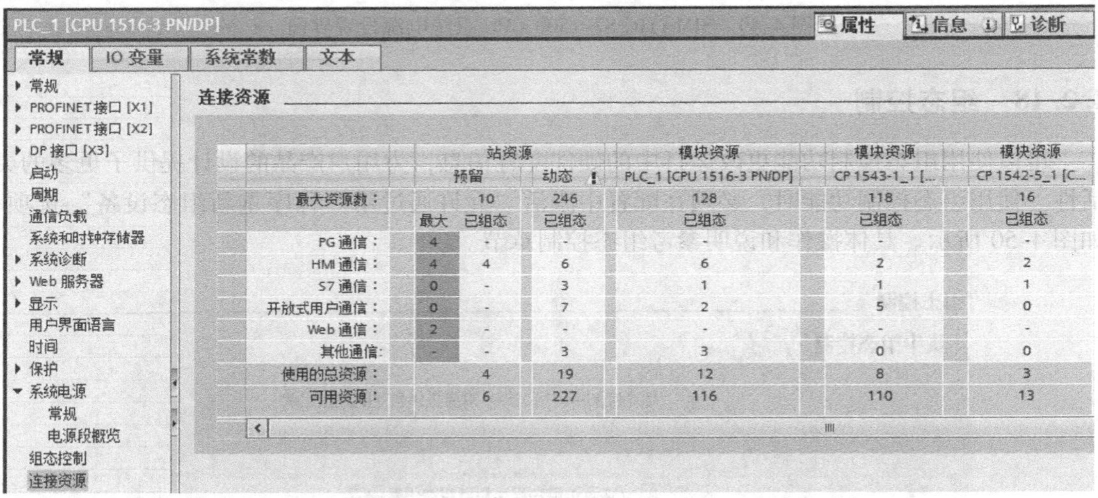

PLC_1 [CPU 1516-3 PN/DP]　属性　信息　诊断

常规　IO 变量　系统常数　文本

常规
PROFINET 接口 [X1]
PROFINET 接口 [X2]
DP 接口 [X3]
启动
周期
通信负载
系统和时钟存储器
系统诊断
Web 服务器
显示
用户界面语言
时间
保护
系统电源
常规
电源段概览
组态控制
连接资源

连接资源

| | 站资源 | | | 模块资源 | 模块资源 | 模块资源 |
|---|---|---|---|---|---|---|
| | 预留 | | 动态 ! | PLC_1 [CPU 1516-3 PN/DP] | CP 1543-1_1 [... | CP 1542-5_1 [C... |
| 最大资源数： | 10 | | 246 | 128 | 118 | 16 |
| | 最大 | 已组态 | 已组态 | 已组态 | 已组态 | 已组态 |
| PG 通信： | 4 | - | - | - | - | - |
| HMI 通信： | 4 | 4 | 6 | 6 | 2 | 2 |
| S7 通信： | 0 | - | 3 | 1 | 1 | 1 |
| 开放式用户通信： | 0 | - | 7 | 2 | 5 | 0 |
| Web 通信： | 2 | - | - | - | - | - |
| 其他通信: | - | - | 3 | 3 | 0 | 0 |
| 使用的总资源： | | 4 | 19 | 12 | 8 | 3 |
| 可用资源： | | 6 | 227 | 116 | 110 | 13 |

图 4-51　SIMATIC S7-1500 CPU 连接资源离线视图

在 SIMATIC S7-1500 PLC 站点中，建立 HMI 连接时，所需的资源数目见表 4-2。

表 4-2　HMI 连接所需最大连接资源数

| HMI 设备 | 每个 HMI 连接所需的 CPU 的最大连接资源数 |
|---|---|
| 精简面板 | 1 |
| 精致面板 | 2[1] |
| RT Advance | 2[1] |
| RT Professional | 3 |

注：如果不使用系统诊断和消息组态，那么每个 HMI 连接仅需要 CPU 的一个连接资源。

本例中使用精致面板建立与 CPU 的 HMI 通信，因此每个 HMI 连接占用 2 个连接资源。与 OPC 服务器的通信连接在“其他通信”中显示，并且一个通信连接会占用多个连接资源，例如本例中只组态了一个 OPC 服务器连接，但是占用了 3 个连接资源。

在 TIA 博途的“网络视图”中，选择一个在线连接的 CPU，并在巡视窗口中选择“诊断”→“连接信息”选项卡，则会显示该 PLC 站点中已分配和未分配连接资源的在线信息，如图 4-52 所示。

| | 站资源 | | | | | 模块资源 | | 模块资源 | | 模块资源 | |
|---|---|---|---|---|---|---|---|---|---|---|---|
| | 预留 | | | 动态 | | CPU 1516-3 PN/D... | | CP 1543-1 (R0/S2) | | CP 1542-5 (R0/S3) | |
| 最大资源数： | | 10 | 10 | 246 | 246 | 128 | 128 | 118 | 118 | 16 | 16 |
| | 最大 | 已组态 | 已用 | 已组态 | 已用 | 已组态 | 已用 | 已组态 | 已用 | 已组态 | 已用 |
| PG 通信： | 4 | - | 2 | - | 0 | - | 2 | - | 0 | - | 0 |
| HMI 通信： | 4 | 4 | 3 | 6 | 0 | 6 | 3 | 2 | 0 | 2 | 0 |
| S7 通信： | 0 | - | 0 | 3 | 3 | 1 | 1 | 1 | 1 | 1 | 1 |
| 开放式用户通信： | 0 | - | 0 | 7 | 8 | 2 | 3 | 5 | 5 | 0 | 0 |
| Web 通信： | 2 | - | 2 | - | 2 | - | 4 | - | 0 | - | 0 |
| 其他通信: | - | - | 0 | 3 | 3 | 3 | 3 | 0 | 0 | 0 | 0 |
| 使用的总资源： | | 4 | 7 | 19 | 16 | 12 | 16 | 8 | 6 | 3 | 1 |
| 可用资源： | | 6 | 3 | 227 | 230 | 116 | 112 | 110 | 112 | 13 | 15 |

图 4-52 在线查看连接资源

“连接资源”表格的在线视图中，不仅包含离线视图中所预留和组态的连接资源，还包含站点中 CPU、通信处理器 CP 及通信模块 CM 中当前已使用的连接资源。在线视图中显示 PLC 站点所有已使用的连接资源，包括通过自动、编程方式或组态方式建立的连接。在“其他通信”中，将显示与第三方设备以及通过数据记录路由进行通信时所使用的连接资源。S7 路由连接资源是额外提供的，在这里不会显示。该表格中连接资源的使用情况会自动进行更新。

PG/Web 通信属于自动连接，本例中共有 1 个 PG 和 1 个 Web 连接，分别占用了 2 个和 4 个通信资源，其中每个 Web 通信占用的连接资源数不确定，由浏览器类型或者网页信息的多少决定。本例中共组态了 5 个 HMI 连接，其中集成接口连了 3 个，CP1543-1 和 CP1542-5 各连了 1 个。只启动了集成接口连接的 3 个 HMI，并且没有启用 HMI 的系统诊断和消息，所以组态的 10 个资源中，只使用了其中的 3 个，并且优先使用了预留的资源。S7 通信是组态的通信，共组态了 3 个连接，每个连接占用 1 个资源，一旦 CPU 启动即占用。开放式的用户通信中，组态了 7 个连接，每个连接占用 1 个资源，一旦 CPU 启动即占用。本例中使用编程的方式建立了 1 个开放式用户通信连接，该连接占用的连接资源为 1 个，所以开放式用户通信共占用了 8 个连接资源。OPC 通信归为“其他通信”，建立连接后使用了组态的 3 个连接。

### 4.2.20 地址总览

单击“地址总览”标签进入 CPU 的地址总览界面，如图 4-53 所示。

CPU 的地址总览可以显示已经配置的所有模块的类型（是输入还是输出）、起始地址、结束地址、模块简介、所属的过程映像分区（如有配置）、归属总线系统（DP、PN）、机架、插槽等信息，给用户提供了一个详细的地址总览。

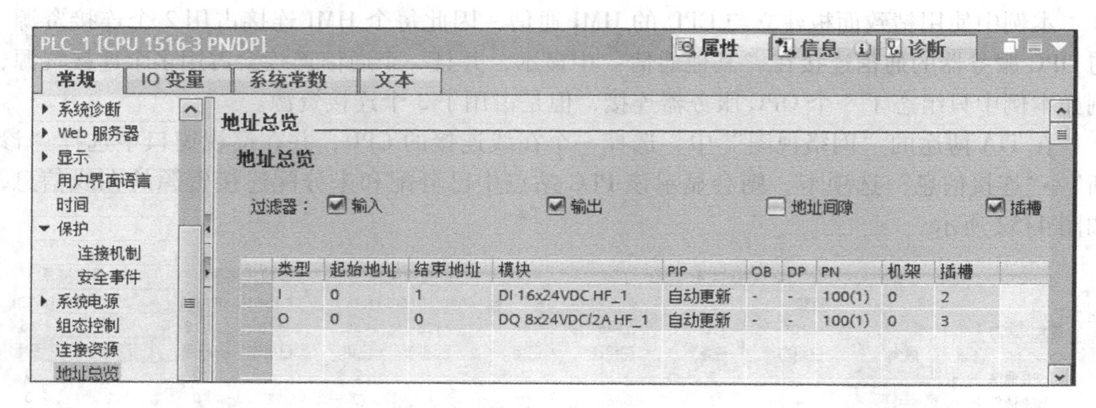


图 4-53　SIMATIC S7-1500 CPU 地址总览

### 4.2.21　等式同步模式

在 CPUV2.6 版本之前的等式同步特指的是 PROFINET IRT/PROFIBUS-DP 的等式同步，即输入模块的输入时间、输出模块的输出时间以及程序的循环时间同步，适用对时间敏感的应用，在 CPU V2.6 及以上版本可以使中央机架上的模块通过背板总线实现等式同步操作，背板总线等式同步数据流如图 4-54 所示。

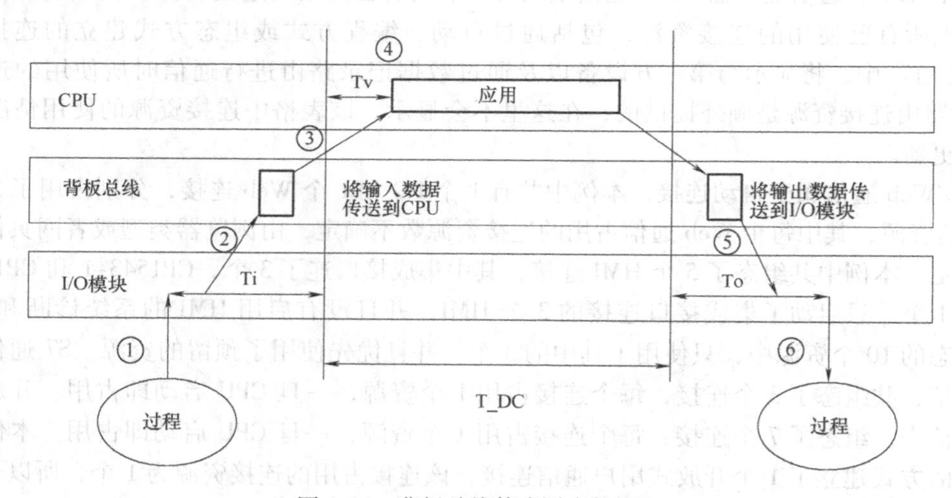


图 4-54　背板总线等式同步数据流

图 4-54 中主要参数及选项的功能描述如下：

Tv：时间间隔；

Ti：模块输入到 CPU 的时间；

To：CPU 输出到模块的时间；

T_DC：数据循环时间（发送时钟）；

① 读入数据到输入模块；

② 等式同步读入输入数据；

③ 数据从背板总线传送到 CPU；

④ 启动等时同步诊断 OB（例如 OB61）；

⑤ 输出数据传送到模块；

⑥ 等式同步输出数据。

系统将多个输入模块在同一时刻读取的现场过程信号发送给 CPU，为了保证数据在同一时刻被读取，需要选择支持等式同步的模块，并且去使能转换时间（不能手动设置），这样所有的时间都是确定的。背板总线将输入数据传输到 CPU，在组态的延时时间 Tv 后调用等时同步中断 OB（例如 OB61）。用户需要在等时同步中断 OB 中编写程序定义过程响应。在时间 To 内，数据会通过背板总线传输到 I/O 模块，在 I/O 模块中进行处理。例如转换为模拟值等，To 到期后，数据会在同一时刻输出到过程。

前提条件：

➢ SIMATIC S7-1500 CPU V2.6 及以上版本（不带紧凑型 CPU 和 SIMATIC S7-1500R/H CPU）；

➢ TIA 博途 V15.1 或更高版本；

➢ 输入、输出模块必须支持等时同步模式；

➢ 通信处理器（CP）或通信模块（CM）不能连接 PROFINET IO 和 PROFIBUS DP 系统；

➢ 通信处理器（CP）或通信模块（CM）不能作为智能设备或智能从站。

单击“等时同步模式”标签进入参数设置界面，如图 4-55 所示。

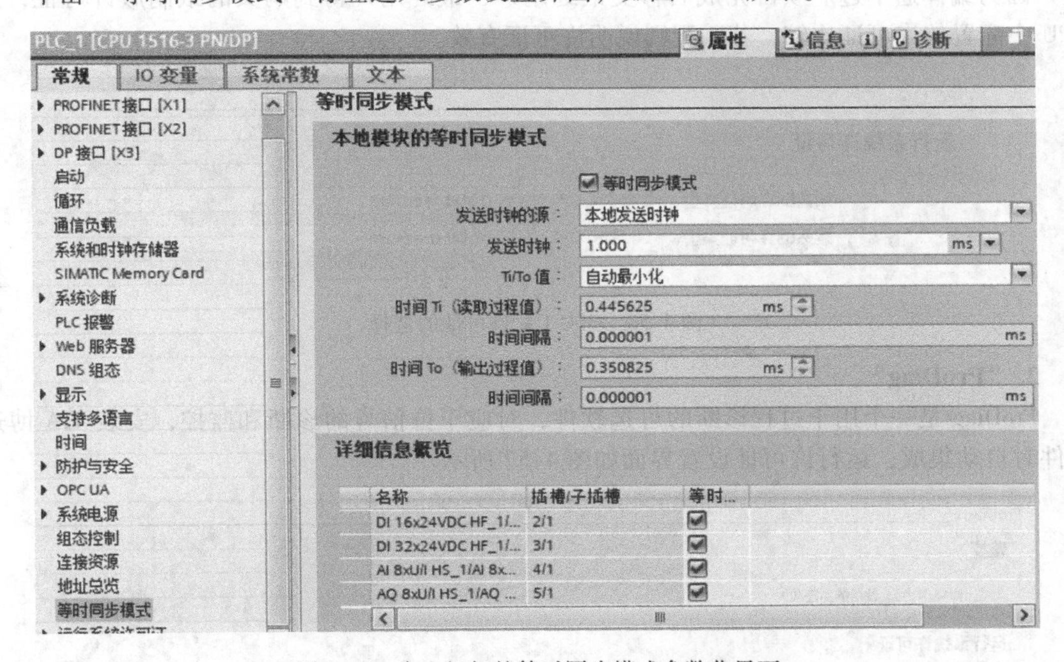


图 4-55　中央机架的等时同步模式参数化界面

使能“等时同步模式”选项后，在“详细信息概览”中可以选择哪些模块用于等时同步应用。“Ti/To 值（模块输入、输出时间）”选择“自动最小值”后，系统自动计算模块的 Ti/To 时间。如果选择“手动”方式进行设置，设置的时间值不能小于最小时间值，目前 CPU 最小的发送时钟为 1ms；如果模块的 Ti/To 值大于发送时钟，系统将自动进行标识（红色标记）。如果在“发送的时钟源”选项中选择“本地发送时钟”，则只能同步中央机架上的模块；如果选择“使用 PROFINET 接口［X1］的发送时钟，则可以使连接在 PROFINET 接口［X1］上的 IO 设备的模块与中央机架的模块进行同步操作。

## 4.2.22 运行系统许可证

检查 CPU 配置的运行许可证是否与购买的许可证匹配，如果不匹配则说明软件未授权。在“运行系统许可证”标签栏中，需要检查 3 个运行系统的许可证，分别为 OPC UA、ProDiag 和 Engergy Suite（这些功能详细的操作参考相应的章节）。

**1. “OPC UA”**

如果使用 CPU 的 OPC UA 服务器功能需要购买相应的许可证，许可证类型与 CPU 类型相匹配，参考表 4-3。

表 4-3 OPC UA 许可证对照表

| PLC 类型 | ET 200SP CPU 到 S7-1513（F） | S7-1515/S7-1516（F） | S7-1517/S7-1518（F） |
|---|---|---|---|
| 所需授权 | small | medium | large |

本例中使用的是 CPU1516，所以应该选择 OPC UA medium 许可证，如图 4-56 所示。当然也可以选择 large 类型（比 medium 价格贵），但不能选择 small 类型（比 medium 价格便宜）因为编译通不过。项目完成后移交最终用户，最终用户得到购买的纸制版许可证，与 CPU 中配置的许可证比较，若匹配则说明许可证有效。

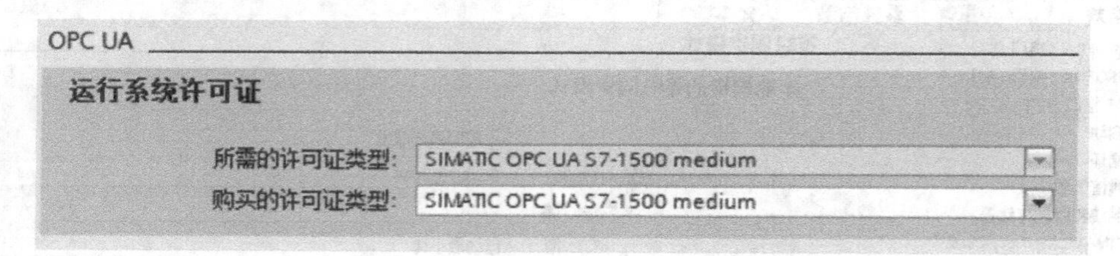


图 4-56 OPC UA 许可证的选择

**2. “ProDiag”**

ProDiag 是一个用于过程诊断的可选软件，对应于位信号的诊断和监控，安装 TIA 博途软件时自动集成，运行许可证设置界面如图 4-57 所示。

ProDiag
监控
使用的监控数: 0
运行系统许可证
所需的许可证数量: 无（<= 25 个监控）
使用的 ProDiag 许可证: 3 x (<= 750 监控数量)
无许可证
1 x (<= 250 监控数量)
2 x (<= 500 监控数量)
3 x (<= 750 监控数量)
4 x (<= 1000 监控数量)
5x（最大）

图 4-57 ProDiag 运行许可证设置界面

如果在项目中使用该诊断功能，系统将主动计算使用的监控数量，前25个监控数量是免费的，超过后需要购买，许可证数量与监控数量的关系参考表4-4。

表4-4　ProDiag许可证与监控数量的关系

| 使用中的监控数量 | ≤25 | ≤250 | ≤500 | ≤750 | ≤1000 | >1000 |
|---|---|---|---|---|---|---|
| 所需的许可证数量 | 不需要 | 1 | 2 | 3 | 4 | 5 |

项目完成后移交最终用户，最终用户得到购买的纸制版许可证，与CPU中配置的许可证比较，若匹配则说明许可证有效。

**3. “Engergy Suite”**

Engergy Suite是一个用于能源透明化的可选软件，可以自动生成能源对象监控的程序，运行许可证设置界面如图4-58所示。如果在项目中使用该能源监控功能，系统将自动计算已组态能源对象的数量。运行许可证类型有两种，一种是5个能源对象，另一个是10个能源对象，可以组合使用。

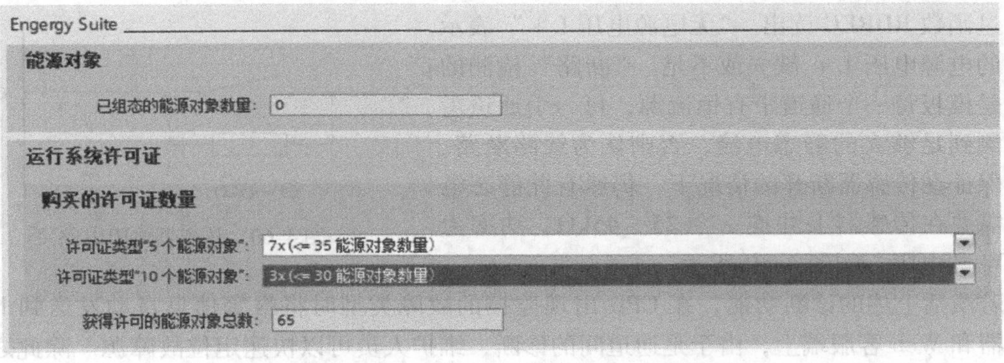

图4-58　Engergy Suite运行许可证设置界面

Engergy Suite需要安装授权，否则不能编译程序。

## 4.3　SIMATIC S7-1500 I/O参数

在TIA博途的设备视图中组态I/O模块时，可以对模块进行参数配置，包括常规信息、输入/输出通道的诊断组态信息和IO地址的分配等。在组态模块时，提供了一个“通道模板”选项。对于模块各个通道具有相同组态的情况，用户可以先设置好此“通道模板”，然后在各个通道的实际组态选择与“通道模板”一致，这样用户就无需逐个组态每个通道，极大地减小了工作量。当然用户也可以不参考“通道模板”的设置，手动对某个通道单独进行设置。下面以数字量和模拟量模块为例介绍模块的参数配置。

### 4.3.1　数字量输入模块参数配置

以高性能（HF）输入模块为例，模块具有中断和诊断功能，使用这些功能时必须先进行配置。首先可以对“通道模板”进行设置，在TIA博途的设备视图下单击模板，然后在属性视图中的“模块参数”下选择“通道模板”标签，如图4-59所示。

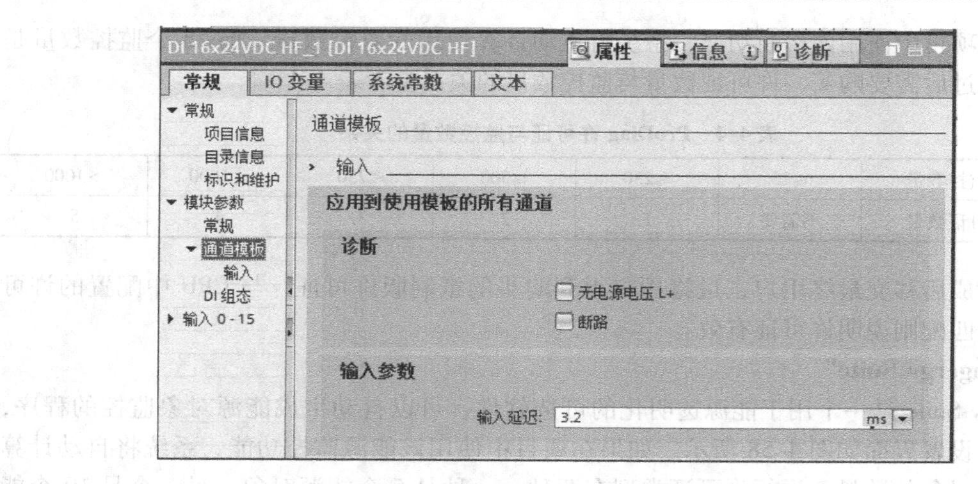


图 4-59　DI 模块的通道模板设置

“通道模板”：无论是否激活“无电源电压 L +”和“断路”诊断功能，故障信息均可以通过函数 RDREC 读出。“无电源电压 L +”表示模块的电源电压 L + 缺失或不足。“断路”检测的原理是模板每一个通道带有恒流源，每一个通道需要检测到足够大的静态电流，否则认为线路断路。为了保证在传感器断开的情况下，仍然有此静态电流，需要在传感器上并连一个 25 ~ 45kΩ，功率为 0. 25W 的电阻，如图 4-60 所示。

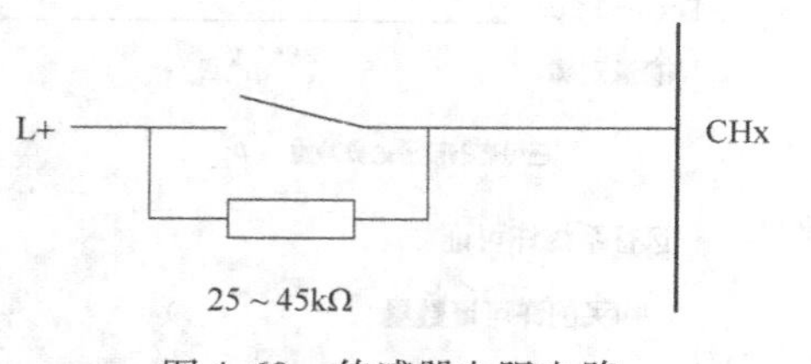


图 4-60　传感器电阻电路

若激活上述的诊断功能，在 CPU 出现监控的故障类型时将报警信息自动发送到 HMI、显示器和 Web 客服端上，由于是通道间的诊断，维护人员可以快速定位故障源。除此之外，在“输入延迟”处选择输入通道的输入延时时间。输入延时越长，信号越不容易受到干扰，但是会影响信号采集速度。

在“DI 组态”标签中选择 DI 组态选项，如图 4-61 所示。

DI 16x24VDC HF_1 [DI 16x24VDC HF]
属性　信息　诊断
常规　IO 变量　系统常数　文本
常规
项目信息
目录信息
标识和维护
模块参数
常规
通道模板
输入
DI 组态
输入 0 - 15
DI 组态
子模块的组态
模块分配:　无
值状态（质量信息）
值状态
Shared Device 的模块副本 (MSI)
模块副本：:　无
计数组态
在通道 0 和 1 激活组态

图 4-61　数字量输入模块 DI 组态设置界面

“DI 组态”：

“子模块的组态”（模块必须插在 PROFINET 分布式站点上才可以配置）功能可以将模块分成两个 8 路数字量输入的子模块（模块种类不同，能够分成的子模块数量也不相同），可以用于实现基于子模块的共享设备功能。例如将模块中的 1 个子模块分配给 1 个 IO 控制器（CPU）完全访问，而将另外 1 个子模块分配给另外 1 个 IO 控制器（CPU）完全访问。1 个模块的输入信号可以最多分给 4 个 CPU 使用。

“值状态（质量信息）”用于判断一个通道信号的有效性。当激活“值状态”选项时，模块会占用额外的输入地址空间，这些额外的地址空间用来表示 I/O 通道的诊断信息，通常这些模块带有处理器，将模块通道的质量信息通过过程映像输入地址区（I 区）的一个位信号传送给 CPU。如果值为 1，表示有效；值为 0 表示无效或通道故障。以 16DI HF 模块为例，开始地址为 0，输入地址与值状态地址见表 4-5。

表 4-5　输入地址与值状态地址

| 地址定义 | 开始地址 | 位信号 | | | | | | | |
|---|---|---|---|---|---|---|---|---|---|
| 输入地址 | IB0 | 7 | 6 | 5 | 4 | 3 | 2 | 1 | 0 |
| | IB1 | 7 | 6 | 5 | 4 | 3 | 2 | 1 | 0 |
| 值状态地址 | IB2 | 7 | 6 | 5 | 4 | 3 | 2 | 1 | 0 |
| | IB3 | 7 | 6 | 5 | 4 | 3 | 2 | 1 | 0 |

通过 IB2 8 个位的值判断 IB0 8 个输入信号的有效性（IB3 对应 IB1）。例如，IB0.0 输入值为“0”，但是 IB2.0 也是“0”，表示 IB0.0 通道发生故障（0 中任何一个故障），此时用户就可以通过查询值状态来判断输入信号（输入值“0”）是否有效，有可能是“0”，也有可能是“1”。

使能值状态与否，与故障信息自动上传到 HMI、显示器和 Web 客户端无关，值状态的好处在于出现上述故障以后，在程序中可以非常方便地进行响应处理。

**注意：**对于高性能（HF）模块，每个通道对应一位值状态位；对于 BA 模块，不提供诊断功能，所以值状态选项无效。

“Shared Device 的模块副本（MSI）”表示模块内部的共享输入功能。一个模块将所有通道的输入值复制最多为 3 个副本，于是该模块可以由最多 4 个 IO 控制器（CPU）对其进行访问，每个 IO 控制器都具有对相同通道的读访问权限。

**注意：**MSI 功能与子模块的组态功能只能在 ET 200MP 等分布式 I/O 上使用（ET 200SP 相应模块也具有此功能），且两个功能不能同时在一个模块上使用。可将子模块分配给多少个 IO 控制器，取决于 ET 200 MP 接口模块的种类。如果使用了 MSI 功能，则值状态功能会自动激活并且不能取消（即使是 BA 模板，此时也具有值状态），此时值状态还用于指示第一个子模块（基本子模块）是否就绪。

可以使用高性能（HF）DI 模块的通道 0 和通道 1 实现简单的高速计数功能，具体请参看工艺模块的相关章节。

单击“输入”选项，可以设置各个通道的功能和参数，如图 4-62 所示。

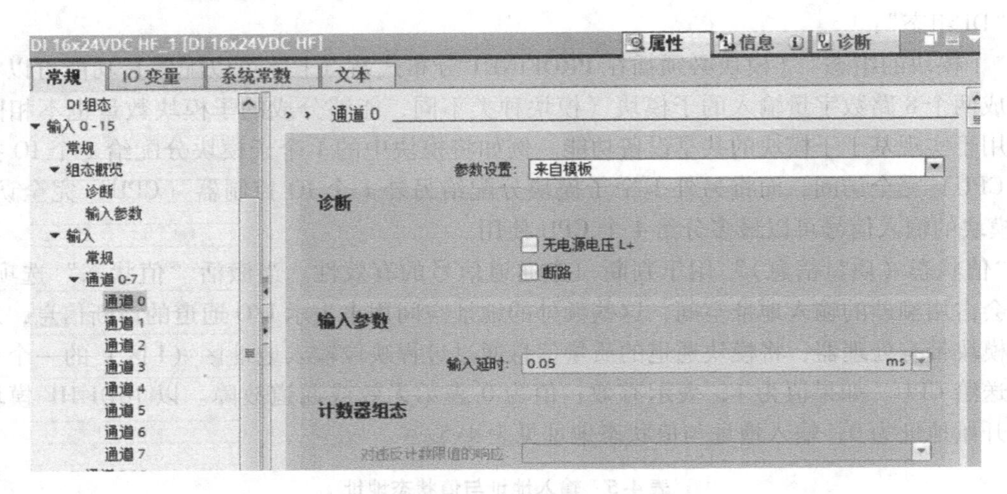


图 4-62　数字量输入模块参数化界面 1

"参数设置"：如果选择"来自模板"，则"诊断"选项和"输入参数"选项的设置采取预先设置的"通道模板"的设置。如果选择"手动"，则用户可以单独设置此通道的"诊断"和"输入延迟"参数。

如果激活了通道的高速计数功能，则可以设置相关的参数，具体参看工艺模块相关章节。

通道的硬件中断设置如图 4-63 所示。

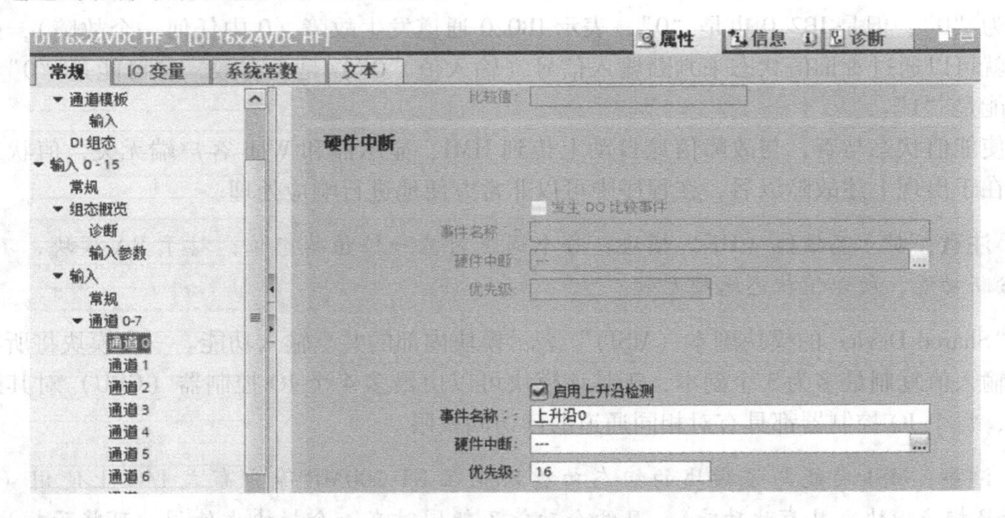


图 4-63　数字量输入模块参数化界面 2

"硬件中断"：当激活通道 0 或者 1 的高速计数功能时，可以组态"发生 DQ0 比较事件"，具体参看工艺模块的相关章节。

选择触发硬件中断的信号源，如通过上升沿或下降沿触发硬件中断。如果激活选项"启用上升沿检测"或"启用下降沿检测"，则可以输入事件名称。系统根据此名称创建数据类型为 Event_HwInt 的系统常量（可以在"系统常数"标签中查看），如果多个硬件中断调用同一个中断组织块，可以通过中断组织块临时变量"LADDR"的值与触发中断的事件的系统常量值相比较，如果相同，即可判断该中断为某一通道的上升沿或下降沿所触发。

在“硬件中断”处添加中断组织块，当此中断事件到来时，系统将调用所组态的中断组织块一次。

在“优先级”处设置中断组织块的优先级，取值范围为2～24。

“组态概览”：组态概览可以查看所有通道的“诊断”和“输入参数”信息，同时也可以对通道参数进行设置。如果多个通道的参数与诊断设置不唯一，可以方便地使用组态概览进行设置。DI模块的诊断概览参考如图4-64所示。

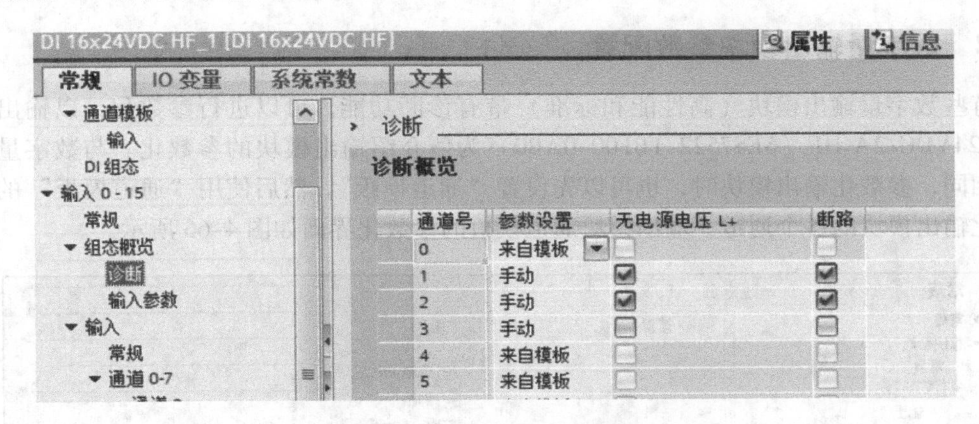


图4-64 DI模块的诊断概览

“I/O地址”：在机架上插入数字量I/O模块时，系统自动为每个模块分配逻辑地址，删除或添加模块不会导致逻辑地址冲突。有些应用中，用户预先编写程序，然后在现场进行硬件配置，这可能需要调整I/O模块的逻辑地址以匹配控制程序。如果需要更改模块的逻辑地址，可以单击该模块，在TIA博途的属性视图中选择“I/O地址”标签，如图4-65所示。

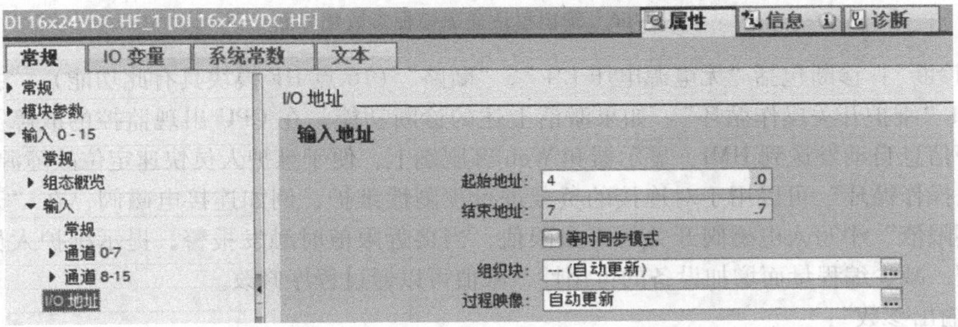

DI 16x24VDC HF_1 [DI 16x24VDC HF]
属性 信息 诊断
常规 IO 变量 系统常数 文本
常规
模块参数
输入 0 - 15
常规
组态概览
输入
常规
通道 0-7
通道 8-15
I/O 地址
I/O 地址
输入地址
起始地址: 4 .0
结束地址: 7 .7
等时同步模式
组织块: ---(自动更新)
过程映像: 自动更新

图4-65 数字量输入模块的地址

在“起始地址”框中输入新的起始地址，系统根据模块的I/O数量自动计算结束地址。如果修改的模块地址与其他模块地址相冲突，系统自动提示地址冲突信息，修改不能被确认。

SIMATIC S7-1500 PLC所有的I/O模块的地址均在过程映像区内，默认情况下过程映像区的更新是“自动更新”，即在扫描用户程序之前更新过程输入映像区，扫描用户程序结束后更新过程输出映像区。

用户也可以在地址分配过程中定义过程映像分区，例如定义模块的 I/O 地址在 PIP1（过程映像分区 1）中。同时可将过程映像分区关联到一个组织块，或者选择“—(无)”，即不关联到任何组织块。当关联到一个组织块时，启动该 OB 之前，系统将自动更新所分配的输入过程映像分区。在该 OB 结束时，系统将所分配的过程映像分区输出写到 I/O 输出中。同一个过程映像分区只能关联到一个组织块，同样一个组织块只能更新一个过程映像分区。如果过程映像分区没有连接到任何组织块，那么可以在用户程序中调用“UPDAT_PI”和“UPDAT_PO”更新过程映像分区。

### 4.3.2　数字量输出模块参数配置

有些数字量输出模块（高性能和标准）带有诊断功能，可以进行参数化，以输出模块 DQ 8x24VDC/2A HF（6ES7522-1BF00-0AB0）为例介绍输出模块的参数化。与数字量输入模块相同，参数化输出模块时，也可以先设置“通道模板”，然后使用“通道模板”的设置参数化输出模块的各个通道。输出模块通道模板的参数化界面如图 4-66 所示。

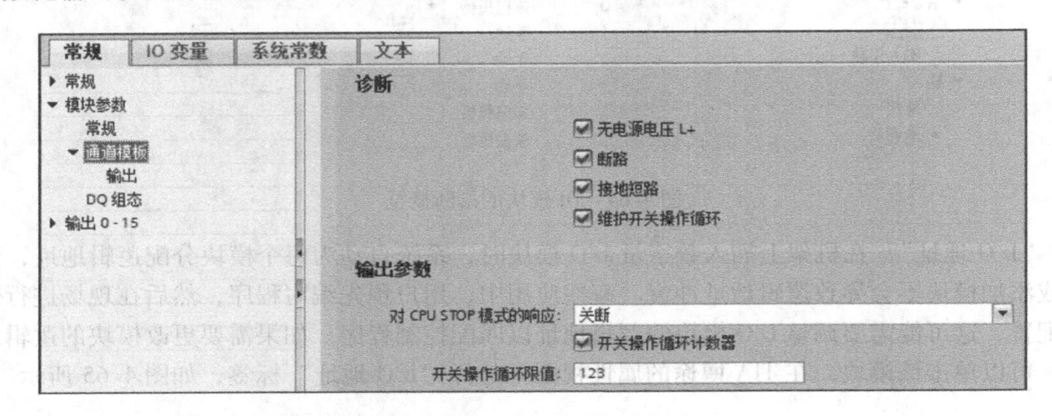


图 4-66　输出模块通道模板参数化界面

“诊断”：诊断包括“无电源电压 L+”、“断路”（16 点 HF 模块具有此功能）、“接地短路”和“维护开关操作循环”。如果激活上述的诊断功能，在 CPU 出现监控的故障类型时将报警信息自动发送到 HMI、显示器和 Web 客服端上，便于维护人员快速定位故障源。“维护开关操作循环”可以用于对连接的负载进行预测性维护，例如连接电磁阀，在“开关操作循环限值”中写入电磁阀开关的寿命限值，当接近限值时触发报警，提示维护人员更换电磁阀，减少编程量而增加设备的可用性，限值可以通过程序修改。

“输出参数”：

设置“对 CPU STOP 模式的响应”参数，选择在 CPU 进入停止模式时，模块的输出响应：

“关断”：I/O 设备转到安全状态，输出 =0。

“保持上一个值”：模块输出保持上次有效值。

“输出替换值 1”：模块输出使用替换值 1。

**注意：** 当使用“输出替换值”时，要保证这种情况下设备始终处于安全状态。

“开关操作循环限值”用于设置输出的切换次数。

在“模块参数”标签中，选择“DQ 组态”，如图 4-67 所示。

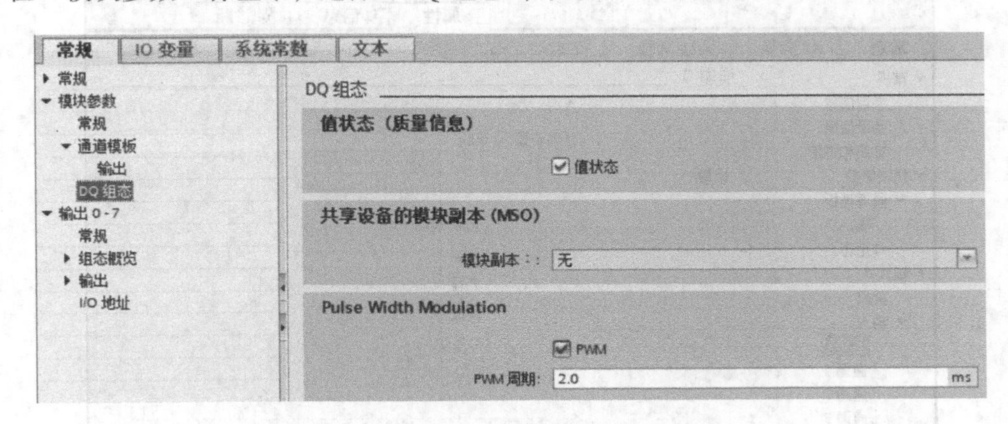


图 4-67　数字量输出 DQ 配置界面

“DQ 组态”：

对于 DQ 输出模板，“子模块的组态”（16 点 HF 输出模块具有此功能）和“值状态（质量信息）”功能与输入模块类似，这里不再赘述。

“共享设备的模块副本（MSO）”表示通过内部共享输出功能，输出模块可以将其输出数据最多提供给 4 个 IO 控制器。一个 IO 控制器具有写访问权限，其他 IO 控制器具有对相同通道的读访问权限。

**注意：** MSO 功能与子模块的组态功能只能在 ET200MP 等分布式 I/O 上使用（ET 200SP 相应模块也支持此功能），且两个功能不能同时在一个模块上使用。可将子模块分配给多少个 IO 控制器，取决于 ET200 MP 接口模块的种类。如果使用了 MSO 功能，则值状态功能会自动激活并且不能取消（即使是 BA 模板，此时也具有值状态），此时值状态还用于指示第一个子模块（基本子模块）对应的 IO 控制器（这个控制器具有写权限）是否处于 STOP 模式，第一个子模块（基本子模块）是否就绪，值是否正确（例如电源电压缺失导致的值不正确）。

“Pulse Width Modulation”脉宽调制功能适用于模块的第 0、4 通道。脉冲时间周期 2 ~ 100ms（10 ~ 500Hz）。通过设置输出接口调整脉冲宽度，详细信息参考模块手册。

“输出 0-7”的配置可以参考 DI 模块的配置。

### 4.3.3　模拟量输入模块参数配置

通常一个模拟量输入模块可以连接多种传感器，在模块上需要不同的接线方式以匹配不同类型的传感器。同样，在硬件配置中也必须进行参数化并与实际安装类型相匹配。以模拟量输入模块 AI 8xU/I/RTD/TC ST（6ES7531-7KF00-0AB0）为例介绍模块的参数化。

可以组态“通道模板”，使用“通道模板”为各个通道分配参数，当然也可以手动单独组态各个通道。这里以手动组态单个通道为例，介绍 AI 模块相关参数的组态过程。选择“输入”标签栏进入参数化界面，如图 4-68 所示。

模拟量输入通道参数化界面中主要参数及选项的功能描述如下：

“诊断”：测量类型不同，所支持的诊断类型也不相同。如果激活“诊断”中的选项，

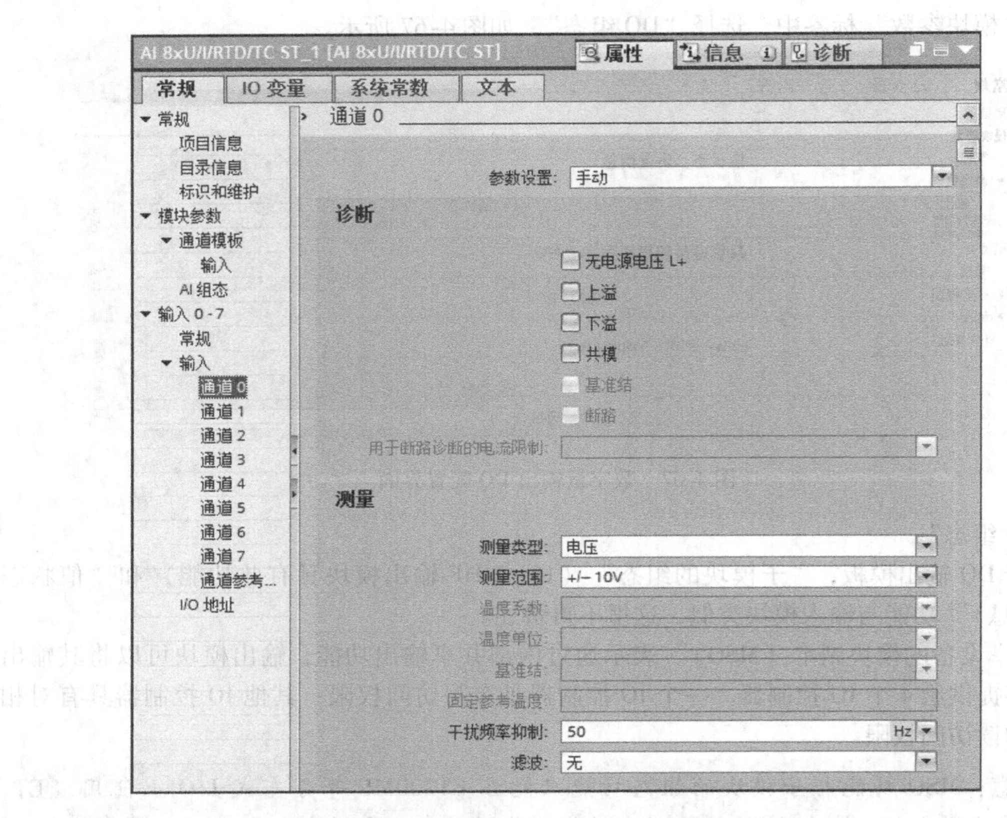


图 4-68　模拟量输入模块通道参数化界面

则出现监控的故障类型时，例如断线、共模等错误，CPU 将报警信息自动发送到 HMI、显示器和 Web 客服端上，便于维护人员快速定位故障源。

“无电源电压 L+”：表示启用对电源电压 L+ 缺失或不足的诊断。

“上溢”：表示在测量值超出上限时触发诊断。上溢值可以参考模拟量模块手册。

“下溢”：表示在测量值超出下限时触发诊断。下溢值可以参考模拟量模块手册。

“共模”：表示如果超过有效的共模电压，则触发诊断。

“基准结”：当通道测量类型为热电偶时，此参数可选，表示启用了温度补偿通道的诊断，例如断路。

“断路”：可以检测测量线路是否断路，例如测量类型为 4～20mA 电流时，可以激活此选项并设置“用于断路诊断的电流限制”为“3.6mA”，那么意味着当电流值小于 3.6mA 时，触发断路诊断中断。

“测量”：

“测量类型”：选择连接传感器的信号类型，如电压、电流和电阻等。

“测量范围”：选择测量范围，如在“测量类型”中选择了“电压”，测量范围可选择 +/-10V、1～5V 等信号。

“温度系数”：测量类型为热敏电阻时有效，表示当温度上升 1℃时，特定材料的电阻响应变化程度。

“温度单位”：测量类型为热敏电阻或者热电偶时有效，可以通过此参数指定温度测量的单位。

“基准结”：测量类型为热电偶时此参数有效，在这里选择热电偶的温度补偿方式。

“固定参考温度”：当基准结选择固定参考温度时此参数有效，组态固定的基准结温度并存储在模块中。

“干扰频率抑制”：在模拟量输入模块上，可以抑制由交流电频率产生的干扰。对于此参数，用户定义其系统的电源频率。频率越小，积分时间越长。

“滤波”：可通过滤波功能对各个测量值进行滤波。滤波功能是将模块的多个周期的采样值取平均值作为采样的结果。

“硬件中断”：硬件中断的设置如图 4-69 所示。

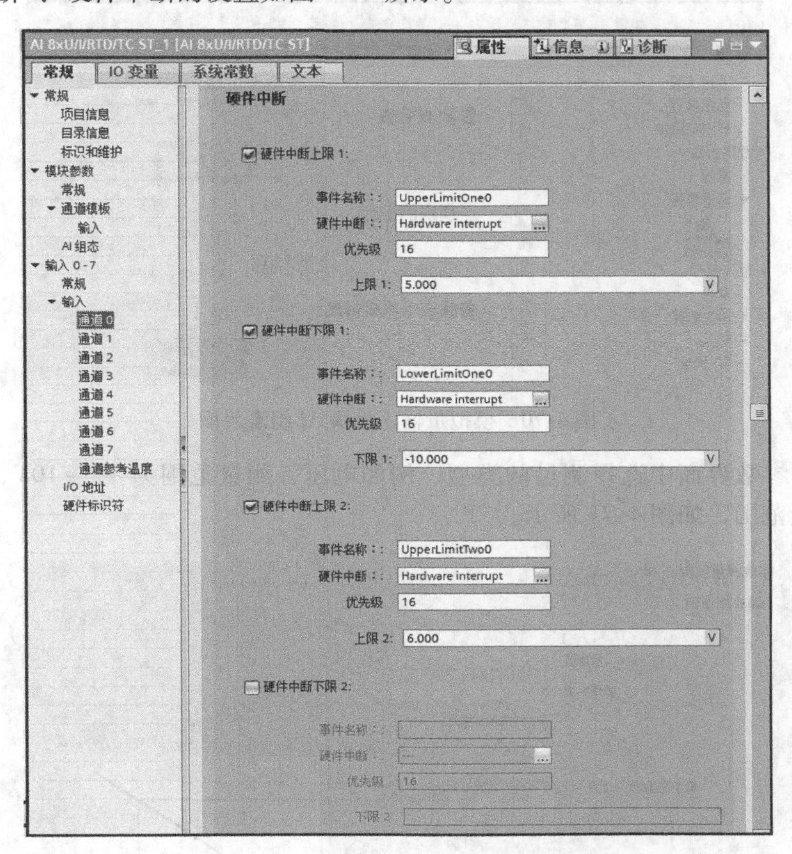


图 4-69 模拟量输入模块的硬件中断设置

可以为每个通道组态硬件中断功能，选择激活“硬件中断上限”或“硬件中断下限”。系统会根据“事件名称”生成一个系统常量用于区分各个中断，在“硬件中断”中添加需要触发的中断组织块，并在“优先级”处填写中断组织块的优先级。

在参数“上限”或“下限”设置输入信号的上限或下限值，当超过这个范围时，会产生一个硬件中断，并由 CPU 调用中断组织块。

“AI 组态”可以参考前面关于 DI 和 DQ 相关部分的描述。

V1.1 及以上版本 HF 模块还支持测量范围调整、测量值标定等功能，大大节省过程值转换编程时间，以 AI 8xU/I HF V1.1 为例介绍该功能，假设需要测量的物理量是压力，范围是4～10bar，对应的电压值为2～8V。

在模块的属性中，选择“AI 组态”标签栏进入参数化界面，如图4-70所示，使能“缩放测量值”选项后“值状态”选项自动选择，同时输入地址区变大（开始地址为100）即一个模拟量通道占用4个字节空间（直接读出real类型过程值）。

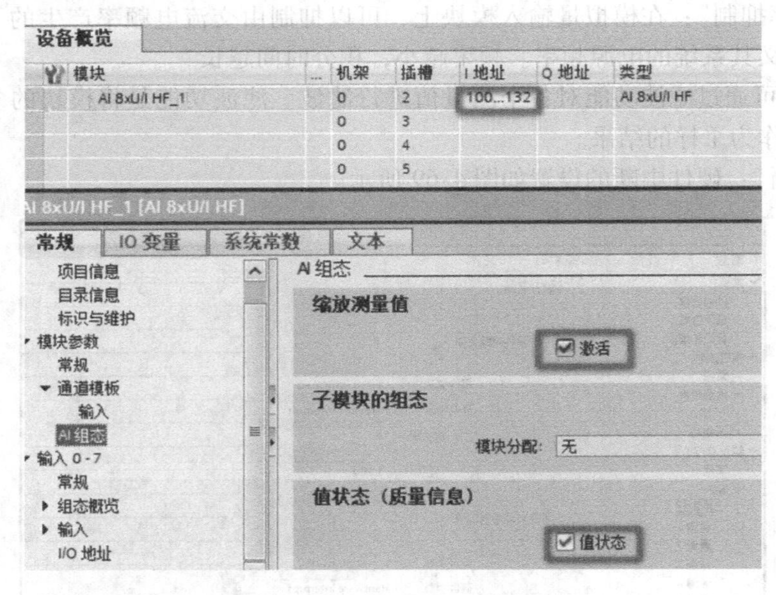


图4-70 模拟量输入模块AI组态界面

在通道0参数界面中选择测量的类型，例如电压，测量范围为+/－10V，然后按需求设置缩放测量范围，如图4-71所示。

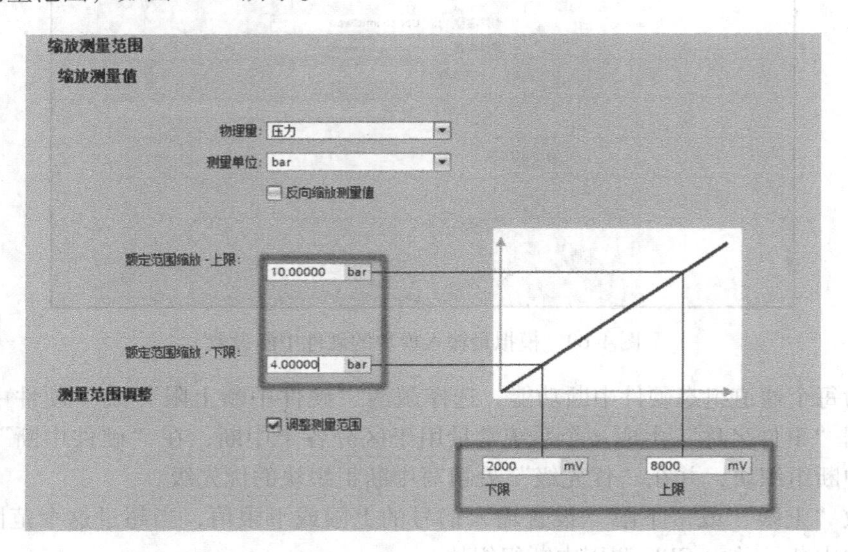


图4-71 设置模拟量输入缩放范围

选择物理量为压力，测量单位为bar，设置额定范围为4.0～10.0bar，对应的电压值设置为2000～8000mV，设置完成后物理量的值可以直接从ID100中读出而不需要程序转换。

### 4.3.4　模拟量输出模块参数配置

模拟量输出模块只能连接电压输入型或电流输入型负载，参数化比较简单，以 AQ 4xU/I ST（6ES7532-5HD00-0AB0）为例加以说明。

可以首先组态“通道模板”，使用“通道模板”为各个通道分配参数，当然也可以手动单独组态各个通道。这里以手动组态单个通道为例，介绍 AQ 模块相关参数的组态过程。选择“输出”标签栏进入参数化界面，如图 4-72 所示。

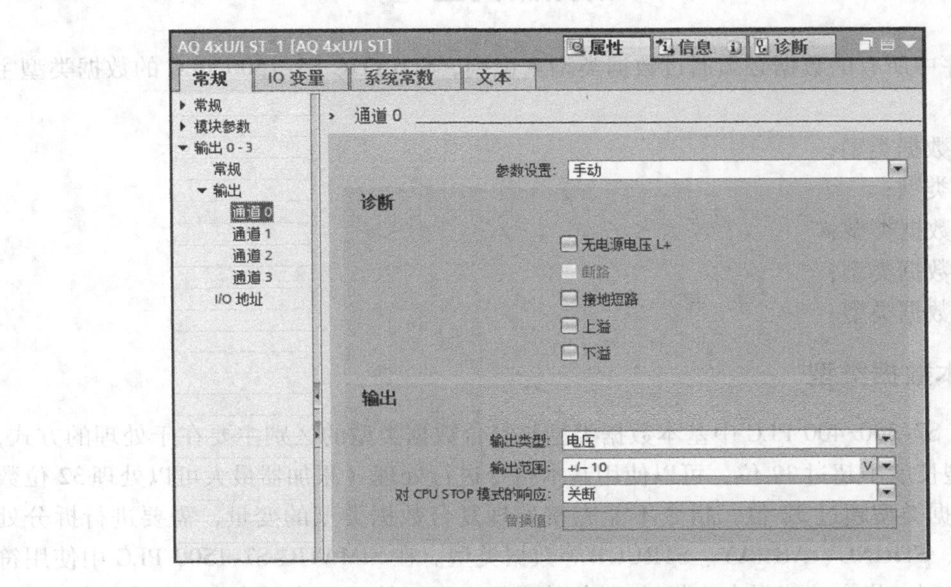


图 4-72　模拟量输出模块参数化界面

模拟量输出参数化界面中主要参数及选项的功能描述如下：

“诊断”：选择激活诊断的类型，如果出现相应的故障，CPU 将报警信息自动发送到 HMI、显示器和 Web 客服端上，便于维护人员快速定位故障源。

“无电源电压 L+”：启用对电源电压 L+ 缺失或不足的诊断。

“断路”：输出类型为电流时有效。如果连接执行器的线路断路，则激活诊断。

“接地短路”：输出类型为电压时有效。如果到 MANA 的输出短路，则激活诊断。

“上溢”：如果输出值超出上限，则激活该诊断。

“下溢”：如果输出值低于下限，则激活该诊断。

“输出类型”：选择输出类型，例如选择电压输出或电流输出。

“输出范围”：选择输出范围，例如“输出类型”选择为“电压”后，可以选择 +/-10V、0～10V 等输出范围。

“对 CPU STOP 模式的响应”：“关断”表示模块不输出；“保持上一值”表示模块输出保持上次有效值；“替换值”表示模块输出使用替代值，在“替代值”选项中设置替代值。

“AQ 组态”可以参考前面关于 DI 和 DQ 相关部分的描述。

# 第5章 数据类型与地址区

## 5.1 SIMATIC S7-1500 PLC 的数据类型

用户程序中所有的数据必须通过数据类型来识别，SIMATIC S7-1500 PLC 的数据类型主要分为五类：

1）基本数据类型；

2）参数类型；

3）PLC 数据类型；

4）系统数据类型；

5）硬件数据类型。

### 5.1.1 基本数据类型

SIMATIC S7-300/400 PLC 中基本数据类型与复合数据类型的区别主要在于处理的方式，基本数据类型长度不超过 32 位，可以使用基本指令进行处理（累加器最大可以处理 32 位数据）；复合数据类型超过 32 位，指令不能完整处理复合数据类型的变量，需要进行拆分处理，例如 DT、STRING、ARRAY、STRUCT 等数据类型。在 SIMATIC S7-1500 PLC 中使用符号名称进行编程，指令功能强大，超过 64 位的变量也可以处理，从而淡化了复合数据类型。书中将两者合并为基本数据类型。

每一个基本数据类型数据都具备关键字、数据长度、取值范围和常数表达格式等属性。以字符型数据为例，该类型的关键字是 Char，数据长度为 8bit，取值范围是 ASCII 字符集，常数表达格式为两个单引号包含的字符，如‘A’。基本数据类型二进制数的关键字、长度、取值范围和常数表示方法参考表 5-1。

表 5-1 SIMATIC S7-1500 PLC 的基本数据类型（二进制数）

| 数据类型及关键字 | 长度 | 取值范围 | 常数表示方法举例 |
| --- | --- | --- | --- |
| BOOL（位） | 1bit | True 或 False | TRUE |
| BYTE（字节） | 8bit | 二进制表达：2#0—2#1111_1111 | 2#0000_1111 |
| | | 十六进制表达：B#16#0—B#16#FF | B#16#10 |
| WORD（字） | 16bit | 二进制表达：2#0—2#1111_1111_1111_1111 | 2#0001 |
| | | 十六进制表达：W#16#0—W#16#FFFF | W#16#10 |
| | | 十进制序列表达：B#(0,0)—B(255,255) | B#(10,20) |
| | | BCD（二进制编码的十进制数）表达：C#0—C#999 | C#998 |

（续）

| 数据类型及关键字 | 长度 | 取值范围 | 常数表示方法举例 |
|---|---|---|---|
| DWORD（双字） | 32bit | 二进制表达：<br>2#0—2#1111_1111_1111_1111<br>1111_1111_1111_1111 | 2#1000_0001<br>0001_1000<br>1011_1011<br>0111_1111 |
| | | 十六进制表达：<br>DW#16#0—DW#16#FFFF_FFFF | DW#16#10 |
| | | 十进制序列表达：<br>B#(0,0,0,0)—B#(255,255,255,255) | B#(1,10,10,20) |
| LWORD（长字） | 64bit | 二进制表达：<br>2#0—2#1111_1111_1111_1111_1111_1111_1111_1111<br>_1111_1111_1111_1111_1111_1111_1111_1111 | 2#0000_0000_0000_0000_0001_<br>0111_1100_0010_0101_1110_<br>1010_0101_1011_1101_0001_1011 |
| | | 十六进制表达：<br>LW#16#0—LW#16#FFFF_FFFF_FFFF_FFFF | LW#16#0000_0000_5F52_DE8B |
| | | 十进制序列表达：<br>B#(0,0,0,0,0,0,0,0)—B#(255,255,<br>255,255,255,255,255,255) | B#(127,200,127,200,<br>127,200,127,200) |

下面以WORD为例介绍二进制数的表示方法：

（1）WORD（字）

一个WORD包含16个位。以二进制编码表示一个数值时，将16个位分为4组，每组4个位，组合表示数值中的一个数字。例如以16进制表示数值W#16#1234的方法如图5-1所示。使用16进制表示WORD数值时没有符号位。

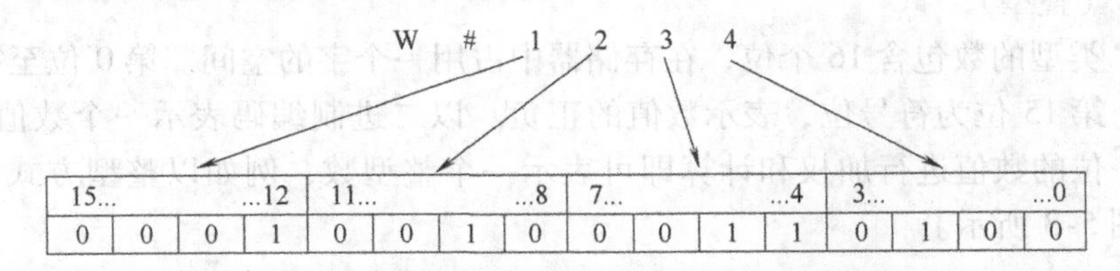


图5-1　WORD数据类型的16进制表示方法

以BCD码表示+123方法如图5-2所示。BCD码通常表示时间格式数值，与16进制表示方法相比较，BCD码带有符号位，数值中不能含有A、B、C、D、E、F等16进制数字。

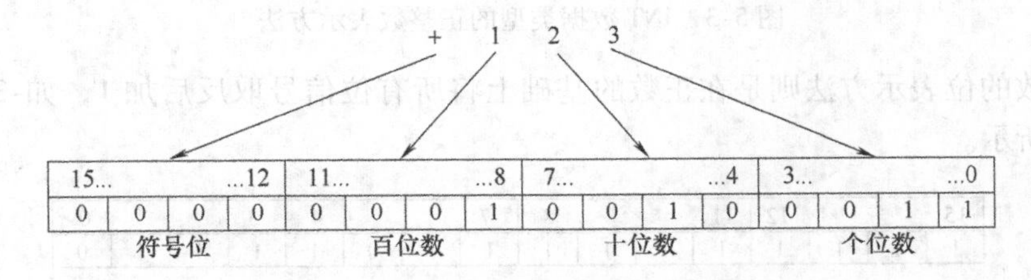


图5-2　WORD数据类型的BCD码表示方法

LDWORD、DWORD与WORD虽然变量长度不同，但表示方法类似。

基本数据类型整数的关键字、长度、取值范围和常数表示方法参考表 5-2。

表 5-2　SIMATIC S7-1500 PLC 的基本数据类型（整数）

| 数据类型及关键字 | 长度 | 取值范围 | 常数表示方法举例 |
| --- | --- | --- | --- |
| SINT<br>（短整数） | 8bit | 有符号整数<br>-128～127 | +44，SINT#-43 |
| INT<br>（整数） | 16bit | 有符号整数<br>-32768～32767 | 12 |
| DINT<br>（双整数） | 32bit | 有符号整数<br>-L#2147483648～L#2147483647 | L#12 |
| LINT<br>（长整数） | 64bit | 有符号整数<br>-9223372036854775808～+9223372036854775807 | +154325790816159，<br>LINT#+154325790816159 |
| USINT<br>（无符号短整数） | 8bit | 无符号整数<br>0～255 | 78<br>USINT#78 |
| UINT<br>（无符号整数） | 16bit | 无符号整数<br>0～65535 | 65295，UINT#65295 |
| UDINT<br>（无符号双整数） | 32bit | 无符号整数<br>0～4294967295 | 4042322160，<br>UDINT#4042322160 |
| ULINT<br>（无符号长整数） | 64bit | 无符号整数<br>0～18446744073709551615 | 154325790816159，<br>ULINT#154325790816159 |

下面以 INT 为例介绍整数的表示方法：

（2）INT（整型）

一个 INT 类型的数包含 16 个位，在存储器中占用一个字的空间。第 0 位至第 14 位表示数值的大小。第 15 位为符号位，表示数值的正负。以二进制编码表示一个数值时，除符号位以外将每一位的数值进行加权和计算即可表示一个整型数，例如以整型方式表示 +34 的位图排列如图 5-3 所示。

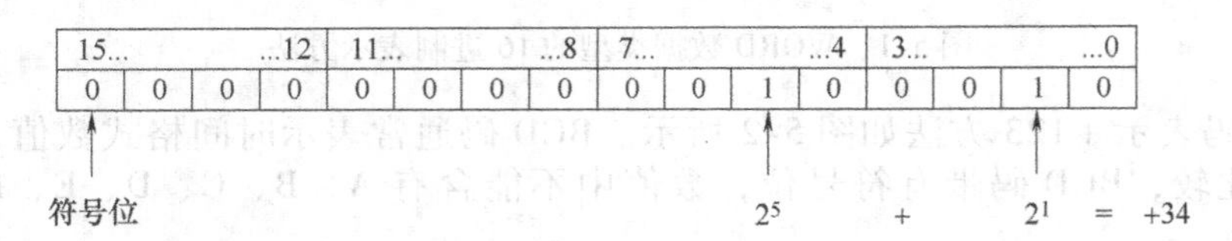


图 5-3　INT 数据类型的正整数表示方法

一个负数的位表示方法则是在正数的基础上将所有位信号取反后加 1，如-34 的表示方法如图 5-4 所示。

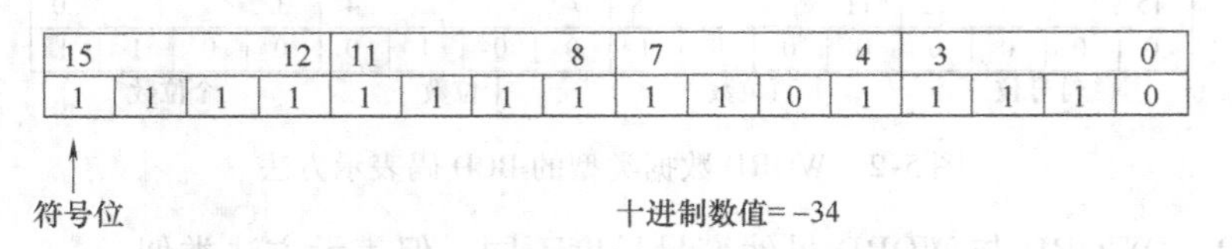


图 5-4　INT 数据类型的负整数表示方法

LINT、DINT、INT与SINT虽然变量长度不同，但表示方法类似，即最高位为符号位；而ULINT、UDINT、UINT和USINT均为无符号整型变量，所以无符号位。

基本数据类型浮点数的关键字、长度、取值范围和常数表示方法参考表5-3。

表5-3 SIMATIC S7-1500 PLC的基本数据类型（浮点数）

| 数据类型及关键字 | 长度 | 取值范围 | 常数表示方法举例 |
|---|---|---|---|
| REAL（浮点数） | 32bit | −3.402823E+38 ~ −1.175495E-38，0，+1.175495E-38 ~ +3.402823E+38 | 1.0e-5；REAL#1.0e-5<br>1.0；REAL#1.0 |
| LREAL（长浮点数） | 64bit | −1.7976931348623158e+308 ~ −2.2250738585072014e-308<br>0，0<br>+2.2250738585072014e-308 ~ +1.7976931348623158e+308 | 1.0e-5；LREAL#1.0e-5<br>1.0；LREAL#1.0 |

（3）REAL（浮点型）

一个REAL类型的数占用4个字节的空间。SIMATIC S7-1500 PLC中的REAL数据类型符合IEEE754标准的浮点数标准，一个REAL数值包括符号位S、指数e和尾数m，分别占用的位数如图5-5所示。

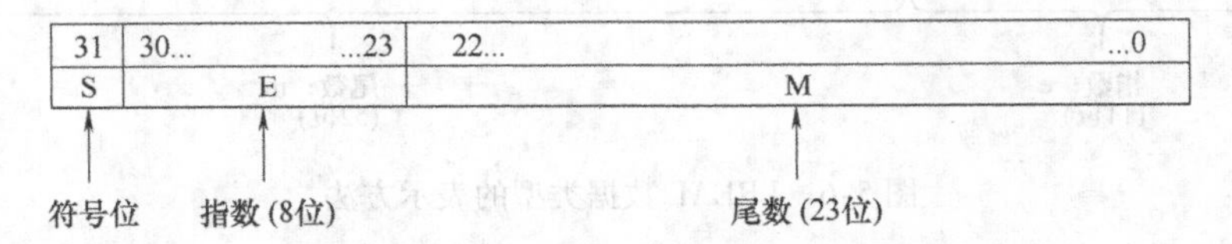


图5-5 REAL数据类型的表示方法

指数e和尾数m的取值参考见表5-4。

表5-4 指数e和尾数m的权值

| 浮点数的组成部分 | 位号 | 权值 |
|---|---|---|
| 符号位S | 31 | |
| 指数e | 30 | $2^{7}$ |
| … | … | … |
| 指数e | 24 | $2^{1}$ |
| 指数e | 23 | $2^{0}$ |
| 尾数m | 22 | $2^{-1}$ |
| … | … | … |
| 尾数m | 1 | $2^{-22}$ |
| 尾数m | 0 | $2^{-23}$ |

REAL数据类型的值等于$(+/-)1.m*2^{(e-bias)}$，其中

e：$1 \leqslant e \leqslant 254$

bias：bias = 127

S：S=0 值为正，S=1 值为负。

例如浮点值 12.25 的表示方法为：

符号位 S=0

指数 $e=2^7+2^1=128+2=130$

尾数 $m=2^{-1}+2^{-5}=0.5+0.03125=0.53125$

浮点数值 $=(1+0.53125)*2^{(130-127)}=1.53125*8=12.25$

如果相差大于等于 $10^7$ 的两个 REAL 浮点数进行运算，可能导致不正确的结果，例如 100,000,000.0+1.0=100,000,000.0，因为值 1.0 在前者中无法表示（最小数值分辨率）。为了增加浮点运算的准确性，在程序中应避免相差大于 $10^7$ 的两个浮点值进行加减运算。

（4）LREAL（长浮点型）

一个 LREAL 类型的数占用 8 个字节的空间。SIMATIC S7-1500 PLC 中的 LREAL 数据类型符合 IEEE754 标准的浮点数标准，一个 LREAL 数值包括符号位 S、指数 e 和尾数 m，分别占用的位数如图 5-6 所示。

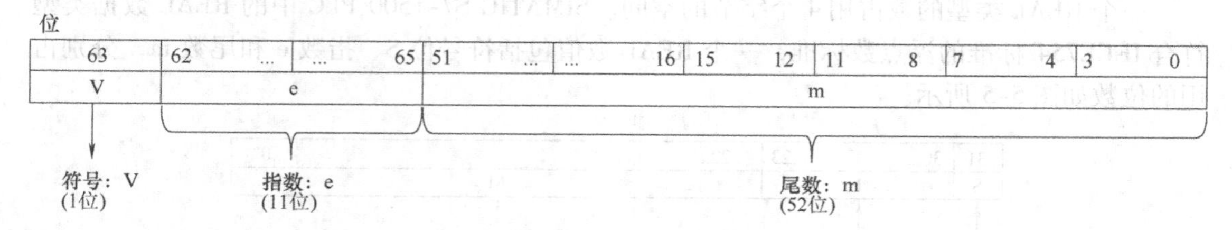


图 5-6 LREAL 数据类型的表示方法

基本数据类型定时器的关键字、长度、取值范围和常数表示方法参考表 5-5。

表 5-5 SIMATIC S7-1500 PLC 的基本数据类型（定时器）

| 数据类型及关键字 | 长度 | 取值范围 | 常数表示方法举例 |
|---|---|---|---|
| S5TIME（SIMATIC 时间） | 16bit | S5T#0H_0M_0S_10MS～S5T#2H_46M_30S_0MS | S5T#10S |
| TIME（IEC 时间） | 32bit | IEC 时间格式（带符号），分辨率为 1ms：-T#24D_20H_31M_23S_648MS～T#24D_20H_31M_23S_648MS | T#0D_1H_1M_0S_0MS |
| LTIME（IEC 时间） | 64bit | 信息包括天（d）、小时（h）、分钟（m）、秒（s）、毫秒（ms）、微秒（us）和纳秒（ns）LT#-106751d23h47m16s854ms775us808ns-LT#+106751d23h47m16s854ms775us807ns | LT#11350d20h25m14s830ms652us315ns，LTIME#11350d20h25m14s830ms652us315ns |

（5）S5 TIME（SIMATIC 时间）

SIMATIC S7-1500 PLC 中的 S5 定时器使用 S5 TIME 的数据类型，格式为 S5T#Xh_Xm_Xs_Xms，其中 h 表示小时；m 表示分钟；s 表示秒；ms 表示毫秒。时间数据以 BCD 码的格式存储于 16 个位中，例如时基为 1s（时间最小分辨率为 1s），时间值为 127s 的表示方法如图 5-7 所示。

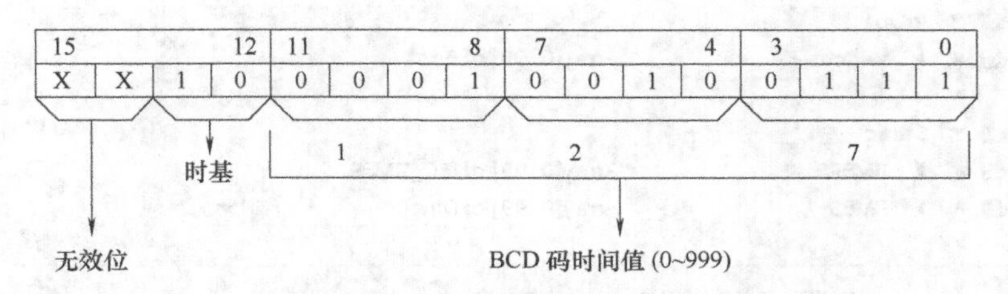


图 5-7　S5 TIME 数据类型的表示方法

时基为时间的最小分辨率，时基的几种方式参考表5-6。

表 5-6　S5 TIME 数据格式的时基

| 时基类型 | 二进制编码值 |
|---|---|
| 10ms | 00 |
| 100ms | 01 |
| 1s | 10 |
| 10s | 11 |

同样一个定时器，BCD 码的时间值最大为 999，通过选择不同的时基可以改变定时器的定时长度，10ms 时基的最大定时长度为 9990ms，100ms 时基的最大定时长度为 99900ms，1s 时基的最大定时长度为 999s，10s 时基的最大定时长度为 9990s，所以定时器最大的定时长度为 9990s（2H_46M_30S），但是最小分辨率将变为 10s。在编写用户程序时可以直接装载设定的时间值，CPU 根据时间值大小自动选择时基值。例如在程序中设定时间值为 S5T#2M_30S，即 150s，它大于 100ms 时基最大的定时长度（99900ms）而小于 1s 时基最大的定时长度（999s），时基自动选择为 1s；如果选择时间值为一个变量，则需要对时基值进行赋值，例如使用不支持 SIMATIC S5 TIME 数据格式的第三方 HMI 监控软件设定时间值时，需要设定时基值（西门子 WinCC 软件中支持 SIMATIC S5 TIME 数据格式，不需要选择）。

（6）TIME（IEC 时间）和 LTIME（IEC 时间）

TIME（IEC 时间）采用 IEC 标准的时间格式，占用 4 个字节，格式为 T#Xd_Xh_Xm_Xs_Xms，操作数内容以毫秒为单位。在规定的取值范围内，TIME（IEC 时间）类型数据可以与 DINT 类型的数据相互转换（T#0ms 对应 L#0），DINT 数据每增加 1，时间值增加 1ms。

LTIME（IEC 时间）时间数据类型长度为 8 个字节，格式为 LT#Xd_Xh_Xm_Xs_Xms_Xus_Xns，操作数内容以纳秒为单位，LINT 数据每增加 1，时间值增加 1ns。

其中 d 表示为天，h 表示小时，m 表示分钟，s 表示秒，ms 表示毫秒，us 表示微秒，ns 表示纳秒。

与 SIMATIC S5 TIME 相比，IEC 定时器更精确，定时时间更长，没有个数的限制。从编程的快速迭代的角度来说，SIMATIC S5 TIME 适合于 SIMATIC S7-300/400 PLC 指针的迭代操作，而 IEC 定时器更适合于 SIMATIC S7-1500 PLC 使用数组的方式进行迭代操作，如图 5-8 所示。所以建议在 SIMATIC S7-1500 PLC 中使用 IEC 定时器。

基本数据类型日期和时间的关键字、长度、取值范围和常数表示方法参考表 5-6。

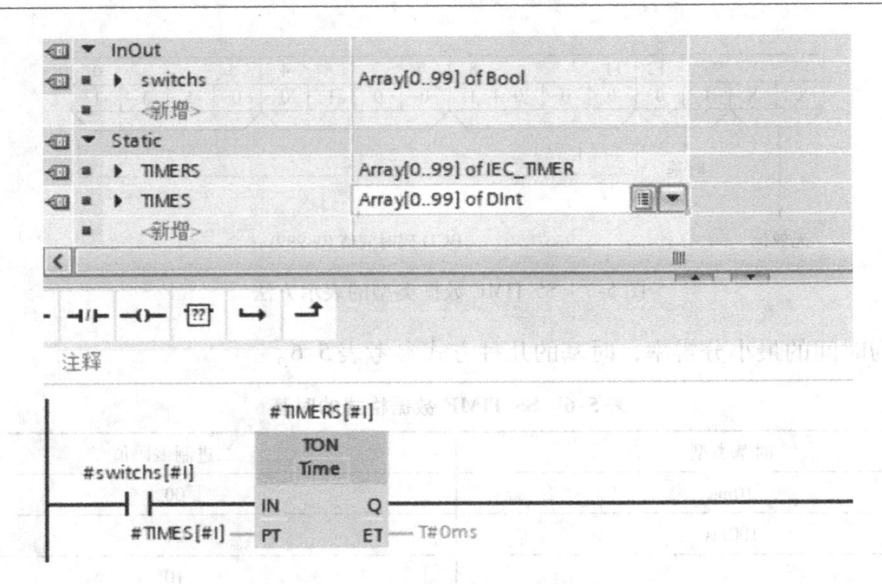


图 5-8　IEC 定时器数组使用方式

**表 5-6　SIMATIC S7-1500 PLC 的基本数据类型（日期和时间）**

| 数据类型及关键字 | 长度 | 取值范围 | 常数表示方法举例 |
| --- | --- | --- | --- |
| DATE（IEC 日期） | 16bit | IEC 日期格式，分辨率为 1 天：D#1990-1-1 ~ D#2168-12-31 | DATE#1996-3-15 |
| TIME_OF_DAY（TOD） | 32bit | 24h 时间格式，分辨率为 1ms TOD#0:0:0.0 ~ TOD#23:59:59.999 | TIME_OF_DAY#1:10:3.3 |
| DT（DATE_AND_TIME） | 8byte | 年-月-日-小时:分钟:秒:毫秒 DT#1990-01-01-00:00:00.000-DT#2089-12-31-23:59:59.999 | DT#2008-10-25-8:12:34.567, DATE_AND_TIME#2008-10-25-08:12:34.567 |
| LTOD（LTIME_OF_DAY） | 8byte | 时间（小时:分钟:秒.纳秒）LTOD#00:00:00.000000000-LTOD#23:59:59.999999999 | LTOD#10:20:30.400_365_215, LTIME_OF_DAY#10:20:30.400_365_215 |
| LDT | 8byte | 存储自 1970 年 1 月 1 日 0:0 以来的日期和时间信息（单位为纳秒）LDT#1970-01-01-0:0:0.000000000-LDT#2263-04-11-23:47:15.854775808 | LDT#2008-10-25-8:12:34.567 |
| DLT | 12byte | 日期和时间（年-月-日-小时:分钟:秒:纳秒）DTL#1970-01-01-00:00:00.0-DTL#2262-04-11-23:47:16.854775807 | DTL#2008-12-16-20:30:20.250 |

（7）DATE（IEC 日期）

DATE（IEC 日期）采用 IEC 标准的日期格式，占用 2 个字节，例如 2006 年 8 月 12 日的表示格式为 D#2006-08-12，按年-月-日排序。在规定的取值范围内，DATE（IEC 日期）类型数据可以与 INT 类型的数据相互转换（D#1990-01-01 对应 0），INT 数据每增加 1，日期值增加 1 天。

（8）TIME_OF_DAY

TIME_OF_DAY（时间），占用 4 个字节，例如 10h11min58s312ms 的表示格式为 TOD#

10:11:58.312，按时分:秒.毫秒排序。在规定的取值范围内，TIME_OF_DAY（时间）类型数据可以与DINT类型的数据相互转换（TOD#00:00:00.000对应0），DINT数据每增加1，时间值增加1ms。

（9）DATE_AND_TIME（时钟）

DATE_AND_TIME数据类型用于表示时钟信号，数据长度为8个字节（64位），分别以BCD码的格式表示相应的时间值。如时钟信号为1993年12月25日8点12分34秒567毫秒存储于8个字节中，每个字节代表的含义参考表5-7。

**表5-7 DATE_AND_TIME数据类型中每个字节的含义**

| 字节数 | 含义及取值范围 | 示例（BCD码） |
|---|---|---|
| 0 | 年（1990～2089） | BCD#93 |
| 1 | 月（1～12） | BCD#12 |
| 2 | 日（1～31） | BCD#25 |
| 3 | 时（00～23） | BCD#8 |
| 4 | 分（00～59） | BCD#12 |
| 5 | 秒（00～59） | BCD#34 |
| 6 | 毫秒中前2个有效数字（0～99） | BCD#56 |
| 7（高4位） | 毫秒中第3个有效数字（0～9） | BCD#7 |
| 7（低4位） | 星期：（1～7）<br>1＝星期日<br>2＝星期一<br>3＝星期二<br>4＝星期三<br>5＝星期四<br>6＝星期五<br>7＝星期六 | BCD#5 |

通过函数块可以将DATE_AND_TIME时间类型的数据与基本数据类型的数据相转换，如：通过调用函数T_COMBINE，将DATE类型的值和TOD/LTOD类型（在函数中指定输入参数类型）的值相结合，得到DT/DTL/LDT类型（在函数中指定输出参数类型）的值；通过调用函数T_CONV，可实现WORD、INT、TIME、DT等类型的值之间的互相转换。

（10）DTL

DTL的操作数长度为12个字节，以预定义结构存储日期和时间信息，DTL数据类型中每个字节的含义见表5-8。例如2013年12月16日20点34分20秒250纳秒的表示格式为DTL#2013-12-16-20:34:20.250。

**表5-8 DTL数据类型中每个字节的含义**

| 字节 | 含义及取值范围 | 数据类型 |
|---|---|---|
| 0<br>1 | 年（1970～2262） | UINT |

（续）

| 字　节 | 含义及取值范围 | 数据类型 |
|---|---|---|
| 2 | 月（1～12） | USINT |
| 3 | 日（1～31） | USINT |
| 4 | 星期：1（星期日）～7（星期六） | USINT |
| 5 | 小时（0～23） | USINT |
| 6 | 分钟（0～59） | USINT |
| 7 | 秒（0～59） | USINT |
| 8 | 纳秒（0～999999999） | UDINT |
| 9 | | |
| 10 | | |
| 11 | | |

基本数据类型字符的关键字、长度、取值范围和常数表示方法参考表 5-9。

**表 5-9　SIMATIC S7-1500 PLC 的基本数据类型（字符）**

| 数据类型及关键字 | 长度 | 取值范围 | 常数表示方法举例 |
|---|---|---|---|
| CHAR（字符） | 8bit | ASCII 字符集<br>‘A’、‘b’ 等 | ‘A’ |
| WCHAR | 16bit | UNcode 字符 | ‘你’ |

（11）CHAR

CHAR 的操作数长度为 1 个字节，格式为 ASCII 字符。字符 A 表示的示例为 CHAR#'A'。

（12）WCHAR

WCHAR（宽字符）的操作数长度为 2 个字节，该数据类型以 Unicode 格式存储，可存储所有 Unicode 格式的字符，包括汉字、阿拉伯字母等所有以 Unicode 为编码方式的字符。汉字“你”以 WCHAR 表示的示例为 WCHAR#'你'。

基本数据类型字符串的关键字、长度、取值范围和常数表示方法参考表 5-10。

**表 5-10　SIMATIC S7-1500 PLC 的基本数据类型（字符串）**

| 数据类型及关键字 | 长度 | 取值范围 | 常数表示方法举例 |
|---|---|---|---|
| STRING（字符串） | n+2 Byte | ASCII 字符串，包括特殊字符，0～254 个字符。n 指定字符串的长度 | 'Name' |
| WSTRING | n+2 Word | Unicode 字符串<br>n 指定字符串的长度 | ‘欢迎使用 SIMATIC S7-1500 PLC’ |

（13）STRING（字符串）

STRING 字符串最大长度为 256 个字节，前两个字节存储字符串长度信息，所以最多包含 254 个字符，其常数表达形式为由两个单引号包括的字符串，例如‘SIMATIC S7’。STRING 字符串第一个字节表示字符串中定义的最大字符长度，第二个字节表示当前字符串中有效字符的个数，从第三个字节开始为字符串中第一个有效字符（数据类型为

“CHAR”）。例如定义为最大4个字符的字符串 STRING［4］中只包含两个字符‘AB’，实际占用6个字节，字节排列如图5-9所示。

| 字节0 | 字节1 | 字节2 | 字节3 | 字节4 | 字节5 |
|---|---|---|---|---|---|
| 4 | 2 | ‘A’ | ‘B’ | | |

图5-9　STRING 字符串数据类型数据排列

（14）WSTRING（宽字符串）

WSTRING 宽字符串如果不指定长度，在默认情况下最大长度为256个字，可声明最多为16382个字符的长度（WSTRING［16382］），前两个字存储字符串长度信息，其常数表达形式为由两个单引号包括的字符串，例如：WSTRING#'你好，中国'。WSTRING 宽字符串第一个字表示字符串中定义的最大字符长度，第二个字表示当前字符串中有效字符的个数，从第三个字开始为宽字符串中第一个有效字符（数据类型为“WCHAR”）。例如定义4个字符的字符串 WSTRING［2］中只包含两个字符‘AB’，实际占用4个字，字节排列如图5-10所示。

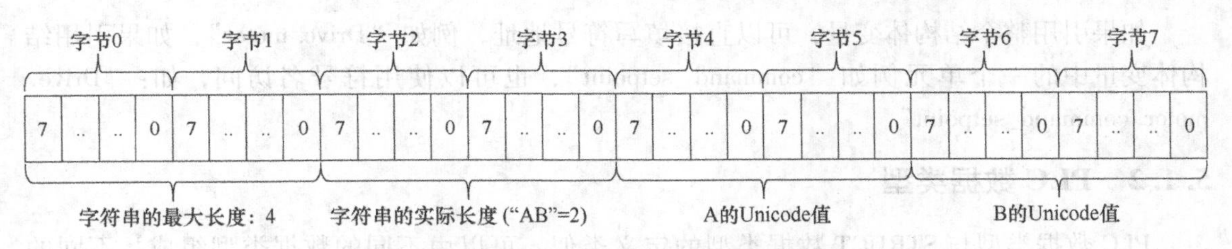


图5-10　WSTRING 宽字符串数据类型数据排列

（15）ARRAY（数组）

ARRAY 数据类型表示一个由固定数目的同一种数据类型的元素组成的数据结构。数组的维数最大可以到6维。数组中的元素可以是基本数据类型或者复合数据类型（Array 类型除外，即数组类型不可以嵌套）。例如：Array［1..3，1..5，1..6］of INT，定义了一个元素为整数，大小为3×5×6的三维数组。可以使用索引访问数组中的数据，数组中每一维的索引取值范围是－32768～32767（16位上下限范围），但是索引的下限必须小于上限。索引值按偶数占用 CPU 存储区空间，例如一个数据类型为字节的数组 ARRAY［1..21］，数组中只有21个字节，实际占用 CPU 22个字节。定义一个数组时，需要声明数组的元素类型、维数和每一维的索引范围，可以用符号名加上索引来引用数组中的某一个元素，例如 a［1，2，3］。

ARRAY 数组的索引可以是常数，也可以是变量。在 SIMATIC S7-1500 PLC 中，所有语言均可支持 ARRAY 数组的间接寻址。在 LAD 中实现变量索引寻址的示例如图5-11所示。

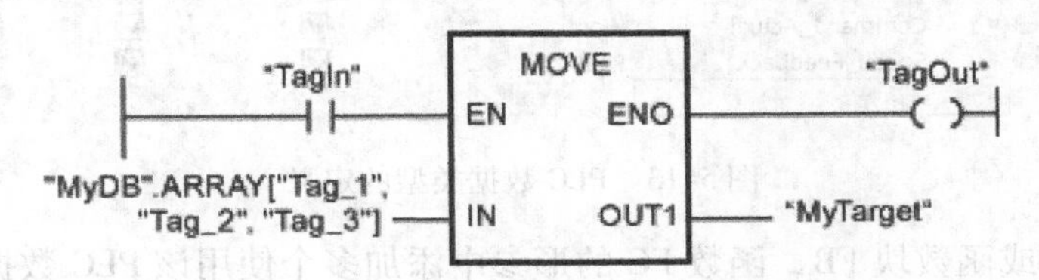


图5-11　在 LAD 中实现 Array 数组的变量索引寻址

（16）STRUCT（结构体）

结构体是由不同数据类型组成的复合型数据，通常用来定义一组相关的数据。例如在优化的数据块 DB1 中定义电机的一组数据，如图 5-12 所示。

数据块_1

| | 名称 | 数据类型 | 启动值 | 保持性 | 可从 HMI 访问 | 在 HMI 中可见 |
|---|---|---|---|---|---|---|
| 1 | ▼ Static | | | ☐ | ☐ | ☐ |
| 2 | ▼ Motor | Struct | | ☐ | ☑ | ☑ |
| 3 | Command_Setpoint | Word | 16#0 | ☐ | ☑ | ☑ |
| 4 | Speed_Setpoint | Real | 0.0 | ☐ | ☑ | ☑ |
| 5 | Command_Actual | Word | 16#0 | ☐ | ☑ | ☑ |
| 6 | Speed_Feedback | Real | 0.0 | ☐ | ☑ | ☑ |
| 7 | <新增> | | | ☐ | ☐ | ☐ |
| 8 | <新增> | | | ☐ | ☐ | ☐ |

图 5-12　结构体变量的定义

如果引用整个结构体变量，可以直接填写符号地址，例如“Drive. motor”，如果引用结构体变量中的一个单元例如“command_setpoint”，也可以使用符号名访问，如：“Drive. motor. command_setpoint”。

## 5. 1. 2　PLC 数据类型

PLC 数据类型与 STRUCT 数据类型的定义类似，可以由不同的数据类型组成。不同的是，PLC 数据类型是一个由用户自定义的数据类型模板，它作为一个整体的变量模板可以在 DB 块、函数块 FB、函数 FC 中多次使用，并且还具有版本管理功能。

在 SIMATIC S7-1500 PLC 中，PLC 数据类型变量是一个特殊类型的变量，SIMATIC S7-1500 PLC 可以通过“EQ_Type”等指令识别并对 PLC 数据类型进行判断，例如不同订单的传送等，所以在 SIMATIC S7-1500 PLC 中建议使用 PLC 数据类型。

在项目树 CPU 下，双击“PLC 数据类型”可新建一个用户数据类型。例如在用户数据类型中定义一个名称为 motor 的数据结构，如图 5-13 所示。

et200mp_V13_SP1 ▸ PLC_1 [CPU 1511-1 PN] ▸ PLC 数据类型 ▸ Motor

定义用户数据类型作为模板

Motor

| | 名称 | 数据类型 | 默认值 | 可从 HMI 访问 | 在 HMI 中可见 | 设置值 |
|---|---|---|---|---|---|---|
| 1 | ▼ Motor | Struct | | ☑ | ☑ | ☐ |
| 2 | Command_Setpoint | Word | 16#0 | ☑ | ☑ | ☐ |
| 3 | Speed_Setpoint | Real | 0.0 | ☑ | ☑ | ☐ |
| 4 | Command_Actual | Word | 16#0 | ☑ | ☑ | ☐ |
| 5 | Speed_Feedback | Real | 0.0 | ☑ | ☑ | ☐ |
| 6 | <新增> | | | ☐ | ☐ | ☐ |

图 5-13　PLC 数据类型的定义

然后在 DB 块或函数块 FB、函数 FC 的形参中添加多个使用该 PLC 数据类型的变量，它们分别对应不同的电机，如图 5-14 所示。

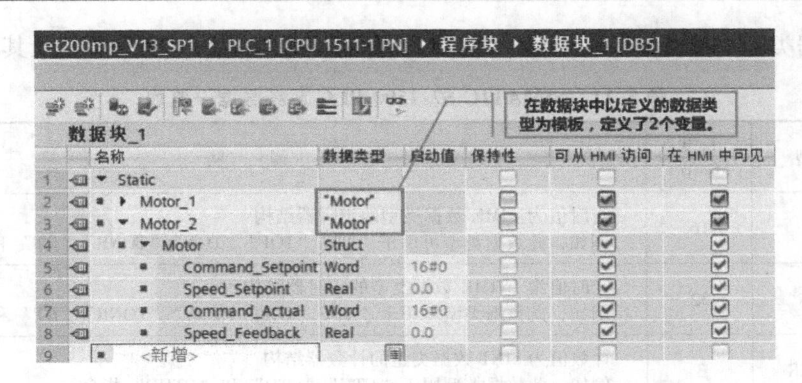


图5-14 PLC数据类型的使用

## 5.1.3 参数类型

参数数据类型是专用于FC（函数）或者FB（函数块）的接口参数的数据类型，它包括以下几种接口参数的数据类型：

（1）Timer，Counter（定时器和计数器类型）

在FC、FB中直接使用的定时器和计数器不能保证程序块的通用性。如果将定时器和计数器定义为形参，那么在程序中不同的地方调用程序块时，就可以给这些形参赋予不同的定时器或计数器，这样就保证了程序块的可重复使用性。参数类型的表示方法与基本数据类型中的定时器（T）和计数器（C）相同。

（2）BLOCK_FB，BLOCK_FC，DB_ANY

将定义的程序块作为输入输出接口，参数的声明决定程序块的类型如FB（函数块）、FC（函数）、DB等。如果将块类型作为形参，赋实参时必须为相应的程序块如FC101（也可以使用符号地址）。

（3）指针

1）Pointer（6字节指针类型）；

2）Any（10字节指针类型）；

3）VARIANT；

4）引用（References）。

Pointer和Any在SIMATIC S7-300/400 PLC间接寻址中用于数据的批量处理，SIMATIC S7-1500使用符号名称寻址，没有绝对地址，所以Pointer和Any逐渐被ARRAY数组编程方式替代。Variant则赋予了新的功能，适合数字化与智能化的编程方式，例如订单的处理等，使用引用（References）使这种编程方式更简单。

作为参数类型，指针只用于程序块参数的传递，例如函数、函数块（与高级语言的类相似）的开发者需要使用这些数据类型，如果只作为使用者调用这些程序块则可以不需要了解。指针的详细操作请参考指针数据类型的使用章节。

## 5.1.4 系统数据类型

系统数据类型（SDT）有预定义的结构并由系统提供。系统数据类型的结构由固定数目的可具有各种数据类型的元素构成。系统数据类型的结构不能更改。

系统数据类型只能用于特定指令。表 5-11 给出了可用的系统数据类型及其用途。

**表 5-11 SIMATIC S7-1500 PLC 系统数据一览表**

| 系统数据类型 | 长度（字节） | 说 明 |
|---|---|---|
| IEC_TIMER | 16 | 定时值为 TIME 数据类型的定时器结构<br>例如，此数据类型可用于“TP”“TOF”“TON”“TONR”“RT”和“PT”指令 |
| IEC_LTIMER | 32 | 定时值为 LTIME 数据类型的定时器结构<br>例如，此数据类型可用于“TP”“TOF”“TON”“TONR”“RT”和“PT”指令 |
| IEC_SCOUNTER | 3 | 计数值为 SINT 数据类型的计数器结构<br>例如，此数据类型用于“CTU”“CTD”和“CTUD”指令 |
| IEC_USCOUNTER | 3 | 计数值为 USINT 数据类型的计数器结构<br>例如，此数据类型用于“CTU”“CTD”和“CTUD”指令 |
| IEC_COUNTER | 6 | 计数值为 INT 数据类型的计数器结构<br>例如，此数据类型用于“CTU”“CTD”和“CTUD”指令 |
| IEC_UCOUNTER | 6 | 计数值为 UINT 类型的计数器结构<br>例如，此数据类型用于“CTU”“CTD”和“CTUD”指令 |
| IEC_DCOUNTER | 12 | 计数值为 DINT 类型的计数器结构<br>例如，此数据类型用于“CTU”“CTD”和“CTUD”指令 |
| IEC_UDCOUNTER | 12 | 计数值为 UDINT 类型的计数器结构<br>例如，此数据类型用于“CTU”“CTD”和“CTUD”指令 |
| IEC_LCOUNTER | 24 | 计数值为 LDINT 类型的计数器结构<br>例如，此数据类型用于“CTU”“CTD”和“CTUD”指令 |
| IEC_ULCOUNTER | 24 | 计数值为 LUINT 类型的计数器结构<br>例如，此数据类型用于“CTU”“CTD”和“CTUD”指令 |
| ERROR_STRUCT | 28 | 编程错误信息或 I/O 访问错误信息的结构<br>例如，此数据类型用于“GET_ERROR”指令 |
| CREF | 8 | 数据类型 ERROR_STRUCT 的组成，在其中保存有关块地址的信息 |
| NREF | 8 | 数据类型 ERROR_STRUCT 的组成，在其中保存有关操作数的信息 |
| VREF | 12 | 用于存储 VARIANT 指针<br>例如，此数据类型可用于 SIMATIC S7-1200 Motion Control 的指令 |
| STARTINFO | 12 | 指定保存启动信息的数据结构<br>例如，此数据类型用于“RD_SINFO”指令 |
| SSL_HEADER | 4 | 指定在读取系统状态列表期间保存有关数据记录信息的数据结构<br>例如，此数据类型用于“RDSYSST”指令 |
| CONDITIONS | 52 | 用户自定义的数据结构，定义数据接收的开始和结束条件<br>例如，此数据类型用于“RCV_CFG”指令 |
| TADDR_Param | 8 | 指定用来存储那些通过 UDP 实现开放用户通信的连接说明的数据块结构<br>例如，此数据类型用于“TUSEND”和“TURSV”指令 |
| TCON_Param | 64 | 指定用来存储那些通过工业以太网（PROFINET）实现开放用户通信的连接说明的数据块结构<br>例如，此数据类型用于“TSEND”和“TRSV”指令 |
| HSC_Period | 12 | 使用扩展的高速计数器，指定时间段测量的数据块结构<br>此数据类型用于“CTRL_HSC_EXT”指令 |

### 5.1.5 硬件数据类型

硬件数据类型由 CPU 提供，可用硬件数据类型的数目取决于具体使用的 CPU。硬件数据类型通常都是常量，用于硬件的标识，常量的值取决于模块的硬件配置。硬件数据类型也常用于诊断。表 5-12 给出了可用的硬件数据类型及其用途。

表 5-12 SIMATIC S7-1500 PLC 硬件数据类型

| 数据类型 | 基本的数据类型 | 说明 |
|---|---|---|
| REMOTE | ANY | 用于指定远程 CPU 的地址<br>例如，用于“PUT”和“GET”指令 |
| GEOADDR | HW_IOSYSTEM | 实际地址信息 |
| HW_ANY | WORD | 任何硬件组件（如模块）的标识 |
| HW_DEVICE | HW_ANY | DP 从站/PROFINET IO 设备的标识 |
| HW_DPMASTER | HW_INTERFACE | DP 主站的标识 |
| HW_DPSLAVE | HW_DEVICE | DP 从站的标识 |
| HW_IO | HW_ANY | CPU 或接口的标识号<br>该编号在 CPU 或硬件配置接口的属性中自动分配和存储 |
| HW_IOSYSTEM | HW_ANY | PN/IO 系统或 DP 主站系统的标识 |
| HW_SUBMODULE | HW_IO | 硬件组件的标识 |
| HW_MODULE | HW_IO | 模块标识 |
| HW_INTERFACE | HW_SUBMODULE | 接口组件的标识 |
| HW_IEPORT | HW_SUBMODULE | 端口的标识（PN/IO） |
| HW_HSC | HW_SUBMODULE | 高速计数器的标识<br>例如，用于“CTRL_HSC”指令 |
| HW_PWM | HW_SUBMODULE | 脉冲宽度调制标识<br>例如，用于“CTRL_PWM”指令 |
| HW_PTO | HW_SUBMODULE | 脉冲编码器标识<br>该数据类型用于运动控制 |
| AOM_AID | DWORD | 只能与系统函数块一起使用 |
| AOM_IDENT | DWORD | AS 运行系统中对象的标识 |
| EVENT_ANY | AOM_IDENT | 用于标识任意事件 |
| EVENT_ATT | EVENT_ANY | 用于指定动态分配给 OB 的事件<br>例如，用于“ATTACH”和“DETACH”指令 |
| EVENT_HWINT | EVENT_ANY | 用于指定硬件中断事件 |
| OB_ANY | INT | 用于指定任意组织块 |
| OB_DELAY | OB_ANY | 用于指定发生延时中断时调用的组织块<br>例如，此数据类型用于“SRT_DINT”和“CAN_DINT”指令 |
| OB_TOD | OB_ANY | 指定时间中断 OB 的数量<br>例如，此数据类型用于“SET_TINT”“CAN_TINT”“ACT_TINT”和“QRY_TINT”指令 |

（续）

| 数据类型 | 基本的数据类型 | 说　明 |
| --- | --- | --- |
| OB_CYCLIC | OB_ANY | 用于指定发生看门狗中断时调用的组织块 |
| OB_ATT | OB_ANY | 用于指定动态分配给事件的组织块<br>例如，此数据类型用于“ATTACH”和“DETACH”指令 |
| OB_PCYCLE | OB_ANY | 用于指定分配给“循环程序”事件类别事件的组织块 |
| OB_HWINT | OB_ANY | 用于指定发生硬件中断时调用的组织块 |
| OB_DIAG | OB_ANY | 用于指定发生诊断中断时调用的组织块 |
| OB_TIMEERROR | OB_ANY | 用于指定发生时间错误时调用的组织块 |
| OB_STARTUP | OB_ANY | 用于指定发生启动事件时调用的组织块 |
| PORT | HW_SUBMODULE | 用于指定通信端口<br>该数据类型用于点对点通信 |
| RTM | UINT | 用于指定运行小时计数器值<br>例如，此数据类型用于“RTM”指令 |
| PIP | UINT | 用于创建和连接“同步循环”OB<br>此数据类型用于 SFC 26、27、126 和 127 |
| CONN_ANY | WORD | 用于指定任意连接 |
| CONN_PRG | CONN_ANY | 用于指定通过 UDP 进行开放式通信的连接 |
| CONN_OUC | CONN_ANY | 用于指定通过工业以太网（PROFINET）进行开放式通信的连接 |
| CONN_R_ID | DWORD | S7 通信块上 R_ID 参数的数据类型 |
| DB_ANY | UINT | 任意 DB 的标识（数量）<br>数据类型“DB_ANY”在“Temp”区域中的长度为 0 |
| DB_WWW | DB_ANY | 通过 Web 应用生成的 DB（即“WWW”指令）<br>数据类型“DB_WWW”在“Temp”区域中的长度为 0 |
| DB_DYN | DB_ANY | 用户程序生成的 DB 编号 |

所有“HW”开头的硬件数据类型可以用于设备故障诊断，例如借助“DeviceStates”指令可以获取设备运行状态，借助“Get_IM_Data”指令可获取设备订货号、序列号等信息。

## 5.2 SIMATIC S7-1500 PLC 的地址区

### 5.2.1 CPU 地址区的划分及寻址方法

SIMATIC S7-1500 CPU 的存储器划分为不同的地址区，在程序中通过指令可以直接访问存储于地址区的数据。地址区包括过程映像输入区（I）、过程映像输出区（Q）、标志位存储区（M）、计数器（C）、定时器（T）、数据块（DB）、本地数据区（L）等。

由于 TIA 博途不允许无符号名称的变量出现，所以即使用户没有为变量定义符号名称，TIA 博途也会自动为其分配名称，默认从“Tag_1”开始分配。SIMATIC S7-1500 PLC 地址区域内的变量均可以进行符号寻址。

地址区可访问的单位及表示方法参考表5-13。

表5-13　SIMATIC S7-1500 PLC 地址区

| 地址区域 | 可以访问的地址单位 | S7 符号及表示方法（IEC） |
| --- | --- | --- |
| 过程映像输入区 | 输入（位） | I |
| | 输入（字节） | IB |
| | 输入（字） | IW |
| | 输入（双字） | ID |
| 过程映像输出区 | 输出（位） | Q |
| | 输出（字节） | QB |
| | 输出（字） | QW |
| | 输出（双字） | QD |
| 标志位存储区 | 存储器（位） | M |
| | 存储器（字节） | MB |
| | 存储器（字） | MW |
| | 存储器（双字） | MD |
| 定时器 | 定时器（T） | T |
| 计数器 | 计数器（C） | C |
| 数据块 | 数据块，用"OPN DB"打开 | DB |
| | 数据位 | DBX |
| | 数据字节 | DBB |
| | 数据字 | DBW |
| | 数据双字 | DBD |
| | 数据块，用"OPN DI"打开 | DI |
| | 数据位 | DIX |
| | 数据字节 | DIB |
| | 数据字 | DIW |
| | 数据双字 | DID |
| 本地数据区 | 局部数据位 | L |
| | 局部数据字节 | LB |
| | 局部数据字 | LW |
| | 局部数据双字 | LD |

**注意：** 如果使用8个字节的长整型、长浮点进行运算，必须在PLC变量表中进行声明。

### 1. 过程映像输入区（I）

过程映像输入区位于CPU的系统存储区。在循环执行用户程序之前，CPU首先扫描输入模块的信息，并将这些信息记录到过程映像输入区中，与输入模块的逻辑地址相匹配。使用过程映像输入区的好处是在一个程序执行周期中保持数据的一致性。使用地址标识符

“I”（不分大小写）访问过程映像输入区。如果在程序中访问输入模块中一个输入点，在程序中表示方法如图 5-15 所示。

1 个字节包含 8 个位，所以位地址的取值范围为 0 ~ 7。1 个输入点即为 1 个位信号。如果 1 个 32 点的输入模块设定的逻辑地址为 8，那么第 1 个点的表示方法为 I8.0；第 10 个点的表示方法为 I9.1；第 32 个点的表示方法为 I11.7。按字节访问地址表示方法为 IB8、IB9、IB10、IB11（B 为字节 BYTE 的首字母）；按字访问表示方法为 IW8、IW10（W 为字 WORD 的首字母）；按双字访问表示方法为 ID8（D 为双字 DOUBLE WORD 的首字母）。在 SIMATIC S7-1500 PLC 中所有的输入信号均在输入过程映像区内。

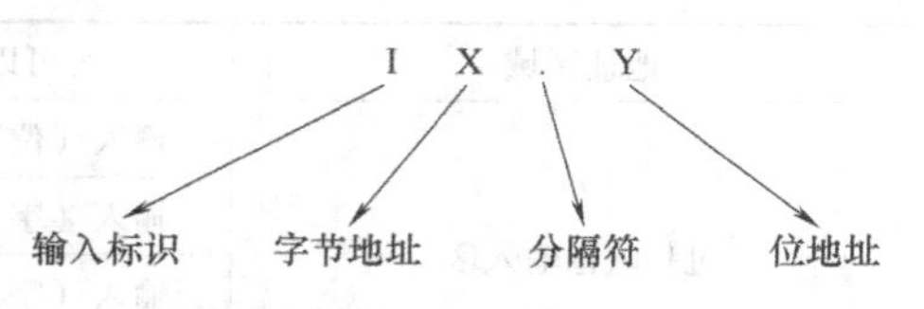


图 5-15 输入模块地址表示方法

**2. 过程映像输出区（Q）**

过程映像输出区位于 CPU 的系统存储区。在循环执行用户程序中，CPU 将程序中逻辑运算后输出的值存放在过程映像输出区。在一个程序执行周期结束后更新过程映像输出区，并将所有输出值发送到输出模块，以保证输出模块输出的一致性。在 SIMATIC S7-1500 PLC 中所有的输出信号均在输出过程映像区内。

使用地址标识符“Q”（不分大小写）访问过程映像输出区，在程序中表示方法与输入信号类似。输入模块与输出模块分别属于两个不同的地址区，所以模块逻辑地址可以相同，如 IB100 和 QB100。

**3. 直接访问 I/O 地址**

如果将模块插入到站点中，其逻辑地址将位于 SIMATIC S7-1500 CPU 的过程映像区中（默认设置）。在过程映像区更新期间，CPU 会自动处理模块和过程映像区之间的数据交换。

如果希望程序直接访问模块（而不是使用过程映像区），则在 I/O 地址或符号名称后附加后缀“:P”，这种方式称为直接访问 I/O 地址的访问方式。

**注意：**SIMATIC S7-1500 I/O 地址的数据也可以使用立即读或立即写的方式直接访问，访问最小单位为位。

**4. 标志位存储区（M）**

标志位存储区位于 CPU 的系统存储器，地址标识符为“M”。对 SIMATIC S7-1500 PLC 而言，所有型号的 CPU 标志位存储区都是 16384 个字节。在程序中访问标志位存储区的表示方法与访问输入输出映像区的表示方法类似。同样，M 区的变量也可通过符号名进行访问。M 区中掉电保持的数据区大小可以在“PLC 变量”→“保持性存储器”中设置，如图 5-16 所示。

**5. S5 定时器（T）**

定时器存储区位于 CPU 的系统存储器，地址标识符为“T”。对 SIMATIC S7-1500 PLC 而言，所有型号 CPU 的 S5 定时器的数量都是 2048 个。定时器的表示方法为 T X，T 表示定时器标识符，X 表示定时器编号。存储区中掉电保持的定时器个数可以在 CPU 中（如通过变量表）设置。S5 定时器也可通过符号寻址。

SIMATIC S7-1500 PLC 既可以使用 S5 定时器（T），也可以使用 IEC 定时器。推荐使用

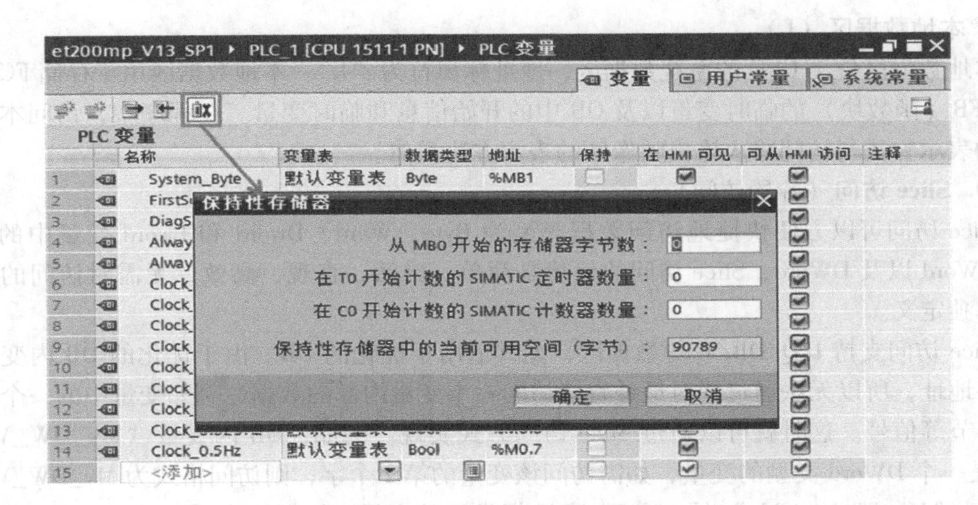


图 5-16　保持性存储器设置方法

IEC 定时器，因为程序编写更灵活，且 IEC 定时器的数量仅受 CPU 程序资源的限制。一般来说，IEC 定时器的数量远大于 S5 定时器的数量。

**6. S5 计数器**（C）

计数器存储区位于 CPU 的系统存储器，地址标识符为“C”。在 SIMATIC S7-1500 PLC 中，所有型号 CPU 的 S5 计数器的数量都是 2048 个。计数器的表示方法为 C X，C 表示计数器的标识符，X 表示计数器编号。存储区中掉电保持的计数器个数可以在 CPU 中（如通过变量表）设置。S5 计数器也可通过符号寻址。

SIMATIC S7-1500 PLC 既可以使用 S5 计数器（C），也可以使用 IEC 计数器。推荐使用 IEC 计数器，因为程序编写更灵活，且 IEC 计数器的数量仅受 CPU 程序资源的限制。一般来说，IEC 计数器的数量远大于 S5 计数器的数量。

**注意：**如果程序中使用的 M 区、定时器、计数器地址超出了 CPU 规定地址区范围，编译项目时将报错。

**7. 数据块**（DB）

CPU 的工作存储器有两种，一种是代码存储器，主要是 FC、FB 块，包含指令和逻辑、数据的处理；另一种是数据存储器即数据块，数据块存储中间运算的结果，也作为 PLC\PLC\HMI 之间通信的数据区。每一个 CPU 的数据存储器的大小与 CPU 类型有关。

共享数据块地址标识符为“DB”，函数块 FB 的背景数据块地址标识符为“IDB”。数据的访问分为两种，一种为优化的 DB，另一种为标准 DB。优化的 DB 块只能符号寻址，标准的 DB 既可以符号寻址也可以绝对地址寻址。

**8. ARRAY DB**

ARRAY DB 是一种特殊类型的全局 DB，仅包含一个 ARRAY 数组类型。ARRAY 的元素可以是 PLC 数据类型或其他任何数据类型。这种 DB 不能包含除 ARRAY 之外的其他元素。可以使用“ReadFromArrayDB”指令从 ARRAY DB 中读取数据并写入目标区域中。

由于 ARRAY DB 类型为“优化块访问”属性且不能更改，所以 ARRAY DB 不支持标准访问。

**9. 本地数据区（L）**

本地数据区位于 CPU 的系统数据区，地址标识符为“L”。本地数据区用于存储 FC（函数）、FB（函数块）的临时变量以及 OB 中的开始信息和临时变量。在程序中，访问本地数据区的表示方法与访问输入输出映像区的表示方法类似。

**10. Slice 访问（片段访问）**

Slice 访问可以方便快捷地访问数据类型为 Byte、Word、Dword 和 Lword 变量中的 Bit、Byte、Word 以及 DWord，Slice 访问的优势是简单、灵活，直观、高效，无需对访问的目标地址单独定义。

Slice 访问支持 I/Q/DB/M 等数据区，尤其适用于优化的 DB。由于优化的 DB 内变量没有偏移地址，所以无法通过绝对地址直接访问一个变量内部的数据，例如变量中的一个位信号或字节等信号。这时就可以通过 Slice 访问方式实现。例如，DB 内变量“My_DW_Variable”是一个 DWord 类型的变量，如需访问该变量的第 2 个字，则访问格式为 My_DW_Variable. W1；“My_W_Variable”是一个 Word 数据类型的变量，访问该变量的第 1 个 bit 的访问格式为 My_W_Variable. X0，如图 5-17 所示。

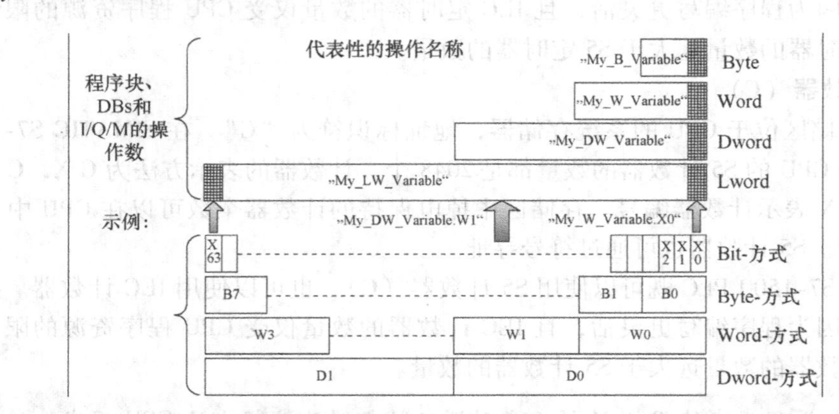


图 5-17　Slice 访问方式示例图

**11. AT 访问**

AT 访问也称之为 AT 变量覆盖，是指通过在程序块的接口数据区附加声明来覆盖所声明的变量。其优势在于无需指令即可根据需要，实现变量的自由拆分，拆分后的变量可在程序中使用。可以选择对不同数据类型的已声明变量进行 AT 访问。具体使用方法可以参考图 5-18 中的示例。

AT_Demo

| | 名称 | | 数据类型 | 偏移量 | 默认值 | 注释 |
|---|---|---|---|---|---|---|
| 1 | ▼ Input | | | | | |
| 2 | ■ Message | | String | | | |
| 3 | ▼ AT_Message | AT "Message" | Struct | | | |
| 4 | ■ Max_Length | | SInt | | | |
| 5 | ■ Act_Length | | SInt | | | |
| 6 | ■ ▼ letter | | Array[1..254] of Char | | | |
| 7 | ■ letter[1] | | Char | | | |
| 8 | ■ letter[2] | | Char | | | |
| 9 | ■ letter[3] | | Char | | | |
| 10 | ■ letter[4] | | Char | | | |

图 5-18　AT 访问

首先将程序块“AT_Demo”（示例为FC 5）的访问属性修改为标准的块访问，之后在该块内定义一个类型为字符串（String）的输入变量“Message”。在变量“Message”下新建一行，在该行数据类型中输入“AT”，然后定义一个名为“AT_Message”的结构体。根据字符串“String”的数据结构，创建一个结构体变量对变量“Message”进行拆分。该结构体首个变量为“Max_Length”，类型为SINT，对应“Message”字符串中可存储的最大字符长度；第二个变量为“Act_Length”，类型也为SINT，对应“Message”字符串中的实际字符数量；第三个变量“Letter”为字符数组。

在该程序块内部，可直接访问结构体变量“AT_Message”内的各个变量，而无需再次编程对输入变量“Message”的内容进行提取。

**注意：**以下变量支持AT访问：
- 标准访问的FC或FB的接口数据区中的变量；
- 优化访问FB的接口数据区中保持性设置为“在IDB中设置”的变量。

## 5.2.2　建议使用的地址区

上述所有地址区都可以在SIMATIC S7-1500 PLC中使用，主要考虑到的是SIMATIC S7-300/400 PLC程序移植和编程习惯的问题，对于新编写的程序建议使用如下地址区和访问方式：

（1）使用IEC定时器替代S5定时器

因为S5定时器是全局的，在函数中使用后必须通过形参分配一个定时器号，而IEC定时器可以通过程序块（系统块）的调用生成，在函数、函数块的开发中比较方便。

（2）使用IEC计数器替代S5计数器

与S5定时器的原因相同。

（3）使用优化DB替代M区

CPU底层不支持绝对地址寻址，使用绝对地址寻址方式是基于移植的考虑，会降低CPU的性能，优化DB只支持符号寻址方式，数据排列便于CPU的快速访问。

（4）将I区复制到数据块后进行操作

可以在编程时分层级访问，例如A车间.B设备.C传感器，此外DB块具有自动感知功能，例如键入A车间然后再键入“.”后，A车间所有的属性将自动列出，编程人员可以方便地选择所需要的属性。

（5）通过数据块传导到Q区

与I区的原因相同。

## 5.2.3　全局变量与局部变量

### 1. 全局变量

全局变量可以在该CPU内被所有的程序块使用，例如在OB（组织块）、FC（函数）、FB（函数块）中使用。全局变量如果在某一个程序块中赋值后，可以在其他的程序中读出，没有使用限制。

全局变量包括：I、Q、M、定时器（T）、计数器（C）、数据块（DB）等数据区。

**2. 局部变量**

局部变量只能在该变量所属的程序块（OB、FC、FB）范围内使用，不能被其他程序块使用。

局部变量包括：本地数据区（L）中的变量。

### 5.2.4　全局常量与局部常量

**1. 全局常量**

全局常量是在 PLC 变量表中定义，之后在整个 PLC 项目中都可以使用的常量。全局常量在项目树的“PLC 变量”表的“用户常量”标签页中声明，如图 5-19 所示。

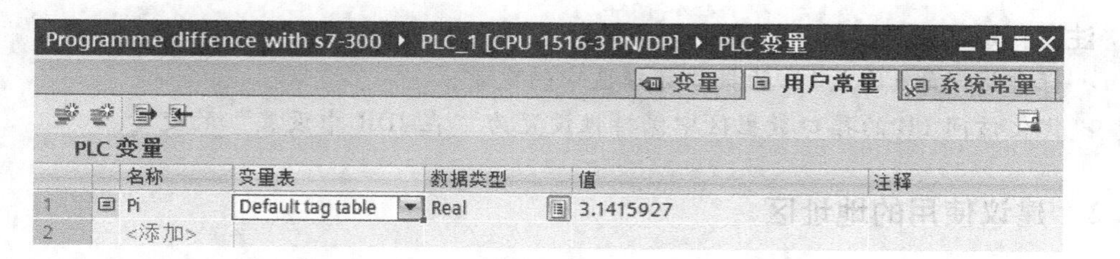


图 5-19　在“PLC 变量”中定义一个用户常量

定义完成后，在该 CPU 的整个程序中均可直接使用全局用户常量“Pi”，它的值即为“3.1415927”。如果在“用户常量”标签页下更改用户常量的数值，则在程序中引用了该常量的地方会自动对应新的值。

**2. 局部常量**

与全局常量相比，局部变量仅在定义该局部变量的块中有效。

局部常量是在 OB、FC、FB 块的接口数据区“Constant”下声明的常量，如图 5-20 所示。

项目2 ▸ PLC_2 [CPU 1516-3 PN/DP] ▸ 程序块 ▸ Block_1 [FC4]

Block_1

| | 名称 | 数据类型 | 默认值 | 注释 |
| --- | --- | --- | --- | --- |
| 6 | <新增> | | | |
| 7 | ▼ Temp | | | |
| 8 | b | Variant | | |
| 9 | ▼ Constant | | | |
| 10 | K | Real | 56.78 | |
| 11 | <新增> | | | |

图 5-20　在 FC 的接口数据区“Constant”下定义一个常量

定义完成后，在该 FC 程序块中可直接使用局部常量“K”，其值即为“56.78”。

# 第 6 章　SIMATIC S7-1500 PLC 的编程指令

SIMATIC S7-1500 PLC 支持梯形图 LAD（Ladder Logic Programming Language）、语句表 STL（Statement List Programming Language）、功能块图 FBD（Function Block Diagram Programming Language）、结构化控制语言 SCL（Structured Control Language）和图表化的 GRAPH 等 5 种编程语言。不同的编程语言可以为具有不同知识背景的编程人员提供多种选择：

1）LAD：梯形图和继电器原理图类似，采用诸如触点和线圈等元素符号表示要执行的指令。这种编程语言适合于对继电器控制电路比较熟悉的技术人员。各个厂商的 PLC 都具有梯形图语言。LAD 的特点是易于学习，编程指令可以直接从指令集窗口中拖放到程序中使用。

2）STL：语句表的指令丰富，它采用文本编程的方式，编写的程序量很简洁，适合熟悉汇编语言的人员使用。与经典 STEP7 相比，TIA 博途的 STL 指令集具有指令助记符功能，调用指令时不需要事先了解或从在线帮助中查询，但是使用 STL 语言相对具有一定的难度。严格地说，SIMATIC S7-1500 CPU 的底层并不完全具备 STL 语言中使用到的运行环境（如类似 SIMATIC S7-300/400 PLC 中的状态字），但是为了兼容 SIMATIC S7-300/400 PLC 的程序以及程序移植的原因，SIMATIC S7-1500 CPU 的系统上运行了一个兼容 STL 代码的虚拟环境。从这个角度上看，笔者认为 STL 可能会慢慢地被淘汰，另外 STL 只能处理 32 位变量，其他编程语言可以处理 64 位变量。

3）FBD：功能块图使用不同的功能“盒”相互搭接成一段程序，逻辑采用“与”“或”“非”进行判断。与梯形图相似，编程指令也可以直接从指令集窗口中拖放出来使用，大部分程序可以与梯形图程序相互转换。

4）SCL：结构化控制语言是一种类似于 PASCAL 的高级编程语言，除 PLC 典型的元素（例如：输入/输出、定时器、符号表等）之外还具有以下高级语言特性：循环、选择、分支、数组、高级函数等。SCL 非常适合于复杂的运算功能、数学函数、数据管理和过程优化等，是今后主要的和重要的编程语言。对于一些刚从学校毕业的新编程人员来说，由于在学校时已具有良好的高级语言基础，所以相比于学习其他编程语言，SCL 反而更容易上手。

5）GRAPH：是一种图表化的语言，非常适合顺序控制程序，添加了诸如顺控器、步骤、动作、转换条件、互锁和监控等编程元素。

任何一种编程语言都有相应的指令集，指令集包含最基本的编程元素，用户可以通过指令集使用基本指令编写函数和函数块，5 种编程语言指令集的对比参考图 6-1。

**注意：**

1）与经典 STEP7 相比，TIA 博途中 SCL、LAD/FBD 与 STL 编译器是独立的，这 4 种编程语言的效率是相同的。除 LAD、FBD 以外，各语言编写的程序间不能相互转化。

2）如果是刚开始学习编程人员，不建议使用 STL 编程。

3）有些功能只能使用 SCL 进行编程，建议使用 SCL 和 LAD 编程语言，如果创建程序块中使用 LAD 语言，则可以在不同的程序段中插入 SCL、STL 编程语言。

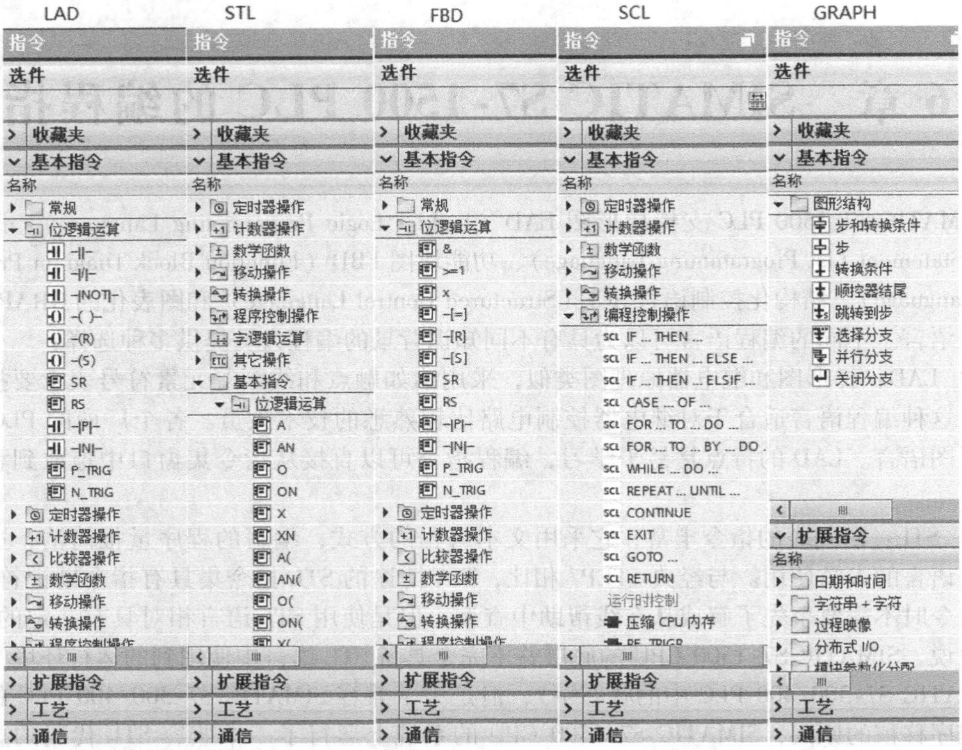

LAD：指令 / 选件 / 收藏夹 / 基本指令 / 名称 / 常规 / 位逻辑运算 / -||- / -|/|- / -|NOT|- / -( )- / -(R) / -(S) / SR / RS / -|P|- / -|N|- / P_TRIG / N_TRIG / 定时器操作 / 计数器操作 / 比较器操作 / 数学函数 / 移动操作 / 转换操作 / 程序控制操作 / 扩展指令 / 工艺 / 通信

STL：指令 / 选件 / 收藏夹 / 基本指令 / 名称 / 定时器操作 / 计数器操作 / 数学函数 / 移动操作 / 转换操作 / 程序控制操作 / 字逻辑运算 / 其它操作 / 基本指令 / 位逻辑运算 / A / AN / O / ON / X / XN / A( / AN( / O( / ON( / X( / 扩展指令 / 工艺 / 通信

FBD：指令 / 选件 / 收藏夹 / 基本指令 / 名称 / 常规 / 位逻辑运算 / & / >=1 / x / -[=] / -[R] / -[S] / SR / RS / -|P|- / -|N|- / P_TRIG / N_TRIG / 定时器操作 / 计数器操作 / 比较器操作 / 数学函数 / 移动操作 / 转换操作 / 程序控制操作 / 扩展指令 / 工艺 / 通信

SCL：指令 / 选件 / 收藏夹 / 基本指令 / 名称 / 定时器操作 / 计数器操作 / 数学函数 / 移动操作 / 转换操作 / 编程控制操作 / IF ... THEN ... / IF ... THEN ... ELSE ... / IF ... THEN ... ELSIF ... / CASE ... OF ... / FOR ... TO ... DO ... / FOR ... TO ... BY ... DO ... / WHILE ... DO ... / REPEAT ... UNTIL ... / CONTINUE / EXIT / GOTO ... / RETURN / 运行时控制 / 压缩 CPU 内存 / RE_TRIGR / 扩展指令 / 工艺 / 通信

GRAPH：指令 / 选件 / 收藏夹 / 基本指令 / 名称 / 图形结构 / 步和转换条件 / 步 / 转换条件 / 顺控器结尾 / 跳转到步 / 选择分支 / 并行分支 / 关闭分支 / 扩展指令 / 名称 / 日期和时间 / 字符串 + 字符 / 过程映像 / 分布式 I/O / 模块参数化分配 / 工艺 / 通信

图 6-1　LAD、STL、FBD、SCL、GRAPH 指令集对比

考虑到应用的通用性，本书将着重介绍 LAD 编程语言的指令集。

## 6.1　指令的处理

### 6.1.1　LAD 指令的处理

LAD 程序的逻辑处理以从左向右传递“能流”的方式进行，如图 6-2 所示。位信号“开关 1”首先和“开关 2”相“与”，之后将“与”的结果再和位信号“开关 3”相“或”；最后，相“或”后的逻辑执行结果传递到输出线圈“输出”。图中位信号“开关 1”和“开关 2”信号为 1，处于导通状态，所以将“能流”传递给“输出”，触发该线圈的输出。

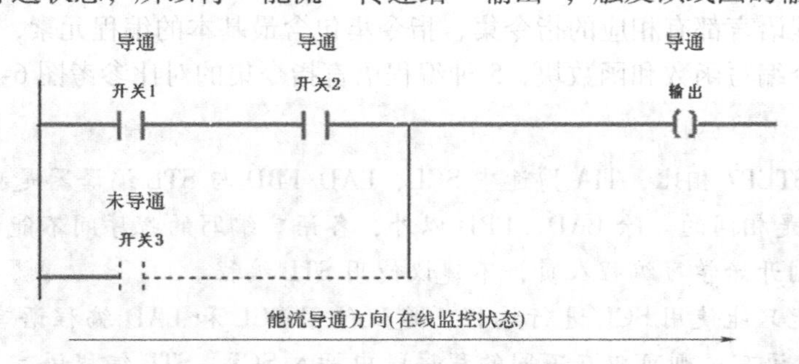


图 6-2　LAD 逻辑处理“能流”方向

LAD程序中的逻辑运算、比较等指令也可以由位信号触发。在这些指令中，左边输入端为“EN”使能信号。如果使能信号为“1”，指令执行，如果条件满足则触发输出信号“ENO”，如图6-3所示。位信号M0.4为“1”时，触发“CMP < = I”比较指令的执行。由于变量MW2大于MW4，所以ENO为零，没有将“能流”传递到输出线圈M0.5。

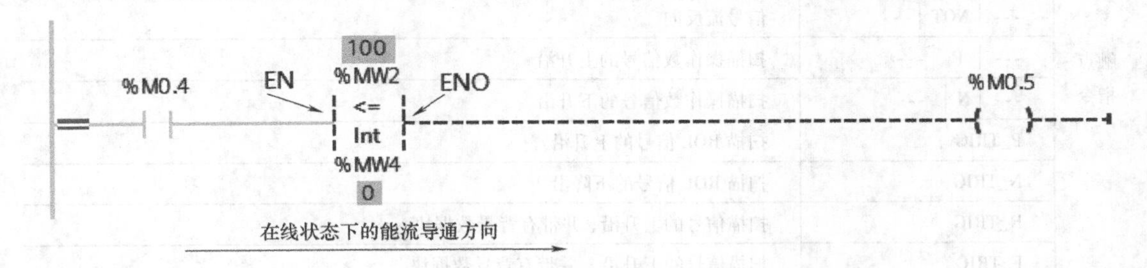


图6-3　LAD运算处理能量流向

### 6.1.2　立即读与立即写

立即读、立即写可以直接对输入/输出地址进行读写，而不是访问这些输入/输出对应的过程映像区的地址。立即读/立即写需要在输入/输出地址后面添加后缀“:P”，如图6-4所示。

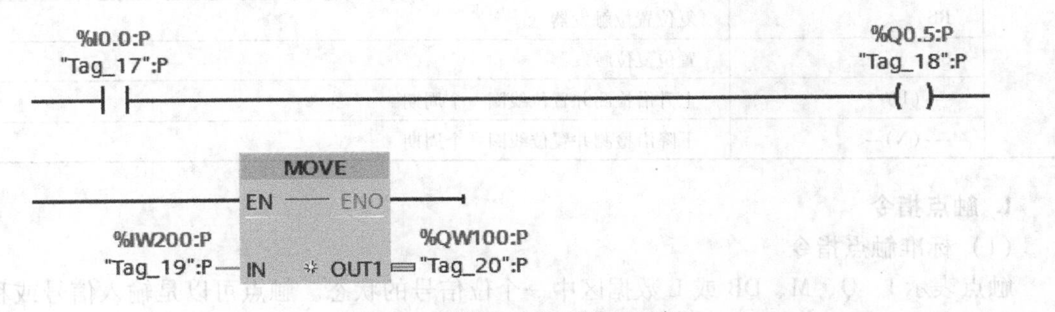


图6-4　立即读/立即写编程示例

立即读/立即写与程序的执行同步：如果I/O模块安装在中央机架上，当程序执行到立即读/立即写指令时，将通过背板总线直接扫描输入/输出地址的当前状态；如果I/O模块安装在分布式从站上，当程序执行到立即读/立即指令时，将只扫描其主站中对应的输入/输出地址的当前状态。

## 6.2　基本指令

### 6.2.1　位逻辑运算指令

位逻辑指令是处理数字量输入/输出以及其他数据区布尔型变量的相关指令，包括标准触点指令、取反指令和沿检测指令等。SIMATIC S7-1500 CPU支持的位逻辑运算指令参考表6-1。

表 6-1　SIMATIC S7-1500 CPU 位逻辑运算指令

| | LAD | 说　明 |
|---|---|---|
| 触点指令 | ---││--- | 常开触点 |
| | ---│/│--- | 常闭触点 |
| | ---│NOT│--- | 信号流反向 |
| | ---│ P │--- | 扫描操作数信号的上升沿 |
| | ---│N│--- | 扫描操作数信号的下升沿 |
| | P_TRIG | 扫描 ROL 信号的上升沿 |
| | N_TRIG | 扫描 ROL 信号的下降沿 |
| | R_TRIG | 扫描信号的上升沿，并带有背景数据块 |
| | F_TRIG | 扫描信号的下升沿，并带有背景数据块 |
| 线圈指令 | ---( )-- | 结果输出/赋值 |
| | ---(/)-- | 线圈取反 |
| | ---(R) | 复位 |
| | ---(S) | 置位 |
| | SET_BF | 将一个区域的位信号置位 |
| | RESET_BF | 将一个区域的位信号复位 |
| | RS | 复位置位触发器 |
| | SR | 置位复位触发器 |
| | ---(P)-- | 上升沿检测并置位线圈一个周期 |
| | ---(N)-- | 下降沿检测并置位线圈一个周期 |

**1. 触点指令**

（1）标准触点指令

触点表示 I、Q、M、DB 或 L 数据区中一个位信号的状态。触点可以是输入信号或程序处理的中间点。在 LAD 中常开触点指令为“-││-”，常闭触点为“-│/│-”。当常开触点闭合时，值为 1；当常闭触点闭合时，值为 0。

（2）取反指令

取反指令（-│NOT│-、NOT）改变能流输入的状态，将逻辑运算结果的当前值由 0 变 1，或由 1 变 0。

（3）沿检测指令

沿信号在程序中比较常见，如电机的起动、停止、故障等信号的捕捉都是通过沿信号实现的。上升沿检测指令检测每一次 0～1 的正跳变，让能流接通一个扫描周期；下降沿检测指令检测每一次 1～0 的负跳变，让能流接通一个扫描周期。

**2. 线圈指令**

（1）线圈输出指令

线圈输出指令对一个位信号进行赋值，地址可以选择 Q、M、DB、L 数据区。当触发条件满足时，线圈被赋值 1；当条件不满足时，线圈被赋值 0。在程序处理中，每个线圈可以带有若干个触点，线圈的值决定这些常开触点、常闭触点的状态。在 LAD 中，线圈输出指令为“—（　）”，通常放在一个编程网络的最右边。

（2）置位/复位指令

当触发条件满足时，置位指令将一个线圈置 1；当触发条件不再满足（RLO = 0）时，线圈值保持不变，只有触发复位指令时才能将线圈值复位为 0。LAD 编程指令中 RS、SR 触发器带有触发优先级，当置位、复位信号同时为 1 时，将触发优先级高的动作，如 RS 触发器，S（置位在后）优先级高。

## 6.2.2　定时器指令

SIMATIC S7-1500 CPU 可以使用 IEC 定时器和 SIMATIC 定时器，指令见表 6-2。

表 6-2　SIMATIC S7-1500 CPU 定时器指令

| | 类型 | LAD | 说　明 |
|---|---|---|---|
| 定时器指令 | SIMATIC 定时器 | S_PULSE | 脉冲 S5 定时器（带有参数） |
| | | S_PEXT | 扩展脉冲 S5 定时器（带有参数） |
| | | S_ODT | 接通延时 S5 定时器（带有参数） |
| | | S_ODTS | 保持型接通延时 S5 定时器（带有参数） |
| | | S_OFFDT | 断电延时 S5 定时器（带有参数） |
| | | ---(SP) | 脉冲定时器输出 |
| | | ---(SE) | 扩展脉冲定时器输出 |
| | | ---(SD) | 接通延时定时器输出 |
| | | ---(SS) | 保持型接通延时定时器输出 |
| | | ---(SF) | 断开延时定时器输出 |
| | IEC 定时器 | TP | 生成脉冲（带有参数） |
| | | TON | 延时接通（带有参数） |
| | | TOF | 关断延时（带有参数） |
| | | TONR | 记录一个位信号为 1 的累计时间（带有参数） |
| | | ---(TP) | 启动脉冲定时器 |
| | | ---(TON) | 启动接通延时定时器 |
| | | ---(TONR) | 记录一个位信号为 1 的累计时间 |
| | | ---(RT) | 复位定时器 |
| | | ---(PT) | 加载定时时间 |

IEC 定时器占用 CPU 的工作存储器资源，数量与工作存储器大小有关；而 SIMATIC 定时器是 CPU 的特定资源，数量固定，例如 CPU1513 的 SIMATIC 定时器的个数为 2048。相比而言，IEC 定时器可设定的时间要远远大于 SIMATIC 定时器可设定的时间。在 SIMATIC 定时器中，带有线圈的定时器相对于带有参数的定时器为简化类型指令，例如---(SP）与 S_PULSE，在 S_PULSE 指令中带有复位以及当前时间值等参数，而---(SP）指令的参数比较简单。在 IEC 定时器中，带有线圈的定时器和带有参数的定时器的参数类似，区别在于前者带有背景数据块，而后者需要定义一个 IEC_TIMER 的数据类型。

## 6.2.3　计数器指令

SIMATIC S7-1500 CPU 可以使用 IEC 计数器和 SIMATIC 计数器，指令见表 6-3。

**表 6-3　SIMATIC S7-1500 CPU 计数器指令**

| LAD | | | 说　明 |
|---|---|---|---|
| 计数器指令 | SIMATIC 计数器 | ---(CD) | 减计数器线圈 |
| | | ---(CU) | 加计数器线圈 |
| | | ---(SC) | 预置计数器值 |
| | | S_CD | 减计数器 |
| | | S_CU | 加计数器 |
| | | S_CUD | 加-减计数器 |
| | IEC 计数器 | CTU | 加计数函数 |
| | | CTD | 减计数函数 |
| | | CTUD | 加-减计数函数 |

IEC 计数器占用 CPU 的工作存储器资源，数量与工作存储器大小有关；而 SIMATIC 计数器是 CPU 的特定资源，数量固定，例如 CPU1513 的 SIMATIC 计数器的个数为 2048。相比而言，IEC 计数器可设定的计数范围要远远大于 SIMATIC 计数器可设定的计数范围。

使用 LAD 编程，计数器指令分为两种：1）加减计数器线圈如-(CD)、-(CU)，使用计数器线圈时必须与预置计数器值指令-(SC)、计数器复位指令结合使用；2）加减计数器中包含计数器复位、预置等功能。使用 STL 编程，计数器指令只有加计数器 CU 和减计数器 CD 两个指令。S、R 指令为位操作指令，可以对计数器进行预置初值和复位操作。

### 6.2.4　比较器指令

SIMATIC S7-1500 CPU 可以使用的比较器指令见表 6-4。

**表 6-4　SIMATIC S7-1500 CPU 比较器指令**

| LAD | | 说　明 |
|---|---|---|
| 值比较指令 | CMP = = | 等于 |
| | CMP > = | 大于等于 |
| | CMP < = | 小于等于 |
| | CMP > | 大于 |
| | CMP < | 小于 |
| | CMP < > | 不等于 |
| | IN_RANGE | 值在范围内 |
| | OUT_RANGE | 值超出范围 |
| | -- \| OK \| -- | 检查是否为有效的浮点数 |
| | -- \| NOT_OK \| -- | 检查是否为无效的浮点数 |
| 变量类型检查 | EQ_Type | 比较两个变量数据类型是否相等 |
| | NE_Type | 比较两个变量数据类型是否不相等 |
| | EQ_ElemType | 比较数组元素与一个变量的数据类型是否相等 |
| | NE_ElemType | 比较数组元素与一个变量的数据类型是否不相等 |
| | IS_NULL | 如果指向 NULL 或 ANY 指针则 ROL 为 1 |
| | NOT_NULL | 如果没有指向 NULL 或 ANY 指针而是一个对象则 ROL 为 1 |
| | IS_ARRAY | 检查是否为数组变量 |

## 6.2.5 数学函数指令

在数学函数指令中，包含了整数运算指令、浮点数运算指令和三角函数等指令。LAD指令中整数可以是8、16、32或64位变量，浮点数可以是32或64位变量。SIMATIC S7-1500 CPU数学函数指令参考表6-5。

表6-5 SIMATIC S7-1500 CPU数学函数指令

| | LAD | 说　明 | | LAD | 说　明 |
|---|---|---|---|---|---|
| 数学指令 | CALCULATE | 计算 | 数学指令 | SQR | 浮点数平方 |
| | ADD | 加法 | | SQRT | 浮点数平方根 |
| | SUB | 减法 | | LN | 浮点数自然对数运算 |
| | MUL | 乘法 | | EXP | 浮点数指数运算 |
| | DIV | 除法 | | SIN | 浮点数正弦运算 |
| | MOD | 整数取余数 | | COS | 浮点数余弦运算 |
| | NEG | 取反 | | TAN | 浮点数正切运算 |
| | INC | 变量值递增 | | ASIN | 浮点数反正弦运算 |
| | DEC | 变量值递减 | | ACOS | 浮点数反余弦运算 |
| | ABS | 绝对值运算 | | ATAN | 浮点数反正切运算 |
| | MIN | 获取最小值函数 | | FRAC | 浮点数提取小数运算 |
| | MAX | 获取最大值函数 | | EXPT | 浮点数取幂运算 |
| | LIMIT | 设置限值函数 | | | |

在SIMATIC S7-1500 CPU中增加了由用户设定计算公式的“计算”指令。该指令非常适合复杂的变量函数运算且运算中无需考虑中间变量。指令的使用参考图6-5。

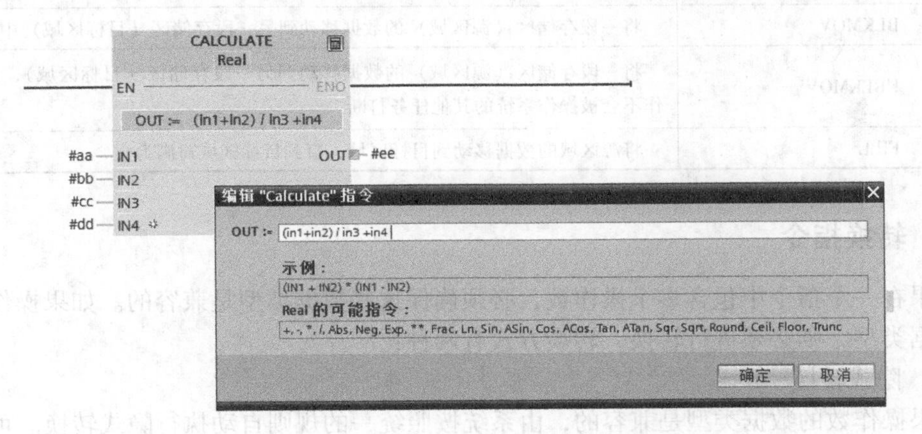


图6-5 CALCULATE指令应用示例

## 6.2.6 移动操作指令

移动指令用于将输入端（源区域）的值复制到输出端（目的区域）指定的地址中。与SIMATIC S7-300/400 PLC相比，SIMATIC S7-1500 PLC的移动操作指令更加丰富，参考表6-6。

表 6-6　SIMATIC S7-1500 PLC 移动操作指令

| | LAD | 说　明 |
|---|---|---|
| 移动操作指令 | MOVE | 将输入变量的值传送给输出变量 |
| | Serialize | 可以将 PLC 数据类型（UDT）转换为顺序表示，而不会丢失部分结构。例如将设备以及设备的属性（不同数据类型）按顺序堆栈到一个数据块中 |
| | Deserialize | 与 Serialize 功能相反 |
| | MOV_BLK | 将一段存储区（源区域）的数据移动到另一段存储区（目标区域）中，这里只定义源区域和目标区域的首地址，然后定义复制的个数 |
| | MOV_BLK_VARIANT | 与 MOV_BLK 相比，定义源区域和目标区域的首地址可以变化 |
| | UMOV_BLK | 与 MOV_BLK 相比，此移动操作不会被操作系统的其他任务打断 |
| | FILL_BLK | 块填充，将一个变量复制到其他数组中 |
| | UFILL_BLK | 与 FILL_BLK 相比，此移动操作不会被操作系统的其他任务打断 |
| | SWAP | 交换一个 WORD、DWORD 或 LWORD 变量字节的次序 |
| 数组 DB | ReadFromArrayDB | 通过 INDEX 的指示读出数据块数组中的一个元素 |
| | WritetoArrayDB | 通过 INDEX 的指示将变量写到数据块数组中的一个元素 |
| | ReadFromArrayDBL | 通过 INDEX 的指示读出数据块数组中的一个元素，与指令 ReadFromArrayDB 相比，该指令是读取数据块在装载存储器中的值 |
| | WriteFromArrayDBL | 通过 INDEX 的指示将变量写到数据块数组中的一个元素。与指令相比 WritetoArrayDB，该指令是修改数据块在装载存储器中的值 |
| 变量类型操作 | VariantGet | 读出 VARIANT 变量值，可以是 PLC 数据类型，但是不可以对数组进行操作 |
| | VariantPut | 写入 VARIANT 变量值，可以是 PLC 数据类型，但是不可以对数组进行操作 |
| | CountofElements | 读出数组变量元素的个数 |
| 原有指令 | FieldRead | 通过 INDEX 的指示读出数组中的一个元素 |
| | FieldWrite | 通过 INDEX 的指示将变量写到数组中的一个元素 |
| | BLKMOV | 将一段存储区（源区域）的数据移动到另一段存储区（目标区域）中 |
| | UBLKMOV | 将一段存储区（源区域）的数据移动到另一段存储区（目标区域），此复制操作不会被操作系统的其他任务打断 |
| | FILL | 将源区域的数据移动到目标区域，直到目标区域写满为止 |

## 6.2.7　转换指令

如果在一个指令中包含多个操作数，必须确保这些数据类型是兼容的。如果操作数不是同一数据类型，则必须进行转换，转换方式有两种：

（1）隐式转换

如果操作数的数据类型是兼容的，由系统按照统一的规则自动执行隐式转换。可以根据设定的严格或较宽松的条件进行兼容性检测，例如块属性中默认的设置为执行 IEC 检测，这样自动转换的数据类型相对要少。

编程语言 LAD、FBD、SCL 和 GRAPH 支持隐式转换。

（2）显式转换

如果操作数的数据类型不兼容或者由编程人员设定转换规则时，则可以进行显式转换

(不是所有的数据类型都支持显式转换),显式转换的指令参考表6-7。

表6-7 SIMATIC S7-1500 PLC转换指令

| | LAD | 说明 |
|---|---|---|
| 转换指令 | CONVERT | 可以选择不同的数据类型进行转换 |
| | ROUND | 以四舍五入的方式对浮点值取整,输出可以是32或64位整数和浮点数 |
| | TRUNC | 舍去小数取整,输出可以是32或64位整数和浮点数 |
| | CEIL | 浮点数向上取整,输出可以是32或64位整数和浮点数 |
| | FLOOR | 浮点数向下取整,输出可以是32或64位整数和浮点数 |
| | SCALE_X | 按公式 OUT = [VALUE * (MAX - MIN)] + MIN 进行缩放,并进行格式转换 |
| | NORM_X | 按公式 OUT = (VALUE - MIN)/(MAX - MIN) 进行标准化,并进行格式转换 |
| 原有指令 | SCALE | 将整数转换为介于上下限物理量间的浮点数 |
| | UNSCALE | 将介于上下限间的物理量转换为整数 |

## 6.2.8 程序控制操作指令

程序控制操作指令包括数据块操作指令、跳转指令,块操作指令以及运行时控制指令,参考表6-8。

表6-8 SIMATIC S7-1500 PLC程序控制操作指令

| | LAD | 说明 | | LAD | 说明 |
|---|---|---|---|---|---|
| 跳转指令 | JMP_LIST | 跳转到标签(多路多支跳转) | 运行时控制 | ENDIS_PW | 限制和启用密码合法性 |
| | | | | RE_TRIGR | 重新启动循环周期 |
| | ---(JMP) | 跳转 | | STP | 退出程序 |
| | ---(JMPN) | 若非则跳转 | | GET_ERROR | 获取当前块执行的故障信息 |
| | | | | GET_ERR_ID | 获取当前块执行的故障标识 |
| | LABEL | 标号 | | INIT_RD | 初始化保持数据区 |
| | SWITCH | 比较条件满足进行跳转 | | WAIT | 设置等待时间 |
| | ---(RET) | 返回 | | RUNTIME | 测量程序运行时间 |

### 1. 跳转指令

可以通过跳转指令及程序跳转识别标签(Label),控制程序的跳转以满足控制需求。

### 2. 运行时控制函数

与运行时控制相关的函数及函数块,例如停止CPU、测量整个程序、单个块或命令序列的运行时间等。

## 6.2.9 字逻辑运算指令

LAD字逻辑指令可以对BYTE(字节)、WORD(字)、DWORD(双字)或LWORD(长字)逐位进行“与”“或”“异或”逻辑运算操作,字逻辑指令还包含编码、解码等操作。字逻辑指令参考表6-9。

表 6-9　SIMATIC S7-1500 PLC 字逻辑指令

| | LAD | 说　明 | | LAD | 说　明 |
|---|---|---|---|---|---|
| 字逻辑指令 | AND | "与" 运算 | 字逻辑指令 | SEL | 选择指令将根据开关（输入 G）的情况，选择输入 IN0 和 IN1 中的一个，并将其内容移动到输出 OUT |
| | OR | "或" 运算 | | | |
| | XOR | "异或" 运算 | | | |
| | INVERT | 求反码 | | | |
| | DECO | 解码 | | MUX | 多路复用 |
| | NECO | 编码 | | DEMUX | 多路分用 |

"与" 操作可以判断两个变量在相同的位数上有多少位为 1，通常用于变量的过滤，例如一个字变量与常数 W#16#00FF 相 "与"，则可以将字变量中的高字节过滤为 0；"或" 操作可以判断两个变量中为 1 位的个数；"异或" 操作可以判断两个变量有多少位不相同。

## 6.2.10　移位和循环移位指令

LAD 移位指令可以将输入参数 IN 中的内容向左或向右逐位移动；循环指令可以将输入参数 IN 中的全部内容循环地逐位左移或右移，空出的位用输入 IN 移出位的信号状态填充。LAD 指令可以对 8、16、32 以及 64 位的字或整数进行操作，移位和循环指令参考表 6-10。

表 6-10　SIMATIC S7-1500 PLC 移位和循环移位指令

| | LAD | 说　明 |
|---|---|---|
| 移位和循环移位指令 | ROL | 循环左移 |
| | ROR | 循环右移 |
| | SHL | 左移 |
| | SHR | 右移 |

字移位指令移位的范围为 0 ~ 15，双字移位指令移位的范围为 0 ~ 31，长字移位指令移位的范围为 0 ~ 63。对于字、双字和长字移位指令，移出的位信号丢失，移空的位使用 0 补足。例如将一个字左移 6 位，移位前后位排列次序如图 6-6 所示。

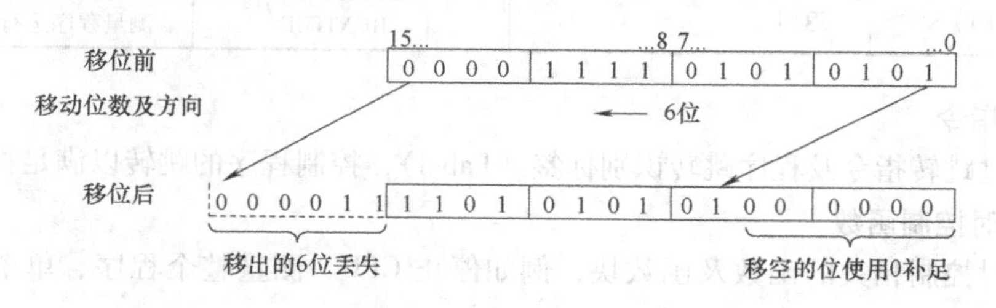


图 6-6　左移 6 位示意图

带有符号位的整数移位范围为 0 ~ 15；双整数移位范围为 0 ~ 31；长整数移位指令移位的范围为 0 ~ 63。移位方向只能向右移，移出的位信号丢失，移空的位使用符号位补足。如整数为负值，符号位为 1；整数为正值，符号位为 0。例如将一个整数右移 4 位，移位前后位排列次序如图 6-7 所示。

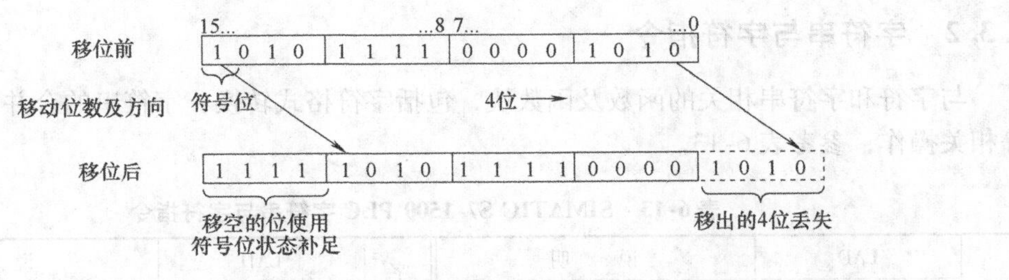


图 6-7 整数右移 4 位示意图

### 6.2.11 原有指令

原有指令（SIMATIC S7-300/400 PLC 指令）主要用于指令的继承和程序移植的目的，参考表 6-11。

表 6-11 SIMATIC S7-1500 PLC 支持的原有指令

| | LAD | 说明 | | LAD | 说明 |
|---|---|---|---|---|---|
| 原有指令 | DRUM | 执行顺控程序 | 原有指令 | LEAD_LAG | 提前和滞后算法 |
| | DCAT | 离散控制定时器报警 | | SEG | 创建 7 段显示的位模式 |
| | MCAT | 电机控制定时器报警 | | BCDCPL | 求十进制补码 |
| | IMC | 比较输入位与掩码位 | | BITSUM | 统计置位位数量 |
| | SMC | 比较扫描矩阵 | | | |

## 6.3 扩展指令

扩展指令与系统功能有关，例如 CPU 的时钟信息、诊断、报警和中断等。

### 6.3.1 日期与时间指令

用于时间的比较、时间格式的转换以及设定 CPU 的运行时钟等功能。日期与时间指令参考表 6-12。

表 6-12 SIMATIC S7-1500 PLC 时间与日期指令

| | LAD | 说明 | | LAD | 说明 |
|---|---|---|---|---|---|
| 日期和时间指令 | T_COMP | 比较时间变量 | 日期和时间指令 | RD_SYS_T | 读取系统时间 |
| | T_CONV | 转换时间并提取 | | WR_LOC_T | 设置本地时间 |
| | T_ADD | 时间加运算 | | RD_LOC_T | 读取本地时间 |
| | T_SUB | 时间相减 | | TIME_TCK | 读取系统时间（时间计数器） |
| | T_DIFF | 时差 | | SET_TIMEZONE | 设置时区 |
| | T_COMBINE | 组合时间 | | SNC_RTCB | 同步时钟从站 |
| | WR_SYS_T | 设置系统时间 | | RTM | 运行时间定时器 |

### 6.3.2 字符串与字符指令

与字符和字符串相关的函数及函数块，包括字符格式转换，字符串的合并、比较、查询等相关操作，参考表 6-13。

表 6-13 SIMATIC S7-1500 PLC 字符串与字符指令

| | LAD | 说 明 | | LAD | 说 明 |
|---|---|---|---|---|---|
| 字符及字符串指令 | S_MOVE | 移动复制字符串 | 字符及字符串指令 | DELETE | 删除字符串中的字符 |
| | S_COMP | 比较字符串 | | INSERT | 在字符串中插入字符 |
| | S_CONV | 转换字符串 | | REPLACE | 替换字符串中的字符 |
| | STRG_VAL | 将字符串转化为数字 | | FIND | 查找字符串中的字符 |
| | ATH | 将 ASCII 字符串转换为十六进制值 | 运行信息指令 | GetSymbolName | 读出块接口参数输入变量的符号名称 |
| | HTA | 将十六进制值转换为 ASCII 字符串 | | GetSymbolPath | 读出块接口参数输入变量的路径名称 |
| | LEN | 获取字符串的长度 | | GetInstanceName | 在函数块中调用并读出背景数据块的名称 |
| | CONCAT | 组合字符串 | | | |
| | LEFT | 读取字符串中的左侧字符 | | GetInstancePath | 在函数块中读出块背景数据块完整调用层级的路径 |
| | RIGHT | 读取字符串中的右侧字符 | | | |
| | MID | 读取字符串中的中间字符 | | GetBlockName | 读出调用该指令的块名称 |

### 6.3.3 过程映像指令

使用更新过程映像输入函数，可以更新指定的输入过程映像分区；使用更新过程映像输出函数，可以更新指定的输出过程映像分区，将信号状态传送到输出模块。与 DP 循环或 PN 循环关联的用户程序可使用同步过程映像输入/输出函数指令，实现等时模式。过程映像指令参考表 6-14。

表 6-14 SIMATIC S7-1500 PLC 过程映像指令

| | LAD | 说 明 | | LAD | 说 明 |
|---|---|---|---|---|---|
| 过程映像指令 | UPDAT_PI | 更新过程映像输入 | 过程映像指令 | SYNC_PI | 同步过程映像输入 |
| | UPDAT_PO | 更新过程映像输出 | | SYNC_PO | 同步过程映像输出 |

### 6.3.4 分布式 I/O 指令

对分布式 I/O 进行相关操作的函数及函数块，例如读写分布式 I/O（PROFIBUS 或 PROFINET）的数据记录、刷新过程映像、启用/禁止从站以及重新组态 I/O 系统等，参考表 6-15。

表 6-15　SIMATIC S7-1500 PLC 分布式 I/O 指令

| | LAD | 说　明 |
| --- | --- | --- |
| 分布式 I/O 指令 | RDREC | 读取数据记录 |
| | WRREC | 写入数据记录 |
| | GETIO | 一致性地读出一个 DP 标准从站/PROFINET IO 设备的所有输入 |
| | SETIO | 一致性地将数据传送到寻址的 DP 标准从站/PROFINET IO 设备 |
| | GETIO_PART | 一致性读取 IO 模块输入的相关部分 |
| | SETIO_PART | 一致性地将数据写入 IO 模块的输出中 |
| | RALRM | 接收中断 |
| | D_ACT_DP | 启用/禁用 DP 从站 |
| 分布式 I/O 指令 | ReconfigIOSystem | 重新组态 IO 系统 |
| | RD_REC | 从 I/O 中读取数据记录 |
| | WR_REC | 向 I/O 写入数据记录 |
| | DPRD_DAT | 读取 DP 标准从站的一致性数据 |
| | DPWR_DAT | 将一致性数据写入 DP 标准从站 |
| | RCVREC | 接收数据记录 |
| | PRVREC | 使数据记录可用 |
| | DPSYC_FR | 同步 DP 从站/冻结输入 |
| | DPNRM_DG | 读取 DP 从站的诊断数据 |
| | DPTOPOL | 获取 DP 主站系统的拓扑结构 |
| | ASi_CTRL | 控制 ASi 主站 |

## 6.3.5　PROFIenergy 指令

PROFIenergy 指令用于控制分布式 I/O 站点或模块的电源，在生产中断和意外中断期间启用集中协同的方法关闭设备以达到节省电能的目的，PROFIenergy 指令参考表 6-16。

表 6-16　SIMATIC S7-1500 PROFIenergy 指令

| | LAD | 说　明 |
| --- | --- | --- |
| PROFIenergy 指令 | PE_START_END | 启用或禁用 PROFINET 设备待机 |
| | PE_CMD | 发送 PROFIenergy 命令 |
| | PE_DS3_Write_ET200S | 用于控制 ET200S 上电源模块的开关状态 |
| | PE_WOL | 将启停命令“Start_Pause”和“End_Pause”发送到支持 Wake On LAN 的设备上 |
| | PE_I_DEV | 接收 PROFIenergy 命令，并传送到用户程序处理 |
| | PE_Error_RSP | 生成错误的响应信息 |
| | PE_Start_RSP | 生成“START_PAUSE”命令的响应信息 |
| | PE_End_RSP | 生成“END_PAUSE”命令的响应信息 |
| | PE_List_Modes_RSP | 生成“LIST_OF_ENERGY_SAVING_MODES”命令的响应信息 |
| | PE_Get_Mode_RSP | 生成“GET_MODE”命令的响应信息 |
| | PE_PEM_Status_RSP | 生成“PEM_STATUS”命令的响应信息 |
| | PE_Identify_RSP | 生成“PE_IDENTIFY”命令的响应信息 |
| | PE_Measurement_List_RSP | 生成“GET_MEASUREMENT_LIST”命令的响应信息 |
| | PE_Measurement_Value_RSP | 生成“GET_MEASUREMENT_VALUES”命令的响应信息 |

### 6.3.6 模块参数化分配指令

有的智能模块会具有一个只读、只写或可读、可写的系统数据区域，通过程序可向该区域传送或读取数据记录。数据存储的数据记录编号从 0 ~240，但并不是每个模块都包含所有数据的记录。对于同时具有可读、可写的系统数据区域的模块而言，两个区域是分开的，只是它们的逻辑结构相同，指令参考表 6-17。

**表 6-17 SIMATIC S7-1500 PLC 模块参数化分配指令**

| | LAD | 说 明 | | LAD | 说 明 |
|---|---|---|---|---|---|
| 模块参数化指令 | RD_DPAR | 读取模块数据记录 | 模块参数化指令 | RD_DPARM | 从组态系统数据中读取数据记录 |
| | RD_DPARA | 异步读取模块数据记录 | | WR_DPARM | 传送数据记录 |

### 6.3.7 中断指令

与中断相关的函数及函数块，通过这些函数及函数块可以控制包括时间中断、延时中断、错误事件中断的启动禁止条件等，指令参考表 6-18。

**表 6-18 SIMATIC S7-1500 PLC 中断指令**

| | LAD | 说 明 | | LAD | 说 明 |
|---|---|---|---|---|---|
| 中断指令 | ATTACH | 将中断事件与 OB 块进行关联 | 中断指令 | SRT_DINT | 启动延时中断 |
| | | | | CAN_DINT | 取消延时中断 |
| | DETACH | 将中断事件与 OB 块断开 | | QRY_DINT | 查询延时中断的状态 |
| | SET_CINT | 设置循环中断参数 | | MSK_FLT | 屏蔽同步错误事件 |
| | CAN_CINT | 取消循环中断参数 | | D MSK_FLT | 取消屏蔽同步错误事件 |
| | SET_TINT | 设置时间中断（使用系统时间） | | READ_ERR | 读取事件错误状态寄存器 |
| | | | | DIS_IRT | 禁用中断事件 |
| | SET_TINTL | 设置时间中断（可以使用本地时间） | | EN_IRT | 启用中断事件 |
| | | | | DIS_AIRT | 延时执行较高优先级的中断和异步错误事件 |
| | CAN_TINT | 取消时间中断 | | | |
| | ACT_TINT | 启用时间中断 | | EN_AIRT | 启用较高优先级的中断和异步错误事件的执行 |
| | QRY_TINT | 查询时间中断状态 | | | |

### 6.3.8 报警指令

报警指令用于向人机界面发送各种报警信息或将用户自定义事件写入诊断缓冲区。报警信息中可以加载附加值。报警信息的时间标签便于故障信息的排查，它可以是 PLC 的系统时钟，也可以是其他时钟源。与 SIMATIC S7-300/400 PLC 的报警指令相比，SIMATIC S7-1500 PLC 的报警指令功能强大，配置更加简单。报警指令参考表 6-19。

表6-19 SIMATIC S7-1500 PLC 报警指令

| | LAD | 说 明 |
|---|---|---|
| 报警指令 | Program_Alarm | 生成具有附加值的程序报警 |
| | Get_AlarmState | 查询程序报警的状态 |
| | Gen_UsMsg | 生成在诊断缓冲区中输入的报警 |

## 6.3.9 诊断指令

诊断指令包含与诊断相关的函数及函数块，例如读取 PROFINET IO 与 PROFIBUS DP 站点信息、设备的名称以及 OB 块的启动信息等，诊断指令参考表6-20。

表6-20 SIMATIC S7-1500 PLC 诊断指令

| | LAD | 说 明 | | LAD | 说 明 |
|---|---|---|---|---|---|
| 诊断指令 | RD_SINFO | 读取当前 OB 启动信息 | 诊断指令 | GetStationInfo | 读取 PROFINET IO 设备的信息 |
| | RT_INFO | 读取运行系统统计，例如通信负载等 | | DeviceStates | 读取 DP/PN 网络站点信息 |
| | LED | 读取特定模块 LED 的状态 | | ModuleStates | 读取 DP/PN 网络站点模块的状态信息 |
| | Get_IM_Data | 读取标识及维护数据 | | GEN_DIAG | 其他制造商硬件组件生成的诊断信息 |
| | GET_NAME | 读取 PROFINET IO 设备的名称 | | GET_DIAG | 读取硬件对象的诊断信息 |

## 6.3.10 配方和数据记录指令

配方指令可以将数据块中的配方以 CSV 的格式存储于 CPU 的存储卡中，同样也可以导入 CSV 文件到 CPU 的数据块中。数据记录（日志）指令可以将过程值以 CSV 的格式存储于 CPU 的存储卡（SMC）中。指令参考表6-21。

表6-21 SIMATIC S7-1500 PLC 配方和数据记录指令

| | LAD | 说 明 |
|---|---|---|
| 配方指令 | RecipeExport | 将数据块中的配方数据导出，并以 CSV 格式文件存储于 CPU 的存储卡中 |
| | RecipeImport | 将 CPU 存储卡上的 CSV 格式文件导入到数据块中成为配方数据 |
| 数据日志指令 | DataLogCreate | 创建数据日志 |
| | DataLogOpen | 打开数据日志 |
| | DataLogClear | 清空数据日志 |
| | DataLogWrite | 写数据日志 |
| | DataLogClose | 关闭数据日志 |
| | DataLogDelete | 删除数据日志 |
| | DataLogNewFile | 新文件中的数据日志 |

## 6.3.11 数据块控制指令

可以在装载存储区或工作存储区内创建或删除数据块，并能够对装载存储区内的数据块进行读写操作，指令参考表6-22。

表 6-22 SIMATIC S7-1500 PLC 数据块控制指令

| | LAD | 说 明 |
|---|---|---|
| 数据块控制指令 | CREAT_DB | 创建数据块 |
| | READ_DBL | 从装载存储器的数据块中读取数据 |
| | WRIT_DBL | 将数据写入到装载存储器的数据块中 |
| | DELETE_DB | 删除数据块 |

## 6.3.12 寻址指令

通过寻址指令可以确定模块的地址和槽号等信息，指令参考表6-23。

表 6-23 SIMATIC S7-1500 PLC 寻址指令

| | LAD | 说 明 |
|---|---|---|
| 寻址指令 | GEO2LOG | 根据插槽确定硬件标识符 |
| | LOG2GEO | 根据硬件标识符确定插槽 |
| | LOG2MOD | 根据 STEP 7 V5.5 SPx 地址确定硬件标识符 |
| | IO2MOD | 根据 IO 地址确定硬件标识符 |
| | RD_ADDR | 根据硬件标识符确定 IO 地址 |
| 原有指令 | GEO_LOG | 通过槽位查询硬件 ID |
| | LOG_GEO | 通过硬件标识符查询槽位，可以是 PROFINET 站点的设备 |
| | RD_LGADR | 通过硬件标识符查询 IO 地址 |
| | GADR_LGC | 通过插槽和用户数据地址区域中的偏移量查询硬件标识符 |
| | LGC_GADR | 通过硬件标识符查询槽位 |

# 6.4 工艺指令

工艺指令包括对工艺模块操作指令、PID 控制指令和运动控制指令，参考表6-24。

表 6-24 SIMATIC S7-1500 PLC 工艺指令

| | LAD/STL | 说 明 |
|---|---|---|
| 计数和测量模块指令 | High_Speed_Counter | 用于工艺模块和紧凑型 CPU 高速计数器的控制 |
| | SSI_Absolute_Encoder | 控制工艺模块 TM PosInput 的定位输入和测量功能 |
| PID 控制 | PID_Compact | 集成整定功能的通用 PID 控制器 |
| | PID_3Step | 集成阀门调节功能的 PID 控制器 |
| | PID_Temp | 温度 PID 控制器 |
| | 注意：上面所列 PID 控制器为新版本 PID 的控制器 | |
| | CONT_C | 连续控制器 |

（续）

| | LAD/STL | 说　明 |
|---|---|---|
| PID 控制 | CONT_S | 用于带积分功能执行器的步进控制器 |
| | PULSEGEN | 用于带比例功能执行器的脉冲发生器 |
| | T CONT_CP | 带有脉冲发生器的连续温度控制器 |
| | T CONT_S | 用于带积分功能执行器的温度控制器 |
| | 注意：上面所列 PID 控制器与 SIMATIC S7-300/400 PID 控制器使用相同，用于程序的移植和继承 | |
| 帮助功能 | Polyline | 最多 50 个点的折线插补 |
| | SplitRange | PID 控制器的输出值范围的拆分 |
| | RampFunction | 斜坡函数 |
| SIMATIC S7-1500 PLC 运动控制指令 | MC_Power | 启用/禁用工艺对象 |
| | MC_Home | 回原点 |
| | MC_MoveJog | 在点动模式下移动轴 |
| | MC_MoveVelocity | 以预定义速度移动轴 |
| | MC_MoveRelative | 轴的相对定位 |
| | MC_MoveAbsolute | 轴的绝对定位 |
| | MC_MoveSuperimposed | 轴的叠加定位 |
| | MC_GearIn | 启动齿轮同步 |
| | MC_Halt | 停止轴 |
| | MC_Reset | 确认报警，重新启动工艺对象 |
| 时基 IO 模块指令 | TIO_SYNC | 同步 TIO 模块 |
| | TIO_IOLink_IN | 读取带时间戳的过程输入信号 |
| | TIO_DI | 读取数字量输入中的沿和关联时间戳 |
| | TIO_DQ | 触发由时间控制的输出 |

## 6.5　通信指令

通信指令根据通信的类型进行了分类：

1）S7 通信：用于 S7 连接的通信，包括 PUT/GET、BSEND/BRCV 和 USEND/URCV 三对通信函数。

2）开放式用户通信：用于实现开放式以太网通信的函数块，通过这些函数块能够实现面向连接的 TCP 及 ISO、ISO on TCP 通信和非面向连接的 UDP 通信。在 SIMATIC S7-1500 PLC 的开放式用户通信中主要使用 TSEND_C/TREV_C 指令。在“开放式用户通信”文件夹“其他”子文件夹中列出的通信函数与 SIMATIC S7-300/400 PLC 的通信函数使用相同，主要用于程序的移植和继承。

3）Web 服务器：用户通过自定义的 Web 页面可将数据传送给 PLC，同时也能在 Web 浏览器中显示 CPU 的各种数据。在用户程序中调用 WWW 指令可以同步用户程序和 Web 服务器以及进行初始化操作。

4）其他：用于 Modbus TCP 通信。

5）通信处理器：主要用于串行通信和 FTP 指令，例如点到点通信、USS 通信等。

通信指令参考表 6-25。

表 6-25 SIMATIC S7-1500 PLC 的通信指令

| | LAD/STL | 说 明 |
|---|---|---|
| S7 通信 | GET | 从远程 CPU 读取数据 |
| | PUT | 向远程 CPU 写入数据 |
| | USEND | 无协调的数据发送 |
| | URCV | 无协调的数据接收 |
| | BSEND | 发送分段数据 |
| | BRCV | 接收分段数据 |
| 开放式用户通信 | TSEND_C | 通过以太网发送数据 |
| | TRCV_C | 通过以太网接收数据 |
| | TMAIL_C | 发送电子邮件 |
| | TCON | 建立通信连接 |
| | TDISCON | 终止通信连接 |
| | TSEND | 通过现有的通信连接发送数据 |
| | TRCV | 通过通信连接接收数据 |
| | TUSEND | 通过 UDP 发送数据 |
| | TURCV | 通过 UDP 接收数据 |
| | T_CONFIG | 更改 IP 组态参数 |
| OPC UA 客户端 | OPC_UA_Connect | 创建连接 |
| | OPC_UA_NamespaceGetIndexList： | 读取命名空间索引 |
| | OPC_UA_NodeGetHandleList | 获取用于读写访问的句柄 |
| | OPC_UA_TranslatePathList | 读取节点参数 |
| | OPC_UA_ReadList | 读取变量 |
| | OPC_UA_WriteList | 写变量 |
| | OPC_UA_MethodCall | 调用方法 |
| | OPC_UA_NodeReleaseHandleList | 释放用于读写访问的句柄 |
| | OPC_UA_MethodReleaseHandleList | 释放方法调用句柄 |
| | OPC_UA_Disconnect | 关闭连接 |
| | OPC_UA_ConnectionGetStatus | 读取连接状态 |
| OPC UA 服务器 | OPC_UA_ServerMethodPre | 准备进行服务器方法调用 |
| | OPC_UA_ServerMethodPost | 服务器方法调用的后处理 |
| Web Server | WWW | 同步用户定义的 Web 页 |
| MODBUS TCP | MB_CLIENT | MODBUS TCP 客户端指令 |
| | MB_SERVER | MODBUS TCP 服务器指令 |

（续）

| | | LAD/STL | 说 明 |
|---|---|---|---|
| 通信处理器 | PTP 通信 | PORT_Config | 组态 PtP 通信端口参数 |
| | | Send_Config | 组态 PtP 发送参数 |
| | | Receive_Config | 组态 PtP 接收参数 |
| | | P3964_Config | 组态 3964（R）协议参数 |
| | | Send_P2P | 发送数据 |
| | | Receive_P2P | 接收数据 |
| | | Receive_Reset | 清除接收缓冲区 |
| | | Signal_Get | 读取 RS232 信号状态 |
| | | Signal_Set | 设置 RS232 信号 |
| | | Get_Features | 获取扩展功能 |
| | | Set_Features | 设置扩展功能 |
| | USS 通信 | USS_Port_Scan | 通过 USS 网络进行通信 |
| | | USS_Drive_Control | 准备并显示变频器数据 |
| | | USS_Read_Param | 从变频器读取数据 |
| | | USS_Read_Param | 从变频器读取数据 |
| | MODBUS RTU | Modbus_Comm_Load | 对 MODBUS 的通信模块进行配置 |
| | | Modbus_Master | MODBUS 主站通信函数 |
| | | Modbus_Slave | MODBUS 从站通信函数 |
| | ET200S 串行模块 | S_RCV | 接收数据 |
| | | S_SEND | 发送数据 |
| | | S_VSTAT | 从 RS232C 接口读取伴随信号 |
| | | S_VSET | 在 RS232C 接口处写入伴随信号 |
| | | S_XON | 通过 XON/XOFF 设置数据流控制 |
| | | S_RTS | 通过 RTS/CTS 设置数据流控制 |
| | | S_V24 | 通过自动操作 RS232C 伴随信号，设置数据流的控制参数 |
| | | S_MODB | ET200S 1SI 的 Modbus 从站指令 |
| | | S_USST | 将数据发送至 USS 从站 |
| | | S_USSR | 从 USS 从站接收数据 |
| | | S_USSI | 初始化 USS |
| | Simatic NET CP | FTP_CMD | 建立 FTP 连接，并从 FTP 服务器传送文件或将文件传送到 FTP 服务器 |

与 SIMATIC S7-300/400 PLC 相比，SIMATIC S7-1500 PLC 的指令集既丰富又灵活，可以处理的数据类型种类更多。用户在拥有强大编程功能的同时，也可能由于有些指令不易理解和掌握而造成困惑。为此西门子将在线帮助中的示例做成一个库文件供用户参考，库文件可以参考光盘目录（请关注“机械工业出版社 E 视界”微信公众号，输入 65348 下载或联系工作人员索取）：指令示例文件夹《109476781_Sample_Library_for_Instructions_CODE_v11》文件。

# 第7章　程　序　块

SIMATIC S7-1500 系列 PLC 的 CPU 中除运行用户程序外，还执行操作系统。操作系统包含在每个 CPU 中，处理底层系统级任务，并提供了一套用户程序的调用机制。用户程序由用户编写，工作在操作系统平台上，完成用户自己特定的自动化任务。

操作系统用于执行和组织所有与用户控制任务无关的 CPU 功能和运行顺序，例如操作系统任务包括下列各项：

1）处理暖启动；

2）更新输入输出过程映像区；

3）调用用户程序；

4）检测中断并调用中断组织块；

5）检测并处理错误；

6）管理存储区；

7）与编程设备和其他设备通信。

用户程序是为了完成特定的自动化任务，由用户自己编写并下载到 CPU 的数据和代码。用户程序任务包括：

1）暖启动的初始化工作；

2）进行数据处理，I/O 数据交换和工艺相关的控制；

3）对中断的响应；

4）对异常和错误的处理。

## 7.1　用户程序中的程序块

用户程序中包含不同的程序块，各程序块实现的功能不同。SIMATIC S7-1500 CPU 支持的程序块类型与 SIMATIC S7-300/400 PLC 一致，而允许每种类型程序块的数量及每个程序块最大的容量与 CPU 的技术参数有关。程序块的类型及功能描述见表 7-1。

表 7-1　程序块类型

| 程　序　块 | 功能简要描述 |
|---|---|
| 组织块（OB） | OB 块决定用户程序的结构 |
| 函数块（FB） | FB 块允许用户编写函数，带有“存储区” |
| 函数（FC） | FC 可以作为子程序使用，也可以作为经常调用的函数使用 |
| 背景数据块（DI） | 背景 DB 块与 FB 调用相关，可以在调用时自动生成，DI 存储 FB 块中的数据，即作为它们的“存储区” |
| 共享数据块（DB） | 共享数据块也称为全局数据块，用于存储用户数据，与背景 DB 块相比，其数据格式由用户定义 |

### 7.1.1 组织块与程序结构

组织块（OB）构成了操作系统与用户程序之间的接口，组织块由操作系统（OS）调用。CPU 通过组织块以循环或者事件驱动的方式控制用户程序的执行。此外，CPU 的启动及故障处理都要调用不同的组织块，在这些组织块中编写用户程序可以判断 CPU 及外部设备的状态。

PLC CPU 的操作系统循环执行，操作系统在每一个循环中调用主程序，即“程序循环”OB，这样就执行了在“程序循环”OB 中编写的用户程序。SIMATIC S7-1500 PLC 支持的“程序循环”OB 的数量最多可达 100 个。操作系统与主程序执行过程如图 7-1 所示。

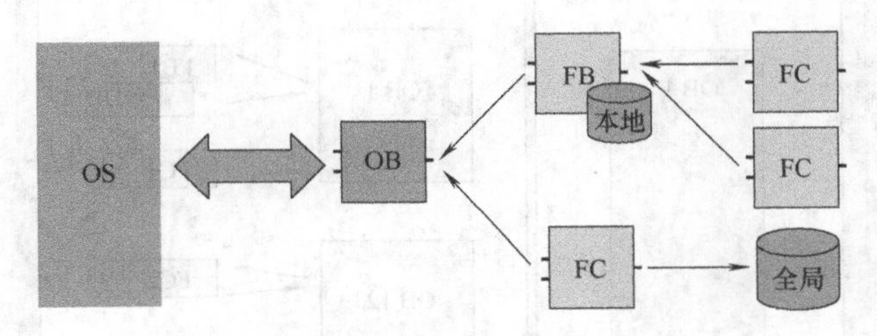


图 7-1　操作系统与主程序关系

一个 OB 的调用和执行可以中断另一个正在执行的 OB。是否允许一个 OB 中断另一个 OB 取决于它们的优先级，即高优先级的 OB 可以中断低优先级的 OB。例如，“程序循环”OB 的优先级最低，为“1”，它可以被高优先级的 OB 中断。当中断事件出现时，调用与该事件相关的 OB，则当前执行的程序在当前指令执行完成后（两个指令边界处）被中断，并立即执行相应的中断程序，中断程序执行完成后跳回到中断处继续执行其后的程序。不同的中断事件由操作系统触发不同的 OB 块，中断程序编写在相应的 OB 块中。这样一旦出现中断事件，就执行一次相应中断 OB 块中的程序，如图 7-2 所示。

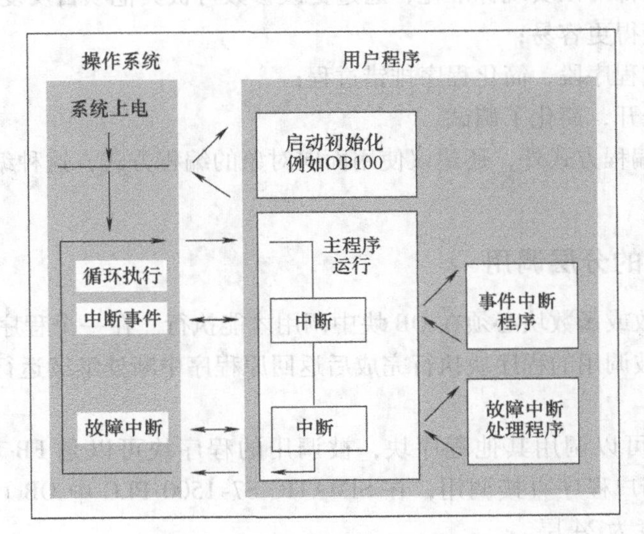


图 7-2　中断程序的执行

线性化编程是将所有的程序指令都写在主程序中以实现一个自动化控制任务。这样的编程方式不利于程序的查看、修改和调试，无论程序简单与否都不建议进行线性编程。结构化编程方式则是将复杂自动化任务分割成与工艺功能相对应的或可重复使用的更小的子任务。相比于线性化编程，结构化编程更易于对复杂任务进行处理和管理。子任务在用户程序中以块表示，即每个相对独立的控制任务既可以对应结构化程序中的一个程序段或程序块（FC 或者 FB），也可以分别写在不同的“程序循环” OB 中。两种编程方式及程序结构的对比如图 7-3 所示。

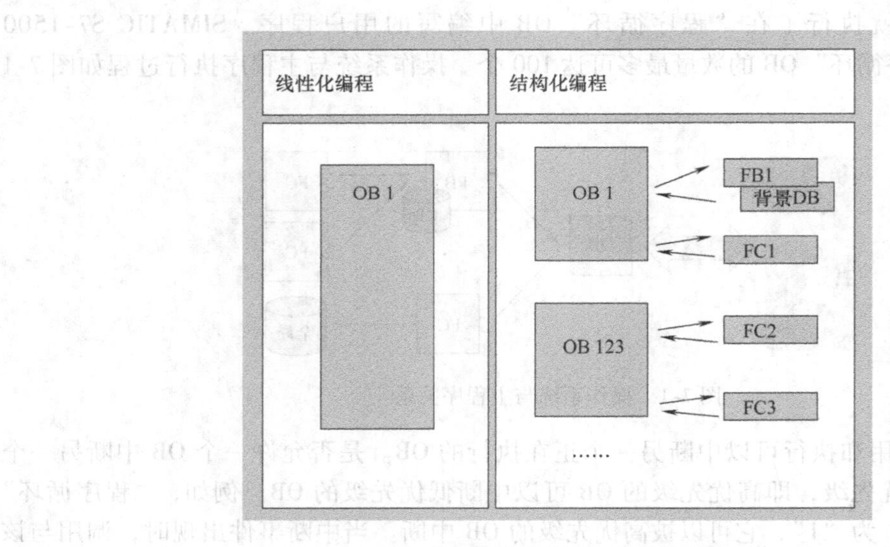


图 7-3　线性化编程与结构化编程

结构化的程序是由不同的程序块构成的，具有下列优点：

1）通过结构化更容易进行大规模程序编程；
2）各个程序段都可以实现标准化，通过更改参数可被其他项目反复使用；
3）更改程序变得更容易；
4）可分别测试程序段，简化程序排错过程；
5）控制任务分开，简化了调试。

除了结构化的编程方式外，还建议使用面向对象的编程方式，这种编程的方式将在后续的章节中详细介绍。

### 7.1.2　用户程序的分层调用

用户编写的函数或函数块必须在 OB 块中调用才能执行。在一个程序块中可以使用指令调用其他程序块，被调用的程序块执行完成后返回原程序中断处继续运行。程序块的调用过程如图 7-4 所示。

OB、FB 和 FC 可以调用其他程序块，被调用的程序块可以是 FB 和 FC，S7-300/400 PLC 中 OB 不能被用户程序直接调用，在 SIMATIC S7-1500 PLC 中 OB 可以进行递归调用，可以调用的嵌套深度为 24 层。

举例来说，在自动化控制任务中，可以将工厂级控制任务划分为几个车间级控制任务，

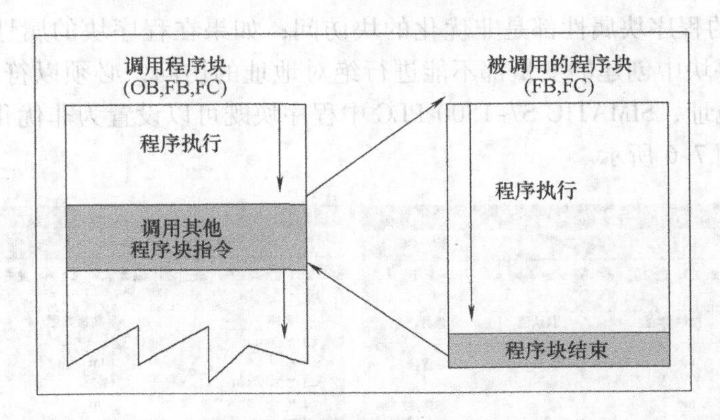


图7-4 程序块的调用

将车间级控制任务再划分为对几组生产线的控制任务，再对生产线的控制任务划分为对几个电机的控制，这样从上到下将控制任务分层划分。同样也可以将控制程序根据控制任务分层划分，每一层控制程序作为上一层控制程序的子程序，同时调用下一层的子程序，形成程序块的嵌套调用。用户程序的分层调用就是将整个程序按照控制工艺划分为小的子程序，按次序分层嵌套调用（SIMATIC S7-1500 CPU 的嵌套深度为24 层）。例如将一个控制任务划分为三个独立的子任务，在每个子任务下划分小的控制任务，程序的分层调用如图7-5 所示。

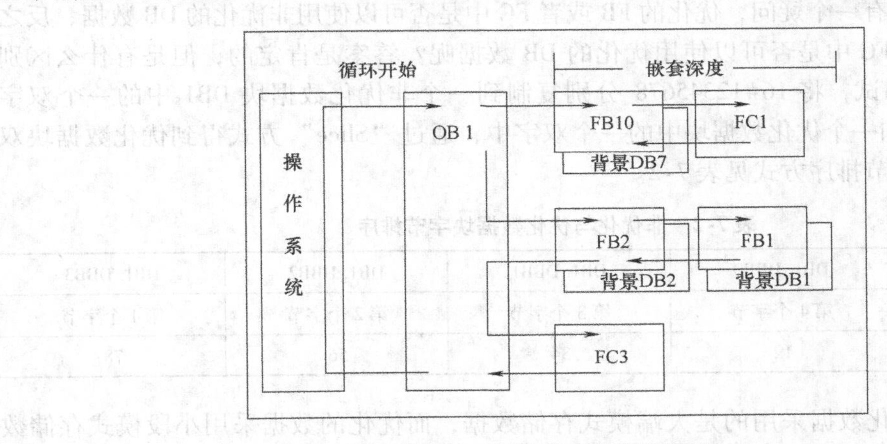


图7-5 用户程序的分层调用

三个独立的子程序分别为 FB10、FB2 和 FC3，在 FB2 中又嵌套调用 FB1，这样通过程序块或子程序的嵌套调用实现对控制任务的分层管理。用户程序执行次序为：OB1→FB10 + 背景 DB7→FC1→FB2 + 背景 DB2→FB1 + 背景 DB1→FC3→OB1。用户程序的分层调用是结构化编程方式的延伸。

## 7.2 优化与非优化访问

程序块 OB、FB、FC、DB 的属性中都可以选择优化和非优化的块访问。如果在程序块的属性中选择非优化的块访问，那么在程序块中创建的变量（包含临时变量、输入、输出接口、静态变量）都可以进行绝对地址的访问，变量间带有偏移地址，例如所有 SIMATIC

S7-300/400 PLC 的程序块属性都是非优化的块访问；如果在程序块的属性中选择优化的块访问，那么在程序块中创建的变量都不能进行绝对地址的访问，必须以符号名称进行访问，变量间没有偏移地址，SIMATIC S7-1500 PLC 中程序块既可以设置为非优化也可以设置为优化的块访问，如图 7-6 所示。

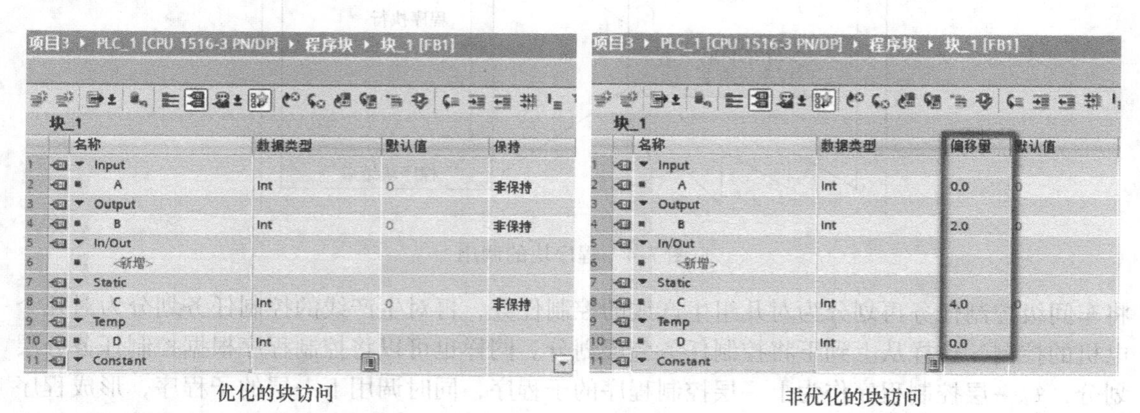


优化的块访问　　　　非优化的块访问

图 7-6　优化与非优化块访问地址区对比

OB、FB、FC 可以是优化或者非优化的块访问，DB 数据块也可以是优化或者非优化的块访问，那么就会有一个疑问，优化的 FB 或者 FC 中是否可以使用非优化的 DB 数据，反之非优化的 FB 或者 FC 中是否可以使用优化的 DB 数据呢？答案是肯定的，但是有什么区别呢？做了一个小测试，将 16#12345678 分别复制到一个非优化数据块 DB1 中的一个双字（开始地址为 0）和一个优化数据块中的一个双字中，通过"Slice"方式得到优化数据块双字的四个字节，字节排序方式见表 7-2。

**表 7-2　非优化与优化数据块字节排序**

| 非优化数据块地址 | DB1. DBB0 | DB1. DBB1 | DB1. DBB2 | DB1. DBB3 |
|---|---|---|---|---|
| 优化数据块地址 | 第 4 个字节 | 第 3 个字节 | 第 2 个字节 | 第 1 个字节 |
| 值 | 12 | 34 | 56 | 78 |

可以看出非优化数据采用的是大端模式存储数据，而优化的数据采用小段模式存储数据，从而得到 SIMATIC S7-300/400 CPU OS 采用大端模式存储数据，而 SIMATIC S7-1500 CPU OS 采用小段模式存储数据。如果在 SIMATIC S7-1500 CPU 的优化程序块中处理非优化数据，则需要先将字节的顺序颠倒，然后再进行运算，所以在优化程序块中处理非优化数据将增加 CPU 的运行时间，数据处理如图 7-7 所示。

由于 SIMATIC S7-1500 CPU 存储数据采用小端模式，所以在非优化程序块中处理优化数据将不会增加 CPU 的运行时间。如果只是位操作，则由于优化数据采用一个位信号占用一个字节的存储方式，加快访问速度，所以同样会减少 CPU 的负荷。同样 M 地址区也是非优化数据，因此也不推荐使用。

综上所述，在 SIMATIC S7-1500 PLC 中使用优化的数据进行运算将减少 CPU 的运行负荷。

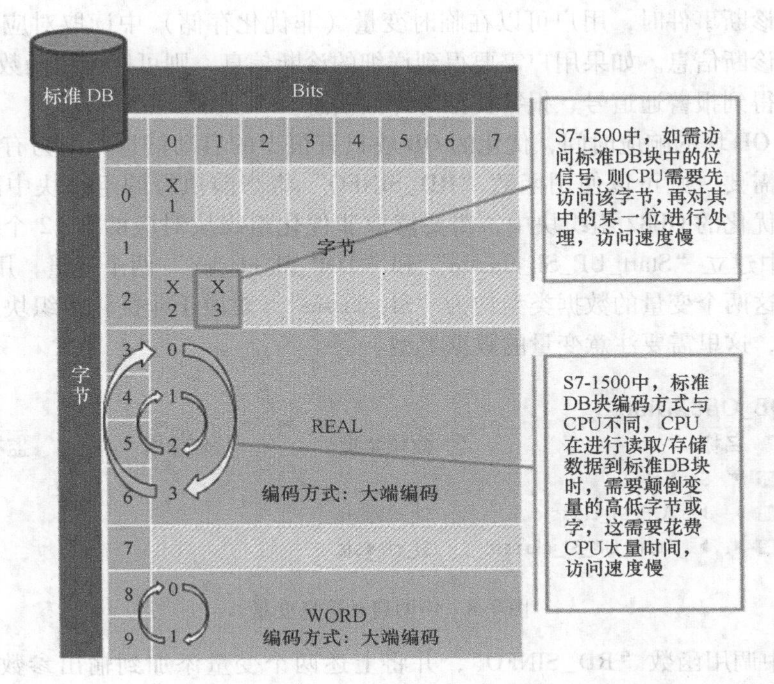


图 7-7　优化程序块处理非优化数据

## 7.3　组织块

组织块（OB）由操作系统调用，同时执行编写在组织块中的用户程序，组织块最基本的功能就是调用用户程序。组织块可以控制下列操作：

1）自动化系统的启动特性；

2）循环程序处理；

3）中断响应的程序执行；

4）错误处理。

组织块代表 CPU 的系统功能，不同类型的组织块完成不同的系统功能。不同类型的 SIMATIC S7-1500 CPU 支持的组织块数量不同，具体请查看各 CPU 的技术数据。一个组织块可以编写最大的程序容量也与 PLC 的型号有关，例如 CPU 1511 支持的组织块最大为 150K，而 CPU 1516 支持的组织块最大为 512K。

### 7.3.1　组织块的启动信息

组织块可以设置为优化和非优化两种方式，缺省情况下为优化的。组织块启动后，操作系统在组织块的接口区提供了启动信息，可以在用户程序中进行评估。以 OB82 为例，非优化存储时系统自动生成了 20 个字节的临时变量，而对于优化的存储方式，系统提供了 4 个输入变量供用户使用（具体变量个数与组织块类型有关）。

当发生诊断事件时，系统调用诊断中断 OB82，并将启动信息写入 OB82 的临时变量（非优化存储）或者输入参数中（优化的存储），这些变量信息可以供用户直接使用。比如当出现模块的诊断事件时，用户可以在临时变量（非优化存储）中读取对应模块的硬件标识符以及部分诊断信息。如果用户需要得到详细的诊断信息，则可以调用函数块“RALRM”来接收报警，得到报警通道号、报警类型等详细信息。

为了减少 OB 块的响应时间，优化的 OB 块只有很少的启动信息，因为有些启动信息很少使用。如果需要，则可以使用函数“RD_SINFO”将当前执行的组织块中的启动信息读出。例如，在优化的 OB82 组织块中，需要读取非优化组织块对应的前 12 个字节信息，可以先在 DB 块中建立“Start_UP_SI_classic”和“TOP_SI_classic”两个变量，用于存储 OB 块的启动信息，这两个变量的数据类型均为“SI_classic”（对应于非优化组织块的启动信息），如图 7-8 所示，这里需要注意变量的数据类型。

DB_OB82Diag

| 名称 | 数据类型 | 启动值 | 监视值 |
|---|---|---|---|
| ▼ Static | | | |
| ▶ TOP_SI_classic | SI_classic | | |
| ▶ Start_UP_SI_classic | SI_classic | | |

图 7-8　声明启动信息变量

在 OB82 中调用函数“RD_SINFO”，并将上述两个变量添加到输出参数中，如图 7-9 所示。

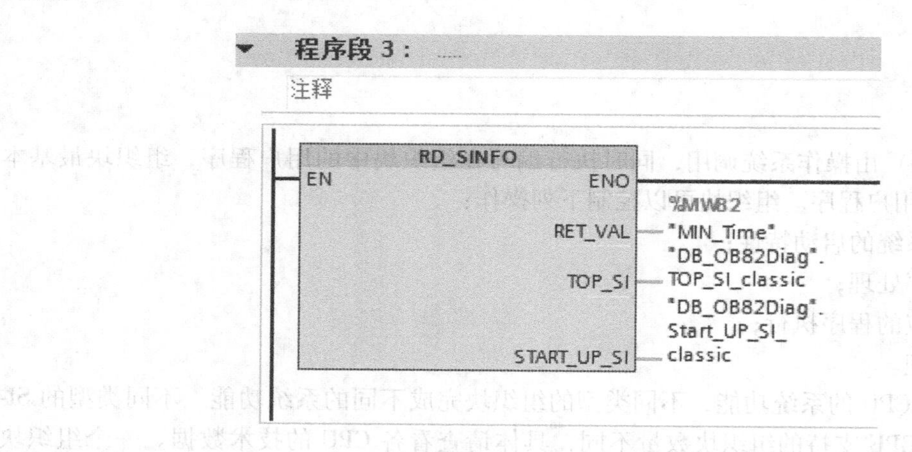


图 7-9　调用“RD_SINFO”函数

当发生诊断事件时，系统调用 OB82，就可以读出非优化存储时对应的启动信息，即函数输出参数“TOP_SI”和“Start_UP_SI”（上一次启动 OB，例如 OB100 中的启动信息）。例如，输入模块发生断线诊断事件时，读取的信息如图 7-10 所示。

读出的启动信息与非优化 OB82 基本上是相同的，例如“EV_CLASS”为“16#39”，代表事件到来，“ZI1”表示发生诊断事件的硬件的硬件标识符，“ZI2_3”值为“16#0D33_0000”，表示详细诊断信息，解读时需考虑其为大端存储，即低地址的四位是“16#D”，即“2#1101”，表示模块故障、外部故障、通道错误。其他位的诊断信息参考在线帮助。

DB_OB82Diag

| 名称 | 数据类型 | 启动值 | 监视值 | 保持性 |
|---|---|---|---|---|
| ▼ Static | | | | |
| ▼ TOP_SI_classic | SI_classic | | | |
| EV_CLASS | Byte | 16#0 | 16#39 | |
| EV_NUM | Byte | 16#0 | 16#42 | |
| PRIORITY | Byte | 16#0 | 16#05 | |
| NUM | Byte | 16#0 | 16#52 | |
| TYP2_3 | Byte | 16#0 | 16#00 | |
| TYP1 | Byte | 16#0 | 16#00 | |
| ZI1 | Word | 16#0 | 16#0105 | |
| ZI2_3 | DWord | 16#0 | 16#0D33_0000 | |
| ▼ Start_UP_SI_classic | SI_classic | | | |
| EV_CLASS | Byte | 16#0 | 16#13 | |
| EV_NUM | Byte | 16#0 | 16#81 | |
| PRIORITY | Byte | 16#0 | 16#01 | |
| NUM | Byte | 16#0 | 16#64 | |
| TYP2_3 | Byte | 16#0 | 16#00 | |
| TYP1 | Byte | 16#0 | 16#00 | |
| ZI1 | Word | 16#0 | 16#4304 | |
| ZI2_3 | DWord | 16#0 | 16#0004_0004 | |

图7-10 通过函数 RD_SINFO 读出的非优化 OB 块的启动信息

**注意：** 启动信息不能指出调用诊断事件的具体原因，比如事件“断线”。如果需要此类更为详细的诊断信息，则可以在诊断 OB 块中调用接收中断函数“RALRM”。

## 7.3.2 组织块的类型与优先级

SIMATIC S7-1500 CPU 支持的优先级从 1（最低）到 26（最高），每个 OB 有其对应的优先级。OB 可由事件触发，所以也可以说事件具有与 OB 相对应的优先级。对于 SIMATIC S7-1500 CPU，如果发生 OB 启动事件，则可能引起以下反应：

1）如果事件源已分配一个 OB，则事件将触发该 OB 的执行并更新分配的过程映像分区，这意味着事件是按照优先级进行排列的（因为 OB 具有优先级）。

2）如果事件源并没有分配任何 OB（有一种可能是用户并没有添加相应 OB），则将执行默认的系统响应（在 S7-300/400 中 CPU 将停机）。

表7-3 概述了 OB 启动事件，包括 OB 优先级、OB 编号、默认的系统响应和可能的 OB 个数。优先级数字越小表示优先级越低，例如程序循环组织块的优先级为“1”，表示其优先级最低，能够被其他组织块所中断。

**表7-3 OB 块的类型及优先级**

| 类 型 | 优先级（默认） | OB 编号 | 默认的系统响应 | 可能的 OB 个数 |
|---|---|---|---|---|
| 程序循环 | 1 | 1，≥123 | 忽略 | 0~100 |
| 时间中断 | 2~24（2） | 10~17，≥123 | 不适用 | 0~20 |
| 延时中断 | 2~24（3） | 20~23，≥123 | 不适用 | 0~20 |
| 循环中断 | 2~24（8至17） | 30~38，≥123 | 不适用 | 0~20 |
| 硬件中断 | 2~26（18） | 40~47，≥123 | 忽略 | 0~50 |

（续）

| 类　型 | 优先级（默认） | OB 编号 | 默认的系统响应 | 可能的 OB 个数 |
| --- | --- | --- | --- | --- |
| 状态中断 | 2～24（4） | 55 | 忽略 | 0 或 1 |
| 更新中断 | 2～24（4） | 56 | 忽略 | 0 或 1 |
| 制造商或配置文件特定的中断 | 2～24（4） | 57 | 忽略 | 0 或 1 |
| 等时同步模式中断 | 16～26（21） | 61～64，≥123 | 忽略 | 0～2 |
| 时间错误 | 22 | 80 | 忽略 | 0 或 1 |
| 超出循环监视时间一次 | | | STOP | |
| 诊断中断 | 2～26（5） | 82 | 忽略 | 0 或 1 |
| 模块拔出/插入中断 | 2～26（6） | 83 | 忽略 | 0 或 1 |
| 机架错误 | 2～26（6） | 86 | 忽略 | 0 或 1 |
| MC 伺服中断 | 17～26（25） | 91 | 不适用 | 0 或 1 |
| MC 插补器中断 | 16～26（24） | 92 | 不适用 | 0 或 1 |
| 启动 | 1 | 100，≥123 | 忽略 | 0～100 |
| 编程错误（仅限全局错误处理） | 2～26（7） | 12 | STOP | 0 或 1 |
| I/O 访问错误 | 2～26（7） | 122 | 忽略 | 0 或 1 |

**注意：**由表 7-3 可以看出，当发生循环超时和编程错误事件时，如果程序中没有添加相应的组织块，则 SIMATIC S7-1500 CPU 将进入停机模式；而对于其他事件，即使 SIMATIC S7-1500 CPU 中没有添加相应的组织块，CPU 也不会停机，这与 S7-300/400 是有区别的。

**1. 程序循环组织块**（Program Cycle）

操作系统每个周期调用“程序循环”组织块一次，从而启动用户程序的执行。在 SIMATIC S7-1500 CPU 中，可以使用多个“程序循环”组织块（OB 编号大于等于 123），并且按照序号由小到大的顺序依次执行。所有的“程序循环”组织块执行完成后，操作系统再次重新调用“程序循环”组织块。在各个“程序循环”组织块中调用 FB、FC 等用户程序使之循环执行。“程序循环”组织块的优先级为 1 且不能修改，这意味着它的优先级是最低的，可以被其他 OB 块中断。“程序循环”组织块的执行如图 7-11 所示。

**2. 时间中断组织块**（Time of Day）

时间中断组织块用于在时间可控的应用中定期运行一部分用户程序，可以实现在某个预设时间到达时只运行一次，或者在设定的触发日期到达时，按每分、每小时、每周、每月、每月底等周期运行。当 CPU 的日期值大于设定的日期值时触发相应的 OB，按设定的模式执行。在用户程序中也可以通过调用 SET_TINT 指令设定时间中断组织块的参数，调用 ACT_TINT 指令激活时间，中断组织块投入运行。与在 OB 块属性中的设置相比，通过用户程序在 CPU 运行时修改设定的参数更加灵活。两种方式可以任意选择，也可以同时对一个 OB 块进行参数设置。

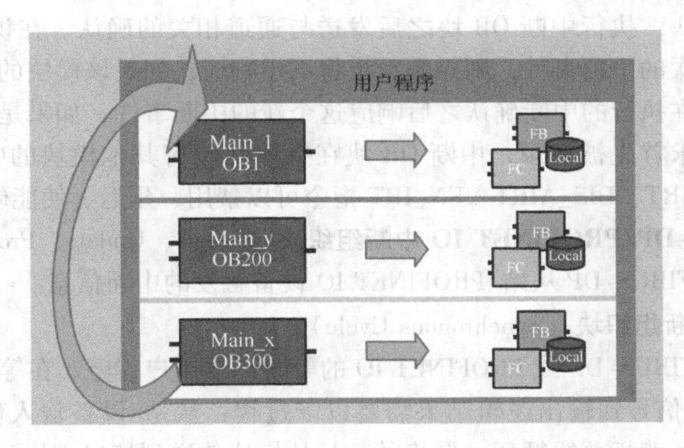

图 7-11 SIMATIC S7-1500 PLC 程序循环组织块

**3. 时间延迟中断组织块**（Time Delay Interrupt）

时间延迟中断 OB 在经过一段可组态的延迟时间后启动。操作系统会在调用指令 SRT_DINT 后开始计算延迟时间，延迟时间到达后触发执行响应的 OB。OB 块号及延迟时间在 SRT_DINT 参数中设定，延迟时间为 1 ~ 60000ms，延迟精度为 1ms，这也是不使用定时器作为延时条件的原因。可以使用“CAN_DINT”指令取消已经启动的延迟中断。

**4. 循环中断组织块**（Cyclic Interrupt）

循环中断组织块按设定的时间间隔循环执行，循环中断的间隔时间通过时间基数和相位偏移量来指定。在 OB 块属性中，每一个 OB 块的时间间隔可以由用户设置。如果使用了多个循环中断 OB，则当这些循环中断 OB 的时间基数有公倍数时，可以使用相位偏移量来防止同时启动。不同类型的 SIMATIC S7-1500 CPU 所支持的最短时间间隔不同，例如 CPU 1516 支持最短 250μs 的时间间隔，而 CPU 1518 支持最短 100μs 的时间间隔。在循环中断组织块中的用户程序将按照固定的间隔时间执行一次，OB 块中的用户程序执行时间必须小于设定的时间间隔。如果间隔时间较短，则会造成循环中断 OB 块没有完成程序扫描而再次被调用，从而造成 CPU 故障，触发 OB80 报错。如果程序中没有创建 OB80，则 CPU 进入停机模式。通过调用 DIS_IRT、DIS_AIRT、EN_IRT 指令可以禁用、延迟、使能循环中断的调用。循环中断组织块通常处理需要固定扫描周期的用户程序，例如 PID 函数块通常需要在循环中断中调用，以保证采样时间恒定。

**5. 硬件中断组织块**（Hardware Interrupt）

硬件中断也称为过程中断，用来响应由具有硬件中断能力的设备（如通信处理器 CP 及数字量输入、输出模块等）产生的硬件中断事件。例如，可使用具有硬件中断的数字量输入模块触发中断响应，然后为每一个中断响应分配相应的中断 OB 块，多个中断响应可以触发一个相同的硬件中断 OB。SIMATIC S7-1500 CPU 支持多达 50 个硬件中断组织块，可以为最多 50 个不同的中断事件分配独立的硬件中断组织块，方便用户对每个中断事件独立编程。

如果配置的中断事件出现，则中断当前主程序，执行中断 OB 块中的用户程序一次，然后跳回中断处继续运行主程序。中断程序的执行不受主程序扫描和过程映像区更新时间的影响，适合需要快速响应的应用。

如果输入模块中的一个通道触发硬件中断，则操作系统将识别该模块的槽号和通道号，并触发相应的 OB 块，执行中断 OB 块之后发送与通道相关的确认。在识别和确认过程中，如果该通道存在再次的中断事件，则操作系统将不予响应；如果该模块的其他通道存在中断事件，则在当前正在执行的中断确认之后响应这个新的中断事件；如果是由不同的模块触发的中断，则中断请求首先被记录，中断 OB 块在空闲（没有其他模块的中断请求）时被触发。通过调用 DIS_IRT、DIS_AIRT、EN_IRT 指令可以禁用、延迟、使能硬件中断的调用。

**6. PROFIBUS-DP/PROFINET IO 中断组织块**（Status、Update、Profile）

CPU 响应 PROFIBUS-DP 从站/PROFINET IO 设备触发的中断信息。

**7. 等时同步中断组织块**（Synchronous Cycle）

用于处理 PROFIBUS-DP 或 PROFINET IO 的等时同步用户程序。在等时模式下，从各个从站/设备采集输入信号到输出逻辑结果需要以下过程：从站/设备输入信号采样循环（信号转换）、从站/设备背板总线循环（转换的信号从模块传递到接口模块）、总线循环（信号从分布式 I/O 传递到 CPU）、程序执行循环（信号的程序处理，即等时同步中断组织块）、总线循环（信号从 PLC 传递到分布式 I/O）、从站/设备背板总线循环（信号从站接口模块传递到输出模块）及模块输出循环（信号转换）等 7 个循环。同步时钟将同步以上 7 个循环，优化数据的传递，并保证各个分布式 I/O 数据处理的同步性。

**8. 时间错误组织块**（Time Error Interrupt）

用于处理时间故障。当在一个循环内程序执行第一次超出设置的最大循环时间时，CPU 将自动调用 OB80。如果程序中没有创建 OB80，则 CPU 将进入停止模式，如果程序中已经创建了 OB80，但是在同一次循环内程序执行超出设置的最大循环时间两倍，则 CPU 也将进入停机模式。

**9. 诊断中断组织块**（Diagnostic Error Interrupt）

SIMATIC S7-1500 PLC 操作系统在下列情况下调用诊断中断组织块：

1）激活诊断功能的模块检测到其诊断状态发生变化（事件到来或事件离开）；

2）发生电源错误触发事件；

3）操作系统检测到存储错误以及硬件中断丢失等事件。

**10. 拔出/插入中断组织块**（Pull or Plug of Modules）

当移除或者插入已组态的分布式 I/O 模块或子模块时，SIMATIC S7-1500 CPU 操作系统将调用拔出/插入中断组织块。

> **注意：**目前 SIMATIC S7-1500 PLC 机架不支持热插拔，所以拔出或插入中央机架模块将导致 CPU 进入 STOP 模式。

**11. 机架错误组织块**（Rack or Station Failure）

SIMATIC S7-1500 CPU 操作系统在下列情况下调用机架错误 OB：

1）检测到 PROFIBUS-DP 系统或 PROFINET IO 系统发生站点故障等事件（事件到达或离去）；

2）检测到 PROFINET 智能设备的部分子模块发生故障。

**12. 编程错误组织块**（Programming Error）

当 SIMATIC S7-1500 CPU 在处理用户程序指令时发生编程错误，有两种方式进行处理：

1）全局处理：调用编程错误组织块；

2）本地处理：直接在用户程序块中调用指令“GET_ERROR”或者“GET_ERR_ID”进行处理。

如果没有采取以上任何一种错误处理方式，则CPU会停机。

例如图7-12所示的一段程序，将数据123写入变量"A". B["I"] 中。

如果索引“I”超出范围，则SIMATIC S7-1500 CPU操作系统将调用编程错误OB121，并将编程错误诊断信息写入诊断缓冲区，这就是全局处理。

如果在程序块发生编程错误的语句后调用函数“GET_ERR_ID”或“GET_ERR”，则CPU不会再调用OB121（这种情况下即使CPU中没有OB121也不会停机），也不会将错误写入诊断缓冲区。用户可以在程序块的输出参数“ID”中获取错误信息，如图7-13所示。

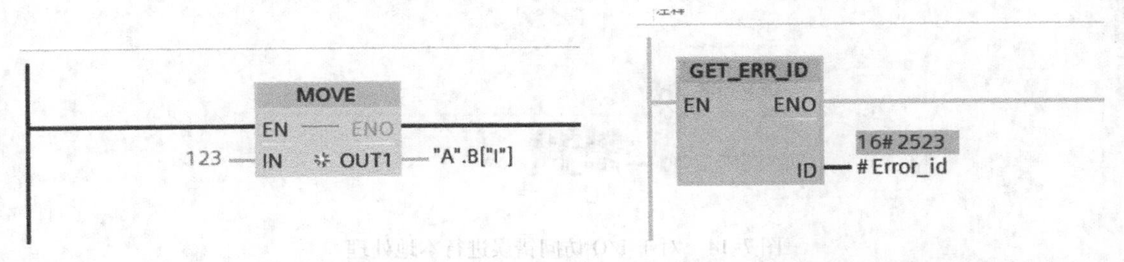


图7-12 编程错误　　图7-13 对于编程错误进行本地处理

查看“GET_ERR_ID”的在线帮助可知故障ID“16#2523”对应的错误信息为“写入错误：操作数超出有效范围”。使用本地处理程序错误的好处是能够快速定位用户程序中出现的编程错误，也可以使程序块独立于其他故障处理程序块，存放于全局库中。如果想要得到更详细的错误信息，比如出错程序块的类型、程序块编号等，则可通过调用函数“GET_ERR”实现。

**13. I/O访问错误组织块**（IO Access Error）

如果在执行用户程序指令期间直接访问I/O数据出错，则也可以进行全局处理或者本地处理。

1）全局处理：调用I/O访问错误组织块（OB122）；

2）本地处理：在用户程序块中调用指令“GET_ERROR”或者“GET_ERR_ID”进行处理。比如在程序中访问了并不存在的外设“IW100：P”，便可以进行本地处理，如图7-14所示。

查看“GET_ERR_ID”的在线帮助可知故障ID“16#2942”对应的错误信息是“读取错误：Input”。如果不作全局错误处理和本地错误处理，则CPU将故障信息写入到诊断缓冲区中。

**14. 启动组织块**（Startup）

操作系统从“停止”切换到“运行”模式时，将调用启动OB。如果有多个启动OB，则按照OB编号依次调用，从最小编号的OB开始执行，用户可以在启动OB中编写初始化程序。程序中也可以不创建任何启动OB。SIMATIC S7-1500 CPU只支持暖启动。

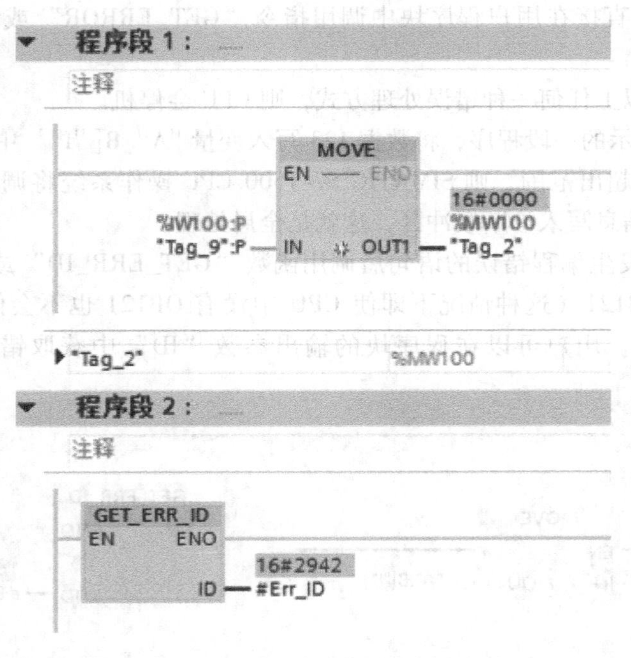


图 7-14 对于 I/O 访问错误进行本地处理

**15. MC 运动控制组织块**（MC-Interpolator、MC-Servo、MC-PreServo、MC-PostServo）

在添加相关的“SIMATIC S7-1500 运动控制”工艺对象之后，系统自动将 OB91/OB92 分配到 MC 伺服中断和 MC 插补器中断。MC-PreServo 和 MC-PostServo 用于液压轴控制的修正。

## 7.3.3 CPU 的过载特性

SIMATIC S7-1500 CPU 的组织块所支持的优先级从 1（最低）到 26（最高），这意味着同时发出多个 OB 请求时，将首先执行优先级最高的 OB 块。如果 OB 有相同的优先级，则当触发事件同时到来时，组织块将按事件出现的顺序（进入系统的顺序）触发。部分组织块的优先级是可以修改的，具体参考表 7-3。

如果到来事件的优先级低于正在处理的 OB 块优先级，则 CPU 不会中断当前正在执行的 OB 块。如果此时相同的低优先级事件多次发生，那么 CPU 会对这些相同事件进行排队。当执行完高优先级 OB 块后，CPU 执行队列中低优先级事件对应的 OB 块。

当来自同一事件源的事件发生速度大于 CPU 的处理速度时，会发生过载。如果要控制临时过载，则可以限制未处理事件的数量（队列中相同事件的数量）。当达到 OB 块属性设置中的未处理事件的数目时，丢弃随后的事件。可以在某些 OB 块（如循环中断组织块、时间中断组织块）的“待进入队列的事件”参数中设置这个事件队列的数目。如果设置此参数值为 1，则仅临时存储一个事件。在这个 OB 块的下一次调用中，可在其优化的启动信息中的“event_count”输入参数中获取已丢失事件的数目，然后对过载情况作出适当的响应。

例如，循环中断组织块 OB30 的周期为 10ms，优先级设置为 16，“待进入队列的事件”设置为 1。硬件中断组织块 OB40 的优先级为 17，用户程序执行时间为 30ms。那么当硬件中断发生时，OB30 只进入队列一次（本该执行三次，但实际上会丢失两次），当 OB40 执行完毕后，不会执行丢失的那两次 OB30。

如果 CPU 丢失了 OB 启动事件，那么之后的行为特性将取决于 OB 块的属性参数“报告事件溢出到诊断缓冲区”，如果选中了该复选框，则 CPU 将把此次过载情况写入诊断缓冲区。

OB 块的属性参数“启用时间错误”用于指定在达到类似事件的指定过载级别时是否调用时间错误 OB80。如果调用（选中复选框），则需使用参数“时间错误的事件阈值”指定调用 OB80 时队列中类似事件的数量。取值范围为：1≤“时间错误的事件阈值”≤待排队的事件数。示例中，若此参数设置为 1，则当排队队列数目为 1 时，调用 OB80。事件队列在 OB 块的属性中设置，如图 7-15 所示。

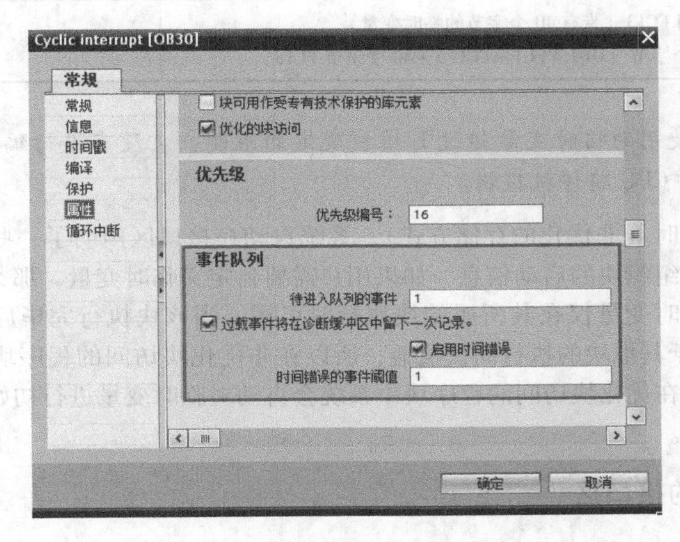


图 7-15　组织块的事件队列设置

## 7.3.4　组织块的本地数据区堆栈（L 堆栈）

SIMATIC S7-1500 CPU 为每个优先级分配了 64K 的临时变量，包括下列数据：

1）程序块中的临时变量；

2）组织块的开始信息（非优化存储的组织块与操作系统的接口区）；

3）FC、FB 的参数接口。

如果在一个程序块中使用了临时变量，那么它将占用调用它的组织块的 L 堆栈，程序块嵌套调用越深，占用 L 堆栈空间越大。例如在 OB1 中调用 FC1，在 FC1 中调用 FC10、FC11，在 FC11 中又调用 FC12、FC13，占用 L 堆栈大小的计算方式见表 7-4。

表 7-4　组织块的 L 堆栈

| 优先级 | L 堆栈中的字节数 |
|---|---|
| OB1（带有 20 个字节的开始信息和 10 个字节的临时变量）的调用 | 30 |
| 调用 FC1（带有 30 个字节的临时变量）<br>30 个字节（OB1）+30 个字节（FC1） | 60 |

（续）

| 优先级 | L 堆栈中的字节数 |
|---|---|
| 调用 FC10（带有 20 个字节的临时变量）<br>60 个字节（OB1 + FC1）+ 20 个字节 FC10 | 80 |
| 调用 FC11（带有 20 个字节的临时变量）<br>60 个字节（OB1 + FC1）+ 20 个字节 FC11 | 80 |
| 调用 FC12（带有 30 个字节的临时变量）<br>80 个字节（OB1 + FC1 + FC11）+ 30 个字节 FC12 | 110 |
| 调用 FC13（带有 40 个字节的临时变量）<br>80 个字节（OB1 + FC1 + FC11）+ 40 个字节 FC13 | 120 |

**注意：**如果使用的临时变量超过 L 堆栈规定的限制，又没有进行编程错误处理，则 SIMATIC S7-1500 CPU 将停机报错。

在创建组织块时（非优化的存储方式），系统自动在接口区声明了一些不能被修改的临时变量，用于记录组织块的启动信息。如果用户需要自定义临时变量，那么必须在这些启动信息之后创建。临时变量仅在其所属的块执行时可用，当该块执行完毕后，这些临时变量（L 堆栈）可能由于其他块的执行而被覆盖，所以在非优化块访问的程序块中需要对临时变量进行初始化，而在优化块访问的程序块中系统会自动对临时变量进行初始化，不需要用户再编写初始化程序。

### 7.3.5　组织块的接口区

在组织块的接口区中，除了自动生成的变量之外，用户可以自行定义临时变量及本地常量，所支持的数据类型见表 7-5。

表 7-5　组织块 OB 接口区的数据类型

| 声明的数据类型 | 基本数据类型 | ARRAY STRUCT STRING/WSTRING DT | 参数类型 | VOID | DB_ANY | POINTER | ANY | VARIANT |
|---|---|---|---|---|---|---|---|---|
| Temp | √ | √ | — | — | √ | — | √② | — |
| Constant | √ | √① | — | — | — | — | — | — |

注：√表示可以；—表示限制。

① 不允许使用数据类型为 ARRAY 或 STRUCT 的常量。

② ANY 只能用于标准访问方式的“Temp”区域中。

## 7.4　函数

函数（FC）是不带“存储器”的代码块。由于没有可以存储块参数值的存储数据区，因此调用函数时，必须给所有形参分配实参。

用户在函数中编写程序，在其他代码块中调用该函数时将执行此程序。函数 FC 有两个作用：

1）作为子程序使用，即将相互独立的控制设备分成不同的 FC 编写，统一由 OB 块调用，这样就实现了对整个程序进行结构化划分，便于程序调试及修改，使整个程序的条理性和易读性增强。

2）可以在程序的不同位置多次调用同一个函数，即函数中通常带有形参，通过多次调用，并对形参赋值不同的实参，可实现对功能类似的设备统一编程和控制。SIMATIC S7-1500 PLC 系列 PLC 可创建的 FC 编号范围为 1 ~65535。一个函数最大程序容量与具体的 PLC 类型有关，可参考 CPU 技术数据。

## 7.4.1 函数的接口区

每个函数都带有形参接口区，参数类型分为输入参数、输出参数、输入/输出参数和返回值。本地数据包括临时数据及本地常量。每种形参类型和本地数据均可以定义多个变量，其中每个块的临时变量最多为 16K。函数接口区如图 7-16 所示。

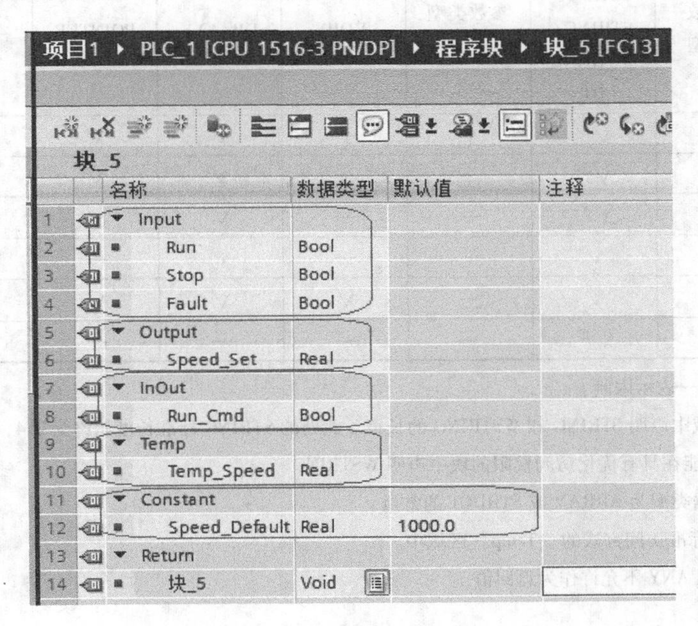


图 7-16 函数形参接口区

1）Input：输入参数，函数调用时将用户程序数据传递到函数中，实参可以为常数。

2）Output：输出参数，函数调用时将函数执行结果传递到用户程序中，实参不能为常数。

3）InOut：输入/输出参数，调用时由函数读取其值后进行运算，执行后将结果返回，实参不能为常数。

4）Temp：用于存储临时中间结果的变量，只能用于函数内部作为中间变量（本地数据区 L)。临时变量在函数调用时生效，函数执行完成后临时变量区被释放，所以临时变量不能存储中间数据。

5）Constant：声明常量符号名后，程序中可以使用符号代替常量，这使得程序具有可读性且易于维护。符号常量由名称、数据类型和常量值三个元素组成，局部常量仅在块内适用。

**注意：**临时变量在调用函数时由系统自动分配，退出函数时系统自动释放，所以数据不能保持。因此评价上升沿/下降沿信号时，如果使用临时变量区存储上一个周期的位状态，则会导致错误。如果是非优化的函数，则临时变量的初始值为随机数；如果是优化存储的函数，则临时变量中的基本数据类型的变量会初始化为“0”。比如 BOOL 型变量初始化为“False”，INT 型变量初始化为“0”。

函数 FC 接口区允许的数据类型见表 7-6。

**表 7-6　函数 FC 接口区的数据类型**

| 声明的数据类型 | 基本数据类型 | ARRAY STRUCT STRING/WSTRING DT | 参数类型 | VOID | DB_ANY | POINTER | ANY | VARIANT |
|---|---|---|---|---|---|---|---|---|
| Input | √ | √① | √ | — | √ | √ | √ | √ |
| Output | √ | √① | — | — | √ | √ | √ | √ |
| In/Out | √ | √① | — | — | √ | √ | √ | √ |
| Temp | √ | √ | — | — | √ | — | √③ | √ |
| Return | √ | √ | — | √ | √ | √ | √④ | — |
| Constant | √ | √② | — | — | — | — | — | — |

注：√表示可以；—表示限制。

① 不能在这些区域中声明 STRING 和 WSTRING 的长度。此处的 STRING 标准长度始终为 254，WSTRING 标准长度为 16832，并且只能在具有优化访问权限的块中声明 WSTRING。

② 不允许使用数据类型为 ARRAY 或 STRUCT 的常量。

③ ANY 只能用于标准访问方式的“Temp”区域中。

④ 在 SCL 语言中，ANY 不允许作为返回值。

### 7.4.2　无形参函数（子程序功能）

在函数的接口数据区中可以不定义形参变量，即调用程序与函数之间没有数据交换，只是运行函数中的程序，这样的函数可作为子程序调用。使用子程序可将整个控制程序进行结构化划分，清晰明了，便于设备的调试及维护。例如控制三个相互独立的控制设备，可将程序分别编写在三个子程序中，然后在主程序中分别调用各个子程序，实现对设备的控制，程序结构如图 7-17 所示。

**注意：**子程序中也可以带有形参，是否带有形参应根据实际应用而定。

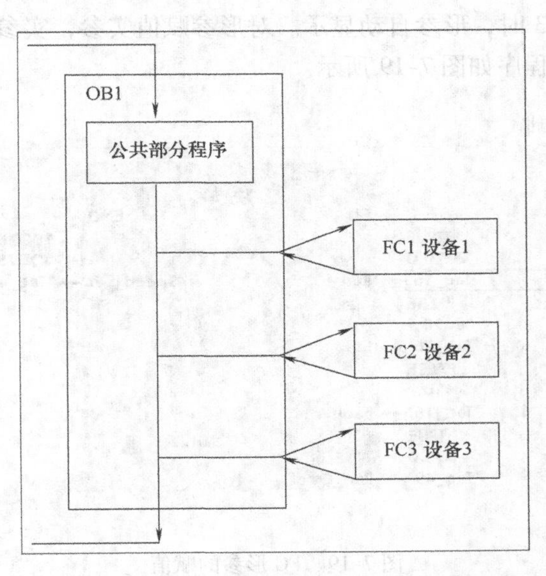


图 7-17 无形参函数 FC 的调用

### 7.4.3 带有形参的函数

在应用中常常遇到对许多相似功能的设备进行编程。例如控制三组电机，每个电机的运行参数相同，如果分别对每一个电机编程，则除输入输出地址不同外，每个电机控制程序基本相同，重复编程的工作量比较大。使用函数可以将一个电机的控制程序作为模板，在程序中多次调用该函数，并赋值不同的参数，即可实现对多个电机的控制。例如在函数 FC13 中定义的形参如图 7-16 所示，然后就可以在 FC13 中编写程序，用于控制三组电机。函数 FC13 程序如图 7-18 所示。

**注意：** 函数的形参只能用符号名寻址，不能用绝对地址。

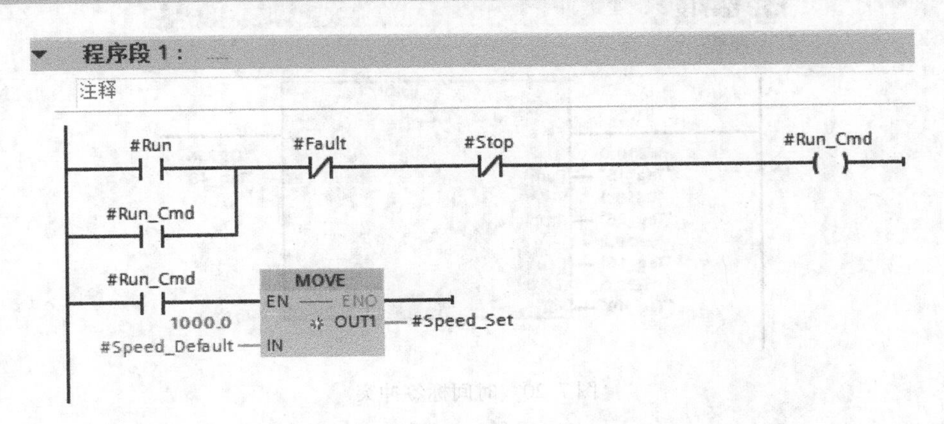


图 7-18 FC 形参的使用

Run 为启动命令（通常使用脉冲信号），如果没有故障（Fault＝0）和停止信号（Stop＝0），则电机运行（Run_Cmd＝1）并将本地常量的数值输出到速度设定值（Speed_Set）上。

在 OB1 中调用函数 FC13 时，形参自动显示。对形参赋值实参，实参将通过函数的接口区传递到函数程序中，示例程序如图 7-19 所示。

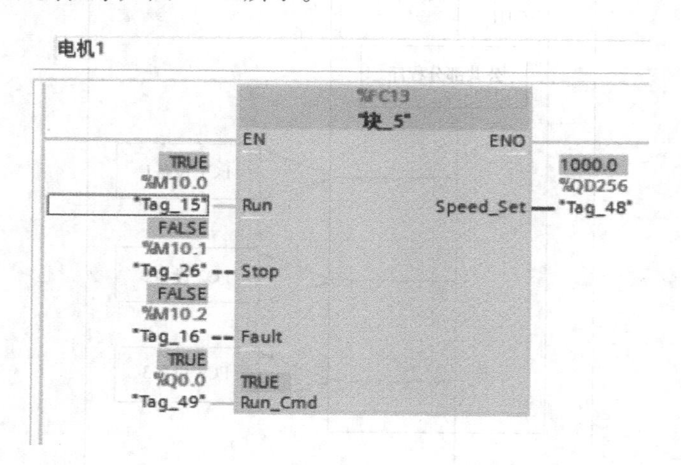


图 7-19　FC 形参的赋值

通过对函数 FC13 多次调用及赋值不同的输入输出实参，实现对三个电机的控制，减少了重复编程的工作量。

**注意：**在编写函数的输出参数时应避免直接输出。可以在函数程序开始的部分将所有输出参数初始化，定义输出参数的默认值。例如在上例函数中，首先将“Speed_Set”赋值为“0.0”。在优化的函数中，SIMATIC S7-1500 PLC 会自动将基本数据类型的输出初始化为“0”。

如果函数在程序中被调用后，它的接口参数被修改（增加或减少形参、修改其数据类型），那么打开调用程序后，会出现时间标签冲突的提示，被调用函数变成红色，如图 7-20 所示。

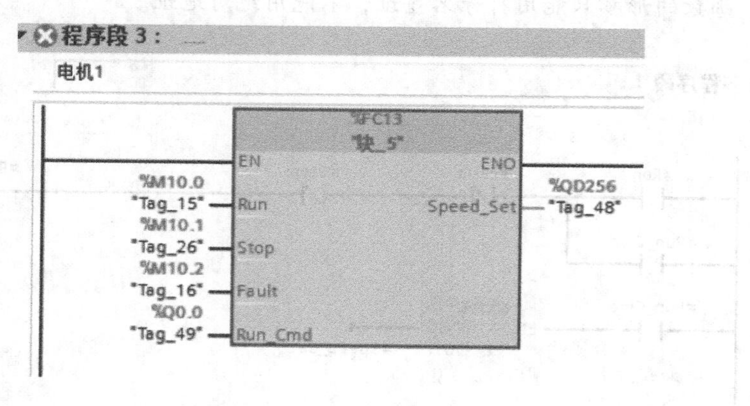


图 7-20　时间标签冲突

对于 SIMATIC S7-1500 CPU，程序下载必须是“一致性下载”。如果接口参数被修改，则仅仅编译函数本身并下载是不允许的。下载之前需要编译整个程序，并在调用程序中修改实参。可以选中程序块文件夹，单击按钮来实现程序块的编译。或者在程序块文件夹上右键单击，在弹出的菜单中选择“编译”→“软件（重新编译所有块）”。

函数的输入用作只读操作，输出用作只写操作。如果对输入进行写入操作，或对输出进行读取操作，则 TIA 博途软件在编译时会给出语法警告，相应的调用指令会标注警告颜色（橘黄色）。这种编程方式可能引起意外的结果，所以不建议用户这样使用。

由于函数输出的访问方式不同，所以原有 S7-300/400 PLC 的编程方式应用到 SIMATIC S7-1500 PLC 上就会出现问题，例如在函数中置位输出线圈，如图 7-21 所示。

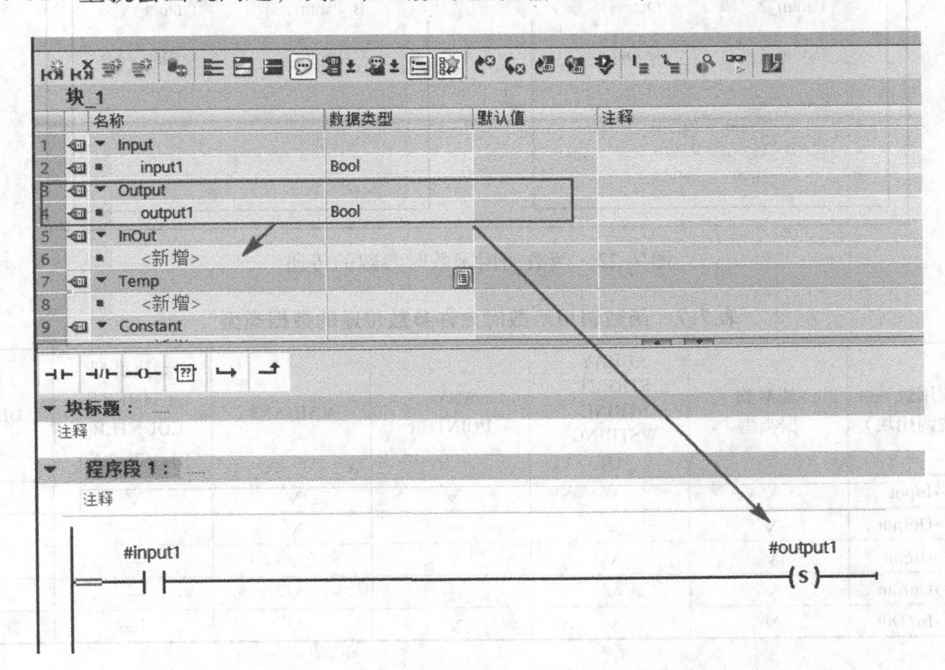


图 7-21　函数输出使用的注意事项

输入“input1”为 1 时置位输出“output1”，但是输入跳变为 0 时，输出也会跳变为 0，这样编程会造成逻辑结果的混乱，尤其是移植的项目。这种情况下可以将“输出”类型的形参改变为“输入/输出”类型，即可解决该问题。

## 7.4.4　函数嵌套调用时允许参数传递的数据类型

在主程序中调用带有形参的函数，可以直接对形参赋值实参，对于函数来说使用形参的数据类型没有限制（符合表 7-6 要求）。在带有形参的函数或函数块中嵌套调用带有形参的函数时，可以使用调用块中的形参对被调用函数的形参赋值，但是对于调用函数的形参数据类型有限制。下面介绍在 SIMATIC S7-1500 CPU 中，函数和函数块分别调用函数时所允许参数传递的数据类型。

**1. 函数调用函数时参数的传递**

函数调用函数，或称函数间嵌套调用时，可以使用调用函数的形参作为实参对被调用函数的形参进行赋值，例如带有形参的函数 FC10 调用带有形参的函数 FC12，参数传递如图 7-22 所示。

函数间调用允许参数传递的数据类型见表 7-7。

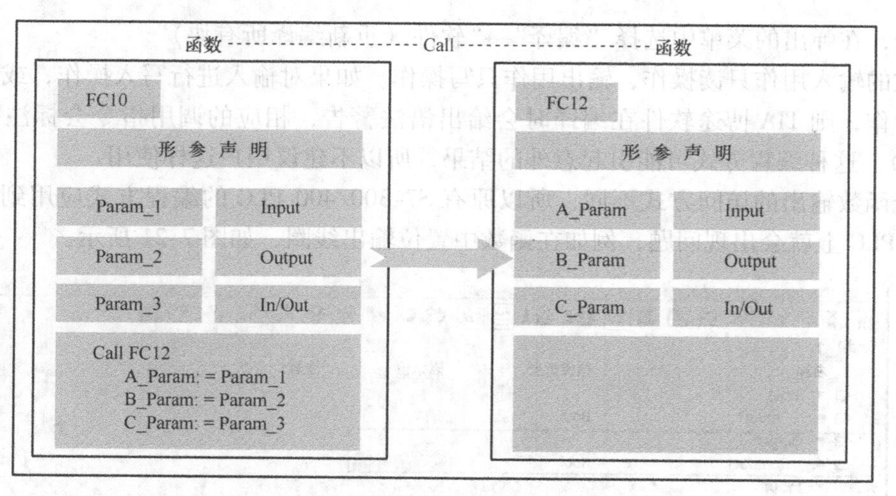


图 7-22　函数调用函数时参数的传递

**表 7-7　函数调用函数时允许参数传递的数据类型**

| 实参（调用块）→<br>形参（被调用块） | 基本数据类型 | ARRAY、STRUCT、STRING、WSTRING、DT | ANY、POINTER | VARIANT | 参数类型（TIMER、COUNTER、BLOCK_XX） | DB_Any |
|---|---|---|---|---|---|---|
| Input→Input | √ | √ | √ | √ | √ | √ |
| Output→Output | √ | √ | — | √ | — | — |
| In/Out→Input | √ | √ | √ | √ | — | — |
| In/Out→Output | √ | √ | — | √ | — | — |
| In/Out→In/Out | √ | √ | √ | √ | — | — |

## 2. 函数块调用函数参数的传递

函数块（FB）嵌套调用函数（FC）时，使用函数块（FB）的形参作为实参对函数（FC）的形参进行赋值，例如带有形参的函数块 FB10 调用带有形参的函数 FC12，参数传递如图 7-23 所示。

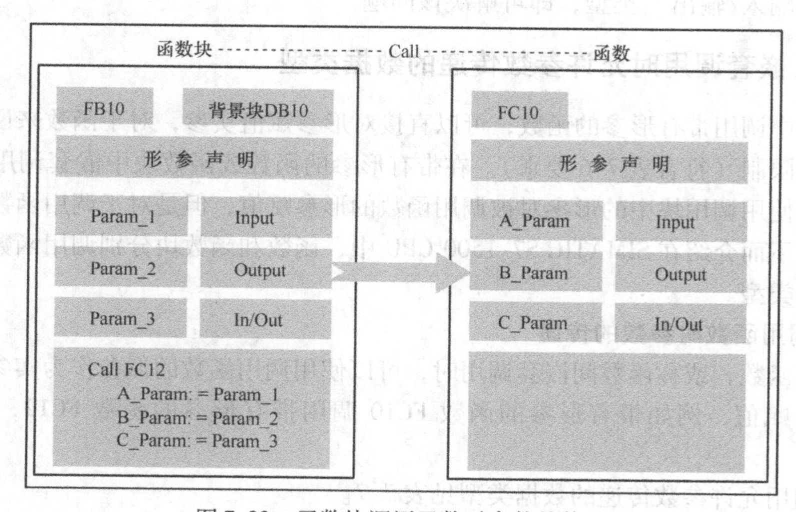


图 7-23　函数块调用函数时参数的传递

函数块调用函数允许参数传递的数据类型见表7-8。

表7-8 函数块调用函数时允许参数传递的数据类型

| 实参（调用块）→<br>形参（被调用块） | 基本数据类型 | ARRAY、STRUCT、STRING、WSTRING、DT | ANY、POINTER | VARIANT | 参数类型（TIMER、COUNTER、BLOCK_XX） | DB_Any |
|---|---|---|---|---|---|---|
| Input→Input | √ | √ | √ | √ | √ | √ |
| Output→Output | √ | √ | — | √ | — | — |
| In/Out→Input | √ | √ | √ | √ | — | — |
| In/Out→Output | √ | √ | — | √ | — | — |
| In/Out→In/Out | √ | √ | √ | √ | — | — |

函数嵌套调用时必须遵守表7-7或表7-8的规则，这就是为什么有些函数在主程序中调用时可以直接对它的形参赋值实参，而在其他函数中嵌套调用时不能赋值的原因。

## 7.5 函数块

与函数FC相比，调用函数块（FB）时必须为之分配背景数据块。FB的输入参数、输出参数、输入/输出参数、以及静态变量存储在背景数据块中，在执行完函数块之后，这些值依然有效。一个数据块既可以作为一个函数块的背景数据块，也可以作为多个函数块的背景数据块（多重背景数据块）。函数块也可以使用临时变量，临时变量并不存储在背景数据块中。

函数块的调用都需要一个背景数据块，在其中包含函数块中所声明的形参和静态变量。例如调用SIMATIC S7-1500 PLC指令中提供的PID函数块时，TIA博途为每个控制回路分配一个背景数据块，在背景数据块中存储控制回路所有的参数。SIMATIC S7-1500 PLC中一个函数块的最大程序容量与CPU类型有关，例如CPU 1516为512K。其他类型CPU可参考相关技术数据。

### 7.5.1 函数块的接口区

与函数FC相同，函数块FB也带有形参接口区。参数类型除输入参数、输出参数、输入/输出参数、临时数据区、本地常量外，还带有存储中间变量的静态数据区，参数接口如图7-24所示。

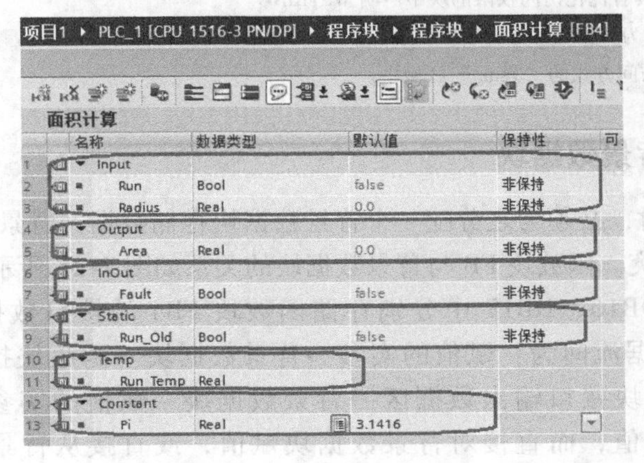


图7-24 函数块形参接口区

1）Input：输入参数，函数块调用时将用户程序数据传递到函数块中，实参可以为常数。

2）Output：输出参数，函数块调用时将函数块的执行结果传递到用户程序中，实参不能为常数。

3）InOut：输入/输出参数，函数块调用时由函数块读取其值后进行运算，执行后将结果返回，实参不能为常数。

4）Static：静态变量，不参与参数传递，用于存储中间过程值。

5）Temp：用于函数内部临时存储中间结果的临时变量，不占用背景数据块空间。临时变量在函数块调用时生效，函数执行完成后，临时变量区被释放。

6）Constant：声明常量的符号名后，在程序中可以使用符号代替常量，这使得程序可读性增强，且易于维护。符号常量由名称、数据类型和常量值 3 个元素组成。局部常量仅在块内适用。

函数块 FB 接口区允许的数据类型见表 7-9。

**表 7-9　函数块 FB 接口区的数据类型**

| 声明的数据类型 | 基本数据类型 | ARRAY STRUCT STRING/WSTRING DT | 参数类型 | VOID | DB_ANY | POINTER | ANY | VARIANT |
|---|---|---|---|---|---|---|---|---|
| Input | √ | √ | √ | — | √ | √ | √ | √ |
| Output | √ | √ | — | — | √ | — | — | — |
| In/Out | √ | √① | — | — | √ | √ | √ | √ |
| Static | √ | √ | — | — | √ | — | — | — |
| Temp | √ | √ | — | — | — | — | √③ | √ |
| Constant | √ | √② | — | — | — | — | — | — |

注：√表示可以；—表示限制。

① 不能在这些区域中声明 STRING 和 WSTRING 的长度，此处的 STRING 标准长度始终为 254，WSTRING 标准长度为 16832，并且只能在具有优化访问权限的块中声明 WSTRING。

② 不允许使用数据类型为 ARRAY 或 STRUCT 的常量。

③ ANY 只能用于标准访问方式的“Temp”区域中。

### 7.5.2　函数块与背景数据块

调用函数块 FB 时，必须为之分配一个背景数据块存储数据。背景数据块不能相同，否则输入、输出信号冲突。函数块 FB 与背景数据块的关系如图 7-25 所示。

在图 7-25 中，DB16、DB17 中分别存储函数块 FB4 的接口数据区（TEMP 临时变量区除外），输入数据流向为：赋值的实参→背景数据块→函数块接口输入数据区；输出数据流向为：函数块接口输出数据区→背景数据块→赋值的实参。所以调用函数块时，可以不对形参赋值，而直接对背景数据块赋值，或直接从背景数据块读出函数块的输出数值。

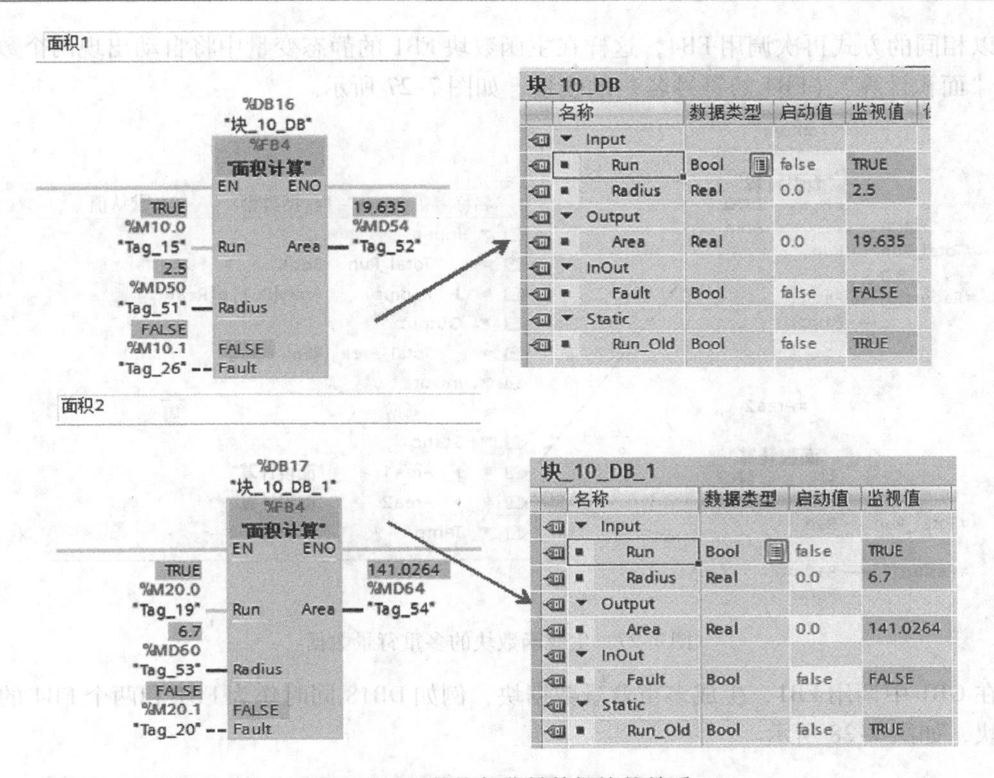


图7-25 函数块与背景数据块的关系

每次调用函数块FB时需要为之分配一个背景数据块，这将影响数据块DB的使用资源。如果将多个FB块作为主FB块的形参（静态变量）进行调用，那么在OB块中调用主FB块时就会生成一个总的背景数据块，这个背景数据块称为多重背景数据块。多重背景数据块存储所有相关FB的接口数据区。每个FB块在创建时默认具有多重背景数据块能力，并且不能取消。例如在FB1中调用FB4时将弹出调用选项界面，可以选择“多重背景”，“接口参数中的名称”用户可以修改，如图7-26所示。

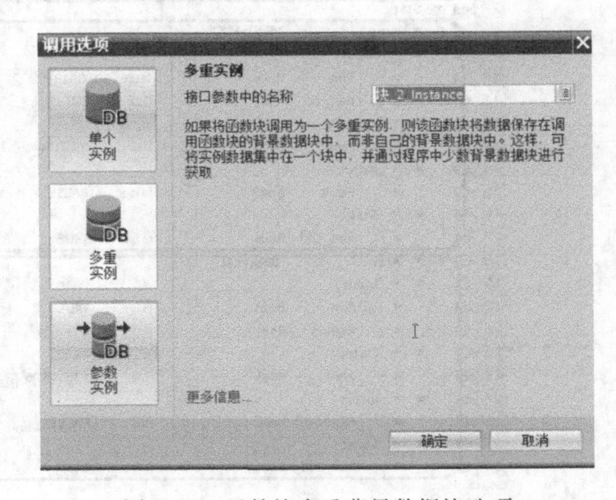


图7-26 函数块多重背景数据块选项

以相同的方式再次调用 FB4，这样在主函数块 FB1 的静态变量中将自动出现两个数据类型为“面积计算”（FB4 的符号名）的变量，如图 7-27 所示。

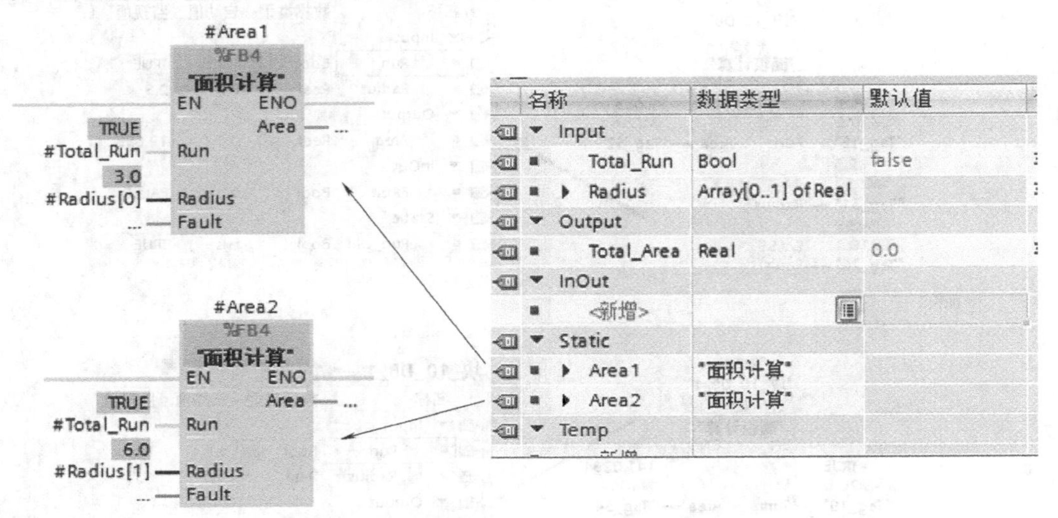


图 7-27　生成函数块的多重背景数据

在 OB1 中调用 FB1，生成多重背景数据块，例如 DB18 同时作为 FB1 和两个 FB4 的背景数据块，如图 7-28 所示。

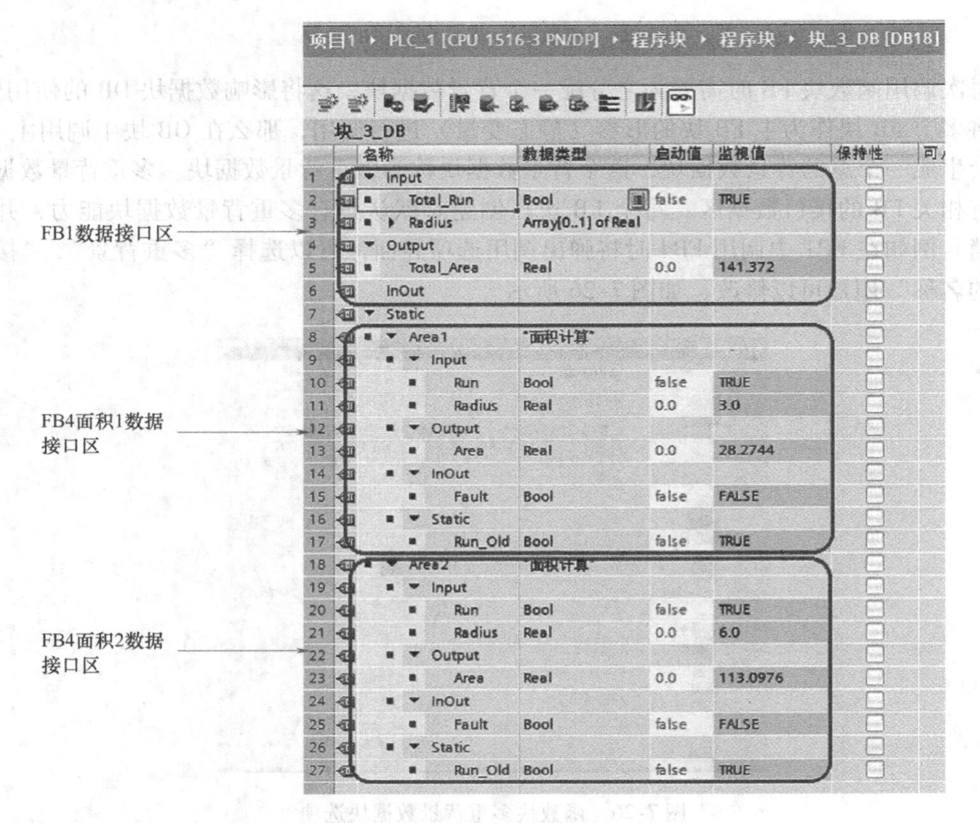


图 7-28　生成多重背景数据块

**注意**：与函数FC不同，FB块带有存储区-背景数据块，输出参数在没有初始化的情况下，会输出背景数据块的初始值。函数块的输入一般用作只读，输出一般用作只写。如果对输入进行写入操作，或对输出进行读取操作，则TIA博途软件在编译时会给出语法警告。相应的调用指令会标注警告颜色（橘黄色），不建议用户这样使用。

### 7.5.3 函数块嵌套调用时允许参数传递的数据类型

与函数类似，如果主程序调用函数块，则对函数块的形参可以直接赋值实参，函数块使用形参的数据类型没有限制（符合表7-9要求）。但是，如果带有形参的函数或函数块嵌套调用带有形参的函数块，则使用调用函数或调用函数块的形参作为实参，赋值给被调用函数块的形参时是有限制的。

**1. 函数调用函数块时参数的传递**

函数嵌套调用函数块时，可以使用调用函数的形参作为实参，赋值给被调用函数块的形参，例如带有形参的函数FC10调用带有形参的函数块FB12，参数传递如图7-29所示。

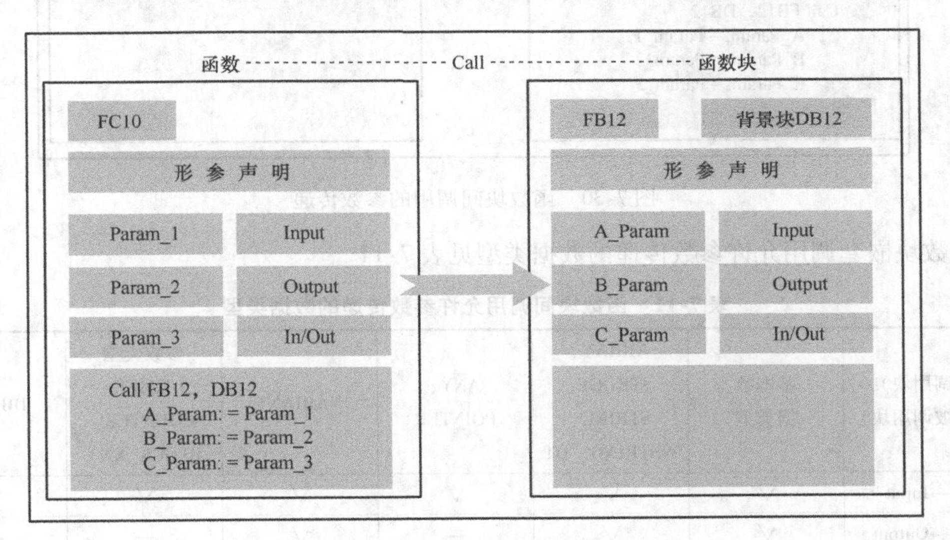


图7-29 函数调用函数块参数的传递

函数调用函数块允许参数传递的数据类型见表7-10。

**表7-10 函数调用函数块允许参数传递的数据类型**

| 实参（调用块）→<br>形参（被调用块） | 基本数据类型 | ARRAY、STRUCT、STRING、WSTRING、DT | ANY、POINTER | VARIANT | 参数类型（TIMER、COUNTER、BLOCK_XX） | DB_Any |
|---|---|---|---|---|---|---|
| Input→Input | √ | √ | √ | √ | √ | √ |
| Output→Output | √ | √ | — | √ | — | — |
| In/Out→Input | √ | √ | √ | √ | — | — |
| In/Out→Output | √ | √ | — | √ | — | — |
| In/Out→In/Out | √ | √ | √ | √ | — | — |

**2. 函数块间调用参数的传递**

函数块嵌套调用函数块时，可以使用调用函数块的形参作为实参，对被调用函数块的形参进行赋值，例如带有形参的函数块 FB10 调用带有形参的函数块 FB12，参数传递如图 7-30 所示。

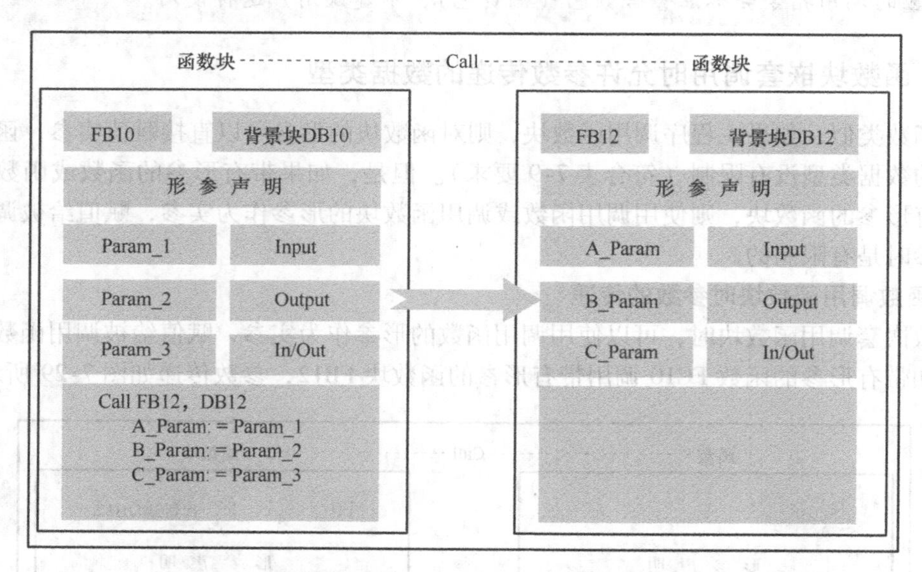


图 7-30　函数块间调用的参数传递

函数块嵌套调用允许参数传递的数据类型见表 7-11。

**表 7-11　函数块间调用允许参数传递的数据类型**

| 实参（调用块）→形参（被调用块） | 基本数据类型 | ARRAY、STRUCT、STRING、WSTRING、DT | ANY、POINTER | VARIANT | 参数类型（TIMER、COUNTER、BLOCK_XX） | DB_Any |
|---|---|---|---|---|---|---|
| Input→Input | √ | √ | √ | √ | √ | √ |
| Output→Output | √ | √ | — | √ | — | — |
| In/Out→Input | √ | √ | √ | √ | — | — |
| In/Out→Output | √ | √ | — | √ | — | — |
| In/Out→In/Out | √ | √ | √ | √ | — | — |

## 7.6　数据块

数据块（DB）用于存储用户数据及程序的中间变量。新建数据块时，缺省状态下是优化的存储方式，且数据块中存储变量的属性是非保持的。数据块占用 CPU 的装载存储区和工作存储区，与标志存储区（M）相比，使用功能相类似，都是全局变量。不同的是，M 数据区的大小在 CPU 技术规范中已经定义，且不可扩展，而数据块存储区由用户定义，最大不能超过数据工作存储区或装载存储区（只存储于装载存储区）。在 SIMATIC S7-1500

PLC 中，非优化的数据块最大数据空间为 64K。如果是优化的数据块，则其最大数据空间与 CPU 类型有关，例如 CPU 1516 最大可达 5M。CPU 中可创建数据块的数量与 CPU 的类型相关，可参考 CPU 的技术数据。如果按功能划分，则数据块 DB 可以作为全局数据块、背景数据块和基于用户数据类型（用户定义数据类型、系统数据类型或数组类型）的数据块。下面分别介绍这三种类型的数据块。

## 7.6.1　全局数据块

全局数据块（Global DB）用于存储程序数据，因此数据块包含用户程序使用的变量数据。一个程序中可以自由创建多个数据块。全局数据块必须事先定义才可以在程序中使用。要创建一个新的全局数据块，可在 TIA 博途界面下单击“程序块”→“添加新块”，选择“数据块”并选择数据块类型为“全局 DB”（缺省），如图 7-31 所示。

图 7-31　创建全局 DB 块

创建数据块后，在全局数据块的属性中可以切换存储方式，如图 7-32 所示。非优化的存储方式与 S7-300/400 PLC 兼容，可以使用绝对地址的方式访问该数据块；优化的存储方式只能以符号的方式访问该数据块。

如果选择“仅存储在装载内存中”选项，则 DB 块下载后只存储于 CPU 的装载存储区（SIMATIC MC 卡）中。如果程序需要访问 DB 块的数据，则需要调用指令 READ_DBL 将装载存储区的数据复制到工作存储区中，或者调用指令 WRIT_DBL 将数据写入装载存储器中。如果在 DB 块的“属性”中勾选“在设备中写保护数据块”，则可以将 DB 块以只读属性存储。使能“可从 OPC UA 访问 DB”选项，该数据块数据可以被 OPC UA 客户端访问。

打开数据块后就可以定义新的变量，并编辑变量的数据类型、启动值及保持性等属性。数据块默认是非保持的。对于非优化的数据块，整个数据块统一设置保持性属性；对于优化

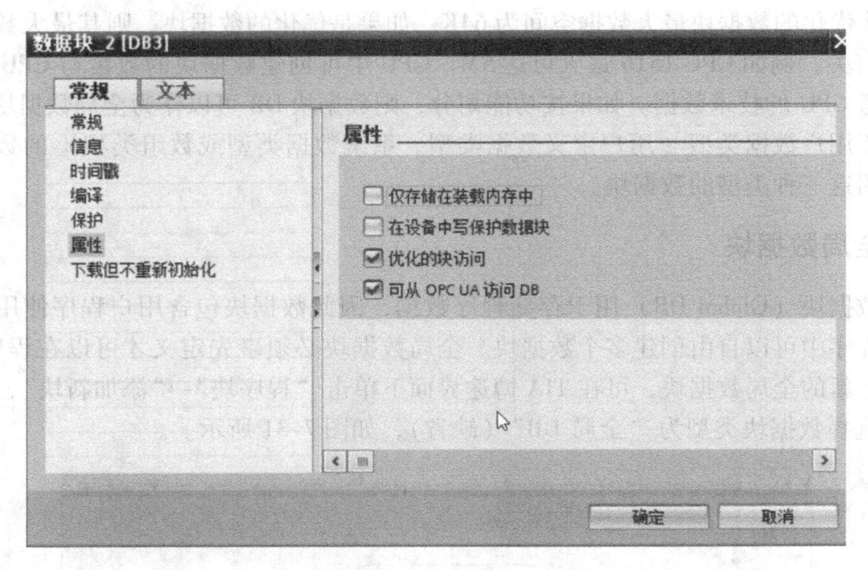


图 7-32　切换全局数据块的存储方式

的数据块，可以单独设置每个变量的保持性属性，但对于数组、结构、PLC 数据类型等，不能单独设置其中某个元素的保持性属性。在优化的数据块中设置变量的保持性属性如图 7-33 所示。

项目1 ▸ PLC_1 [CPU 1516-3 PN/DP] ▸ 程序块 ▸ 程序块 ▸ 数据块_9 [DB14]

数据块_9

| | 名称 | 数据类型 | 启动值 | 保持性 | 可从 HMI ... | 在 |
|---|---|---|---|---|---|---|
| 1 | ▼ Static | | | ☐ | ☐ | |
| 2 | ■ Variable_1 | Int | 123 | ☑ | ☑ | |
| 3 | ■ Variable_2 | Int | 0 | ☐ | ☑ | |
| 4 | ■ ▼ Variable_3 | Array[0..1] of Real | | ☑ | ☑ | |
| 5 | ■ Variable_3[0] | Real | 0.0 | ☑ | ☑ | |
| 6 | ■ Variable_3[1] | Real | 0.0 | ☑ | ☑ | |

图 7-33　定义全局 DB 块

## 7.6.2　背景数据块

背景 DB 块与 FB 块相关联。在创建背景 DB 块时，必须指定它所属的 FB 块，而且该 FB 块必须已经存在，如图 7-34 所示。

在调用一个 FB 块时，既可以为之分配一个已经创建的背景 DB 块，也可以直接定义一个新的 DB 块，该 DB 将自动生成并作为背景数据块。背景 DB 块与全局 DB 块相比，只存储与 FB 块接口数据区（临时变量除外）相关的数据。数据块格式随接口数据区的变化而变化。数据块中不能插入用户自定义的变量，其访问方式（优化或非优化）、保持性、默认值均由函数块中的设置决定。

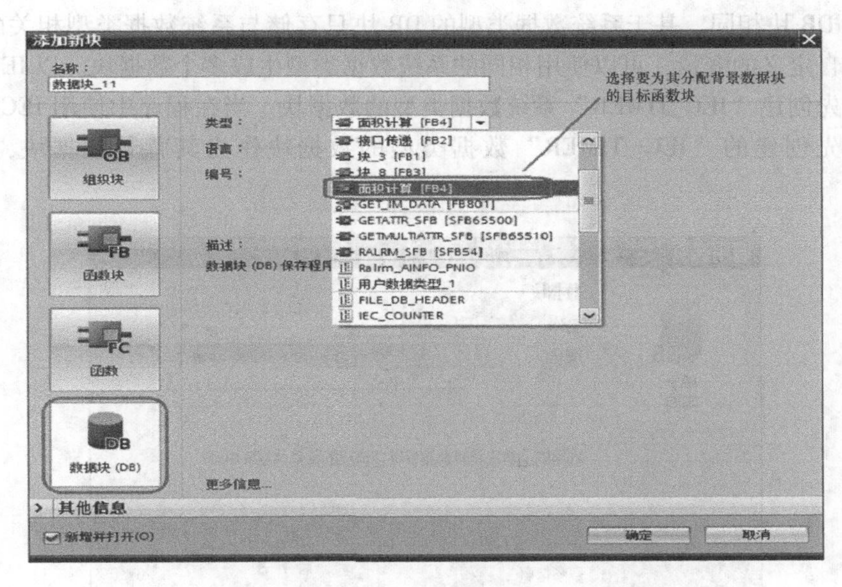


图 7-34 创建背景 DB 块

背景 DB 块与全局 DB 块都是全局变量，所以访问方式相同。

## 7.6.3 系统数据类型作为全局数据块的模板

对于有些固定格式的数据块，有可能包含很多的数据，不便于用户自己创建，如用于开放式用户通信的参数 DB。TIA 博途软件提供了一个含有固定数据格式的模板，用户使用这个模板可创建具有该格式的数据块，比如可以使用“TCON_Param”系统数据类型创建与之对应的 DB。

创建基于数据类型的数据块时，必须指定它所属的数据类型，如图 7-35 所示。

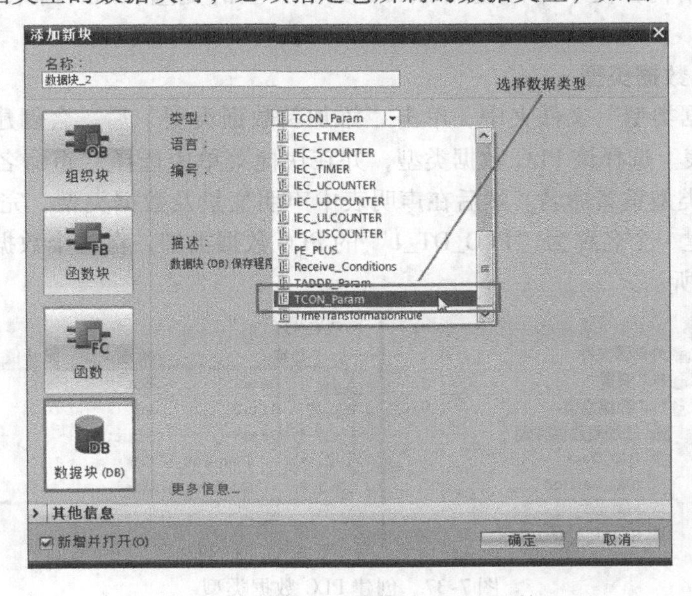


图 7-35 创建基于数据类型的 DB 块

与背景 DB 块相同，基于系统数据类型的 DB 块只存储与系统数据类型相关的数据，不能插入用户自定义的变量。可以使用相同的系统数据类型生成多个数据块。以 IEC 定时器为例，可以首先创建“IEC_TIMER”系统数据类型的数据块。当在程序中使用 IEC 定时器时，可以使用预先创建的“IEC_TIMER”数据类型的数据块作为其背景数据块，如图 7-36 所示。

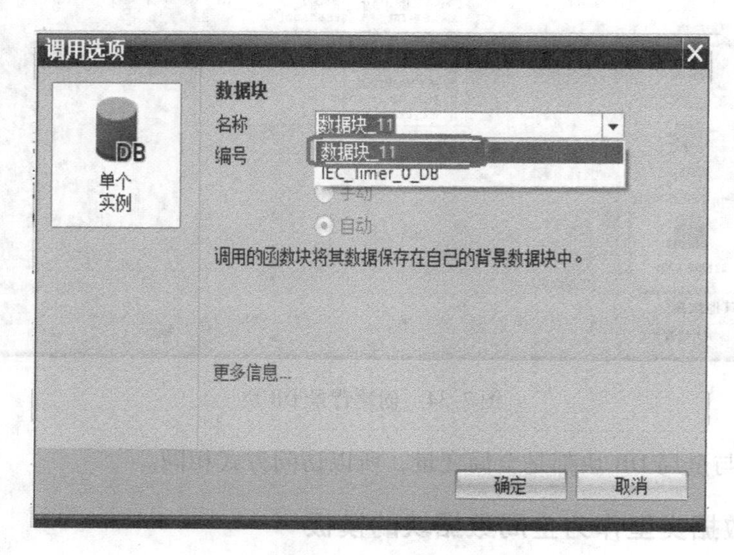


图 7-36　使用系统数据类型数据块

## 7.6.4　通过 PLC 数据类型创建 DB

PLC 数据类型是一个用户自定义数据类型模板，可以由不同的数据类型组成，提供一个固定格式的数据结构，便于用户使用。PLC 数据类型的变量在程序中作为一个整体变量使用。

**1. 创建 PLC 数据类型**

在“PLC 数据类型”文件夹中，单击“添加新数据类型”后，会创建和打开一个 PLC 数据类型的声明表。选择该 PLC 数据类型，并在快捷菜单中选择“重命名”命令，就可以给这个 PLC 数据类型重新命名。然后在声明表中声明变量及数据类型，完成 PLC 数据类型的创建。比如创建一个名称为“PLC_DT_1”的 PLC 数据类型，在这个数据类型中包含 3 个变量，如图 7-37 所示。

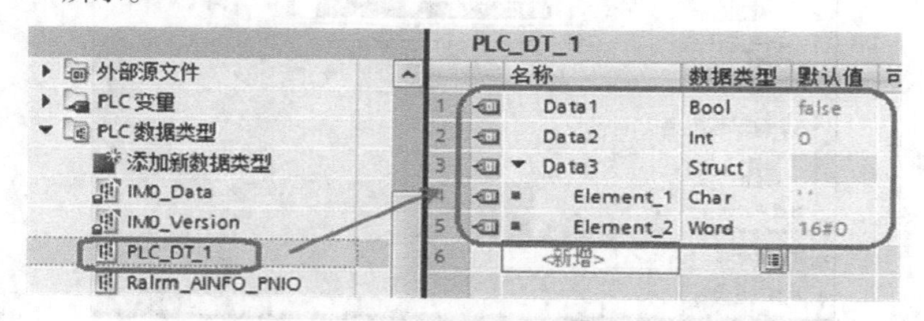


图 7-37　创建 PLC 数据类型

**2. 创建固定数据结构的 DB 块**

单击“添加新块”命令，选择数据块，并在类型的下拉列表中选择所创建的 PLC 数据类型“PLC_DT_1”，如图 7-38 所示。

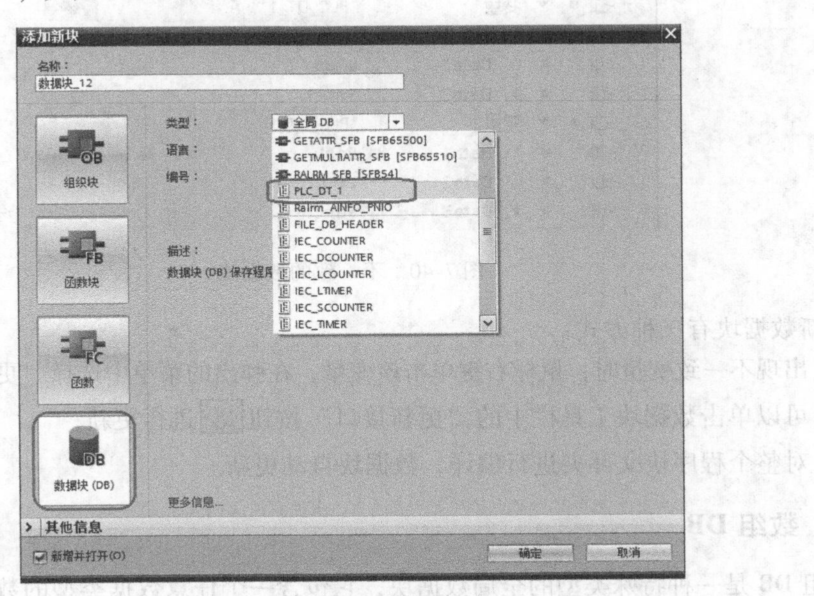


图 7-38 创建固定格式的数据块

然后单击“确定”，生成与“PLC_DT_1”相同数据结构的 DB 块。也可以将 PLC 数据类型作为一个整体的变量在数据块中多次使用。首先创建一个全局 DB 块，然后在这个 DB 中输入变量名，并在数据类型中的下拉列表中选择已创建好的 PLC 数据类型，例如“PLC_DT_1”。根据需要可以多次生成同一数据结构的变量，如图 7-39 所示。

数据块_10

| | 名称 | 数据类型 | 启动值 |
|---|---|---|---|
| 1 | ▼ Static | | |
| 2 | ▼ 变量1 | "PLC_DT_1" | |
| 3 | Data1 | Bool | false |
| 4 | Data2 | Int | 0 |
| 5 | ▼ Data3 | Struct | |
| 6 | Element_1 | Char | ' ' |
| 7 | Element_2 | Word | 16#0 |
| 8 | ▼ 变量2 | "PLC_DT_1" | |
| 9 | Data1 | Bool | false |
| 10 | Data2 | Int | 0 |
| 11 | ▼ Data3 | Struct | |
| 12 | Element_1 | Char | ' ' |
| 13 | Element_2 | Word | 16#0 |

图 7-39 以 PLC 数据类型多次定义不同变量

对 PLC 数据类型的任何更改都会造成使用这个数据类型的数据块不一致。出现不一致的变量被标记为红色，如图 7-40 所示。要解决不一致的问题，必须更新数据块。

数据块_10

| | 名称 | 数据类型 | 启动值 |
|---|---|---|---|
| 1 | ▼ Static | | |
| 2 | ▼ 变量1 | "PLC_DT_1" | |
| 3 | Data1 | Bool | false |
| 4 | Data2 | Word | 16#0 |
| 5 | ▶ Data3 | Struct | |
| 6 | ▼ 变量2 | "PLC_DT_1" | |
| 7 | Data1 | Bool | false |
| 8 | Data2 | Word | 16#0 |
| 9 | ▶ Data3 | Struct | |

图 7-40　不一致的数据块

更新数据块有三种方式：

1）出现不一致变量时，鼠标右键单击该变量，在弹出的菜单中选择“更新界面”即可；

2）可以单击数据块工具栏中的“更新接口”按钮 进行更新；

3）对整个程序块文件夹进行编译，数据块自动更新。

## 7.6.5　数组 DB

数组 DB 是一种特殊类型的全局数据块，它包含一个任意数据类型的数组。例如可以是基本数据类型，也可以是 PLC 数据类型（UDT）的数组，但这种数据块不能包含除数组之外的其他元素。创建数组 DB 时需要输入数组的数据类型和数组的上限。创建完数组 DB 后，可以在其属性中随时更改数组的上限，但是无法更改数据类型。数组 DB 始终启用“优化块访问”（Optimized Block Access）属性，不能进行标准访问，并且为非保持性属性，不能修改为保持性属性。数组 DB 的声明如图 7-41 所示。

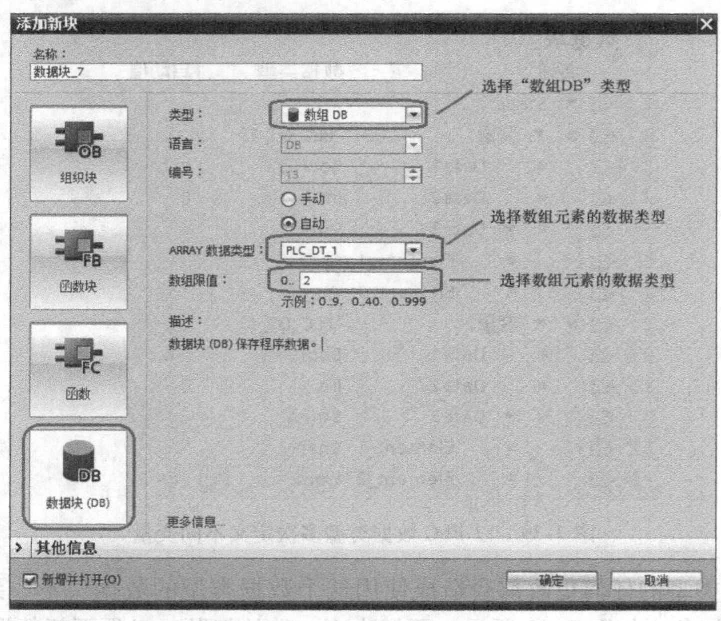


图 7-41　声明数组类型 DB

注意：一旦声明好数组 DB 之后，其数组元素的数据类型不能修改，但是用户可以选择 PLC 数据类型作为数组的数据类型。如果需要修改数组 DB 的元素数据类型，则可以先修改 PLC 数据类型里面的元素数据类型，再更新数组 DB，这样的话就可以间接实现对数组 DB 元素数据类型的修改。

声明好的数组 DB 如图 7-42 所示。

数据块_7

| | 名称 | 数据类型 | 启动值 |
|---|---|---|---|
| 1 | ▼ 数据块_7 | Array[0..2] of "PLC_DT_1" | |
| 2 | ▼ 数据块_7[0] | "PLC_DT_1" | |
| 3 | Data1 | Bool | false |
| 4 | Data2 | Int | 0 |
| 5 | ▼ Data3 | Struct | |
| 6 | Element_1 | Char | '' |
| 7 | Element_2 | Word | 16#0 |
| 8 | ▼ 数据块_7[1] | "PLC_DT_1" | |
| 9 | Data1 | Bool | false |
| 10 | Data2 | Int | 0 |
| 11 | ▼ Data3 | Struct | |
| 12 | Element_1 | Char | '' |
| 13 | Element_2 | Word | 16#0 |
| 14 | ▼ 数据块_7[2] | "PLC_DT_1" | |
| 15 | Data1 | Bool | false |
| 16 | Data2 | Int | 0 |
| 17 | ▼ Data3 | Struct | |
| 18 | Element_1 | Char | '' |
| 19 | Element_2 | Word | 16#0 |

图 7-42　数组类型 DB

可以使用函数“ReadFromArrayDB”和“WriteTOArrayDB”等对数组 DB 进行类似间接寻址的访问，比如将图 7-42 所示的数组 DB 中的变量值复制到“变量 1”中，可以参考图 7-43 中的程序。

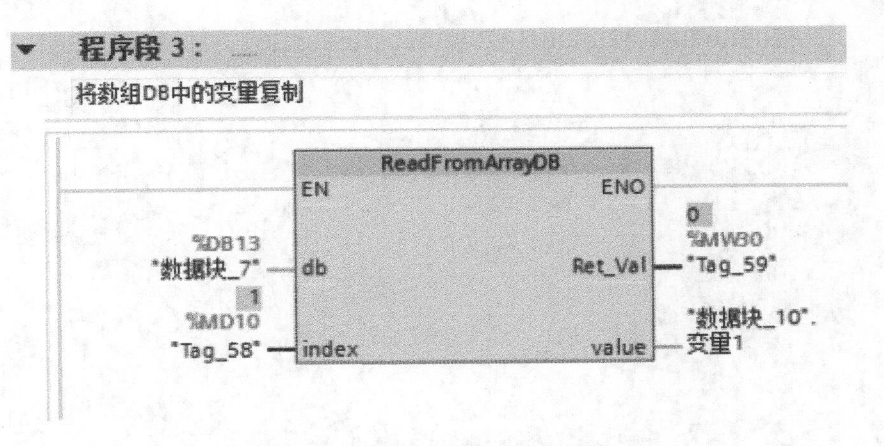


图 7-43　复制数组 DB 中的变量值

在 DB13（数据块_7）中共有 3 个数组元素，由“Tag_58”的值决定将哪个元素的值复制给“数据块_10”中的“变量 1”。示例中“Tag_58”的值为 1，所以是将“数据块_7[1]”的值赋值给“变量 1”。

## 7.7　FC、FB 选择的探讨

上面简单地介绍了 FC 和 FB 的功能，两者的本质区别就是调用 FB 块时需要分配背景 DB 块，除此之外 FB 的内部还带有 Static 变量。如果有多个功能相同的电机需要编程，那么是使用 FC 编写还是 FB 编写呢？从编程的角度来说无论 FC 还是 FB 都可以完成控制任务，但是既然编程软件设计出 FC 和 FB，那么一定会有不同的应用环境。

如果从高级语言（如 C#）的角度来看，问题就变得比较简单，FB 可以简单地看作“类”，FC 可以看作“方法”，“类”中可以包含“方法”，FB 块的 Static 变量可以看作“类”的属性参数。类的继承可以看作 FB 调用 FB 块（PLC 目前没有该功能），“类”的实例化可以看作生成背景数据块，“类”的一个实例可以看作 FB 的一个背景数据块（英文为 instance DB，是否应该翻译为实例数据块?），而且每一个背景数据块的名称都可以修改（对象名称）。所以将电机看作一个对象，使用 FB 块编程就比较方便，更有利于后期程序的规范化。FB 调用 FC，FC 实现的应该是控制对象的一些辅助功能，例如数据的转换、计算等功能；FC 调用 FB，FC 实现的应该是程序的划分、控制对象预处理等非规范化的功能。什么可以被看作一个对象？对象在哪一个层级（单元、设备、控制）？更详细的内容还需要编程人员对控制设备结合工艺的要求进行拆分，便于后期功能的持续迭代和完善，也有利于程序块的重复使用和大项目的拼装。

# 第 8 章　声明 PLC 变量

SIMATIC S7-1500 CPU 是基于符号名寻址的，所以每一个变量一定会有一个 CPU 范围内唯一的符号名称（局部变量除外）。符号名称需要在 PLC 变量表中进行定义和关联。在项目树中，项目的每个 CPU 都有"PLC 变量"文件夹，包含有下列表格：

（1）"所有变量表"

PLC 全部的变量、用户常量和 CPU 系统常量，该表不能删除或移动。

（2）"默认变量表"

项目的每个 CPU 均有一个默认变量表，该表不能删除、重命名或移动。默认变量表包含 PLC 变量、用户常量和系统常量。可以在默认变量表中声明所有的 PLC 变量。

（3）"用户自定义变量表"

可以按照层级定义多个变量表，对变量进行分组管理。用户自定义的变量表可以重命名、整理合并为组或删除。用户自定义变量表包含 PLC 变量和用户常量。

## 8.1 PLC 变量表的结构

每个 PLC 变量表包含"变量"选项卡和用户常量选项卡。"默认变量表"和"所有变量表"还包括"系统常量"选项卡。PLC 变量选项卡结构如图 8-1 所示。

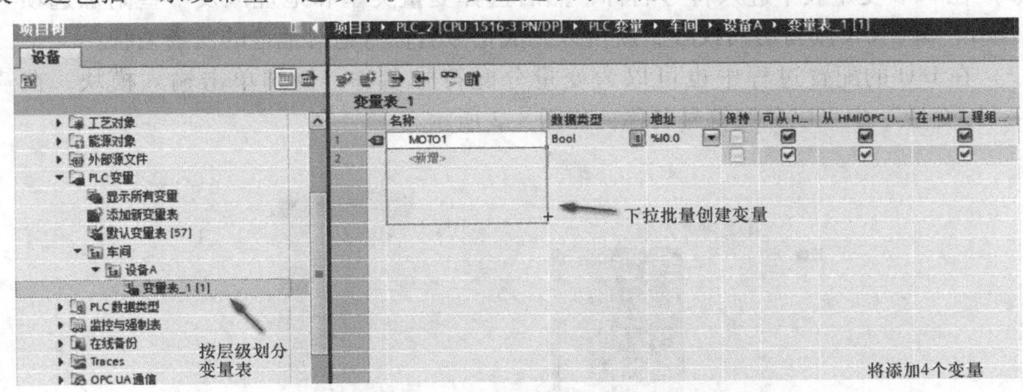


图 8-1　PLC 变量选项卡结构

PLC 变量表中各列的含义见表 8-1。

**表 8-1　PLC 变量表中各列的含义**

| 列 | 说　明 |
|---|---|
|  | 通过单击符号并将变量拖动到程序中作为操作数 |
| 名称 | 变量在 CPU 范围内的唯一名称 |
| 数据类型 | 变量的数据类型 |
| 地址 | 地址 |

（续）

| 列 | 说　明 |
| --- | --- |
| 保持性 | 显示变量是否具有保持性，即使在关断电源后，保持性变量的值也将保留不变 |
| 在 HMI 工程组态中可见 | 默认情况下，在选择 HMI 的操作数时变量是否显示 |
| 从 HMI/OPC UA 可访问 | 指示在运行过程中，HMI/OPC UA 是否可访问该变量 |
| 从 HMI/OPC UA 可写 | 指示在运行过程中，是否可从 HMI/OPC UA 写入变量 |
| 监控 | 指示是否已为该变量的过程诊断创建有监视（ProDiag） |
| 监视值 | CPU 中的当前数据值，只有建立了在线连接并选择“监视所有”按钮时，才会显示该列 |
| 变量表 | 显示包含有变量声明的变量表，该列仅存在于“所有变量”表中 |
| 注释 | 用于说明变量的注释信息 |

在“用户常量”中，可以定义整个 CPU 范围内有效的常量符号。系统所需的常量将显示在“系统常量”选项卡中。例如，系统常量可以是用于标识模块的硬件 ID。

## 8.2　声明 PLC 变量的几种方法

在 PLC 变量表中只能声明 I、Q、M、T、C 数据区数据，DB 块的名称在创建时声明，DB 块的变量也是在创建变量时声明，所以 DB 块的变量不在 PLC 变量表中声明。声明 PLC 变量有几种方式：

1）在 PLC 变量表中进入符号名称，然后选择变量类型和地址区及一些附加选项（注释、HMI、OPC UA 读写访问权限）就可以完成符号名称与绝对地址的变量关联。

2）在 I/O 的配置过程中也可以为变量分配符号名称，例如单击输入模块，在“属性”→“IO变量”中可以分配符号名称，如图 8-2 所示。

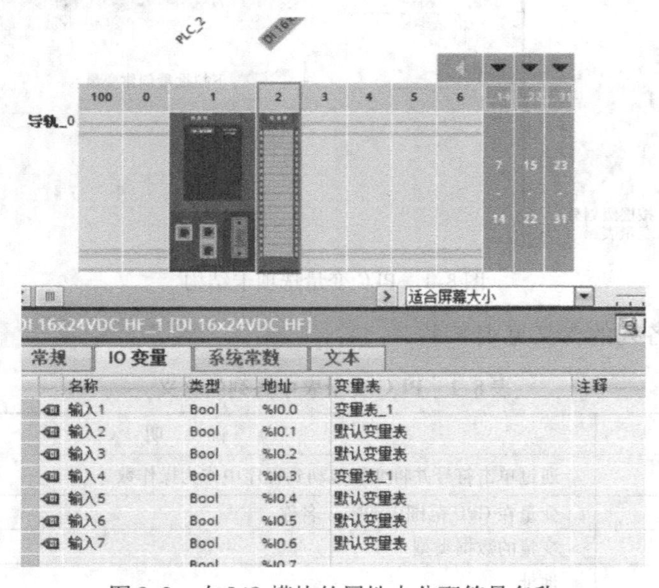


图 8-2　在 I/O 模块的属性中分配符号名称

3）在程序的编写中也可以声明，例如先在程序中定义符号名称，因为没有关联变量，所以会以红色标记，但是可以保存。需要关联变量时单击该符号名称，右键选择“定义变量”，弹出的界面如图8-3所示。然后选择地址、存放的PLC变量表和注释完成变量定义。

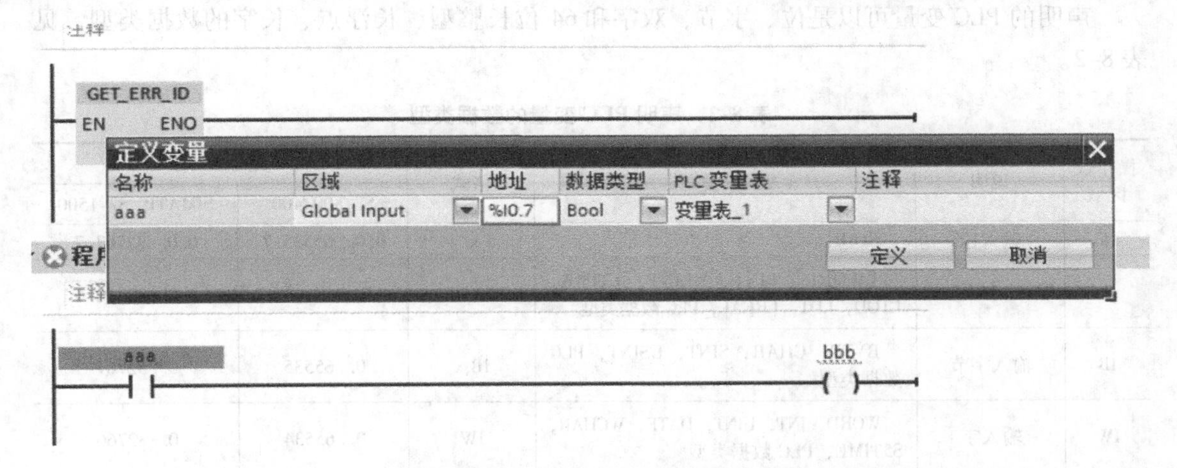


图8-3　在程序中定义符号名称

4）通过办公软件Excel编辑符号名称。在PLC变量表中选择“导出”按钮，如图8-4所示。

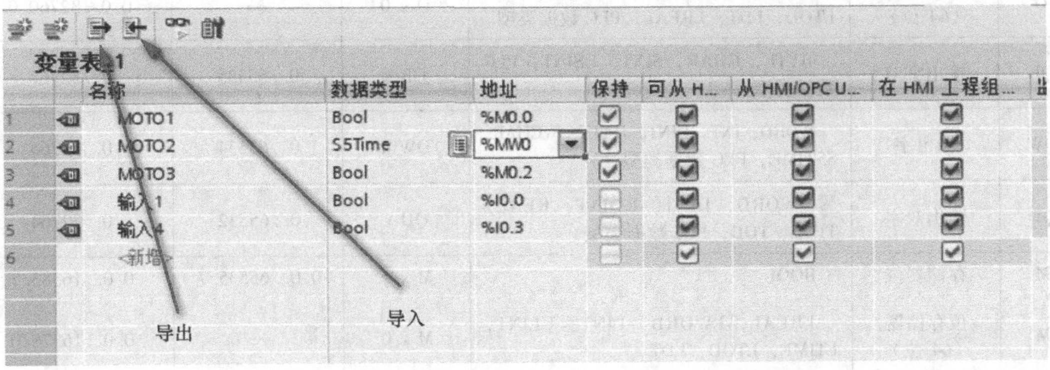

变量表_1

| | 名称 | 数据类型 | 地址 | 保持 | 可从 H... | 从 HMI/OPC U... | 在 HMI 工程组... |
|---|---|---|---|---|---|---|---|
| 1 | MOTO1 | Bool | %M0.0 | ☑ | ☑ | ☑ | ☑ |
| 2 | MOTO2 | S5Time | %MW0 | ☑ | ☑ | ☑ | ☑ |
| 3 | MOTO3 | Bool | %M0.2 | ☑ | ☑ | ☑ | ☑ |
| 4 | 输入1 | Bool | %I0.0 | ☐ | ☑ | ☑ | ☑ |
| 5 | 输入4 | Bool | %I0.3 | ☐ | ☑ | ☑ | ☑ |
| 6 | <新增> | | | ☐ | ☑ | ☑ | ☑ |

导出　导入

图8-4　符号表的导出/导入

在导出的Excel中编辑符号名称，变量表在Excel中的格式如图8-5所示。编辑完成后再导入到PLC变量表中，如果地址或者符号名称冲突，则冲突行将变为黄色。

| Name | Path | Data Type | Logical Address | Comment | Hmi Visible | Hmi Acces | Hmi Write |
|---|---|---|---|---|---|---|---|
| MOTO1 | 车间\设备A\变量表_1 | Bool | %M0.0 | | True | True | True |
| MOTO2 | 车间\设备A\变量表_1 | S5Time | %MW0 | | True | True | True |
| MOTO3 | 车间\设备A\变量表_1 | Bool | %M0.2 | | True | True | True |
| 输入1 | 车间\设备A\变量表_1 | Bool | %I0.0 | | True | True | True |
| 输入4 | 车间\设备A\变量表_1 | Bool | %I0.3 | | True | True | True |

图8-5　PLC变量表在Excel中的格式

## 8.3 声明 PLC 变量的类型

声明的 PLC 变量可以是位、字节、双字和 64 位长整型、长浮点、长字的数据类型，见表 8-2。

**表 8-2　声明 PLC 变量的数据类型**

| 操作数区域 | 说明 | 数据类型 | 格式 | 地址区域： | |
|---|---|---|---|---|---|
| | | | | S7-300/400 | SIMATIC S7-1500 |
| I | 输入位 | BOOL | I x. y | 0. 0. . 65535. 7 | 0. 0. . 32767. 7 |
| I | 输入（64 位） | LWORD，LINT，ULINT，LTIME，LTOD，LDT，LREAL，PLC 数据类型 | I x. 0 | — | 0. 0. . 32760. 0 |
| IB | 输入字节 | BYTE，CHAR，SINT，USINT，PLC 数据类型 | IB x | 0. . 65535 | 0. . 32767 |
| IW | 输入字 | WORD，INT，UINT，DATE，WCHAR，S5TIME，PLC 数据类型 | IW | 0. . 65534 | 0. . 32766 |
| ID | 输入双字 | DWORD，DINT，UDINT，REAL，TIME，TOD，PLC 数据类型 | ID x | 0. . 65532 | 0. . 32764 |
| Q | 输出位 | BOOL | Q x. y | 0. 0. . 65535. 7 | 0. 0. . 32767. 7 |
| Q | 输出（64 位） | LWORD，LINT，ULINT，LTIME，LTOD，LDT，LREAL，PLC 数据类型 | Q x. 0 | — | 0. 0. . 32760. 0 |
| QB | 输出字节 | BYTE，CHAR，SINT，USINT，PLC 数据类型 | QB x | 0. . 65535 | 0. . 32767 |
| QW | 输出字 | WORD，INT，UINT，DATE，WCHAR，S5TIME，PLC 数据类型 | QW x | 0. . 65534 | 0. . 32766 |
| QD | 输出双字 | DWORD，DINT，UDINT，REAL，TIME，TOD，PLC 数据类型 | QD x | 0. . 65532 | 0. . 32764 |
| M | 存储器位 | BOOL | M x. y | 0. 0. . 65535. 7 | 0. 0. . 16383. 7 |
| M | 位存储器（64 位） | LREAL，LWORD，LINT，ULINT，LTIME，LTOD，LDT | M x. 0 | — | 0. 0. . 16376. 0 |
| MB | 存储器字节 | BYTE，CHAR，SINT，USINT | MB x | 0. . 65535 | 0. . 16383 |
| MW | 存储器字 | WORD，INT，UINT，DATE，WCHAR，S5TIME | MW x | 0. . 65534 | 0. . 16382 |
| MD | 存储器双字 | DWORD，DINT，UDINT，REAL，TIME，TOD | MD x | 0. . 65532 | 0. . 16380 |
| T | 时间函数（仅限 S7-300/400） | 定时器 | T n | 0. . 65535 | 0. . 2047 |
| C | 计数器函数（仅限 S7-300/400） | 计数器 | Z n<br>C n | 0. . 65535 | 0. . 2047 |

除此之外，声明的PLC变量类型还支持PLC数据类型，这样对于函数、函数块的开发非常方便，例如编写变频器的控制函数或者函数块，函数的开发者只需要知道调用函数的工程师使用哪一种报文（变频器与PLC通信），然后对报文进行分析即可。开发者可以使用Variant数据类型作为声明的形参，然后判断是哪一种报文，调用者需要使用PLC数据类型进行赋值，示意图如图8-6所示。详细的使用方法参考第9章。

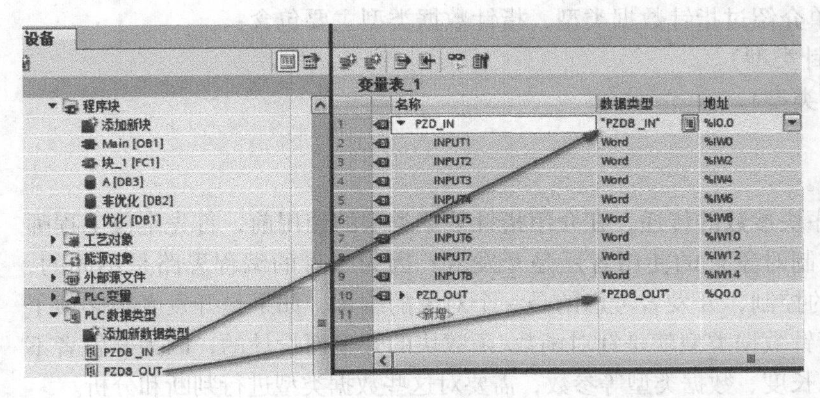

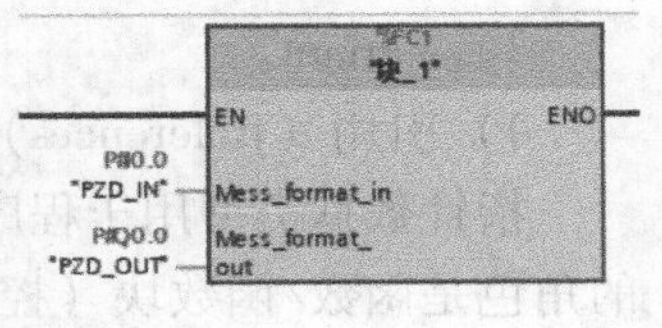


图8-6　声明PLC数据类型变量

# 第9章 指针数据类型的使用

在5.1.3节中已经简单介绍过指针数据类型，指针数据类型主要包含：

1）Pointer（6字节指针类型）。

2）Any（10字节指针类型）。

3）Variant。

4）引用（References）。

指针数据类型用于程序块参数的传递，在介绍指针数据类型的使用前，首先定位工程师的角色是函数/函数块（控制对象）的使用者还是开发者？因为二者的编程思路是不同的，使用者考虑的是整个工艺的控制，开发者考虑的是一个对象的编程，如果是开发者则必须了解这些数据类型的使用。指针数据类型就是针对函数/函数块的开发而设计的，因为开发者不知道使用者赋值的地址区、长度、数据类型等参数，需要对这些数据类型进行判断和分析。

控制对象的开发是一个企业程序标准化和控制技术持续迭代的需求，需要将程序中部分对象控制的程序段提炼出来进行功能的改编和扩展，以达到模块化和重复使用的目的。

## 9.1 Pointer数据类型指针

Pointer数据类型指针用于向被调用的函数FC及函数块FB传递复合数据类型（如ARRAY、STRUCT及DT等）的实参。在被调用的函数FC及函数块FB内部可以间接访问实参的存储器。由于是直接地址寻址，因此这里的介绍基于S7-300/400程序的参考、移植和继承的目的。Pointer指针占用48位地址空间，数据格式如图9-1所示。

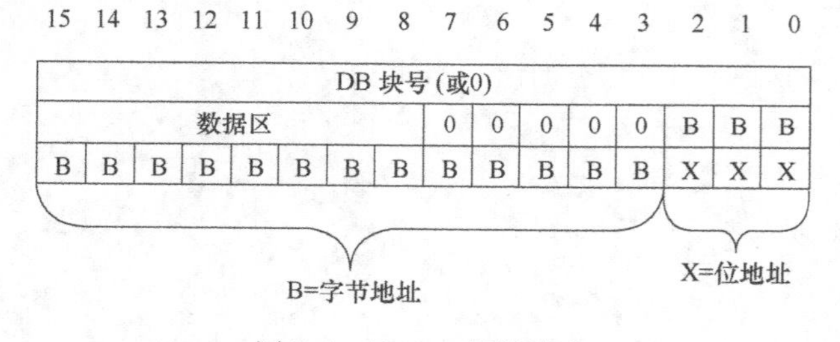


图9-1 Pointer指针格式

Pointer指针前16位的数值表示数据块DB或DI的块号，如果指针没有指向一个DB块，则数值为0，Pointer指针可以指向的数据区见表9-1。

表9-1 Pointer指针数据区表示的地址区

| 十六进制代码 | 数据区 | 简单描述 |
|---|---|---|
| B#16#81 | I | 过程映象输入区 |
| B#16#82 | Q | 过程映象输出区 |

（续）

| 十六进制代码 | 数 据 区 | 简 单 描 述 |
|---|---|---|
| B#16#83 | M | 标志位 |
| B#16#84 | DB | 数据块 |
| B#16#85 | DI | 背景数据块 |
| B#16#86 | L | 区域数据区 |
| B#16#87 | V | 上一级赋值的区域数据 |

调用FB、FC时，对Pointer指针数据类型的形参进行赋值时可以选择指针显示方式为直接赋值，例如：

```
P# DB2.DBX12.0          //指向 DB2.DBX12.0
P#M12.1                 //指向 M12.1
```

也可以选择使用地址声明或符号名（不使用符号P#）的方式进行赋值，例如：

```
DB2.DBX12.0             //指向 DB2.DBX12.0
M12.1                   //指向 M12.1
```

在被调用的FC、FB中需要对Pointer指针数据类型形参拆分以便读出实参的地址，下面以示例的方式介绍Pointer指针的使用，例如编写一个计算功能的函数FC3，在输入参数“In_Data”输入首地址，在输入参数“NO”输入变量（浮点格式，以首地址开始，地址连续，即每隔四个字节为一个浮点变量）的个数，在输出参数“OUT_VAL”输出几个变量的平均值。OB1中调用函数FC3的程序如下：

```
CALL  FC   3           //调用函数3
In_Data:=P#M 100.0     //输入的首地址
NO   :=4               //变量的个数
OUT_VAL:=MD20          //计算结果
```

完成的计算功能相当于MD20:=(MD100+MD104+MD108+MD112)/4。在函数FC3的接口参数中定义输入、输出变量及临时变量见表9-2。

表9-2 FC3接口参数

| 数据接口 | 名 称 | 数据类型 | 地 址 |
|---|---|---|---|
| IN | In_Data | Pointer | |
| IN | NO | INT | |
| OUT | OUT_VAL | REAL | |
| TEMP | BLOCK_NO | INT | 0.0 |
| TEMP | NO_TEMP | INT | 2.0 |
| TEMP | ADD_TEMP | REAL | 4.0 |

FC3中的示例程序如下：

```
L  0                    //初始化临时变量#ADD_TEMP
T  #ADD_TEMP
L  P##In_Data           //指向存储地址指针 P#M100.0 的首地址,并装载到地址寄存
```

```
                                    器 AR1 中
      LAR1
      L  0                      //判断 OB1 中赋值的地址指针是否为数据块(参考 Pointer
                                    的数据格式)
      L  W[AR1,P#0.0]
      ==I
      JC  M1
      T  #BLOCK_NO
      OPN  DB[#BLOCK_NO]        //如果是 DB 块,则打开指定的 DB 块
M1:
      L  D[AR1,P#2.0]           //找出需要计算数据区的开始地址,Pointer 数据中,后 4 个
                                    字节包含内部交叉指针,将 P#M100.0 装载到 AR1 中
      LAR1
      L  0
      L  #NO                    //如果输入变量个数为 0,则结束 FC3 的执行。如果不等于
                                    0,则作为循环执行的次数(NO_TEMP)
      ==I
      JC  END
NO:
      T  #NO_TEMP               //循环执行加运算,本例中循环执行的次数为 4
      L  D[AR1,P#0.0]           //装载 MD100 到累加器 1 中
      L  #ADD_TEMP              //与临时变量#ADD_TEMP 相加后将计算结果再存储到#ADD_
                                    TEMP 中
      +R
      T  #ADD_TEMP
      +AR1  P#4.0               //地址寄存器加 4,下一次与 MD104 相加
      L  #NO_TEMP               //LOOP 指令固定格式
      LOOP  NO                  //跳回"NO"循环执行,执行完定义在变量的次数后自动跳出
                                    循环程序
      #NO_TEMP
      L  #ADD_TEMP              //求平均值,装载运算结果到累加器 1 中
      L  #NO
      DTR                       //将变量转变为浮点,便于运算
      /R
      T  #OUT_VAL               //输出运算结果
END: NOP  0
```

**注意：**在 OB1 中调用 FC3 时，如果需要将指针类型的“In_Data”参数赋值为变量（指向的地址区为变量），则可以在 OB1 中使用 Pointer 指针变量预先赋值（在临时变量或 DB 块中定义 Pointer 数据类型变量），根据 Pointer 指针的数据格式，通过改变 Pointer 指针组成部分的值而改变赋值的地址指针，达到将输入参数“In_Data”作为变量的目的。

上面的示例是对48位Pointer指针的拆分，然后进行判断，因为函数的开发者不知道使用者赋值的地址区，所以必须进行判断，Pointer指针的难点在于指针的拆分。在SIMATIC S7-1500中可以直接使用AT寻址方式在FC的接口中进行拆分，如图9-2所示。

| 名称 | | 数据类型 | 偏移量 |
|---|---|---|---|
| ▼ Input | | | |
| In_Data | | Pointer | |
| ▼ Data_input | AT"In_Data" | Struct | |
| BLOCK_NO | | Int | |
| Input_Adress | | DWord | |
| NO | | Int | |
| ▼ Output | | | |
| OUT_VAL | | Real | |
| ▶ InOut | | | |
| ▼ Temp | | | |
| NO_TEMP | | Int | 0.0 |
| ADD_TEMP | | Real | 2.0 |
| BLOCK_NO | | Int | 6.0 |

图9-2　使用AT寻址拆分Pointer数据类型指针

```
L  0                        //判断OB1中赋值的地址指针是否为数据块(参考Pointer
                              的数据格式)
L  #Data_input.BLOCK_NO
  ==I
  JC  M1
  L  #Data_input.BLOCK_NO
  T  #BLOCK_NO
  OPN DB[#BLOCK_NO]  //如果是DB块,则打开指定的DB块
M1:  L  #Data_input.Input_Adress//找出需要计算数据区的开始地址

  LAR1                     //将P#M100.0装载到AR1中
L  0
L  #NO                     //如果输入变量个数为0,结束FC3的执行。如果不等于0,
                             则作为循环执行的次数(NO_TEMP)
  ==I
  JC  END
NO:  T  #NO_TEMP           //如果不为0,则作为循环执行的次数,循环执行加运算,本例
                             中循环执行的次数为4
  L D[AR1,P#0.0]           //装载MD100到累加器1中
  L  #ADD_TEMP             //与临时变量#ADD_TEMP相加后将计算结果再存储到#ADD_
                             TEMP中
  +R
```

```
  T  #ADD_TEMP
  +AR1  P#4.0            //地址寄存器加 4,下一次与 MD104 相加
L  #NO_TEMP              //LOOP 指令固定格式
LOOP  NO                 //跳回"NO"循环执行,执行完定义在变量#NO_TEMP 的次数
                           后自动跳出循环程序

  L  #ADD_TEMP           //求平均值,装载运算结果到累加器 1 中
  L  #NO
DTR                      //将变量转变为浮点,便于运算
  /R
  T  #OUT_VAL            //输出运算结果
END:  NOP 0
```

## 9.2 Any 数据类型指针

Any 数据类型指针与 Pointer 指针的区别在于带有数据的长度信息。这里的介绍基于 S7-300/400 PLC 程序的参考、移植和继承的目的。Any 数据类型指针由数据类型、数据长度、DB 块号、存储器数据开始地址组成，占用 80 位地址空间，数据格式如图 9-3 所示。

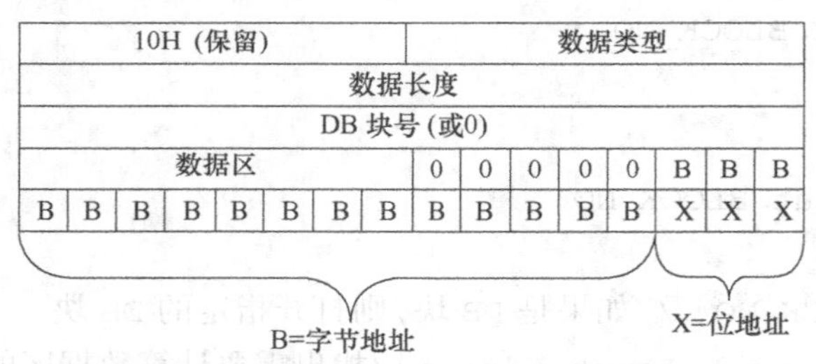


图 9-3　Any 指针格式

Any 指针使用的数据类型见表 9-3。

表 9-3　Any 指针使用的数据类型

| 数据类型代码 | | |
|---|---|---|
| 十六进制代码 | 数据类型 | 简单描述 |
| B#16#00 | NIL | 空 |
| B#16#01 | BOOL | 位 |
| B#16#02 | BYTE | 8 位字节 |
| B#16#03 | CHAR | 8 位字符 |
| B#16#04 | WORD | 16 位字 |
| B#16#05 | INT | 16 位整形 |
| B#16#06 | DWORD | 32 位双字 |
| B#16#07 | DINT | 32 位双整形 |
| B#16#08 | REAL | 32 位浮点 |

（续）

| 数据类型代码 | | |
|---|---|---|
| 十六进制代码 | 数据类型 | 简单描述 |
| B#16#09 | DATE | IEC 日期 |
| B#16#0A | TIME_OF_DAY（TOD） | 24 小时时间 |
| B#16#0B | TIME | IEC 时间 |
| B#16#0C | S5TIME | SIMATIC 时间 |
| B#16#0E | DATE_AND_TIME（DT） | 时钟 |
| B#16#13 | STRING | 字符串 |
| B#16#17 | BLOCK_FB | FB 号 |
| B#16#18 | BLOCK_FC | FC 号 |
| B#16#19 | BLOCK_DB | DB 号 |
| B#16#1A | BLOCK_SDB | SDB 号 |
| B#16#1C | COUNTER | 计数器 |
| B#16#1D | TIMER | 定时器 |

与 Pointer 指针相比，Any 类型指针可以表示一段数据区域，例如 P#DB1. DBX0. 0 BYTE 10，表示指向 DB1. DBB0 ~ DB1. DBB9。调用 FB、FC，对 Any 指针数据类型的形参进行赋值时可以选择指针显示方式为直接赋值，例如：

```
P# DB2.DBX12.0 WORD 22        //指向从 DB2.DBW12 开始 22 个字
P#M12.1 BOOL 10               //指向从 M12.1 开始 10 个位信号
```

也可以选择使用地址声明或符号名（不使用符号 P#）的方式进行赋值，例如：

```
DB2.DBW12                     //指向 DB2.DBW12 一个字,数据长度为 1
M12.1                         //指向 M12.1 一个位信号,数据长度为 1
```

使用地址声明或符号名只能指向一个变量。下面以示例的方式介绍 Any 指针的使用，实现与 Pointer 指针示例相同的功能。编写一个计算功能的函数 FC13，输入参数“In_Data”为一个数组区，如果数据区变量为浮点数，则输出所有元素的平均值“OUT_VAL”；如果数据区变量为其他数据类型，则不执行计算功能。OB1 中调用函数 FC13 的程序如下：

```
CALL  FC  13                         //调用函数 13
In_Data:=P#DB1.DBX0.0 REAL 8         //输入数据区从 DB1.DBD0 开始 8 个浮点值
OUT_VAL:=MD20                        //计算结果
```

完成的计算功能相当于 MD20:=(DB1. DBD0 + ⋯ + DB1. DBD28)/8。在函数 FC13 的接口参数中定义输入、输出变量及临时变量见表 9-4。

**表 9-4 FC13 接口参数**

| 数据接口 | 名 称 | 数据类型 | 地 址 |
|---|---|---|---|
| IN | In_Data | Any | |
| OUT | OUT_VAL | REAL | |
| TEMP | DATA_LEN | INT | 0.0 |
| TEMP | BLOCK_NO | INT | 2.0 |
| TEMP | ADD_TEMP | REAL | 4.0 |
| TEMP | DATA_NO | INT | 8.0 |

FC13 中的示例程序如下：

```
L  0                      //初始化临时变量#ADD_TEMP
  T  #ADD_TEMP
  L  P##In_Date           //指向存储地址指针 In_Date 首地址,并装载到地址寄存器 AR1 中
  LAR1
  L  B[AR1,P#1.0]        //如果数据类型不是 REAL,则跳转到 END
  L  B#16#8
 < >R
  JC  END

  L  0
  L  W[AR1,P#4.0]        //判断 OB1 中赋值的地址指针是否为数据块(参考 Any 的数据格式)
  ==I
  JC  M1
  T  #BLOCK_NO
  OPN  DB[#BLOCK_NO]      //如果是 DB 块,则打开指定的 DB 块

M1:L  W[AR1,P#2.0]       //判断 Any 指针中数据长度,本例中为 REAL 变量的个数
  T  #DATA_LEN

 L  D[AR1,P#6.0]         //找出需要计算数据区的开始地址,本例中为 DB1.DBX0.0
  LAR1
  L  #DATA_LEN
NO:T  #DATA_NO            //循环执行加运算,本例中循环执行的次数为 8
  L  D[AR1,P#0.0]        //装载 DB1.DBD0 到累加器 1 中
  L  #ADD_TEMP            //与临时变量#ADD_TEMP 相加后将计算结果再存储到
  +R                        #ADD_TEMP 中
  T  #ADD_TEMP
  +AR1  P#4.0             //地址寄存器加 4,地址偏移量
 L  #DATA_NO              //LOOP 指令固定格式
  LOOP  NO                //跳回"NO"循环执行,执行完定义在变量的次数后自动跳出循
                            环程序
  #NO_TEMP
  L  #ADD_TEMP            //求平均值,装载运算结果到累加器 1 中
 L  #DATA_LEN
  DTR                     //将变量转变为浮点值
  /R
  T  #OUT_VAL             //输出运算结果
END: NOP  0
```

在 SIMATIC S7-1500 PLC 中可以参考 Pointer 的介绍，在 FC 接口的声明中直接使用 AT 寻址方式拆分 Any 指针，这里不再赘述。

**注意：**在 OB1 中调用 FC13 时，如果需要将指针类型的“In_Data”参数赋值为变量（指向的地址区为变量），则可以在 OB1 中使用 Any 指针变量预先赋值（在临时变量或 DB 块中定义 Any 数据类型变量），根据 Any 指针的数据格式，通过改变 Any 指针组成部分的值而改变赋值的地址指针，达到将输入参数“In_Data”作为变量的目的。

## 9.3　Variant 数据类型指针

Variant 类型指针有以下特点：

1）可以指向不同数据类型变量的指针。Variant 指针可以是基本数据类型（如 INT 或 REAL）的对象，也可以是 STRING、DTL、STRUCT、PLC 数据类型等元素构成的 ARRAY。

2）Variant 指针可以识别 PLC 数据类型，并指向各个结构元素。

3）Variant 数据类型的操作数不占用背景数据块或工作存储器中的空间。Variant 类型的变量不是一个对象，而是对另一个对象的引用，因此不能在数据块或函数块的块接口静态部分中声明，只能在输入参数、输入输出参数或临时变量区中声明。

4）调用含有 Variant 类型参数的块时，可以将这些参数连接到任何数据类型的变量。块调用时，除了传递变量的指针外，还会传递变量的类型信息。块中的代码随后可以根据运行期间传递的变量类型来执行。

Pointer 和 Any 指针是对一个简单数据类型绝对地址的寻址，如果数据类型是一个 PLC 数据类型（UDT）或者结构体，则使用 Pointer 和 Any 指针处理变量时很不方便。下面介绍几种 Variant 使用方式。

### 9.3.1　Variant 与 PLC 数据类型

在第 8 章中介绍了变频器的报文格式可以使用 PLC 数据类型进行定义，然后在变量表中与输入地址 I 和输出地址 Q 进行关联。假设可以控制两种报文格式的通信，分别是 PZD8/8（8 个字输入/输出）和 PZD10/10（10 个字输入/输出），函数和函数块的开发者使用 Variant 作为输入形参，然后进行判断分析。好处是可以不用考虑使用者需要赋值的是哪一个格式的报文（如果是数组则可以使用可变数组，如果是结构体则可能变得麻烦）。

首先创建四个 PLC 数据类型，即 PZD8_IN、PZD8_OUT、PZD10_IN 和 PZD10_OUT，分别对应 PZD8/8 和 PZD10/10 的报文格式。然后创建一个 FB 块，定义接口参数和 Temp 变量如图 9-4 所示。

FB 块中的程序如图 9-5 所示。

程序中对参数“mess format_in”的格式进行判断，如果是“PZD8_IN”，则将参数“mess format_in”的数据读出并复制到临时变量“temp_PZD8_IN”，然后用户程序对变量“temp_PZD8_IN”（变频器 PZD 8 输入的格式）的数据进行处理；如果数据类型是“PZD10_IN”，则复制到临时变量“temp_PZD10_IN”进行数据处理；如果数据类型是“PZD8_OUT”，则对临时变量“temp_PZD8_OUT”进行数据处理，然后写回到参数“mess format_out”作为输出。

Motor_control

| | 名称 | 数据类型 | 默认值 | 保持 | 可 |
|---|---|---|---|---|---|
| | ▼ Input | | | | |
| | ■ mess format_in | Variant | | | |
| | ▶ Output | | | | |
| | ▼ InOut | | | | |
| | ■ mess format_out | Variant | | | |
| | ▶ Static | | | | |
| | ▼ Temp | | | | |
| | ■ ▶ temp_PZD8_IN | "PZD8_IN" | | | |
| | ■ ▶ temp_PZD8_OUT | "PZD8_OUT" | | | |
| 0 | ■ ▶ temp_PZD10_IN | "PZD10_IN" | | | |
| 1 | ■ ▶ temp_PZD10_OUT | "PZD10_OUT" | | | |

图 9-4　定义 FB 的输入和 PZD 格式

```
1  REGION PZD输入处理
2      CASE TypeOf(#"mess format_in") OF
3          "PZD8_IN":
4
5              VariantGet(SRC := #"mess format_in",
6                         DST => #temp_PZD8_IN);
7              // 用户程序
8          "PZD10_IN":
9              VariantGet(SRC := #"mess format_in",
10                        DST => #temp_PZD10_IN);
11             // 用户程序
12     END_CASE;
13 END_REGION
14
15 REGION PZD输出处理
16 CASE TypeOf(#"mess format_out") OF
17     "PZD8_OUT":
18         // 用户程序
19
20         VariantPut(SRC := #temp_PZD8_OUT,
21                    DST := #"mess format_out");
22
23
24 "PZD10_OUT":
25         // 用户程序
26     VariantPut(SRC := #temp_PZD10_OUT,
27                DST := #"mess format_out");
28
29 END_CASE;
30 END_REGION
```

图 9-5　FB 块 PZD 程序的处理

**注意：** 上面的示例程序只是介绍 Variant 与 PLC 数据类型的使用方法，不代表实际的应用。

PLC 数据类型有时会存储在数据块中，需要转换为 Variant 参数以后才可以进行分析判断，例如一个应用要处理三个不同的物料，物料信息由 MES 发送到 PLC，在 PLC 中需要判断物料的类型，然后分别处理。

建立三个 PLC 数据类型 Material_A、Material_B 和 Material_C 代表三个物料类型，然后

以这三个数据类型建立三个数据块 DB_Material_A、DB_Material_B 和 DB_Material_C。创建一个 FC 块，接口声明和程序代码如图 9-6 所示。

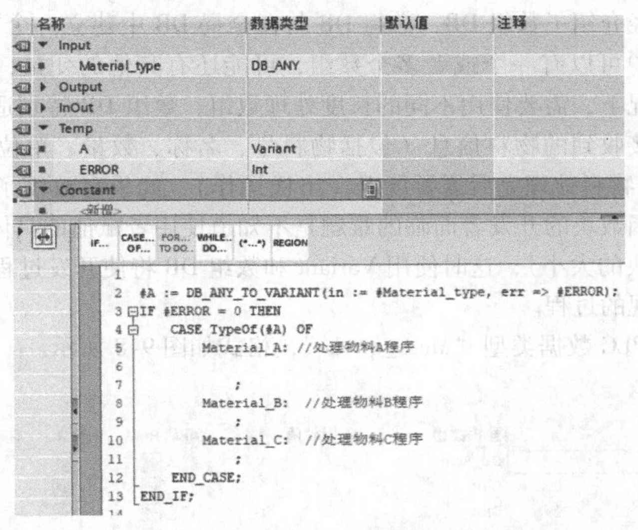


图 9-6　Variant 与 DB_ANY 的转换示例

程序中将 DB_ANY 类型转换为 Variant 类型，然后判断输入的 PLC 数据类型的格式，分别执行处理物料 A、B 和 C 的程序。

程序块在主程序中调用，如图 9-7 所示。

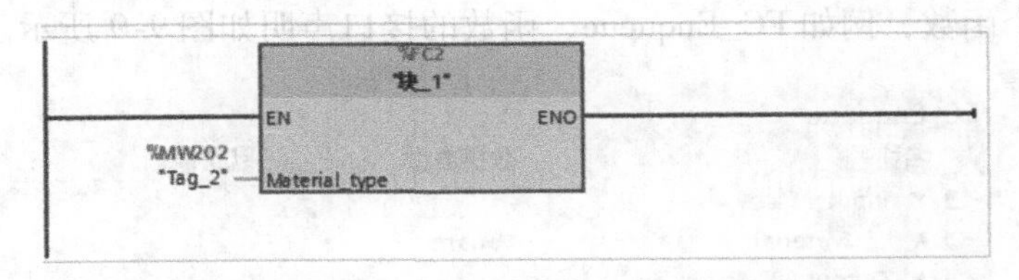


图 9-7　DB_ANY 数据类型的赋值

DB_ANY 可以使用变量进行赋值，例如“Tag_2”，“Tag_2”在变量表中定义的数据类型为 DB_ANY，“Tag_2”值与数据块的号相对应，例如值为 3，表示输入的数据块为 DB3。

**注意：** 调用 DB_ANY_TO_VARIANT 可能会得到输出错误代码 #8155，原因为声明了一个 PLC 数据类型（UDT1）并创建了一个数据类型为“UDT1”的数据块（如 DB2）。变量表中创建一个数据类型为 DB_ANY 的变量（如 Tag_2）。随后，在主程序中调用了指令“DB_ANY_TO_(VARIANT”并在 IN 参数中赋值变量 Tag_2。执行时，指令“DB_ANY_TO_VARIANT”返回错误代码 16#8155。

通过以下步骤消除该错误代码：

1）创建函数（FC5）并在 InOut 接口中声明数据类型为 Variant 的变量。

2）创建另一函数（FC6），在 FC6 中的 Temp 接口中创建数据类型为“UDT1”的变量（如 Tag_1），然后调用 FC5，为 FC5 的 InOut 接口赋值变量 Tag_1。

3）编译函数块（FC5 和 FC6）并下载到 CPU 中。在用户程序中无需调用这些块（FC5 和 FC6）。

## 9.3.2 Variant 与数组 DB

在 7.5 节中已经介绍了数组 DB，数组 DB 与在全局 DB 中建立一个数组有什么区别呢？通常在全局数据块中可以有一个或者多个数组，可能还有其他的变量，可以直观地进行访问，但是在某些情况下，需要使用不同的长度处理数组，数组 DB 特别适合这样的场合。例如有一个应用，将接收到的物料信息（包括物料号、名称、数量、单位）存放到一个数据块中（堆栈操作），物料处理完后需要读出（出栈操作），如果存放满了，则将覆盖最先进入的信息。函数、函数块的开发者面临的难题是不知道使用者赋值的具体物料信息的格式和存储的个数（数据块的大小），这时使用 Variant 和数组 DB 将使开发过程变得非常容易，下面介绍物料堆栈实现的过程。

首先创建一个 PLC 数据类型 "Mess_queue"，格式如图 9-8 所示。

Mess_queue

| 名称 | 数据类型 | 默认值 | 可从 HMI/... | 从 H... | 在 HMI ... | 设定值 |
|---|---|---|---|---|---|---|
| DB | DB_ANY | 0 | ☑ | ☑ | ☑ | ☐ |
| Size | DInt | 0 | ☑ | ☑ | ☑ | ☐ |
| Used | DInt | 0 | ☑ | ☑ | ☑ | ☐ |
| Readpos | DInt | 0 | ☑ | ☑ | ☑ | ☐ |
| Writepos | DInt | 0 | ☑ | ☑ | ☑ | ☐ |

图 9-8 Mess_queue 格式

然后创建一个函数，例如 FC_Enqueue，函数的接口声明如图 9-9 所示。

FC_Enqueue

| 名称 | 数据类型 | 默认值 |
|---|---|---|
| ▼ Input | | |
| ▪ Material | Variant | |
| ▶ Output | | |
| ▼ InOut | | |
| ▪ ▼ Queue | "Mess_queue" | |
| ▪ DB | DB_ANY | |
| ▪ Size | DInt | |
| ▪ Used | DInt | |
| ▪ Readpos | DInt | |
| ▪ Writepos | DInt | |
| ▼ Temp | | |
| ▪ Error | Int | |
| ▪ <新增> | | |

图 9-9 FC_Enqueue 的接口声明

编写的代码如图 9-10 所示。

使用者需要创建物料的 PLC 数据类型和数组 DB，并定义数组的长度，数组 DB 如图 9-11 所示。

然后创建一个 PLC 数据类型（Mess_queue）的 DB，名称为 "Material_DB"，并在启动 OB 中初始化，如图 9-12 所示。

在主程序中调用 FC_Enqueue 并赋值，如图 9-13 所示。

```
IF #Queue.Used < #Queue.Size THEN    //队列未满，可以一直写
    #Error := WriteToArrayDB(db := #Queue.DB, index := #Queue.Writepos, value := #Material);
    IF #Error = 0 THEN
        #Queue.Used := #Queue.Used + 1;
        #Queue.Writepos := #Queue.Writepos + 1;
        IF #Queue.Writepos >= #Queue.Size THEN //条件满足，写位置清零
            #Queue.Writepos := 0;
        END_IF;
    END_IF;
ELSE
    #Error := 4711; // 队列满了
END_IF;
```

图 9-10　FC_Enqueue 的代码

materialBuffer

| 名称 | 数据类型 | 起始值 | 保持 | 可从 HMI/... | 从 H... |
|---|---|---|---|---|---|
| ▼ materialBuffer | Array[0..1000] ... | | ☐ | ☑ | ☑ |
| ▪ ▼ materialBuffer[0] | "Material" | | ☐ | ☑ | ☑ |
| ▪ 物料号 | DInt | 0 | ☐ | ☑ | ☑ |
| ▪ 物料名称 | String | '' | ☐ | ☑ | ☑ |
| ▪ 数量 | Real | 0.0 | ☐ | ☑ | ☑ |
| ▪ 单位 | String | '' | ☐ | ☑ | ☑ |
| ▪ ▶ materialBuffer[1] | "Material" | | ☐ | ☑ | ☑ |
| ▪ ▶ materialBuffer[2] | "Material" | | ☐ | ☑ | ☑ |
| ▪ ▶ materialBuffer[3] | "Material" | | ☐ | ☑ | ☑ |
| ▪ ▶ materialBuffer[4] | "Material" | | ☐ | ☑ | ☑ |
| ▪ ▶ materialBuffer[5] | "Material" | | ☐ | ☑ | ☑ |
| ▪ ▶ materialBuffer[6] | "Material" | | ☐ | ☑ | ☑ |
| ▪ ▶ materialBuffer[7] | "Material" | | ☐ | ☑ | ☑ |
| ▪ ▶ materialBuffer[8] | "Material" | | ☐ | ☑ | ☑ |

图 9-11　创建物料的数组 DB

```
1  "Material_DB".DB := "materialBuffer";
2  "Material_DB".Size := 1000;
3  "Material_DB".Used := 0;
4  "Material_DB".Readpos := 0;
5  "Material_DB".Writepos := 0;
```

图 9-12　初始化 Material_DB

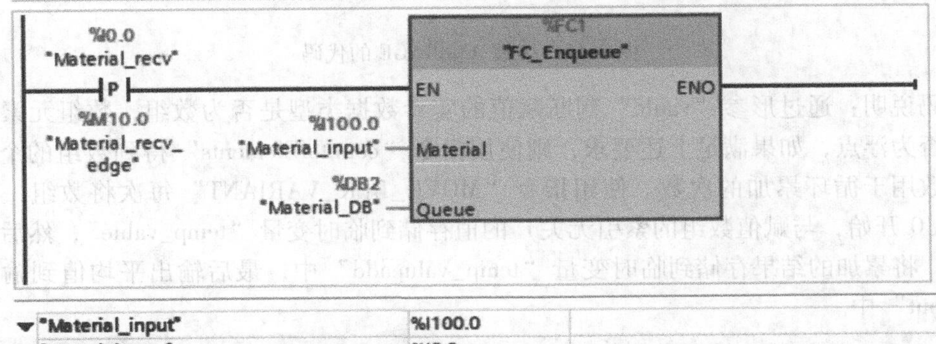


| "Material_input" | %I100.0 | |
|---|---|---|
| "Material_recv" | %I0.0 | |
| "Material_recv_edge" | %M10.0 | |

图 9-13　调用 FC_Enqueue

在这个示例中，函数的开发者使用 Variant 指针替代了未知的物料信息，使用 DB_ANY 替代了未知的数据块，而数组 DB 的使用在这里起到了至关重要的作用。

### 9.3.3　Variant 与数组

Variant 还可以指向一个数组，得到数组的类型、元素的类型和长度信息，主要用于数据格式的比较。下面以示例方式介绍 Variant 与数组的使用。与介绍 Any 指针的应用相同，给定一个数组，如果数组元素的数据类型为浮点，求这个数组所有元素的平均值。首先创建一个 FC，例如名称为 AVERAGE，接口声明如图 9-14 所示。

AVERAGE

| 名称 | 数据类型 | 默认值 | 注释 |
|---|---|---|---|
| ▼ Input | | | |
| ▪ vaule | Variant | | 数组输入 |
| ▼ Output | | | |
| ▪ value_out | Real | | 平均值 |
| ▶ InOut | | | |
| ▼ Temp | | | |
| ▪ No | UDInt | | 数组元素的个数 |
| ▪ i | Int | | 用于循环 |
| ▪ temp_valueadd | Real | | 累加的结果 |
| ▪ temp_value | Real | | 存储数组其中一个元素 |
| ▪ error | Int | | |

图 9-14　函数 AVERAGE 的接口声明

函数 AVERAGE 的代码如图 9-15 所示。

```
IF IS_ARRAY(#vaule) AND TypeOfElements(#vaule) = Real THEN
    #No := CountOfElements(#vaule);

    FOR #i := 0 TO UDINT_TO_INT(#No) - 1 DO
        #error := MOVE_BLK_VARIANT(SRC := #vaule, COUNT := 1,
                                   SRC_INDEX := #i, DEST_INDEX := 0, DEST => #temp_value);

        #temp_valueadd := #temp_value + #temp_valueadd;
    END_FOR;
    #value_out := #temp_valueadd / UDINT_TO_REAL(#No);
END_IF;
```

图 9-15　函数 AVERAGE 的代码

代码说明：通过形参“vaule”判断赋值的实参数据类型是否为数组，数组元素的数据类型是否为浮点，如果满足上述要求，则使用指令“countofElements”得到数组的个数。数组的个数用于循环累加的次数。使用指令“MOVE_BLK_VARIANT”每次将数组一个元素（索引从 0 开始，与赋值数组的索引无关）的值存储到临时变量“temp_value”，然后进行累加运算，将累加的结果存储到临时变量“temp_valueadd”中，最后输出平均值到输出参数“value_out”中。

**注意：** 上面的示例只是用于演示 Variant 数组指令的使用方法，示例代码中可能没有考虑到所有的因素和适用环境。

函数的输入也可以直接使用一个数组替代 Variant，但是函数的开发者不知道使用者赋值数组的维数和元素的个数，使用可变数组 Array［*］of Real 可以解决这个问题，还可以解决多维数组的问题。还是上述的应用需求，重新创建一个 FC，例如名称为 average1，接口声明如图 9-16 所示。

average1

| 名称 | 数据类型 | 默认值 | 注释 |
|---|---|---|---|
| ▼ Input | | | |
| ▼ Vaule | Array[*] of Real | | 数组输入 |
| Vaule[*] | Real | | 数组输入 |
| ▼ Output | | | |
| Vaule_out | Real | | 平均值 |
| ▶ InOut | | | |
| ▼ Temp | | | |
| LOWER_VAULE | DInt | | |
| UPPER_VAULE | DInt | | |
| No | DInt | | 数组元素的个数 |
| i | Int | | 用于循环 |
| temp_valueadd | Real | | 累加的结果 |

图 9-16　函数 average1 的接口声明

函数 average1 的代码如图 9-17 所示。

```
1   #LOWER_VAULE := LOWER_BOUND(ARR := #Vaule, DIM := 1);
2   #UPPER_VAULE := UPPER_BOUND(ARR := #Vaule, DIM := 1);
3   #No := #UPPER_VAULE - #LOWER_VAULE+1;
4 ⊟FOR #i := #LOWER_VAULE TO #UPPER_VAULE DO
5       #temp_valueadd := #temp_valueadd + #Vaule[#LOWER_VAULE];
6       #LOWER_VAULE:= #LOWER_VAULE+1 ;
7   END_FOR;
8   #Vaule_out := #temp_valueadd / DINT_TO_REAL(#No);
```

图 9-17　函数 average1 的代码

代码说明：通过形参“vaule”引入输入数组，使用指令“LOWER_BOUND”和“UPPER_BOUND”得到数组索引的上下限，从而得到数组的个数，数组的个数用于循环累加的次数。将累加的结果存储于临时变量“temp_valueadd”中，最后输出平均值到输出参数“value_out”中。

**注意**：上面的示例只是用于演示 Variant 数组指令的使用方法，示例代码中可能没有考虑到所有的因素和适用环境。

## 9.4　引用

引用（References）是一种变量，不含任何值却指向其他变量的存储位置，如图 9-18 所示。通过引用，可在块外进行变量传递。因此，可直接修改变量的值，而无需创建变量副本。

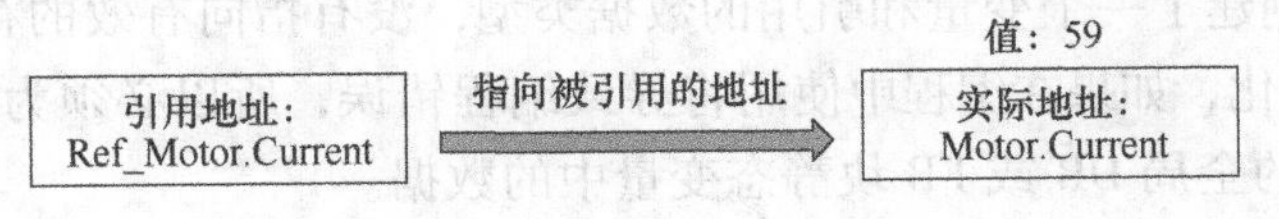


图 9-18　引用示例

### 9.4.1　引用声明

使用引用必须事先声明，也就是创建一个引用变量。引用可在优化访问的函数或函数块的接口中声明。并且地址区必须是临时变量区，例如：

1）FC：Input，Output，Temp，Return。

2）FB：Temp。

3）OB：Temp。

要进行引用声明，可使用关键字“REF_TO”指定被引用变量所需的数据类型，如图 9-19 所示。

块_1

| 名称 | 数据类型 | 默认值 | 注释 |
|---|---|---|---|
| ▸ Input | | | |
| ▸ Output | | | |
| ▸ InOut | | | |
| ▾ Temp | | | |
| ▪ My refint | REF_TO Int | | |
| ▪ My refbyte | REF_TO Byte | | |
| ▪ My refword | REF_TO Word | | |
| ▪ My refreal | REF_TO Real | | |
| ▪ My refmotor | REF_TO "Motor" | | PLC数据类型 |
| ▪ My refarray | REF_TO Array[0..9] of DInt | | |

图 9-19　引用声明

引用与被引用的数据类型必须相同，应用的数据类型如下：

1）位字符串（BYTE、WORD、DWORD、LWORD）。不支持 BOOL 引用。

2）整数。

3）浮点数。

4）字符串。不支持针对字符串的长度声明。

5）IEC 定时器。支持 IEC_TIMER 和 IEC_LTIMER 引用。不支持派生数据类型引用，例如 TON。

6）IEC 计数器。支持 IEC_COUNTER/IEC_UCOUNTER、IEC_SCOUNTER/IEC_USCOUNTER、IEC_DCOUNTER/IEC_UDCOUNTER 引用。不支持派生数据类型引用，例如 CTU。

7）PLC 数据类型（UDT）。

8）系统数据类型（SDT）。

9）已声明的数据类型的 ARRAY。不支持 ARRAY [ * ] 引用。不支持没有声明的数据类型的 ARRAY，例如 ARRAY of REF_TO <数据类型>。

### 9.4.2　引用与解引用

引用声明只是创建了一个变量和引用的数据类型，没有指向有效的存储器，系统使用值 NULL 对其进行初始化，如果在编程中使用将导致编程错误，所以必须为引用分配实际地址。引用只能指向优化的全局 DB 或 FB 块静态变量中的数据。

使用关键字“REF( )”，可将声明的引用指向变量，如图 9-20 所示，使用 LAD 和 SCL

两种编程语言将声明的引用（见图9-19）指向变量。

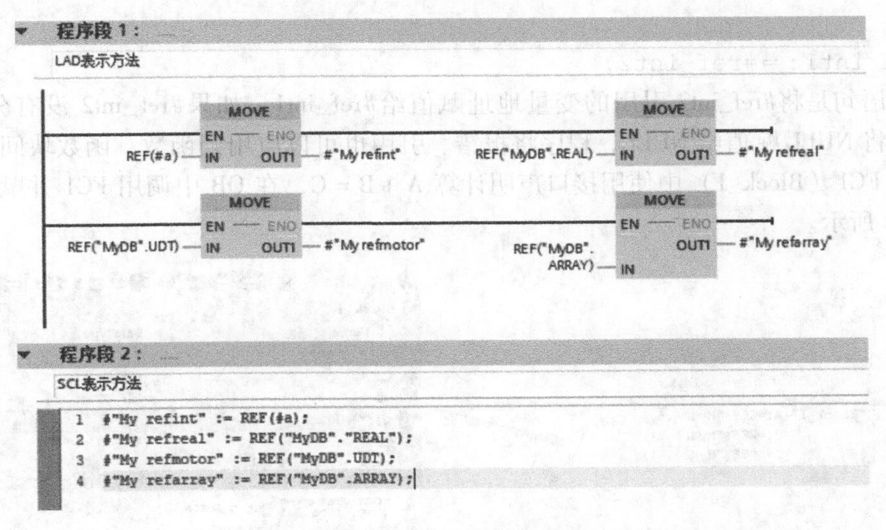


图9-20 引用指向变量

引用指向变量只是指向变量的实际地址或者物理地址，如果要读取或写入一个被引用变量的值，则可以使用插入符号“^”，这种访问方式又称为“解引用”。解引用的使用如图9-21所示，程序块运行一次，“c”的值为15，此时“a”的值为10，在第二条语句中，将“My refint”指向变量“a”（引用），在第三条语句中解引用变量“My refint”并赋值20，这样20赋值给引用变量“My refint”，引用变量“My refint”指向变量“a”的地址，实际上是将20传递到变量“a”，这时“c”就变为25了，第四、五条语句作用相同。如果程序再次执行一次，则第一条语句中“c”的值将被25替代。

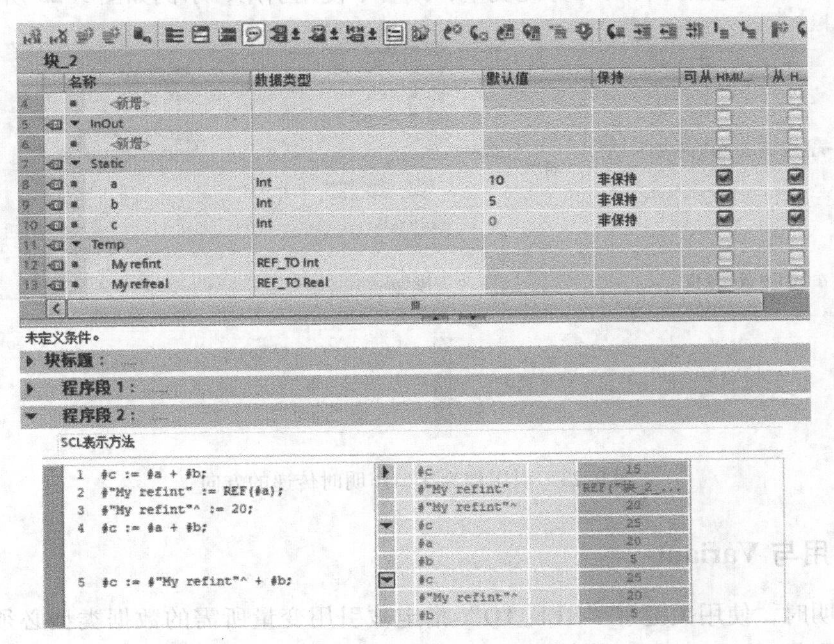


图9-21 解引用示例

引用指向的是变量的地址，而解引用得到变量的值，在应用中容易混乱出错，例如语句：

```
#ref_int1:=#ref_int2;
```

这条语句是将#ref_int2 引用的变量地址赋值给#ref_int1，如果#ref_int2 没有分配地址，则相当于将 NULL 赋值给 NULL，程序将报错。引用也可以应用到函数、函数块间的数据传递。例如 FC1（Block_1）中使用接口声明计算 A + B = C，在 OB 中调用 FC1 并赋值，示例如图 9-22 所示。

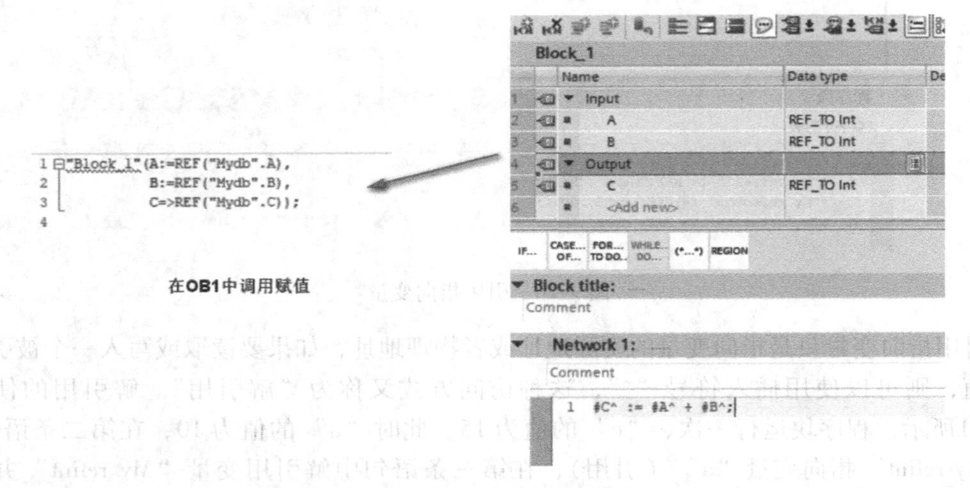


图 9-22　使用引用作为接口声明

可以看到调用 FC1 时为接口声明 A 和 B 指向了实际地址，但是 C 有问题，赋值的方向反了，可以在 FC1 直接为引用 C 分配变量，或者不使用引用，示例如图 9-23 所示。

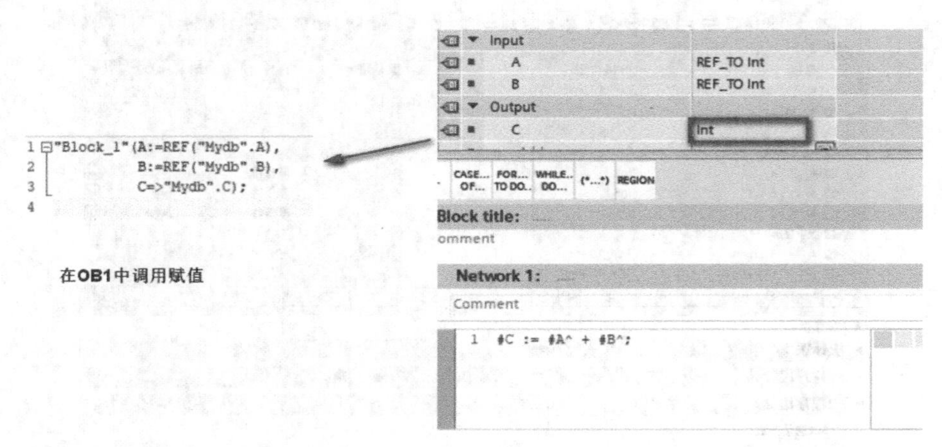


图 9-23　引用作为接口声明时传递的方向

### 9.4.3　引用与 Variant

引用声明时，使用关键字“REF_TO”指定被引用变量所需的数据类型必须是确定的，如果数据类型是 Variant，则不能使用上面介绍的引用方式，可以使用赋值尝试指令“?=”，将 Variant 数据类型的变量分配给一个引用。由于引用是后期开发的指令，与 Variant 数据类型的结合使用使开发更加灵活和简单。

Variant 可以读出输入变量的数据类型，然后通过 VariantGet 指令复制到一个类型相同的副本中进行分析判断（见图9-5），使用赋值尝试指令“？=”，将 Variant 数据类型的变量分配给一个引用，将使这样的应用变得更加简单，如图 9-24 所示。

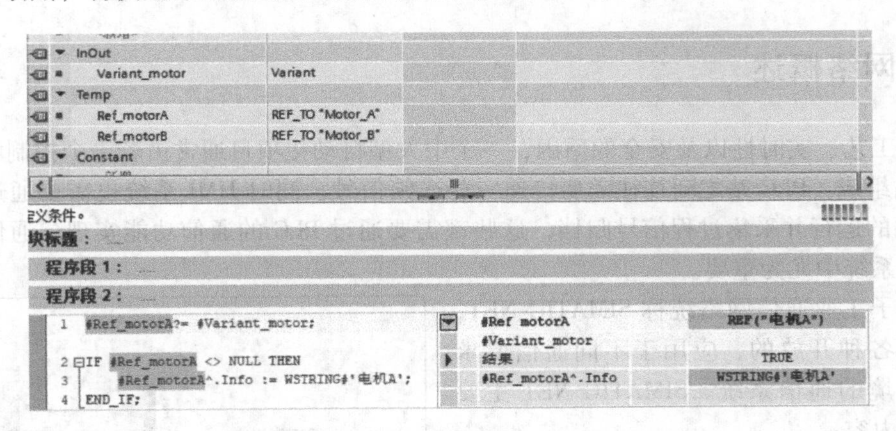


图 9-24　Variant 变量分配给引用（SCL）

引用声明一个变量“Ref_motorA”，指定的数据类型为“REF_TO "Motor_A"”，通过赋值尝试指令“？=”而不是关键字“REF( )”，将 Variant 变量分配给“Ref_motorA”，如果分配成功，则变量“Ref_motorA”不等于“NULL”，否则等于“NULL”。然后将“电机 A”赋值给变量“#Ref_motorA^. Info”。

赋值尝试指令“？=”的方式也支持 LAD 编程语言，如图 9-25 所示，使用 LAD 编程语言调用赋值尝试指令“？=”，如果分配成功，则 ENO 等于 1，否则等于 0。

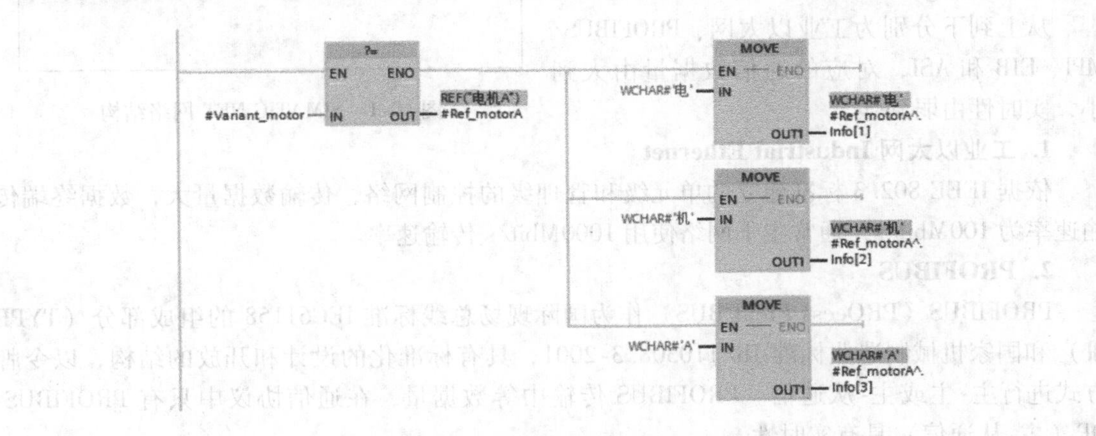


图 9-25　Variant 变量分配给引用（LAD）

上述的应用如果使用先前的方法，即首先需要使用指令 type of 判断数据类型，然后使用 VariantGet 指令将数据复制到一个副本中，修改以后再使用 VariantPut 指令写回，而使用赋值尝试“？=”和引用的方式，使函数和函数块的开发变得更加方便。

# 第10章 SIMATIC S7-1500 PLC的通信功能

## 10.1 网络概述

基于工艺、实时性以及安全的原因，一个中大型自动化项目通常由若干个控制相对独立的PLC站组成。PLC站之间往往需要传递一些连锁信号，同时HMI系统也需要通过网络控制PLC站的运行并采集过程信号归档，这些都需要通过PLC的通信功能实现。通信功能在整个控制系统中尤为重要。

西门子工业通信网络统称SIMATIC NET，它提供了各种开放的、应用于不同通信要求及安装环境的通信系统。SIMATIC NET主要定义下列内容：

1）网络传输介质；

2）通信协议和服务；

3）PLC及PC（机）联网所需的通信处理器。

为满足通信数据量及通信实时性的要求，SIMATIC NET提供了不同的通信网络，如图10-1所示。

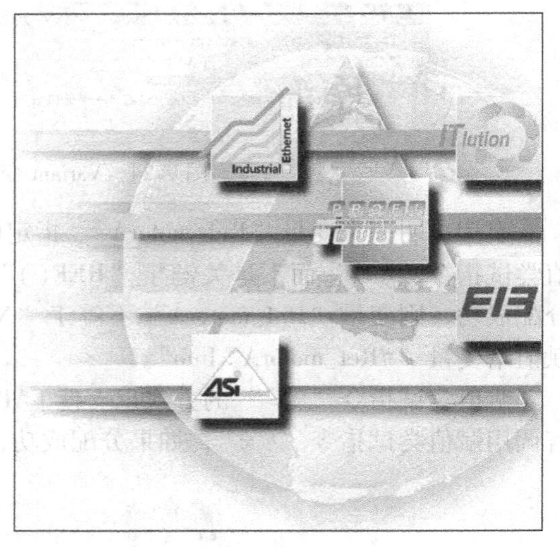

图10-1 SIMATIC NET网络结构

从上到下分别为工业以太网、PROFIBUS/MPI、EIB和ASI，对应的通信数据量由大到小，实时性由弱到强。

**1. 工业以太网Industrial Ethernet**

依据IEEE 802.3标准建立的单元级和管理级的控制网络，传输数据量大，数据终端传输速率为100Mbit/s，通常主干网络使用1000Mbit/s传输速率。

**2. PROFIBUS**

PROFIBUS（PROcess FIeld BUS）作为国际现场总线标准IEC61158的组成部分（TYPE Ⅲ）和国家机械制造业标准JB/T10308.3-2001，具有标准化的设计和开放的结构，以令牌方式进行主-主或主-从通信。PROFIBUS传输中等数据量，在通信协议中只有PROFIBUS-DP（主-从通信）具有实时性。

**3. EIB**

InstabusEIB（European Installation Bus）应用于楼宇自动化，可以采集亮度进行百叶窗控制、温度测量及门控等操作。通过DP/EIB网关，可以将数据传送到PLC或HMI中。

**4. AS-Interface**

AS-I（Actuator-Sensor interface）网络通过AS-I总线电缆连接最底层的执行器及传感

器，将信号传输至控制器。AS-I通信数据量小，适合位信号的传输。每个从站通常最多带有8个位信号，主站轮询31个从站的时间固定为5ms，适合实时性的通信控制。

**5. 串行通信**

与带有串行通信接口（RS422/485和RS232C）的设备进行通信，通信报文透明，通信双方可以定义报文格式。使用串行通信安全性低，通常需要用户对通信数据作校验。

从目前网络发展来看，现场层级的通信逐渐被以太网替代，传输速率由100Mbit/s向1000Mbit/s转变，既保证通信的数据量又保证数据的实时性。最底层的网络可能还会保留，例如ASI和西门子的IO LINK通信方式，主要考虑的是布线的方便性。

## 10.2 网络及通信服务的转变

### 10.2.1 从PROFIBUS到PROFINET的转变

PROFIBUS基于RS485网络，现场安装方便，通信速率可以根据PROFIBUS电缆长度灵活调整，通信方式简单。第三方厂商支持的PROFIBUS设备种类较多，在以往的使用中深受广大工程师和现场维护人员的青睐。随着工业的快速发展，控制工艺对工业通信的实时性和数据量又有了更高的要求，同时也需要将日常的办公通信协议应用到工业现场中。着眼于未来，西门子公司在十多年前就已经推出PROFINET，到目前为止已经大规模地应用在各个行业中。

基于工业以太网的PROFINET完全满足现场实时性的要求。通过PROFINET可以实现通信网络的一网到底，即从上到下都可以使用同一种网络，如图10-2所示。PROFINET便于网络的安装、调试和维护（一网到底不等于从上到下在一个网络上，有条件的情况下建议控制网络与监控网络使用不同的子网，从而控制网络风险）。每一个SIMATIC S7-1500 CPU都集成了PROFINET接口，此外，考虑项目集成的便易性，在大型PLC CPU 1516/CPU 1517/CPU 1518也集成了PROFIBUS接口，但是只能作为主站。

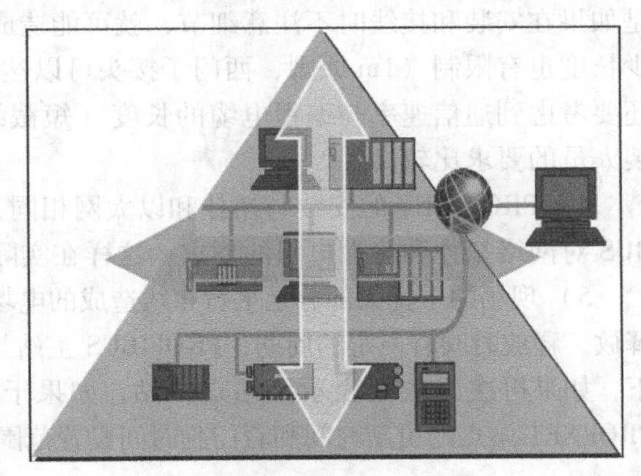

图10-2 PROFINET一网到底

**1. PROFINET对比PROFIBUS的优点**

1）为了继承PROFIBUS的使用方式，在TIA博途软件配置上基本相同。

2）实时性强，站点最短更新时间可以达到250μs（基于2.2版本），并且各个站点的更新时间可以单独设置。

3）一个控制器可以连接多达512个站点（例如S7-1518 CPU）。

4）控制器可以同时作为IO控制器（相当于PROFIBUS主站）和IO设备（相当于PROFIBUS从站）。

5）基于以太网，支持灵活的拓扑，如星型、树型、环型和混合型等。

6）可以使用无线网络进行通信。

7）集成 Web 功能，可以查看网络拓扑的诊断信息。

8）诊断方便。

9）通信数据量大。

10）没有终端电阻的限制。

**2. PROFINET 对比 PROFIBUS 的弱点及应对方法**

1）两个相邻站点不能超过100m，超过100m，则需要在2站点间加上一个交换机作为中继器。如果距离较长，考虑到成本可以使用光纤。

2）中间站点不能掉电，否则后面的网络不能通信，使用环网可以解决这个问题。

3）对于原有项目，如不想改动 PROFIBUS 网络，可以使用 IE/PB link 网关进行不同网络间的转换。

**3. 两种网络抗干扰性的探讨**

1）两种网络都使用屏蔽双绞线，一般来说，在物理层上抗干扰性应该是相同的，除非是屏蔽层更密。

2）PROFINET 使用 RJ45 以太网接口，与外部信号隔离，站点间没有电位差的问题。因此，PROFINET 很少出现烧接口的问题，但是一定注意不要超过最大的隔离电压。从 EMC 角度上考虑，电位差在安装时应该避免，否则通信质量不能保证。

3）现场许多 PROFIBUS 站点瞬时丢失的问题往往不是干扰的问题，而是接线与安装的问题，或是使用非标的接头和电缆，或是在后期的技改中没有按照规范接线，看似简单，但是如果在安装和接线时不注意细节，就可能造成故障频出。例如网段的最大长度有限制，最少长度也有限制（1m 原则，西门子接头可以达到更小），网络中间站点虽然带有编程接口，还要考虑到通信速率与编程电缆的长度（短截线的要求）以及当时网络通信的质量，对安装人员的要求比较高。

4）PROFINET 的安装与拓扑和以太网相同，安装技术已经非常成熟，并且没有 PROFIBUS 对网络拓扑和终端电阻的要求，这样在实际应用中可以避免上述的绝大部分问题。

5）现场的干扰大部分是平行布线造成的电场和磁场的耦合干扰，能量积累到一定程度才释放，释放时间有一定的周期，PROFIBUS 主站与从站默认情况下，通信失败后会再次尝试一下，如果再次失败则表示该站点掉站，如果干扰的周期覆盖两次通信时间，则通信失败。PROFNET 站点的更新时间和看门狗时间设置范围比较大，可以避开干扰周期，提高通信质量。

### 10.2.2　MPI 接口被 PROFINET 接口替代

与 SIMATIC S7-300/400 PLC 不同，每一个 SIMATIC S7-1500 CPU 标配一个以太网接口（自带两口交换机），向上可以连接 HMI，向下可以连接分布式 I/O，横向可以进行 PLC 站点间的通信。同时，该以太网接口也可以用于编程与调试，不需要特殊的适配器。使用 PC 上的以太网接口就可以进行通信，众多功能与优点远超 MPI，这也是 SIMATIC S7-1500 系统没有 MPI 接口的原因。

### 10.2.3　基于 PROFIBUS 通信服务的变化

PROFIBUS 标准的三种通信服务有 DP、PA 和 FMS。FMS 用于主站间数据通信，配置过程非常繁琐，近些年少有使用；除此之外，基于 PROFIBUS 的 FDL 通信服务用于西门子 SI-

MATIC S7-300/400 PLC主站间的通信，在PN接口推出后，FDL因性价比低的原因而使用减少。基于以上考虑，SIMATIC S7-1500 PLC系统中将不再使用FMS、FDL通信服务。

从发展的角度看，PROFIBUS大部分应用已经被PROFINET替代，有关PROFIBUS的详细使用将不再介绍。

## 10.3 工业以太网与PROFINET

工业以太网应用于单元级、管理级的网络，通信数据量大、距离长。原有工业以太网的通信服务应用于主站间的大数据量通信，例如PLC之间、PLC与HMI之间以及PC之间的通信，通信的方式为对等的发送和接收，不能保证实时性。基于工业以太网开发的PROFINET是实时以太网，具有很好的实时性，主要应用于连接现场设备，通信为主从方式。简单地说，就是同一个网络有两种通信服务，一个是非实时通信，一个是实时通信。

### 10.3.1 工业以太网通信介质

西门子工业以太网可以使用双绞线、光纤和无线进行数据通信。

**1. IE FC TP**（Industry Fast Connection Twisted Pair）

工业快速连接双绞线配合西门子FC TP RJ45接头使用，连接如图10-3所示。

将双绞线按照TP RJ45接头标示的颜色插入连接孔中，可快捷、方便地将DTE（数据终端设备）连接到工业以太网上。使用FC双绞线，从DTE到DTE、DTE到交换机以及交换机之间最长通信距离为100m。主干网使用IE FC 4×2电缆可以达到1000m。也可以使用西门子TP CORE电缆，预装RJ45接头，但是非屏蔽，保证数据传输可靠性的最长通信距离为10m。

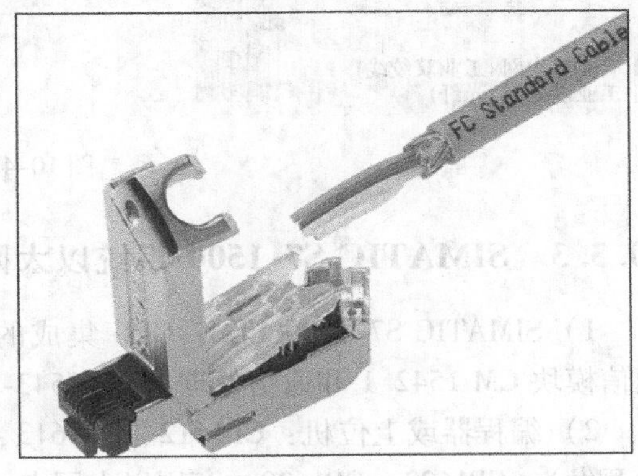

图10-3 FC TP电缆与TP RJ45接头

**2. ITP**（Industry Twisted Pair）**工业双绞线**

ITP电缆预装配9/15针SUB D接头，连接通信处理器CP的ITP接口。ITP电缆适合恶劣的现场环境，最长可达100m，不过它正逐渐被IE FC TP连接电缆所替代。

**3. 光纤**

光纤适合于抗干扰、长距离的通信。西门子交换机间可以使用多模光纤和单模光纤。通信距离与交换机和接口有关。

**4. 无线以太网**

使用无线以太网收发器相互连接。通信距离与通信标准及天线有关。

### 10.3.2 工业以太网拓扑结构

使用西门子工业交换机可以组成总线型、树形和环形等网络拓扑结构。环形网络拓扑结构是总线型网络的一个特例，即将总线型的头尾两端连接便形成环形网络结构。环形网络可以使用光纤和双绞线构成。在环形网络中必须有一个交换机作为冗余管理器，例如西门子

SCALANCE X208 或 SCALANCE X204-2。环形网络中的每一个交换机必须能够通过冗余检测报文。由交换机组成的冗余环形网络如图 10-4 所示。如果环网使用支持 PROFINET IO 的冗余介质协议（MRP），则不需要额外的交换机，通常将 IO 控制器作为冗余管理器。

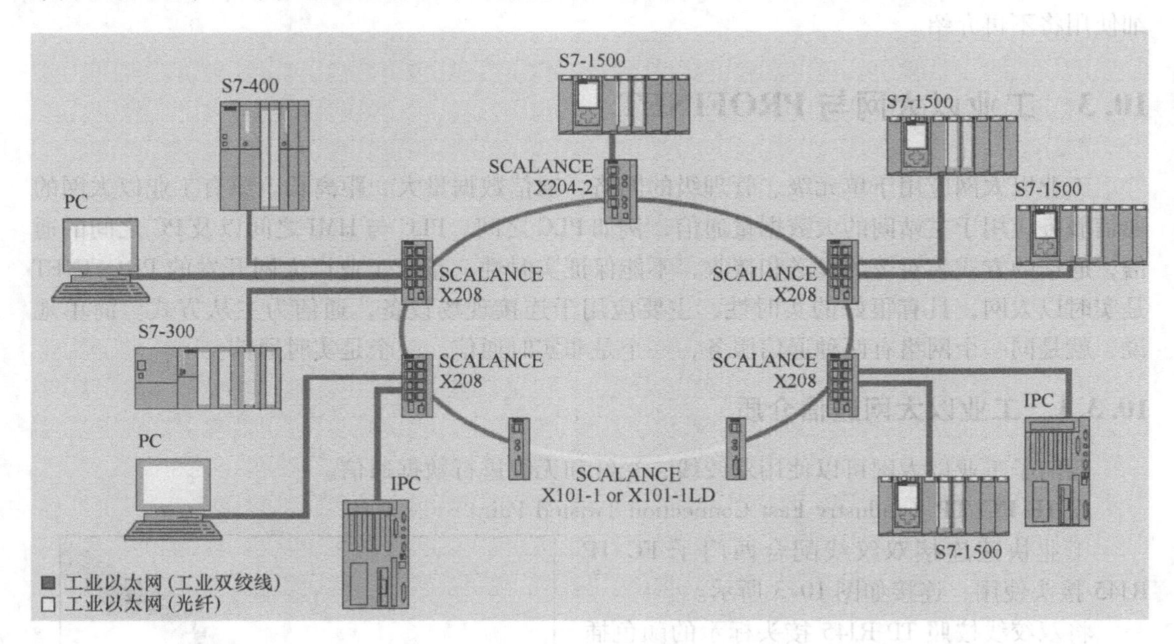


图 10-4　冗余环网

## 10.3.3　SIMATIC S7-1500 系统以太网接口

1）SIMATIC S7-1500 PLC：CPU 集成的以太网接口（X1、X2、X3，最多 3 个接口）、通信模块 CM 1542-1 和通信处理器 CP 1543-1。

2）编程器或上位机：CP1612、CP1613、CP1616/CP1604（支持 PROFINET IO，需要软件开发）、CP1623、CP1628、商用以太网卡。

## 10.3.4　SIMATIC S7-1500 PLC 以太网支持的通信服务

将 SIMATIC S7-1500 PLC 以太网接口支持的通信服务按实时通信和非实时通信进行划分，不同接口支持的通信服务见表 10-1 所示（以 CPU 固件 V2.5 及以上版本为例）。

表 10-1　SIMATIC S7-1500 系统以太网接口支持的通信服务

| 接 口 类 型 | 实时通信 | | 非实时通信 | | |
|---|---|---|---|---|---|
| | PROFINET IO 控制器 | I-Device | OUC 通信 | S7 通信 | Web 服务器 |
| CPU 集成的接口 X1 * | √ | √ | √ | √ | √ |
| CPU 集成的接口 X2 * | √（功能受限） | √ | √ | √ | √ |
| CPU 集成的接口 X3 * | × | × | √ | √ | √ |
| CM1542-1 | √ | × | √ | √ | √ |
| CP1543-1 | × | × | √ | √ | √ |

注：CPU 1515/1516/1517 带有两个以太网接口，CPU 1518 带有三个以太网接口，第二、第三接口主要为了安全的目的进行网络的划分，避免管理层网络故障影响控制层网络。

SIMATIC S7-1500 PLC之间非实时通信有两种：Open User Communication（OUC）通信服务和S7通信服务，实时通信只有PROFINET IO。表10-1中I-Device是将CPU作为一个智能设备，也是实时通信。不同的通信服务适用不同的现场应用。

**1. OUC通信**

OUC（开放式用户通信，与SIMATIC S7-300/400 PLC的S5兼容通信相同）服务适用于SIMATIC S7-1500/300/400 PLC之间通信、S7 PLC与S5 PLC间的通信，以及PLC与PC或与第三方设备进行通信。OUC通信的特点是将待发数据发送到本地的发送缓存区作为发送成功标志。OUC通信有下列通信连接：

（1）ISO Transport

该通信连接支持第四层（ISO Transport）开放的数据通信，主要用于SIMATIC S7-1500/300/400 PLC与SIMATIC S5的工业以太网通信。SIMATIC S7 PLC间的通信也可以使用ISO通信方式。ISO通信使用MAC地址，不支持网络路由。一些新的通信处理器不再支持该通信服务，SIMATIC S7-1500系统中只有CP1543-1支持ISO通信方式。ISO通信方式基于面向消息的数据传输，发送的长度可以是动态的，但是接收区必须大于发送区。最大通信字节数64KB。

（2）ISO-on-TCP

由于ISO不支持以太网路由，因而西门子应用RFC1006将ISO映射到TCP上，实现网络路由，与ISO通信方式相同。西门子PLC间的通信建议使用ISO-on-TCP通信方式。最大通信字节数64KB。

（3）TCP/IP

支持TCP/IP开放的数据通信。用于连接SIMATIC S7和PC以及非西门子设备。PC可以通过VB、VC SOCKET控件直接读写PLC数据。TCP/IP采用面向数据流的数据传送，发送的长度最好是固定的。如果长度发生变化，在接收区需要判断数据流的开始和结束位置，比较繁琐，并且需要考虑到发送和接收的时序问题（接收使用AD-HOC模式可以很好地适合这样的应用）。所以，在西门子PLC间进行通信时，不建议采用TCP/IP通信方式。最大通信字节数64KB。

（4）UDP

该通信连接属于第四层协议，支持简单数据传输，数据无须确认，与TCP/IP通信相比，UDP没有连接。最大通信字节数1472。

不同接口支持OUC通信连接的类型见表10-2所示。

表10-2 SIMATIC S7-1500系统以太网接口支持OUC通信连接的类型

| 接口类型 | 连接类型 | | | |
|---|---|---|---|---|
| | ISO | ISO-on-TCP | TCP/IP | UDP |
| CPU集成的接口X1 | × | √ | √ | √ |
| CPU集成的接口X2 | × | √ | √ | √ |
| CPU集成的接口X3 | × | √ | √ | √ |
| CM1542-1 | × | √ | √ | √ |
| CP1543-1 | √ | √ | √ | √ |

**2. S7 通信**

特别适用于 SIMATIC S7-1500/1200/300/400 PLC 与 HMI（PC）和编程器之间的通信，也适合 SIMATIC S7-1500/1200/300/400 PLC 之间通信。早先 S7 通信主要是 SIMATIC S7-400 PLC 间的通信，由于通信连接资源的限制，推荐使用 S5 兼容通信也就是现在的 OUC 通信。随着通信资源的大幅增加和 PN 接口的支持，S7 通信在 SIMATIC S7-1500/1200/300/400 PLC 之间应用越来越广泛。SIMATIC S7-1500 PLC 所有以太网接口都支持 S7 通信。S7 通信使用了 ISO/OSI 网络模型第七层通信协议，可以直接在用户程序中得到发送和接收的状态信息。S7 通信的特点是将待发数据发送到通信方的数据接收缓存区作为基本发送成功标志，不同的通信函数通信成功标志略有区别。

SIMATIC S7-1500 PLC 的 S7 通信有三组通信函数，分别是 PUT/GET、USEND/URCV 和 BSEND/BRCV，这些通信函数应用于不同的应用：

1）PUT/GET：可以用于单方编程，一个 PLC 作为服务器，另一个 PLC 作为客户端，客户端可以对服务器进行读写操作，在服务器侧不需要编写通信程序。

2）USEND/URCV：用于双方编程的通信方式，一方发送数据，另一方接收数据。通信方式为异步方式。

3）BSEND/BRCV：用于双方编程的通信方式，一方发送数据，另一方接收数据。通信方式为同步方式，发送方将数据发送到通信方的接收缓冲区，通信方需要调用接收函数，并将数据复制到已经组态的接收区内才认为发送成功。简单地说，相当于发送邮件，接收方必须读了该邮件才作为发送成功的条件。使用 BSEND/BRCV 可以进行大数据量通信，最大可以达到 64KB。

通信函数组 PUT/GET 和 USEND/URCV 带有 4 对数据接收区 RD_1 ~ 4 和发送区 SD_1 ~ 4，用于发送和接收使用不同的地址区。其中通信函数组 PUT/GET 还带有参数 ADDR_1 ~ 4，用于指向通信方的地址区，这些通信区必须按序号一一对应并且长度必须匹配。通信函数组 BSEND/BRCV 只有 1 对数据通信接收区 RD_1 和发送区 SD_1。通信量的大小与使用通信函数和 CPU 的类型有关，具体数据见表 10-3 所示。

**表 10-3 通信函数与通信的数据量**

| 本方 CPU | 对方 CPU | 通信函数 | 参数 SD_i RD_i ADDR_i（1≥i≥4）字节 | | | |
|---|---|---|---|---|---|---|
| | | | 1 | 2 | 3 | 4 |
| SIMATIC S7-1500 | SIMATIC S7-300（PN 接口） | PUT | 212 | — | — | — |
| | | GET | 222 | — | — | — |
| | | USEND/URCV | 212 | — | — | — |
| | | BSEND/BRCV | 65534 | — | — | — |
| | SIMATIC S7-400 | PUT | 452 | 436 | 420 | 404 |
| | | GET | 462 | 458 | 454 | 450 |
| | | USEND/URCV | 452 | 448 | 444 | 440 |
| | | BSEND/BRCV | 65534 | — | — | — |
| | SIMATIC S7-1200 | PUT | 212 | 196 | 180 | 164 |
| | | GET | 222 | 218 | 214 | 210 |

（续）

| 本方 CPU | 对方 CPU | 通信函数 | 参数 SD_i RD_i ADDR_i（1≥i≥4）字节 | | | |
|---|---|---|---|---|---|---|
| | | | 1 | 2 | 3 | 4 |
| SIMATIC S7-1500 | SIMATIC S7-1500 | PUT | 932 | 916 | 900 | 884 |
| | | GET | 942 | 938 | 934 | 930 |
| | | USEND/URCV | 932 | 928 | 924 | 920 |
| | | BSEND/BRCV | 65534（标准 DB） | — | — | — |
| | | | 65535（优化 DB） | — | — | — |

从表中可以看到，SIMATIC S7-1500 PLC 的通信能力大大提高。通信的数据量也与使用数据区的对数有关，以 SIMATIC S7-1500 PLC 通信函数 PUT 为例，如果使用 1 对通信区，最大通信量为 932 个字节；如果使用 2 对通信区，这 2 对通信区的数据总和最大为 916 个字节；如果使用 4 对通信区，最大通信量只有 884 个字节，这是因为在一包数据中添加了用于区别通信区的标识符而占用了通信数据。

**3. PROFINET IO**

PROFINET IO 主要用于模块化、分布式的控制，通过以太网直接连接现场设备（IO Devices）。PROFINET IO 通信为全双工点到点方式。一个 IO 控制器（IO Controller）最多可以和 512 个 IO 设备进行点到点通信，按设定的更新时间双方对等发送数据。一个 IO 设备的被控对象只能被一个 IO 控制器控制。在共享 IO 设备模式下，一个 IO 站点上不同的 I/O 模块、甚至同一 I/O 模块中的输入通道都可以最多被 4 个 IO 控制器共享，但是输出通道只能被一个 IO 控制器控制，其他 IO 控制器可以共享信号状态信息。由于访问机制为点到点方式，SIMATIC S7-1500 PLC 集成的以太网接口既可以作为 IO 控制器连接现场 IO 设备，又可同时作为 IO 设备被上一级 IO 控制器控制（对于一个 IO 控制器而言只是多连接了一个站点），此站点称为智能设备（I-Device）。

PROFINET IO 与 PROFIBUS-DP 的通信方式相似，术语的比较见表 10-4 所示。

**表 10-4　PROFINET IO 与 PROFIBUS-DP 术语的比较**

| 数量 | PROFINET IO | PROFIBUS-DP | 解　释 |
|---|---|---|---|
| 1 | IO system | DP master system | 网络系统 |
| 2 | IO 控制器 | DP 主站 | 控制器与 DP 主站 |
| 3 | IO supervisor | PG/PC 2 类主站 | 调试与诊断 |
| 4 | 工业以太网 | PROFIBUS | 网络结构 |
| 5 | HMI | HMI | 监控与操作 |
| 6 | IO 设备 | DP 从站 | 分布的现场元件分配到 IO 控制器 |

PROFINET IO 具有下列特点：

1）现场设备（IO-Devices）通过 GSD 文件的方式集成到 TIA 博途软件中，与 PROFIBUS-DP 不同的是，PROFINET IO 的 GSD 文件以 XML 格式存在。

2）为了保护原有的投资，PROFINET IO 控制器可以通过 IE/PB LINK 连接 PROFIBUS-DP 从站。

PROFINET IO 提供三种执行水平：

1）非实时数据传输（NRT）：用于项目的监控和非实时要求的数据传输，例如项目的诊断，典型通信时间大约 100ms。

2）实时通信（RT）：用于要求实时通信的过程数据，通过提高实时数据的优先级和优化数据堆栈（ISO/OSI 模型第一层和第二层），使用标准网络元件可以执行高性能的数据传输，典型通信时间为 0.5 ~ 10ms。

3）等时实时（IRT）：等时实时确保数据在相等的时间间隔进行传输，例如多轴同步操作。普通交换机不支持等时实时通信。等时实时典型通信时间为 0.25 ~ 1ms，每次传输的时间偏差小于 1μs。还可以在 IRT 的基础上实现 IO 设备与程序执行的同步，同时处理多个 IO 设备的数据。

支持 IRT 的交换机数据通道分为标准通道和 IRT 通道。标准通道用于 NRT 和 RT 的数据通信，IRT 通道专用于 IRT 的数据通信，网络上其他的通信不会影响 IRT 过程数据的通信。PROFINET IO 实时通信的 OSI/ISO 模型如图 10-5 所示。

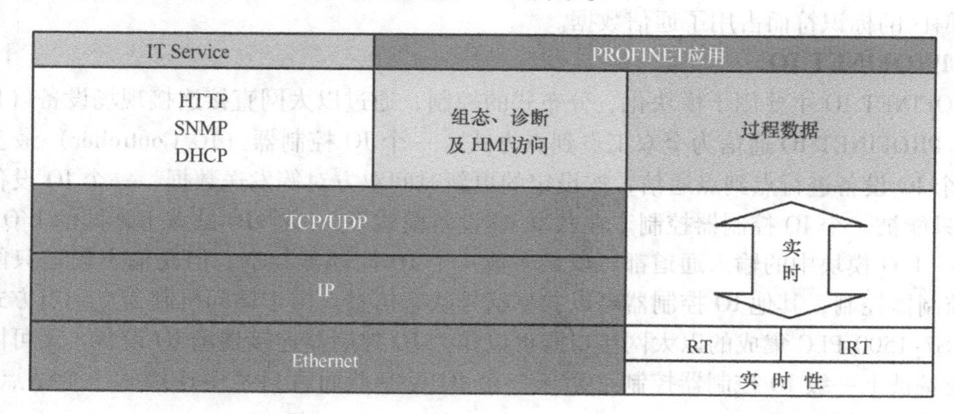


图 10-5　PROFINET 数据访问 OSI/ISO 模型

## 10.3.5　SIMATIC S7-1500 OUC 通信

OUC 有四种连接方式，分别为 ISO、ISO-on-TCP、TCP/IP 和 UDP。CPU 集成接口、CP1543-1 和 CM1542-1 都支持 OUC 的通信方式。与 SIMATIC S7-300/400 相比，无论使用哪一种接口和哪一种连接类型，建立连接的过程和调用的通信函数都相同，这样可以避免不必要的错误。TIA 博途软件提供了多种建立连接的方式，非常灵活。在下面的示例中仅给出笔者认为最简单的一种方式。考虑到最常见的应用，示例将以在相同项目下和在不同项目下的两种方式分别介绍通信配置的过程。

**1. SIMATIC S7-1500 PLC 在相同项目下进行通信配置**（ISO-on-TCP 连接）

1）创建新项目，例如“OPEN IE 通信”，在项目树下单击“添加新设备”，分别选择 CPU 1513-1 和 CPU 1516-3，创建两个 SIMATIC S7-1500 PLC 站点。

2）在设备视图中，单击其中一个 CPU 的以太网接口，在“属性”标签栏中设定以太网接口的 IP 地址并添加新子网。例如 CPU 1513-1 的以太网 IP 地址为 192.168.0.10，子网掩码为 255.255.255.0，子网为“PN/IE_1”如图 10-6 所示。

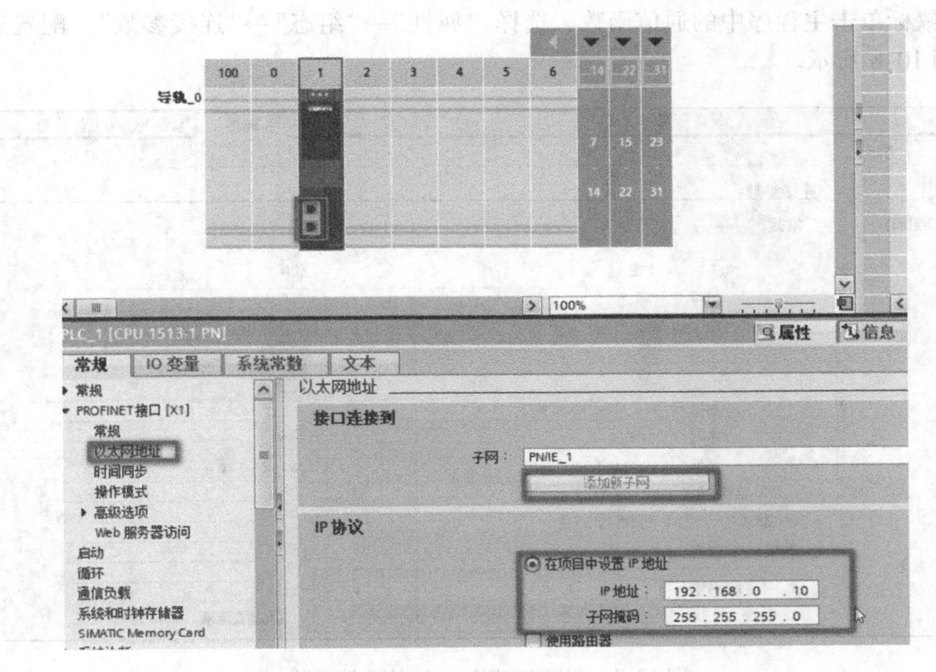


图 10-6　设定 CPU 以太网的 IP 地址

3）以相同的方式设置 CPU 1516-3 的 IP 地址和子网掩码。示例中设定的 IP 地址为 192. 168. 0. 20，子网掩码为 255. 255. 255. 0。

**注意：** CPU 以太网接口在默认状态下 IP 地址相同，可以通过 CPU 的显示面板修改 IP 地址，也可以通过在线联机和下载的方式修改 IP 地址。

4）打开主程序块，直接调用通信函数（"指令"→"通信"→"开放式用户通信"）。例如将通信函数"TSEND_C"拖放到 CPU 1513-1 的 OB1 中，如图 10-7 所示。

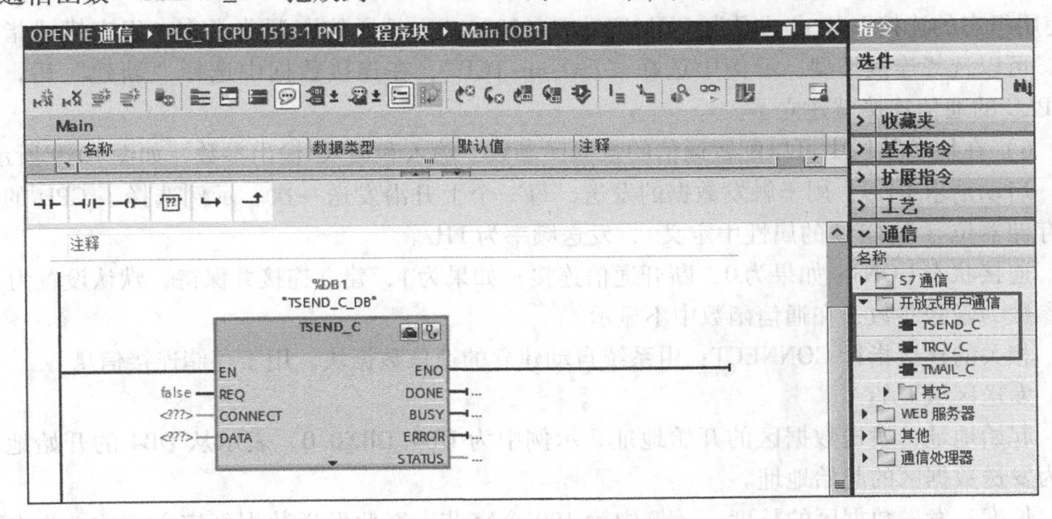


图 10-7　调用通信函数"TSEND_C"

5）鼠标单击主程序中的通信函数，选择“属性”→“组态”→“连接参数”，配置连接属性，如图 10-8 所示。

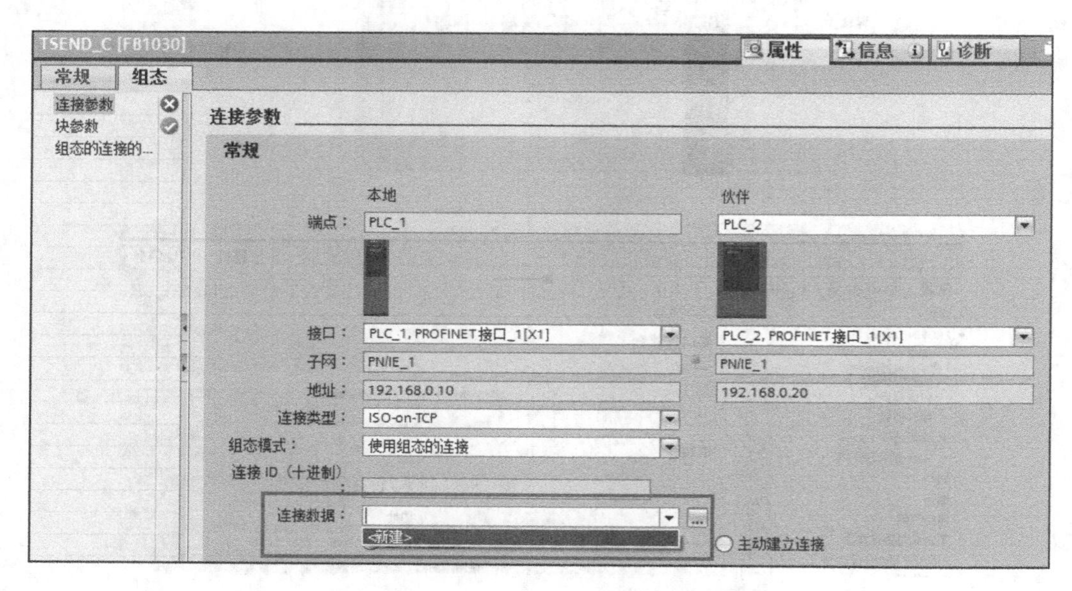


图 10-8　配置 TSEND_C 通信连接参数

首先选择通信伙伴，例如 PLC_2（CPU 1516-3），指定通信伙伴后，可以选择下方的通信接口，CPU 1516-3 的两个以太网接口都支持 OUC 的通信方式。示例中选择接口 X1，指定接口后，自动显示所使用以太网接口的 IP 地址。在组态模式中可以选择“使用组态的连接”或“使用程序块”。如果选择“使用组态的连接”模式，两个 PLC 的通信连接将固定地占用一个连接资源；如果选择“使用程序块”的模式，两个 PLC 的通信连接需要通过编程建立（在通信函数内部已经调用了建立通信连接的指令，并在用户接口中设置了一个使能信号位），这种连接可以释放，这样就可以分批次地实现与更多的设备通信。示例中选择“使用组态的连接”模式，因为 SIMATIC S7-1500 CPU 的通信资源非常多。组态模式指定后，可以选择连接类型。示例中选择“ISO-on-TCP”。在连接数据中选择“新建”后，两个 PLC 的通信连接就建立了。

6）在块参数栏中可以配置通信的数据区参数、输入和输入/输出参数，如图 10-9 所示。

启动请求 REQ：用于触发数据的发送，每一个上升沿发送一次。示例选择了 CPU 的时钟存储器位（在 CPU 的属性中定义），发送频率为 1Hz。

连接状态 CONT：如果为 0，断开通信连接；如果为 1，建立连接并保持，默认设置为 1。此参数为隐藏参数，在通信函数中不显示。

相关的连接指针 CONNECT：由系统自动建立的通信数据块，用于存储连接信息。

发送区域 DATA

起始地址：发送数据区的开始地址。示例中为 DB4. DBX0. 0，表示从 DB4 的开始地址作为发送数据区的起始地址。

长度：发送数据区的长度，示例中为 100 个字节。至此发送数据区定义完成，为 DB4 的前 100 个字节。

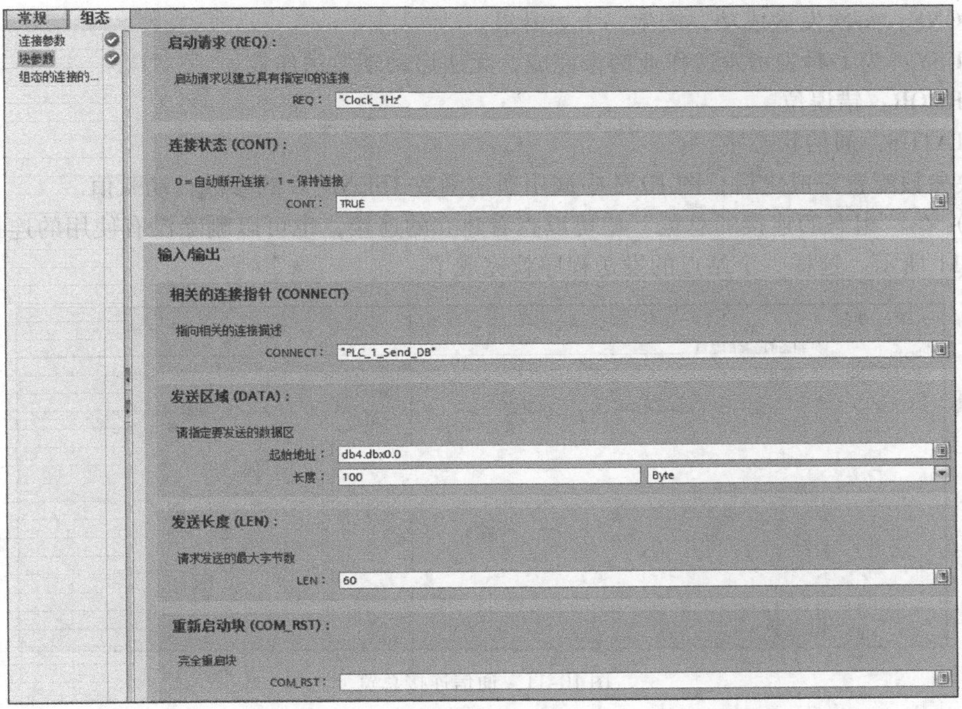

常规　组态
连接参数
块参数
组态的连接的...
启动请求 (REQ)：
启动请求以建立具有指定ID的连接
REQ："Clock_1Hz"
连接状态 (CONT)：
0 = 自动断开连接，1 = 保持连接
CONT：TRUE
输入/输出
相关的连接指针 (CONNECT)
指向相关的连接描述
CONNECT："PLC_1_Send_DB"
发送区域 (DATA)：
请指定要发送的数据区
起始地址：db4.dbx0.0
长度：100　Byte
发送长度 (LEN)：
请求发送的最大字节数
LEN：60
重新启动块 (COM_RST)：
完全重启块
COM_RST：

图 10-9　TSEND_C 输入、输入/输出参数

> **注意：**这里使用的是非优化 DB 块，如果使用优化 DB 块，不需要在长度参数中指定，只需要在起始地址中使用符号名称方式定义即可，例如定义一个数组："数据块_1. send"。

发送长度 LEN：设定实际的发送长度，示例中为 60，表示将 100 个字节的发送数据区中前 60 个字节发送出去。这些参数可以是变量。

重新启动块 COM_RST：用于重新启动连接，可以不赋值。

输出参数用于指示通信的状态如图 10-10 所示。

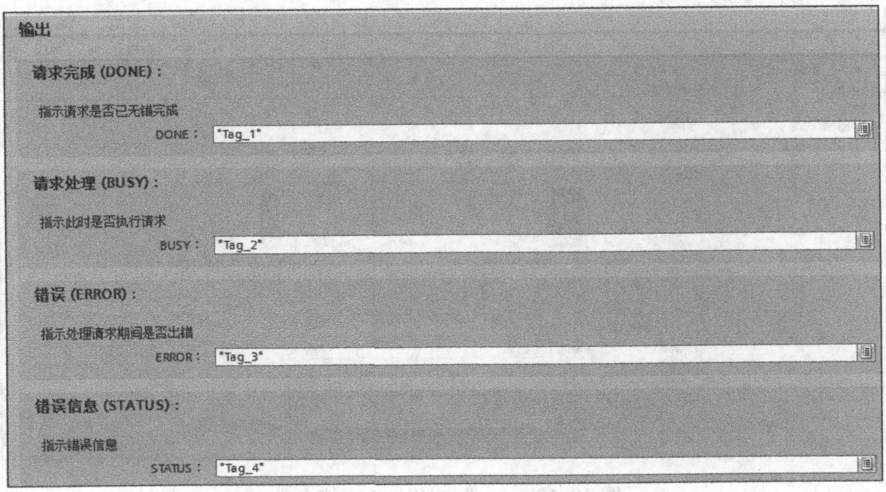

输出
请求完成 (DONE)：
指示请求是否已无错完成
DONE："Tag_1"
请求处理 (BUSY)：
指示此时是否执行请求
BUSY："Tag_2"
错误 (ERROR)：
指示处理请求期间是否出错
ERROR："Tag_3"
错误信息 (STATUS)：
指示错误信息
STATUS："Tag_4"

图 10-10　TSEND_C 输出参数

DONE：每次发送成功，产生一个上升沿。

BUSY：为 1 时表示发送作业尚未完成，无法启动新发送作业。

ERROR：错误位。

STATUS：通信状态字。

块参数配置完成之后，图 10-7 中调用通信函数 TSEND_C 的参数自动赋值。

7）在“组态的连接的总览”中可以查看建立的连接，也可以删除没有使用的连接，如图 10-11 所示。这样一个站点的发送程序就完成了。

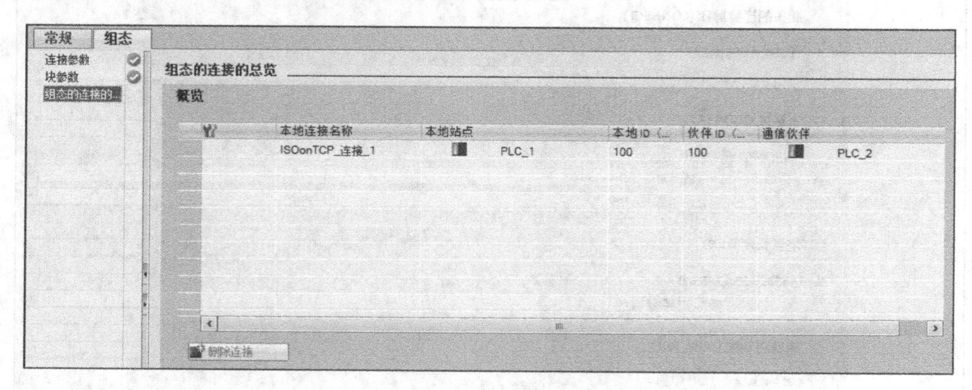


图 10-11　通信连接总览

8）在 CPU 1516-3 站点上编写通信接收程序。例如将通信函数 TRCV_C（“指令”→“通信”→“开放式用户通信”）拖放到 CPU 1516-3 的 OB1 中。单击主程序中的通信函数，选择“属性”→“组态”→“连接参数”配置连接属性，如图 10-12 所示。

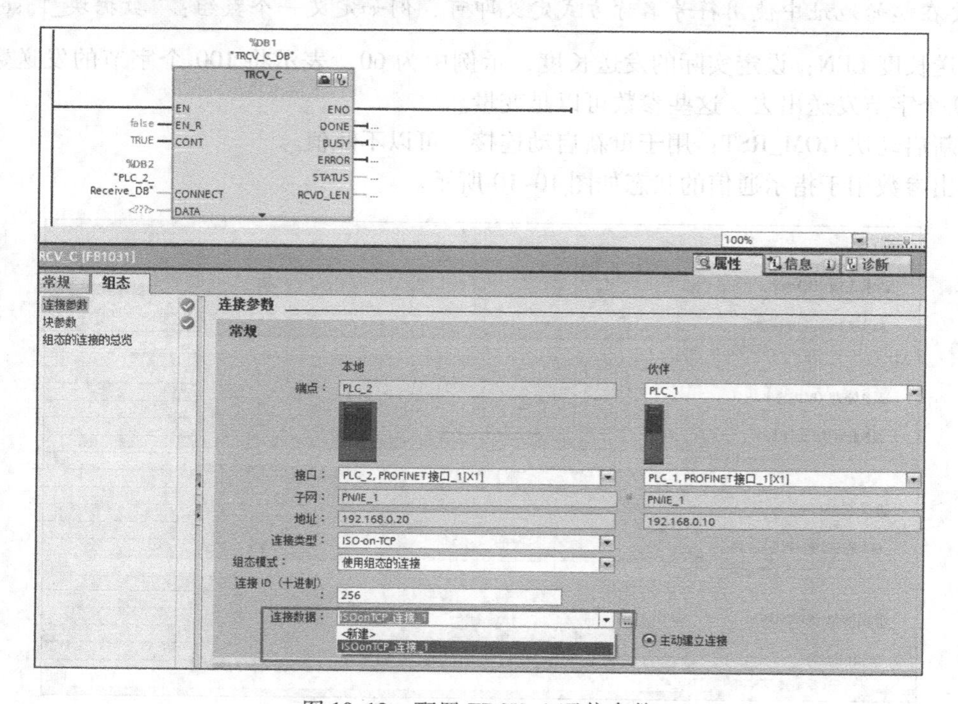


图 10-12　配置 TRCV_C 通信参数

首先选择通信伙伴，例如 PLC_1（CPU 1513），然后在“连接数据”中直接选择已经建立的通信连接，例如“ISOonTCP_连接_1”，这样连接参数配置完成。

9）在块参数栏中配置数据接收区和实际接收到的字节长度，如图 10-13 所示。这里需要注意接收区域的长度必须大于等于发送区域（TCP 连接除外）。在参数 RCVD_LEN 中可以读出实际接收数据的长度，其他参数与发送通信函数相同。

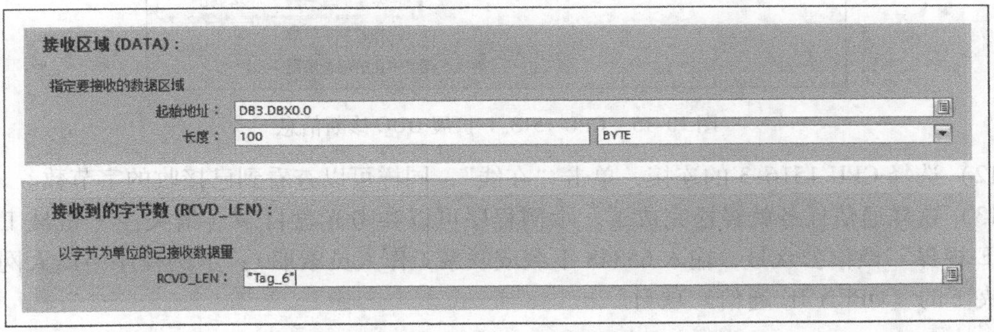

接收区域 (DATA)：
指定要接收的数据区域
起始地址： DB3.DBX0.0
长度： 100　BYTE

接收到的字节数 (RCVD_LEN)：
以字节为单位的已接收数据量
RCVD_LEN： "Tag_6"

图 10-13　配置 TRCV_C 块参数

10）两个站配置完成之后，将程序分别下载到两个 CPU 中。单击任意一个通信函数上的诊断图标，可以进入诊断界面，如图 10-14 所示。

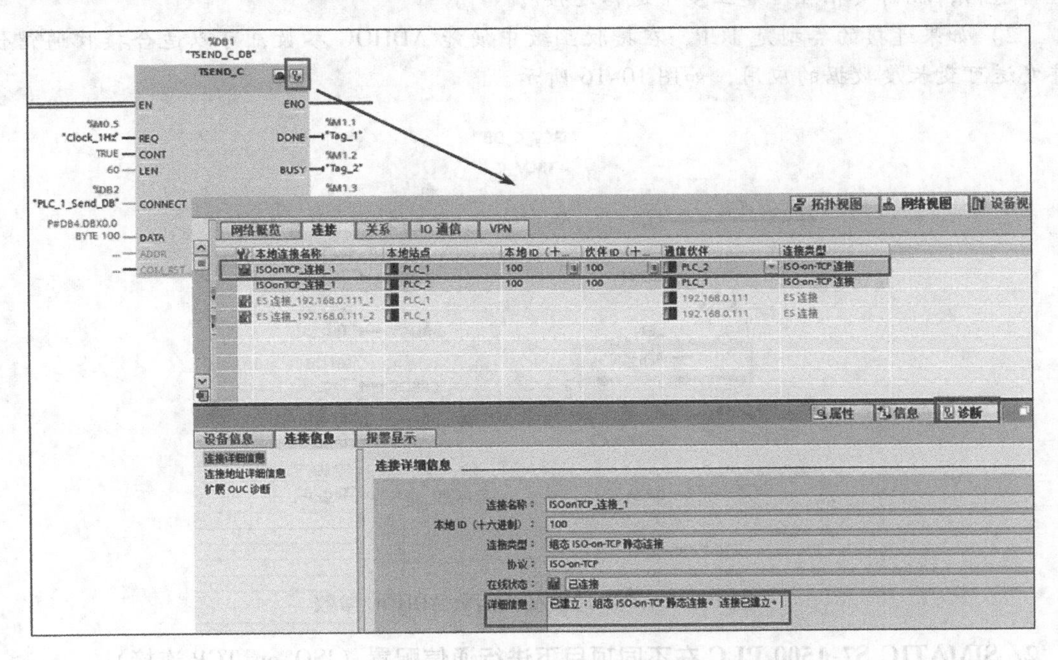


图 10-14　诊断 OUC 的连接状态

在“连接信息”栏中单击“连接详细信息”可以查看连接的状态。连接状态与通信函数中的连接参数有关，如果连接未建立，应检查连接参数和网络物理连接。

11）在“扩展 OUC 诊断”项中可以查看数据收发信息，CPU 1513-1 发送的字节数如图 10-15 所示。

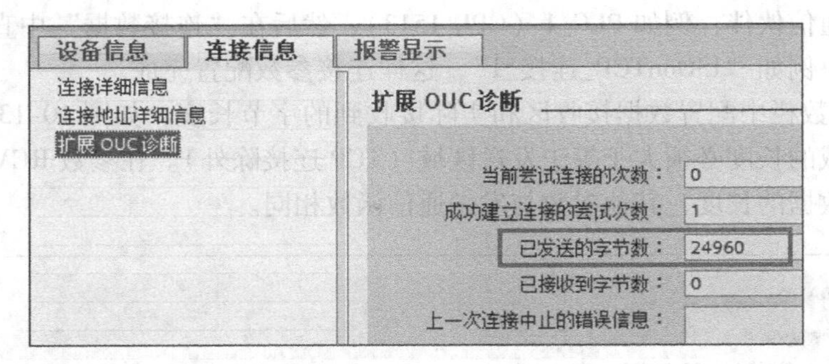


图 10-15　CPU 1513-1 扩展 OUC 诊断信息

12）选择 CPU 1516-3 的连接，单击“在线”，同样可以查看到已接收的字节数。

13）这样通信任务就轻松完成了。示例程序可以参考光盘目录（请关注“机械工业出版社 E 视界”微信公众号，输入 65348 下载或联系工作人员索取）：示例程序→以太网通信文件夹下的《OPEN IE 通信》项目。

**注意：**

1）示例中只演示一对发送接收函数的调用。使用一个通信连接时，CPU 可以同时发送和接收数据。一个通信连接用于两个 CPU 之间的通信，如果一个 CPU 需要与多个 CPU 进行通信，就需要相应地建立多个通信连接。

2）如果连接的类型是 TCP，在接收函数中使能 ADHOC 参数，可以适合接收通信伙伴发送可变长度数据的应用，如图 10-16 所示。

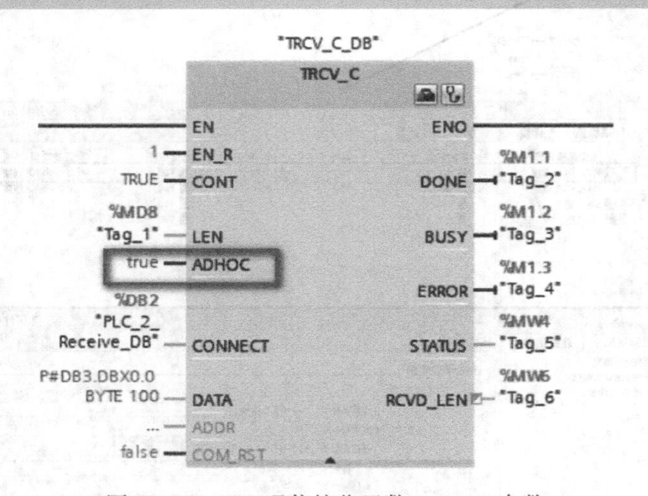


图 10-16　TCP 通信接收函数 ADHOC 参数

**2. SIMATIC S7-1500 PLC 在不同项目下进行通信配置**（ISO-on-TCP 连接）

一个项目可能由多个公司完成，出于对知识产权的考虑，程序不能互相复制，这样需要通信双方在不同项目下同时模拟对方建立通信连接。下例中，假设一个站点使用 CPU 1513-1，IP 地址为 192.168.0.10，另一个站点使用 CPU 1516-3，IP 地址为 192.168.0.20，配置的步骤如下：

1）创建新项目，例如“OPEN IE 通信_1513”。在项目树下单击“添加新设备”，选择

CPU 1513-1。在设备视图中，单击CPU的以太网接口，在“属性”标签栏中设定以太网接口的IP地址为192.168.0.10，子网掩码为255.255.255.0，如图10-6所示。

2）打开主程序块，直接调用通信函数（“指令”→“通信”→“开放式用户通信”），例如将通信函数TSEND_C拖放到CPU 1513-1的OB1中，如图10-7所示。

3）单击主程序中的通信函数，选择“属性”→“组态”→“连接参数”，配置连接属性，如图10-17所示。由于两个站点未在一个项目下，在通信“伙伴”处选择“未指定”，在组态模式中可以选择“使用组态的连接”或“使用程序块”，如果选择“使用组态的连接”模式，两个PLC的通信连接将固定地占用一个连接资源；如果选择“使用程序块”的模式，两个PLC的通信连接需要通过编程建立（在通信函数内部已经调用了建立通信连接的指令，并在用户接口中设置了一个使能信号位），连接可以释放，这样就可以分批次地实现与更多的设备通信。示例中选择“使用组态的连接”的模式。指定组态模式后，可以选择连接类型，示例中选择“ISO-on-TCP”。在连接数据中选择“新建”后，两个PLC的通信连接就轻松建立了。此外，还需要指定通信伙伴的IP地址，例如192.168.0.20。在地址详细信息中定义TSAP（ASCII）。TSAP使用字符（区分大小写）区别通信连接，例如两个PLC站点可以建立多个连接，每个连接用TSAP进行标识，一个CPU中的TSAP标识不能相同。示例中设定本地TASP为CPU 1513，伙伴TASP为CPU 1516。TIA博途会自动将TSAP字符转换为数字表示形式的TSAP ID。至此，连接参数配置完成。

**注意：**配置的通信伙伴是未指定的。在通信伙伴方也需要进行类似配置，通信双方的通信参数必须一致。

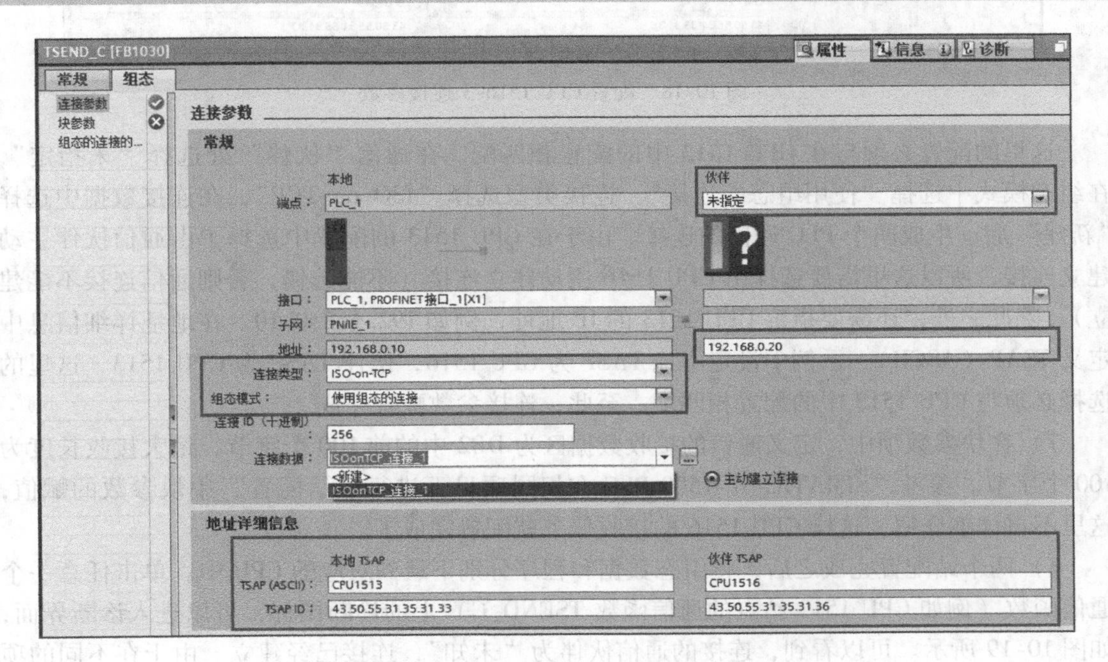


图10-17　配置CPU 1513-1连接参数

4）在块参数项中定义通信的发送数据区为DB1中的前100个字节，实际发送前60个字节。参考“SIMATIC S7-1500 PLC在相同项目下进行通信配置”中块参数的赋值，这里不再详细介绍。这样 CPU 1513 的发送任务就配置完成了。

5）再次创建新项目，例如“OPEN IE 通信_1516”，以相同的方式设置 CPU 1516-3 的 IP 地址为 192.168.0.20，子网掩码为 255.255.255.0。

6）在 CPU 1516-3 站点上编写通信接收程序。例如将通函数 TRCV_C（“指令”→“通信”→“开放式用户通信”）拖放到 CPU 1516-3 的 OB1 中。单击主程序中的通信函数，选择“属性”→“组态”→“连接参数”，配置连接属性，如图 10-18 所示。

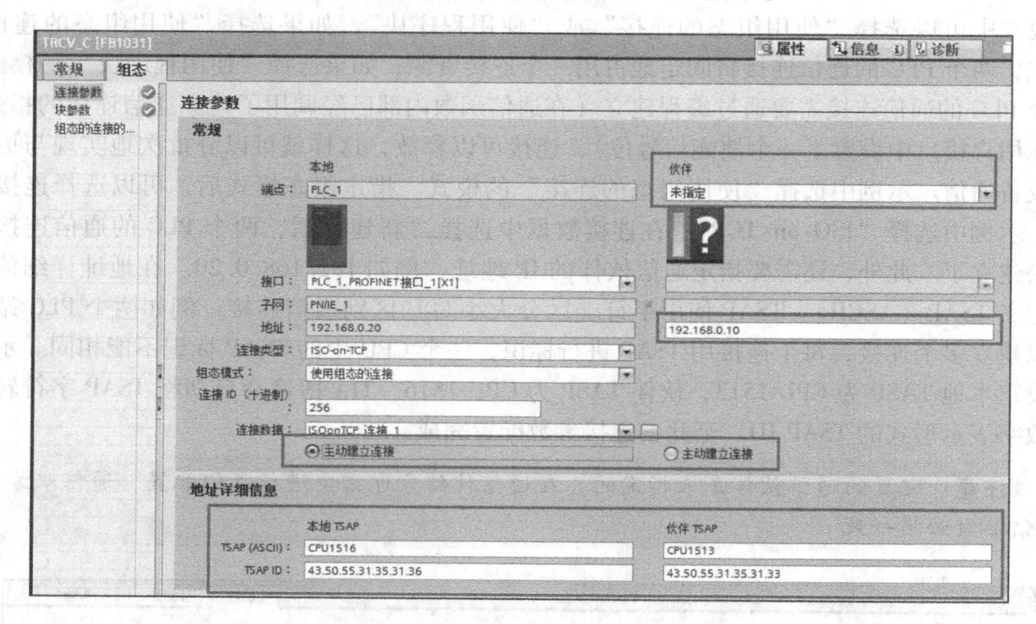


图 10-18　配置 CPU 1516-3 连接参数

这里的配置必须与在 CPU 1513 中的配置相匹配。在通信“伙伴”处选择“未指定”，在组态模式中选择“使用组态的连接”，连接类型选择“ISO-on-TCP”，在连接数据中选择“新建”后，生成两个 PLC 通信的连接。由于在 CPU 1513 的配置中选择了由通信伙伴主动建立连接，所以这里需要选择由 CPU 1516 主动建立连接（不能选错，否则通信连接不能建立）。除此之外，还需要指定 CPU 1513 的 IP 地址，例如 192.168.0.10。在地址详细信息中定义 TSAP（ASCII）。示例中设定本地 TASP 为 CPU 1516，伙伴 TASP 为 CPU 1513，这里的选择必须与 CPU 1513 中的配置相匹配。至此，连接参数配置完成。

7）在块参数项中，定义通信的接收数据区为 DB2 中的前 100 个字节，最大接收长度为 100 个字节。参考“SIMATIC S7-1500 PLC 在相同项目下进行通信配置”中块参数的赋值，这里不再详细介绍。这样 CPU 1516 的接收任务就配置完成了。

8）两个站配置完成之后，将组态数据和程序分别下载到对应的 CPU 中。单击任意一个通信函数（例如 CPU 1513 站点的通信函数 TSEND_C）上的诊断图标，可以进入诊断界面，如图 10-19 所示。可以看到，连接的通信伙伴为“未知”，连接已经建立。由于在不同的项目下进行通信，在“连接”列表中出现的 OUC 连接数只有一个。

9）在“扩展 OUC 诊断”项中同样可以查看数据收发信息，CPU 1513-1 发送的字节数如图 10-20 所示。

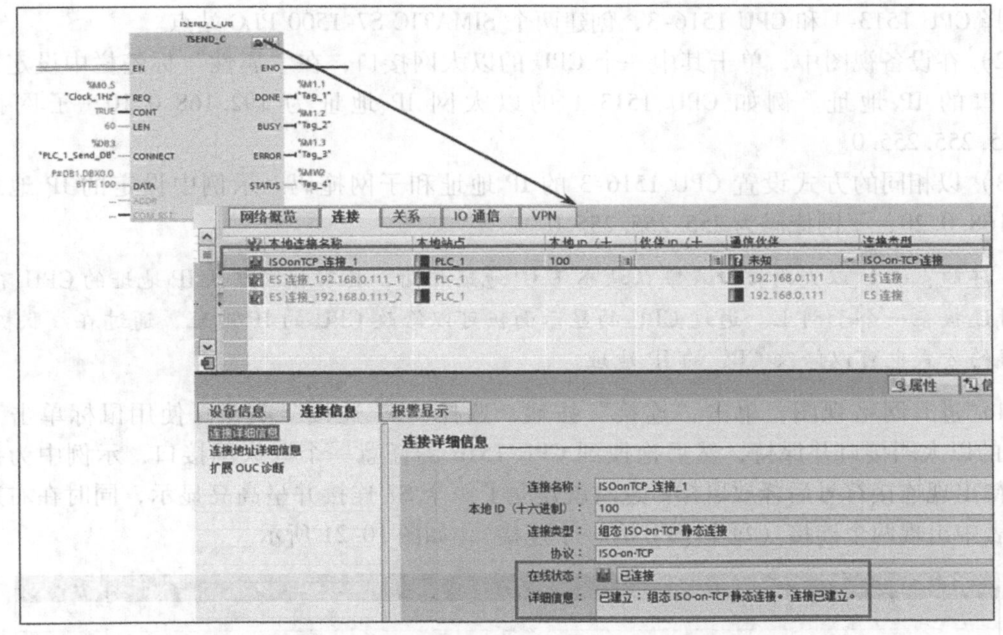


图10-19 诊断CPU 1513-1 OUC的连接状态

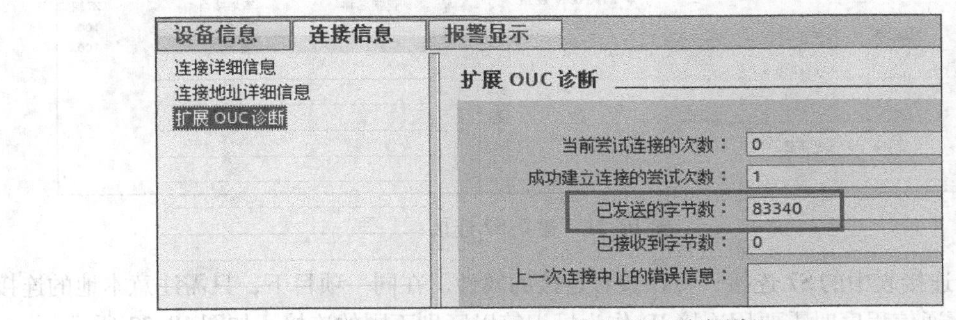


图10-20 CPU 1513-1扩展OUC诊断详细

10）同样在CPU 1516-3站点中也可以查看诊断详细，这样通信任务就轻松完成。示例程序可以参考光盘目录（请关注“机械工业出版社E视界”微信公众号，输入65348下载或联系工作人员索取）：示例程序→以太网通信文件夹下的《OPEN IE通信_1513》和《OPEN IE通信_1516》项目。

## 10.3.6 SIMATIC S7-1500 S7通信

SIMATIC S7-1500 CPU集成接口、CP1543-1和CM1542-1以太网接口都支持S7通信连接。由于S7通信方式非常灵活，并且SIMATIC S7-1500 CPU的连接资源非常丰富，S7通信已逐渐成为PLC间主要的通信方式。与SIMATIC S7-300/400 PLC相比，无论使用哪一种接口，建立连接的过程和调用的通信函数都相同，使用起来很方便。由于在实际应用中BSEND/BRCV、PUT/GET方式比较常见，以下示例将基于这两种方式，分别介绍在相同项目下和在不同项目下通信配置的过程。

**1. 使用BSEND/BRCV在相同项目下配置SIMATIC S7-1500 PLC间的通信**

1）创建新项目，例如“S7通信_BSEND_RECV”。在项目树下单击“添加新设备”，分别选择 CPU 1513-1 和 CPU 1516-3，创建两个 SIMATIC S7-1500 PLC 站点。

2）在设备视图中，单击其中一个 CPU 的以太网接口，在“属性”标签栏中设定以太网接口的 IP 地址。例如 CPU 1513-1 的以太网 IP 地址为 192.168.0.10，子网掩码为 255.255.255.0。

3）以相同的方式设置 CPU 1516-3 的 IP 地址和子网掩码。示例中设定的 IP 地址为 192.168.0.20，子网掩码为 255.255.255.0。

**注意：** CPU 以太网接口在默认状态下 IP 地址相同，具有相同默认 IP 地址的 CPU 不能同时连接在一个子网上。通过 CPU 的显示面板可以修改 CPU 的 IP 地址，通过在线联机和下载的方式也可以修改 CPU 的 IP 地址。

4）进入网络视图，单击“连接”按钮，选择“S7 连接”类型。使用鼠标单击 CPU 1513 的以太网接口并保持，然后拖拽到 CPU 1516 的任意一个以太网接口，示例中为接口 X1，待出现连接符号后释放鼠标。这时就建立了一个 S7 连接并呈高亮显示，同时在右边的连接表中出现两个连接（每个 CPU 有一个连接），如图 10-21 所示。

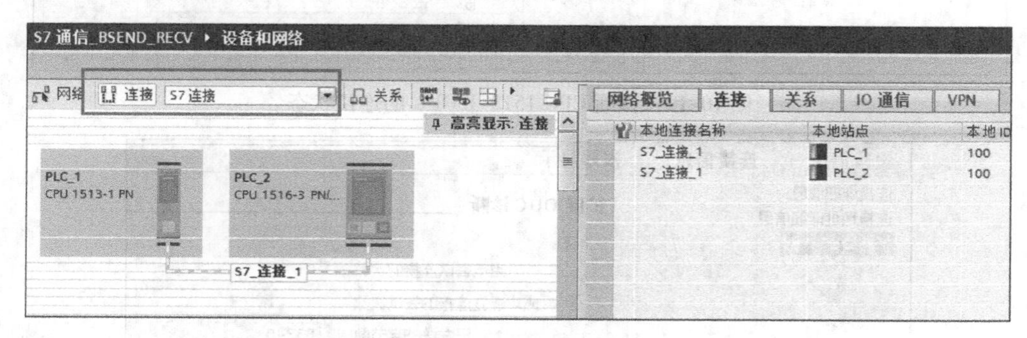


图 10-21　建立 S7 连接

5）单击连接表中的 S7 连接，可以查看连接的属性。在同一项目下，只需注意本地的连接 ID，因为编写通信程序时需要用连接 ID 作为标识符以区别不同的连接，如图 10-22 所示。

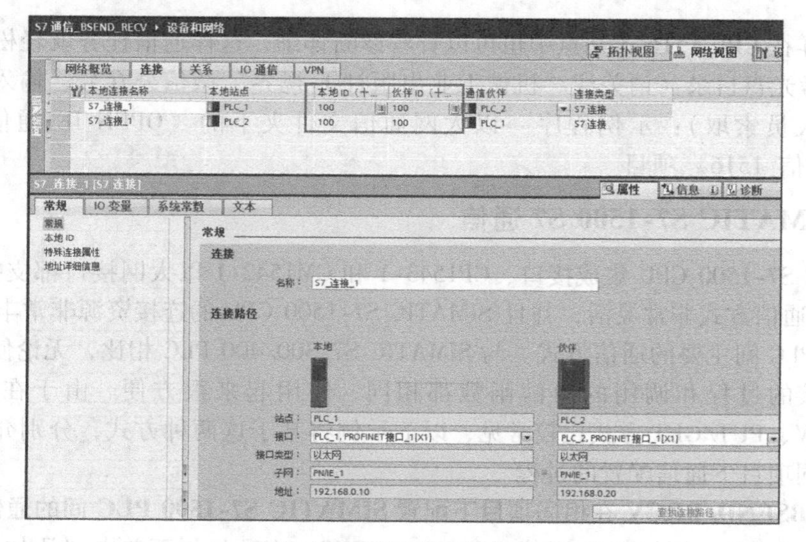


图 10-22　S7 连接的属性界面

6）连接建立后需要编写通信程序。打开主程序块，调用通信函数（“指令”→“通信”→“S7通信”→“其他”），例如将通信函数 BSEND 和 BRCV 拖放到 CPU 1513-1 CPU 的 OB1 中，如图 10-23 所示。

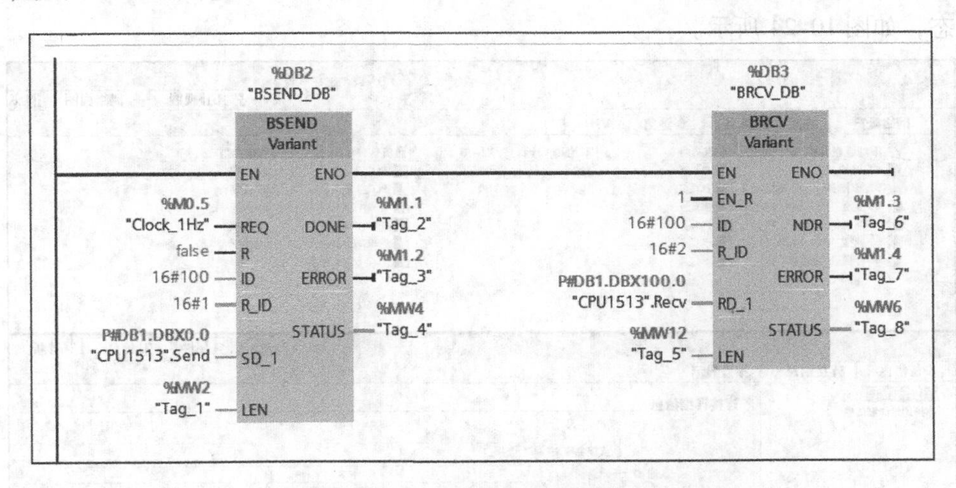


图 10-23　在 CPU 1513 编写通信程序

通信函数 BSEND 的参数含义：

① REQ：用于触发数据的发送，每一个上升沿发送一次。示例选择了 CPU 的时钟存储器位（在 CPU 的属性中定义），发送频率为 1Hz。

② R：为 1 时停止通信任务。

③ ID：通信连接 ID，指定一个通信连接，包括通信双方的通信参数，如图 10-22 所示。

④ R_ID：通信函数的标识符，发送与接收函数必须一致，示例中 CPU 1513 发送，CPU 1516 接收使用标识符为 1；CPU 1516 发送，CPU 1513 接收使用标识符为 2。

⑤ SD_1：发送区。

⑥ LEN：发送数据（字节）的长度。如果为 0，表示发送整个发送区的数据，示例中为 0。

⑦ DONE：每次发送成功并且对方已经接收，产生一个上升沿。

⑧ ERROR：错误状态位。

⑨ STATUS：通信状态字，如果错误状态位为 1，可以查看通信状态信息。

通信函数 BRCV 的参数含义：

① EN_R：为 1 时激活接收功能。

② ID：通信连接 ID，与 BSEND 相同。

③ R_ID：标识符，发送与接收函数块标识必须一致。

④ RD_1：接收区。

⑤ LEN：接收数据（字节）的长度。

⑥ NDR：每次接收到新数据，产生一个上升沿。

⑦ ERROR：错误状态位。

⑧ STATUS：通信状态字。

示例程序中 S7-1513 PLC 发送 CPU 1513. Send 的数据到 CPU 1516，使用 CPU 1513. Recv

接收 CPU 1516 发送的数据。

7）以相同的方法编写 CPU 1516 的通信程序。编程完成后分别对应地下载到两个 CPU 中。进入网络视图，打开连接表，单击“在线”按钮，选择“S7_连接_1”，可以查看 S7 的连接状态，如图 10-24 所示。

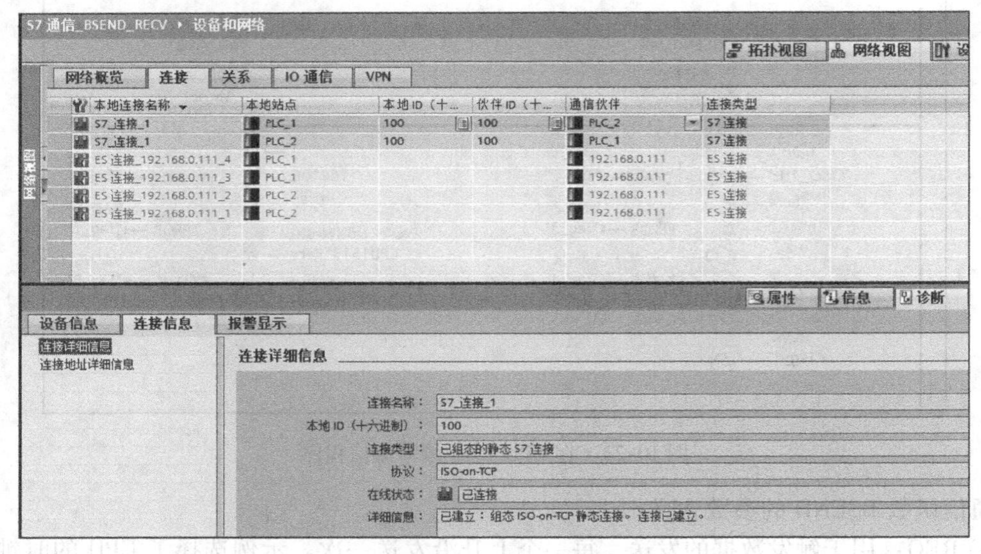


图 10-24　诊断 S7 连接状态

8）连接建立后，可打开变量监控表监控通信数据，这样 S7 连接通信任务就轻松完成了。示例程序可以参考光盘目录（请关注“机械工业出版社 E 视界”微信公众号，输入 65348 下载或联系工作人员索取）：示例程序→以太网通信文件夹下的《S7 通信_BSEND_RECV》项目。

**2. 使用 BSEND/BRCV 在不同项目下配置 SIMATIC S7-1500 PLC 间的通信**

1）创建新项目，例如“S7 通信_BSEND_RECV_1513”。在项目树下单击“添加新设备”，选择 CPU 1513-1，并创建 SIMATIC S7-1500 PLC 站点。

2）在设备视图中，单击 CPU 的以太网接口，在“属性”标签栏中设定以太网接口的 IP 地址。例如 CPU 1513-1 的以太网 IP 地址为 192. 168. 0. 10，子网掩码为 255. 255. 255. 0，然后单击“添加新子网”按钮添加一个网络。

3）进入网络视图，单击“连接”按钮，选择“S7 连接”类型。然后单击 CPU 图标，单击鼠标右键选择“添加新连接”，弹出的对话框如图 10-25 所示。

4）单击“添加”按钮，创建一个 S7 连接并呈高亮显示。在 S7 连接属性的“常规”栏中设定通信伙伴的 IP 地址，示例中为 192. 168. 0. 20，如图 10-26 所示。

5）在“本地 ID”栏中查看连接 ID，连接 ID 作为标识符以区别不同的连接，在编写通信程序时使用。

6）单击“地址详细信息”栏，如图 10-27 所示。首先指定通信伙伴 CPU 的机架和插槽号，SIMATIC S7-1500 CPU 机架号固定为 0，插槽号固定为 1。然后选择“连接资源”为 10 及以后的数字。示例中选择 11，配置完成后，自动生成的 TASP 信息中包含“连接资源”。如果选择使用 SIMATIC-ACC，则 TASP 信息中包含本地 ID 信息。

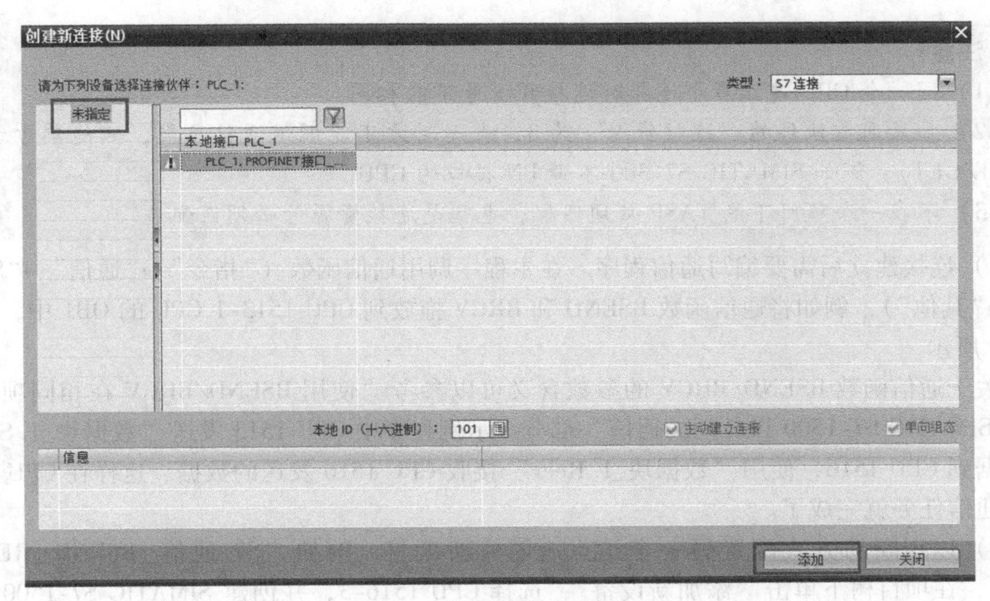


图 10-25 创建未指定 S7 连接

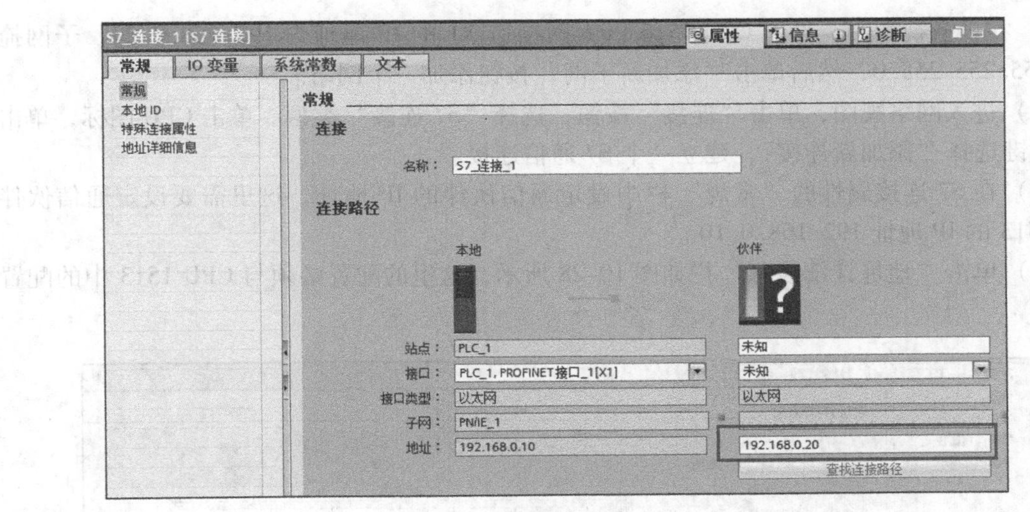


图 10-26 设定 S7 连接通信伙伴 IP 地址

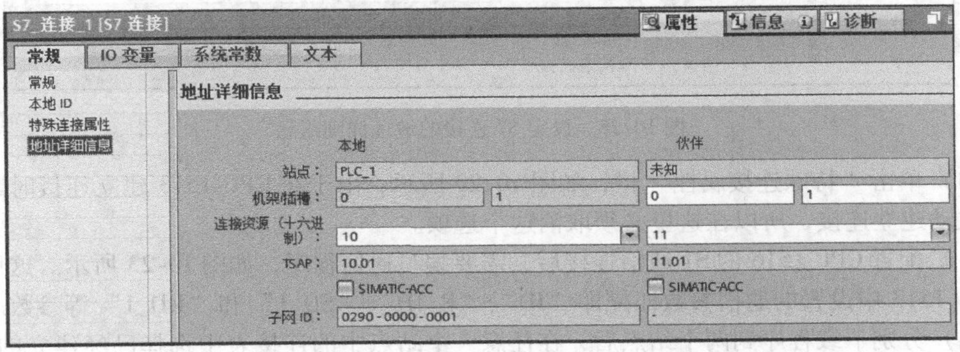

S7_连接_1 [S7 连接]
属性 信息 诊断
常规 IO 变量 系统常数 文本
常规
本地 ID
特殊连接属性
地址详细信息
地址详细信息
本地 伙伴
站点： PLC_1 未知
机架/插槽： 0 1 0 1
连接资源（十六进制）： 10 11
TSAP： 10.01 11.01
SIMATIC-ACC SIMATIC-ACC
子网 ID： 0290-0000-0001 -

图 10-27 设定 S7 连接的详细地址

**注意：**

1）同一个 CPU 建立多个连接时连接资源号不能相同。

2）如果通信伙伴的“连接资源”为 3，表示对方不能调用通信函数，只能单方编程（PUT/GET），例如 SIMATIC S7-300 不带 PN 接口的 CPU。

3）不在一个项目下的 TASP 必须匹配，也就是连接资源号必须匹配。

7）连接建立后需要编写通信程序。在主程序调用通信函数（“指令”→“通信”→“S7 通信”→“其他”），例如将通信函数 BSEND 和 BRCV 拖放到 CPU 1513-1 CPU 的 OB1 中，如图 10-23 所示。

关于通信函数 BSEND/BRCV 的参数含义可以参考“使用 BSEND/BRCV 在相同项目下配置 SIMATIC S7-1500 PLC 间的通信”部分。示例程序中 CPU 1513 发送“数据块_1. Send”的数据到 CPU 1516，使用“数据块_1. Recv”接收 CPU 1516 发送的数据。这样在 CPU 1513 中的通信任务就完成了。

8）以相同的方式配置另一个站点。创建新项目，例如“S7 通信_BSEND_RECV_1516”，在项目树下单击“添加新设备”，选择 CPU 1516-3，并创建 SIMATIC S7-1500 PLC 站点。

9）在设备视图中，设置 CPU 1516 以太网接口 X1 的 IP 地址为 192. 168. 0. 20，子网掩码为 255. 255. 255. 0，然后单击“添加新子网”按钮添加一个网络。

10）进入网络视图，单击“连接”按钮，选择“S7 连接”类型。单击 CPU 图标，单击鼠标右键选择“添加新连接”，建立一个 S7 通信连接。

11）在 S7 连接属性的“常规”栏中设定通信伙伴的 IP 地址，这里需要设定通信伙伴 CPU 1513 的 IP 地址 192. 168. 0. 10。

12）单击“地址详细信息”栏如图 10-28 所示，这里的配置必须与 CPU 1513 中的配置匹配。

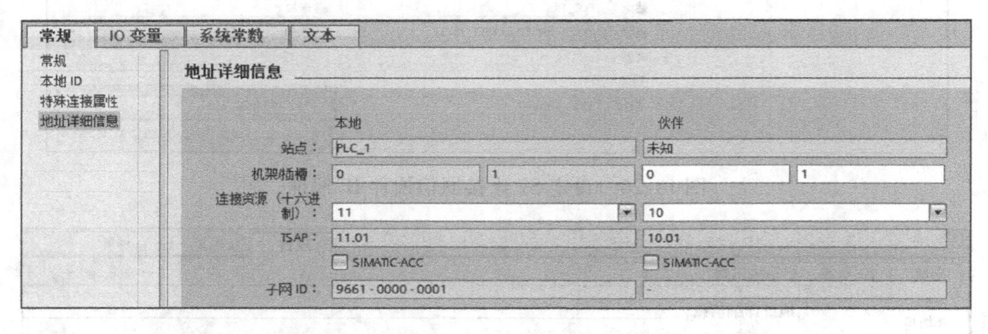


图 10-28　设定 S7 连接的地址详细信息

13）单击“特殊连接属性”栏，如图 10-29 所示，由于在 CPU 1513 建立连接时默认设置为主动建立连接，所以在这里必须取消这个选项。

14）配置 CPU 1516 的 S7 通信连接后，需要编写通信程序，如图 10-23 所示。这里必须与 CPU 1513 中设置的通信参数匹配即“ID”、“R_ID”、“SD_1”和“RD_1”等参数。

15）分别下载程序到两个站点后，在任意一个站点中的连接表中选择已经建立的 S7 连接，单击“在线”，可以查看连接状态，如图 10-30 所示，两个站点的通信连接已经建立。

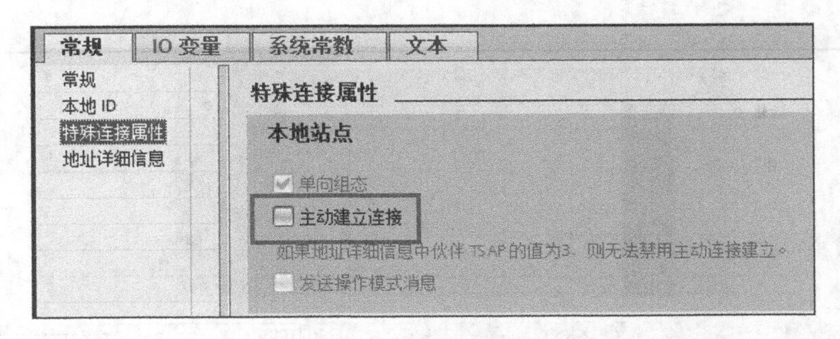


图 10-29　设定 S7 通信连接的特殊属性

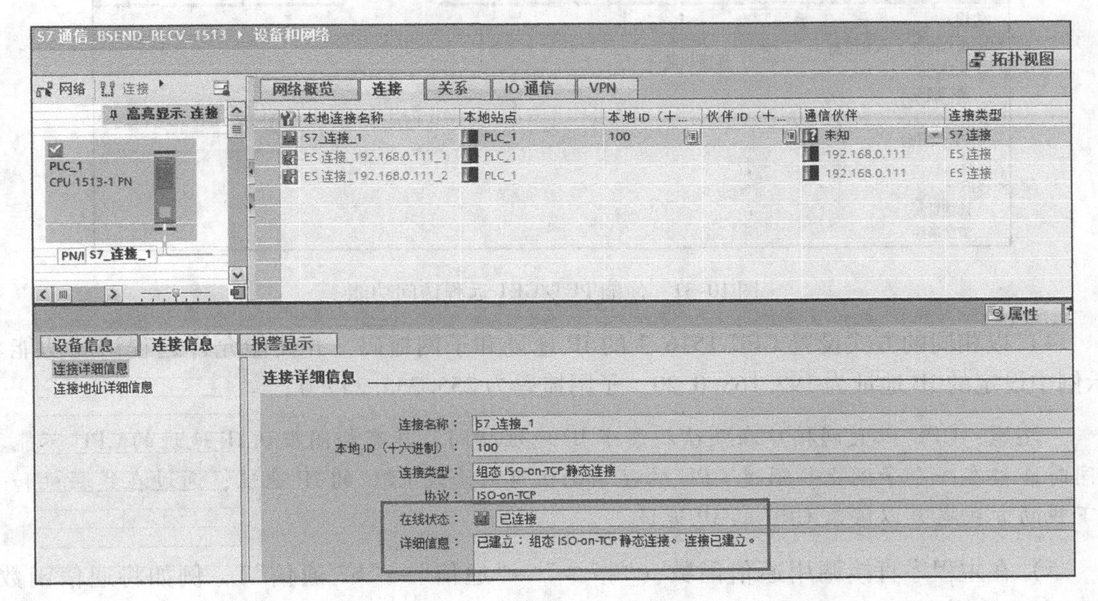


图 10-30　查看 S7 连接状态

16）连接建立后，打开变量监控表监控通信数据，这样 S7 连接通信任务就轻松完成了。示例程序可以参考光盘目录（请关注“机械工业出版社 E 视界”微信公众号，输入 65348 下载或联系工作人员索取）：示例程序→以太网通信文件夹下的《S7 通信_BSEND_RECV_1513》和《S7 通信_BSEND_RECV_1516》项目。

**3. 使用 PUT/GET 在相同项目下配置 SIMATIC S7-1500 PLC 间的通信**

1）创建新项目，例如“S7 通信_PUT_GET”。在项目树下单击“添加新设备”，分别选择 CPU 1513-1 和 CPU 1516-3，创建两个 SIMATIC S7-1500 PLC 站点。

2）在设备视图中，单击其中一个 CPU 的以太网接口，在“属性”标签栏中设定以太网接口的 IP 地址。例如 CPU 1513-1 的以太网 IP 地址为 192.168.0.10，子网掩码为 255.255.255.0。

3）在 CPU 属性标签中选择“保护”→“连接机制”，然后使能“允许来自远程对象的 PUT/GET 通信访问”，如图 10-31 所示。

**注意：** 出于对数据安全的考虑，在默认状态下此选项未被使能。原则上仅需使能 S7 通信服务器侧的 CPU 即可，而做客户端的 CPU 可以不勾选此项。

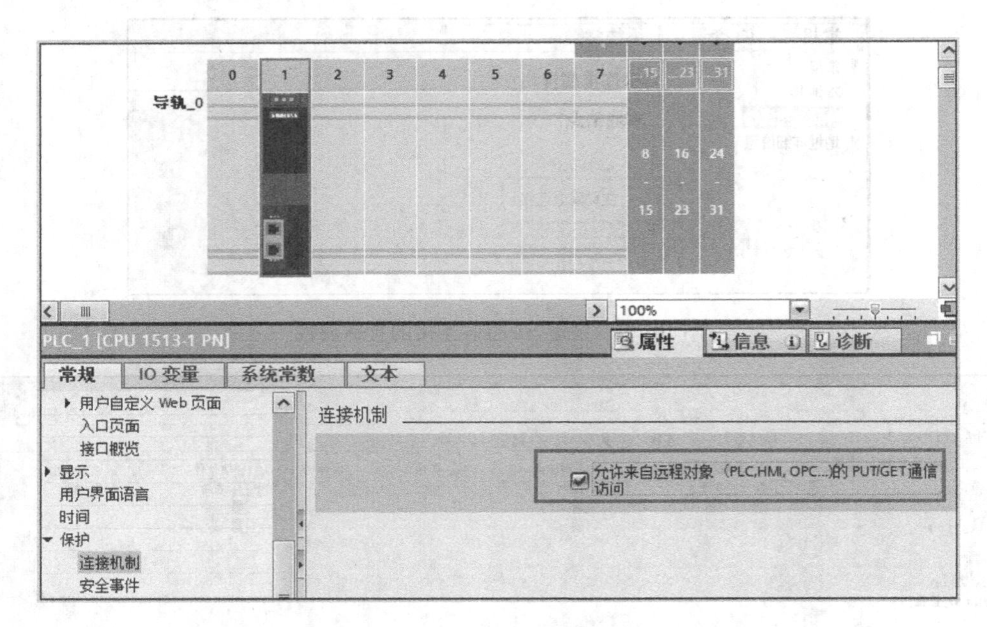


图 10-31　使能 PUT/GET 远程访问功能

4）以相同的方式设置 CPU 1516-3 的 IP 地址和子网掩码，并使能允许远程访问功能。示例中设定的 IP 地址为 192.168.0.20，子网掩码为 255.255.255.0。

**注意：** CPU 以太网接口在默认状态下 IP 地址相同，具有相同默认 IP 地址的 CPU 不能同时连接在一个子网上。通过 CPU 的显示面板可以修改 CPU 的 IP 地址，通过在线联机和下载的方式也可以修改 CPU 的 IP 地址。

5）在主程序直接调用通信函数（“指令”→“通信”→“S7 通信”），例如将通信函数 PUT 和 GET 拖放到 CPU 1513-1 CPU 的 OB1 中，如图 10-32 所示。

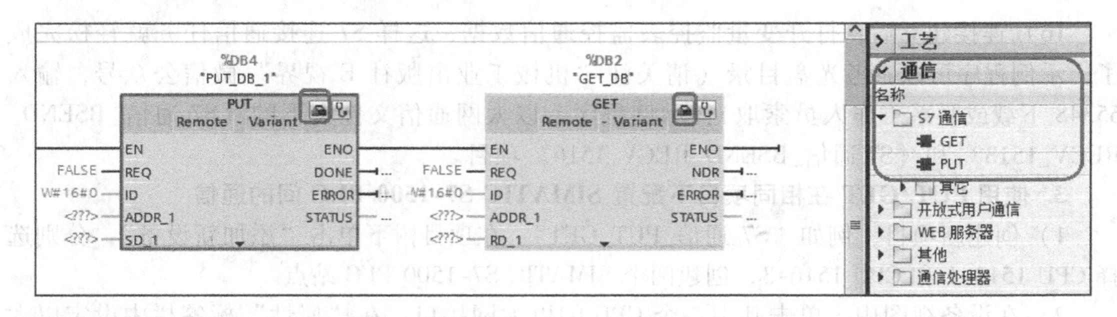


图 10-32　调用通信函数 PUT/GET

**注意：** 可以单击通信函数图标中的下拉三角形显示 4 对通信区。

6）单击通信函数 PUT 的组态图标，选择连接参数标签，如图 10-33 所示。在通信伙伴中选择 CPU 1516 并确定通信接口，例如接口 X1，S7 通信连接自动建立，示例中由 CPU 1513 主动建立连接。

7）单击“块参数”标签配置通信函数的参数。输入、输入/输出参数如图 10-34 所示。

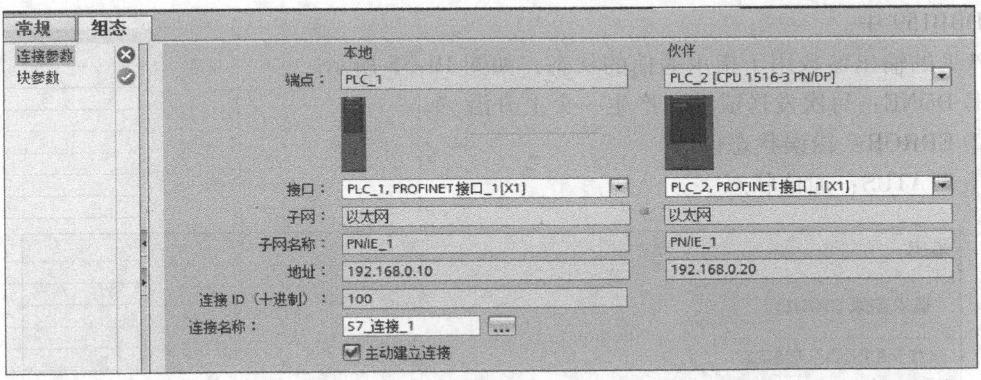

常规　组态
连接参数
块参数
本地　伙伴
端点：PLC_1　PLC_2 [CPU 1516-3 PN/DP]
接口：PLC_1, PROFINET接口_1[X1]　PLC_2, PROFINET接口_1[X1]
子网：以太网　以太网
子网名称：PN/IE_1　PN/IE_1
地址：192.168.0.10　192.168.0.20
连接 ID（十进制）：100
连接名称：S7_连接_1
主动建立连接

图 10-33　配置 S7 连接参数

启动请求 REQ：用于触发数据的通信，每一个上升沿触发一次。示例选择了 CPU 的时钟存储器位（在 CPU 的属性中定义），发送频率为 1Hz。

图 10-34 中：

① 写入区域 ADDR_1

起始地址：通信伙伴被写入数据区的开始地址，示例中为 DB2. DBX100. 0。

长度：被写入数据区的长度，示例中为 60 个字节。这样通信伙伴数据区定义完成，为 DB2. DBB100 ~ DB2. DBB159。

**注意：对于 PUT/GET 通信必须使用非优化 DB 块。**

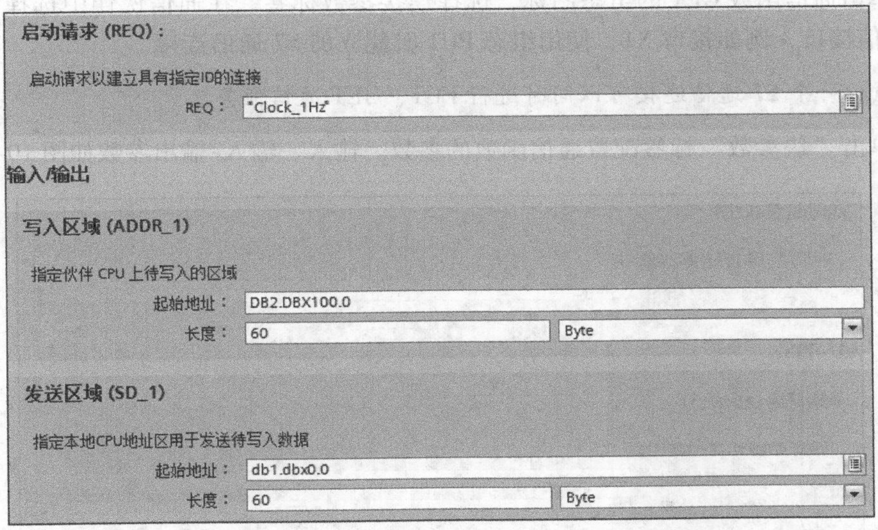

启动请求 (REQ)：
启动请求以建立具有指定ID的连接
REQ："Clock_1Hz"
输入/输出
写入区域 (ADDR_1)
指定伙伴 CPU 上待写入的区域
起始地址：DB2.DBX100.0
长度：60　Byte
发送区域 (SD_1)
指定本地CPU地址区用于发送待写入数据
起始地址：db1.dbx0.0
长度：60　Byte

图 10-34　通信函数 PUT 的输入、输入/输出参数

② 发送区域 SD_1

起始地址：发送数据区的开始地址，示例中为 db1. dbx0. 0。

长度：发送数据区的长度，示例中为 60 个字节。这样通信双方的数据区定义完成，CPU 1513 将本地 DB1. DBB0 ~ DB1. DBB59 中的数据写入到 CPU 1516 的数据区 DB2. DBB100 ~

DB2. DBB159 中。

PUT 的输出参数用于指示通信的状态，如图 10-35 所示。

① DONE：每次发送成功，产生一个上升沿。

② ERROR：错误状态位。

③ STATUS：通信状态字。

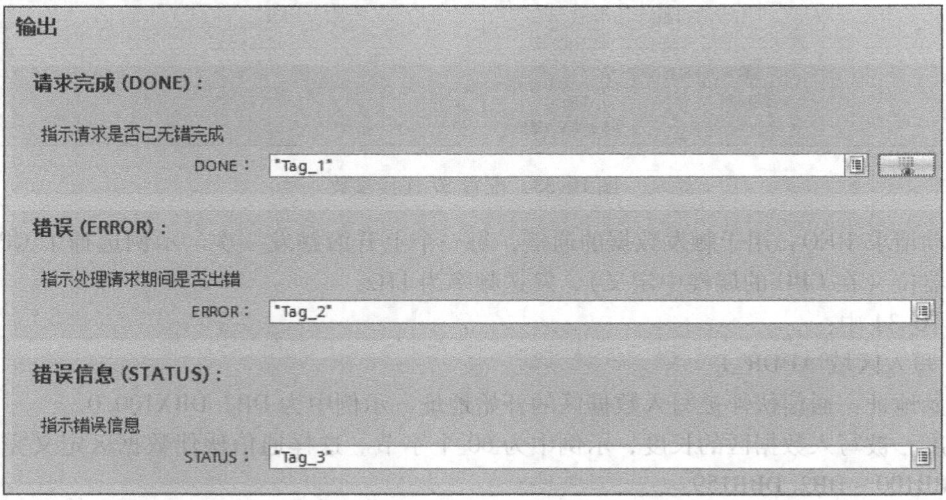

输出

请求完成 (DONE)：

指示请求是否已无错完成

DONE： "Tag_1"

错误 (ERROR)：

指示处理请求期间是否出错

ERROR： "Tag_2"

错误信息 (STATUS)：

指示错误信息

STATUS： "Tag_3"

图 10-35 通信函数 PUT 的输出参数

8）单击通信函数 GET 的组态图标，选择连接参数标签。在通信伙伴中选择 CPU 1516 并确定通信接口，例如接口 X1，使用组态 PUT 时建立的 S7 通信连接。

**注意：一个 S7 通信连接可以同时进行 PUT、GET 通信任务。**

9）单击“块参数”标签配置通信函数的参数。输入、输入/输出参数如图 10-36 所示。

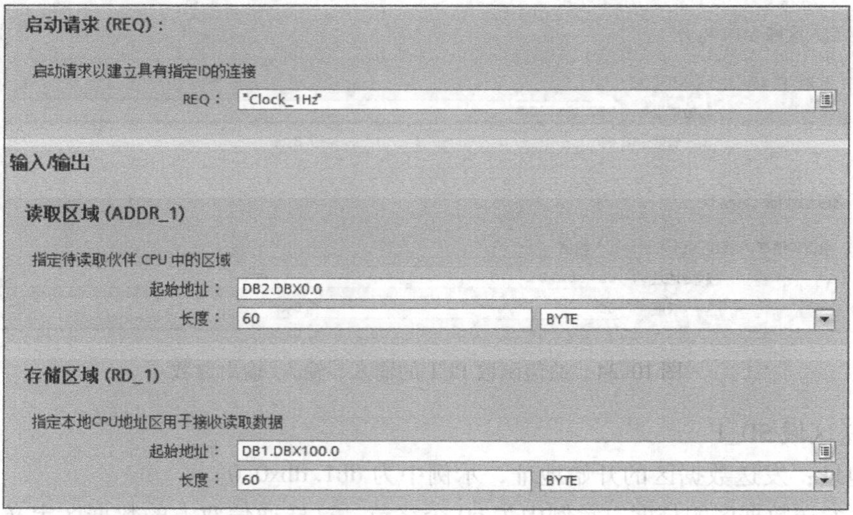

启动请求 (REQ)：

启动请求以建立具有指定ID的连接

REQ： "Clock_1Hz"

输入/输出

读取区域 (ADDR_1)

指定待读取伙伴 CPU 中的区域

起始地址： DB2.DBX0.0

长度： 60 BYTE

存储区域 (RD_1)

指定本地CPU地址区用于接收读取数据

起始地址： DB1.DBX100.0

长度： 60 BYTE

图 10-36 通信函数 GET 的输入、输入/输出参数

启动请求 REQ：用于触发数据的通信，每一个上升沿触发一次，示例选择了 CPU 的时钟存储器位（在 CPU 的属性中定义），发送频率为 1Hz。

图 10-36 中：

① 读取区域 ADDR_1

起始地址：需要读取通信伙伴数据区的开始地址，示例中为 DB2. DBX0. 0。

长度：读取数据区的长度，示例中为 60 个字节。这样通信伙伴数据区定义完成，为 DB2. DBB0 ~ DB2. DBB59。

**注意：** 这里必须使用非优化 DB 块。

② 存储区域 RD_1

起始地址：接收读取通信伙伴数据区的开始地址，示例中为 DB1. DBX100. 0。

长度：接收数据区的长度，示例中为 60 个字节。这样通信双方的数据区定义完成，CPU 1513 将读取通信伙伴 DB2. DBB0 ~ DB2. DBB59 中的数据并存放到本地的数据区 DB1. DBB100 ~ DB1. DBB159 中。

GET 的输出参数：

NDR：每次接收到新数据，产生一个上升沿。

ERROR：错误状态位。

STATUS：通信状态字。

配置完成后，通信连接自动生成，通信函数自动赋值。

10）将配置和程序分别下载到两个 CPU 中，单击通信函数上的诊断图标，对通信连接进行诊断，这也是通信的先决条件。如图 10-37 所示，通信连接已经建立。

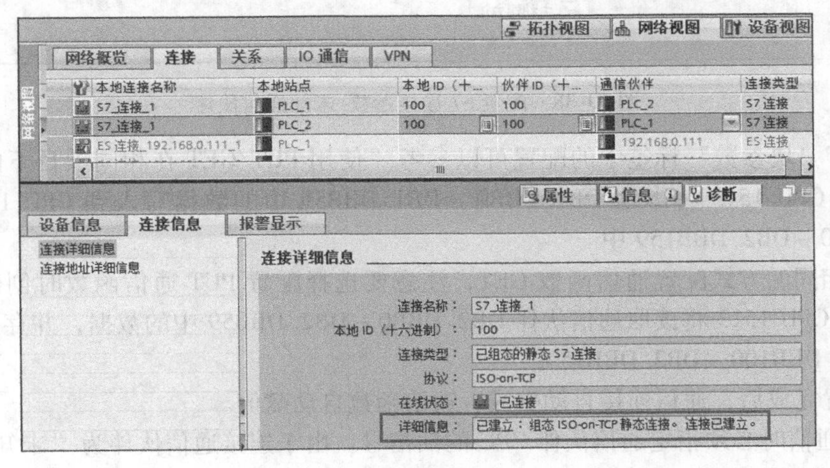


图 10-37 诊断 S7 通信连接

11）连接建立后，打开变量监控表监控通信数据，这样 S7 连接通信任务就轻松完成了。示例程序可以参考光盘目录（请关注“机械工业出版社 E 视界”微信公众号，输入 65348 下载或联系工作人员索取）：示例程序→以太网通信文件夹下的《S7 通信_PUT_GET》项目。

**注意：** 示例中，通信双方可以使用同一个 S7 连接通过 PUT/GET 函数块对通信伙伴进行读写访问。

**4. 使用 PUT/GET 在不同项目下配置 SIMATIC S7-1500 PLC 间的通信**

1）创建一个新项目，例如“S7 通信_PUT_GET_1513”。在项目树下单击“添加新设备”，选择 CPU 1513-1。在设备视图中，单击 CPU 的以太网接口，在“属性”标签栏中设定以太网接口的 IP 地址为 192.168.0.10，子网掩码为 255.255.255.0。

2）打开主程序块，直接调用通信函数（“指令”→“通信”→“S7 通信”），例如将通函数 PUT 和 GET 拖放到 CPU 1513-1 的 OB1 中，如图 10-32 所示。

**注意：可以单击通信函数图标中的下拉三角形显示 4 对通信区。**

3）单击通信函数 PUT 的组态图标，选择连接参数标签，如图 10-38 所示。在通信伙伴中选择“未知”，并设定 IP 地址，示例中设置通信伙伴的 IP 地址为 192.168.0.20。S7 通信连接自动建立，并由 CPU 1513 主动建立连接。

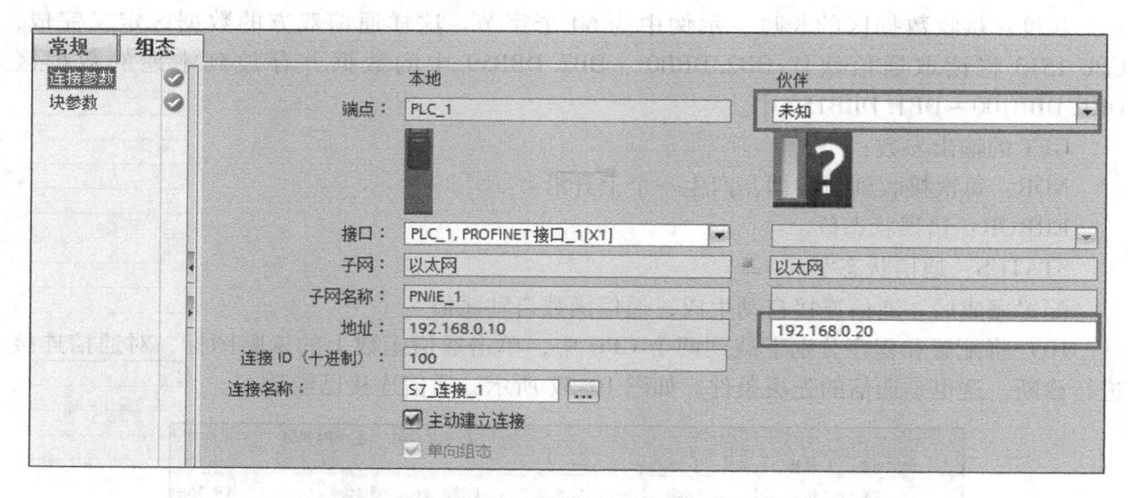


图 10-38　配置 S7 连接参数-未知通信伙伴

4）PUT“块参数”标签中的配置可以参考“使用 PUT/GET 在相同项目下的配置”部分。示例中 CPU 1513 将本地 DB1.DBB0 ~ DB1.DBB59 中的数据写入到 CPU 1516 的数据 DB2.DBB100 ~ DB2.DBB159 中。

5）以相同的方式配置通信函数 GET，注意要选择配置 PUT 通信函数时创建的通信连接。示例中 CPU 1513 将读取通信伙伴 DB2.DBB0 ~ DB2.DBB59 中的数据，并存放到本地的数据区 DB1.DBB100 ~ DB2.DBB159。

6）配置完成后，通信连接自动生成，通信函数自动赋值。

7）S7 通信时必须指定通信伙伴 CPU 的插槽号。由于连接通信伙伴为“未知”，所以必须在 S7 连接属性中设定伙伴 CPU 的插槽号。进入网络视图，选择创建的连接，在“属性”→“地址详细信息”栏中配置通信伙伴 CPU 的插槽号和连接资源，如图 10-39 所示。SIMATIC S7-1500 CPU 插槽号固定为 1（如果通信伙伴是 S7-300，插槽号固定为 2；如果通信伙伴是 S7-400，则需要根据硬件配置决定）。连接资源选择 3，表示通信伙伴在这个连接中只能作为数据服务器被读写。如果是 0x10 ~ 0xDF，则通信双方都可以在一个 S7 连接中进行 PUT/GET 操作，但是需要双方配置 TSAP。可以参考在不同项目下 BSEND/BRCV 的配置方式。

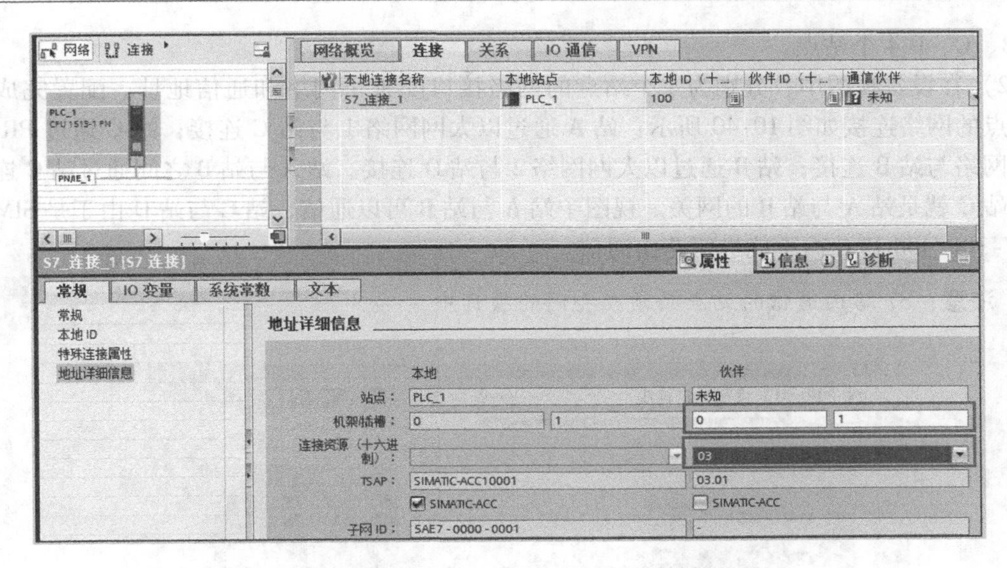

图 10-39 配置未知 S7 连接通信伙伴的详细地址

8）本地站点配置完成后，需要配置通信伙伴站点。创建一个新项目，例如“S7 通信_PUT_GET_1516”。在项目树下单击“添加新设备”，选择 CPU 1516-1。在设备视图中，单击 CPU 的以太网接口，在“属性”标签栏中设定以太网接口的 IP 地址为 192.168.0.20，子网掩码为 255.255.255.0。

9）在 CPU 属性标签中选择“保护”→“连接机制”，然后使能“允许来自远程对象的 PUT/GET 通信访问”，如图 10-31 所示。然后在程序中创建相应的通信区，例如 DB2，这样通信任务就完成了。

10）如果通信伙伴 CPU 1516 也需要调用 PUT/GET 访问 CPU 1513 的数据，则需要重新创建一个新的 S7 连接，与 CPU 1513 的配置过程相同。示例程序可以参考光盘目录（请关注“机械工业出版社 E 视界”微信公众号，输入 65348 下载或联系工作人员索取）：示例程序→以太网通信文件夹下的《S7 通信_PUT_GET_1513》和《S7 通信_PUT_GET_1516》项目。

## 10.3.7 SIMATIC S7-1500 PLC 路由通信功能

S7 路由通信就是跨网络进行通信。例如连接在一个 CPU MPI 网络的设备，可以与这个站点上连接的其他网络（如 PROFIBUS 或以太网）设备进行通信，此时该 CPU 就被当作为一个网关。S7 路由通信最早应用于编程与 HMI 功能上，通过一个大的、复杂网络中的任意一个接口，就可以对整个网络上的设备进行编程。HMI 操作面板具有 S7 路由通信功能，在一个站点内也可以进行路由通信，例如通过 CPU 通信接口可以直接访问站点中某些功能模块 FM 的数据。上位监控软件 WinCC 也可以通过 PC 站的形式具有 S7 路由功能。

SIMATIC S7-1500 PLC 不但具有上述路由功能，还具有在不同 PLC 之间的 S7 路由通信功能，即一个子网络中的 SIMATIC S7-1500 PLC 可以通过网关与另外一个子网络中的 SIMATIC S7-1500 PLC 进行 S7 通信。下面以示例的方式介绍 PLC 之间 S7 路由通信的配置方法。

1）创建新项目，例如“S7 路由通信”，在项目树下单击“添加新设备”，选择两个 SIMATIC S7-1500 CPU、一个 SIMATIC S7-300 CPU 和一个 SIMATIC S7-400 CPU，并分别创建

A、B、C、D 4 个站点。

2）在设备视图中，分别为 4 个站点的网络接口配置子网络和通信地址。配置完成后，各站点的网络连接如图 10-40 所示：站 A 通过以太网网络 1 与站 C 连接；站 C 通过 PROFIBUS 网络与站 B 连接；站 B 通过以太网网络 2 与站 D 连接。站 A 与站 B 之间通过站 C 连接，那么站 C 就是站 A 与站 B 的网关。视图中站 A 与站 B 可以通信，站 C 与站 D 由于是 SIMATIC S7-300/400 PLC 而不能进行路由通信。

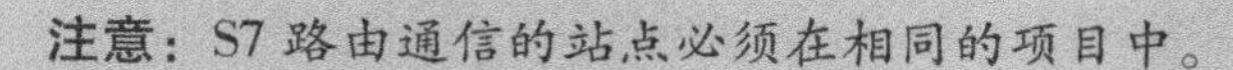
**注意**：S7 路由通信的站点必须在相同的项目中。

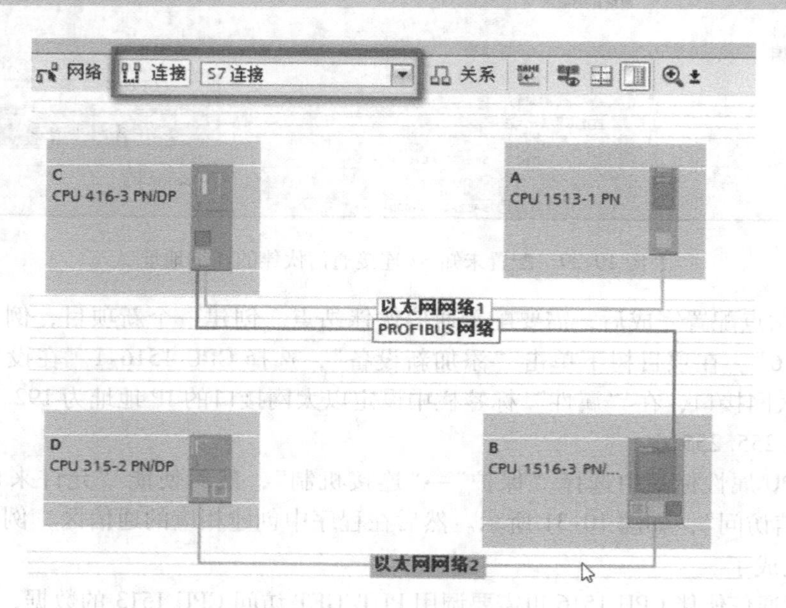


图 10-40　S7 路由通信网络拓扑

3）单击站 A 的 CPU 图标，单击鼠标右键选择“添加新连接”（必须先单击“连接”按钮才能使能“添加新连接”标签），弹出的对话框如图 10-41 所示。在连接的类型中选择“S7 连接”，通信伙伴选择站 B（CPU 1516），连接使用的通信接口自动显示。可以看到，本地为以太网接口 X1，通信伙伴为 PROFIBUS 接口 X3。

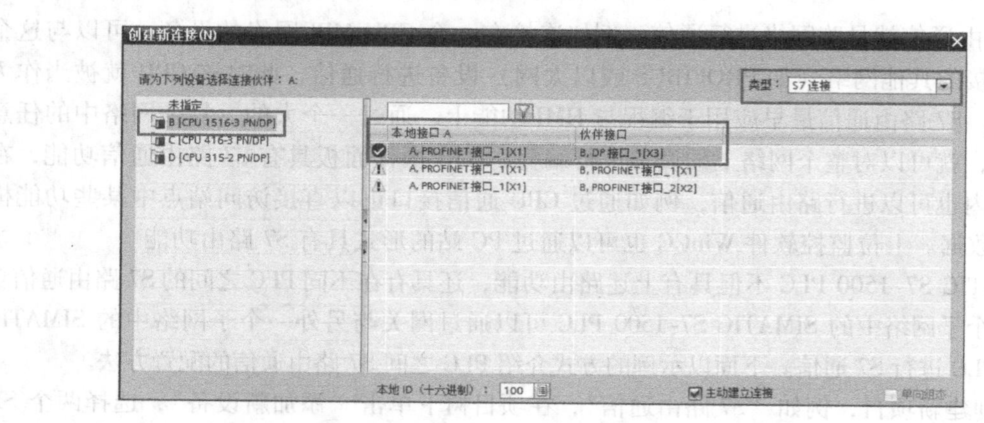


图 10-41　创建 S7 路由连接

4）单击“添加”按钮，创建一个S7连接。如图10-42所示，可以看到路由连接的图标为箭头。在S7连接属性的“常规”栏中可以看到本地使用以太网接口，地址为IP地址，通信伙伴使用PROFIBUS接口，地址为PROFIBUS地址。

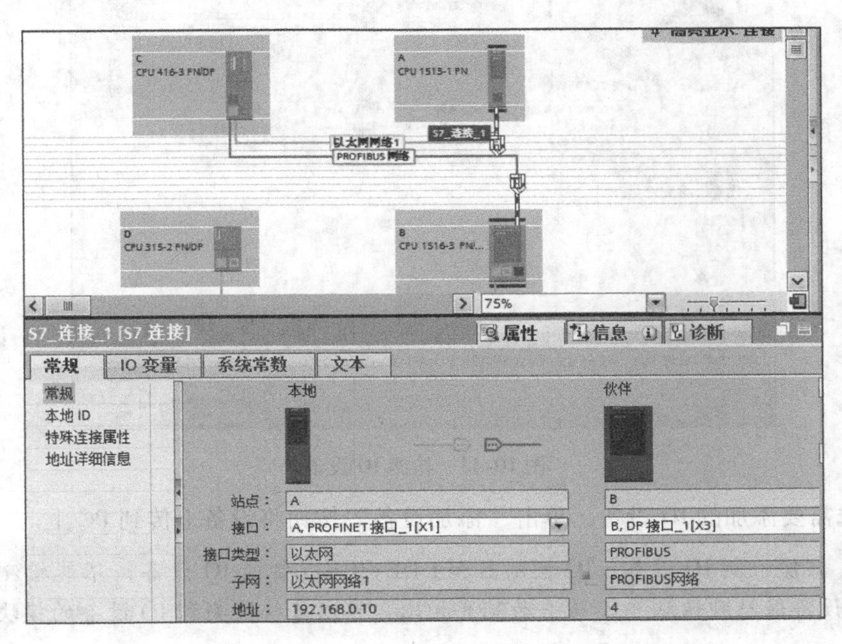

图10-42 S7路由连接的属性

5）由于S7路由通信是S7通信方式的一种，其他参数设置与通信函数的调用（BSEND/BRCV、PUT/GET），可以参考10.3.6节SIMATIC S7-1500 S7通信示例。如果使用PUT/GET通信函数，也可以直接调用函数。在通信伙伴中选择通信站点，系统将自动建立S7路由通信连接，配置更加简单。示例程序可以参考光盘目录（请关注“机械工业出版社E视界”微信公众号，输入65348下载或联系工作人员索取）：示例程序→以太网通信文件夹下的《S7路由通信》项目。

## 10.3.8 配置PROFINET IO RT设备

SIMATIC S7-1500系列中所有CPU都集成PROFINET接口，可以连接带有PROFINET IO接口的远程I/O站点，例如ET 200M、ET 200MP、ET 200S和ET 200SP等设备。

由于PROFINET IO用以替代PROFIBUS-DP，配置方式和方法与PROFIBUS-DP类似。下面介绍PROFINET IO RT的配置步骤：

1）在TIA博途软件中，添加新设备，例如CPU 1513-1PN。然后进入网络视图，可以看到刚刚创建的CPU站点，在硬件目录窗口中单击打开“分布式I/O”，选择需要的站点并拖放到网络视图中。

2）如果编程器连接到实际的网络中，设备连接状态完好并处于上电状态中，可以上传连接的IO设备，步骤如下：

① 选择项目后，单击菜单“在线”→“硬件检测”→“网络中的PROFINET设备”，在弹出的界面中选择PC使用的网卡，单击“开始搜索”按钮后开始检测网络上的IO设备，如

图 10-43 所示。

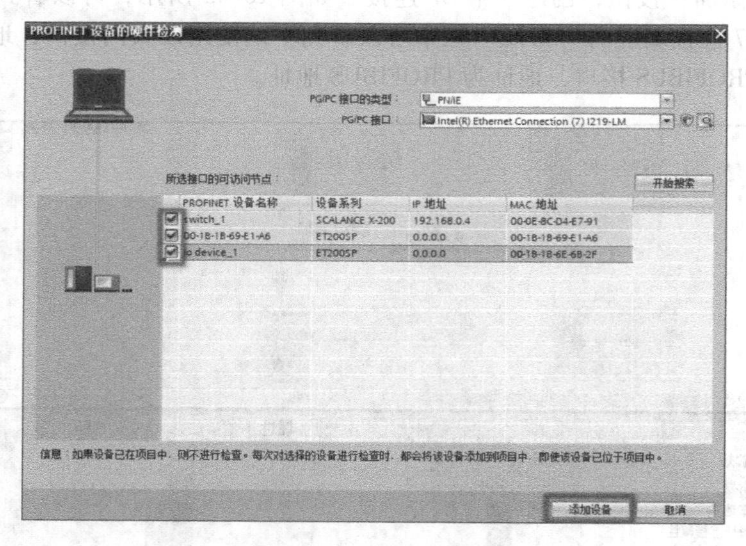


图 10-43　检测 IO 设备

② 勾选需要添加的 IO 设备，单击“添加设备”按钮将设备上传到 PC 上。

**注意：**只能检测 IO 设备，IO 控制器和 I DEVICE（智能 IO 设备）不能检测。检测并上传的 IO 设备保持默认状态。与手动配置相比，可以直接检测到 IO 设备的模块并上传。

3）鼠标单击 CPU 的以太网接口，保持按压状态并拖拽到 IO 设备的通信接口，出现连接标志后释放鼠标，这样就建立了连接，如图 10-44 所示。建立连接后，在 IO 设备的图标上带有 IO 控制器的标识，例如“PLC_1”。然后在设备视图中为每个站点插入 I/O 模块（检测的 IO 设备不再需要配置 I/O 模块）。

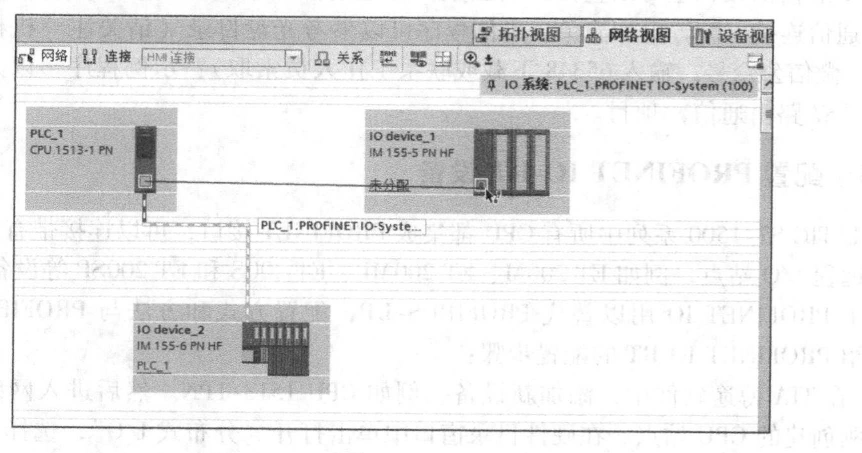


图 10-44　连接 PROFINET IO 站点

4）由于 PROFINET IO 不支持 IP 路由，所以在添加 IO 设备时，其以太网接口的 IP 地址自动与 IO 控制器划分在相同的网段。单击以太网接口，在属性界面中可以修改 IP 地址，如图 10-45 所示。IP 地址只用于诊断和通信初始化，与实时通信无关。IO 设备没有拨码开关，PROFINET 设备名称是 IO 设备的唯一标识。默认情况下，设备名称由系统自动生成，但也可以手动定义一个便于识别的设备名称。设备名称需要在线分配给配置的设备。设备编号用于诊断应用，它相当于PROFIBUS-DP的站号。如果在PROFINET使用IE/PB Link网关连接PROFIBUS-DP站点，系统也会为该网关分配一个唯一的设备编号（也可以将PROFIBUS站地址作为设备编号）。

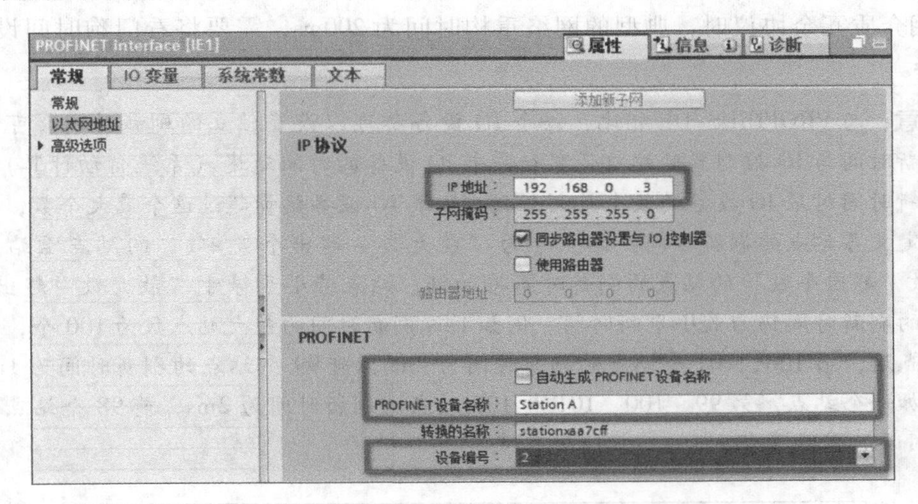


图10-45　配置IO设备的IP地址和设备名称

**注意：**路由器地址的设置是为了外部的设备例如PC，对PROFINET网络中的设备进行诊断，如果选择"同步路由器设置与IO控制器"，则IO设备与IO控制器使用相同的路由器，如果选择"使用路由器"，则每一个IO设备都可以选择一个路由器，可以连接外部不同网段的设备。

5）在IO控制器的以太网接口属性中，单击"高级选项"→"实时设定"→"IO通信"标签，设定PROFINET IO网络最小发送时钟，示例中为0.5ms，如图10-46所示。

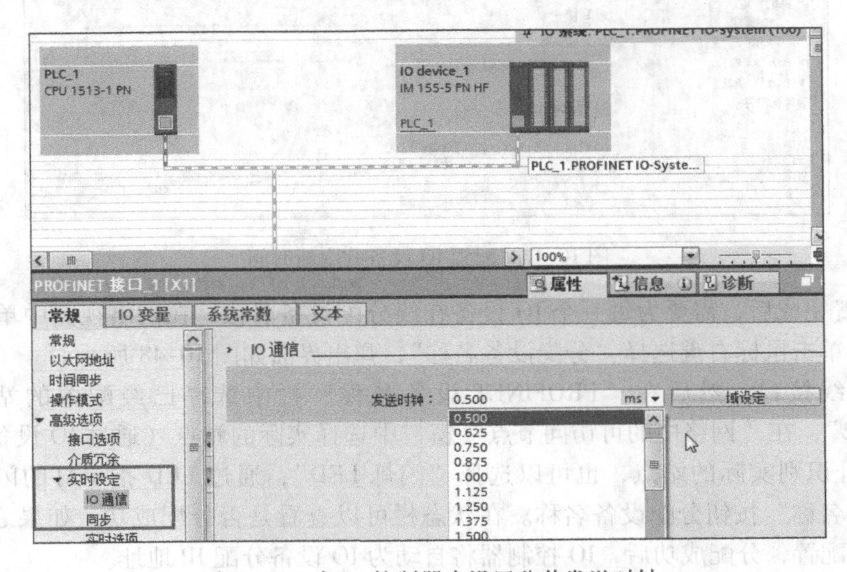


图10-46　在IO控制器中设置公共发送时钟

6）以同样的方式配置 IO 设备的更新时间，如图 10-47 所示。使用手动方式可以自定义数据的刷新时间，示例中以 0.5ms 为基数，可以选择“刷新时间”为 2ms，这样 IO 控制器与 IO 设备按 2ms 的时间间隔相互发送数据。看门狗时间默认为更新时间的 3 倍，表示如果在 6ms 没有接收到数据，判断该站点丢失。看门狗时间可以根据需要进行设置，例如，使用介质冗余协议时，典型的网络重构时间为 200ms，需要将看门狗时间设置为大于 200ms。

**注意：**与 PROFIBUS-DP 相比，每个 IO 设备都可以设置独立的刷新时间。可设置的最小刷新时间与 IO 控制器的端口带宽和每个 IO 设备的时间延迟（系统自动计算）有关。最小刷新时间对应 IO 设备的某个最大个数，如果 IO 设备数量超过这个最大个数，将按以下规则定义各站点的刷新时间：站点号为“最大数 - 超出个数 + 1”的站点至站点号为“最大数 + 超出个数”的站点的刷新时间将加倍；站点号小于等于“最大数 - 超出个数”的站点的刷新时间仍为最小刷新时间。例如 1ms 刷新时间的最大站点数为 100 个，新加入一个站点后，第 100、101 个站点的刷新时间为 2ms，前 99 个站点的刷新时间为 1ms；如果再增加一个站点，第 99、100、101 和 102 站点的刷新时间为 2ms，前 98 个站点的刷新时间为 1ms，依此类推。

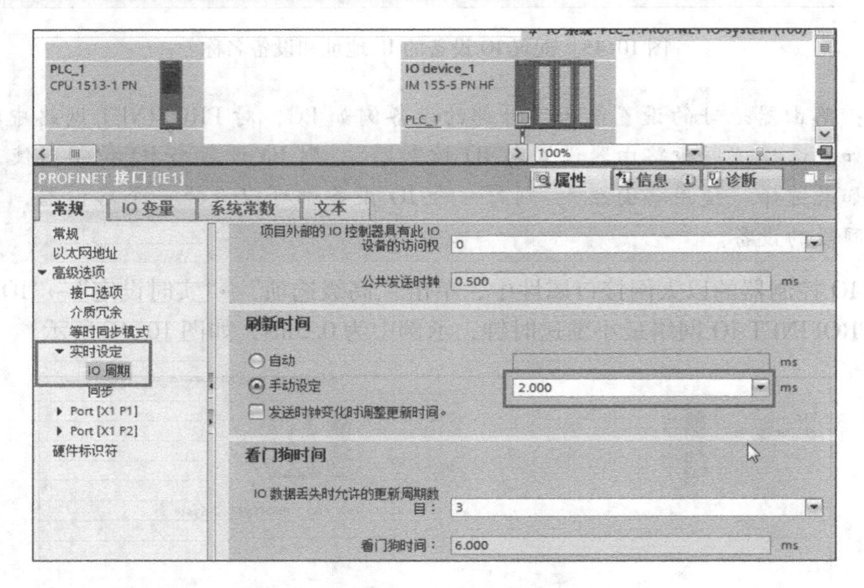


图 10-47　配置 IO 设备的刷新时间

7）配置完成后，需要为每一个 IO 设备在线分配设备名称。在网络视图中单击 PROFINET 网络，单击鼠标右键选择“分配设备名称”，弹出界面如图 10-48 所示。

选择在线接口，然后在“PROFINET 设备名称”栏中选择已经配置的站点，例如“ET200SP_2”，在“网络中的可访问节点”窗口中选择实际的站点（通过 IO 设备接口模块的 MAC 地址识别实际的站点，也可以选择“闪烁 LED”，通过 LED 指示灯的闪烁识别）。单击“分配名称”按钮分配设备名称。在状态栏可以查看是否分配成功，如果之前下载了 CPU 的硬件配置，分配成功后，IO 控制器将自动为 IO 设备分配 IP 地址。

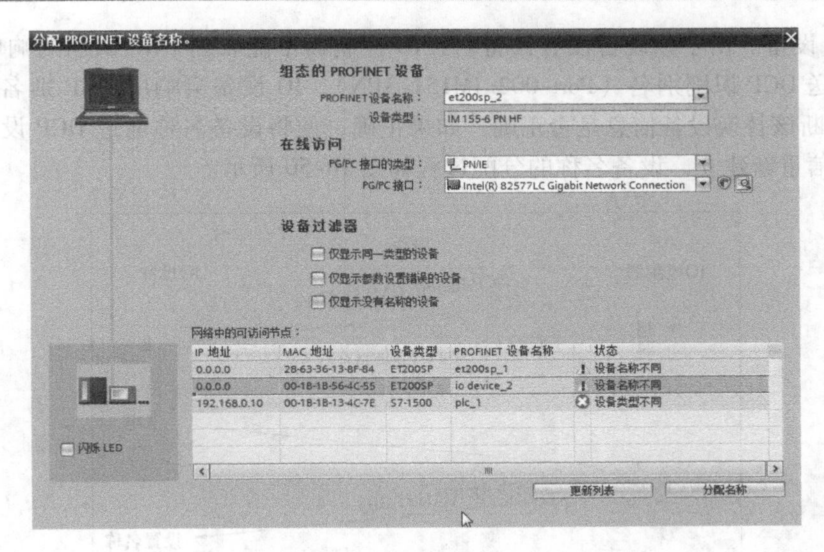


图 10-48 为分配 IO 设备分配设备名称

8）将配置信息下载到 CPU 后，通信建立。

## 10.3.9 无需存储介质更换 IO 设备

与 PROFIBUS-DP 从站相比，PROFINET IO 设备没有拨码开关，必须使用编程器在线分配设备名称。早先推出的 IO 设备中带有存储卡，可以存储分配的设备名称。如果 IO 设备发生故障时，只需将存储卡插入新换的 IO 设备中即可，达到快速更换 IO 设备的目的。目前的 IO 设备不带存储卡，在更换有故障的设备时，不需要再使用存储卡传递设备名称。为此，PROFINET 提供了另外一种快速更换 IO 设备的解决办法。

这种方法是由 IO 控制器为 IO 设备在线分配设备名称，为此 IO 控制器必须从网络拓扑（设备间的相邻关系）识别不同的 IO 设备。下例中描述了 IO 控制器分配设备名称的原理，PROFINET IO 网络拓扑如图 10-49 所示。

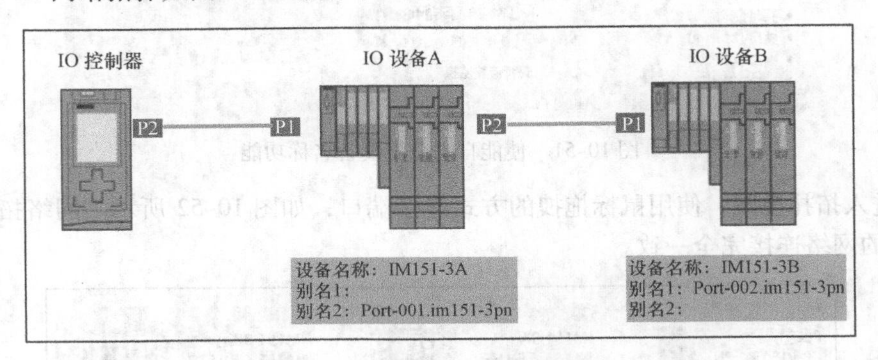


图 10-49 PROFINET IO 网络拓扑

IO 控制器 SIMATIC S7-1500 CPU 使用端口 P2 连接 IO 设备 A 的端口 P1，IO 设备 A 使用端口 P2 连接到 IO 设备 B 的端口 P1 上，经过配置后，这些网络拓扑信息存储于 CPU 中。如果 IO 设备 B 发生故障，替换的 IO 设备需要复位到出厂设置值（如果全新则不需要），即该 IO 设备没有设备名。当替换的设备接入到 PROFINET IO 网络中，IO 控制器发送 DCP 报文识别此 IO 设备。由于该设备没有设备名，IO 控制器不能收到 DCP 识别的响应。然后 IO 控制器会发送 DCP 识别别名（Port-002. IM151-3PN），IO 设备会响应 DCP 别名请求。最后 IO 控制器判断该替换设备信息是否正确，如果正确，便将设备名称通过 DCP 设置分配给替换设备，通信重新建立。设备名称的分配过程如图 10-50 所示。

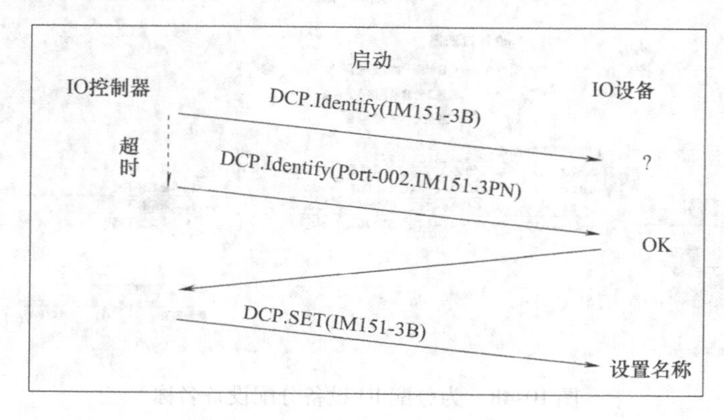


图 10-50　设备名称的分配过程

下面以示例的方式介绍配置过程：

1）参考 10.3.8 节配置 PROFINET IO RT 设备。

2）单击 CPU 的以太网接口，在属性的接口选项中查看自动分配设备名称的功能（“不带可更换介质时支持设备更换”）是否使能，如图 10-51 所示。默认状态下，该功能已经使能。

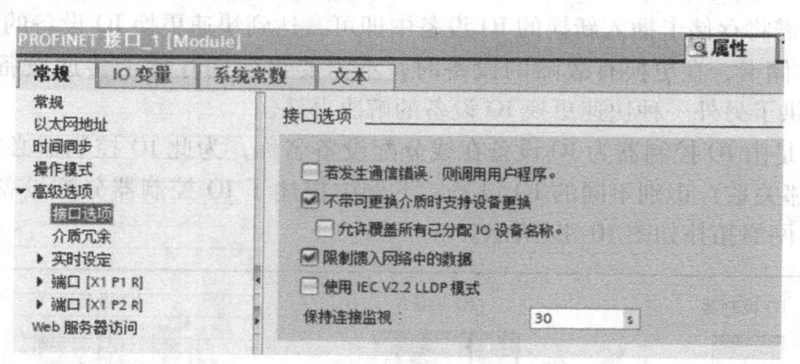


图 10-51　使能自动分配设备名称功能

3）进入拓扑视图，使用鼠标拖拽的方式连接端口，如图 10-52 所示。网络拓扑配置必须与实际的网络连接完全一致。

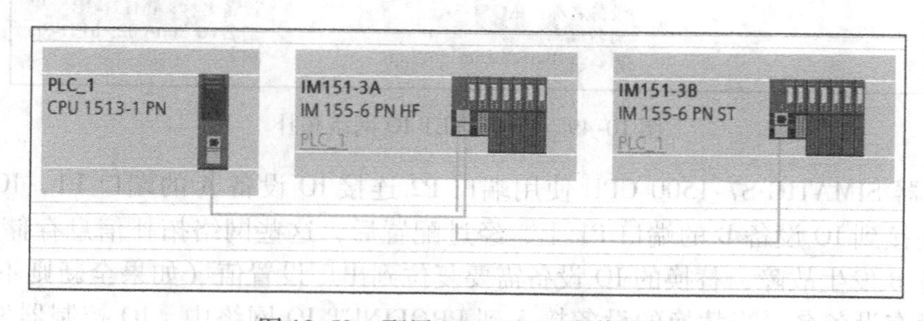


图 10-52　配置 PROFINET 网络拓扑

4）编译硬件配置并下载到 CPU 中，如果端口连接不匹配，则 IO 控制器与 IO 设备会报错。如果 IM151-3B 设备发生故障需要替换，首先需要保证替换设备处于出厂设置状态。新的设备都处于出厂设置状态，如果将曾经使用过的设备用作替换设备时，需要首先将它复位到出厂设置状态。为此需要连接该接口模块，在项目树中选择“在线访问”标签，然后选择正在使用的以太网卡，鼠标双击“更新可访问的设备”，浏览网络设备，选择要替换的设备并进入“在线和诊断”界面，单击“重置为出厂设置”按钮恢复出厂设置，如图 10-53 所示。

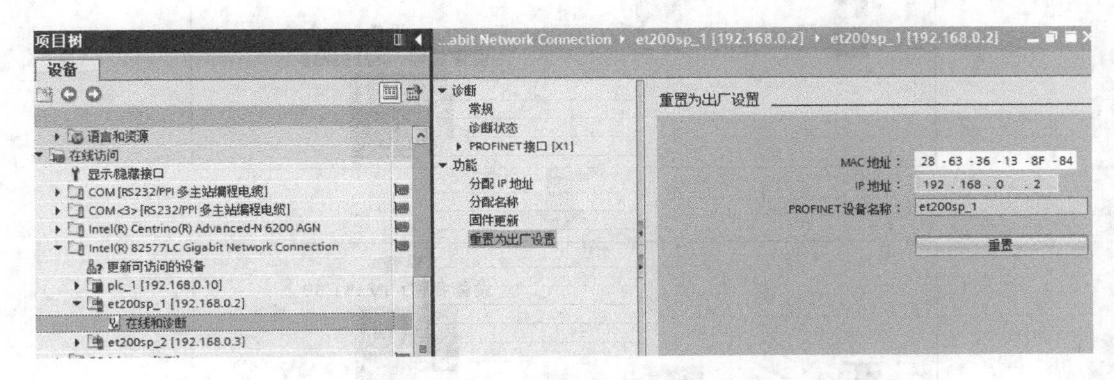


图 10-53　恢复设备工厂设置

5）将站点插入到 PROFINET IO 网络中，CPU 自动识别并建立通信，设备的维护变得非常简单。

## 10.3.10　允许覆盖 PROFINET 设备名称模式

固件版本 V1.5 及更高版本的 SIMATIC S7-1500 CPU 可以覆盖 IO 设备的 PROFINET 设备名称，在替换有故障的 IO 设备时无需将替换设备恢复到出厂设置。也就是说，即使替换设备带有不同的设备名称，也可以直接更换有故障的设备，而不需要先将其恢复工厂设置。这种方式使 IO 设备的更换变得更加简单，节省了现场维护的时间。要使用此功能，需要在 CPU 以太网接口属性中使能“允许覆盖所有已分配 IP 设备名称”选项，如图 10-54 所示。

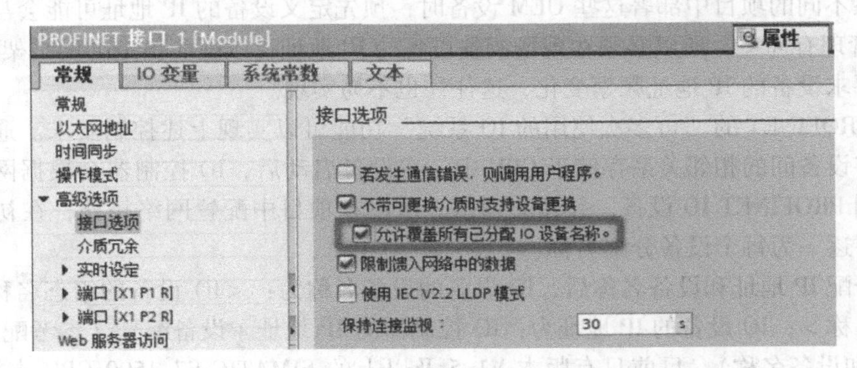


图 10-54　允许覆盖 PROFINET 设备名称模式

在一些特定的场合，更换 IO 设备时需要注意设备运行的安全性。如图 10-55 所示，设备 A、B 为相同的设备类型，例如 ET200S，如果替换设备后，PROFINET 电缆连接错误，就会造成设备 A 和设备 B 的设备名称互换，站点上 I/O 地址将发生变化，可能会对人身和设备造成伤害。

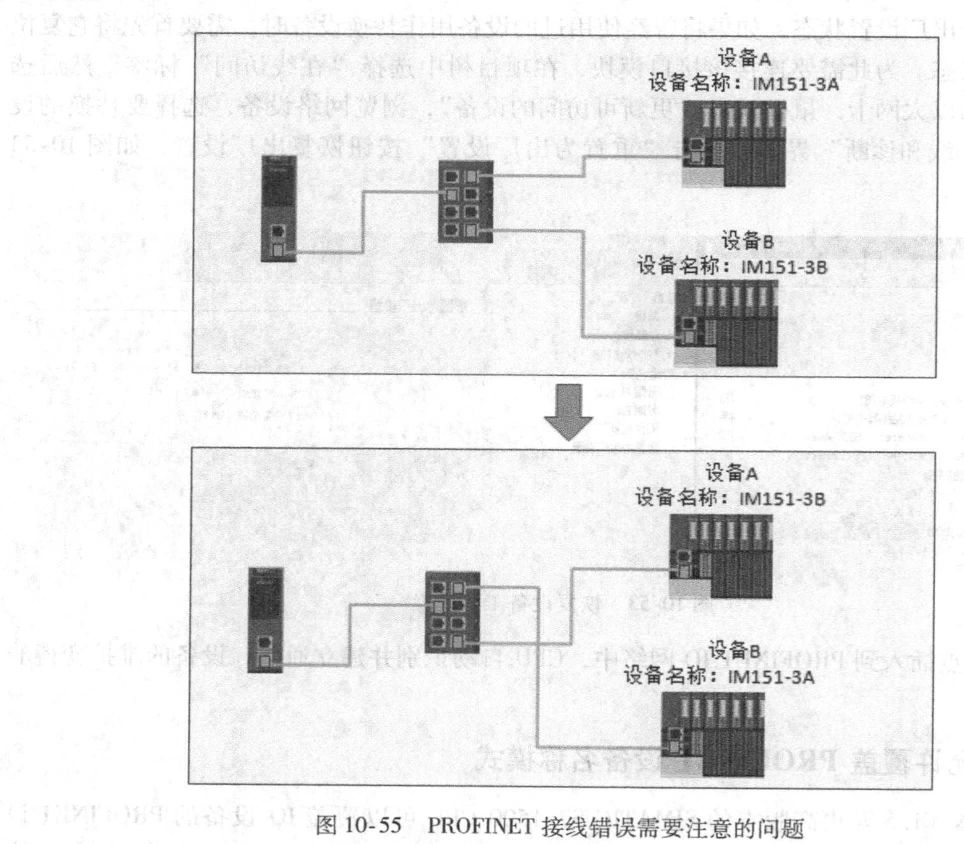


图 10-55　PROFINET 接线错误需要注意的问题

## 10.3.11　按网段自动分配 IP 地址和设备名称

对于一些 OEM（原始设备制造商）设备的控制系统来说，可能用到许多 PROFINET IO 设备。当在不同的项目中部署这些 OEM 设备时，预先定义设备的 IP 地址可能会与生产现场 IP 地址的管理有冲突，所以必须在现场调整设备的 IP 地址，以适应指定的网络架构。另外，有的应用要求设备的 IP 地址频繁变化，这往往也不易实现。

使用 PROFINET 的“可多次使用的 IO 系统”功能可以实现上述控制要求。通过配置网络拓扑，将设备间的相邻关系存储于 CPU 中。在设备启动后，IO 控制器会根据网络拓扑信息逐一识别 PROFINET IO 设备，并建立通信。所以在项目中配置网络拓扑，在初始阶段也可以不需要逐一为每个设备分配名称。

自动分配 IP 地址和设备名称后，IO 设备的设备名称为：<IO 设备的组态名称>.<IO 控制器的名称>；IO 设备的 IP 地址为：IO 控制器的 IP 地址 + 设备编号（参考配置 IO 设备的 IP 地址和设备名称）。目前只有版本 V1.5 及以上的 SIMATIC S7-1500 CPU 支持此功能。下面介绍该功能实现的过程：

1）创建一个项目。

2）配置一个固件版本 V1.5 或以上版本的 SIMATIC S7-1500 CPU 作为 IO 控制器，例如

CPU 1513-1PN。

3）配置所需的IO设备，并将这些IO设备分配给IO控制器。

4）在拓扑视图中组态设备之间的端口互连。

5）使能“10.3.10节允许覆盖PROFINET设备名称模式”中的选项。

6）单击“PROFINET IO-System”，在“常规”栏中使能“多次使用IO系统”复选框，如图10-56所示。

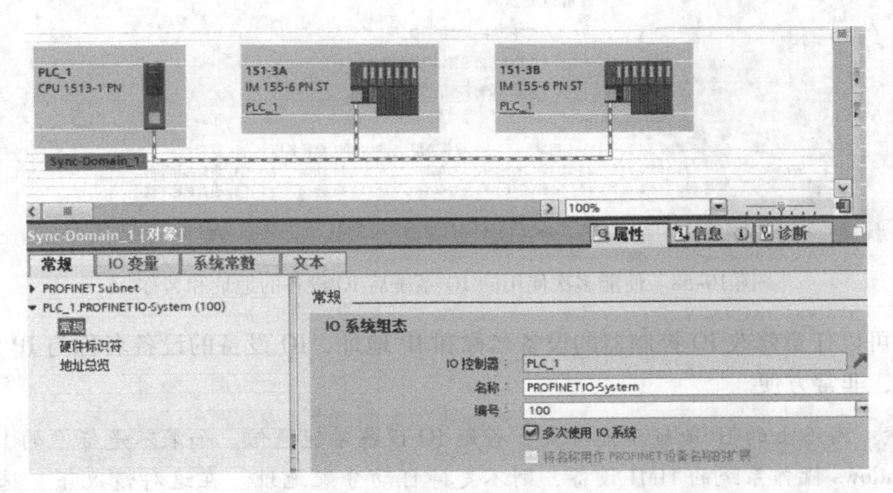


图10-56 使能多次使用的IO系统

7）查看IO控制器的以太网属性，如图10-57所示。使能“多次使用IO系统”后，IO控制器的IP地址自动设置为“在设备中直接设定IP地址”，同样IO控制器的设备名称也自动设置为“在设备中直接设定PROFINET设备名称”。

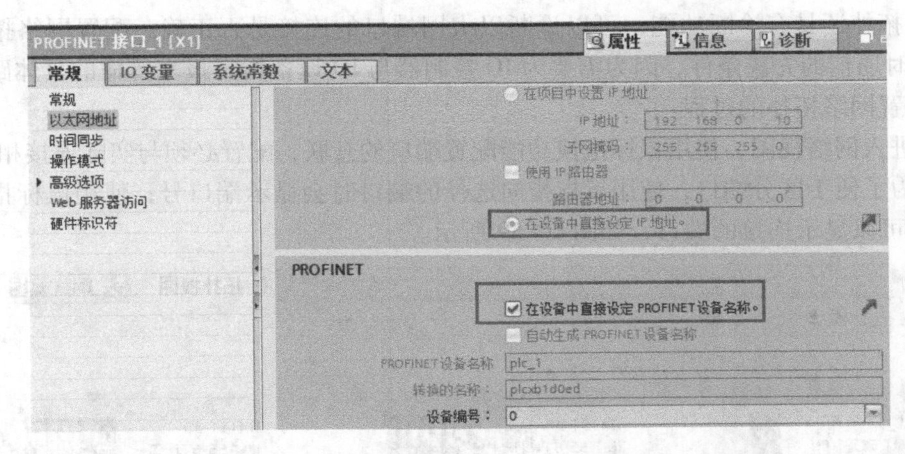


图10-57 使能多次使用的IO系统后IO控制器的以太网地址

8）设置两个IO设备的设备名称为IM151-3A和IM151-3B，设备编号分别为1和2。

9）将程序下载到CPU或者下载到存储卡中然后再插入到CPU中并上电，在CPU的显示屏上设置IP地址和设备名称，例如192.168.0.110和设备名称ABC，之后查看IO设备的状态，如图10-58所示。

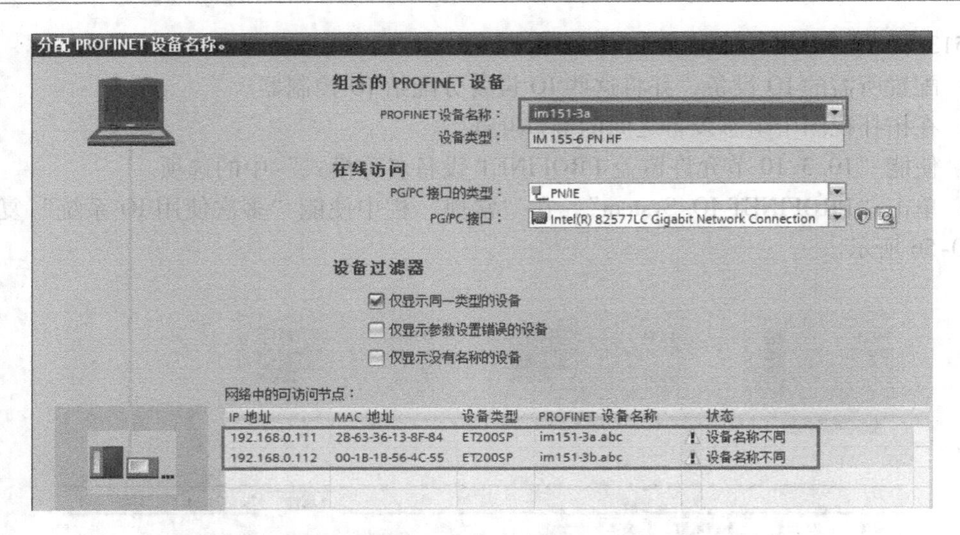


图 10-58　使能多次使用的 IO 系统后 IO 设备的地址和名称

10）可以任意修改 IO 控制器的设备名称和 IP 地址，IO 设备的设备名称与 IP 地址自动随之更改，非常方便。

**注意**：网络上的 IP 地址不能冲突，否则 IO 设备不能通信。如果不是标准的 IO 设备，而是 Windows 操作系统的 HMI 设备，则不支持自动分配地址。在这种情况下，选择“在设备中直接设置 IP 地址”选项，然后在 HMI 上为其设置项目中组态的 IP 地址。

## 10.3.12　网络拓扑功能与配置

上面的章节中已经介绍了实现自动分配设备名称和 IP 地址需要配置网络拓扑。除此之外，网络拓扑还具有诊断功能，可以诊断以太网端口的连接是否正确。配置网络拓扑也是 IRT 等实时通信的先决条件，因为需要为 IO 控制器与 IO 设备指定报文传输的具体路径。下面介绍配置网络拓扑的过程：

1）进入网络视图，使用鼠标拖拽功能配置端口的互联，配置必须与实际连接相符。

2）为了便于区分端口，使用鼠标指向选择的端口时会显示端口号；使用鼠标指向连接的网络，可以显示连接的端口，如图 10-59 所示。

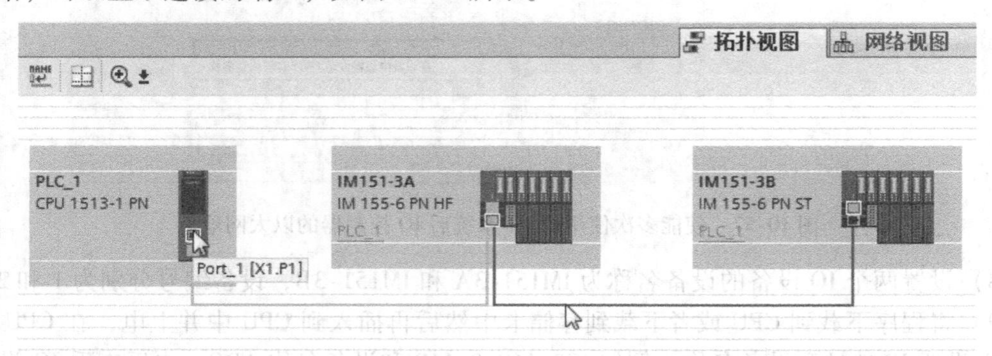


图 10-59　显示连接的端口

3）程序下载后（网络拓扑也下载），单击“在线”，可以查看连接的状态。如果连接正确，显示为绿色，如果连接错误则显示红色，如图10-60所示。

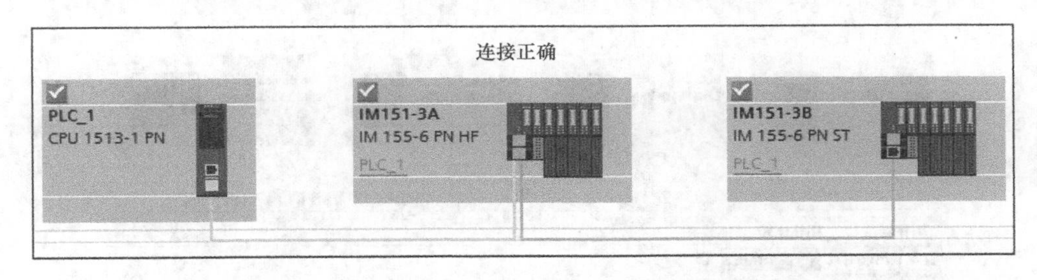


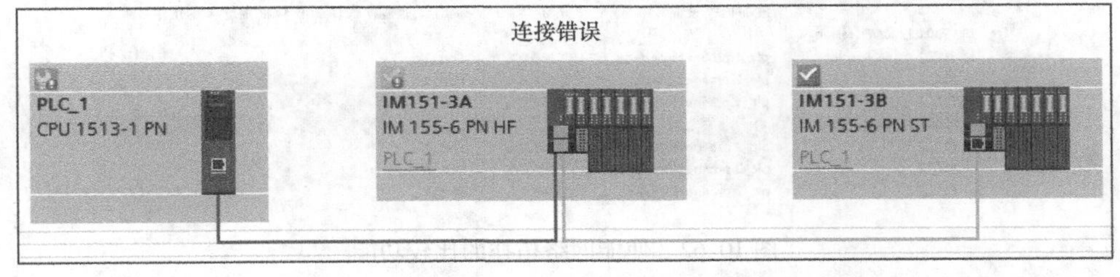


图10-60 网络拓扑连接状态

4）连接错误时，可以展开拓扑数据视图，单击“比较离线/在线”按钮可以查看具体连接状态。如图10-61所示，软件配置中，IO控制器的端口2连接IM151-3A的端口1，而实际连接了IM151-3B的端口2；IM151-3A的端口1实际上没有连接任何设备；IM151-3B的端口2配置上没有连接通信伙伴，但实际上连接了IO控制器的端口2。

拓扑视图　网络视图　设备

拓扑概览

端口互连　比较离线/在线

| 设备/端口 | 插槽 | 伙伴设备 | 伙伴端口 | 状态 | 动作 | 设备/端口 | 伙伴设备 | 伙伴端口 | 电缆数据 |
|---|---|---|---|---|---|---|---|---|---|
| ▼ S71500/ET200MP station_1 | | | | | | | | | |
| ▼ PLC_1 | 1 | | | | | | | | |
| ▼ plc_1 (PROFINET接口_1) | 1 X1 | | | | | plc_1 | | | |
| Port_1 | 1 X1 P1 | | 任何伙伴 | | 无动作 | Port 1 | tia-pc | Port 1 | (0.01 μs) |
| Port_2 | 1 X1 P2 | IM151-3A | Port_1 | | 无动作 | Port 2 | im151-3b | Port 2 | (0.01 μs) |
| ▼ ET200SP station_1 | | | | | | | | | |
| ▼ IM151-3A | 0 | | | | | | | | |
| ▼ im151-3a (PROFINET... | 0 X1 | | | | | im151-3a | | | |
| Port_1 | 0 X1 P1 | PLC_1 | Port_2 | | | | | | |
| Port_2 | 0 X1 P2 | IM151-3B | Port_1 | | 无动作 | Port 2 | im151-3b | Port 1 | (0.01 μs) |
| ▼ ET200SP station_2 | | | | | | | | | |
| ▼ IM151-3B | 0 | | | | | | | | |
| ▼ im151-3b (PROFINET... | 0 X1 | | | | | im151-3b | | | |
| Port_1 | 0 X1 P1 | IM151-3A | Port_2 | | 无动作 | Port 1 | im151-3a | Port 2 | (0.01 μs) |
| Port_2 | 0 X1 P2 | | 任何伙伴 | | 无动作 | Port 2 | plc_1 | Port 2 | (0.01 μs) |
| ▼ 不在项目中 | | | | | | TIA-PC | | | |
| 不在项目中 | | | | | | Port 1 | im151-3a | Port 2 | --- |

图10-61 离线/在线拓扑比较

如果不想修改现场端口连接，而是按照现场连接修改软件中的配置，可以在“状态”不一致的栏中，将“动作”逐一修改为“采用”，或者单击鼠标右键选择“应用所有”选项，修改全部有差异的端口连接，然后单击“同步”按钮，这样就完成了以实际连接作为网络拓扑的配置。如果再次下载新的配置，将不再提示连接错误故障。

5）利用比较的功能还可以上传连接的网络拓扑。前提条件是：编程器连接到实际的网络中，设备连接状态完好并处于上电状态中，步骤如下：

① 在“拓扑比较”栏中单击“比较离线/在线”标签，如图10-62所示。在弹出的界

面中选择使用的网络，单击确认后，开始检测网络拓扑。

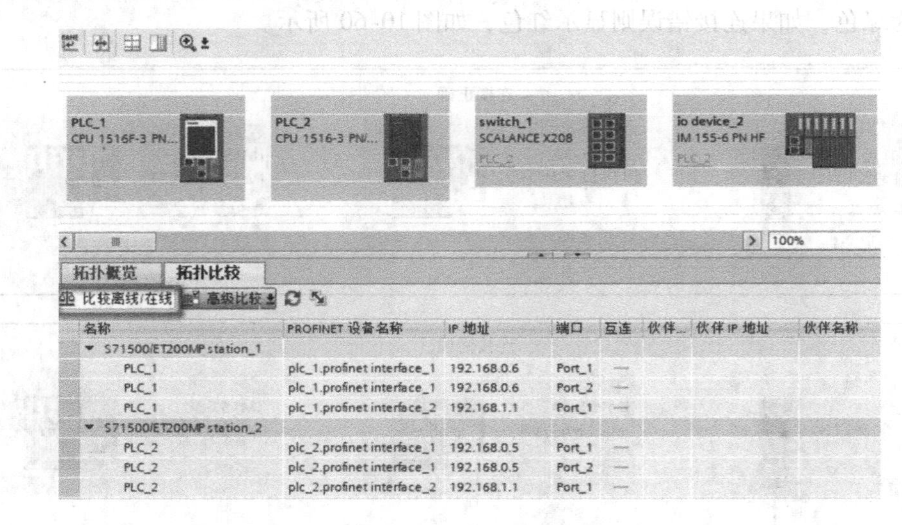


图 10-62 使能网络拓扑的比较功能

② 检测完成之后，在“动作”栏中单击鼠标右键选择“应用”→“应用所有”，如图 10-63 所示。然后单击同步按钮 进行同步。

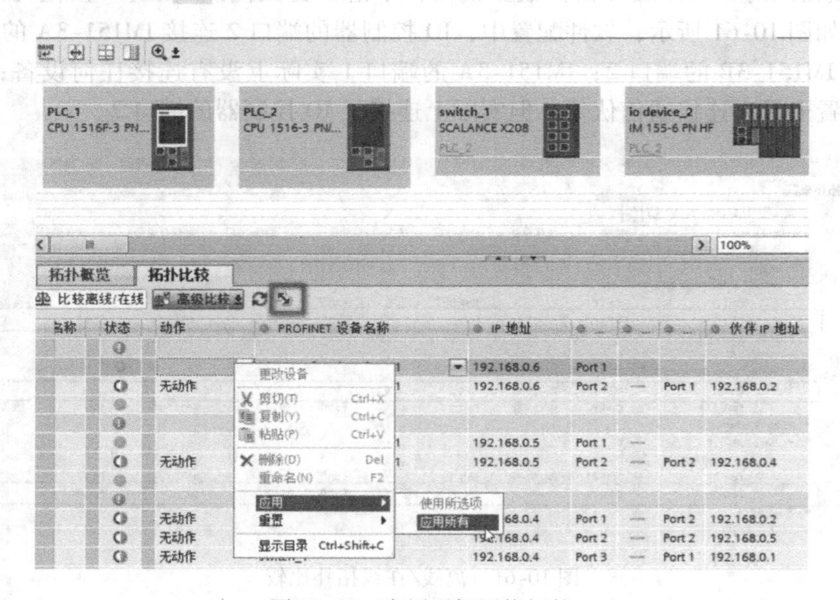


图 10-63 应用现场网络拓扑

③ 网络拓扑同步后，现场实际的网络拓扑将上传到 PC。再次保存编译即可。

## 10.3.13 MRP 介质冗余

PROFINET-IO 与 PROFIBUS-DP 相比，无论通信性能、网络布线和抗干扰性都更胜一筹。PROFINET 设备之间通过交换机进行级联，例如 ET200SP 或 ET200MP 集成了两个端口的交换机，不需要终端电阻。但是这种连接方式也可能发生问题，例如中间某一个设备发生故障，它后面连接的设备就会与网络断开，为解决这样的问题，可以利用PROFINET IO MRP协议实现介质冗余，将网络的头尾相连，形成环网拓扑结构，网络重构时间小于200ms。下面介绍MRP介质冗余的实现过程。

1）进入网络视图并单击网络，在网络属性的“域管理”标签栏中设定MRP域。如图10-64所示，MRP域中的两个IO设备是客户端；而IO控制器可以设置为管理员，用于发送报文检查网络的状态。

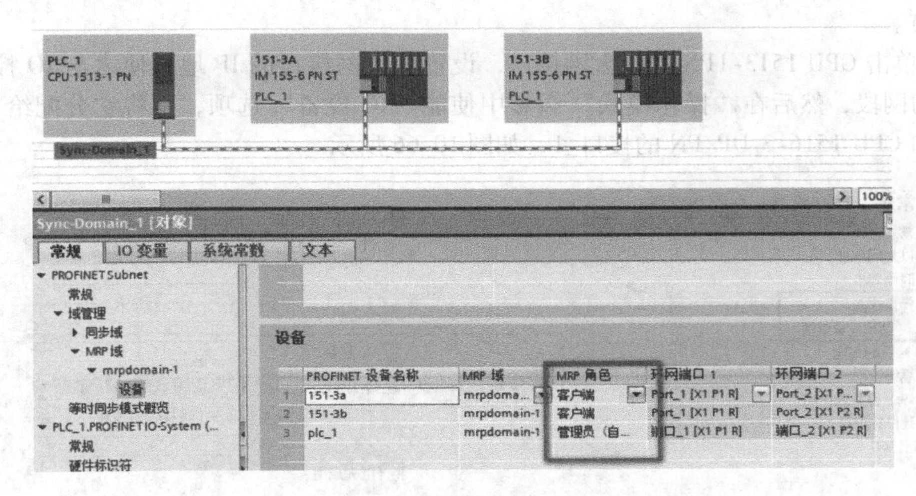


图10-64　设定MRP域

2）在网络拓扑视图中配置环形拓扑网络结构，这样MRP介质冗余就设置完成了。

3）虽然MRP网络重构时间小于200ms，但是大大高于PROFINET IO站点状态的监控时间（看门狗时间，默认为刷新时间的3倍）。所以，为避免网络重构期间PROFINET网络诊断错误，必须相应地增加监控时间。单击IO设备以太网端口，在“属性”→“常规”→“高级选项”→“实时设定”→“IO周期”界面中设定看门狗时间。如图10-65所示，刷新时间为1ms，看门狗时间倍数为201，时间为201ms。完成设置后下载到CPU中，这样当网络中有一个站点出现问题，PROFINET IO系统将立即进行网络重构，在此期间，其他站点不会报看门狗错误。

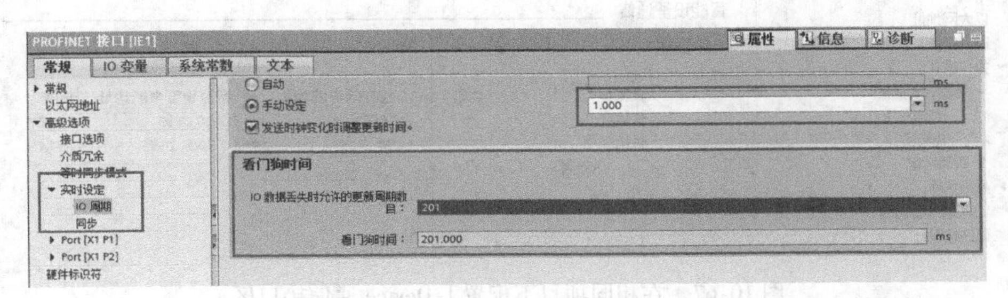


图10-65　设定IO设备的刷新时间的看门狗时间

## 10.3.14　I-Device智能设备的配置

I-Device就是带有CPU的IO设备。SIMATIC S7-1500所有的CPU都可以作为I-Device，

并可同时作为 IO 控制器和 IO 设备。下面将分别介绍在相同项目和不同项目中配置的过程。

**1. 在相同项目中配置 I-Device**

1）创建一个项目“I_Device_same”，插入一个 SIMATIC S7-1500 CPU 作为 IO 控制器，例如 CPU 1516-3 DP/PN 并设置以太网接口 XI 的 IP 地址。

2）在项目中再插入一个 SIMATIC S7-1500 CPU 作为 I-Device，例如 CPU 1513-1PN，并将 CPU 1513-1PN 作为 IO 控制器连接下一级的 IO 设备（参考 10.3.8 节配置 PROFINET IO RT 设备）。

3）单击 CPU 1513-1PN 的以太网接口，设置以太网接口的 IP 地址使之与 IO 控制器处在相同的网段，然后在“操作模式”标签中使能“IO 设备”选项，并将它分配给 IO 控制器，例如 CPU 1516-3 DP/PN 的接口_1，如图 10-66 所示。

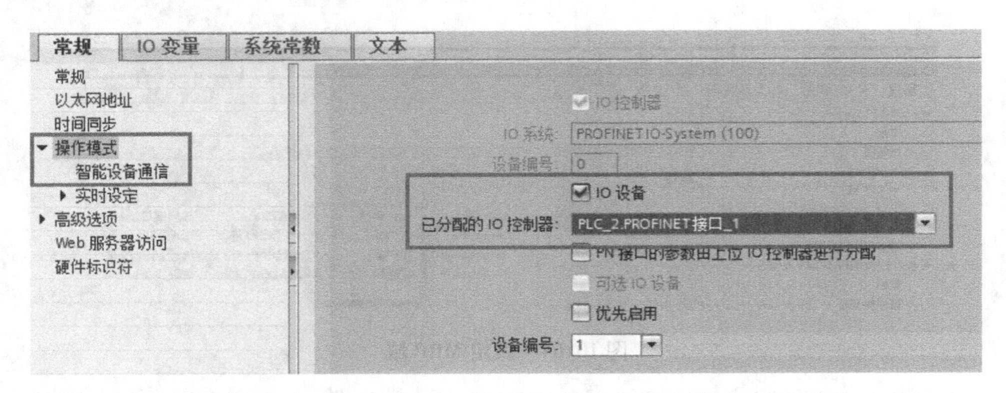


图 10-66　设置 SIMATIC S7-1500 CPU 以太网接口的操作模式

4）指定 IO 控制器后，在“操作模式”标签下出现“智能设备通信”栏，单击该栏配置通信传输区。鼠标双击“新增”，增加一个传输区，并在其中定义通信双方的通信地址区：使用 Q 区作为数据发送区；使用 I 区作为数据接收区。单击箭头可以更改数据传输的方向。在如图 10-67 所示的示例中创建了两个传输区，通信长度都是 16 个字节。

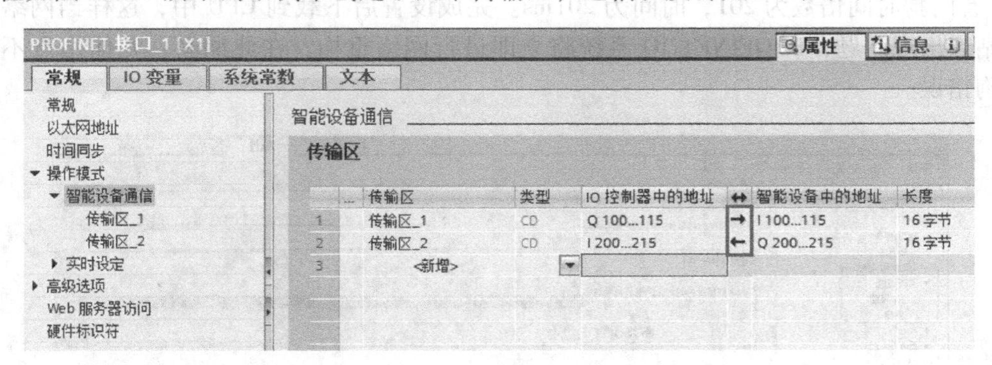


图 10-67　在相同项目下配置 I-Device 通信接口区

5）将配置数据分别下载到两个 CPU 中，它们之间的 PROFINET IO 通信将自动建立。IO 控制器使用 QB100 ~ QB115 发送数据到 I-Device 的 IB100 ~ IB115 中；I-Device 使用 QB200 ~ QB215 发送数据到 IO 控制器的 IB200 ~ IB215 中。示例中，智能设备 CPU 1513-1PN 既作为上一级 IO 控制器的 IO 设备，同时又作为下一级 IO 设备的控制器，使用非常灵活和方便。示例程序可以参考光盘目录（请关注“机械工业出版社 E 视界”微信公众号，输入 65348 下载或联系工作人员索取）：示例程序→以太网通信文件夹下的《I_Device_same》项目。

**注意：智能设备通信传输区的个数与总的通信字节请参考 CPU 的技术参数。**

**2. 在不相同项目中配置 I-Device**

1）创建一个项目“I_Device_S”，在项目中插入一个 SIMATIC S7-1500 CPU 作为 I-Device，例如 CPU 1513-1PN，并将 CPU 1513-1PN 作为 IO 控制器连接下一级的 IO 设备（参考 10.3.8 节配置 PROFINET IO RT 设备）。

2）单击 CPU 1513-1PN 的以太网接口，在属性界面中的“操作模式”标签中使能“IO 设备”，在“已分配的 IO 控制器”选项中选择“未分配”，然后在传输区中定义通信双方的通信地址区。在如图 10-68 所示的示例中创建了两个传输区：“传输区_1”使用 IB100 ~ IB115 作为数据接收区；“传输区_2”使用 QB200 ~ QB215 作为数据发送区。通信长度都是 16 个字节。

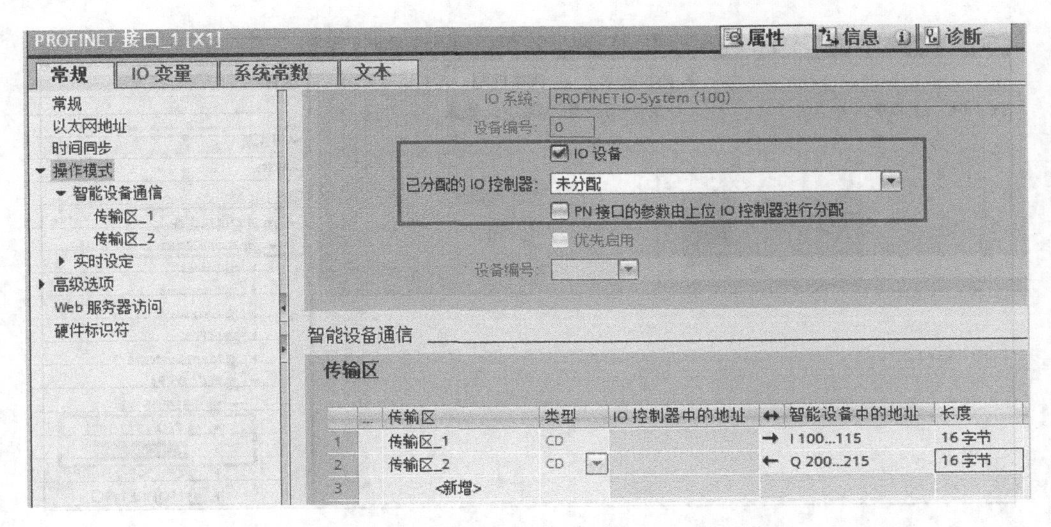


图 10-68 在不相同项目下配置 I-Device 通信接口区

3）在“智能设备通信”标签的最后部分可以查看到“导出站描述文件（GSD）”栏。单击“导出”按钮，弹出窗口如图 10-69 所示，然后单击弹出窗口中的“导出”按钮，生成一个 GSD 文件。文件中包含用于 IO 通信的配置信息。GSD 文件需要复制到配置 IO 控制器的 PC 上。

4）再次创建一个项目“I_Device_M”，插入一个 SIMATIC S7-1500 CPU 作为 IO 控制器，例如 CPU 1516-3 PN/DP，设置以太网接口 X1 的 IP 地址，使之与 IO 设备处在相同的网段。

5）导入 GSD 文件。在菜单栏选择“选项”→“管理通用站描述文件（GSD）”，在“源路径”中选择需要导入的文件，选择“安装”按钮导入前面生成的 GSD 文件。

6）打开硬件目录，选择“其他现场设备”→“PROFINET IO”子目录，将安装的 I-Device 站点 I-Device_S 拖放到网络视图中，如图 10-70 所示。

7）使用鼠标的拖拽功能连接 IO 控制器与 IO 设备端口，然后在设备视图中配置 I-Device 的数据传输区，如图 10-71 所示，这里对应的是 IO 控制器的地址区。

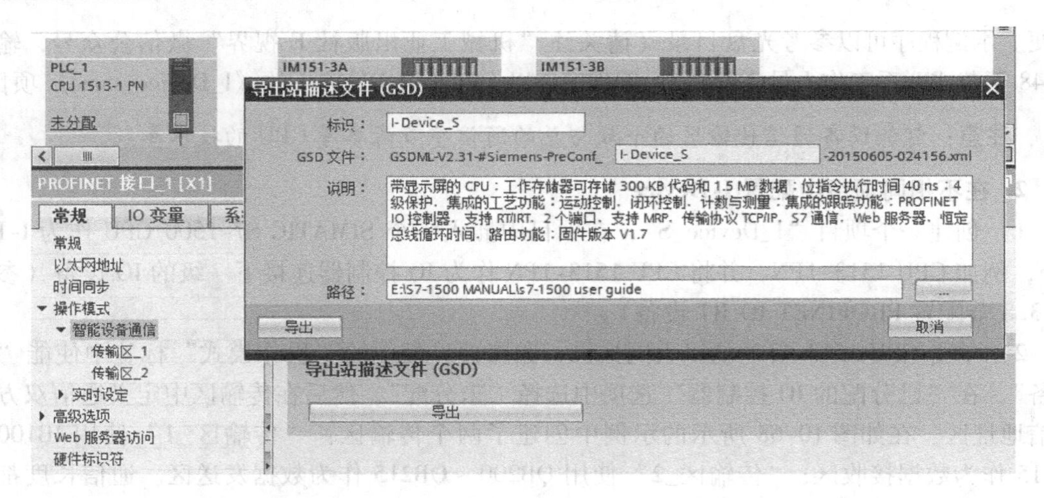


图 10-69　生成 I-Device GSD 文件

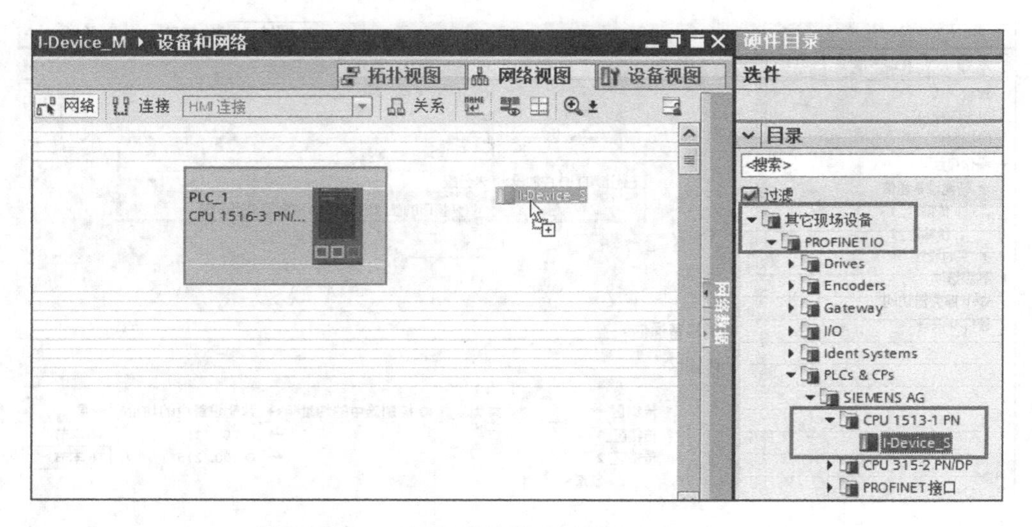


图 10-70　插入 I-Device

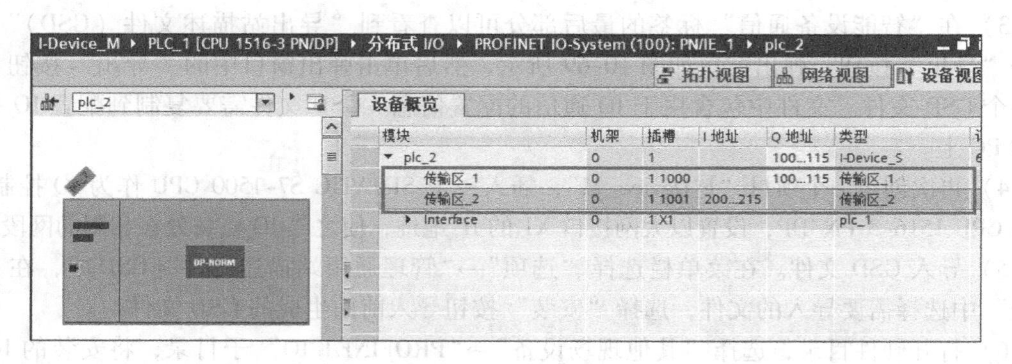


| 模块 | 机架 | 插槽 | I 地址 | Q 地址 | 类型 |
|---|---|---|---|---|---|
| plc_2 | 0 | 1 | | 100...115 | I-Device_S |
| 传输区_1 | 0 | 1 1000 | | 100...115 | 传输区_1 |
| 传输区_2 | 0 | 1 1001 | 200...215 | | 传输区_2 |
| Interface | 0 | 1 X1 | | | plc_1 |

图 10-71　在不同项目下配置 I-Device 通信接口区

8）由于 I-Device 的设备名称不能自动分配，所以配置的 IO 设备名称必须与 I-Device 项目（即项目“I_Device_S”）中定义的设备名称相同，如图 10-72 所示。

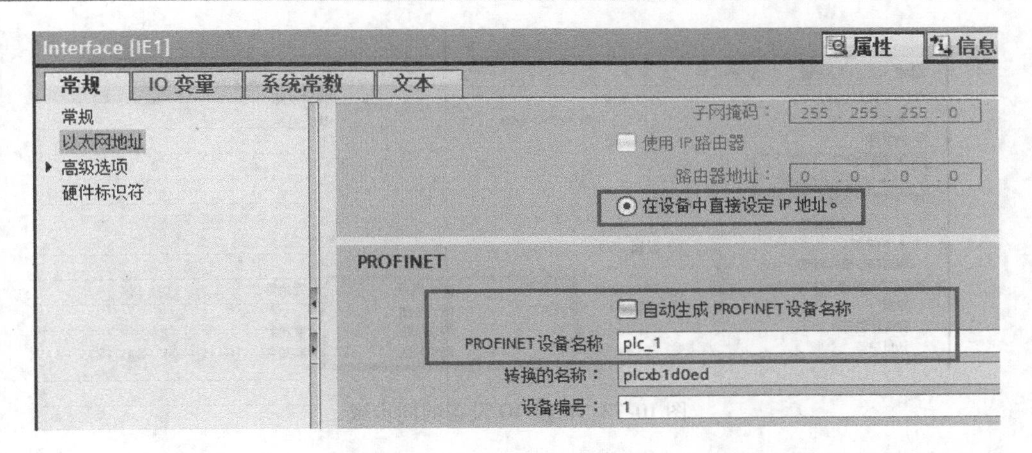


图 10-72 配置 I-Device 的名称

**注意：如果 IO 控制器停机或者通信失败时，I_Device 的接收区将清零。**

9）将配置数据分别下载到对应的 CPU 中，它们之间的 PROFINET IO 通信将自动建立。IO 控制器使用 QB100 ~ QB115 发送数据到 I-Device 的 IB100 ~ IB115 中；I-Device 使用 QB200 ~ QB215 发送数据到 IO 控制器的 IB200 ~ IB215 中。示例程序可以参考光盘目录（请关注“机械工业出版社 E 视界”微信公众号，输入 65348 下载或联系工作人员索取）：示例程序→以太网通信文件夹下的《I_Device_S》和《I_Device_M》项目以及 GSD 文件。

## 10.3.15 配置 PROFINET IO IRT 设备

IRT 与 RT 相比，确保每次数据更新的抖动小于 1μs，为了保证这样的通信性能，IRT 通信需要使用专用的交换机，目前所有 SIMATIC S7-1500 CPU 集成的 XI 接口和 ET200SP/MP（BA 除外）都支持 IRT 通信，支持 IRT 的交换机也同时支持 RT 和 NRT 通信，IRT 与 RT、NRT 的通信通道分开。下面以示例的方式介绍 SIMATIC S7-1500 IRT 的配置过程。IRT 与 RT 的配置过程和方式比较相似，示例中配置的过程比较简略，细节可以参考 RT 的配置过程。

1）在 TIA 博途软件中，添加新设备，例如 CPU 1513-1PN。然后进入网络视图，可以看到刚刚创建的 CPU 站点，在硬件目录窗口中单击打开“分布式 I/O”，选择需要的站点并拖放到网络视图中，在选择接口时可以在信息窗口查看是否支持 IRT，例如 IM 155-6 PN HS（订货号 6ES7 155-6AU00-0DN0）。

2）鼠标单击 CPU 的以太网接口，保持按压状态并拖拽到 IO 设备的通信接口，出现连接标志后释放鼠标，这样就建立了连接，然后在设备视图中为每个站点插入 I/O 模块。

3）进入网络视图并单击网络，在网络属性的“同步域”标签栏中设定 IO 设备的同步域，如图 10-73 所示。将 IO 设备的 RT 等级设置为 IRT，同步角色为“同步从站”，IO 控制器 CPU 固定是“同步主站”。

4）同步域配置完成后需要配置网络拓扑，由于 IRT 需要保证高的通信性能，通信的路径必须明确，所以配置网络拓扑是必需的，网络拓扑的配置参考章节 10.3.12 网络拓扑功能与配置。

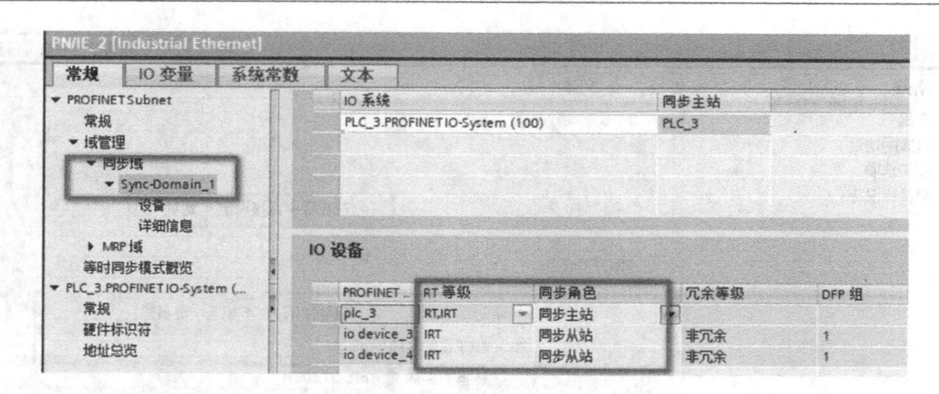


图 10-73　配置 IO 设备的同步域

5）由于 MRP 环网的断开会造成网络的重构，重构时间是 IRT 通信不允许的，所以 IRT 不支持 MRP 环网，但是为了增强网络的可用性，IRT 网络可以使用 MRPD 组成环网。在添加 IO 设备时需要在“信息”栏中查看该设备是否支持 MRPD，如果不支持，不能配置环网（例如 IM 155-6 PN HS 支持 MRPD，而 IM 155-6 PN HF 目前仅支持 MRP）。MRPD 与 MRP 通信的原理发生变化，当使用 MRP 方式时，发送报文的路径是单方向的，如果链路故障，选择另一条冗余的路径；当使用 MRPD 方式时，发送报文的路径是双方向的，IO 设备的两个端口同时接收数据，然后选择有效的报文，即使一段网络故障，由于没有网络重构时间，抖动也是非常小的。IO 控制器“PLC_3”与 IO 设备“IO device_4”通信示意图如图 10-74 所示。为了保证配置的一致性，MRPD 与 MRD 的方法配置相同，参考章节 10.3.13 MRP 介质冗余。

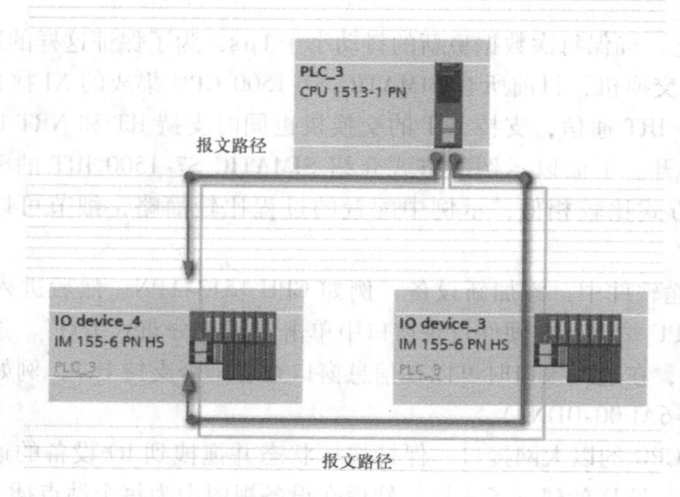


图 10-74　MRPD 通信示意图

到此为止 PROFINET IRT 功能配置完成，IRT 通信保证 IO 控制器与 IO 设备通信间隔的抖动小于 1μs。由于通信是分时的，即在一个更新周期内 IO 控制器与多个 IO 设备进行点到点通信，这样 IO 设备间得到的数据就会有偏差，再加上 I/O 模块的更新时间、CPU 的扫描周期的影响，偏差就会放大。为了保证应用程序与 IO 设备上 I/O 模块的同步性能（例如一个控制器带有多个同步轴，需要控制器发送的指令同时达到、轴的位置反馈同时被控制器处理)，就需要等时同步功能，等时同步功能可以实现 I/O 模块更新周期、PROFINET IO 通信周期、CPU 程序处理周期的同步，达到处理的实时性。等时同步的原理如图 10-75 所示，与中央机架模块的等式模式的区别是 PROFINET 替代了背板总线，参考 4. 2. 21 节等式同步模式。

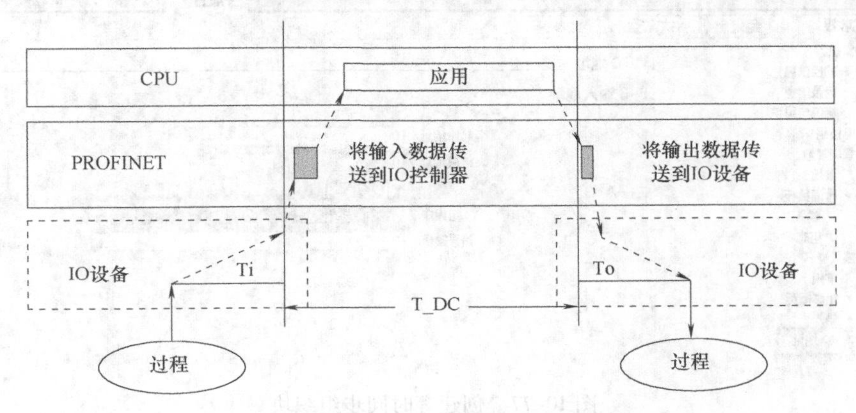


图 10-75　PROFINET 等式模式原理

图 10-75 中的参数解释如下：

① Ti：用于读入数据的时间。

② To：用于将输出数据输出的时间。

③ T_DC：数据循环时间（发送时钟）。

等时同步功能以 IRT 为基础，并且 IO 控制器、IO 设备的接口模块和 I/O 模块都必须支持等时同步功能（在硬件配置中，选择模块，在“信息”栏中可以查看，有的接口模块例如 IM 155-6 PN ST 支持 IRT，但是不支持等时同步模式）。下面以示例方式介绍 PROFINET IRT 等时同步的配置过程。

1）由于 IRT 等时同步是基于 IRT，所以 IRT 配置过程相同，这里不再赘述（参考前面 IRT 的配置过程）。

2）IRT 配置完成后，选择其中一个 IO 设备，选择接口模块“属性”→“常规”→“PROFINET 接口 XI”→“等式同步模式”使能“等时同步模式”，同时使能其中一个模块的等时模式，如图 10-76 所示。

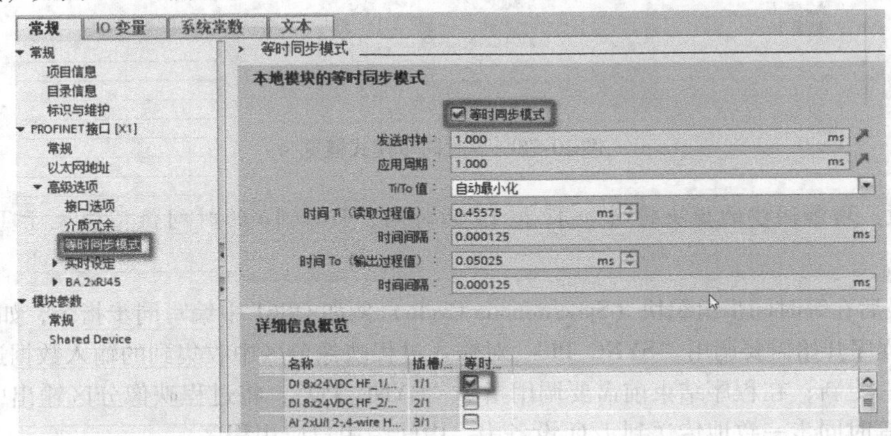


图 10-76　使能 IO 设备的等时同步模式

3）选择已经使能等时同步的模块，在其 I/O 地址栏中创建等时同步组织块（Synchronous Cycle）例如 OB61，如图 10-77 所示。

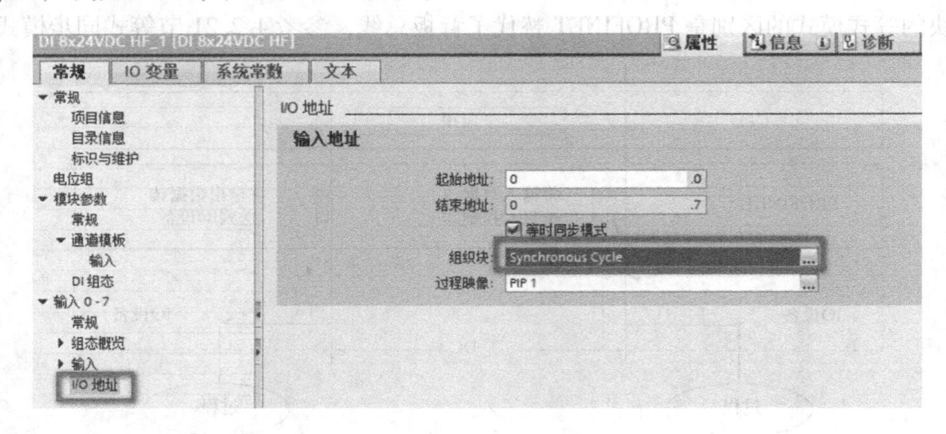


图 10-77　创建等时同步组织块

**注意：** 由于 Ti、To 时间由系统自动计算，人为的设置将妨碍系统的计算，所以使能同步功能前必须将模块的延时功能设置为“无”。

4）切换到网络视图，选择 PROFINET 网络，在“属性”→“常规”→“PROFINET Subnet”→“等式同步模式概览”栏中使能所有需要进行等时同步的 IO 设备和站点，如图 10-78 所示，可以看到系统自动计算 Ti 和 To 的时间。

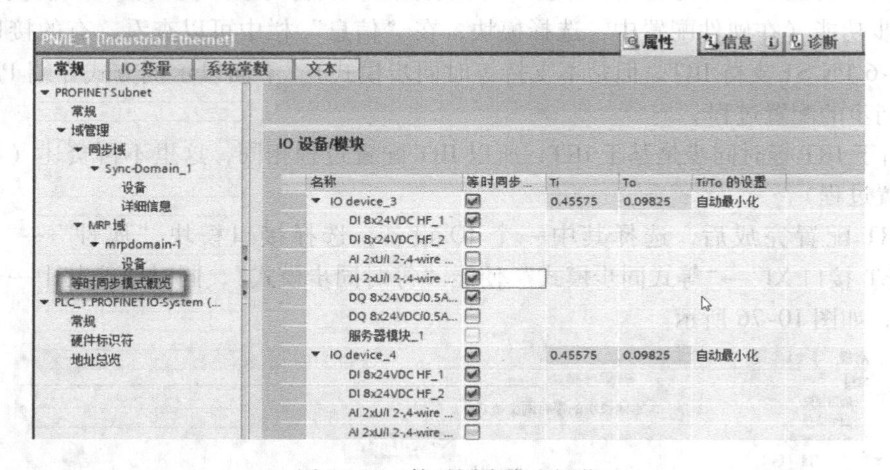


图 10-78　等时同步模式概览

**注意：** 增加同步的模块将增加 Ti 和 To 的时间，Ti 和 To 的时间值不能大于 T_DC 的时间值。

5）最后在等时同步组织块（Synchronous Cycle）例如 OB61 中编写同步指令，如图 10-79 所示，在程序开始需要调用“SYNC_PI”，对输入过程映像分区中收集到的输入数据进行等时同步和统一更新；在程序结束前需要调用指令“SYNC_PO”，将过程映像分区输出中的计算输出数据等时同步一致地传送到 I/O 设备中，中间为用户应用程序。

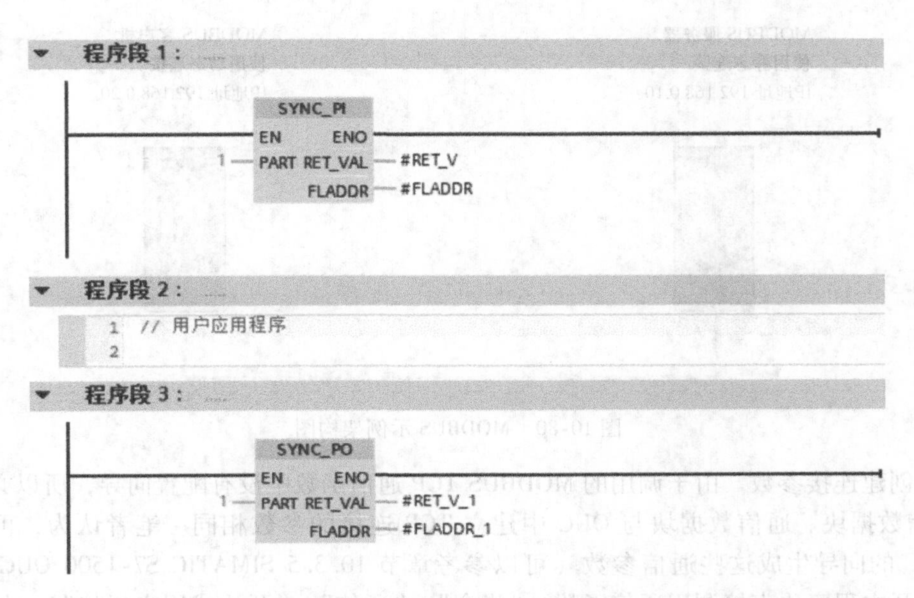


图10-79　同步组织块初始化程序

**注意：**过程映像分区可以在配置I/O模块的地址中查看，如图10-77所示。一个OB只能更新一个过程映像分区，示例中过程映像分区为1。

## 10.3.16　MODBUS TCP

MODBUS协议是一种广泛应用于工业通信领域的通用、透明的通信协议。MODBUS TCP通信结合了以太网物理网络和TCP/IP网络标准，采用包含有MODBUS应用协议数据的报文传输，使MODBUS RTU（串行通信）协议运行于以太网上。与传统的串行通信方式相比，MODBUS TCP要求在TCP报文中插入一个标准的MODBUS报文。

MODBUS TCP使用服务器与客户机的通信方式，由客户机对服务器的数据进行操作访问（读/写），服务器响应客户机的读/写操作。在SIMATIC S7-1500系统中，CPU集成的以太网接口、CM/CP都支持MODBUS TCP协议，使用的通信函数也相同。下面以示例的方式介绍MODBUS TCP的配置过程。以两个SIMATIC S7-1500 CPU为例，将其中一个CPU作为MODBUS服务器，另一个作为MODBUS客户机。考虑到现场实际应用的需求，示例中分两个项目对MODBUS服务器和MODBUS客户机进行配置。由于MODBUS TCP使用的是标准TCP传输方式，与SIMATIC S7-1500 OUC中的TCP连接方式相同，可以通过调用程序块的方式建立动态连接，灵活性高；此外，也可以使用配置的方式建立静态连接，考虑到可以在一个示例中同时介绍两种连接方式，以静态连接的方式配置MODBUS服务器，以用户程序建立动态连接的方式配置MODBUS客户机。示例架构如图10-80所示。

### 1. MODBUS服务器项目的配置

1）创建新项目，例如“MODBUS_TCP_SERVER”。在项目树下单击“添加新设备”，选择CPU 1516-3PN/DP。在设备视图中，单击CPU的以太网接口1，在“属性”标签栏中设定以太网接口的IP地址为192.168.0.10，子网掩码为255.255.255.0。

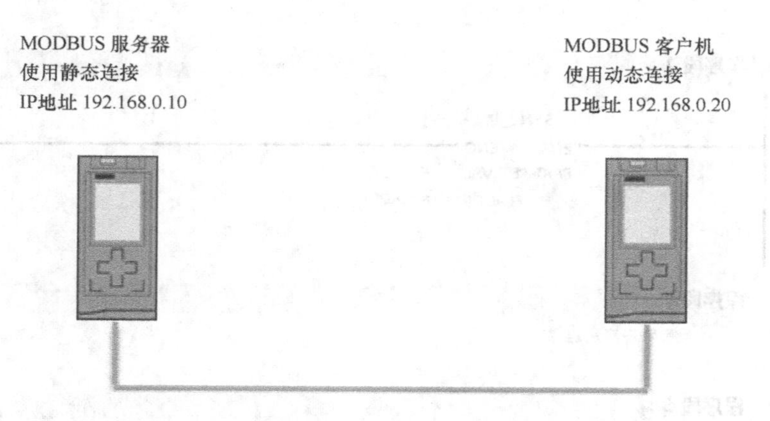


图 10-80　MODBUS 示例架构图

2）创建连接参数。由于调用的 MODBUS TCP 通信函数中没有配置向导，所以必须手动建立通信数据块。通信数据块与 OUC 中建立 TCP 连接的参数相同。笔者认为，可以借助 TSEND_C 的向导生成这些通信参数（可以参考章节 10.3.5 SIMATIC S7-1500 OUC 通信示例）。打开主程序块直接调用通信函数（“指令”→“通信”→“开放式用户通信”），例如将通信函数 TSEND_C 拖放到 CPU 1516-3DP/PN CPU 的 OB1 中。鼠标单击主程序中的通信函数，选择“属性”→“组态”→“连接参数”配置连接属性，如图 10-81 所示。

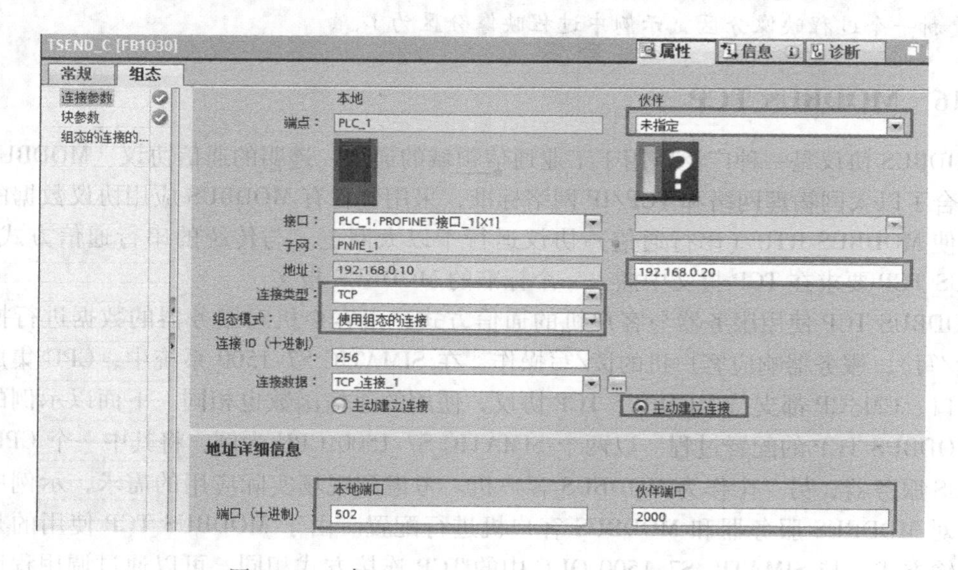


图 10-81　建立 MODBUS TCP 通信静态连接参数

通信伙伴选择“未指定”，在组态模式中选择“使用组态的连接”。组态模式指定后，可以选择连接类型，示例中选择“TCP”。在连接数据中选择“新建”后，会自动生成一个数据块用于存储 MODBUS TCP 的静态连接参数，示例中为 DB2，数据块参数如图 10-82 所示。由于服务器是被动连接，所以这里选择客户端为“主动建立连接”，配置服务器端口号为 502（端口号 20、21、25、80、102、123、5001、34962、34963 和 34964 不能使用），配置客户端端口号为 2000。配置完成后可将 TSEND_C 通信函数和背景数据块删除即可。

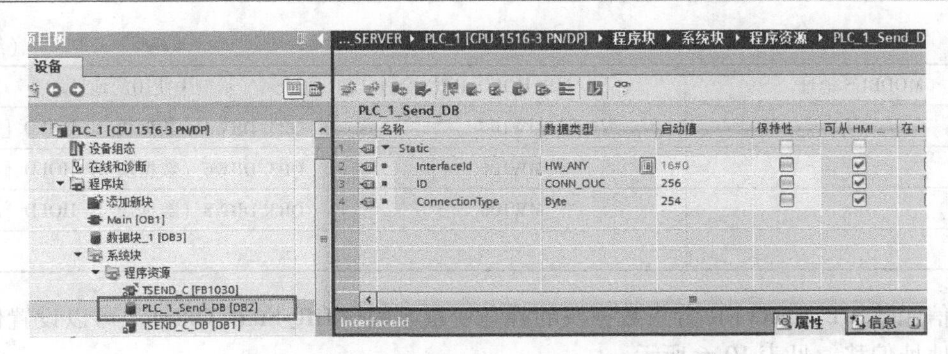


图 10-82 MODBUS TCP 组态连接通信参数数据块

**注意：** 示例中只是借用 TSEND_C 通信函数的向导功能自动生成通信数据块，用户也可以自己建立连接并按照固定格式手动建立通信数据块。

3）调用 MODBUS_TCP 服务器的通信函数。选择“指令”→“通信”→“其他”→“MODBUS TCP”，将通信函数 MB_SERVER 拖放到主程序中。如图 10-83 所示。

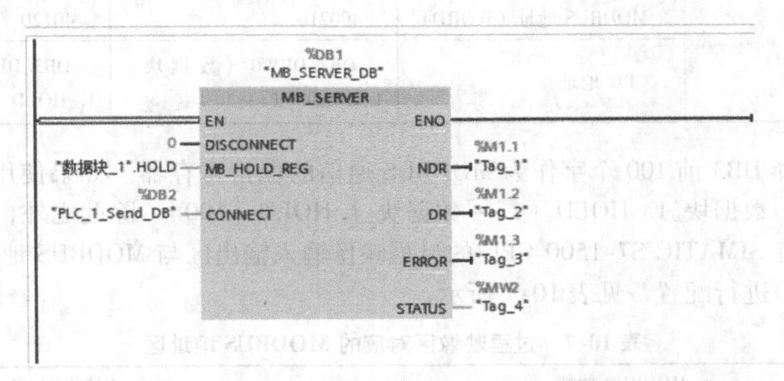


图 10-83 调用 MODBUS 通信函数 MB_SERVER

MB_SERVER 指令用于建立 MODBUS 服务器与一个通信伙伴的被动连接，通信函数的参数如下：

① DISCONNECT：当 MODBUS 服务器收到连接请求时，DISCONNECT = 0 表示建立被动连接；DISCONNECT = 1 表示连接终止。示例中是配置的连接，DISCONNECT 为 0。如果 DISCONNECT 为 1，尽管静态连接不能被断开，但是也不能实现 MODBUS 服务器和 MODBUS 客户机之间的通信。

② MB_HOLD_REG：将全局数据块或位存储器（M）映射到 MODBUS TCP 通信的保持寄存器区（4xxxx），用于功能 FC03（以 WORD 格式读取保持寄存器，对应功能码 03）、FC06（以 WORD 格式写入单个保持寄存器，对应功能码 06）、FC16（以 WORD 格式写入单个或多个保持寄存器，对应功能码 16）的操作，对应关系见表 10-5 所示。

**表 10-5 MB_HOLD_REG 参数对应的 MODBUS 保持寄存器地址区**

| MODBUS 地址 | MB_HOLD_REG 参数-CPU 地址区（示例中使用的地址区） | |
|---|---|---|
| 40001 | MW100 | DB3. DBW0（数据块_1. HOLD [1]） |
| 40002 | MW102 | DB3. DBW2（数据块_1. HOLD [2]） |

（续）

| MODBUS 地址 | MB_HOLD_REG 参数-CPU 地址区（示例中使用的地址区） | |
|---|---|---|
| 40003 | MW104 | DB3. DBW4（数据块_1. HOLD［3］） |
| 40004 | MW106 | DB3. DBW6（数据块_1. HOLD［4］） |
| 40005 | MW108 | DB3. DBW8（数据块_1. HOLD［5］） |
| … | … | … |

通信函数 MB_SERVER 背景数据块的静态变量参数“HR_Start_Offset”可以设置保持寄存器的地址偏移，见表 10-6 所示。

**表 10-6　参数 HR_Start_Offset 地址偏移的作用**

| HR_Start_Offset | 地　址 | 地址范围（示例中使用的地址区） | |
|---|---|---|---|
| 0 | MODBUS 地址（WORD） | 40001 | 40100 |
| | CPU 地址 | DB3. DBW0（数据块_1. HOLD［1］） | DB3. DBW198（数据块_1. HOLD［100］） |
| 20 | MODBUS 地址（WORD） | 40021 | 40120 |
| | CPU 地址 | DB3. DBW0（数据块_1. HOLD［1］） | DB3. DBW198（数据块_1. HOLD［100］） |

示例中选择 DB3 前 100 个字作为 MODBUS 通信的保持寄存器。如果使用的是优化数据块，地址区为：数据块_1. HOLD［1］~数据块_1. HOLD［100］。除此之外，通信函数 MB_SERVER 自动将 SIMATIC S7-1500 CPU 的过程映像输入输出区与 MODBUS 地址区作了映射，所以不需要用户进行配置，见表 10-7 所示。

**表 10-7　过程映像区对应的 MODBUS 地址区**

| MODBUS 功能 | | | | SIMATIC S7-1500 | |
|---|---|---|---|---|---|
| 功能代码 | 功能 | 数据区 | 地址空间 | 数据区 | CPU 地址 |
| 01 | 读取：位 | 输出 | 1 ~ 9999 | 过程映像输出 | Q0. 0 ~ Q1249. 6 |
| 02 | 读取：位 | 输入 | 1 ~ 9999 | 过程映像输入 | I0. 0 ~ I1249. 6 |
| 04 | 读取：字 | 输入 | 1 ~ 9999 | 过程映像输入 | IW0 ~ IW9996 |
| 05 | 写入：位 | 输出 | 1 ~ 9999 | 过程映像输出 | Q0. 0 ~ Q1249. 6 |
| 15 | 写入：位 | 输出 | 1 ~ 9999 | 过程映像输出 | Q0. 0 ~ Q1249. 6 |

③ CONNECT：对应通信连接的数据块，示例中对应数据块为 DB2。

④ NDR：0 表示无新数据；1 表示从 MODBUS 客户端有新的数据写入。

⑤ DR：0 表示没有数据被读；1 表示有数据被读。

⑥ ERROR：通信故障，详细信息可以查看状态字。

⑦ STATUS：状态字，显示通信信息。

4）存盘编译，这样 MODBUS 服务器项目配置完成。

**注意：** 示例中使用的通信程序块是 V4.0 版本，在 V5.0 版本以后，用户可访问数据块中的数据区域，而不用直接访问过程映像和保持性寄存器，并且可以对过程映像区的访问设置限制。

**2. MODBUS 客户端项目的配置**

1）创建新项目，例如“MODBUS_TCP_CLIENT”。在项目树下单击“添加新设备”，选择 CPU 1516-3PN/DP。在设备视图中，单击 CPU 的以太网接口 X1，在“属性”标签栏中设定以太网接口的 IP 地址为 192.168.0.20，子网掩码为 255.255.255.0。

2）创建连接参数，同样借用 TSEND_C 的向导生成 MODBUS TCP 的通信参数（可以参考章节 10.3.5 SIMATIC S7-1500 OUC 通信示例）。打开主程序块，直接调用通信函数（“指令”→“通信”→“开放式用户通信”），例如将通信函数 TSEND_C 拖放到 CPU 1516-3PN/DP CPU 的 OB1 中。鼠标单击主程序中的通信函数，选择“属性”→“组态”→“连接参数”配置连接属性。如图 10-84 所示，通信伙伴选择“未指定”，在组态模式中选择“使用程序块”。组态模式指定后，可以选择连接类型，示例中选择“TCP”。在连接数据中选择“新建”后，会自动生成一个数据块用于存储 MODBUS TCP 动态通信参数，示例中为 DB3，数据块参数如图 10-85 所示。由于客户端是主动连接，所以选择客户端为“主动建立连接”。配置服务器端口号为 502，客户端端口号为 2000（端口号 20、21、25、80、102、123、5001、34962、34963 和 34964 不能使用），这里需要注意，通信双方的 IP 地址和端口号必须匹配。配置完成后将 TSEND_C 通信函数和背景数据块删除。

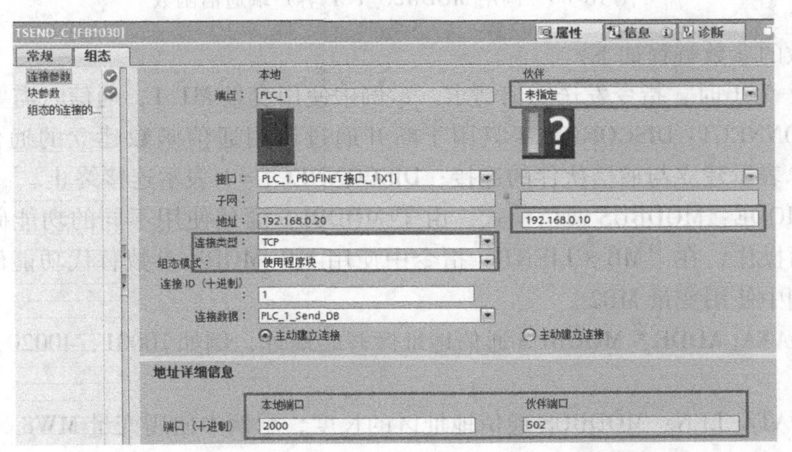


图 10-84　建立 MODBUS TCP 通信动态连接参数

PLC_1_Send_DB

| | 名称 | 数据类型 | 启动值 | 保持性 | 可从 HMI ... | 在 HMI ... |
|---|---|---|---|---|---|---|
| 1 | ▼ Static | | | ☐ | ☐ | ☐ |
| 2 | InterfaceId | HW_ANY | 64 | ☐ | ☑ | ☑ |
| 3 | ID | CONN_OUC | 1 | ☐ | ☑ | ☑ |
| 4 | ConnectionType | Byte | 16#0B | ☐ | ☑ | ☑ |
| 5 | ActiveEstablished | Bool | true | ☐ | ☑ | ☑ |
| 6 | ▼ RemoteAddress | IP_V4 | | ☐ | ☑ | ☑ |
| 7 | ▼ ADDR | Array[1..4] of Byte | | ☐ | ☑ | ☑ |
| 8 | ADDR[1] | Byte | 192 | ☐ | ☑ | ☑ |
| 9 | ADDR[2] | Byte | 168 | ☐ | ☑ | ☑ |
| 10 | ADDR[3] | Byte | 16#0 | ☐ | ☑ | ☑ |
| 11 | ADDR[4] | Byte | 10 | ☐ | ☑ | ☑ |
| 12 | RemotePort | UInt | 502 | ☐ | ☑ | ☑ |
| 13 | LocalPort | UInt | 2000 | ☐ | ☑ | ☑ |

图 10-85　MODBUS TCP 通过程序建立通信连接参数数据块

3）通信参数配置完成后，需要调用 MODBUS_TCP 客户端的通信函数。选择“指令”→“通信”→“其他”→“MODBUS_TCP”，将通信函数 MB_CLIENT 拖放到主程序中，如图 10-86 所示。

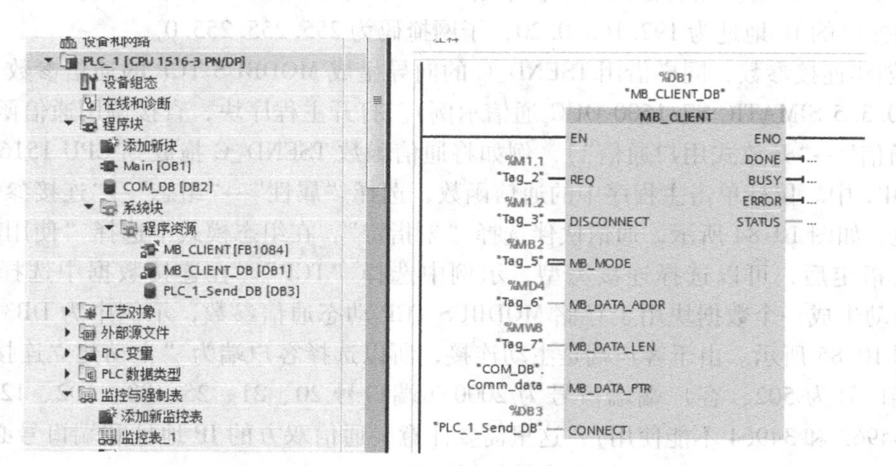


图 10-86　调用 MODBUS_TCP 客户端通信函数

通信函数的参数解释如下：

① REQ：为 1 时，指令发送通信请求。示例中使用变量 M1.1，通信时需要置位为 1。

② DISCONNECT：DISCONNECT 只用于断开通过调用通信函数建立的通信连接。DISCONNECT = 0 表示建立与通信伙伴的连接；DISCONNECT = 1 表示连接终止。

③ MB_MODE：MODBUS 通信模式。由于 MODBUS 通信使用不同的功能码对不同的数据区进行读写操作，在“MB_CLIENT”指令中使用 MB_MODE 参数替代功能码，使编程更加简单。示例中使用变量 MB2。

④ MB_DATA_ADDR：MODBUS 通信地址区开始地址，例如 10001，40020，示例中使用变量 MD4。

⑤ MB_DATA_LEN：MODBUS 通信地址区的长度，示例中使用变量 MW8。

通过参数 MB_MODE、MB_DATA_ADDR 以及 MB_DATA_LEN 的组合可以定义 MODBUS 消息中所使用的功能码及操作地址，见表 10-8 所示。

**表 10-8　MODBUS 通信模式对应的功能码及地址**

| MB_MODE | MB_DATA_ADDR | MB_DATA_LEN | MODBUS 功能 | 功能和数据类型 |
|---|---|---|---|---|
| 0 | 起始地址：1 ~ 9999 | 数据长度（位）：1 ~ 2000 | 01 | 读取输出位 |
| 0 | 起始地址：10001 ~ 19999 | 数据长度（位）：1 ~ 2000 | 02 | 读取输入位 |
| 0 | 起始地址：40001 ~ 49999<br>400001 ~ 465535 | 数据长度（WORD）：<br>1 ~ 125<br>1 ~ 125 | 03 | 读取保持寄存器 |
| 0 | 起始地址：<br>30001 ~ 39999 | 数据长度（WORD）：<br>1 ~ 125 | 04 | 读取输入字 |
| 1 | 起始地址：<br>1 ~ 9999 | 数据长度（位）：<br>1 | 05 | 写入输出位 |

（续）

| MB_MODE | MB_DATA_ADDR | MB_DATA_LEN | MODBUS 功能 | 功能和数据类型 |
| --- | --- | --- | --- | --- |
| 1 | 起始地址：<br>40001 ~ 49999<br>400001 ~ 465535 | 数据长度（WORD）：<br>1<br>1 | 06 | 写入保持寄存器 |
| 1 | 起始地址：<br>1 ~ 9999 | 数据长度（位）：<br>2 到 1968 | 15 | 写入多个输出位 |
| 1 | 起始地址：<br>40001 ~ 49999<br>400001 ~ 465535 | 数据长度（WORD）：<br>2 ~ 123<br>2 ~ 123 | 16 | 写入多个保持寄存器 |
| 2 | 起始地址：<br>1 ~ 9999 | 数据长度（位）：<br>1 ~ 1968 | 15 | 写入一个或多个输出位 |
| 2 | 起始地址：<br>40001 ~ 49999<br>400001 ~ 465535 | 数据长度（WORD）：<br>1 ~ 123<br>1 ~ 123 | 16 | 写入一个或多个保持寄存器 |

⑥ MB_DATA_PTR：一个指向数据缓冲区的指针，该缓冲区用于存储从 MODBUS 服务器读取的数据或写入 MODBUS 服务器的数据。示例中使用 DB2 作为缓冲区。

⑦ CONNECT：对应通信连接的数据块，示例中对应数据块为 DB3。

⑧ DONE：通信任务完成，输出一个脉冲信号。

⑨ BUSY：0 表示空闲；1 表示正在执行通信任务。

⑩ ERROR：通信故障，详细信息可以查看状态字。

⑪ STATUS：状态字，显示通信信息。

如果需要读取服务器的保持寄存器 40001 ~ 40020 中的数据，可以将 MB2 设置为 0，MD6 为 40001，MW8 为 20，然后使能 M1.1 就可以了，读出的数据存储于 DB2 中；如果需要向服务器的保持寄存器 40040 ~ 40060 中写数据，将 MB2 设置为 1，MD6 为 40040，MW8 为 20，这样缓冲区 DB2 中的数据就写入到服务器的保持寄存器中。示例程序可以参考光盘目录（请关注“机械工业出版社 E 视界”微信公众号，输入 65348 下载或联系工作人员索取）：示例程序→以太网通信文件夹下的《MODBUS_TCP_SERVER》和《MODBUS_TCP_CLIENT》项目。

## 10.4　SIMATIC S7-1500 PLC 与 HMI 通信

TIA 博途中可同时包含 PLC 和 HMI 的编程配置软件。在 TIA 博途中，PLC 和 HMI 的变量可以共享，它们之间的通信非常简单。下面分几种情况介绍 PLC 与 HMI 建立通信连接的过程。

### 10.4.1　SIMATIC S7-1500 PLC 与 HMI 在相同项目中通信

这里所说的 HMI 包括西门子精智面板、精简面板等带有 SIMATIC S7-1500 驱动的设备以及 TIA 博途 WinCC，这些 HMI 与 SIMATIC S7-1500 PLC 建立通信的方式灵活多样，下面分别列出：

1）在创建新的操作面板时弹出设备向导，在 PLC 连接向导指示界面中选择项目中的 PLC 即可，如图 10-87 所示，在“接口”项中可以选择使用的通信接口，例如以太网和 PROFIBUS。

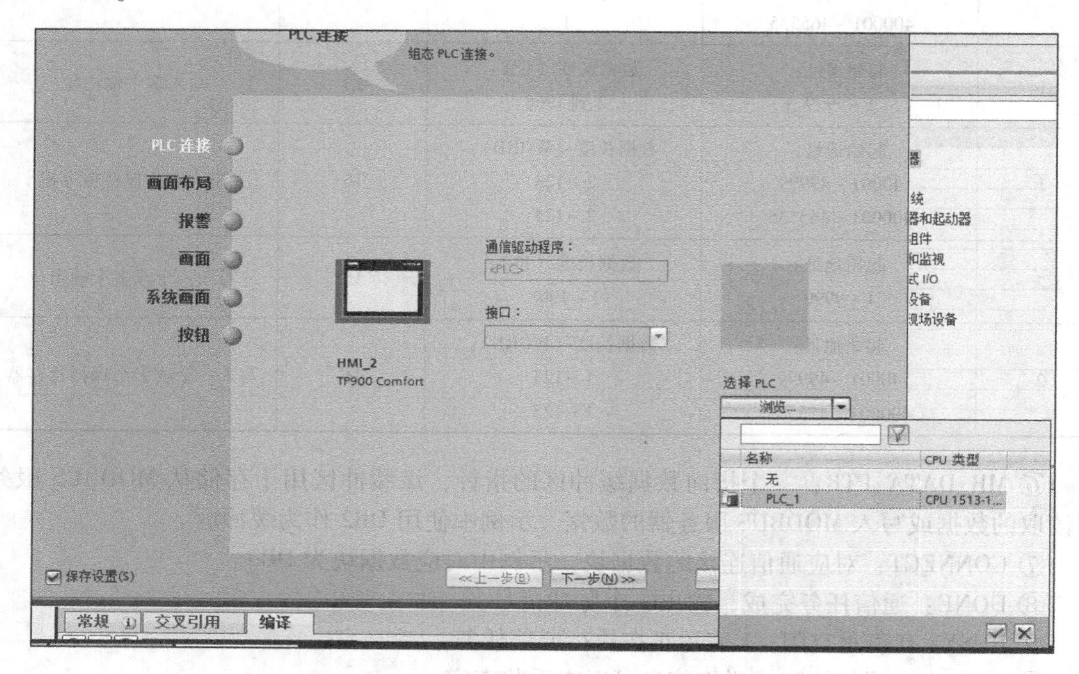


图 10-87　在 HMI 设备向导中选择连接的 PLC

**注意：TIA 博途 WinCC Professional 没有向导功能。**

2）如果在向导中没有配置通信参数，可以在网络视图的“连接”中选择“HMI 连接”类型，然后使用鼠标单击 PLC 的通信接口，例如以太网接口，保持按压状态并拖拽到 HMI 通信接口，出现连接标志后释放鼠标，这样就建立了连接，如图 10-88 所示。

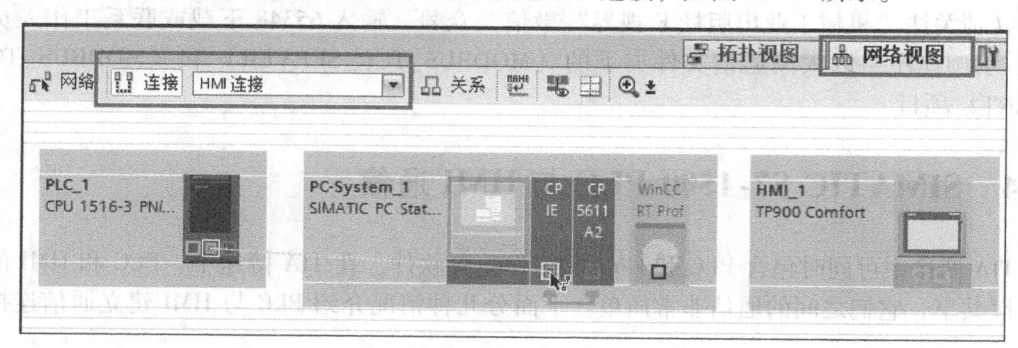


图 10-88　使用拖拽方式建立 HMI 连接

3）将 PLC 变量直接拖放到 HMI 的画面中，通信连接将自动建立，如图 10-89 所示。

连接建立后，在 HMI 中可以直接浏览并使用 PLC 中的变量，例如在 I/O 域中可以直接指定 PLC 的变量，如图 10-90 所示。

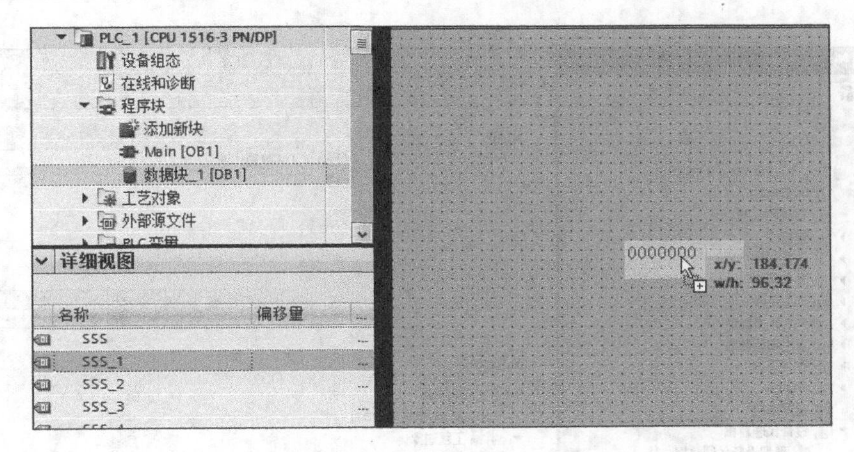


图 10-89 拖拽 PLC 变量到 HMI 画面中

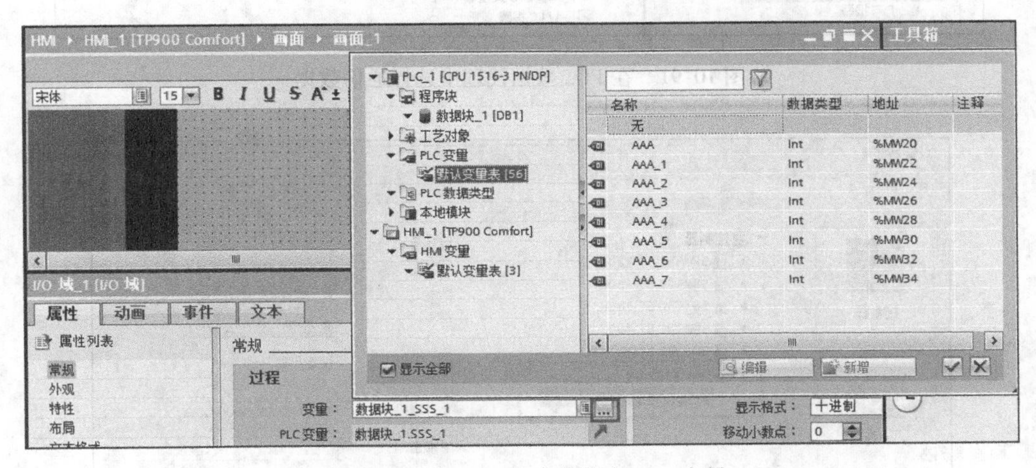


图 10-90 在 HMI 中直接指定 PLC 变量

## 10.4.2 使用 PLC 代理与 HMI 通信

一个项目常常分为 PLC 部分和 HMI 部分，可能由不同的工程师进行编程或配置。这样就存在如何将 PLC 变量导入到 HMI 的问题。使用 TIA 博途的“PLC 代理”功能可以解决这样的问题（除此之外，还可以使用多用户项目实现团队编程和调试，在后续的章节中作详细介绍）。下面介绍 PLC 代理的配置过程。

1）在 PLC 的项目树下，选择需要访问的 PLC，在“设备代理数据”项中单击“新增设备代理数据”，创建一个 PLC 数据代理。

2）鼠标双击新创建的 PLC 数据代理，在“内容定义”窗口中选择需要的数据，如图 10-91 所示。示例中选择了数据块 DB1、PLC 变量以及 PLC 报警。单击“导出设备代理数据”按钮，导出代理数据文件。

3）在 HMI 的项目中，单击“添加新设备”，在控制器中选择“Device Proxy”并添加，如图 10-92 所示。

4）单击设备代理，单击鼠标右键选择“初始化设备代理”，导入在 PLC 生成的数据文件。

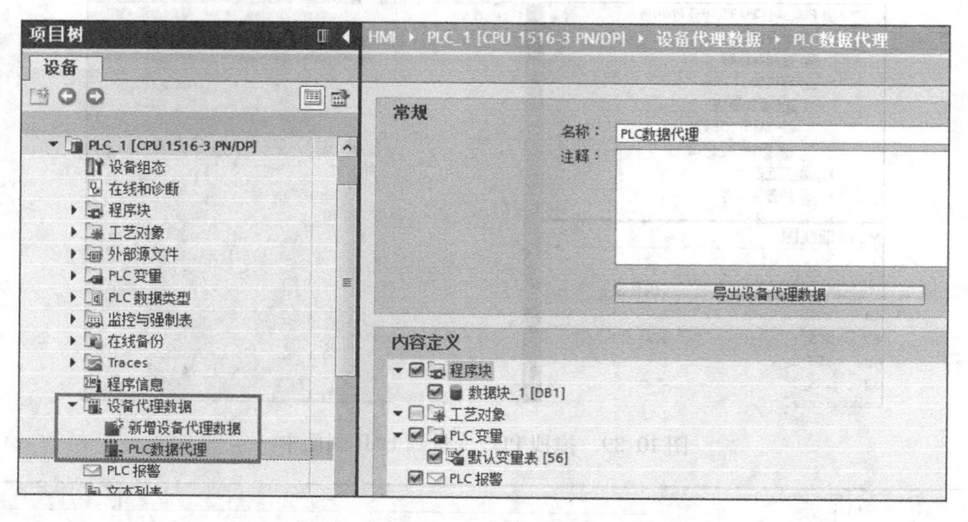


图 10-91　在 PLC 数据代理中选择通信数据

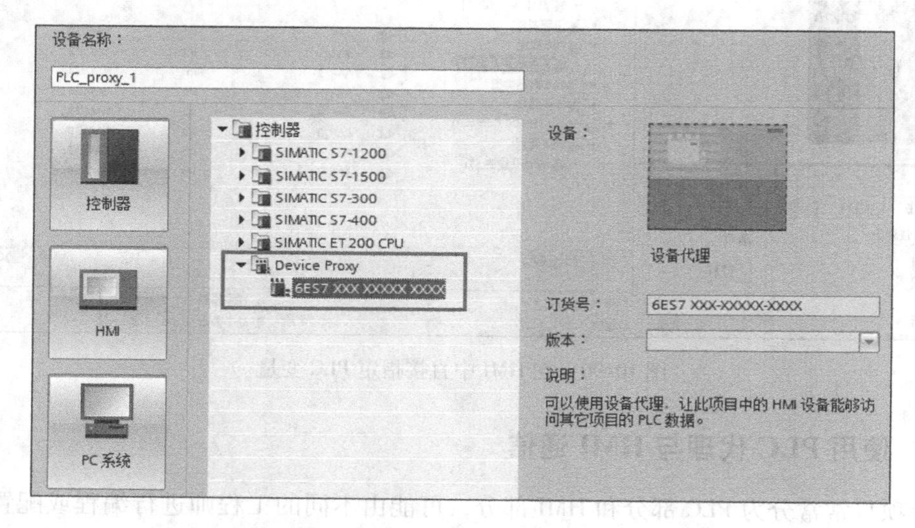


图 10-92　创建代理设备

**注意：也可以在 PLC 侧不生成 PLC 数据代理，在 HMI 项目中添加“Device Proxy”，然后直接导入 PLC 项目数据来初始化设备代理。**

5）然后配置 HMI 与 PLC 设备代理的通信，过程参考 10.4.1 节 SIMATIC S7-1500 PLC 与 HMI 在相同项目中通信。

### 10.4.3　使用 SIMATIC NET 连接 SIMATIC S7-1500 PLC

上位监控软件 WinCC V7.3 以及 WinCC Professional V15 带有 SIMATIC S7-1500 的通信驱动，可以访问包括符号地址的所有变量。但是对于某些不带有 SIMATIC S7-1500 驱动的第三方软件（如第三方 HMI 软件）来说，可能仅能访问 SIMATIC S7-1500 的绝对地址变量（例如过程映像输入和输出区、标志位 M 区以及非优化的数据块 DB），而无法访问它的符号地址变量（例如优化的数据块）。为解决此问题，可通过添加 SIMATIC NET OPC 服务器的方式，使 PC 作为 OPC 的服务器，PC 机与 PLC 通过 OUC 或者 S7 等协议或者服务进行数据交换，然后将 PLC 数据存储于 OPC 的服务器中，第三方软件作为 OPC 客户端再与服务器进行通信，OPC 服务器与客户端可以部署在同一台 PC 机，也可以分开。下面介绍配置 SIMATIC NET OPC 服务器的过程。

1）在安装第三方 HMI 软件的 PC 上（可以分开安装）安装 SIMATIC NET V13 或者更高版本软件。

2）安装成功后，在 PC 的桌面上双击打开“Station Configurator”，或在“开始”→“所有程序”→“Siemens Automation”下打开“ Station Configurator”，如图 10-93 所示。

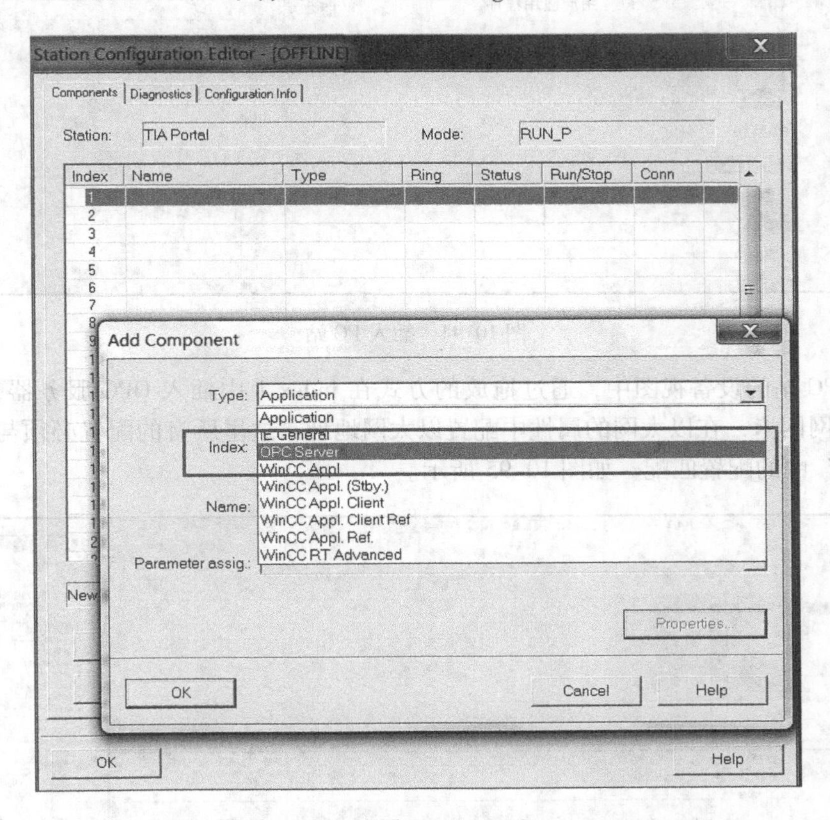


图 10-93　配置 Station Configurator

单击 index 1，单击鼠标右键添加“OPC Server”，然后以相同的方式在 index 2 中添加“IE General”（商用网卡，如果 PC 机已经插入西门子网卡则会显示相应的网卡名称）。选择 HMI 的以太网通信接口，并确认 IP 地址和子网掩码等网络参数。单击“station name”按钮，设定站点名称。

3）打开组态 PLC 的 TIA 博途项目，在项目树下双击“添加新设备”选项，在弹出的界面中选择“PC 系统”→“常规 PC”→“PC Station”，如图 10-94 所示。

**注意：**要通过 SIMATIC NET 的 OPC 服务器访问 PLC 的符号地址，PC 站点必须与 PLC 在相同的项目中进行配置。

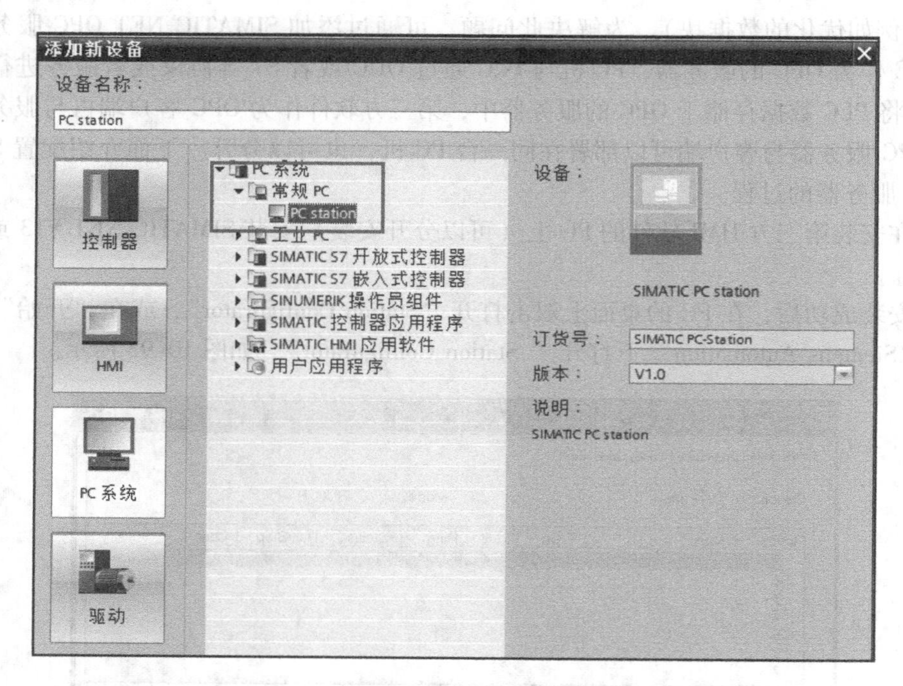


图 10-94　插入 PC 站

4）在 PC 站的设备视图中，通过拖放的方式在 index 1 中插入 OPC 服务器，在 index 2 中插入以太网网卡，在以太网的属性中配置以太网地址，这里所有的配置必须与在“Station Configurator”中的配置匹配。如图 10-95 所示。

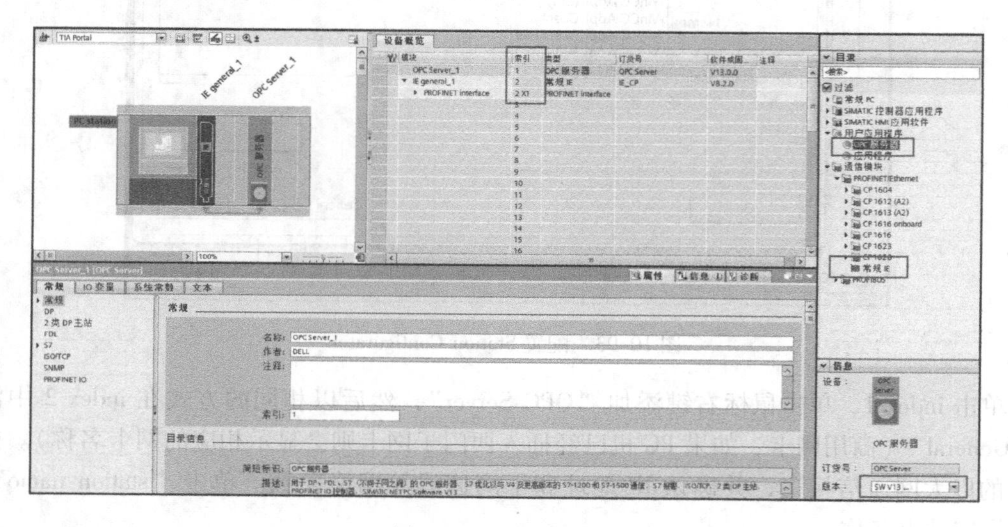

图 10-95　配置 PC 站

**注意：由于 PC 站点安装的是 V13 版本，这里需要选择 OPC 的版本 V13，否则下载时会报错。**

5）在 PC 站的属性中设置站点名称，这里也需要与在“Station Configurator”中设置的名称相同，如图10-96所示。站点的配置文件可以通过下载和文件导入的方式传递到HMI的PC上。如果选择文件导入的方式，需要勾选“生成XDB文件”选项，这样在编译后将在指定的“XDB文件路径”自动生成配置文件。

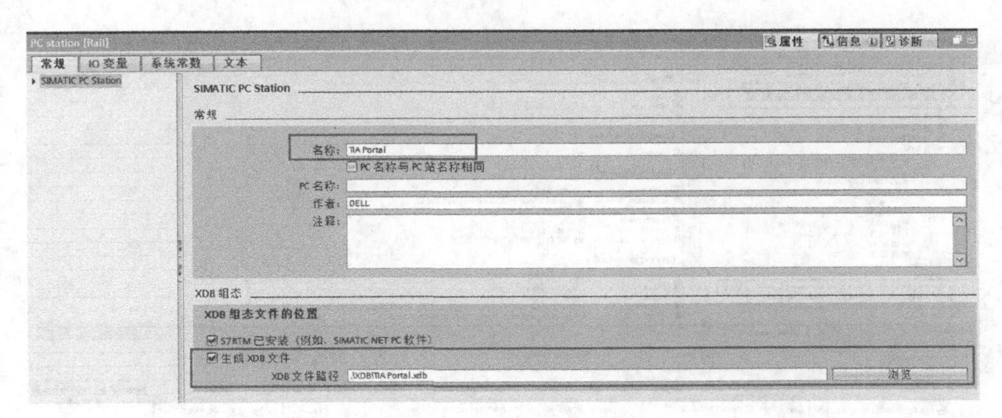


图10-96　设置PC站属性

6）PC站点属性配置完成之后，需要与SIMATIC S7-1500 CPU建立S7连接，可以参考章节10.3.6 SIMATIC S7-1500 S7通信。

7）在CPU的属性中使能PUT/GET远程通信访问功能。

8）配置完成后，分别下载SIMATIC S7-1500 CPU和PC站点的配置信息，首次下载PC站点时没有浏览功能，需要在地址栏中手动键入PC站点的IP地址，如图10-97所示，也可以使用导入文件的方式。

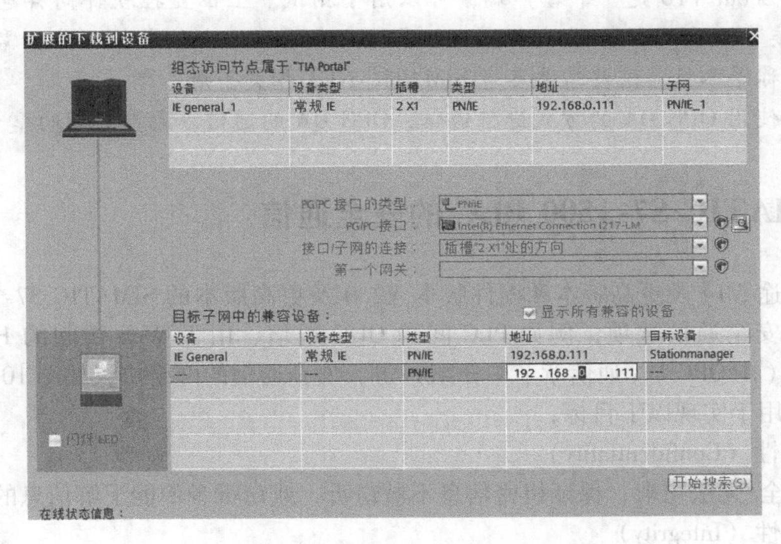


图10-97　下载PC站配置信息

9）下载完成后，SIMATIC S7-1500与OPC服务器就自动建立了S7通信。第三方HMI软件作为OPC客户端，可以通过访问OPC服务器，从而间接访问SIMATIC S7-1500中的变量（包含绝对地址变量和符号名变量）。本例中，通过SIMATIC NET软件自带的OPC客户端OPC Scout可以查看OPC服务器中的变量内容。单击“开始”→“所有程序”→“Siemens

Automation”→“SIMATIC”→“SIMATIC NET”，打开 OPC Scout V10。选择“UA Server”→“OPC. SimaticNET. S7OPT”→“SYM”查看 PLC 的变量，将变量拖拽到 WorkBook“DA view1”中可以监控到变量的状态，如图 10-98 所示。

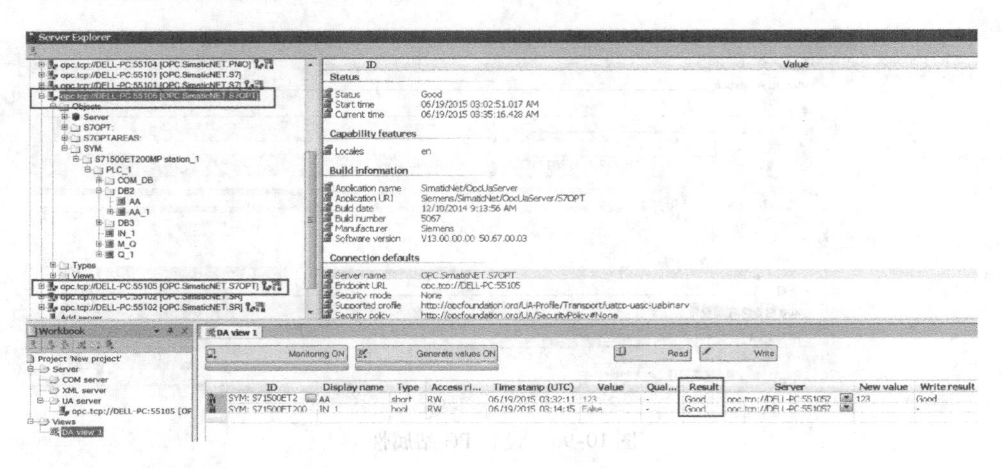


图 10-98　监控 OPC 变量

**注意：**

1）上述的配置过程是在默认模式下完成的，如果需要对 OPC 服务器的属性、接口进行设置，可以在 TIA 博途软件以及“Communication settings”（“开始”→“所有程序”→“Siemens Automation”→“SIMATIC”→“SIMATIC NET”）中进行配置。

2）OPC Scout V10 是一个客户端，可以用于测试。上位监控软件同样也是一个客户端，可以直接连接 OPC 服务器的变量。如果用户自己编写上位监控程序，需要了解 OPC 变量的 ID 名称等参数，这些需要参考 SIMATIC NET 相关手册。

3）示例使用 OPC DA 的方式进行通信，OPC UA 的通信方式在后续的章节中介绍。

## 10.5　SIMATIC S7-1500 PLC 的安全通信

在 TIA 博途 V14 及更高版本和固件版本 V2.0 及更高版本的 SIMATIC S7-1500 CPU 中，设计了大量的安全通信选项，例如 PLC 间的 OUC 通信、用于 Web 访问的 HTTPS 通信和 OPC UA 通信（在 OPC UA 通信章节中介绍）等，安全通信的网络协议如图 10-99 所示。

安全通信用于实现以下目标：

（1）机密性（Confidentiality）

即数据安全/无法窃取，保证机密信息不被窃听，或窃听者不能了解信息的真实含义。

（2）完整性（Integrity）

即接收方和发送方所接收/发送的消息完全相同，未经更改。消息在传输过程中未发生更改。

（3）认证（Authentication）

即通信伙伴确实为声明的本人并且为数据应到达的通信端。认证是为了验证通信伙伴的身份。

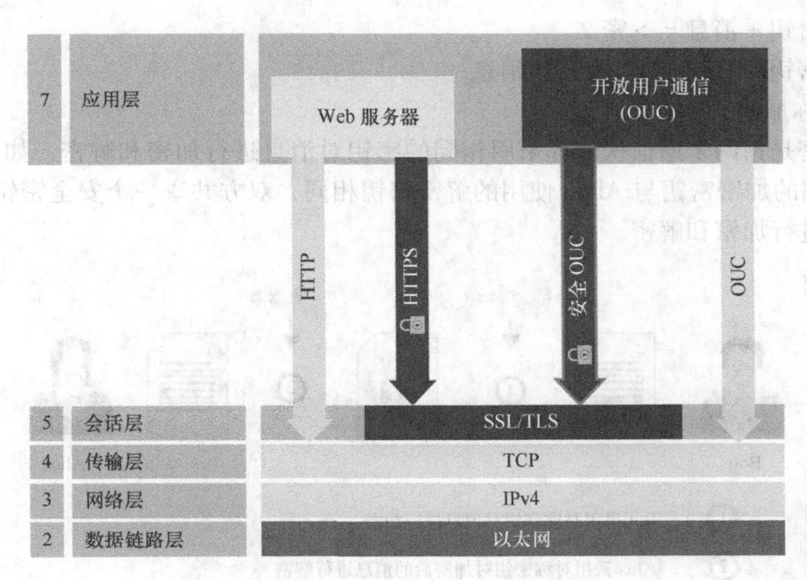


图10-99 SIMATIC S7-1500安全通信协议

"安全"（secure）属性用于识别以Public Key Infrastructure（PKI）为基础的通信机制（例如RFC 5280，用于Internet X.509 Public Key Infrastructure Certificate and Certificate Revocation List Profile）。Public Key Infrastructure（PKI）是一个可签发、发布和检查数字证书的系统。PKI使用签发的数字证书来确保计算机通信安全。如果PKI采用非对称密钥加密机制，则可对网络中的消息进行数字签名和加密。

## 10.5.1 安全通信的通用原则

安全通信都基于Public Key Infrastructure（PKI）理念，包含以下组成部分：

（1）非对称加密机制

1）使用公钥或私钥对消息进行加密/解密（公钥加密私钥解密或者私钥加密公钥解密）。

2）验证消息和证书中的签名。

发送方/证书所有方通过自己的私钥对消息/证书进行签名。接收方/验证者使用发送方/证书所有方的公钥对签名进行验证。

（2）使用X.509证书传送和保存公钥。

1）X.509证书是一种数字化签名数据，根据绑定的身份对公钥进行认证。

2）X.509证书中还包含详细信息以及使用公钥的限制条件。例如，证书中公钥的生效日期和过期日期。

3）X.509证书中还以安全的形式包含了证书颁发方的相关信息。

## 10.5.2 安全通信的加密方式

消息加密是数据安全的一项重要措施。在通信过程中，即使加密的消息被第三方截获，这些潜在的侦听者也无法访问所获取的信息。在进行消息加密时，采用了大量的数学处理机制（算法）。所有算法都通过一个"密钥"对消息进行加密和解密。

算法 + 密钥 + 消息 = > 密文

密文 + 密钥 + 算法 = >（明文）消息

（1）对称加密

对称加密是指两个通信伙伴都采用相同的密钥对消息进行加密和解密，如图 10-100 所示。Bob 使用的加密密钥与 Alice 使用的解密密钥相同，双方共享一个安全密钥，且通过该密钥对消息进行加密和解密。

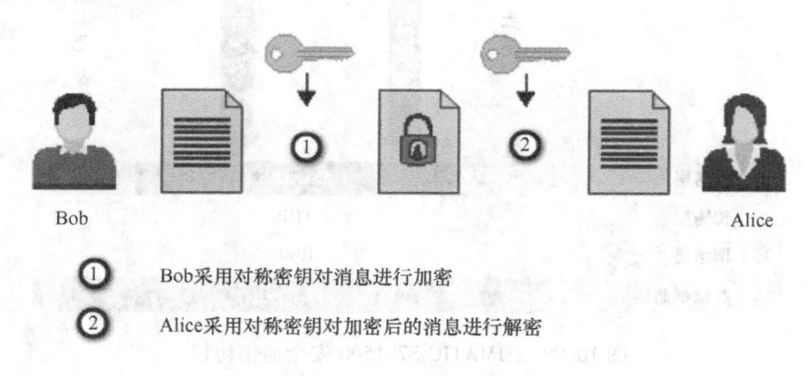


图 10-100　对称加密方式

1）对称加密的优势：对称加密算法（例如，AES、Advanced Encryption Algorithm）的速度较快。

2）对称加密的缺点：如何将密钥发送给接收方，而不会落到其他人手中？此为密钥分发问题。如果收到的消息数量足够大，则可推算出所用的密钥，因此必须定期更换。

（2）非对称加密

非对称加密为数据的加密与解密提供了一个非常安全的方法，它使用了一对密钥，公钥（public key）和私钥（private key），如图 10-101 所示。公钥可以公开，可以发送给其他人，其他人用该公钥进行加密，然后传回文件，发送方用自己的私钥解密，获取信息私钥只能由一方安全保管，不能外泄，而公钥则可以发给任何请求它的人。

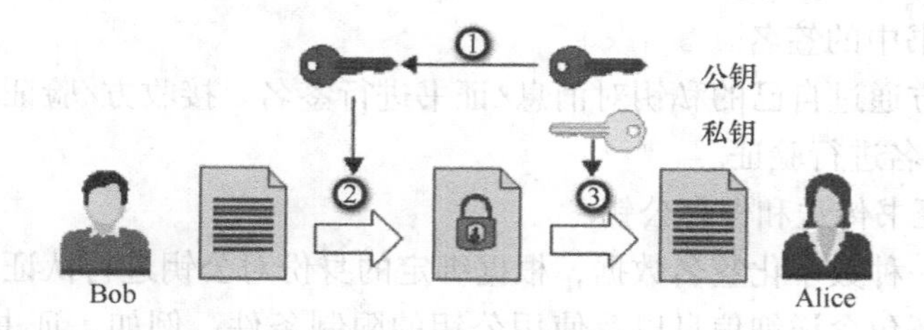


① Alice将其公钥提供给Bob。无须采取防范措施即可实现：只要确定采用的是Alice的公钥，所有人都可以发消息

② Bob使用Alice的公钥对消息进行加密

③ Alice使用私钥对Bob发送的密文进行解密。由于仅Alice拥有私钥且未公开，因此只有她才能对该消息进行解密。通过私钥，Alice可以对使用她所提供的公钥加密的消息进行解密，而不仅仅只有Bob的消息

图 10-101　非对称加密方式

1）非对称加密的优势：使用公钥加密的消息，仅私钥拥有者才能进行解密。由于在解密时需要使用另一密钥（私钥），而且加密的消息数量庞大，因此很难推算出解密密钥。这

意味着，公钥无需保持机密性，而这与对称密钥不同。

2）非对称加密的缺点：算法复杂（如 RSA，以三位数学家 Rivest、Shamir 和 Adleman 的名字的首字母命名），因此性能低于对称加密机制。

SIMATIC S7-1500 间的加密通信使用非对称加密的方式交换密钥，然后使用对称加密方式对通信的报文进行加密。

### 10.5.3　通过签名确保数据的真实性和完整性

下面通过一个案例介绍签名的作用。Bob 将发送的信息使用哈希函数生成哈希值，然后使用私钥加密哈希值生成数字签名并附在信息中一起发送给 Alice，Alice 使用 Bob 的公钥解密得到发送信息的哈希值，由此证明这封信确实是 Bob 发出的（只有 Bob 有私钥），然后再对信息本身使用哈希函数，将得到的结果与上一步得到的哈希值进行对比，如果两者一致，就证明这封信未被修改过，保证信息的完整性。但是这种方式容易受到中间人攻击（由能够截获服务器与客户端之间的通信并将自身伪装成客户端或服务器实施的攻击），例如攻击者可以欺骗 Alice，使用了 Alice 的电脑，用自己的公钥换走了 Bob 的公钥。然后冒充 Bob，用自己的私钥做成“数字签名”，发信息给 Alice，让 Alice 用假的 Bob 公钥进行解密。

Alice 无法确定公钥是否真的属于 Bob，她要求 Bob 去找“证书中心”（certificate authority，简称 CA）为公钥做认证。证书中心用自己的私钥，对 Bob 的公钥和一些相关信息一起加密，生成“数字证书”（Digital Certificate）。Bob 拿到数字证书以后，再给 Alice 写信，只要在签名的同时，再附上数字证书就行了。Alice 收到信息后，使用 CA 的公钥得到 Bob 的公钥，用 Bob 的公钥解密，得到信件的哈希值。由此证明，这封信确实是 Bob 发出的收信。

### 10.5.4　使用 HTTPS 访问 CPU Web 服务器的安全通信

使用 HTTPS 安全通信的作用如下：

（1）加密隐私数据

防止访客的隐私信息（账号、地址和手机号等）被劫持或窃取。

（2）安全身份认证

验证网站的真实性，防止钓鱼网站。

（3）防止网页篡改

防止数据在传输过程中被篡改。

SIMATIC S7-1500 CPU 的 Web 服务器与客户端也支持安全通信，证书的管理分为全局证书管理和本地证书管理两种方式，本地证书的功能受限。下面分别介绍两种证书管理方式下安全通信。

本地证书管理的配置步骤如下：

1）在 CPU 的属性中使能 Web 服务器并激活“仅允许通过 HTTPS 访问”选项，如图 10-102 所示。在“Security”栏中可以查看到系统自动生成的自签名证书。

2）将配置信息下载到 CPU 后，使用 IE 浏览器打开 CPU 的 Web 服务器，例如“https://192.168.0.1/”，浏览器显示证书错误，如图 10-103 所示，但是可以继续访问。如果需要进行安全访问，需要将证书导入到浏览器中。

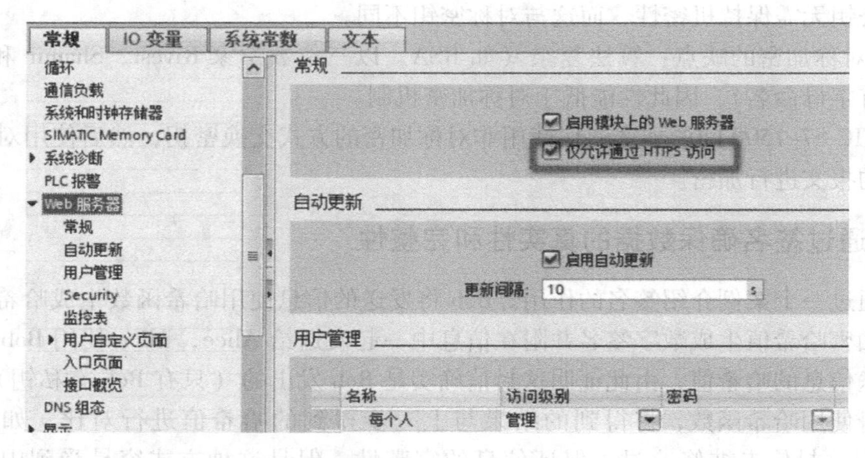


图 10-102　使能 HTTPS 访问

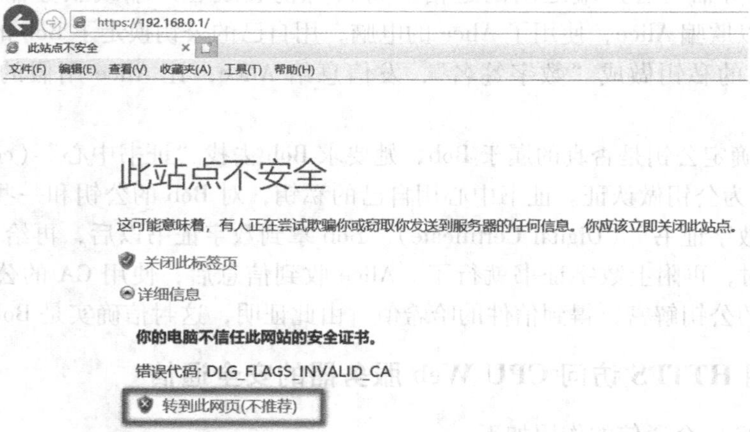

此站点不安全

这可能意味着，有人正在尝试欺骗你或窃取你发送到服务器的任何信息。你应该立即关闭此站点。

关闭此标签页

详细信息

你的电脑不信任此网站的安全证书。

错误代码: DLG_FLAGS_INVALID_CA

转到此网页(不推荐)

图 10-103　浏览器证书错误

**注意：证书具有时效性，必须将 PLC 的时钟设置在有效期内。**

3）在 CPU 属性“防护与安全”→“证书管理器”设备证书中单击系统生成的证书，单击鼠标右键导出证书并存储到本地硬盘中，如图 10-104 所示。

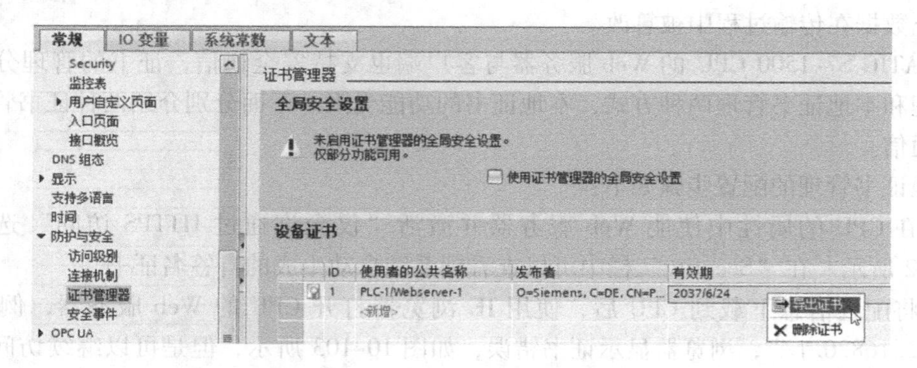


图 10-104　导出证书

4）复制到 Web 客户端侧，双击打开导出的证书，单击“安装证书”按钮，存储位置选择“当前用户”，单击“下一步”，在后续的操作中将证书存储于“受信任的根证书颁发机构”中，如图 10-105 所示。

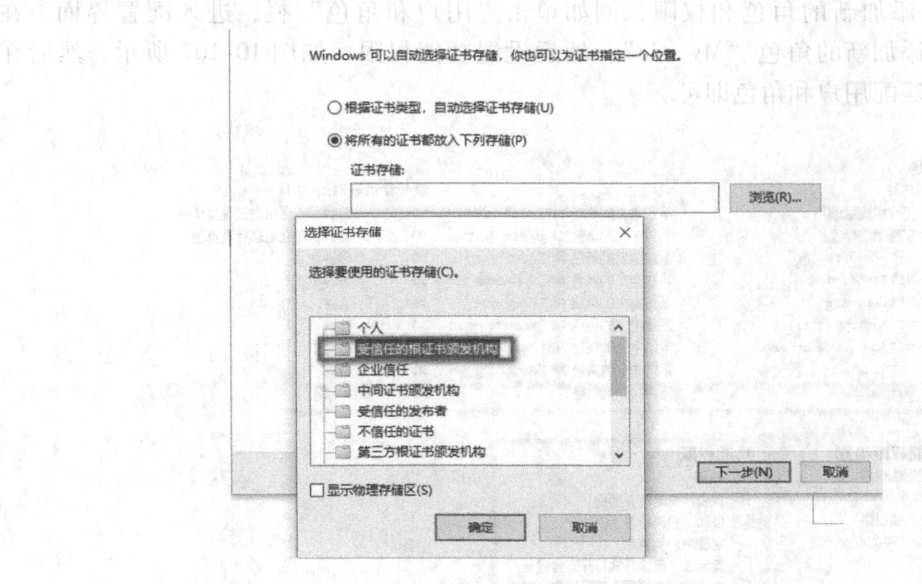


图 10-105　选择证书的存储路径

5）再次使用 IE 浏览器打开 CPU 的 Web 服务器，不再弹出警示信息，Web 的客户端与服务器使用加密方式进行通信。

全局证书管理的配置步骤如下：

① 在 CPU 的属性中使能 Web 服务器并激活“仅允许通过 HTTPS 访问”选项。

② 在 CPU 属性“防护与安全”→“证书管理器”栏中使能“使用证书管理器的全局安全设置”选项。

③ 在项目树下选择“安全设置”→“设置”，单击项目保护标签设置项目的用户名和口令，如图 10-106 所示。

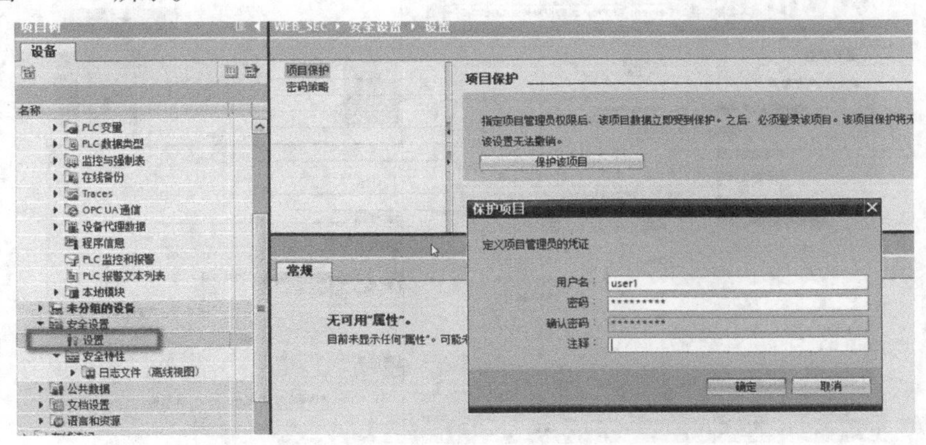


图 10-106　设置项目保护

**注意：设置项目保护后，再次打开项目时需要用户名和口令，否则无法打开该项目。**

④ 项目保护后，默认的权限是“工程组态管理员”即可以对项目进行读写操作和设置用户权限。可以添加新的角色和权限，例如单击“用户和角色”栏，进入配置界面。在“角色”标签中添加新的角色“My role”，然后设置功能权限，如图 10-107 所示。然后在“用户”标签中匹配用户和角色即可。

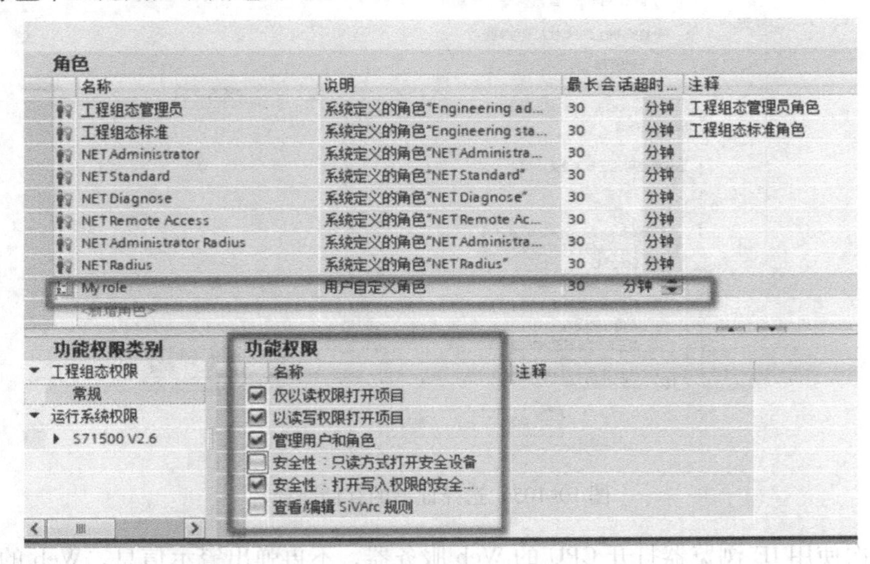


图 10-107　设置新的角色

⑤ 再次打开 CPU 的“证书管理器”，在设备证书表格中单击添加新的证书，如图 10-108 所示，选择“由证书颁发机构签名”的证书类型，并选择 CA 名称。证书用途选择“Web 服务器”，其他参数保持默认设置，单击确认后新的证书生成。

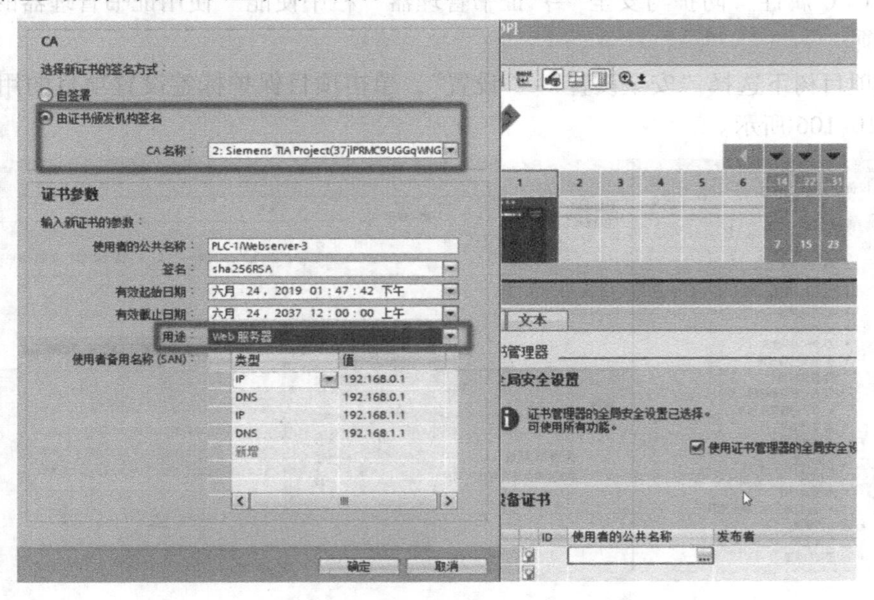


图 10-108　生成用于 Web 服务器证书

⑥ 打开 CPU 属性"Web 服务器"→"Security"栏，选择服务器证书为刚才新生成的证书。

⑦ 将配置信息下载到 CPU，设置 CPU 的时钟在有效期内。使用 IE 浏览器打开 CPU 的 Web 服务器，例如"https://192.168.0.1/"，浏览器显示证书错误，但是可以继续访问（见图 10-103）。在 CPU Web 服务器的介绍页面中选择"下载证书"选项，然后打开证书并安装到"由证书颁发机构签名"的路径下（步骤参考本地证书管理的配置）。

⑧ 再次使用 IE 浏览器打开 CPU 的 Web 服务器，不再弹出警示信息，Web 的客户端与服务器使用加密方式进行通信。

**注意：**

1）在全局证书管理器中可以选择设备证书或者认证颁发机构证书，单击鼠标右键选择显示证书，然后安装到"由证书颁发机构签名"的路径下，也可以建立 Web 客户端与服务器的加密通信。

2）虽然使用全局证书管理器实现 Web 的安全通信步骤比较多，但是功能不受限，在后续的章节中 CPU 间的 TLS 通信、OPC UA 加密的通信都需要使用全局证书管理器生成证书，所以建议使用这样的方式生成并管理证书。

## 10.5.5 SIMATIC S7-1500 CPU 的安全通信

通过 TCP 也可以在两个 SIMATIC S7-1500 CPU 之间建立安全的开放式用户通信。实现安全通信的前提条件：

1）TIA 博途 V14 及更高版本；

2）固件版本 V2.0 及更高版本的 SIMATIC S7-1500 CPU 集成接口；

3）CP 1543-1 固件版本 V2.0 及以上版本，或 CP 1543 SP1 V1.0 及以上版本。

下面以 SIMATIC S7-1500 CPU 集成接口为例介绍安全通信的配置过程，示例中一个 S7-1500 CPU 用作 TLS（Transport Layer Security 传输层安全）客户端并建立主动连接，另一个 S7-1500 CPU 用作 TLS 服务器并建立被动连接。

**1. 硬件配置部分步骤**

1）创建新项目，例如"OUC_SEC_COM"，在项目树下单击"添加新设备"，分别选择 CPU 1516-3 作为客户端和 CPU 1516F-3 作为服务器，创建两个 SIMATIC S7-1500 PLC 站点。

2）在设备视图中，单击 CPU 1516-3 的以太网接口，在"属性"标签栏中设定以太网接口的 IP 地址为 192.168.0.1，子网掩码为 255.255.255.0，子网为"PN/IE_1"。以相同的方式设置 CPU 1516F-3 的 IP 地址为 192.168.0.6，子网掩码为 255.255.255.0。

3）在 CPU 1516-3 属性"防护与安全"→"证书管理器"栏中使能"使用证书管理器的全局安全设置"选项。

4）在项目树下选择"安全设置"→"设置"，单击项目保护标签，设置项目的用户名为"user1"和口令为"Admin1234"（参考 10.5.4 节使用 HTTPS 访问 CPU Web 服务器的安全通信章节中的全局证书管理的配置）。

5）再次打开 CPU 1516-3 属性中的"证书管理器"，在设备证书表格中单击添加新的证书，如图 10-109 所示，选择"由证书颁发机构签名"的证书类型，并选择 CA 名称。证书用途选择“TLS”，其他参数保持默认设置，单击确认后新的证书生成。

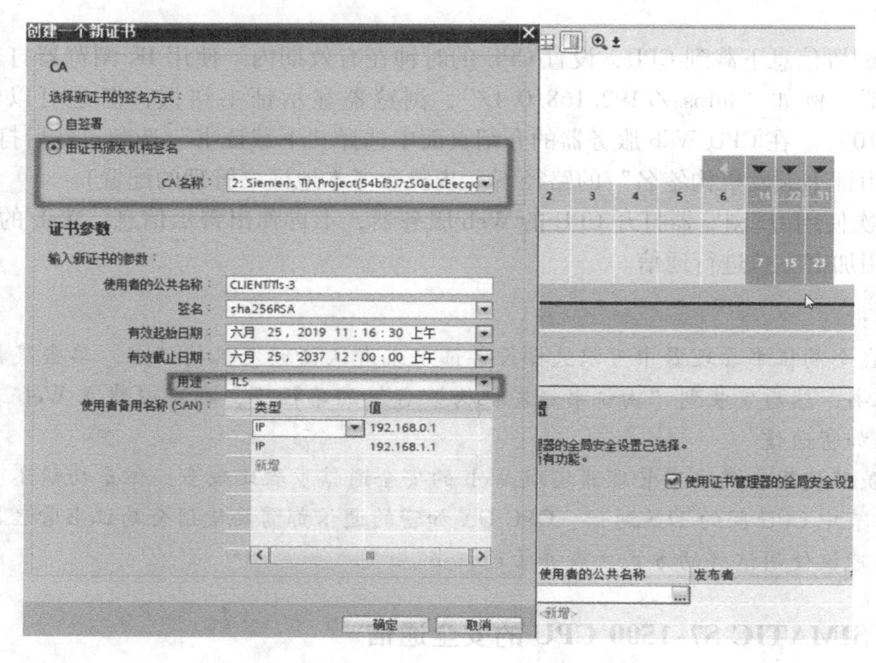


图 10-109　生成用于 TLS 通信证书

证书生成后，系统会自动为设备证书分配一个唯一的 ID 编号，如图 10-110 所示，客户端 PLC 的证书编号为 3，CA 证书的编号为 2，这些值将在后续的程序中使用。

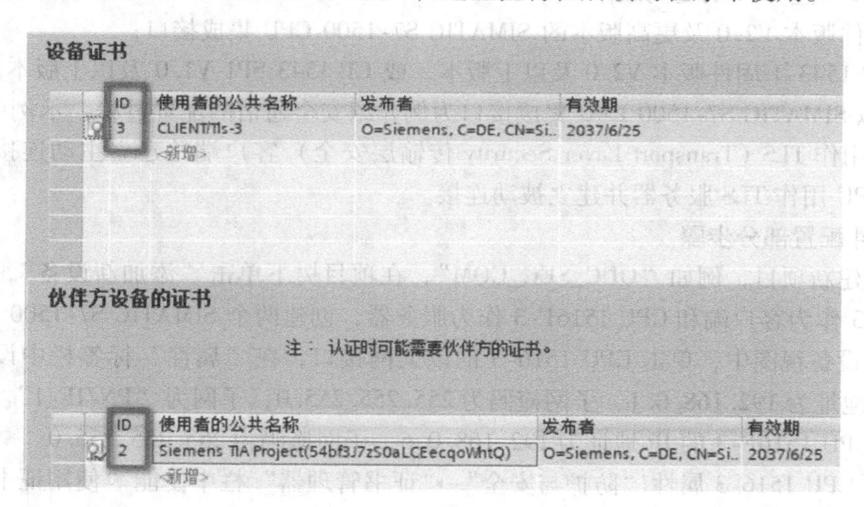


图 10-110　证书的 ID 编号

6）以相同的方式生成服务器 CPU 1516F-3 的证书，记住证书的 ID 编号。

**注意：客户端与服务器证书的 CA 证书必须相同。**

**2. 软件编程部分步骤**

1）在客户端 CPU 1516-3 侧创建通信参数数据块，例如生成全局数据块 DB1，符号名为“client_com”，打开数据块并添加数据类型“TCON_IP_V4_SEC”，这个数据类型必须手动键入，然后设置通信参数如图10-111所示。

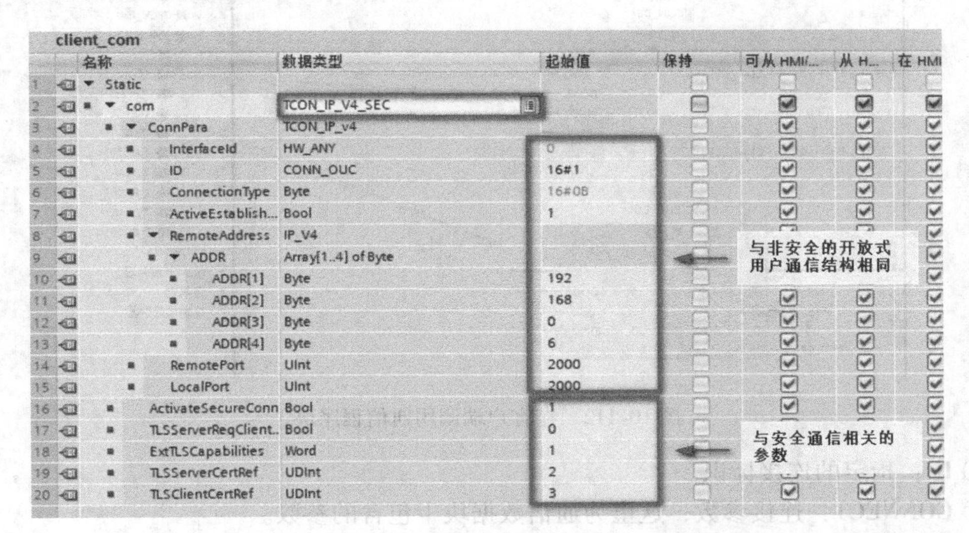


图10-111 OUC安全通信客户端通信参数

客户端部分通信参数含义如下：

① ID：通信连接的标识。

② ActiveEstablished：为1表示主动建立连接（示例中客户端发起连接请求）。

③ RemoteAddress：通信伙伴的IP地址，示例中为192.168.0.6。

④ RemotePort：通信伙伴的端口号（客户端与服务器的设置必须匹配）。

⑤ LocalPort：本方的端口号。

⑥ ActivateSecureConn：为1使能安全通信。

⑦ TLSServerReqClientCert：仅用于服务器端。TLS客户端需要具有X.509-V3证书，客户端设置为0。

⑧ ExtTLSCapabilities：只有第0位有效，仅用于客户端。可指示客户端将验证服务器中X.509-V3证书内证书主体（subject Alternate Name）的扩展名称，从而对该服务器的身份进行检查。建立连接时检查证书，客户端设置为1。

⑨ TLSServerCertRef：如果是服务器，这里输入服务器证书的ID编号；如果是客户端，这里输入验证服务器证书的ID编号，示例中为客户端，CA证书的编号是2。

⑩ TLSClientCertRef：如果是客户端，这里输入客户端证书的ID编号；如果是服务器，这里输入验证客户端证书的ID编号，示例中为客户端，设备证书的编号是3。

其他参数保持默认

2）打开主程序块，直接调用通信函数（“指令”→“通信”→“开放式用户通信”→“其他”）。例如将通信函数“TCON”和“TSEND”拖放到CPU 1516-3的OB1中，如图10-112所示。

通信函数“TCON”用于建立通信连接，参数如下：

① REQ：上升沿触发建立指定的连接。

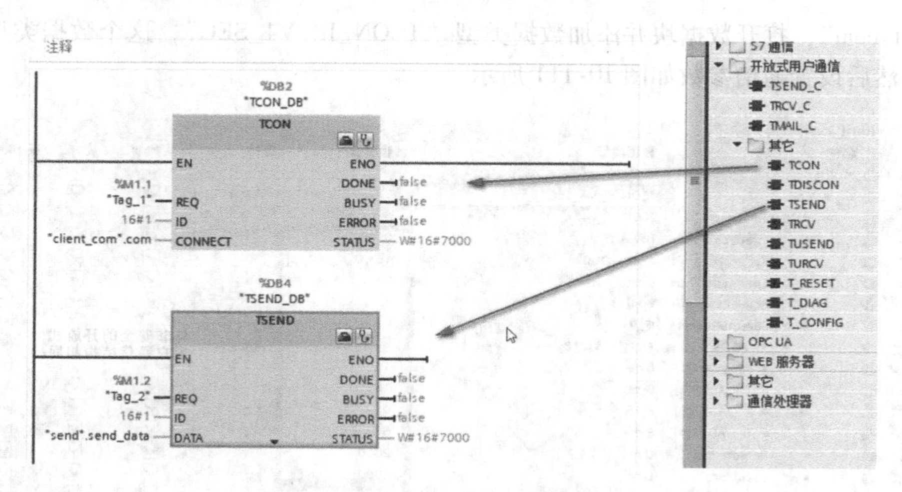


图 10-112　在客户端调用通信程序块

② ID：指定的连接标识。

③ CONNECT：连接参数，这里为通信数据块中包含的参数。

其他参数为默认设置。

通信函数“TSEND”用于发送数据，参数如下：

① REQ：上升沿触发数据的发送。

② ID：TCON 指定的连接 ID。

③ DATA：发送数据区。

3）在服务器 CPU 1516F-3 端同样需要创建通信参数数据块，参数的设置如图 10-113 所示。

server_com

| | 名称 | 数据类型 | 起始值 | 保持 | 可从 HMI/... |
|---|---|---|---|---|---|
| 1 | ▼ Static | | | ☐ | ☐ |
| 2 | ▼ com | TCON_IP_V4_SEC | | ☐ | ☑ |
| 3 | ▼ ConnPara | TCON_IP_v4 | | ☐ | ☑ |
| 4 | InterfaceId | HW_ANY | 0 | ☐ | ☑ |
| 5 | ID | CONN_OUC | 16#1 | ☐ | ☑ |
| 6 | ConnectionType | Byte | 16#0B | ☐ | ☑ |
| 7 | ActiveEstablish... | Bool | 0 | ☐ | ☑ |
| 8 | ▼ RemoteAddress | IP_V4 | | ☐ | ☑ |
| 9 | ▼ ADDR | Array[1..4] of Byte | | ☐ | ☑ |
| 10 | ADDR[1] | Byte | 192 | ☐ | ☑ |
| 11 | ADDR[2] | Byte | 168 | ☐ | ☑ |
| 12 | ADDR[3] | Byte | 0 | ☐ | ☑ |
| 13 | ADDR[4] | Byte | 1 | ☐ | ☑ |
| 14 | RemotePort | UInt | 2000 | ☐ | ☑ |
| 15 | LocalPort | UInt | 2000 | ☐ | ☑ |
| 16 | ActivateSecureConn | Bool | 1 | ☐ | ☑ |
| 17 | TLSServerReqClient... | Bool | 1 | ☐ | ☑ |
| 18 | ExtTLSCapabilities | Word | 16#0 | ☐ | ☑ |
| 19 | TLSServerCertRef | UDInt | 8 | ☐ | ☑ |
| 20 | TLSClientCertRef | UDInt | 2 | ☐ | ☑ |

图 10-113　OUC 安全通信服务器通信参数

**注意**：服务器与客户端参数的设置必须匹配。

4）在服务器端也需要调用通信函数“TCON”和“TRCV”，通信函数“TCON”的REQ参数为1响应建立连接的请求，连接建立后可以复位；通信函数“TRCV”用于接收数据，参数的设置参考OUC通信，这里不再介绍。

5）将配置和程序下传到CPU中，由于CPU默认的时钟不在证书的有效范围内，所以必须在项目树中CPU的“在线和诊断”中设置CPU的时钟。设置完成后才能启动通信连接的建立。示例程序可以参考光盘目录（请关注“机械工业出版社E视界”微信公众号，回复ISBN号下载或联系工作人员索取）：示例程序→以太网通信文件夹下的《OUC_SEC_COM》项目，项目的用户名为“user1”，口令为“Admin1234”。

## 10.6 SIMATIC S7-1500 OPC UA通信功能

OPC UA通信是跨平台地、具有更高的安全性和可靠性，满足了企业信息高度连通的需求。OPC UA是PLC连接到IT世界的简单化和标准的通信接口，OPC UA通信特点和优势如下：

（1）访问统一性

将经典的OPC规范（DA、A&E、HAD、命令、复杂数据和对象类型）的内容全部有效地集成起来，成为一种新的OPC规范。用户只需要在客户端调用一次，便可以获得数据，报警和事件及历史信息，不需要操作不同的API来调用。

（2）通信性能

可以在每一个单一端口进行通信，使得OPC通信可以穿过防火墙。OPC UA具有两种编码方式，XML（浏览Node）和二进制格式（数据交换，目前SIMATIC S7-1500支持的格式）。

（3）可靠性、冗余性

OPC UA的开发含有高度可靠性和冗余性的设计。可调试的逾时设置，错误发现和自动纠正等新特征，都使得符合OPC UA规范的软件产品可以很自如地处理通信错误和失败。OPC UA的标准冗余模型也使得来自不同厂商的软件应用可以同时被采纳并彼此兼容。

（4）标准安全模型

OPC UA访问规范明确提出了标准安全模型，每个OPC UA应用都必须执行OPC UA安全协议，这在提高互通性的同时降低了维护和额外配置费用。用于OPC UA应用程序之间传递消息的底层通信技术提供了加密功能和标记技术，保证了消息的完整性，也防止信息的泄漏。

（5）平台无关

OPC UA软件的开发不再依靠和局限于任何特定的操作平台。过去只局限于Windows平台的OPC技术拓展到了Linux、Unix、Mac等各种其他平台。基于Internet的WebService服务架构（SOA）和非常灵活的数据交换系统，OPC UA的发展不仅立足于现在，更加面向未来。

### 10.6.1 SIMATIC S7-1500 CPU OPC UA服务器访问数据的方式

SIMATIC S7-1500 CPU固件V2.6及以上版本支持OPC UA服务器和客户端，本章节主要介绍OPC UA服务器功能。SIMATIC S7-1500 CPU OPC UA服务器支持如下几种数据访问方式：

（1）订阅

OPC UA客户端从PLC订阅数据并可以请求订阅的周期时间，PLC以该周期时间向客户端发送数据。主要应用于数据周期的传送。

（2）读/写数据

非周期的读写数据，比订阅响应更快。

（3）注册读/写数据

第一次读写时定义一个 ID，随后客户端通过该 ID 请求数据。从第 2 次开始进行注册读写操作，速度优于普通的读写操作。

可以通过 UA Expert（客户端软件，在后续章节中介绍）性能视图测试读写与注册读写的访问性能，使用 CPU 1516-3 进行测试，设置 CPU 的通信负荷为 50%（默认设置），分别使用非安全通信的读、注册读和安全通信的读、注册读，对 100、300、500、1000 单个 DINT 变量、一个总共包含 1000 个 DINT 数据单元的结构体变量和一个总共包含 1000 个 DINT 数据单元的数组变量进行测试，测试结果如图 10-114 所示。从测试结果可以看到注册读要明显快于读数据访问，访问结构体和数组变量的时间要远远小于多个变量的访问时间。

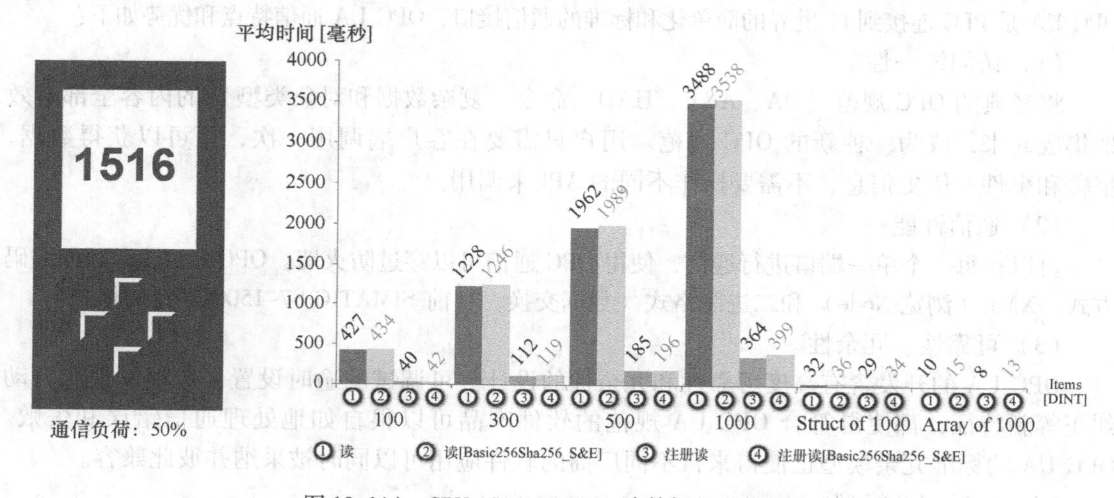


图 10-114 CPU 1516 OPC UA 读数据的通信性能

## 10.6.2 SIMATIC S7-1500 CPU OPC UA 服务器变量的设置

SIMATIC S7-1500 CPU 中输入（IN）、输出（OUT）、标志位（M）、定时器（T）、计数器（C）和数据块（DB）地址区的变量都可以作为 OPC UA 服务器的数据源，默认设置中客户端可以对 OPC UA 服务器的数据进行读写访问，也可以设置访问的权限。数据块的访问权限在打开的数据块中设置，如图 10-115 所示，数组变量“Array_data”只能被客户端读而不能写。整个数据块的访问需要在数据块的属性中设置。

保持实际值 快照 将快照值复制到起始值中 将起始值加载为实际值

opc data

| | 名称 | 数据类型 | ... | 可从 HMI/OPC UA 访问 | 从 HMI/OPC UA 可写 | 在 H |
|---|---|---|---|---|---|---|
| 1 | ▼ Static | | ☐ | ☐ | ☐ | |
| 2 | ▶ Array_data | Array[0..99] of Int | ☐ | ☑ | ☐ | |
| 3 | ▶ Stuct_data | Struct | ☐ | ☑ | ☑ | |

图 10-115 设置数据块中变量 OPC UA 的访问范围

其他地址区的访问权限需要在PLC变量表中进行设置，如图10-116所示。

OPC UA ▸ PLC_1 [CPU 1516-3 PN/DP] ▸ PLC变量

PLC变量

| | 名称 | 数据类型 | 地址 | ... | 可从HMI/OPC UA访问 | 从HMI/OPC UA可写 | 在H... |
|---|---|---|---|---|---|---|---|
| 1 | Input | Byte | %IB0 | ☐ | ☑ | ☐ | ☑ |
| 2 | Output | Byte | %QB0 | ☐ | ☑ | ☑ | ☑ |
| 3 | M_flag | Int | %MW2 | ☐ | ☑ | ☐ | ☑ |
| 4 | Counter | Counter | %C0 | ☐ | ☑ | ☑ | ☑ |
| 5 | Timer | Timer | %T10 | ☐ | ☐ | ☐ | ☐ |
| 6 | <新增> | | | ☐ | ☑ | ☑ | ☑ |

图10-116 设置I、Q、M、T、C变量OPC UA的访问权限

## 10.6.3 非安全通信方式访问SIMATIC S7-1500 OPC UA服务器

非安全通信方式访问SIMATIC S7-1500 OPC UA服务器非常简单，如果没有特殊要求只需要激活OPC UA服务器功能就可以了，下面以示例的方式介绍实现过程。OPC UA的客户端可以从西门子网站上下载（带有C#源代码），也可以使用帮助文档中推荐的客户端UaExpert，示例中以客户端UaExpert为例连接SIMATIC S7-1500 CPU OPC UA服务器。

在CPU的属性中选择“OPC UA”→“服务器”，在“常规”栏中使能OPC UA服务器，如图10-117所示。服务器的地址用于客户端的访问，由于CPU有两个以太网接口，所以服务器地址也有两个，便于设备的连接。其他参数保持默认设置就可以完成OPC UA服务器的配置（还需要在CPU属性→“运行系统许可证”中选择相应的授权，否则编译报错）。为了便于系统地了解OPC UA的设置，下面也对相关参数做一些介绍。

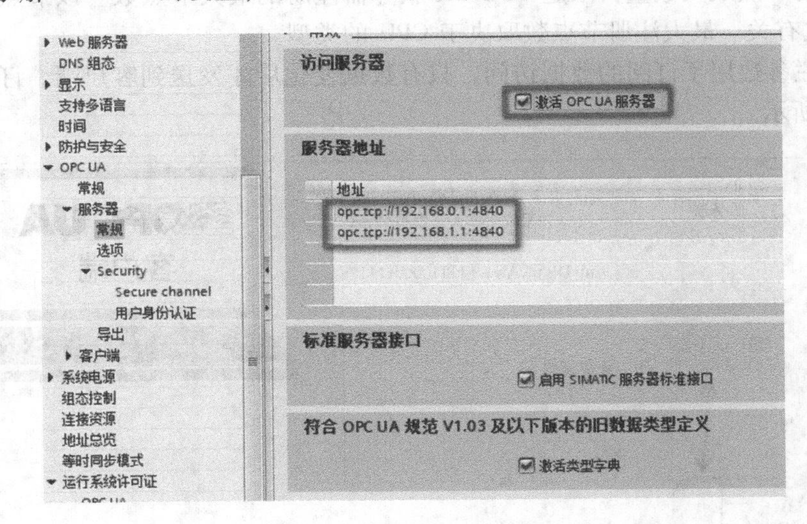


图10-117 使能OPC UA服务器

1）“启用SIMATIC服务器标准接口”：启用OPC UA服务器接口，如果不启用，在客户端中无法浏览到服务器中的变量。

2）“激活类型字典”：通过OPC UA规范（≤V1.03）中定义的相关机制，可通过类型字典从服务器中读取用户自定义结构（UDT）的数据类型定义。如果不使能，将无法识别

整个结构体和 UDT 类型变量，但是可以识别其中的元素。

3）OPC UA 服务器“选项”栏的参数设置如图 10-118 所示。

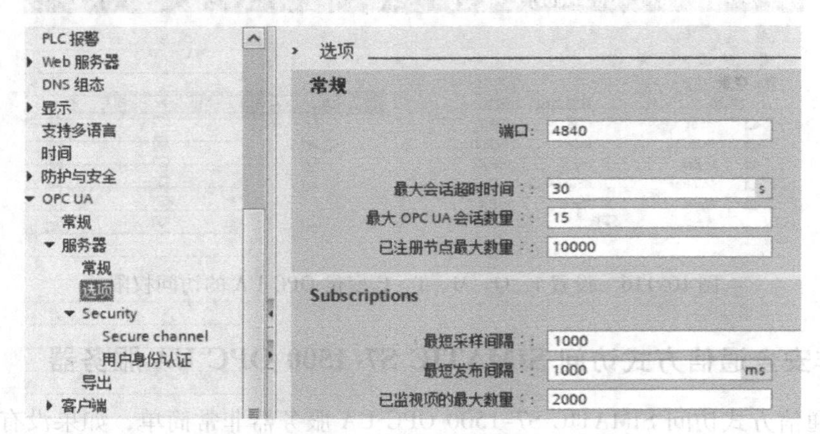


图 10-118　设置 OPC UA 服务器选项栏参数

常规栏参数解释如下：

① 端口：默认为 4840，服务器地址的端口号，用于客户端的访问。

② 最大会话超过时间：指定在不进行数据交换的情况下 OPC UA 服务器关闭会话（与客户端的通信）之前的最大时长。

③ 最大 OPC UA 会话数量：限定与客户端的通信的最大数量。最大会话数取决于 CPU 的性能。每个会话都会占用 CPU 的通信资源。

④ 已注册节点最大数量：限定 OPC UA 服务器注册的最大节点数。该节点数量与注册读写访问方式有关。最大注册节点数取决于 CPU 的类型。

⑤ 订阅栏参数用于订阅的数据访问，只有数据变化后才发送到客户端。订阅访问方式如图 10-119 所示。

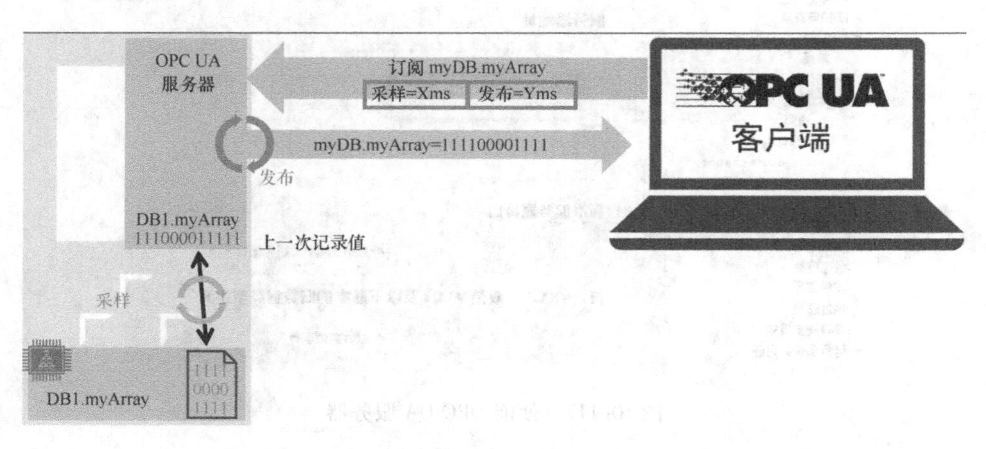


图 10-119　订阅访问类型

参数解释如下：

① 订阅访问最短采样间隔：OPC UA 服务器采样 CPU 变量值的时间间隔，并与上一个值相比较，检查是否发生改变，如果改变则进行采样。

② 订阅访问最短发布间隔：OPC UA 服务器定期向客户端发送消息的时间间隔，间隔时间到变量值发生改变则发布，不改变则不发布。在此设置的发布时间为 1000ms，数值更改后，如果 OPC UA 客户端请求更新，则 OPC UA 服务器将按照 1000ms 的时间间隔发送新消息。如果 OPC UA 客户端要求的更新频率为 2000ms，则 OPC UA 服务器每隔 2000ms 仅发送一条带有新值的消息。如果 OPC UA 客户端要求的更新频率为 500ms，则服务器也只能每隔 1000ms 发送一条消息（最短发布时间间隔）。

**注意**：采样频率与发布频率需要匹配，如果采样频率高而发布频率低，在采样的队列中将存储多个值并发布给客户端，在客户端上可以接收多个值也可以选择最新变化值，默认情况下为最新变化值。

4）已监视项的最大数量：OPC UA 服务器可同时监视变量（值改变）的最大数量。监视会占用资源。可监视变量的最大数量取决于所用的 CPU。

5）在 OPC UA 参数设置的“导出”栏中可以导出 OPC UA XML 文件，如图 10-120 所示，导出的文件用于 OPC UA 客户端离线操作时对变量的配置。

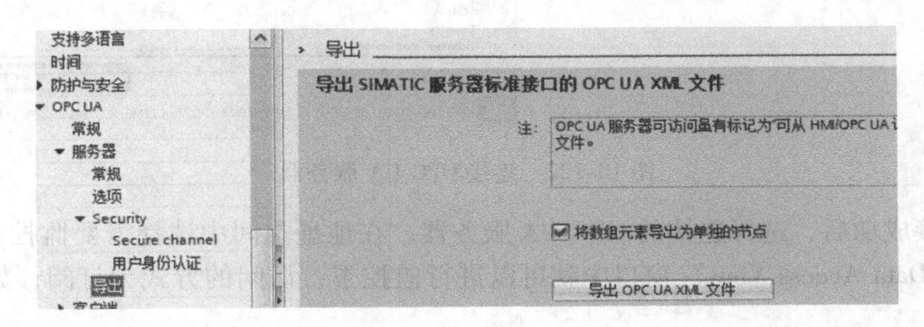


图 10-120　OPC UA 的导出文件

6）打开 OPC UA 客户端软件 UaExpert，然后选择添加服务器并输入服务器地址，如图 10-121 所示。在添加的服务器中单击应用程序名称，例如在 PLC 配置中定义的应用名称“SIMATIC. SIMATIC S7-1500. OPC-UA. Application：PLC_1”，然后选择未加密的连接条目并确认就可以添加一个服务器的连接。

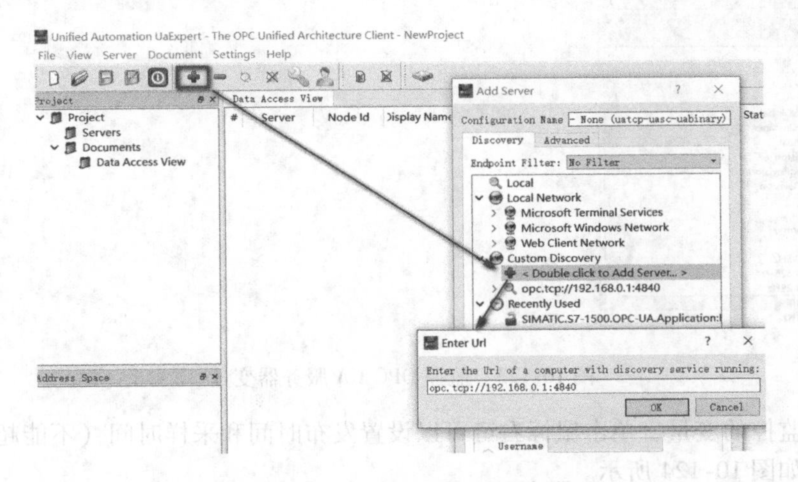


图 10-121　添加 OPC UA 服务器

7）单击添加的服务器，单击鼠标右键选择"Connect"弹出证书验证窗口，选择信任服务器证书或者临时接收服务器证书后，单击"Continue"按钮连接到 OPC UA 的服务器，如图 10-122 所示。

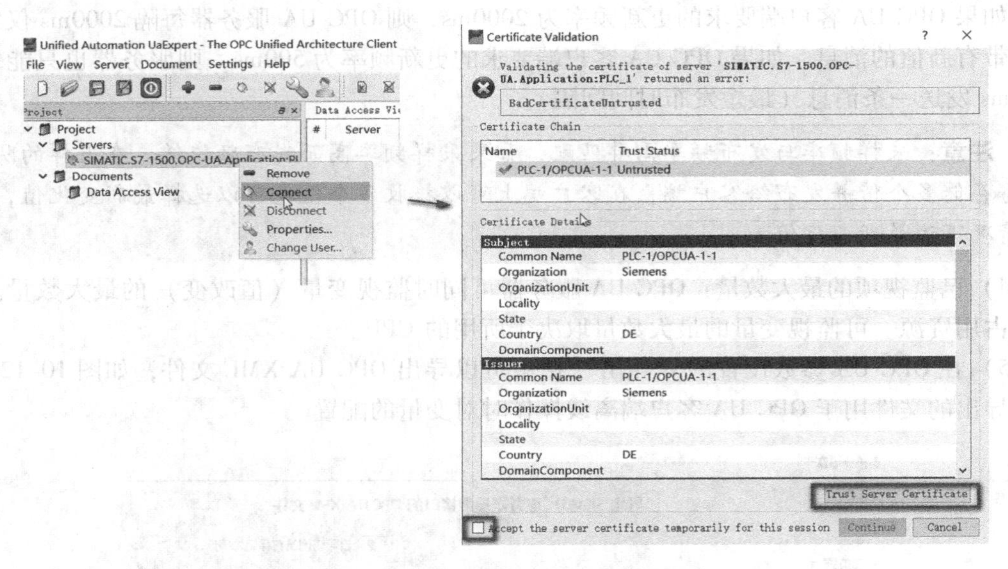


图 10-122　连接 OPC UA 服务器

8）连接成功后，选择连接的 OPC UA 服务器。在地址空间中选择需要监控的变量，然后拖放到"Data Access View"窗口中就可以进行监控了，访问的方式为订阅，如图 10-123 所示。

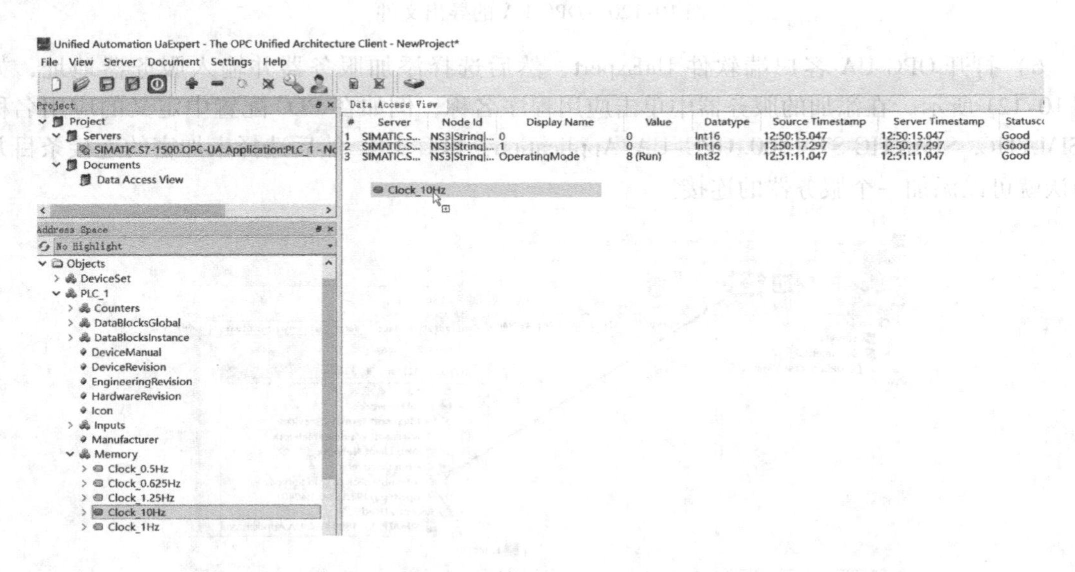


图 10-123　监控 OPC UA 服务器变量

9）单击监控的变量，单击鼠标右键可以设置发布时间和采样时间（不能超过 CPU 中设定的限制），如图 10-124 所示。

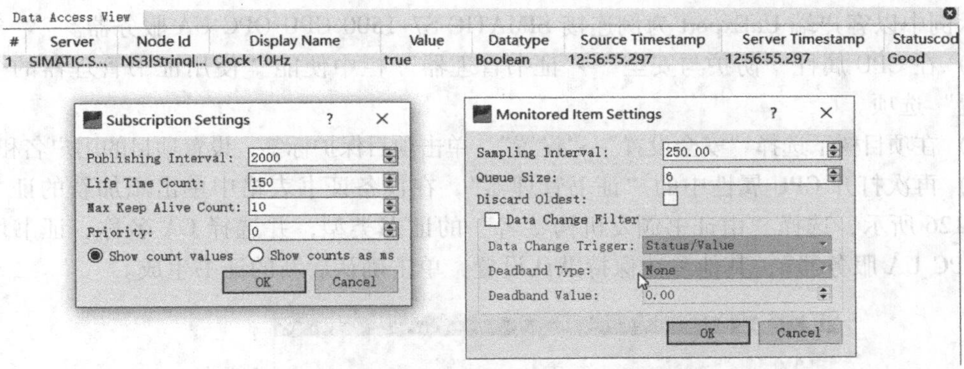

图 10-124　设置采样和发布时间

示例中监控的变量为 10Hz 的脉冲信号，设置的发布时间为 2000ms，采样时间为 250ms，选择队列大小为 6，在“Data Access View”窗口中除了时间标签变化外，值有可能没有变化，说明值变为 0，被记录了，然后又变为 1，又被记录，记过多次变化后，最后一次采样到的值为 1，然后发送到客服端，所以值未变但是时间发生了变化。中间的信息可以通过抓包软件 WireShark 查看，如图 10-125 所示，如果发生的值更改次数过多且超出队列容量，则 OPC UA 服务器将覆盖最旧的值，最新值将发送到客户端。

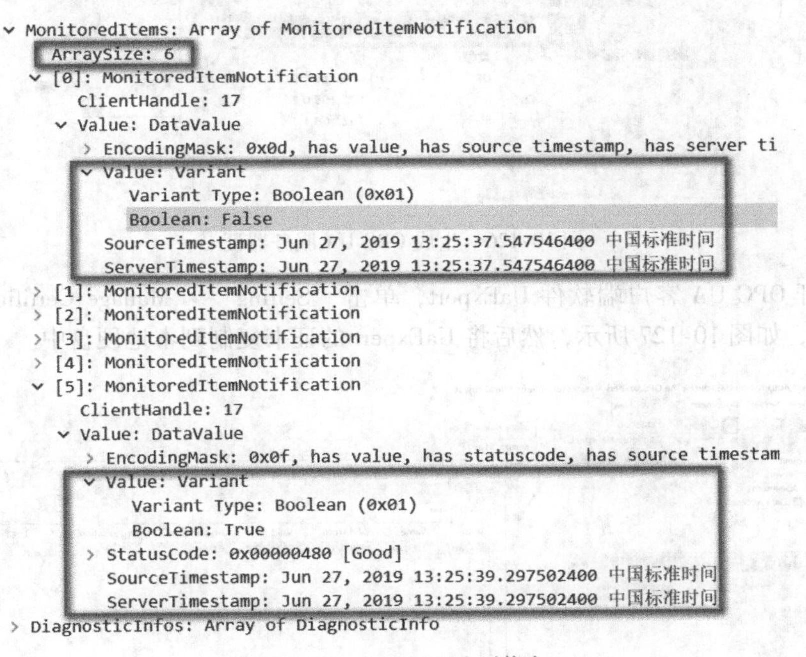
MonitoredItems: Array of MonitoredItemNotification
ArraySize: 6
[0]: MonitoredItemNotification
ClientHandle: 17
Value: DataValue
EncodingMask: 0x0d, has value, has source timestamp, has server ti
Value: Variant
Variant Type: Boolean (0x01)
Boolean: False
SourceTimestamp: Jun 27, 2019 13:25:37.547546400 中国标准时间
ServerTimestamp: Jun 27, 2019 13:25:37.547546400 中国标准时间
[1]: MonitoredItemNotification
[2]: MonitoredItemNotification
[3]: MonitoredItemNotification
[4]: MonitoredItemNotification
[5]: MonitoredItemNotification
ClientHandle: 17
Value: DataValue
EncodingMask: 0x0f, has value, has statuscode, has source timestam
Value: Variant
Variant Type: Boolean (0x01)
Boolean: True
StatusCode: 0x00000480 [Good]
SourceTimestamp: Jun 27, 2019 13:25:39.297502400 中国标准时间
ServerTimestamp: Jun 27, 2019 13:25:39.297502400 中国标准时间
DiagnosticInfos: Array of DiagnosticInfo

图 10-125　OPC UA 队列信息

### 10.6.4　安全通信方式访问 SIMATIC S7-1500 OPC UA 服务器

OPC UA 通信方式简单、连接方便，通过手机（安装客户端软件）都可以访问 PLC 数据，所以通信的安全性非常重要，OPC UA 的安全通信同样使用证书的方式对通信数据加密和通信双方进行认证。下面以示例的方式介绍 SIMATIC S7-1500 OPC UA 服务器的安全通

信。示例中以客户端 UaExpert 为例连接 SIMATIC S7-1500 CPU OPC UA 服务器。

1）在 CPU 属性“防护与安全”→“证书管理器”栏中使能“使用证书管理器的全局安全设置”选项。

2）在项目树下选择“安全设置”→“设置”，单击项目保护标签，设置项目的用户名和口令。

3）再次打开 CPU 属性中的“证书管理器”，在设备证书表格中单击添加新的证书，如图 10-126 所示，选择“由证书颁发机构签名”的证书类型，并选择 CA 名称。证书用途选择“OPC UA 服务器”，其他参数保持默认设置，单击确认后新的证书生成。

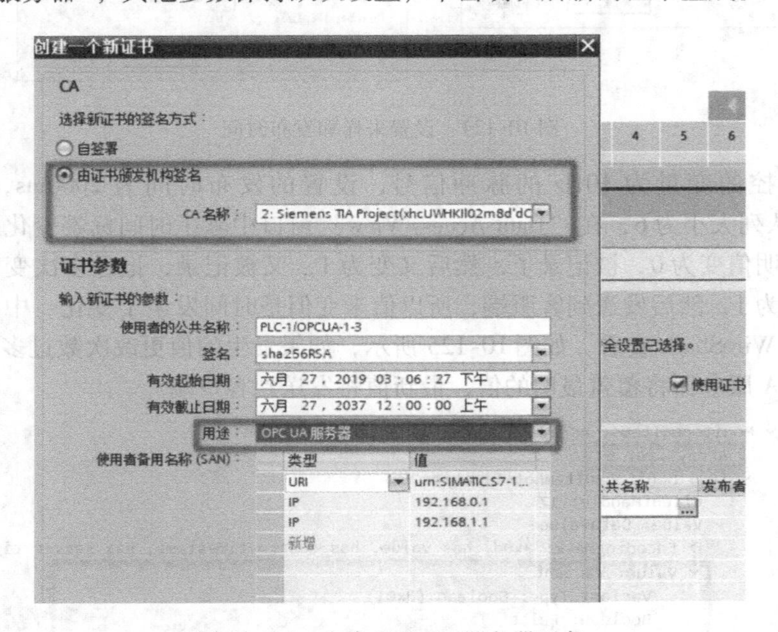


图 10-126 生成 OPC UA 服务器证书

4）打开 OPC UA 客户端软件 UaExpert，单击“Setting”→“Manage Certificates”打开证书管理界面，如图 10-127 所示，然后将 UaExpert 的证书复制到本地硬盘中。

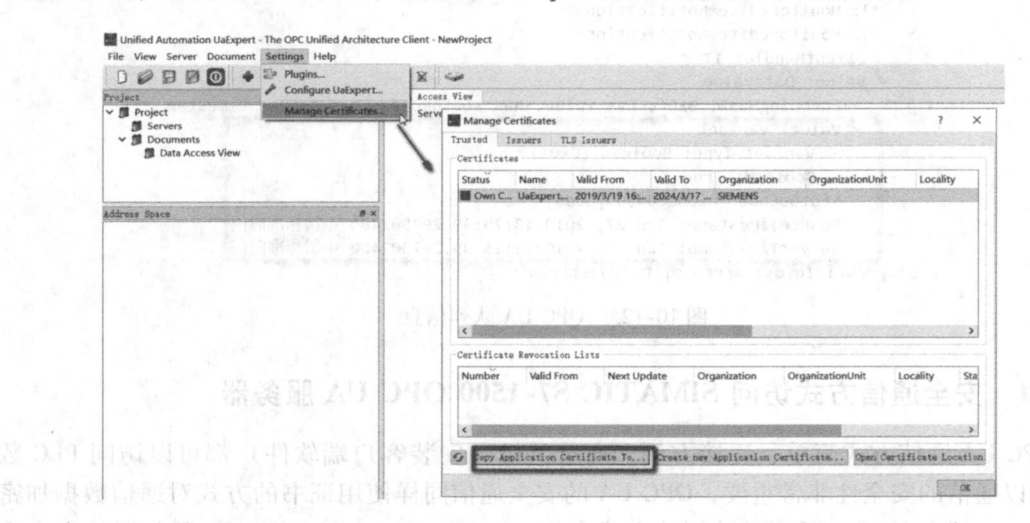


图 10-127 UaExpert 证书管理界面

5）在项目树下选择“安全设置”→“安全特性”，双击“证书管理器”进入全局证书管理界面，在“设备证书”栏中单击鼠标右键选择“导入”，然后浏览到 UaExpert 的设备证书并导入到全局证书管理器中。

6）在 CPU 的属性中选择“OPC UA”→“服务器”，在“常规”栏中使能 OPC UA 服务器。

7）打开“Security”→“Secure Channel”栏，配置安全通道参数如图 10-128 所示。

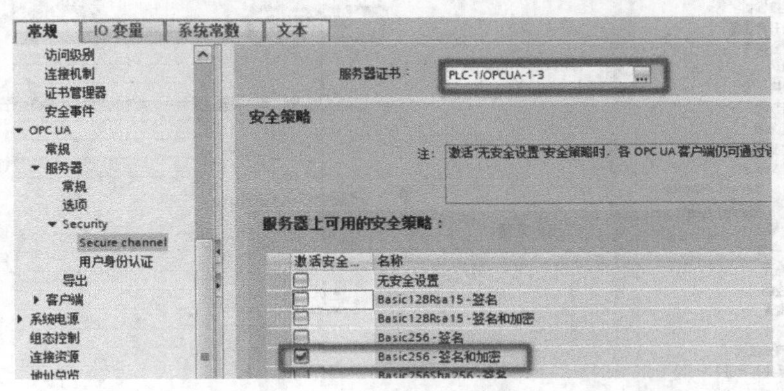


图 10-128　选择安全策略

首先选择生成的服务器证书，然后选择安全策略例如“Basic256-签名和加密”，去使能没有使用的安全策略。

**注意：** 不能选择“无安全设置”，否则为非安全通信。可以使能多个安全策略对应不同安全需求的客户端。

在可信客户端列表中添加 UaExpert 的设备证书并去使能“运行过程中自动接受客户端证书”选项，如图 10-129 所示。

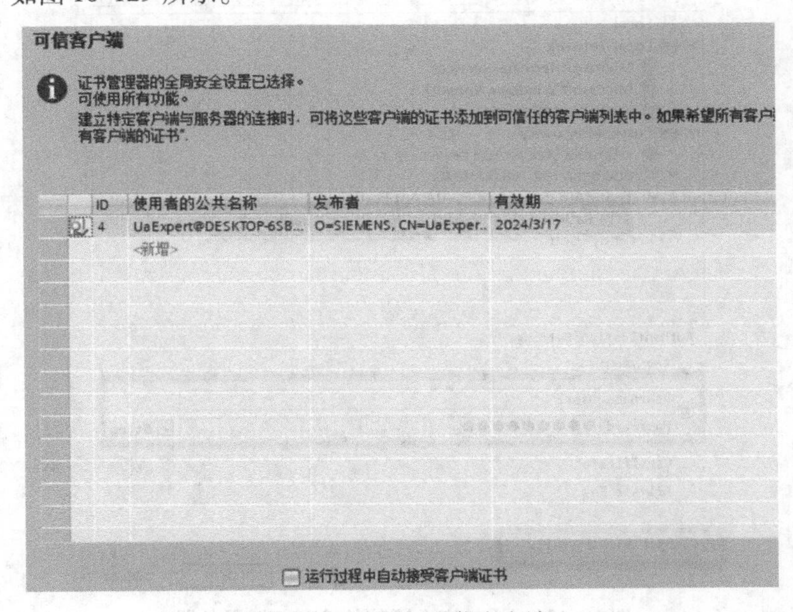


图 10-129　添加可信客户端

8）在“用户身份认证”栏中可以设置不同的用户和密码同时去使能“启用访客认证”

选项，如图 10-130 所示。

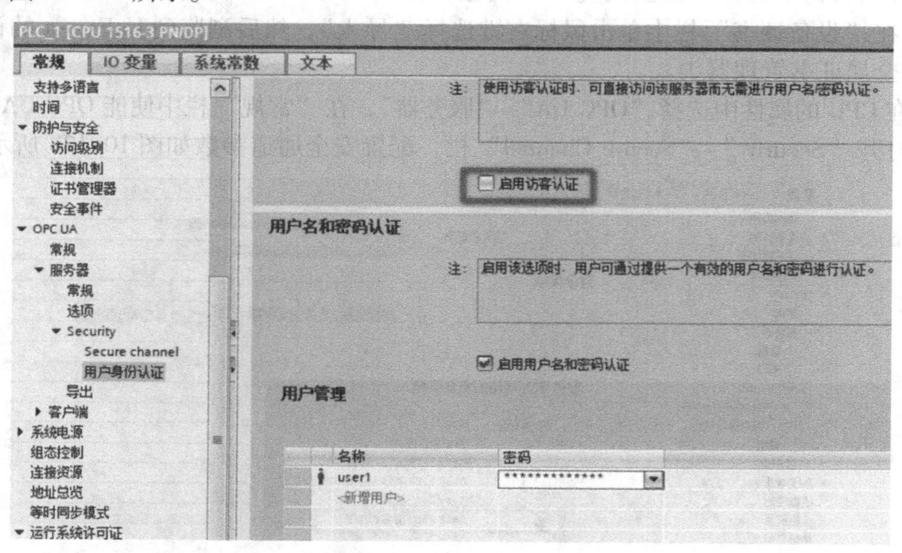


图 10-130　设置 OPC UA 客户端用户名和密码

9）其他参数保持默认设置并将配置文件下传到 CPU 中。

10）打开 UaExpert 客户端软件，添加服务器，选择在服务器上设置的安全策略、输入用户名和密码并使能“Connect Automatically”选项，单击“OK”按钮建立通信连接，如图 10-131 所示。

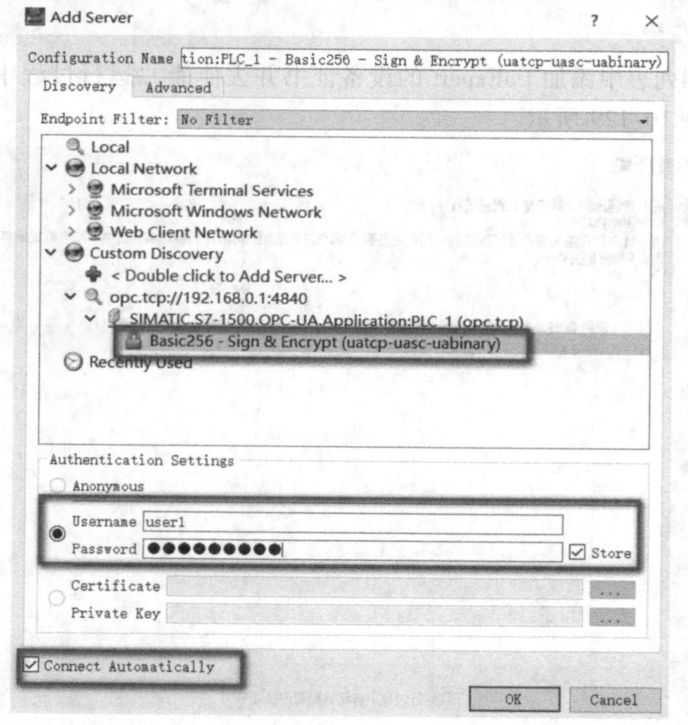


图 10-131　添加安全通信的 OPC UA 服务器

11）在弹出的证书验证对话框中选择临时接收服务器证书后，单击“Continue”按钮连接到 OPC UA 的服务器，变量的监控操作和设置与非安全通信是一样的，这里不再介绍。

### 10.6.5　SIMATIC S7-1500 OPC UA 服务器性能测试

通常一些现成的软件（例如 WinCC）和设备（例如 HMI 操作屏）作为 OPC UA 的客户端使用订阅读和写的方式访问服务器的数据，读或者注册读、写方式必须通过编程实现。订阅访问方式采样和发布时间已经确定，但是读、写和订阅读、写变量的时间与访问变量的方式有关（按一个数组变量或者将数组中每一个元素作为一个单一变量），使用客户端软件 UaExpert 可以测试一下通信性能，下面以示例的方式介绍测试的方法。

1）在 PLC 中建立一个数组变量，包含 1000 个 DINT 类型的元素。

2）使用客户端软件 UaExpert 与服务器建立通信连接。

3）在客户端软件 UaExpert 中添加性能视图，如图 10-132 所示。

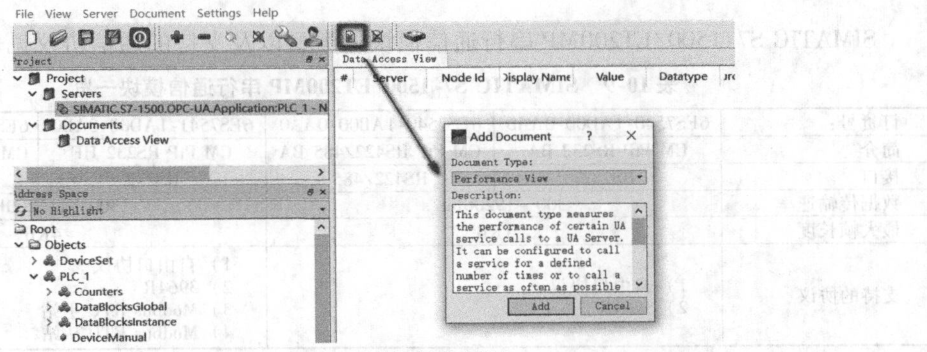


图 10-132　添加性能视图

4）将测试的变量拖放得到性能视图的 Nodes 表中，例如 1000 个 DINT 变量。在配置栏中选择访问的方式，例如读、写和注册读、写。设置“Node Count”为1000，这个值小于等于在 Nodes 表中添加变量的数量，在“Cycles”输入循环测试的次数，例如 20，单击“Start Test”按钮进行测试，如图 10-133 所示。在“results”栏中将显示测试的结果。

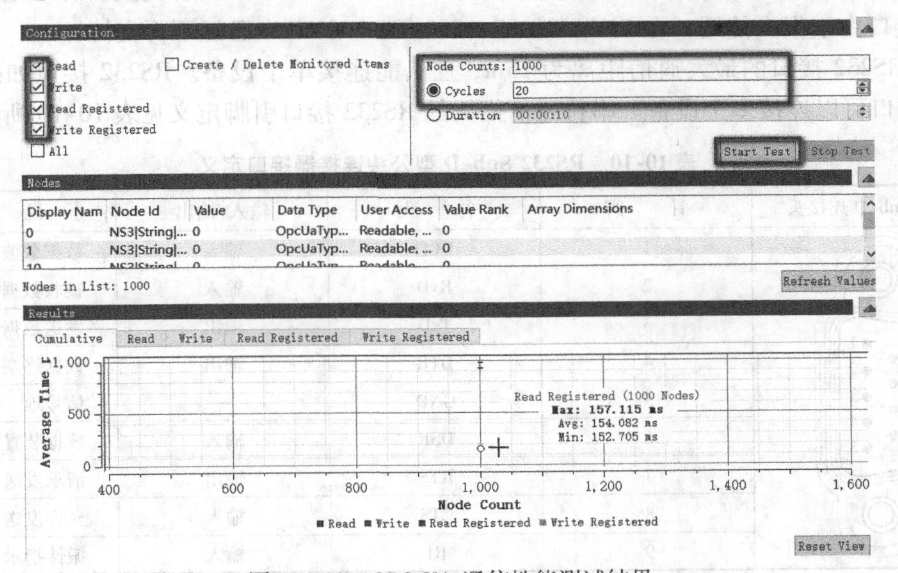


图 10-133　OPC UA 通信性能测试结果

OPC UA 客户端软件可以参考光盘目录（请关注“机械工业出版社 E 视界”微信公众号，回复 ISBN 号下载或联系工作人员索取）：软件→OPC UA 客户端，客户端《109737901_OPC_UA_Client_ SIMATIC S7-1500_CODE_V12》为西门子网站下载程序，带有 C#源代码。客户端《uaexpert-bin-win32-x86-vs2008sp1-v1.4.2-256》可以进行性能测试。

## 10.7 串行通信

串行通信主要用于连接调制解调器、扫描仪、条码阅读器等带有串行通信接口的设备。西门子传动装置的 USS 协议、MODBUS RTU 等也属于串行通信的范畴。下面主要以 SIMATIC S7-1500/ET200MP 的串行通信模块为例，介绍参数的配置以及程序调用。

### 10.7.1 SIMATIC S7-1500/ET200MP 串行通信模块的类型

SIMATIC S7-1500/ET200MP 串行通信模块的类型以及支持的通信协议见表 10-9 所示。

表 10-9 SIMATIC S7-1500/ET200MP 串行通信模块一览

| 订货号： | 6ES7540-1AD00-0AA0 | 6ES7540-1AB00-0AA0 | 6ES7541-1AD00-0AB0 | 6ES7541-1AB00-0AB0 |
|---|---|---|---|---|
| 简介 | CM PtP RS232 BA | CM PtP RS422/485 BA | CM PtP RS232 HF | CM PtP RS422/485 HF |
| 接口 | RS232 | RS422/485 | RS232 | RS422/485 |
| 数据传输速率 | 300～19200bit/s | | 300～115200bit/s | |
| 最大帧长度 | 1KB | | 4KB | |
| 支持的协议 | 1）自由口协议<br>2）3964R | | 1）自由口协议<br>2）3964R<br>3）Modbus RTU 主站<br>4）Modbus RTU 从站 | |

注：1. 3964R 是西门子定义的一种全双工通信协议，目前应用比较少。

2. HF 类型的模块支持 Modbus RTU 主站、从站，不需要额外的协议转换设备。

### 10.7.2 串行通信接口类型及连接方式

SIMATIC S7-1500/ET200MP 串行接口有 RS422/485、RS232 两种类型。TTY 电流环类型的串行接口由于很少使用，在 SIMATIC S7-1500/ET 200MP 中已经不再支持。

1）RS232 接口的最大通信距离为 15m，且只能连接单个设备。RS232 接口如果转换为 RS485 接口可以连接多个设备。串行通信模块的 RS232 接口引脚定义见表 10-10 所示。

表 10-10 RS232 Sub-D 型公头连接器接口定义

| RS232 Sub-D 连接头 | 针　脚 | 符　号 | 输入/输出 | 说　明 |
|---|---|---|---|---|
| 6 7 8 9 / 1 2 3 4 5 | 1 | DCD | 输入 | 数据载波检测 |
| | 2 | RxD | 输入 | 接收数据 |
| | 3 | TxD | 输出 | 发送数据 |
| | 4 | DTR | 输出 | 数据终端准备好 |
| | 5 | GND | — | 信号地 |
| | 6 | DSR | 输入 | 数据装置准备好 |
| | 7 | RTS | 输出 | 请求发送 |
| | 8 | CTS | 输入 | 允许发送 |
| | 9 | RI | 输入 | 振铃指示 |

RS232为标准接口，每个设备接口引脚定义相同。以两个RS232接口为例，引脚的连接如图10-134所示。

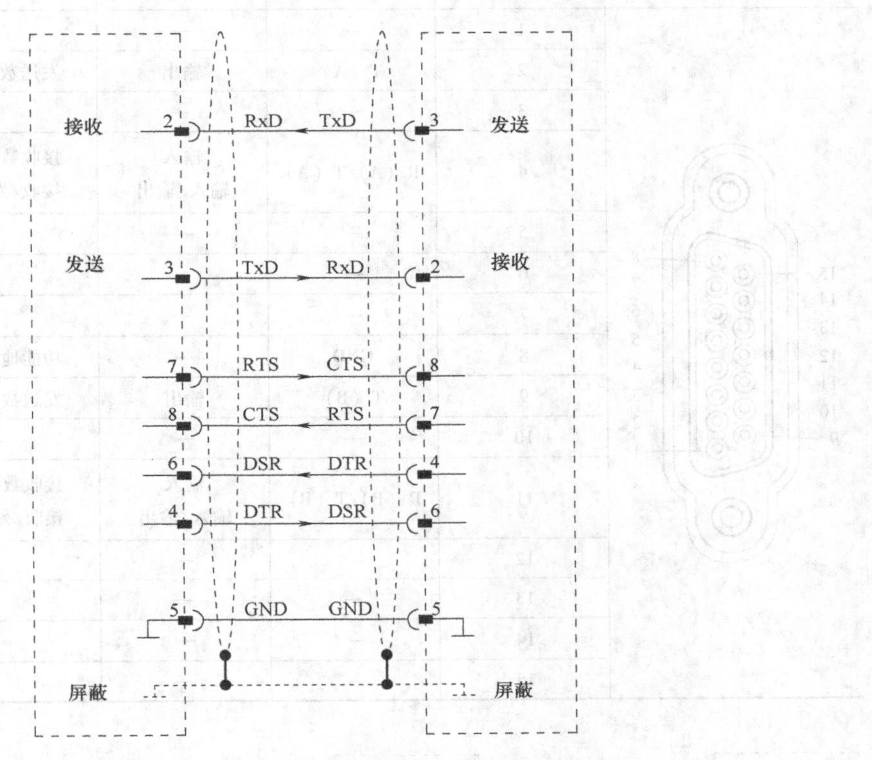


图10-134　RS232电缆连接示意图

如果没有数据流等控制，通常只使用引脚2、3和5。

2）RS422/485（X27）接口的最大通信距离为1200m。是一个15针串行接口，根据TIA博途软件中对RS422/485串行接口的配置，可以选择该接口作为RS422接口或者RS485接口使用，每种接口分别对应不同的接线方式。RS422为4线制全双工模式；RS485为两线制半双工模式。RS485串行接口可以连接多个设备。串行通信模块的RS422/485（X27）接口引脚定义见表10-11。

RS422/485为非标准接口（有的使用9针接头），每个设备接口引脚定义不同。使用SIMATIC S7-1500/ET200MP串行通信模块RS422接口的引脚连接如图10-135所示。

引脚2、9为发送端，连接通信方的接收端，通信双方的连线为T（A）-R（A）、T（B）-R（B）；引脚4、11为接收端，连接通信方的发送端，通信双方的连线为R（A）-T（A）、R（B）-T（B）。

使用SIMATIC S7-1500/ET 200MP串行通信模块RS485接口的引脚连接如图10-136所示。

引脚2、9与4、11内部短接，不需要外部短接。引脚4为R（A），引脚11为R（B）。通信双方的连线为R（A）-R（A），R（B）-R（B）。在通信过程中发送和接收工作不可以同时进行，为半双工通信制。

**表 10-11 RS422/RS485 接口引脚定义**

| RS422/485 连接头 | 针 脚 | 符 号 | 输入/输出 | 说 明 |
|---|---|---|---|---|
| | 1 | — | — | — |
| | 2 | T（A） | 输出 | 发送数据（四线模式） |
| | 3 | — | — | — |
| | 4 | R（A）/T（A） | 输入<br>输入/输出 | 接收数据（四线模式）<br>接收/发送数据（两线模式） |
| | 5 | — | — | — |
| | 6 | — | — | — |
| | 7 | — | — | — |
| | 8 | GND | — | 功能地（隔离） |
| | 9 | T（B） | 输出 | 发送数据（四线模式） |
| | 10 | — | — | — |
| | 11 | R（B）/T（B） | 输入<br>输入/输出 | 接收数据（四线模式）<br>接收/发送数据（两线模式） |
| | 12 | — | — | — |
| | 13 | — | — | — |
| | 14 | — | — | — |
| | 15 | — | — | — |

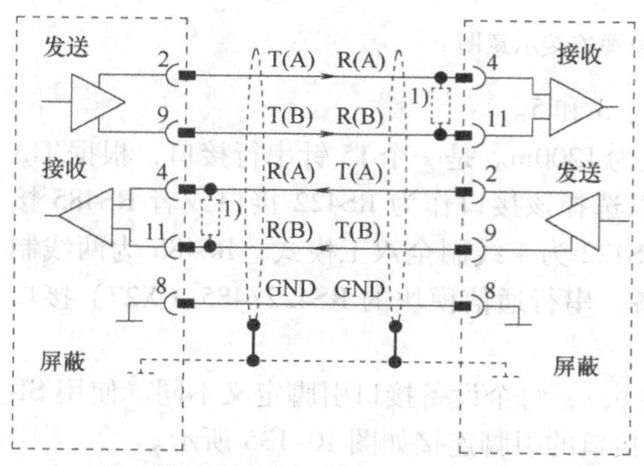


1) 电缆长度超过50m时，需要在接收端焊接一个330Ω的中端电阻

图 10-135 RS422 接线方式（4 线制）

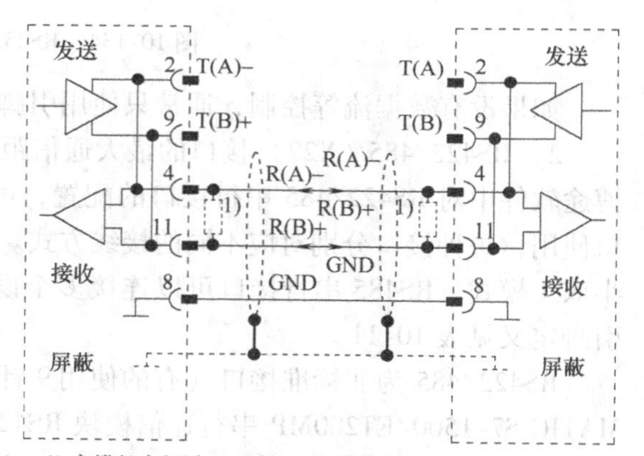


1) 电缆长度超过50m时，需要在接收端焊接一个330Ω的中端电阻

图 10-136 RS485 接线方式（2 线制）

**注意：**有些厂商在串行通信接口引脚没有使用 R（A）、T（A）、R（B）、T（B）标注，而是使用 R－、T－、R＋、T＋。这里 R－＝R（A）、T－＝T（A）、R＋＝R（B）、T＋＝T（B）。

## 10.7.3 自由口协议参数设置

大多数串行通信的应用都是基于自由口通信协议，例如与仪表、条形码扫描仪等设备的通信。通常将设备作为数据的服务器，由设备方提供自由口通信的格式。这些设备在网络上也可以称为从站，主站按照通信格式读写从站中的数据，例如 MODBUS RTU 通信也是基于自由口通信而开发的一种通信协议。下面以 CM PtP RS422/485 HF 为例，介绍该模块自由口通信协议的参数。

在 SIMATIC S7-1500/ET200MP 站点上插入 CM PtP RS422/485 HF 模块。在模块的属性界面中，单击“操作模式”标签栏，设置端口的工作模式，如图 10-137 所示。

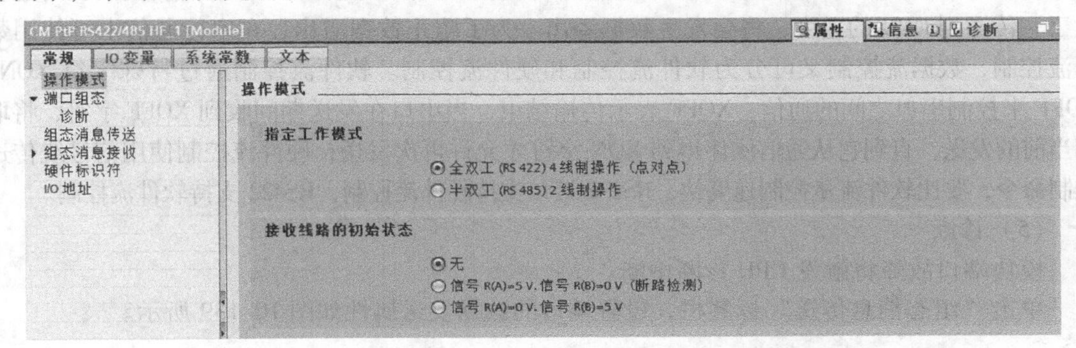


图 10-137　串行接口的操作模式界面

（1）指定工作模式

选择 RS422 全双工或 RS485 半双工模式。

（2）接收线路的初始状态

接收引脚的初始状态，在 RS422 模式下可以选择断路检测。

单击“端口组态”标签栏，设置端口的属性如图 10-138 所示。

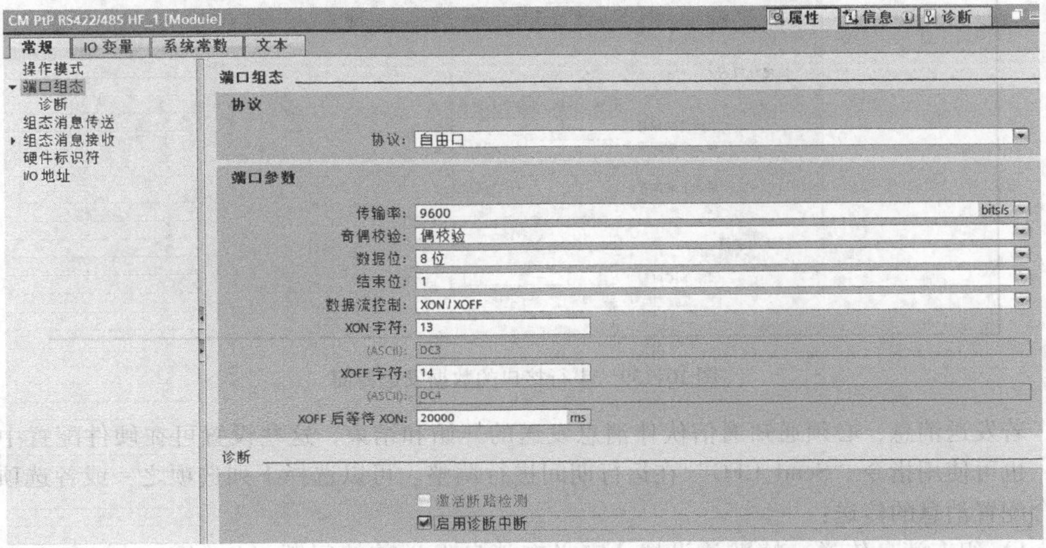

图 10-138　串行接口的组态界面

（3）协议

可以选择自由口/MODBUS 和 3964R 协议，端口参数会跟随协议的选择而变化。示例中选择自由口。

（4）端口参数

1）传输率：通信双方的传输率必须一致，传输率也要根据通信的距离进行选择，通常通信距离越长速率越低。

2）字符帧：通信双方的数据以字符帧格式进行传递。字符帧包括起始位、数据位、奇偶位、停止位和空闲位。通信双方字符帧格式必须匹配。

3）数据流控制：串行通信模块接收数据并传送到 CPU 中。如果串行通信模块接收的速度大于它传送到 CPU 的速度，将会发生数据溢出。为了防止数据溢出，在串行通信中可使用数据流控制，数据流控制又可分为软件流控制和硬件流控制。软件流控制通过特殊字符 XON/XOFF 来控制串口之间的通信，XOFF 表示传输结束，当串口在发送期间收到 XOFF 字符，将取消当前的发送，直到它从通信伙伴得到 XON 字符才允许再次发送；硬件流控制使用信号线传送控制命令，要比软件流量控制速度快，RS232 接口支持硬件流控制，RS422 支持软件流控制。

（5）诊断

模块端口故障将触发 CPU 诊断中断。

单击“组态消息传送”标签栏，设置端口的数据发送属性如图 10-139 所示。

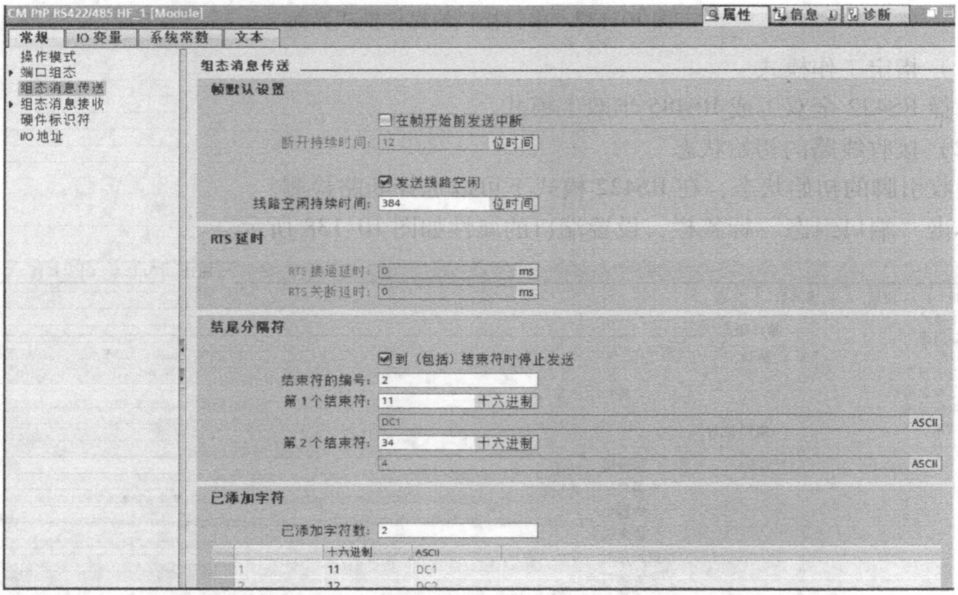

图 10-139　串行接口的数据发送界面

若发送消息，必须通知通信伙伴消息发送的开始和结束，这些设置可在硬件配置中设置，也可使用指令“Send_CFG”在运行期间进行调整。可以选择下列选项之一或各选项的组合配置消息的传送：

1）组态消息传送、帧默认设置：定义在消息发送前的间断（Break）时间和空闲线（Idle Line）时间。时间以 Tbit 为单位，与传输率有关，Tbit = 1/传输速率。

2）RTS 延时：RS232 接口参数，用于配置发送请求 RTS 接通和断开的延时时间。

3）结尾分隔符：发送字符时，到定义的结束符时停止发送。可以定义两个结束符，在消息中必须包含结束符。

4）已添加字符：最多可以在消息后面添加 5 个附加字符。

单击“组态消息接收”→“帧开始检测”标签栏，设置端口接收数据开始条件的检测参数，如图 10-140 所示。

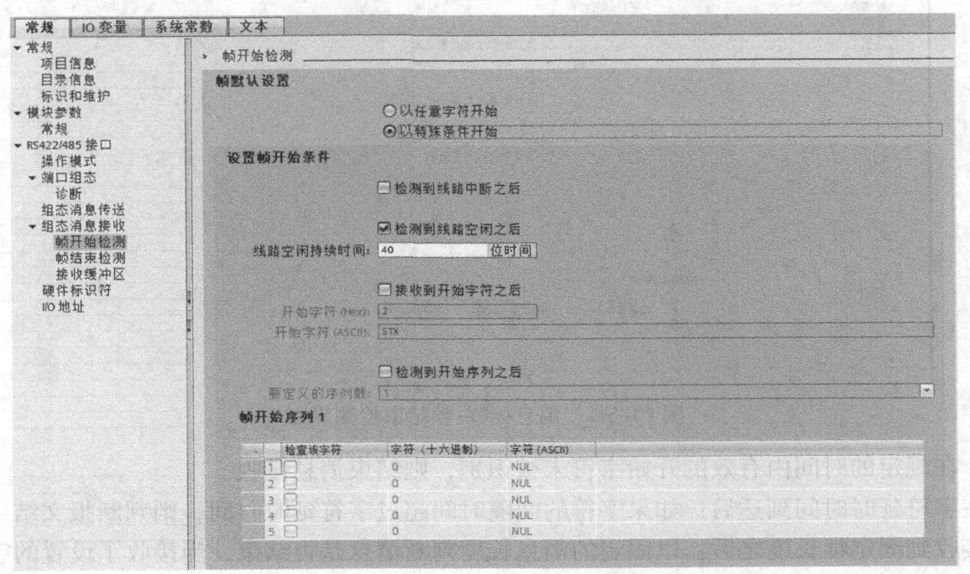


图 10-140　消息接收-帧开始检测界面

对于使用自由口的数据传输，可在多种不同的帧开始检测选项中进行选择。一旦符合接收条件，接收端将开始接收数据。

（1）帧开始检测、帧默认设置

以任意字符开始：意味着以通信伙伴发送的第一个字符作为接收的第一个字符。

以特殊条件开始：需要在“设置帧开始条件”中设定接收条件。

（2）设置帧开始条件

检测到线路中断之后：检测到通信伙伴发送的线路间断（Break）后开始接收消息。

检测到线路空闲之后：检测到组态的空闲线路持续时间后开始接收消息。

接收到开始字符之后：在检测到经组态的开始字符后开始接收消息。

检测到开始序列之后：在检测到一个或多个字符序列后开始接收消息，最多 4 个序列，每个序列最多 5 个字符。

单击“组态消息接收”→“帧结束检测”标签栏，设置端口接收数据结束条件的检测参数，如图 10-141 所示。

同样可以选择多种不同的帧结束条件，一旦符合结束条件，数据接收任务完成。

帧结束检测、对接收帧的末尾检查模式：

通过消息超时识别消息结束：从满足接收条件开始计时，超过设定的时间后结束消息接收。

通过响应超时识别消息结束：响应时间用于监控通信伙伴的响应行为。如果发送任务完

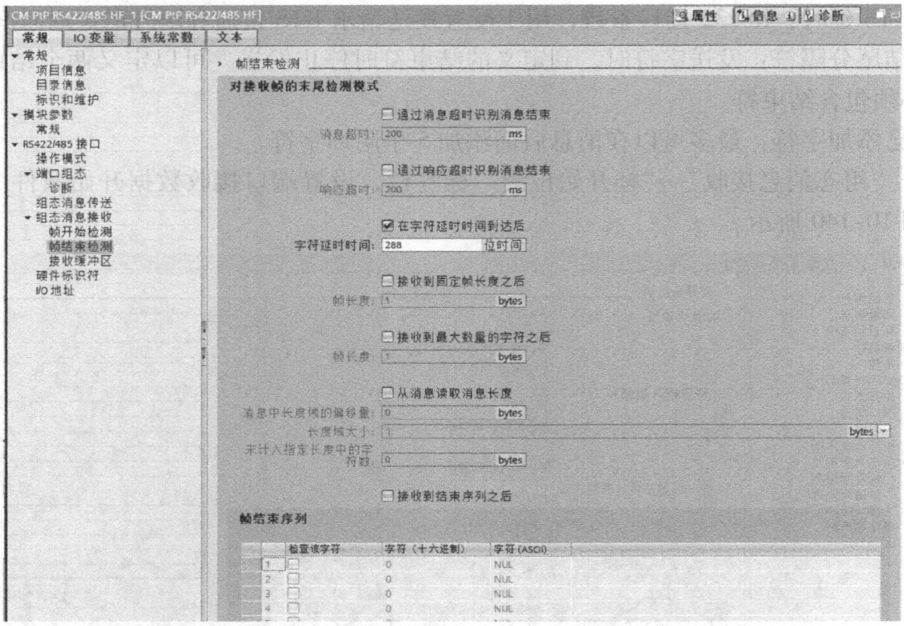

图 10-141 消息接收-帧结束检测界面

成后，在规定的时间内有效的开始字符未被识别，则结束消息接收。

在字符延时时间到达后：如果字符的间隔时间超过字符延时时间，则判断报文结束。

接收到固定帧长度之后：以固定的消息长度判断消息是否结束，当接收了设置的字节数后，判定一帧消息结束。接收报文时，如果超过了字符延迟时间，而接收的字符数还未到组态的字符数时，将报错并丢弃该帧；如果在达到固定帧长度之前，满足另一个已使能的结束条件，则会输出一条错误消息并丢弃该帧。

接收到最大数量的字符之后：到达所设定的字符数之后判断为帧结束。此设置可与“字符延时时间”设置结合使用。如果在接收到最大数量的字符数之前出现了另一个结束条件，接收到的帧仍然被认为是无错误的。

从消息读取消息长度：当接收消息帧中指定长度的字符后，该消息帧接收结束。即要接收的消息帧长度按照一定的格式在消息中给出。

接收到结束序列之后：在接收到设定的字符序列后判断为帧结束，最长为五个字符。

单击“接收缓冲区”标签栏，设置模块的接收区如图 10-142 所示。

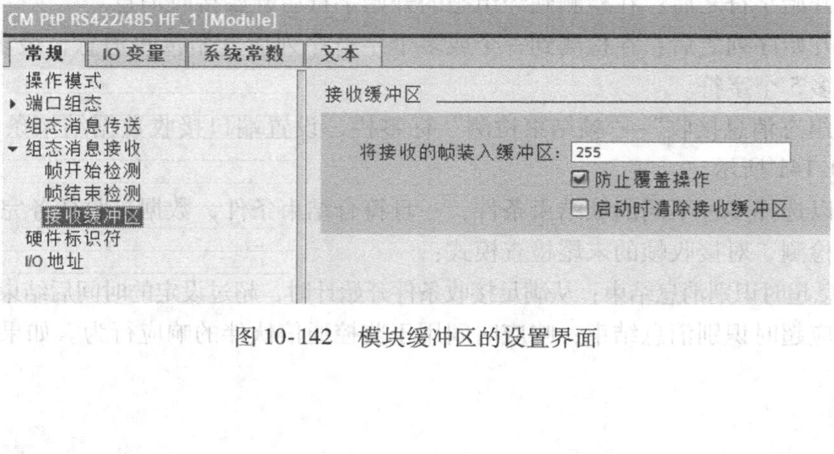

图 10-142 模块缓冲区的设置界面

以模块 CM PtP RS422/485 HF 为例，接收缓冲区为8KB 个字节，255 帧消息，最大一帧消息为4KB。接收缓冲区是一个环形缓冲区，默认设置为阻止数据的覆盖，缓存区设置为255 帧消息。这样 CPU 接收的消息是缓冲区最早进入的一帧，如果 CPU 总是需要接收最新的消息，必须将缓冲区设置为 1 帧消息，并去掉防止数据覆盖选项。

## 10.7.4 串行通信模块的通信函数

串行通信模块支持的通信函数见表 10-12。

表 10-12 通信模块支持的通信函数

| 函数分类 | 函数名称 | 功能描述 |
| --- | --- | --- |
| 动态参数分配函数 | Port_Config | 通过用户程序动态设置“端口组态”中的参数，例如传输率、奇偶校验和数据流控制，参考图 10-138 中的参数 |
| | Send_Config | 通过用户程序动态设置“组态消息传送”中的参数，例如 RTS ON-/RTS OFF 延迟参数等，参考图 10-139 中的参数 |
| | Receive_Config | 通过用户程序动态设置“组态消息接收”中的参数，参考图 10-140 ~ 图 10-142 中的参数 |
| | P3964_Config | 通过用户程序动态设置 3964（R）协议的参数，例如字符延迟时间、优先级和块校验。本文中没有介绍 |
| 通信函数 | Send_P2P | 发送数据 |
| | Receive_P2P | 接收数据 |
| | Receive_Reset | 清除通信模块的接收缓冲区 |
| RS232 信号操作函数 | Signal_Get | 读取 RS232 信号的当前状态 |
| | Signal_Set | 设置 RS232 信号 DTR 和 RTS 的状态 |
| 高级功能函数 | Get_Features | 获取有关 MODBUS 支持和有关生成诊断报警的信息 |
| | Set_Features | 激活诊断报警的生成 |

## 10.7.5 自由口协议通信示例

使用自由口通信协议时通常需要知道串口设备的报文格式。例如，在 CPU 从一个串口仪表读取测量数据的应用中，串口仪表通常是被动发送数据，即接收到数据请求报文后返回数据报文。

（1）数据请求报文的格式

| 数据请求 | 站号 | 数据开始地址 | 数据长度 | 异或校验码 |
| --- | --- | --- | --- | --- |

（2）数据请求报文解释

数据请求：1 个字节，11（HEX）为读请求。

站号：1 个字节，1 ~ 200（HEX）。

数据开始地址：1 个字节，1 ~ 80（HEX）。

数据长度：1 个字节，1 ~ 80（HEX）。

异或校验码：1 个字节，字节校验（HEX）。

(3) 返回报文的格式

| 数据请求应答 | 站号 | 请求数据 | 异或校验码 |
|---|---|---|---|

(4) 返回报文的解释

数据请求应答：1 个字节，22（HEX）为读请求应答。

站号：1 个字节，1～200（HEX）。

请求数据：返回测量数据。每个数据占用 1 个字节（HEX）。

异或校验码：1 个字节，字节校验（HEX）。

假设需要读取 10 号站仪表中地址从 100 开始的 4 个数据（即地址 100～103），串行通信处理器发送的数据请求报文为 5 个字节分别为 11、0A、64、04、7B。返回报文为 7 个字节，分别为 22、0A、11、22、33、44、6C。所需要读取的数据为 11、22、33、44（假设）。

以上述需求为例介绍通过自由口协议建立通信的过程如下：

1) 创建新项目，例如“FREE PORT”。在项目树下单击“添加新设备”，选择 CPU 1516-3，并创建一个 PLC 站点。

2) 从硬件目录中将串行通信模块 CM PtP RS422/485 HF 拖放到机架上。在模块的属性界面中，选择 RS485 半双工通信模式并设置端口参数，例如通信速率为 9600，偶校验，8 位数据位，1 位停止位，其他参数保持默认设置。可以参考 10.7.3 节自由口协议参数设置。

3) 打开主程序块，直接调用通信函数 Send_P2P 和 Receive_P2P（“指令”→“通信”→“通信处理器”→“PtPCommunication”），如图 10-143 所示。

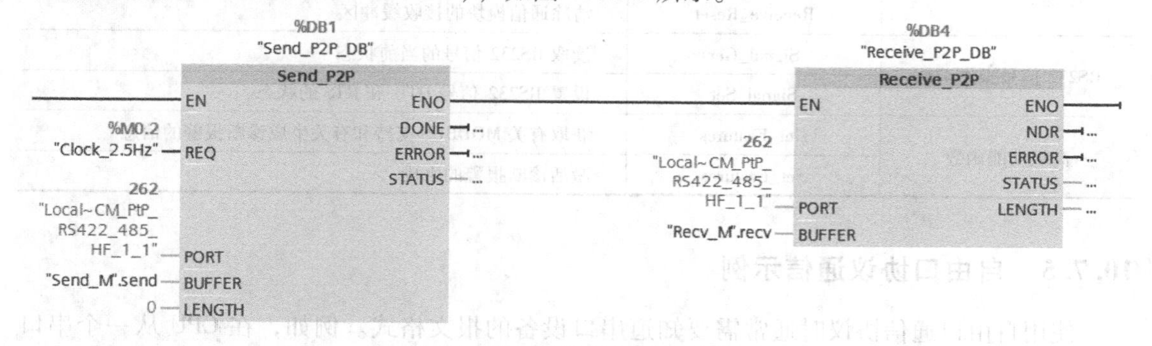


图 10-143　调用串行通信函数

图 10-143 中 Send_P2P 的参数含义：

① REQ：发送请求，每个上升沿发送一帧数据，示例中为 CPU 的 2.5Hz 时钟脉冲。

② PORT：通信模块的硬件标识符，参考模块的属性。

③ BUFFER：指定的发送区（需要发送哪一个 DB 块中的数据）。

④ LENGTH：发送字节的长度，如果为 0，将发送全部数据区数据。

⑤ DONE：发送完成输出一个脉冲。

⑥ ERROR：发送失败输出 1。

⑦ STATUS：函数调用的状态字。

图 10-143 中 Receive_P2P 的参数含义：

① EN：接收使能。

② PORT：通信模块的硬件标识符，参考模块的属性。

③ BUFFER：指定接收区。

④ NDR：接收新数据时输出一个脉冲。

⑤ ERROR：接收失败输出1。

⑥ STATUS：函数调用的状态字。

⑦ LENGTH：输出实际接收字节的长度。

4）按照报文格式的需求，建立数据块Send_M，定义5个字节的数组Send，然后在程序中分别赋值11、0A、64、04、7B；使用数据块Recv_M接收数据，Recv_M. recv为数组。

5）将程序下载到CPU中，然后监控通信的数据，示例中以另一个通信模块模拟仪表，示例程序可以参考光盘目录（请关注“机械工业出版社E视界”微信公众号下载，或联系工作人员索取）：示例程序→串行通信文件夹下的《FREE PORT》项目。

**注意：**一个带有RS485接口的串行处理器可以级联多个带有RS485接口的仪表（如果是RS232C的接口需要转换到RS485接口，经过转换的接口需要注意连接的问题）。对于这种应用需要在程序中编写各站的轮循程序，并且不能在CPU中同时调用多个发送和接收程序。如果站点比较多，每一个站同时有读写操作，这样通信程序将比较繁琐。

## 10.7.6 MODBUS RTU通信协议

MODBUS RTU是基于串口（RS232C、RS422/485）的一种开放的通信协议，多用于连接现场仪表设备，通信距离与串行通信中的定义相同。由于MODBUS的报文简单、开发成本比较低，许多现场仪表仍然使用MODBUS RTU协议通信。MODBUS RTU通信以主从的方式进行数据传输，主站发送数据请求报文到从站，从站返回响应报文。考虑到一般应用，这里以ET200SP CM PtP模块作为主站，SIMATIC S7-1500/ET200MP CM PtP RS422/485 HF模块作为从站为例，介绍MODBUS RTU主站和从站的配置情况。

**注意：**ET200SP CM PtP模块与SIMATIC S7-1500/ET200MP CM PtP RS422/485 HF模块作为MODBUS主站和从站时，调用的通信函数和配置过程相同。

1）创建新项目，例如“Modbus_RTU”，在项目树下单击“添加新设备”，选择CPU 1516-3，并创建一个PLC站点；然后再配置一个带PROFINET接口模块的ET200SP站点。

2）从硬件目录中将串行通信模块CM PtP RS422/485 HF拖放到主机架上，在模块的属性界面中选择MODBUS协议；然后再次拖放一个通信模块CM PtP到ET200SP站点上，同样选择MODBUS协议。示例中，将主机架上的模块作为MODBUS从站，将ET200SP上的模块作为MODBUS主站。

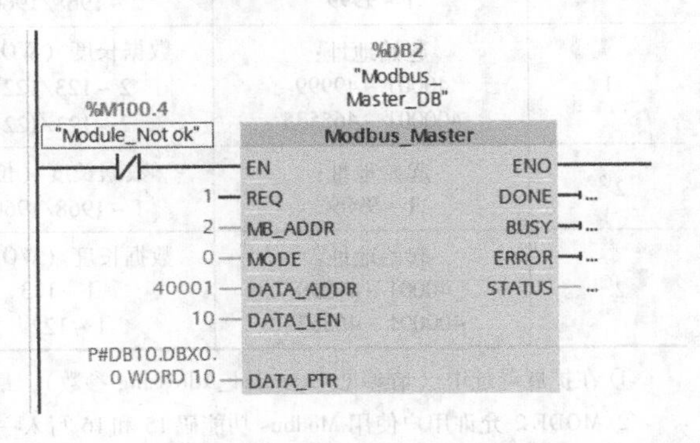

图10-144 MODBUS_RTU主站通信程序

3）打开主程序块，直接调用与MODBUS主站相关的通信函数“MODBUS_COMM_Load”和“MODBUS_Master”（“指令”→“通信”→“通信处理器”→“MODBUS（RTU）”），如图 10-144 所示。

图 10-144 中函数 MODBUS_Master 的参数：

① EN：使能主站通信功能，示例中使用“Module_Notok”位判断模块是否有效，用于模块的再次初始化。

② REQ：发送请求，由于通信程序块是由 Send_P2P 和 Receive_P2P 二次封装而成，发送请求为电平信号“1”，而不是脉冲信号。

③ MB_ADDR：MODBUS 从站的站地址，示例中为2。

④ MODE：MODBUS 通信模式，MODBUS 通信使用不同的功能码对不同的数据区进行读写操作。“MODBUS_Master”函数使用 MODE、DATA_ADDR、DATA_LEN 等参数的组合替代功能码，使编程更加简单。示例中 MODE 为0。

⑤ DATA_ADDR：从站地址区的开始地址，例如 10001，40020，示例中为 40001。

⑥ DATA_LEN：从站地址区的长度，示例中为 10。

通过参数 MODE、DATA_ADDR 以及 DATA_LEN 的组合可以定义 MODBUS 消息中所使用的功能码及操作地址，见表 10-13 所示。

**表 10-13　MODBUS RTU 通信模式对应的功能码及地址**

| MB_MODE | MB_DATA_ADDR | MB_DATA_LEN | Modbus 功能 | 功能和数据类型 |
|---|---|---|---|---|
| 0 | 起始地址：<br>1 ~ 9999 | 数据长度（位）：<br>1 ~ 2000/1992① | 01 | 读取输出位 |
| 0 | 起始地址：<br>10001 ~ 19999 | 数据长度（位）：<br>1 ~ 2000/1992① | 02 | 读取输入位 |
| 0 | 起始地址：<br>40001 ~ 49999<br>400001 ~ 465535 | 数据长度（WORD）：<br>1 ~ 125/124①<br>1 ~ 125/124① | 03 | 读取保持寄存器 |
| 0 | 起始地址：<br>30001 ~ 39999 | 数据长度（WORD）：<br>1 ~ 125/124① | 04 | 读取输入字 |
| 1 | 起始地址：<br>1 ~ 9999 | 数据长度（位）：<br>1 | 05 | 写入输出位 |
| 1 | 起始地址：<br>40001 ~ 49999<br>400001 ~ 465535 | 数据长度（WORD）：<br>1<br>1 | 06 | 写入保持寄存器 |
| 1 | 起始地址：<br>1 ~ 9999 | 数据长度（位）：<br>2 ~ 1968/1960① | 15 | 写入多个输出位 |
| 1 | 起始地址：<br>40001 ~ 49999<br>400001 ~ 465535 | 数据长度（WORD）：<br>2 ~ 123/122①<br>2 ~ 123/122① | 16 | 写入多个保持寄存器 |
| 2② | 起始地址：<br>1 ~ 9999 | 数据长度（位）：<br>1 ~ 1968/1960① | 15 | 写入一个或多个输出位 |
| 2② | 起始地址：<br>40001 ~ 49999<br>400001 ~ 465535 | 数据长度（WORD）：<br>1 ~ 123<br>1 ~ 122① | 16 | 写入一个或多个保持寄存器 |

① 在扩展寻址中（请参见 Extended_Adressing 参数），最大数据长度根据功能码的数据类型而缩减 1 字节或 1 个字。

② MODE 2 允许用户使用 Modbus 功能码 15 和 16 写入一个或更多的输出位和保持寄存器。MODE 1 使用 Modbus 功能码 5 和 6 写入 1 个输出位和 1 个保持寄存器，使用 Modbus 功能码 15 和 16 写入多个输出位和多个保持寄存器。

⑦ MB_DATA_PTR：一个指向数据缓冲区的指针，该缓冲区用于存储从 MODBUS 从站读取或写入 MODBUS 从站的数据。示例中将从站 2 的保持寄存器 40001 ~ 40010 读出，并存储于本地 DB10. DBW0 ~ DB10. DBW18 中。

**注意：** 如果使用数据块作为数据缓冲区，MB_DATA_PTR 赋值的参数必须是非优化数据块。

⑧ DONE：如果上一个请求完成并且没有错误，DONE 位将变为 TRUE，并保持一个周期。

⑨ BUSY：如果为 FALSE，表示 Modbus_Master 无激活命令；如果为 TRUE，表示 Modbus_Master 命令执行中。

⑩ ERROR：如果上一个请求出错，则 ERROR 位将变为 TRUE，并保持一个周期。STATUS 参数中的错误代码仅在 ERROR = TRUE 的周期内有效。

⑪ STATUS：错误代码。MODBUS_Master：背景数据块中的静态变量。

Extended_Addressing：将从站地址组态为单字节或双字节。FALSE = 1 个字节，表示从站地址，地址范围为 0 ~ 247；TRUE = 2 个字节，表示从站地址（对应于扩展地址），地址范围为 0 ~ 65535。

函数 MODBUS_COMM_Load 用于初始化串口参数，可以参考章节 10. 7. 3 自由口协议参数设置中列出的参数。参数的设置分为静态设置和动态设置两种方式，在 TIA 博途 V15 中，MODBUS RTU 使用动态方式设置串行接口参数，程序如图 10-145 所示。

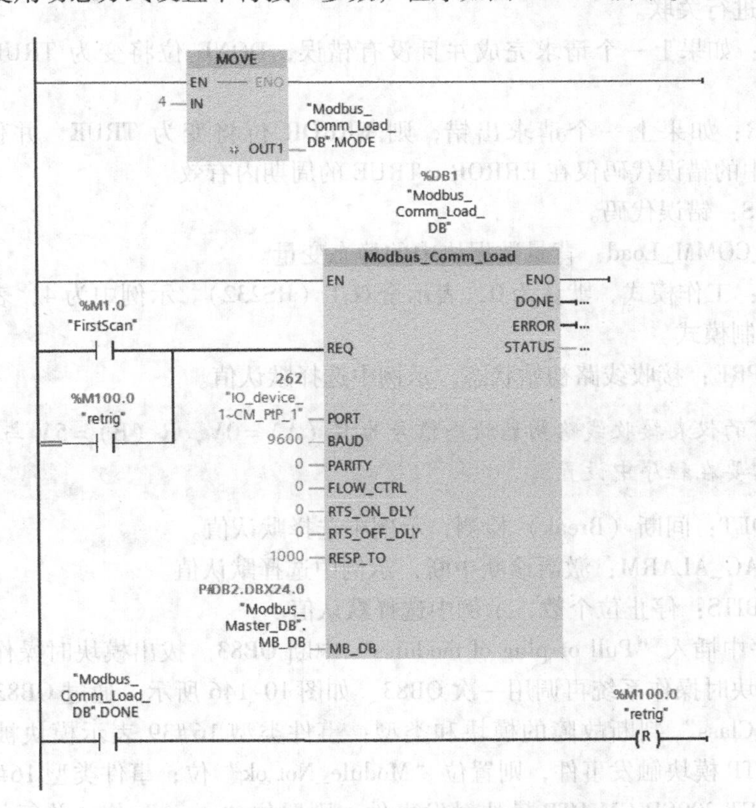


图 10-145　主站 MODBUS 通信模块参数化

图 10-145 中 MODBUS_COMM_Load 的参数：

① REQ：出现上升沿时，进行端口初始化，将接口参数写入到模块中。示例中使用 CPU 的系统功能 FirstScan 位触发首次初始化。如果模块掉电后再上电，或安装有串口模块的分布式 I/O 站点与主站通信失败后再恢复通信时，存储于模块的接口参数将丢失。这些情况下需要重新进行一次初始化操作。示例中使用“retrig”位进行初始化，“retrig”位在插拔中断 OB83 和机架和站点中断 OB86 处理。初始化完成后，使用初始化函数的“Modbus_Comm_Load_DB. DONE”进行复位。

② PORT：通信模块的硬件标识符，参考模块的属性。示例中为安装于分布式 I/O 上的串口模块。

③ BAUD：选择数据传输速率，示例中选择默认值。

④ PARITY：选择奇偶校验，示例中选择默认值。

⑤ FLOW_CTRL：选择流控制，示例中选择默认值。

⑥ RTS_ON_DLY：RTS 接通延迟选择，示例中选择默认值。

⑦ RTS_OFF_DLY：RTS 关断延迟选择，示例中选择默认值。

⑧ RESP_TO：响应超时，示例中选择默认值。

⑨ MB_DB：对函数 Modbus_Master 或 Modbus_Slave 背景数据块的引用。用于将初始化的结果与 MODBUS 主站或者从站进行关联，参数为背景数据块中的静态变量 MB_DB，示例中与主站参数进行关联。

⑩ DONE：如果上一个请求完成并且没有错误，DONE 位将变为 TRUE，并保持一个周期。

⑪ ERROR：如果上一个请求出错，则 ERROR 位将变为 TRUE，并保持一个周期。STATUS 参数中的错误代码仅在 ERROR = TRUE 的周期内有效。

⑫ STATUS：错误代码。

MODBUS_COMM_Load：背景数据块中的静态变量。

① MODE：工作模式，默认为 0，表示全双工（RS232）。示例中为 4，表示使用半双工（RS485）二线制模式。

② LINE_PRE：接收线路初始状态，示例中选择默认值。

> **注意**：有的仪表接收线路初始状态信号为 R（A）=0V，R（B）=5V 与这里的默认设置不匹配，需要在程序中设置。

③ BRK_DET：间断（Break）检测，示例中选择默认值。

④ EN_DIAG_ALARM：激活诊断中断，示例中选择默认值。

⑤ STOP_BITS：停止位个数，示例中选择默认值。

4）在程序中插入“Pull or plug of modules”中断 OB83。拔出模块时操作系统调用一次 OB83，插入模块时操作系统再调用一次 OB83。如图 10-146 所示，通过 OB83 接口区的输入变量“#Event_Class”判断故障的模块和类型：事件类型 16#39 表示模块被拔出，如果是 ET200SP CM PTP 模块触发事件，则置位“Module_Not ok”位；事件类型 16#38 表示模块被插入，如果是 ET 200SP CM PTP 模块触发事件，则置位“retrig”位，并复位“Module_Not ok”位。同时，还需对通信故障的状态进行确认，即对主站通信函数的背景数据块中的变量“Modbus_Master_DB”. MB_State”清零。

```
1  IF #LADDR=262 & #Event_Class=16#39 THEN
2      "Module_Not ok" := TRUE;
3
4  END_IF;
5
6  IF #LADDR = 262 & #Event_Class = 16#38 THEN
7      "Module_Not ok" := FALSE;
8      "retrig" := TRUE;
9      "Modbus_Master_DB".MB_State := 0;
10
11 END_IF;
```

图 10-146　插拔中断 OB83 的处理

**注意：** 清除状态时不能同时调用主站通信函数，所以示例中使用 “Module_Not_ok” 位进行去使能函数的调用。

5）在程序中插入 “Rack or Station failure” 中断 OB86。站点故障时操作系统调用一次 OB86，站点恢复时操作系统再调用一次 OB86。如图 10-147 所示，OB86 中的程序与 OB83 中的程序类似。注意这里的地址是接口模块的地址，而不是 CM PTP 模块的地址。

```
1  IF #LADDR = 264 & #Event_Class = 16#39 THEN
2      "Module_Not ok" := TRUE;
3
4  END_IF;
5
6  IF #LADDR = 264 & #Event_Class = 16#38 THEN
7      "Module_Not ok" := FALSE;
8      "retrig" := TRUE;
9      "Modbus_Master_DB".MB_State := 0;
10
11 END_IF;
```

图 10-147　站点故障中断 OB86 的处理

6）调用与 MODBUS 从站相关的通信函数 “MODBUS_COMM_Load” 和 “MODBUS_Slave”（“指令”→“通信”→“通信处理器”→“MODBUS（RTU）”），如图 10-148 所示。

图 10-148 中函数 MODBUS_Slave 的参数：

① MB_ADDR：MODBUS 从站的站地址，示例中为 2。

② MB_HOLD_REG：将全局数据块或位存储器（M）映射到 MODBUS 从站的保持寄存器区（4xxxx），用于功能码 FC03（读取 WORD）、FC06（写入 WORD）和 FC16（写入多个 WORD）的操作。数据块和位存储器（M）地址区的大小与 CPU 的具体型号有关。

通信函数 MODBUS_Slave 自动将 SIMATIC S7-1500 CPU 的过程映像输入和输出区与 MODBUS 地址区作了映射，所以不需要用户进行配置。

③ NDR：0 表示没有来自 MODBUS 主站的新数据写入；1 表示有新数据写入。

④ DR：0 表示没有数据被 MODBUS 主站读取；1 表示有数据被 MODBUS 主站读取。

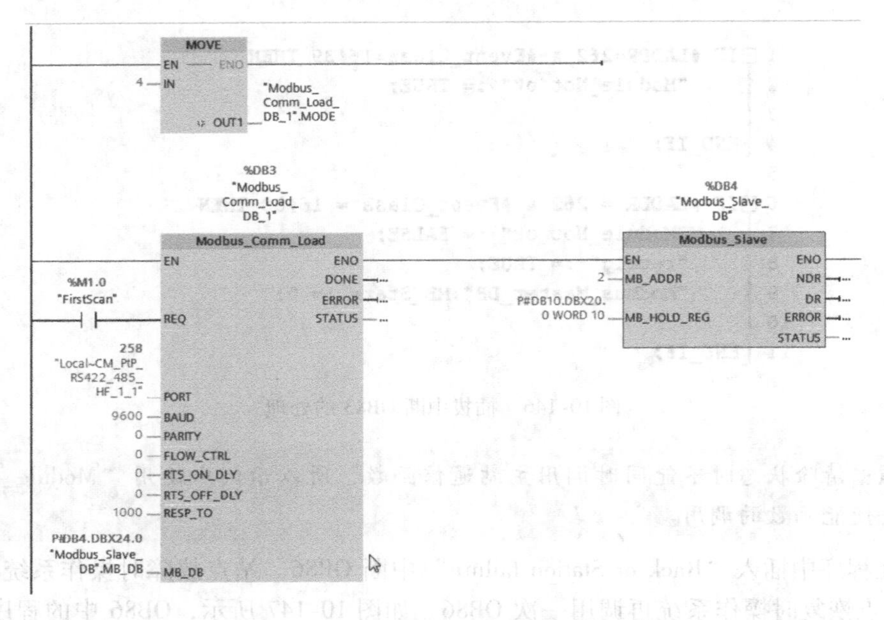

图 10-148 MODBUS_RTU 从站通信程序

⑤ ERROR：通信故障，详细信息可以查看状态字。

⑥ STATUS：状态字，显示通信的状态信息。

与主站相同，从站接口也需要通过函数 MODBUS_COMM_Load 进行初始化，这里不再介绍。位于主机架上的 CM PTP 模块（从站）不需要重新初始化。但是如果从站位于分布式 I/O 上，当串口模块发生掉电/上电事件，或插/拔事件时，则必须重新进行初始化，具体做法与作为主站时的方式相同。要注意的是，在对通信状态进行确认时，除了需要对变量“从站背景数据块 . MB_State”进行清零，还需要对变量“从站背景数据块 . SEND_PTP. y_state”进行清零。

7）将程序下载到 CPU 中，通信建立后，从站的数据区 DB10. DBW20 ~ DB10. DBW38 中的数据将被读到主站中，并存放到数据区 DB10. DBW0 ~ DB10. DBW18 中。示例程序可以参考光盘目录（请关注“机械工业出版社 E 视界”微信公众号，回复 ISBN 号下载或联系工作人员索取）：示例程序→串行通信文件夹下的《Modbus_RTU》项目。

**注意：**一个带有 RS485 接口的串行处理器可以级联多个带有 RS485 接口的仪表。这种情况下，需要在程序中编写站的轮循程序，并且不能在 CPU 中同时调用多个主站程序。与 S7-300/400 主站使用发送和接收函数进行轮询相比，SIMATIC S7-1500 的主站通信函数只有一个，在内部使用串行通信函数 Send_P2P 和 Receive_P2P 二次封装而成，它的发送请求为常“1”信号。如果数据发送成功，并接收到通信伙伴的正确响应，发送函数的 DONE 信号为一个周期的脉冲；如果通信失败，函数的 ERROR 信号为一个周期的脉冲。所以，可以使用 DONE/ERROR 信号切换轮询的站号和数据区，使 MODBUS 通信更加稳定、方便。

# 第 11 章　SIMATIC S7-1500 组态控制功能

为了适应市场需求的快速变化，机械设备的类型可能会按价格和功能进行细分，一套设备可能会衍生多种不同的型号。这些设备控制部分的程序大都相同，但在通常情况下，不同型号的设备需要配套不同的控制系统即不同的硬件配置，所以如果这些项目都重新开发，会增加很多的工作量，而且相应的项目文件也不易管理。使用“组态控制”功能，可以使这种需求非常容易得到满足，因为所有的设备只需要使用一套程序和硬件配置，而且通过人机界面等方式可轻松地设置相应的设备型号。

## 11.1　组态控制的原理

在常规模式下，模块经过硬件配置并下载到 CPU 后，实际模块的型号和所占槽位必须与硬件配置相一致。应用组态控制，可通过程序修改已经下载的硬件配置，这样在项目的设计上，对应用程序和硬件配置有如下要求：

1）应用程序包括所有型号设备的程序。对于一个确定的设备，系统启动后可通过 HMI 选择设备的类型，并通过程序选择执行该类型设备所对应的程序段。

2）硬件配置按最大可能的模块数量进行配置，即项目中的硬件配置包含所有型号设备所需的模块，并可以通过用户程序修改与硬件配置相关的数据记录。对应不同型号的设备，在数据记录中标识各模块有无以及模块所占槽位等信息，以达到修改的目的。如图 11-1 所示，一个项目的最大配置有 6 个模块，可以衍生出带有其中 4 个模块的站点和带有其中 3 个模块的站点。这两个站点中各模块的槽位顺序也可以相互调换。

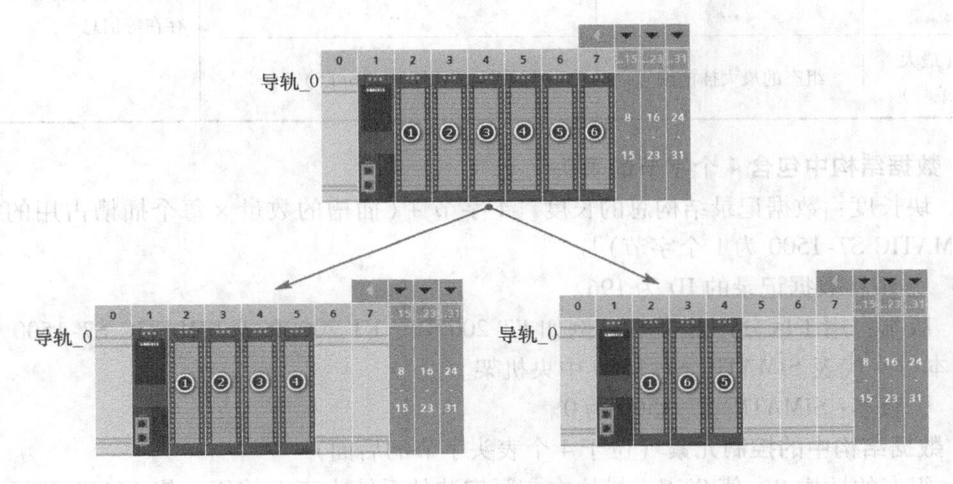


图 11-1　组态控制

## 11.2　软件、硬件要求以及使用范围

1）软件需要：TIA 博途 V13 SP1 及以上版本。

2）硬件要求：SIMATIC S7-1500 CPU 固件版本 V1.5 或更高。V1.7 或更高版本的 CPU 支持的组态控制应用中可以包含 CP/CM，但是这些模块必须保留在其组态的插槽中。

组态控制可以应用于 SIMATIC S7-1500 的中央机架、ET 200MP 或 ET 200SP 等分布式 I/O 站点上。

## 11.3　SIMATIC S7-1500 硬件配置的数据记录格式

硬件配置以数据记录的方式存储于 CPU 中，为了区别标以数字号码，通常为 196，也就是说 CPU 中的 196 号数据记录中存储着硬件配置，修改数据记录 196 中的格式也就修改了硬件配置。下面以 SIMATIC S7-1500 中央机架为例介绍数据记录的格式，见表 11-1。

表 11-1　SIMATIC S7-1500 硬件配置数据记录格式

| 字节 | 元素 | 代　码 | 说　明 |
|---|---|---|---|
| 0 | 块长度 | 4 + 插槽数 | 表头 |
| 1 | 块 ID | 196 | |
| 2 | 版本 | 4（用于中央机架） | |
| 3 | 子版本 | 0 | |
| 4 | 组态的插槽 0 | 实际插槽 0 | 控制元素<br>每个元素分别为最大配置中已组态在各插槽的模块在设备中所占的实际插槽或不存在等信息 |
| 5 | 组态的插槽 1 | 实际插槽 1（始终为 1，因为 CPU 始终位于插槽 1 中） | |
| 6 | 已组态插槽 2 | 实际插槽或不存在（16#FF） | |
| 7 | 已组态插槽 3 | 实际插槽或不存在（16#FF） | |
| … | … | … | |
| 4 +（最大插槽编号） | 组态的最大插槽编号 | 实际插槽或不存在（16#FF） | |

**1. 数据结构中包含 4 个字节的表头**

1）块长度：数据记录结构总的长度［4 字节 +（插槽的数量 × 每个插槽占用的字节数量，SIMATIC S7-1500 为 1 个字节）］。

2）块 ID：数据记录的 ID 为 196。

3）版本：用于区分产品类别，例如 ET 200MP、ET 200SP 或 SIMATIC S7-1500 中央机架，版本号 4 代表 SIMATIC S7-1500 中央机架。

4）子版本：SIMATIC S7-1500 为 0。

**2. 数据结构中的控制元素**（位于 4 个表头字节的后面）

1）组态的插槽 0：值 0 表示模块在实际安装的系统中正在使用，值 16#FF 表示此模块在实际安装的系统中不存在。

2）组态的插槽 1：值 1 表示 CPU 在实际安装的系统中正在使用；因为 CPU 始终位于插槽 1 中，不可以改变。

3）已组态的插槽 2：值 2 ~ $n$ 表示此模块在实际安装的系统中的插槽号，值 16#FF 表示此模块在实际安装的系统中不存在。

4）数据格式必须存储于数据块中，通过指令 WRREC 指令写入到 CPU 中。

## 11.4　SIMATIC S7-1500 中央机架模块组态控制示例

下面以 SIMATIC S7-1500 中央机架为例介绍组态控制的实现。如图 11-2 所示，最大配置的项目中包含 3 个模块，但是实际应用中只有两个模块，即经过组态控制后，模块 1 被取消，模块 2、3 位置互换。

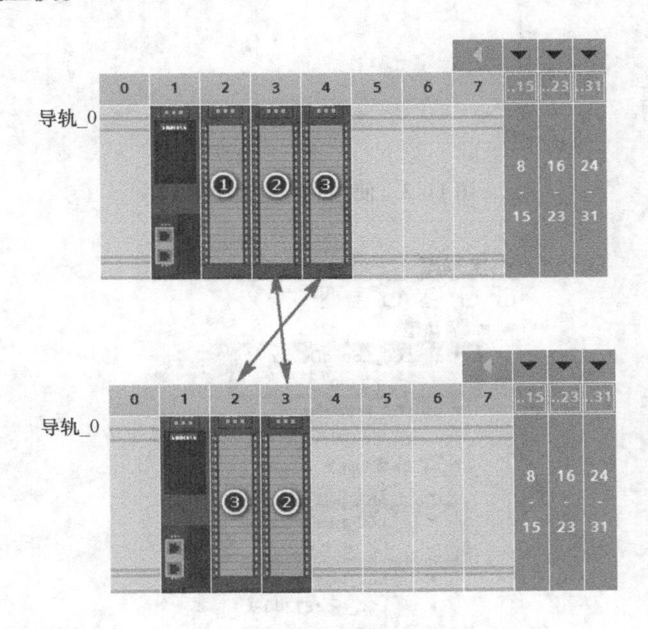


图 11-2　组态控制示例

首先按示例配置项目的硬件，在 CPU 的属性中使能组态控制选项，其他参数保持默认设置，如图 11-3 所示。如果是 ET 200MP 或者 ET 200SP，则需要在接口模块的属性中使能组态控制。

然后在程序中按照表 11-1 中规定的格式创建数据块，最后通过指令将对应数据记录 196 的值写入到 CPU 中。为了方便程序的编写和数据结构的创建，在西门子的网站上可以下载库文件，链接地址为 http://support.automation.siemens.com/CN/view/en/29430270，稍作修改即可完成控制任务。将库文件（29430270_LCC_LIB_V200_TIAV15_1）下载到本地硬盘中，在 TIA 博途中打开库文件，如图 11-4 所示，将数据格式“LCC_typeCPU1500”和函数“LCC_ConfigDevice”分别拖放到 PLC 数据类型和程序块文件夹中。

创建一个数据块，例如 DB1，用于存储数据格式，如图 11-5 所示，示例中在数据块中插入了一个数组，数组的元素为从库中复制过来的 PLC 数据类型“LCC_typeCPU1500”，这

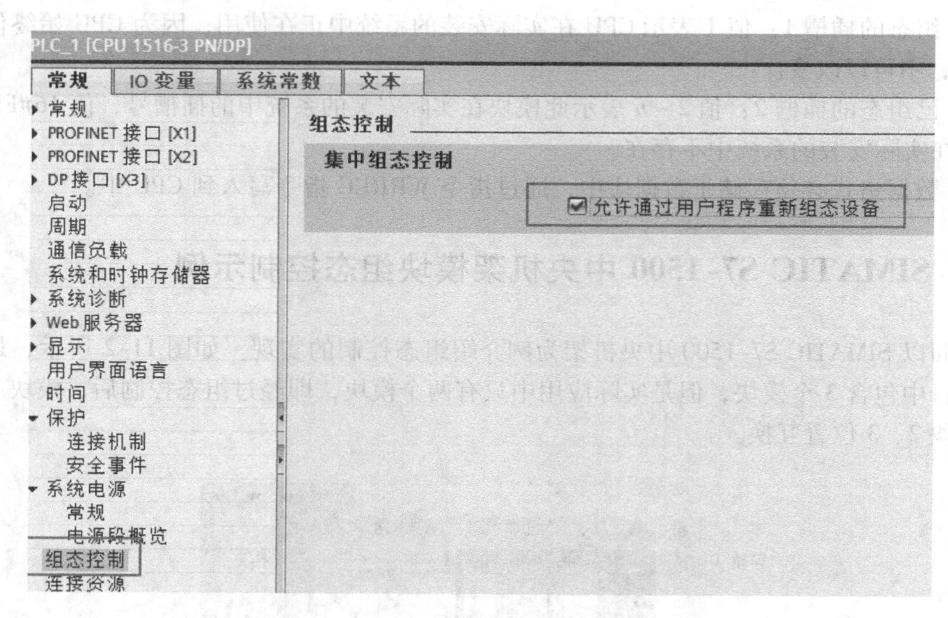


图 11-3　使能 CPU 组态控制

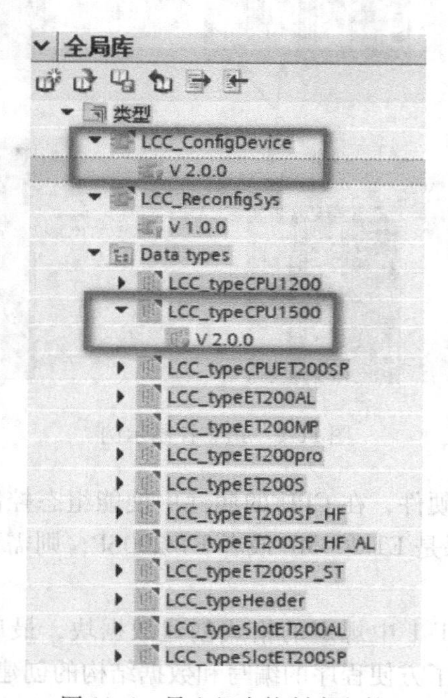


图 11-4　导入组态控制库文件

样每个元素对应一种组态，通过组态控制就可以选择不同的机型。然后修改数据块的启动值，由于此 PLC 数据类型专用于 SIMATIC S7-1500 的中央机架，所以表头、电源模块 PM 和 CPU 等参数不需要更改。模块的插槽需要按照实际要求进行再次分配，分配如下：

1）原插槽 2 中的模块没有使用，所以赋值为 255（16#FF）。

2）原插槽 3 中的模块未改变，所以保持原值 3。

保持实际值　快照　将快照值复制到起始值中　将起始值加载为实际值

数据块_1

| | 名称 | 数据类型 | 起始值 | 保持 | 可从 HMI/... | 从 H... | 在 HMI ... | 设定值 |
|---|---|---|---|---|---|---|---|---|
| 1 | ▼ Static | | | ☐ | ☐ | ☐ | ☐ | ☐ |
| 2 | ▼ Config_Control | Array[0..4] of "LCC_typeCPU1500" | | ☐ | ☑ | ☑ | ☑ | ☐ |
| 3 | ▼ Config_Control[0] | "LCC_typeCPU1500" | | ☐ | ☑ | ☑ | ☑ | ☐ |
| 4 | ▼ header | "LCC_typeHeader" | | ☐ | ☑ | ☑ | ☑ | ☐ |
| 5 | blockLength | USInt | 36 | ☐ | ☑ | ☑ | ☑ | ☐ |
| 6 | blockID | USInt | 196 | ☐ | ☑ | ☑ | ☑ | ☐ |
| 7 | type | USInt | 4 | ☐ | | | | ☐ |
| 8 | typeSub | USInt | 0 | ☐ | | | | ☐ |
| 9 | ▼ slots | Array[0..31] of USInt | | ☐ | ☑ | ☑ | ☑ | ☐ |
| 10 | slots[0] | USInt | 0 | ☐ | | | | ☐ |
| 11 | slots[1] | USInt | 1 | ☐ | | | | ☐ |
| 12 | slots[2] | USInt | 255 | ☐ | ☑ | ☑ | ☑ | ☐ |
| 13 | slots[3] | USInt | 3 | ☐ | | | | ☐ |
| 14 | slots[4] | USInt | 2 | ☐ | ☑ | ☑ | ☑ | ☐ |
| 15 | slots[5] | USInt | 5 | ☐ | | | | ☐ |
| 16 | slots[6] | USInt | 6 | ☐ | | | | ☐ |
| 17 | slots[7] | USInt | 7 | ☐ | ☑ | ☑ | ☑ | ☐ |
| 18 | slots[8] | USInt | 8 | ☐ | ☑ | ☑ | ☑ | ☐ |
| 19 | slots[9] | USInt | 9 | ☐ | ☑ | ☑ | ☑ | ☐ |
| 20 | slots[10] | USInt | 10 | ☐ | ☑ | ☑ | ☑ | ☐ |

表头、电源和CPU参数不需要更改

实际配置中原插槽2模块不存在

实际配置中原插槽3模块未改变

实际配置中原插槽4模块在槽2

图 11-5　包含数据格式的数据块

3）原插槽 4 中的模块在实际配置中插入插槽 2 中，所以赋值为 2。

4）其他参数保持默认值。

创建数据块和赋值完成后，在 OB100 中调用函数“LCC_ConfigDevice”，程序如图 11-6 所示。

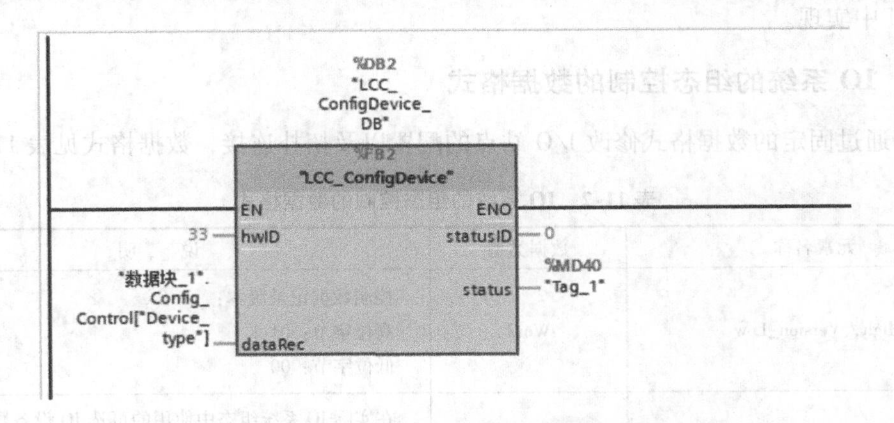


图 11-6　在 OB100 中调用组态控制程序

对于 SIMATIC S7-1500 CPU，输入参数 ID 固定为 33，将包含修改后的数据格式赋值到参数“dataRec”中，示例中为“数据块_1”. config_control［“Device_type”］。程序下载后，先在 HMI 中通过整型格式的变量“Device_type”选择设备类型，例如 1、2 或 3。变量“Device_type”必须是保持性变量，否则 CPU 启动后将清零。然后启动 CPU，硬件组态将按照配置的参数进行更改，从参数“status”可以读出程序执行的状态。库文件可以参考光盘目录（请关注“机械工业出版社 E 视界”微信公众号，输入 65348 下载或联系工作人员索取）：示例程序→组态控制文件夹下的“29430270_LCC_LIB_V200_TIAV15_1”文件，程序的帮助文档参考《29430270_LCC_DOC_V20_en》。

**注意：**不同类型的站点数据格式不同，从图 11-4 中可以看出有多少种类型的设备支持组态控制。

## 11.5　PROFINET IO 系统的组态控制

组态控制不但可以应用于 SIMATIC S7-1500 中央机架上，还可以应用于 ET 200MP 和 ET 200SP 分布式 I/O 站点上。此外，组态控制也可以应用在 PROFINET IO 系统级别，实现 CPU 对所连接的分布式 I/O 站点进行再配置。类似于 PROFIBUS-DP 总线上站点的使用，CPU 可通过指令禁用或使能某些从站，在使用 PROFINET IO 系统时，SIMATIC S7-1500 CPU 也可以使用禁用或使能某些站点的方法，灵活地指定系统中的 IO 设备数量。不仅如此，SIMATIC S7-1500 系统中还可以结合使用可选 IO 设备和修改网络拓扑的方式，实现对 IO 系统的重新组态。IO 系统的组态控制可以分为三种方式：

1）通过程序禁用或者使能 IO 设备，对站点的操作，不考虑网络拓扑结构。

2）通过程序改变网络拓扑结构。

3）通过程序禁用或者使能 IO 设备并且改变网络拓扑结构。

### 11.5.1　软硬件要求

IO 系统的组态控制需要在 TIA 博途 V13 SP1 以及固件版本 V1.7 或更高的 SIMATIC S7-1500 CPU 中实现。

### 11.5.2　IO 系统的组态控制的数据格式

程序通过固定的数据格式修改 I/O 站点的配置以及拓扑连接，数据格式见表 11-2。

**表 11-2　IO 系统的组态控制的数据格式**

| 元素名称 | 数据类型 | 说　明 |
|---|---|---|
| Version_High，Version_Low | Word | 控制数据记录版本：<br>高位字节：01<br>低位字节：00 |
| Number_of_opt_Devices_used | Word | 在实际 IO 系统组态中使用的可选 IO 设备数。如果某个可选 IO 设备在以下未列出，该设备仍保持禁用状态 |
| Activate_opt_Device_1 | Word / Hw_Device | 实际组态中第 1 个可选 IO 设备的硬件标识符 |
| Activate_opt_Device_2 | Word / Hw_Device | 实际组态中第 2 个可选 IO 设备的硬件标识符 |
| … | … | … |
| Activate_opt_Device_*n* | Word / Hw_Device | 实际组态中第 *n* 个可选 IO 设备的硬件标识符 |
| Number_of_Port_Interconnections_used | Word | 在实际 IO 系统组态中使用的端口互联数。如果不指定端口互连，则输入“0”。如果组态了“伙伴由用户程序设置”，但未在下面列出端口，CPU 将使用“任意伙伴”设置 |

（续）

| 元素名称 | 数据类型 | 说　明 |
|---|---|---|
| Port_Interconnection_1_Local | Word / Hw_Interface | 第一个端口互连，本地端口的硬件标识符 |
| Port_Interconnection_1_Remote | Word / Hw_Interface | 第 1 个端口互连，伙伴端口的硬件标识符 |
| Port_Interconnection_2_Local | Word / Hw_Interface | 第 2 个端口互连，本地端口的硬件标识符 |
| Port_Interconnection_2_Remote | Word / Hw_Interface | 第 2 个端口互连，伙伴端口的硬件标识符 |
| … | … | … |
| Port_Interconnection_$n$_Local | Word / Hw_Interface | 第 $n$ 个端口互连，本地端口的硬件标识符 |
| Port_Interconnection_$n$_Remote | Word / Hw_Interface | 第 $n$ 个端口互连，伙伴端口的硬件标识符 |

## 11.5.3　IO 系统的组态控制示例

下面以 SIMATIC S7-1500 连接 ET 200SP 为例介绍组态控制的实现（同时操作站点和修改网络拓扑），如图 11-7 所示，主项目中包含 4 个 ET 200SP 站点，其中站点 device a 不可更改，经过组态控制后，子项目中只有两个站点，分别为 device a 和 device b。

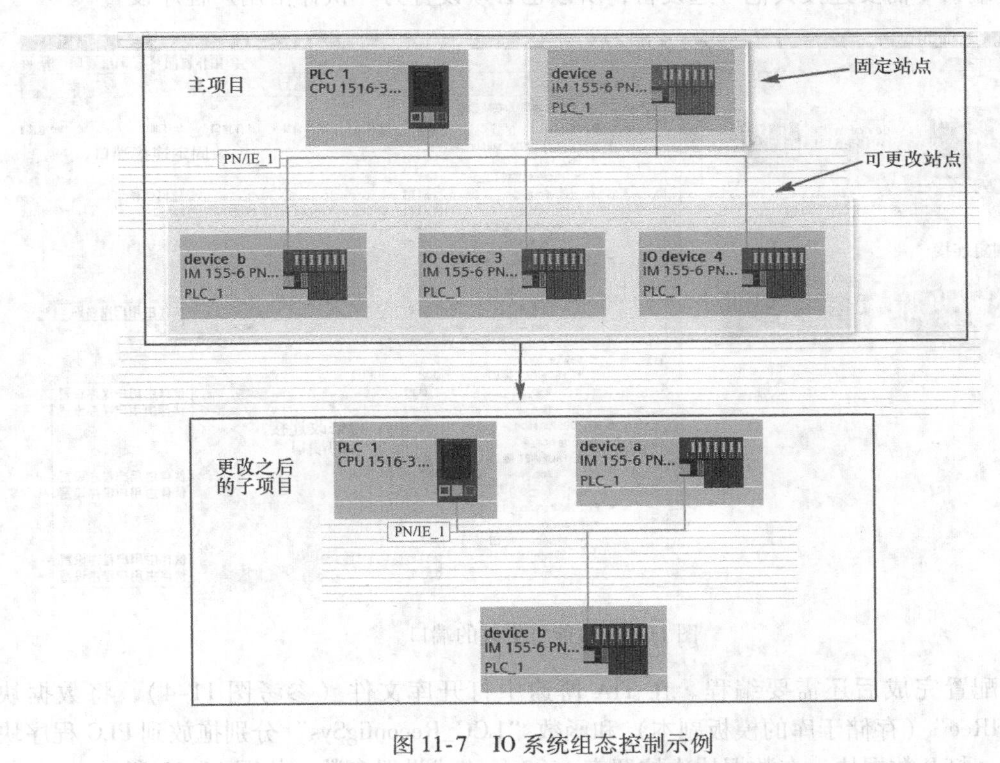


图 11-7　IO 系统组态控制示例

首先配置主项目，将包含 4 个 I/O 站点。在网络视图的“IO 通信”标签栏中使能可更改的站点，如图 11-8 所示，将站点 device_b、IO device_3 和 IO device_4 作为可选 IO 设备，由于 device_a 为固定站点，这里不做修改。

使能可选 IO 设备后，如果需要通过程序重新定义端口互连，则还需要设置以太网端口的伙伴端口连接选项。

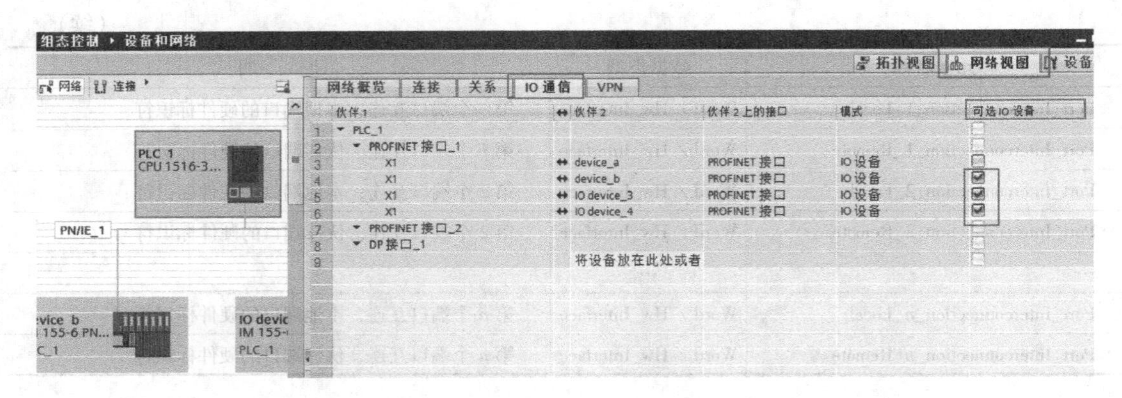


图 11-8 使能可更改的站点

打开拓扑视图，使用鼠标拖放功能连接 CPU 和固定站点 device a 的端口 2，因为这个连接不会发生改变。在“拓扑概览”标签页下选择可以通过程序修改拓扑连接的端口，将其“伙伴端口”属性设置为“伙伴由用户程序设置”，如图 11-9 所示。虽然 device_a 为固定站点，但是端口 1 需要连接其他可选设备，所以也必须设置为“伙伴由用户程序设置”。

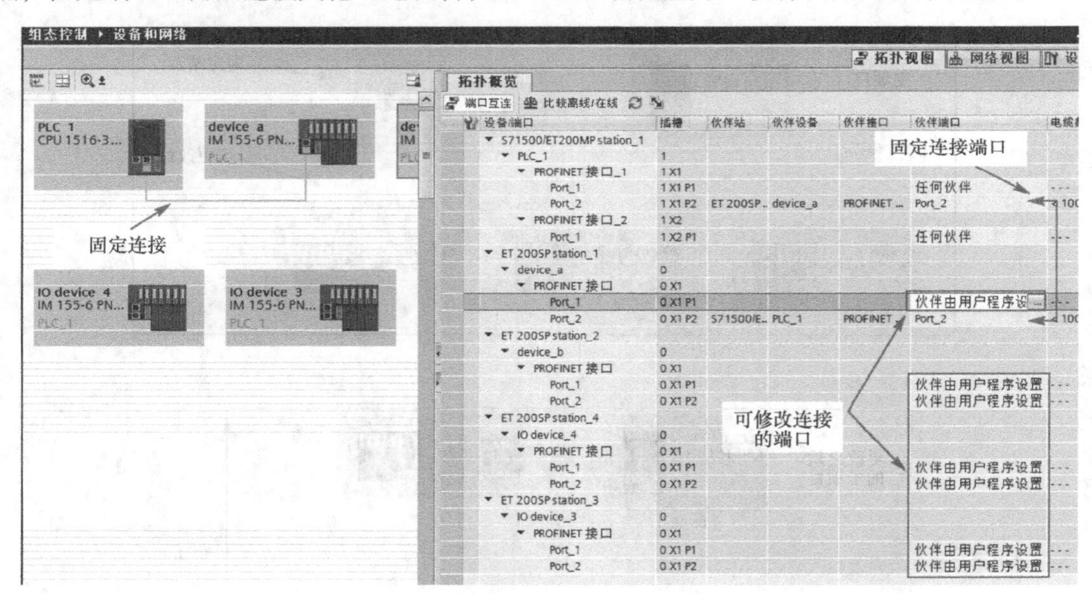


图 11-9 使能可更改的端口

硬件配置完成后还需要编程。在 TIA 博途中打开库文件（参考图 11-4），将数据块“LCC_CtrlRec”（存储于库的模板副本）和函数“LCC_ReconfigSys”分别拖放到 PLC 程序块文件夹中。打开数据块，在数据块中按照表 11-2 的格式设置参数，如图 11-10 所示。

图 11-10 中在数据块中设置参数的含义：

① version：控制数据记录版本，固定为 16#0100。

② numOptDevices：可选设备的个数，由于只有设备 device_b，这里为 1。

③ optDevices：可选设备的硬件标识即 device_b 的硬件标识，数据类型为 Hw_Device，可以在系统常量中查找。将符号名称复制并粘贴到数据块中。

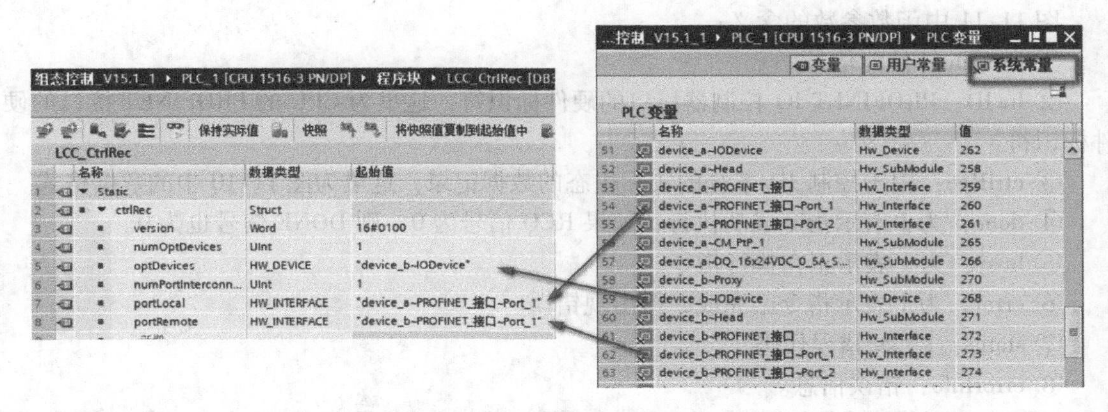


图 11-10　创建数据块的格式

④ numPortInterconnections：实际 IO 系统组态中使用的端口互连数。实际配置的连接从设备 device_a 的端口 1 连接到设备 device_b 的端口 1，所以只有一个连接。

⑤ portLocal：第一个端口互连，本地端口的硬件标识符。这里是 device_a 端口 1 的硬件标识，数据类型为 Hw_Interface。

⑥ portRemote：第一个端口互连，伙伴端口的硬件标识符。这里是 device_b 端口 1 的硬件标识，数据类型为 Hw_Interface。

最后需要在 OB1 中调用函数“LCC_ReconfigSys”（函数“LCC_ReconfigSys”是对函数“ReconfigIOSystem”重新封装，主要是减少了“ReconfigIOSystem”参数 MODE 的赋值，为 1 时，禁用 IO 系统的所有 IO 设备；为 2 时，根据数据记录设置（CTRLREC）重新组态 IO 系统；为 3 时，重新启用 IO 系统的所有 IO 设备。执行函数时，先选择 Mode = 1，通过 REQ 位禁用所有 IO 设备；然后选择 Mode = 2，通过 REQ 位将数据记录传送到 PROFINET 接口，该接口通过 LADDR 寻址；最后选择 Mode = 3，通过 REQ 位重新启用 IO 系统的所有 IO 设备。使用“ReconfigIOSystem”也可以完成相同的任务，但是需要更多的代码），如图 11-11 所示。

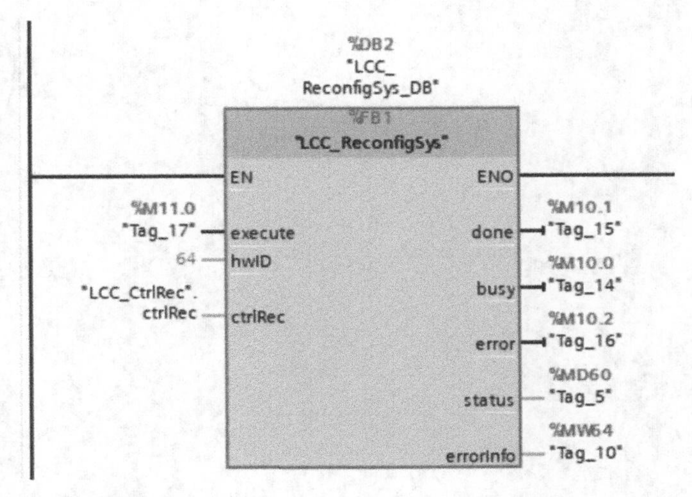


图 11-11　调用指令写入可选设备的配置信息

图 11-11 中函数参数的含义：

① execute：使能信号。

② hwID：PROFINET IO 控制器接口的硬件标识符，这里为 CPU 的 PROFINET 接口的硬件标识符。

③ ctrlRec：用于控制 IO 系统的实际组态的数据记录，这里为图 11-10 中的数据格式。

④ done：为 1 表示指令成功执行，如果 REQ 信号为 0，则 DONE 信号也为 0。

⑤ busy：为 1 表示正在执行指令。

⑥ error：为 1 表示指令已完成，但出现错误。

⑦ status：结果/错误代码。

⑧ errorInfo：错误信息。

**注意：**如果 IO 设备带有设备名称并且与 CPU 中存储的设备名称不匹配时，连接不能建立。此时可以将 IO 设备通过联机在线恢复工厂设置，也可以在组态时使能 IO 控制器属性中“高级选项”→“接口选项”中的“允许覆盖所有已分配 IP 设备名称”，IO 控制器将强制分配设备名称并建立连接，这对于 OEM 最终用户的使用将更加方便。

# 第 12 章　SIMATIC S7-1500 PLC 的 PID 功能

比例（Proportional）-积分（Integral）-微分（Derivative）控制器（简称 PID 控制器）采用闭环控制，目前在工业控制系统中广泛使用。PID 控制器首先计算反馈的实际值和设定值之间的偏差，然后对该偏差进行比例、积分和微分运算处理，最后使用运算结果调整相关执行机构，以达到减小过程值与设定值之间偏差的目的。

## 12.1　控制原理

### 12.1.1　受控系统

如果 PID 控制器可控制一个过程系统中的执行器动作，从而影响这个过程系统的某个过程值，那么这个过程系统被称为受控系统。恰当地设置 PID 控制器参数，可使受控系统的过程值尽快地达到设定值并保持恒定。当 PID 控制器的输出值发生变化后，受控系统过程值的变化通常存在一定的时间滞后。控制器必须在控制算法中补偿这种滞后响应。

下面是通过加热系统控制室温的一个简单受控系统示例。如图 12-1 所示，传感器测量室温并将温度实际值传送给控制器；控制器将温度实际值与设定值进行比较，并计算加热控制的输出值（调节变量）；执行器根据调节变量进行动作，以改变供热系统的输出。

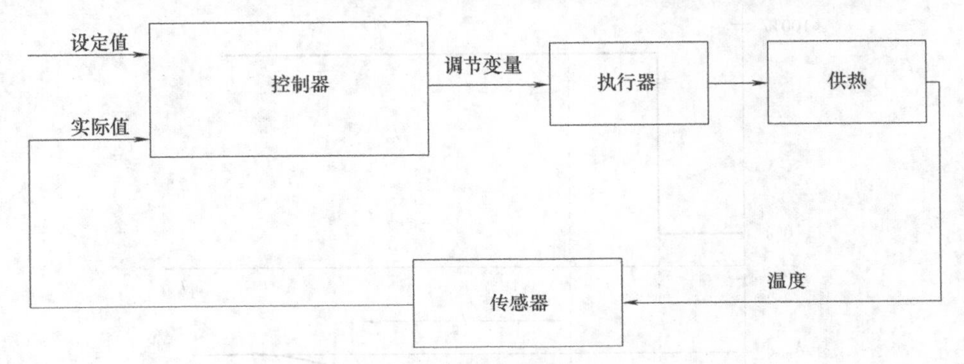


图 12-1　室温控制模型

受控系统的特性取决于过程和机器的技术需求。要使某个受控系统得到有效的控制，必须为它选择一个合理的控制器类型，并考虑到该受控系统的时间滞后性而相应地调整控制器。因此，要对控制器的比例、积分和微分作用进行组态，必须精确地掌握被控系统的类型和参数。

受控系统按照其对于 PID 控制器输出值（以下简称输出值）阶跃变化的时间响应可分为以下几类：

（1）自调节受控系统

1）比例作用受控系统：在比例作用受控系统中，过程值几乎立即跟随输出值变化。过程值与输出值的比例由受控系统的比例增益定义，例如管道系统中的闸门阀、分压器、液压系统中的降压功能等。

2）PT1 受控系统：在 PT1 受控系统中，过程值的变化最初与输出值的变化成比例，但是过程值的变化率与时间呈函数关系逐渐减小，直至达到最终值，即过程值被延时了，例如弹簧减振系统、RC 元件的充电以及由蒸汽加热的储水器等。

3）PT2 受控系统：在 PT2 受控系统中，过程值不会立即跟随输出值的阶跃变化，也就是说，过程值的增加与正向上升率成正比，然后以逐渐下降的上升率逼近设定值。受控系统显示了具有二阶延迟元件的比例响应特性，例如压力控制、流速控制和温度控制等。

（2）非自调节受控系统

非自调节受控系统具有积分响应，例如流入容器的液体，过程值会趋于无限大。

（3）具有/不具有死区时间的受控系统

死区时间通常指从系统的输入值发生变化，到该变化引起的系统的响应（输出值的变化）被测量出来所经历的运行时间。在具有死区时间的受控系统中，如果设定值和过程值之间出现偏差值（如存在干扰量的影响），那么受控系统的输出值的变化被延时了一段死区时间量，例如传送带控制等。

## 12.1.2　受控系统的特征值

受控系统的时间响应可根据过程值 $x$ 跟随输出值 $y$ 的阶跃变化的时间特性来决定。大多数受控系统是自调节受控系统。受控系统的时间响应可用延迟时间 $T_u$、恢复时间 $T_g$ 和最大值 $X_{max}$ 等变量来大致确定。这些变量可在阶跃响应曲线的拐点作切线得出，如图 12-2 所示。

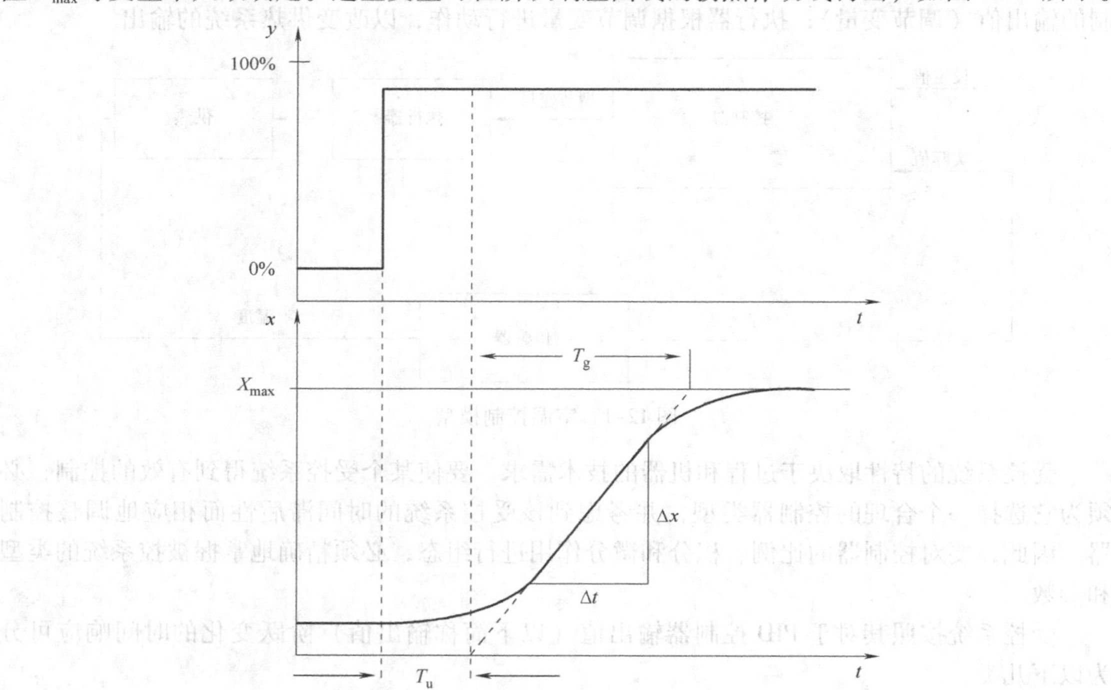


图 12-2　自调节受控系统的时间响应

在许多情况下，由于过程值不能超过特定值而无法记录达到最大值的响应特性，这时采用上升率 $V_{max}$ 来区分受控系统（$V_{max}=\Delta x/\Delta t$）的类型。

受控系统的可控性可根据比例 $T_u/T_g$ 或 $T_u \cdot V_{max}/X_{max}$ 来估算，规则见表 12-1。

**表 12-1　受控系统的可控性规则**

| 过程类型 | $T_u/T_g$ | 受控系统对于控制的适合程度 |
|---|---|---|
| Ⅰ | <0.1 | 可以很好地控制 |
| Ⅱ | 0.1～0.3 | 仍可控制 |
| Ⅲ | >0.3 | 难以控制 |

## 12.1.3　执行器

执行器是受控系统的一个部件，它受控制器影响，作用是修改质量和能量流。执行器可分为以下几种：

（1）连续信号激励的比例执行器

这类执行器可与输出值成比例关系地设置开启角度、角位置或位置，从而使输出值对过程值起到成比例关系的控制作用。输出值由一个具有连续信号输出的控制器产生。SIMATIC S7-1500 的软件控制器 PID_Compact 的模拟量信号输出可连接此类型的比例执行器。

（2）脉宽调制信号激励的比例执行器

这类执行器用于在采样时间间隔内占空比与输出值成比例的脉冲输出中。输出值由一个具有脉冲宽度调制的两位控制器产生。SIMATIC S7-1500 的软件控制器 PID_Compact 的脉宽调制输出可连接此类型的比例执行器。

（3）具有积分作用和三位激励信号输入的比例执行器

这类执行器通过电动机频繁动作，电动机运行的时间与执行器在阻塞器件中的行程成比例关系。这些阻塞器件包含阀门、遮板和闸门阀等器件。尽管这些执行器的设计不同，但它们都受到受控系统的输入值（控制器输出值）积分作用的影响。输出值由一个步进控制器（如三位控制器）产生。SIMATIC S7-1500 的软件控制器 PID_3Step 的输出可连接此类型的比例执行器。

## 12.1.4　不同类型控制器的响应

在实际的应用中，作用在受控系统的设定值往往是变化的，并且经常受到干扰变量的影响。为提高受控系统对设定值变化和干扰变量的响应速度，必须在控制器端采取措施，最大限度地减小过程值的波动，减小达到新设定值所需的时间。控制器可能具有比例（P）作用、比例微分（PD）作用、比例积分（PI）作用或比例积分微分（PID）作用。具有不同作用的控制器对应的阶跃响应也不同。

**1. 比例作用控制器的阶跃响应**

比例作用控制器的方程式如下：$y=\mathrm{GAIN}\cdot X_w$，其中 $y$ 是控制器的输出值，$X_w$ 是过程值与设定值之间的偏差值，GAIN 是比例增益。

**2. PD 作用控制器的阶跃响应**

PD 作用控制器的方程式如下：$y=\mathrm{GAIN}\cdot X_w\cdot\left(1+\frac{\mathrm{TD}}{\mathrm{TM\_LAG}}\mathrm{e}^{\frac{-t}{\mathrm{TM\_LAG}}}\right)$，其中 $y$ 是控制器的

输出值，$X_w$ 是过程值与设定值之间的偏差值，GAIN 是比例增益，TD 是微分作用时间，TM_LAG 是微分作用的延时，$t$ 是从控制偏差发生阶跃后的时间间隔。

**3. PI 作用控制器的阶跃响应**

PI 作用控制器的方程式如下：$y = \text{GAIN} \cdot X_w \cdot \left(1 + \frac{1}{\text{TI} \cdot t}\right)$，其中 $y$ 是控制器的输出值，$X_w$ 是过程值与设定值之间的偏差值，GAIN 是比例增益，TI 是积分作用时间，$t$ 是从控制偏差发生阶跃后的时间间隔。

**4. PID 控制器的阶跃响应**

PID 控制器的方程式如下：$y = \text{GAIN} \cdot X_w \cdot \left(1 + \frac{1}{\text{TI} \cdot t} + \frac{\text{TD}}{\text{TM\_LAG}} e^{\frac{-t}{\text{TM\_LAG}}}\right)$，其中 $y$ 是控制器的输出值，$X_w$ 是过程值与设定值之间的偏差值，GAIN 是比例增益，TI 是积分作用时间，TD 是微分作用时间，TM_LAG 是微分作用的延时，$t$ 是从控制偏差发生阶跃后的时间间隔。

过程工程中的大多数控制器系统都可以通过具有 PI 作用的控制器进行控制。对于具有较长死区时间的慢速控制系统的情况（例如，温度控制系统），可通过具有 PID 作用的控制器提高控制效果。

具有 PI 和 PID 作用的控制器的优势在于，过程值在稳定后不会与设定值之间存在明显偏差。过程值在逼近过程中会在设定值周围振荡。

## 12.2　SIMATIC S7-1500 PLC 支持的 PID 指令

在连接了传感器和执行器的 SIMATIC S7-1500 PLC 中，可通过 PID 软件控制器实现对一个受控系统的比例、微分和积分作用，使受控系统达到期望的状态。SIMATIC S7-1500 PLC 的 PID 控制器通过在 TIA 博途程序中调用 PID 控制工艺指令和组态工艺对象实现。PID 控制器的工艺对象即指令的背景数据块，它用于保存软件控制器的组态数据。

SIMATIC S7-1500 PLC 的 PID 控制器的指令集分为两大类：“Compact PID” 和 “PID 基本函数”。“Compact PID” 指令集中包含 PID_Compact、PID_3Step，以及 PID_Temp 等指令。“PID 基本函数” 指令中包含 CONT_C、CONT_S、PULSEGEN、TCONT_CP，以及 TCONT_S 等指令，这些指令传承 S7-300/400 PID 控制，这里不再介绍。

### 12.2.1　PID_Compact 指令

PID_Compact 指令提供一个能工作在手动或自动模式下，且具有集成优化功能的 PID 连续控制器或脉冲控制器。

PID_Compact 指令连续采集在控制回路内测量的过程值，并将其与设定值进行比较，生成的控制偏差用于计算该控制器的输出值。通过此输出值，可以尽可能快速且稳定地将过程值调整到设定值。

在自动调试模式下，PID_Compact 指令可通过预调节和精确调节这两个步骤实现对受控系统的比例、积分和微分参数的自动计算。用户也可在工艺对象的 “PID 参数” 中手动输入这些参数。

### 12.2.2 PID_3Step 指令

PID_3Step 指令提供一个 PID 控制器，可通过积分响应对阀门或执行器进行调节。可组态以下控制器：

1）带位置反馈的三步步进控制器。

2）不带位置反馈的三步步进控制器。

3）具有模拟量输出值的阀门控制器。

### 12.2.3 PID_Temp 指令

PID_Temp 指令提供具有集成调节功能的连续 PID 控制器。PID_Temp 指令专为温度控制而设计，适用于加热或加热/制冷应用。为此提供了两路输出，分别用于加热和制冷。PID_Temp 指令可连续采集在控制回路内测量的过程值并将其与设定值进行比较。指令 PID_Temp 指令将根据生成的控制偏差计算加热和/或制冷的输出值，而该值用于将过程值调整到设定值。

PID_Temp 指令可以在手动或自动模式下使用。另外，PID_Temp 指令还可以串级使用。

### 12.2.4 控制器的串级控制

在串级控制中，多个控制回路相互嵌套。在此过程中，从控制器会将较高级的主控制器的输出值作为下一级控制器的设定值。

建立串级控制系统的先决条件是，受控系统可分为多个子系统，且各个子系统具有自身的对应测量过程值。

受控变量的设定值由最外层的主控制器指定。最内层从控制器的输出值应用于执行器，即作用于受控系统。

与单回路控制系统相比，使用串级控制系统的主要优势如下：

1）由于额外存在从属控制回路，可迅速纠正控制系统中发生的扰动。这会显著降低扰动对控制变量的影响，因此可改善扰动行为。

2）从属控制回路以线性形式发挥作用，因此这些非线性扰动对受控变量的负面影响可得到缓解。

上述介绍的 PID 控制指令都可以作为串级控制使用。

## 12.3 PID_Compact 指令的调用与 PID 调试示例

考虑到使用的广泛性，下面以 PID_Compact 指令为例介绍 SIMATIC S7-1500 的 PID 控制器在 TIA 博途中使用的基本方法。

为了便于演示，在示例中使用了一个仿真的受控系统“Sim_PT3” FB54 作为受控对象。仿真程序块可以参考光盘目录（请关注“机械工业出版社 E 视界”微信公众号，输入65348 下载或联系工作人员索取）：示例程序→PID 文件夹下的《LSim_LIB_V3_0_0》库文件。

### 12.3.1 组态 PID_Compact 工艺对象

PID_Compact 指令及 PID_Compact 指令对应的工艺对象具有多个版本，适用于 SIMATIC

S7-1500 CPU 最新的版本为 V7.0，一般建议在项目中调用最新版本的 PID_Compact 指令。首先，在 TIA 博途中新建一个项目，命名为“My_PID”。在项目中添加一个 SIMATIC S7-1500 CPU，在项目树下导航至“PLC_1”→“工艺对象”，双击“新增对象”标签，在该 CPU 中插入一个新的工艺对象，对象类型选择“PID”中的“PID_Compact”，如图 12-3 所示。

图 12-3　插入一个新的 PID 工艺对象

或者在程序中调用 PID_Compact 指令时生成一个背景数据块，这个背景数据块即是一个新的 PID 工艺对象，调用 PID 指令时也可选择已经创建好的工艺对象（背景数据块）。

在打开的 PID 工艺对象组态界面中，可以对 PID 工艺对象的一些重要参数进行组态，包括基本设置、过程值设置和高级设置等。

**1. 基本设置**

如图 12-4 所示，在基本设置的“控制器类型”中可以组态控制器的类型参数，为设定值、过程值和扰动变量选择物理量和测量单位，这个测量单位与 PID 运行无关，仅仅是在组态中起到显示作用，便于用户理解。如果组态“反转控制逻辑”，则输出值随着过程值的变化而反方向变化。此外，还可以在“控制器类型”中组态 CPU 重启后 PID 控制器的工作模式。

在基本设置的“Input/Output 参数”中可以组态设定值、过程值和输出值的源，例如过程值“input”表示过程值引自程序中经过处理的变量；而“input_PER”表示来自于未经处理的模拟量输入值。同样，PID_Compact 的输出参数也具有多种形式：选择“Output”表示输出值需要用户程序进行处理，“Output”也可以用于程序中其他地方作为参考，例如串级

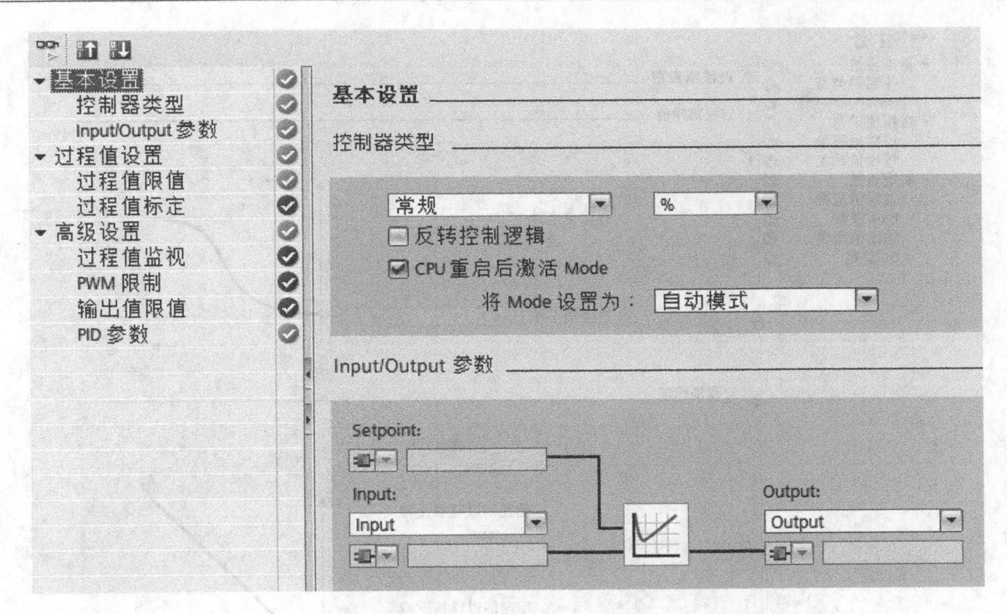


图 12-4 PID_Compact 工艺对象的基本设置

PID 等；而"Output_PER"输出值与模拟量转换值相匹配，可以直接连接模拟量输出；输出也可以是脉冲宽度调制信号"Output_PWM"。

**2. 过程值设置**

在过程值设置中必须为受控系统指定合适的过程值上限和过程值下限。一旦过程值超出这些限值，PID_Compact 指令即会报错（输出值 ErrorBits = 0001H），并会取消调节操作。

如果已在基本设置中组态了过程值为 Input_PER，由于它来自于一个模拟量输入的地址，必须将模拟量输入值转换为过程值的物理量。如图 12-5 所示，在过程值标定中设置模拟量输入值的下限和上限，它们对应模拟量通道的有效过程值（如 0 ~ 27648 或 -27648 ~ 27648）的下限和上限，以及设置与之对应的标定过程值的下限和上限（如 0 ~ 100%）。

**3. 高级设置**

高级设置如图 12-6 所示，在过程值监视组态窗口中，可以组态过程值的警告上限和警告下限。如果过程值超出警告上限，PID_Compact 指令的输出参数 InputWarning_H 为 TRUE；如果过程值低于警告下限，PID_Compact 指令的输出参数 InputWarning_L 为 TRUE。警告限值必须处于过程值的限值范围内。如果未输入警告限值，将使用过程值的上限和下限。

PWM 限制组态窗口如图 12-7 所示，可以组态 PID_Compact 控制器脉冲输出 Output_PWM 的最短接通时间和最短关闭时间。如果已选择 Output_PWM 作为输出值，则将执行器的最小开启时间和最小关闭时间作为 Output_PWM 的最短接通时间和最短关闭时间；如果已选择 Output 或 Output_PER 作为输出值，则必须将最短接通时间和最短关闭时间设置为 0.0s。

输出值限值组态窗口如图 12-8 所示，以百分比形式组态输出值的限值，无论是在手动模式还是自动模式下，输出值都不会超过该限值。如果在手动模式下指定了一个超出限值范围的输出值，则 CPU 会将有效值限制为组态的限值。

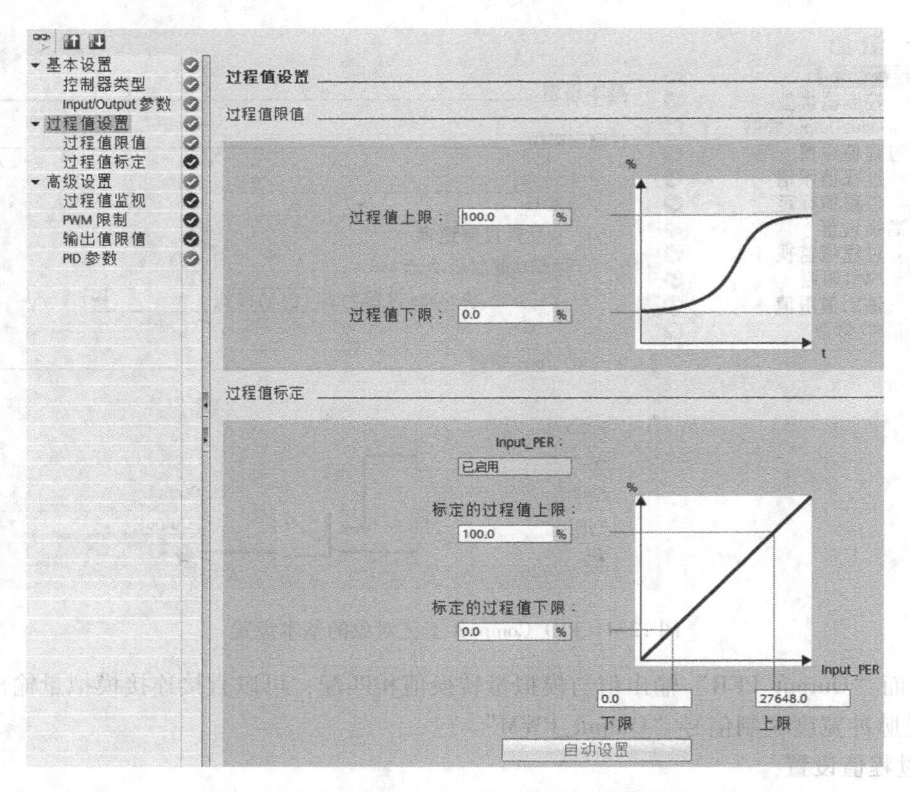


图 12-5　PID_Compact 工艺对象的过程值设置

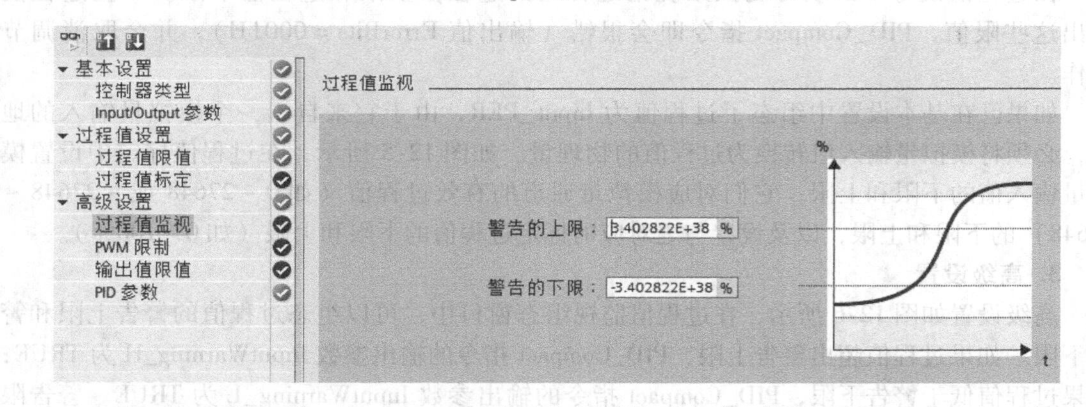


图 12-6　PID_Compact 工艺对象高级设置中的过程值监视设置

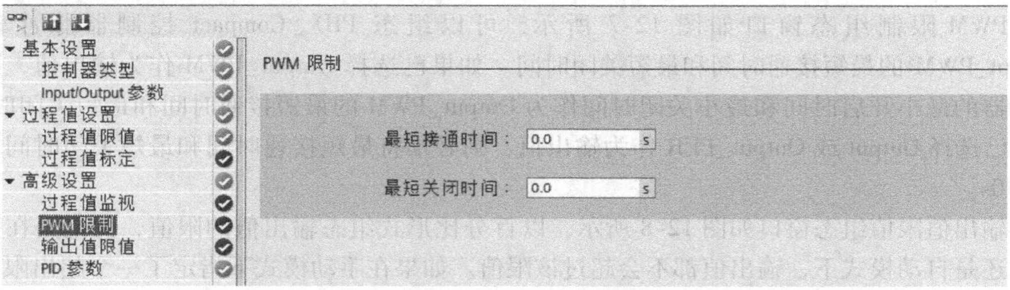

基本设置
控制器类型
Input/Output 参数
过程值设置
过程值限值
过程值标定
高级设置
过程值监视
PWM 限制
输出值限值
PID 参数
PWM 限制
最短接通时间：0.0 s
最短关闭时间：0.0 s

图 12-7　PID_Compact 工艺对象高级设置中的 PWM 限制设置

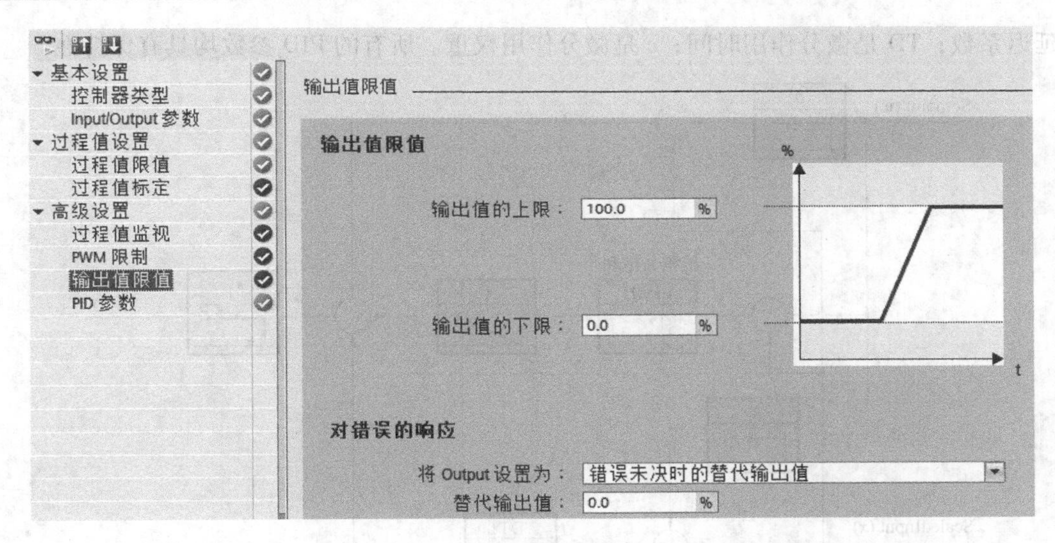


图 12-8　PID_Compact 工艺对象高级设置中的输出值限值设置

输出值限值必须与控制逻辑相匹配。限值也依赖于输出的形式：采用 Output 和 Output_PER 输出时，限值范围为 -100.0% ~100.0%；采用 Output_PWM 输出时，限值范围为 0.0~100.0%。

如果发生错误时，PID_Compact 可以根据预设的参数输出 0、输出错误未决时的当前值，或是输出错误未决时的替代值。

如果不想通过控制器自动调节得出 PID 参数，也可手动输入适用于受控系统的 PID 参数，组态窗口如图 12-9 所示。

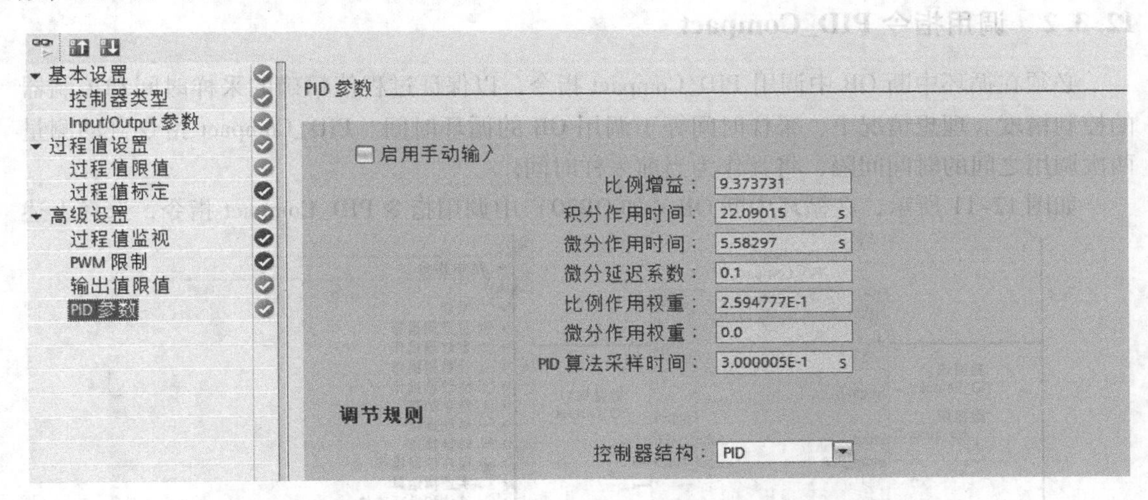


图 12-9　PID_Compact 工艺对象高级设置中的 PID 参数设置

PID_Compact 是一种具有抗积分饱和功能并且能够对比例作用和微分作用进行加权的 PIDT1 控制器。PID 算法遵循以下等式：

$$y=K_P[(b\cdot w-x)+1/(\mathrm{TI}\cdot s)(w-x)+(\mathrm{TD}\cdot s)/(a\cdot \mathrm{TD}\cdot s+1)(c\cdot w-x)]$$

它对应的功能图如图 12-10 所示。其中 $y$ 是 PID 算法的输出值；$K_P$ 是比例增益；$b$ 是比例作用权重；$w$ 是设定值；$x$ 是过程值；TI 是积分作用时间；$s$ 是拉普拉斯运算符；$a$ 是微分延迟系数；TD 是微分作用时间；$c$ 是微分作用权重。所有的 PID 参数均具有保持性。

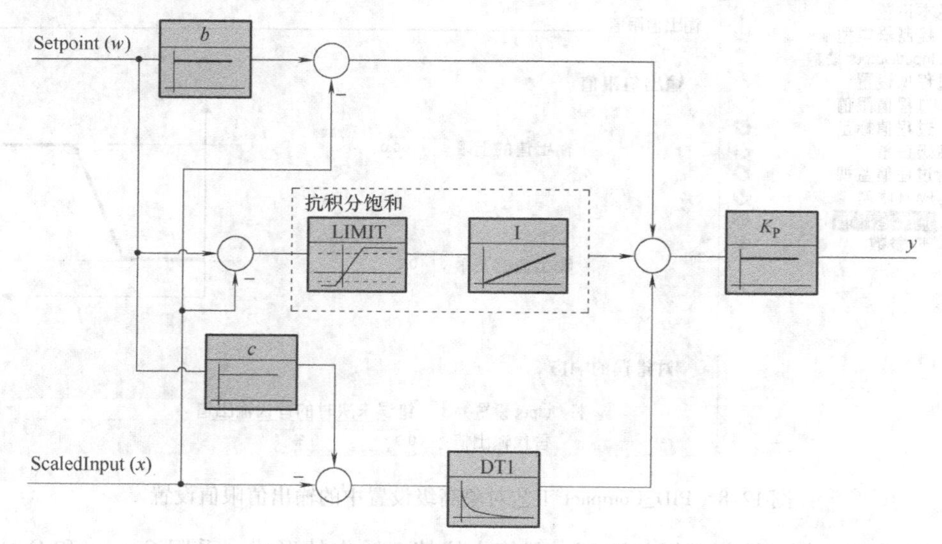


图 12-10　带抗积分饱和的 PIDT1 的框图

受控系统需要一定的时间来对输出值的变化做出响应。因此，建议不要在每次循环中都计算输出值。PID 算法的采样时间是两次计算输出值之间的时间。该时间在调节期间进行计算，并四舍五入为循环时间的倍数，如果启用手动输入 PID 参数，则此时间需要手动输入。

PID_Compact 的所有其他功能会在每次调用时执行。

## 12.3.2　调用指令 PID_Compact

必须在循环中断 OB 中调用 PID_Compact 指令，以保证过程值精确的采样时间和控制器的控制精度。理想情况下，采样时间等于调用 OB 的循环时间。PID_Compact 指令自动测量两次调用之间的时间间隔，将其作为当前采样时间。

如图 12-11 所示，在循环中断 OB（如 OB30）中调用指令 PID_Compact 指令，选择上述

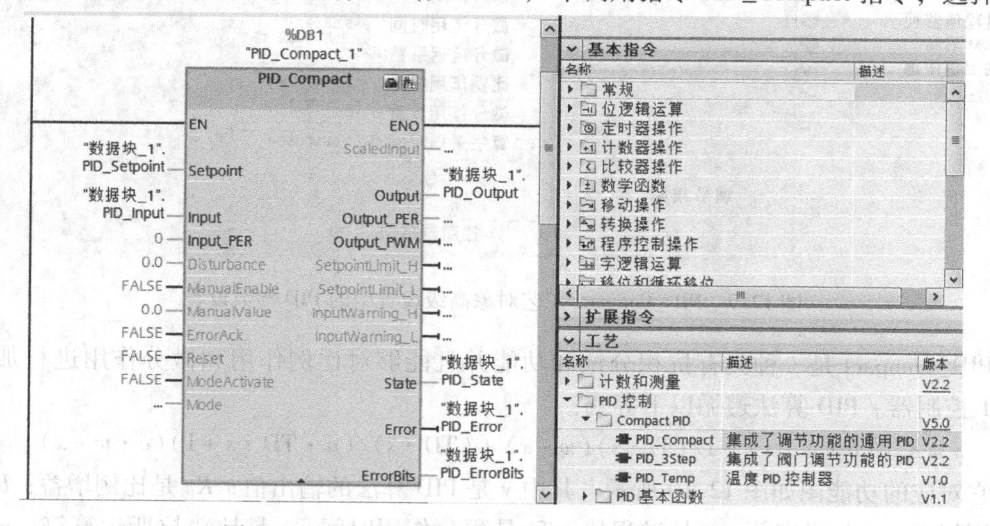


图 12-11　在循环中断 OB 中调用 PID_Compact 指令

已配置为PID工艺对象的数据块作为背景数据块。将PID_Compact指令的输出值连接到模拟的受控系统Sim_PT3的输入，并且将Sim_PT3的输出作为受控系统的过程值连接到PID_Compact指令的输入。

**注意：** 循环中断OB的循环时间必须合理设置，以保证在此OB调用中能完成PID相关程序的执行。本示例中，在循环中断OB的属性中设置循环时间为500ms。此外，根据Sim_PT3的使用要求，它的输入参数CYCLE（扫描时间）也必须输入与循环中断OB的循环时间相同的时间参数（本例中为500ms）。

PID_Compact指令的输入参数见表12-2、输出参数见表12-3、输入输出参数见表12-4。

**表12-2 PID_Compact的输入参数**

| 参数 | 数据类型 | 默认值 | 说明 |
|---|---|---|---|
| Setpoint | REAL | 0.0 | PID控制器在自动模式下的设定值 |
| Input | REAL | 0.0 | 用户程序的变量用作过程值的源<br>如果正在使用Input参数，则必须设置Config. InputPerOn = FALSE |
| Input_PER | INT | 0 | 模拟量输入用作过程值的源<br>如果正在使用Input_PER参数，则必须设置Config. InputPerOn = TRUE |
| Disturbance | REAL | 0.0 | 扰动变量或预控制值 |
| ManualEnable | BOOL | FALSE | 出现FALSE→TRUE沿时会激活“手动模式”，而State = 4和Mode保持不变。只要ManualEnable = TRUE，便无法通过ModeActivate的上升沿或使用调试对话框来更改工作模式<br>出现TRUE→FALSE沿时会激活由Mode指定的工作模式。建议只使用ModeActivate更改工作模式 |
| ManualValue | REAL | 0.0 | 手动值：该值用作手动模式下的输出值。允许介于Config. OutputLowerLimit与Config. OutputUpperLimit之间的值 |
| ErrorAck | BOOL | FALSE | FALSE→TRUE沿时将复位ErrorBitsWarning |
| Reset | BOOL | FALSE | 重新启动控制器<br>FALSE→TRUE沿时<br>1）切换到“未激活”模式<br>2）将复位ErrorBits和Warnings<br>3）积分作用已清除（保留PID参数）<br>只要Reset = TRUE，PID_Compact便会保持在“未激活”模式下（State = 0）<br>TRUE→FALSE沿时PID_Compact将切换到保存在Mode参数中的工作模式 |
| ModeActivate | BOOL | FALSE | FALSE→TRUE沿PID_Compact将切换到保存在Mode参数中的工作模式 |

**表12-3 PID_Compact V2的输出参数**

| 参数 | 数据类型 | 默认值 | 说明 |
|---|---|---|---|
| ScaledInput | REAL | 0.0 | 标定的过程值 |
| 可同时使用“Output”“Output_PER”和“Output_PWM”输出 | | | |
| Output | REAL | 0.0 | REAL形式的输出值 |
| Output_PER | INT | 0 | 模拟量输出值 |

（续）

| 参数 | 数据类型 | 默认值 | 说　明 |
|---|---|---|---|
| Output_PWM | BOOL | FALSE | 脉宽调制输出值<br>输出值由开关变量持续时间形成 |
| SetpointLimit_H | BOOL | FALSE | 如果 SetpointLimit_H = TRUE，则说明达到了设定值的绝对上限（Setpoint ≥Config. SetpointUpperLimit）<br>此设定值将限制为 Config. SetpointUpperLimit |
| SetpointLimit_L | BOOL | FALSE | 如果 SetpointLimit_L = TRUE，则说明已达到设定值的绝对下限（Setpoint≤Config. SetpointLowerLimit）<br>此设定值将限制为 Config. SetpointLowerLimit |
| InputWarning_H | BOOL | FALSE | 如果 InputWarning_H = TRUE，则说明过程值已达到或超出警告上限 |
| InputWarning_L | BOOL | FALSE | 如果 InputWarning_L = TRUE，则说明过程值已经达到或低于警告下限 |
| State | INT | 0 | State 参数显示了 PID 控制器的当前工作模式。可使用输入参数 Mode 和输入参数 ModeActivate 的上升沿更改工作模式<br>1）State = 0：未激活<br>2）State = 1：预调节<br>3）State = 2：精确调节<br>4）State = 3：自动模式<br>5）State = 4：手动模式<br>6）State = 5：带错误监视的替代输出值 |
| Error | BOOL | FALSE | 如果 Error = TRUE，则此周期内至少有一条错误消息处于未决状态 |
| ErrorBits | DWORD | DW#16#0 | ErrorBits 参数显示了处于未决状态的错误消息。通过 Reset 或 ErrorAck 的上升沿来保持并复位 ErrorBits |

**表 12-4　PID_Compact V2 的输入输出参数**

| 参数 | 数据类型 | 默认值 | 说　明 |
|---|---|---|---|
| Mode | INT | 4 | 在 Mode 上，指定 PID_Compact 将转换到的工作模式。选项包括：<br>1）Mode = 0：未激活<br>2）Mode = 1：预调节<br>3）Mode = 2：精确调节<br>4）Mode = 3：自动模式<br>5）Mode = 4：手动模式<br>工作模式由以下沿激活：<br>1）ModeActivate 的上升沿<br>2）Reset 的下降沿<br>3）ManualEnable 的下降沿<br>4）如果 RunModeByStartup = TRUE，则冷启动 CPU<br>Mode 参数具有可保持性 |

此外，PID_Compact 指令还提供了大量的静态变量供用户程序使用。如果需要访问 PID_Compact 的静态变量，例如在调试时修改变量“Config. InputPerOn”，则需要选择工艺对象，然后单击鼠标右键，使用快捷命令“打开 DB 编辑器”查看变量的结构，并将该变量添加到变量监控表中进行修改。

## 12.3.3 调试PID

将项目下载到PLC后，便可以开始对PID控制器进行优化调节。优化调节分预调节和精确调节两种模式。

**1. 预调节**

首先对PID控制器进行预调节。预调节功能可确定输出值对阶跃的过程响应，并搜索拐点。根据受控系统的最大上升速率与死区时间计算PID参数。过程值越稳定，PID参数就越容易计算。预调节步骤如下：

1）在项目树下导航至“PLC_1”→“工艺对象”，双击PID对象的“调试”标签，打开调试界面，如图12-12所示。

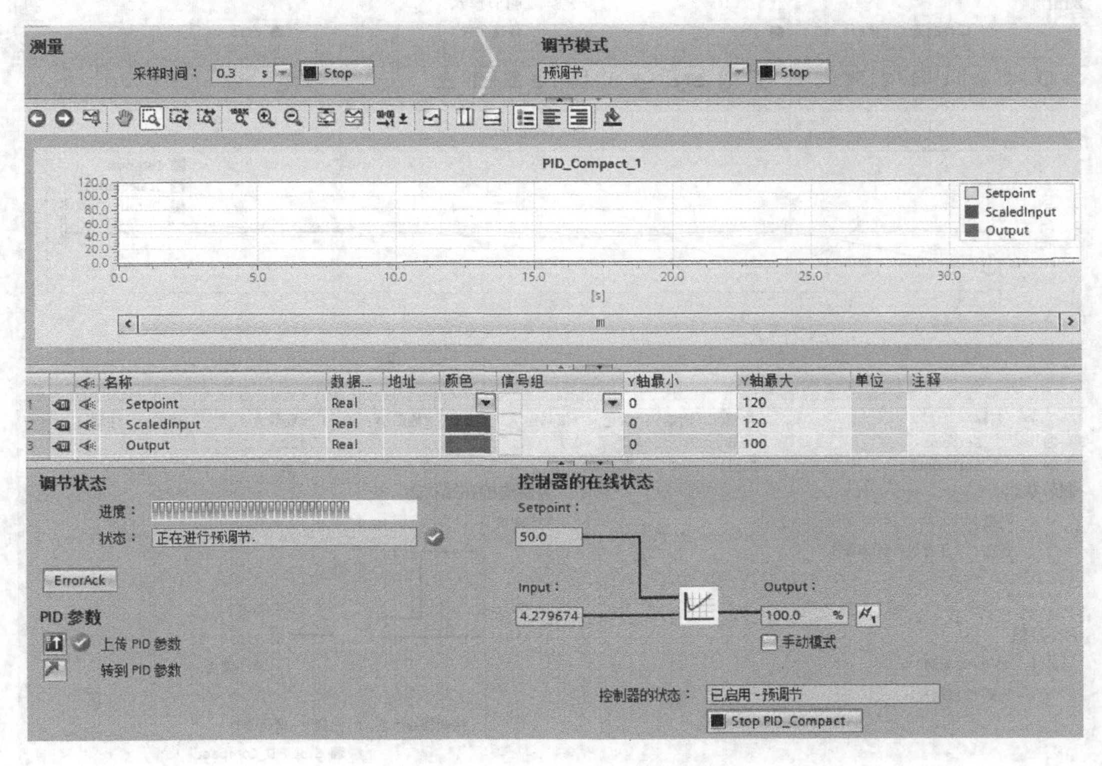


图12-12 PID_Compact的预调节

2）在“调节模式”（Tuning mode）下拉列表中选择条目“预调节”（Pretuning）。

3）单击“Start”按钮，系统自动地开始预调节。单击测量的“Start”按钮可以监视设定值、反馈值和输出变量。

4）当“调节状态”中的“状态”显示为“系统已调节”时，表明预调节已完成。要使用预调节功能，必须满足以下条件：

① 在循环中断OB中调用“PID_Compact”指令。

②“PID_Compact”指令的ManualEnable和Reset均为FALSE。

③ PID_Compact处于以下模式之一：“未激活”“手动模式”和“自动模式”。

④ 设定值和过程值均处于组态的限值范围内，且设定值与过程值的差值大于过程值上

限与过程值下限之差的 30%。此外，还要求设定值与过程值的差值大于设定值的 50%（可以在输入参数“Setpoint”增加一个阶跃设定）。

**2. 精确调节**

如果经过预调节后，过程值振荡且不稳定，这时需要进行精确调节，使过程值出现恒定受限的振荡。PID 控制器将根据此振荡的幅度和频率为操作点调节 PID 参数。所有 PID 参数都根据结果重新计算。精确调节得出的 PID 参数通常比预调节得出的 PID 参数具有更好的主控和抗扰动特性，但是时间长。精确调节结合预调节可获得最佳 PID 参数。

精确调节步骤如下：

1）在“调节模式”(Tuning mode）下拉列表中选择条目“精确调节”，如图 12-13 所示。

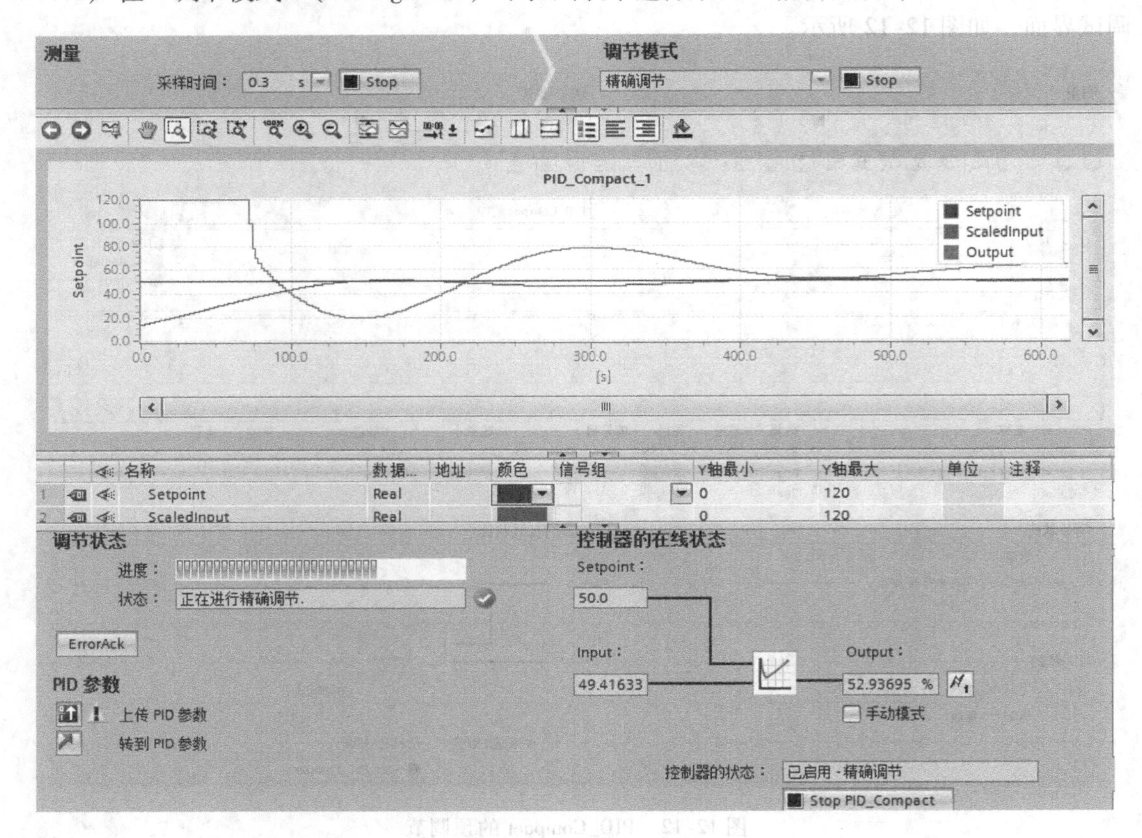


图 12-13　PID_Compact 的精确调节

2）单击“Start”图标，系统自动地开始精确调节。

3）当“调节状态”中的“状态”显示为“系统已调节”时，表明精确调节已完成。

要使用精确调节功能，必须满足以下条件：

1）在循环中断 OB 中调用“PID_Compact”指令。

2）“PID_Compact”指令的 ManualEnable 和 Reset 均为 FALSE。

3）设定值和过程值均处于组态的限值范围内。

4）在操作点处，控制回路已稳定。

5）无干扰因素影响。

6）PID_Compact处于以下模式之一："未激活""手动模式"和"自动模式"。

调节结束后，可以将优化调节得出的PID参数上传到离线项目中。为此，可以单击图12-13中的"上传PID参数"按钮进行参数的上传。为以后方便地使用这些参数，可以在项目树中双击PID对象的"组态"标签，打开组态界面，并转到在线，如图12-14所示，然后单击"创建监视值的快照并将该快照的设定值接受为起始值"按钮，这样将经过调节得出的PID参数保存在离线项目中。

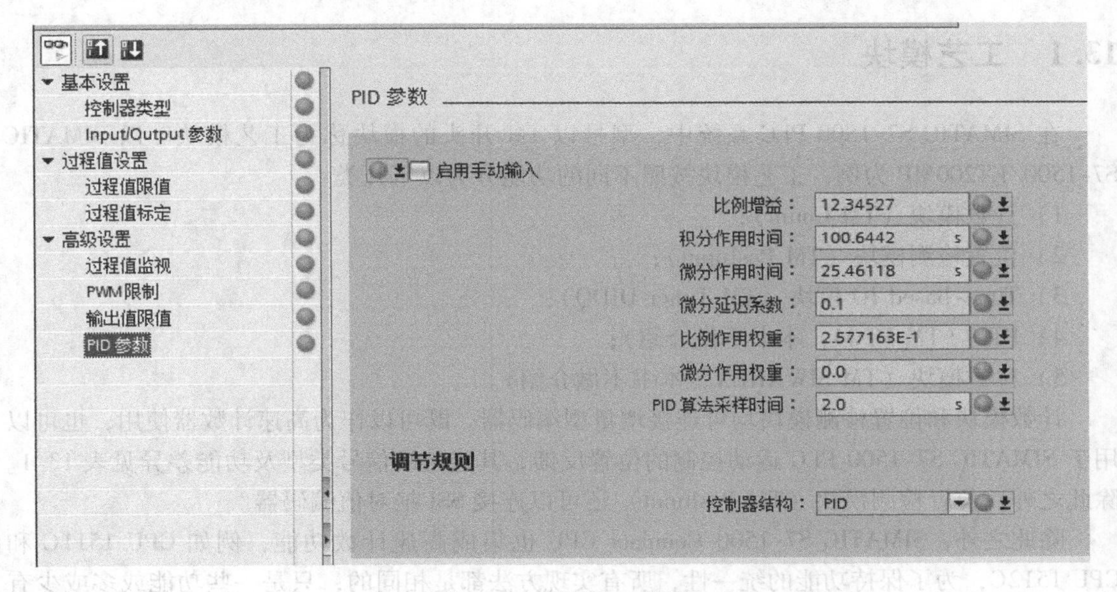


图12-14　保持PID参数

**注意：**如果在开始阶段直接进行精确调节，则会先进行预调节，然后再进行精确调节。

# 第13章　SIMATIC S7-1500 PLC的工艺及特殊功能模块

## 13.1　工艺模块

在 SIMATIC S7-1500 PLC 系统中，型号以 TM 开头的模块称为工艺模块。以 SIMATIC S7-1500/ET200MP 为例，工艺模块按照不同的功能分为以下几类：

1）计数模块（TM Count）；

2）位置检测模块（TM PosInput）；

3）Time-based IO 模块（TM Timer DIDQ）；

4）PTO（TM PTO4，本书不做介绍）；

5）称重模块（TM SIWAREX，本书不做介绍）。

计数模块和位置检测模块均可连接增量型编码器，既可以作为高速计数器使用，也可以用于 SIMATIC S7-1500 PLC 运动控制的位置反馈，其连接的信号类型及功能差异见表 13-1。除此之外，位置检测模块（TM PosInput）还可以连接 SSI 绝对值编码器。

除此之外，SIMATIC S7-1500 Compact CPU 也集成高速计数功能，例如 CPU 1511C 和 CPU 1512C，为了保持功能的统一性，所有实现方法都是相同的，只是一些功能或多或少有些差别，所以掌握一种功能的实现方法，可以适用到其他具有相同功能的模块。

Time-Based IO 模块（TM Timer DIDQ）也可以连接 24V 增量型编码器，利用时间功能进行速度和距离的测量。同时，该模块还支持输入输出的时间戳功能、PWM 输出功能以及过采样等功能。

TM PTO4 模块最多可连接四个步进电机轴。模块通过 PROFIdrive 报文 3 的方式作为驱动器的接口。TM PTO4 模块通常用于定位控制，与定位功能相关内容可以参考《深入浅出西门子运动控制器——S7-1500T 使用指南》一书，这里不再介绍。

## 13.2　工艺对象

工艺对象（TO）是一种面向工艺功能，且具有固定格式的特殊 DB 块。通过工艺对象图形化的配置界面可以方便地对模块进行配置，配置的结果以参数的方式存储于这个数据块中。工艺对象也是用户程序与硬件之间的一个接口，它包含发送到模块和从模块接收的数据，通过用户程序的调用传递这些数据。以计数模块为例，用户程序、工艺对象和 TM 模块三者之间的关系如图 13-1 所示。

**注意：** SIMATIC S7-1500 PLC 带计数功能的 DI 模块（HF 模块）实现了比较简单的计数功能，但不属于工艺模块范畴。考虑到工艺功能的相似性，本章也将进行介绍。

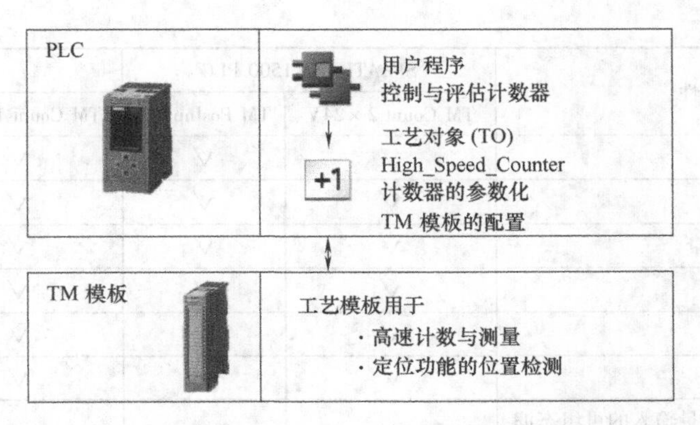


图 13-1　用户程序、工艺对象和 TM 模块之间的关系图

## 13.3　计数模块和位置检测模块的分类和性能

SIMATIC S7-1500 PLC 的计数模块称为 TM Count 模块，按照产品家族分为两个型号：TM Count 2×24V 模块，可安装在 SIMATIC S7-1500 PLC 主机架上或 ET200MP 的分布式 IO 站上；TM Count 1×24V 模块，可安装在 ET200SP 的分布式 IO 站上。

SIMATIC S7-1500 PLC 的位置检测模块称之为 TM PosInput 模块，按照产品家族也可分为两个型号：TM PosInput 2 模块，可安装在 SIMATIC S7-1500 PLC 主机架上或 ET200MP 的分布式 IO 站上；TM PosInput 1 模块，可安装 ET200SP 的分布式 IO 站上。

TM Count 模块和 TM PosInput 模块性能参数见表 13-1。

表 13-1　计数模块与位置检测模块性能参数表

| 属　性 | SIMATIC S7-1500 PLC | | ET200SP | |
|---|---|---|---|---|
| | TM Count 2×24V | TM PosInput 2 | TM Count 1×24V | TM PosInput 1 |
| 通道数量 | 2 | 2 | 1 | 1 |
| 最大信号频率 | 200kHz | 1MHz | 200kHz | 1MHz |
| 带四倍频评估的增量型编码器的最大计数频率 | 800kHz | 4MHz | 800kHz | 4MHz |
| 最大计数值/范围 | 32bit | 32bit | 32bit | 32bit |
| 到增量和脉冲编码器的 RS422/TTL 连接 | × | √ | × | √ |
| 到增量和脉冲编码器的 24V 连接 | √ | × | √ | × |
| SSI 绝对值编码器连接 | × | √ | × | √ |
| 5V 编码器电源 | × | √ | × | × |
| 24V 编码器电源 | √ | √ | √ | √ |
| 每个通道的 DI 数 | 3 | 2 | 3 | 2 |
| 每个通道的 DQ 数 | 2 | 2 | 2 | 2 |
| 门控制 | √ | √ | √ | √ |
| 捕获功能 | √ | √ | √ | √ |

（续）

| 属　　性 | SIMATIC S7-1500 PLC | | ET200SP | |
|---|---|---|---|---|
| | TM Count 2×24V | TM PosInput 2 | TM Count 1×24V | TM PosInput 1 |
| 同步 | √ | √ | √ | √ |
| 比较功能 | √ | √ | √ | √ |
| 频率、速度和周期测量 | √ | √ | √ | √ |
| 等时模式 | √ | √ | √ | √ |
| 诊断中断 | √ | √ | √ | √ |
| 硬件中断 | √ | √ | √ | √ |
| 用于计数信号和数字量输入的可组态滤波器 | √ | √ | √ | √ |

## 13.4 TM Count 模块和 TM PosInput 模块通过工艺对象实现计数和测量

TM PosInput 模块与 TM Count 模块的计数功能组态类似。在本节中，以 TM Count 2×24V 模块为例，介绍如何通过工艺对象（TO）High_Speed_Counter 的方式实现计数功能。TM Count 2×24V 模块的通道 0 连接 24V（HTL）增量型编码器，信号类型为 A、B、N 推挽型，分辨率为 1024。示例的系统构成如图 13-2 所示，TM Count 2×24V 模块位于分布式 IO 站上。

创建 ET200MP 分布式 I/O 站后，添加 TM Count 2×24V 模块，该模块位于硬件目录“工艺模块”→“计数”下，如图 13-3 所示。

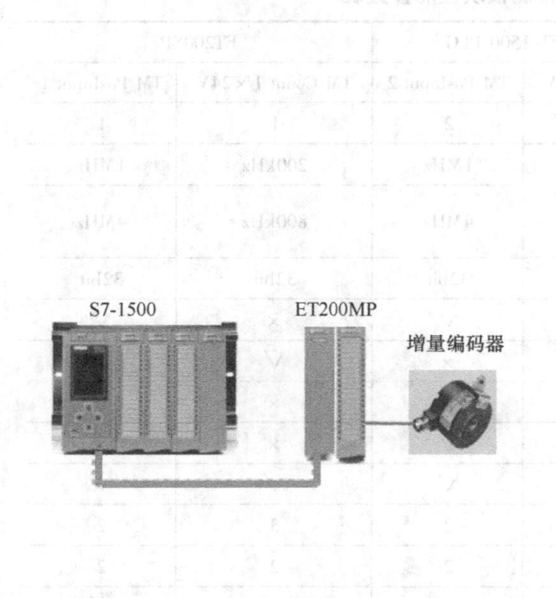


图 13-2　TM 模块连接增量型编码器示意图

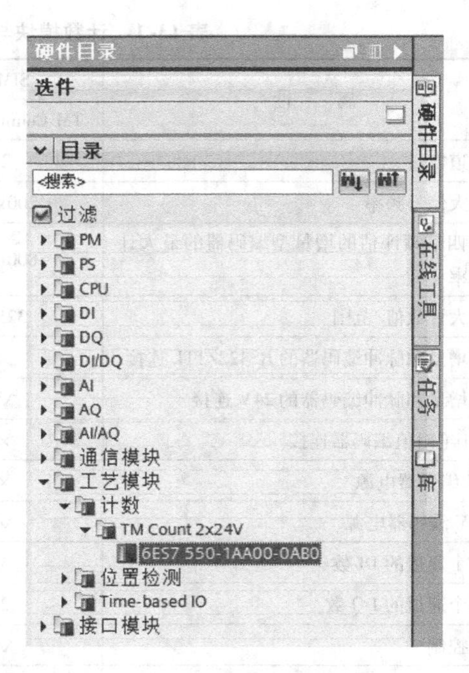


图 13-3　TM Count 2×24V 模块在硬件目录中的位置

然后，在 TM 模块“属性”→“TM Count 2×24V”→“通道 0”→“工作模式”界面下，为计数通道设置通道的操作模式。如图 13-4 所示，有三个操作模式可以选择，这里保持默认值，即选择“使用工艺对象‘计数和测量’操作”。各模式的区别与说明见表 13-2。

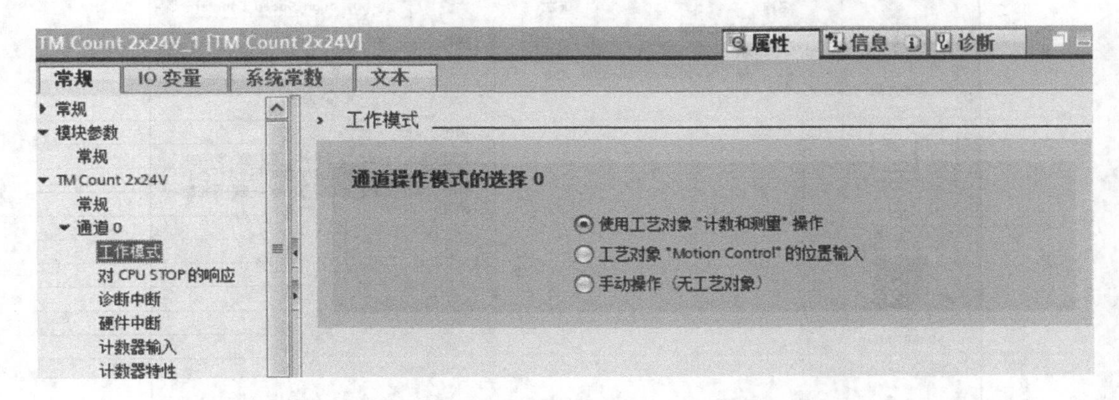


图 13-4　设置 TM 计数模块通道操作模式

**表 13-2　TM 计数模块通道操作模式的区别**

| 操作模式 | 说　明 |
|---|---|
| 使用工艺对象“计数和测量”操作 | 使用 High_Speed_Counter 工艺对象组态通道<br>通过用户程序中相应的 High_Speed_Counter 指令，实现对工艺模块的控制与对反馈接口的访问 |
| 工艺对象“Motion Control”的位置输入 | 组态通道用于更高级别运动控制的位置反馈 |
| 手动操作（无工艺对象） | 使用工艺模块的参数设置（即在硬件组态中配置参数）组态通道可以从用户程序直接访问工艺模块的控制和反馈接口 |

**注意：**对于具有两个通道的 TM 工艺模块，两个通道不能工作在不同的工艺对象模式下。例如，通道 0 用于 High_Speed_Counter 工艺对象，通道 1 用于运动控制的 TO_PositioningAxis 位置轴，这样的应用是不支持的。两个通道只可以工作在相同的工艺对象模式下，或者一个工作在工艺对象模式下，另一个工作在手动模式下。“通过工艺对象组态通道”的配置方式比较简单、直观，也是示例所推荐的方式。

其他参数保持默认设置，然后在项目树 PLC 目录“工艺对象”下双击“新增对象”标签，弹出的对话框如图 13-5 所示。选择“计数和测量”→“High_Speed_Counter”，并可为此工艺对象设置一个名称，示例中使用系统自动分配的名称。之后单击“确定”，完成一个工艺对象的添加。

之后在弹出的工艺对象设置界面中，对工艺对象的参数进行设置。首先为该工艺对象选择其对应的模块及通道。根据硬件配置，模块选择“分布式 I/O”→“PROFINET IO-System (100)”→“IO device_1”→“TM Count 2×24V_1”，通道选择“通道 0”，如图 13-6 所示。

然后，在“扩展参数”→“计数器输入”中设置信号类型和附加参数等，如图 13-7 所示。

示例中所连接的编码器类型为 24V 增量编码器（A、B、N），“信号评估”选择“单一”。从图 13-7 中可以看到，计数器只对 A 相信号的上升沿进行采集和评估。不同信号的评估方式如图 13-8 所示。

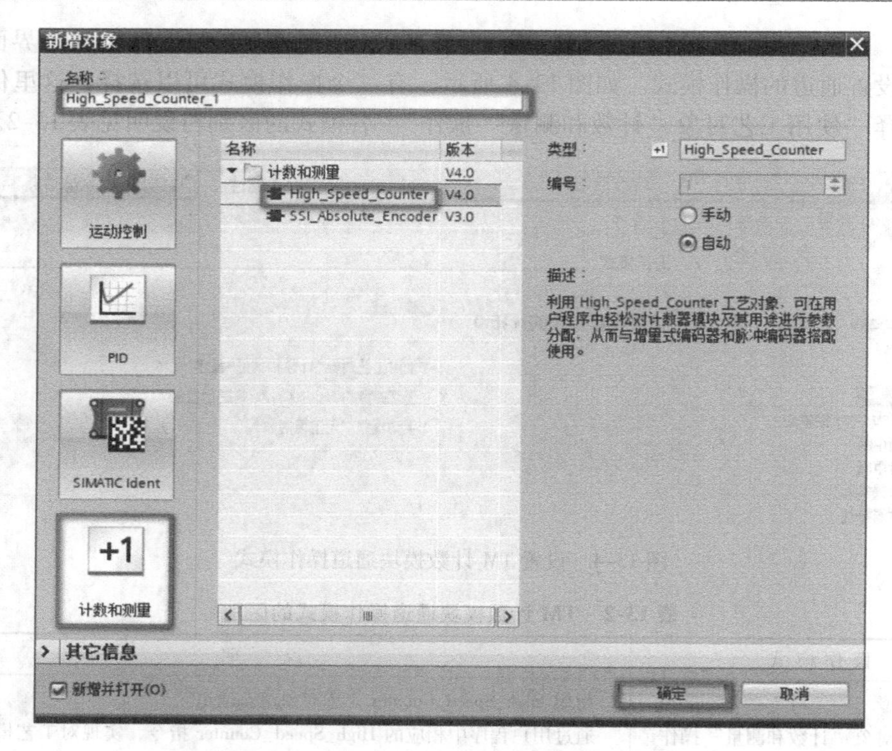


图 13-5　添加一个"计数和测量"工艺对象

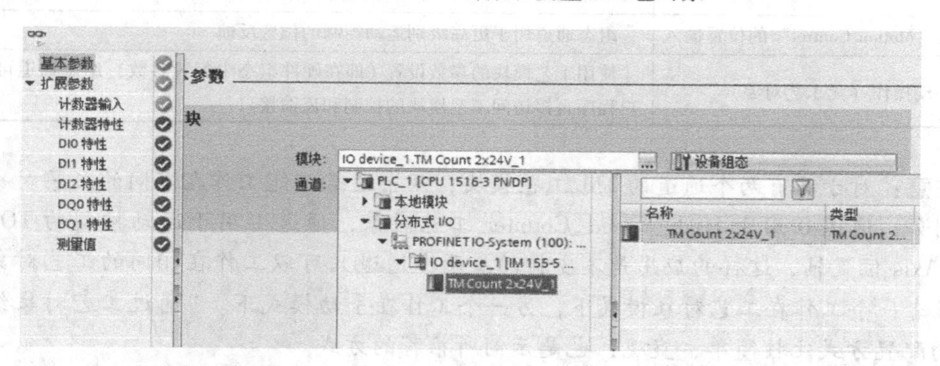


图 13-6　选择 TM 计数模块通道

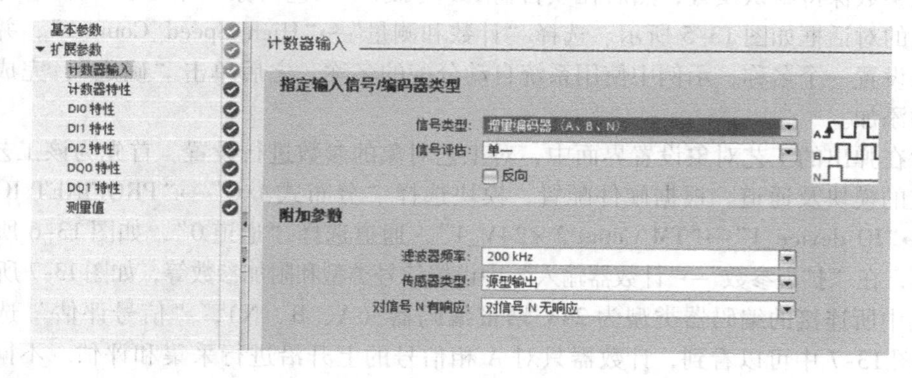


图 13-7　设置计数器输入参数

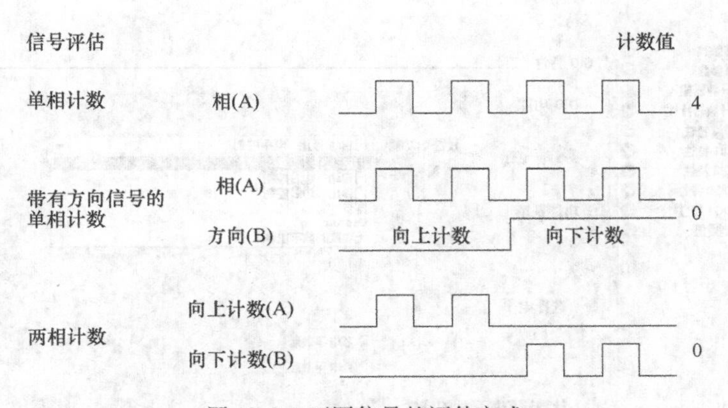


图13-8　不同信号的评估方式

在“附加参数”中可以定义滤波器频率、传感器类型等参数。

在“扩展参数”→“计数器特性”界面中，可以对计数器特性进行设置，如图13-9所示。

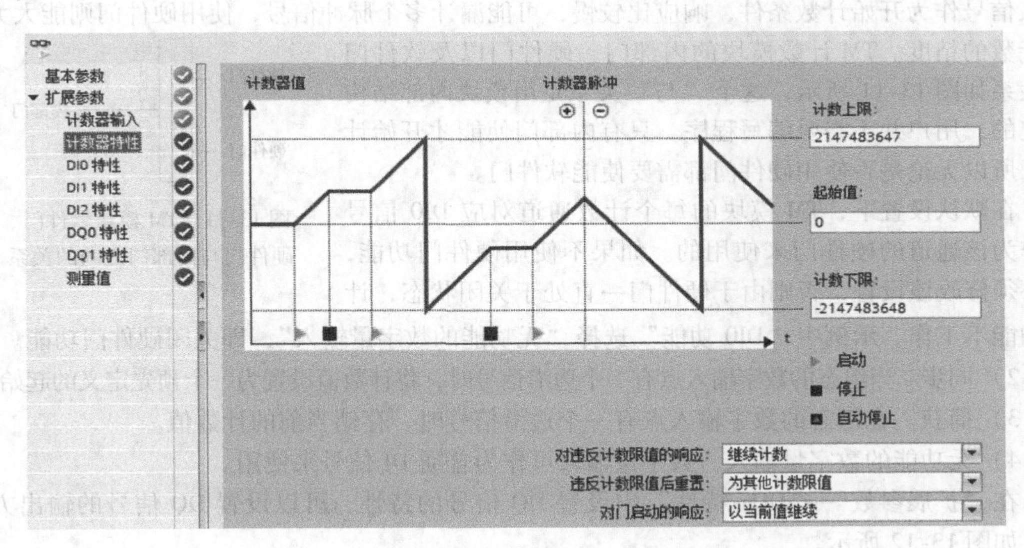


图13-9　计数器特性设置界面

“计数上限”：设置计数上限来限制计数范围，默认值（即最大值）为2147483647($2^{31}-1$)。

“计数下限”：设置计数下限来限制计数范围，默认值（即最小值）为$-2147483648(-2^{31})$。

“起始值”：通过组态起始值，指定计数开始时的值以及在发生指定事件时计数的起始值，默认值为0。

在“扩展参数”→“DI$x$特性”中可以设置DI信号的功能，如图13-10所示。

DI有以下几种功能：

1）门信号（电平控制或边沿控制）。计数器模块使用门信号作为开始计数和结束计数的条件。门信号分为软件门和硬件门。软件门可以在调用的计数器指令中使能；而硬件门则通过模块上集成的数字量输入信号使能，这些输入信号的响应时间可以低至几微秒。硬件门用于需要快速使能计数的场合。例如，设备通过一个光电开关后开始计数，如果通过普通的

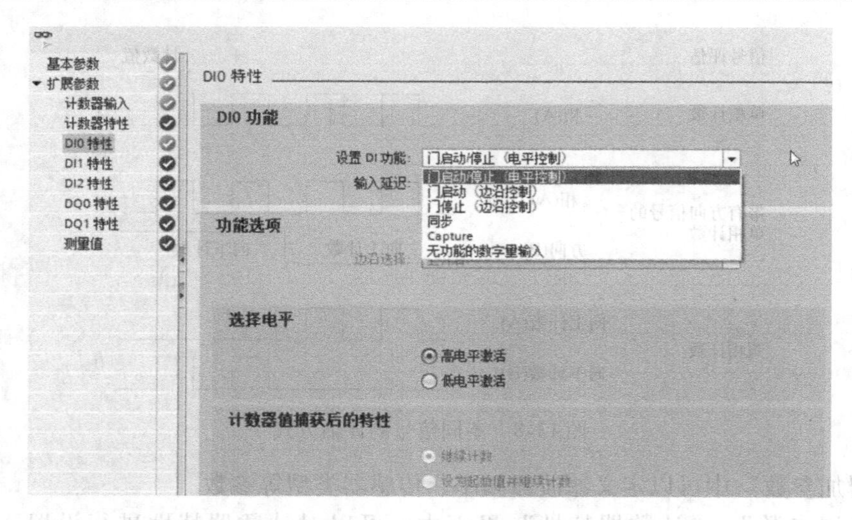


图 13-10　设置 TM 计数模块数字量输入信号的功能

输入信号作为开始计数条件，响应比较慢，可能漏计多个脉冲信号，使用硬件门则能大大提高计数的精度。TM 计数模块的内部门、硬件门以及软件门的关系如图 13-11 所示，这个“与”关系是由模块内部结构决定的，用户并不需要编写程序。只有内部门使能才开始计数，所以无论是否使用硬件门都需要使能软件门。

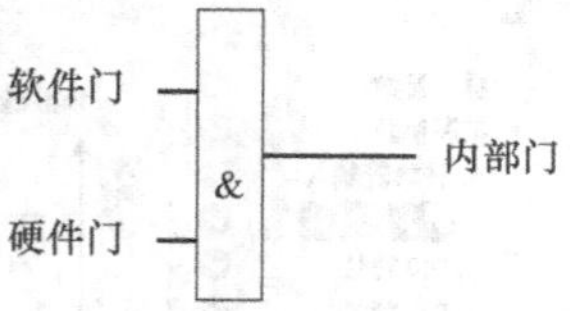

软件门
硬件门
&
内部门

图 13-11　TM 模块软件门、硬件门与内部门之间的关系

在默认设置下，TM 模块的每个计数通道对应 DI0 信号是作为该通道的硬件门来使用的。如果不使用硬件门功能，则必须修改该设置，否则由于硬件门一直处于关闭状态，计数功能不工作。示例中“DI0 功能”选择“无功能的数字量输入”，即关闭硬件门功能。

2）同步。当组态的数字输入点有一个边沿信号时，将计数值设置为一个预先定义的起始值。

3）捕获。在组态的数字输入点有一个边沿信号时，存储当前的计数值。

4）无功能的数字量输入。数字量输入可作为普通 DI 信号来使用。

在“扩展参数”→“DQ*x* 特性”中设置 DQ 信号的特性，可以设置 DQ 信号的输出方式等，如图 13-12 所示。

DQ 置位输出可以选择下列选项：

1）在比较值 0/1 和上限之间（默认）。如果计数器值处于比较值和计数上限之间，则数字量输出 DQ 激活。

2）在比较值 0/1 和下限之间。如果计数器值处于比较值和计数下限之间，则数字量输出 DQ 激活。

3）在比较值 0 和 1 之间。如果计数器值处于比较值 0 和比较值 1 之间，则数字量输出 DQ 激活。只有当数字量输出 DQ0 被配置为“由用户程序使用”时，数字量输出 DQ1 的“置位输出”中才出现“比较值 0 和 1 之间”选项。

4）在脉宽的比较值 0（或者 1）处。计数值按照配置的计数方向达到比较值时，相应数字量输出 DQ 使能一次，使能的脉宽时间可以设置。

5）在 CPU 发出置位命令后，达到比较值 0（或者 1）之前。从 CPU 发出置位命令时，

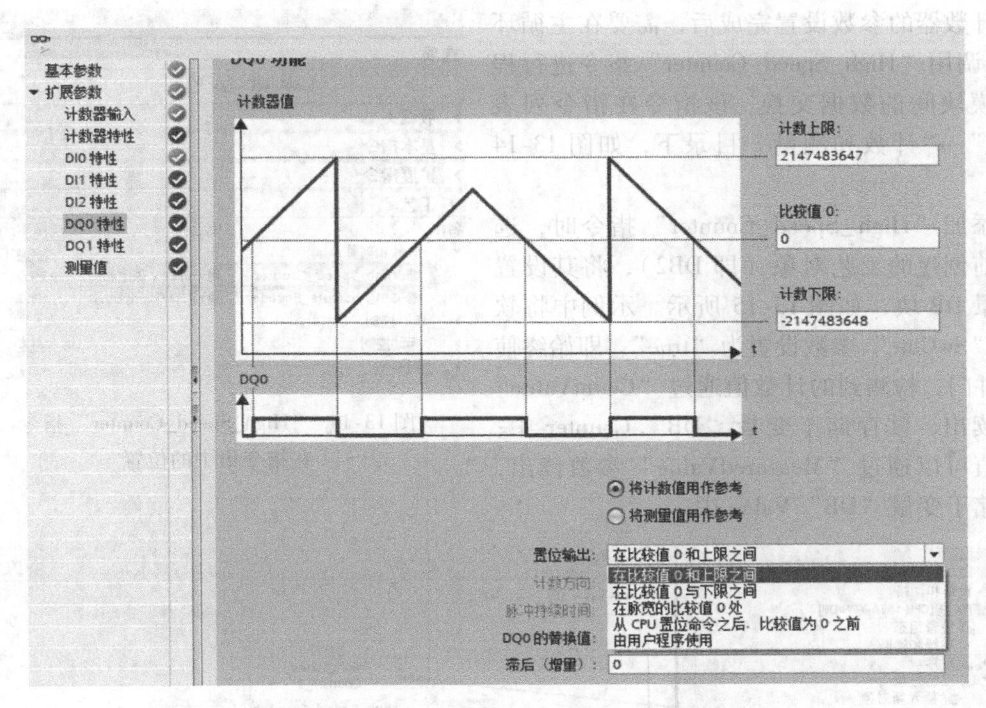


图 13-12　设置 TM 模块数字量输出信号的功能

相应数字量输出激活，直到计数器值等于比较值为止。

6）由用户程序使用。CPU 可通过控制接口切换相应数字量输出。

**注意：比较值 1 必须大于比较值 0。**

7）DQ$x$ 的替换值。在 CPU 处于 STOP 时选择 DQ 的一个替换值，可以选择 0 或者 1。

8）滞后（增量）。通过组态滞后，可以定义比较值前后的范围。可输入一个 0～255 之间的值，默认设置为“0”。在滞后范围内，数字量输出不会切换状态，直到计数器值超出该范围为止。无论滞后值是多少，滞后范围都在达到计数上/下限时结束。如果输入“0”，则禁用滞后。滞后只能在计数模式下组态。

通过基本的计数功能，再加上一个时间窗口，可以对速度和频率等变量进行测量，这些参数需要在“扩展参数”→“测量值”界面中进行设置，如图 13-13 所示，示例为对速度的测量。

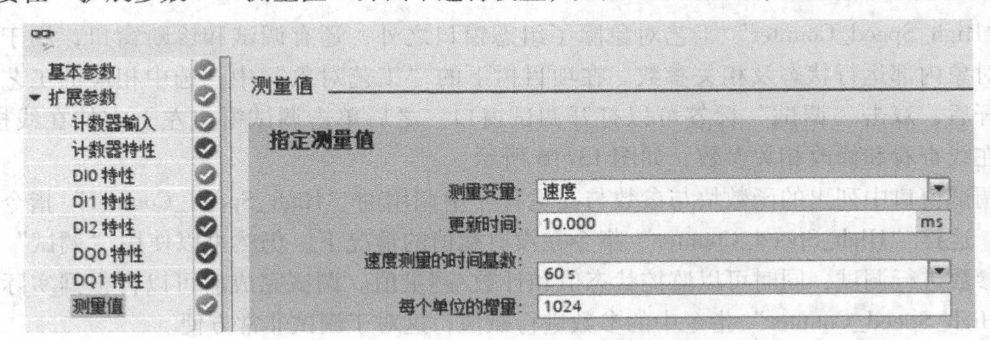


图 13-13　设置测量值

计数器的参数设置完成后，需要在主循环OB中调用“High_Speed_Counter”指令进行程序与模块间的数据交换。该指令在指令列表“工艺”→“计数和测量”目录下，如图13-14所示。

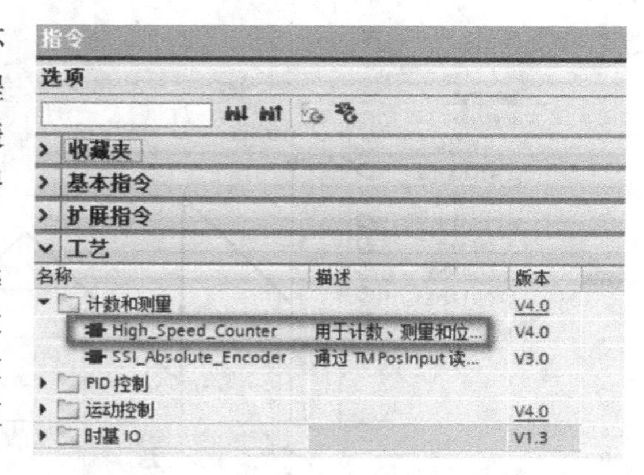


图13-14 “High_Speed_Counter”指令在指令集中的位置

添加“High_Speed_Counter”指令时，选择之前创建的工艺对象（即DB2），将其设置为背景DB块，如图13-15所示。示例中将软件门“SwGate”参数设置为“true”，即始终使能软件门，检测到的计数值通过“CountValue”参数读出，并存储于变量“DB”. Counter中；测量值可以通过“MeasuredValue”参数读出，并存储于变量“DB”. Value中。

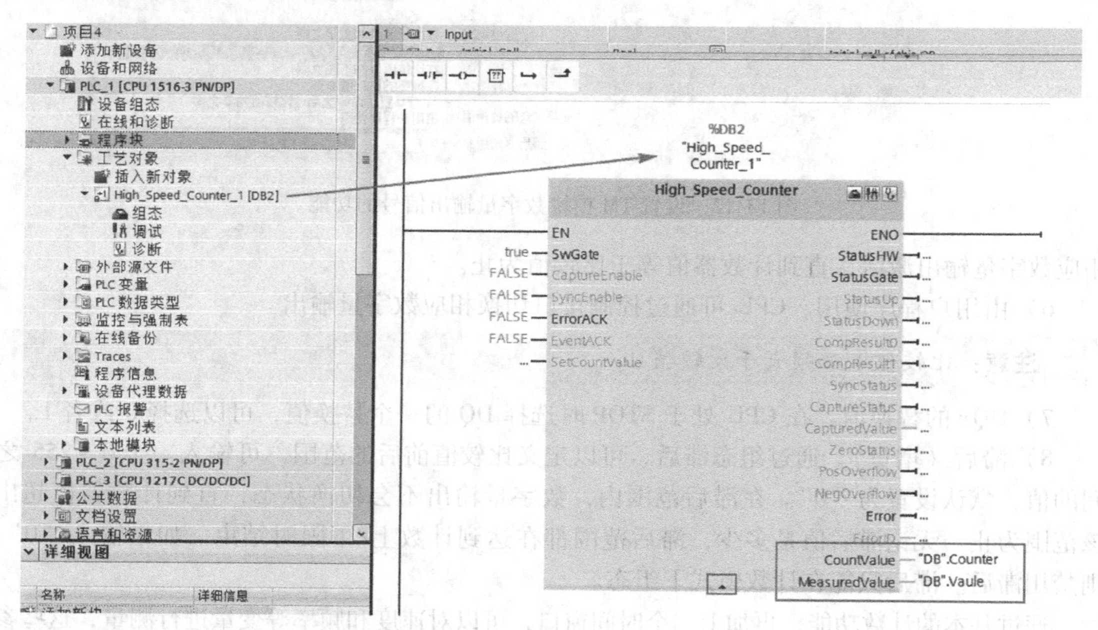


图13-15 设置“High_Speed_Counter”指令参数

“High_Speed_Counter”工艺对象除了组态窗口之外，还有调试和诊断窗口，用于查看工艺对象内部运行状态及相关参数。在项目树下的“工艺对象”中，选中相应的工艺对象并展开后，双击“调试”标签可以打开调试窗口。之后单击调试窗口左上方的在线按钮，即可在线查看和修改相关参数，如图13-16所示。

调试窗口中列出的函数块与参数与在主程序中调用的“High_Speed_Counter”指令完全相同，这样“High_Speed_Counter”指令在没有赋值的情况下，仍然可以使用“调试”界面下的参数进行调试，同时可以监控状态值和计数/测量值。调试完成后可以再根据实际要求对“High_Speed_Counter”指令中的参数进行赋值，这对于调试非常方便。

如果模块出现故障，则可以在“诊断”界面中查看故障的原因。双击工艺对象的“诊

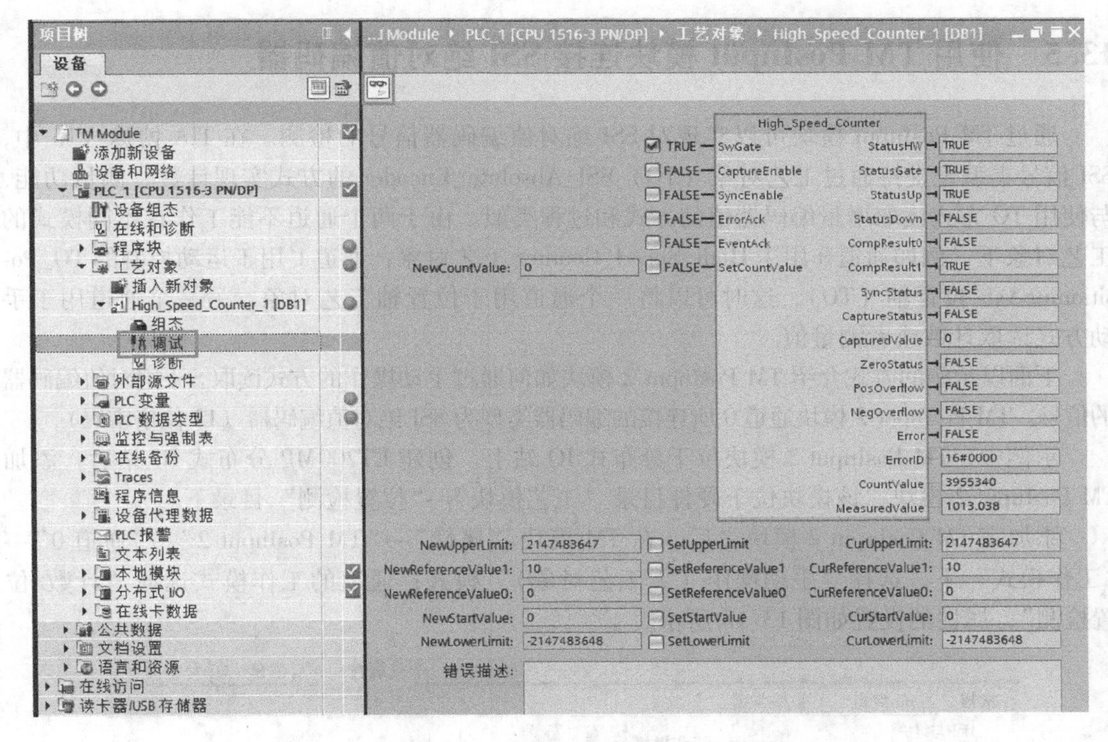


图 13-16 工艺对象的调试窗口

断”标签进入诊断界面，然后单击诊断界面左上方的在线按钮，即可在线查看工艺对象的诊断信息，如图 13-17 所示。

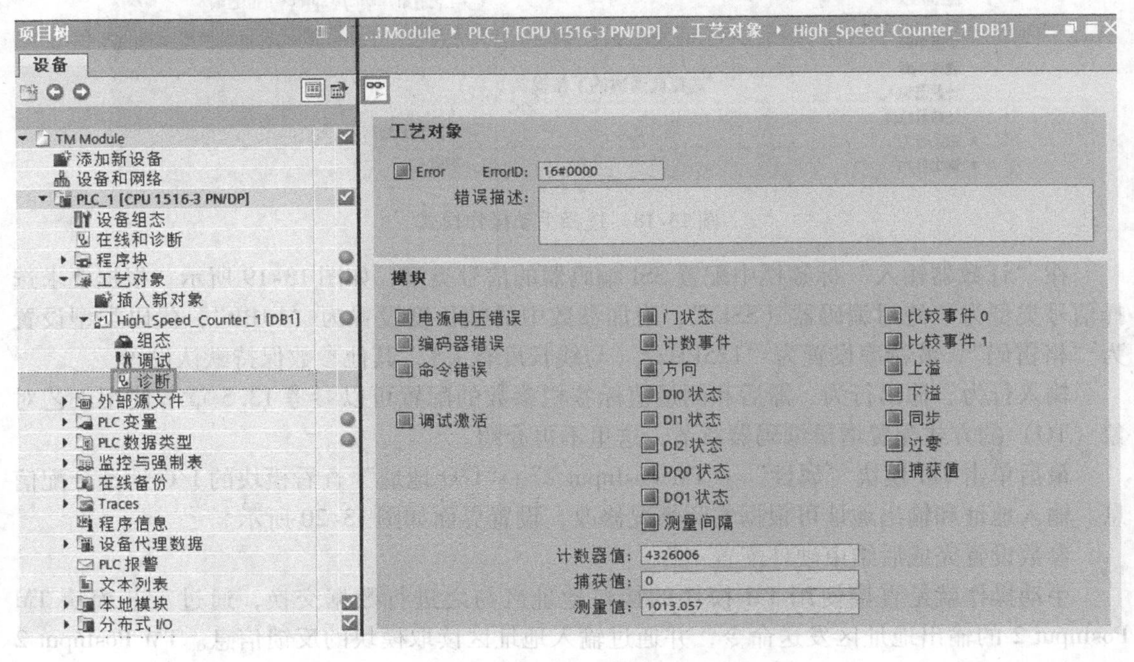


图 13-17 工艺对象的诊断窗口

## 13.5　使用 TM PosInput 模块连接 SSI 绝对值编码器

通过 TM PosInput 模块可以实现对 SSI 绝对值编码器信号的检测。在 TIA 博途 V15 中，SSI 信号类型也支持通过工艺对象（TO）SSI_Absolute_Encoder 的方式实现计数、测量功能，与使用 TO 方式读取增量编码器值的方式和过程类似。由于两个通道不能工作在不同模式的工艺对象下，例如通道 0 用于 High_Speed_Counter 工艺对象，通道 1 用于运动控制的 TO_PositioningAxis 位置轴（TO），这时可以将一个通道用于位置轴工艺对象，另一个通道用于手动方式读取计数或者测量值。

下面以示例的方式介绍 TM PosInput 2 模块如何通过手动操作的方式读取 SSI 绝对值编码器的信号。TM PosInput 2 模块通道 0 所连接的编码器类型为 SSI 绝对值编码器（13 位格雷码）。

示例中，TM PosInput 2 模块位于分布式 IO 站上。创建 ET200MP 分布式 IO 站后，添加 TM PosInput 2 模块，该模块位于硬件目录"工艺模块"→"位置检测"目录下。

添加完 TM PosInput 2 模块之后，在 TM 模块"属性"→"TM PosInput 2"→"通道 0"→"工作模式"下，选择"手动操作（无工艺对象）"模式；通道的工作模式选择"计数/位置检测"，属性的设置如图 13-18 所示。

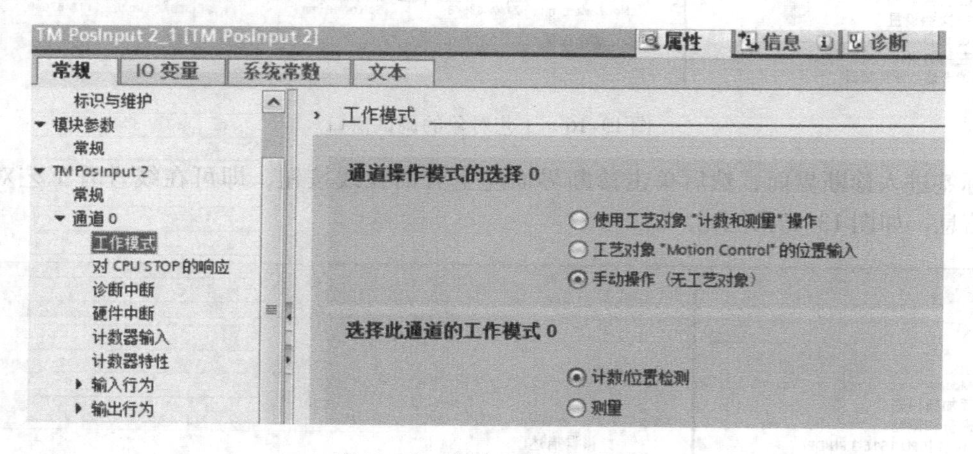


图 13-18　选择手动操作模式

在"计数器输入"标签栏中配置 SSI 编码器的信号类型，如图 13-19 所示。根据要求选择信号类型为"绝对编码器（SSI）"，附加参数中的帧长度设置为"13Bit"，代码类型设置为"格雷码"，波特率设置为"125kHz"（与线长度有关），其他参数保持默认设置。

输入行为、输出行为、滞后和测量值标签栏参数的配置可以参考 13.5 章节使用工艺对象（TO）的方式配置增量编码器章节，这里不再介绍。

最后单击 TM 模块"属性"→"TM PosInput 2"→"I/O 地址"查看模块的 I/O 地址分配信息。输入地址和输出地址可根据实际情况修改，设置界面如图 13-20 所示。

参数设置完成后结束硬件配置工作。

手动操作就是直接使用 TM 模块的接口地址区与之进行数据交换，通过工艺模块 TM PosInput 2 的输出地址区发送命令，并通过输入地址区读取模块的反馈信息。TM PosInput 2 工艺模块的地址空间分配见表 13-3。

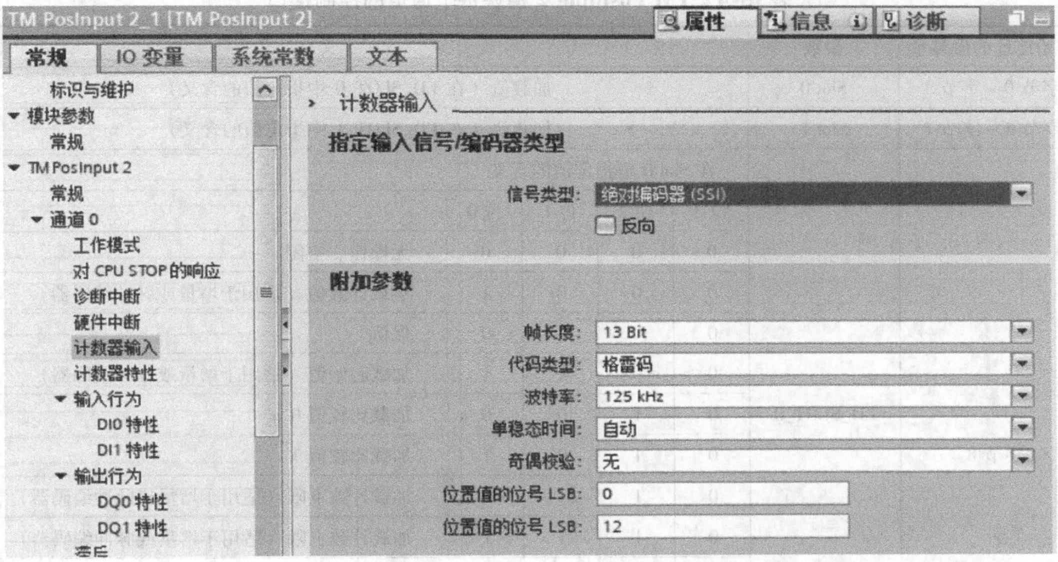

TM PosInput 2_1 [TM PosInput 2]　属性　信息　诊断

常规　IO 变量　系统常数　文本

标识与维护
▼ 模块参数
常规
▼ TM PosInput 2
常规
▼ 通道 0
工作模式
对 CPU STOP 的响应
诊断中断
硬件中断
计数器输入
计数器特性
▼ 输入行为
DI0 特性
DI1 特性
▼ 输出行为
DQ0 特性
DQ1 特性

› 计数器输入

指定输入信号/编码器类型

信号类型：绝对编码器 (SSI)
反向

附加参数

帧长度：13 Bit
代码类型：格雷码
波特率：125 kHz
单稳态时间：自动
奇偶校验：无
位置值的位号 LSB：0
位置值的位号 LSB：12

图 13-19　设置 SSI 编码器信号类型

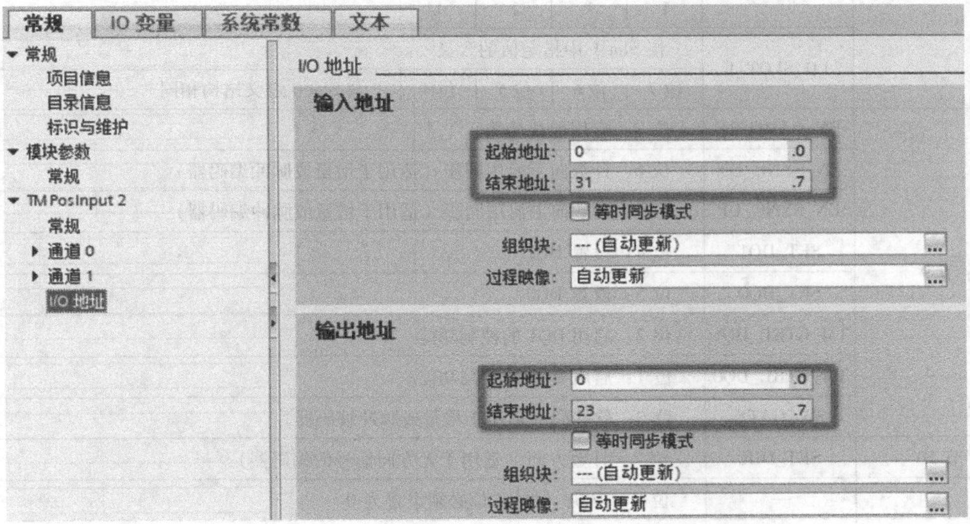

常规　IO 变量　系统常数　文本

▼ 常规
项目信息
目录信息
标识与维护
▼ 模块参数
常规
▼ TM PosInput 2
常规
▶ 通道 0
▶ 通道 1
I/O 地址

I/O 地址

输入地址

起始地址：0 .0
结束地址：31 .7
等时同步模式
组织块：---(自动更新)
过程映像：自动更新

输出地址

起始地址：0 .0
结束地址：23 .7
等时同步模式
组织块：---(自动更新)
过程映像：自动更新

图 13-20　设置 TM 模块 I/O 地址区

**表 13-3　TM PosInput 2 模块输入地址、输出地址范围**

| | 输　　入 | 输　　出 |
|---|---|---|
| 每个计数通道的范围 | 16 字节 | 12 字节 |
| 总范围 | 32 字节 | 24 字节 |

每个通道控制接口的详细含义以及占用的地址空间见表 13-4。

表 13-4　TM PosInput 2 模块每个通道的控制接口

| 起始地址的偏移量 | 参数 | | | | | 含　义 |
|---|---|---|---|---|---|---|
| 字节 0 ~ 字节 3 | Slot 0 | | | | | 加载值（在 LD_SLOT_0 中指定值的含义） |
| 字节 4 ~ 字节 7 | Slot 1 | | | | | 加载值（在 LD_SLOT_1 中指定值的含义） |
| 字节 8 | LD_SLOT_0 | 在 Slot 0 中指定值的含义 | | | | |
| | | 位 3 | 位 2 | 位 1 | 位 0 | |
| | | 0 | 0 | 0 | 0 | 无操作、空闲 |
| | | 0 | 0 | 0 | 1 | 装载计数值（适用于增量或脉冲编码器） |
| | | 0 | 0 | 1 | 0 | 保留 |
| | | 0 | 0 | 1 | 1 | 加载起始值（适用于增量或脉冲编码器） |
| | | 0 | 1 | 0 | 0 | 加载比较值 0 |
| | | 0 | 1 | 0 | 1 | 加载比较值 1 |
| | | 0 | 1 | 1 | 0 | 加载计数下限（适用于增量或脉冲编码器） |
| | | 0 | 1 | 1 | 1 | 加载计数上限（适用于增量或脉冲编码器） |
| | | 1 | 0 | 0 | 0 | 保留 |
| | | | | | | |
| | | 1 | 1 | 1 | 1 | |
| | LD_SLOT_1 | 在 Slot 1 中指定值的含义 | | | | |
| | | 位 7 | 位 6 | 位 5 | 位 4 | 与 Slot 0 定义结构相同 |
| 字节 9 | EN_CAPTURE | 位 7：启用捕获功能 | | | | |
| | EN_SYNC_DN | 位 6：计数向下启用同步（适用于增量或脉冲编码器） | | | | |
| | EN_SYNC_UP | 位 5：计数向上启用同步（适用于增量或脉冲编码器） | | | | |
| | SET_DQ1 | 位 4：设置 DQ1 | | | | |
| | SET_DQ0 | 位 3：设置 DQ0 | | | | |
| | TM_CTRL_DQ1 | 位 2：启用 DQ1 的控制功能 | | | | |
| | TM_CTRL_DQ0 | 位 1：启用 DQ0 的控制功能 | | | | |
| | SW_GATE | 位 0：软件门（适用于增量或脉冲编码器） | | | | |
| 字节 10 | SET_DIR | 位 7：计数方向（适用于无方向信号的编码器） | | | | |
| | — | 位 2 ~ 位 6：保留；位必须设置为 0 | | | | |
| | RES_EVENT | 位 1：复位保存的事件 | | | | |
| | RES_ERROR | 位 0：复位保存的错误状态 | | | | |
| 字节 11 | — | 位 0 ~ 位 7：保留；位必须设置为 0 | | | | |

每个通道的反馈接口详细含义以及占用的地址空间见表 13-5。

表 13-5　每个通道的反馈接口

| 起始地址的偏移量 | 参　数 | 意　义 |
|---|---|---|
| 字节 0 ~ 字节 3 | COUNT VALUE | 当前计数值或位置值 |
| 字节 4 ~ 字节 7 | CAPTURED VALUE | 最后采集的捕获值 |

（续）

| 起始地址的偏移量 | 参　数 | 意　义 |
|---|---|---|
| 字节8~字节11 | MEASURED VALUE | 完整SSI帧或当前测量值 |
| 字节12 | — | 位3~位7：保留；设置为0 |
| | LD_ERROR | 位2：通过控制接口加载时出错 |
| | ENC_ERROR | 位1：编码器信号或SSI帧错误 |
| | POWER_ERROR | 位0：电源电压L+不正确 |
| 字节13 | — | 位6~位7：保留；设置为0 |
| | STS_SW_GATE | 位5：软件门状态（适用于增量或脉冲编码器） |
| | STS_READY | 位4：工艺模块已启动并组态 |
| | LD_STS_SLOT_1 | 位3：检测到Slot 1的加载请求并已执行（切换） |
| | LD_STS_SLOT_0 | 位2：检测到Slot 0的加载请求并已执行（切换） |
| | RES_EVENT_ACK | 位1：状态位复位已激活 |
| | — | 位0：保留；设置为0 |
| 字节14 | — | 位7：保留；设置为0 |
| | STS_DI1 | 位6：状态DI1 |
| | STS_DI0 | 位5：状态DI0 |
| | STS_DQ1 | 位4：状态DQ1 |
| | STS_DQ0 | 位3：状态DQ0 |
| | STS_GATE | 位2：内部门状态（适用于增量或脉冲编码器） |
| | STS_CNT | 位1：上一个0.5s内检测到的计数脉冲或位置值变化 |
| | STS_DIR | 位0：上一个计数值或位置值变化的方向 |
| 字节15 | STS_M_INTERVAL | 位7：上一个测量间隔内检测到的计数脉冲或位置值变化 |
| | EVENT_CAP | 位6：发生了捕获事件 |
| | EVENT_SYNC | 位5：发生了同步（适用于增量或脉冲编码器） |
| | EVENT_CMP1 | 位4：发生了DQ1的比较事件 |
| | EVENT_CMP0 | 位3：发生了DQ0的比较事件 |
| | EVENT_OFLW | 位2：发生了上溢事件 |
| | EVENT_UFLW | 位1：发生了下溢事件 |
| | EVENT_ZERO | 位0：发生了过零点事件 |

在本示例应用中，TM PosInput 2模块所占用的输入地址区为“IB0~IB31”，占用的输出地址区为“QB0~QB23”，所以如果要读取该模块通道0的计数值，则在程序中直接访问地址ID0即可获得计数值。同样，如果希望将通道0对应的DQ1信号输出，则将Q9.4置位即可。

## 13.6　带计数功能的DI模块

SIMATIC S7-1500 DI模块DI 16×24VDC HF（6ES7 521-1BH00-0AB0）和DI 32×24VDC HF（6ES7 521-1BL00-0AB0）自固件版本V2.1.0起，其通道DI0和DI1可通过硬件组态为高速计数功能（连接单相输入信号），计数频率最高为1kHz，其他通道用作标准输入

（DI 模式）。ET200SP 模块 DI 8 ×24VDC HS（6ES7 131-6BF00-0DA0）也可组态为一个具有四通道高速计数功能的模块。下面以 DI 32 ×24VDC HF 模块为例，介绍该功能的应用，其计数上限为 4294967295（$2^{32}-1$）。

插入 DI 32 ×24VDC HF 模块后，在模块属性的“模块参数”→“通道模板”→“DI 组态”中的标签栏激活“启用通道 0 和通道 1 上的计数器组态”功能，如图 13-21 所示。

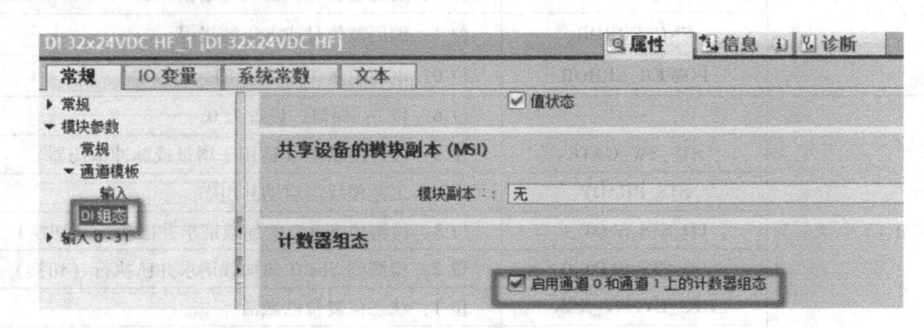


图 13-21　激活通道 0 和通道 1 的计数功能

选择计数模式后，通道 0 和通道 1 的地址空间内包含有控制接口和反馈接口。通过这两个接口可直接控制计数功能。

在“计数模式”下（通道 0 和通道 1），该模块将占用以下地址空间：

1）24 字节的过程映像输入（四字节输入地址 + 四字节值状态 + 两个通道的反馈接口）；

2）16 字节的过程映像输出（两个通道的控制接口）。

计数器的反馈接口（通道 0 和通道 1）从输入字节 $X+8$ 开始，其中字节 $X+8\sim X+15$ 对应通道 0，字节 $X+16\sim X+23$ 对应通道 1。可以通过反馈接口数据评估计数器的状态，例如，使用“STS_GATE”反馈位可以获得内部门的状态。

模块的输入/输出地址为 0，以通道 0 为例，反馈接口的地址空间分配如图 13-22 所示。

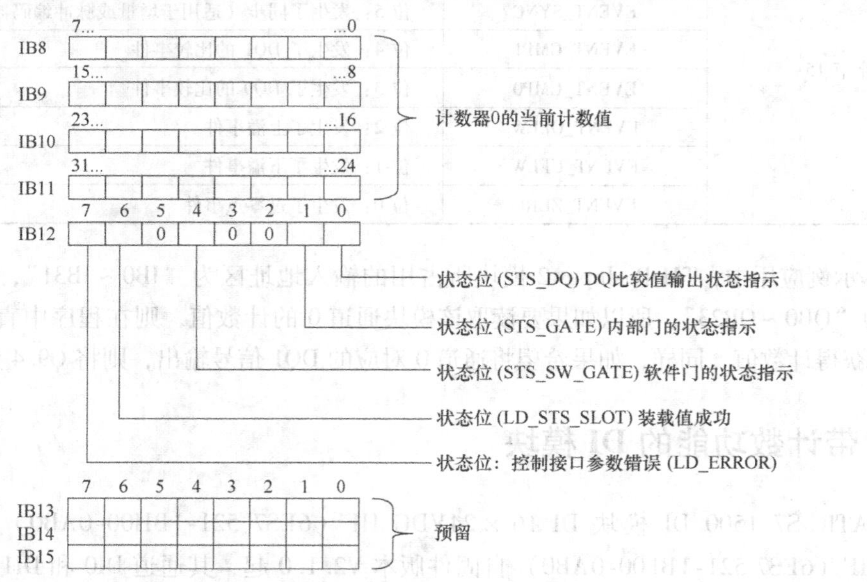


图 13-22　DI 32 ×24VDC Count 通道 0 的反馈接口地址空间分配

计数器的控制接口（通道 0 和通道 1）从输出字节 $X+0$ 开始，其中字节 $X+0 \sim X+7$ 对应通道 0，字节 $X+8 \sim X+15$ 对应通道 1。可以使用控制接口启动计数器，或者在用户程序中设置计数器当前值为初始值或者装载值。例如，使用“SW _GATE”控制位，打开和关闭相应通道的软件门（不支持硬件门功能）。

以通道 0 为例，控制接口的地址空间分配（输出字节 $X+0 \sim X+7$）如图 13-23 所示。

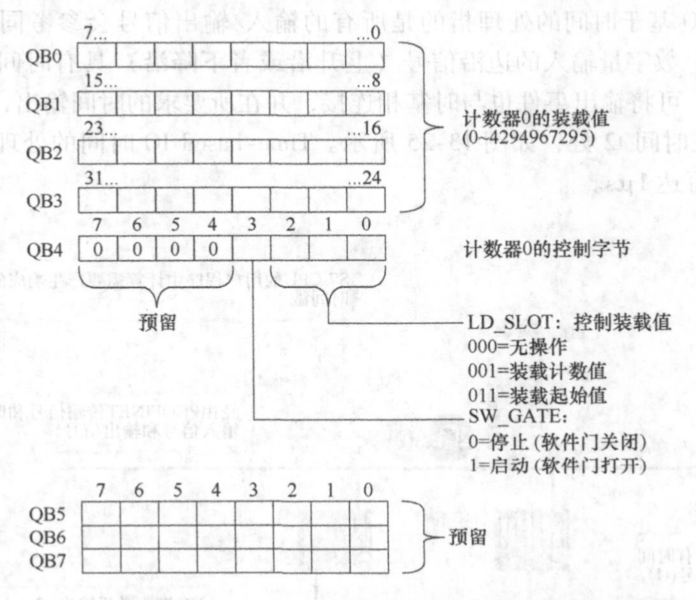


图 13-23　DI 32×24VDC Count 通道 0 的控制接口地址空间分配

可以在模块属性中对通道 0 和通道 1 的计数功能进行设置，如定义计数上限、定义起始值和比较值等，如图 13-24 所示。此界面需要注意的是“设置输出 DQ”，设置后其反馈接口的 STS_DQ 信号为 1，通过该信号可以连接到一个硬件输出。

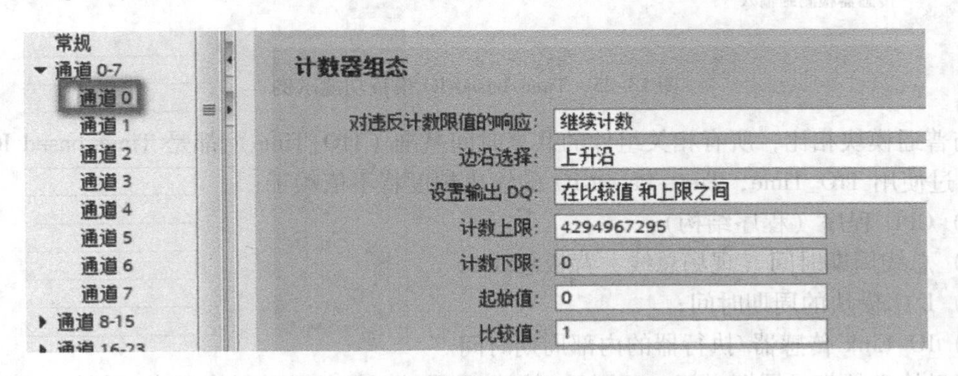


图 13-24　DI HF 模块计数功能的设置

模块的起始地址和占用空间可以在模块属性的“I/O 地址”标签中查看。示例中，模块的输入地址区为 IB0 ~ IB23，输出地址区为 QB0 ~ QB15。

根据模块控制接口和反馈接口的定义，要实现计数，需要将门信号 Q4. 3 置位（打开软件门），之后就可以通过 ID8 访问到通道 0 的计数值，这样就实现了模块的简单计数功能。

## 13.7 Time-based IO 模板

### 13.7.1 功能描述

Time-based IO 基于时间的处理指的是所有的输入/输出信号会参考同一个时基（TIO_Time）进行处理。数字量输入的边沿信号（上升沿或者下降沿）具有时间戳 t1。信号经过用户程序处理后，可将输出事件也与时基相连接，并在所要求的时间输出，输出带有时间戳 t2，即输出发生在时间 t2 处，如图 13-25 所示。Time-based IO 时间的处理是基于等时模式的，其相对精度可达 1μs。

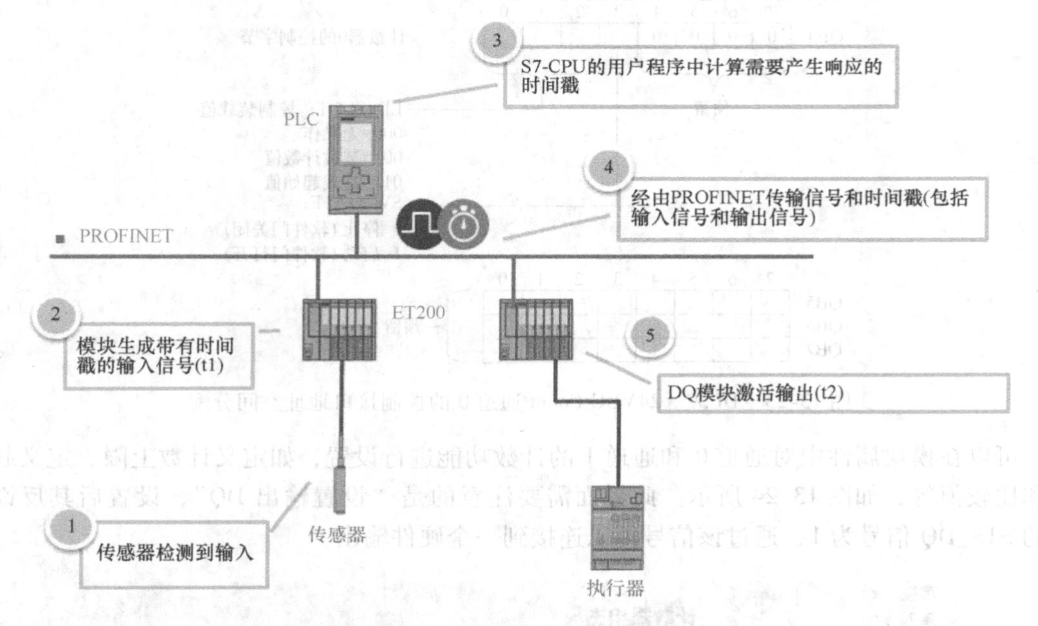


图 13-25　Time-based IO 模板功能示例

与普通模块相比，所有相关组件的共享时间基准（TIO_Time）都是 Time-based IO 的基础。通过使用 TIO_Time，Time-based IO 的输出精度将不依赖于：

1）CPU 程序（程序结构）；

2）总线周期时间（现场总线、背板总线）；

3）I/O 模块的周期时间；

4）IO-Link 传感器/执行器的内部周期时间。

这里给出的都是周期时间，不同循环周期是导致时间偏差的最大因素，例如坐公交车从 A 经过 B 到达 C，期间需要换乘一次公交车，公交车都是按时间发车，所以每次从 A 到 C 的时间都会产生偏差，只有规划好出行时间才能保证每一次所花费的时间都近似。保证不同周期的同步性就必须使用 PROFINET 的等时同步功能（见 10.3.15 节），因为 PROFINET 等时 IRT 的抖动时间小于 1μs。使用 Time-based IO 时可以大大提高过程的相对精度，还需注意与系统有关的最小响应时间，例如输入延时最小值为 4μs，输出延时最小值为 1μs。目前支持该功能的模块见表 13-6。

表 13-6　Time-based IO 模块性能参数表

| 模块名称 | 技术参数 | 订货号 |
| --- | --- | --- |
| ET200SP CM 4 × IO-Link | 最大支持 4 个带时间戳的 IO-Link 通道 | 6ES7 137-6BD00-0BA0 |
| ET200MP TM Timer DIDQ 16 × 24V | 最大支持 16 个带时间戳的通道 | 6ES7 552-1AA00-0AB0 |
| ET200SP TM Timer DIDQ 10 × 24V | 最大支持 4 DI、6DQ 带时间戳的通道 | 6ES7 138-6CG00-0BA0 |

以 ET200MP TM Timer DIDQ 16 × 24V 模块为例，该模块在非等时模式下可实现以下功能：

1）计数功能：24V 信号的增量编码器（A、B 相移）或具有信号 A 的脉冲编码器/传感器；

2）PWM（脉宽调制）输出：这种应用中，Time-based IO 模块可以安装在 SIMATIC S7-1500 CPU 主机架上，也可以安装在 ET200MP 分布式 IO 站上。

该模块在等时模式下支持以下功能：

1）时间戳检测（Timer DI）；

2）基于时间的控制功能（Timer DQ）；

3）数字量输入/输出的过采样（Over Sampling）。

在 TIA 博途 V15.1 及以上版本，SIMATIC S7-1500 V2.6 及以上版本的 CPU 的主机架上也支持等时模式，所以在这种应用中 Time-based IO 模块的安装不受限制。

除了以上功能特点外，Time-based IO 模块还可以通过硬件组态实现不同数量的输入/输出组合模式。以 TM Timer DIDQ 16 × 24V（6ES7 552-1AA00-0AB0）为例，其数字量输入和输出可以组态为以下几种组合：

1）0 个数字量输入和 16 个数字量输出（适用于具有多个输出的凸轮应用）；

2）3 个数字量输入和 13 个数字量输出（适用于类似 FM 352 的应用）；

3）4 个数字量输入和 12 个数字量输出（适用于灵活的混合操作）；

4）8 个数字量输入和 8 个数字量输出（适用于探针和增量编码器）。

数字量输入支持的编码器/信号类型：

1）具有 A 信号和 B 信号的 24V 增量编码器；

2）具有 24V 的脉冲信号。

## 13.7.2　Time-based IO 时间控制功能举例

Time-based IO 支持很多功能，例如时间控制、计数、PWM 输出、过采样等，这里仅举例说明时间控制功能。下面以 ET200MP TM Timer DIDQ 16 × 24V 和 ET200SP TM Timer DIDQ 10 × 24V 为例，说明利用 Time-based IO 进行简单的时间控制的应用。以 Time-based IO 模块位于 ET200MP 和 ET200SP 分布式 I/O 站点上为例，在 ET200MP 上的 TM 模块的第一个输入通道（DI0）检测到输入信号的上升沿之后，经过一个指定的时间，在 ET200SP 上的 TM 模块的第四个输出通道（DQ3）输出一个指定时间长度的“1”信号。

**1. 硬件组态**

1）依次添加 S7-1516 CPU、IM 155-6 PN HF 和 IM 155-5 PN ST 接口模块并组态 PROFI-

NET 网络，如图 13-26 所示。

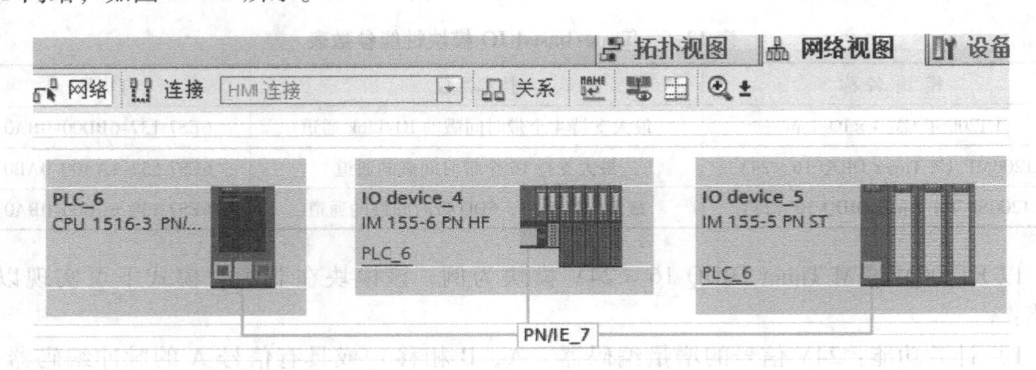


图 13-26　示例程序系统结构图

2）在 CPU 程序块文件夹中添加一个同步循环（Synchronous Cycle）OB，如图 13-27 所示。

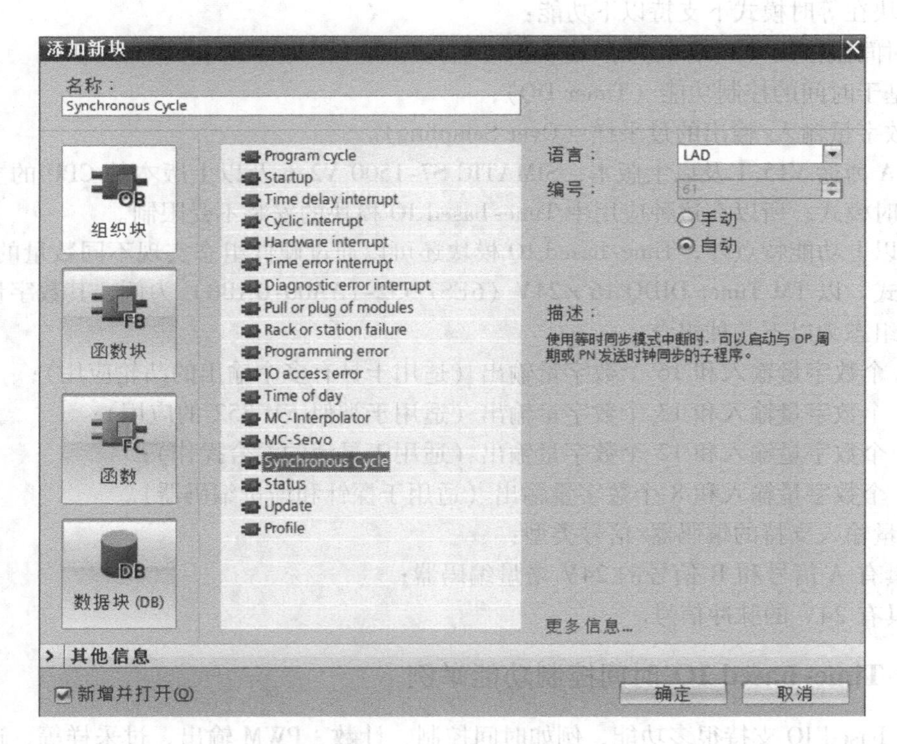


图 13-27　添加同步循环 OB61

3）在分布式 IO 站 IM 155-5 PN ST 上添加 Time-based IO 模块，该模块在工艺模块目录中，根据实际的需要组态输入输出数量。本例中在该模块属性“TM Timer DIDQ 16 × 24V”→“基本参数”中，将通道组态为“8 个输入，8 个输出”，如图 13-28 所示。

之后在该模块属性“TM Timer DIDQ 16 × 24V”→“基本参数”→“通道参数”→“DI0/DI1”下，将操作模式设置为“定时器 DI”以激活该功能，本例中不对 DI 时间戳进行使能控制，因此在组态 DI 组中设置“单独使用输入”，并关闭输入延时，如图 13-29 所示。

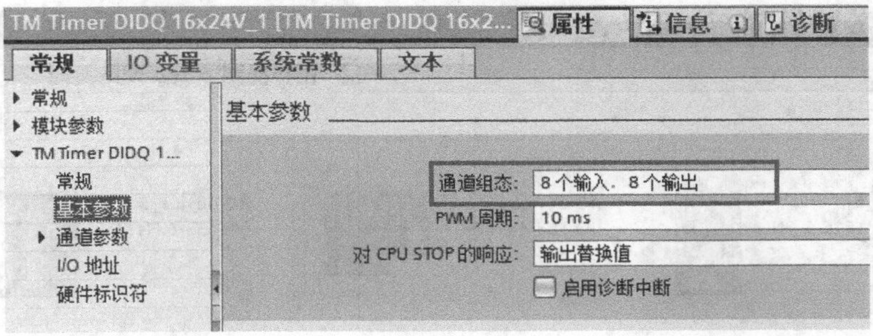

TM Timer DIDQ 16x24V_1 [TM Timer DIDQ 16x2...　属性　信息　诊断
常规　IO 变量　系统常数　文本
常规
模块参数
TM Timer DIDQ 1...
常规
基本参数
通道参数
I/O 地址
硬件标识符
基本参数
通道组态:　8 个输入，8 个输出
PWM 周期:　10 ms
对 CPU STOP 的响应:　输出替换值
启用诊断中断

图 13-28　将模板配置为 8DI/8DQ 模式

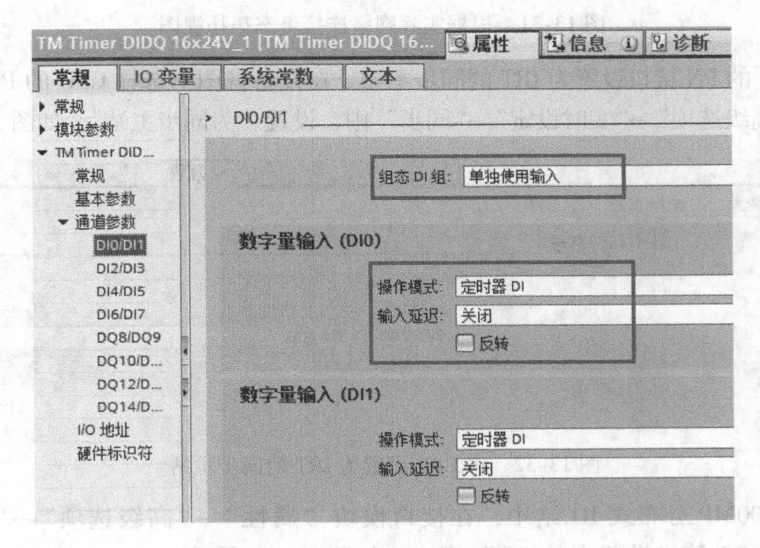


图 13-29　激活 DI 通道的时间戳功能

以相同的方式在 ET200SP 站点添加 TM Timer DIDQ 10×24V 模块，在模块的属性中设置数字量输出 DQ3 的操作模式为“定时器 DQ”，并激活“高速输出”选项，如图 13-30 所示。

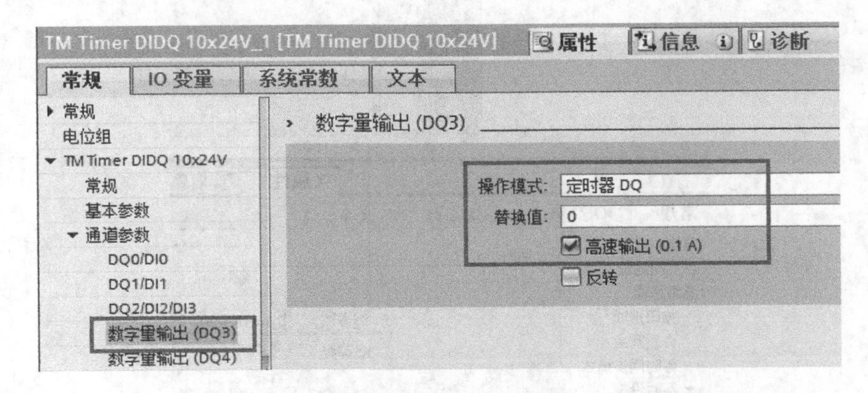


图 13-30　设置 ET200SP 输出通道 3 的时间控制功能

4）切换到拓扑视图，为系统组态网络拓扑，如图 13-31 所示。该网络拓扑结构必须与实际网络设备的连接完全一致，否则 IRT 无法正常工作，PLC 系统会报错。

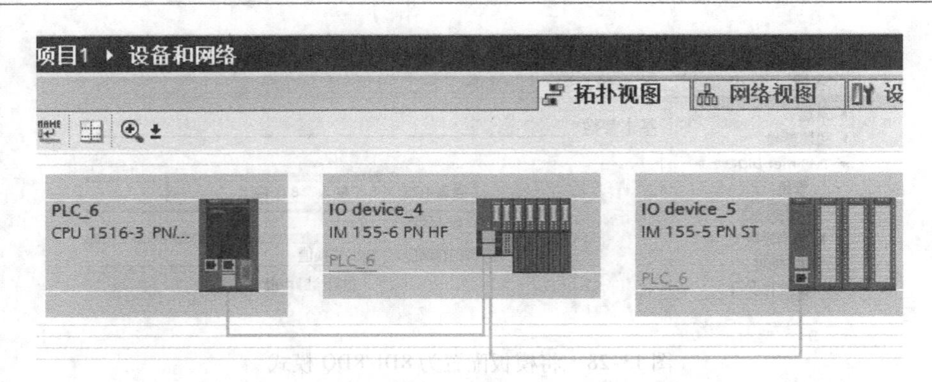


图 13-31　根据实际网络连接组态拓扑视图

5）将 CPU 的 PN 接口设置为 IRT 的同步主站。在设备视图下选择 CPU 的 PROFINET 接口，在“属性”→“高级选项”→“实时设定”→“同步”中，设置“为同步主站”，如图 13-32 所示。

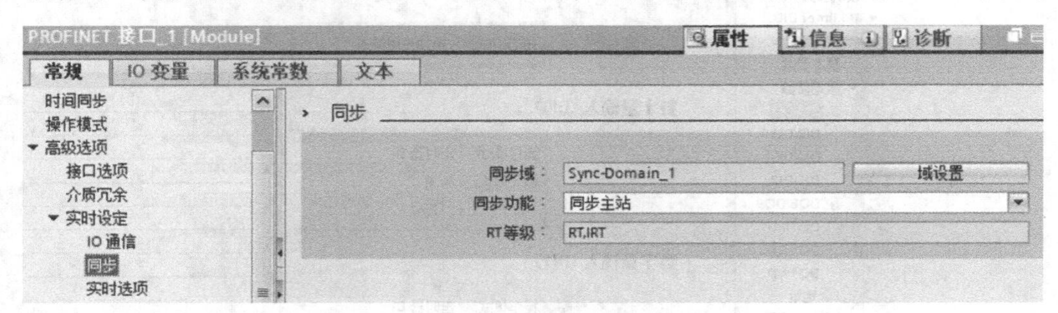


图 13-32　将 CPU 设置为 IRT 的同步主站

6）在 ET200MP 分布式 IO 站中，在接口模块“属性”→“高级选项”→“实时设定”→“同步”下，将 RT 等级设置为“IRT”模式，如图 13-33 所示。

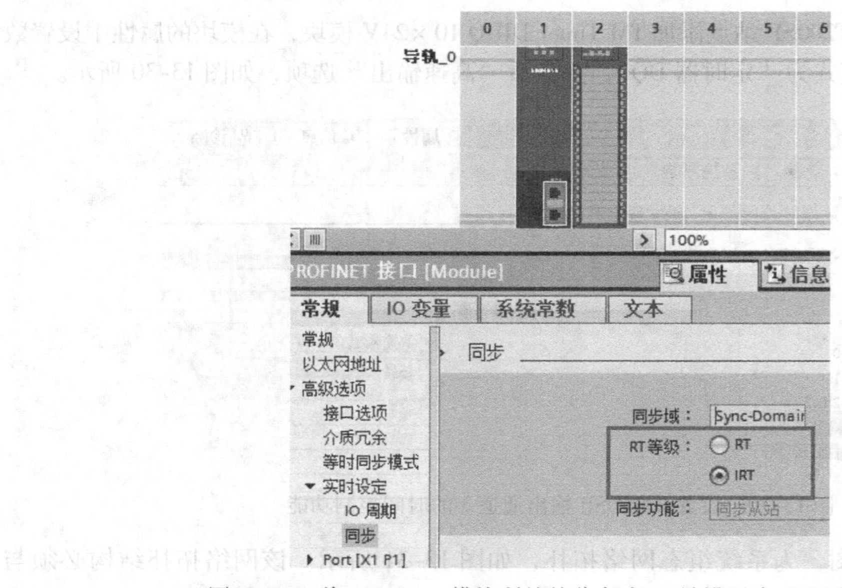


图 13-33　将 TM Timer 模块所处的分布式 IO 站设置为“IRT”模式

在ET200MP接口模块“属性”→“等时同步模式”下，激活等时同步模式，并将该TM Timer模块的等时模式也激活，如图13-34所示。

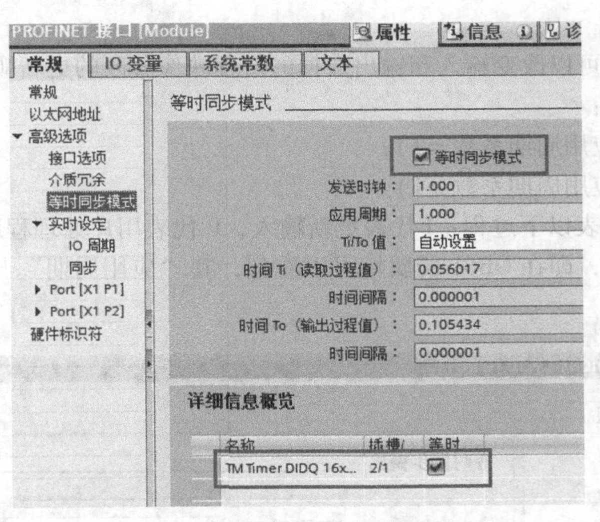


图13-34 激活模块的“等时同步模式”

在ET200MP站点上选择TM模块，在“属性”→“I/O地址”下，激活输入地址和输出地址的等时同步模式，并分配已经创建的组织块（Synchronous Cycle OB），分配过程映像分区为“PIP 1”，如图13-35所示。

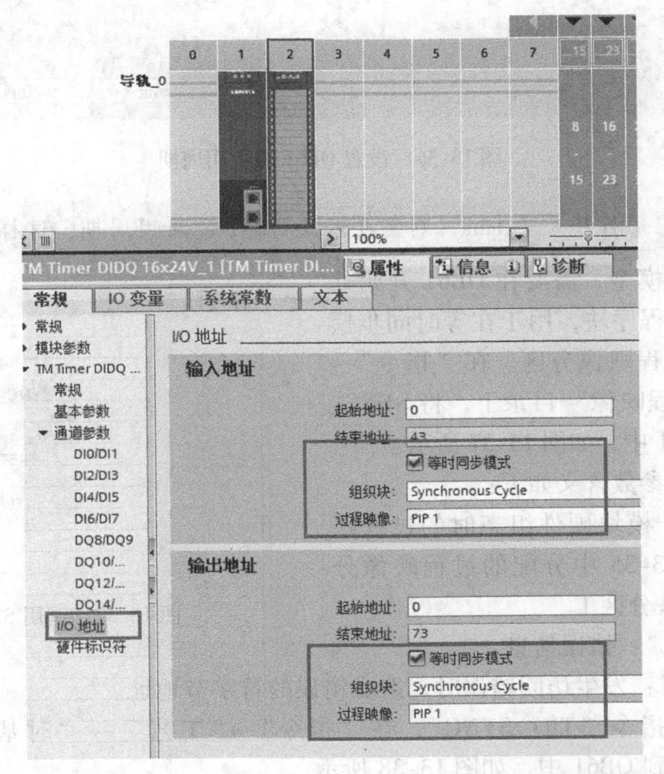


图13-35 将TM Timer模块的IO数据区分配到OB61所属的过程映像区

7）按照同样的方法组态 ET200SP 站点及 TM Timer DIDQ 10×24V 模块，确保其工作在等时模式下。

**2. 软件编程**

在等时模式下，可以改变输入和输出数据的过程映像分区的更新顺序，为此，可以选择如下的程序执行模型：

1）IPO 模型（应用周期系数 =1）；

2）OIP 模型（应用周期系数≥1）。

其中 I、P、O 代表以下过程：I 代表更新输入，P 代表用户处理程序，O 代表更新输出。示例中使用 IPO 模型，即在 OB61 的属性可以看到，其“应用周期”与“发送时钟”相同，如图 13-36 所示。

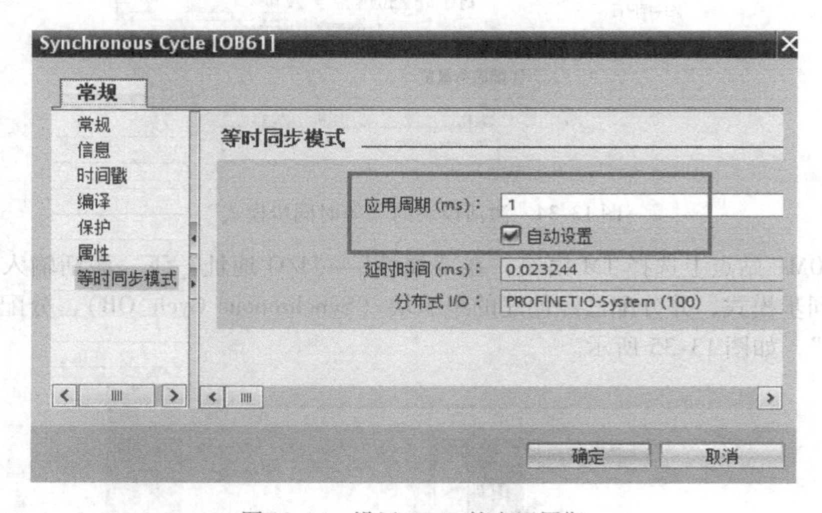


图 13-36　设置 OB61 的应用周期

**注意：如果应用程序大于 1ms，则需要修改 OB61 的应用周期，这样将使用 OIP 模型。**

本例采用 IPO 模型，需要在 OB61 开始处调用“SYNC_PI”程序块，用于在等时同步模式下更新输入的过程映像分区。在“指令”→“扩展指令”→“过程映像”目录下，将 SYNC_PI 指令拖放到 OB61 中，如图 13-37 所示。

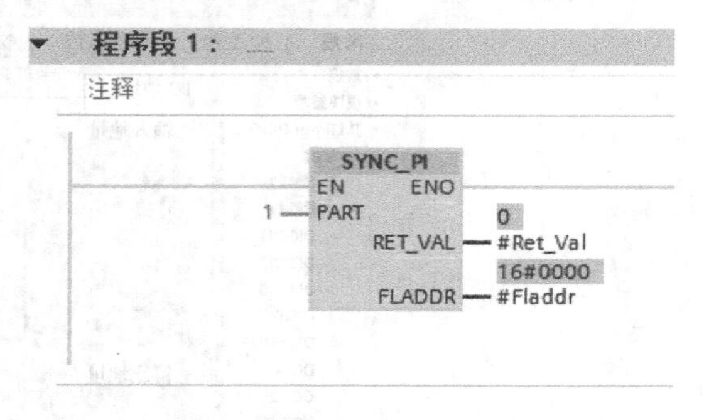


图 13-37　调用 SYNC_PI

SYNC_PI 指令参数含义如下：

1）“PART”：模块硬件组态时的过程映像分区编号（图 13-35 中分配的过程映像分区），本例中为 PIP 分区 1。

2）“RET_VAL”：错误信息。

3）“FLADDR”：发生访问错误时，造成错误的首字节地址。

然后调用同步指令“TIO_SYNC”，在“指令”→“工艺”→“时基 IO”目录下，将 SYNC_PI 指令拖放到 OB61 中，如图 13-38 所示。

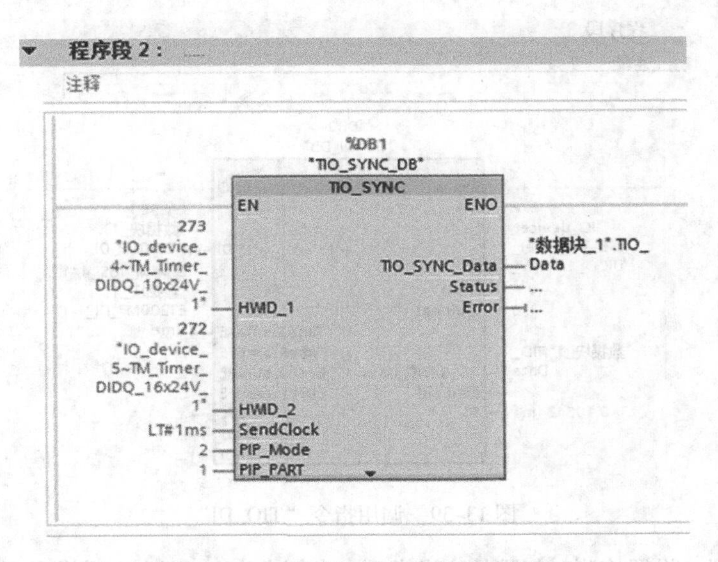


图 13-38　调用同步 TIO 模块功能块

“TIO_SYNC” 参数含义如下：

1）“HWID_1” ~ “HWID_8”：“TIO_SYNC” 的作用是根据共享时间基准 TIO_Time 来同步 TIO 模块。通过 TIO_SYNC 最多可以同步 8 个模块，并且必须将这些模块分配给同一个过程映像分区。HWID_$x$ 用于填写这些模块的硬件标识符。

2）“SendClock”：PROFINET 的发送时钟，示例为 1ms。

3）“PIP_Mode”：更新映像分区采用 IPO 模型时需要将参数 “PIP_Mode” 设置为 2，IPO 模型需要用户手动调用指令 “SYNC_PO” 和 “SYNC_PI” 来更新过程映像分区。更新映像分区采用 OIP 模型时，参数 “PIP_Mode” 设置为 0 或者 1，“PIP_Mode” 设置为 0 时，还需在 “PIP_PART” 输入参数中分配过程映像分区编号，这种情况下用户不必调用指令 “SYNC_PO” 和 “SYNC_PI” 来更新过程映像分区，因为 “TIO_SYNC” 指令会自动更新在 “PIP_PART” 参数指定的过程映像分区；“PIP_Mode” 设置为 1 时，需要用户手动调用指令 “SYNC_PO” 和 “SYNC_PI” 来更新过程映像分区，这样 “PIP_PART” 参数只有在 “PIP_Mode” 设置为 0 时才有意义，其他模式下不相关。本例中采用 IPO 模型。

4）“PIP_PART”：过程映像分区编号。

5）“TIO_SYNC_Data”：用于同步的内部数据，输出数据中包含内部的共享时基 “TIO_TIME”。调用指令 “TIO_SYNC” 后，将在 PLC 数据类型中自动生成系统数据类型 “TIO_SYNC_Data”，然后创建全局数据块，添加一个新的变量，变量类型选择 “TIO_SYNC_Data”，变量创建完成后将该变量赋值到该参数。

在同步指令之后需要调用指令 “TIO_DI”，用于检测数字量输入中的边沿信号和相应的时间戳，参数分配如图 13-39 所示。

“TIO_DI” 参数含义如下：

1）“HWID”：TIO 模块的硬件标识符。

2）“Channel”：模块的通道编号，本例中为通道 0。

3）“TIO_SYNC_Data”：程序块 “TIO_SYNC” 的输出（参考图 13-38）。

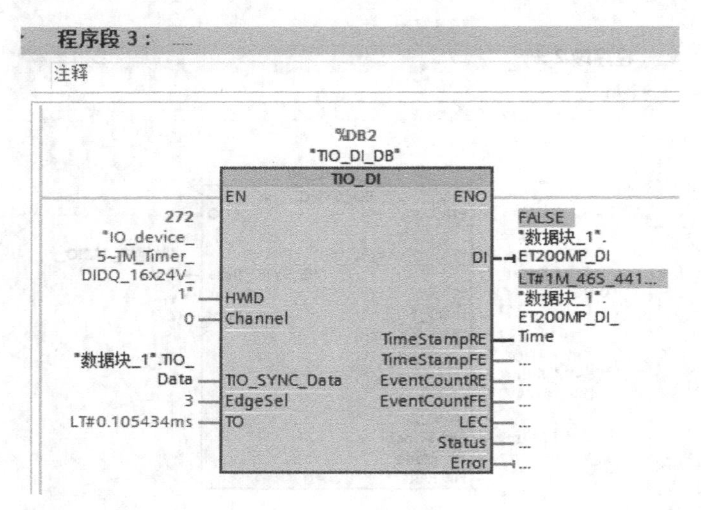


图 13-39　调用指令“TIO_DI”

4）“EdgeSel”：设置检测时间戳的边沿类型，本例中为3，即在上升沿和下降沿都要记录。

5）“TO”：为 ET200MP 站点 PROFINET 输出属性中的“时间 To”（输出过程值，见图 13-34）。

6）“DI”：数字量输入信号的状态。

7）“TimeStampRE”：检测到上升沿的时间戳。

8）“TimeStampFE”：检测到下降沿的时间戳。

9）“EventCountRE”：计数器，当每次出现有效的上升沿时间戳时计数。

10）“EventCountFE”：计数器，当每次出现有效的下降沿时间戳时计数。

11）“LEC”：计数器，当出现无法保存时间戳的边沿时计数，在每个应用周期最多可以计数七个边沿，新的应用周期时复位。

本例中只需将上升沿的时间戳保存下来并用于计算。

添加时间计算功能的程序块，即在 ET200MP 分布式 IO 站上的 TM 模块的输入通道 0 检测到上升沿信号后，经过 4250μs，在 ET200SP 站点上的 TM 模板输出通道 3 中输出一个宽度为 6750μs 的脉冲，程序如图 13-40 所示。

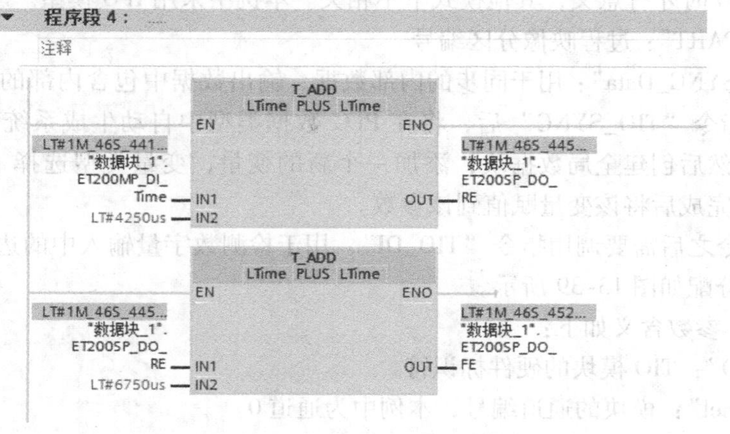


图 13-40　计算输出时间

调用检测输入信号指令之后需要调用指令“TIO_DQ”，用于设置数字量输出。参数分配如图 13-41 所示。

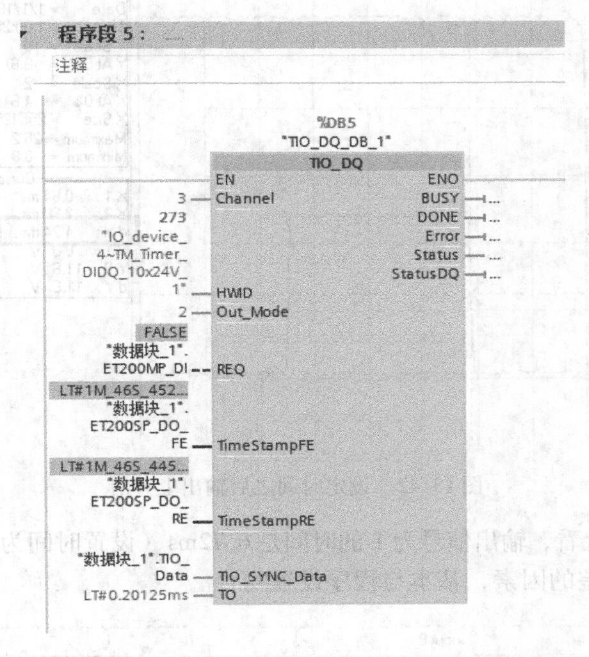


图 13-41　调用指令“TIO_DQ”

“TIO_DQ”参数含义如下：

1）“Channel”：输出的通道编号。

2）“HWID”：模块的硬件标识符。

3）“Out_Mode”：指定数字量输出边沿的输出模式，示例中为 2，表示两个边沿（TimeStampRE 和 TimeStampFE）都输出。

4）“REQ”：触发信号，在上升沿时触发作业，本例中使用 ET200MP 的输入信号作为触发信号（参考图 13-39 中程序块“TIO_DI”的输出）。

5）“TimeStampRE”：在到达输入参数中定义的时间时，将在指定的数字量输出中输出上升沿。

6）“TimeStampFE”：在到达输入参数中定义的时间时，将在指定的数字量输出中输出下降沿。

7）“TIO_SYNC_Data”：程序块“TIO_SYNC”的输出（参考图 13-38）。

8）“TO”：为 ET200SP 站点 PROFINET 输出属性中的“时间 To”。

在程序的结尾需要调用指令 SYNC_PO 用于同步 PROFINET 输出信号。

“SYNC_PO”参数含义如下：“PART”，模块硬件组态时的过程映像分区，本例中为 PIP 分区 1。

将组态和程序下载至站点后，触发输入信号，并使用示波器观察输入和输出信号，结果如图 13-42 所示。其中左 1 上升沿即为输入信号，左 2 上升沿为输出信号。输入信号上升沿之后经过 4.24ms（设置时间为 4.25ms），触发了输出信号。

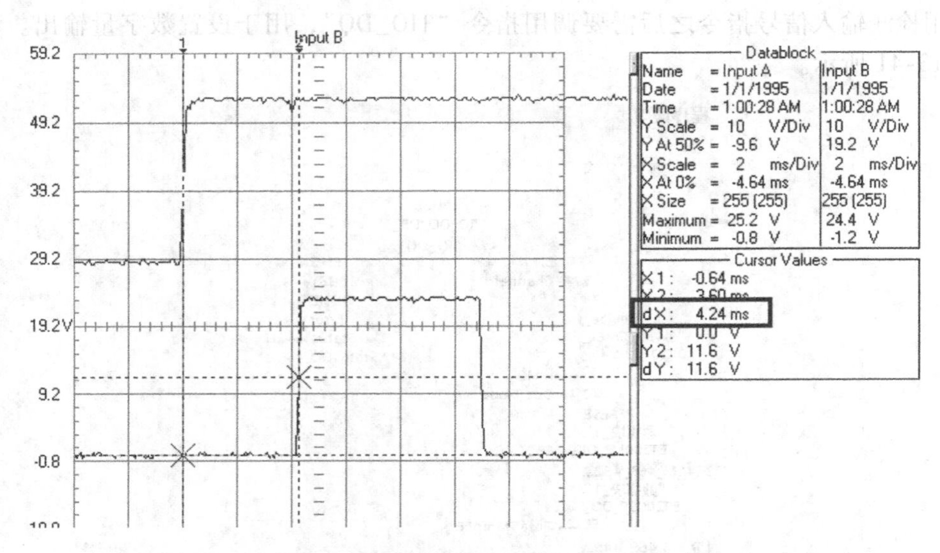


图 13-42　设定时间之后输出上升沿

从示波器的信号上看，输出信号为 1 的时间是 6.72ms（设置时间为 6.75ms），如图 13-43 所示，考虑到测量误差的因素，基本与程序设置吻合。

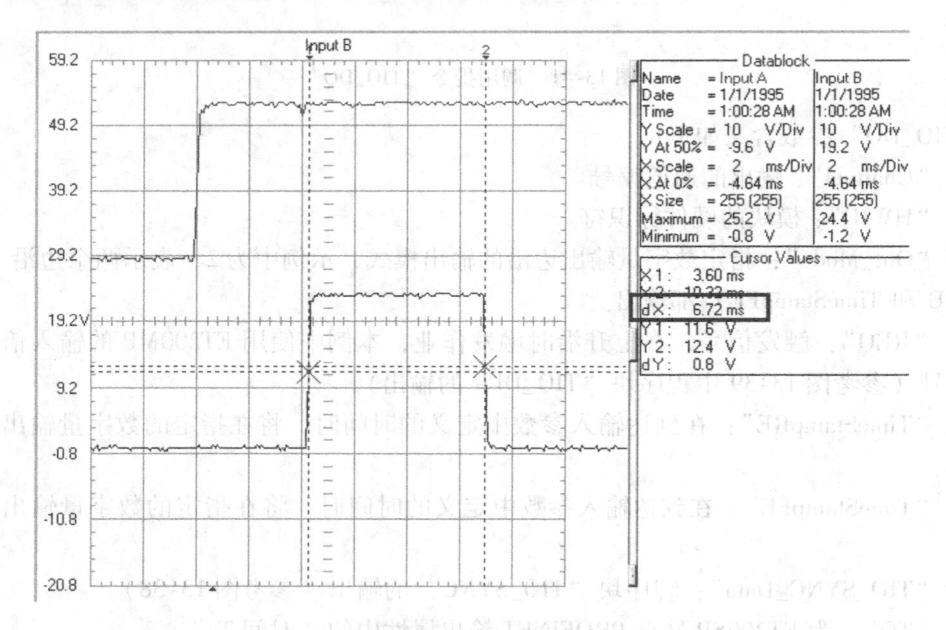


图 13-43　在设定的时间后输出下降沿

# 第 14 章　SIMATIC S7-1500 PLC 的诊断功能

## 14.1　SIMATIC S7-1500 PLC 诊断功能介绍

PLC 系统的诊断能力体现在一台设备或者一条生产线的智能化程度，智能化程度越高，就需要 PLC 拥有越强的诊断能力，带来的好处就是快速诊断、快速维护、提高生产效率。加强程序的诊断能力也是知识迭代的过程，从无到有、从有到精通，除了程序控制功能越来越强大，还需要编写更多的诊断程序。

SIMATIC S7-1500 PLC 支持的诊断功能可以划分为两大类。

（1）系统诊断

包括所有与系统硬件相关的诊断。这些报警信息系统已经自动生成，不需要用户编写任何程序（除非用于第三方 HMI 或者用于对故障的处理程序），可以用下面列出的方式进行诊断：

1）通过模块顶部或通道的 LED 指示灯；

2）通过安装了 TIA 博途软件的 PG/PC；

3）通过 HMI 控件；

4）通过 PLC 内置的 Web 服务器；

5）通过 CPU 自带的显示屏；

6）通过编写程序实现系统诊断；

7）通过自带诊断功能的模块；

8）通过值状态。

（2）过程诊断

与用户的控制过程相关，例如温度值超限报警、触发指定限位开关报警等，这些报警信息需要用户自定义，可以在 HMI 上生成报警信息，也可以在 PLC 侧生成报警信息，从程序规范化的角度来说，推荐在 PLC 侧生成报警信息。可以使用下面的方法生成报警信息：

1）通过 Program Alarm 函数；

2）通过 ProDiag 诊断软件。

可以用下面列出的方式得到生成的诊断信息：

1）通过 HMI 控件；

2）通过 PLC 内置的 Web 服务器；

3）通过 CPU 自带的显示屏。

有的设备可以同时显示系统诊断和过程诊断，从维护方便的角度来看，最好是一台设备可以同时显示所有诊断信息。

SIMATIC S7-1500 PLC 的系统诊断使用统一的显示机制，无论采用何种显示设备，显示的诊断信息均相同，系统诊断功能如图 14-1 所示。

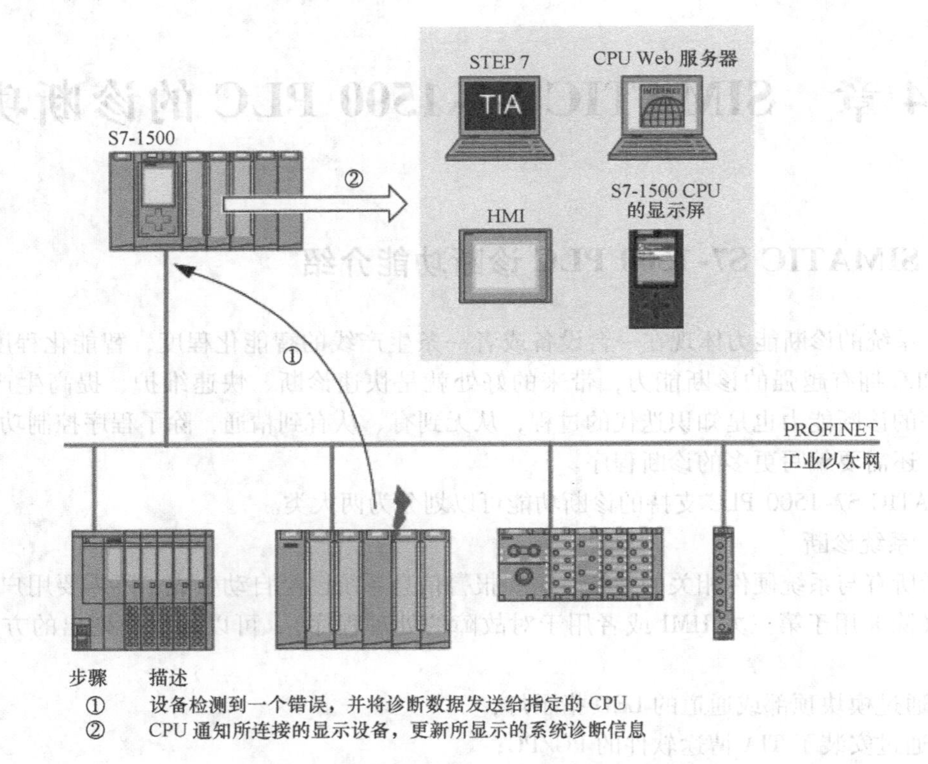


图 14-1　SIMATIC S7-1500 PLC 系统诊断功能

## 14.2　通过 LED 指示灯实现诊断

SIMATIC S7-1500/ET200MP 所有模块顶端都有三个 LED 指示灯，用于指示当前模块的工作状态。对于不同类型的模块，LED 指示的状态可能略有不同。模块无故障正常工作时，运行 LED 为绿色常亮，其余 LED 熄灭。

以 ET200MP PN 接口模块为例，其模块顶部的三个 LED 状态指示灯的含义分别为 RUN（运行）、ERROR（错误）、MAINT（维护），如图 14-2 所示。

图 14-2　ET200MP PN 接口模块顶部 LED 指示灯

ET200MP PN 接口模块 LED 不同的组合表示不同的状态，含义见表 14-1。

表 14-1 ET200MP PN 接口模块 LED 故障对照表

| LED 指示灯 | | | 含 义 |
| --- | --- | --- | --- |
| RUN | ERROR | MAINT | |
| 灭 | 灭 | 灭 | 接口模块上的电源电压不存在或过小 |
| 亮 | 亮 | 亮 | 启动过程中的 LED 指示灯检测：三个 LED 指示灯同时点亮约 0.25s |
| 闪烁 | 灭 | 灭 | 接口模块为禁用状态 |
| | | | 接口模块尚未组态 |
| | | | ET200MP 启动 |
| | | | ET200MP 复位为出厂设置 |
| 亮 | 不相关 | 不相关 | ET200MP 当前正与 IO 控制器交换数据 |
| 不相关 | 闪烁 | 不相关 | 通道组错误和通道错误 |
| | | | 所设置的组态与 ET200 MP 的实际组态不匹配 |
| | | | 无效的组态状态 |
| | | | I/O 模块中的参数分配错误 |
| 不相关 | 不相关 | 亮 | 维护 |
| 闪烁 | 闪烁 | 闪烁 | 已执行“节点闪烁测试”（PROFINET 接口上的 LED 指示灯 P1 和 P2 也在闪烁） |
| | | | 硬件或固件存在故障（PROFINET 接口上的 LED 指示灯 P1 和 P2 未闪烁） |

而对于 ET200 MP 带通道诊断功能的信号模块，每个通道的 LED 信号指示灯是双色的（绿色/红色），以不同的颜色表示该通道不同的工作状态。例如模拟量输入模块 AI 8xU/I/RTD/TC ST 每个通道的 LED 指示灯含义见表 14-2。

表 14-2 AI 模块通道 LED 指示灯含义

| LED CH*x* | 含 义 |
| --- | --- |
| 绿灯灭 | 通道禁用 |
| 绿灯亮 | 通道已组态并且组态正确 |
| 红灯亮 | 通道已组态，但有错误，如断路 |

## 14.3 通过 PG/PC 实现诊断

PLC 系统有故障时，可以通过安装了 TIA 博途的 PG/PC 进行诊断。在线的情况下单击项目树下 CPU 的“在线和诊断”标签，就可以查看 CPU 的诊断缓存区消息，如图 14-3 所示。

在设备视图中，可以在线查看每个 CPU 或者分布式 I/O 模块的工作状态，如图 14-4 所示，图中有的模块带有故障指示图标，图标的含义可以参考第 16 章。

切换到网络视图并在线，可以查看整个网络中各个站点的工作状态，如图 14-5 所示。

对于 PROFINET 网络，如果组态了拓扑视图，则还可以对拓扑视图进行在线诊断，以查看网络拓扑连接是否正确，相关内容在第 10 章中已做解释，可以参考。

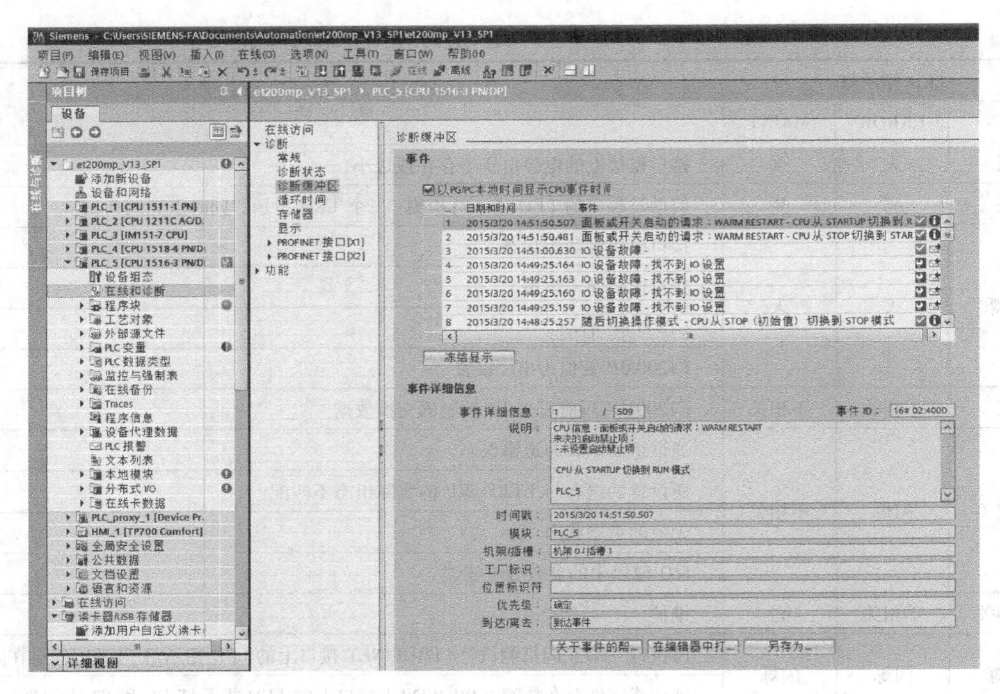

图 14-3　通过 TIA 博途在线查看 PLC 诊断信息

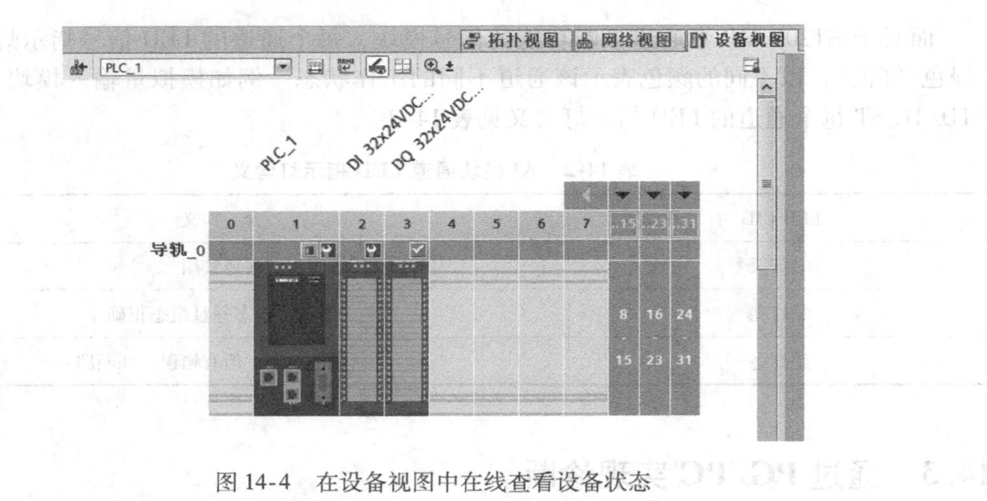


图 14-4　在设备视图中在线查看设备状态

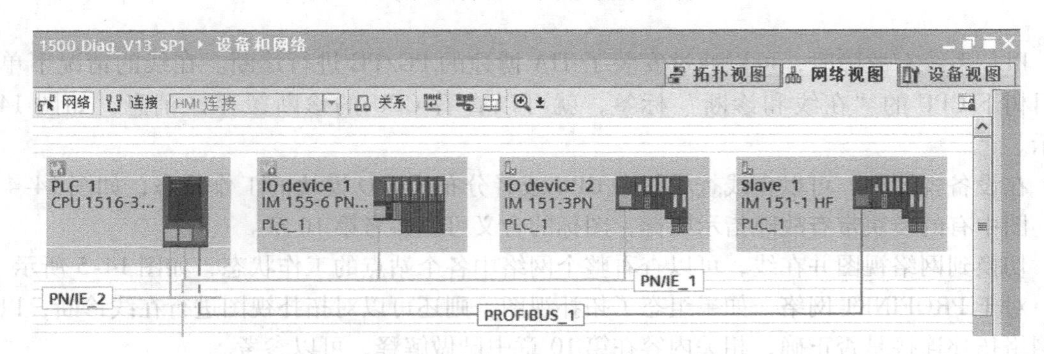


图 14-5　在网络视图中在线查看设备状态

## 14.4 在 HMI 上通过调用诊断控件实现诊断

与 S7-300/400 PLC 不同，SIMATIC S7-1500 PLC 的系统诊断功能已经作为 PLC 操作系统的一部分，并在 CPU 的固件中集成，无需单独激活，也不需要生成和调用相关的程序块。PLC 系统进行硬件编译时，TIA 博途会根据当前的硬件配置自动生成系统报警消息源，该消息源可在项目树下的“PLC 报警”→“系统报警”中查看，也可以通过 CPU 的显示屏、Web 浏览器、TIA 博途在线诊断等方式显示。如果硬件配置有修改，那么在重新编译硬件后，系统报警消息源会自动更新。

由于系统诊断功能通过 CPU 的固件实现，所以即使 CPU 处在停止模式下，仍然可以对 PLC 系统进行系统诊断。如果该功能配合 SIMATIC HMI，则可以更清晰直观地在 HMI 上显示 PLC 的诊断信息。使用此功能要求在同一项目内组态 PLC 和 HMI 并建立连接，或使用 PLC 代理功能进行组态（参考第 10 章）。如图 14-6所示，在 SIMATIC HMI 侧将“系统诊断视图”控件拖入相应的 HMI 画面中，PLC 的系统诊断信息即可通过 HMI 显示。如果一个 HMI 同时连接了多个 CPU，则只需使用一个控件就可对多个 CPU 的诊断信息进行查看。

图 14-6 在 HMI 的“系统诊断视图”控件

HMI 运行后，通过该诊断控件就可以分层级查看到 PLC 系统的模块状态、分布式 I/O 工作状态以及 CPU 的诊断缓冲区，查看到的内容与通过 PG/PC 查看到的完全一致，如图 14-7所示。

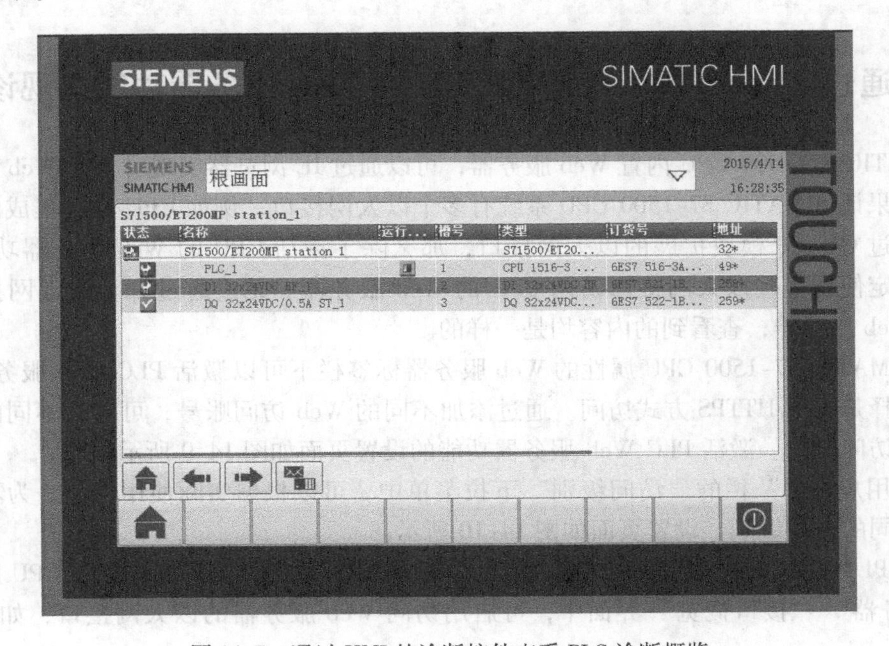


图 14-7 通过 HMI 的诊断控件查看 PLC 诊断概览

单击诊断控件中的消息按钮，还可以进一步查看 PLC 的诊断缓冲区数据，如图 14-8 所示。

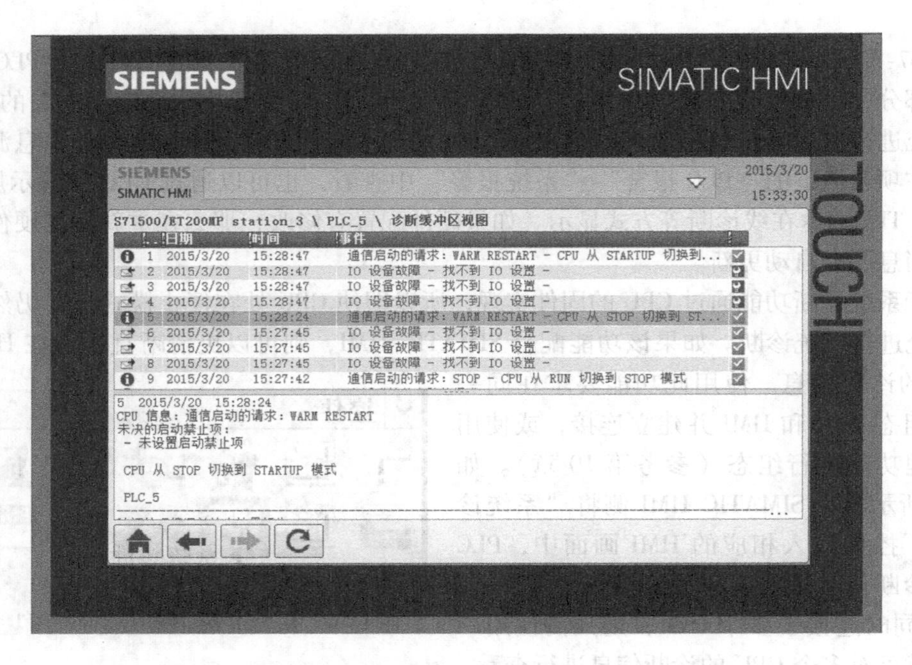


图 14-8　通过 HMI 的诊断控件查看 PLC 诊断缓冲区数据

**注意**：精简系列面板不支持“系统诊断视图”，可以使用“报警视图”进行诊断，“报警视图”基于文本显示。

## 14.5　通过 SIMATIC S7-1500 CPU 的 Web 服务器功能实现诊断

SIMATIC S7-1500 CPU 内置 Web 服务器，可以通过 IE 浏览器实现对 PLC Web 服务器的访问。如果该 SIMATIC S7-1500 CPU 系统有多个以太网接口，例如 CPU 自身集成的以太网接口及通过 CM/CP 模块扩展的以太网接口，那么除了激活 CPU 的 Web 服务器功能之外，还需要指定使用哪些以太网接口访问 CPU 的 Web 服务器。无论通过哪个以太网接口访问 CPU 的 Web 服务器，查看到的内容均是一样的。

在 SIMATIC S7-1500 CPU 属性的 Web 服务器标签栏下可以激活 PLC Web 服务器功能，并可以选择是否以 HTTPS 方式访问。通过添加不同的 Web 访问账号，可以为不同的账号设置不同的访问级别。激活 PLC Web 服务器功能的设置页面如图 14-9 所示。

在“用户管理”栏的“访问级别”下拉菜单中，可以根据实际使用情况，为不同的用户添加不同的访问级别，设置页面如图 14-10 所示。

使能 PLC Web 服务器后，还需要使能访问 Web 服务器的以太网接口。在 CPU 属性下的“Web 服务器”→“接口概览”界面中，可启用访问 Web 服务器的以太网接口，如图 14-11 所示。

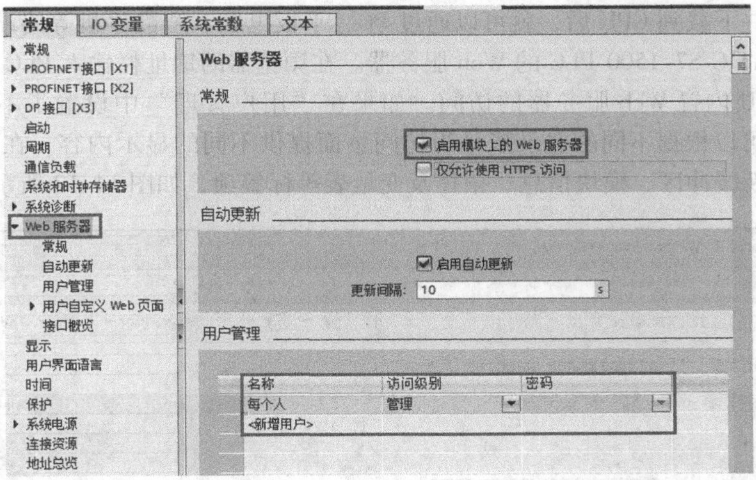

图 14-9　激活 PLC Web 服务器功能

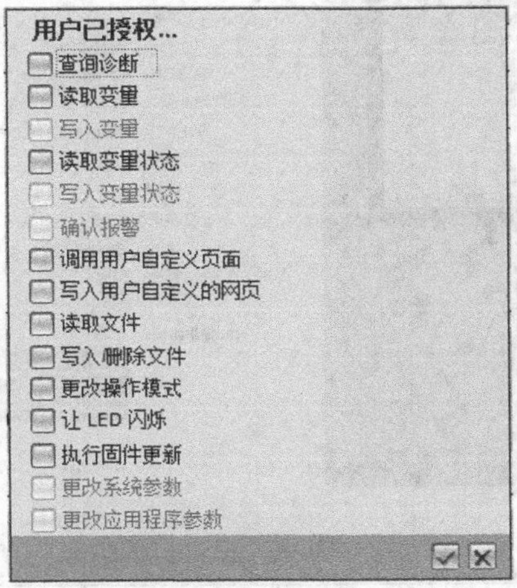

图 14-10　PLC Web 服务器访问级别设置

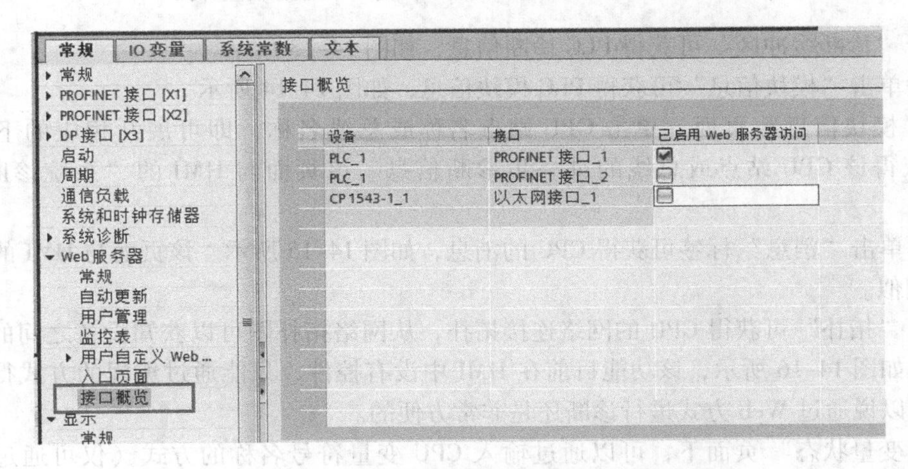


图 14-11　启用 PLC Web 服务器的访问接口

配置完成并下载到 CPU 后，就可以通过 PC、平板电脑、智能手机等终端设备的网页浏览器访问 SIMATIC S7-1500 PLC 的 Web 服务器。在浏览器的地址栏输入 PLC 的 IP 地址，就可以实现对 CPU 内置 Web 服务器的访问。如果在“用户管理”中设置了不同的账号，则 Web 服务器还可以根据不同的登录账号为访问页面提供不同的显示内容。在 Web 的界面左侧可以看到诊断缓冲区、模块信息、拓扑及变量表等标签项，如图 14-12 所示。

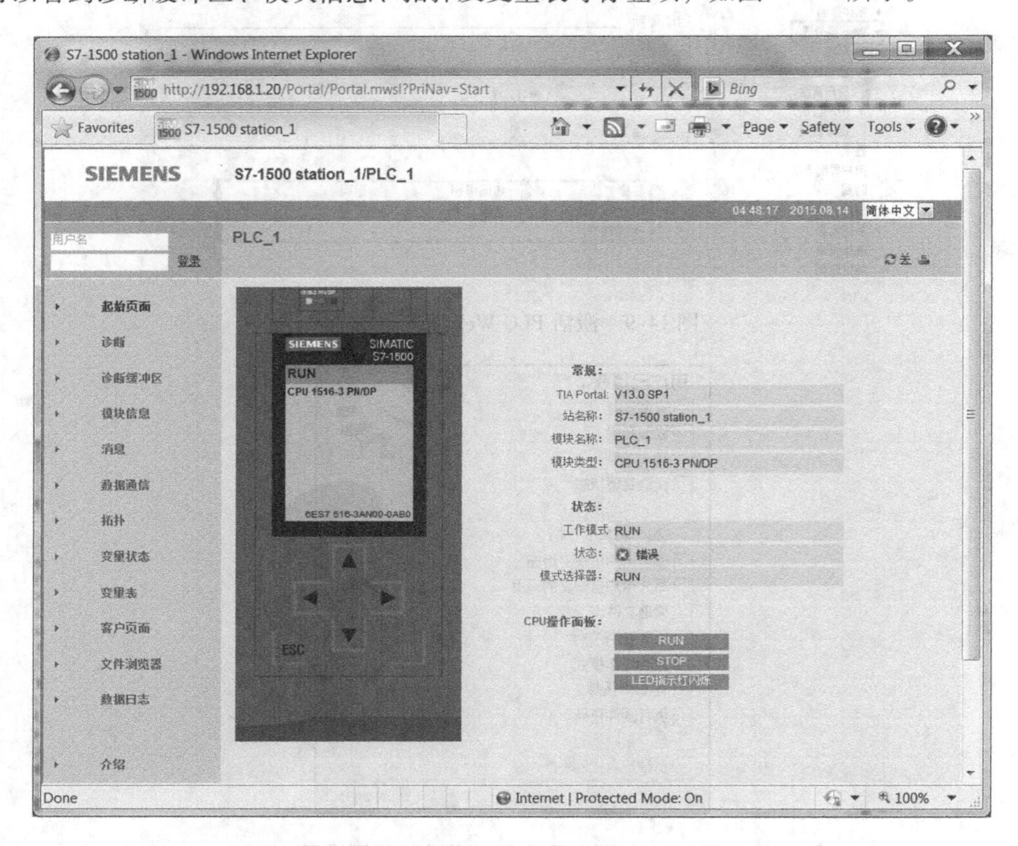


图 14-12　SIMATIC S7-1500 PLC 的 Web 服务器主界面

单击“诊断缓冲区”可获得 PLC 诊断信息，如图 14-13 所示。

继续单击“模块信息”可获得 PLC 模块信息，如图 14-14 所示。

在“模块信息”页面，单击 CPU 站点名称或总线名称，即可展开相应的下一级菜单，并获得该 CPU 站点或总线的进一步诊断信息。该页面与 HMI 的“系统诊断视图”相似。

继续单击“消息”标签可获得 CPU 的消息，如图 14-15 所示。该页面与 HMI 的“报警视图”相似。

单击“拓扑”可获得 CPU 的网络连接拓扑，从网络拓扑图可以获知设备之间的网络连接关系，如图 14-16 所示，该功能目前在 HMI 中没有控件，只能通过编程的方式得到连接信息。所以说通过 Web 方式进行诊断还是非常方便的。

在“变量状态”页面下，可以通过输入 CPU 变量符号名称的方式（仅可通过符号访问，不支持绝对地址访问）查看变量的数值。

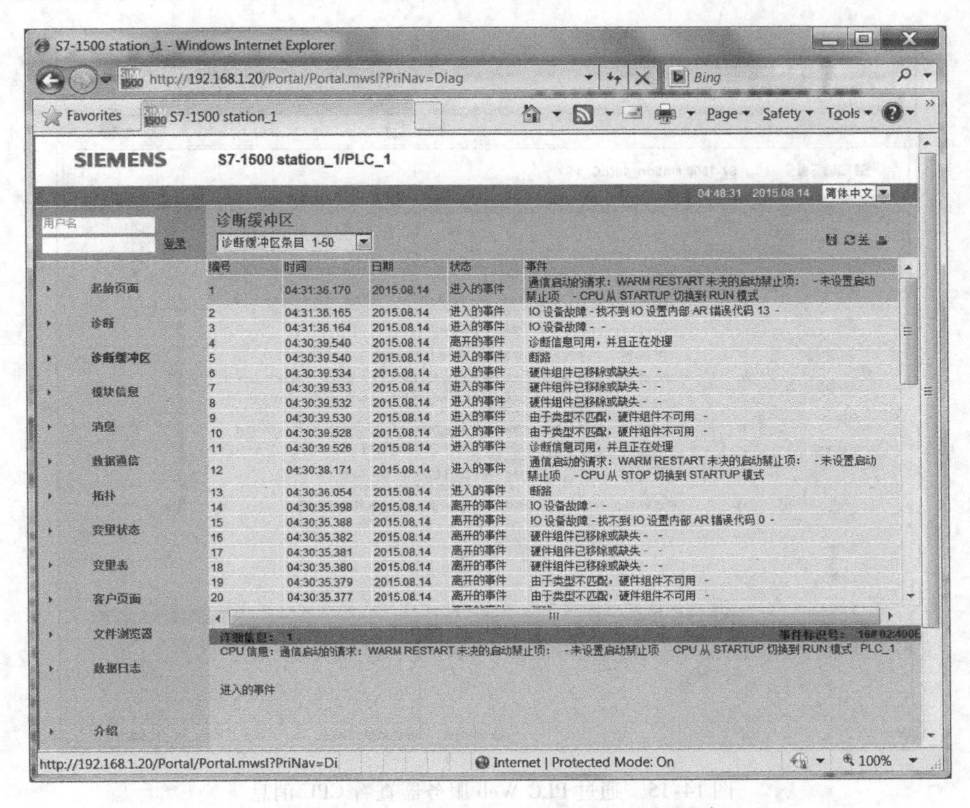


图 14-13　通过 Web 服务器查看 PLC 诊断缓冲区

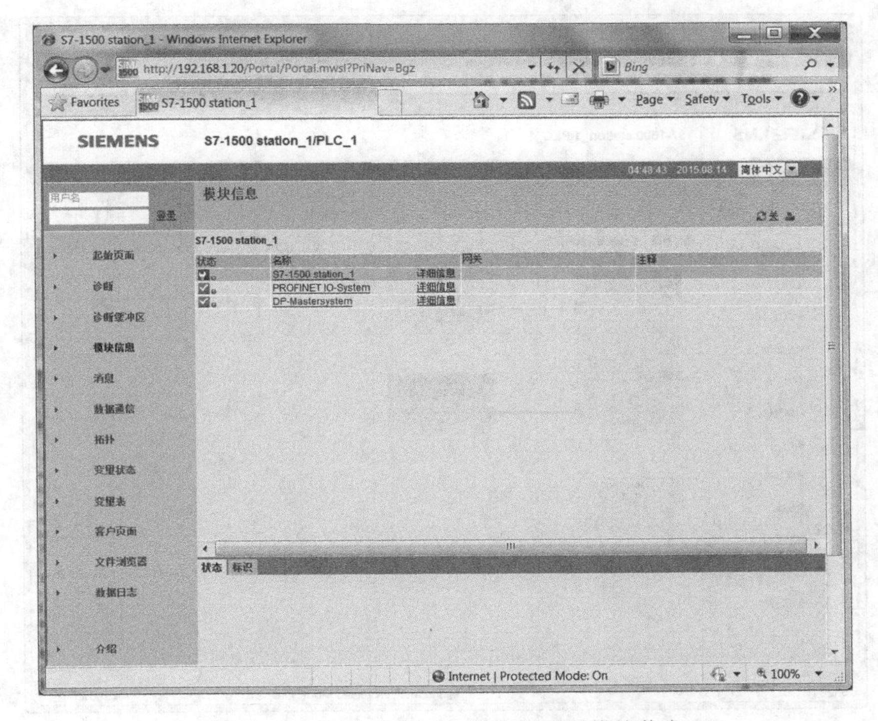


图 14-14　通过 PLC Web 服务器查看模块信息

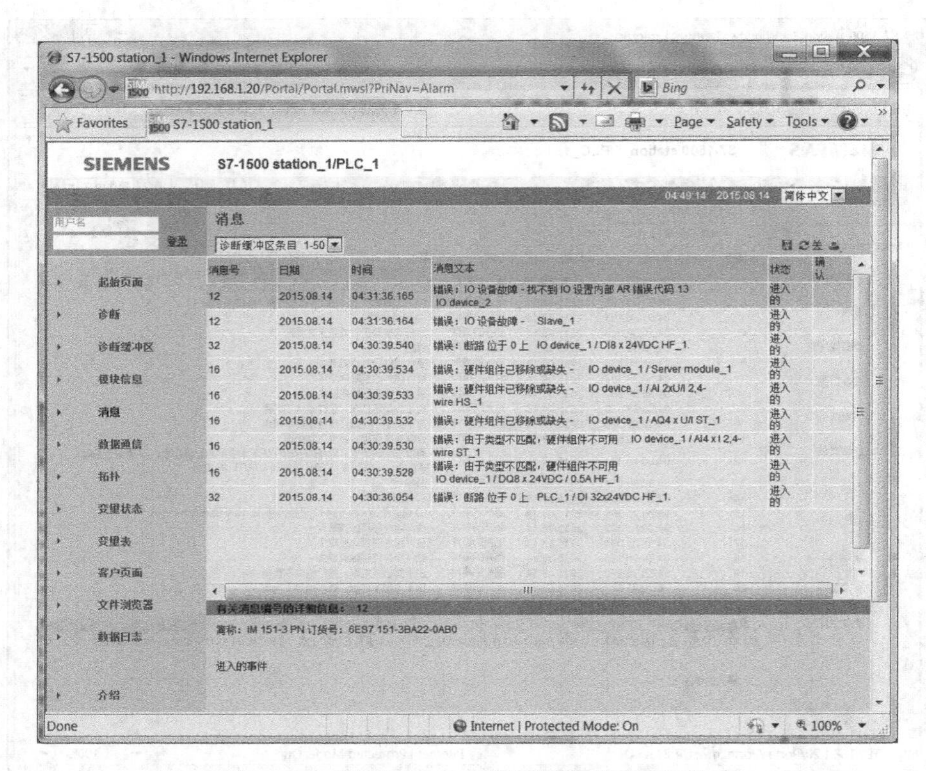


图 14-15　通过 PLC Web 服务器查看 CPU 消息

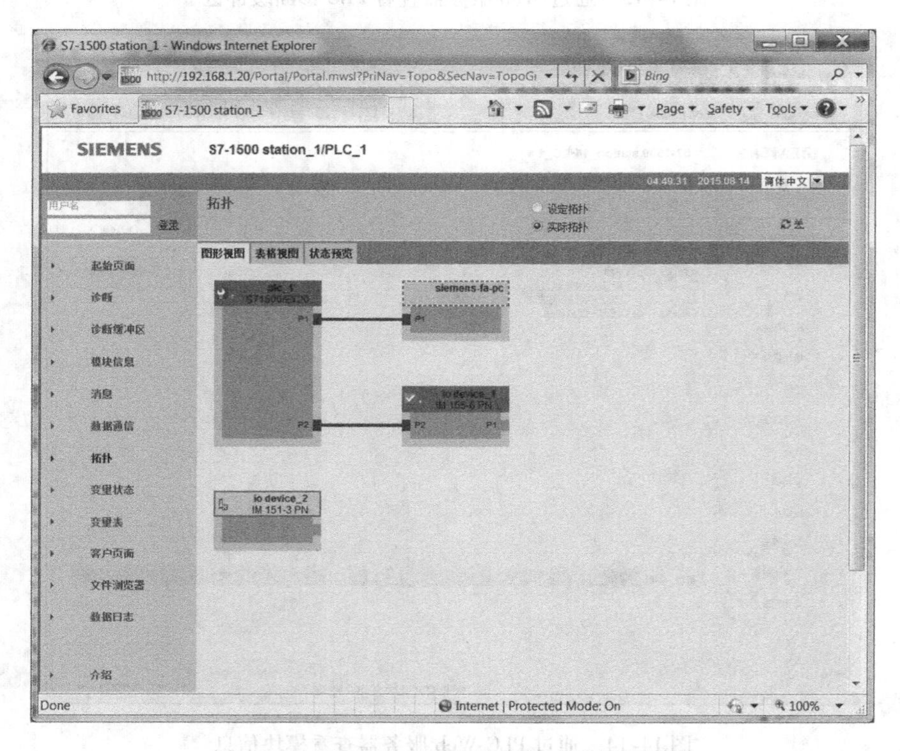


图 14-16　通过 PLC Web 服务器查看网络拓扑

在PLC Web服务器中也可以对PLC中建立的监控表/强制表进行监控。首先在TIA博途CPU属性中的“Web服务器”→“监控表”下，将PLC中的监控表/强制表添加到PLC的Web服务器中，如图14-17所示。

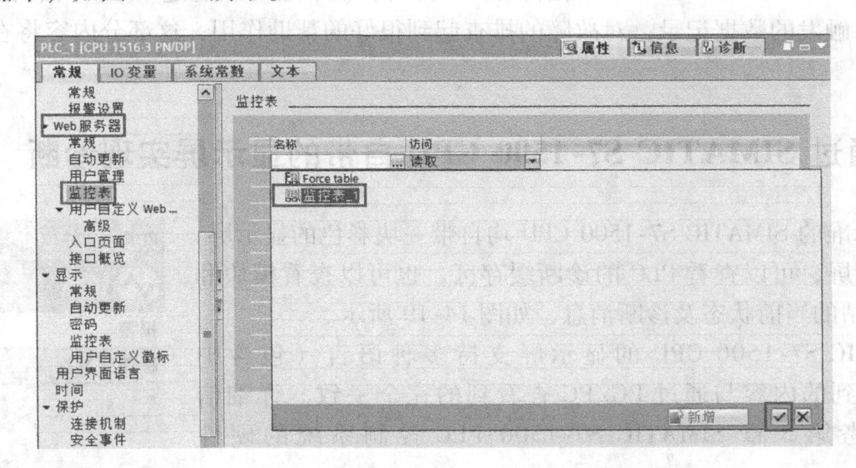


图14-17　将监控表添加到PLC的Web服务器中

然后将配置下载到PLC中。再次访问PLC的Web服务器，双击“变量表”标签即可选择已配置的监控表/强制表，例如“监控表_1”，并可以对表中的变量直接进行查看和修改，如图14-18所示。该功能支持将多个变量表添加到PLC的Web服务器中。

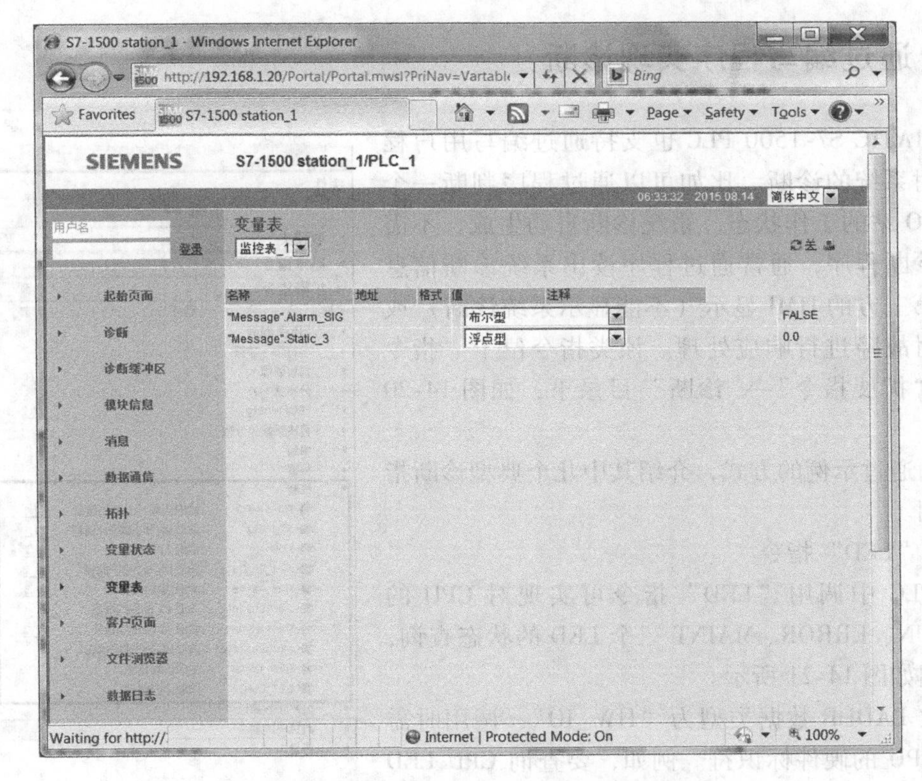


图14-18　在PLC Web服务器中查看变量表

除以上介绍的功能外，在“数据通信”界面下，可以查看端口通信状态及数据收发状态。如果有用户自定义 Web 界面，则会在“客户页面”下显示自定义界面的超链接，此处不再阐述。SIMATIC S7-1500 CPU 固件 V2.6 及以上版本还可以通过 Web 界面的 Trace 功能查看由事件触发的数据记录，对故障的排查起到很好的帮助作用，这部分内容将在 16.12 节介绍。

## 14.6　通过 SIMATIC S7-1500 CPU 自带的显示屏实现诊断

每个标准的 SIMATIC S7-1500 CPU 均自带一块彩色的显示屏，借助该显示屏，可以查看 PLC 的诊断缓存区，也可以查看模块和分布式 IO 站的当前状态及诊断消息，如图 14-19 所示。

SIMATIC S7-1500 CPU 的显示屏支持多种语言（包含中文），查看到的内容与通过 PG/PC 查看到的完全一致。详细信息可以参考第 3 章 SIMATIC S7-1500 PLC 控制系统的硬件组成。

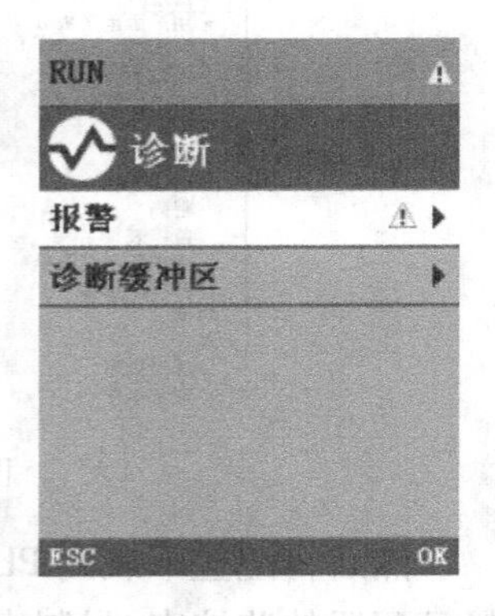


图 14-19　通过 CPU 的显示面板查看 PLC 诊断消息

> **注意：** SIMATIC S7-1500 CPU 的显示屏比较小，分辨率低，通过四个键查找相关信息。如果条件允许，则建议使用 Web 服务器的功能查看诊断信息。

## 14.7　通过编写程序实现诊断

SIMATIC S7-1500 PLC 也支持通过编写用户程序实现对系统的诊断。比如可以通过程序判断一个模块或 IO 站的工作状态。系统诊断自动生成，不需要编写诊断程序，通常通过程序读出系统诊断信息是用于第三方的 HMI 显示（不能显示系统诊断）或者需要对故障进行响应处理。该类指令位于“指令列表”→“扩展指令”→“诊断”目录下，如图 14-20 所示。

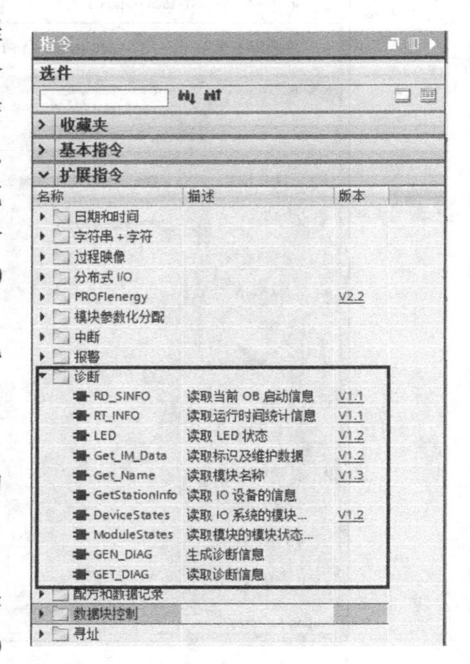


图 14-20　系统诊断指令列表

下面通过示例的方式，介绍其中几个典型诊断指令的使用。

（1）“LED”指令

在 PLC 中调用“LED”指令可实现对 CPU 的 STOP/RUN、ERROR、MAINT 三个 LED 的状态查询，程序调用如图 14-21 所示。

参数 LADDR 数据类型为“HW_IO”，调用时需要赋值 CPU 的硬件标识符。例如，要查询 CPU LED（STOP/RUN）的状态，需将硬件标识符“Local ~

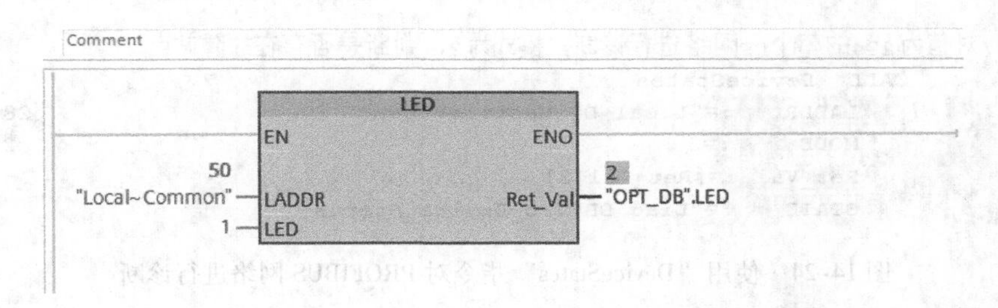


图14-21　“LED”指令

Common”赋值给LADDR；1赋值给LED（表示查询STOP/RUN灯的状态）。根据LED指令返回的状态值“Ret_Val”即可判断CPU的LED指示灯的工作状态，示例中CPU工作在RUN模式。

**注意：**停止状态不能查询，但是可以查询启动瞬间停止灯闪烁的状态。

（2）“DeviceStates”指令

通过调用“DeviceStates”指令可以读出PROFINET IO或者PROFIBUS-DP网络系统中IO设备或者DP从站的故障信息。该指令可以在循环OB以及中断OB（例如，诊断中断OB82）中调用。下面以示例的方式介绍如何使用“DeviceStates”指令查询PROFINET IO和PROFIBUS-DP网络上有故障的站点。

在本示例中，S7-1516 CPU分别通过PN和DP接口连接了PN和DP的分布式I/O，系统配置如图14-22所示。

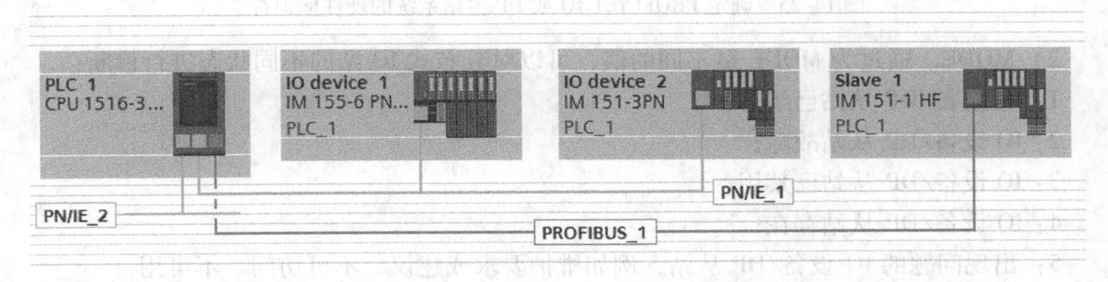


图14-22　SIMATIC S7-1500 PLC系统配置图

在CPU中插入一个循环中断OB 200，并在该OB中调用“DeviceStates”指令，用于查询PROFINET IO网络上有故障的IO设备，如图14-23所示。

```
1  //对值为259的整个PN网络进行诊断，模式为2，判断是否存在故障站点
2      CALL  DeviceStates
3          LADDR    :="Local~PROFINET_IO-System"        259
4          MODE     :=2                                  2
5          Ret_Val  :=#Ret_Val[0]
6          STATE    :="Diag_DB".PN_Device_Status
```

图14-23　使用“DeviceStates”指令对PROFINET网络进行诊断

同样再次调用“DeviceStates”指令，用于查询PROFIBUS-DP有故障的从站，如图14-24所示。

```
19 //对值为284的整个DP网络进行诊断，模式为2，判断是否存在故障站点
20     CALL  DeviceStates
21         LADDR    :="Local~DP-Mastersystem"          284
22         MODE     :=2                                 2
23         Ret_Val  :=#Ret_Val[3]
24         STATE    :="Diag DB".PB_Device_Status
```

图 14-24 使用“DeviceStates”指令对 PROFIBUS 网络进行诊断

下面介绍“DeviceStates”指令参数。

1）LADDR。PROFINET IO 或 DP 主站系统的硬件标识符，可以在项目树下的“PLC 变量”→“显示所有变量”→“系统常量”中，查看名称分别带 PROFINET 和 DP 字样、数据类型为“Hw_IoSystem”的变量。可以看到，对应 PN 网络的值为 259，而对应 DP 网络的值为 284，如图 14-25 所示。

变量 | 用户常量 | 系统常量

PLC 变量

| | 名称 | 数据类型 | 值 | 注释 |
|---|---|---|---|---|
| 16 | Local~PROFINET_interface_1 | Hw_Interface | 64 | |
| 17 | Local~DP-Mastersystem | Hw_IoSystem | 284 | |
| 18 | Local~PROFINET_IO-System | Hw_IoSystem | 259 | |
| 19 | Local~Exec | Hw_SubModule | 52 | |

图 14-25 确定 PROFINET IO 或 DP 主站系统的硬件标识符

2）MODE。通过为 MODE 赋不同的值，可以对分布式 IO 站的不同状态进行诊断：

1：IO 设备/DP 从站已组态；

2：IO 设备/DP 从站故障；

3：IO 设备/DP 从站已禁用；

4：IO 设备/DP 从站存在；

5：出现问题的 IO 设备/DP 从站，例如维护要求或建议、不可访问、不可用或出现错误。

3）Ret_Val。指令执行状态。

4）STATE。每一个位信号指示一个 IO 设备/DP 从站的状态，与 MODE 参数有关。示例中 MODE 选择 2，表示查询 PROFINET IO 和 PROFIBUS-DP 网络上有故障的从站。如果位 0=1（组显示），则指示网络上至少有一个 IO 设备/DP 从站有故障。如果位 $n=1$，则指示设备编号/DP 地址为“$n$”的 IO 设备/从站有故障。

对于 PROFINET IO 系统，IO 设备的设备编号可以在“接口模块的属性”→“以太网地址”界面中 PROFINET 设备编号中查看，如图 14-26 所示，设备编号为 1。

对于 STATE 参数，建议使用“BOOL”或“Array of BOOL”作为其变量的数据类型。如果仅需输出组信息（位 0 状态），则在 STATE 参数中使用“BOOL”数据类型；如果需要输出所有 IO 设备/DP 从站的状态信息，则在 STATE 参数中使用“Array of BOOL”数据类型。这种情况下，对于 PROFINET IO 系统需要 1024 位，而对于 DP 主站系统需要 128 位。

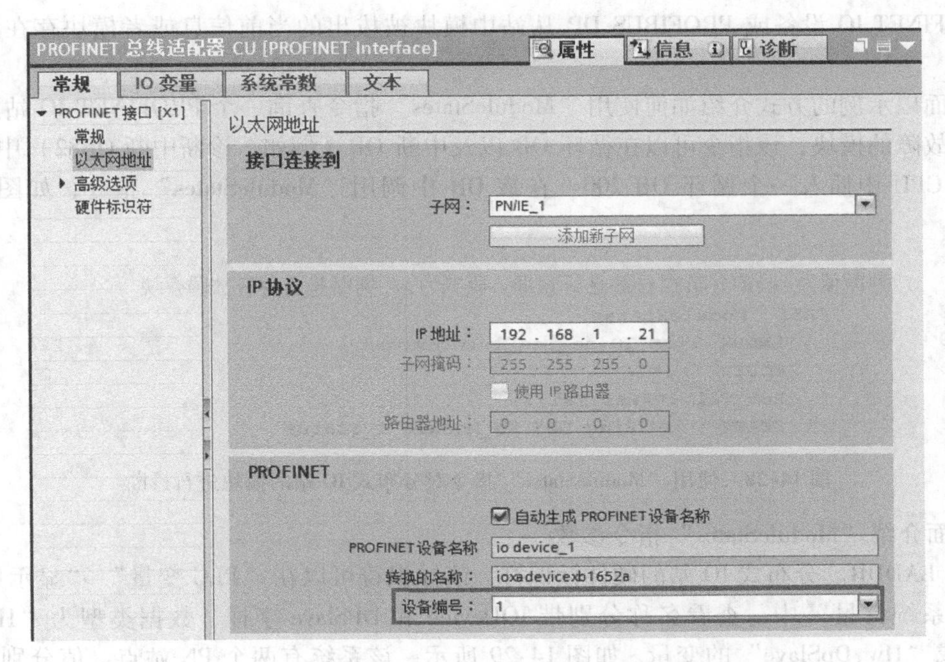


图 14-26 查看 PROFINET 设备编号

例如，在 CPU 中创建一个全局 DB 块，并在该 DB 块中创建一个名称为“PN_Device_Status”的数组变量，类型为“Array of BOOL”，长度为 1024，那么这个数组变量可作为 STATE 参数的变量，用于指示有故障的 IO 设备，如图 14-27 所示。

1500 Diag_V13_SP1 ▸ PLC_1 [CPU 1516-3 PN/DP] ▸ 程序块 ▸ Diag DB [DB1]

Diag DB

| | 名称 | 数据类型 | 启动值 | 保持性 |
|---|---|---|---|---|
| 1 | ▼ Static | | | |
| 2 | ▪ ▼ PN_Device_Status | Array [0..1023] of Bool | | |
| 3 | ▪ PN_Device_Status[0] | Bool | false | |
| 4 | ▪ PN_Device_Status[1] | Bool | false | |
| 5 | ▪ PN_Device_Status[2] | Bool | false | |
| 6 | ▪ PN_Device_Status[3] | Bool | false | |
| 7 | ▪ PN_Device_Status[4] | Bool | false | |
| 8 | ▪ PN_Device_Status[5] | Bool | false | |
| 9 | ▪ PN_Device_Status[6] | Bool | false | |
| 10 | ▪ PN_Device_Status[7] | Bool | false | |
| 11 | ▪ PN_Device_Status[8] | Bool | false | |

图 14-27 为“DeviceStates”指令的 STATE 参数建立数据区

同样，也可以创建一个“PB_Device_Status”的数组变量，类型为“Array of BOOL”，长度为 128，用于指示有故障的 DP 从站。

（3）“ModuleStates”指令

可以通过调用“ModuleStates”指令对某个分布式 IO 站上的模块进行诊断，例如可以读取 PROFINET IO 设备或 PROFIBUS DP 从站中模块被拔出的当前信息或者模块存在的故障信息。

下面以示例的方式介绍如何使用“ModuleStates”指令查询一个 PROFINET IO 站点是否存在有故障的模块，该指令可以在循环 OB 以及中断 OB（例如，诊断中断 OB82）中调用。

在 CPU 中插入一个循环 OB 200，在该 OB 中调用“ModuleStates”指令，如图 14-28 所示。

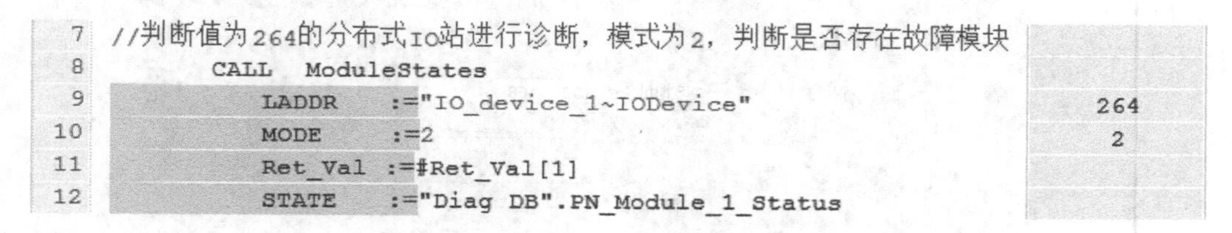


图 14-28　使用“ModuleStates”指令对分布式 IO 站的模块进行诊断

下面介绍“ModuleStates”指令参数。

1）LADDR。分布式 IO 站的硬件标识符，该标识符可以在“PLC 变量”→“显示所有变量”→“系统常量”中，查看名称分别带 IODevice 和 DPSlave 字样、数据类型为“Hw_Device”或“Hw_DpSlave”的变量。如图 14-29 所示，该系统有两个 PN 站点，值分别为 268 和 264；一个 DP 站点，值为 285，示例中选择硬件标识符为 264 的站点。

变量　用户常量　系统常量

PLC 变量

| | 名称 | 数据类型 | 值 | 注释 |
|---|---|---|---|---|
| 1 | IO_device_2~IODevice | Hw_Device | 268 | |
| 2 | IO_device_1~IODevice | Hw_Device | 264 | |
| 3 | Slave_1~DPSlave | Hw_DpSlave | 285 | |
| 4 | Local~PROFINET_interface_1~P... | Hw_Interface | 66 | |
| 5 | Local~PROFINET_interface_2~P... | Hw_Interface | 73 | |

图 14-29　确定 IO 设备/DP 从站的硬件标识符

2）MODE。通过给 MODE 赋不同的值，可以对分布式 IO 站点上模块的不同状态进行诊断：

1：模块已组态；

2：模块故障；

3：模块禁用；

4：模块存在；

5：模块中存在故障，例如维护要求或建议、不可访问、不可用或者出现错误。

3）Ret_Val。指令执行状态。

4）STATE。每一个位信号指示一个模块的状态，与 MODE 参数有关。示例中 MODE 选择 2，表示查询站点上有故障的模块。如果位 0 = 1，则指示站点上至少存在一个模块有故障；如果位 $n=1$，则指示第 $n-1$（如位 3 对应插槽 2）号插槽中的模块有故障。

在 CPU 中创建一个全局 DB 块，并在该 DB 块中创建一个名称为“PN_Module_1_Status”的数组变量，类型为“Array of BOOL”，长度为 128，那么这个数组变量可作为 STATE 参数的变量，用于指示有故障的模块，如图 14-30 所示。

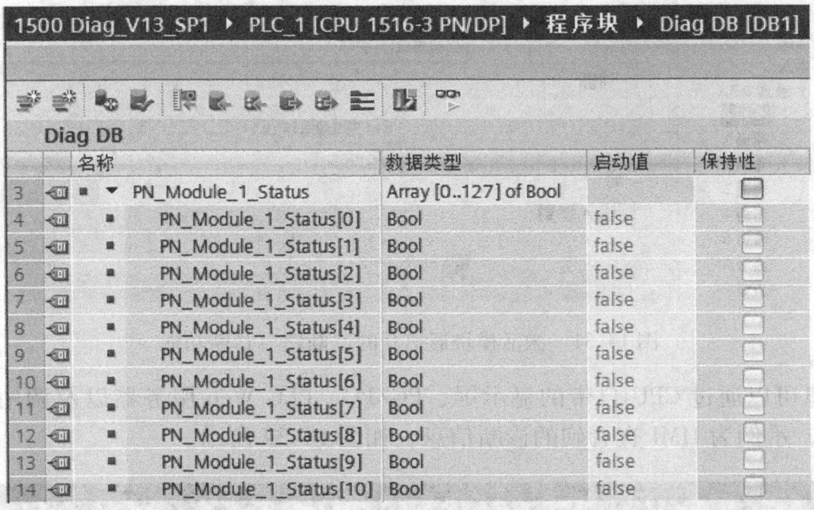

1500 Diag_V13_SP1 ▸ PLC_1 [CPU 1516-3 PN/DP] ▸ 程序块 ▸ Diag DB [DB1]

Diag DB

| | 名称 | 数据类型 | 启动值 | 保持性 |
|---|---|---|---|---|
| 3 | ▾ PN_Module_1_Status | Array [0..127] of Bool | | ☐ |
| 4 | PN_Module_1_Status[0] | Bool | false | ☐ |
| 5 | PN_Module_1_Status[1] | Bool | false | ☐ |
| 6 | PN_Module_1_Status[2] | Bool | false | ☐ |
| 7 | PN_Module_1_Status[3] | Bool | false | ☐ |
| 8 | PN_Module_1_Status[4] | Bool | false | ☐ |
| 9 | PN_Module_1_Status[5] | Bool | false | ☐ |
| 10 | PN_Module_1_Status[6] | Bool | false | ☐ |
| 11 | PN_Module_1_Status[7] | Bool | false | ☐ |
| 12 | PN_Module_1_Status[8] | Bool | false | ☐ |
| 13 | PN_Module_1_Status[9] | Bool | false | ☐ |
| 14 | PN_Module_1_Status[10] | Bool | false | ☐ |

图 14-30　为“ModuleStates”指令的 STATE 参数建立数据区

“DeviceStates”指令和“ModuleStates”指令可以配合使用，用于 PLC 系统中所有 PN 和 DP 总线系统以及分布式 IO 站点中各模块状态的诊断。

## 14.8　通过模块自带诊断功能进行诊断

可以选择激活带诊断功能模块的诊断选项，从而实现相关的诊断功能。在这种应用下，PLC 自动生成报警消息源，之后，如果模块中出现系统诊断事件，则对应的系统报警消息就可以通过 SIMATIC S7-1500 PLC 的 Web 服务器、CPU 的显示屏、HMI 的诊断控件等多种方式直观地显示出来。

以 SIMATIC S7-1500/ET200MP 和 ET200SP 模块为例，大体上分为 4 个系列，即模块型号尾部字母分别为 BA（基本型）、ST（标准型）、HF（高性能）和 HS（高速型）。BA（基本型）模块没有诊断功能（模拟量模块除外）；ST（标准型）模块支持的诊断类型为组诊断或模块诊断（模拟量模块除外）；HF（高性能）模块诊断类型为通道级诊断；HS（高速型）模块是应用于高速响应的特殊模块，有的模块也支持通道级诊断。下面以 DI 32 × 24VDC HF 为例，介绍模块诊断功能的使用。

在主机架中添加一个模块 DI 32 ×24VDC HF，设置该模块的输入地址为 IB20 ~ IB23，然后在“属性”→“输入 0-31”→“输入”→“通道 0-7”→“通道 0”下，先将参数设置修改为“手动”，然后勾选诊断菜单下的“断路”选项，激活通道 0 的断路诊断功能（需要并联电阻到输入信号上，这时模块内部的恒流源将通过端子输出恒定的电流用于断路检查），如图 14-31所示。

之后，将配置编译并下载到目标 CPU 中。当该模块的通道 0 发生断路诊断事件时，相

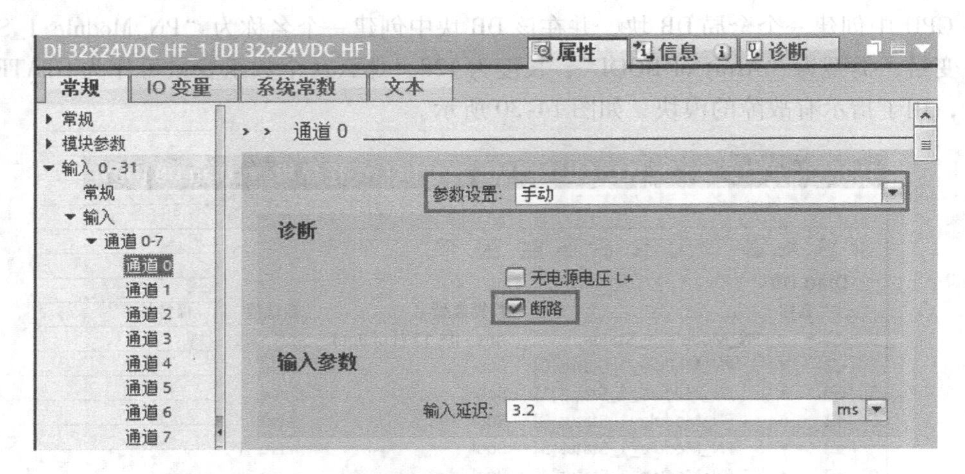


图 14-31　激活模块通道 0 的“断路”诊断功能

关的诊断信息可以通过 CPU 自带的显示屏、PG/PC、PLC Web 服务器以及调用了诊断控件的 HMI 查看，示例为 HMI 查看到的诊断信息，如图 14-32 所示。

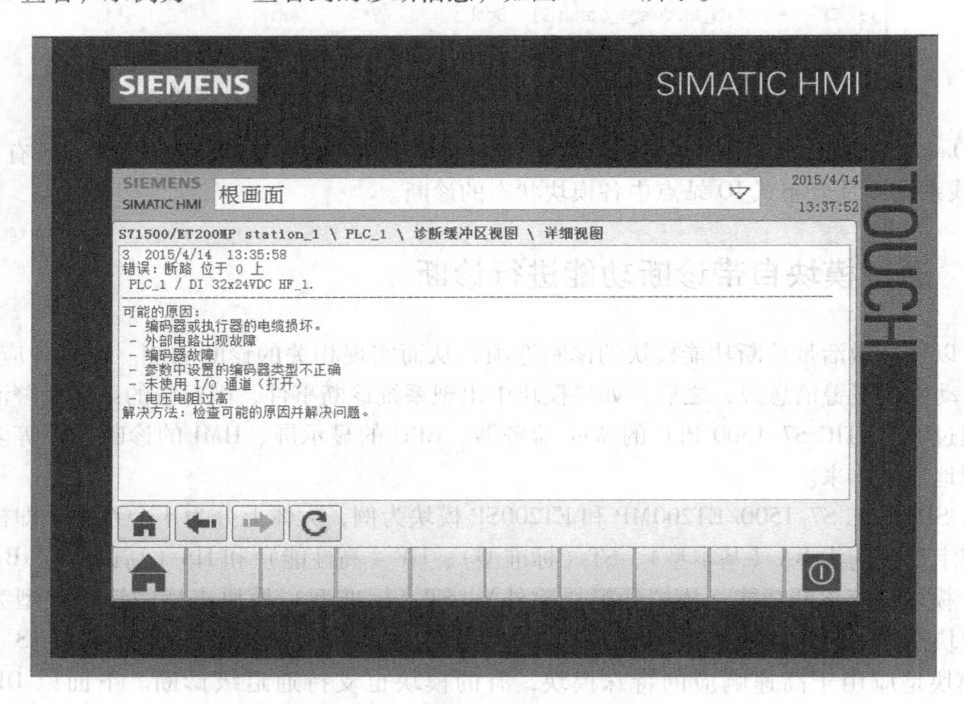


图 14-32　在 HMI 查看模块断路诊断信息

## 14.9　通过模块的值状态功能实现诊断

值状态（QI，质量信息）是指通过过程映像输入（PII）直接获取 I/O 通道的信号质量信息。值状态与 I/O 数据同步传送。

支持值状态功能的模块包括 DI、DO、AI 和 AQ。在激活“值状态”功能后，除模块I/O

信号地址区外，又增加了值状态信号的输入地址空间。值状态的每个位对应一个通道，通过评估该位的状态（“1”表示信号正常，“0”表示信号无效），可以对 I/O 通道的有效性进行评估。例如，输入信号的实际状态为“1”时，如果发生断路，将导致用户读到的输入值为“0”。但由于诊断到断路情况，故模块将值状态中的相关位设置为“0”，这样用户可以通过查询值状态来确定输入值“0”无效。

值状态字节的地址分配取决于所使用的模块。下面通过示例的方式说明该功能的使用，示例中使用 AI 8xU/I/RTD/TC ST 模块。

插入模块后，在“属性”→“模块参数”→“通道模板”→“AI 组态”中，勾选“值状态”选项，激活值状态检测功能，如图 14-33 所示。

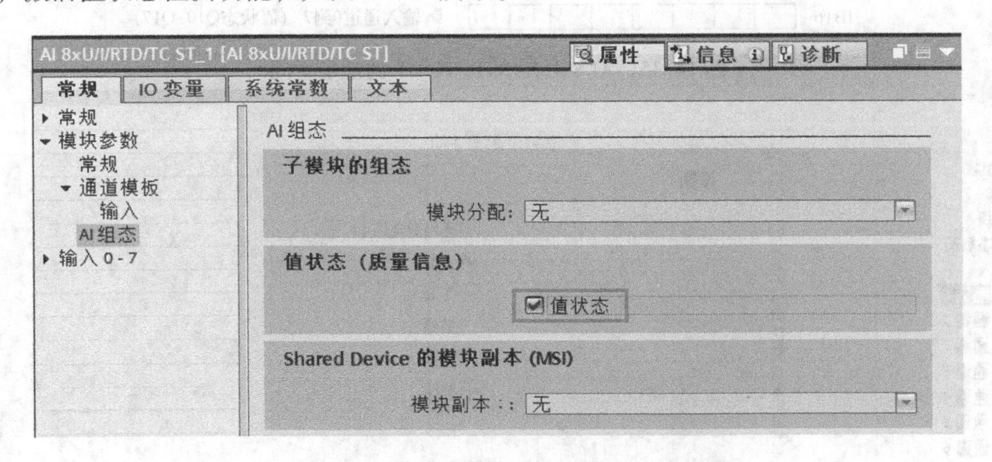

图 14-33　激活模块的值状态功能

之后，查看模块占用的 I/O 地址区，可以看到该 AI 模块所占用的地址区为 17 字节，即前 16 字节为 AI 输入信号，最后 1 字节为 AI 信号的值状态，如图 14-34 所示。

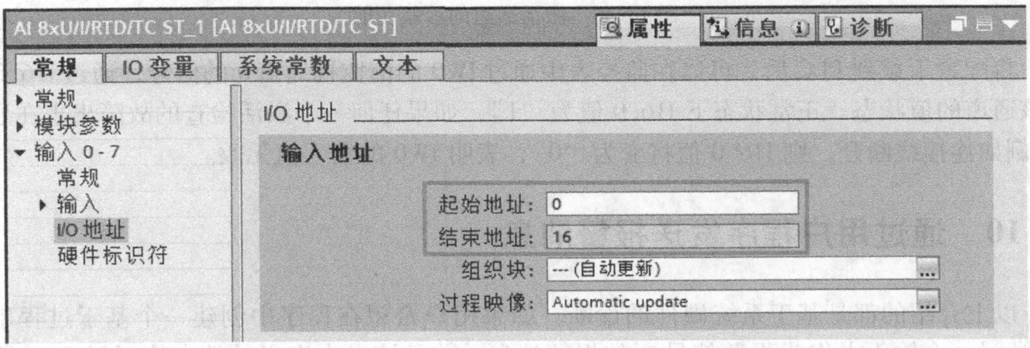

图 14-34　激活值状态检测功能后模块的输入地址区会增加

值状态地址分配信息如图 14-35 所示，每个模拟量通道对应一个位信号，指示其值状态信息，对该模块配置而言，AI 通道 0 的地址为 IW0，对应的值状态为 I16.0，其余通道以此类推。

将模块通道 0 的测量类型修改为“电压”，测量范围修改为“1..5V”并激活诊断功能，如图 14-36 所示。

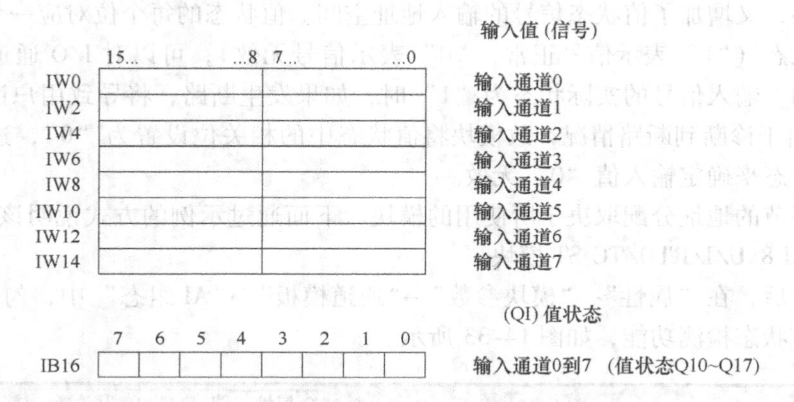


图 14-35　AI 8xU/I/RTD/TC ST 的地址空间

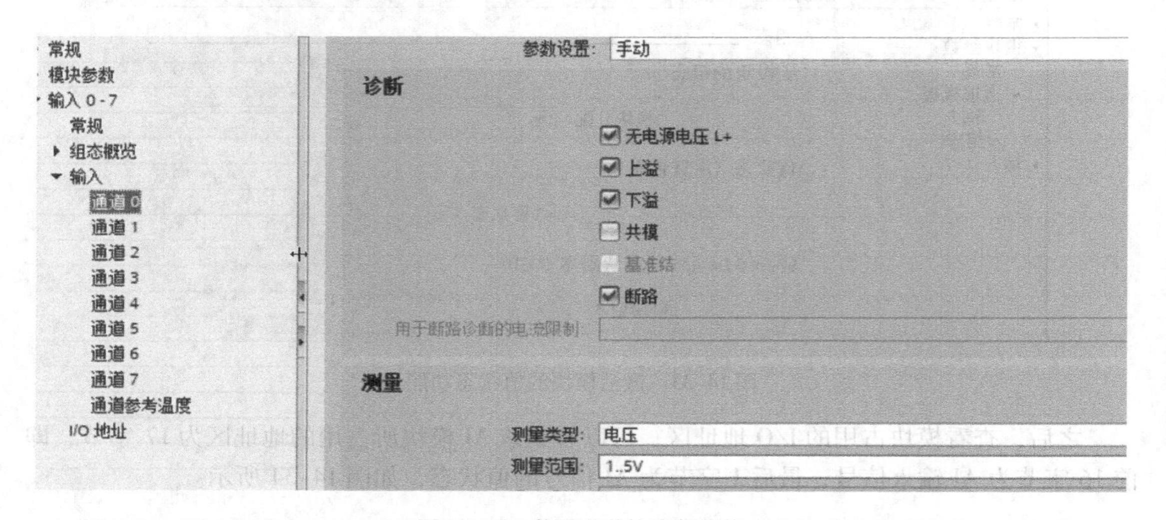


图 14-36　激活通道的诊断功能

将配置下载到 PLC 后，可以在监控表中通过 IW0 的值监视通道 0 的信号，通过 I16.0 监视该通道的值状态。正常状态下 I16.0 值为“1”，如果任何一个激活检查的故障出现在通道 0，例如连接线断开，则 I16.0 值将变为“0”，表明 IW0 的输入值无效。

## 14.10　通过用户程序发送报警消息

以上介绍的都是基于系统硬件的诊断。如果用户希望在程序中创建一个基于过程事件（如通过一个输入点作为报警信号）的报警消息，并且该自由定义的消息能通过 Web 服务器、PG/PC、CPU 的显示屏以及 HMI 的报警视图等方式直接显示，则可以通过调用 Program_Alarm函数块实现，该功能原理如图 14-37 所示。

下面以示例的方式说明该功能的使用。示例中，要求当液位超过 80% 时触发一个报警消息，且在该报警消息中需包含事件触发时刻的温度过程值。具体步骤如下：

添加一个 FB，并在该 FB 中调用 Program_Alarm 函数块（“指令”→“扩展指令”→“报警”），系统将自动生成多重背景数据块，如图 14-38 所示。

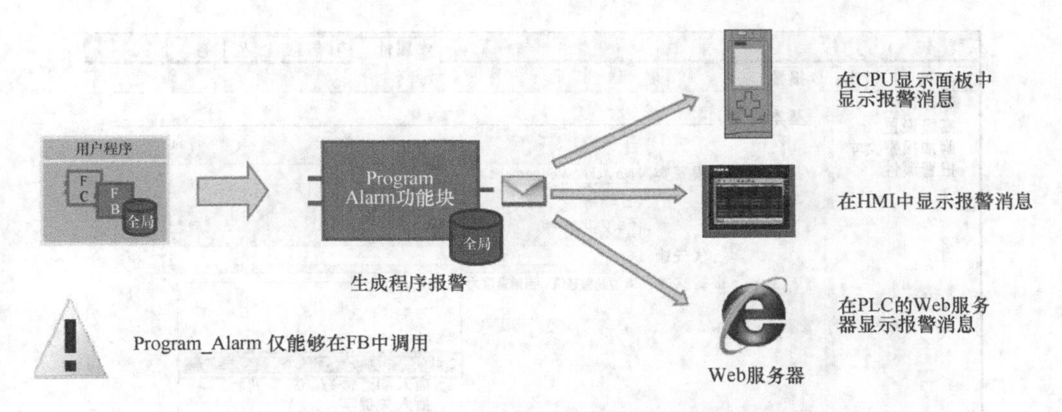


图 14-37 使用 Program_Alarm 函数发送报警消息示意图

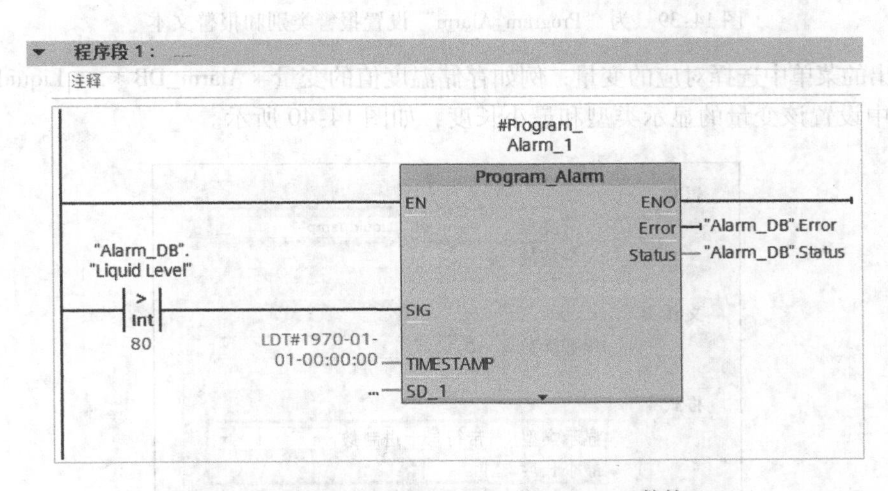


图 14-38 在 FB 中调用 Program_Alarm 函数块

Program_Alarm 函数块的参数介绍：

1）SIG。要监视的信号。信号上升沿生成一个到达的报警消息；信号下降沿生成一个离去的报警消息。示例中使用液位大于 80% 的事件作为触发信号。

2）TIMESTAMP。“未分配”（默认 LDT#1970-01-01-00:00:00）意味着事件触发时，将使用 CPU 系统时间作为消息的时间戳；如果选择指定的时钟源信号，则意味着事件触发时，将使用指定的时间作为消息的时间戳。示例中未分配该参数，即取 CPU 系统时间。

3）SD_$i$。第 $i$ 个相关值（$1 \leqslant i \leqslant 10$）。可以使用二进制数、整数、浮点数或字符串作为关联值。示例中直接在背景数据块中赋值，这里不再赋值。

4）Error。状态参数，Error 为“TRUE”时表示处理过程中出错。可能的错误原因将通过 Status 参数显示。

5）Status。显示错误信息。

在“Program_Alarm”函数块属性中的“报警”→“基本设置”中可以设置该指令生成的消息属性，也可以在报警文本栏输入报警文本。按照要求，报警文本中的温度值是个变量，在文本中相应位置单击鼠标右键选择“插入动态参数（变量）”即可将变量值插入到报警文本中，如图 14-39 所示。

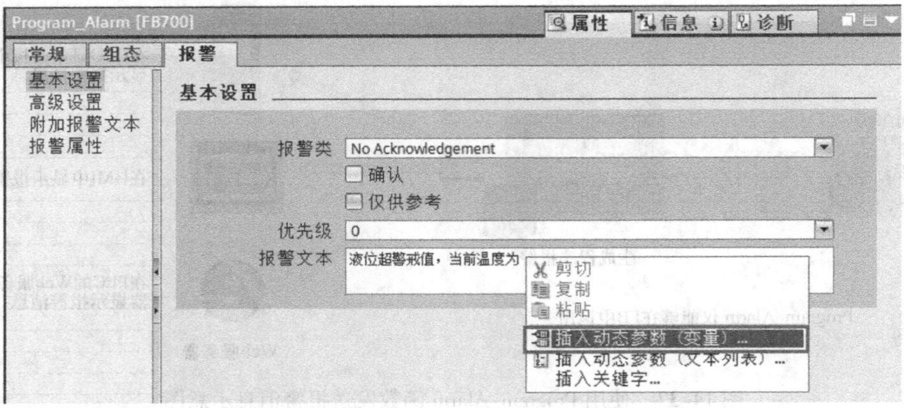

Program_Alarm [FB700]　　属性　信息　诊断

常规　组态　报警

基本设置
高级设置
附加报警文本
报警属性

基本设置

报警类　No Acknowledgement
确认
仅供参考
优先级　0
报警文本　液位超警戒值，当前温度为

剪切
复制
粘贴
插入动态参数（变量）...
插入动态参数（文本列表）...
插入关键字...

图 14-39　为 "Program_Alarm" 设置报警类别和报警文本

在弹出的菜单中选择对应的变量，例如存储温度值的变量＊Alarm_DB＊.＊Liquid Temp＊，在格式栏中设置该变量的显示类型和最小长度，如图 14-40 所示。

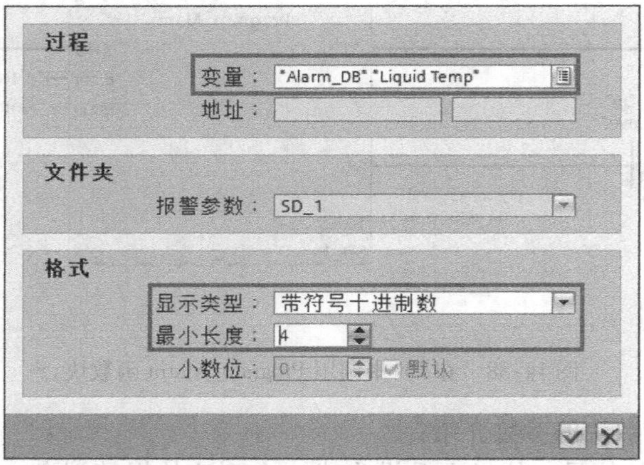

过程
变量："Alarm_DB"."Liquid Temp"
地址：

文件夹
报警参数：SD_1

格式
显示类型：带符号十进制数
最小长度：4
小数位：0　默认

图 14-40　为 "Program_Alarm" 报警文本插入动态参数

之后，将消息输入完整，例如加入温度符号℃。

最后在 OB 中调用该 FB 并下载到 CPU 中。这样当液位值"Alarm_DB"."Liquid Level"大于 80% 时，将触发该报警消息。触发的消息可以通过 Web 服务器、HMI 报警视图、CPU 自带的显示屏等设备显示，通过 IE 浏览器访问 CPU 的 Web 服务器查看到的报警消息如图 14-41 所示。

消息

诊断缓冲区条目 1-50

| 消息号 | 日期 | 时间 | 消息文本 | 状态 | 确认 |
|---|---|---|---|---|---|
| 53 | 2015.04.15 | 08:31:28.110 | 液位超警戒值，当前温度为 65℃ | 进入的 | |
| 34 | 2015.04.15 | 08:30:34.495 | 错误：断路 位于 0 上 PLC_1 / DI 32x24VDC HF_1. | 进入的 | |

图 14-41　通过 Web 浏览器查看报警消息

如果希望在 HMI 的报警消息中查看到此消息，则需要在 HMI 侧调用报警视图控件，本章不再阐述。

**注意**：每一条报警信息都需要调用一次“Program_Alarm”函数块，为了减少背景数据块的使用量，该诊断块必须在 FB 块中调用。使用循环迭代方式调用“Program_Alarm”函数块将大大减少程序量，如图 14-42 所示。

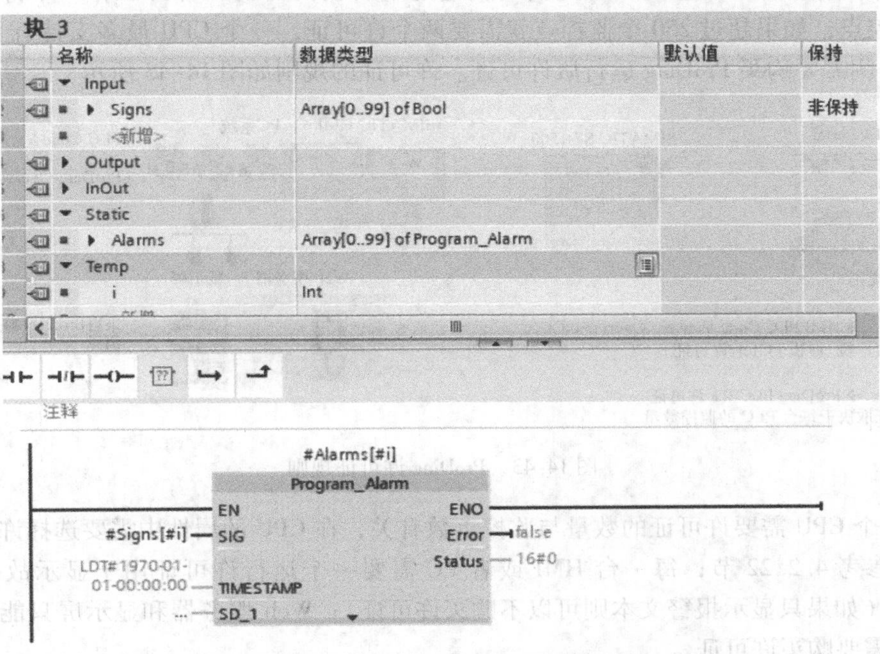


图 14-42 使用循环迭代方式调用函数块

## 14.11 使用 ProDiag 进行诊断

ProDiag 是一个具有诊断功能的可选软件，使用 ProDiag 有以下好处：

1）不需要编程；

2）组态的报警可以在 PLC 中随时修改，HMI 自动更新，不影响 HMI 的运行；

3）多种监控类型，适合不同的报警；

4）组态报警的触发方式，替代部分编程的工作量；

5）报警信息由 PLC 触发，在 HMI、Web 浏览器和显示屏都可以显示；

6）每一条报警消息都对应一段触发报警的程序段，在 HMI 上可以查看程序代码（LAD、FBD 有效）；

7）具有记录功能，可以记录最先触发报警消息的事件；

8）可以显示 Graph 编写的程序段；

9）报警消息更加丰富，可以显示一些附近文本，例如符号名称、符号注释、函数块名称、实例名称等；

10）报警消息可以按组进行划分；

11）报警消息支持多种语言；

12）在 HMI 画面上使用定义的控件，无需使用用户变量将控件连接到 PLC。

### 14.11.1　ProDiag 的许可证

拥有诸多优点的 ProDiag 软件是可选软件，也就是说需要额外购买，PLC 侧按照监控点数购买，小于等于 25 个监控点是免费的，超过以后就需要购买许可证，一个许可证包含 250 个监控点，如果超过 250 个监控点就需要两个许可证，一个 CPU 最多支持五个许可证。同样 HMI 侧需要购买 ProDiag 运行版许可证。许可证的规则如图 14-43 所示。

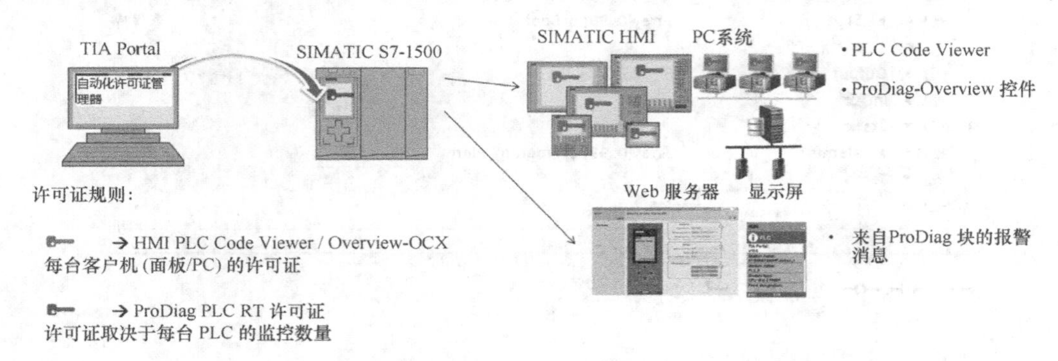


图 14-43　ProDiag 许可证规则

每一个 CPU 需要许可证的数量与监控点数有关，在 CPU 的属性中需要选择许可证的个数，可以参考 4.2.22 节；每一台 HMI 或者 PC 需要一个运行许可证用于显示故障时刻的 PLC 代码（如果只显示报警文本则可以不购买许可证）；Web 服务器和显示屏只能显示文本信息，不需要购买许可证。

### 14.11.2　ProDiag 监控的类型

所有触发报警消息的事件都是一个位信号，有可能是多个位信号的组合，ProDaig 支持五种基本事件类型的监控和两种附加的报警，这些监控类型和报警都是与位信号相关联的。监控的类型和附加报警如图 14-44 所示。

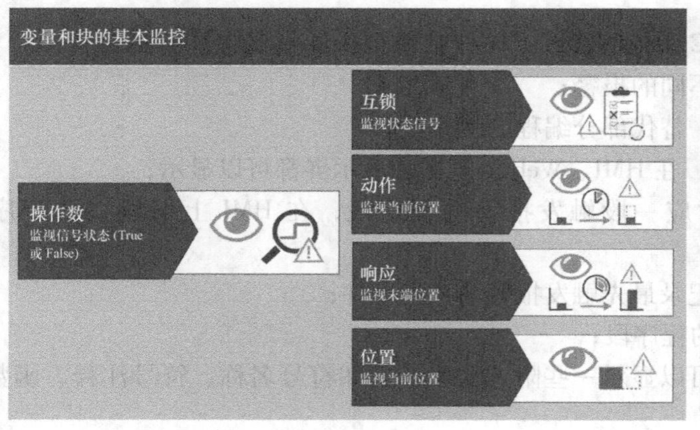


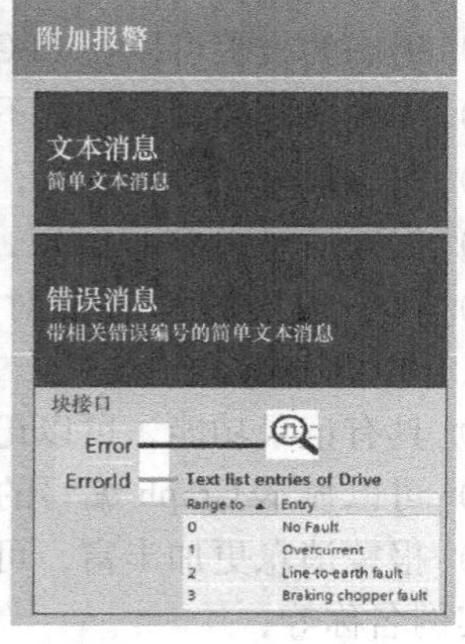


图 14-44　ProDiag 的监控类型

（1）基本监控类型

1）操作数监控。监视一个位信号的状态 True 或 False，如果满足设定的条件，例如 True，则触发报警信息。

2）互锁监控。监视两个或者多个位的互锁状态，例如起动电机正转，但是正转输出没有响应。

3）动作监控。监视设备起动运行后，在设定时间内传送带上的生产部件是否离开起始位置。

4）响应监控。监视设备运行后，在响应时间内传送带上的生产部件是否到达指定的结束位置。

5）位置监控。监视传送带上的生产部件在没有起动信号的情况下是否发生移动。

基本类型监控的报警文本格式都是统一的，不能独立设置。

（2）附加报警

1）文本消息。监视一个位信号的状态 True 或 False，如果满足设定的条件，例如 True，则触发文本消息，与基本类型监控相似，但是不触发组故障信号位，文本消息的格式可以单独设置。

2）错误消息。与文本消息类似，也可以单独设置文本消息的格式，但是会触发组故障信号位。

监控的位信号可以是全局变量，例如 I、Q、M 和 DB，也可以是 FB 函数块的接口区，例如输入、输出和静态变量，但不是所有的地址区都支持不同的监控类型，地址区与监控类型必须匹配，见表 14-3。

表 14-3 监控类型与地址区

| 监控类型 | 全局地址区 | | | FB 块接口区 | | |
|---|---|---|---|---|---|---|
| | 输入 | 输出 | 标志位/数据块 | 输入 | 输出 | 静态 |
| 操作数 | × | × | × | × | × | × |
| 互锁 | — | × | × | × | — | — |
| 动作 | × | — | × | × | — | — |
| 响应 | × | — | × | × | — | — |
| 位置 | × | — | × | × | — | — |
| 错误消息 | × | × | × | × | × | × |
| 文本消息 | × | × | × | × | × | × |

注：×表示支持；—表示不支持。

## 14.11.3 ProDiag 监控的设置

在监控变量前必须对监控类型、报警输出、报警的时间、类别做一个整体的设置，从而形成一个模板，后续所有新的监控都必须参照这个模板，模板中的报警文本格式不能修改。导航至项目树下的“公共数据”→“监控设置”，双击打开进入配置界面，在“类别”中定义不同的报警级别，如图 14-45 所示。

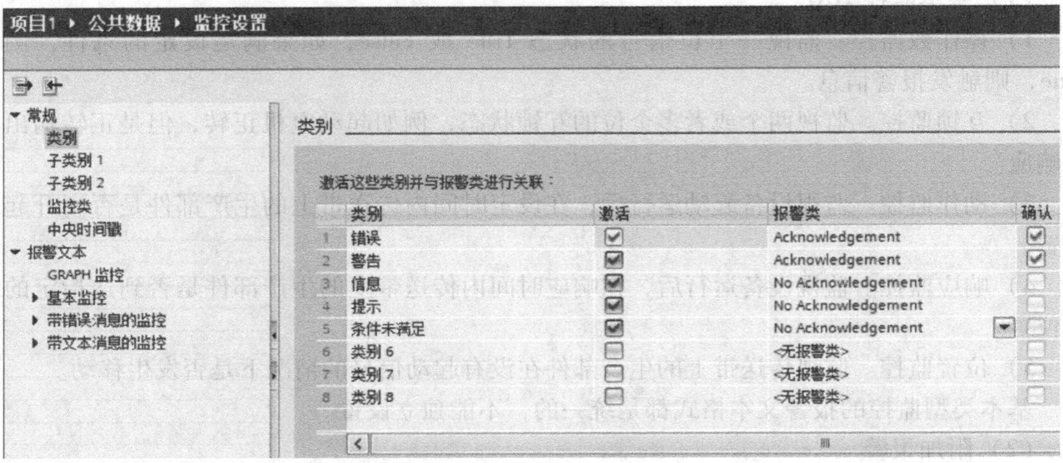

图 14-45 “监控设置” → “类别” 设置

总共可以设置八个报警级别，其中 “错误” “警告” 和 “信息” 系统默认激活，还可以定义五个额外的报警级别，在 “报警类” 栏中设置报警信息是否需要确认。

“子类别 1” 和 “子类别 2” 栏中分别可以定义 16 个子类别，如图 14-46 所示。

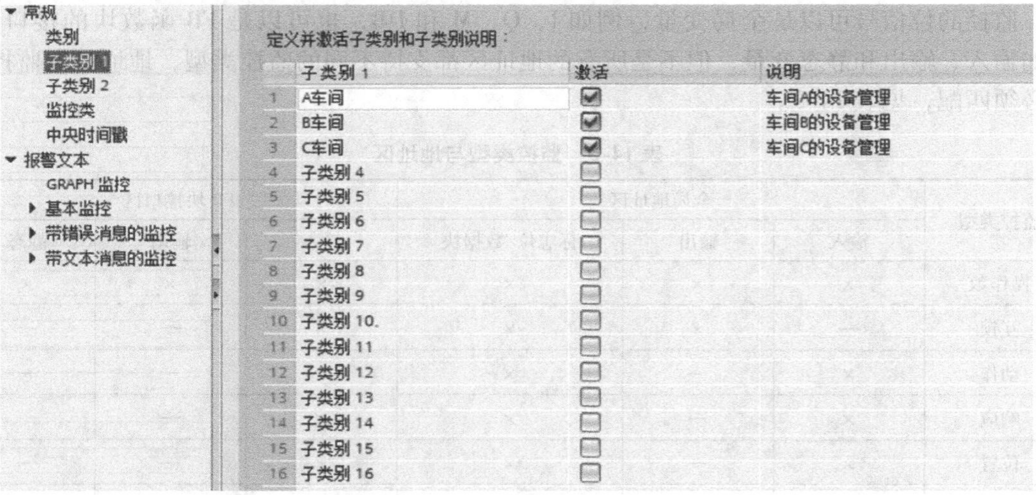

图 14-46 “监控设置”→“子类别” 设置

类别的定义可以将故障信息按类别进行分组，在类别中定义的文字也将添加在报警文本中，可以替代报警信息中一些常用文本，减少文本的输入量。

在 “监控类” 界面中定义不同监控类型中触发器与 C1、C2、C3 触发器默认的逻辑关系和值状态，如图 14-47 所示。它们之间是 “与” 的逻辑关系，定义完成后作为一个模板，在创建新的变量监控时作为参考，也可以修改为适合于不同的应用。

选中复选框表示值状态为 True 时触发，否则为 False 时触发。简单的逻辑关系可以替代部分故障报警的程序，例如触发器为 True 2s 后，C1 和 C2 触发器不为 Ture，则触发报警信息。

常规
类别
子类别 1
子类别 2
监控类
中央时间戳
报警文本
GRAPH 监控
基本监控
带错误消息的…
带文本消息的…

监控类

在项目中指定各监控类型的默认设置。这些将应用于新监控。

如果选中该复选框，则触发器的状态为 TRUE。

用户可调整各监控的默认值。如果涉及编译文本，则更改会影响相应的报警文本。

| | 监控类型 | 触发器 | C1 触发器 | C2 触发器 | C3 触发器 | 延时时间 |
|---|---|---|---|---|---|---|
| 1 | 操作数 | ☐ | ☑ | ☑ | ☑ | T#0ms |
| 2 | 互锁 | ☐ | ☑ | ☑ | ☑ | T#0ms |
| 3 | 反应 | ☐ | ☑ | ☑ | ☑ | T#5s |
| 4 | 动作 | ☑ | ☑ | ☑ | ☑ | T#200ms |
| 5 | 位置 | ☐ | ☐ | ☑ | ☑ | T#0ms |
| 6 | 错误消息 | ☑ | ☑ | ☑ | ☑ | T#0ms |
| 7 | 文本消息 | ☑ | ☑ | ☑ | ☑ | T#0ms |
| 8 | GRAPH 互锁 (Interlock) | ☐ | ☐ | ☐ | ☐ | T#0ms |
| 9 | GRAPH 监控 (Supervision) | ☐ | ☐ | ☐ | ☐ | T#0ms |
| 10 | GRAPH 警告 | ☐ | ☐ | ☐ | ☐ | T#0ms |

图 14-47　“监控设置”→“监控类”设置

在“中央时间戳”界面中可以定义一个时钟，项目中所有 PLC 的报警信息都以这个时钟作为基准时间，如图 14-48 所示，在“时间戳变量”中添加一个数据类型为 LDT 的变量作为一个中央时钟信号（需要对该变量赋值）。后续的设置中需要在 ProDiag FB 块的属性中使能“使用中央时间戳”选项。

项目1 ▸ 公共数据 ▸ 监控设置

常规
类别
子类别 1
子类别 2
监控类
中央时间戳
报警文本

ProDiag 监控报警的中央时间戳

时间戳变量：Center_Clock

图 14-48　“监控设置”→“中央时间戳”设置

在“报警文本”界面中可以设置报警信息的格式，如图 14-49 所示。

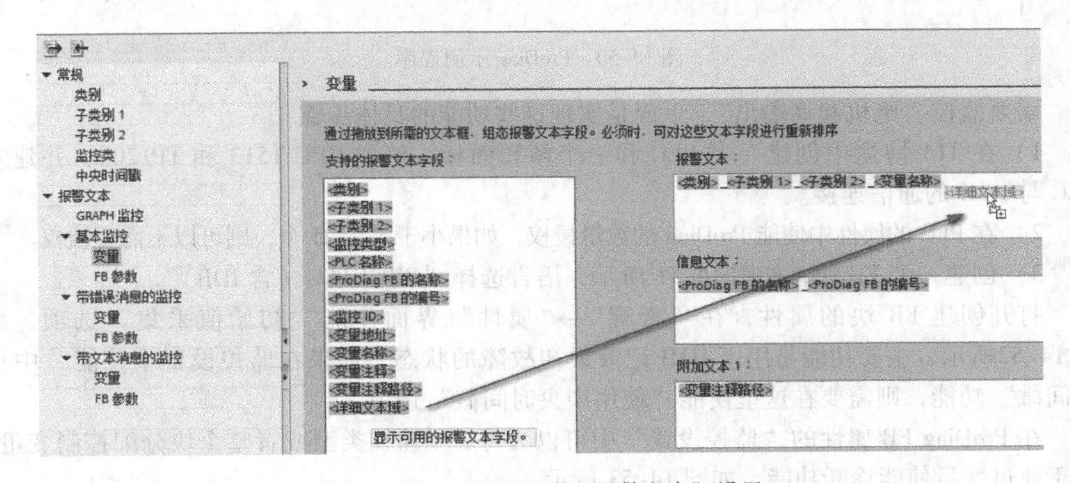


图 14-49　“监控设置”→“报警文本”设置

使用鼠标拖放功能将“支持的报警文本字段”域中需要的字段拖放到“报警文本”“信息文本”和“附加文本”域中，拼接一条报警信息，例如报警信息格式为〈类别〉_〈子类别1〉_〈子类别2〉_〈变量名称〉_〈详细文本域〉，其中〈详细文本域〉是用户自定义的文本，必须添加到报警文本中，各个字段的间隔符可以选择，拼接的格式作为报警文本的模板，在创建新的变量监控时不能修改，所以基本监控、错误消息和文本消息是分开定义的，除此之外“变量”（全局变量）和“FB”（FB 块接口声明的变量）也是分开的。配置完文本域后所有的监控设置就完成了。

**注意：**有的 HMI 面板只能显示报警文本，信息文本和附加文本需要在 WinCC 中才能显示。

### 14.11.4　ProDiag 变量监控的示例

下面以示例的方式介绍 ProDiag 的配置过程。假设有一个需求：在 HMI 上起动 A 车间 B 设备上的一个电机 C，需要将电机按位置和设备进行分组。起动前必须满足两个条件，如果不满足则导致起动失败，然后将报警信息发送给 HMI，报警信息中还需要包括哪一个条件不满足，以及与条件相关的温度值。维护人员通过报警信息可以跳转到与之相关联的程序段中，查看具体的程序信息。可能有一个条件导致起动失败，但是出问题时维护人员可能不在现场，到达现场时发现条件发生的变化，需要 HMI 记录最初故障的状态，相应的控制程序如图 14-50 所示。

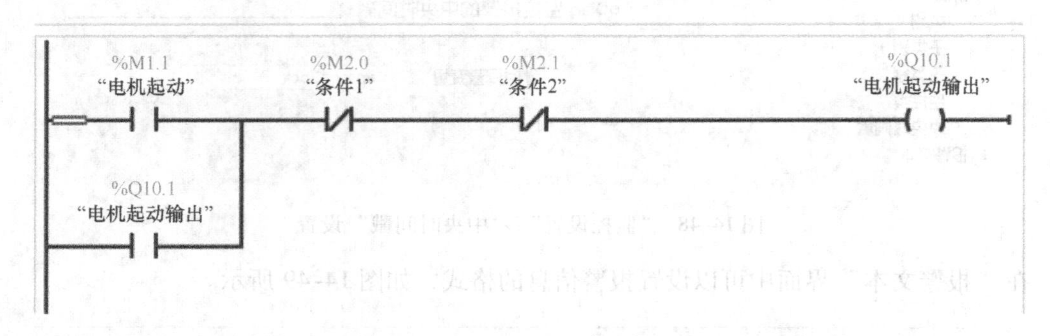


图 14-50　ProDiag 示例程序

需要监控“电机起动输出”，下面是实现这些功能的具体步骤：

1）在 TIA 博途中创建一个 PLC 和一个精智面板，例如 CPU 1513 和 TP1200，并建立 PLC 与 HMI 的通信连接。

2）在 PLC 的属性中使能 ProDiag 的数量授权，如果小于等于 25 个，则可以不需要授权。

3）创建一个 FB 块，如图 14-51 所示，语言选择“PRODIAG（含 IDB）”。

打开创建 FB 块的属性，在“常规”→“属性”界面使能“初始值采集”选项，如图 14-52所示，主要功能是用于 HMI 记录最初故障的状态。如果在监控设置中使能“中央时间戳”功能，则需要在这里使能“使用中央时间戳”选项。

在 ProDiag FB 属性的“监控设置”中可以为每一个监控类型或者整个块分配控制变量，用于通过变量使能诊断功能，如图 14-53 所示。

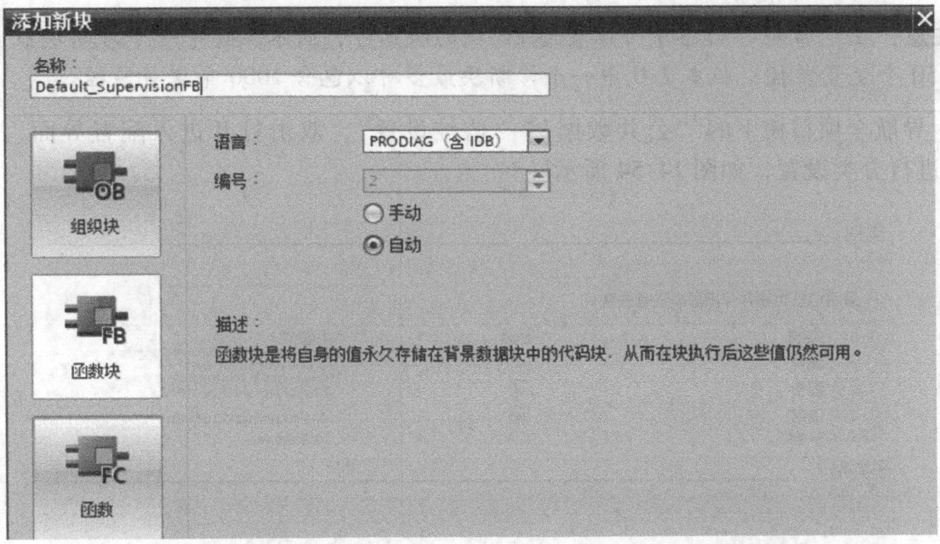

添加新块

名称：

Default_SupervisionFB

组织块

函数块

函数

语言：　PRODIAG（含 IDB）

编号：　2

手动

自动

描述：

函数块是将自身的值永久存储在背景数据块中的代码块，从而在块执行后这些值仍然可用。

图 14-51　创建 ProDiag FB 块

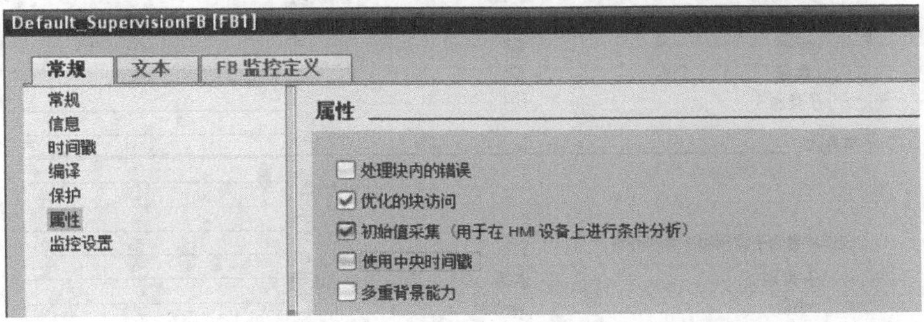

Default_SupervisionFB [FB1]

常规　文本　FB 监控定义

常规

信息

时间戳

编译

保护

属性

监控设置

属性

处理块内的错误

优化的块访问

初始值采集（用于在 HMI 设备上进行条件分析）

使用中央时间戳

多重背景能力

图 14-52　使能 ProDiag 的初始值采集功能

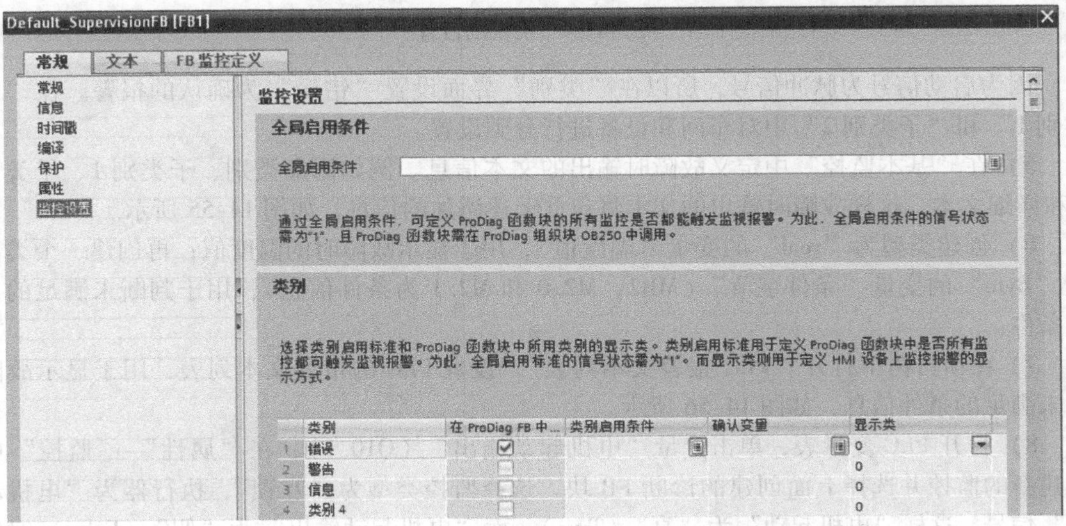

Default_SupervisionFB [FB1]

常规　文本　FB 监控定义

常规

信息

时间戳

编译

保护

属性

监控设置

监控设置

全局启用条件

全局启用条件

通过全局启用条件，可定义 ProDiag 函数块的所有监控是否都能触发监视报警。为此，全局启用条件的信号状态需为"1"，且 ProDiag 函数块需在 ProDiag 组织块 OB250 中调用。

类别

选择类别启用标准和 ProDiag 函数块中所用类别的显示类。类别启用标准用于定义 ProDiag 函数块中是否所有监控都可触发监视报警。为此，全局启用标准的信号状态需为"1"。而显示类则用于定义 HMI 设备上监控报警的显示方式。

| | 类别 | 在 ProDiag FB 中... | 类别启用条件 | 确认变量 | 显示类 |
|---|---|---|---|---|---|
| 1 | 错误 | ☑ | | | 0 |
| 2 | 警告 | ☐ | | | 0 |
| 3 | 信息 | ☐ | | | 0 |
| 4 | 类别 4 | ☐ | | | 0 |

图 14-53　ProDiag FB 的监控设置

**注意：**在“常规”标签中可以查看 FB 块的版本号，版本 1.0 中一个诊断块最多可以包含 250 个变量监控；版本 2.0 中一个诊断块最多可以包含 1000 个变量监控。

4）导航至项目树下的“公共数据”→“监控设置”，双击打开进入配置界面，在“类别”中进行分类设置，如图 14-54 所示。

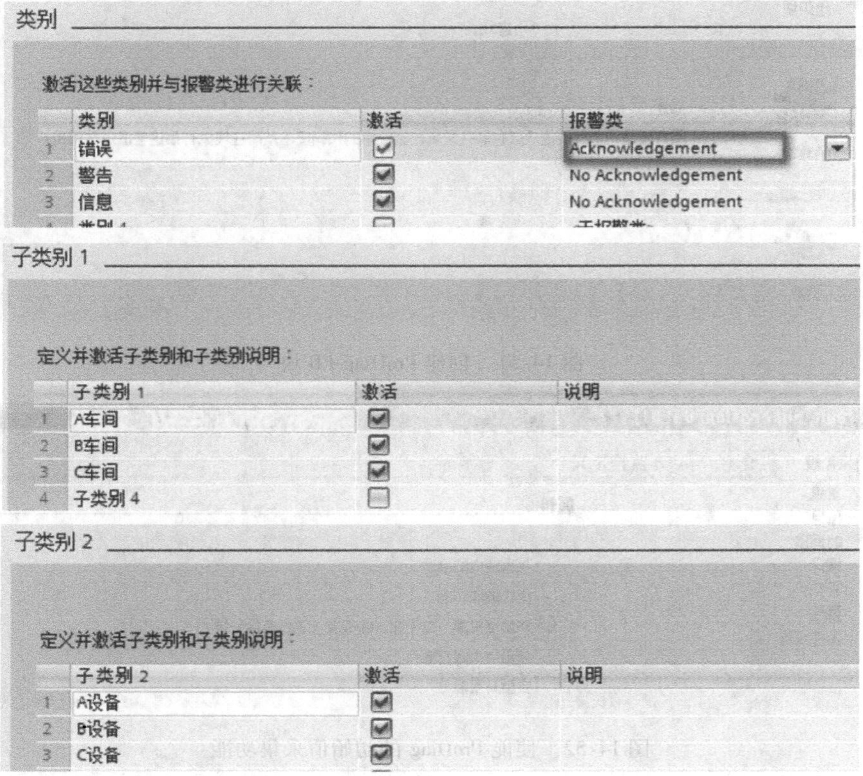

类别

激活这些类别并与报警类进行关联：

| | 类别 | 激活 | 报警类 |
|---|---|---|---|
| 1 | 错误 | ☑ | Acknowledgement |
| 2 | 警告 | ☑ | No Acknowledgement |
| 3 | 信息 | ☑ | No Acknowledgement |

子类别 1

定义并激活子类别和子类别说明：

| | 子类别 1 | 激活 | 说明 |
|---|---|---|---|
| 1 | A车间 | ☑ | |
| 2 | B车间 | ☑ | |
| 3 | C车间 | ☑ | |
| 4 | 子类别 4 | ☐ | |

子类别 2

定义并激活子类别和子类别说明：

| | 子类别 2 | 激活 | 说明 |
|---|---|---|---|
| 1 | A设备 | ☑ | |
| 2 | B设备 | ☑ | |
| 3 | C设备 | ☑ | |

图 14-54　类别的设置

因为启动信号为脉冲信号，所以在“类别”界面设置“错误”为确认的报警。在“子类别 1”和“子类别 2”中对车间和设备进行分类设置。

5）在“基本监控”中定义故障时输出的文本信息。例如添加类别、子类别 1、子类别 2 和详细文本，这样故障时输出的文本将包含上述添加的信息，如图 14-55 所示。

6）创建类型为“real”的变量“温度值”，用于显示故障时的温度值；再创建一个类型为“Byte”的变量“条件字节”（MB2，M2.0 和 M2.1 为条件信息），用于判断未满足的启动条件。

7）在项目树中打开“PLC 报警文本列表”，设置 PLC 的报警文本列表，用于显示故障时未满足的条件信息，如图 14-56 所示。

8）打开 PLC 变量表，单击变量“电机起动输出”（Q10.1），在“属性”→“监控”中创建新的监控并选择上面创建的诊断 FB 块。选择监控类型为“互锁”，执行器为“电机起动”信号，这样“电机起动”为“真”（True），而“电机起动输出”为“假”（False）时触发报警的输出。在类别、子类别 1、子类别 2 中选择分组信息。设置结果如图 14-57 所示。

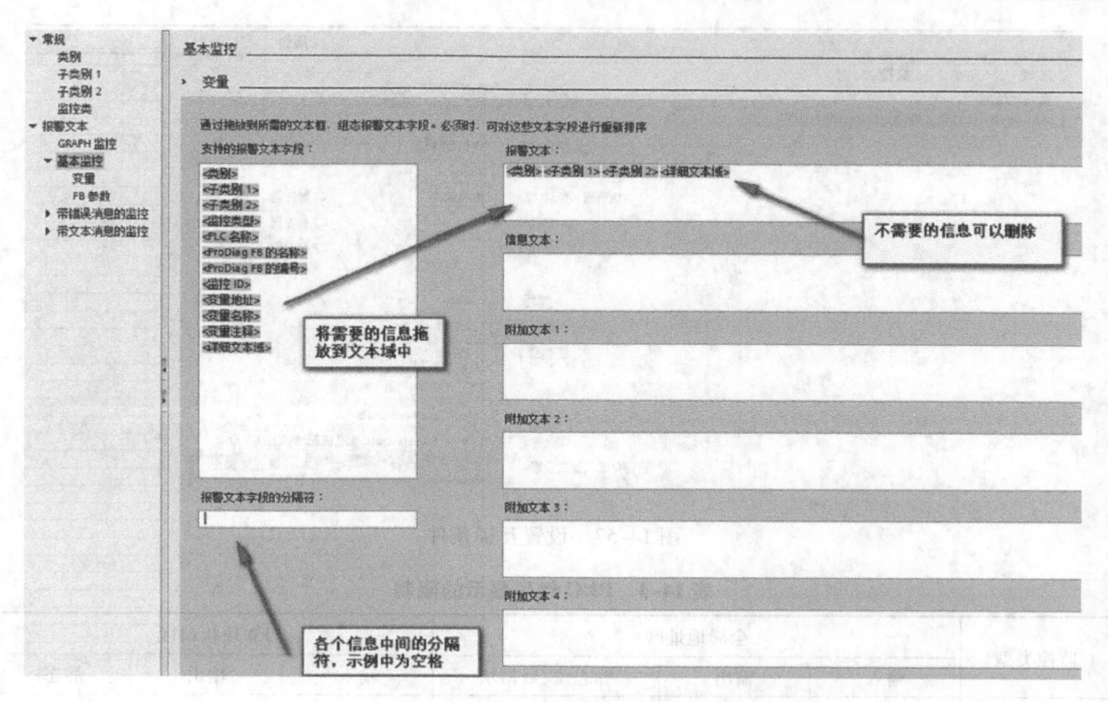


图 14-55　设置报警文本格式

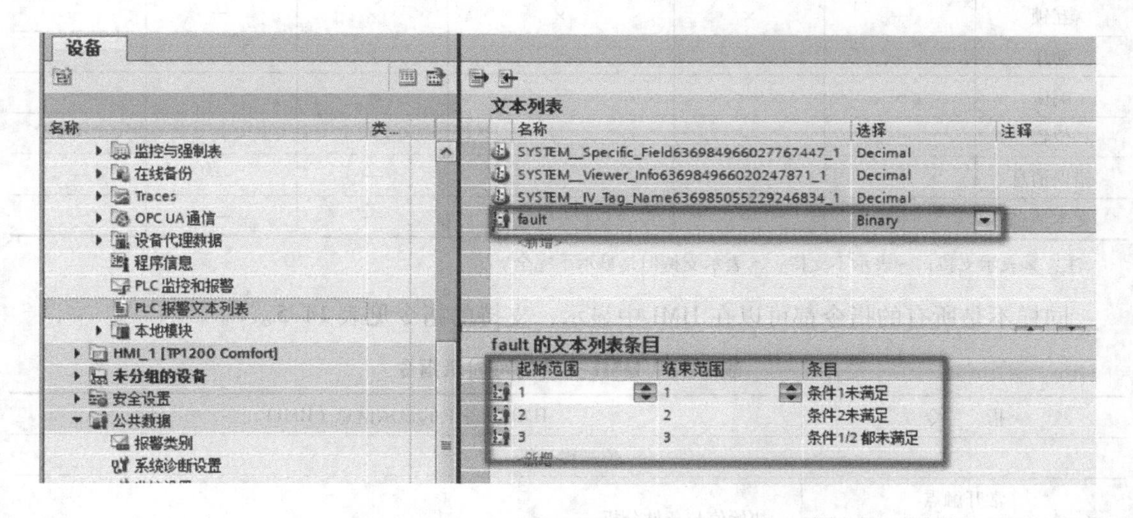


图 14-56　创建报警文本列表

**注意：**

1）监控都需要在变量的属性中设置，变量的存储位置不同，I、Q、M 地址区变量存储于“PLC 变量”表中；数据块（DB）中的变量存储于数据块中；FB 块的接口参数存储于 FB 的块接口中。

2）在 HMI 中可以显示 PLC 代码与监控类型和地址区有关，PLC 代码显示的限制见表 14-4。

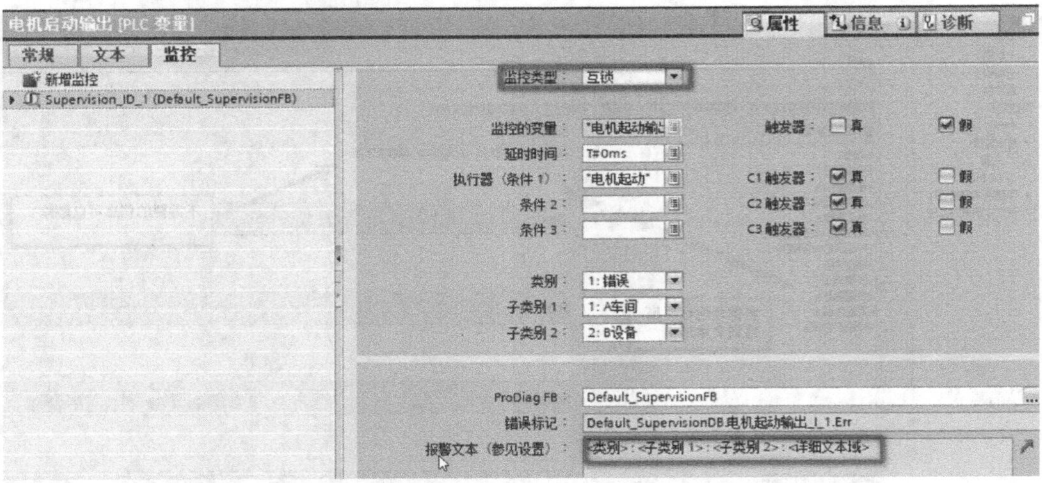

图 14-57　设置互锁条件

**表 14-4　PLC 代码显示的限制**

<table>
<tr><th rowspan="2">监控类型</th><th colspan="3">全局地址区</th><th colspan="3">FB 块接口区</th></tr>
<tr><th>输入</th><th>输出</th><th>标志位/数据块</th><th>输入</th><th>输出</th><th>静态</th></tr>
<tr><td>操作数</td><td>—</td><td>—</td><td>—</td><td>*</td><td>—</td><td>—</td></tr>
<tr><td>互锁</td><td>—</td><td>×</td><td>×</td><td>×</td><td>—</td><td>—</td></tr>
<tr><td>动作</td><td>—</td><td>—</td><td>—</td><td>*</td><td>—</td><td>—</td></tr>
<tr><td>响应</td><td>—</td><td>—</td><td>—</td><td>*</td><td>—</td><td>—</td></tr>
<tr><td>位置</td><td>—</td><td>—</td><td>—</td><td>*</td><td>—</td><td>—</td></tr>
<tr><td>错误消息</td><td>—</td><td>—</td><td>—</td><td>—</td><td>—</td><td>—</td></tr>
<tr><td>文本消息</td><td>—</td><td>—</td><td>—</td><td>—</td><td>—</td><td>—</td></tr>
</table>

注：×表示支持；—表示不支持；*表示支持但是显示不完全。

同样不是所有的指令都可以在 HMI 中显示，支持的指令见表 14-5。

**表 14-5　HMI 支持的可显示指令**

<table>
<tr><th>指　　令</th><th>HMI 设备上的显示信息（HMI）</th></tr>
<tr><td></td><td>位逻辑运算</td></tr>
<tr><td>常开触点</td><td rowspan="2">初始值与条件分析</td></tr>
<tr><td>常闭触点</td></tr>
<tr><td>取反 RLO</td><td rowspan="3">支持该指令，但与初始值或条件分析无关</td></tr>
<tr><td>赋值</td></tr>
<tr><td>赋值取反</td></tr>
<tr><td>复位输出</td><td rowspan="2">初始值</td></tr>
<tr><td>置位输出</td></tr>
<tr><td>置位复位触发器</td><td rowspan="2">分析初始值和条件，直到指令框（包含）</td></tr>
<tr><td>复位置位触发器</td></tr>
</table>

（续）

| 指　令 | HMI 设备上的显示信息（HMI） |
|---|---|
| 位逻辑运算 | |
| AND（FBD） | 初始值与条件分析 |
| OR（FBD） | |
| 比较运算 | |
| 等于 | 初始值与条件分析 |
| 不等于 | |
| 大于或等于 | |
| 小于或等于 | |
| 大于 | |
| 小于 | |
| 定时器 | |
| TP | 分析初始值和条件，直到指令框（包含） |
| TON | 初始值与条件分析 |
| TOF | 分析初始值和条件，直到指令框（包含） |
| TONR | |
| 计数器 | |
| CTU | 分析初始值和条件，直到指令框（包含） |
| CTD | |
| CTUD | |

9）在“详细文本域”中设置自定义的报警信息，示例如图 14-58 所示。

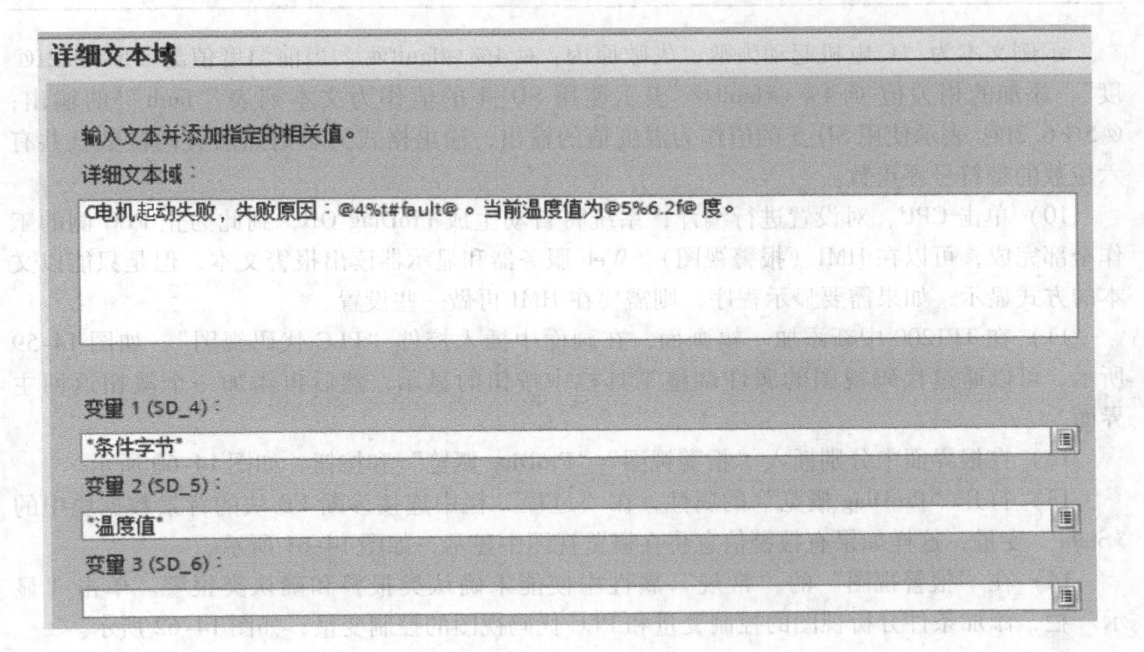


图 14-58　“详细文本域”设置

在每个报警文本中最多可以添加三个相关值 SD_4 ~ SD_6，添加相关值的方法为 @ <相关值的编号> <格式>@，字符“@”用于指示开始使用相关值和关闭相关值，相关值的编号见表 14-6。

**表 14-6　相关值编号**

| 编　号 | 说　明 |
|---|---|
| 4 | 相关值 SD_4（变量 1） |
| 5 | 相关值 SD_5（变量 2） |
| 6 | 相关值 SD_6（变量 3） |

相关值的数据类型必须为 BOOL、BYTE、WORD、DWORD、SINT、INT、DINT、USINT、UINT、UDINT、REAL、LREAL、CHAR、WCHAR、STRING 或 WSTRING。数据类型 STRING 和 WSTRING 通常使用中括号“[ ]”定义实际长度。

用于 HMI 输出格式的定义见表 14-7。

**表 14-7　定义 HMI 输出的格式**

| 格　式 | 说　明 |
|---|---|
| % [i] X | 共有 i 位数的十六进制数 |
| % [i] u | 共有 i 位数且不带符号的十进制数 |
| % [i] d | 共有 i 位数且带有符号的十进制数 |
| % [i] b | 共有 i 位数的二进制数 |
| % [i] [.y] f | 小数点后有 y 位数且共有 i 位数的带符号浮点数 |
| % [i] s | 共有 i 位数的字符串（ANSI 字符串），将打印第一个 0 字节之前的字符（00Hex） |
| %t# <文本库名称> | 访问文本库 |

示例文本为“C 电机起动失败，失败原因：@4%t#fault@。当前温度值为@5%6.2f@度”，添加的相关值 @4%t#fault@ 表示使用 SD_4 的值作为文本列表“fault”的输出；@5%6.2f@ 表示使用 SD_5 的值作为温度值的输出，输出格式为小数点后有两位数且共有六位数的带符号浮点数。

10）单击 CPU，对设置进行编译，系统将自动生成 ProDiag OB，到此为止 PLC 侧的工作全部完成，可以在 HMI（报警视图）、Web 服务器和显示器读出报警文本，但是只能以文本的方式显示，如果需要显示程序，则需要在 HMI 再做一些设置。

11）在 TP1200 中新添加一幅画面，在画面中插入控件“PLC 代码视图”，如图 14-59 所示，可以通过代码视图的属性调整工具栏中按钮的显示，然后再添加一个按钮返回主界面。

12）在根界面中分别插入“报警视图”“ProDiag 概览”和按钮，如图 14-60 所示。

13）打开“ProDiag 概览”的属性，在“过程”栏中连接诊断 FB 块的背景数据块中的“State”变量，这样如果有报警信息将在概览视图中显示，如图 14-61 所示。

14）在“报警视图”的“常规”属性中使能未确认类报警和确认类报警。单击“显示”栏，添加条件分析视图的控制变量和 PLC 代码视图的控制变量，如图 14-62 所示。

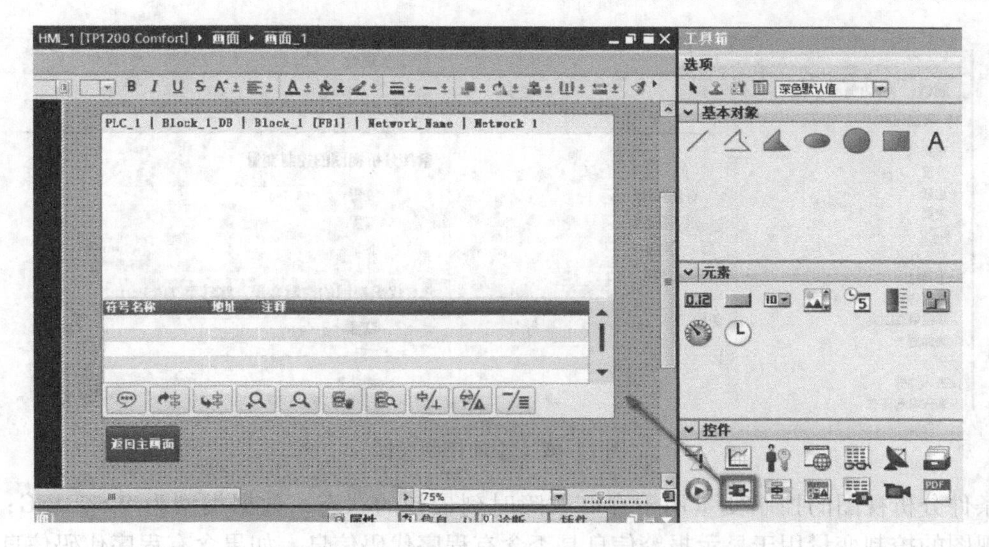

图 14-59　插入 PLC 代码视图

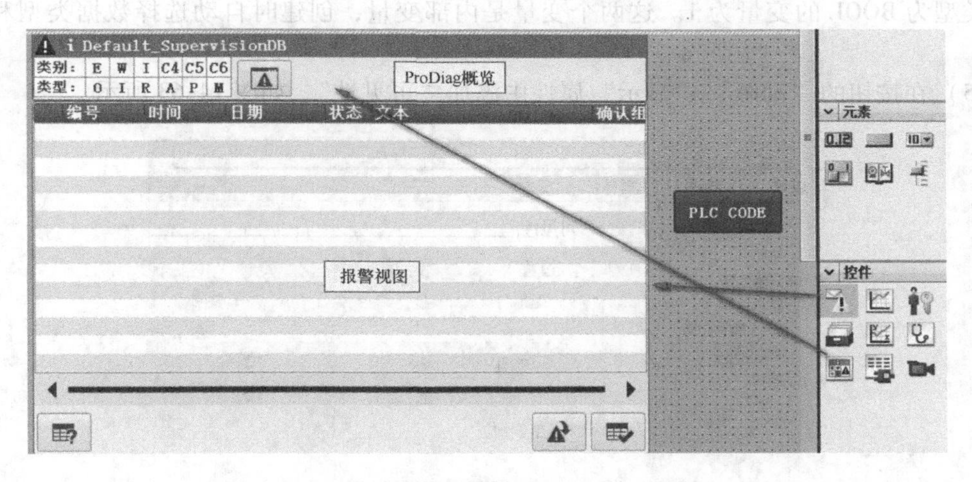


图 14-60　插入报警视图和 ProDiag 概览

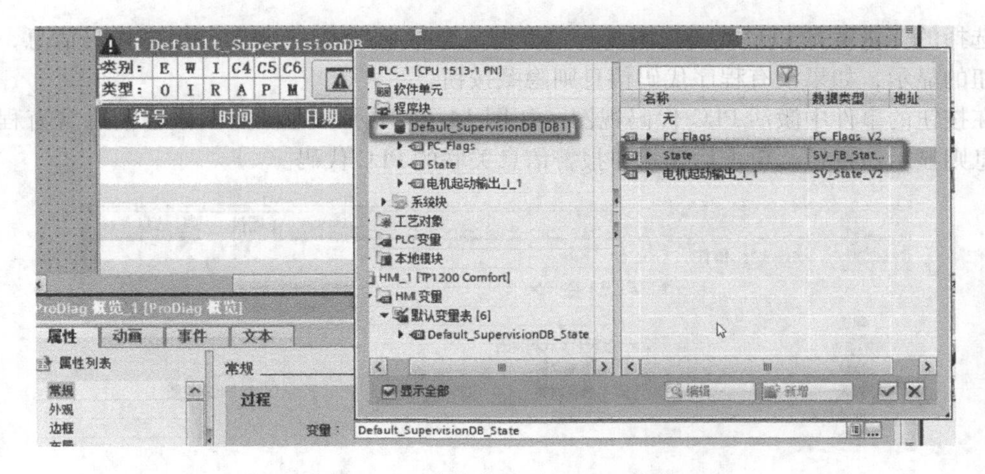

图 14-61　连接变量到 ProDiag 概览

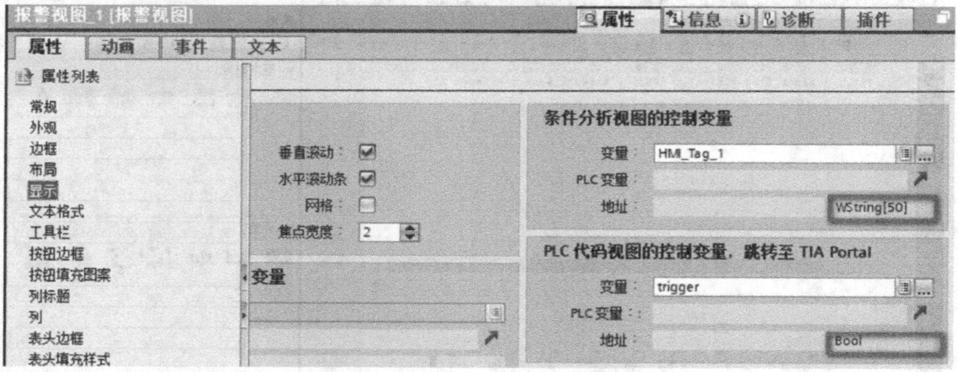

报警视图_1 [报警视图]
属性
信息
诊断
插件
属性
动画
事件
文本
属性列表
常规
外观
边框
布局
显示
文本格式
工具栏
按钮边框
按钮填充图案
列标题
列
表头边框
表头填充样式
垂直滚动：
水平滚动条
网格：
焦点宽度：
2
变量
条件分析视图的控制变量
变量：
HMI_Tag_1
PLC 变量：
地址：
WString[50]
PLC 代码视图的控制变量，跳转至 TIA Portal
变量：
trigger
PLC 变量：
地址：
Bool

图 14-62　添加控制变量

条件分析视图的控制变量用于存储故障时刻最初的状态，数据类型为 WSTRING；PLC 代码视图的控制变量用于显示报警信息是否含有程序代码信息，如果含有程序代码信息，则数据类型为 BOOL 的变量为 1。这两个变量是内部变量，创建时自动选择数据类型和长度信息。

15）在按钮的“动画”→“显示”属性中添加“可见性”，如图 14-63 所示。

按钮_1 [按钮]
属性
动画
事件
文本
可见性
总览
变量连接
显示
添加新动画
可见性
移动
过程
变量：
trigger
范围
从：
1
至：
1
单个位
0

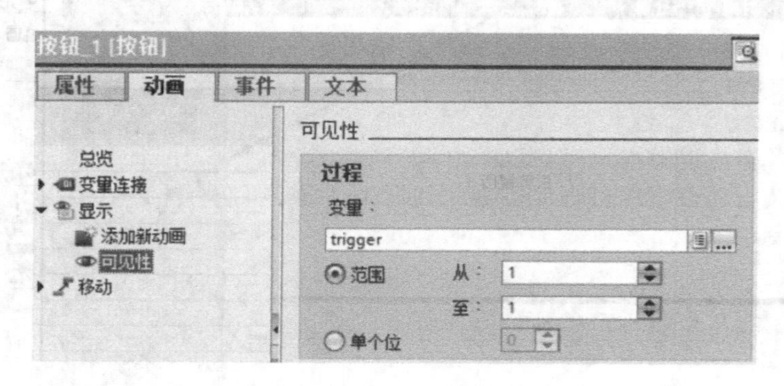

图 14-63　添加“可见性”

选择的变量就是 PLC 代码视图的控制变量，如果报警信息中含有程序代码信息，则使能按钮的显示，如果没有程序代码信息则隐藏按钮。

在按钮的事件中激活 PLC 代码视图，如图 14-64 所示。这样如果报警信息含有程序代码信息则显示该按钮，单击后显示与报警信息关联的 PLC 代码。

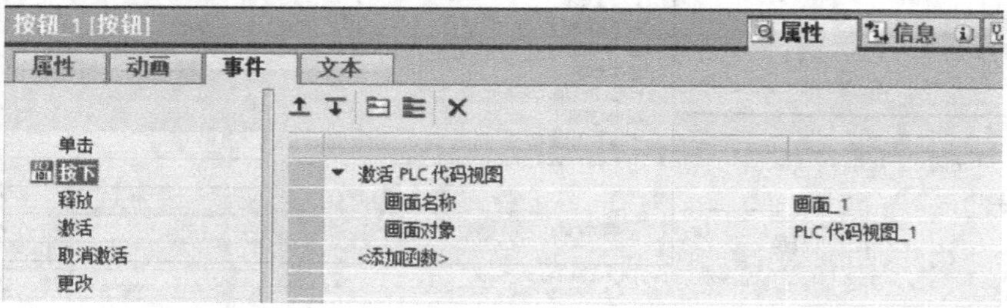

按钮_1 [按钮]
属性
信息
属性
动画
事件
文本
单击
按下
释放
激活
取消激活
更改
激活 PLC 代码视图
画面名称
画面_1
画面对象
PLC 代码视图_1
<添加函数>

图 14-64　激活 PLC 代码视图

16）如果条件未满足起动电机，则报警信息将上传到HMI的报警视图中，如图14-65所示。

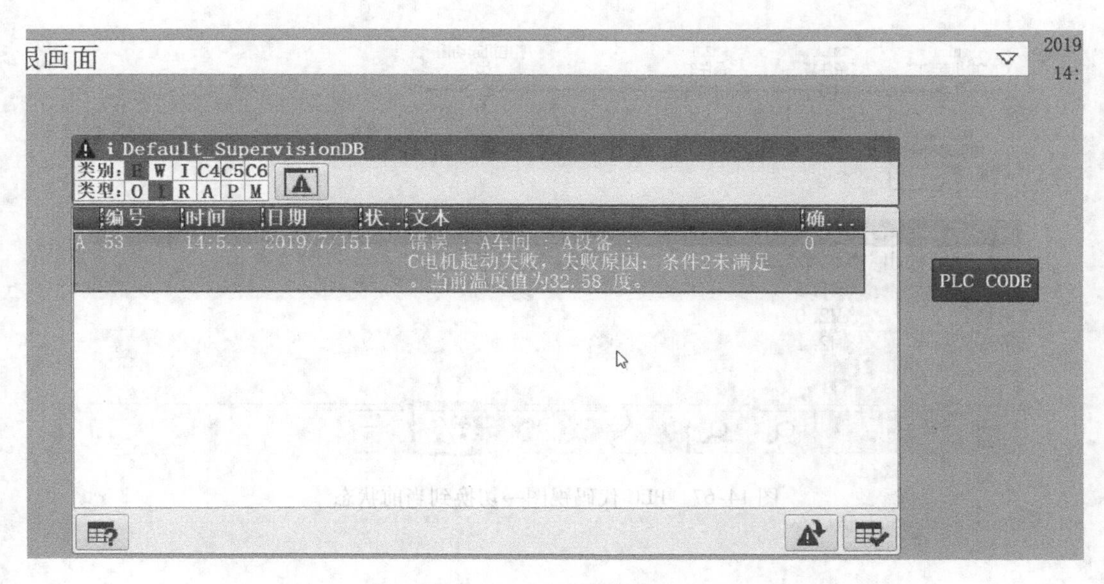


图14-65 显示报警信息

ProDiag概览视图中，报警信息类别为“E”（表示故障类别为错误），类型为“I”（表示监控类型为互锁）。选择报警信息，按钮显示，说明报警信息中含有程序代码，单击按钮切换到PLC代码视图，如图14-66所示，“条件2”被标记，表明故障初始状态是由于“条件2”未满足。

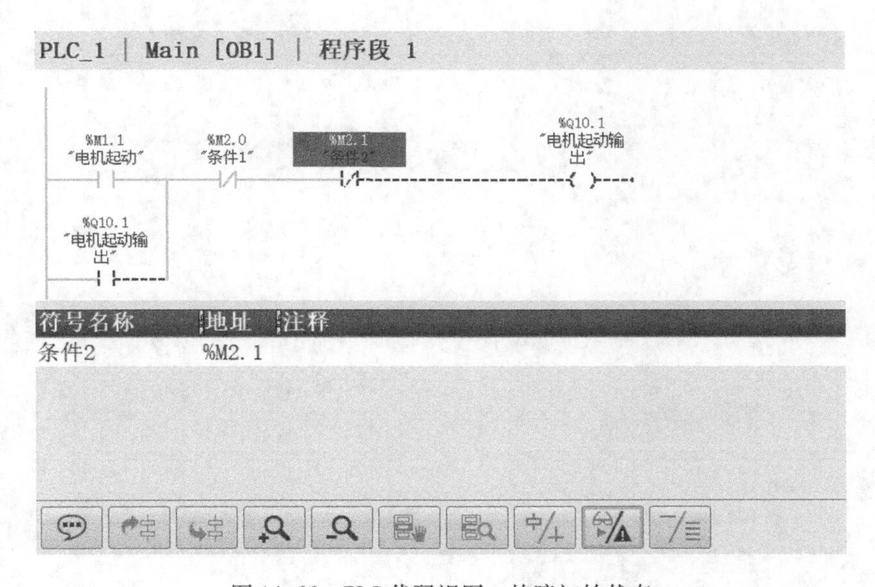


图14-66 PLC代码视图→故障初始状态

单击“实际值或初始值”键，切换到PLC当前状态，如图14-67所示，可以看到由于“电机起动”是脉冲信号，当前状态已经为0，此外“条件1”也未满足。

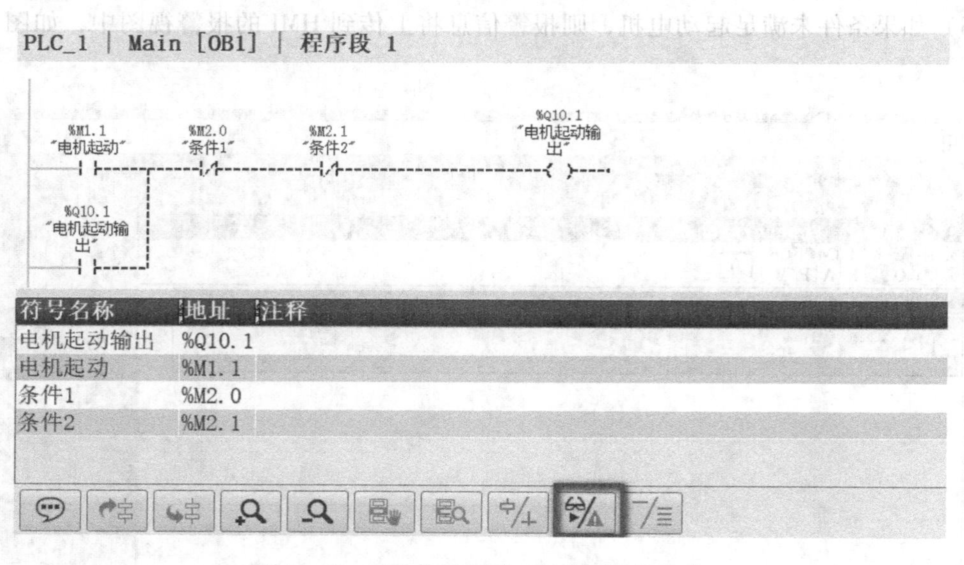


图 14-67　PLC 代码视图→切换到当前状态

# 第15章 访问保护

如何防范对 PLC 项目和 PLC 未经授权的操作和访问？如何防止程序被非法拷贝或窃取？如何保证通信的安全性，防止数据被篡改或窃听，并确保通信数据的完整性和可靠性？针对以上问题，下面主要介绍几种 SIMATIC S7-1500 PLC 防范风险的方式和方法，以确保 PLC 控制系统安全可靠地运行。

## 15.1 SIMATIC S7-1500 PLC 项目的访问保护

PLC 项目包括 PLC 的硬件配置、通信连接和程序，如果未经授权的人员得到了原始项目文件（即常说的源程序），则一切在项目中进行的安全保护措施都形同虚设，所以防范的第一步就是对项目进行访问保护。

在 10.5 节中已经介绍过，进行 PLC 间的加密通信必须使能项目保护功能，同样不进行安全通信也可以用这个功能保护项目。导航至项目树的“安全设置”目录，双击“设置”进入项目保护界面，单击“保护该项目”按钮为项目设置初始的用户名和密码，如图 15-1 所示，初始用户不可以删除。

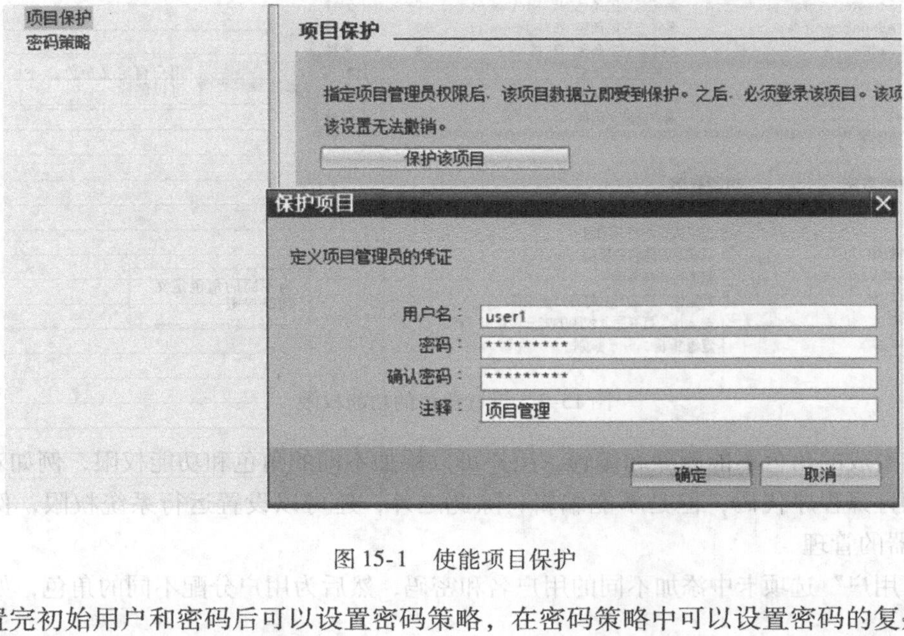

图 15-1 使能项目保护

设置完初始用户和密码后可以设置密码策略，在密码策略中可以设置密码的复杂性和时效性，如图 15-2 所示。

项目保护后，在项目树会自动添加“用户和角色”标签，在其中可以添加不同的角色，然后为不同的用户分配不同的角色，角色的功能设置如图 15-3 所示。

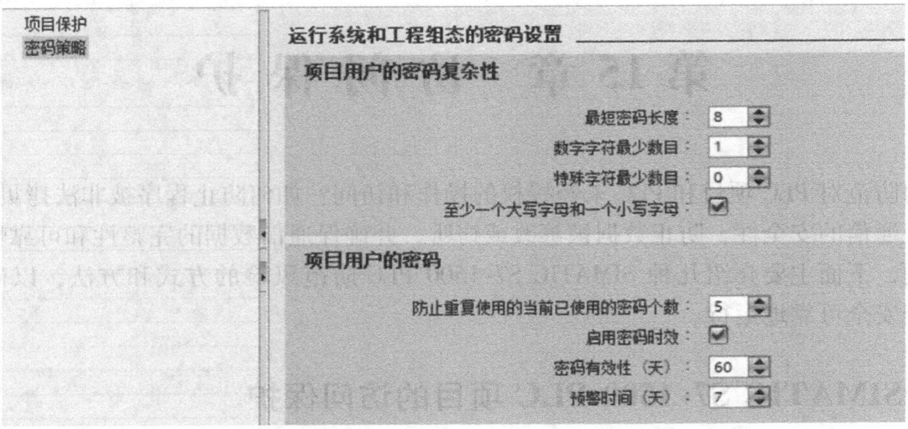

项目保护
密码策略
运行系统和工程组态的密码设置
项目用户的密码复杂性
最短密码长度： 8
数字字符最少数目： 1
特殊字符最少数目： 0
至少一个大写字母和一个小写字母：
项目用户的密码
防止重复使用的当前已使用的密码个数： 5
启用密码时效：
密码有效性（天）： 60
预警时间（天）： 7

图 15-2 设置密码的复杂性和时效性

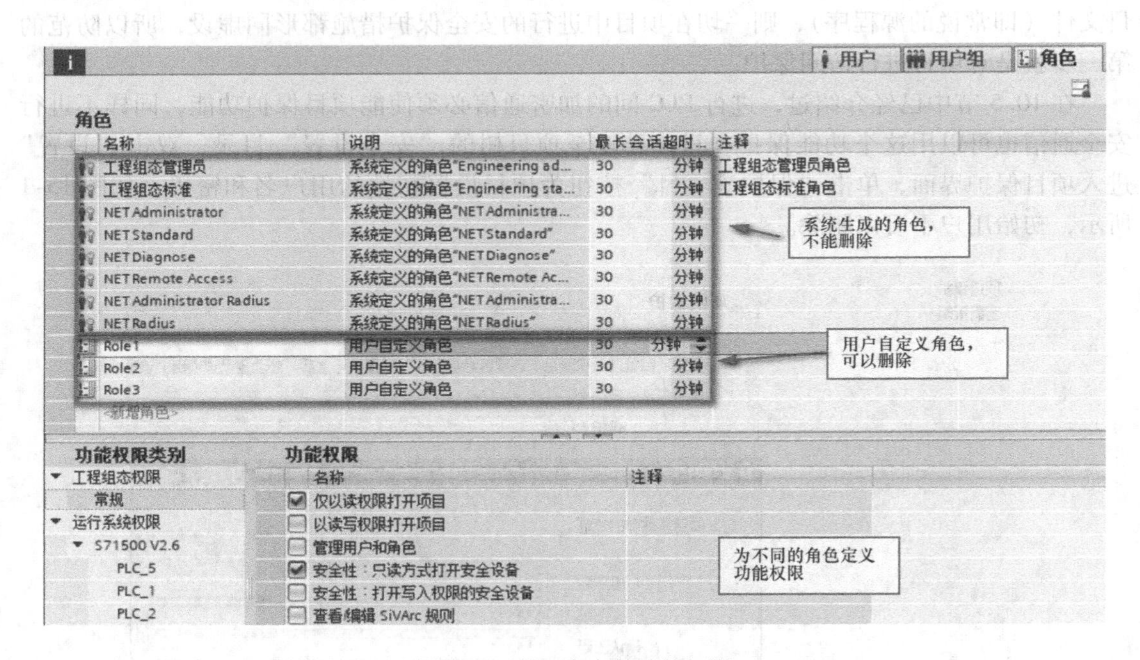


图 15-3 设置角色的功能权限

系统生成的角色不能删除和编辑，用户可以添加不同的角色和功能权限，例如对于维护人员只能打开程序代码，但是不能编辑，除此之外，还可以设置运行系统权限，例如 OPC UA 服务器的管理。

在“用户”选项卡中添加不同的用户名和密码，然后为用户分配不同的角色，如图 15-4 所示。

示例中，为用户 A 分配了维护的角色即“仅以读权限打开项目”权限，打开项目后除了可以在线监控外，不能对任何参数、程序代码进行编辑和修改，如图 15-5 所示，程序不能被修改和编辑。

i　　　　用户　用户组

用户

| 用户名 | 密码 | 认证方式 | 最长会话超时... | | 注释 |
|---|---|---|---|---|---|
| user1 | ********* | 密码 | 30 | 分钟 | 项目管理 |
| A | ********* | 密码 | 30 | 分钟 | |
| B | ********* | 密码 | 30 | 分钟 | |
| C | ********* | 密码 | 30 | 分钟 | |
| <新增用户> | | | | | |

分配的用户组　分配的角色　分配的权限

分配的角色

| 分配给 | 名称 | 说明 | 最长会话超时... | | 注释 |
|---|---|---|---|---|---|
| ☐ | NET Standard | 系统定义的角色"NET Standard" | 30 | 分钟 | |
| ☐ | NET Diagnose | 系统定义的角色"NET Diagnose" | 30 | 分钟 | |
| ☐ | NET Remote Access | 系统定义的角色"NET Remote Ac... | 30 | 分钟 | |
| ☐ | NET Administrator Radius | 系统定义的角色"NET Administra... | 30 | 分钟 | |
| ☐ | NET Radius | 系统定义的角色"NET Radius" | 30 | 分钟 | |
| ☐ | OPC UA | 用户自定义角色 | 30 | 分钟 | |
| ☑ | mantenance staff | 用户自定义角色 | 30 | 分钟 | |
| ☐ | Role2 | 用户自定义角色 | 30 | 分钟 | |
| ☐ | Role1 | 用户自定义角色 | 30 | 分钟 | |

图 15-4　为用户分配不同的角色

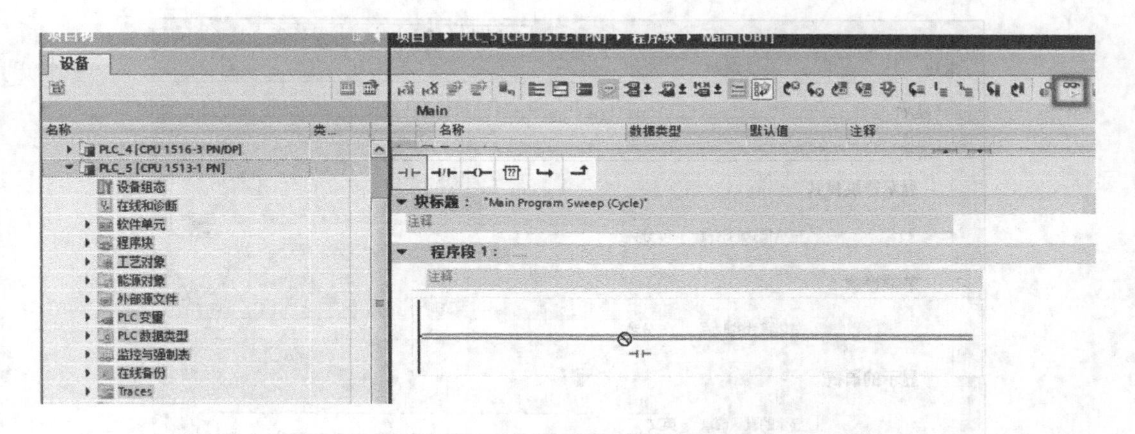


图 15-5　以只读权限打开的项目

## 15.2　CPU 在线访问保护

如果没有源程序，可以联机上传 CPU 的程序，上传的程序包括硬件配置、程序代码和符号名称，几乎所有的东西都可以上传，在 CPU 的属性中可以配置在线访问的权限。SIMATIC S7-1500 提供了 4 层访问级别，不同的访问级别代表不同的访问权限。通过设置 3 级不同的访问密码，分别提供给拥有不同权限的用户，来实现对 CPU 最大限度的保护。CPU 在线访问保护可以参考 4.2.15 节，这里不再介绍。

## 15.3　CPU Web 服务器的访问保护

SIMATIC S7-1500 PLC 支持 Web 服务器，激活此功能可以通过 Web 服务器实现修改 PLC 变量、切换 PLC 操作模式、执行固件更新等操作。相关操作权限可以通过设置 CPU 的 Web 服务器的访问密码来实现，即对不同的账号设置不同的操作权限，从而确保未经授权的用户通过 Web 服务器的方式不能对 SIMATIC S7-1500 PLC 进行受限的操作。CPU Web 服务器的访问保护可以参考 4.2.10 节，这里不再介绍。

## 15.4　CPU 自带显示屏的访问保护

每个 SIMATIC S7-1500 CPU 均自带一个显示屏，通过该显示屏，可以切换 CPU 操作模式、修改 PLC 系统时钟、查看和修改 PLC 中的变量值等。此类操作权限也可以设置密码，只有拥有密码的用户才有权限进行操作。

在 TIA 博途软件里，打开 CPU 属性 "常规"→"显示"→"密码"，可以激活 "启用屏保" 功能，之后在下方密码输入框中输入显示屏操作密码。输入完毕后，将配置下载到 PLC 中，这样相关的修改操作就必须输入密码方可进行。用户登录后，如果无操作，则经过自动注销时间后，登录账号会自动注销，如需再次操作则需要重新输入密码，设置界面如图 15-6 所示。

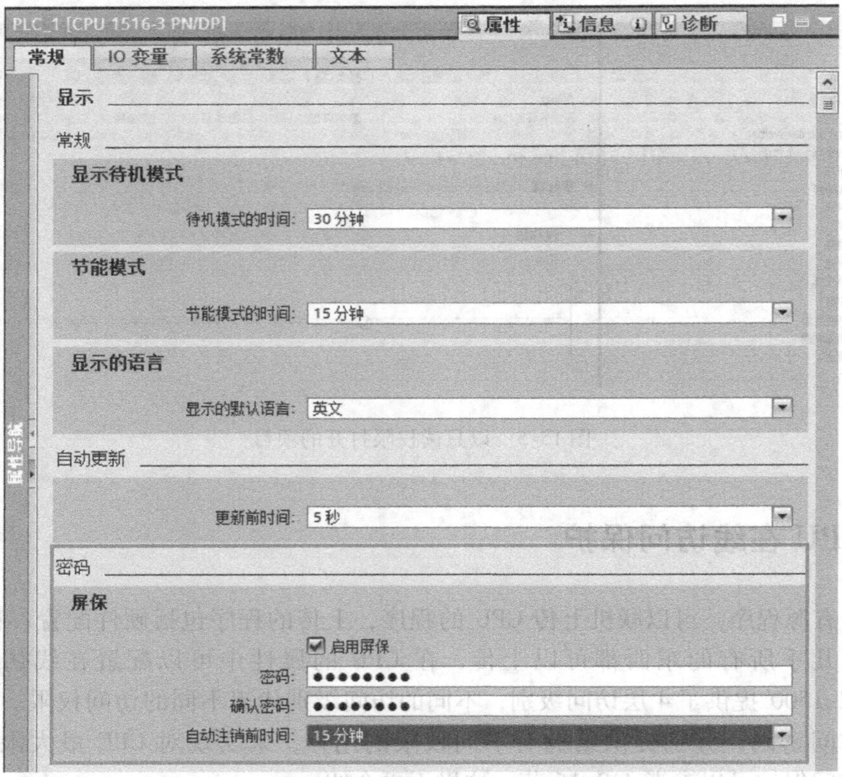

图 15-6　为显示屏操作设置密码

## 15.5 PLC 的程序块的访问保护

SIMATIC S7-1500 PLC 的程序块，包括 OB、FC 及 FB 均支持块加密功能。加密后的块，如果没有访问密码，则程序块内容不可见。只有输入了正确的密码，方可对块内的程序代码进行查看及编辑。加密后的程序块可以在项目间复制，也可以添加到库中。通过块加密功能，可以有效地保护知识产权，从而实现程序块的访问保护。

**注意**：DB 也支持块加密功能，属性变为只读，可以看到变量，但是不能添加、删除变量。

选择需要加密的程序块并单击鼠标右键，选择“属性”，弹出的对话框如图 15-7 所示。在“保护”属性中，单击“保护”按钮，可以为程序块设置密码。每一个程序块都可以设置独立的密码。

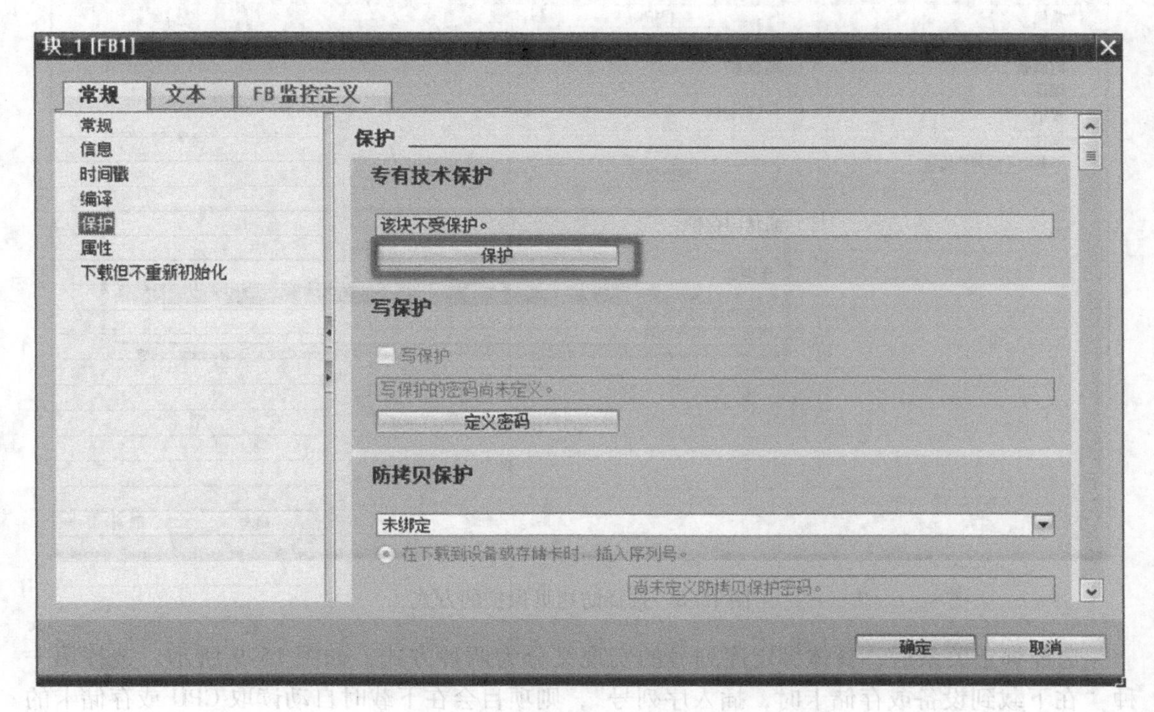


图 15-7 使能程序块的保护功能

程序块定义了密码后，块的左下角有个带锁的图标，例如 块_1 [FB1]，表明该程序块受密码保护。

类型为 OB、FB、FC 的块可设置写保护功能，以防止意外更改。设置有写保护功能的块只能以“只读”方式打开，但块属性仍可编辑。首先单击“定义密码”按钮设置密码，设置完成后，“写保护”选项激活，然后可以激活写保护功能。

“专有技术保护”是防止程序块的打开，而“写保护”是防止程序块的误操作，程序代码是可以访问的，如果使能“专有技术保护”功能，将自动屏蔽“写保护”功能。

## 15.6 绑定程序块到CPU序列号或SMC卡序列号

SIMATIC S7-1500 PLC支持程序块与CPU或SMC卡序列号的绑定。绑定后，该程序块只能运行在与其绑定的CPU或SMC卡上，否则PLC不能正常工作，并会将故障原因（序列号不符）写入到诊断缓冲区中。通过此方法，可以有效地防止程序块的拷贝，保护知识产权。只有持有防拷贝保护密码的用户，才可以解除程序块的绑定关系。

选择需要进行序列号绑定的程序块，并单击鼠标右键，选择“属性”，弹出的对话框如图15-8所示。在“保护”属性中的“防拷贝保护”下，单击下拉菜单选择需要的块绑定方式。

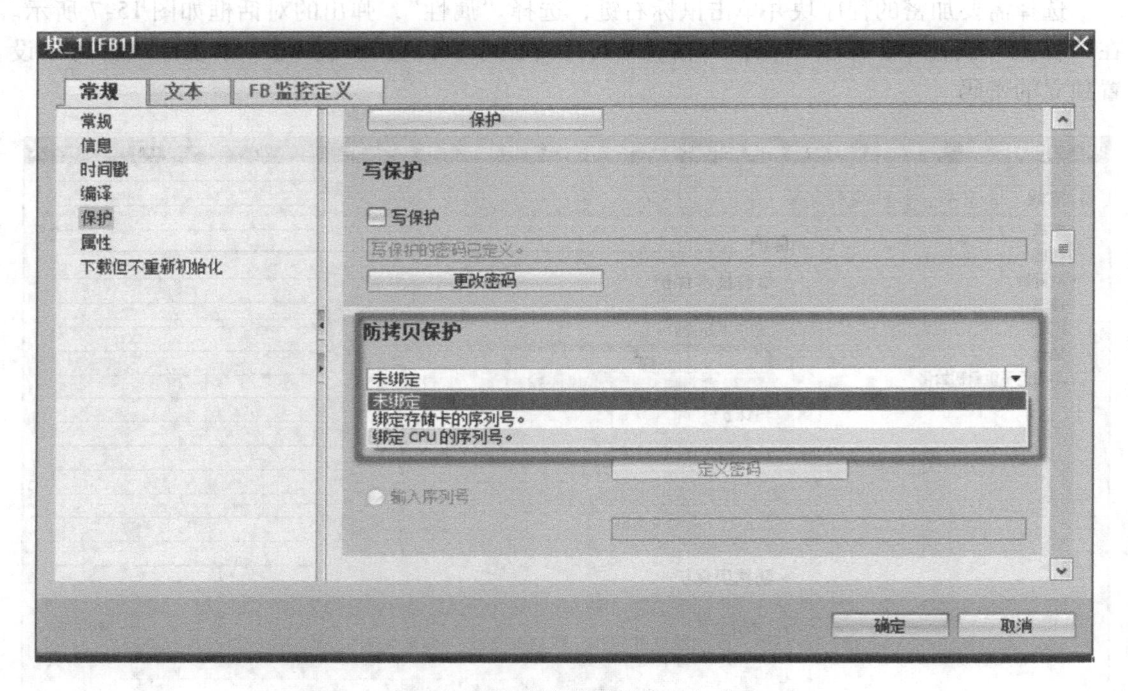


图15-8 选择防拷贝保护的方式

选择绑定关系后，具体绑定序列号的实现又分为两种方式，如图15-9所示。选择第一种“在下载到设备或存储卡时，插入序列号”，则项目会在下载时自动读取CPU或存储卡的序列号，并在后台自动进行绑定；选择第二种“输入序列号”，则需要手动输入序列号，方能实现绑定。

对于第一个选项“在下载到设备或存储卡时，插入序列号”，由于离线项目中并不会保存CPU或存储卡的序列号，为了防止随意绑定，需要单击下方的“定义密码”按钮，设置一个绑定密码，这样在下载程序块时，需要输入密码进行验证。如果验证错误，则该程序块不能下载到目标PLC中。

**注意：**绑定程序块到CPU或存储卡序列号最好与专有技术保护配合使用，以获得最佳的保护效果。

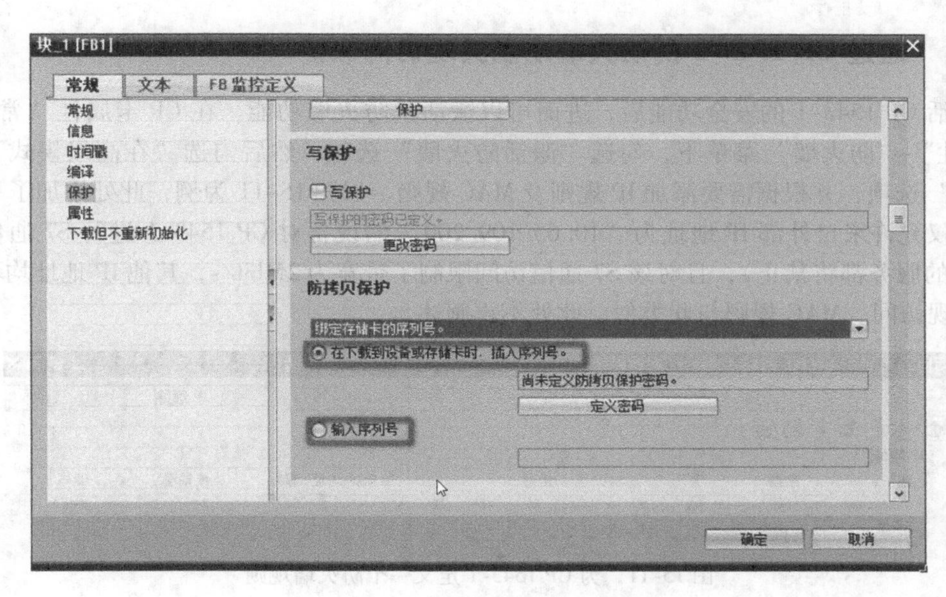


图 15-9 选择序列号绑定方式

## 15.7 通过带安全功能的 CP 1543-1 以太网模块保护

如需对 SIMATIC S7-1500 PLC 进行更高级别的访问保护，如实现安全、加密的远程数据通信，要求只有符合特定访问规则的设备或协议才能对 SIMATIC S7-1500 PLC 进行访问。对于这样的需求，可以借助 SIMATIC S7-1500 PLC 的 CP 1543-1 模块（安全网卡）来实现，通过该模块的 VPN、防火墙等功能实现对 SIMATIC S7-1500 PLC 的安全访问和通信。

下面以示例的方式介绍如何通过 CP 1543-1 的防火墙功能和 VPN 功能实现对 SIMATIC S7-1500 PLC 的访问保护。

CP 1543-1 仅可在 CPU 的主机架上安装。在 TIA 博途中的主机架上添加 CP 1543-1 后，在其属性中设置以太网地址。CP 1543-1 支持 IPv4 和 IPv6，如不使用 IPv6 可以将其关闭。使用 CP 1543-1 的安全功能，首先必须使能项目的访问保护功能，然后添加一个“NET Administrator”的角色，可以参考 15.1 节，这里不再介绍。然后激活模块的安全属性，在 CP 1543-1 的属性“常规”→“安全性”中激活“激活安全特性”选项，如图 15-10 所示。

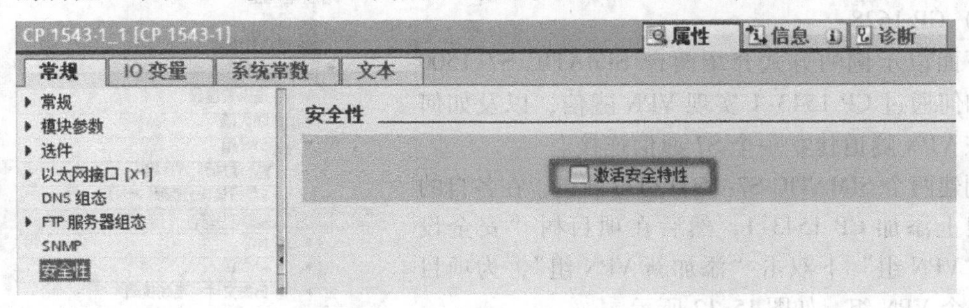


图 15-10 激活模块的安全特性

### 15.7.1　通过 CP 1543-1 的防火墙功能实现访问保护

激活 CP 1543-1 的安全功能后，进而可以激活其防火墙功能。在 CP 卡属性“常规”→“安全性”→“防火墙”菜单下，勾选“激活防火墙”选项。然后勾选“在高级模式下激活防火墙”选项，并根据需要添加 IP 规则及 MAC 规则。以图 15-11 为例，此处添加了一个 IP 规则，仅允许来自外部 IP 地址为“10.65.109.200”的设备对 CP 1543-1 进行 S7 通信的访问（别的服务都将禁止），且对该 S7 通信访问限制了带宽为 2Mbit/s，其他 IP 地址均不能对 PLC 实现访问。MAC 规则与此类似，此处不再阐述。

项目2 ▸ PLC_1 [CPU 1513-1 PN] ▸ 本地模块 ▸ CP 1543-1_1 [CP 1543-1] ▸ 防火墙

IP 规则　MAC 规则

IP 规则

| 动作 | 来自 | 至 | IPv6 | 源 IP 地址 | 目标 IP 地址 | 服务 | 传输速... | ... | 编号 |
|---|---|---|---|---|---|---|---|---|---|
| Accept | 外部 | 站 |  | 10 . 65 . 109 . 200 | 模块 IP 地址 | S7 | 2 |  | IP-R_1 |
| <新增> |  |  |  |  |  |  |  |  |  |

图 15-11　为 CP 1543-1 定义一个防火墙规则

### 15.7.2　通过 CP 1543-1 的 VPN 功能实现访问保护

在 10.5 节中已经介绍了 PLC 之间通过公钥和私钥加密的方式进行通信，这种方式是对传送的信息进行加密；另一种方式是通过 VPN 隧道进行安全通信，在 VPN 隧道内使用的是标准的通信方式（即未加密的方式）交换数据。VPN 功能也必须使用 CP 1543-1 实现。

激活 CP 1543-1 的安全功能后，也可以通过 VPN 功能实现访问保护。VPN 通信建立初期会通过证书或共享密钥的方式来验证通信伙伴的身份。VPN 连接建立后，由于通信的数据是加密的，所以设备之间的通信可以借助该 VPN 隧道实现，从而确保数据的安全性。CP 1543-1 可通过 VPN 连接的通信伙伴类别如下：

1）SCALANCE S 系列交换机（S602 除外）。

2）SCALANCE M 系列交换机。

3）CP 343-1 Advanced-IT/CP 443-1 Advanced-IT。

4）CP 1243-1/CP 1543-1。

5）SOFTNET Security Client（SSC）。

6）CP 1628。

下面以示例的方式介绍两台 SIMATIC S7-1500 PLC 如何通过 CP 1543-1 实现 VPN 隧信，以及如何通过该 VPN 隧道建立一个 S7 通信连接。

创建两个 SIMATIC S7-1500 PLC 站点，在各自的主机架上添加 CP 1543-1，然后在项目树“安全设置”→“VPN 组”下双击“添加新 VPN 组”，为项目添加一个 VPN 组，如图 15-12 所示。

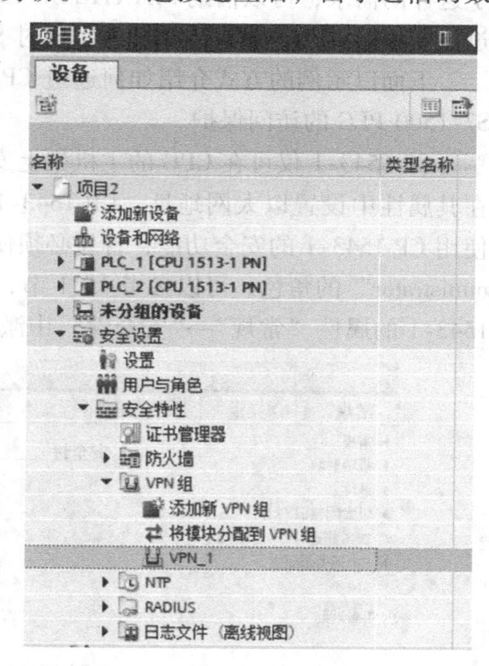


图 15-12　新建一个 VPN 组

之后在项目树“安全设置”→“VPN 组”下双击

“将模块分配到 VPN 组”，选择之前创建的 VPN 组，并将需要进行 VPN 通信的安全模块从右侧添加到左侧“已分配的模块”中，如图 15-13 所示。

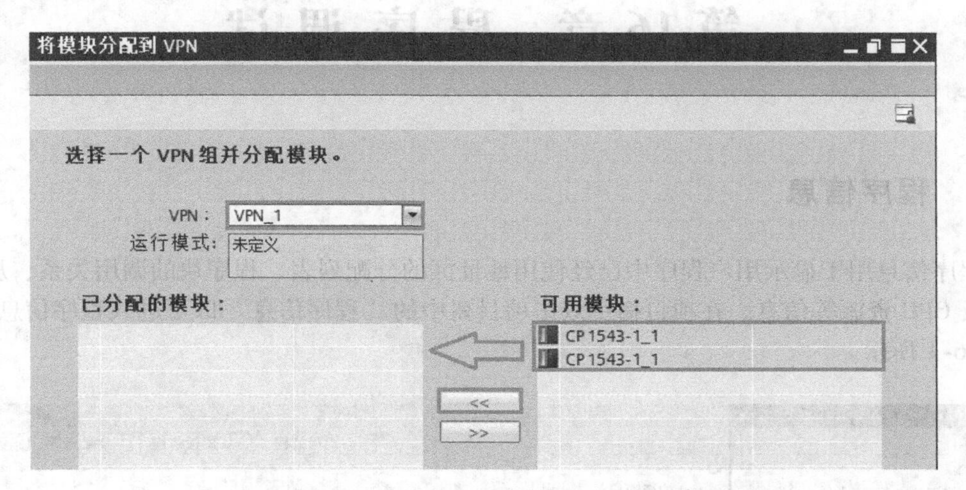


图 15-13 将模块分配到 VPN

在网络视图下，在两台 SIMATIC S7-1500 PLC 站点之间通过 CP 1543-1 建立一个 S7 通信，由于 CP 1543-1 之间已经有了 VPN 隧道，所以在建立 S7 连接的过程中，TIA 博途会自动将 S7 通信分配到该 VPN 隧道中，并会将访问规则自动添加到防火墙中，如图 15-14 所示。

项目2 ▸ PLC_1 [CPU 1513-1 PN] ▸ 本地模块 ▸ CP 1543-1_1 [CP 1543-1] ▸ 防火墙

IP 规则

IP 规则

| 动作 | 来自 | 至 | 源 IP 地址 | 目标 IP 地址 | 服务 | 注释 |
| --- | --- | --- | --- | --- | --- | --- |
| Drop | 隧道 | 站 | 10 . 65 . 109 . 45... | 模块 IP 地址 | 全部 | 自动：允许访问 PLC_2 的站 |
| Accept | 站 | 隧道 | 模块 IP 地址 | 10 . 65 . 109 . 45... | 全部 | 自动：允许访问 PLC_2 的站 |
| <新增> | | | | | | |

图 15-14 通信建立后自动添加防火墙规则

**注意：**Accept 表示允许通过，Drop 表示不允许通过。

将配置下载到 PLC 中，该 S7 通信就可以建立了，连接信息可以通过在线查看获得。

**注意：**CP 1543-1 的 VPN 建立后，如果希望通过 CP 1543-1 “在线和诊断”→“诊断”→“安全性”的相关子目录去查看信息，则执行该操作的计算机必须也在该 VPN 组内（例如该计算机使用 SSC 且与 CP 1543-1 建立了 VPN），否则基于安全方面的考虑，在该子目录中的所有信息均不能显示。

# 第 16 章　程 序 调 试

## 16.1　程序信息

程序信息用于显示用户程序中已经使用地址区的分配列表、程序块的调用关系、从属结构以及 CPU 资源等信息。在项目树中双击项目树中的“程序信息”即可进入程序信息视窗，如图 16-1 所示。

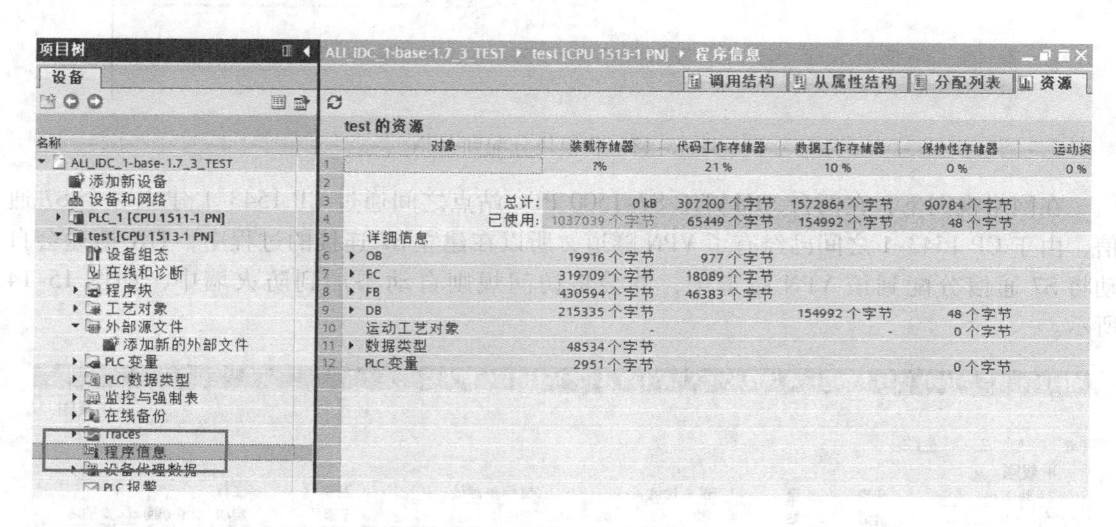


图 16-1　程序信息

### 16.1.1　调用结构

单击“调用结构”选项卡可以查看到用户程序中使用的程序块列表和调用的层级关系，如图 16-2 所示，组织块以及未被调用的函数、函数块和数据块显示在调用结构的第一级。通过单击程序块前部的三角箭头可以逐级显示其调用块的结构。单击某个程序块，通过单击鼠标右键可以直接打开、编译和下载这个程序块。

在“调用频率”列可以显示该程序块被调用的次数。在“详细信息”列中显示该程序块在调用块中的位置，经单击鼠标可以直接进入相关的位置。如果某个块在调用块中被多次调用，那么单击“详细信息”列后出现下拉列表，可以选择这个块在调用块中不同的调用位置。

在图 16-2 中，单击工具栏中的“一致性检查”按钮，可以显示有冲突的程序块，这些程序块带有不同的标记，当鼠标指向这些标记时将提示相关的信息或者需要执行的操作。

调用结构 | 从属性结构 | 分配列

PLC_1 的调用结构

|  | 调用结构 | 地址 | 调用频率 | 详细信息 | 局部数据（在路径中） | 局部数据（用于块） |
|---|---|---|---|---|---|---|
| 1 | Main | OB1 |  |  | 0 | 0 |
| 2 | Block_2, aaaa1 | FB5, DB12 | 1 | @Main ► NW2 | 0 | 0 |
| 3 | Block_2, Block_2_DB | FB5, DB10 | 1 | @Main ► NW2 | 0 | 0 |
| 4 | 生产线A, 数字化生产线A | FB2, DB6 | 1 | @Main ► NW1 | 0 | 0 |
| 5 | 电机控制, 电机控制_A1 | FB1, DB1 | 1 | @生产线A ► NW1 | 0 | 0 |
| 6 | 电机控制, 电机控制_A2 | FB1, DB2 | 1 | @生产线A ► NW1 | 0 | 0 |
| 7 | 电机控制, 电机控制_A3 | FB1, DB3 | 1 | @生产线A ► NW2 | 0 | 0 |
| 8 | 生产线B, 数字化生产线B | FB3, DB7 | 1 | @Main ► NW1 | 0 | 0 |
| 9 | 电机控制, 电机控制_B1 | FB1, DB4 | 1 | @生产线B ► NW1 | 0 | 0 |
| 10 | 电机控制, 电机控制_B2 | FB1, DB5 | 1 | @生产线B ► NW1 | 0 | 0 |
| 11 | 电机控制, 电机控制_TEST1 | FB1, DB8 | 1 | @生产线B ► NW2 | 0 | 0 |
| 12 | 电机控制, 电机控制_TEST2 | FB1, DB13 | 1 | @生产线B ► NW3 | 0 | 0 |
| 13 | Data_block_1 (全局 DB) | DB9 |  |  | 0 | 0 |
| 14 | Data_block_2 (全局 DB) | DB11 |  |  | 0 | 0 |
| 15 | 数据块_1 (全局 DB) | DB14 |  |  | 0 | 0 |
| 16 | Block_1 | FB4 |  |  | 0 | 0 |

图 16-2　程序调用结构

### 16.1.2　从属性结构

从属性结构显示程序中每个块与其他块的从属关系，与调用结构正好相反，例如一个函数 FC200，在从属性结构中可以看到被 FC201 调用，而 FC201 又被 OB300 调用，如图 16-3 所示。

调用结构 | 从属性结构

test 的从属性结构

|  | 从属性结构 | 地址 | 详细信息 |
|---|---|---|---|
| 87 | Alarm_Current_break_Rack_1_B | FC35 |  |
| 88 | Alarm_Current_break_Rack_2_A | FC36 |  |
| 89 | Alarm_Current_break_Rack_2_B | FC37 |  |
| 90 | Byte_Array_to_real | FC100 |  |
| 91 | Byte_Array_to_Power | FC101 |  |
| 92 | 块_1 | FC200 |  |
| 93 | 块_2 | FC201 | 块_2 NW1 |
| 94 | Main_1 | OB300 | Main_1 NW1 |
| 95 | 块_2 | FC201 |  |
| 96 | SNMP_SET_Variable_proc | FB2 |  |
| 97 | PDU_A_Module | FB50 |  |
| 98 | SNMP_GET | FB100 |  |
| 99 | SNMP_SET | FB101 |  |
| 1... | Send_Config | FB611 |  |
| 1... | Receive_Config | FB612 |  |
| 1... | Send_P2P | FB613 |  |
| 1... | Receive_P2P | FB614 |  |

图 16-3　从属性结构

从属性结构的第一级可以显示函数、函数块、数据块和 PLC 数据类型。

### 16.1.3　分配列表

分配列表用于显示用户程序对定时器（T）、计数器（C）以及 I、Q、M 存储区的占用概况。显示的被占用地址区长度可以是位、字节、字、双字以及长字。没有被占用的地址区可以被分配使用，这样就避免了地址冲突，分配列表如图 16-4 所示。

### 16.1.4　程序资源

在“资源”选项卡中显示硬件资源的使用信息，如图 16-5 所示。这些信息包括：

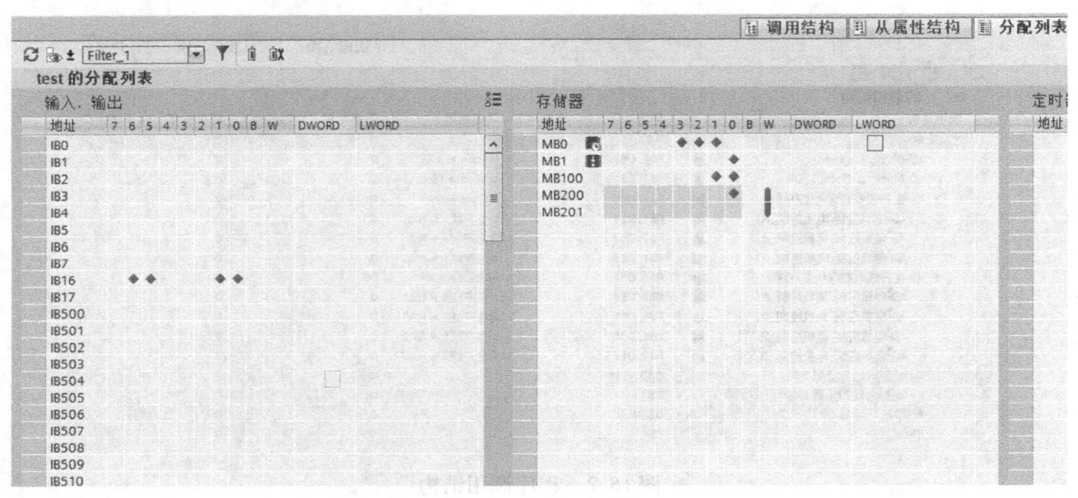


图 16-4　分配列表

调用结构　从属性结构　分配列表　资源

test 的资源

| | 对象 | 装载存储器 | 代码工作存储器 | 数据工作存储器 | 保持性存储器 | 运动资源 | | I/O | DI | DO | AI |
|---|---|---|---|---|---|---|---|---|---|---|---|
| 1 | | ?% | 21 % | 10 % | 0 % | 0 % | | | 31 % | 438 % | --% |
| 2 | | | | | | | | | | | |
| 3 | 总计: | 0 kB | 307200 个字节 | 1572864 个字节 | 90784 个字节 | 480 | | 已组态: | 16 | 8 | 0 |
| 4 | 已使用: | 0 kB<br>2 MB<br>4 MB<br>12 MB<br>24 MB<br>256 MB<br>2 GB<br>32 GB | 65449 个字节 | 154992 个字节 | 48 个字节 | 0 | | 已使用: | 5 | 35 | 0 |
| 5 | 详细信息 | | | | | | | | | | |
| 6 | ▸ OB | | 977 个字节 | | | | | | | | |
| 7 | ▸ FC | | 18089 个字节 | | | | | | | | |
| 8 | ▸ FB | | 46383 个字节 | | | | | | | | |
| 9 | ▸ DB | | | 154992 个字节 | 48 个字节 | | | | | | |
| 10 | 运动工艺对象 | - | | - | 0 个字节 | ? | | | | | |
| 11 | ▸ 数据类型 | 48534 个字节 | | | | | | | | | |
| 12 | PLC 变量 | 2951 个字节 | | | 0 个字节 | | | | | | |

图 16-5　程序资源

1）CPU 中所用的编程对象（如 OB、FC、FB、DB、数据类型和 PLC 变量）。

2）CPU 中可用的存储器［装载存储器、工作存储器（根据所使用的 CPU 分为代码工作存储器和数据工作存储器）、保持性存储器］、存储器的最大存储空间以及上述编程对象的应用情况。

3）CPU 组态的模块通道数和在程序中使用的模块通道数（数字输入模块、数字输出模块、模拟输入模块和模拟输出模块）。

**注意：**

1）标签中的显示信息取决于所使用的 CPU。

2）PROFINET IO 智能设备使用 I、Q 区进行通信，也会统计到 DI/DO 使用的数量上，这时使用和组态的比例可能会超过 100%。

3）装载存储器的占用情况需要选择所使用的 SMC 的容量大小才能显示。由于这里仅统计 SIMATIC S7-1500 CPU 的用户程序所占用的装载存储器空间，对于硬件组态等占用空间情况并没有统计，而且由于 SIMATIC S7-1500 采用的是一致性下载方式而需要更大的存储卡，所以不能仅凭图 16-5 中的装载存储器信息来选择 SMC 卡！考虑到 SMC 可以存储程序、符号名、跟踪曲线以及在线调试的需要，建议 SMC 的容量至少大于总程序容量的两倍。

## 16.2 交叉引用

通过交叉引用可以快速查询一个对象在用户程序中不同的使用位置，快速推断上一级的逻辑关系，方便用户对程序的阅读和调试。

在TIA博途软件中，交叉引用的查询范围基于对象，如果选择一个站点，那么这个站点中所有的对象（例如程序块、变量、PLC变量、工艺对象等）都将被查询，如果选择其中一个程序块，那么查询范围将缩小到这个程序块。以一个站点为例，首先在项目视图中选择这个站点，然后在菜单栏中选择“工具”→“交叉引用”即可显示交叉引用，如图16-6所示。

显示所有对象 新增源对象

| 对象 | 引用位置 | 引用类型 | 作为 | 访问 | 地址 | 类型 | 设备 |
|---|---|---|---|---|---|---|---|
| ▼电机控制 | | | | | %FB1 | LAD-函数块 | PLC_1 |
| ▼生产线A | | | | | %FB2 | LAD-函数块 | PLC_1 |
| | @生产线A ▸ NW1 | 使用者 | | 调用 | | | |
| | @生产线A ▸ NW1 | 使用者 | | 调用 | | | |
| | @生产线A ▸ NW2 | 使用者 | | 调用 | | | |
| ▼生产线B | | | | | %FB3 | LAD-函数块 | PLC_1 |
| | @生产线B ▸ NW1 | 使用者 | | 调用 | | | |
| | @生产线B ▸ NW1 | 使用者 | | 调用 | | | |
| | @生产线B ▸ NW2 | 使用者 | | 调用 | | | |
| | @生产线B ▸ NW3 | 使用者 | | 调用 | | | |
| ▸电机控制_A1 | | | | | %DB1 | 电机控制[FB1] | PLC_1 |

属性 信息 诊断

常规 交叉引用 编译 Energy Suite 生成

显示带有引用的对象

交叉引用信息：生产线B

| 对象 | 引用位置 | 引用类型 | 作为 | 访问 | 地址 | 类型 | 设备 |
|---|---|---|---|---|---|---|---|
| ▼生产线B | | | | | %FB3 | LAD-函数块 | PLC_1 |
| ▼Main | | | | | %OB1 | LAD-组织块 | PLC_1 |
| | @Main ▸ NW1 | 使用者 | | 调用 | | | |
| ▼电机控制 | | | | | %FB1 | LAD-函数块 | PLC_1 |
| | @生产线B ▸ NW1 | 使用 | | 调用 | | | |
| | @生产线B ▸ NW1 | 使用 | | 调用 | | | |
| | @生产线B ▸ NW2 | 使用 | | 调用 | | | |
| | @生产线B ▸ NW3 | 使用 | | 调用 | | | |

图16-6 交叉引用

一个对象有两个角色，即“使用者”和“使用”，它们的区别如下：

（1）使用者

显示某个对象引用其他对象的情况。在“引用位置”列中可以查看该对象引用其他对象的具体使用位置，可以通过单击鼠标直接进入到使用点。

（2）使用

可以理解为被使用，显示某个对象被其他对象引用的情况。在“引用位置”列中可以查看该对象被其他对象使用的具体位置，可以通过单击鼠标直接进入到使用点。

在图16-6中，“生产线B”即FB3是“使用者”，分别在网络1、2和3中调用4个对象，即“电机控制”块FB1，在下面的引用信息视窗中显示，FB1的角色为“使用”，同样FB3作为“使用”被OB1调用。

为了快速浏览程序或进行调试，在程序块中也可以查看某一个变量的交叉引用情况。例如首先在程序块中选择一个变量，单击鼠标右键选择“交叉引用信息”或者在巡视窗口中选择“信息”→“交叉引用”选项卡，都可以显示该变量的引用信息，如图16-7所示。

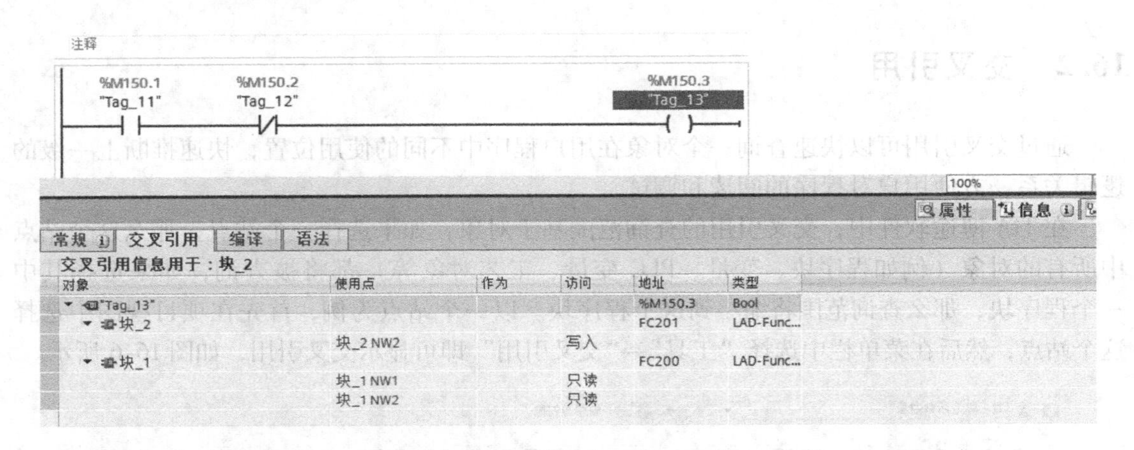


图 16-7　巡视窗口中显示交叉引用

## 16.3　程序的下载、上传和复位操作

建立编程器或 PC 与 CPU 的通信连接是调试的先决条件。连接建立后，可执行下载用户程序、从 CPU 上传程序到编程器和其他操作，例如：

1）调试用户程序。

2）显示和改变 CPU 操作模式。

3）为 CPU 设置时间和日期。

4）显示模板信息。

5）比较在线和离线的块。

6）诊断硬件。

### 16.3.1　设置 SIMATIC S7-1500 CPU 的 IP 地址

SIMATIC S7-1500 CPU 上至少集成有一个以太网接口，某些型号 CPU 集成有两个甚至三个以太网接口。在默认情况下，TIA 博途项目中将接口 X1 的 IP 地址设置为 192.168.0.1，将接口 X2（如果有）的 IP 地址设置为 192.168.1.1，其他默认参数相同。与 CPU 建立连接需要将编程器或 PC 的 IP 地址设置成与 CPU 的 IP 地址在相同的网段。有以下几种方式可以设置 CPU 的 IP 地址：

1）通过 CPU 上的显示面板进行设置。

2）通过硬件下载的方式修改 CPU 的 IP 地址。首先将 PC 的 IP 地址设置为与 CPU 的 IP 地址在相同的网段，例如 192.168.0.100（接口 X1 网段），然后下载硬件配置，完成后，CPU 的 IP 地址将修改为硬件配置中设定的地址（假设为 192.168.3.1），最后再次修改 PC 的 IP 地址，确保与 CPU 的 IP 地址在相同的网段（即 192.168.3.x），这样才可以联机操作。

3）在线分配 CPU 的 IP 地址。连接 PC 与 CPU，在 TIA 博途项目树的“在线访问”中单击 PC 中正在使用的网卡，双击“更新可访问的设备”，将自动搜寻网络上所有的站点，选择需要修改的 CPU 站点，然后双击“在线与诊断”，进入诊断界面，在“功能”→“分配 IP 地址”栏中分配新的 IP 地址，如图 16-8 所示。

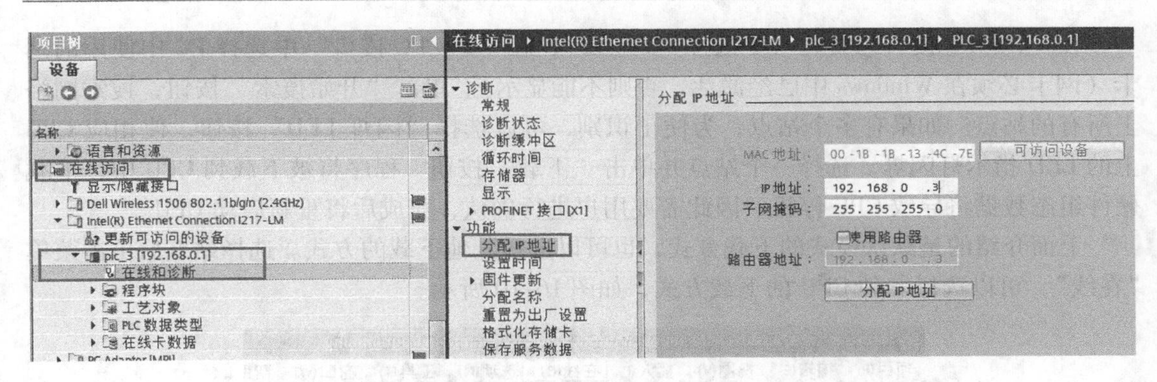


图 16-8 在线分配 IP 地址

**注意：**

1）上述几种修改 IP 地址的方式都需要 CPU 停止，只有在 CPU 停止状态才能分配成功。

2）如果在硬件配置中设置了 IP 地址并下载到 CPU 中，则通过显示屏和在线分配的方式修改的 IP 地址会在 PLC 重新上电后恢复为配置的 IP 地址。

## 16.3.2 下载程序到 CPU

CPU 的 IP 地址设置完成后，可以直接下载程序到 CPU 中，选择项目树中的 PLC 站点，然后单击下载按钮，弹出“扩展的下载到设备”对话框，如图 16-9 所示。

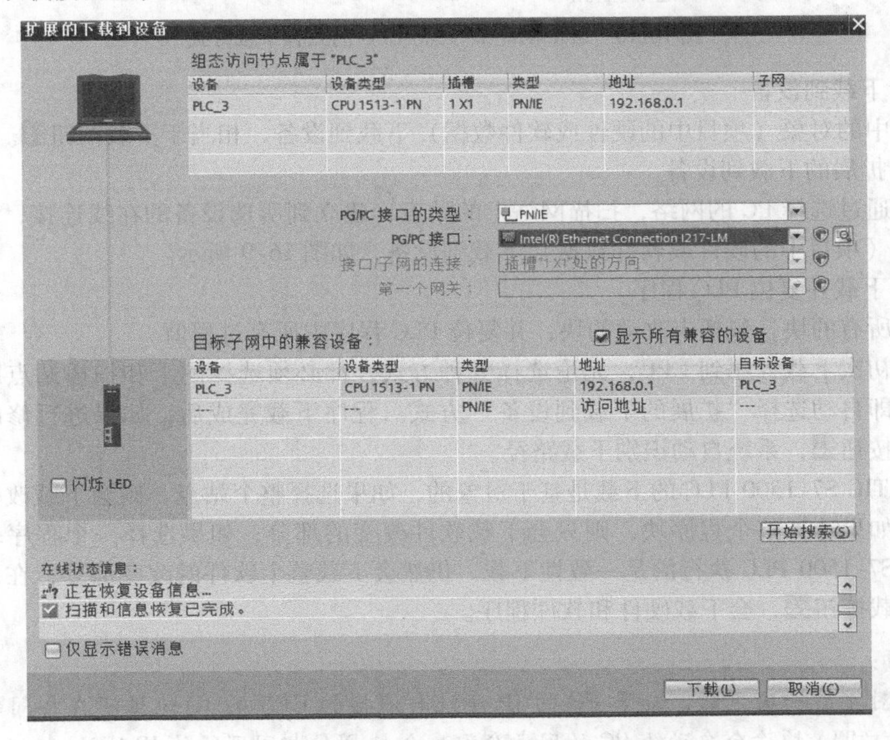


图 16-9 “扩展的下载到设备”对话框

在“PG/PC 接口的类型”中选择“PN/IE”，在“PG/PC 接口”中选择 PC 中使用的网卡（网卡必须在 Windows 中已经激活，否则不能显示）。单击“开始搜索”按钮，搜索网络上所有的站点。如果有多个站点，为便于识别，可以选择“闪烁 LED”按钮，使相应 CPU 上的 LED 指示灯闪烁。选择一个站点并单击“下载”按钮，程序将被下载到 CPU 中，下载硬件组态数据将导致 CPU 停机，因此需要用户进行确认，完成后将重新启动 CPU。

上面介绍的是默认模式的下载方式，也可以选择其他下载的方式。选择站点后单击菜单“在线”，可以选择三种 CPU 的下载方式，如图 16-10 所示。

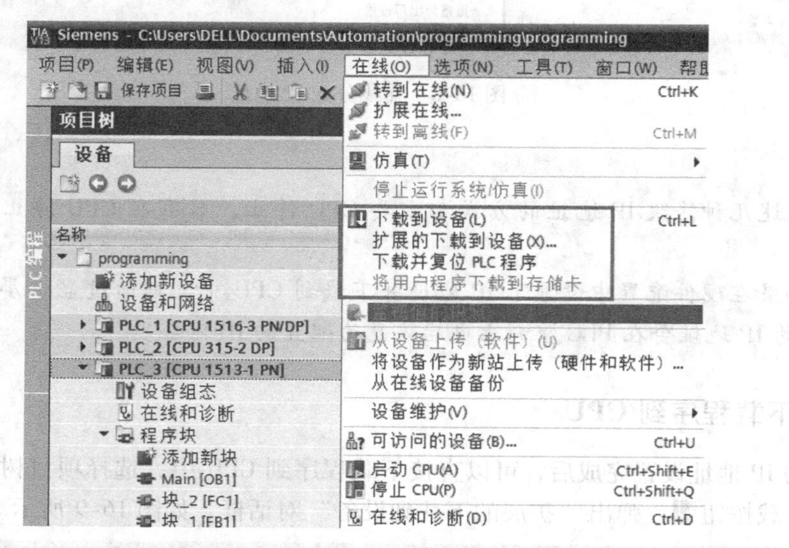


图 16-10 SIMATIC S7-1500 CPU 的几种下载方式

（1）下载到设备

将选中的对象（项目中的硬件或软件数据）下载到设备，相当于下载按钮。

（2）扩展的下载到设备

首先通过选择 PC 的网络，扫描网络上的站点，建立到所选设备的在线连接，之后将选中的对象（项目中的硬件或软件数据）下载到设备，如图 16-9 所示。

（3）下载并复位 PLC 程序

下载所有的块，包括未改动的块，并复位 PLC 程序中所有过程值。

如果初次下载程序到 CPU，无论选择哪种方式，都必须选择网卡和扫描站点以确认下载路径，即自动选择“扩展的下载到设备”方式。程序下载完成后，如果进行修改则可以使用下载按钮，系统自动识别下载路径。

SIMATIC S7-1500 PLC 的下载是基于对象的，如果选择整个站点，则会下载改变的硬件和软件；如果选择整个程序块，则只会下载软件改变的部分；如果选择一个程序块，由于 SIMATIC S7-1500 PLC 执行的是一致性下载，仍然会下载整个软件的改变部分；在设备视图中单击下载按钮，会下载硬件和软件程序。

**注意：**

1）对于第一次下载，如果 PC 的 IP 地址与连接的 CPU 的 IP 地址不在相同的网段，在下载时，TIA 博途会自动给 PC 的网卡分配一个与 PLC 相同网段的 IP 地址。

2）经过第一次下载后，TIA 博途会自动记录下载路径，此后单击下载按钮，无需再次选择下载路径。

### 16.3.3 下载程序到 SIMATIC 存储卡 SMC

无论何种方式，程序一定会先下载到 SMC 中，然后再传入到 CPU 中。如果编程器不能有效连接到 PLC 的以太网端口，可以直接将程序下载到 SMC 中，然后将 SMC 插入到 CPU 的插槽中，CPU 上电后可以自动运行程序。下载的过程非常简单，首先将 SMC 插入到 PC 的 SD 卡插槽中，在 TIA 博途中将选择的 PLC 站点拖放到项目树下方的 SMC 中即可，如图 16-11 所示。

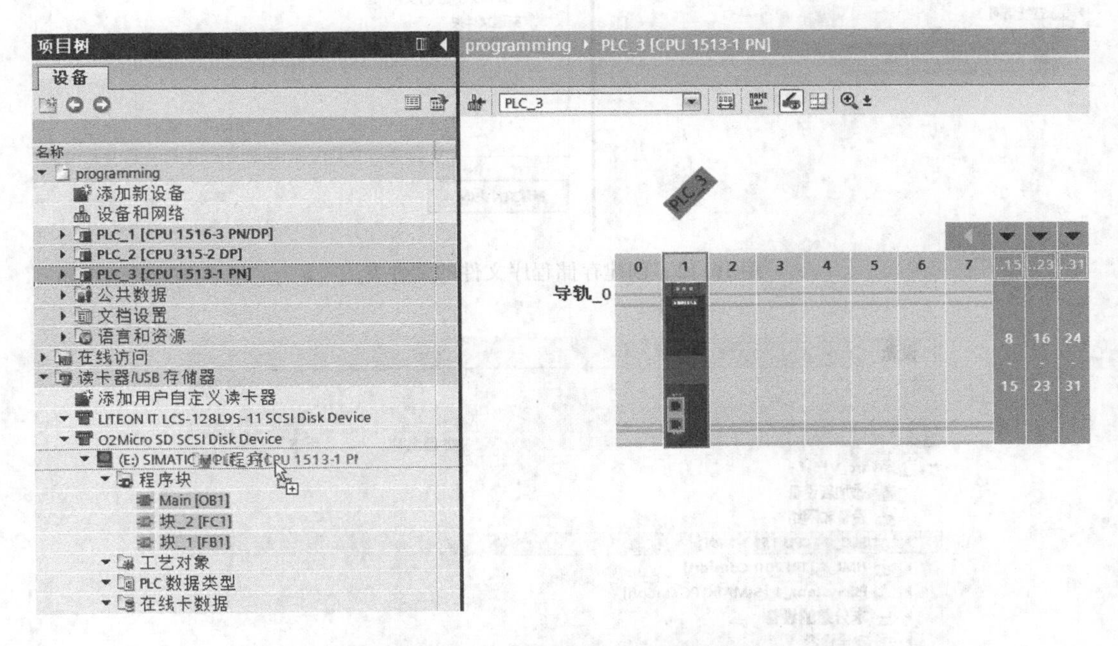


图 16-11 将程序下载到 SIMATIC 存储卡中

如果需要在现场修改 PLC 的程序，可以将程序转换为一个文件，将文件通过邮件或者其他方式发送给现场人员，现场人员将 SMC 插入 PC 的 SD 卡插槽中，再将文件复制到 SMC 中，最后将 SMC 插入 CPU 中并上电，即可完成程序的修改。程序转换为文件的过程如下：

1）在项目树“读卡器/USB 存储器”下双击“添加用户自定义读卡器”创建存储程序文件的文件夹，如图 16-12 所示，示例中创建的文件夹为“PLC 程序”。

2）文件夹创建完成后将在“读卡器/USB 存储器”目录下生成一个“读卡器_1”标识，“读卡器_1”的存储路径即为刚才创建的文件夹。然后在 TIA 博途中将选择的 PLC 站点拖放到“读卡器_1”的存储路径中即可，如图 16-13 所示。

3）在创建的文件夹“PLC 程序”中可以发现程序文件，将程序文件发给现场人员即可。

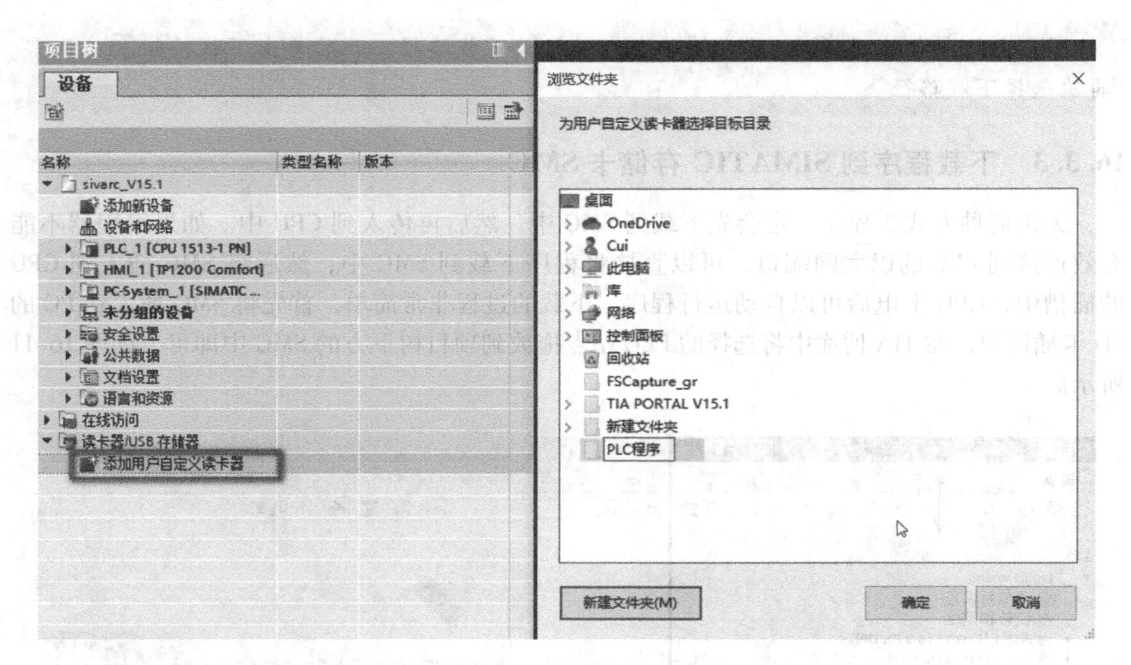


图 16-12　创建存储程序文件的文件夹

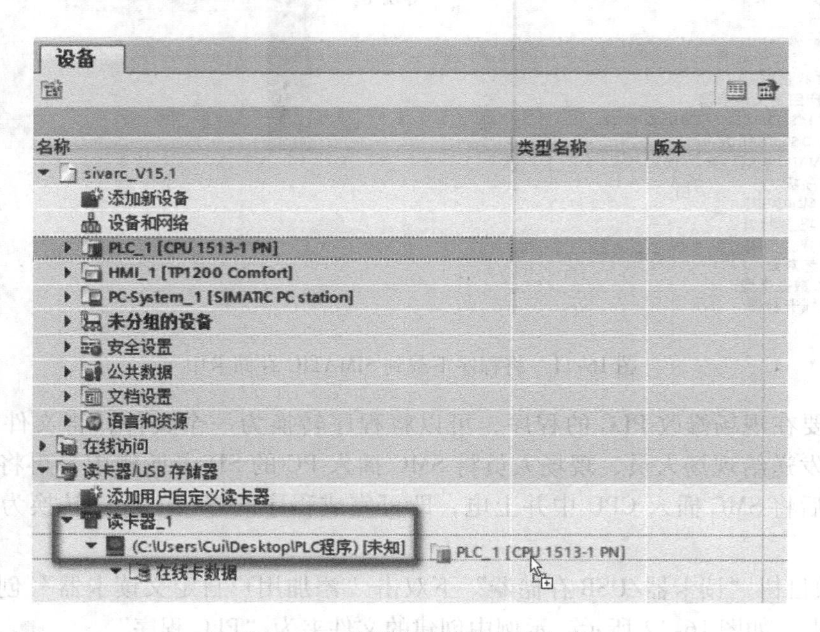


图 16-13　将程序拖放到文件夹中

## 16.3.4　SIMATIC S7-1500 PLC 的一致性下载特性

一致性下载的特性就是下载完成后，确保离线程序和在线程序完全相同，例如离线程序中包含 OB1、FB1 和 FC1，下载到 CPU 后，在线程序块中同样也应包含 OB1、FB1 和 FC1。如果此时将离线程序块中的 FB1 和 FC1 删除后再次下载，在下载时会提示将 CPU 中的 FB1

和FC1删除。如图16-14所示，一致性下载作为一个固有特性不能被修改。

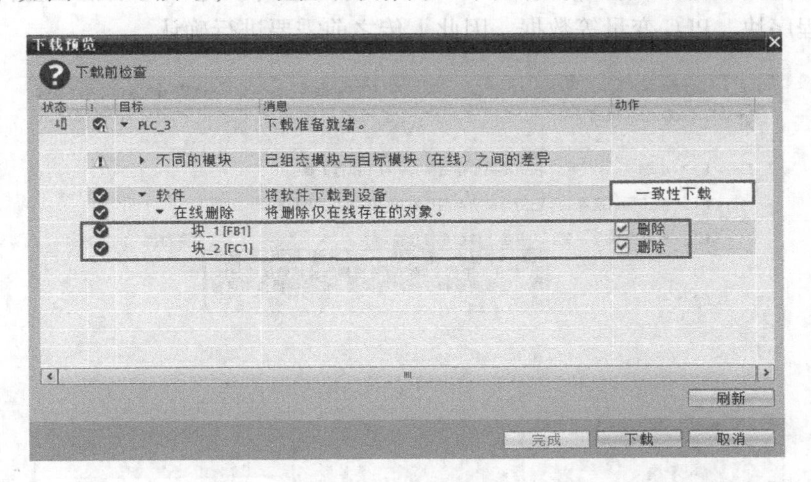


图16-14　一致性下载

一致性下载不可能单独下载一个程序块，如果在一个程序块中单击下载按钮，下载的只是修改的部分。

## 16.3.5　SIMATIC S7-1500 CPU程序的上传

上传与下载的过程相反，它是将存储在CPU装载存储器中的程序复制到编程器的项目中。选择站点后再单击菜单“在线”，可以选择上传方式，如图16-15所示。

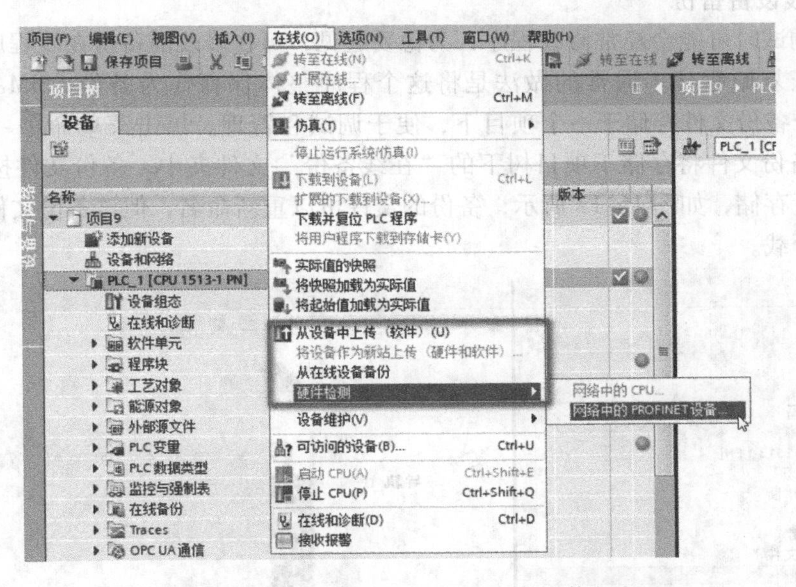


图16-15　SIMATIC S7-1500 CPU的上传方式

**1. 从设备中上传（软件）**

上传选定的程序块和变量，相当于上传按钮，只有单击“在线”按钮后“从设备中上传（软件）”命令才被激活。如果有程序块或变量仅存在于项目中，而不存在于PLC

中，则单击上传按钮后，弹出如图 16-16 所示的“上传预览”对话框。上传时将删除离线项目中的程序块、PLC 变量等数据，因此上传之前需要进行确认。

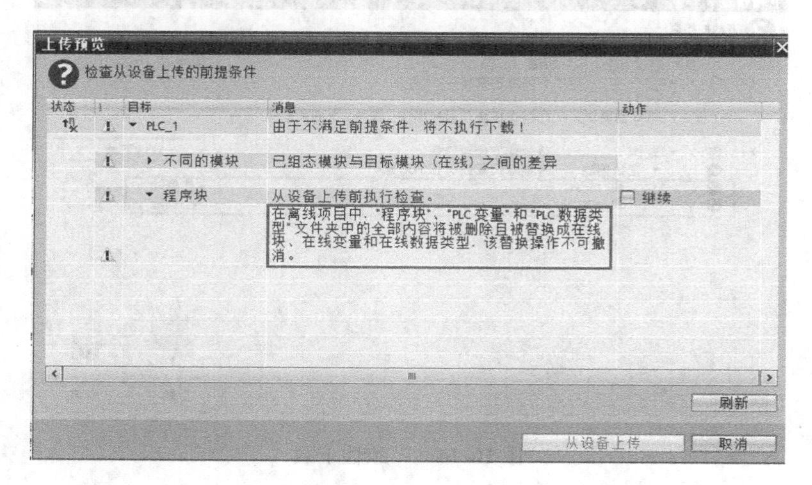


图 16-16　“上传预览”对话框

**2. 将设备作为新站上传**（硬件和软件）

项目中没有站点时可以将硬件和软件数据全部上传，并使用这些数据在项目中创建一个新的站。这种上传方式无需使能 在线 功能也可进行。如果项目中已配置有与在线数据相同名称的站点，则不能上传。

**3. 从在线设备备份**

在项目调试时可能会经常修改程序，为稳妥起见，可在修改前备份在线程序，以备在修改不成功时恢复原程序。通常的做法是将这个程序整体保存作为备份。SIMATIC S7-1500 PLC 可将多个备份文件存储于一个项目下，便于调试和管理。单击菜单命令“从在线设备备份”后，备份文件将存储于项目树下的“在线备份”文件夹中。备份文件按照当时备份的时间点进行存储，如图 16-17 所示，备份的文件可以重新命名，但该备份文件不能打开和编辑，只能下载。

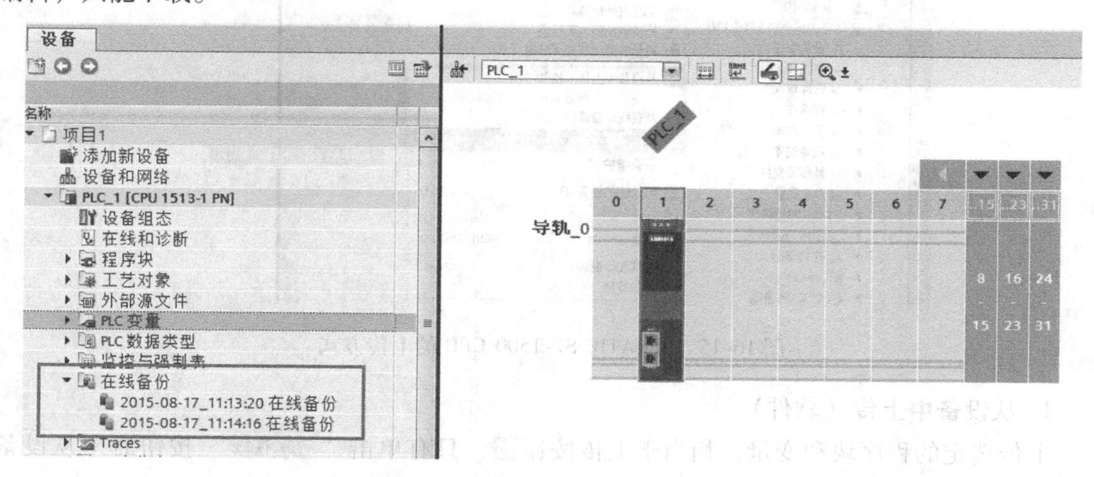


图 16-17　SIMATIC S7-1500 CPU 的备份功能

**4. 硬件检测**

在线时检测所连接的设备，并可以将设备的初始状态（没有配置信息）上传到项目中，可以检测 CPU 站点和 PROFINET 分布式 IO 站点，详细操作参考第 4 章。

### 16.3.6 SIMATIC S7-1500 CPU 存储器复位

通过 TIA 博途软件、CPU 的模式选择器或 CPU 显示屏的操作可以执行 CPU 的存储器复位。

1）在 TIA 博途软件中单击“在线”按钮进入在线模式，在右边的“测试”栏中选择“CPU 操作面板”，单击“MRES”按钮执行 CPU 的存储器复位。

2）通过 CPU 的模式选择器复位：将模式选择器切换到“STOP”位置，然后拨至“MRES”位置，此时停止灯开始慢闪，待停止灯常亮，抬起选择开关至“STOP”位置后并快速拨至“MRES”位置，停止灯快闪，抬起选择开关至“STOP”位置，存储器复位完成。如果没有成功，则重复以上过程。

3）在 CPU 显示面板的“设置”→“复位”→“存储器复位”中进行存储器复位操作。

**注意：** 存储器复位操作将清除 CPU 存储器中变量的过程数据而不能删除应用程序，因为应用程序存储于 SIMATIC 存储卡中。

### 16.3.7 删除 SIMATIC S7-1500 CPU 中的程序块

有如下几种方式可以删除 SIMATIC S7-1500 CPU 的在线程序。

1）下载一个空程序，由于 SIMATIC S7-1500 CPU 是一致性下载，存储于 CPU 中的程序块将被删除。

2）在 CPU 的“在线与诊断”界面中选择“功能”→“格式化存储卡”命令，卡中的程序将被删除。

3）将 SIMATIC 存储卡 SMC 插入 PC 的 SD 插槽中，在 Windows 系统下删除卡中的程序文件。

**注意：** 不要删除卡中的隐藏文件，并禁止在 Windows 系统下对 SMC 进行格式化。

## 16.4 数据块的操作

SIMATIC S7-1500 CPU 的数据块分为优化访问和非优化访问两种类型。在默认情况下创建的全局数据块是优化访问的。优化访问的全局数据块可以通过修改相关属性而变为非优化访问的块。

优化数据块中可以设置每一个变量的保持特性，而非优化数据块必须对整个块设置保持特性。优化与非优化数据块在线操作是相同的，例如快照值、起始值与实际值之间的传递等，唯一区别是优化数据块具有“下载但不重新初始化”功能，而非优化数据块没有。

### 16.4.1 下载但不重新初始化功能

修改数据块的内容，例如添加或者删除数据块中的变量以及修改变量名称等操作，然后重新下载到 CPU 中，对 CPU 中原数据块中变量的过程值（实际值）影响如下：

1）修改变量的起始值后下载，过程值不变；将 CPU 切换为 STOP 模式，然后再次启动后，非保持性变量的起始值将变为过程值，保持性变量的过程值不变；使用 MRES 开关进行复位操作，非保持性变量和保持性变量的过程值都将变为起始值。

2）修改变量的符号名称或添加/删除变量后下载，数据块将被初始化，变量的过程值将变为起始值，这与变量是否设置保持性无关。

3）“下载但不重新初始化”功能只适合在优化数据块中添加新的变量时，保持数据块中原有变量的过程值不变。使能此功能必须在数据块属性中预留新增变量的存储空间，如图 16-18所示。

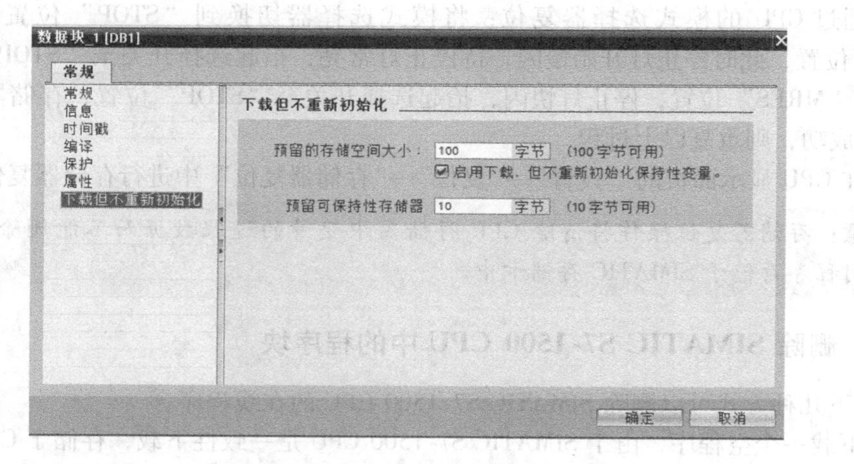


图 16-18　设置数据块的“下载但不重新初始化”预留空间

在默认情况下，所有块都预留一个 100 字节的空间用于非保持性变量，最大为2MB。如果需要添加保持性变量，必须使能“启用下载，但不重新初始化保持性变量”选项，并输入预留的字节数。图 16-18 中预留 100 字节用于非保持性变量，预留 10 字节用于保持性变量。打开需要添加变量的数据块，单击“激活存储区预留”按钮，数据块中的内容被保护，除“起始值”可以修改外，其他参数都不能修改，如图 16-19 所示。

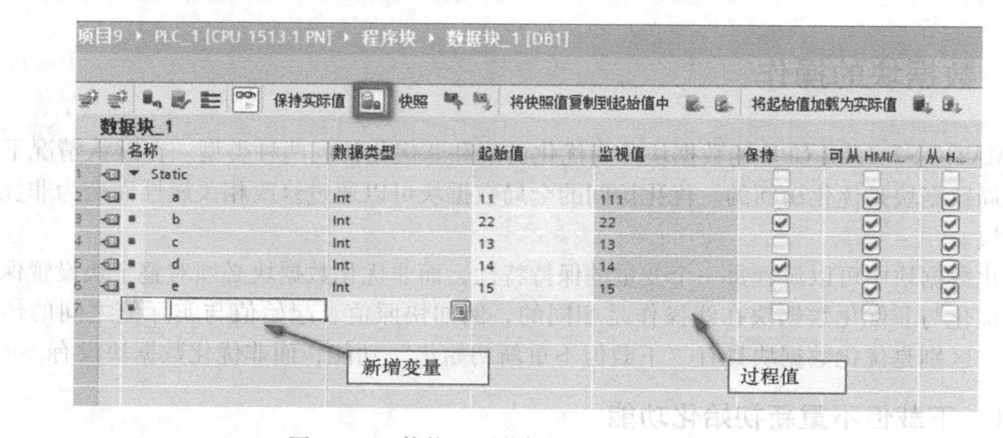


图 16-19　使能“下载但不重新初始化”功能

单击“添加行”或“插入行”按钮，添加新的变量并设置变量的属性，完成修改后下载数据块，数据块中原变量的过程值不会被初始化。如果去使能“激活存储区预留”按钮后再下载，则数据块需要重新初始化。

**注意：**添加的变量不能超过预留的存储空间。

### 16.4.2 SIMATIC S7-1500 PLC 数据块的快照功能

SIMATIC S7-1500 PLC 数据块的快照功能可以将数据块某一时刻的过程值上传到离线的数据块中，默认情况下，数据块的快照列被隐藏，需要在数据块的列中使能显示“快照”，如图 16-20 所示。

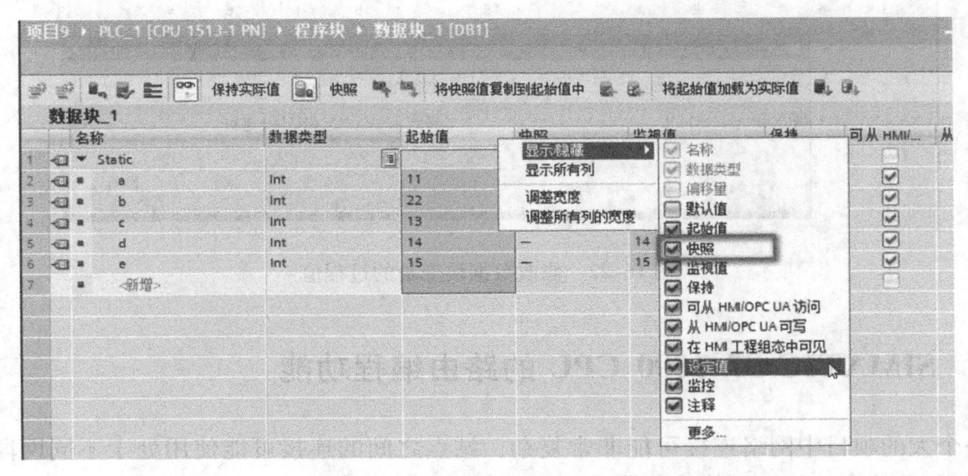

图 16-20 显示数据块的快照列

CPU 在线后，单击数据块的“快照”按钮，这一时刻的过程值将上传到数据块的快照列。

### 16.4.3 SIMATIC S7-1500 PLC 数据块的数据传递

使用数据块中的操作按钮可以将快照值、起始值和监视值（过程值）进行传递，如图 16-21所示。

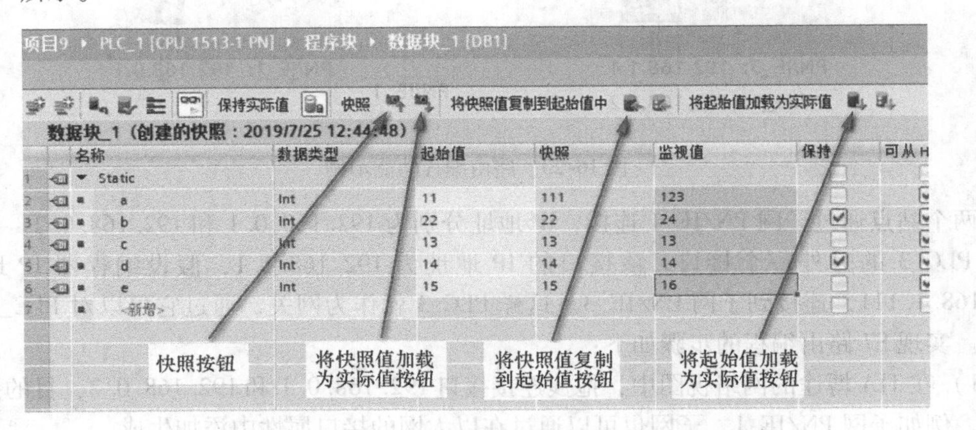


图 16-21 数据块中的操作按钮

在项目树中可以同时选择多个数据块，在鼠标右键的快捷菜单中可以选择快照功能，这样可以同时操作多个数据块。

单击数据块中的变量，单击鼠标右键，选择“修改操作数”或者双击变量的“监视值”可以直接修改变量的过程值，如图 16-22 所示。

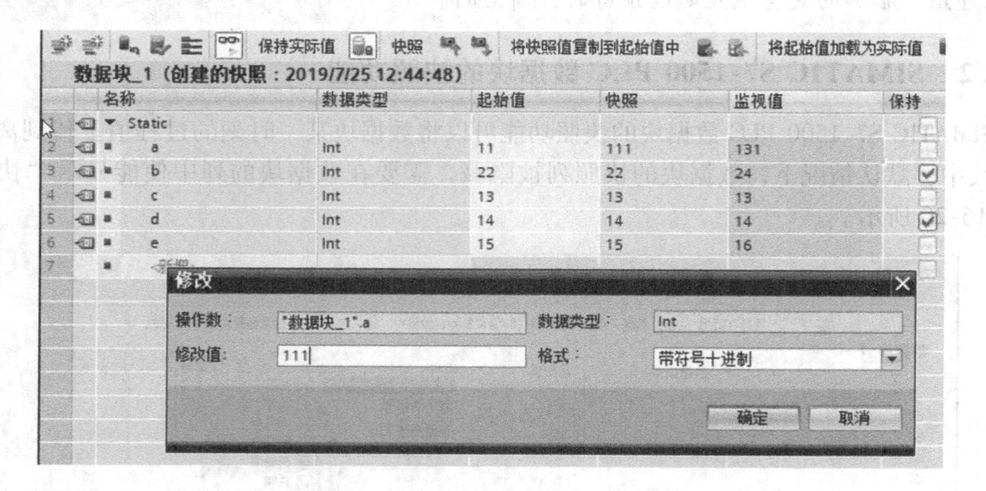


图 16-22　修改数据块变量的过程值

## 16.5　SIMATIC S7-1500 CPU 的路由编程功能

一个大的项目中网络连接可能非常复杂，站点之间的连接可能使用处于不同网段的端口。使用 S7 路由功能，可使编程器或 PC 连接任一网络站点，即可对整个网络进行编程和监控，也就是说，这个站点作为 S7 路由功能的网关。SIMATIC S7-300/400 CPU、SIMATIC S7-1500 CPU 都可以作为网关。S7 路由功能如图 16-23 所示。

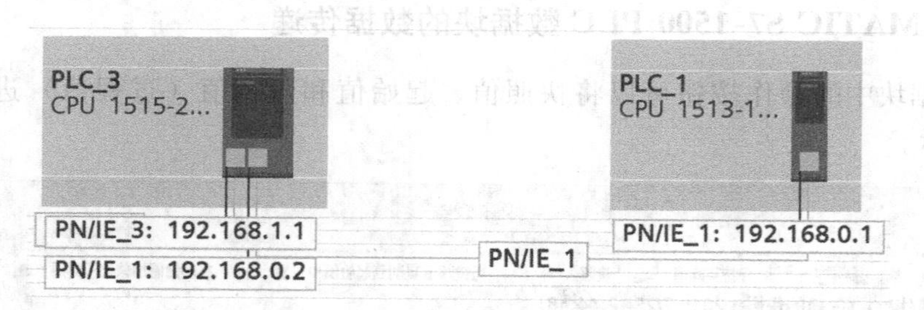


图 16-23　路由编程功能示例

两个站点通过子网 PN/IE_1 连接，IP 地址分别为 192.168.0.1 和 192.168.0.2，编程器连接 PLC_3 的另外一个接口，该接口的 IP 地址为 192.168.1.1，假设编程器 IP 地址为 192.168.1.111，连接到子网 PN/IE_3。这样 PLC_3 就作为网关，通过它可以对 PLC_1 进行编程。实现 S7 路由编程的步骤如下：

1）在 TIA 博途的网络视图中，拖拽连接接口 192.168.0.1 和 192.168.0.2，目的是生成子网，例如子网 PN/IE_1。子网也可以通过在以太网的接口属性中添加生成。

2）单击 PLC_3 的另外一个接口，即接口 X2，在属性中添加子网，如图 16-24 所示。

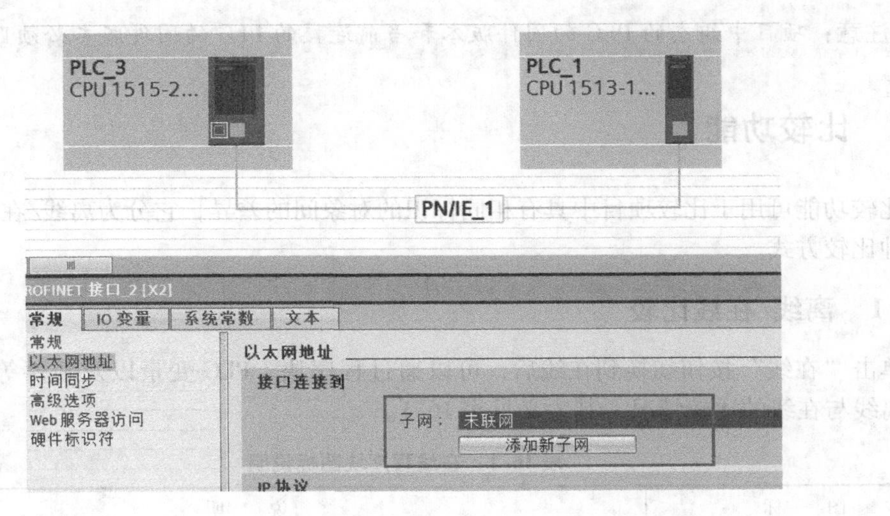


图 16-24 添加子网

3）将编程器/PC 连接到 PLC_3 的接口 ×2 上，确保它们的 IP 地址在相同的网段。下载配置信息到 PLC_3，即将网关的功能下载到 PLC_3。

4）选择 PLC_1，单击“下载”按钮，在弹出的对话框中，选择编程器/PC 连接的子网，第一个网关自动显示为 PLC_3，如图 16-25 所示。

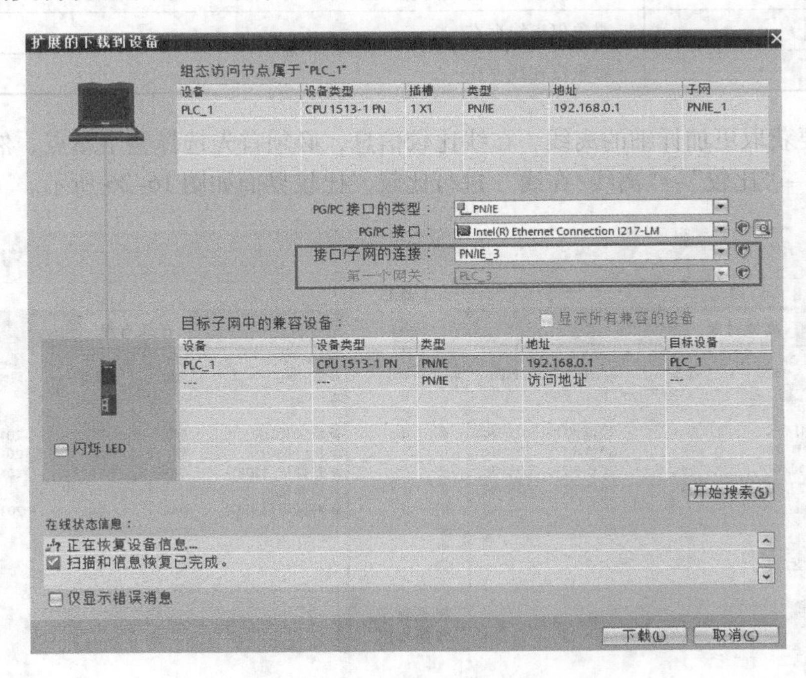


图 16-25 选择下载路径

5）单击“开始搜索”按钮，将会搜索到 PLC_1 站点。单击“下载”按钮，程序将被下载到 PLC_1 中。

6）在后续的操作中，系统会根据自动记录的下载路径进行下载，无需再次选择。

**注意：项目中组态的 PLC 的固件版本和当前连接的 PLC 的固件版本必须匹配。**

## 16.6　比较功能

比较功能可用于比较项目中具有相同标识的对象间的差异，它分为离线/在线和离线/离线两种比较方式。

### 16.6.1　离线/在线比较

单击“在线”按钮切换到在线后，可以通过程序块、PLC 变量以及硬件等对象的图标获知离线与在线的比较情况，其含义见表 16-1。

表 16-1　在线程序块图标说明

| 图　标 | 说　明 |
| --- | --- |
|  | 下一级硬件部分中至少有一个对象的在线和离线内容不同（红色） |
|  | 下一级软件部分中至少有一个对象的在线和离线内容不同（橘色） |
|  | 比较结果未知 |
|  | 对象的在线和离线内容相同 |
|  | 对象的在线和离线内容不同 |
|  | 对象仅离线存在 |
|  | 对象仅在线存在 |

如果需要获取更加详细的离线、在线比较信息，必须首先选择整个站点，然后使用菜单命令“工具”→“比较”→“离线/在线”进行比较，比较界面如图 16-26 所示。

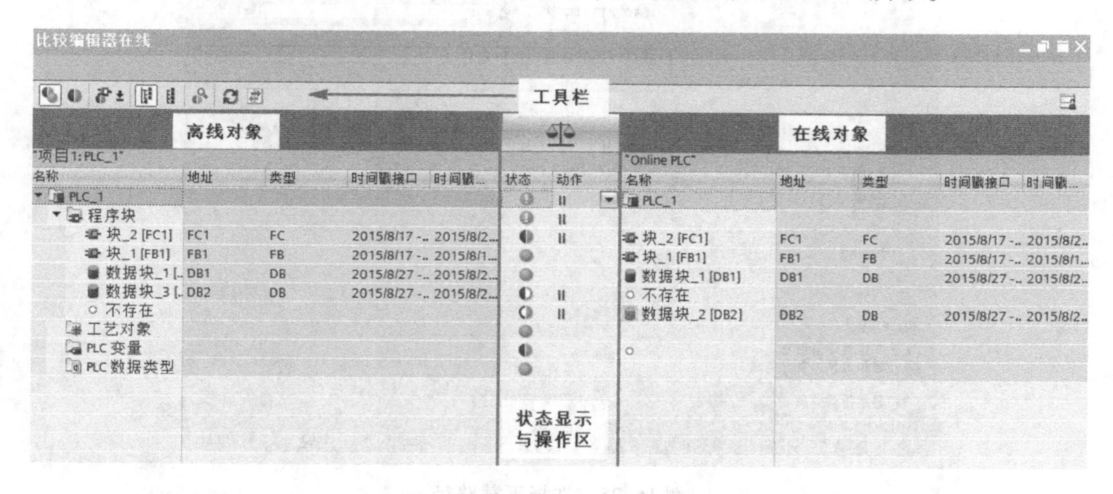


图 16-26　离线/在线比较界面

通过工具栏中的按钮可以过滤比较的对象、更改显示视图、更新视图，以及对有差异的对象进行详细比较和操作。如果程序块在离线和在线之间有差异，可以在操作区选择需要执行的动作。执行的动作与状态有关，状态与执行的动作关系见表16-2。

表16-2　状态与执行的动作关系

| 状态符号 | 可以执行的动作 |
| --- | --- |
|  | 无动作 |
|  | 从设备中上传 |
|  | 下载到设备 |
|  | 无动作 |
|  | 删除 |
|  | 下载到设备 |
|  | 无动作 |
|  | 从设备中上传 |

当程序存在多个版本或者有多人维护、编辑项目时，充分利用详细比较功能可以确保程序的正确执行。在比较编辑器中选择离线/在线内容不同的程序块，双击工具栏中的“开始详情比较”按钮，可以获得具体的比较信息，如图16-27所示。编辑器将自动列出不同的程序段并使用颜色进行标识。

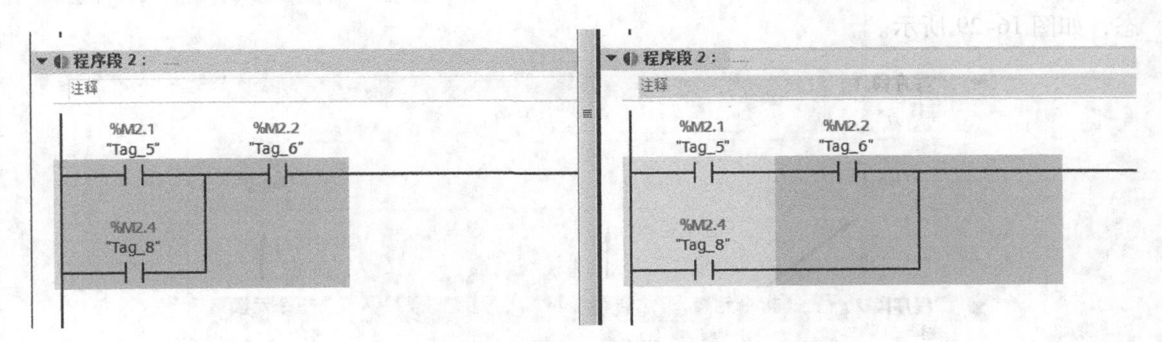


图16-27　程序块的详细比较功能

## 16.6.2　离线/离线比较

除了离线/在线比较外，还可以进行离线/离线比较。在离线/离线比较中可以对软件和硬件进行比较。软件比较时可以比较不同项目或库中的对象，而进行硬件比较时，则可比较当前打开的项目和参考项目中的设备。

离线/离线比较时需要将整个项目拖拽到比较器的两边，如图16-28所示。单击手动/自动切换按钮可以选择比较的形式。手动模式可以比较相同类型的程序块，而自动模式将比较相同类型并且相同编号的程序块。离线/离线比较除了可以比较软件外，还可以比较硬件，但是存储在库中的项目不支持硬件比较。

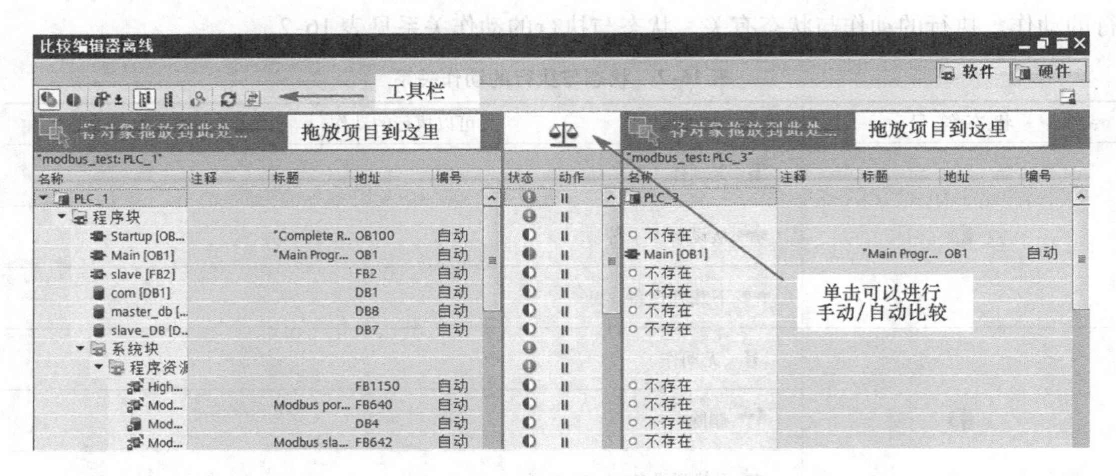


图 16-28　离线/离线比较界面

## 16.7　使用程序编辑器调试程序

### 16.7.1　调试 LAD/FBD 程序

LAD 或 FBD 程序以能流的方式传递信号状态，通过程序中线条、指令元素及参数的颜色和状态判断程序的运行结果。在程序编辑界面中，单击工具栏按钮 即可进入监视状态，如图 16-29 所示。

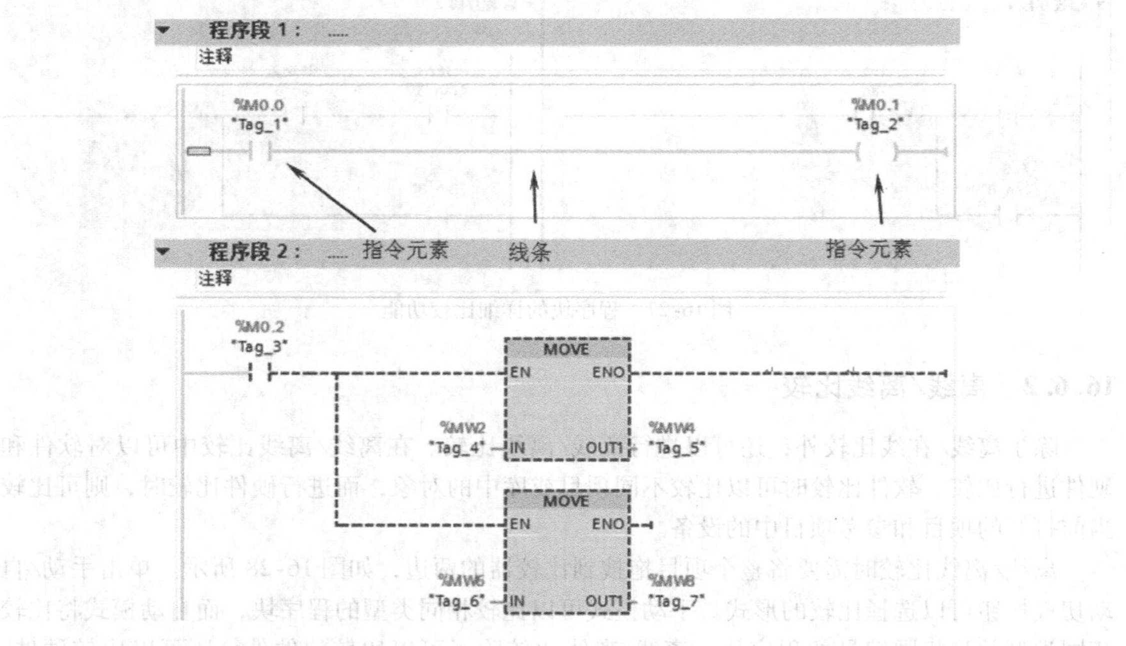


图 16-29　LAD 监控界面

线条颜色设置为：

1）绿色实线表示已满足。

2）蓝色虚线表示未满足。

3）灰色实线表示未知或未执行。

4）黑色表示未互连。

判断线条、指令元素及参数状态的规则如下：

（1）程序中线条的状态

1）线条的状态如果未知或没有完全运行则是灰色实线。

2）在能流开始处线条的状态总是满足的（“1”）。

3）并行分支开始处线条的状态总是满足的（“1”）。

4）如果一个指令元素和它前面的线条的状态都满足，则该元素后面的线条状态满足。

5）如果NOT指令前面的线条状态不满足（相反），则NOT指令后面的线条状态满足。

6）在下列情况下，线条交叉点后面的线条状态满足。

① 之前至少有一个线条的状态满足。

② 分支前的线条的状态满足。

（2）指令元素的状态

1）常开触点的状态：

① 如果该地址为“1”值则满足。

② 如果该地址为“0”值则不满足。

③ 如果该地址的值不知道则为未知。

2）输出Q的元素状态对应于该触点状态。

3）如果跳转被执行则跳转指令的状态满足，即意味着跳转条件满足。

4）带有使能输出（ENO）的元素，如果使能输出未被连接则该元素显示为黑色。

（3）参数的状态

1）黑色显示的参数值是当前值。

2）灰色显示的参数值来自前一个扫描，表明该程序区在当前扫描循环中未被处理。

使用鼠标单击变量，单击鼠标右键选择“修改”可以直接修改变量的值，同样单击鼠标右键选择“修改”→“显示格式”可以切换显示的数据格式。

## 16.7.2 调试STL程序

STL程序通过状态字及其他显示信息判断程序的运行结果，单击工具栏按钮 即可进入监控状态，如图16-30所示。

在STL监控界面右边的状态域中显示程序执行的状态及结果，可显示的信息包括：

1）RLO：“RLO”列将显示程序中每一行的逻辑运算结果。可以根据表格单元的背景颜色识别RLO的值。绿色表示RLO为1，淡紫色表示RLO为0。

2）值：在“值”（Value）列中为操作数的当前值。

| | | | 地址 | RLO | 值 | 额外 |
|---|---|---|---|---|---|---|
| 1 | A | "Tag_26" | %M100.1 | 0 | 0 | |
| 2 | = | "Tag_27" | %M100.2 | 0 | 0 | |
| 3 | A | "Tag_28" | %M100.3 | 0 | 0 | |
| 4 | JNB | m01 | | 1 | BR=0 | |
| 5 | L | "Tag_29" | %MW108 | | | |
| 6 | T | "Tag_30" | %MW112 | | | |
| 7 | m01: | NOP 0 | | 1 | | |
| 8 | | | | | | |
| 9 | L | P#10.0 | | 1 | P#10.0 | |
| 10 | T MD | [ "Tag_9"] | %MD200 | 1 | 16#0000_0050 | P#0.0 |
| 11 | | | | | | |
| 12 | | | | | | |

图 16-30　STL 监控界面

3）额外："额外"列将显示特定操作的其他信息，例如，数学指令的相关状态位、定时器和计数器的时间或计数值，或者状态位和用于间接寻址的寄存器的值。

除此之外，STL 还支持断点调试功能，如图 16-31 所示，切换到在线监控模式，单击程序左边的行数增加需要的断点，在"测试"选项卡的"断点"栏中单击按钮使能断点，然后单击按钮使程序从一个断点跳转到下一个断点。断点调试中，CPU 处于停止模式，运行指示灯为黄色并闪烁。

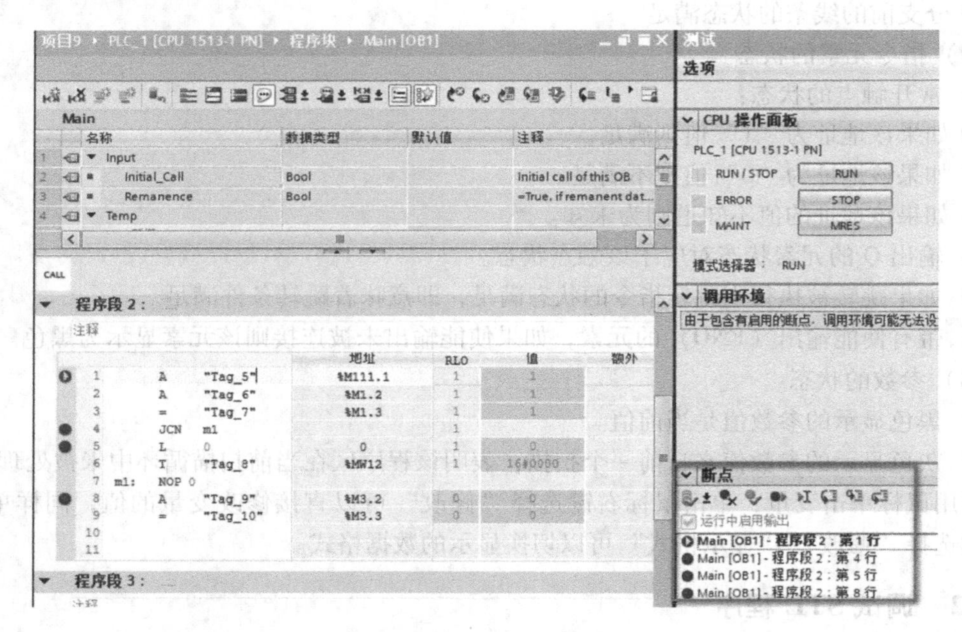


图 16-31　STL 断点调试功能

## 16.7.3　调试 SCL 程序

SCL 程序通过显示信息判断程序的运行结果，单击工具栏按钮即可进入监控状态，如果再单击按钮，可以显示从所选行开始以后的程序状态，如图 16-32 所示。

同样 SCL 也支持断点调试功能，与 STL 的方式一样，这里不再介绍。

```
1
2 ⊟IF "数据块_2".A[1] THEN
3       "数据块_1".a := "数据块_1".b;
4  ELSIF "数据块_2".A[2] THEN
5       "数据块_1".a := "数据块_1".c;
6  ELSE
7       "数据块_1".a := "数据块_1".d;      ▶ "数据块_1".a
                                               "数据块_1".d
8  END_IF;
9
10 "数据块_1".e := #A;                    ▶ "数据块_1".e     0
11 #C := INT_TO_REAL(#B);                 ▶ #C               0.0
12
```

图 16-32　SCL 监控状态

## 16.7.4　调用环境功能

对于功能相同的对象，可以编写一个带有形参的函数或者函数块，在程序中多次调用并赋值不同的实参即可完成控制任务，例如对多个功能相同的阀门进行控制。使用函数编程使整个程序结构变得简单、清晰和结构化，易于调试。一般来说，调用函数时对每个函数赋值的实参是不同的，它们分别对应不同的控制对象。如果在函数中使用局部变量，在程序中是无法直接监控每个控制对象的中间过程即中间变量。使用 SIMATIC S7-1500 PLC 的调用环境功能，可以方便地监控每个控制对象的中间过程。

下面以示例的方式介绍调用环境功能。例如在 OB1 中调用函数 FC1 三次，给 FC1 分别赋值不同的实参以控制三个不同的对象，如图 16-33 所示。如果需要监控其中一个函数内部的运行状态，只需要选择这个函数，然后在鼠标右键的快捷菜单中单击“打开并监视”选项，即可直接进入到函数的监控界面。

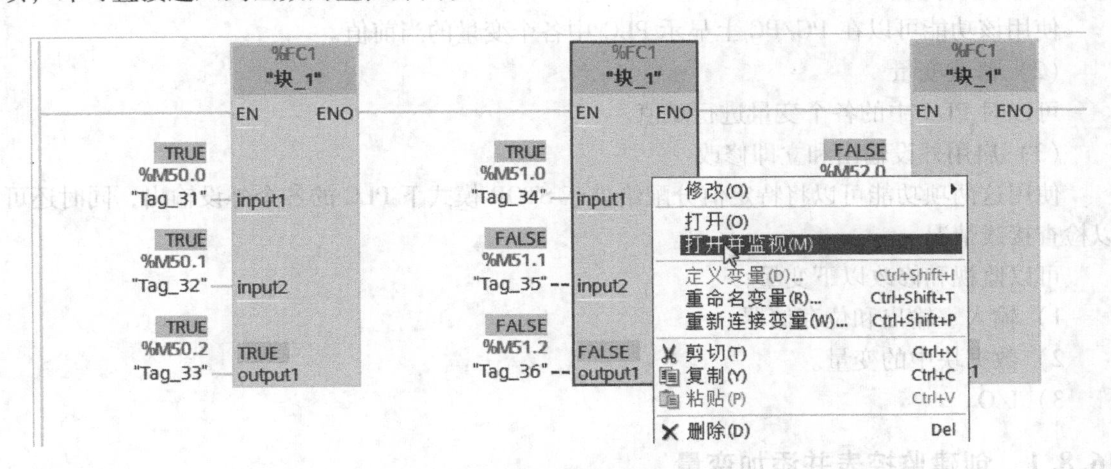


图 16-33　函数调用程序

如果直接打开 FC1 进行监控，只是监控函数内部通用的程序而不对应某一个对象。单击“调用环境”按钮，在弹出的“块的调用环境”对话框中选择函数调用的位置，这样就选择了对应的控制对象，如图 16-34 所示。在调试和维护阶段，可以利用程序块的调用环境功能，实现对一个对象的快速定位监控。

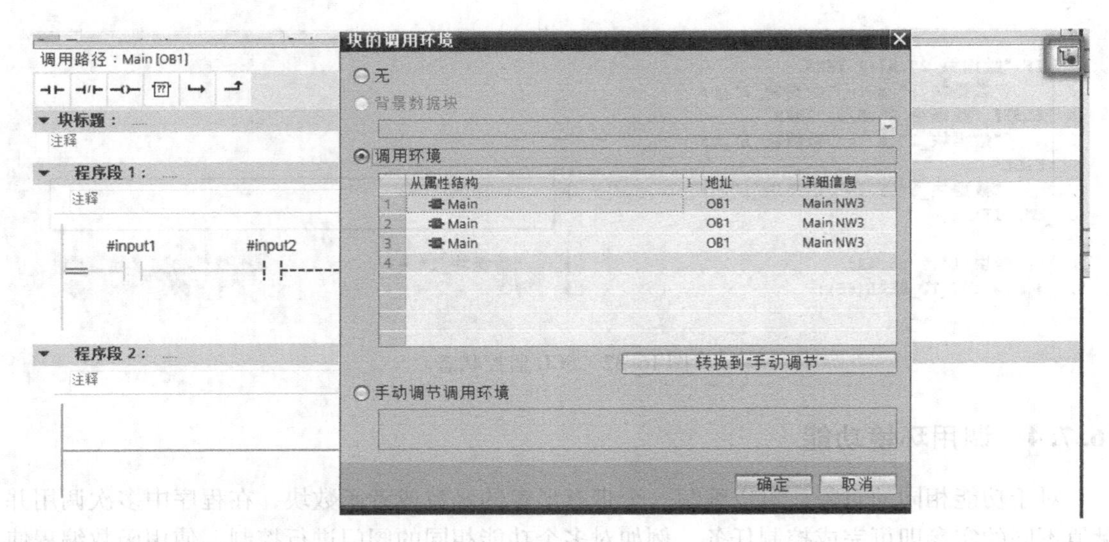


图 16-34 选择函数的调用环境

## 16.8 使用监控表进行调试

在调试和设备维护中可以使用监控表对所需的变量直接进行监控。监控表可以按照控制对象分层级创建，这样可以快速对一个对象的状态进行监控。在项目中保存监控表的数量没有限制。监控表中可以使用以下功能：

（1）监视变量

使用该功能可以在 PG/PC 上显示 PLC 中各个变量的当前值。

（2）修改变量

可以对 PLC 中的各个变量进行赋值。

（3）启用外设输出和立即修改

使用这两项功能可以将特定值分配给处于 STOP 模式下 PLC 的各个外设输出，同时还可以检查接线情况。

可以监视和修改以下变量：

1）输入、输出和位存储器。

2）数据块中的变量。

3）I/O。

### 16.8.1 创建监控表并添加变量

在项目视图中选择“监控与强制表”标签，在鼠标右键的快捷菜单中单击“添加新监控表”，即可创建一个监控表。要对变量进行层级化管理，可以先创建一个组，在该组可再次创建下一级组，最后在各组中创建对应的变量表。这样在调试中可以快速查找与一个控制对象相关联的变量，如图 16-35 所示。

用鼠标双击打开监控表，输入相应监控的变量，如图 16-36 所示。

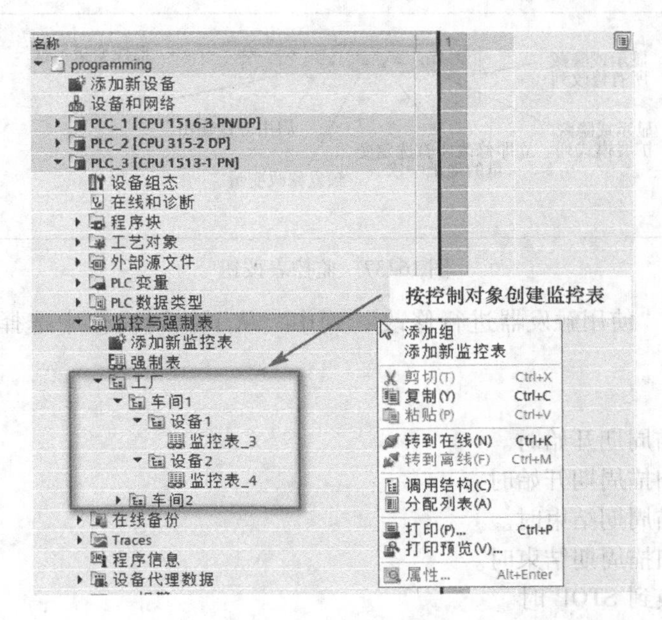


图 16-35　创建监控表

programming ▸ PLC_3 [CPU 1513-1 PN] ▸ 监控与强制表 ▸ 工厂 ▸ 车间1 ▸ 设备1 ▸ 监控表_3

|  | i | 名称 | 地址 | 显示格式 | 监视值 | 使用触发器监视 | 使用触发器进行修改 | 修改值 |  |
|---|---|---|---|---|---|---|---|---|---|
| 1 |  | "Tag_3" | %M1.1 | 布尔型 |  | 永久 | 仅一次，切换到 ST | FALSE | ☑ ! |
| 2 |  | "Tag_25" | %MW10 | 十六进制 |  | 永久 | 仅一次，切换到 ST | 16#007B | ☑ ! |
| 3 |  |  | %I0.0 | 布尔型 |  | 永久 | 永久 |  |  |
| 4 |  |  | %Q10.0 | 布尔型 |  | 永久 | 永久 |  |  |
| 5 |  | "数据块_1".device[1] |  | 带符号十进制 |  | 永久 | 永久 |  |  |
| 6 |  |  | <添加> |  |  |  |  |  |  |

图 16-36　监控表

在“地址”列中输入需要监控的变量地址，如 I、Q、M 等地址区和数据类型，也可以输入变量的符号名称，或者使用鼠标通过拖拽的方式，将需要监控的变量从 PLC 符号表或 DB 块中拖入监控表。优化数据块中的变量没有绝对地址，必须使用符号名称，所以这些变量在监控表中“地址”列为空。

如果需要监控一个连续的地址范围，可以在地址的下脚标位置使用拖拽的方式进行批量输入。在“显示格式”列中，可以选择显示的类型，如布尔型、十进制、十六进制、字符、浮点等格式。选择显示的格式与监控变量的数据类型有关。

## 16.8.2　变量的监控和修改

通过工具栏中的按钮可以对监控表中的变量进行监控和修改，按钮的含义如图 16-37 所示。

通过工具栏中的按钮“显示或隐藏高级设置列”或者通过菜单命令“在线”→“扩展模式”可以切换为扩展模式。扩展模式下会显示“使用触发器监视”和“使用触发器

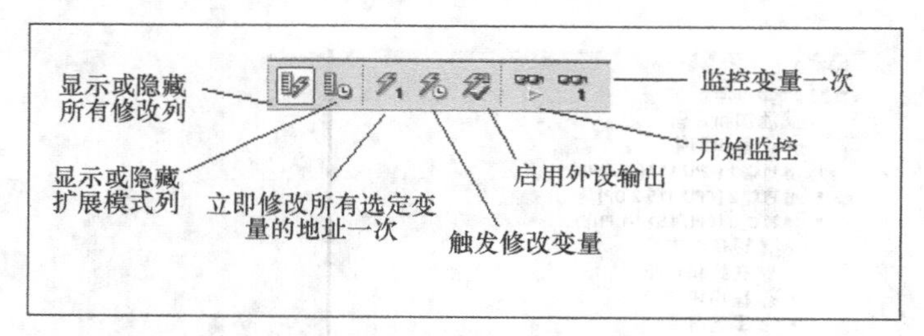


图 16-37　监控表按钮

进行修改”列。在“使用触发器进行修改”列中，从下拉列表框中选择所需的修改模式，有下列选项：

1）永久。

2）永久，扫描周期开始时。

3）仅一次，扫描周期开始时。

4）永久，扫描周期结束时。

5）仅一次，扫描周期结束时。

6）永久，切换到 STOP 时。

7）仅一次，切换到 STOP 时。

使用按钮 或菜单命令“在线”→“修改”→“使用触发器修改”启动修改。使用触发器修改变量，需要进行操作确认。

通过触发器修改变量的按钮图标就可以看到，这个操作与时间或次数有关，或仅一次或永久。在永久模式下，修改变量后就不能再次修改了，所以通过触发器修改变量的功能很少使用，在默认状态下被隐藏。变量监控最常用的按钮是 （监控）和 （修改）。

### 16.8.3　强制变量

在程序调试过程中，可能存在由于一些外围输入/输出信号不满足而不能对某个控制过程进行调试的情况。强制功能可以让某些 I/O 保持用户指定的值。与修改变量不同，一旦强制了 I/O 的值，这些 I/O 将不受程序影响，始终保持该值，直到用户取消这些变量的强制功能。

在项目树下打开目标 PLC 下的“监视和强制表”，双击“强制表”，即可打开强制表。一个 PLC 只能有一个强制表。强制变量窗口与监控表界面类似，输入需要强制的输入/输出变量地址和强制值。如果直接输入绝对地址，需要在绝对地址的后面添加“：P”，例如 I0.1：P。使用按钮 F 或菜单命令“在线”→“强制”启动强制命令。

使能强制功能后，SIMATIC S7-1500 PLC 显示面板上将显示黄色的强制信号“F”。维护指示灯“MAINT”常亮，提示强制功能可能导致危险。如果强制的变量与逻辑关系相反，以强制的值为准。退出“强制表”并不能删除强制任务，强制任务只能使用按钮 F 或菜单命令“在线”→“强制”→“停止强制”终止。如果在 PLC 上激活了“启用外设输出”功能，则无法在此 PLC 上进行强制。如果需要，可在监控表中禁用该功能。

**注意：** 强制变量保存在 SMC 中，复位存储器或者 CPU 重新上电均不能清除当前的强制值。当将带有强制值的存储卡应用于其他 CPU 之前，一定要先停止强制功能。

## 16.9 硬件诊断

### 16.9.1 硬件的诊断图标

在设备视图中，单击“在线”按钮或者使用菜单命令“在线”→“转到在线”进入设备的在线视图。通过每个模块的状态图标可以快速浏览模块的状态，模块的状态图标与含义见表16-3。

表16-3 模块的状态图标与含义

| 状态图标 | 含义 |
|---|---|
| | 无故障 |
| | 需要维护（绿色） |
| | 要求维护（黄色） |
| | 错误（红色） |
| | 模块或设备被禁用 |
| | 无法从CPU访问模块或设备（指CPU下一级别的模块和设备） |
| | 无输入或输出数据可用 |
| | 由于当前在线组态数据与离线组态数据不同，因而无法获得诊断数据 |
| | 组态的模块或设备与实际的模块或设备不兼容 |
| | 已组态的模块不支持显示诊断状态（中央机架） |
| | 建立了连接，但尚未确定模块的状态 |
| | 已组态的模块不支持显示诊断状态 |

除此之外CPU和一些通信处理器也带有特定的状态图标，状态图标与含义见表16-4。

表16-4 CPU和CP特定的状态图标与含义

| 状态图标 | 含义 |
|---|---|
| | 启动（STARTUP）模式 |
| | 停机（STOP）模式 |
| | 运行（RUN）模式 |
| | 保持（HOLD）模式 |
| | 故障（DEFECTIVE）模式 |
| | 未知操作模式 |
| | 已组态的模块不支持显示操作模式 |

为了更好地使用图标表示状态信息，可以与表16-1的图标组合表示模块的状态信息，例如一个模块的图标，大图标表示“无输入或输出数据可用”，小图标表示“对象的在

线和离线内容不同”；又如 CPU 的状态图标 ，左边图标表示“运行模式”，右边大图标表示“错误”，小图标表示“下一级硬件部分中至少一个对象的在线和离线内容不同”。

## 16.9.2　模块的在线与诊断功能

模块的图标指示可用于快速浏览设备的诊断状态，更详细的诊断信息可以通过模块的在线功能查看。在设备视图中，单击“在线”按钮进入在线模式，然后再单击具有诊断功能的模块，如 CPU、模拟量模块、数字量输入、PROFINET 从站接口等，单击鼠标右键，选择“在线与诊断”或者使用快捷键“Ctrl + D”即可获得在线诊断信息。不同模块显示的诊断信息不同，由于 CPU 显示的信息比较多，这里以 CPU 为例介绍模块的在线与诊断功能，如图 16-38 所示。

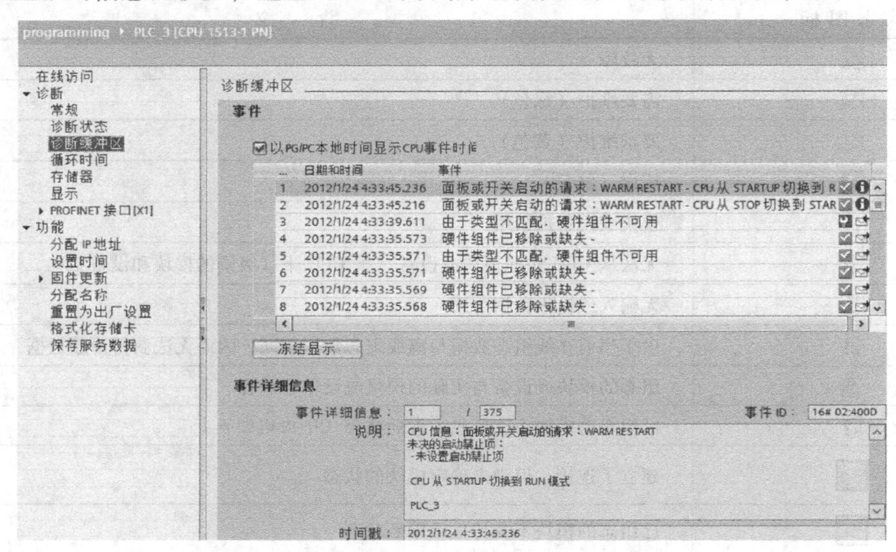


图 16-38　SIMATIC S7-1500 CPU 的在线与诊断功能

CPU 信息中不同项对应不同的状态信息和功能，见表 16-5。

**表 16-5　模板信息包含的内容**

| 功能/标签 | 信　息 | 用　途 |
| --- | --- | --- |
| 常规 | 所选模板的标识数据，例如订货号、版本号、状态、机架中的插槽 | 可将所插模板的在线信息与配置数据进行比较 |
| 诊断状态 | 所选模板的诊断数据 | 评估模板故障的原因 |
| 诊断缓冲区 | 诊断缓冲区中的事件总览以及所选中事件的详细信息 | 查找引起 PLC 进入 STOP 模式的原因，使用诊断缓冲区可以对系统错误进行分析，查找停机原因并对出现的每个诊断事件进行追踪和分类 |
| 循环时间 | 所选 PLC 最长、最短和最近一次的循环扫描时间 | 用于检查配置的最小循环时间、最大循环时间和当前循环时间 |
| 存储器 | 存储能力，所选 PLC 工作存储器和装载存储器以及具有保持功能的存储器当前使用的情况 | 检查 PLC/功能模板的装载存储器中是否有足够的空间，或者需要压缩存储器内容 |

（续）

| 功能/标签 | 信 息 | 用 途 |
| --- | --- | --- |
| 显示屏 | CPU 显示屏的标识数据，例如订货号、版本号等 | 查询显示屏的在线信息 |
| PROFINE 接口 | PROFINET 接口 IP 地址信息以及通信诊断 | 查询 PROFINET 接口信息以及判断通信故障的原因 |
| 分配 IP 地址 | 显示当前的 IP 地址和子网掩码 | 可以重新设定新的 IP 地址和子网掩码（在 CPU 停止模式下设置） |
| 设置时间 | 显示当前 CPU 时间和 PG/PC 的时间 | 可以将 PG/PC 的时间作为 CPU 的时间，也可以独立设置 CPU 的时间 |
| 固件更新 | 显示 PLC 和显示屏当前的固件版本号 | 通过下载新的固件文件更新当前的固件版本，更新的步骤和方法参考 16.9.3 节 |
| 分配名称 | 显示 PLC 当前的 PROFINET 设备名称 | 可以重新分配新的设备名称 |
| 重置为出厂设置 |  | 恢复工厂设置：<br>存储器、内部保持性系统存储器、所有操作数、诊断缓冲区被清空以及时间被重置等 |
| 格式化存储卡 |  | 清除存储卡中的项目文件 |

**注意：**由于 I/O 模块的更新，许多模块都具有通道或通道组级别的诊断功能，可以在“在线和诊断”→“通道诊断”中查看通道或通道组的故障信息。

### 16.9.3 更新硬件固件版本

固件（Firmware）相当于智能模块的操作系统，智能模块功能的更新以及一些小故障的更正可以通过固件版本的升级实现。SIMATIC S7-1500 系统中 CPU、显示屏、分布式 I/O 站点、IM 接口模块以及 I/O 模块都带有处理器和固件。固件可以从西门子公司的网站上下载，网址为 https://support.industry.siemens.com/cs/cn/en/ps，进入后可以搜索需要升级固件的模块，并在软件下载中找到对应的固件，不同的模块有不同的固件和不同的版本。固件的更新有几种方式：

**注意：**中文网页由于需要翻译，更新的时间可能较长，建议使用英文网页下载最新固件。

**1. 通过 SMC 进行更新**（无 TIA 软件）

1）选择一个容量足够大的 SIMATIC 存储卡以便于装载固件，例如 24MB 或 2GB，将 SIMATIC 存储卡插到编程设备/PC 的 SD 读卡器中。

2）将下载的固件解压缩后复制到 SIMATIC 存储卡中。

3）将含有固件更新文件的 SIMATIC 存储卡插到 CPU 中，启动电源开关，CPU 开始自动更新固件。

4）显示屏上会显示固件更新的进度以及更新过程中发生的任何错误。固件更新完成后，显示屏将会显示可以将 SIMATIC 存储卡取出。如果想以后使用 SIMATIC 存储卡作为程序卡，必须将 SMC 的类型通过 TIA 博途重新设置为程序卡，或手动修改 S7_JOB.SYS 文件内容。

**注意：**

1）可以使用文本编辑器查看和修改 S7_JOB. SYS 文件的内容，“FWUPDATE”表示该 SMC 为固件更新卡，“PROGRAM”表示该卡为程序卡。

2）可以将多个模块的更新文件复制到 SMC 的根目录 FWUPDATE 文件夹，系统会自动识别和更新。

3）SMC 只能用于主机架上的模块和显示屏更新固件。

**2. 通过 SMC 进行更新**（使用 TIA 软件）

1）选择一个容量足够大的 SIMATIC 存储卡以便于装载固件，例如 24MB 或 2GB，将 SIMATIC 存储卡插到编程设备/PC 的 SD 读卡器中。

2）将下载的固件解压缩并存储到 PC 上。

3）在 TIA 博途项目树的“读卡器/USB 存储器”中选中含有该 SIMATIC 存储卡的驱动器。

4）在右键快捷菜单中，选择命令“读卡器/USB 存储器”→“创建固件更新存储卡”。通过文件选择对话框浏览固件更新文件。

5）如果需要添加不同模块的更新文件，在弹出的对话框中选择“需要将固件更新文件添加到 SIMATIC 存储卡”。

6）其余步骤参考“通过 SMC 进行更新（无 TIA 软件）”部分内容以及注意事项。

**3. 通过 SIMATIC S7-1500 Web 服务器进行固件更新**（CPU 固件版本为 V1.1.0 及以上）

1）在 CPU 的属性中定义 Web 服务器的访问权限时使能“执行固件更新”功能。

2）进入 Web 页面，在模块信息中选择相应的模块和更新文件进行更新，如图 16-39 所示。

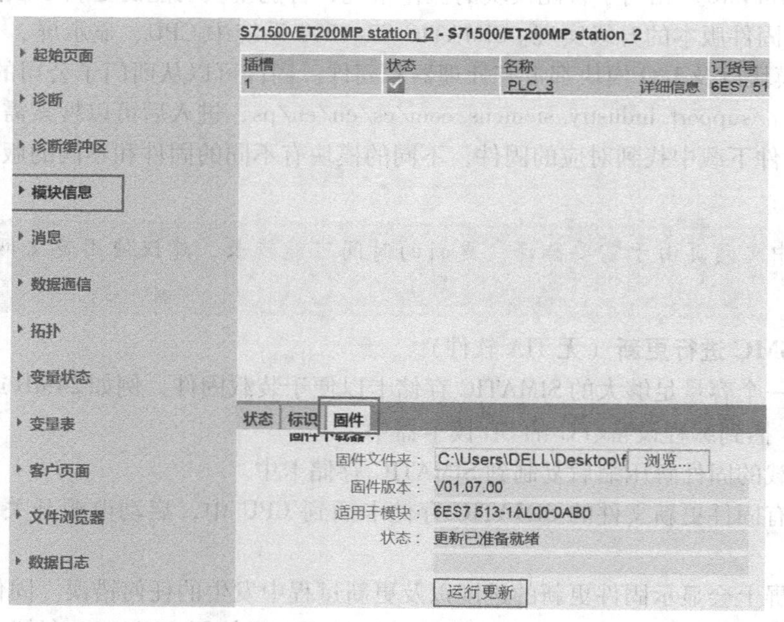


图 16-39 在 Web 浏览器中更新固件版本

注意：

1）使用 Web 浏览器更新固件可以不需要大容量的 SMC。

2）可以更新所有浏览到的模块，例如分布式 I/O 站点上的接口模块和 I/O 模块。

3）不需要安装 TIA 博途软件，所以建议使用 Web 浏览器的方式进行更新。

**4. 通过 TIA 博途软件进行在线固件更新**

1）进入 CPU 的“在线与诊断”界面，选择“功能”→“固件更新”，这里可以选择是更新 CPU 还是更新 CPU 的显示屏，如图 16-40 所示。

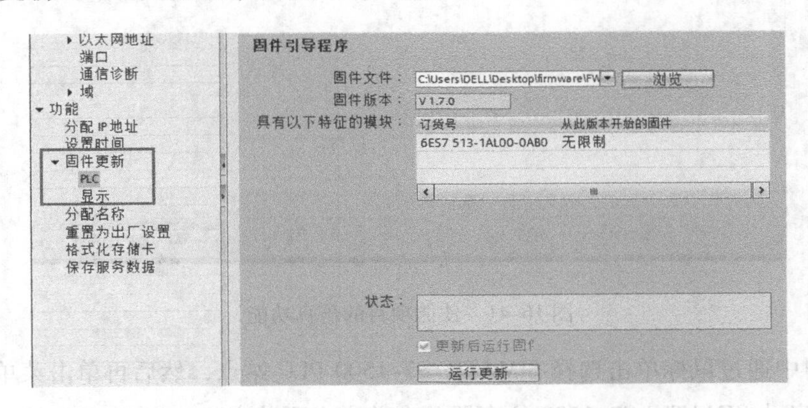


图 16-40 在“在线与诊断”界面更新固件版本

2）单击“运行更新”按钮进行更新，如果硬件配置已经下载，可以选择需要更新的模块，例如分布式 I/O 中的模块，然后在鼠标右键快捷菜单中选择命令“在线与诊断”进入诊断界面，选择“功能”→“固件更新”进行更新。

注意：

1）使用 TIA 博途软件在线更新固件可以不需要大容量的 SMC。

2）可以更新所有的模块，例如分布式 I/O 站点上的接口模块和 I/O 模块。

## 16.10 使用仿真器 SIMATIC S7-PLCSIM 测试用户程序

TIA 博途软件集成了 SIMATIC S7-300/400 PLC 的仿真器，但 SIMATIC S7-1200/1500 PLC 的仿真器需要单独安装，安装之后就可以在编程器上直接仿真 SIMATIC S7-1500 PLC 的运行和测试程序。PLC 仿真器完全由软件实现，不需要任何硬件，所以基于硬件产生的报警和诊断不能仿真。

### 16.10.1 启动 SIMATIC S7-1500 PLC 的仿真器

TIA 博途软件中有不同类型的仿真器，例如 HMI 仿真器、SIMATIC S7-300/400 PLC 的仿真器和 SIMATIC S7-1500 PLC 的仿真器，这些仿真器基于不同的对象。为了便于操作，在软件中只有一个按钮，选择仿真的对象后则启动的仿真器自动与之匹配。在启动 SIMATIC S7-1500 PLC 的仿真器之前需要使能项目的仿真功能，否则不能下载程序。在 TIA 博途软件的项目树下选择项目名称，单击鼠标右键打开项目的属性，在“保护”选项卡中使能“块编译时支持仿真”选项，如图 16-41 所示。

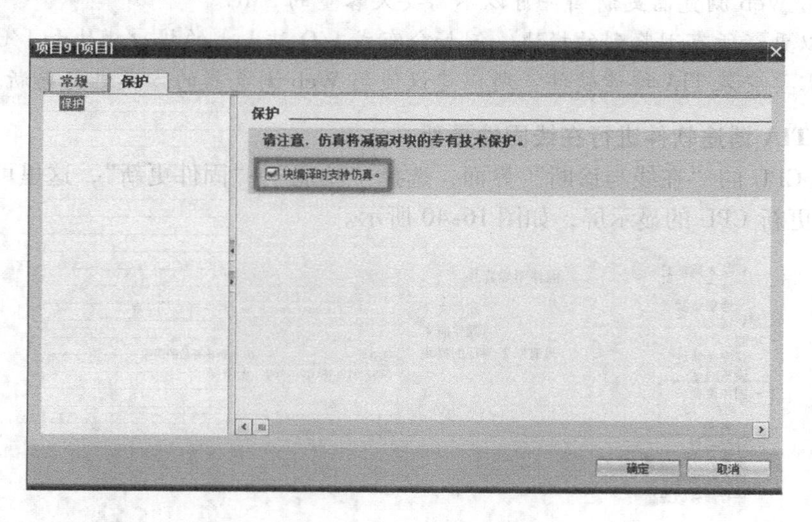


图 16-41 使能项目的仿真功能

在项目树中通过鼠标单击选择 SIMATIC S7-1500 PLC 站点，然后再单击菜单栏中的启动按钮 即可启动 SIMATIC S7-1500 仿真器并自动弹出下载窗口。在 PG/PC 接口栏中必须选择“PLCSIM S7-1200 PLC/SIMATIC S7-1500 PLC”，程序下载完成后，仿真器运行。通过视图中的按钮可以切换仿真器的精简视图和项目视图，如图 16-42 所示。

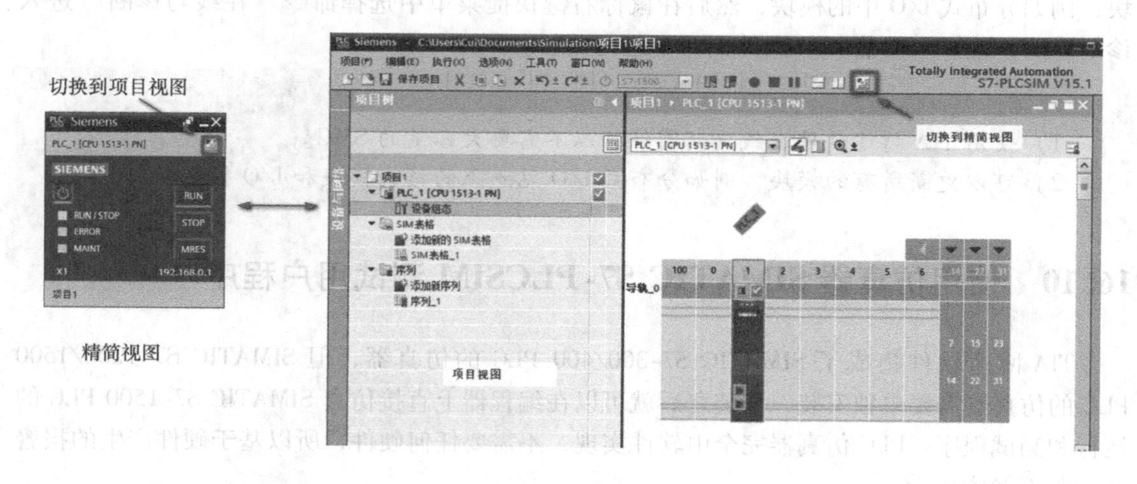


图 16-42 仿真器视图

在 TIA 博途软件中调试程序时可以切换到精简视图。对仿真器的操作，例如创建 SIM 表格、增加序列时，则可以切换到项目视图。

**注意**：在初始阶段，从精简视图切换到项目视图后，项目视图中没有项目，需要创建一个新的项目用于存储仿真的 PLC。

### 16.10.2　创建SIM表格

S7-PLCSIM中的SIM表可用于修改仿真输入并能设置仿真输出，与PLC站点中的监控表功能类似。一个仿真项目可包含一个或多个SIM表格。

切换到项目视图，用鼠标双击打开SIM表格，在表格中输入需要监控的变量，在“名称”列可以查询变量的名称。除优化的数据块之外，也可以在“地址”列直接键入变量的绝对地址，如图16-43所示。

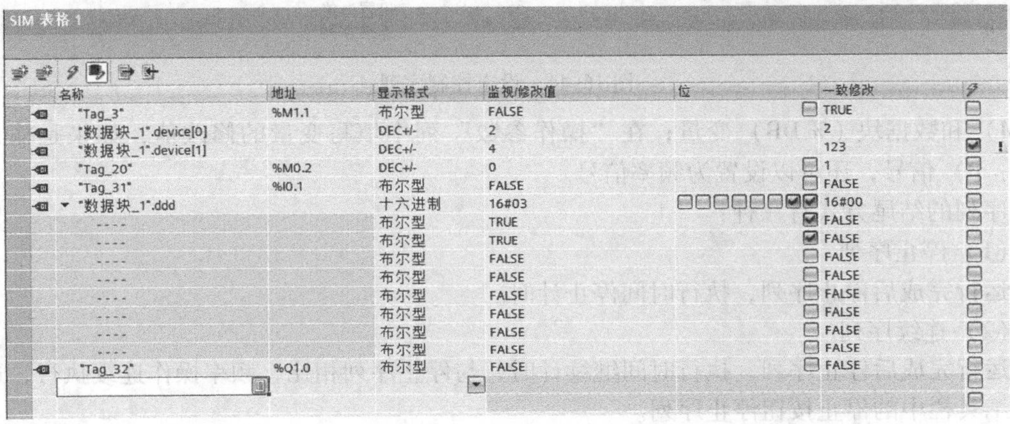

SIM 表格 1

| 名称 | 地址 | 显示格式 | 监视/修改值 | 位 | 一致修改 |
|---|---|---|---|---|---|
| "Tag_3" | %M1.1 | 布尔型 | FALSE | | TRUE |
| "数据块_1".device[0] | | DEC+/- | 2 | | 2 |
| "数据块_1".device[1] | | DEC+/- | 4 | | 123 |
| "Tag_20" | %M0.2 | DEC+/- | 0 | | 1 |
| "Tag_31" | %I0.1 | 布尔型 | FALSE | | FALSE |
| "数据块_1".ddd | | 十六进制 | 16#03 | | 16#00 |
| ---- | | 布尔型 | TRUE | | FALSE |
| ---- | | 布尔型 | TRUE | | FALSE |
| ---- | | 布尔型 | FALSE | | FALSE |
| ---- | | 布尔型 | FALSE | | FALSE |
| ---- | | 布尔型 | FALSE | | FALSE |
| ---- | | 布尔型 | FALSE | | FALSE |
| ---- | | 布尔型 | FALSE | | FALSE |
| ---- | | 布尔型 | FALSE | | FALSE |
| "Tag_32" | %Q1.0 | 布尔型 | FALSE | | FALSE |

图16-43　在SIM表格中添加变量

在“监视/修改值”列中显示变量当前的过程值，也可以直接键入修改值，按回车键确认修改。如果监控的是字节类型变量，可以展开以位信号格式进行显示，单击对应位信号的方格进行置位和复位操作。

在“一致修改”列中可以为多个变量输入需要修改的值，并单击后面的方格使能。然后单击SIM表格工具栏中的“修改所有选定值” 按钮，批量修改这些变量，这样可以更好地对过程进行仿真。

SIM表格可以通过工具栏的按钮导出并以Excel格式保存，反之也可以从Excel文件导入。

**注意：** 必须使能工具栏中的“启用/禁用非输入修改”按钮才能对其他数据区的变量进行操作。

### 16.10.3　创建序列

对于顺序控制，例如电梯的运行，经过每一层楼的时候都会触发输入信号并传递到下一级，过程仿真时就需要按一定的时间去使能一个或多个信号，通过SIM表格手动进行仿真就比较困难。仿真器的序列功能可以很好地解决这样的问题。

双击打开一个新创建的序列，按控制要求添加修改的变量并定义设置变量的时间点，如图16-44所示。

在“时间”列中设置修改变量的时间点，时间将以时:分:秒.小数秒（00:00:00.00）格式进行显示；在“名称”列可以查询变量的名称，除优化的数据块之外也可以在“地址”列直接键入变量的绝对地址，只能选择输入（%I：P）、输出（%Q或%Q：P）、存储器

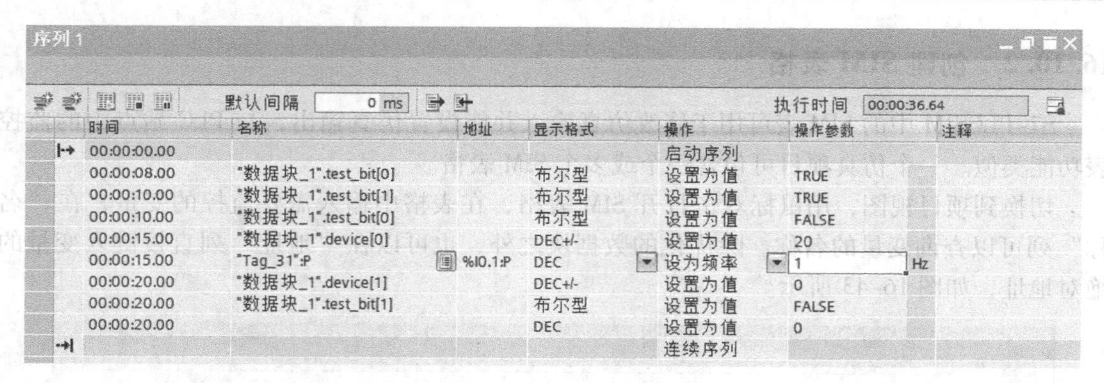


图 16-44　设定控制序列

（%M）和数据块（%DB）变量；在“操作参数”列中填写变量的修改值，如果是输入位（%I：P）信号，还可以设置为频率信号。

序列的结尾方式有三种：

（1）停止序列

运行完成后停止序列，执行时间停止计时。

（2）连续序列

运行完成后停止序列，执行时间继续计时，与停止序列相比，频率操作连续执行，通过序列工具栏中的停止按钮停止序列。

（3）重复序列

运行完成后重新开始，通过序列工具栏中的停止按钮停止序列。

通过序列工具栏中的三个按钮“启动序列”“停止序列”和“暂停序列”对序列进行操作；“默认间隔”表示增加新步骤时，两个步骤默认的间隔时间；“执行时间”表示序列正在运行的时间。

通过 SIM 表格的操作记录也可以自动创建一个序列。首先单击仿真器工具栏中的按钮●开始记录，然后修改变量，也可以按批次修改变量。单击使能键▮▮将暂停记录，去使能暂停记录后将继续执行记录功能，记录完成后单击停止记录键■结束记录。仿真器自动创建一个新的序列，序列中记录了对变量赋值的过程和时间点，也可以修改序列时间点或增加频率输出以满足精确仿真。

### 16.10.4　仿真通信功能

目前为止，通过仿真器最多可以仿真两个 PLC 站点间的通信功能，通信功能只限于仿真 PUT/GET、BSEND/BRCV 和 USEND/URCV 指令。

选择一个站点，然后启动仿真器并下载程序，然后以相同的方法启动另外一个仿真器。必须保证 CPU 的 IP 地址不能相同并且在同一台 PC 上进行仿真，通信的编程与测试参考第 10 章，这里不再介绍。

## 16.11　S7-PLCSIM Advanced 仿真器

在仿真的应用中，通常使用软件仿真现场的控制对象，使用真实的 PLC 作为控制器，

PLC与仿真的控制对象通过通信的方式交换输入、输出信号，这样的仿真方式称为“硬件在环”（Hardware in Loop）或者半实物仿真，使用S7-PLCSIM不能替代实际的PLC，因为S7-PLCSIM没有对外的接口。使用S7-PLCSIM Advanced可以完成这样的任务，实现“软件在环”（Software in Loop）仿真，这样可以节省硬件并且可以应用快速过程的仿真（通过内存交换数据），使用S7-PLCSIM Advanced仿真的应用如图16-45所示。

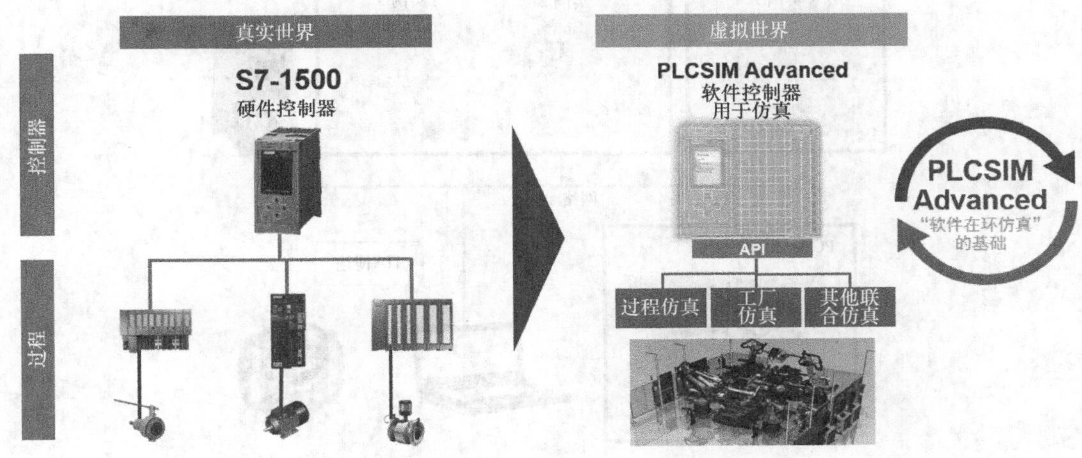


图16-45 S7-PLCSIM Advanced仿真的应用

## 16.11.1 S7-PLCSIM Advanced与S7-PLCSIM的区别

S7-PLCSIM Advanced与S7-PLCSIM的功能对比见表16-6。

表16-6 S7-PLCSIM Advanced与S7-PLCSIM的功能对比

| 功 能 | S7-PLCSIM Advanced V2.0 | S7-PLCSIM V15 |
|---|---|---|
| 独立安装 | × | — |
| 用户接口 | 操作面板 | 在TIA博途中启动 |
| 支持的CPU | SIMATIC S7-1500（C，T，F），ET 200SP，ET 200SP F | S7-1200（F），SIMATIC S7-1500（C，T，F），ET 200SP，ET 200SP F |
| Web服务器 | × | — |
| OPC UA | × | — |
| 过程诊断 | × | — |
| S7 通信 | × | ×（最多两个） |
| OUC 通信 | × | ×（最多两个） |
| MODBUS TCP | × | — |
| 虚拟存储卡 | × | — |
| 虚拟时间 | × | — |
| 连接真实的HMI/CPU | × | — |
| 多实例 | 一台PC最多16个 | 一台PC最多2个 |
| 分布式实例（安装在多个PC） | × | — |

注：“×”表示可以，“—”表示不可以。

在通信功能上，在一台 PC 上最多可以启动两个 S7-PLCSIM 实例，并且只能在相同的 PC 中进行通信；而对于 S7-PLCSIM Advanced，在一台 PC 上最多可以启动 16 个实例，实例可以跨 PC 进行通信，也可以与实际的 HMI 和 PC 进行通信，如图 16-46 所示。

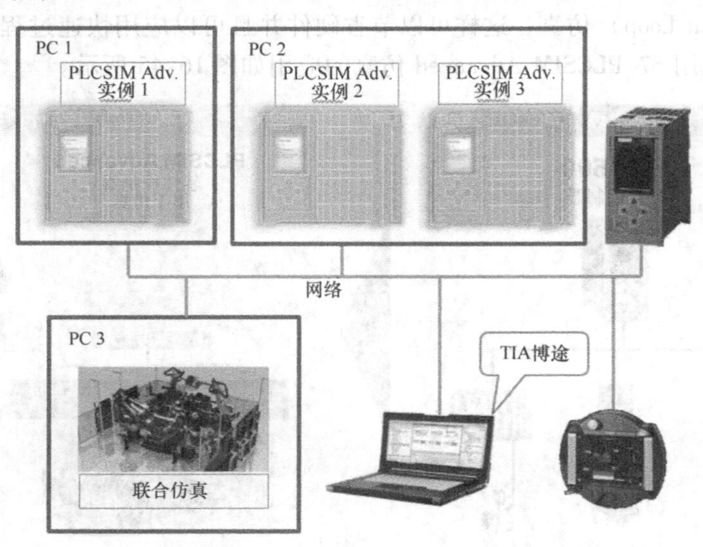


图 16-46　S7-PLCSIM Advanced 通信功能

## 16.11.2　S7-PLCSIM Advanced 的通信路径

S7-PLCSIM Advanced 的通信路径分为本地和分布式两种，本地与分布式的区别在于 TIA 博途软件与虚拟 PLC 实例部署的位置。本地路径使用 PLCSIM 和 PLCSIM Virtual Ethernet Adapter接口，分布式路径使用 PLCSIM Virtual Ethernet Adapter 和 PC 的实际的以太网接口。不同通信路径的功能见表 16-7。

表 16-7　不同通信路径的功能

| 通信路径 | 本地 | | 分布式 |
|---|---|---|---|
| 协议 | Softbus | TCP/IP | TCP/IP |
| 通信接口 | PLCSIM | PLCSIM Virtual Ethernet Adapter | PLCSIM Virtual Ethernet Adapter 和 PC 的实际的以太网接口 |
| STEP 7 与虚拟 PLC 实例 | 部署在相同的 PC / VM（虚拟机） | | 分布式部署 |
| 通信功能 | | | |
| STEP 7 与虚拟 PLC 实例 | × | × | × |
| 虚拟 PLC 实例间 | × | × | × |
| 虚拟 PLC 实例与虚拟 HMI（V14 版本及以上） | × | × | × |
| 仿真 OPC 服务器 | — | × | × |
| 仿真 WEB 服务器 | — | × | × |
| 与实际 PLC 通信 | — | — | × |
| 与实际 HMI 通信 | — | — | × |

注：“×”表示可以，“—”表示不可以。

Softbus 是一个通过虚拟软件接口的通信路径；PLCSIM Virtual Ethernet Adapter 是一个虚拟的以太网适配器，带有 IP 地址，可以仿真 TCP/IP。

从表 16-7 可以看出，本地路径使用 Softbus 协议和 PLCSIM 接口，与 S7-PLCSIM 使用的协议和接口是相同的，只能简单地仿真 PLC 的程序和 PLC 间的通信，应用如图 16-47 所示。

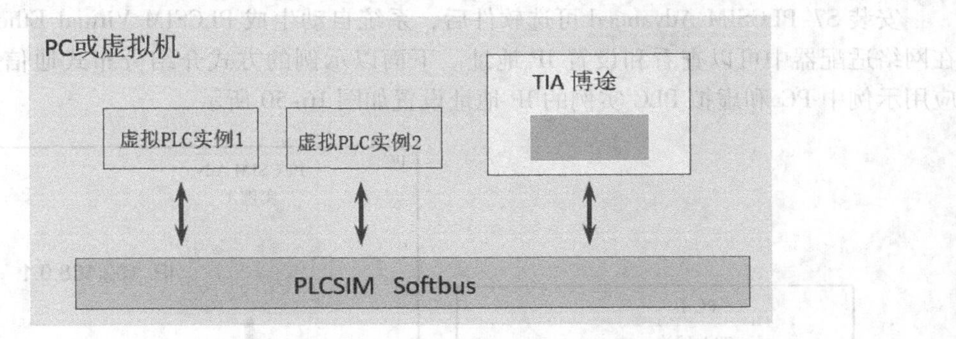


图 16-47 本地路径——通过 Softbus 通信

使用 PLCSIM Virtual Ethernet Adapter 接口后，支持 TCP/IP，允许与本机的应用进行通信，例如 Web 浏览器和 OPC UA 客户端等，应用如图 16-48 所示。

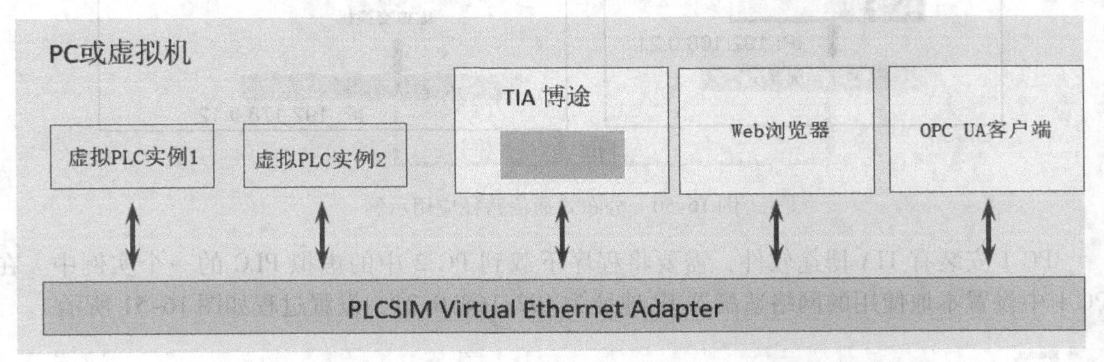


图 16-48 本地路径——通过 PLCSIM Virtual Ethernet Adapter 通信

如果与外部设备进行通信，一定要通过本机的实际网卡与外部连接，内部则需要使用 PLCSIM Virtual Ethernet Adapter 接口与虚拟 PLC 实例进行通信，所以分布式同时需要内外两个接口，应用如图 16-49 所示。

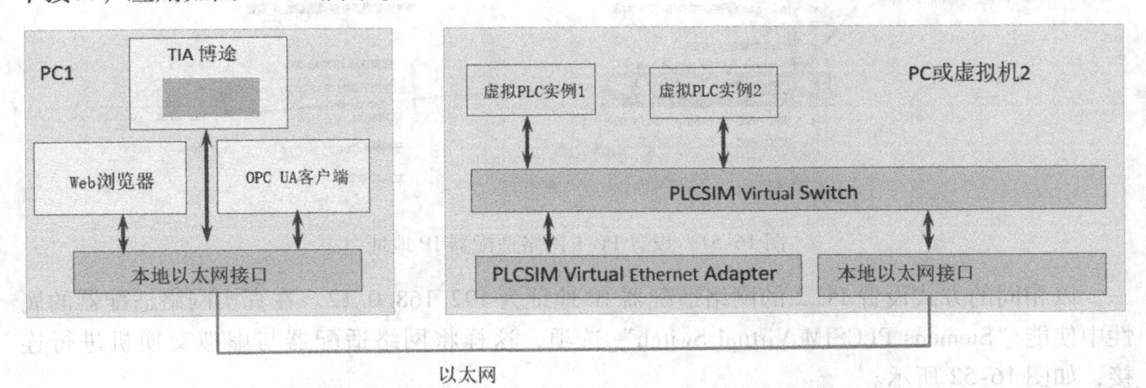


图 16-49 分布式通信路径

一个虚拟 PLC 实例可以设置不同的通信路径主要考虑到不同的应用，使用 Softbus 协议主要是为了限制与外部实际 PLC 和应用进行通信，防止误动作。

### 16.11.3　S7-PLCSIM Advanced 分布式通信路径的设置

安装 S7-PLCSIM Advanced 可选软件后，系统自动生成 PLCSIM Virtual Ethernet Adapter，在网络适配器中可以查看和设置 IP 地址。下面以示例的方式介绍分布式通信路径的设置，应用示例中 PC 和虚拟 PLC 实例的 IP 地址设置如图 16-50 所示。

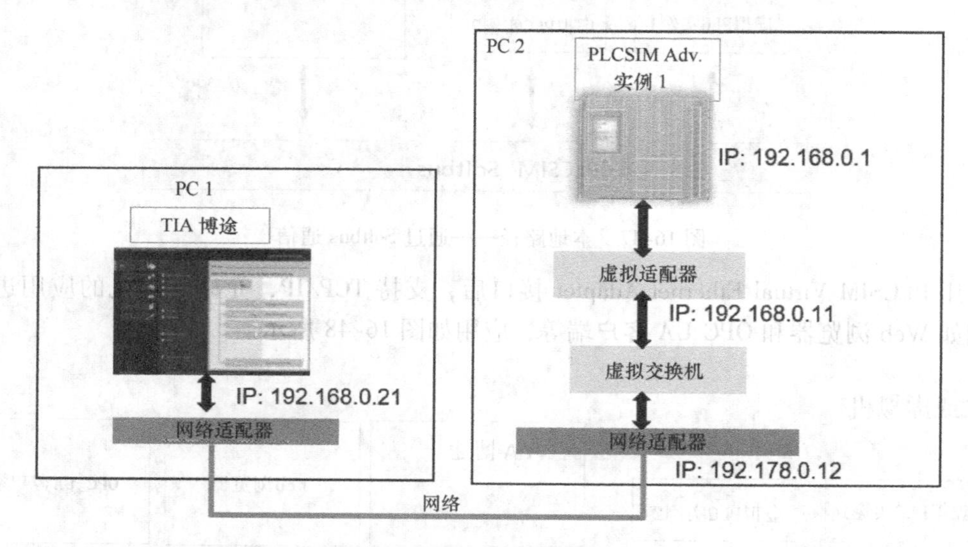


图 16-50　分布式通信路径应用示例

PC 1 安装有 TIA 博途软件，需要将程序下载到 PC 2 中的虚拟 PLC 的一个实例中。在 PC 1 中设置本地使用的网络适配器 IP 地址为 192.168.0.21，设置过程如图 16-51 所示。

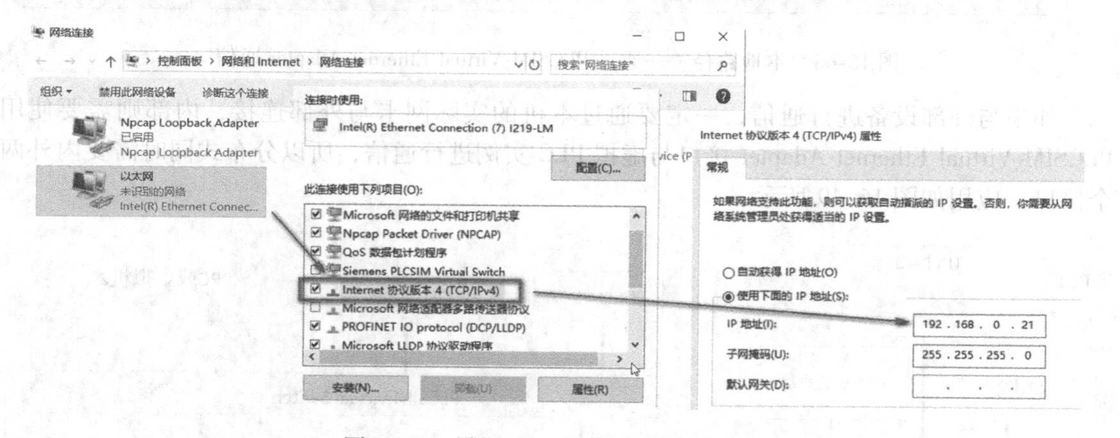


图 16-51　设置 PC 1 网络适配器 IP 地址

以相同的方式设置 PC 2 的网络适配器 IP 地址为 192.168.0.12。在真实网络适配器的属性中使能“Siemens PLCSIM Virtual Switch”选项，这样将网络适配器与虚拟交换机进行连接，如图 16-52 所示。

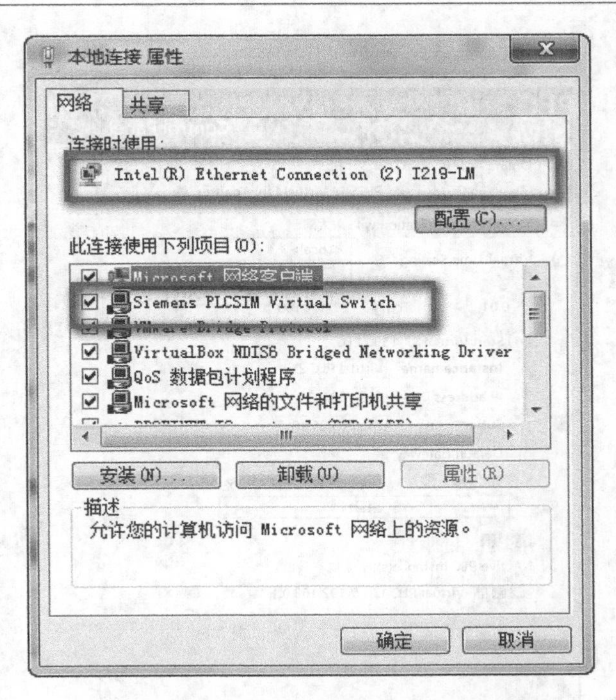


图 16-52 连接真实网络适配器与虚拟交换机

如果 PC 2 有多个网络适配器，只能有一个可以连接到虚拟交换机上。接下来还需要设置 PLCSIM Virtual Ethernet Adapter 的 IP 地址为 192.168.0.11，在虚拟适配器属性中同样需要使能“Siemens PLCSIM Virtual Switch”选项。通信路径设置完成后，需要创建虚拟 PLC 实例并规划通信路径。

**思考：** 如果两个虚拟实例部署在不同的 PC 上进行通信，应该怎么配置？

## 16.11.4 使用操作面板创建虚拟 PLC 实例

在 S7-PLCSIM Advanced 软件安装完成之后，在 PC 的桌面上自动创建一个 S7-PLCSIM Advanced 的图标，用鼠标双击该图标进入操作面板界面，如图 16-53 所示。

在“Online Access”中如果选择“PLCSIM”表示创建的虚拟 PLC 实例的通信路径为通过 Softbus 通信的本地路径；如果选择“PLCSIM Virtual Eth. Adapter”的同时“TCP/IP communication with”选择“<Local>”则表示创建的虚拟 PLC 实例的通信路径为通过 PLCSIM Virtual Ethernet Adapter 通信的本地路径；如果选择“PLCSIM Virtual Eth. Adapter”的同时“TCP/IP communication with”选择本地网络适配器的连接名称，则表示创建的虚拟 PLC 实例的通信路径为分布式路径，在图 16-50 的应用示例中，PC 2 创建的虚拟实例应该选择分布式路径。

虚拟 PLC 有实时和虚拟两个时钟，虚拟时钟基于用户程序，主要应用于程序中与时钟有关的组件，例如定时器、循环中断和 CPU 系统时钟等；实时时钟与控制过程无关，例如通信等。使用鼠标可以拖动“Virtual time Scaling”的滑轨指示标签，也可以手动设置虚拟时钟系数，默认值为 1，大于 1 则虚拟时钟加速，例如 2.0 表示为正常速度的 200%；小于 1 则虚拟时钟减速，例如 0.5 表示为正常的 50%。

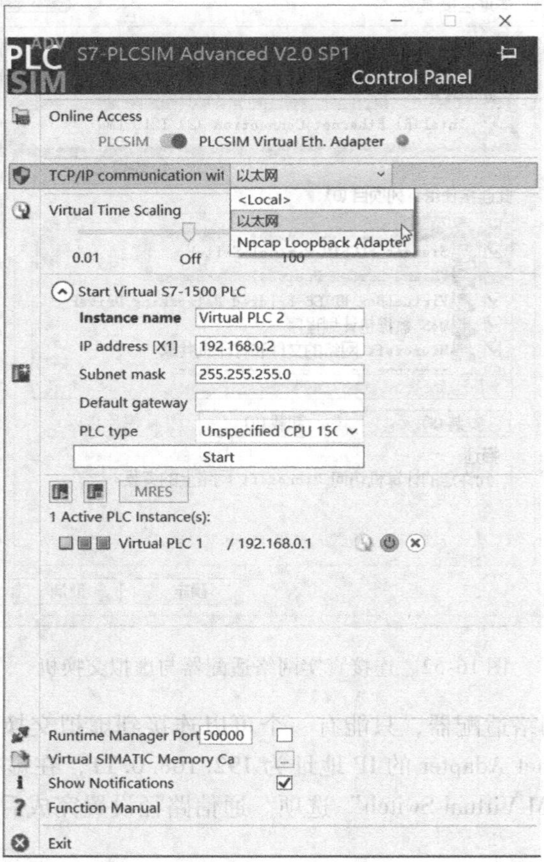

图 16-53　S7-PLCSIM Advanced 操作面板

**注意：必须在启动虚拟实例之前设置，启动之后再设置无效。**

单击“Start Virtual SIMATIC S7-1500 PLC”左侧的下拉按钮，显示实例的配置栏。在“instance name”中键入一个虚拟实例的名称，实例名称必须唯一，然后键入虚拟实例的 IP 地址、子网掩码以及 PLC 的类型，然后单击“Start”按钮创建一个实例。修改实例名称和 IP 地址，可以再创建一个虚拟实例，一个 PC 最多可以创建 16 个虚拟实例。

“Runtime Manager Port”用于远程通信。通过定义的端口与远程实时管理器建立连接。

“Virtual SIMATIC Memory Card”用于存储创建的虚拟实例，单击后面的按钮，可以显示存储的路径，存储的程序文件可以直接复制到 SMC 中，插入 CPU 的插槽后直接启动。单击“instance name”，使用快捷键 Ctrl + 空格键可以选择一个存储的实例，单击“Start”按钮可以运行该仿真实例。

“Show Notifications”表示每次控制面板启动，与之相关的消息将显示。

“Exit”用于关闭所有运行的虚拟 PLC 实例。

### 16.11.5　程序下载到 S7-PLCSIM Advanced

虚拟 PLC 创建完成之后需要将程序下载到虚拟 PLC，与 PLCSIM 一样，在下载之前需要将项目的属性设置为支持仿真功能，如图16-41所示。

在项目中选择需要仿真的PLC，单击下载按钮下载程序到虚拟PLC，在弹出的“扩展下载到设备”对话框中需要选择下载使用的接口，接口的选择与S7-PLCSIM Advanced通信路径的设置有关。

1）S7-PLCSIM Advanced与TIA博途软件在相同的PC，虚拟PLC“Online Access”中选择“PLCSIM”，下载程序本机时，PG/PC接口选择“PLCSIM”，如图16-54所示。

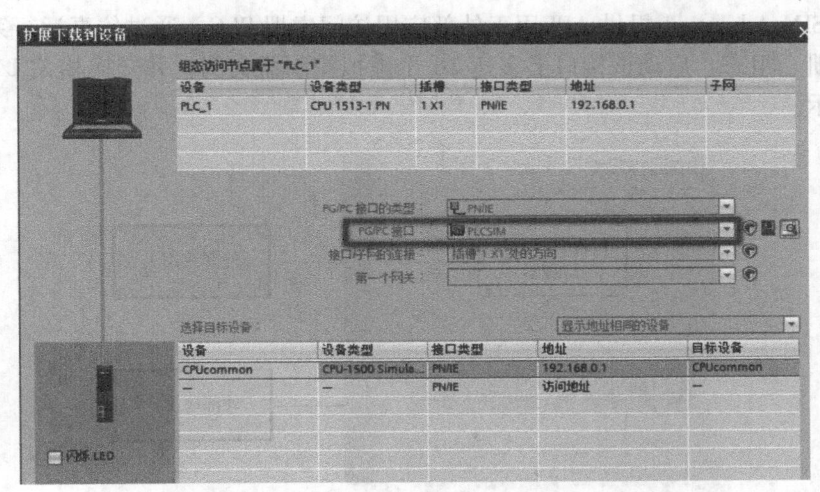


图16-54　PG/PC接口选择PLCSIM

2）S7-PLCSIM Advanced与TIA博途软件在相同的PC，虚拟PLC“Online Access”中选择“PLCSIM Virtual Eth. Adapter”，并且“TCP/IP communication with”选择“< Local >”，下载程序到本机时，PG/PC接口选择“Siemens PLCSIM Virtual Ethernet Adapter”，如图16-55所示。虚拟适配器必须设置IP地址，并且与虚拟PLC的实例在相同的网段。

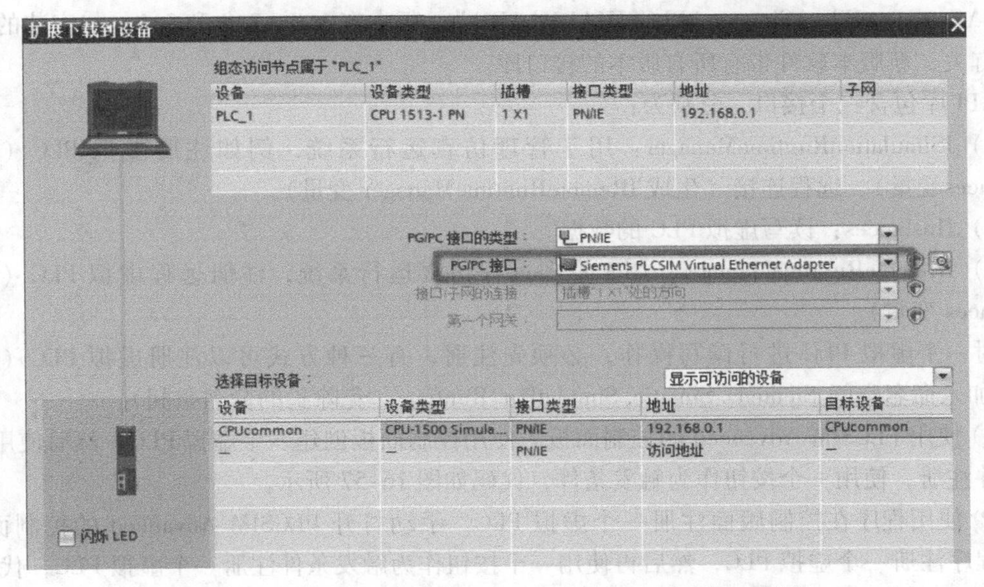


图16-55　PG/PC接口选择Siemens PLCSIM Virtual Ethernet Adapter

3）S7-PLCSIM Advanced 与 TIA 博途软件在不同的 PC，虚拟 PLC“Online Access”中必须选择“PLCSIM Virtual Eth. Adapter”，并且“TCP/IP communication with”选择本地网络适配器的连接名称。下载程序到远程 PC 时，PG/PC 接口选择本地网络适配器，IP 地址必须与虚拟 PLC 在相同的网段，与下载真实 PLC 相同。

### 16.11.6　S7-PLCSIM Advanced 的 API

S7-PLCSIM Advanced 提供 API 用于外部应用访问虚拟 PLC，通过仿真运行系统管理器，用户可以注册、组态、启动该接口上多达 16 个虚拟控制器实例，并交换相关 I/O 数据，如图 16-56 所示。

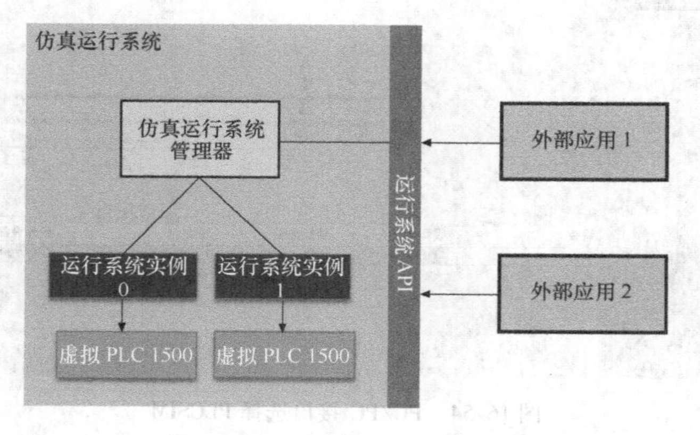


图 16-56　PLCSIM Advanced API

使用 Visual C#和 Native C++可以访问 S7-PLCSIM Advanced API。API 提供的方法可访问 PLC 的 I/O（过程映像区）、位存储器、DB、组态和控制虚拟 PLC 实例。

PLCSIM Advanced 安装完成后，API 文件存储在默认的路径下：“C:\Program Files (x86)\Common Files\Siemens\PLCSIMADV\API\”，版本有 1.0、2.0 和 2.1，与安装的软件版本有关，新版本软件带有所有版本的接口库。

API 库包含三个接口，分别为：

1）ISimulationRuntimeManager：用于管理仿真运行系统，例如注册虚拟 PLC（生成 IInstances变量）、远程连接（生成 IRemoteRuntimeManager 变量）。

2）IInstances：读写虚拟 PLC 的数据。

3）IRemoteRuntimeManager：用于管理远程仿真运行系统，注册远程虚拟 PLC（生成 IInstances 变量）。

对一个虚拟 PLC 进行读写操作，必须先注册，有三种方式可以注册虚拟 PLC（使用 Using加入命名空间 Siemens. Simatic. Simulation. Runtime，免除长的命名空间）：

① 使用 PLCSIM Advanced 的控制面板。使用控制面板创建一个虚拟 PLC，然后使用 API 读出并注册，使用一个按钮作为触发条件，代码如图 16-57 所示。

② 使用程序在控制版面注册一个虚拟 PLC。手动打开 PLCSIM Advanced 的控制面板，使用程序注册一个虚拟 PLC，然后再使用一个按钮作为触发条件注册一个虚拟 PLC，代码如图 16-58 所示。

```
public IInstance Instance;
private void button1_Click(object sender, EventArgs e)
{
    SInstanceInfo[] VPLCs = new SInstanceInfo[16]; //创建变量，用于存储已经注册虚拟PLC的信息

    try
    {
        VPLCs = SimulationRuntimeManager.RegisteredInstanceInfo;//读出正在运行的虚拟PLC
    }
    catch(SimulationRuntimeException ex)
    {
        MessageBox.Show(ex.Message);
    }
    foreach (SInstanceInfo VPLC in VPLCs)

        if (VPLC.Name == "Virtual PLC 1")      // 如果运行的虚拟PLC名称为"Virtual PLC 1"，读出ID号
        {
          Int32 Instanceid = VPLC.ID;
            try
            {
              Instance = SimulationRuntimeManager.CreateInterface(Instanceid); // 生成一个注册PLC的接口
            }
            catch (SimulationRuntimeException ex)
            {
                MessageBox.Show(ex.Message);
            }
        }
```

图 16-57　代码示例—读出运行虚拟 PLC 信息并注册

```
public IInstance Instance;
private void button4_Click(object sender, EventArgs e)
{
    try
    {
    Instance = SimulationRuntimeManager.RegisterInstance("Virtual plc test");//注册虚拟PLC"Virtual plc test"
    }
    catch
    {}
    Instance.CommunicationInterface = ECommunicationInterface.TCPIP;//设置通信路径

    SIPSuite4 instanceIP = new SIPSuite4("192.168.0.11", "255.255.255.0", "0.0.0.0");

    try {
      Instance.SetIPSuite(1, instanceIP, true);//设置IP地址、子网掩码和网关
        }
    catch {}

}
```

图 16-58　代码示例—使用程序在操作面板注册一个虚拟 PLC

③ 使用程序在后台注册一个虚拟 PLC。不需要打开 PLCSIM Advanced 的控制面板，使用程序直接在后台注册一个虚拟 PLC，然后再使用一个按钮作为触发条件注册一个虚拟 PLC，代码如图 16-59 所示。

一个虚拟 PLC 实例注册完成之后就可以使用注册的实例变量对其进行访问和操作。上面的示例中使用"Instance"作为注册的虚拟 PLC 实例变量，注册并创建 PLC 实例后，还需要上电［Instance. PowerOn（6000），输入参数为延时时间（ms）］和运行［Instance. Run（6000），输入参数为延时时间（ms）］虚拟 PLC，然后就可以进行读［Instance. ReadInt32（"AA. AA［0］"），输入参数为变量名称］和写［Instance. WriteBool（"input1"，true）］操作。详细的操作接口，请参考手册，这里不再介绍。

```
public IInstance Instance;

private void button5_Click(object sender, EventArgs e)
{
    try {
        Instance = SimulationRuntimeManager.RegisterCustomInstance(@"C:\Program Files(x86)\Common Files\Siemens\
            PLCSIMADV\Siemens.Simatic.PlcSim.Vplc1500.dll", "Virtual PLC test1");     //虚拟PLC"Virtual PLC test1"
    }
    catch { }

    Instance.CommunicationInterface = ECommunicationInterface.TCPIP;//设置通信路径

    SIPSuite4 instanceIP = new SIPSuite4("192.168.0.12", "255.255.255.0", "0.0.0.0");

    try
    {
        Instance.SetIPSuite(1, instanceIP, true);//设置IP地址、子网掩码和网关
    }
    catch { //....}
```

图 16-59　代码示例—使用程序在后台注册一个虚拟 PLC

**注意：**运行 S7-PLCSIM Advanced 需要授权，没有安装授权不能运行。

## 16.12　使用 Trace 跟踪变量

SIMATIC S7-1500 CPU 集成 Trace 功能，可以快速跟踪多个变量的变化。变量的采样通过 OB 块触发，也就是说只有 CPU 能够采样的点才可能被记录。一个 SIMATIC S7-1500 CPU 中集成 Trace 的数量与 CPU 类型有关，例如 CPU 1511 集成 4 个 Trace，CPU 1518 则集成 8 个 Trace。每个 Trace 中最多可定义 16 个变量，每次最多可跟踪 512KB 数据，CPU 内部 Trace 数据的存储不占用用户程序资源。下面以示例的方式介绍 Trace 的使用。

### 16.12.1　配置 Trace

在 SIMATIC S7-1500 CPU 站点的“Traces”目录下通过“添加新 Trace”标签创建一个 Trace，名称可以自由定义。打开 Trace，在“配置”→“信号”标签栏中添加需要跟踪的变量，如图 16-60 所示。

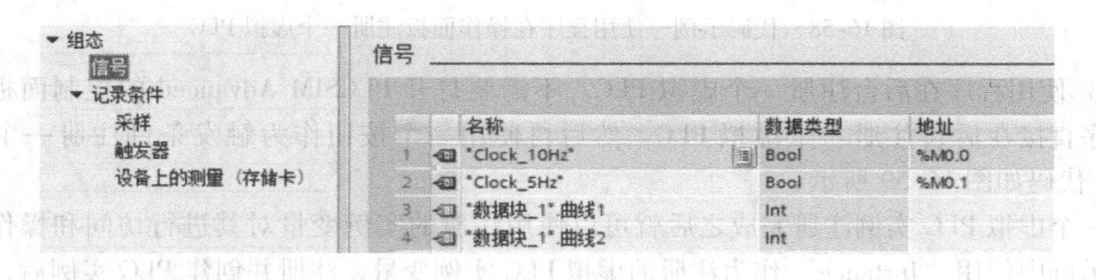


图 16-60　配置 Trace 采样信号

一个 Trace 中最多可以添加 16 个变量，变量的地址区可以是标志位区（M）、输入（I）、输出（Q）和数据块（DB）。

在“记录条件”标签栏中设定采样和触发器参数，如图 16-61 所示。

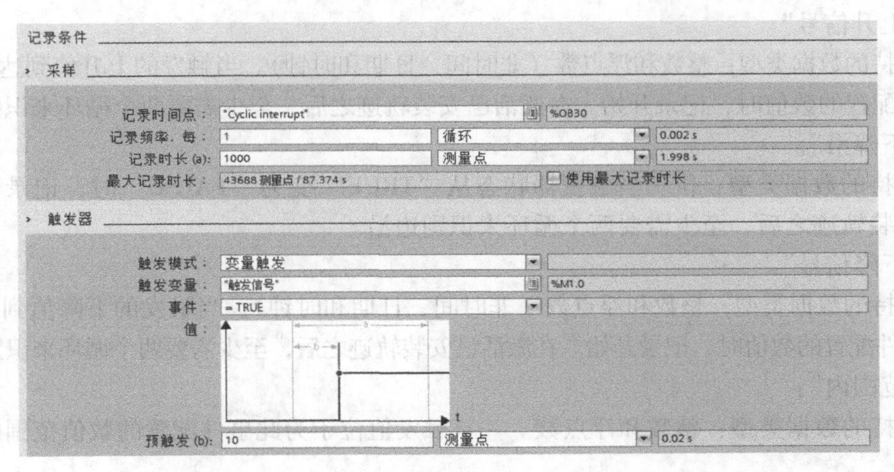


图 16-61 配置 Trace 记录条件

设置的参数如下：

(1) 记录时间点

使用 OB 块触发采样，处理完用户程序后，在 OB 块的结尾处记录所测量的数值。通常情况下，信号在哪一个 OB 块处理就选择哪一个 OB 块，如果是多个信号，则选择扫描周期最短的 OB 块。

(2) 记录频率

选择多少个采样点（OB 循环）记录一次数据。例如 OB30 循环时间为 200ms，如果选择每 5 个循环记录一次，那么每隔 1s 记录一次。

(3) 记录时长

定义测量点的个数或使用最大的测量点。测量点的个数与测量变量的个数和数据类型有关。

(4) 触发模式

1) 立即触发：单击记录按钮后立即开始记录，到记录的测量点后停止并将轨迹保存。

2) 变量触发：单击记录按钮后，直到触发的变量满足条件后才开始记录，到记录的测量点后停止并将轨迹保存。由于单击记录按钮后由系统在后台进行记录，所以可以得到触发时刻之前的若干点数的测量值，测量点数在预触发参数中填写。这样可以记录偶发的故障信息，并可以记录故障发生时刻前后其他信号的状态。

(5) 触发变量和事件

选择触发的变量和触发事件。触发事件可以选择：

➢ “ = TRUE”。

所支持的数据类型：位。当触发器状态为“TRUE”时，记录开始。

➢ “ = FALSE”。

所支持的数据类型：位。当触发器状态为“FALSE”时，记录开始。

➢ “上升沿”。

所支持的数据类型：位。当触发器状态从“FALSE”变为“TRUE”时，记录开始。在激活已安装轨迹之后，至少需要两个循环来识别边沿。

➢ “上升信号”。

所支持的数据类型：整数和浮点数（非时间、日期和时钟）。当触发的上升值到达或者超过为此事件配置的数值时，记录开始。在激活已安装轨迹之后，至少需要两个循环来识别边沿。

➢ “下降沿”。

所支持的数据类型：位。当触发器状态从“TRUE”变为“FALSE”时，记录开始。在激活已安装轨迹之后，至少需要两个循环来识别边沿。

➢ “下降信号”。

所支持的数据类型：整数和浮点数（非时间、日期和时钟）。当触发的下降值到达或者低于为此事件配置的数值时，记录开始。在激活已安装轨迹之后，至少需要两个循环来识别边沿。

“在范围内”：

所支持的数据类型：整数和浮点数。一旦触发值位于为此事件配置的数值范围内，记录开始。

“不在范围内”：

所支持的数据类型：整数和浮点数。一旦触发值不在为此事件配置的数值范围内，记录开始。

“值改变”：

支持所有数据类型。当记录被激活时检查值改变。当触发器值改变时，记录开始。

“=值”：

所支持的数据类型：整数。当触发值等于该事件的配置值时，记录开始。

“<>值”：

所支持的数据类型：整数。当触发值不等于该事件的配置值时，记录开始。

“=位模式”：

所支持的数据类型：整数和浮点数（非时间、日期和时钟）。当触发值与该事件配置的位模式（即位模板）匹配时，记录开始。

选择不同的触发条件，在下面的采样示意图会随之改变。

(6) 预触发

设置记录触发条件满足之前需要记录的测量点数目。使能变量触发后，数据记录开始，直到触发条件满足才将记录显示，所以可以记录触发条件之前的数值。

使用条件触发可以将 Trace 记录到 CPU 的 SMC 中，通过 CPU Web 服务器可以查看，存储卡的设置如图 16-62 所示。

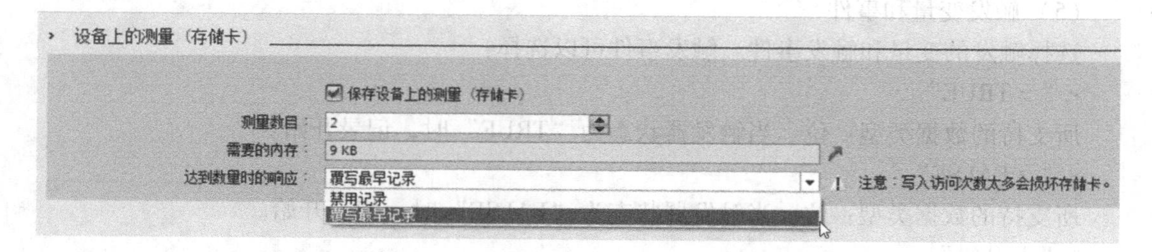


图 16-62　存储 Trace 的存储卡设置

在“测量数目”栏设置需要测量 Trace 的个数，达到设置的次数时与“达到数量时的响应”栏的设置有关，如果选择“禁用记录”则停止记录功能，即使触发条件满足也不再记录，只有通过单击记录按钮才能重新恢复记录功能；如果选择“覆写最早记录”，则记录功能保持，新的纪录将覆盖最早的记录。

跟踪的配置信息可以通过工具栏中的按钮导出，在其他项目中可以导入这些配置信息进行参考。

### 16.12.2 Trace 的操作

信号配置完成后，可以通过 Trace 工具栏中的按钮进行操作，工具栏按钮及含义如图 16-63所示。

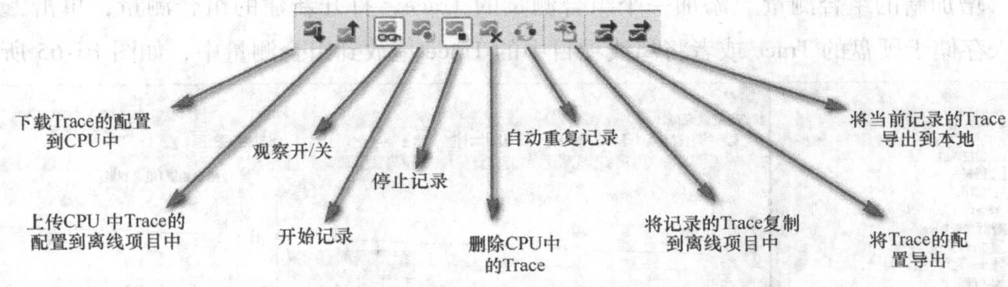


图 16-63 Trace 工具栏中的按钮及含义

进入 CPU 在线模式，单击下载按钮，将 Trace 的配置下载到 CPU 中。Trace 的配置保存在 CPU 中，因此，如果离线项目中不存在，也可以通过上传按钮将 CPU 中保存的 Trace 配置上传到离线项目中。下载完成后进入示意图界面，单击开始记录按钮，记录变量的轨迹，如图 16-64 所示。整数和浮点类型信号将以曲线的方式显示，并与位信号轨迹分开显示。如果信号是一个整数变量，除了可以监控数值以外，还可以对变量中的位信号进行监控。使用观察开/关按钮可打开或关闭轨迹的显示。

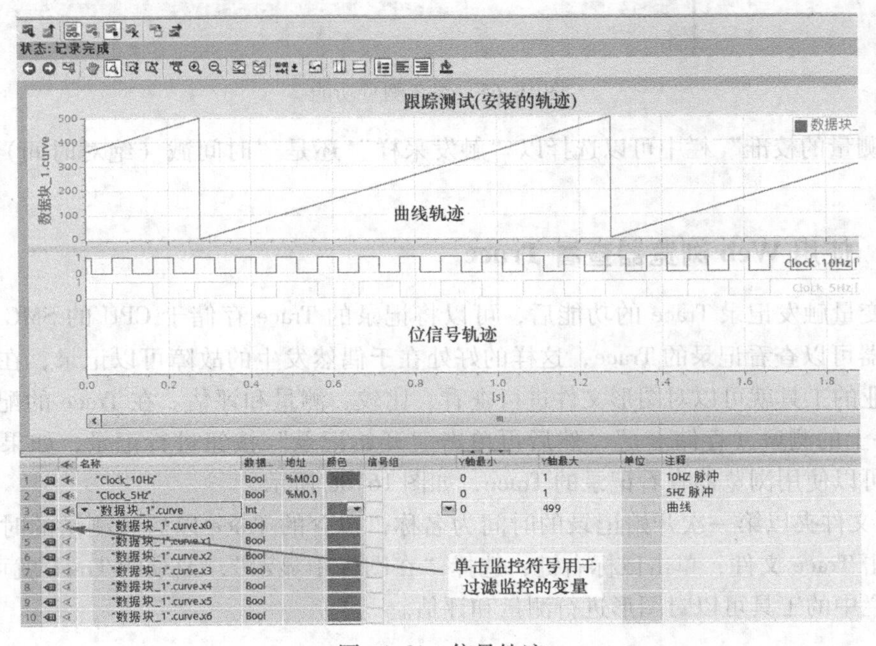


图 16-64 信号轨迹

通过工具栏按钮可以将在线的轨迹复制到离线的项目，将其存储在项目树的"Traces"→"测量"文件夹中。打开离线的轨迹，通过工具栏中的导出按钮可以将轨迹导出为"＊. ttrecx"文件或"＊. CSV"文件。"＊. ttrecx"文件用于 TIA 博途软件的导入，例如可以用于在其他 PC 上查看记录的曲线。无论是离线还是在线的轨迹都可以通过工具栏的按钮进行放大、缩小，并使用光标尺进行测量。

**注意：** Trace 在线记录的数据不支持掉电保持，在 PLC 掉电后会丢失。

通过"组合测量"功能可以将多条离线的 Trace 曲线组合在一起进行比较。先将在线的记录的 Trace 导出到离线项目或者本地硬盘，然后在项目树导航至"Trace"→"组合测量"，双击"增加新的组合测量"添加一个组合测量的 Trace，打开新建的组合测量，单击按钮导入存储于硬盘的 Trace 或者将离线项目中的 Trace 拖放到组合测量中，如图 16-65 所示。

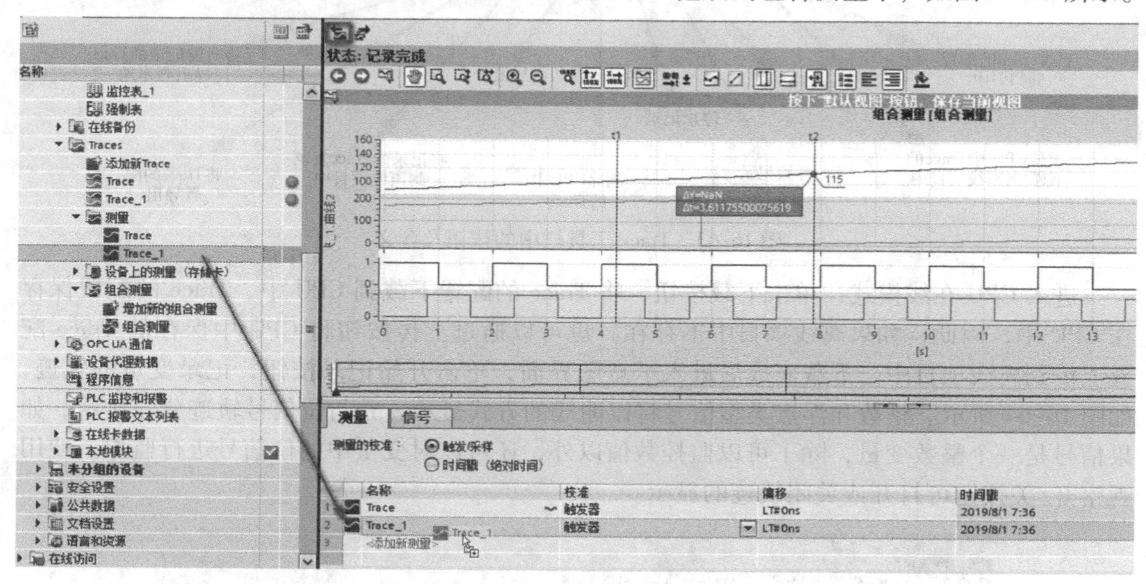


图 16-65　组合测量功能

在"测量的校准"栏中可以选择以"触发采样"还是"时间戳（绝对时间）"为 X 轴进行比较。

### 16.12.3　使用 Web 浏览器查看 Trace

使能变量触发记录 Trace 的功能后，可以将记录的 Trace 存储于 CPU 的 SMC 中，使用 Web 浏览器可以查看记录的 Trace，这样的好处在于偶然发生的故障可以记录，在空闲时间不使用专业的工具就可以对图形文件进行查看、比较、测量和评估。在 Trace 的配置中使能"保存设备上的测量（存储卡）"，然后再单击"开始记录"按钮进行记录，如果触发条件满足，就可以使用浏览器查看记录的 Trace，如图 16-66 所示。

Trace 文件夹以第一次开始记录的时间为名称，包含的 Trace 以后续测量的时间为文件名称。单击 Trace 文件，单击鼠标右键，选择"在图标中显示"，记录的 Trace 就可以显示，使用工具栏中的工具可以对图形进行测量和评估。

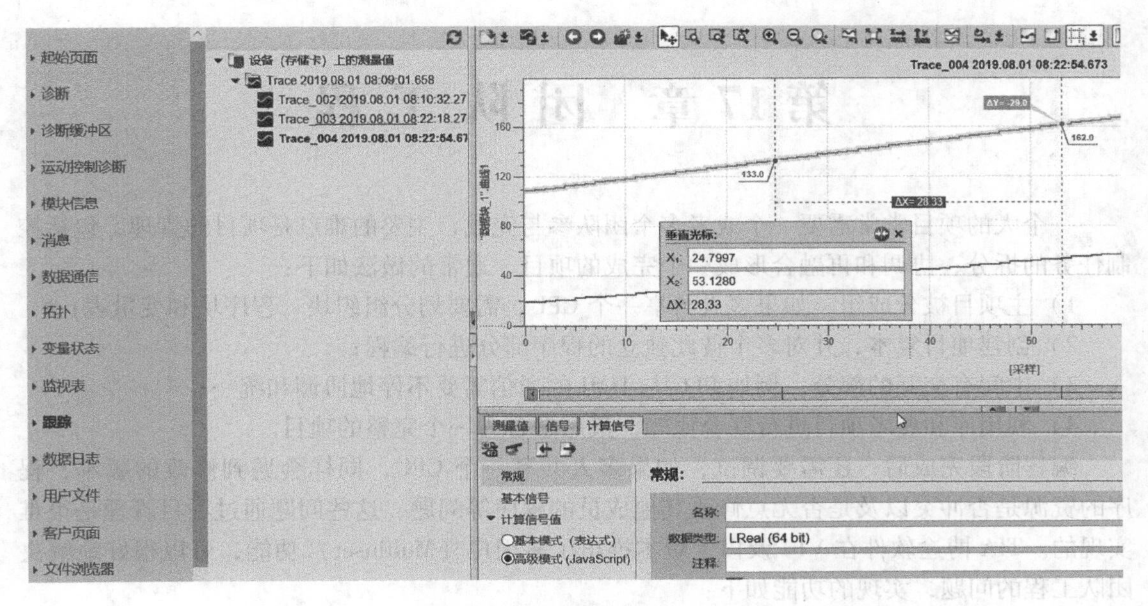


图 16-66 使用浏览器查看 Trace

在“计算信号”选项卡中可以对记录的源信号进行二次计算，生成新的曲线。首先在“基本信号”标签中选择源信号，然后可以在基本模式下选择计算函数，例如“SQRT”，在函数的输入参数处添加源信号，例如 $1，表示在“基本信号”选择的第一个信号，最后单击“生成计算信号”按钮生成计算后的曲线，如图 16-67 所示。

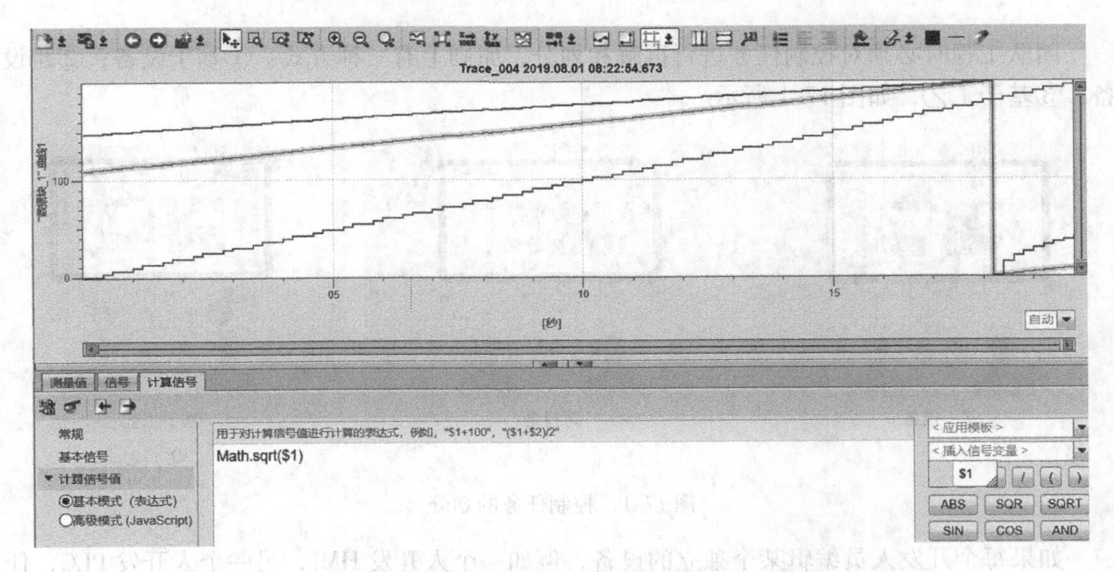


图 16-67 生成计算信号

也可以在高级模式下使用 Java 脚本对源信号进行处理，得到计算的值并绘制成曲线图，这些功能目前 TIA 博途软件不具备。使用简单的工具、不需要专业的知识以及方便的维护，这也可能是发展的趋势。

# 第 17 章　团 队 工 程

一个大的项目常常需要一个或者多个团队参与完成，主要的难点是项目的管理，包括控制任务的拆分、协调和再融合形成一个完成的项目，通常的做法如下：

1）主项目被分成组，如果多人共享一个 CPU，需要划分组织块、程序块和变量表；

2）创建项目复本，并对多个彼此独立的程序部分进行编程；

3）中间有交互的部分，例如 PLC 与 HMI 的通信需要不停地协调和统一；

4）利用库和参考项目进行联合比较，最后融合为一个完整的项目。

编程阶段完成后，还需要调试，如果多人共享一个 CPU，同样会遇到修改的版本、程序的资源是否冲突以及是否无意修改其他成员的程序等问题，这些问题通过项目管理是很难实现的。TIA 博途软件在 V14 及以上版本推出了多用户（Multiuser）功能，可以很好地解决团队工程的问题，实现的功能如下：

1）可以同时并行处理某个项目；

2）减少协同工作量；

3）集中项目管理。

## 17.1　团队工程的解决方案

团队工程时必须对控制任务进行拆解和划分，原则上有三种方式：①基于设备；②跨设备；③基于工艺，如图 17-1 所示。

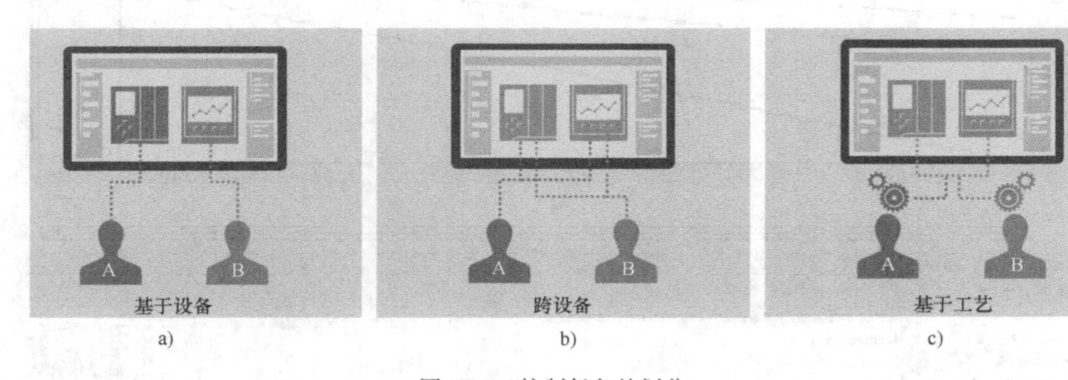


图 17-1　控制任务的划分

如果每个开发人员编辑某个独立的设备，例如一个人开发 HMI，另一个人开发 PLC，任务的划分是基于设备的，如图 17-1a 所示，解决的方案如下：

1）通过 PLC 代理进行项目内工程组态（参考 10.4.2 节），好处是免费的，但是 PLC 符号修改后，需要再次生成代理文件用于与 HMI 的连接。

2）使用多用户功能，好处是修改实时更新，但是多用户功能需要购买。

如果多个开发人员同时开发一个设备，例如多个开发人员共享一个 HMI 或者 PLC，任务的划分是跨设备的，如图 17-1b 所示，这时就不能使用 PLC 代理功能了，必须使用多用户功能。

还有一种情况是每个开发人员开发一种功能，需要同时使用 PLC 和 HMI，这种任务的划分是基于工艺的，如图 17-1c 所示，这时也不能使用 PLC 代理功能，只有多用户功能才适合这样的应用。

## 17.2 多用户项目的部署及功能

多用户项目部署于服务器中，所有成员必须联网才能得到 TIA 博途软件中对象变化的状态，例如一个程序块被修改、增加以及更新等状态。服务器的设置方式有两种：

1）多用户服务器部署在网络中单独的计算机上，如图 17-2 所示，这样的好处是任何一个成员的离开，均不会影响到其他成员对象状态的更新。

2）多用户服务器部署在一个项目开发人员的计算机上，如图 17-3 所示，这样的好处是可快速、灵活地组态服务器，但是如果服务器不在线，就会影响到其他成员对象状态的更新。

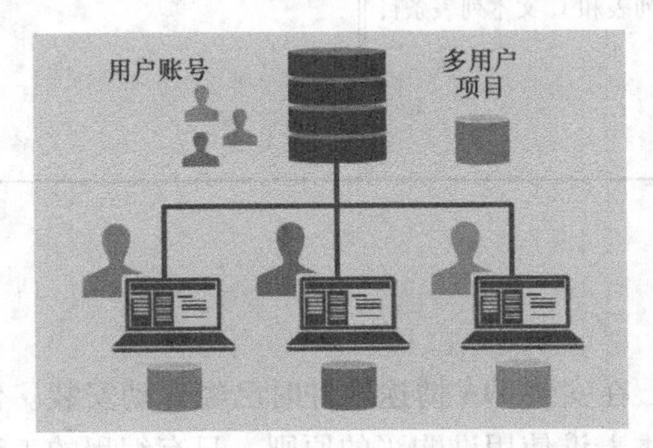


图 17-2 多用户服务器部署在单独的计算机上

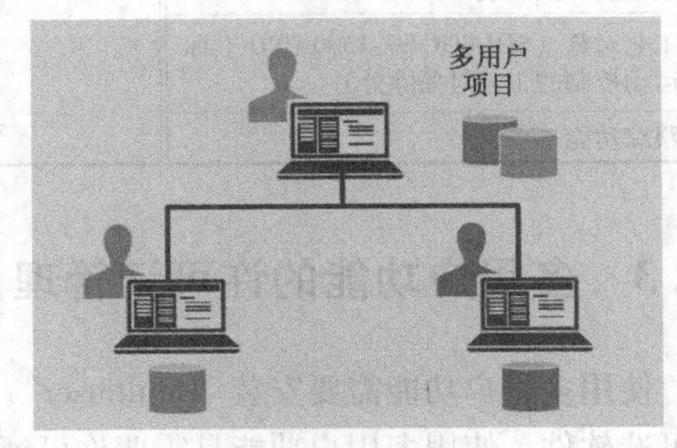


图 17-3 多用户服务器部署在一个项目开发人员的计算机上

考虑到任务的复杂性，一个多用户服务器最多可以部署 100 个项目，同时最多支持 200 个会话，单个服务器项目同时最多支持 25 个会话，如图 17-4 所示。根据任务划分的需求，一个客户端可以建立多个会话，用于一个或者多个服务器项目。

**注意：** Session 在手册中翻译为"会话"，为了匹配，这里也使用"会话"。笔者认为"会话"表示一个客户端在一个或者多个团队工程时注册的一个角色，项目完成后可能就会注销或者重新注册到另外一个项目中，所以"会话"是有时域的。

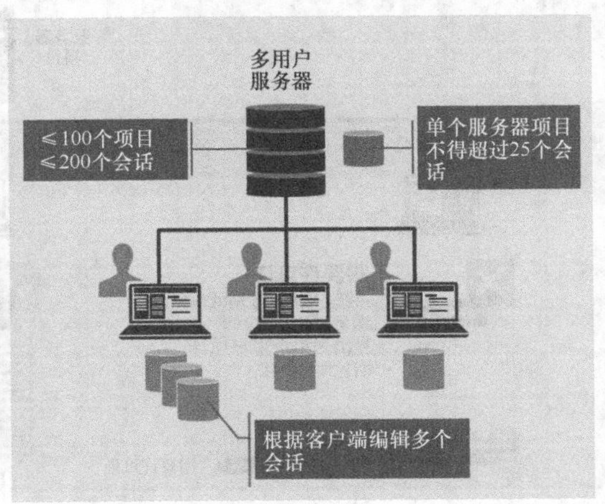


图 17-4 多用户服务器功能范围

多用户项目可以将任务进行划分，任务的划分是以 TIA 博途软件中的对象为基础的，可以用于划分的对象见表 17-1。

表 17-1　多用户项目的对象

| STEP 7 | WinCC | Safety |
| --- | --- | --- |
| 程序块：OB、FB、FC、全局数据块和背景数据块 | 画面（全局画面、总览画面、滑入画面以及报警视图的全局过滤除外） | 故障安全块（F-FB、F-FC、F-Global DB） |
| Software-Units：OB、FB、FC、全局数据块和背景数据块 | 脚本（头文件“GlobalDefinitions. h”除外） | F-PLC 数据类型（UDT） |
| PLC 数据类型和常量 | 变量（系统生成的系统变量、配方变量、归档变量和原始数据变量除外） | 故障安全变量 |
| 变量 | 报警［系统报警、控制器报警、预定义的系统报警类别（含 KTP700F、KTP900F 的“安全警告”）、系统类别组和系统报警组以及消息块除外］ | |
| 中断（系统中断除外） | | |
| 项目库中的库元素 | | |
| 文本列表 | | |
| 监控表和强制表 | 文本列表、图形列表和 C 文本列表条目 | |
| 工艺对象（SIMATIC S7-1500 CPU 上标准运动控制的工艺对象除外） | | |
| 跟踪功能 | | |

## 17.3　多用户功能的许可证管理

使用多用户功能需要安装“Multiuser”软件，在安装 TIA 博途软件时已经自动安装。作为可选软件，使用多用户功能是需要许可证的，本着谁使用谁购买的原则，只有编程的工程师需要购买，而作为项目的管理者，负责原始项目的创建、创建用户账户和账户管理等工作则不需要购买，许可证的管理如图 17-5 所示。

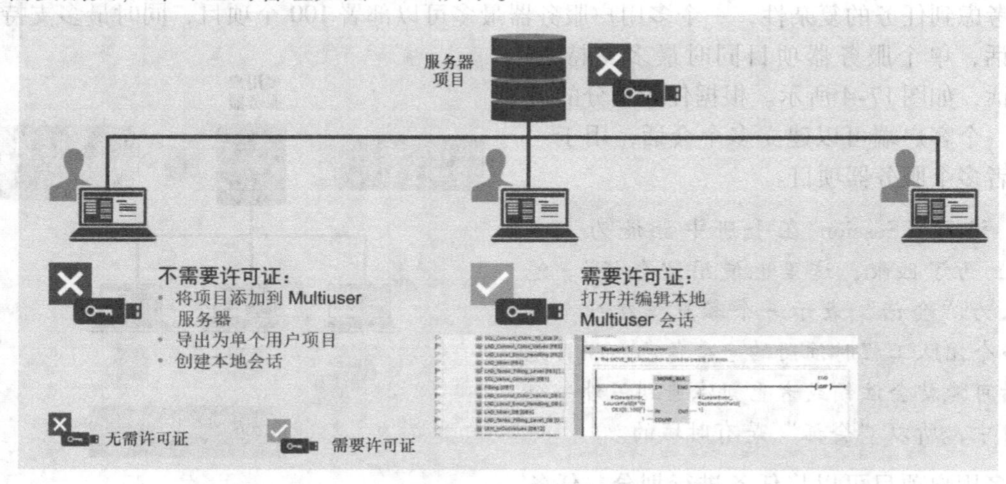


图 17-5　多用户功能许可证的管理

## 17.4　使用多用户功能进行工程组态

工程组态包括启用多用户服务器、用户账户的创建、原始项目的创建并添加到多用户服务器等工作，通常这些工作由项目管理人员负责；除此之外还包括编程、上传本地修改部分到服务器以及更新服务器内容到本地等操作，这些工作由工程师负责。下面以示例的方式介绍多用户的工程组态，项目中有两个客户端（Client1 和 Client2），使用一台独立的 PC 作为服务器，服务器中包含多用户项目，配置如图 17-6 所示。

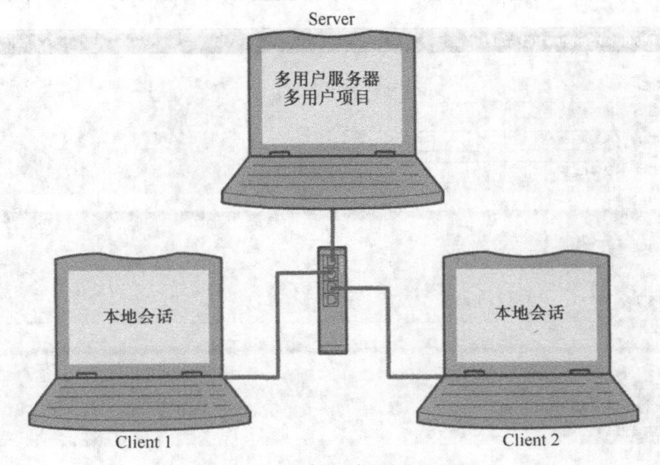


图 17-6　多用户项目配置

### 17.4.1　创建用户账户

多用户通过 Windows 机制进行用户验证和管理，所以首先需要在作为服务器的 PC 上创建两个账户。在“Win10”的控制面板中单击“用户账户”→“管理账户”→“在电脑设置中添加新用户”创建一个新用户，例如“Client1，并设置密码，如图 17-7 所示。

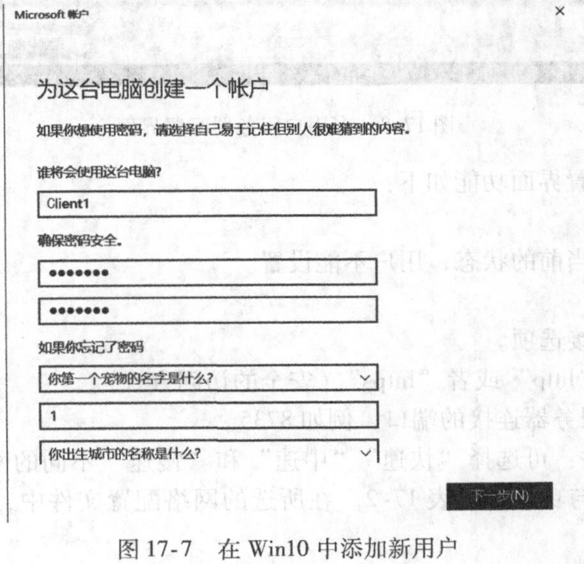

Microsoft 帐户　×

为这台电脑创建一个帐户

如果你想使用密码，请选择自己易于记住但别人很难猜到的内容。

谁将会使用这台电脑?

Client1

确保密码安全。

●●●●●●●

●●●●●●●

如果你忘记了密码

你第一个宠物的名字是什么?

1

你出生城市的名称是什么?

下一步(N)

图 17-7　在 Win10 中添加新用户

设置的用户账户类型为“标准用户”，以相同的方式添加账户“Client2”。

### 17.4.2　安装多用户服务器

账户创建完成后，需要在该 PC 上使能多用户服务器功能。使能多用户服务器必须在该 PC 上安装“Multiuser”软件，如果服务器上未安装 TIA 博途软件（默认情况下自动安装“Multiuser”软件），需要在 TIA 博途软件的光盘中找到该软件并独立安装。

软件安装后，选择“开始”→“Siemens Automation”，单击“Multiuser Server V15.1 Configuration”（以 V15.1 为例）进入多用户服务器配置界面，如图 17-8 所示。

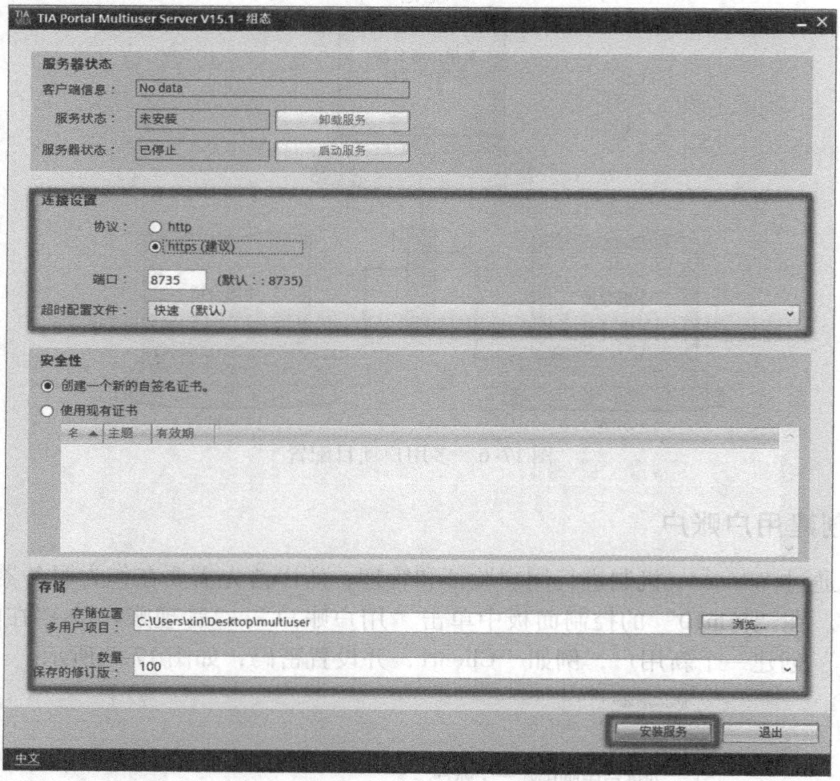

图 17-8　多用户服务器配置界面

多用户服务器配置界面功能如下：

（1）服务器状态

用于显示服务器当前的状态，用户不能设置。

（2）连接设置

需要用户设置连接选项。

1）协议：选择“http”或者“https”（安全的访问方式）。

2）端口：设置服务器连接的端口，例如 8735。

3）超时配置文件：可选择“快速”“中速”和“慢速”不同的网络配置文件，具体取决于所在网络的性能与功能，见表 17-2。在所选的网络配置文件中，由系统确定生成超时消息的既定时间。

表 17-2 服务器连接的网络配置文件

| 网络配置文件 | 应 用 领 域 |
|---|---|
| 快速 | ➢ 办公环境<br>➢ 千兆以太网<br>➢ 稳定且基本无干扰的网络环境 |
| 中速 | ➢ 办公环境，位置固定的小型工作组<br>➢ 快速以太网、WLAN 和 VPN 连接<br>➢ 良好的网络环境，几乎无干扰 |
| 慢速 | ➢ 调试，不稳定的工作站<br>➢ WLAN 连接<br>➢ 可能存在干扰（设备、电气安装） |

（3）安全性

如果选择“https”协议，则需要安全证书，首次使用可以选择“创建一个新的自签名证书”，系统将生成一个证书，如果再次启用服务器服务则可以选择“使用现有证书”。

（4）存储

1）“多用户项目存储位置”：用于指定多用户项目的存储路径，如果服务器服务启用，则该文件夹将被保护。

2）“保存的修订版数量”：多用户项目最多可以保存修改的数量，如果超过定义的数量，则最早的记录将被覆盖，在“Multiuser Server V15.1 Administration”可以查看到修改的时间和修改的内容，也可以回退到早期的版本。

设置完成后单击“安装服务”按钮安装服务器服务，然后单击“启动服务”按钮启用服务器的服务，如图 17-9 所示。

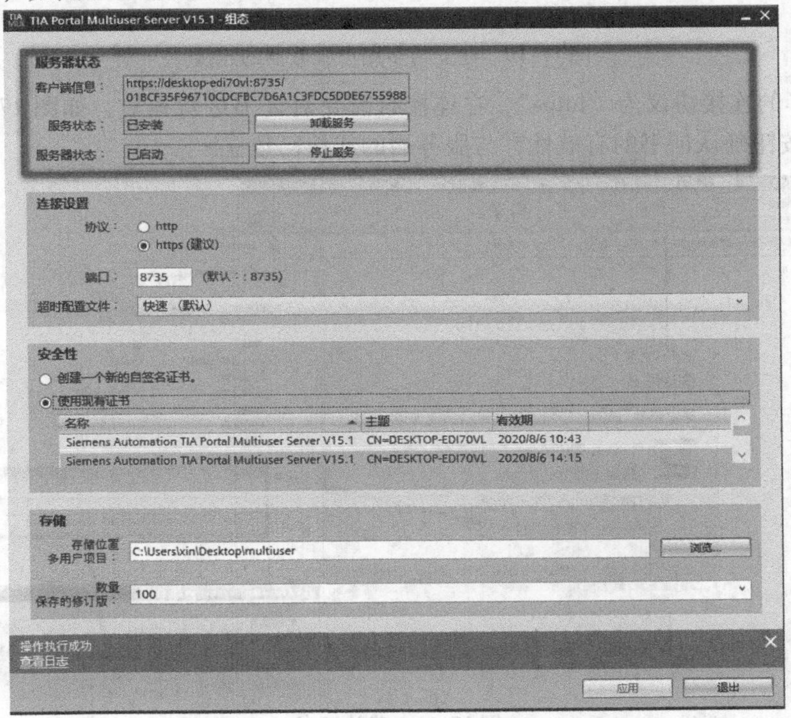


图 17-9 多用户服务器启动状态

"客户端信息"用于客户端连接服务器的地址信息，例如 https：//desktop-edi70vl：8735，这里需要记住使用的连接协议，例如是"http"还是"https"；服务器 PC 的名称，例如"desktop-edi70vl"或者 IP 地址；还有使用的通信端口，例如"8735"，这些信息在客户端连接服务器时使用。后面的一串字符是证书的指纹信息，用于核对连接的证书。

### 17.4.3　在多用户服务器中添加用户账户

多用户服务器启用之后，需要在服务器中添加用户账号用于客户端的登录和管理。首先需要登录到多用户服务器，选择"开始"→"Siemens Automation"，单击"Multiuser Server V15.1 Administration"（以 V15.1 为例）进入多用户服务器管理界面，单击"添加服务器"按钮建立一个到所期望的多用户服务器的连接，在弹出的对话框中添加服务器的名称、端口号和使用的协议，如图 17-10 所示。单击"添加"按钮进行连接。

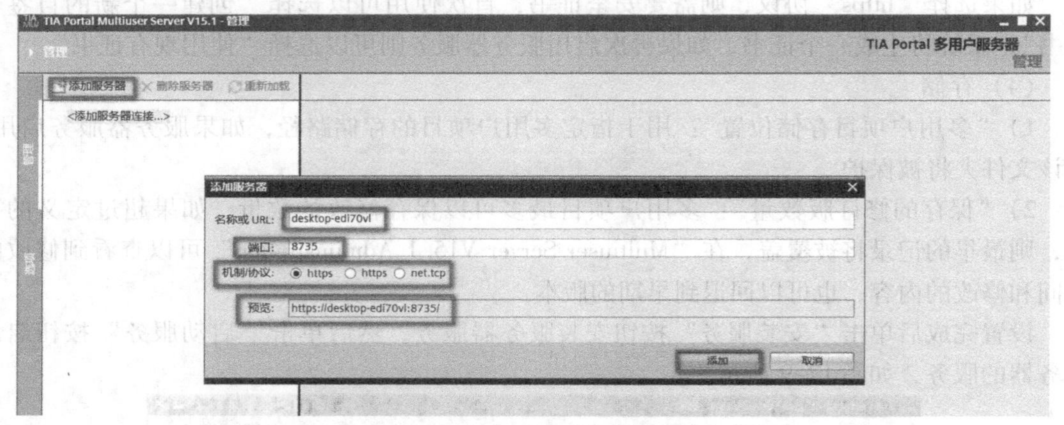


图 17-10　建立与多用户服务器的连接

由于选择的连接协议为"https"，在连接时需要对证书进行核对，如图 17-11 所示，单击"确定"按钮确认证书的有效性，与服务器的连接已建立。

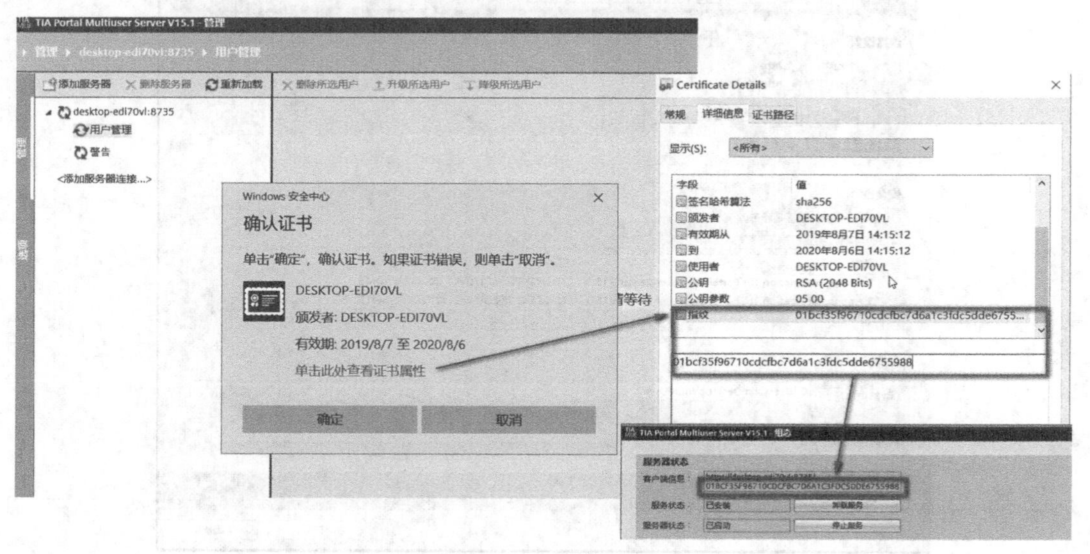


图 17-11　确认证书

双击打开“用户管理”，不同的角色拥有不同的使用权限：

“Manager”：完全访问权限，例如可以登录多用户服务器。

“Contributor”：部分访问权限，无删除权限。

“Member”：只读权限。

示例中在“Contributor”栏中添加用户账户，如图 17-12 所示。

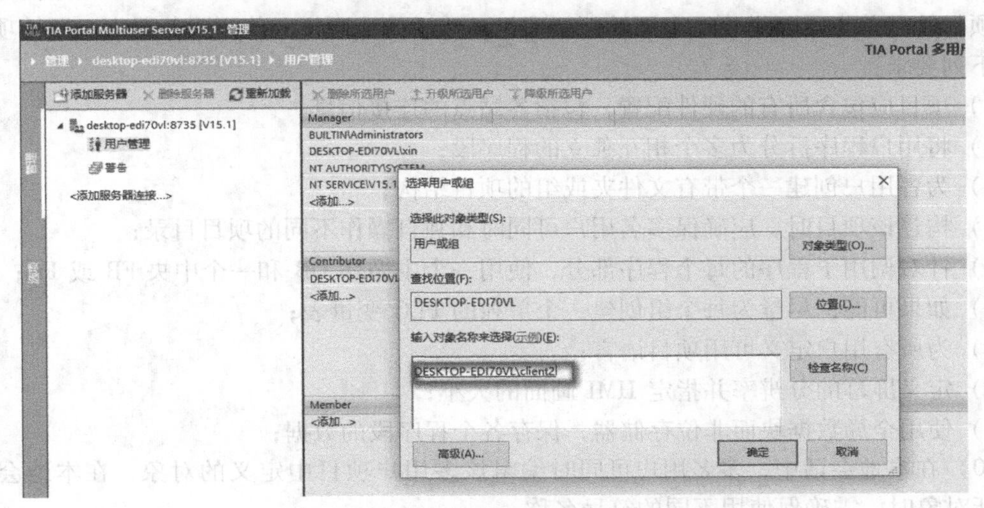


图 17-12 添加用户账户

项目管理者可以使用“升级所选用户”和“降级所选用户”标签再次为用户账户赋予不同的权限，也可以使用“删除所选用户”将用户账户删除，使之不能登录到服务器项目中。

## 17.4.4 添加与多用户服务器的连接

使用 TIA 博途软件将多用户项目上传到服务器前，必须添加与多用户服务器的连接。在 TIA 博途软件的菜单栏选择“选项”→“设置”→“多用户”，打开多用户服务器连接界面，在服务器列表中单击“添加服务器连接”，在弹出的对话框中添加需要连接服务器的信息，如图 17-13 所示。

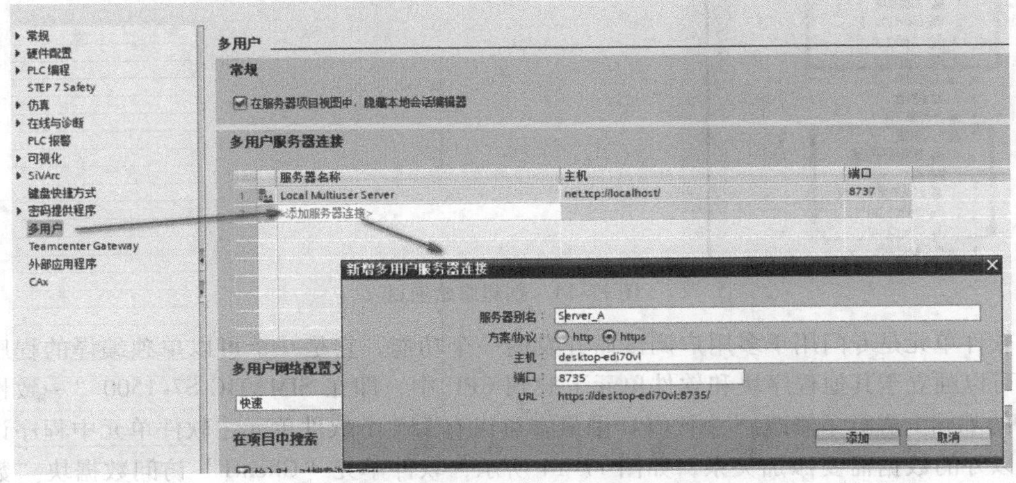


图 17-13 添加多用户服务器的连接

“服务器别名”框中输入服务器的别名，例如“Server_A”，主要是用于自己识别不同的服务器。服务器的连接信息参考图 17-9 所示内容。可以在多用户服务器连接表中添加多个服务器的连接。

### 17.4.5　上传多用户项目到服务器

项目管理首先需要搭建一个原始框架项目，然后将该项目上传到服务器中。原始项目应满足下列要求：

1）项目应包含所有的硬件配置，包括各站点的连接信息；

2）将用户程序拆分为多个相互独立的程序段；

3）为各用户创建一个带有文件夹或组的项目结构；

4）构建该项目时，应确保多名用户可同时和独自操作不同的项目目录；

5）针对调用子程序的每个程序部分，使用一个主循环 OB 和一个中央 FB 或 FC；

6）如果可能，尽量为每个组创建一个单独的 PLC 变量表；

7）为所有用户定义可用项目语言；

8）定义屏幕的分辨率并指定 HMI 画面的大小；

9）使用全局数据块而非位存储器，保存各个程序段的数据；

10）在本地会话中，多名用户可同时编辑该多用户项目中定义的对象，在本地会话中创建新对象时，需确保使用不同的符号名称。

示例中有两个客户端（“Client1”和“Client2”）共享一个 PLC，创建一个初始项目，在 PLC 中分别按照客服端的名称对程序块、软件单元和 PLC 变量进行分组，如图 17-14 所示。

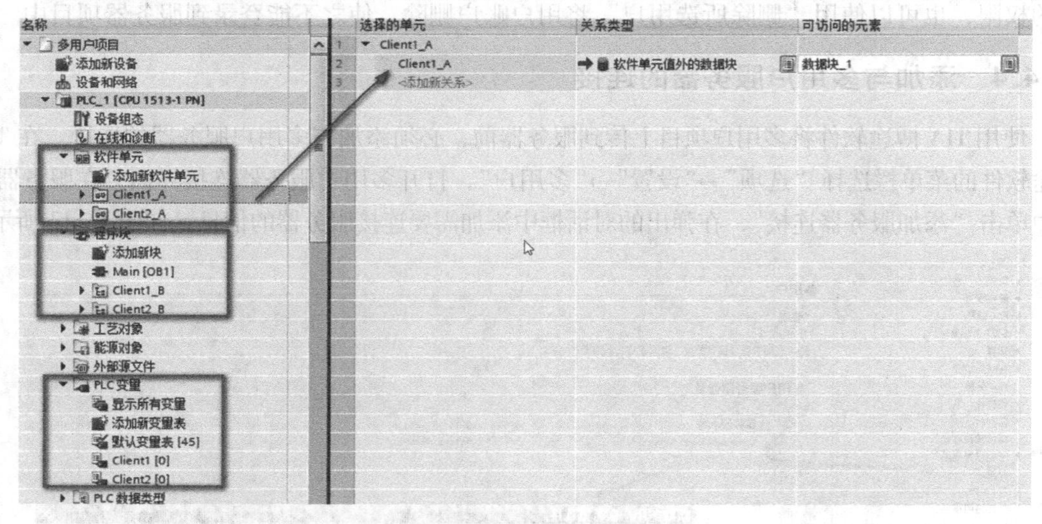


图 17-14　创建原始项目

软件单元是专门用于多用户调试而开发的一个功能，它是一个可以单独编译的程序单元，可以独立于其他程序块和软件单元下载到 CPU 中，即在 SIMATIC S7-1500“一致性下载”的基础上进行了修改。一个 CPU 中最多可以有 255 个软件单元，软件单元中程序访问单元以外的数据需要添加关系，如图 17-14 所示，软件单元“Client1”访问数据块“数据块_1”，需要添加一条关系，如果外部程序调用单元内的程序块也需发布该程序块（在程序块的属性中激活）。软件单元与其他程序在调试中的区别参考“多用户调试”相关内容。

项目管理者和工程师都可以将原始项目上传到服务器作为服务器项目。打开 TIA 博途软件，单击菜单“项目”→“多用户”，在“管理多用户服务器项目”对话框中选择需要连接的服务器，例如选择图 17-13 中添加的服务器，别名为“Server_A”。如果使用“https”协议，在弹出的对话框中需要对证书进行验证，单击“确定”按钮后弹出登录的界面如图 17-15 所示。

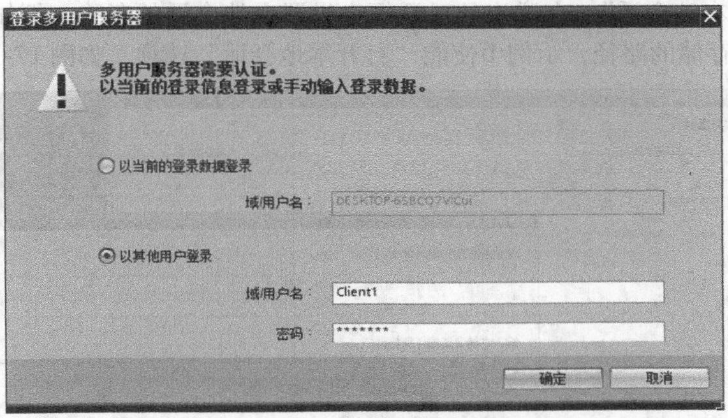

图 17-15　登录多用户服务器

如果直接在服务器 PC 上操作，则不会弹出登录窗口，因为多用户服务器通过 Windows 机制进行用户验证和管理，自动使用“以当前的登录数据登录”进行登录，如果使用客户端登录，则需要使用“以其他用户登录”方式进行登录，示例中客户端 Client1 使用多用户服务器的“Client1”用户账户进行登录。

登录成功后，单击项目名称表中的“将项目添加到服务器中”，在弹出的对话框中选择原始项目并添加到服务器中，如图 17-16 所示。

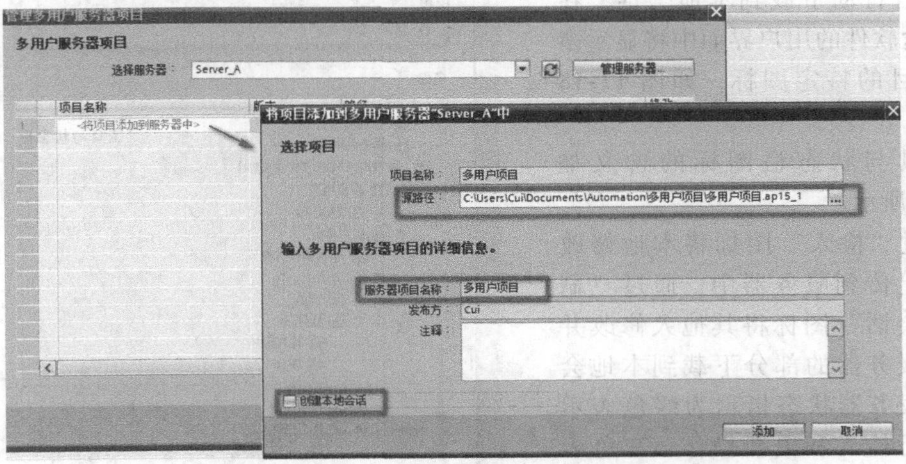

图 17-16　添加原始项目到服务器

在“源路径”中选择原始项目的路径，原始项目的名称将作为服务器项目名称，多用户服务器中可以添加多个项目。如果使能“创建本地会话”，则在添加服务器项目后在本地即客户端 Client1 中再创建一个会话，示例中没有选择，本地会话将在后面的章节介绍。单击“添加”按钮完成服务器项目的添加。

### 17.4.6　创建本地会话

在客户端上需要创建会话用于团队工程，示例中在客户端 Client1 中创建一个会话，例如打开 TIA 博途软件，单击菜单“项目”→“多用户”，在“管理多用户服务器项目”对话框中双击“新建本地会话”，在弹出的对话框中设置本地会话的名称，例如“多用户项目_Client1”及项目存储的路径，示例中使能“打开本地会话”选项，如图 17-17 所示。

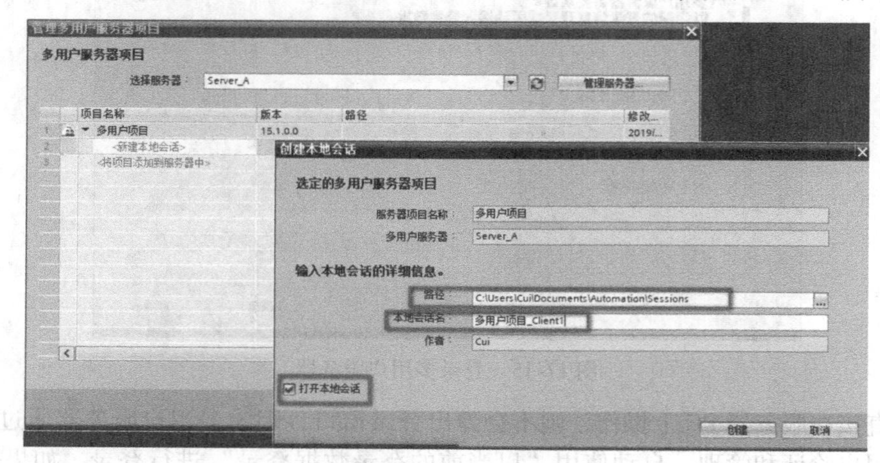


图 17-17　创建本地会话

单击“创建”按钮，本地会话创建完成并打开本地会话，服务器中的项目自动下载到本地会话，在 TIA 博途软件的用户界面中将显示多用户项目的特定图标，如图 17-18 所示。

工具与状态栏图标的含义如图 17-19所示。

通过“检入”图标将本地修改的对象上传到服务器中；通过“刷新本地会话”图标将其他人修改并上传到服务器的部分下载到本地会话中。服务器状态指示为绿色表示可以进行检入和更新操作；灰色表示服务器未连接；浅灰色表示离线操作。项目树左边的旗形图标指示多用户项目对象的状态，其意义见表 17-3。

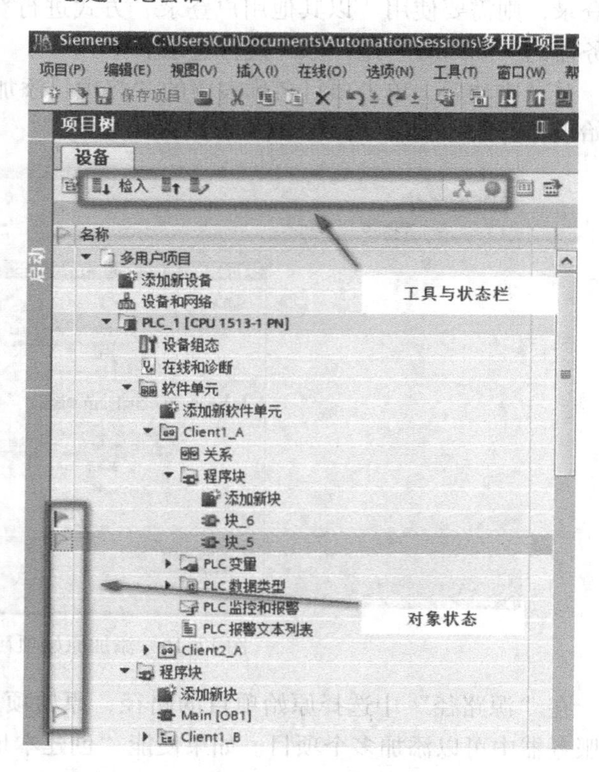


图 17-18　本地会话项目特定图标

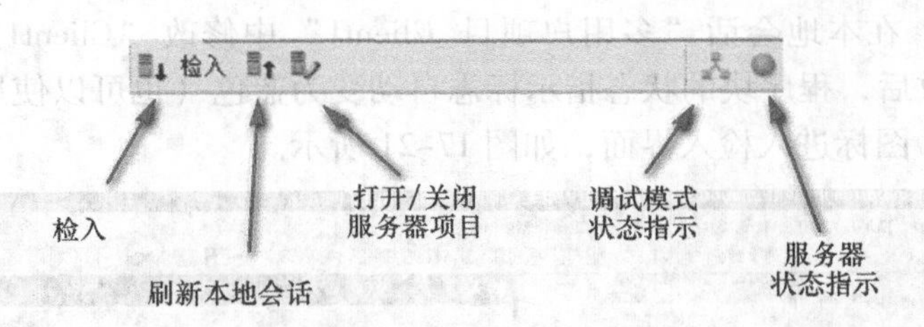


图 17-19 工具与状态栏图标的含义

表 17-3 对象图标的意义

| 符 号 | 意 义 |
| --- | --- |
| (白色旗标) | 可标记对象（白色） |
| (蓝色旗标) | 自己标记的对象（蓝色），使用鼠标单击进行标记，再次单击为去标记 |
| (黄色旗标) | 由其他客户端标记的对象（黄色），用于显示 |
| (红色旗标) | 存在冲突的对象（被一个以上客户端进行了标记，红色） |
| (刷新图标) | 可以使用新版本对象 |

以相同的方式在 Client2 创建本地会话“多用户项目_Client2”。本地会话存储的多用户项目以 *. alsx_y（TIA 博途软件版本）结尾，例如“多用户项目_Client1. als 15_1”。

**注意：一个客户端可以创建多个会话。**

## 17.4.7 本地会话的操作

本地会话的操作包括检入、刷新本地会话以及对服务项目的操作。检入与刷新本地会话的操作流程如图 17-20 所示。

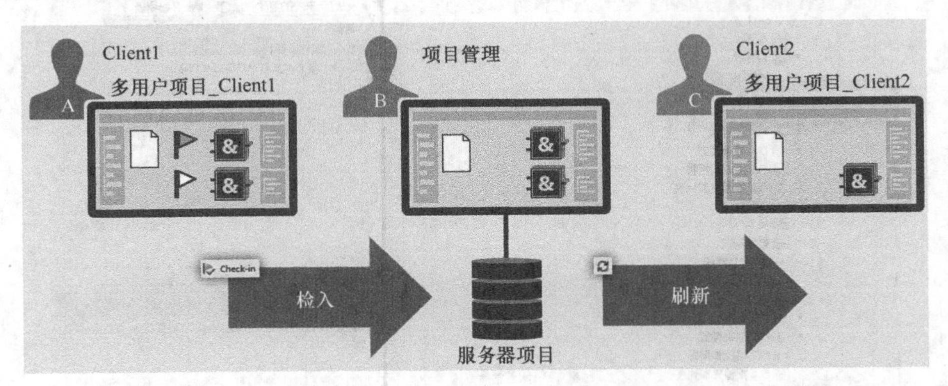


图 17-20 检入与刷新的操作流程

本地会话“多用户项目_Client1”将修改的程序通过“检入”上传到服务器项目中，本地会话“多用户项目_Client2”通过“刷新本地会话”将服务器项目变化的部分下载到本地项目中，完成操作以后，两个会话和服务器项目完全一样。下面以示例的方式介绍检入与刷新本地会话的操作。在本地会话“多用户项目_Client1”中修改“Client1_A”和“Client1_B”的程序块，修改后，程序块的状态指示标志自动变为蓝色（也可以使用鼠标单击进行标记），单击“检入”图标进入检入界面，如图 17-21 所示。

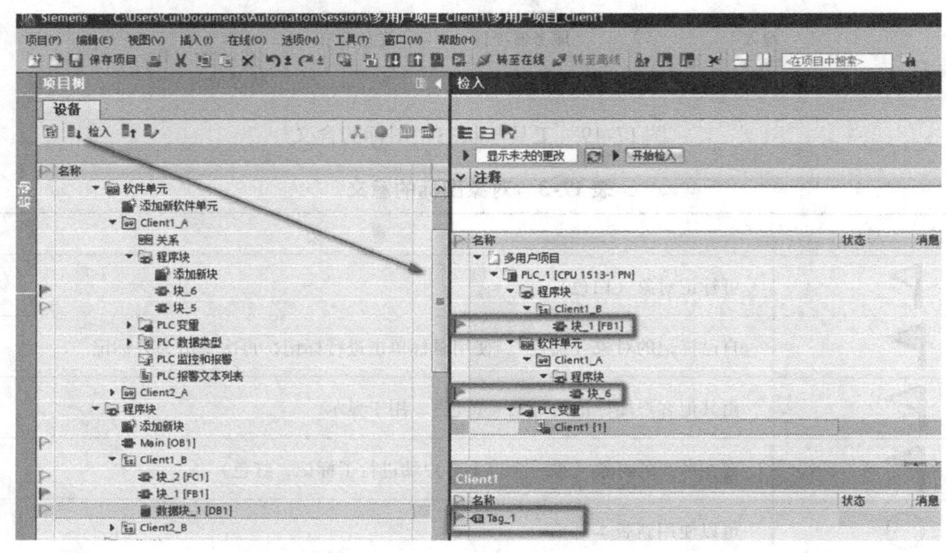


图 17-21　检入界面

系统自动检测有三个对象被修改，即两个程序块和添加一个符号名，只有蓝色标记的对象才能被检入，单击“开始检入”按钮将修改的对象上传到服务器中，上传完成后，单击“刷新本地会话”图标更新时间信息。

在会话“多用户项目_Client2”可以看到“多用户项目_Client1”修改的对象带有更新标志，如图 17-22 所示。

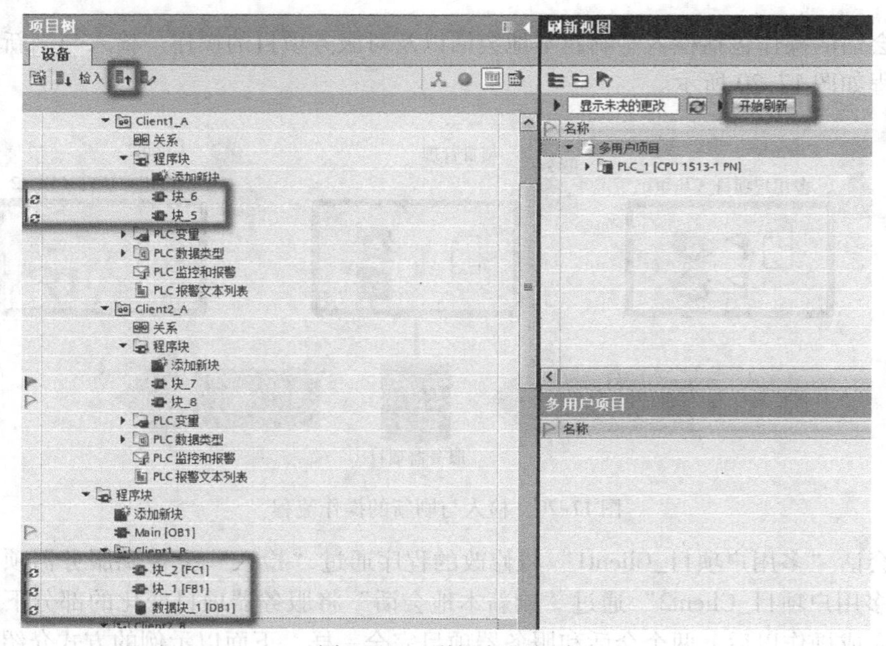


图 17-22　刷新本地会话

示例中需要刷新对象的图标为黄色，表示该对象被“Client1”标记为蓝色，单击“刷新本地会话”图标，然后在“刷新视图”单击“开始刷新”按钮，将本地会话“多用户项目_Client1”修改的对象复制到“多用户项目_Client2”中，完成后本地会话与服务器项目的同步。

“Client1”标记的对象为蓝色，在其他会话中将显示为黄色，如果多个会话同时对一个对象进行标记或标记一个黄色图标对象，则该对象图标将变为红色，用鼠标右键单击该红色图标，可以查看到该对象使用的信息，如图 17-23 所示。

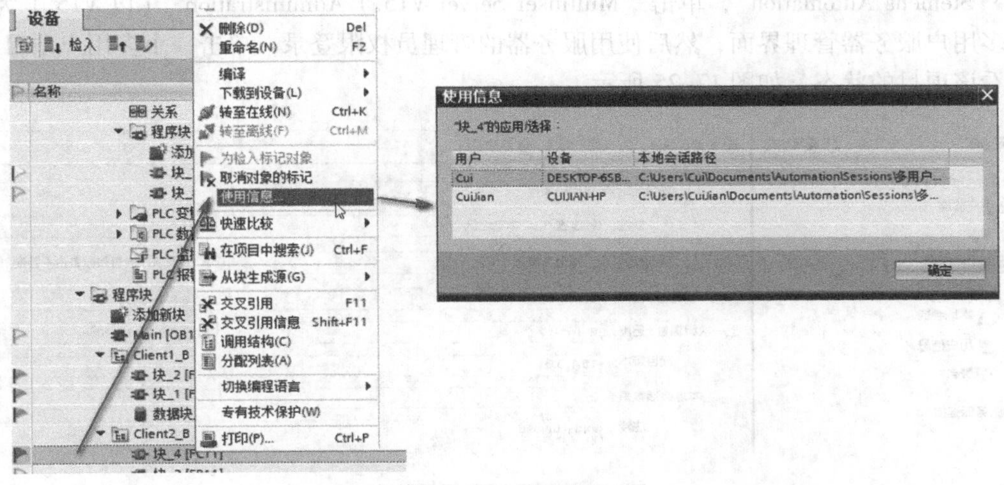


图 17-23　冲突信息

原始项目是一个框架项目，后期可能对结构进行修改，例如更换、添加模块、符号表的创建以及新建 PLC 连接等，由于这些都不属于多项目对象，所以必须打开服务器项目进行修改。在多用户项目的工具栏单击“打开/关闭服务器项目”图标，显示服务器项目视图，这时服务器项目状态指示为黄色的锁定状态，会话的检入操作被禁止，如图 17-24 所示。在服务器项目视图中修改 PLC 的硬件配置，使用“保存更改”或“放弃更改”对服务器项目的修改进行操作，任何的操作都会解锁服务器项目，如果选择“保存更改”，则需要单击“刷新本地会话”图标更新服务器项目的修改部分到本地会话。

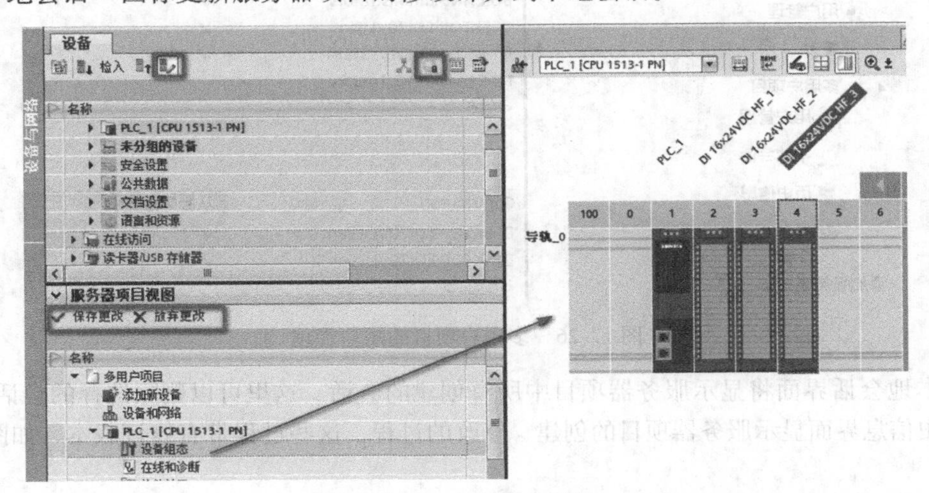


图 17-24　打开服务项目

如果不能连接多用户服务器，可以单击菜单“项目”→“多用户”，选择“离线运行”（这时其他会话标记的状态将不能显示），在离线状态下可以继续对属于自己的对象进行编辑，连接到服务器后，去使能“离线运行”后可以将修改的对象上传到服务器中。

## 17.4.8　多用户项目管理

使用“Multiuser Server V15.1 Administration”可以对多用户项目进行管理，选择“开始”→“Siemens Automation”，单击“Multiuser Server V15.1 Administration”（以 V15.1 为例）进入多用户服务器管理界面，然后使用服务器的管理员权限登录，单击一个多用户项目，可以查看该项目的状态，如图 17-25 所示。

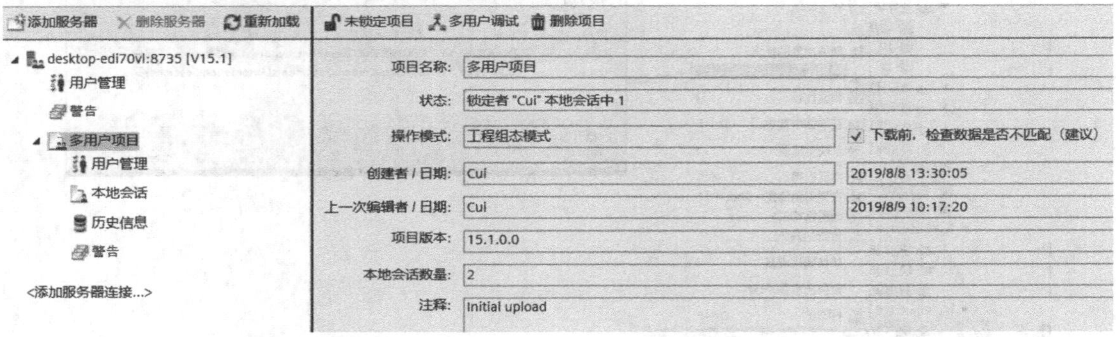

添加服务器　删除服务器　重新加载　未锁定项目　多用户调试　删除项目
desktop-edi70vl:8735 [V15.1]
用户管理
警告
多用户项目
用户管理
本地会话
历史信息
警告
<添加服务器连接...>
项目名称：多用户项目
状态：锁定者 "Cui" 本地会话中 1
操作模式：工程组态模式　下载前，检查数据是否不匹配（建议）
创建者 / 日期：Cui　2019/8/8 13:30:05
上一次编辑者 / 日期：Cui　2019/8/9 10:17:20
项目版本：15.1.0.0
本地会话数量：2
注释：Initial upload

图 17-25　多用户项目状态

如果服务器项目被其他会话修改而锁定，可以单击“未锁定项目”图标进行解锁。除此之外还可以设置多用户项目为调试模式或者删除该项目。

在多用户项目的用户管理界面中，项目用户账户继承服务器的账户，如图 17-26 所示，对项目用户账户权限的升降级管理不影响服务器用户账户的权限。

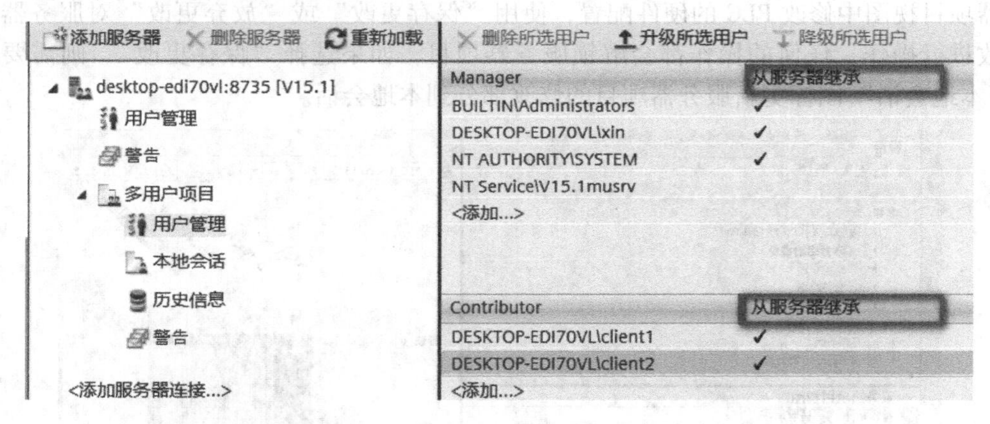


图 17-26　多用户项目的用户管理

在本地会话界面将显示服务器项目中所有创建的会话，这里可以删除选择的会话。

历史信息界面显示服务器项目的创建、修改的过程，这些过程带有修订版本，如图 17-27 所示。

添加服务器 删除服务器 重新加载 | 回滚到所选修订版本 导出所选修订版 导出历史信息 保存修订版 显示详细信息

desktop-edi70vl:8735 [V15.1]
用户管理
警告
多用户项目
用户管理
本地会话
历史信息
警告
<添加服务器连接...>

| 可用性 | 修订版号 | 计算机名称 | 创建者 | 创建日期 | 项目版本 | 注释 |
|---|---|---|---|---|---|---|
| | 8 | DESKTOP-6SBCQ7V | Cui | 2019/8/9 10:17:20 | 15.1.0.0 | |
| | 7 | DESKTOP-6SBCQ7V | Cui | 2019/8/9 10:16:23 | 15.1.0.0 | |
| | 6 | | Cui | 2019/8/9 10:01:21 | 15.1.0.0 | Rollback to Revision 4 |
| | 5 | DESKTOP-6SBCQ7V | Cui | 2019/8/9 8:56:08 | 15.1.0.0 | |
| | 4 | CUIJIAN-HP | CuiJian | 2019/8/9 8:54:48 | 15.1.0.0 | |
| | 3 | DESKTOP-6SBCQ7V | Cui | 2019/8/9 8:38:46 | 15.1.0.0 | |
| | 2 | DESKTOP-6SBCQ7V | Cui | 2019/8/8 16:27:23 | 15.1.0.0 | |
| | 1 | | Cui | 2019/8/8 13:30:05 | 15.1.0.0 | Initial upload |

修订版 5

详细信息 | 发生更改的对象

| 名称 | 更改 | 类型 | 对象 ID |
|---|---|---|---|
| 多用户项目\PLC_1\程序块\Client1_B\块_1 | Edit | Function blc | 20450649-b3a8-4675-a53d-dcf40c30a0aa |
| 多用户项目\PLC_1\程序块\Client1_B\块_2 | User | Function | 753dac67-b1a3-4a5d-a0c8-7286b841ca3e |
| 多用户项目\PLC_1\程序块\Client1_B\数据块_1 | User | Data block | 14c7b236-19eb-4b37-bb98-3f1cba6b9926 |
| 多用户项目\PLC_1\软件单元\Client1_A\程序块\块_5 | User | Function blc | 24c8f5a5-e1aa-4950-9e73-35d4e8786933 |
| 多用户项目\PLC_1\软件单元\Client1_A\程序块\块_6 | User | Function | df372855-e47c-490b-93ff-372e679303ea |

图 17-27 项目历史信息

修订版本的个数可以在安装服务器时进行配置，参考图 17-8。选择一个修订版本，单击“回滚到所选修订版本”选项卡，项目将回滚到该修订版本所存储的状态；单击“导出所选修订版本”选项卡，可以将该修订版本的多用户程序导出为单用户程序，例如 *. ap15_1（TIA 博途软件 V15. 1 版本）；单击“导出历史信息”选项卡，将历史信息存储于本地用于分析；选择一个修订版本，单击“保存修订版”选项卡，则该修订版本被锁定，不能删除；单击“显示详细信息”选项卡可以查看具体修改的内容。

## 17.5 单用户项目的联合调试功能

一个复杂的控制任务常常由多个编程人员完成。随着 CPU 的容量越来越大，运行速度越来越快，单个 CPU 也可以完成相对复杂的任务。为了适应这样的要求，SIMATIC S7-1500 CPU 支持多人在线调试功能。在线的人数与 CPU 的类型有关，例如 CPU 1511 支持 5 个编程人员同时在线。

如果由多个编程人员同时完成一个控制任务，每部分的程序可以通过复制或者库文件的方式合成为一个主项目。主项目包含完整的硬件配置以及所有必需的变量和块，它被装载到统一使用的 CPU 中，然后以“主项目”副本的形式分发到各编程人员进行调试。流程如图 17-28所示，首先合成主项目，然后复制多份并分发到各调试人员，每一个调试人员调试属于自己部分的程序，调试完成后再次合成为主项目。

程序下载时如果在线项目/离线项目有差异，例如其他人员修改了程序，必须先进行同步操作才能进行下载，以保证项目数据的一致性。例如一个程序分为三部分，其中主调用程序不需要修改，其他两部分程序由两个工程师调试。如图 17-29 所示，一个程序块在某个时刻只能被一个工程师站监控，不同的块可以同时被监控，所以需要每一个调试人员调试属于自己部分的程序。

如果组员 2 修改了程序 FC3 并已下载，那么组员 1 在编辑完自己部分的程序后并下载时会得到程序有差异的提示信息。如图 17-30 所示，系统会提示组员 2 的程序已经修改。如果

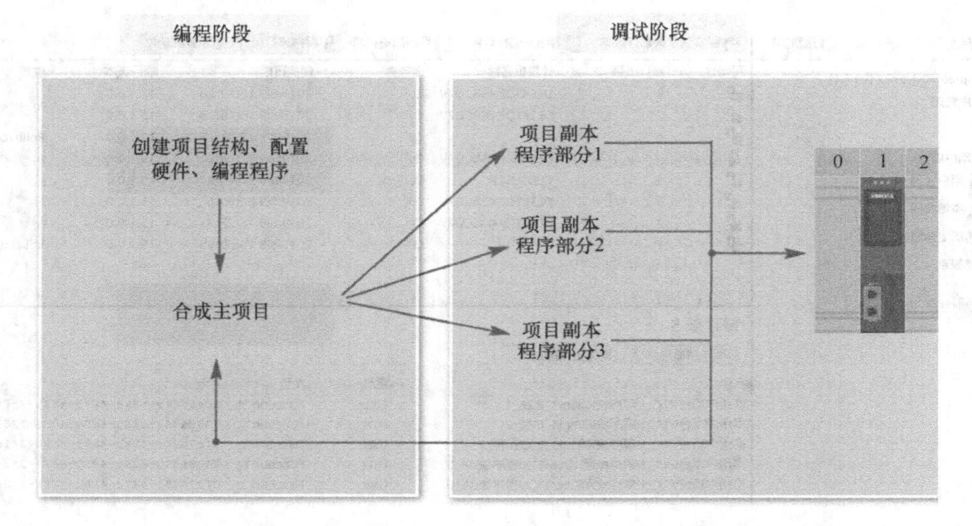


图 17-28　单用户项目联合调试流程

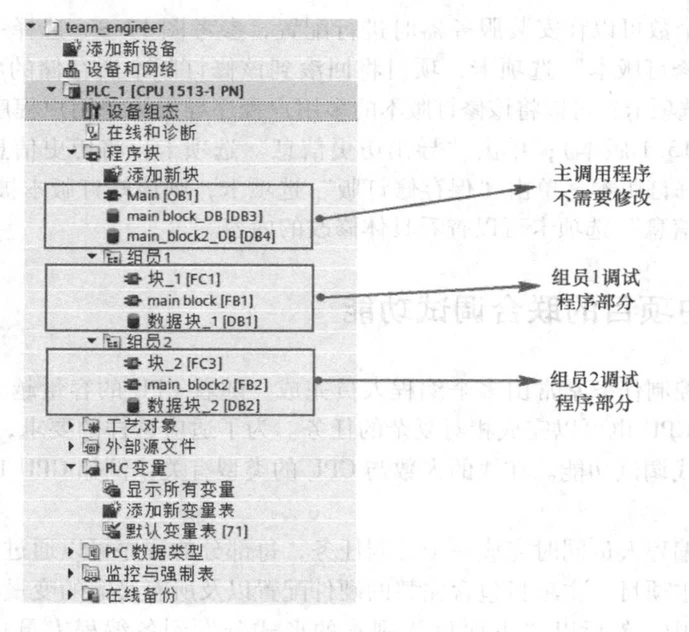


图 17-29　程序的划分

单击“同步”按钮，组员 2 修改的程序首先将自动覆盖组员 1 的 FC3 的程序，之后再执行下载组员 1 修改的程序；如果单击“离线/在线比较”按钮，则进入程序离线/在线比较界面（参考 16.6.1 节），可以单独上传或下载 FC3 程序；如果单击“在不同步的情况下继续”按钮，则不进行同步操作，直接下载组员 1 的修改部分，同时 CPU 中的 FC3 被组员 1 离线项目中的旧程序所覆盖。

如果组员 2 修改了组员 1 的程序，例如 FC1，并下载至 CPU 中，然后组员 1 再次修改 FC1，这时系统不能决定哪一个需要覆盖，图 17-30 中的“同步”按钮将去使能，需要由组员 1 决定是上传还是下载。调试完成后，如果程序完全同步，组员 1 和 2 的程序都可以作为主项目。

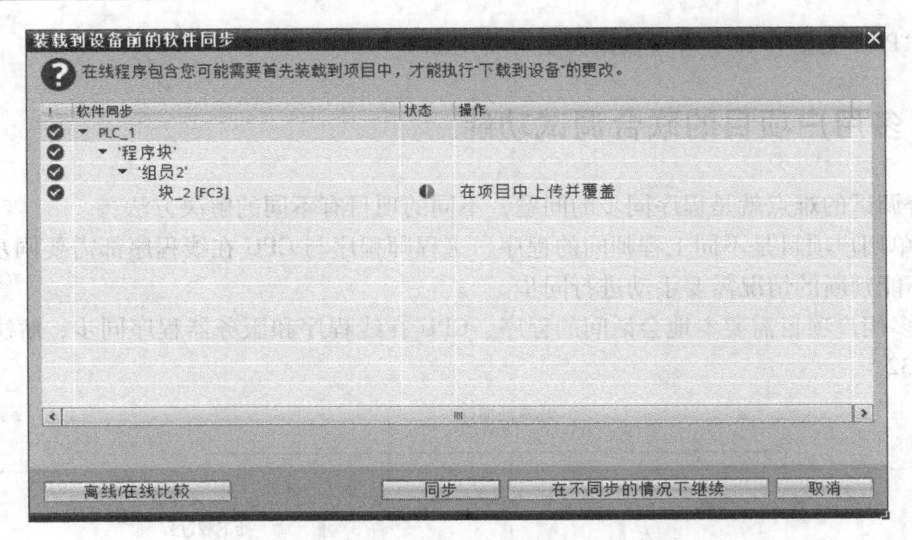


图 17-30 单用户联合调试下载界面

同步是利用 SIMATIC S7-1500 CPU“一致性下载”（即下载完成后完全覆盖在线程序）和可以单独上传一个块的特性，先上传改变的块，然后再下载修改的块，如果系统判断不出来，需要人工操作，这样容易造成误动作，在 TIA 博途 V15.1 增加软件单元的功能，继承了 S7-300/400 的方式，下载后可以使离线和在线程序不一致，但是局限在不同的软件单元，即软件单元内的程序必须一致，如图 17-31 所示。

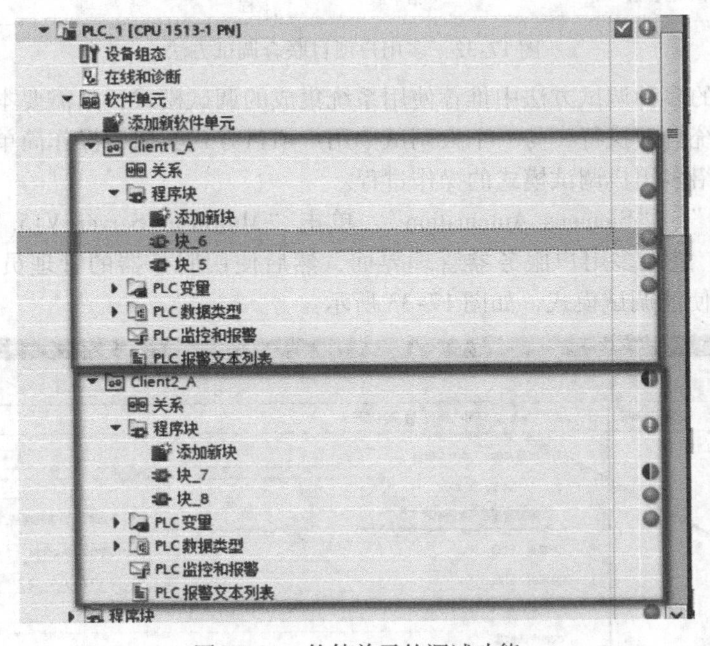


图 17-31 软件单元的调试功能

在软件单元“Client1_A”中修改程序块后下载并不会覆盖软件单元“Client2_A”中的对象。使用软件单元有一些限制，例如使用软件单元外部的数据块需要在“关系”中定义，软件单元内的程序块只有“发布”才能被外部程序调用，除此之外还需要在软件单元内单独定义“PLC 变量”和“PLC 数据类型”等对象。

## 17.6　多用户项目的联合调试功能

联合调试的难点就是程序同步的问题，不同的项目有不同的解决方法：

1）单用户项目是不同工程师间的程序、工程师程序与 CPU 在线程序都需要同步，下载时系统不能判断的情况需要手动进行同步。

2）多用户项目需要本地会话间的程序、CPU 在线程序和服务器程序同步，解决方法参考图 17-32。

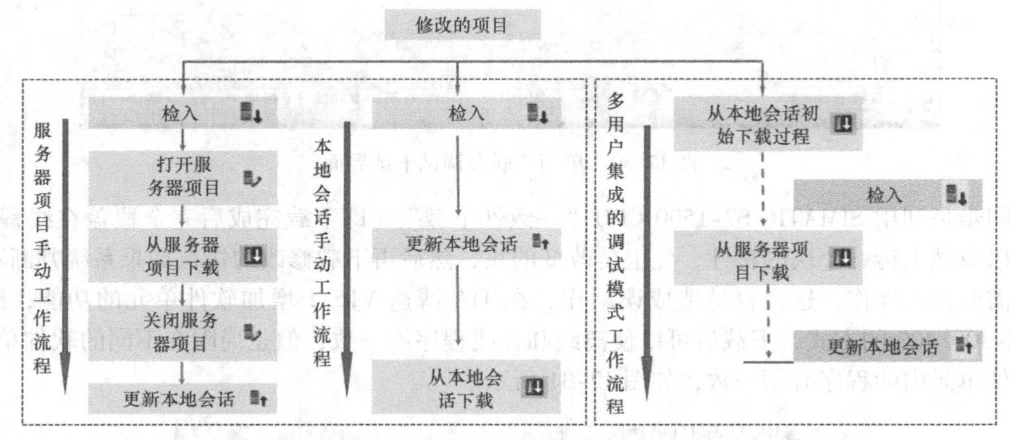


图 17-32　多用户项目联合调试方法

多用户项目的多种调试方法中推荐使用系统集成的调试模式，只需要本地会话的下载操作，其他步骤系统自动执行，与一个人调试单用户项目方式类似，操作简单不易出错。下面以示例的方式介绍多用户调试模式的操作过程。

选择“开始”→“Siemens Automation”，单击“Multiuser Server V15.1 Administration”（以 V15.1 为例）进入多用户服务器管理界面，然后使用服务器的管理员权限登录。单击“多用户项目”，使能调试模式，如图 17-33 所示。

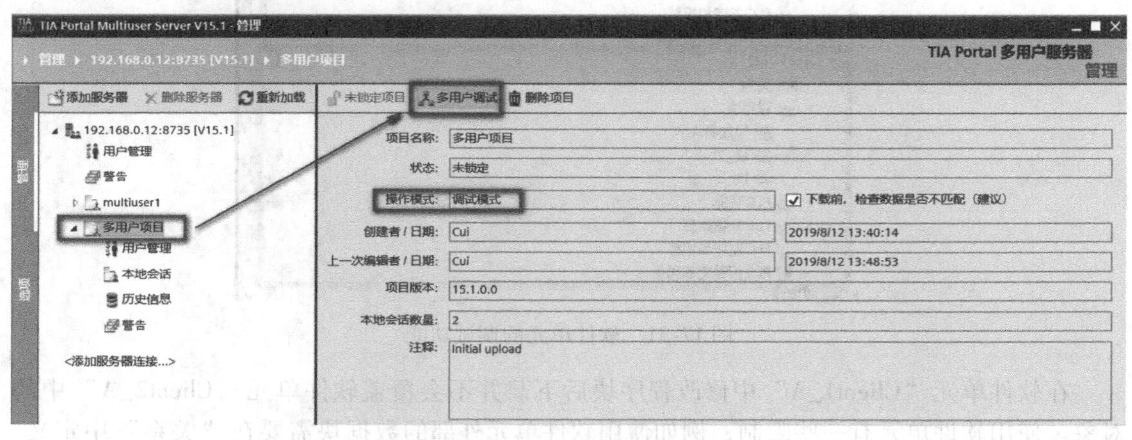


图 17-33　使能多用户调试模式

在多用户项目中，可以看到项目处于调试模式，如图17-34所示。

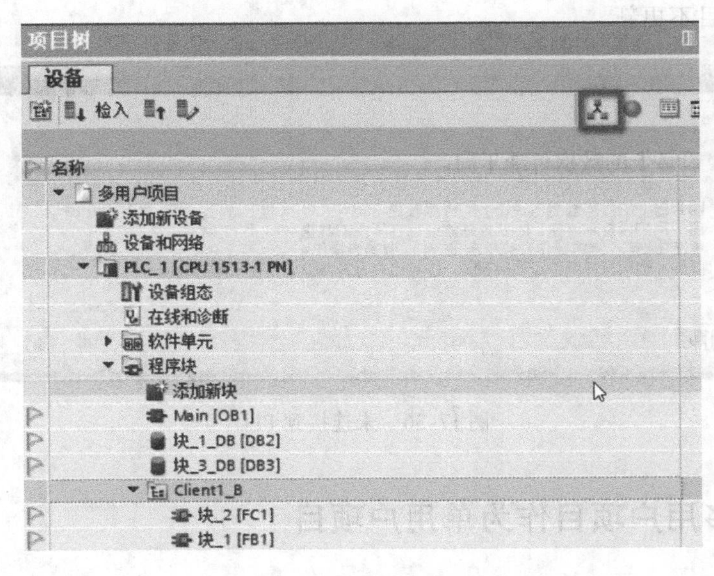


图17-34 在项目中查看调试模式

在多用户项目的工具栏单击“打开/关闭服务器项目”图标，在服务器项目视图中将完整的配置程序下载到CPU中，然后关闭服务器项目。后续对程序块进行修改，单击下载按钮，系统自动上传修改的内容到服务器，然后下载程序到CPU中并更新本地会话。其他的成员单击“刷新本地会话”图标，可以将修改的部分更新到本地。多用户集成的调试功能使团队的联合调试变得简单。

**注意：**如果下载前不能连接到服务器，将弹出提示对话框，如图17-35所示，可以单击“工程组态模式”按键，下载程序到CPU中，重新连接到服务器后需要手动检入修改并下载的部分，多人操作时需要注意数据的一致性。

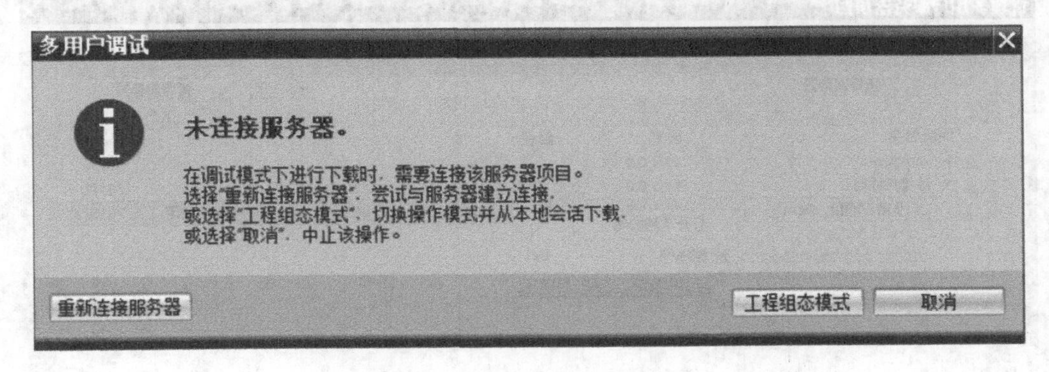


图17-35 未连接到服务器

如果下载前不能发现PLC的下载路径或者数据不一致，同样会弹出提示对话框，如图17-36所示，可以单击“打开服务器项目视图”按钮，在服务器视图中搜索PLC并验证服务器项目与在线PLC数据的一致性，也可以单击“确定”按钮，在本地会话中搜索PLC

并验证本地会话与在线 PLC 数据的一致性，如果连接成功将执行下载操作，如果连接不成功，则服务器项目不更新。

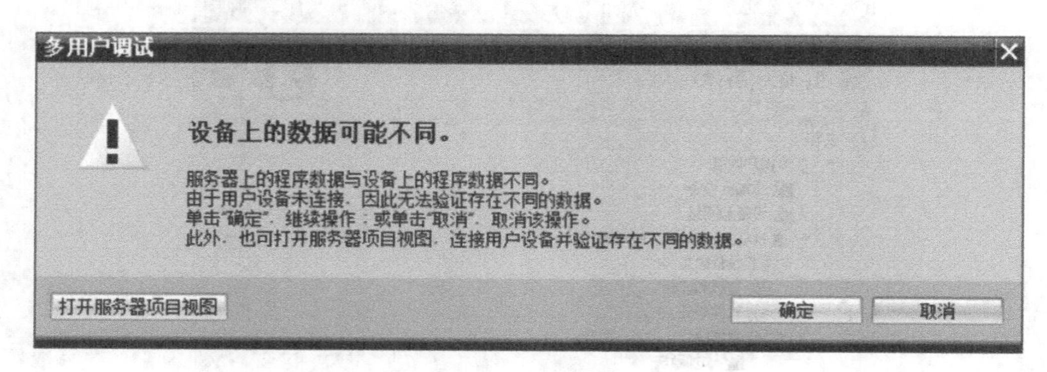


图 17-36　未连接到 PLC

## 17.7　导出多用户项目作为单用户项目

多用户项目调试完成后，可以将其导出作为单用户项目交给最终用户；如果对项目的版本进行升级，也需要先导出为单用户项目进行升级，然后再上传服务器重新作为服务器项目。

项目的导出有两种方法：

1）可以将服务器项目的最后一个修订版本导出为单用户项目，如图 17-27 所示，单击"导出所选修订版"选项卡，将该修订版本的多用户程序导出为单用户程序。

2）在本地会话中，单击菜单"项目"→"多用户"→"管理多用户服务器项目"，在弹出的对话框中选择需要导出的服务器项目，单击鼠标右键，选择"导出为一个单用户项目"，将服务器项目导出为一个单用户项目，如图 17-37 所示。

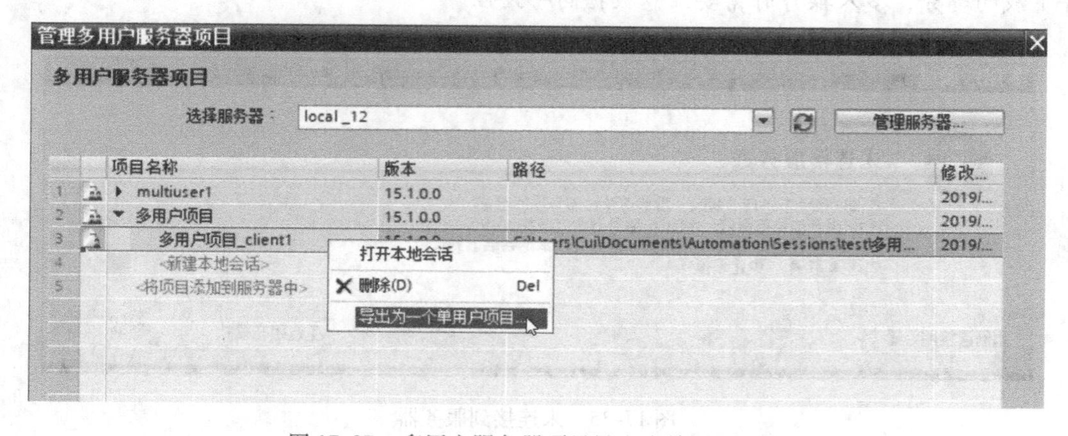


图 17-37　多用户服务器项目导出为单用户项目

# 第 18 章　浅谈 PLC 的规范化建设

本章主要介绍 PLC 系统实现规范化的一些通用方法，不涉及具体的行业标准以及规范。规范化的实施与建设基于硬件和软件，下面的内容中将重点讨论软件的规范化。

数字化给企业带来的收益有：

1）缩短上市时间：由于消费者需求的快速变化，制造商不得不更快地推出产品，尽管产品的复杂性不断上升。

2）增强灵活性：消费者想要个性化的产品，因此生产线必须比以前更加灵活。

3）提高质量：消费者通过在互联网上推荐产品来奖励高质量产品，同样也可以惩罚劣质产品。为了确保高质量的产品和满足法律要求，公司必须安装闭环质量流程，产品必须具有可追溯性。

4）提高效率：不仅需要可持续和环保的产品，制造和生产中的能源效率也成为竞争优势。

除此之外是网络安全，数字化还导致生产工厂越来越容易受到网络攻击，这就增加了对安全措施的需求。

除了上层 MES（Manufacturing Execution System，生产执行系统）、ERP（Enterprise Resource Planning，企业资源计划）和其他管理软件的应用外，PLC 系统在数字化企业也起到至关重要的作用，因为传感器的数据需要 PLC 采集、设备需要控制、设备的运行状态和报警信息需要上传到监控系统，可以说企业的生产线不同，但是下面的控制设备都是类似的。如何让 PLC 系统满足数字化企业的要求呢？规范化的建设必不可少。

## 18.1　规范化建设的工作流程

规范化是一个过程，需要持续更新和迭代，规范化也是一个知识积累的过程，并根据不同的时期制定不同的版本。以一个程序块作为标准块为例，在初始阶段需要将一个现场调试完成的程序块提炼出来，去除全局变量，设置规范的参数，然后经过再编辑以满足不同的需要，审查和测试后才能放到规范库中。随着工艺的更新，控制对象增加了新功能，对应的程序块也需要增加新的程序，然后再经过改编、审查和测试后放到规范库中并设置不同的版本，循环往复，工作流程如图 18-1 所示。

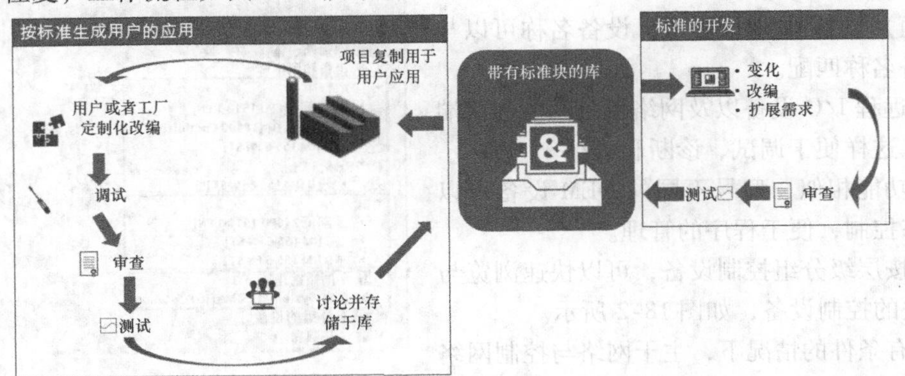


图 18-1　程序块规范化工作流程

## 18.2　规范化的优点

规范化对于系统集成商和最终用户都是有益的，对于系统集成商来说，规范化的好处有：

1）模块化与控制对象的编程方式，可以非常快速地构建一个大型项目。

2）便于程序块的持续更新和优化，使控制功能更加丰富。

3）清晰的程序架构具有很好的传承性。

4）强大的企业库不仅仅包括程序，还可以容纳硬件参数、HMI 画面和对象。

5）很好的协调性与一致性，设计方式统一。

6）提高了软件质量和竞争力。

7）提高了效率。

8）知识的积累和迭代。

对于最终用户，规范化的好处有：

1）快速定位系统硬件故障，减少停机时间。

2）熟知的变量名称、按工艺划分的程序便于维护人员的阅读。

3）程序架构清晰，便于后期的技改。

4）报警信息带有故障时刻的程序状态，便于维护人员的故障分析。

## 18.3　PLC 硬件的规范化

硬件的规范化主要涉及硬件的选型和网络的配置。

1）IO 站点和模块选择相同的设备类型。对于系统集成商来说，与模块对应的图样和程序相对固定，提高了整体的效率；对于最终用户来说，备件的种类少，便于维护。这里特别强调的是在条件允许的情况下，尽量选择高性能模块，这样可以快速定位故障源，减少停机时间。

2）站点的 IP 地址与设备名称应统一规划，OEM（Original Equipment Manufacture，原始设备制造商）设备 IP 地址固定，设备名称可以与实际设备名称匹配。

3）远程 I/O 设备以及网络设备间的连接端口固定，这样便于调试、诊断和维护。

4）功能相似、型号不同的 OEM 设备可以使用组态控制，便于程序的管理。

5）按层级分组控制设备，可以快速浏览与设备相关的控制设备，如图 18-2 所示。

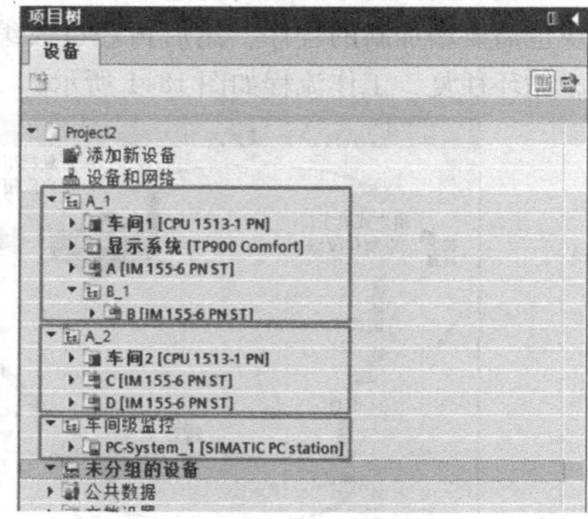


图 18-2　按层级分组控制设备

6）有条件的情况下，主干网络与控制网络分开。

## 18.4　PLC软件的规范化

软件的规范化应考虑如下几个方面：

1）编程方式（例如面向对象的编程方式）以及符号名的定义。

2）编程语言，可以选择图形化编程语言和文本语言。

3）程序块接口的定义，是否使用结构化的接口以及参考进行参数的传递。

4）数据的存储，全局数据块还是背景数据块。

最终实现的目的是提高程序的可读性、灵活性、可维护性和复用性。

### 18.4.1　分配符号名称

软件规范化的第一步就是分配符号名称，包括传感器与执行机构（IN/OUT）、全局变量以及函数和函数块接口声明符号名称的分配。

**1. 传感器与执行机构符号名的分配**

传感器与执行机构连接的是PLC的输入、输出模块，应以工艺认可的名称定义，例如“1号电机运行指示”和“2号电机反向运行指示”等。如果名称定义得过于冗长，则可读写性差，编程时引用也不方便；太简练则不容易识别。可以生成基于控制对象的PLC数据类型，然后在数据块中创建该对象的全局变量，最后将输入、输出变量引用到全局数据块，这样在程序中可以借助智能感知的功能引用这些变量，例如AAA.BBB.CCC，这样既方便变量的引用也增强了可读性。

**2. 全局变量以及函数和函数块接口声明符号名称的分配**

全局变量、函数和函数接口声明的符号命名方式相同，可以像高级语言一样使用。

1）Pascalcase（帕斯卡命名法）：即每个单词开头的字母大写，例如“ActualVelocity”。

2）Camelcase（驼峰式命名法）：即除了第一个单词外的其他单词的开头字母大写，如图18-3所示。

ActVelocityControl

| | Name | Data type | Default value |
|---|---|---|---|
| 1 | ▼ Input | | |
| 2 | startMotor | Bool | false |
| 3 | setVelocity | Real | 10.0 |
| 4 | setAcceleration | Real | 0.5 |
| 5 | ▼ Output | | |
| 6 | actualVelocity | Real | 0.0 |
| 7 | actualPosition | Real | 0.0 |
| 8 | error | Word | 16#FFFF |
| 9 | ▼ InOut | | |
| 10 | ▼ telegram | "typeMotorTelegramm0815" | |
| 11 | stateWord | Word | |
| 12 | controlWord | Word | |
| 13 | ▼ Static | | |
| 14 | statError | Bool | false |
| 15 | ▶ statVelocityValues | Array[0..#NUMBEROFVALUES] of Real | |
| 16 | ▶ instCalculatePosition | "CalculatePosition" | |
| 17 | ▼ Temp | | |
| 18 | tempPosition | Real | |
| 19 | ▼ Constant | | |
| 20 | NUMBER_OF_VALUES | Int | 50 |
| 21 | MIN_VELOCITY | Real | 10.0 |
| 22 | MAX_VELOCITY | Real | 500.0 |

图18-3　Camelcase（驼峰式命名法）

**注意：符号名称也可以使用中文，但是引用不方便。**

3）每一个变量名称只能有一个缩略语，缩略语必须统一，例如“Min”表示最小，“Avg”表示平均值。

4）数组符号名称总是复数，数组下标以 0 开始，以常数结尾。

5）PLC 数据类型前缀为“type”，使用 PLC 数据类型替代结构体。

6）前缀使用“stat”和“temp”表示静态和临时变量，使用前缀“inst”表示多重背景，如图 18-3 所示。

7）Input、Output 和 InOut 没有前缀，多变量传输使用 PLC 数据类型。

8）使用大写字母命名常量，常量值不等于 0，例如故障代码等。

## 18.4.2　符号表层级化

按设备层级划分符号表，可以快速浏览与设备相关的变量，如图 18-4 所示。

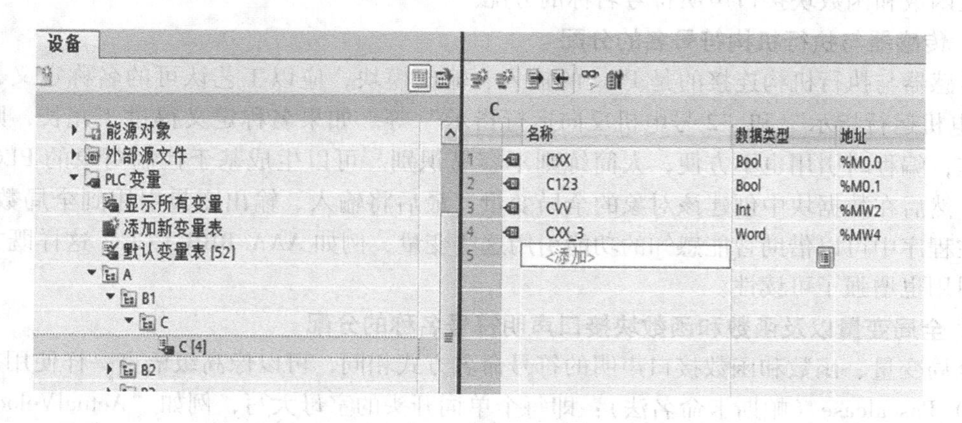


图 18-4　符号表层级化

## 18.4.3　控制对象的拆分

为了提高程序的复用性，就必须对一台完整的设备进行拆分。一台完整的设备包含若干个控制单元，一个控制单元可以包含若干个设备模块，一个设备模块又可以包含若干个控制模块，例如图 18-5 所示的控制对象是一个传送带，传送带作为控制单元包含输送逻辑和驱动逻辑，输送逻辑作为设备模块包含两个传感器的控制，驱动逻辑也作为设备模块包含电机的控制，可以使用 V90 或者 S120 对电机进行控制。

拆分的目的是使控制设备对象化和模块化，并与模块化的程序相匹配，设备升级改造、扩展功能后，相应的程序块也需要进行改编，除此之外还要考虑这些程序块的复用性，在后续的项目中，大部分编程工作就是拼装不同的模块。拆分的模块既不能太大也不能太小，太大就不灵活，太小拼装的工作量就会变大。程序块是选择 FB 还是 FC 呢？推荐的方法是独立控制对象使用 FB，或者说有独立 HMI 对象的使用 FB，例如，通常一个 PID 回路需要一个独立的 HMI 控制面板，所以对应的程序块可以是 FB。另外，每个人的看法和使用也有差异，图 18-5 中也可以将驱动逻辑部分作为一个独立对象用于其他的设备，使用 FB 与之匹配。

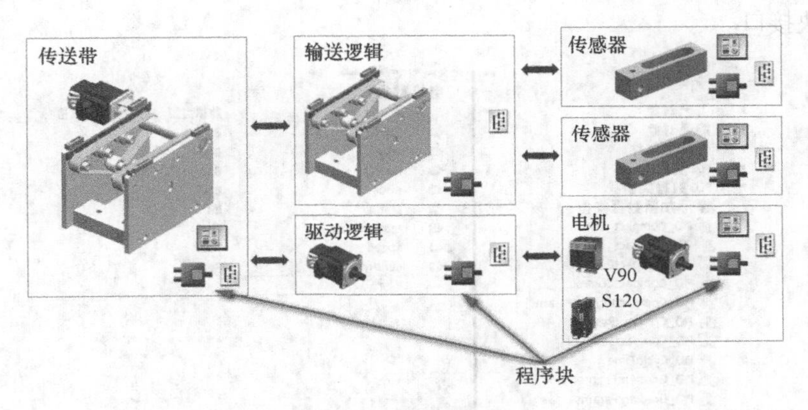


图 18-5　控制对象的拆分

## 18.4.4　程序块接口的定义

一个控制对象可以使用一个 FB/FC 块与之匹配，在编写 FB/FC 块前需要确定与哪些设备交换数据？交换什么数据？这些数据通过什么方式交换？首先参数的传递必须通过接口而不能直接对本地变量进行访问，如图 18-6 所示。

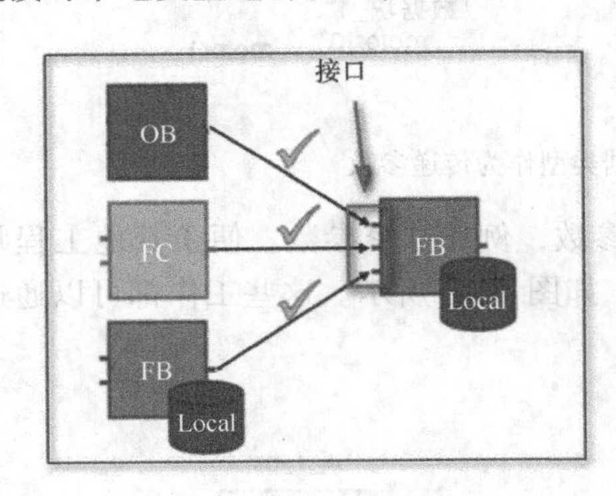


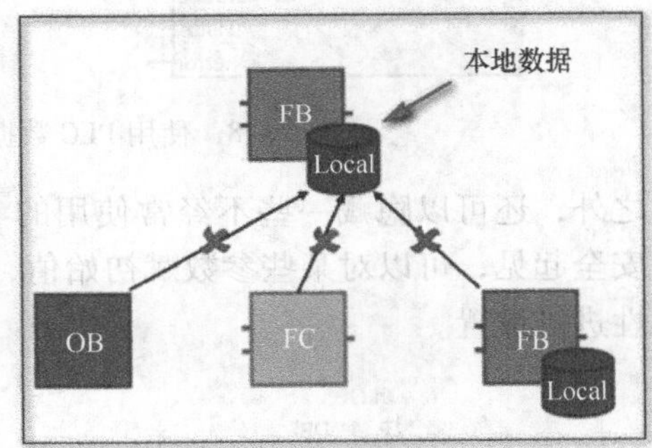


图 18-6　通过接口进行传递参数

其次控制单元与设备模块、设备模块与控制模块通过程序块的接口进行数据交换，推荐的交换方式如图 18-7 所示，即同层级模块间的数据通过上层级模块进行交换，这样可以使接口非常清晰，每层级的模块又相对独立。

最后还要考虑参数传递使用的数据类型，如果传递一组参数，建议使用 PLC 数据类型作为接口参数（见图 18-8），这样可以简化程序块间数据的交换，避免不必要的错误，除此之外 PLC 数据类型还支持版本控制，参数扩展后可以整体更新所有使用该

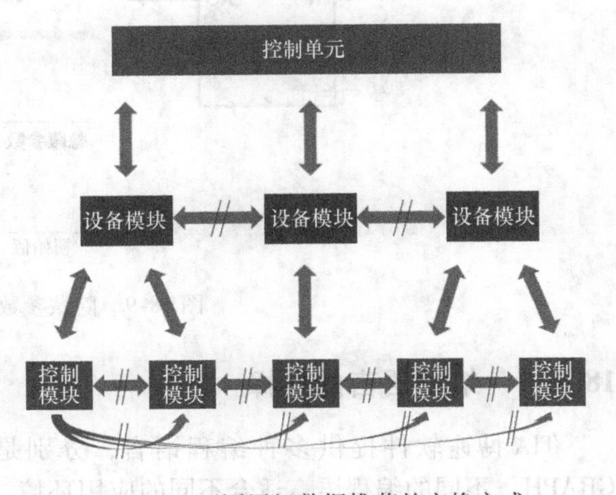


图 18-7　不同层级数据推荐的交换方式

类型的程序块接口。

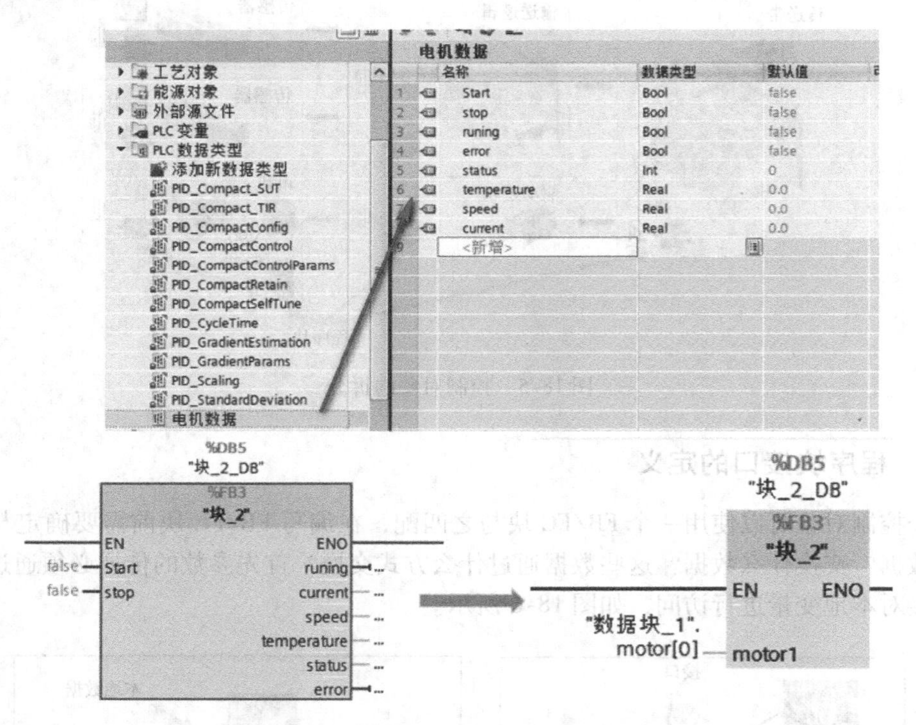


图 18-8　使用 PLC 数据类型作为传递参数

除此之外，还可以隐藏一些不经常使用的参数，例如专家参数，便于其他工程师的使用。为了安全起见，可以对某些参数赋初始值，如图 18-9 所示。这些工作都可以通过接口参数的属性进行设置。

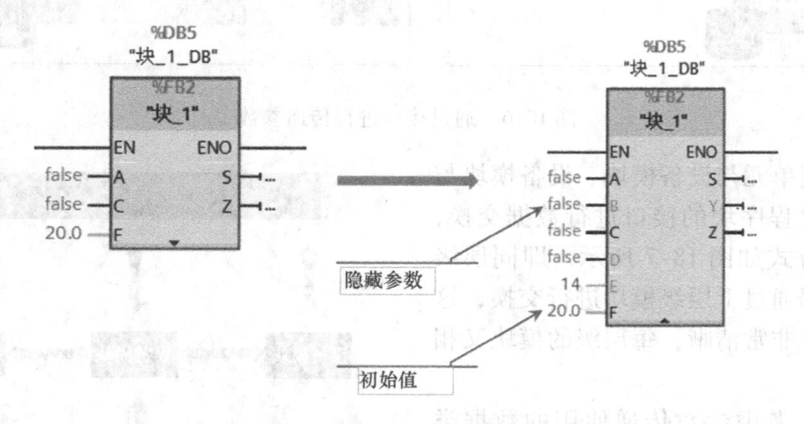


图 18-9　隐藏参数和设置初始值

## 18.4.5　编程语言的选择

TIA 博途软件提供多种编程语言，分别是 LAD/FBD、SCL、STL（不建议使用）和 GRAPH，不同的编程语言适合不同的应用环境，见表 18-1。所以程序块编程语言的选择应该与应用相关联。

表 18-1 不同编程语言适合的应用环境

| 编程语言 | LAD/FBD | SCL | GRAPH | STL |
|---|---|---|---|---|
| 互联和块调用 | 适合 | | | |
| 复杂任务和程序逻辑 | | 适合 | | 适合 |
| 类高级语言编程方式 | | 适合 | | |
| 容易理解 | 适合 | 适合 | 适合 | |
| 顺控 | | | 适合 | |

**注意**：作者认为不同的编程语言适合不同的编程人员，作为开发人员，LAD/FBD 和 SCL 是必备的。

## 18.4.6 程序的层级化和调用顺序

除了符号表和硬件设备外，程序块也可以按组和层级进行划分，划分的原则可以按工艺或者控制顺序。程序层级化的好处在于结构清晰并可以快速查询与控制对象对应的程序块，如果使用 SIVARC（后续介绍）自动生成 HMI 画面功能，程序的层级化是必需的，这样程序架构会自动映射到 HMI 中进行画面和变量的管理，如图 18-10 所示。

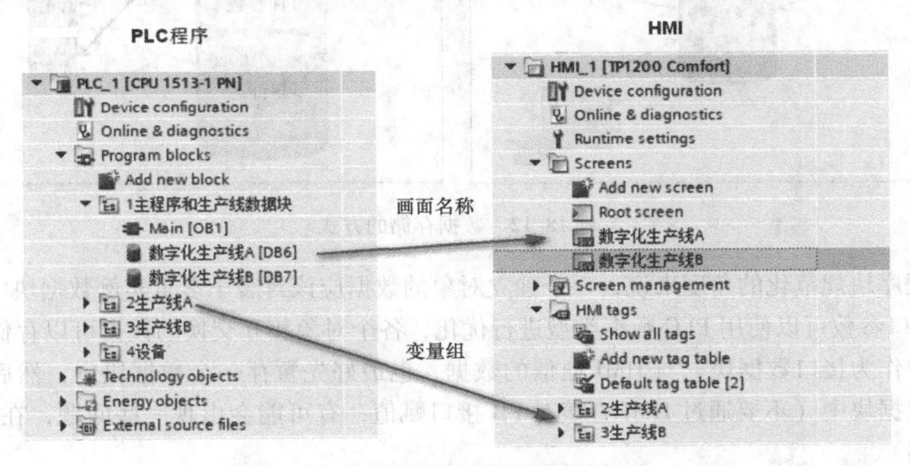


图 18-10 设置程序组和层级

在程序块的调用上也需要按控制顺序和控制对象进行划分，以图 18-5 所示的控制对象为例，调用结构如图 18-11 所示。

## 18.4.7 数据的存储

数据可以存储于全局数据块中，也可以存储于多重实例数据块中，如图 18-12 所示。两者存储方式各有优缺点。存储于全局数据块中的好处是数据中央管理，缺点是可能出现不确定的交叉访问和数据的不一致性；存储于多重实例数据块中的好处是没有交叉访问，程序块可以独立复制或者作为库的模板，缺点是接口变得比较复杂。

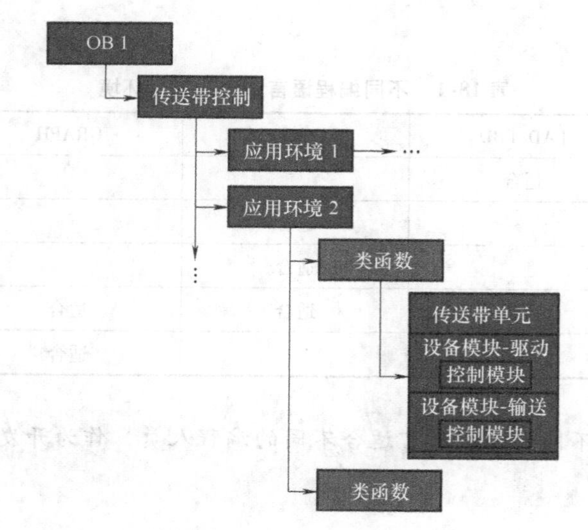


图 18-11 程序调用结构

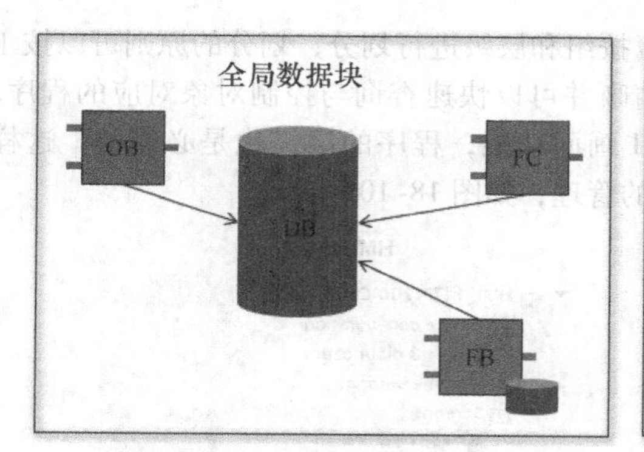


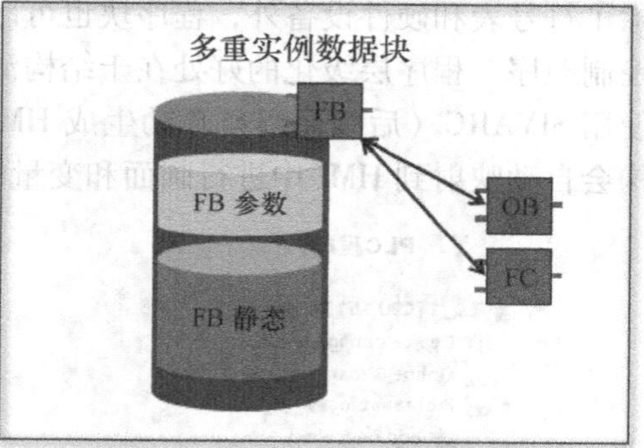


图 18-12 数据存储的方式

从程序块规范化的角度来说，一个独立对象的数据应该封装于多重实例数据块中，复杂的 FB 接口参数可以使用 PLC 数据类型进行优化，各个对象相互交换的数据可以存储于全局数据块中作为接口数据块。与 HMI 通信的数据，也最好先暂存一个数据块中，然后再传送到接口数据块中（不要通过 HMI 直接对 FB 接口赋值，有可能会出现一些问题，在第 20 章会有介绍）。

## 18.5 库功能

前面内容的重点是将一个设备拆分为不同的对象，然后为每一个对象分配一个对应的 FB，在其他项目中复用和拼装这些块以提高工程效率。在 FB 的编程环节还介绍了编程语言的选择、变量名称和接口的定义、调用顺序以及数据的存储方式等。在这个 FB 中实现的功能包括对象的控制功能、状态以及基于对象的报警（使用 PROGRAMM_ALARM 发送报警信息）。这些功能还远远达不到管理的目的，例如程序块版本迭代、项目中程序块的更新、更新块的共享和管理、程序块使用的帮助文档以及更加完善的功能，自动生成对象画面以及变量的自动连接、自动生成程序等功能，这些管理功能都可以通过TIA博途软件的库功能实现，自动生成对象画面和程序等附加功能也是基于对库的操作。

## 18.5.1　库的基本信息

TIA博途软件提供了强大的库功能，可以将需要重复使用的对象存储在库中。该对象既可以是一个程序块、DB或PLC数据类型，也可以是一个分布式I/O站或一整套PLC系统，甚至可以是HMI的一幅画面，或者是一幅画面上的某几个图形元素的组合。几乎所有的对象都可以成为库元素。熟练使用TIA博途软件的库功能，可以使项目开发事半功倍。

在TIA博途软件中，每个项目都连接一个项目库，可以存储想要在项目中多次使用的对象，项目库总是随项目打开、保存和关闭。除了项目库，还可创建任意多数量的全局库。用户也可以将项目库中的对象添加到全局库中，以方便其他同事在其他项目中直接使用该全局库。由于各库之间相互兼容，因此可以将一个库中的库元素复制和移动到另一个库中。

项目库和全局库中都包含以下两种不同类型的对象：

（1）模板副本

基本上所有对象都可保存为模板副本，保存之后可在项目中多次使用该模板副本。例如，可以保存整个设备及其内容，或者将设备文档的封页保存为模板副本。模板副本是对象的一个备份，所以模板副本不能进行二次开发，也没有版本号。

（2）类型

运行用户程序所需的元素（例如块、PLC数据类型、画面或画面模板）可作为类型。类型有版本号，支持二次开发，可以对类型进行版本控制。类型中的元素有新版本时，通过“版本发行”功能，将更新项目中所有使用这些类型的程序。

在TIA博途软件视图中右侧的工具栏上，单击“库”即可打开库页面，如图18-13所示。

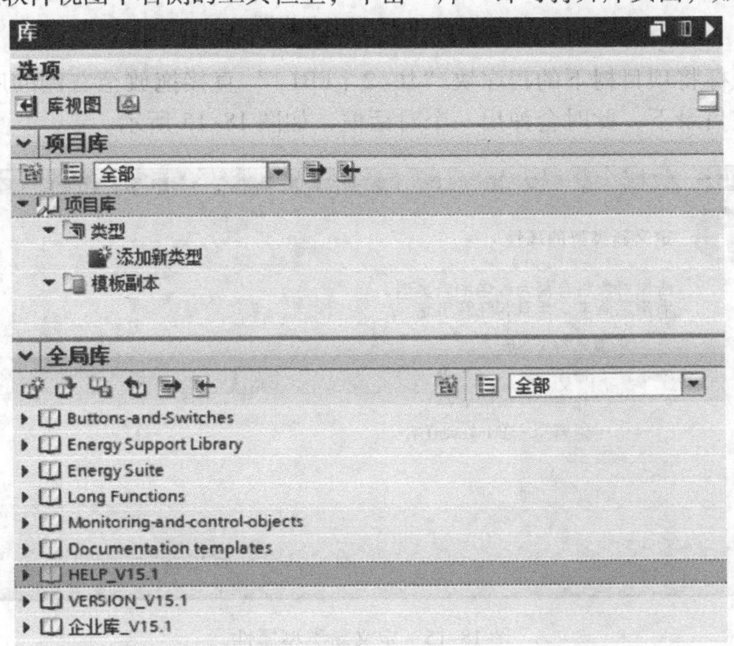


图18-13　库任务栏

## 18.5.2　项目库类型的使用

下面以示例的方式介绍如何将程序块添加为库中的类型，如何使用该类型，以及如何对类型进行版本控制。

在下面的示例项目中，站点 PLC_1 的程序块“块_2［FB1］”的内部程序如图 18-14 所示。

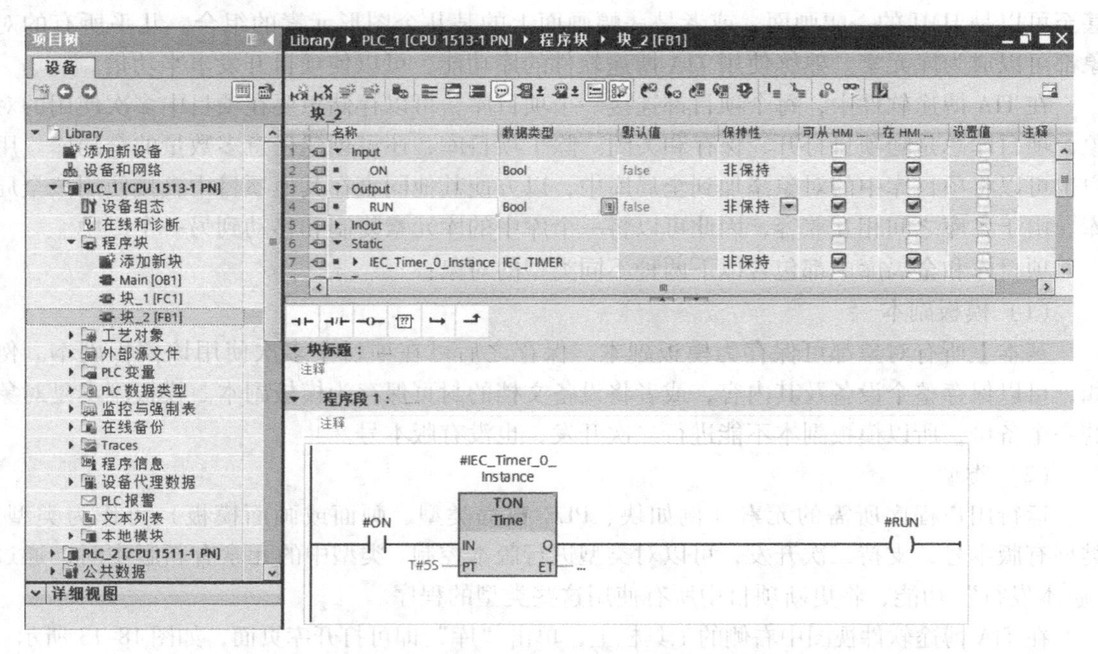

图 18-14　FB1 逻辑图

可以使用鼠标将项目树下的程序块“块_2［FB1］”直接拖放至右侧的库工具栏→项目库→类型文件夹目录下，此时会弹出一个对话框，如图 18-15 所示。

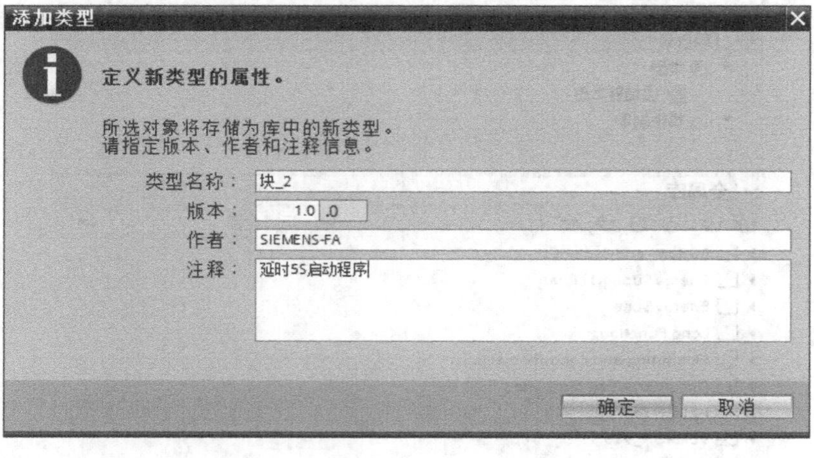

添加类型

定义新类型的属性。

所选对象将存储为库中的新类型。
请指定版本、作者和注释信息。

类型名称：块_2
版本：1.0 .0
作者：SIEMENS-FA
注释：延时5S启动程序

确定　取消

图 18-15　定义新类型属性

**注意：类型中的程序块不能带有全局变量，系统会自动检查。**

在此对话框中，可以定义该类型的名称、版本号，并为其添加注释，单击“确定”按钮后，就可以看到该块已被成功添加到项目库的类型中，如图18-16所示。

在项目树下，可以看到“块_2［FB1］”右上角有一个黑色的小三角符号，代表该程序块是库中的一个类型，会随库中类型的更新而更新，如图18-17所示。

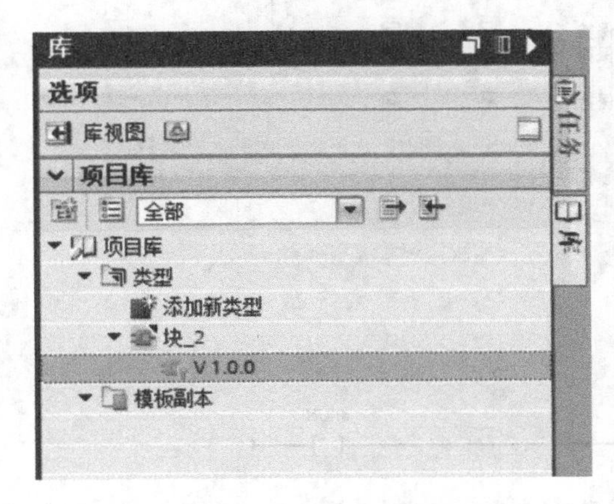


图18-16　添加程序块到类型

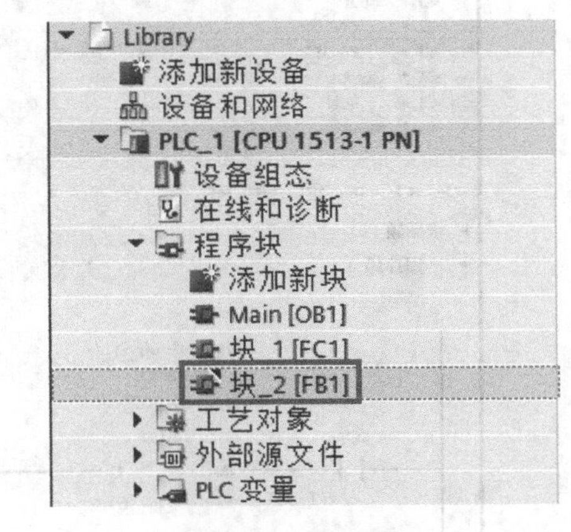


图18-17　被调用的类型

如果在项目树下的PLC_2中也需要使用该程序块，可以直接将项目库→类型下的“块_2”拖放至该站点程序块目录下使用，同样在PLC_2下也可以看到该程序块的右上角带有黑色的小三角符号。

如果程序块需要修改，例如设置定时器的时间，则需要对该类型进行更新。之后必须通过“版本发行”同步到所有调用该类型的地方。

打开该程序块会发现顶部有黄色醒目的提示，提醒该程序块已不能在当前界面中进行编辑和修改。如果需要更改，则必须选择“编辑类型”对项目库中的类型进行再编辑，如图18-18所示。

Library ▸ PLC_1 [CPU 1513-1 PN] ▸ 程序块 ▸ 块_2 [FB1]

编辑器受写保护，因为它已关联到库中的某个类型。

要进行更改，必须 编辑类型。

块_2

| | 名称 | 数据类型 | 默认值 | 保持性 | 可从 HMI ... | 在 HMI ... | 设置值 |
|---|---|---|---|---|---|---|---|
| 1 | ▼ Input | | | | ☐ | ☐ | ☐ |
| 2 | ■ ON | Bool | false | 非保持 | ☑ | ☑ | ☐ |
| 3 | ▼ Output | | | | ☐ | ☐ | ☐ |
| 4 | ■ RUN | Bool | false | 非保持 | ☑ | ☑ | ☐ |
| 5 | InOut | | | | ☐ | ☐ | ☐ |
| 6 | ▼ Static | | | | ☐ | ☐ | ☐ |
| 7 | ■ ▸ IEC_Timer_0_Instance | IEC_TIMER | | 非保持 | ☑ | ☑ | ☐ |
| 8 | Temp | | | | ☐ | ☐ | ☐ |

图18-18　在块中选择“编辑类型”

也可以在左侧的项目库中选择该程序块，单击鼠标右键选择“编辑类型”对该类型进行编辑。

打开编辑页面，对原程序进行修改，此处为原程序块添加了一个 INPUT 参数“PT_SET”，并将该参数赋值到 TON 定时器 PT 参数，如图 18-19 所示。

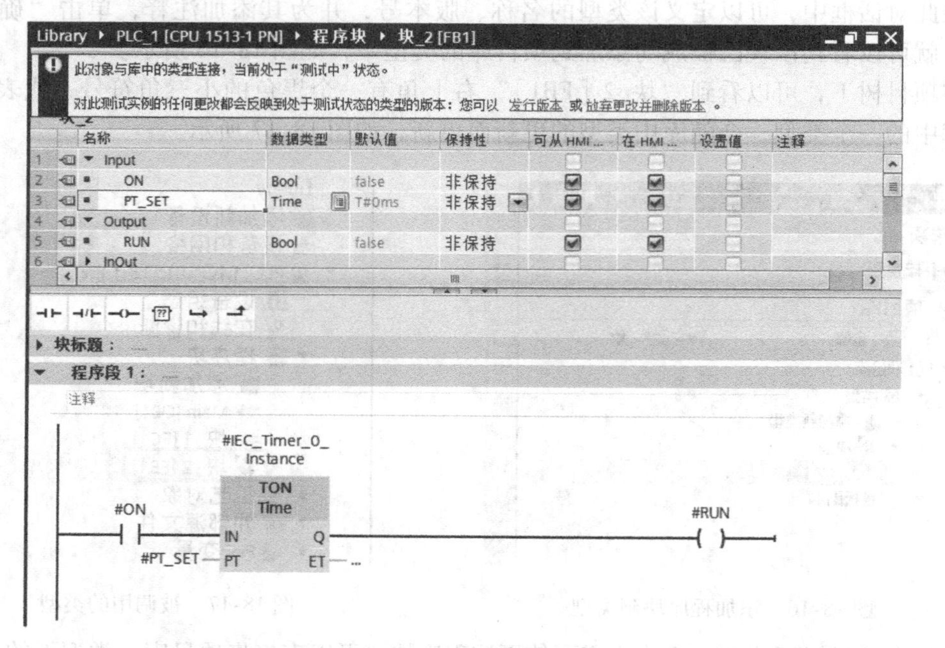


图 18-19　编辑类型

编辑完成之后，单击该块顶部的发行版本，如图 18-20 所示。

Library ▸ PLC_1 [CPU 1513-1 PN] ▸ 程序块 ▸ 块_2 [FB1]

此对象与库中的类型连接，当前处于“测试中”状态。

对此测试实例的任何更改都会反映到处于测试状态的类型的版本：您可以 发行版本 或 放弃更改并删除版本 。

| | 名称 | 数据类型 | 默认值 | 保持性 | 可从 HMI ... | 在 HMI ... | 设置值 |
|---|---|---|---|---|---|---|---|
| 1 | ▾ Input | | | | ☐ | ☐ | ☐ |
| 2 | ▪ ON | Bool | false | 非保持 | ☑ | ☑ | ☐ |
| 3 | ▪ PT_SET | Time | T#0ms | 非保持 | ☑ | ☑ | ☐ |
| 4 | ▾ Output | | | | ☐ | ☐ | ☐ |
| 5 | ▪ RUN | Bool | false | 非保持 | ☑ | ☑ | ☐ |

图 18-20　发行版本

TIA 博途软件会自动编译，如果程序块编译无错误，弹出的对话框如图 18-21 所示。在该窗口中可定义新的版本号，以及修改或添加注释。勾选“更新项目中的实例”选项并单击“确定”按钮后，所有调用该类型的地方将会同步更新。

同步之后，需要对所有调用了该类型的 CPU 进行编译，以检查更新后的程序是否匹配。如果不需要 CPU 中的函数或函数块随库中的类型自动更新，可以在该 CPU 下，选中该程序块，单击鼠标右键选择“终止到类型的连接”，之后该程序块右上角的黑色小三角符号消失，表示该程序块已变为普通块，与库中的类型再无关联，操作页面如图 18-22 所示。

默认状态下，程序块在项目树中不显示版本信息，如果需要显示可以选择项目的状态显示栏，单击鼠标右键，在“显示隐藏”中使能“版本”选项，如图 18-23 所示。

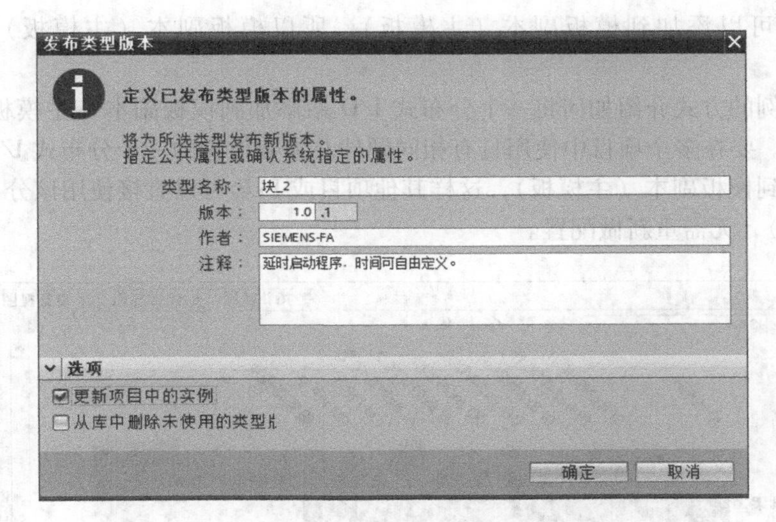


图18-21　更新项目中的实例

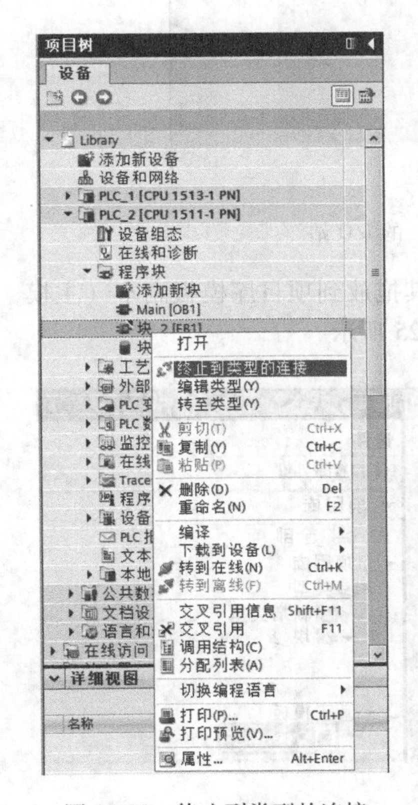


图18-22　终止到类型的连接

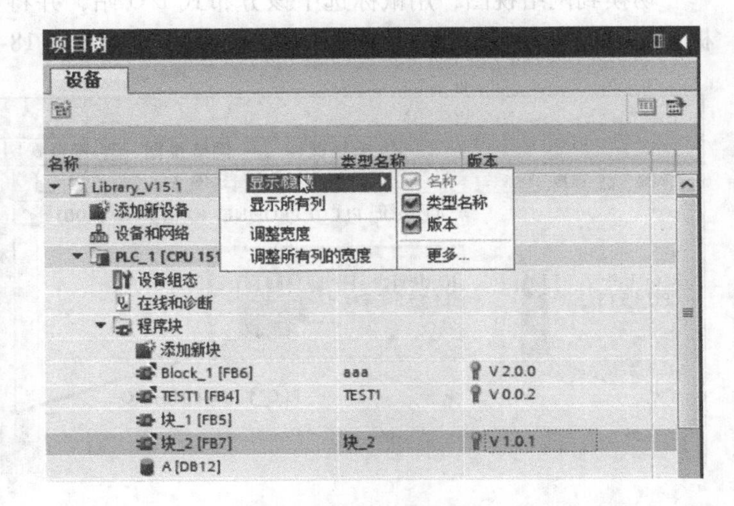


图18-23　在项目中显示程序块版本

## 18.5.3　项目库模板副本的使用

模板副本（主模板）是对象的一个备份，没有版本控制，也不支持二次开发。所有可以添加为类型的对象均可以添加到模板副本（主模板），但反之不然。除程序块之外，硬件等对象也可以添加到模板副本（主模板），所以模板副本（主模板）的对象范围更广。

下面以示例的方式介绍如何将一个分布式 I/O 站添加到模板副本（主模板），I/O 站如图 18-24 所示。要在多个项目中使用具有相同硬件及参数设置的一个分布式 I/O 站，可以将该 I/O 站添加到模板副本（主模板），这样其他项目或 PLC 可以直接使用该分布式 I/O 模板副本（主模板），无需重新做配置。

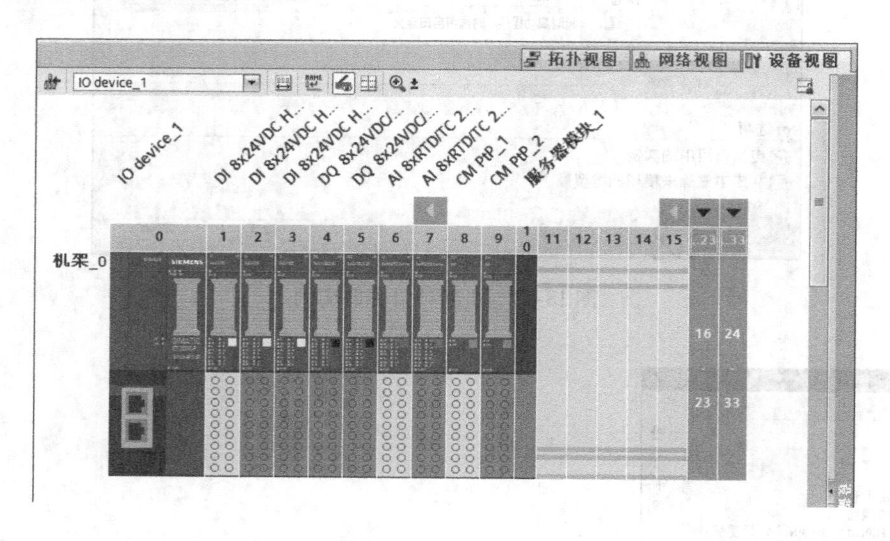


图 18-24　需要添加为模板副本（主模板）的 I/O 站

切换到网络视图，用鼠标选中该分布式 I/O 站，并将其拖放到项目库模板副本（主模板）下，即可完成一个对象的添加任务，操作页面如图 18-25 所示。

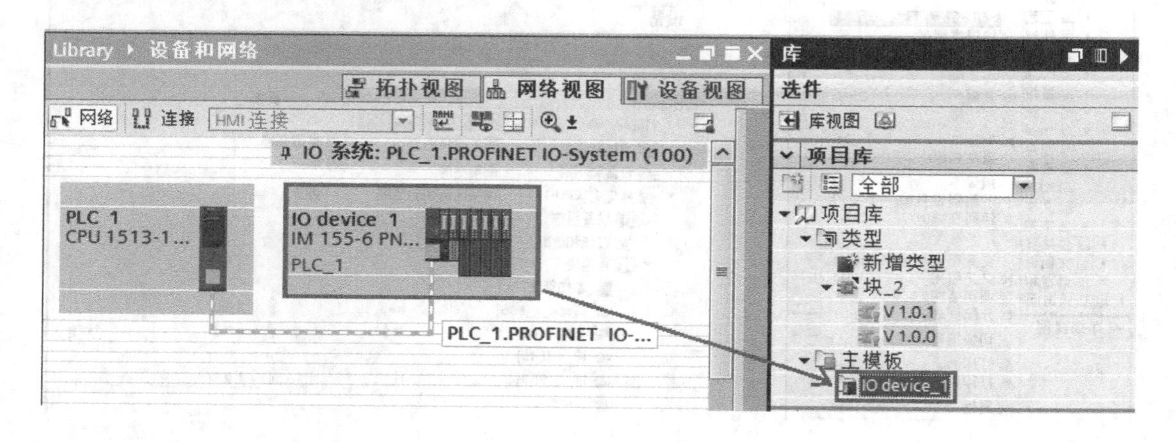


图 18-25　添加对象到模板副本（主模板）

如果需要使用该模板副本（主模板）中的分布式 I/O 站，只需在网络视图中将模板副本（主模板）下的该分布式 I/O 站直接拖放到相应位置，并连接到其控制器即可。

程序块、PLC 变量以及 PLC 数据类型等对象的添加与此类似，不再单独阐述。

## 18.5.4　全局库的使用

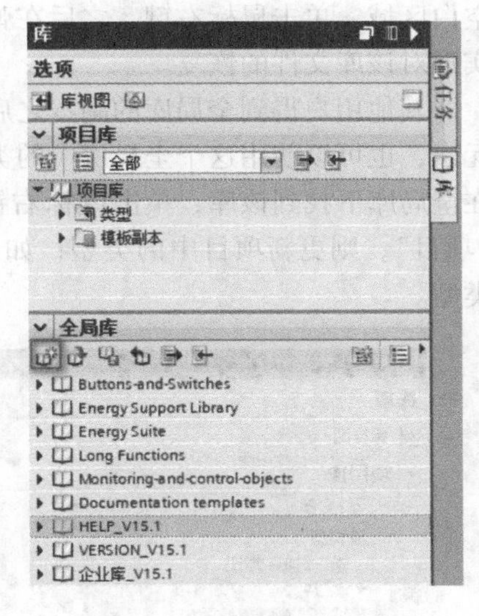


图18-26　创建新全局库

如果要在不同的项目中使用相同的库元素，就需要通过全局库的功能来实现。全局库中的库文件可以单独保存，这样可以很方便地在另一个项目或另一台PC上使用。

下面以示例的方式介绍如何创建一个全局库，并在该全局库中添加类型和模板副本（主模板）。

如图18-26所示，在库工具栏下，显示“全局库”，之后单击“创建新全局库”按钮，可创建一个新的全局库。

在弹出的对话框中为该全局库定义一个名称，选择保存路径，并根据需要添加注释、作者等信息，如图18-27所示。

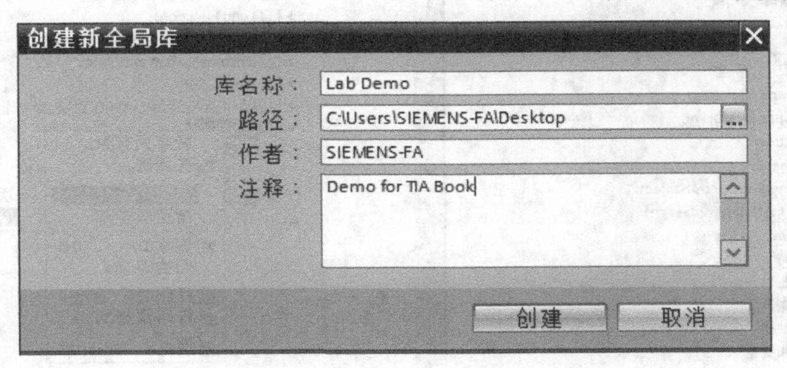


图18-27　设置全局库属性

新的全局库添加完成后有3个子目录，分别为类型、模板副本（主模板）和公共数据。全局库的类型与模板副本（主模板）用法和项目库基本相同。全局库中类型的版本更新信息会以日志的形式存储在公共数据下。

需要注意的是，项目中的对象可以直接通过拖放的方式添加到全局库的模板副本（主模板）中，但是不能以同样的方式添加到全局库的类型中；全局库中的类型只能来自于项目库中的类型，可通过拖放的方式将项目库中的类型添加到全局库的类型中，操作步骤如图18-28所示。

修改完全局库文件之后，在库文件上单击鼠标右键，在弹出的菜单中选择“保存库”，即可将全局库保存。如果需要将全局库复制给其他用户使用，则可以有两种方式将全局库保存为副本：一种方式是以库文件夹的形式进行保存。例如，在库名称上单击鼠标右键，选择“将库另存为…”，之后选择存储路径。以这种方式保存的库文件可以在其他安装了TIA博途软件的PC上通过全局库下的“打开全局库”按钮直接打开。另一种方式是以库压缩文件的形式进行保存。例如，在库名称上单击鼠标右键，选择“归档库”，之后选择存储路径，将库文件保存为一个后缀为“.zal15”（V15版本）的压缩文件。需要加载时，选中全局库空白区域，单击鼠标右键，之后在弹出的菜单中选择“恢复库”，并选中该压缩文件，即可实现对该库文件的恢复。

其他用户得到全局库的副本之后，既可以在自己的项目中打开全局库，使用全局库中的元素，也可以使用这个全局库中的类型更新自己项目库中或者全局库中的其他旧版本类型。在全局库下找到该库，单击鼠标右键，选择“更新”→“库”，如图 18-29 所示，如果选择“项目”，则更新项目中的类型；如果选择“库”，则可以更新项目库或者其他全局库中的类型。

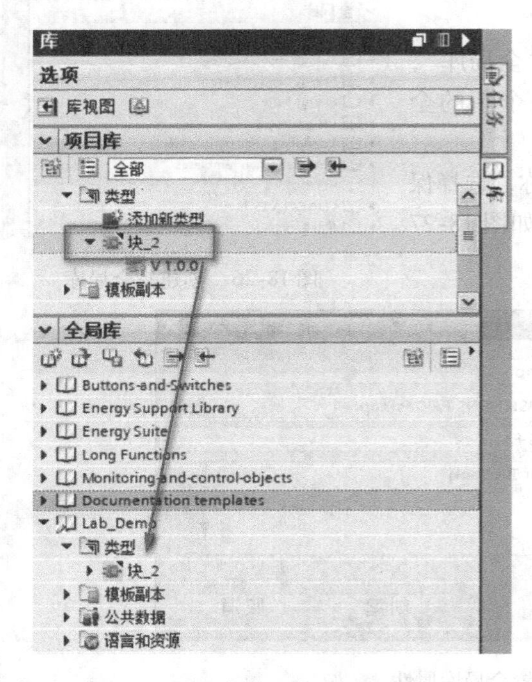


图 18-28　向全局库中添加类型

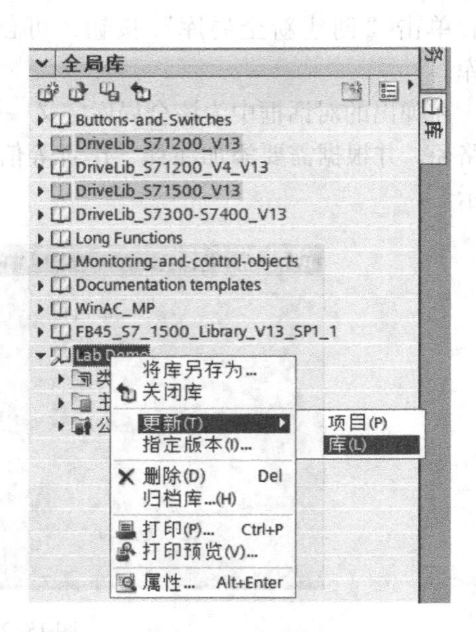


图 18-29　更新库

## 18.5.5　企业库功能

TIA 博途软件的库功能包含项目库和全局库，项目库跟随着项目，项目库中的元素只能在本项目中使用；全局库可以共享给其他工程师和项目使用。全局库中的模板副本相当于存储不同元素的文件夹，通过拖放的功能可以将不同项目中不同的元素存储于模板副本中，供其他工程师使用；而类型必须由项目库提供，如果在其他项目中使用，这些使用的类型元素将自动进入到该项目的项目库中。

一个企业或者工程公司希望系统地管理这些库元素，首先需要将不同项目的项目库存放于一个或者多个全局库中，然后将全局库存放到服务器中共享给其他工程师。如果需要版本控制，则必须将库元素存放于类型中（不是所有的库元素都支持版本控制）。在新项目中如果对类型元素进行更改、扩张后，版本号会自动升级，然后需要将新的版本更新到全局库中并上传到服务器中存储，这样就完成了一次类型元素的更新迭代。版本控制的好处是在类型元素下可以看到以前的版本号，使用项目更新功能，最高版本将自动替代项目中低版本的类型元素，如果需要使用其他版本的类型元素，可以通过“指定版本”功能或者手动的方式进行替代。

上传到服务器的类型元素在版本更新后怎么及时通知到每一位库的使用者？使用原始的方法费时费力，使用企业库功能可以很好地解决这样的问题，下面以示例的方式介绍企业库功能的使用。

首先，库的使用者可以连接到存放全局库的服务器，然后在库使用者的 TIA 博途软件中设定全局库的存储路径，存储路径需要在系统指定的文件“CorporateSettings”中组态，打开 TIA 博途软件，选择“选项”→“设置”→“常规”，可以查看到指定文件的路径，如图 18-30 所示。

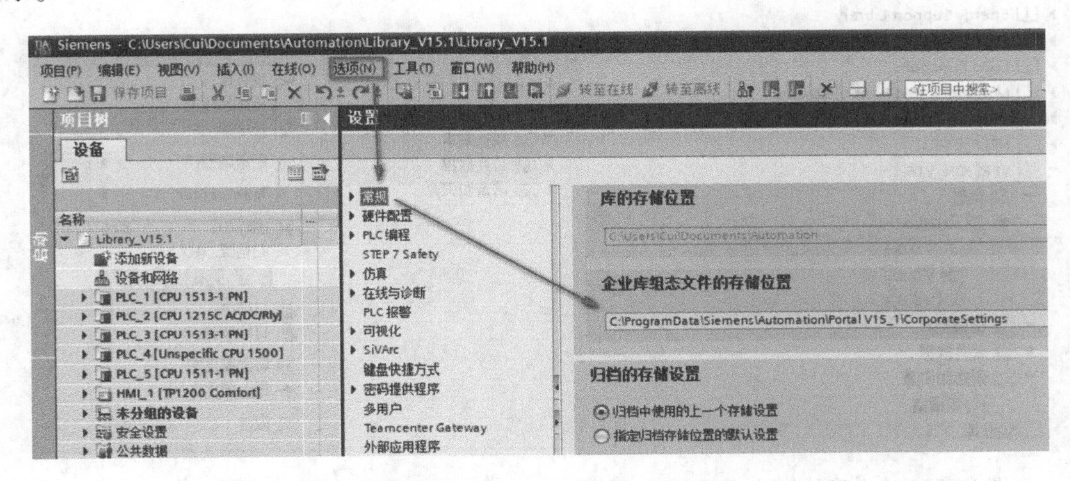


图 18-30　企业库组态文件的存储路径

“CorporateSettings”为 XML 类型文件，可以使用记事本打开并编辑，在“<CorporateLibraryPaths>”和“</CorporateLibraryPaths>”间指定企业库的存储路径，在“<Item>”和“</Item>”间填写企业库的完整路径，示例中将企业库存储于本地，如图 18-31 所示。

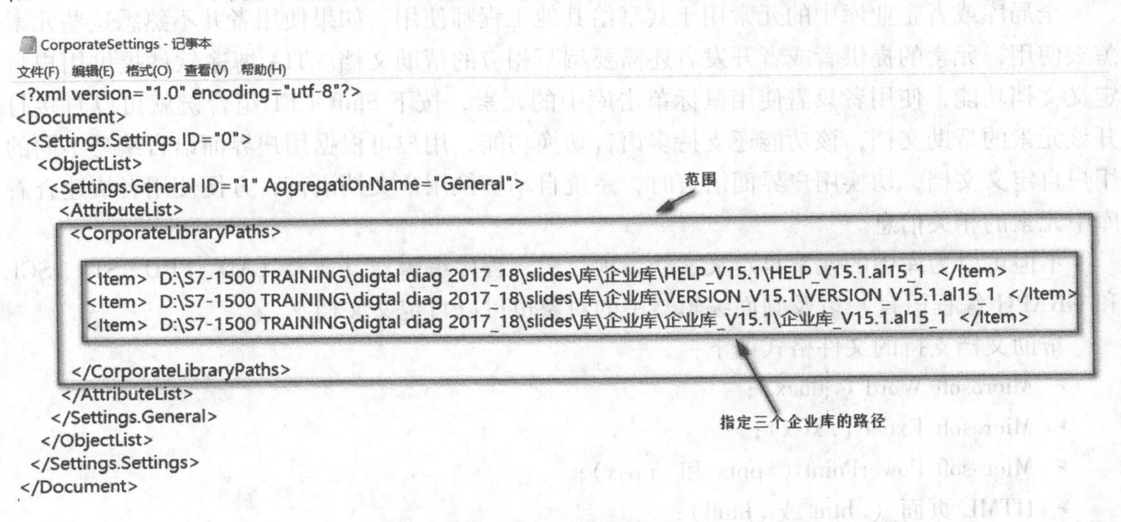


图 18-31　组态企业库存储路径

组态完成后保存该文件，重新打开 TIA 博途软件后，系统自动连接指定的企业库并在全局库中显示，可以实时查看企业库更新的内容，如图 18-32 所示。

为了更好地保护企业库，库中的元素除了密码保护（不能打开）之外，还可以将全局库导出为受保护的库（不需要密码）作为企业库，这样库中的元素只能查看而不能编辑。选中全局库，单击鼠标右键选择“导出为受保护的库”即可将全局库导出一个受保护的库，如图 18-33 所示。原全局库可以作为副本备份。

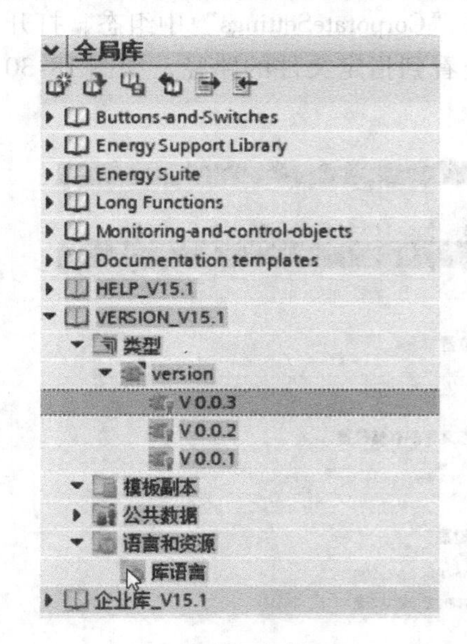


图 18-32　企业库的显示

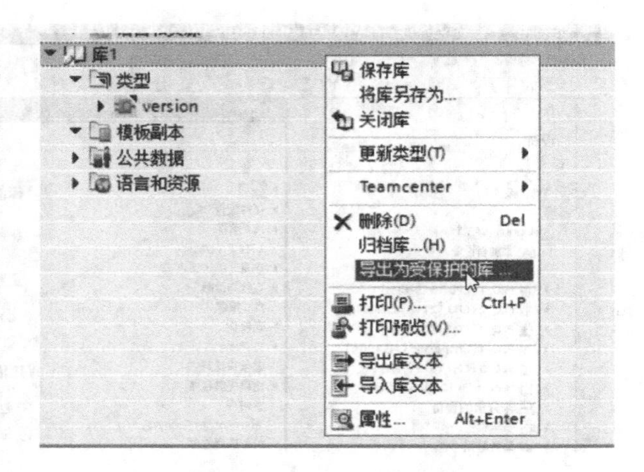


图 18-33　导出为受保护的库

## 18.6　用户自定义帮助

全局库或者企业库中的元素用于共享给其他工程师使用，如果使用者并不熟悉这些元素怎么使用，元素的提供者或者开发者还需要编写相应的帮助文档。TIA 博途软件提供用户自定义文档功能，使用者只需使用鼠标单击库中的元素，按下 Shift + F1 组合键就可以直接打开该元素的帮助文档，该功能还支持多语言切换功能，用户可根据用户界面语言编写不同的用户自定义文档，切换用户界面语言时，系统自动切换用户文档语言，方便使用者快速查看库中元素的相关信息。

不但可以为库中的元素自定义文档，项目树、程序编辑器（支持 LAD、FBD、STL、SCL 和 GRAPH 编程语言）以及画面编辑器中的对象也可以自定义文档。

帮助文档支持的文件格式如下：

- Microsoft Word（. docx）；
- Microsoft Excel（. xlsx）；
- Microsoft PowerPoint（. pptx 和 . ppsx）；
- HTML 页面（. htm 或 . html）；
- Microsoft XPS（. xps）；
- 富文本格式（. rtf）；

➢ 文本文档（. txt）；
➢ 编译后的 HTML 帮助（. chm）；
➢ PDF 文档（. pdf）。

用户自定义文档存储的目录如下：

（1）项目文件夹

UserFiles\UserDocumentation\ <相应语言的文件夹>\ <对象类别>

如果为项目中的对象创建用户自定义文档，则该帮助将保存在项目文件夹中。在项目传递时，用户自定义文档也会一同传递。

（2）全局库的目录

UserFiles\UserDocumentation\ <相应语言的文件夹>\ <对象类别>如果为全局库中的对象创建用户自定义文档，则该用户自定义文档将保存在全局库的目录中。在全局库传递时，用户自定义文档也会一同传递。

（3）硬盘驱动器或网络驱动器上的中央目录

<用户自定义文档的中央目录>\ <相应语言的文件夹>\ <对象类别>可以将用户自定义文档存储在硬盘驱动器中，这样可访问每个项目中的用户自定义文档；或者放在网络驱动器中，这样整个项目组成员均可访问该用户自定义文档。使用 XML 文件或在 TIA Portal 的设置中指定用户自定义文档的中央目录。

用户自定义文档必须位于相应语言所对应的子文件夹内。表 18-2 列出了安装用户语言默认所对应的语言文件夹。

**表 18-2　相应语言的文件夹**

| 语言 | 子文件夹 | 语言 | 子文件夹 |
| --- | --- | --- | --- |
| 德语 | \de-DE | 法语 | \fr-FR |
| 英语 | \en-US | 意大利语 | \it-IT |
| 西班牙语 | \es-ES | 简体中文 | \zh-CN |

对象类别见表 18-3。

**表 18-3　对象类别**

| 对象类别 | 英文标识 |
| --- | --- |
| HMI 画面 | Screens |
| 组织块（OB） | Organization Blocks |
| 函数块（FB） | Function Blocks |
| 函数（FC） | Functions |
| 数据块 | Data Blocks |
| 库中的类型 | Library Types |
| 库中的模板副本 | Master Copies |
| 项目树中的项目节点 | Projects |
| 项目树、项目库或全局库中所有的文件夹类型 | Folders |
| 项目树中的所有链接类型，例如“添加新块”“添加新设备”等 | ShortCut |
| 位于“库”任务卡或库视图中的库 | Libraries |

下面分别以用户自定义文档存储于项目文件夹和硬盘驱动器的中央目录为例介绍用户自定义文档的功能。

**1. 存储于项目文件夹**

1）创建一个新的项目，记住项目的存储路径。

2）添加 PLC 站点并创建 FB1，符号名称为“电机控制”。

3）编写 FB1 的在线帮助文档，可以按照不同的语言进行编辑，例如分别编写中英文在线帮助，FB1 的在线帮助文档名称为“电机控制”，与程序块的符号名称相匹配。

> **注意：** 中英文的文档名称相同，可以暂存于不同的文件夹中。

4）在项目的存储路径中，查找并打开文件夹“UserFiles”，如图 18-34 所示。

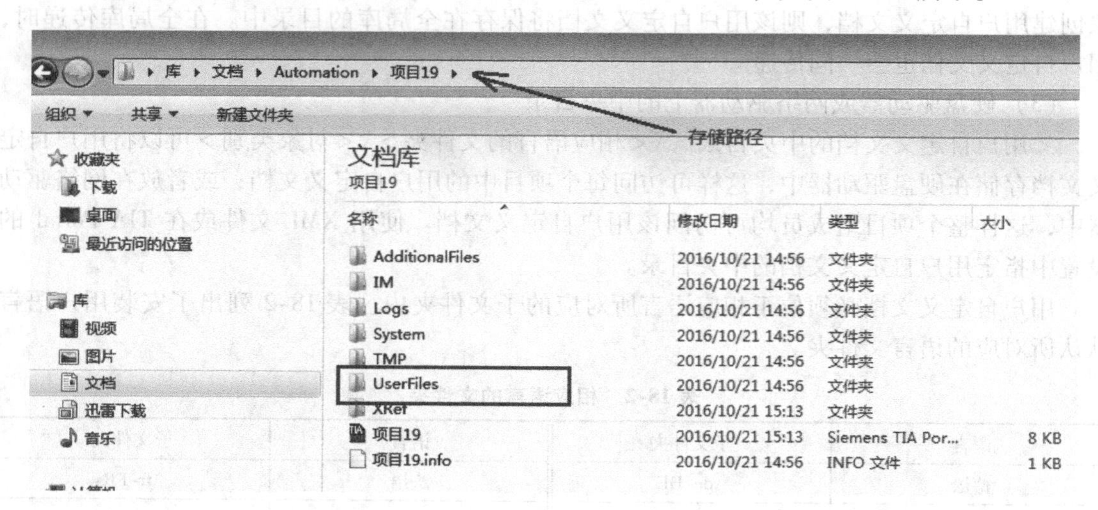


图 18-34　查找 UserFiles 文件夹

在文件夹“UserFiles”中创建目录“UserDocumentation”，然后再创建两个子目录“zh-CN”和“en-US”，在两个子目录中分别再次创建目录“Function Blocks”，最后将已经编写完成的 FB1 中英文帮助文档存放到对应的目录中。

5）在项目中单击“FB1”，使用 Shift + F1 快捷键就可以查看程序块自定义的在线帮助了，同时可以切换界面语言，例如从中文切换到英文，再次使用 Shift + F1 快捷键就会打开英文的帮助文档，如图 18-35 所示。

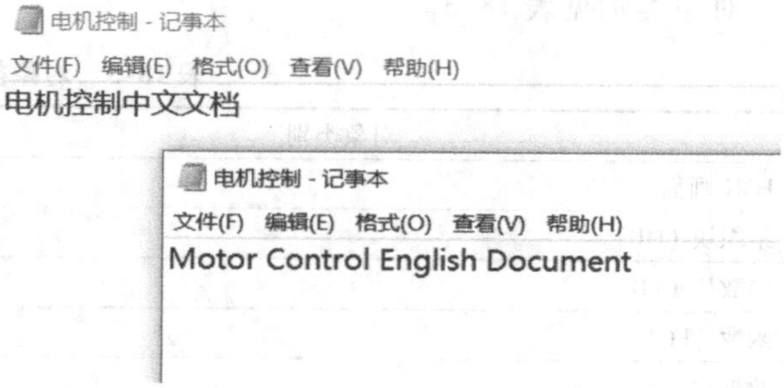

电机控制 - 记事本
文件(F)　编辑(E)　格式(O)　查看(V)　帮助(H)
电机控制中文文档

电机控制 - 记事本
文件(F)　编辑(E)　格式(O)　查看(V)　帮助(H)
Motor Control English Document

图 18-35　打开帮助文档

**2. 存储于硬盘驱动器的中央目录**

1）将 FB1 拖放到项目库的类型中并复制到全局库中。

2）打开 TIA 博途软件，在“选项”→“设置”→“常规”→“常规”→“用户文档”中使能“为用户自定义文档显示调用日志”和“在中央目录内搜索用户自定义文档”选项并设置存储路径，如图 18-36 所示。

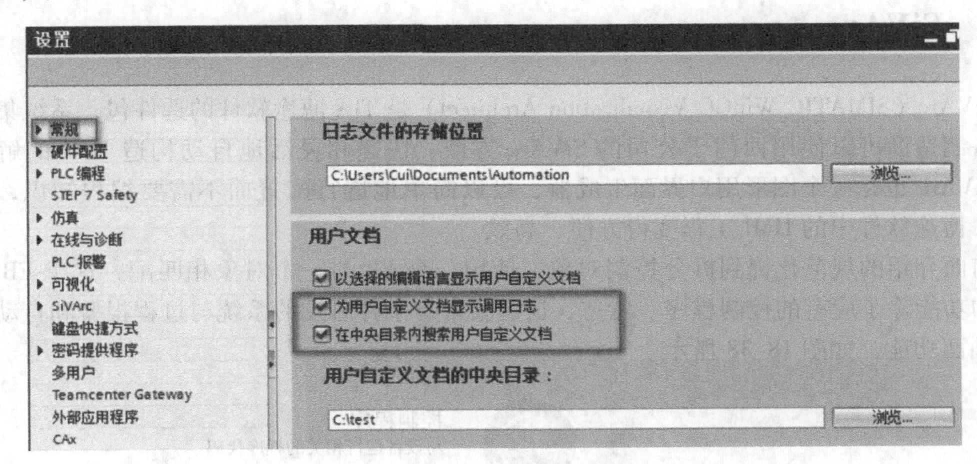


图 18-36　使能自定义文档的中央目录

选择“为用户自定义文档显示调用日志”是为了查看调用文档的日志文件，出问题时也可以查看故障的原因，如图 18-37 所示。

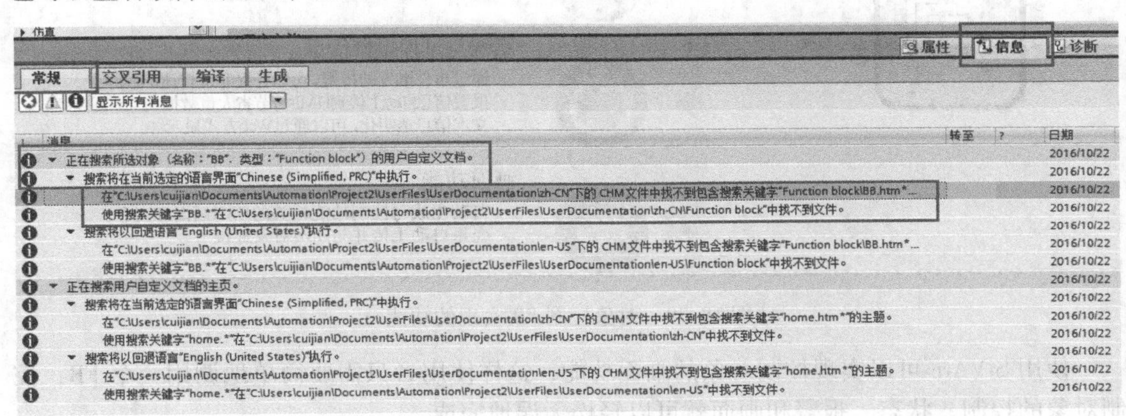


图 18-37　查看调用文档的日志文件

3）将文件复制到选定的目录中，目录路径为：<用户自定义文档的中央目录>\<相应语言的文件夹>\<对象类别>\，例如将英文帮助文档放到“C:\TEST\en-US\Library Types\”目录下；将中文帮助文档放到“C:\TEST\zh-CN\Library Types\”目录下。

**注意：**存放到全局库的类型中，对象类型改变为“Library Types”。

4）在全局库的类型中单击 FB1，使用 Shift + F1 快捷键就可以查看程序块自定义的在线帮助了，切换界面语言，系统自动打开不同目录的帮助文档。

**注意：**

1）如果帮助文档只有一种语言，例如中文，界面语言切换到英文，如果找不到相应的英文文档，系统会自动搜索其他语言文件夹中的相应文档。

2）如果在目录中找不到相应的文件名称，系统将在项目下的目录中查找。

## 18.7 SiVArc

SiVArc（SIMATIC WinCC Visualization Architect）是 TIA 博途软件的选件包，系统集成商和设备制造商可以使用西门子公司的 SiVArc 方便、快速和灵活地自动构造 HMI 的解决方案。SiVArc 也是一个图形用户界面生成器，可以简单地进行配置而不需要编程知识，使得在 TIA 博途软件中的 HMI 工程变得方便、高效。

前面介绍的规范化提到拆分控制对象，使用一个 FB 与一个对象相匹配，这个 FB 可以实现的功能除了应有的控制程序、状态，还需要带有事件触发的系统与过程报警和自动生成 HMI 画面功能，如图 18-38 所示。

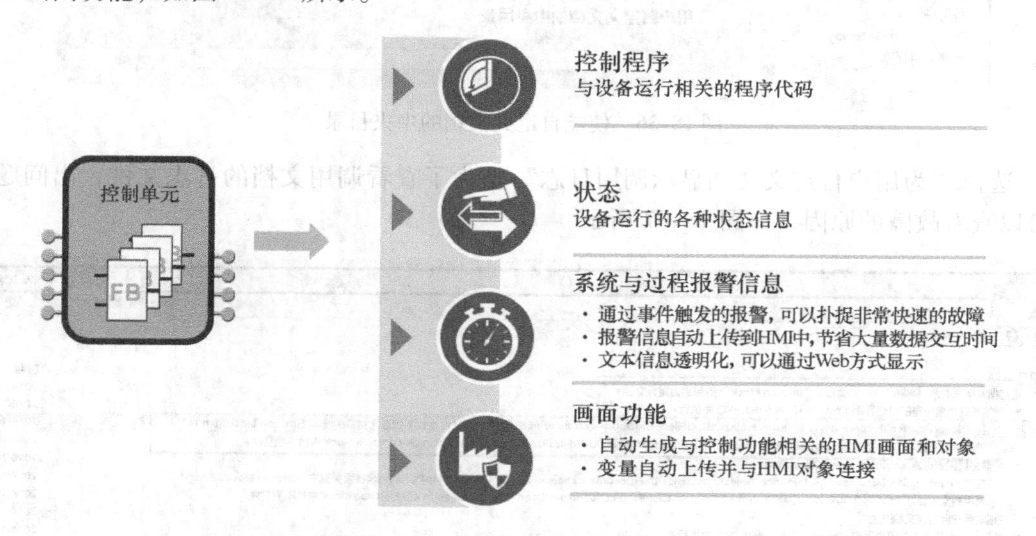


图 18-38 对象控制 FB 实现的功能

使用 SiVArc 可以实现控制对象的画面功能，这样使用者只需要简单地调用一个 FB，控制对象的控制、状态、报警和画面就可以轻松无误地完成。

SiVArc 是对库中元素的引用，所以做好全局库或者形成企业库是前提条件。SiVArc 也可以说是程序标准化后的附加应用。

### 18.7.1 SiVArc 的应用

使用 SiVArc 可以基于 PLC 的程序自动生成 HMI 的变量、画面、画面中的对象以及文本列表，如图 18-39 所示。简单地说就是在 SiVArc 中设定一些规则，规则中规定调用哪一个程序块时将哪一个画面对象放置在哪一幅画面的什么位置上，生成与之相关的变量并连接到画面对象上。使用 SiVArc 的好处是将对象的控制程序与 HMI 画面和变量相关联，可以批量无误地生成画面对象并关联相应的变量。

### 18.7.2 SiVArc 对 PLC 程序架构的要求

使用 PLC 的程序生成 HMI 画面对象，怎样生成、生成什么样的 HMI 画面架构需要在规则中定义，所以要求 PLC 的程序架构一定要有规则，也就是必须使用模块化和对象化的编

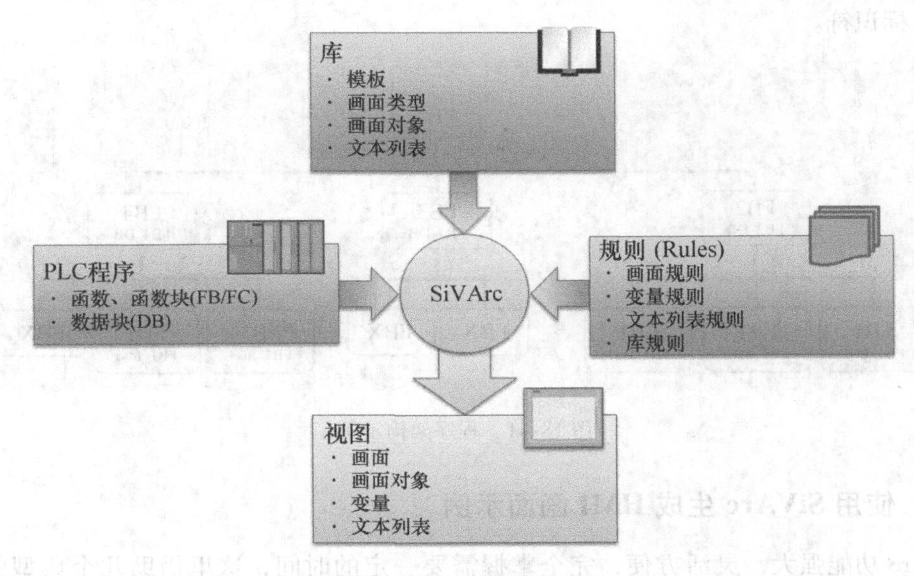


图 18-39　SiVArc 的应用

程方式，否则无规则可定义。

每调用一个 FB，就是生成一个实例，每一个实例对应画面中的一个对象，这个对象的变量来源于对应的实例，如图 18-40 所示，示例中 HMI 画面对象与程序块保存于库中。

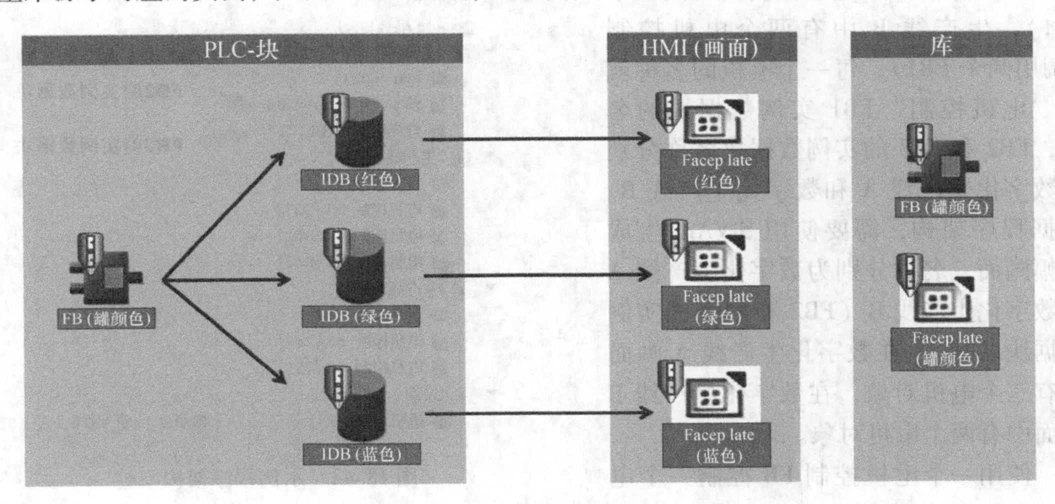


图 18-40　实例与 HMI 画面对象的对应关系

相同的程序架构，通过 HMI 画面和对象属性的定义可以得到不同的画面架构，例如一个 PLC 的程序架构如图 18-41 所示。FB2 调用了三个 FB1，FB4 调用了两个 FB1，如果使用 FB1 控制一个对象，程序中总共有五个对象，在 HMI 中自动生成五个画面对象。是生成一副包含五个对象的画面？还是生成两幅画面，一副画面包含三个对象（FB2），另一副画面包含两个对象（FB4）？从作者的观点看生成两幅画面比较好，那么两幅画面使用什么名称命名呢？通常的情况下使用调用 FB 的实例名称命名，例如 FB2 和 FB4 的实例名称，从这点上看，使用 FB 的调用层级就非常方便，如果使用 FC 替代 FB，画面名称就不容易区分，除非再定义标识符。

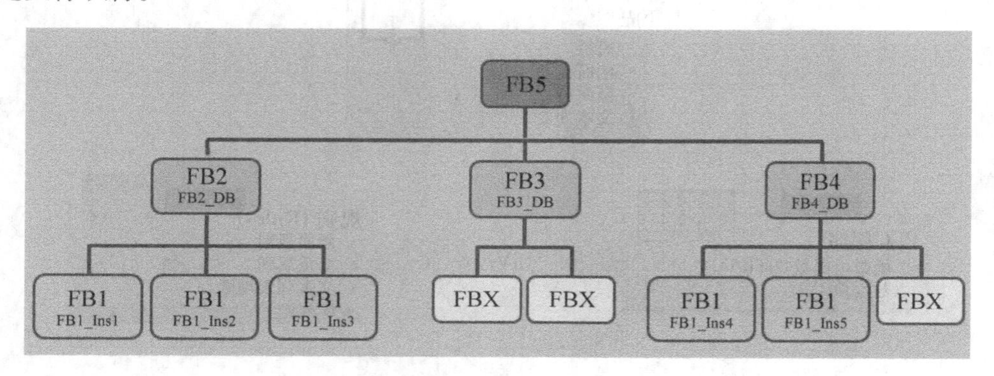


图 18-41　程序架构示例

### 18.7.3　使用 SiVArc 生成 HMI 画面示例

SiVArc 功能强大，灵活方便，完全掌握需要一定的时间，这里借助几个典型的示例，可以使读者快速入门，了解 SiVArc 的使用方法和方式。

示例程序的架构如图 18-42 所示。有两条生产线 A（FB2）和 B（FB3），生产线 A 中有三个电机控制（调用三个 FB1），生产线 B 中有两个电机控制（调用两个 FB1），每一个电机的名称就是“电机控制” FB1 实例数据块的名称，FB2 和 FB3 的实例数据块名称分别为数字化生产线 A 和数字化生产线 B。根据程序架构，需要使用 SiVArc 生成两幅画面，名称分别为数字化生产线 A 和数字化生产线 B（FB2 和 FB3 的实例数据块名称），在数字化生产线 A 画面中有三个电机对象，在数字化生产线 B 画面中有两个电机对象。

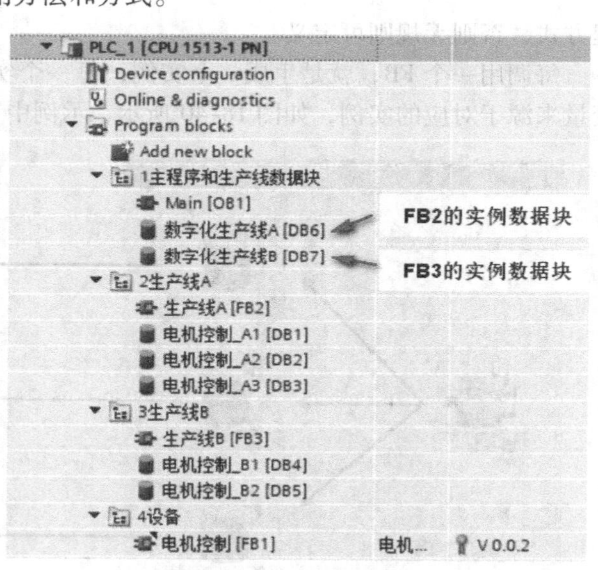


图 18-42　示例程序架构

使用一个电机控制 FB 控制一个电机，电机的状态需要在 HMI 中显示，在 FB 的静态变量中使用了一个 PLC 数据类型“电机参数”，便于参数的分配。每调用一个 FB，就需要在 HMI 中生成一个电机的画面对象，并且将“转速值”“电流值”“温度值”和“电机名称”自动与 PLC 变量连接，如图 18-43 所示。

完成示例功能的步骤如下：

1）按照图 18-43 在 PLC 中创建 PLC 数据类型“电机参数”，并拖放到项目库的类型中；在 HMI 中按画面对象格式将电机图片、I/O 域以及文本拖放到画面中，并按照 PLC 中参数的数据类型设置相应 I/O 域的数据类型。

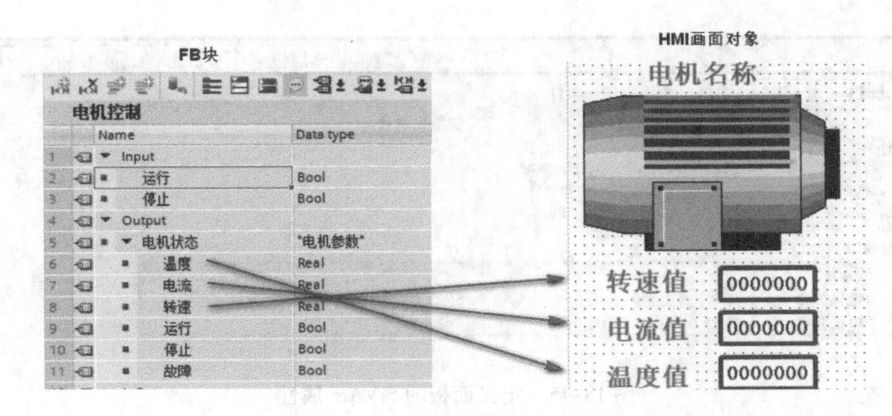


图18-43　FB与HMI的对应关系

2）将整个HMI对象作为一个面板创建。

3）连接I/O域与“电机名称”到面板接口，如图18-44所示。

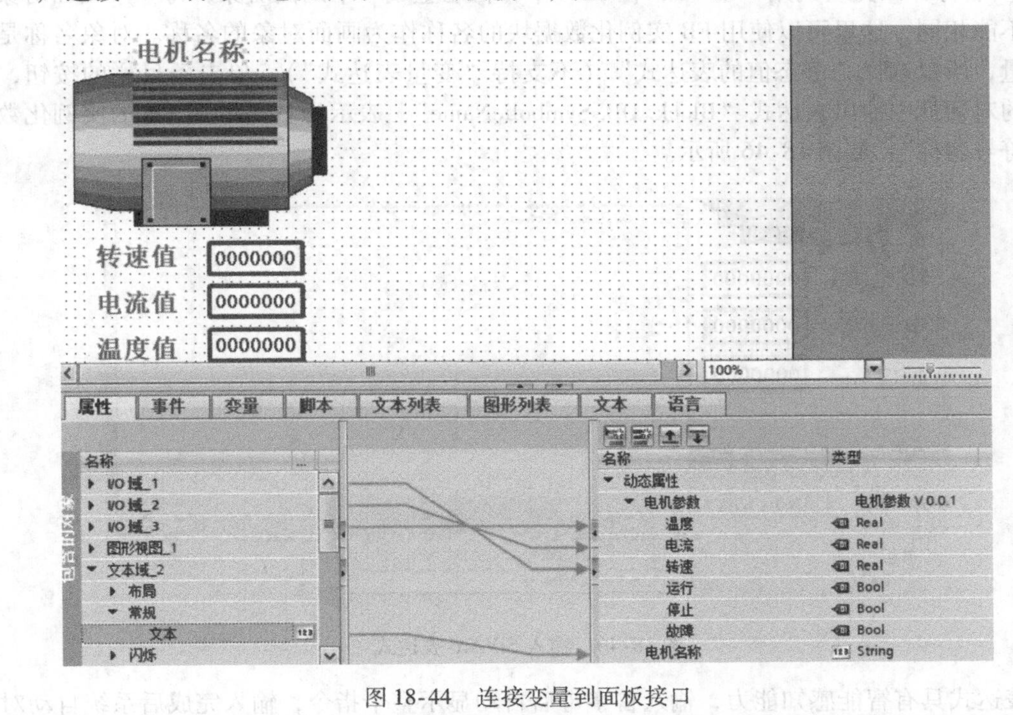


图18-44　连接变量到面板接口

**注意：对面板的创建与接口的设置、连接这里不做详细介绍。**

4）单击包含面板的画面中，选择“插件”→“SiVArc属性”，定义面板的SiVArc属性，如图18-45所示。属性分“静态值的表达式”和“变量表达式”两种，“静态值的表达式”只是简单地与程序一些参数连接，而不能根据PLC过程值变化，例如连接FB的一个字符串参数，如果参数是一个常量，在PLC编译后立刻就知道连接的结果，这时需要选择“静态值的表达式”进行连接；如果是一个变量，需要显示运行后参数的内容，这里就必须选择“变量表达式”进行连接，但是不是所有的条目都支持上述两种属性。

电机 [画面] [电机 V 0.0.6]　　属性　信息　诊断　插件

SiVArc 属性　SiVArc 动画　SiVArc 事件

| 名称 | 静态值的表达式 | 变量表达式 |
| --- | --- | --- |
| ▼ 其他 | | |
| 名称 | Block.DB.SymbolicName | |
| 层 | | |
| ▶ 位置 | | |
| ▼ 属性接口 | | |
| ▼ 动态属性 | | |
| 电机参数 | | Block.DB.SymbolicName&"_电机状态" |
| 电机名称 | Block.DB.SymbolicName | |

图 18-45　定义面板的 SiVArc 属性

每一个画面对象的属性都有差别，但是都有一定的规律，正是利用这些规律，SiVArc 使用表达式的方式给这些属性赋值。属性的表达式含义如下：

① 名称：因为每调用一个 FB，在 HMI 中将自动生成一个画面对象，每一个画面对象的名称不能相同，这里可以使用 FB 实例化数据块的名称作为画面对象的名称。对象名称是一个常量，所以选择“静态值的表达式”（不支持“变量表达式”），单击条目栏的按钮，在弹出的对话框中输出表达式“Block. DB. SymbolicName”，表示为“被调用 FB 的实例化数据块的符号名称”，如图 18-46 所示。

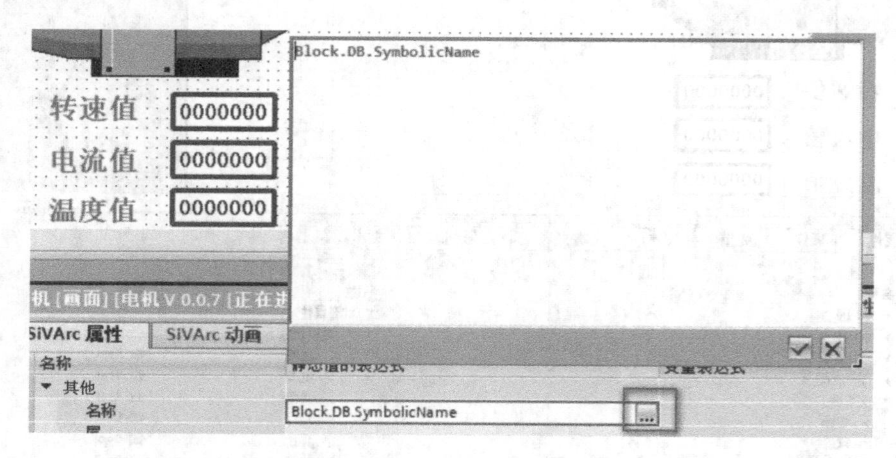


图 18-46　输入 SiVArc 表达式

表达式具有智能感知能力，输入首字母后自动显示整个指令，输入完成后系统自动对表达式进行编译，如果语法错误，表达式将显示红色。

② 电机名称：电机名称与对象名称相同，所以也选择“静态值的表达式”，表达式为“Block. DB. SymbolicName”。

③ 电机参数：电机参数用于显示运行的实时值，所以必须选择“变量表达式”。从图 18-43、图 18-44 可知，电机显示的参数连接到被调用 FB 的实例数据块中的变量“电机状态”。PLC 的变量名称一定是“被调用 FB 的实例化数据块的符号名称 . 电机状态”，实例化数据块的名称在变化，而“电机状态”的名称不会变化，利用这个规律，表达式为“Block. DB. SymbolicName&_电机状态”，前缀名称为“被调用 FB 的实例化数据块的符号名

称"，与不变的符号名称中间使用"&"进行连接。由于这些变量需要在HMI中自动创建，在HMI中默认的PLC变量子层级分隔符使用"_"，如图18-47所示，所以这里需要使用"_"替代"."。

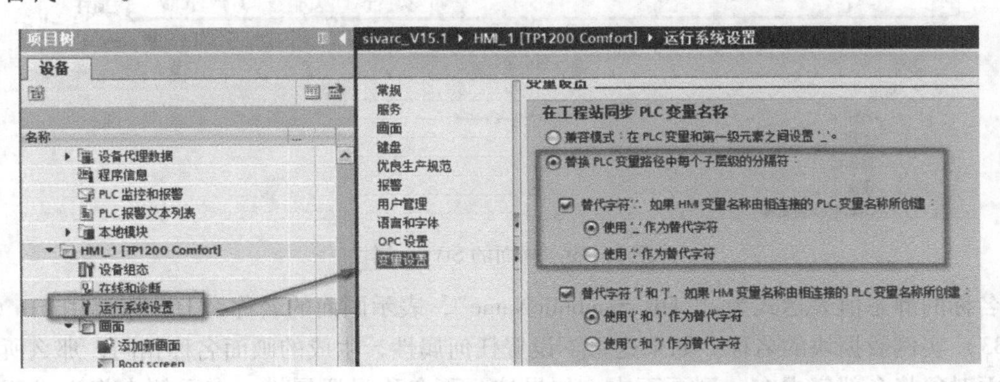


图18-47 HMI中的变量设置

如果该FB被作为多重实例嵌套多次调用，前缀名称可能叠加了多个名称，容易混乱，可以使用表达式"Block. DB. HMITagPrefix&_电机状态""进行替代。

**注意：**表达式指令集可以参考TIA博途软件的在线帮助，这里不做介绍。

5）创建一幅画面，例如根画面，在画面中央可以添加一个文本域，这样可以在每一幅画面的中央显示画面的名称，定义文本域SiVarc的属性如图18-48所示。

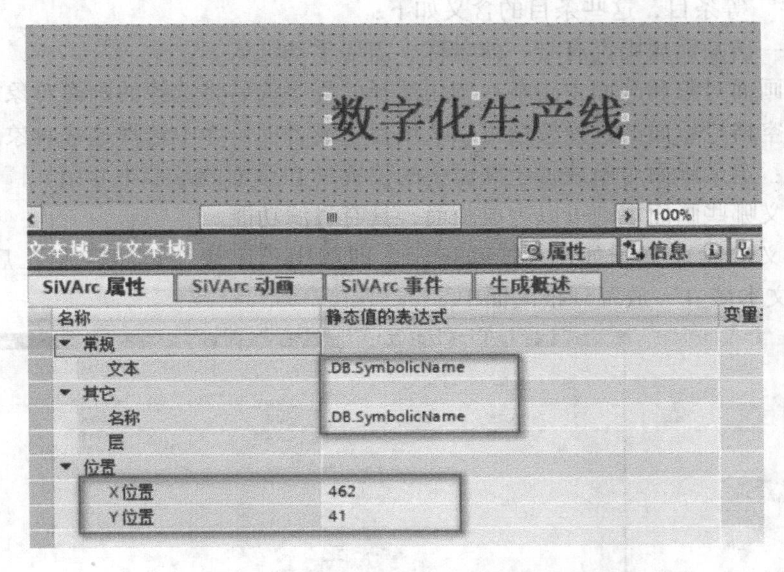


图18-48 定义文本域SiVarc属性

文本和名称为静态值表达式". DB. SymbolicName"，表示显示的内容为上一级调用FB（FB2和FB3）实例数据块的名称，如果是".."表示上两级，最多嵌套九级。位置设置为常数，大概为画面的中央位置。这样根据调用的关系，在画面的中央将显示"数字化生产线A"或者"数字化生产线B"。

6）画面对象的 SiVarc 的属性设置完成后，还需要设置画面的属性，否则不能区分是生成一副画面还是多幅画面。画面的 SiVarc 的属性设置如图 18-49 所示，画面为根画面。

根画面 [画面]　属性　信息　诊断　插件

SiVarc 属性　SiVArc 动画　SiVArc 事件　生成概述

| 名称 | 静态值的表达式 | 变量表达式 |
|---|---|---|
| ▼ 常规 | | |
| 名称 | .DB.SymbolicName | |
| 注释 | | |
| 画面组 | | |
| 模板 | | |
| Overflow 画面数 | | |

图 18-49　画面的 SiVarc 属性

名称的静态值表达式为“. DB. SymbolicName”，表示画面的名称为上一级调用 FB（FB2 和 FB3）实例数据块的名称。如果这里不设置任何属性，生成的画面名称相同，那么所产生的画面对象将全部集中在一副画面中，如果按画面名称设置属性，在示例中将生成两幅画面，分别为“数字化生产线 A”或者“数字化生产线 B”。具体为什么 FB2 中对应的画面对象会自动放到“数字化生产线 A”的画面中，背后的原因可能就是按照层级和对象化编程的原因（参考 18. 7. 2 节），所以清晰的程序的架构非常重要，同时也会影响到 HMI 画面的架构。

7）打开项目树，在“公共数据”→“SiVarc”→“画面规则”中定义程序块与画面对象间的规则。每一个画面规则中包含“名称”“程序块”“画面对象”“画面主副本”“布局字段”和“条件”等条目，这些条目的含义如下：

名称：每一条画面规则都有唯一的名称，需要手动键入。

程序块、画面对象和画面主副本：调用选择的程序块后将选择的画面对象放置到选择的画面中。单击空格栏后面的选择按钮可以从项目中或者项目库中选择这些对象。

布局字段：定义画面对象放置于画面中的位置（在后面的章节中介绍）。

条件：定义哪些画面规则可以生成画面，具有过滤功能。

示例中定义的画面规则如图 18-50 所示，即调用程序块“电机控制”后将画面对象“电机”和“文本域_1”放置到根画面中。

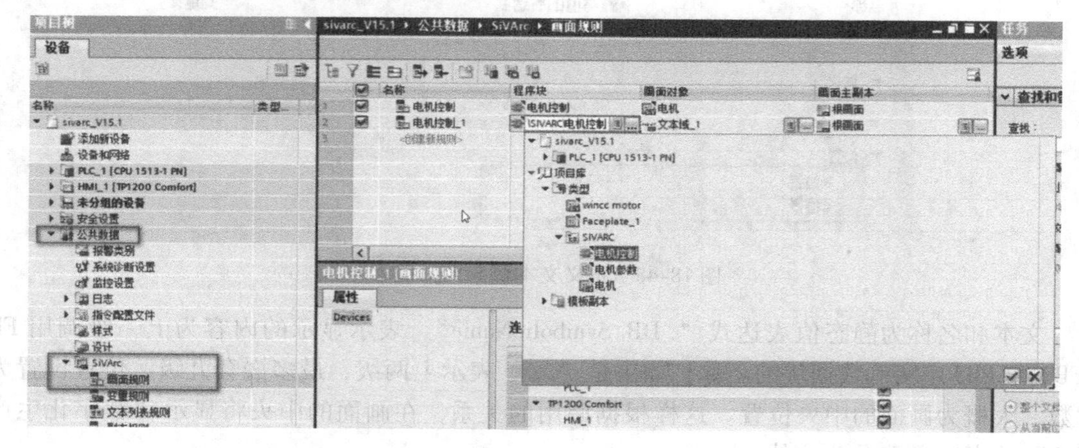


图 18-50　定义画面规则

8）所有的准备工作完成后，需要编译整个PLC程序以确定最终的程序架构，然后选择需要自动生成画面的操作屏，单击工具栏中的按钮，即可自动生成画面和变量（可以选择与画面对象相关的变量还是所有的变量）。

9）如果增加或者减少程序块中控制对象的数量，画面重新生成后，HMI画面对象自动更新并匹配。

**注意：**

1）需要安装SiVArc可选软件。

2）HMI必须与PLC建立连接。

3）将界面语言切换成英文才能完整生成画面和变量。

4）规则也可以放到全局库中。

### 18.7.4　变量规则示例

根据具体设置，SiVArc会生成与画面对象相关的变量或者所有外部变量，这些外部变量仅限于背景数据块和全局数据块。在变量规则中，可指定以下信息：

1）存储生成变量的文件夹名称。

2）创建生成变量的变量表名称。

如果没有在变量规则中定义，生成的变量将无规则地全部放置到HMI变量中。示例中将按照PLC程序层级架构生成HMI变量的层级架构，以实例数据块名称为变量表名称进行变量的划分。

1）在项目树下，选择“公共数据”→“SiVarc”→“变量规则”并打开，新建一个变量规则，在“变量组层级”中选择“HmiTag. DB. FolderPath”，在“变量表”中选择“HmiTag. DB. SymbolicName”，如图18-51所示。

图18-51　定义变量规则

表达式“HmiTag. DB. FolderPath”表示HMI中的变量按照PLC实例数据块的层级架构划分；表达式“HmiTag. DB. SymbolicName”表示HMI中的变量按照PLC实例数据块的符号名称创建变量表。

2）单击工具栏中的按钮，即可自动生成画面和变量，生成的HMI变量与PLC层级架构相匹配，如图18-52所示。

3）如果在“变量表”中选择“HmiTag. SymbolicName”，则变量结构中没有按照实例数据块的符号名称划分HMI变量表，如图18-53所示。

4）为了便于管理，层级和变量表的名称可以添加附加字符，例如“"XX"&HmiTag. DB. FolderPath&"XX"”，也可以拼接两个表达式，例如“HmiTag. DB. FolderPath&HmiTag. DB. SymbolicName”。

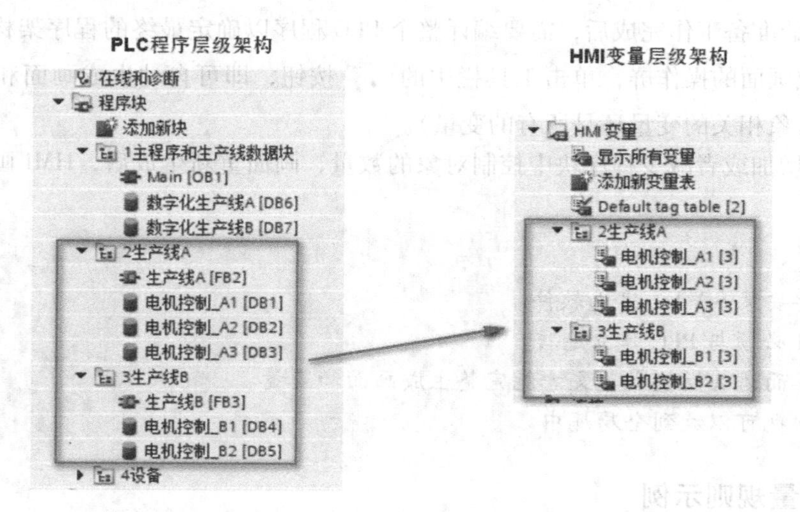


图 18-52　PLC 程序与 HMI 变量的层级架构

图 18-53　无 DB 名称的变量架构

## 18.7.5　布局的示例

通过布局功能，使自动生成的画面对象放置到预定的位置上，下面以示例的方式介绍布局功能。

1）打开“根画面”，在画面中插入一个“矩形”，矩形的位置将是自动生成电机控制对象的位置。

**注意：矩形的大小需与电机控制对象匹配。**

2）在矩形的属性中，选择“插件”→“SiVarc 属性”，激活“用作布局字段”选项，在“布局字段名称”中键入名称，例如“motor”（必须是英文）。其他可以自由选择。设置完成后，通过复制和粘贴功能生成其他两个矩形图形，这三个矩形的位置即是自动生成 HMI

对象的布局区域，如图18-54所示。

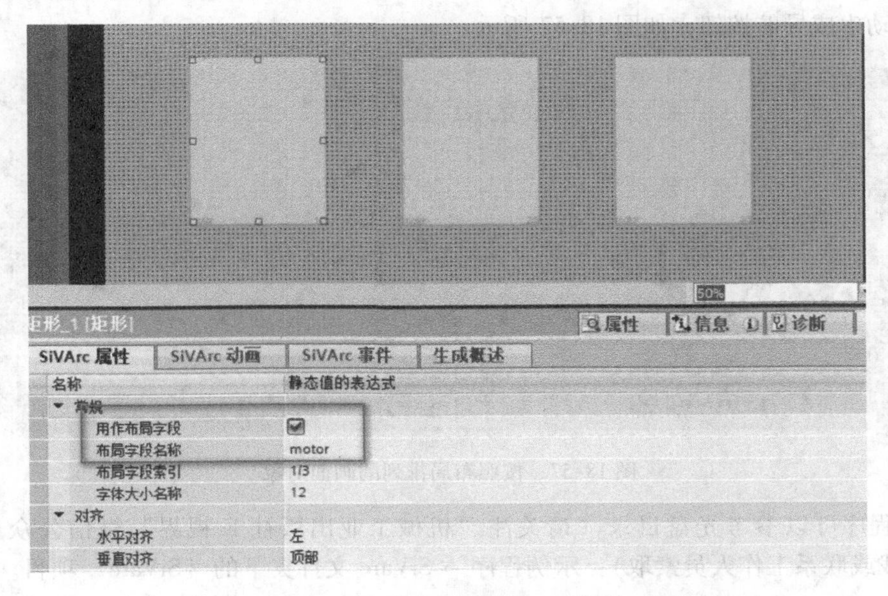


图18-54　设置布局的SiVarc属性

3）单击画面，选择“插件”→“SiVarc属性”，使能“导航按钮”。如图18-55所示。如果生成的对象数量超过三个，将自动生成另外一幅画面，同时在两个画面中也将自动生成导航按钮。

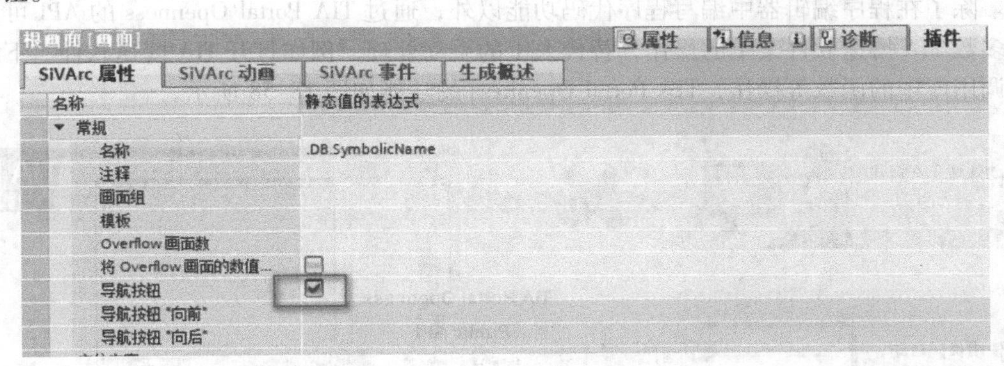


图18-55　设置导航按钮

4）设置完成后将画面拖放到项目库中，在画面规则中选择该画面作为画面主副本并选择已经设置的布局，如图18-56所示。

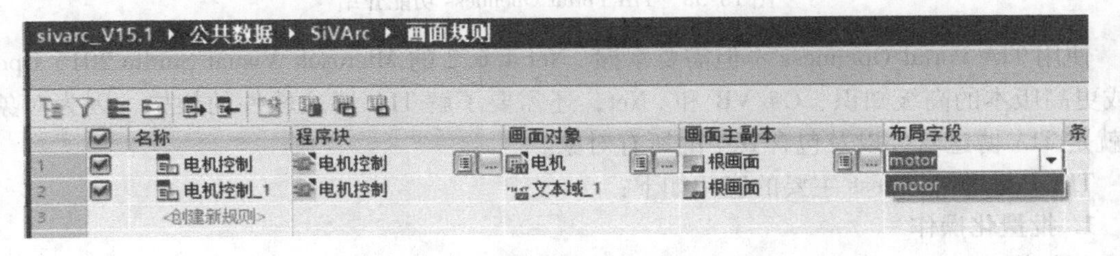


图18-56　在画面规则中添加布局

5）生成的 HMI 画面对象将自动按照设置的布局进行排列，如果画面对象溢出即超出三个，将自动生成导航按钮，如图 18-57 所示。

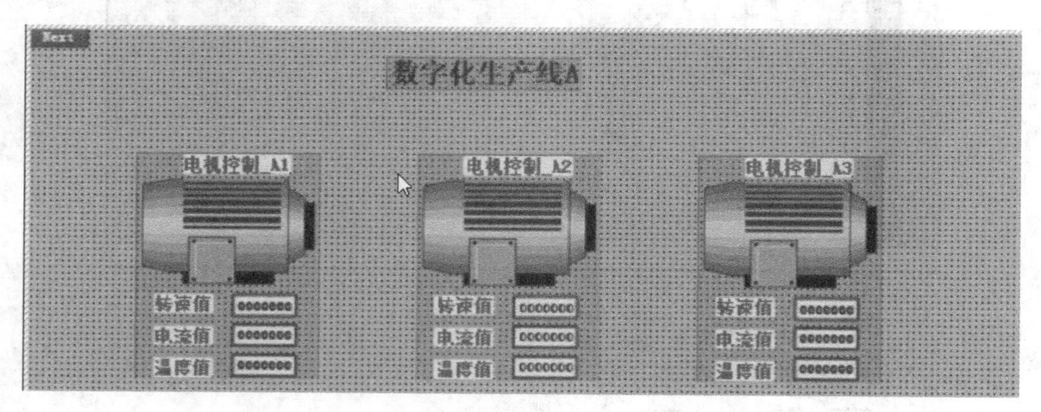


图 18-57　按照布局排列的画面对象

示例程序可以参考光盘目录（请关注“机械工业出版社 E 视界”微信公众号，输入 65348 下载或联系工作人员索取）：示例程序→ SiVarc 文件夹下的《SiVarc》项目。

## 18.8　TIA Portal Openness 简介

TIA Portal Openness 提供了多种访问 TIA 博途的方式，并且针对定义的任务提供了多个函数。除了在程序编辑器中编写程序代码功能以外，通过 TIA Portal Openness 的 API 可以完成大多数 TIA 博途软件菜单的操作，替代人工的手动处理，例如打开 TIA 博途软件、下载程序、调用库中的函数等操作，TIA Portal Openness 的功能如图 18-58 所示。

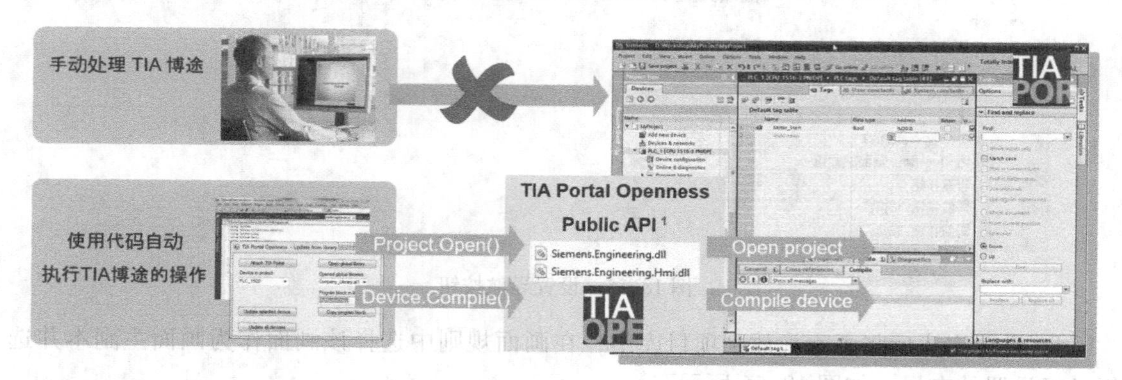


图 18-58　TIA Portal Openness 功能介绍

使用 TIA Portal Openness 不但需要掌握 . Net 4. 6. 2 的 Microsoft Visual Studio 2015 Update 1 或更高版本的高级知识、C#/VB 和 . Net，还需要了解 TIA 博途软件的架构，因为对象模型就是 TIA 博途软件以及包含其中的所有对象。

TIA Portal Openness 主要的应用如下：

**1. 批量化操作**

例如修改项目中若干个变频器参数，通常需要打开变频器参数界面，找到相应参数，修改、保存后退出，然后依次修改其余变频器参数，如果调试后，参数不适合，还需要再次修改，使用 TIA Portal Openness 批量化操作可以解决这样的问题。

**2. 特殊的应用**

例如检查运行的程序是否已更新、定期上传 PLC 程序备份等操作。

**3. 程序的规范化**

TIA Portal Openness 也可以说是实现程序规范化终极目标的工具，最理想的情况下是工艺人员将控制对象在 PC 软件上进行组装，组装完成后并编译，代码自动生成。在底层可以通过 TIA Portal Openness 按照设备组装顺序调用全局或者企业库中的程序块，完成大部分的编程任务。在最新的版本中，TIA Portal Openness 应用程序可以将 SiVArc 实例化，这样程序生成的同时，也可以将画面对象与程序块和相应的变量进行连接。实现这样功能的前提条件就是库中的对象一定要种类齐全，所以库对于规范化来讲是非常重要的。

在西门子公司网站下载中心可以搜索到许多关于 TIA Portal Openness 的使用示例，可以参考通过用户界面生成模块化设备的示例，示例包含说明文档和高级语言的源代码，链接地址为：https：//support. industry. siemens. com/cs/cn/zh/view/109739678。

# 第 19 章　打印和归档程序

## 19.1 打印简介

程序在编辑和调试完成之后，需要打印成文档保存。TIA 博途软件集成了打印功能，可以打印整个项目或项目内的单个对象。打印输出的参考文档结构清晰，有助于项目后期的维护和服务工作，同时也可打印输出用于对客户进行演示的文档或者完整的系统文档。

可根据个人需求设计页面的外观，例如，在项目文档中既可以添加公司徽标或使用公司的页面布局，也可以创建任意多个设计形式作为框架和封面。这些框架和封面存储于项目树的“文档设置”项中，并作为项目的一部分。还可以在封面和框架中使用占位符，占位符可以是页码、日期、文本或者图像。如果不想设计个人模板，也可使用 TIA 博途软件库中集成的框架和封面，其中包括符合 ISO 标准的技术文档模板。

可以打印的内容包括：

- 项目树中的整个项目；
- 项目树中的一个或多个项目相关的对象；
- 编辑器的内容；
- 表格；
- 库；
- 巡视窗口的诊断视图。

不能在下列区域打印：

- TIA 博途软件视图；
- 详细视图；
- 总览窗口；
- 除诊断视图外的巡视窗口的所有选项卡；
- 比较编辑器；
- 除库外的所有任务卡；
- 大部分对话框；
- 与项目无关的 PG/PC 属性。

**注意**：打印时至少选择一个可打印的元素，如果打印一个选中的对象，则所有包含的下级对象都将被打印。例如，如果在项目树中选择了一个设备，则将打印该设备中所有的数据。图形视图必须单独打印。

### 19.1.1　打印设置

可以对打印的常规属性进行设置，这是对 TIA 博途软件的设置，与项目无关。在 TIA 博途软件的菜单栏中选择“选项”→“设置”→“常规”选项卡，在“打印设置”栏中设置打印属性，如图 19-1 所示。

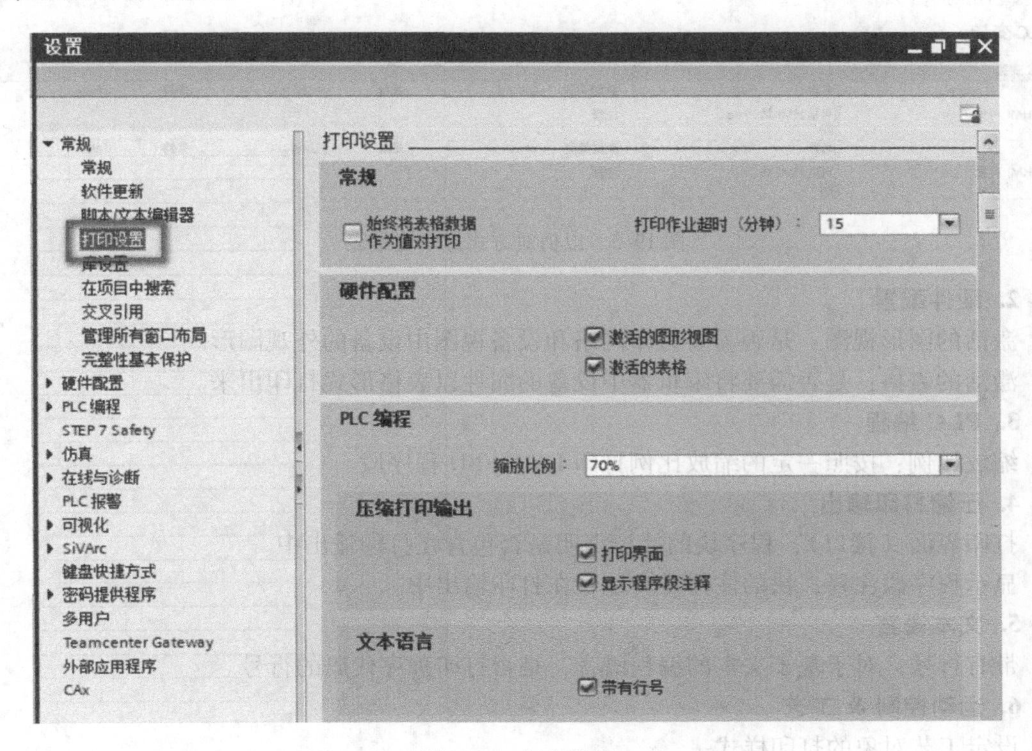


图 19-1　打印设置

**1. 常规**

始终将表格数据作为值对打印：如果没有激活该选项，则以表格形式打印。例如打印变量表时输出的形式如图 19-2 所示。

**默认变量表 [152]**

**PLC 变量**

| PLC 变量 | | | | | | | |
|---|---|---|---|---|---|---|---|
| 名称 | 数据类型 | 地址 | 保持 | 在 HMI 可见 | 可从 HMI 访问 | 注释 |
| Tag_1 | DWord | %MD100 | False | True | True | |
| Tag_2 | Word | %MW100 | False | True | True | |

图 19-2　以表格方式打印变量表

如果选择了“始终将表格数据作为值对打印”选项，则元素以值对（即元素的属性与数值成对）的形式打印输出。打印输出将列出每个元素的属性，这适合于元素的属性非常多并且超出了打印区域的情况，例如打印变量表时，打印输出的形式如图 19-3 所示。

打印作业超时（分钟）：如果某些对象无法完整打印，则在组态的超时（分钟）后将显示一条信息。

默认变量表 [152]

PLC 变量

| PLC 变量 | | | | | | | | | |
|---|---|---|---|---|---|---|---|---|---|
| | | 名称 | Tag_1 | 数据类型 | DWord | 地址 | %MD100 | 保持 | False |
| 在 HMI 可见 | True | 可从 HMI 访问 | True | 注释 | | | | | |
| | | 名称 | Tag_2 | 数据类型 | Word | 地址 | %MW100 | 保持 | False |
| 在 HMI 可见 | True | 可从 HMI 访问 | True | 注释 | | | | | |

图 19-3 以值对方式打印变量表

**2. 硬件配置**

激活的图形视图：是否需要打印网络和设备视图中设备的外观图形。

激活的表格：是否需要将编辑器中设备的属性以表格形式打印出来。

**3. PLC 编程**

缩放比例：按照一定的缩放比例打印 LAD/FBD 程序段。

**4. 压缩打印输出**

打印界面（接口）：程序块的接口声明是否包含在打印输出中。

显示程序段注释：块的注释是否包含在打印输出中。

**5. 文本语言**

带有行号：对于基于文本的编程语言，是否打印程序代码的行号。

**6. 运动控制 & 工艺**

设定工艺对象的打印样式：

1）对话框/图形：如果编辑器支持的话，其内容将以图形方式打印。

2）表格：以表格形式打印工艺对象的参数。

**7. HMI 画面**

显示制表键（Tab）顺序：在 HMI 运行系统中，可以使用“Tab”键到达所有可操作对象。使用“Tab 顺序”命令来定义操作员在运行系统中激活这些对象的顺序。激活此选项，就可以在打印输出中，打印出这个顺序。

## 19.1.2 框架和封面

用户可以自己设置打印的框架和封面，这样可以给打印的文档提供专业的外观。封面可以个人设计也可以使用 TIA 博途软件中集成的封面，集成的封面可以进行再调整并重新将其存储为模板。在项目树下的“文档信息”中添加自定义的文档信息，并关联相应的打印框架和封面。可以创建多个“文档信息”，并关联不同的框架和封面，同样也可以自定义框架和封面。双击项目树中的“文档设置”→“框架”→“添加新框架”或“封面”→“添加新封面”，在弹出的对话框“名称”区域中输入封面或框架的名称；从“纸张类型”下拉列表中，选择纸张大小；在“方向”下拉列表中选择以纵向或横向方式打印页面。然后选择“添加”，这样就可以编辑封面或框架，新建的框架如图 19-4 所示。

在右侧的“工具箱”中，可以将其中的元素添加到框架中，然后对这些元素进行编辑，这样在打印出的文本中就会显示出这些元素。

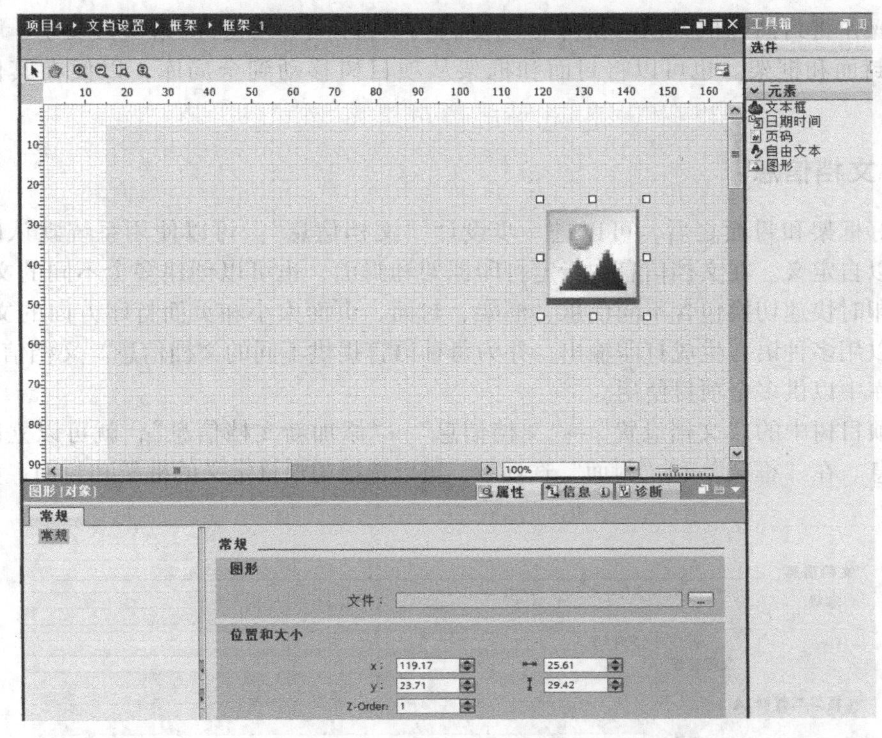


图 19-4　自定义框架和封面

（1）文本框

文本框代表文档信息中的文本元素占位符，在文本框的属性中，可设置在打印过程中自动插入文档信息中的哪些文本。

（2）日期时间

打印时将插入日期和时间，而不是占位符。在巡视窗口的属性中可以指定打印创建日期、检查日期和打印日期等。

（3）页码

打印时会自动引用正确的页码。

（4）自由文本

可以在文本字段的属性中输入静态文本，不会受打印时所选文档信息的影响。

（5）图形

在巡视窗口的“图形”属性中选择图像文件，可以使用BMP、JPEG、PNG、EMF或GIF格式的图像。具体方法是从其他文件里添加图形元素，然后在其属性对话框中导入图形文件。

TIA博途软件集成的封面和框架存储于库中，如图19-5所示。在全局库中的“Documentation templates”中包含有可在项目中使用的封面和框架，可

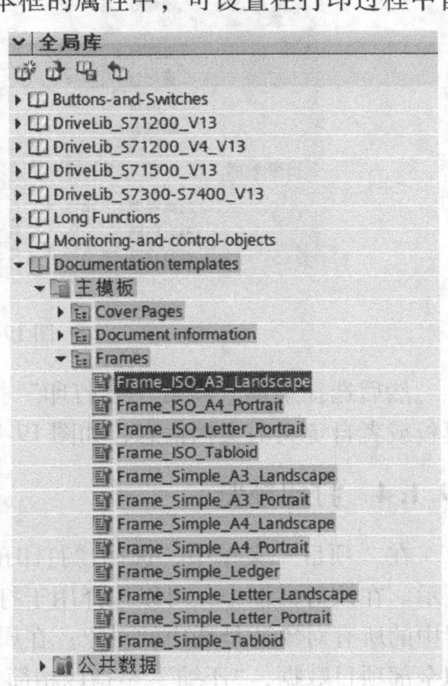


图 19-5　使用库中的封面和框架

使用拖放操作将封面和框架从系统库移动复制到项目树中，然后根据项目要求，再调整项目树中的封面和框架。也可以将封面和框架从项目树移动到全局库，以便在其他项目中使用。

### 19.1.3　文档信息

设计好框架和封面之后，可以进一步设计“文档信息”。可以使用系统默认的文档信息，也可以自定义。在文档信息中指定打印框架和封面，也可以创建多个不同的文档信息，以便在打印时快速切换包含不同信息、框架、封面、页面大小和页面打印方向的文档信息。例如，可以用多种语言生成打印输出，并为每种语言提供不同的文档信息。文档信息可以保存在全局库中以供多个项目使用。

双击项目树中的“文档设置”→“文档信息”→“添加新文档信息”，就可以立即创建新的文档信息。在“框架”和“封面”选项下，可以选择用户自定义的框架和封面，如图 19-6 所示。

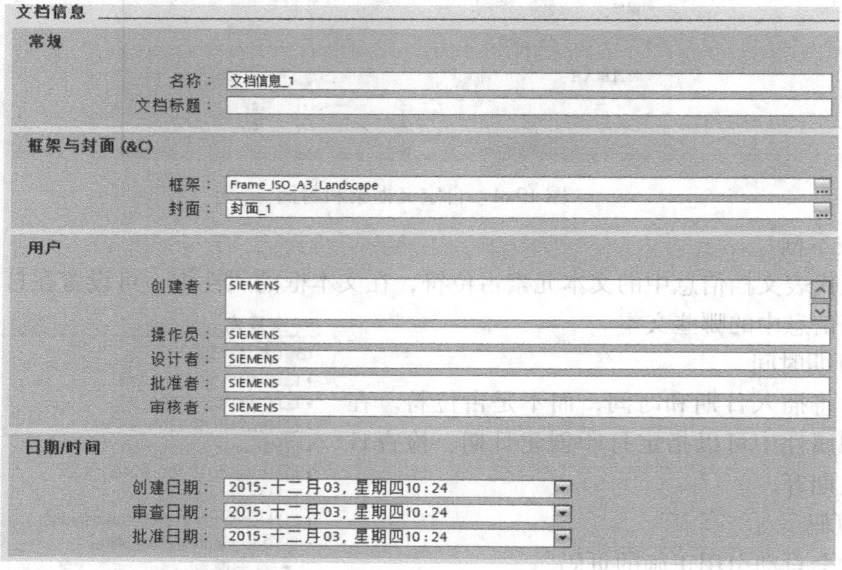

文档信息
常规
名称： 文档信息_1
文档标题：
框架与封面 (&C)
框架： Frame_ISO_A3_Landscape
封面： 封面_1
用户
创建者： SIEMENS
操作员： SIEMENS
设计者： SIEMENS
批准者： SIEMENS
审核者： SIEMENS
日期/时间
创建日期： 2015-十二月03，星期四10：24
审查日期： 2015-十二月03，星期四10：24
批准日期： 2015-十二月03，星期四10：24

图 19-6　创建新的文档信息

然后选择菜单“项目”→“打印”指令，在弹出的“打印”对话框中，可以选择库中的模板或者自定义的文档信息，如图 19-7 所示。

### 19.1.4　打印预览

在“项目”菜单中，选择“打印预览”命令，将打开“打印预览”对话框，如图 19-8 所示。在该对话框中，可以选择用于打印输出的文档信息；选择“打印对象/区域”是编辑器中的所有对象还是选中的对象；在属性中选择是“全部”还是“压缩”，“全部”是指打印全部项目数据，“压缩”是指以精简格式打印项目数据。

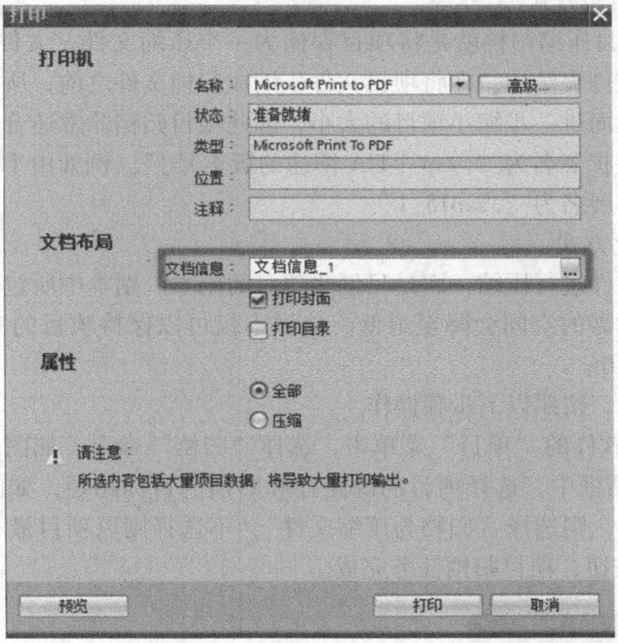

图 19-7 打印版面设置

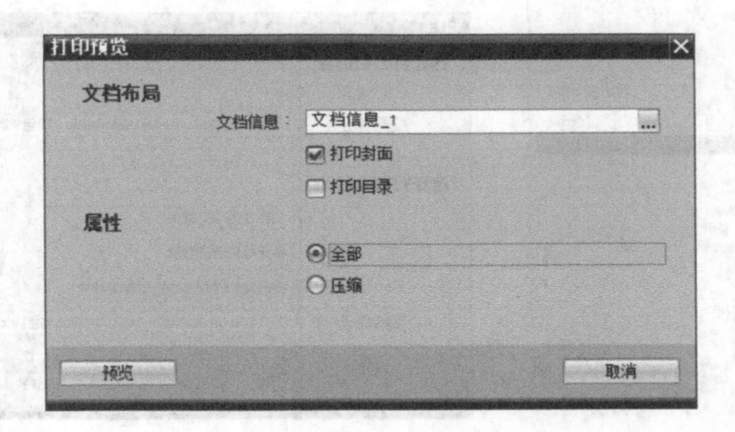


图 19-8 打印预览

## 19.2 程序归档简介

如果对一个 TIA 博途软件项目操作的时间较长，则可能会产生大量的文件，在将项目备份或者通过可移动介质、电子邮件等方式进行传输时，希望缩小项目的大小。通过项目归档或使用最小化功能可以缩小项目文件的大小。

### 19.2.1 程序归档的方式

程序归档有两种方式。

（1）项目压缩归档方式

TIA 博途软件项目压缩归档就是将项目存储为一个压缩文件，文件包含一个完整项目，即包含项目的整个文件夹结构。在将项目文件压缩成归档文件之前，所有的文件将减少至只包含基本的组件，从而进一步缩小项目的大小，因此项目归档非常适合使用电子邮件进行发送。项目归档的文件扩展名为“.zap［TIA 博途的版本号］”。例如由 TIA 博途 V15 SP1 创建的项目归档文件的扩展名为“.zap15_1”。

（2）项目最小化方式

可以不对项目文件进行压缩，而是只创建项目的副本。副本中所包含的文件只有该项目的基本元素，因而所需的空间会降至最低。这样不仅可以保持项目的完整功能，也可以由 TIA 博途软件直接打开。

要归档一个项目，按照以下步骤操作。

1）在 TIA 博途软件的“项目”菜单中，选择“归档”命令，如图 19-9 所示。

2）在弹出的对话框中，选择项目的源路径和归档的目标路径，如图 19-10 所示，如果要创建项目压缩文件，则选择“归档为压缩文件”，不选择则以项目最小化方式保存项目副本。单击“归档”按钮，项目归档任务完成。

图 19-9　选择项目归档

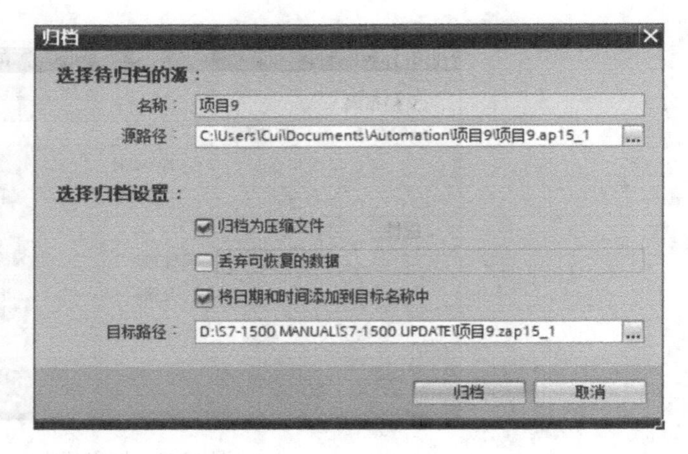


图 19-10　“归档”对话框

### 19.2.2　项目恢复

可通过恢复功能打开通过项目压缩归档方式存储的文件，恢复项目文件目录中所有的内容。操作步骤如下：

1）在“项目”菜单中，选择“恢复”命令。

2）在弹出的对话框中，选择项目归档的压缩文件。

3）单击“打开”按钮，将归档项目解压缩到指定的文件夹中，这样即可打开压缩归档的项目。

# 第 20 章　移植 SIMATIC S7-300/400 PLC 项目到 SIMATIC S7-1500 PLC

## 20.1　SIMATIC S7-300/400 PLC 项目移植到 SIMATIC S7-1500 PLC 简介

如要在新项目中使用 SIMATIC S7-1500 PLC 的新功能和新特性替代原有的 SIMATIC S7-300/400 PLC，但又同时希望最大限度地使用原有 SIMATIC S7-300/400 PLC 的程序，以缩短项目开发时间，可以将 STEP 7 V5. X 中 SIMATIC S7-300/400 PLC 的项目移植为 SIMATIC S7-1500 PLC 的项目。

## 20.2　移植 SIMATIC S7-300/400 PLC 项目的限制

TIA 博途软件支持原 STEP 7 V5. X 中绝大部分的硬件、功能和编程语言。支持移植的编程语言涵盖 LAD、FBD、SCL、STL、GRAPH。但是，仍然有部分硬件、功能和指令无法在 TIA 博途软件及 SIMATIC S7-1500 PLC 中实现，在移植之前要特别注意。

### 20.2.1　硬件限制

TIA 博途软件支持的硬件以 2007 年 10 月 1 日为界，在 2007 年 10 月 1 日之前退市的模块，TIA 博途软件不再支持，也不能通过安装 HSP 硬件更新包的形式获得支持。所以待移植项目中有这个期限之前的模块，请首先在项目中替换为相应模块的后续型号后，才可以实现硬件移植。

待移植项目中如果包含 TIA 博途软件不支持的硬件，移植过程会中止，并在生成的移植日志中告知中止原因，查阅移植日志可获知具体不支持的模块信息。也可以通过 TIA Portal Readiness Check Tool 工具先行检测待移植项目中包含的硬件在 TIA 博途软件中是否支持。如不支持，该软件会告知后续替代型号。检测结果可导出为 PDF 或 CSV 格式。该工具软件可以在西门子公司技术支持网站免费下载，无需授权，下载解压后即可运行。需要注意的是运行该软件需要 Java 的支持，所以需要运行该工具软件的 PC 上安装有 Java。

TIA Portal Readiness Check Tool 下载链接如下：http：//support. automation. siemens. com/CN/view/en/60162195

其他 TIA 博途软件不支持的硬件如下：

31xT CPU、S7-400H、S7-400 的多值计算功能（一个机架中插入多个 CPU）\FM 458 及其附属模块。

### 20.2.2　功能限制

由于 SIMATIC S7-300/400 PLC 的一些功能很少使用，或者已经被替代或淘汰，所以这些功能将无法移植。例如 MPI 支持的 GD 全局通信［SIMATIC S7-1500 已没有 MPI，可通过其他通信方式（如 I-Device 等）替代 GD 全局通信］、PROFIBUS-FMS 通信、PROFIBUS-FDL 通信、编程语言 HiGraph 和 CFC，以及使用 iMap 软件配置的 PROFINET CBA 通信。此外由于系统框架发生变化，也不支持冗余项目的移植。

由 STEP7 V5. X 创建的程序库，可将程序库中的块先添加到项目中，移植到 TIA 博途软件后，将程序块重新添加为 TIA 博途软件的程序库。

### 20.2.3　集成项目的注意事项

集成项目是指以 STEP7 V5. X 为平台安装了其他软件，用于 HMI、驱动等设备的组态，这样在一个项目中包含各种设备，便于设备间的通信和管理。集成项目分以下几类：

1）STEP7 V5. X + WinCC Flexible2008 SP2/SP3 的集成项目。

2）STEP7 V5. X + WinCC 的集成项目。

3）STEP7 V5. X + Drive ES 或 SIMOTION SCOUT 的集成项目。

对于 STEP7 V5. X + WinCC Flexible SP2/SP3 的集成项目，根据实际项目应用情况，可以直接移植。

对于 STEP7 V5. X + WinCC 的集成项目，不能直接移植，需要使用移植工具。

对集成 HMI 的项目也可实现部分移植：

1）如果仅需移植 STEP7 项目，则需将 HMI 部分删除。

2）如果仅需移植 WinCC Flexible 的部分，则需在 WinCC Flexible 中解除集成。

3）如果仅需移植 WinCC V7 的部分，则需选择 STEP7 项目文件夹下的 WinCC Project 文件中的 *. MCP 作为 WinCC 的移植文件。

对于 STEP7 V5. X + Drive ES 或 SIMOTION SCOUT 的集成项目，无法实现集成移植，必须解除集成，并将项目重新组织另存后，方可进行移植。

**注意：本章节中只涉及 PLC 的移植。**

## 20.3　项目移植的前期准备工作

如果在同一台计算机上完成移植工作，根据待移植项目的不同，需要在该计算机上安装相应软件及授权如下。

（1）只移植 STEP7 V5. X 的项目。

1）需要安装 STEP7 V5. 5 及有效授权；

2）需要安装选项包及对应授权（例如 SCL，GRAPH，Distributed Safety...）。

（2）只移植标准 WinCC Flexible2008 SP2/SP3 项目

无需安装 WinCC Flexible2008 SP2/SP3。

（3）集成项目（STEP7 V5. X + WinCC Flexible2008 SP2/SP3）

1）需要安装 WinCC Flexible 2008 SP2 / SP3 及有效授权；

2）需要安装 STEP7 V5. 5 及有效授权。

如果在编程器 PG 上只安装了 TIA 博途软件而没有安装 STEP7 V5. X 和 WinCC Flexible2008 SP2/SP3及相应授权，则需要借助Migration-Tool移植工具来实现项目数据的移植。该工具在TIA博途软件安装光盘目录Support下，文件名称为“SIMATIC_Migration_Tool_TIA_Vxxxx.exe”，该软件无需授权，但需要安装。

安装了该工具软件的编程器可以将STEP7 V5.X和WinCC Flexible2008 SP2/SP3（或WinCC V7.x）的项目通过该软件生成一个中间项目，然后在只安装了TIA博途软件的编程器PG 2上可以对中间项目继续进行移植工作，过程如图20-1所示。

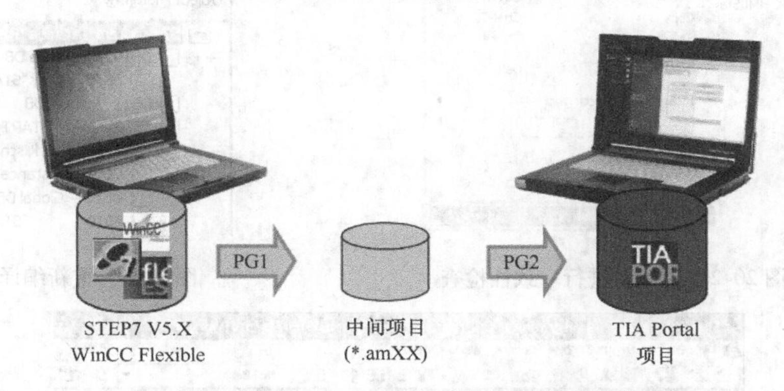


图20-1　使用Migration-Tool移植工具来实现移植

在开始移植前，还需要检查原项目中是否含有SCL创建的程序块，如果有，则需要SCL的源文件，并且存放在PLC项目下的“Sources”文件夹下，并确保“Sources”下所有程序块没有加密，否则在移植过程中TIA博途软件会将无源文件的程序块自动转化为加密的程序块，而加密的程序块是无法进一步移植到SIMATIC S7-1500中；而原STEP7 V5.X中“Sources”下的源文件如果加密，则移植将直接报错，无法进行。

## 20.4　在STEP7 V5.5中对原项目进行检查

在开始移植前，需要对原STEP7 V5.X的项目进行一次重新编译，以防止由于原项目数据不一致或者包含TIA博途软件不支持的组件而引起的移植报错并中止。

推荐使用最新版本的STEP7 V5.5 SP4对原V5.X的项目进行重新编译和调整消息号，具体步骤如下：

1）使用STEP7 V5.5 SP4打开原项目，选择CPU下的“Block”并单击鼠标右键，选择“Check Block Consistency…”，开始对项目进行一致性检查，如图20-2所示。

2）在弹出的界面中单击编译按钮，如图20-3所示，这样将对原项目进行一致性检查。

3）项目重新编译后，确保编译后的项目没有错误，之后检查使用PLC系统函数或函数块生成消息标识号的一致性。再次选择CPU下的“Block”并单击鼠标右键，选择“Special Object Properities”→“Message Numbers…”对消息号进行检查，如图20-4所示。

4）在弹出的对话框中单击“Options”按钮进入默认设置界面，选择基于CPU的消息号即第一个选项，如图20-5所示。

5）配置完成之后，在SIMATIC Manager下，选择“File”下的“Save As…”对原项目进行另存。

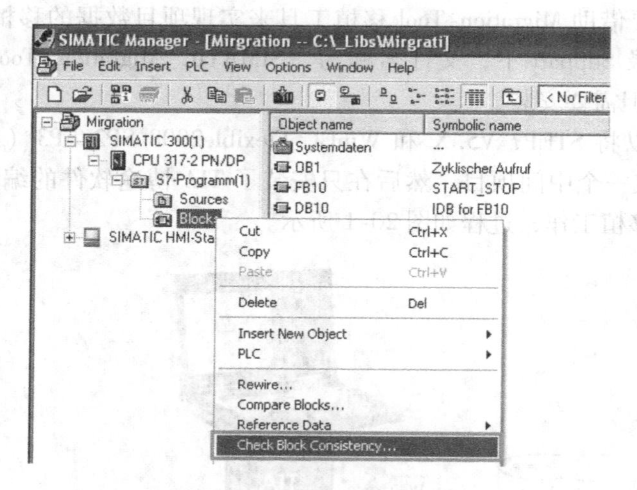


图 20-2 对项目进行一致性检查

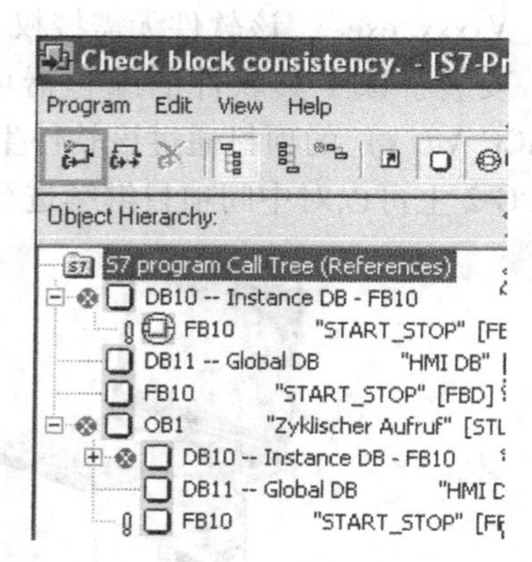


图 20-3 重新编译所有块

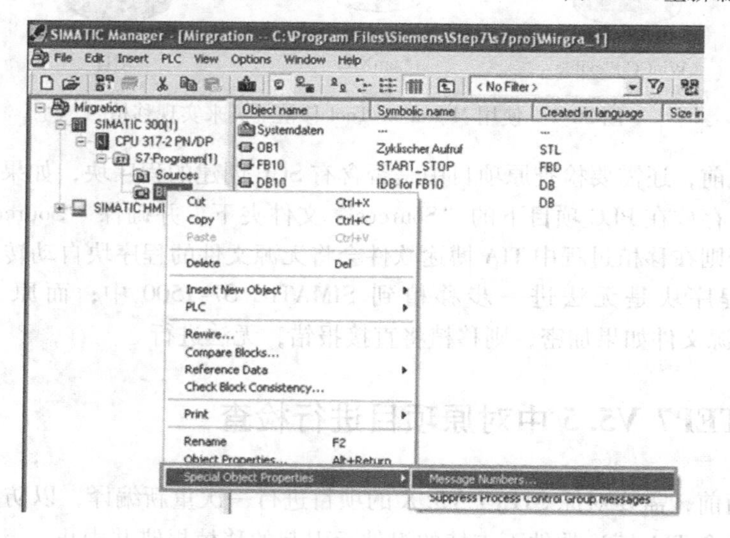


图 20-4 检查消息号属性

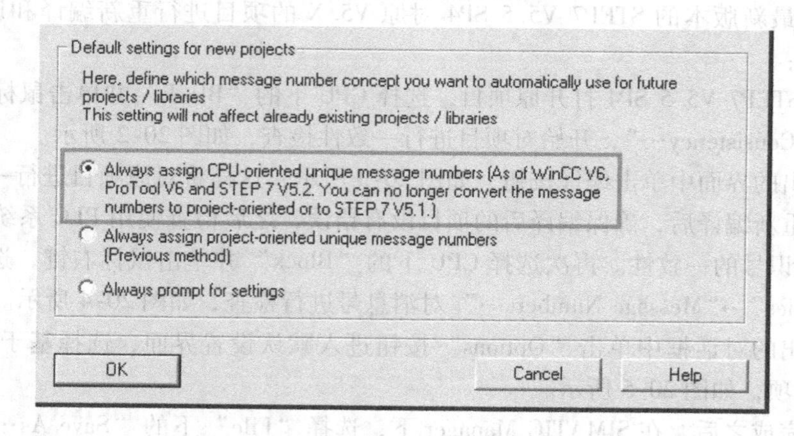


图 20-5 确保所有消息为基于 CPU 的类型

6）在弹出的对话框中选择另存路径，并勾选“With reorganization（slow）”选项，这样将对原项目进行重新组织，并去除 TIA 博途软件不支持的选件包，如图 20-6 所示。单击“OK”按钮执行项目另存操作，这样项目就可以直接在 TIA 博途软件中进行移植了。

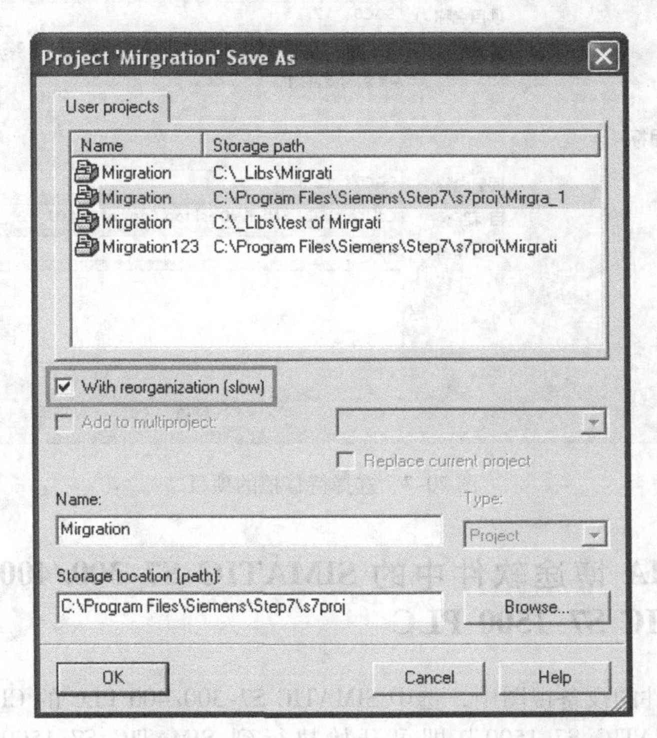

图 20-6 选择“With reorganization（slow）”对项目进行另存

## 20.5 移植 STEP7 V5.5 的 SIMATIC S7-300/400 PLC 项目到 TIA 博途软件

对于项目移植，始终建议使用最新版本的 TIA 博途软件来完成该工作。打开 TIA 博途软件，在博途软件视图中选择“移植项目”进入移植界面，如图 20-7 所示。

在源路径中选择 STEP7 V5.5 项目中的 *.S7P 文件。项目移植到 TIA 博途软件有两种形式：默认设置中是不带硬件移植的，即只移植项目程序；也可以选择包含硬件移植，这样移植后的项目中将包含原项目硬件的配置信息。然后指定移植后项目的存储路径，并单击“移植”按钮进行移植。移植所需的时间取决于项目大小、硬件模块数量、程序块的多少以及计算机的性能等因素。

移植后的 SIMATIC S7-300/400 PLC 项目，需要重新在 TIA 博途软件中编译。如编译出错，需根据编译提示对项目进行修改，然后再次编译，直到项目编译没有错误为止。

**注意：**移植过程中可能会报错中止，需根据移植日志中的错误信息对项目进行处理。

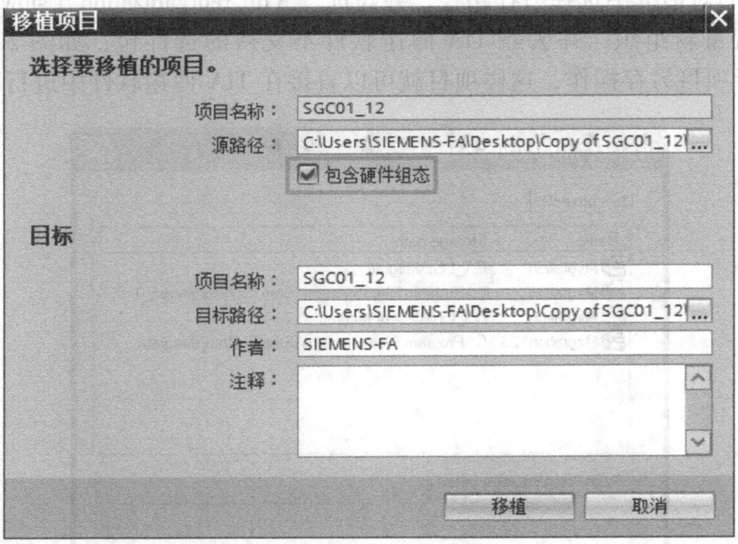

移植项目
选择要移植的项目。
项目名称： SGC01_12
源路径： C:\Users\SIEMENS-FA\Desktop\Copy of SGC01_12\...
包含硬件组态
目标
项目名称： SGC01_12
目标路径： C:\Users\SIEMENS-FA\Desktop\Copy of SGC01_12\...
作者： SIEMENS-FA
注释：
移植　取消

图 20-7　选择待移植的项目

## 20.6　移植 TIA 博途软件中的 SIMATIC S7-300/400 PLC 项目到 SIMATIC S7-1500 PLC

在 TIA 博途软件的设备视图中，选中 SIMATIC S7-300/400 PLC 的 CPU，单击鼠标右键选择“移植到 SIMATIC S7-1500”即可开始执行到 SIMATIC S7-1500 PLC 的移植，如图 20-8所示。

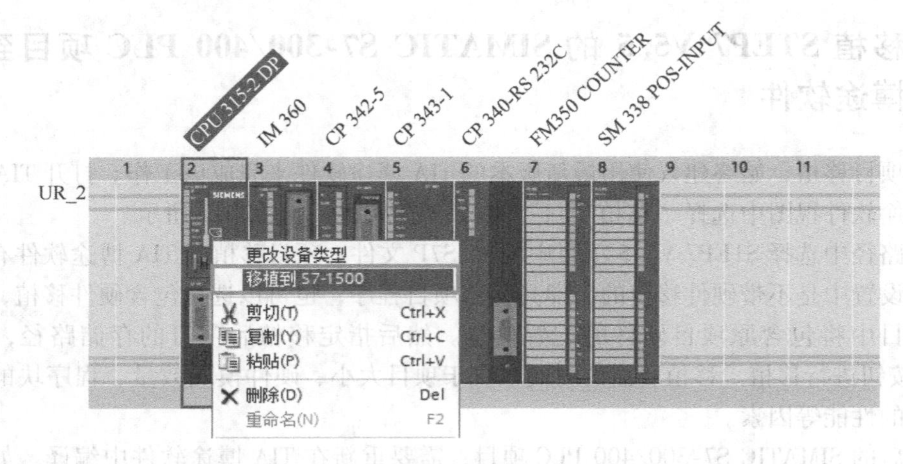


图 20-8　从 SIMATIC S7-300/400 PLC 移植到 SIMATIC S7-1500 PLC

在弹出的对话框中，需要从右侧的 SIMATIC S7-1500 PLC 控制器列表中选择移植后使用的 CPU 型号和版本号，在本例中，选用了 CPU 1513-1 PN，版本号为 1.8，如图 20-9 所示。

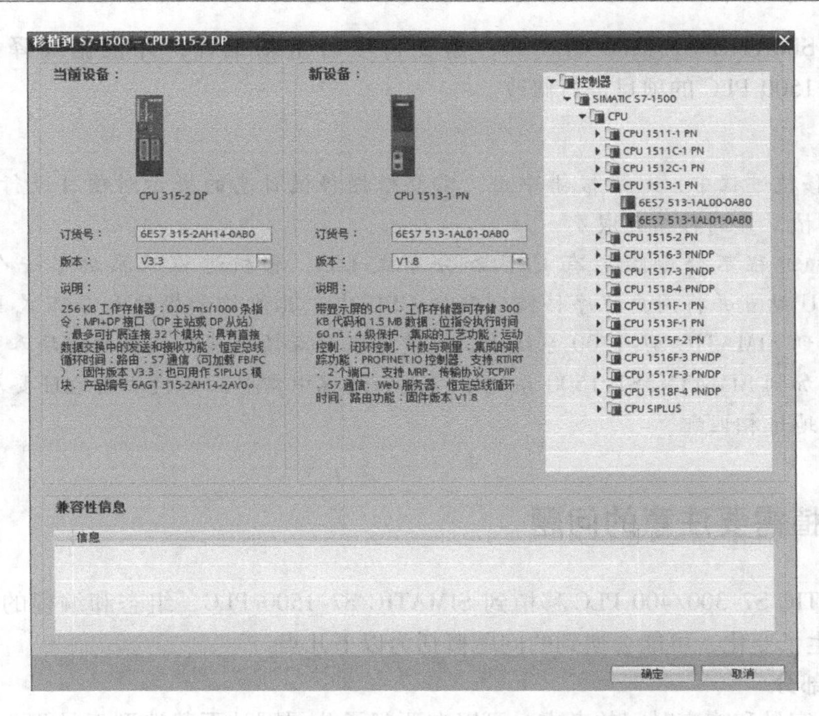


图 20-9　选择移植后使用的 SIMATIC S7-1500 PLC

单击“确定”按钮后会弹出一个警告对话框，提示移植后的项目必须进行程序测试后方可在实际项目中使用，单击“确定”按钮继续项目的移植操作。

在后续弹出的对话框中需要选择 SIMATIC S7-1500 PLC 使用哪些串行通信指令，如图 20-10所示。如果被移植项目中没有使用 ET 200S 的串行通信模块，本设置可忽略，直接单击“确定”按钮；如果有，选择“对于 SIMATIC S7-1500 PLC 的集成通信模块，使用新的 PtP 指令”，意味着原 ET 200S 将在新的 SIMATIC S7-1500 PLC 应用中被 ET 200MP 或 ET 200SP 的串行模块替代；如果选择“继续对 SIMATIC S7-300/400 PLC 通信处理器使用 PtP 指令”，则意味着 ET 200S 的串行通信模块将在新的 SIMATIC S7-1500 PLC 系统中继续使用。

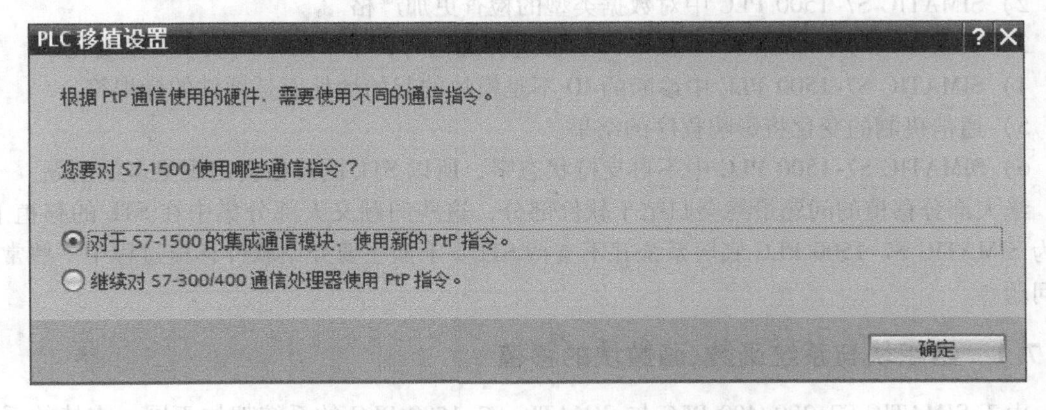


图 20-10　选择 SIMATIC S7-1500 PLC 使用的串行通信指令

选择完成后，单击“确定”按钮，移植正式开始。

移植到 SIMATIC S7-1500 PLC 后，需要将项目重新编译，并根据编译的结果，对 SIMATIC S7-1500 PLC 的项目进行修改。

**注意：**

1）在移植过程中，如果报错中止，需要根据移植日志的提示对项目进行检查更正，然后继续移植，直到移植完成。

2）移植过程不会删除原有 CPU 和分布式 I/O，移植过程只添加了一个 SIMATIC S7-1500 CPU 站点并将用户程序移植到新的 CPU 中，其他信号模块和分布式 I/O 等并不会自动添加到 SIMATIC S7-1500 系统中。需要根据实际情况选择相应的模块和分布式 I/O 类型，再添加到 SIMATIC S7-1500 系统中，添加过程中需要注意模块的地址要与原项目程序中使用的地址相匹配。

## 20.7　移植需要注意的问题

从 SIMATIC S7-300/400 PLC 移植到 SIMATIC S7-1500 PLC，组态和编程的平台与 PLC 的系统都发生了变化，可能会遇到的问题概括为以下几点。

**1. 硬件部分**

1）CPU 容量和响应时间的考虑，可以在西门子公司网站下载选型工具 TST（Tia Selection Tool），软件将推荐使用 CPU 的类型，软件下载地址为 https：//new. siemens. com/global/en/products/automation/topic-areas/tia/tia-selection-tool. html。

2）I/O 模块的匹配，是否有特殊的要求，例如转换时间、输入延时以及诊断功能。功能模块 FM 的替换，例如高速计数 FM350-1/2、定位模块 FM351、FM353、FM354 等，这些模块在 SIMATIC S7-1500 中不再被支持，必须使用新的模块进行替代和重新编程。

3）通信功能的变化，MPI、PROFIBUS 通信使用 Ethernet/PROFINET 通信替换。

**2. 软件部分**

1）OB 块与系统函数/函数块的变化，使用相应函数和函数块替代或者改写程序。

2）SIMATIC S7-1500 PLC 中对数据类型的检查更加严格。

3）大端编码与小端编码，主要与第三方进行通信时，字节的排列顺序发生变化。

4）SIMATIC S7-1500 PLC 中诊断的 ID 不是模块的起始地址而是硬件的标识符。

5）通信机制的变化将影响程序的结果。

6）SIMATIC S7-1500 PLC 中不再支持状态字，所以 STL 的移植会出现更多的问题。

绝大部分移植的问题最终会归结于软件部分，这些问题又大部分集中在 STL 的移植上，因为 SIMATIC S7-1500 PLC 底层系统并不支持 STL。下面主要介绍软件移植过程中一些常见的问题。

### 20.7.1　组织块与系统函数/函数块的移植

由于 SIMATIC S7-300/400 PLC 与 SIMATIC S7-1500 PLC 的系统架构不同，支持的系统指令和组织块（OB）等也有差异。在移植后，OB 会有一些调整，移植前后 OB 的变化见表 20-1。

表 20-1　SIMATIC S7-300/400 PLC 与 SIMATIC S7-1500 PLCOB 块对照表

| 原 SIMATIC S7-300/400 PLC 中的 OB | 移植到 SIMATIC S7-1500 PLC 后 |
|---|---|
| OB 60　多处理器中断 | |
| OB 70　I/O 冗余故障（只对于 H CPU） | |
| OB 72 CPU 冗余故障（只对于 H CPU） | 不支持，在移植过程中会被删除 |
| OB 73 通信冗余故障（只对于 H CPU） | |
| OB 101 热启动 | |
| OB 81 电源故障 | |
| OB 84 CPU 硬件故障 | OB 82 诊断中断 |
| OB 87　通信故障 | |
| OB 85 优先等级错误 | OB 83 移除/插入模块 |
| | OB 86 机架错误 |
| OB 88 处理中断 | 由 OB 121 编程错误（仅限全局错误处理）替代 |
| OB 102 冷启动 | 由 OB 100 启动组织块替代 |

同样由于系统架构的差异，支持的指令也不同，所以移植项目中包含的系统指令从 SIMATIC S7-300/400 PLC 移植到 SIMATIC S7-1500 PLC 后，也会发生变化。在移植日志中，会出现以下几种图标，代表在移植过程中可能出现的四种情况。

1）：SIMATIC S7-1500 PLC 的系统指令与 SIMATIC S7-300/400 PLC 完全相同。

2）：部分系统功能将被自动更改及调整，例如：

```
CTRL_RTM (SFC3) ->RTM (SFC101)
D_ACT_DP (SFC12) ->D_ACT_DP (SFC45)
CREAT_DB (SFC22) ->CREATE_DB (SFC86)
CREA_DBL (SFC82) ->CREATE_DB (SFC86)
AG_SEND (FC5) ->TSEND (SFB150)
```

CTRL_RTM（SFC3）的移植如图 20-11 所示，系统自动添加临时变量以满足移植的要求，所以移植后的程序需要用户再次确认并测试。

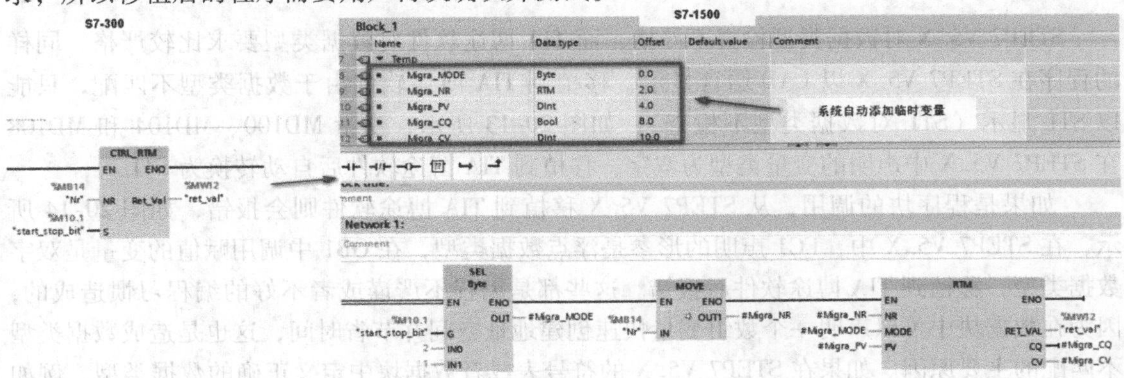


图 20-11　CTRL_RTM（SFC3）的移植

3）：一些系统功能块将不再被支持，需要用户手动调整：

```
ALARM_SQ (SFC17) ->PROGRAM_ALARM (FB700)
AS_MAIL (FB49) ->TMAIL_C (FB1032)
GET_S (FB14) ->GET (SFB14)
RDSYSST (SFC51) - >GET_DIAG (SFC117)
```

RDSYSST（SFC51）的移植如图 20-12 所示，移植后系统函数变为红色，表示系统不再支持，用户需要调用 GET_DIAG（SFC117）以满足控制要求。

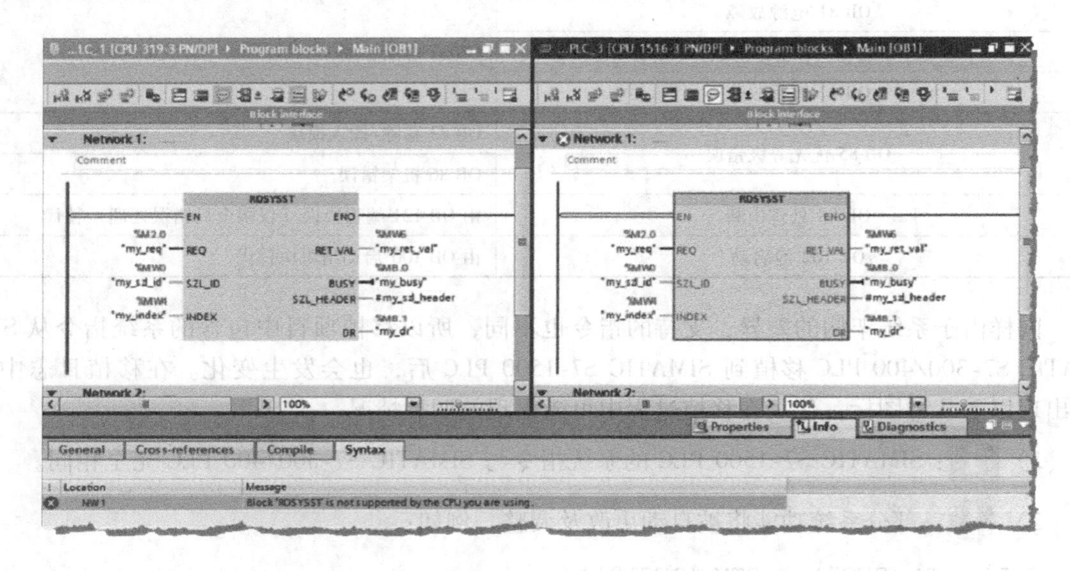


图 20-12　RDSYSST（SFC51）的移植

4）：指令已不再支持，例如 MPI 相关指令、RSE 相关指令、DP_SEND（FC1）等指令在 SIMATIC S7-1500 中已不被支持或者不再需要。这些功能的实现需要使用新的指令和方法实现。

## 20.7.2　数据类型不匹配

STEP7 V5.X 对数据类型检查不严格，而 TIA 博途软件对数据类型要求比较严格，同样的程序在 STEP7 V5.X 以 LAD 语言显示，移植到 TIA 博途软件由于数据类型不匹配，只能以 STL 显示（STL 对数据类型不检查），如图 20-13 所示，变量 MD100、MD104 和 MD108 在 STEP7 V5.X 中声明的变量类型为双字，移植到 TIA 博途软件后自动转换为 STL。

如果是程序块的调用，从 STEP7 V5.X 移植到 TIA 博途软件则会报错，如图 20-14 所示，在 STEP7 V5.X 中，FC1 声明的形参是浮点数据类型，在 OB1 中调用赋值的变量是双字数据类型，移植到 TIA 博途软件后报错。这些都是编程不严谨或者不好的编程习惯造成的，因为在数据块中可以声明一个数组变量快速创建地址空间并节省时间，这也是造成数据类型不匹配的主要原因。如果在 STEP7 V5.X 的符号表或者数据块中定义正确的数据类型，例如浮点数据类型，移植后就不会出现问题。

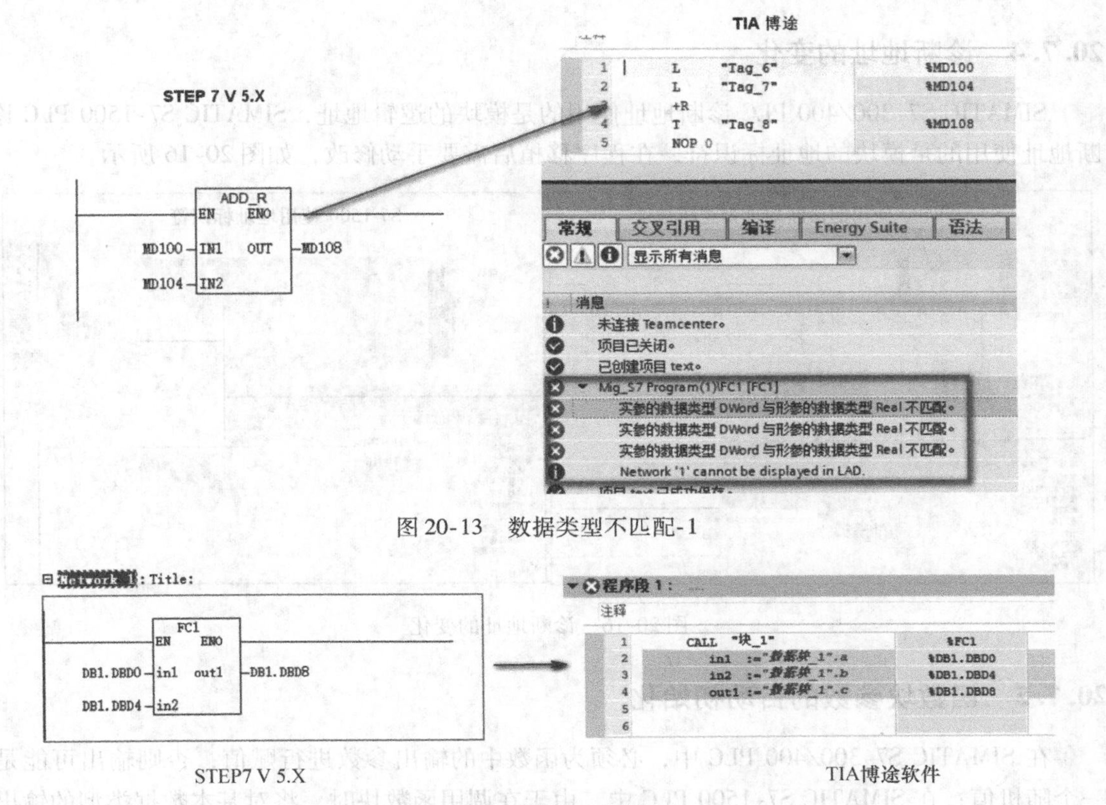

图 20-13　数据类型不匹配-1

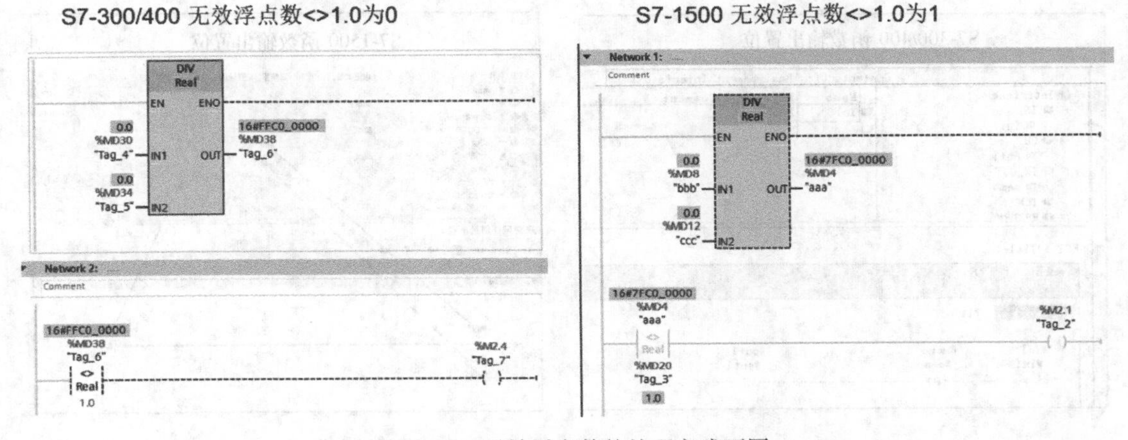

STEP7 V 5.X　　TIA博途软件

图 20-14　数据类型不匹配-2

## 20.7.3　无效浮点数的处理

SIMATIC S7-1500 PLC 无效浮点数的处理方式与 SIMATIC S7-300/400 PLC 中的不同，SIMATIC S7-300/400 PLC 的表达式“无效浮点数 < > 1.0”的结果为 FALSE；SIMATIC S7-1500 PLC 的表达式“无效浮点数 < > 1.0”的结果为 TRUE，如图 20-15 所示。由于存在这种差异，可能会导致程序中的指令产生不同结果。

S7-300/400 无效浮点数<>1.0为0　　S7-1500 无效浮点数<>1.0为1

图 20-15　无效浮点数的处理方式不同

## 20.7.4　诊断地址的变化

SIMATIC S7-300/400 PLC 诊断地址使用的是模块的逻辑地址，SIMATIC S7-1500 PLC 诊断地址使用的是模块的地址标识符，在程序移植后需要手动修改，如图 20-16 所示。

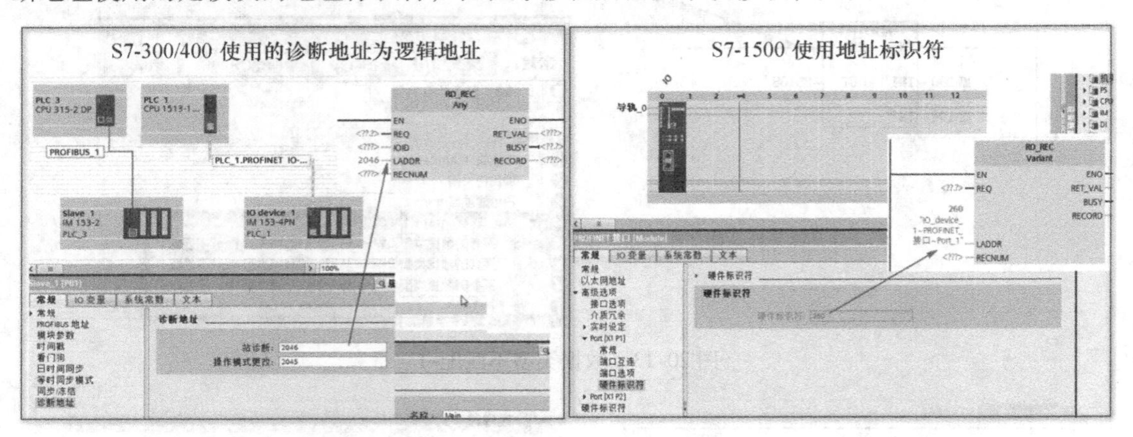


图 20-16　诊断地址的变化

## 20.7.5　函数块参数的自动初始化

在 SIMATIC S7-300/400 PLC 中，必须为函数中的输出参数进行赋值，否则输出可能是一个随机值；在 SIMATIC S7-1500 PLC 中，由于在调用函数块时，将对基本数据类型的输出参数自动进行初始化，从而极大降低了未定义输出参数产生的风险。对于这些系统方面的变化，在程序移植时也应该注意，否则同样的程序执行的结果会不同，如图 20-17 所示，在 SIMATIC S7-300/400 PLC 中输出参数值为 1，移植后在 SIMATIC S7-1500 PLC 中为 0，通过 Trace 可以看到，输出参数为 1，一个周期，然后被系统初始化为 0 了。这样的问题也是由于编程不规范造成的，因为在 SIMATIC S7-300/400 PLC 没有对输出编写初始化程序，输出的结果可能是随机的，如果编写初始化程序，结果则是一样的。如果确实需要在函数中这样操作，可以将输出参数变为输入/输出参数。

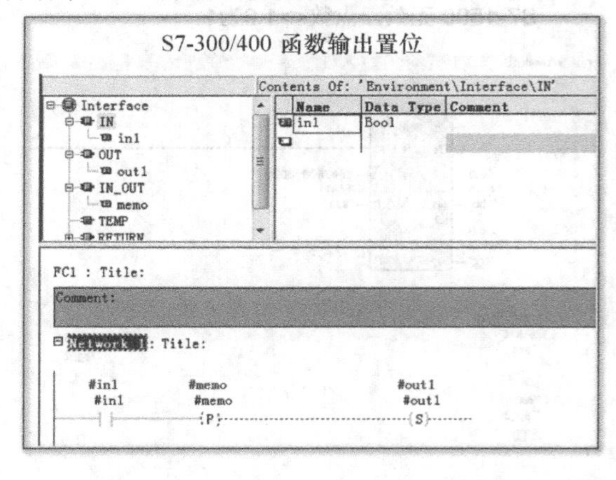


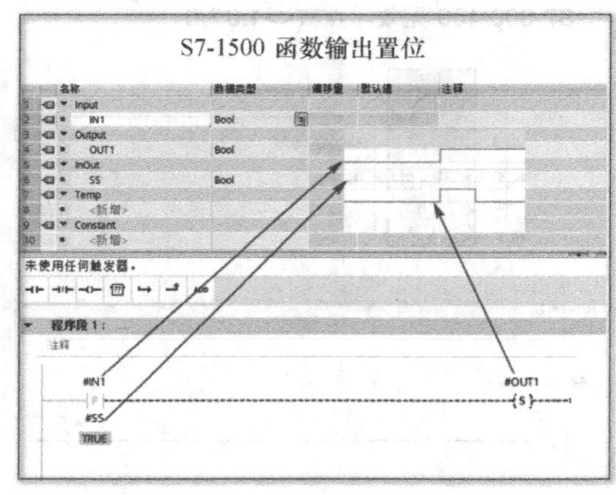


图 20-17　块参数自动初始化

## 20.7.6　系统状态信息的查询

SIMATIC S7-300/400 PLC 通过状态字可以判断运算结果，例如运算结果是否溢出，但是 SIMATIC S7-1500 PLC 中没有状态字，所以移植后也会出现问题，如图 20-18 所示，程序移植时报错，解决的方法是在 SIMATIC S7-1500 PLC 中调用 GET_ERROR 或 GET_ERR_ID 判断运算结果。状态字的判断通常用于 STL，如果在 SIMATIC S7-300/400 PLC 使用 STL 判断状态信息，移植后则不会出现问题。

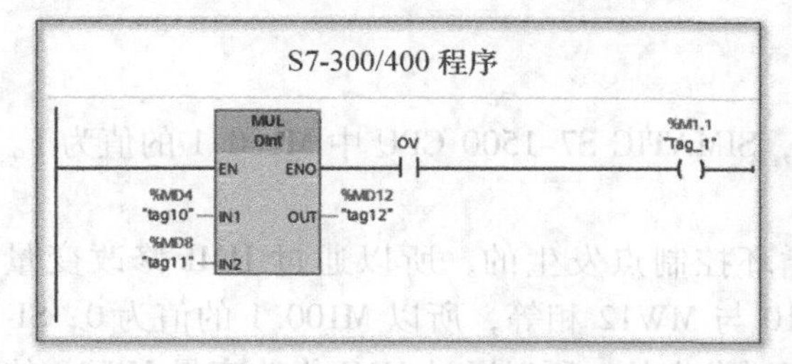


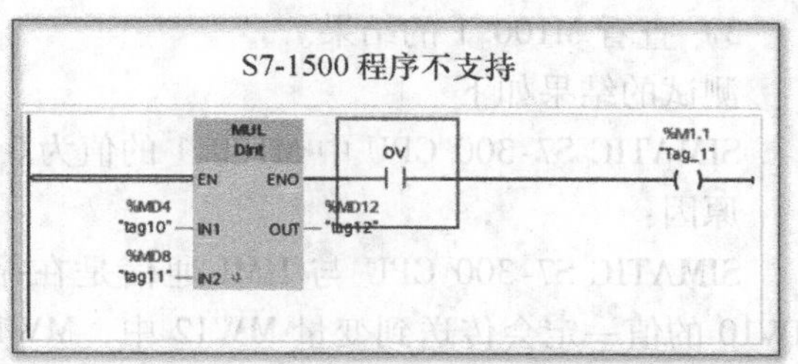


图 20-18　系统状态的查询

## 20.7.7　SIMATIC S7-300 CPU、SIMATIC S7-1500 中 CPU 与 HMI 通信的差异

SIMATIC S7-300 CPU 与 HMI 进行通信，数据的发送与接收是在 CPU 的程序扫描完成之后发生的，而 SIMATIC S7-1500 CPU 是在程序扫描期间多次进行，通信机制与 SIMATIC S7-400 PLC 相同，如图 20-19 所示。

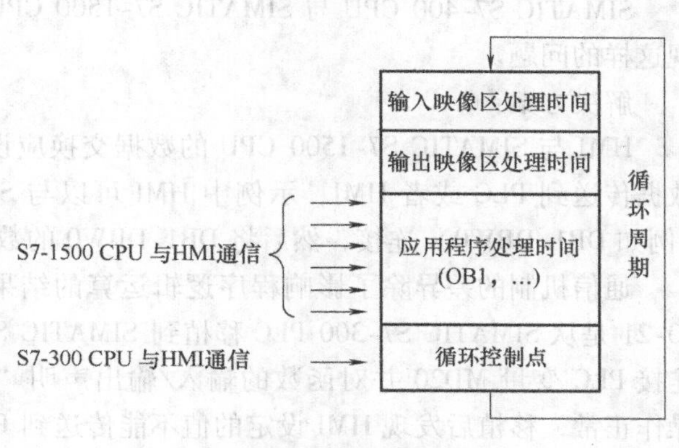


图 20-19　通信机制的差异

SIMATIC S7-300 与 SIMATIC S7-1500 CPU 与 HMI 通信机制的差异也会影响到移植后程序运行的结果，下面可以通过一段程序测试这种差异带来不同的结果，示例程序如图 20-20 所示。

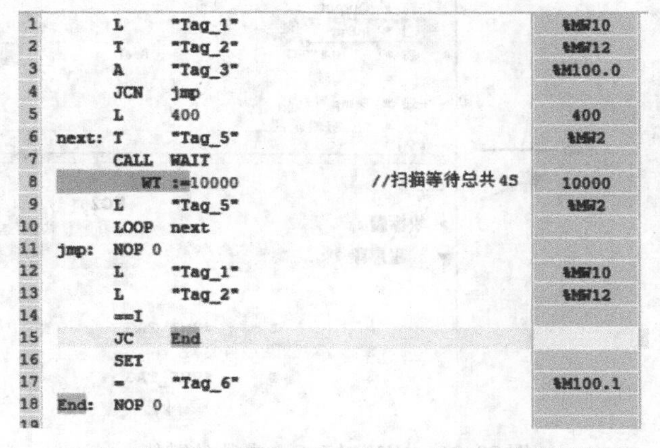

```
1         L     "Tag_1"                    %MW10
2         T     "Tag_2"                    %MW12
3         A     "Tag_3"                    %M100.0
4         JCN   jmp
5         L     400                        400
6   next: T     "Tag_5"                    %MW2
7         CALL  WAIT
8               WT :=10000   //扫描等待总共4S   10000
9         L     "Tag_5"                    %MW2
10        LOOP  next
11  jmp:  NOP 0
12        L     "Tag_1"                    %MW10
13        L     "Tag_2"                    %MW12
14        ==I
15        JC    End
16        SET
17        =     "Tag_6"                    %M100.1
18  End:  NOP 0
19
```

图 20-20　用于测试 HMI 与 CPU 通信的示例程序

程序执行，将变量 MW10 的值传送到变量 MW12 中，如果 M100.0 为 0，则直接运行跳转标签“jmp”后的程序；如果为 1 则程序等待 4s 后再运行跳转标签“jmp”后的程序。然后比较 MW10 和 MW12 的值，如果相同则跳转到标签“End”，结束程序；如果不相同，设置 M100.1 为 1。将示例程序分别下载到 SIMATIC S7-300 PLC 和 SIMATIC S7-1500 CPU 中，测试过程如下：

1）设置 M100.0 为 1，让程序扫描等待 4s（需要设置 CPU 扫描的看门狗时间大于 4s）。

2）在 4s 的时间内通过 HMI（可以使用 PG 替代）修改 MW10 的值，使之与 MW12 的值不一样。

3）查看 M100.1 的结果。

测试的结果如下：

SIMATIC S7-300 CPU 中 M100.1 的值为 0，SIMATIC S7-1500 CPU 中 M100.1 的值为 1。

原因：

SIMATIC S7-300 CPU 与 HMI 通信是在循环控制点发生的，所以通过 HMI 修改变量 MW10 的值一定会传送到变量 MW12 中，MW10 与 MW12 相等，所以 M100.1 的值为 0；SIMATIC S7-1500 CPU 与 HMI 通信是在程序执行时发生的，所以通过 HMI 修改变量 MW10 的值可能不会传送到 MW12 中，这样 M100.1 的值就设置为 1 了，只有在程序扫描完成后并在执行第一条指令前修改 MW10 的值才能使 M100.1 保持为 0，但是概率太小了。

SIMATIC S7-400 CPU 与 SIMATIC S7-1500 CPU 的通信机制相同，所以程序移植不会出现这样的问题。

解决方案：

HMI 与 SIMATIC S7-1500 CPU 的数据交换应设置通信缓存区，然后再将通信缓存区的数据传送到 PLC 或者 HMI，示例中 HMI 可以与 SIMATIC S7-1500 CPU 的一个数据块变量（例如 DB1.DBW0）连接，然后将 DB1.DBW0 的数据传送到 MW10 就可以避免上述的差异。

通信机制的差异除了影响程序逻辑运算的结果，有时还会影响通信不能顺利执行。图 20-21 是从 SIMATIC S7-300 PLC 移植到 SIMATIC S7-1500 PLC 的一段示例程序，HMI 直接连接 PLC 变量 MD20 并对函数的输入/输出声明“HMI_TAG”进行赋值。使用 S7-300 时，操作正常，移植后发现 HMI 设定的值不能传送到 PLC 中，多次尝试后可能会成功。尝试的

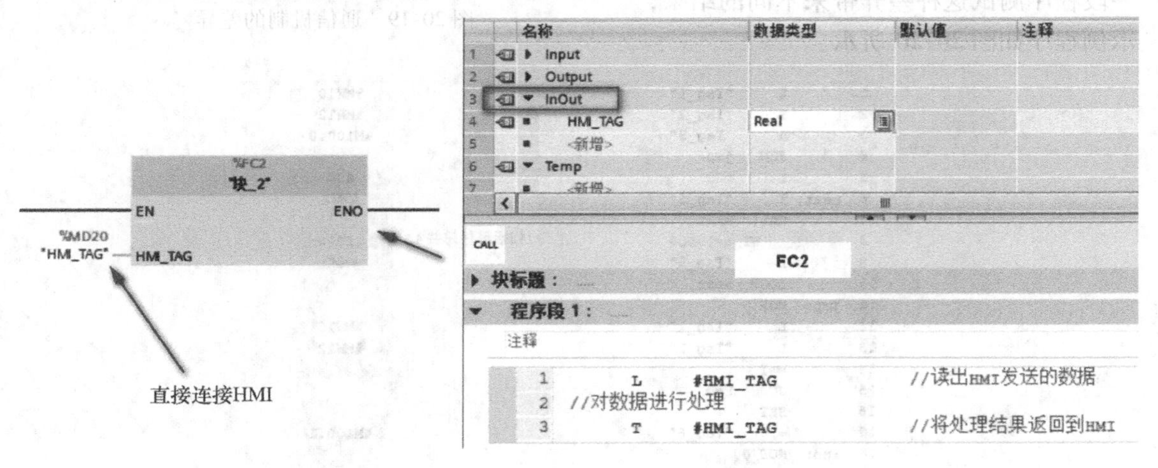


图 20-21　HMI 对 InOut 参数的赋值

次数与在函数中对 HMI 数据进行处理的程序量大小有关，程序量越大尝试的次数越多，这样的问题也是由于通信机制的变化造成的，HMI 与故障安全函数块交换数据也会遇到这样的问题（CPU 停机），解决的方法是相同的。

### 20.7.8　Any 指针的移植

SIMATIC S7-300/400 PLC 程序中 Any 指针移植到 SIMATIC S7-1500 PLC 是没有问题的，但是需要注意一下特殊的应用，例如对 Any 的赋值是一个变量，S7-300 的示例程序如图 20-22 所示，指针的存储区为 DIX，在 SIMATIC S7-1500 PLC 中不支持，程序移植到 SIMATIC S7-1500 PLC 并下载到 CPU，CPU 由于不能发现实际存储地址为处于停止模式，这里需要将 16#85 改为 16#84（存储区为 DBX）即可以解决问题。

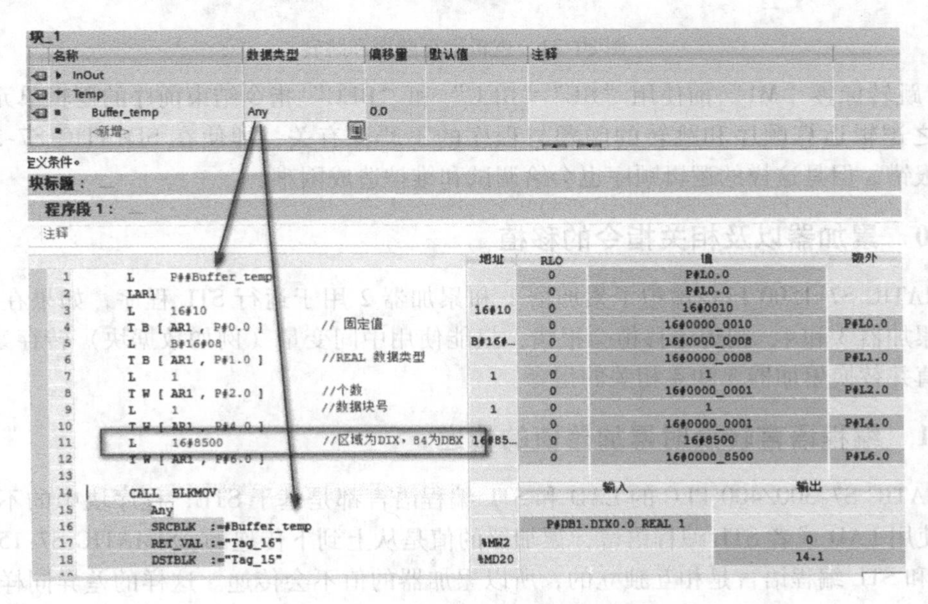


图 20-22　Any 指针的移植

### 20.7.9　逻辑运算顺序和跳转

STL 编程语言的跳转指令用于实现可选择的任务操作，在 SIMATIC S7-300/400 PLC 中可以在任何指令中插入跳转指令，并且使用跳转指令触发。如果在一个逻辑操作指令中（逻辑单元）加入一个跳转指令，当程序运行时可能会发生意外错误，这样在特定情况下可能导致 CPU 进入停止状态。导致的原因主要是使用“或”和“或非”指令导致首次扫描位的状态无法确定，示例程序如图 20-23 所示。

跳转标签加在逻辑单元的中间，如果条件满足则跳转到“M1”执行“ON”指令，指令的首次扫描位状态在 SIMATIC S7-300/400 PLC 中将根据程序顺序或者跳转确定，在 SIMATIC S7-1500 PLC 中不能确定，所以编译报错。解决的方法如下：

1）跳转标签“M1”加在程序的第七行，使之在逻辑单元的开始。

2）跳转标签“M1”后使用“SET”或者“CLR”指令复位首次扫描位，重新开始新的逻辑单元。

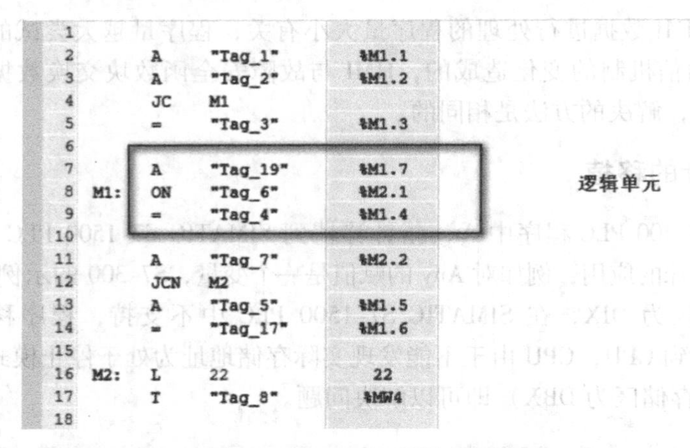


图 20-23　逻辑运算顺序和跳转

3）跳转标签“M1”前使用“BE”“BEU”和“BEC”指令结束前序的逻辑单元。

总之逻辑运算顺序和跳转的问题与程序的不严谨有关，即使在 SIMATIC S7-300/400 PLC 不报错，但是这样的逻辑顺序也会给调试和维护造成困难。

## 20.7.10　累加器以及相关指令的移植

SIMATIC S7-1500 PLC 虚拟了累加器 1 和累加器 2 用于运行 STL 程序，如果在 S7-400 中使用累加器 3 和 4，则程序移植会报错，只能使用中间变量（例如数据块）转存累加器 3 和 4 的值并替换累加器 3 和 4 相关的指令。

## 20.7.11　编程语言转换时累加器值的传递

SIMATIC S7-300/400 PLC 的 LAD 和 STL 编程语言都是基于 STL，程序块中的不同程序段可以使用 LAD 或者 STL 编程语言，累加器的值是从上到下传递的；SIMATIC S7-1500 PLC 的 LAD 和 STL 编程语言是相互独立的，所以累加器的值不会传递。这样的差异同样会影响程序的移植，参考图 20-24 所示的示例程序，移植过程没有报错，但是控制结果不同。左边

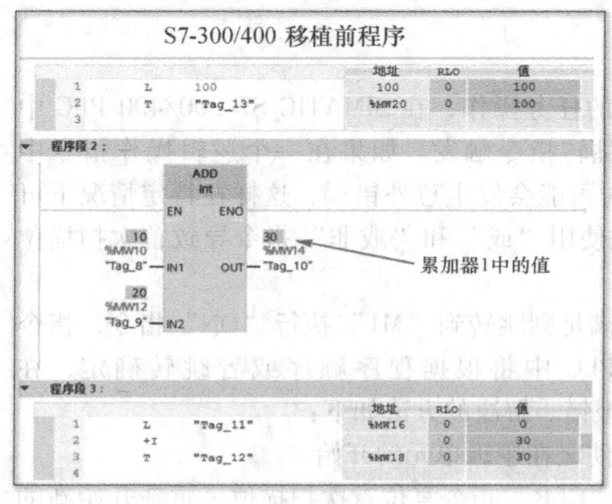


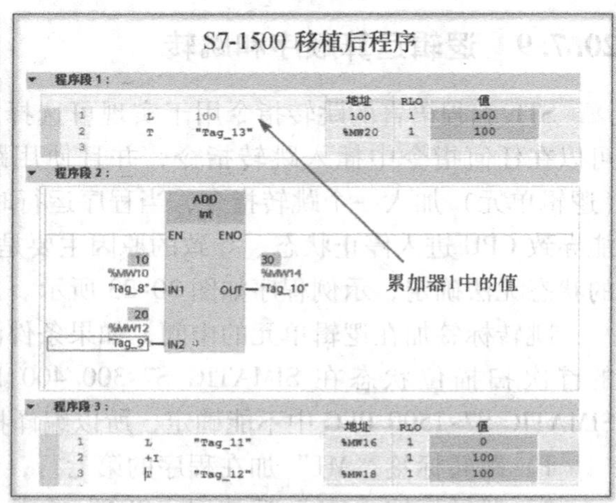


图 20-24　编程语言转换对移植的影响

是移植前的程序状态，程序段 2 执行后，累加器 1 的值传递到程序段 3，计算结果为 30。移植到 SIMATIC S7-1500 PLC 后，程序段 1 执行后，累加器 1 的值传递到程序段 3，计算结果为 100，同样的程序控制结果发生变化，如果每一个程序段的程序是独立的则可以避免这样的问题。从这个示例中也可以看到，不同编程语言在 SIMATIC S7-1500 PLC 中只是用于表面上的显示，在内部是完全独立。

### 20.7.12　块调用时状态字信息的传递

在 SIMATIC S7-300/400 PLC 的程序中调用程序块时，调用块的状态字信息会传递到被调用块中，而 SIMATIC S7-1500 PLC 则不能进行传递，这样在移植时将会报错。下面以示例的方式进行介绍，SIMATIC S7-300/400 PLC 移植前的示例程序如图 20-25 所示，在 FC2 中调用 FC1，相当于使用 M1.5 对 M1.2 赋值。

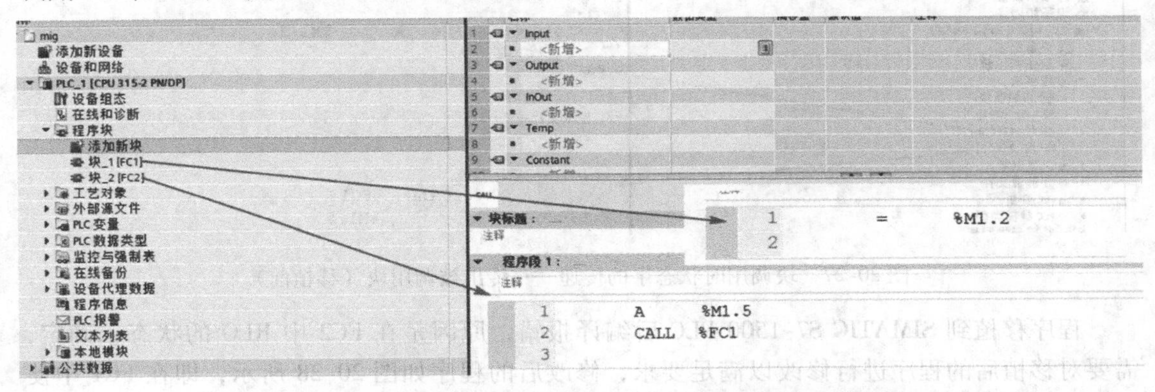


图 20-25　块调用时状态字的传递——传入被调用块中（移植前）

移植到 SIMATIC S7-1500 PLC 编译报错，原因是 M1.2 之前的状态未知，需要在移植后的程序中进行修改以满足要求，改动如图 20-26 所示。

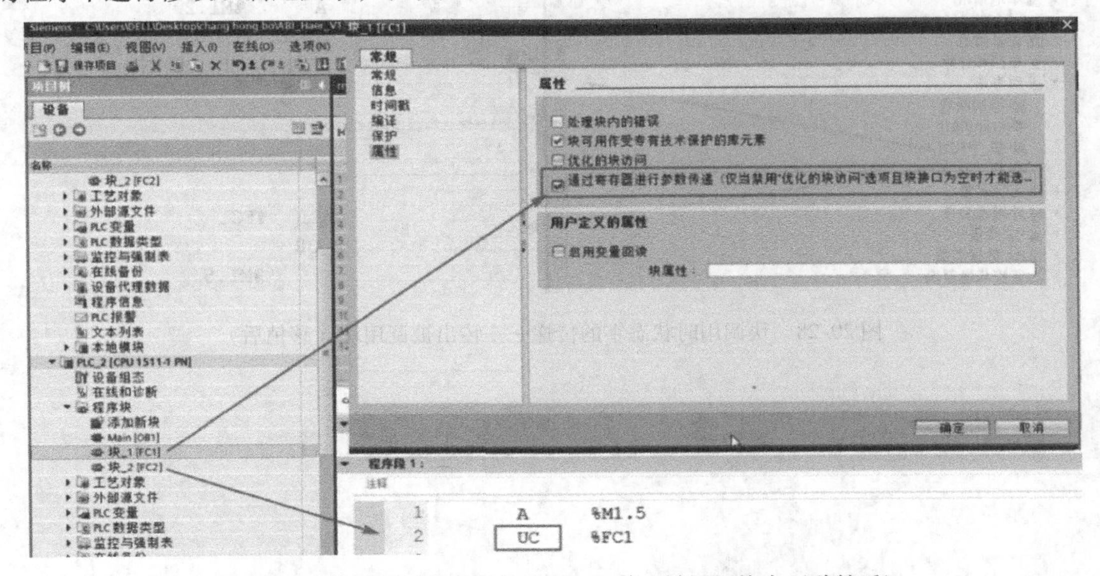


图 20-26　块调用时状态字的传递——传入被调用块中（移植后）

1）在 FC1 的属性中使能“通过寄存器进行参数传递”选项。

2）在 FC2 使用 UC 或者 CC 调用 FC1（使用指令 UC 和 CC 调用程序块，参数是通过寄存器而非接口传递到调用块，使用 CALL 指令报错）。

这里有一个问题就是使用 UC 和 CC 调用程序块时，被调用块不能带有形参，如果有则需要大的改动了。

同样调用的块在 SIMATIC S7-1500 PLC 中也不能将状态信息传出，在移植时也会报错。下面以示例的方式进行介绍，SIMATIC S7-300/400 PLC 移植前的示例程序如图 20-27 所示。

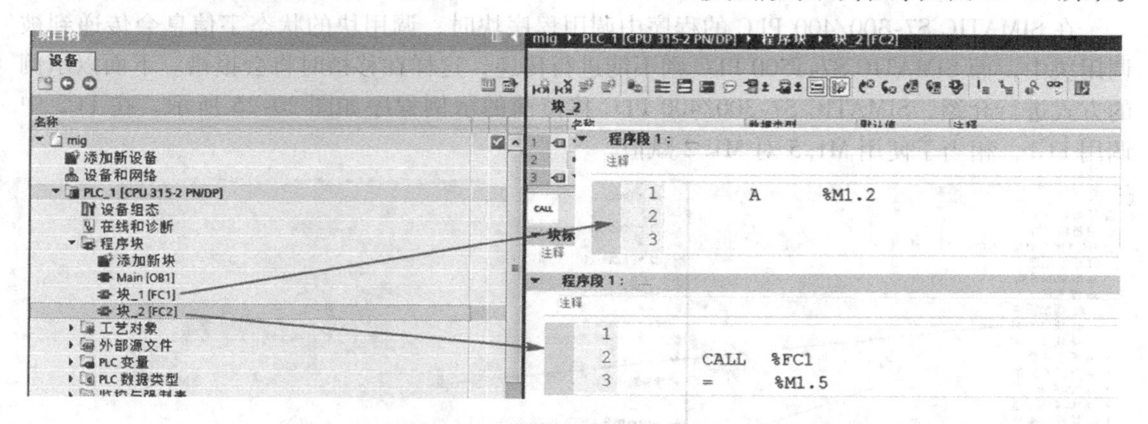


图 20-27　块调用时状态字的传递——传出被调用块（移植前）

程序移植到 SIMATIC S7-1500 PLC 后编译报错，原因是在 FC2 中 RLO 的状态未确定，需要对移植后的程序进行修改以满足要求，修改后的程序如图 20-28 所示，即在 FC1 中使用 SAVE 指令保存 RLO 的结果到 BR 位中，然后在 FC2 中应用 BR 保存的状态。

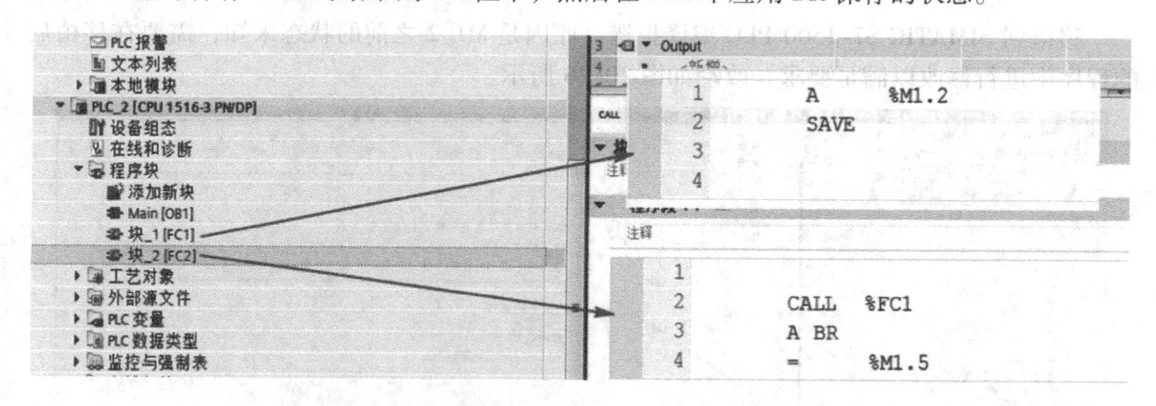


图 20-28　块调用时状态字的传递——传出被调用块（移植后）

# 附录　寻求帮助

如果在编程、调试以及设备维护过程中遇到有关硬件及编程问题时，可以通过在线帮助文档、手册和网站支持的方式寻求帮助。

**1. 在线帮助系统**

在线帮助系统提供给用户有效快速的信息，无需查阅手册。在线帮助具有如下方式：

- 显示帮助信息的号码。
- 首先用鼠标选中或在对话框或窗口选择某一对象，然后使用F1键得到相应的帮助信息。
- 对某种功能的使用、主要特性及功能范围做一个简要说明。
- 某些功能的快速入门。
- 在线帮助中对查找特殊信息的方法提供描述。
- 提供有关当前版本的信息。

可以使用下列方法访问在线帮助系统：

- 在菜单栏选择“帮助”→“显示帮助”。
- 使用鼠标选择希望得到帮助的窗口或对话框，之后按F1键弹出该窗口或对话框的帮助信息。

**2. 相关手册**

所有安装的软件都包含相关内容的PDF格式手册和示例程序。使用菜单命令“Start”→“SIMATIC”→“Documentation”选择语言文件夹，可以打开手册存储的路径。

**3. 网站支持**

您可以通过访问“西门子工业支持中心”网站https：//support. industry. siemens. com/cs/cn/zh/，7×24小时获取以下免费技术支持。

1）在“全球技术资源库”翻阅和下载实用技术文档，包括：

- 来自技术支持领域的最为重要和常见的问题。
- 最新的产品信息。
- 技术数据、CAx数据以及兼容信息（如果适用）。
- 更新/可下载的更新，服务包以及支持工具（大部分免费）。
- 用户手册和操作指南，可下载为PDF格式。
- 产品特性曲线。
- 许可和证书。
- “应用和工具”为典型的行业应用提供了可行的实用解决方案。

2）在“视频学习中心”观看技术视频，以全新方式学习西门子自动化产品。

3）在“找答案”轻松解决常见技术问题。

4）在“技术论坛”与众多热心网友探讨西门子产品的技术与应用，读“工程师的故事”，大家共同成长。

5）在“售后服务”平台提交服务需求，查询服务进程。

SIMATIC S7-1500 /TIA 博途网址推荐

SIMATIC S7-1500/TIA 博途测试版软件 V15.1：

https：//support. industry. siemens. com/cs/cn/en/view/109761045

SIMATIC S7-PLCSIM Advanced V2.0 SP1 测试版软件（需要授权）：

https：//support. industry. siemens. com/cs/cn/en/view/109758848

TIA 博途探索之旅系列视频学习教程（中文）：

http：//www. ad. siemens. com. cn/service/elearning/series/168. html

TIA Selection Tool（选型工具）：

https：//new. siemens. com/global/en/products/automation/topic-areas/tia/tia-selection-tool. html

SIMATIC S7-1500/入门指南（中文）：

https：//support. industry. siemens. com/cs/cn/zh/view/78027451

TIA 博途与 SIMATIC S7-1500 可编程控制器样本（201907）下载（中文）：

http：//www. ad. siemens. com. cn/download/docQRDownload. aspx? Id = 7366

TIA 博途与 SIMATIC S7-1500 可编程控制器样本（201907）下载二维码：

SIMATIC S7-1500 产品手册下载（中文）：

http：//support. automation. siemens. com/CN/view/zh/56926743/133300

SIMATIC S7-1500 CAD/EPLAN 数据下载：

https：//support. industry. siemens. com/cs/cn/en/my

SIMATIC S7-1500 证书下载：

https：//support. industry. siemens. com/cs/cn/en/ps/13716/cert

TIA 博途重要文档和链接总览（中文）：

http：//support. automation. siemens. com/CN/view/zh/65601780

TIA 博途编程指导（英文）：

http：//support. automation. siemens. com/WW/view/en/90885040

TIA 博途全球资源库（英文）：
www. siemens. com/tia- portal- information- center

TIA 博途全球帮助中心（英文）：
www. siemens. com/tia- portal- tutorial- center

# 参考文献

[1] 崔坚．西门子工业网络通信指南：上册，下册［M］．北京：机械工业出版社，2004.
[2] 崔坚等．西门子 S7 可编程序控制器——STEP7 编程指南［M］．2 版．北京：机械工业出版社，2009.
[3] 崔坚．TIA 博途软件——STEP7 V11 编程指南［M］．北京：机械工业出版社，2012.